Naumann/Schröder · Bauelemente der Optik

**Naumann/Schröder**

# Bauelemente der Optik

## Taschenbuch der technischen Optik

begründet von H. Naumann
5., überarbeitete und ergänzte Auflage von G. Schröder

Mit 406 Abbildungen und 74 Tabellen

HANSER

Carl Hanser Verlag München Wien

CIP-Kurztitelaufnahme der Deutschen Bibliothek

**Naumann, Helmut:**
Bauelemente der Optik : Taschenbuch d. techn.
Optik / Naumann ; Schröder. Begr. von H. Naumann.
- 5., überarb. u. erg. Aufl. / von G. Schröder. -
München ; Wien : Hanser, 1987.
ISBN 3-446-14960-0
NE: Schröder, Gottfried:


Gesamtherstellung: Sellier Druck GmbH, Freising
Printed in Germany

## Vorwort zur 4. Auflage

Seit nunmehr über 30 Jahren hat das Buch ‚Optik für Konstrukteure' von H. Naumann seinen Platz in der Fachliteratur als geschätztes Hilfsbuch für den Umgang mit optischen Bauelementen und den Einsatz optischer Geräte und Verfahren behaupten können – 30 Jahre aber auch, in denen die Optik u. a. durch die Möglichkeiten der elektronischen Signalauswertung einen erheblichen Aufschwung genommen hat.

Nachdem bei der 2. und 3. Auflage nur wenige Ergänzungen eingefügt werden konnten, war bei der Neubearbeitung durch G. Schröder eine Umgestaltung des Buches unter Erweiterung des Inhalts auf moderne Bereiche der Optik und unter Anpassung an die Normung angezeigt. Dennoch wurden einige Abschnitte nahezu unverändert übernommen – insbesondere dann, wenn sie viele praktische Hinweise und konkrete Beispiele enthalten, wie z. B. bei Abbildungsfehlern. Eine vollständige und gleichmäßige Berücksichtigung aller Teilbereiche ist natürlich nicht erreichbar. Die Gliederung folgt mehr praktischen als streng logischen Gesichtspunkten, da sich durch die enge Verflechtung der Einzelgebiete immer Überschneidungen ergeben.

Im Kern sind aber Zweck und Inhalt des neuen Buches die gleichen geblieben wie schon bei der ‚Optik für Konstrukteure': Das Buch ist kein Lehrbuch der Optik, sondern ein Handweiser zum Verständnis der Funktion und zur richtigen Anwendung optischer Teile sowie zur Auswahl von Geräten und optischen Verfahren. Zur Berechnung abbildender Bauelemente werden einige Hinweise gegeben; im Vordergrund steht aber der Einsatz fertiger Systeme. Die Darstellung der Verfahren zur Korrektion optischer Systeme mit Hilfe der Strahldurchrechnung ist nicht Gegenstand dieses Buches.

Gleichungen werden im allgemeinen nicht abgeleitet, aber häufig durch einfache Zahlenbeispiele erläutert. Die Beispiele für Hersteller und Lieferanten sind vor allem als Quellenhinweise für Produktinformationen gedacht und können damit auch nicht garantieren, daß die angegebenen Produkte stets lieferbar sind. Die zufällige Reihenfolge der Beispiele bedeutet keinerlei Werturteil. Die Verfasser hoffen, daß das neugestaltete Werk seine Funktion als Übersichts- und Anregungsbuch bei der Suche nach Lösungswegen wieder gut erfüllen kann. Sie sind für Hinweise auf Verbesserungsmöglichkeiten und notwendige Ergänzungen stets dankbar.

H. Naumann †　　　　G. Schröder

## Vorwort zur 5. Auflage

Leider konnte Herr Dr. Naumann nicht mehr erleben, daß schon nach relativ kurzer Zeit eine Neuauflage des mit der 4. Auflage völlig umgestalteten Buches notwendig wurde. Neben zahlreichen Verbesserungen im Detail wurden u. a. kurze Abschnitte über Faseroptische Sensoren, CCD-Sensoren, Holografische optische Elemente, Integrierte Optik und Modulatoren eingefügt. Damit konnten Vorschläge von Fachkollegen und Rezensenten berücksichtigt werden, ohne den Umfang des Buches wesentlich zu vergrößern. Allen, die durch Anregungen zur weiteren Entwicklung des Buches beigetragen haben, dankt der Verfasser ebenso herzlich wie dem Verlag und seinen Mitarbeitern.

G. Schröder

# Inhalt

# 1 Optische Grundbegriffe

## 1.1 Wellenausbreitung

Alle *elektromagnetischen Wellen* breiten sich im Vakuum mit der *Lichtgeschwindigkeit* $c_{vak}$ (Naturkonstante) aus, die $c_{vak} = 2{,}99792458 \cdot 10^8$ m/s beträgt [L 1.1.1]; für die meisten Anwendungen genügt der gerundete Wert $c_{vak} = 3 \cdot 10^8$ m/s. In allen anderen Medien (Abschn. 1.2) ist die Lichtgeschwindigkeit geringer. Der Wellensender (Atom, Rundfunksender) bestimmt die *Frequenz* $\nu$ der Welle. Aus Frequenz $\nu$ und der Lichtgeschwindigkeit c in dem betreffenden Medium (z. B. Luft, Glas, Wasser) ergibt sich die *Wellenlänge* $\lambda$ entsprechend der Definitionsgleichung

$$\lambda = \frac{c}{\nu} \tag{1.1.1}$$

Das *Spektrum* einer Strahlung umfaßt den in ihr enthaltenen Wellenlängen- bzw. Frequenzbereich. Licht, d. h. die vom Auge nachweisbare Strahlung, stellt nur einen sehr engen Ausschnitt aus dem Wellenlängenbereich der elektromagnetischen Wellen dar, der sich von etwa $\lambda = 10^{-16}$ m (weit unterhalb der Gammastrahlung) bis etwa $10^3$ m (Langwellenbereich der Rundfunkwellen) erstreckt; siehe Abschn. 2.1.

Neben ihrer Wellenlänge ist jede sich ausbreitende elektromagnetische Welle an einem bestimmten Orts- und Zeitpunkt durch ihre *Amplitude* (Maximalwert der elektrischen Feldstärke) und ihre *Phase* (augenblicklicher Schwingungszustand) gekennzeichnet. Alle Energiegrößen und daraus abgeleitete Größen (z. B. die „Helligkeitsgröße" Leuchtdichte (Abschn. 2.2)) sind proportional dem Quadrat der Amplitude!

Bei der Darstellung der Wellenausbreitung verbindet eine *Wellenfront* Ortspunkte gleicher Phase; die an jedem Punkt stets senkrecht zur Wellenfront verlaufende Ausbreitungsrichtung wird in der Optik als *Lichtstrahl* bezeichnet.

Elektromagnetische Wellen breiten sich als *Transversalwellen* aus, d. h. die Schwingungsrichtung steht senkrecht auf der Ausbreitungsrichtung. Dies wird zweifelsfrei durch die Eigenschaft der Polarisation (Abschn. 1.4) bewiesen.

Die optischen Wirkungen bei der Wellenausbreitung kann man entweder günstig durch die *Wellenoptik* (auch: „physikalische Optik") beschreiben, u. a. bezüglich der Polarisation, Interferenz und Beugung (Abschn. 1.5), oder man benutzt zur Vereinfachung die *Strahlenoptik* (auch: „geometrische Optik"), die sich theoretisch als Grenzfall der Wellenoptik für $\lambda = 0$ ergibt: Betrachtet wird der Verlauf der Lichtstrahlen bei Reflexion und Brechung (Abschn. 1.3) ohne Berücksichtigung der Beugung. Bei vielen Anwendungen sind beide Betrachtungsweisen nebeneinander sinnvoll.

*Lichtstrahlen* sind einzeln nicht darstellbar, da sie als mathematische Linien nur eindimensionale Ausdehnung haben: Auch der „Laserstrahl" ist ein *Bündel* von „unendlich vielen" Strahlen! Bei einem *homozentrischen Bündel* gehen alle Lichtstrahlen von einem Punkt (bzw. kleinem Flächen- oder Raumelement) aus *(divergentes Bündel)* oder laufen in einem solchen Punkt zusammen *(konvergentes Bündel).*

*Parallel* oder *parallelstrahlig* nennt man ein Bündel, wenn das gemeinsame Raumelement aller seiner homozentrischen Strahlen sich in so großer Entfernung befindet, daß der Winkel zwischen all diesen Strahlen unterhalb der Fehlergrenze für das vorliegende Problem ist; man nennt die Entfernung des Raumelementes dann „Unendlich“. Bei einem *telezentrischen Strahlengang* liegt der gemeinsame Querschnitt (Pupille) divergenter oder konvergenter Bündel im Unendlichen. Strahlen, die innerhalb einer Ebene verlaufen, bilden zusammen ein *Büschel.*

Unter der *Umkehrbarkeit des Strahlenganges* versteht man die Tatsache, daß die Lichtrichtung jeden Strahls umgekehrt werden kann, so daß das Bild als Objekt und das Objekt als Bild zu betrachten ist; die geometrischen Verhältnisse bleiben dieselben, die energetischen ebenso bis auf die Verluste durch Reflexion und Absorption, unter der Bedingung, daß keine trüben oder anderweit lichtstreuenden Dinge im Strahlengang vorkommen, z. B. Bildwände.

**Literaturhinweise**

L 1.1.1 New Definition of the Meter. Applied Optics *22* (1983), 4041

L 1.1.2 *Uri, J. B.:* Polarization and interference in optics (Einführung in die Jones-Matrizenschreibweise). Optik *47* (1977) No. 3, 337–350; *47* (1977) No. 4, 405–420; *48* (1977) No. 1, 1–22; *49* (1977) No. 3, 263–275; *49* (1978) No. 4, 375–389

L 1.1.3 *Bergstrand, E.:* Determination of the Velocity of Light. In: Handbuch Band *24,* LÜ 12

## 1.2 Optische Medien

Jeder Stoff in einem Ausbreitungsraum elektromagnetischer Wellen wird als *Medium* bezeichnet. Hierzu gehört auch das Vakuum als Grenzfall. Wichtigstes Merkmal eines Mediums ist die in ihm gültige Wellen-*Ausbreitungsgeschwindigkeit* c. Die umständliche Benutzung der c-Werte selbst (z. B. für Wasser: $c \approx 2{,}25 \cdot 10^8$ m/s) vermeidet man durch Bezug auf die Lichtgeschwindigkeit im Vakuum, d. h. durch Angabe der *absoluten Brechzahl* $n_{abs}$:

$$n_{abs} = \frac{c_{vak}}{c} \qquad (1.2.1).$$

Da die Lichtgeschwindigkeit in Luft nur wenig von dem Wert im Vakuum abweicht, andererseits aber optische Bauelemente meist in Luft benutzt werden, wird für praktische Zwecke – also auch in diesem Buch – die *auf Luft bezogene Brechzahl* n benutzt:

$$n = \frac{c_{luft}}{c} \qquad (1.2.2).$$

Entsprechend dieser Definition ist damit für Luft $n = 1$; für trockene Luft unter Normalbedingungen ergibt sich im sichtbaren Spektralbereich etwa $n_{abs} = 1{,}0003$, also eine relativ geringe Differenz gegenüber Vakuum mit $n_{abs} = 1$.

Alle Medien mit Ausnahme des Vakuums zeigen jedoch die Eigenschaft der *Dispersion:* Die Ausbreitungsgeschwindigkeit hängt auch von der Frequenz $\nu$ und damit von der Wellenlänge $\lambda$ ab. Jede genauere Brechzahl-Angabe ist also mit der wirksamen Wellenlänge zu kennzeichnen. Außerdem wird die Brechzahl durch andere Parameter (Temperatur, Druck usw.) beeinflußt.

Ein meist bei relativen Angaben gebrauchter Ausdruck ist die *optische Dichte* eines Mediums: Ein Medium mit höherer Brechzahl n, das also der Wellenausbreitung größeren Widerstand entgegensetzt, ist optisch dichter als ein Medium mit niedrigerer Brechzahl („optisch dünneres Medium"). Eine völlig andere Bedeutung hat aber die optische Dichte D als logarithmisches Maß für die Lichtundurchlässigkeit (Abschn. 2.3)!

Innerhalb eines betrachteten Raumbereichs können die optischen Eigenschaften eines Mediums auch orts- oder richtungsabhängig sein. Tab. 1.2.1 gibt einen Überblick.

**Tabelle *1.2.1* Optische Medien**

| | |
|---|---|
| **Homogenes Medium**<br>*Keine Ortsabhängigkeit* der optischen Eigenschaften | **Isotropes Medium**<br>*Keine Richtungsabhängigkeit* der optischen Eigenschaften |
| **Inhomogenes Medium**<br>Die optischen Eigenschaften (n usw.) sind *abhängig vom Ort* innerhalb des Raumbereichs, z. B. Schlieren (Abschn. 3.2; 13.6), Gradientenoptik (Abschn. 18.5) | **Anisotropes Medium**<br>Die optischen Eigenschaften (n usw.) sind *abhängig von der Richtung des durchgehenden Lichts,* z. B. doppelbrechende Kristalle (Abschn. 17.3), Spannungsoptik (Abschn. 17.4) |

Ohne nähere Angaben werden bei optischen Bauelementen und Geräten immer Medien vorausgesetzt, die sowohl homogen als auch isotrop sind.

## 1.3 Brechung, Reflexion und Totalreflexion

Zwei benachbarte, mit Medien unterschiedlicher Brechzahl erfüllte Raumbereiche berühren sich in einer *Grenzfläche.* Sie kann eben oder gekrümmt sein (z. B. Linsenfläche zwischen den Medien Luft und Glas). Eine gekrümmte Grenzfläche wirkt an jedem Auftreffpunkt eines Lichtstrahls wie die dort vorhandene Tangentialfläche. Ein Lichtstrahl erfährt beim Übergang in das benachbarte Medium an der Grenzfläche gewöhnlich eine Richtungsänderung, die als *Brechung* bezeichnet wird. Sie wird durch Einfallswinkel $\varepsilon$ und Brechungswinkel $\varepsilon'$ beschrieben; Bild 1.3.1 a. Die Winkel werden stets gegenüber der Flächennormalen, dem *Einfallslot,* gemessen, nicht gegenüber der Fläche selbst! Unter Benutzung der beiden Brechzahlen, n vor und n' hinter der Grenzfläche, lautet das *Brechungsgesetz*

$$n \cdot \sin \varepsilon = n' \cdot \sin \varepsilon' \qquad (1.3.1)$$

Für $n' > n$ ist $\varepsilon' < \varepsilon$:

Tritt ein Strahl vom optisch dünneren in optisch dichteres Medium über, so wird er zum Lot hin gebrochen. Umgekehrt erfolgt beim Übergang von höherer zu niedrigerer Brechzahl die Brechung vom Lot weg.

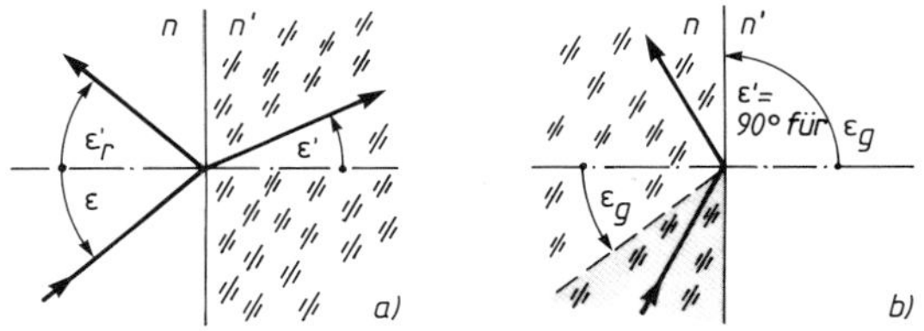


Bild 1.3.1 a) Brechung und Reflexion bei n = 1, n' = 1,7; b) Totalreflexion bei n = 1,7 und n' = 1. Sie tritt nur im grau unterlegten Winkelbereich auf

An jeder Grenzfläche, an der Brechung erfolgt, tritt die Welle nicht vollständig in das zweite Medium über: Ein Teil der Wellenenergie wird *reflektiert;* er verbleibt im Medium mit der Brechzahl n, kehrt aber die zur Grenzfläche senkrechte Komponente seiner Ausbreitungsgeschwindigkeit um. Berücksichtigt man dieses Verhalten, indem man formal $n' = -n$ setzt, so geht damit das Brechungsgesetz (1.3.1) in das *Reflexionsgesetz* über:

$$\varepsilon_r' = -\varepsilon \qquad (1.3.2).$$

Durch den einfallenden Lichtstrahl und das Einfallslot wird eine Ebene aufgespannt: In dieser *Einfallsebene* liegen auch gebrochener und reflektierter Strahl.

Da bei Übergang von optisch dichterem zu optisch dünnerem Medium $\varepsilon' > \varepsilon$ ist, wird bei einem bestimmten Einfallswinkel $\varepsilon_g$ der Brechungswinkel $\varepsilon' = 90°$ (Bild 1.3.1 b): der Strahl verläuft „streifend" zur Grenzfläche. Wird nun $\varepsilon > \varepsilon_g$, so tritt *Totalreflexion* ein: Es gibt keine Brechung mehr; die Welle wird vollständig reflektiert. Der Winkel $\varepsilon_g$ heißt *Grenzwinkel der Totalreflexion;* mit $\varepsilon' = 90°$ ergibt er sich aus Gl. (1.3.1) zu

$$\varepsilon_g = \arcsin \frac{n'}{n} \qquad (1.3.3)$$

Beispiel: Für die Grenzfläche zwischen Plexiglas® (n = 1,49) und Luft (n' = 1) ergibt sich der Grenzwinkel $\varepsilon_g = 42{,}2°$, während man für Plexiglas gegen Wasser (n' = 1,33) $\varepsilon_g = 63{,}2°$ erhält. Durch Änderung des angrenzenden Mediums kann also die Totalreflexion aufgehoben werden. Dies wird z. B. bie Flüssigkeitsstandgläsern (Bild 1.3.2) oder optoelektronischer Füllstandserfassung (Bild 19.2.7 ) ausgenutzt.

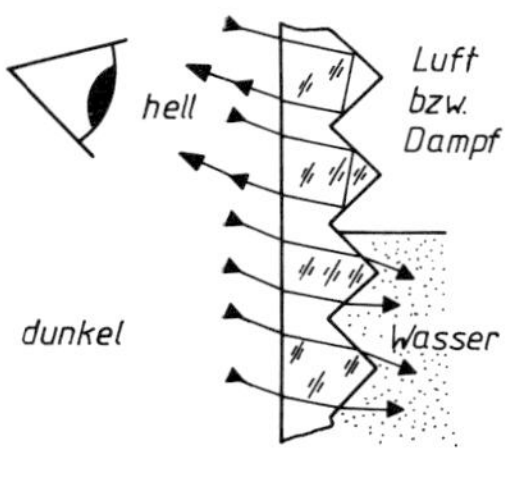


Bild 1.3.2 Totalreflexion bei Flüssigkeitsstandgläsern
unten: durch Wasser aufgehobene Totalreflexion; dieser Bereich erscheint dunkel

Für das Eintreten der Totalreflexion müssen also zwei Bedingungen erfüllt sein: 1. Lichteinfall vom dichteren Medium auf die Grenzfläche zum dünneren Medium, 2. Überschreitung des Grenzwinkels $\varepsilon_g$. Der Übergang von Brechung zu Totalreflexion erfolgt bei $\varepsilon = \varepsilon_g$ nicht abrupt: Schon bei Annäherung des Einfallswinkels an den

Grenzwinkel wird die Energie zwischen Brechung und Reflexion umverteilt, d. h. die Reflexion steigt stark an.

Bei der Totalreflexion dringt die Welle bis zu geringer Tiefe in das dünnere Medium ein, läuft als Oberflächenwelle an der Grenzfläche entlang und tritt mit sehr kleiner Verschiebung wieder aus [L 1.3.2]. Deshalb kann die Totalreflexion durch Nähern eines Körpers auf einen Abstand in der Größenordnung der Lichtwellenlänge gestört werden; das Licht wird hier ausgekoppelt.

Man darf also solche total reflektierende Flächen nicht in Kontakt mit anderen Teilen (Federn, Hinterlagen) bringen, sondern muß sie frei im Raume stehen lassen. Ist das z. B. wegen der sicheren Befestigung nicht möglich, muß man die Fläche verspiegeln und die Spiegelschicht durch Lack oder dgl. schützen.

Andererseits kann über die *Störung der Totalreflexion* durch Abstandsänderung hinter der Grenzfläche eine *Lichtstrommodulation* erreicht werden, z. B. durch eine Telefonmembrane.

Ein modernes Beispiel hierfür ist ein *faseroptisches Hydrofon,* d. h. ein Sensor zur Aufnahme akustischer Unterwasserschwingungen (Bild 1.3.3): Der Luftabstand d zwischen zwei schräg angeschliffenen Faserenden wird durch seitliche Verschiebung ($\Delta x$) der Faser (1) geändert, die über Rückstellfeder mit einer Membrane verbunden ist. Damit wird der in (2) eingekoppelte Lichtstrom moduliert. Unter bestimmten Bedingungen ergab sich bei $d = 0{,}1$ µm ein Absinken des Lichtstroms auf 20% des Maximallichtstroms bei $d = 0$, [L 1.3.1], also sehr hohe Empfindlichkeit.

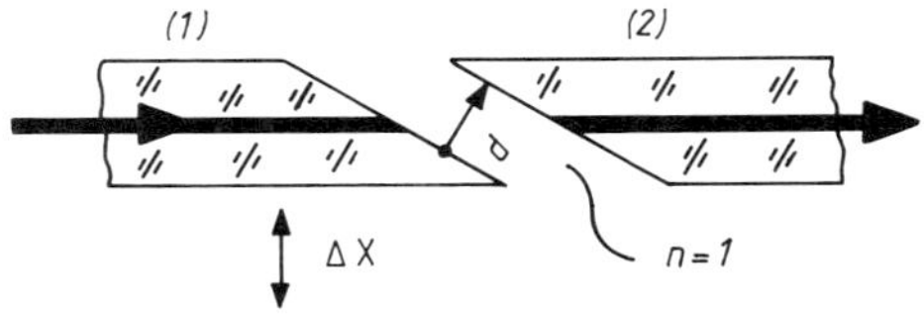


Bild 1.3.3 Prinzip eines faseroptischen Hydrofons
Laserstrahl in Fasern (1) und (2) mit Kopplung durch veränderlichen Abstand d (unter 0,5 µm)

Die Änderung des total reflektierten Lichtstroms kann zur *Traganteilmessung* (Beurteilung der Rauhigkeit technischer Oberflächen) benutzt werden [L 1.3.3].

Da bei Totalreflexion Absorptionsverluste wie an spiegelnden Metallflächen nicht auftreten, wird sie bei Reflexionsprismen (Abschn. 5.7) sowie in der Faseroptik (Abschn. 18) intensiv ausgenutzt.

Wird eine total reflektierende Fläche mit einer Planplatte eines Stoffes anderer Brechzahl verkittet oder verschmolzen, so ändert sich an dem Grenzwinkel der Totalreflexion im ursprünglichen Mittel nichts. Es findet nur eine Parallelverschiebung des gespiegelten Strahls statt. Wichtig für reflexvermindernde Überzüge an Flächen, die gleichzeitig der Totalreflexion und dem Durchtritt von Strahlen dienen, z. B. bei manchen Prismen. Die Totalreflexion tritt natürlich an der letzten gegen Luft stehenden Fläche ein.

## Literaturhinweise

L 1.3.1 *Spillman, Jr., W. B.; McMahon, D. H.:* Frustrated-total-internal-reflection multimode fiber-optic hydrophone, Appl. Optics *19* (1980) No. 1, 113–117

L 1.3.2 *Goos, F.:. Hänchen, H. H.:* Annalen der Physik, 5. Folge, *43* (1943), 383

L 1.3.3 Traganteilmessung nach Mechau bzw. Dreyhaupt; Werkstattstechnik *35* (1941), 237

## 1.4 Polarisation

Da sich Licht als Transversalwelle ausbreitet, sind beliebig viele verschiedene Schwingungsebenen möglich, die die Ausbreitungsrichtung enthalten. Bei vielen Lichtquellen treten entsprechend der statistisch gleichmäßigen Verteilung der Schwingungsrichtungen bei den atomaren Emissionsprozessen alle Schwingungsebenen auf; das Licht ist *unpolarisiert* (Bild 1.4.1a). *Polarisation* bedeutet Bevorzugung einer Schwingungsebene: Durch einen idealen *Polarisator* (Abschn. 17) werden von allen Schwingungsamplituden nur die Komponenten bezüglich einer Richtung durchgelassen: Das Licht wird *linear polarisiert* (Bild 1.4.1b) und dabei natürlich insgesamt geschwächt. Die geschichtliche Entwicklung hat zu einer eigentümlichen Definition der Polarisationsebene geführt: Polarisationsebene ist diejenige, in der der magnetische Vektor der Lichtstrahlung schwingt. Dagegen steht die Schwingungsebene (elektrischer Vektor) senkrecht zur Polarisationsebene. Es genügt somit, nur von der *Schwingungsebene* zu sprechen, oder – wenn dies eindeutig klargestellt ist – die Schwingungsebene der Einfachheit halber auch als die bevorzugte „Polarisationsebene" zu betrachten. Bei Auftreffen des Lichts auf eine Grenzfläche ergeben sich für die Schwingungsebenen senkrecht und parallel zur Einfallsebene unterschiedliche Reflexionsgrade, womit das reflektierte Licht auch linear polarisiert werden kann (Abschn. 2.3).

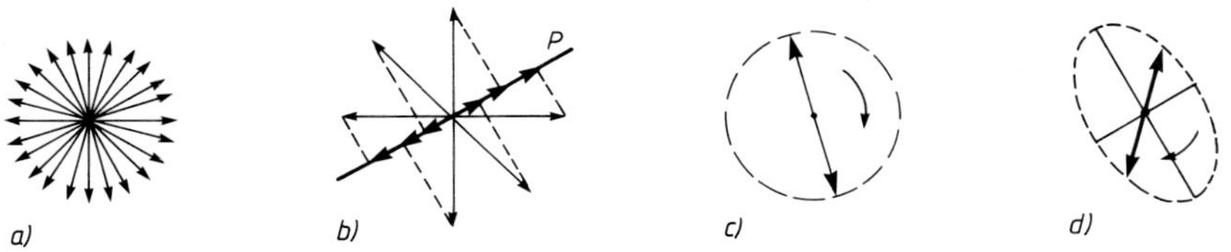


Bild 1.4.1 Polarisationszustände
a) unpolarisiertes Licht, b) linear polarisiertes Licht: Der Polarisator P läßt von den Schwingungsamplituden nach a) nur die auf die stark gezeichnete Richtung entfallenden Komponenten durch. c) zirkular, d) elliptisch polarisiertes Licht. Bei allen Teilbildern steht die Ausbreitungsrichtung senkrecht zur Zeichenebene

Aus linear polarisiertem Licht kann man durch Verzögerungsplatten (Abschn. 17) *zirkular polarisiertes* (Bild 1.4.1c) oder *elliptisch polarisiertes Licht* (Bild 1.4.1d) erhalten: Im ersten Fall rotiert der Schwingungsvektor, d. h. die Schwingungsebene ändert ständig ihre Lage. Dies gilt auch für elliptisch polarisiertes Licht; zusätzlich ändert sich auch noch der Betrag der Amplitude periodisch zwischen einem Maximal- und einem Minimalwert. Elliptisch polarisiertes Licht gibt den allgemeinsten Polarisationszustand wieder, dessen extreme Grenzfälle linear polarisiertes Licht (Ellipse mit der Exzentrizität 1, d. h. Gerade!) und zirkular polarisiertes Licht (Ellipse mit der Exzentrizität Null, d. h. Kreis!) sind.

Meist gelingt es nicht, den Idealfall der vollständigen linearen Polarisation zu erreichen, d. h. das Licht ist nur *teilweise polarisiert.* Dann gibt der *Polarisationsgrad* P ($0 \leq P < 1$) den Energieanteil des linear polarisierten Lichts im Gesamtlicht an.

Die Amplitude (Vektor) linear polarisierten Lichts kann in zwei senkrecht zueinander polarisierte Komponenten zerlegt werden. Unpolarisiertes Licht kann dargestellt werden in Form von zwei senkrecht zueinander polarisierten Komponenten gleicher Amplitude, die sich ohne Phasenverschiebung ausbreiten.

**Literaturhinweise**

L 1.4.1 *Meltzer, R. J.:* Polarization. LÜ 1, Vol. I/9
L 1.4.2 *Francon, M.:* Interférences, diffraction et polarisation. In: Handbuch Band 24, LÜ 12
L 1.4.3 *Shewandrow, N. D.:* Die Polarisation des Lichtes. Akademie-Verlag, Berlin 1973
L 1.4.4 *Siehe auch Literaturhinweise in Abschn. 17*

## 1.5 Interferenz und Beugung

Die Wirkungen bei Überlagerung von zwei oder mehr Wellenzügen werden mit *Interferenz* bezeichnet. Interferenz tritt nur auf, wenn die Wellenzüge weiter unten beschriebene Nebenbedingungen erfüllen. Zur Darstellung der Grundlagen wird die *Zweistrahlinterferenz* betrachtet.

Die beiden Wellenzüge sollen gleiche Frequenz $\nu$, aber beliebige Amplituden $\hat{y}_1$, $\hat{y}_2$ und gegeneinander eine zeitlich konstante Phasenverschiebung $\Delta\varphi$ haben. Dann gilt für die Momentanwerte der elektrischen Feldstärken

$$y_1 = \hat{y}_1 \cdot \sin \omega t; \quad y_2 = \hat{y}_2 \cdot \sin(\omega t + \Delta\varphi),$$

mit $\omega = 2\pi\nu$. Die Gesamtwirkung ergibt sich durch Addition $y = y_1 + y_2$. Weiterhin sind alle Intensitäts-Größen, z. B. die Beleuchtungsstärke E, proportional zum Quadrat der Feldstärke-Amplituden. Für die durch beide Wellen zusammen wirksam werdende Beleuchtungsstärke E erhält man (skalares Produkt von Vektoren; Cosinus-Satz)

$$E = E_1 + E_2 + 2\sqrt{E_1 \cdot E_2} \cdot \cos \Delta\varphi \tag{1.5.1}$$

Interferenzerscheinungen zeichnen sich also dadurch aus, daß sie im allgemeinen eine von der einfachen Addition der Beleuchtungsstärken abweichende Wirkung ergeben: Es kommt ein *Interferenzglied* $2\sqrt{E_1E_2} \cdot \cos \Delta\varphi$ hinzu, d. h. in Abhängigkeit von der Phasenverschiebung $\Delta\varphi$ kann die Beleuchtungsstärke $E \lesseqqgtr E_1 + E_2$ sein. Der Differenz der Phasenwinkel $\Delta\varphi$ entspricht örtlich eine Wegdifferenz der Wellenzüge, d. h. ein *Gangunterschied* $\Gamma = \Delta\varphi \cdot \lambda/2\pi$. Tabelle 1.5.1 gibt in Auswertung von Gl. (1.5.1) eine Übersicht über die Zweistrahlinterferenz bei unterschiedlichen Phasendifferenzen und Amplitudenverhältnissen.

Gleichung (1.5.1) kann auch in die Form

$$E = E_1 + E_2 - 2 \cdot \sqrt{E_1E_2} + 4 \cdot \sqrt{E_1E_2} \cdot \cos^2 \frac{\Delta\varphi}{2} \tag{1.5.2}$$

gebracht werden: Ändert sich z. B. in einer Ortskoordinate die Phasendifferenz $\Delta\varphi$, so ergibt sich eine $\cos^2$-förmige Helligkeitsverteilung, denn es sind ja nur positive E-Werte möglich. Es entstehen also helle und dunkle *Interferenzstreifen* mit dem höchsten *Kontrast* (Abschn. 12.1) $M = 1$ bei gleich hellen Teilbündeln ($E_2 = E_1$), wobei die Beleuchtungsstärke im Maximum $4 \cdot E_1$ und im Minimum Null wird. Mit zunehmend un-

**Tabelle *1.5.1* Beleuchtungsstärke und Kontrast bei Zweistrahlinterferenz**

| $m = 0, \pm 1, \pm 2, \ldots$ | Ausgewählte Phasenverschiebungen | | | Kontrast |
|---|---|---|---|---|
| $\Gamma$ | $m \cdot \lambda$ | $(2m+1) \cdot \frac{\lambda}{4}$ | $(2m+1) \cdot \frac{\lambda}{2}$ | $M = \frac{E_{max} - E_{min}}{E_{max} + E_{min}}$ |
| $\Delta\varphi$ | $m \cdot 2\pi$ ($0°; \pm 360°; \pm 720° \ldots$) | $(2m+1)\frac{\pi}{2}$ ($\pm 90°; \pm 270°; \ldots$) | $(2m+1) \cdot \pi$ ($\pm 180°; \pm 540°; \ldots$) | |
| $\cos \Delta\varphi$ | 1 | 0 | $-1$ | |
| $E_2 = E_1$ | $\boxed{E = 4 \cdot E_1}$ | $E = 2 \cdot E_1$ | $\boxed{E = 0}$ | $M = 1$ |
| $E_2 < E_1$ | $E = E_1 + E_2 + 2\sqrt{E_1 \cdot E_2}$ | $E = E_1 + E_2$ | $E = E_1 + E_2 - 2\sqrt{E_1 \cdot E_2}$ | $M < 1$ |
| $E_2 \ll E_1$ | $E \approx E_1$ | $E \approx E_1$ | $E \approx E_1$ | $M \approx 0$ |
| Bild für $E_2 < E_1$ | 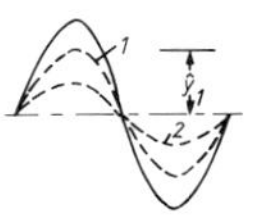 | 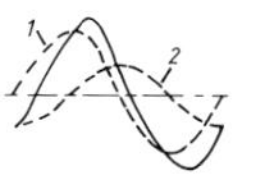 | 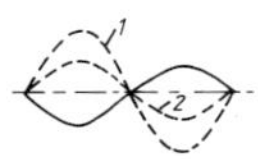 | |
| | Maximum | | Minimum | |

gleichen Amplituden nimmt der Streifenkontrast ab. Weitere Einflüsse auf den Streifenkontrast werden im folgenden noch angegeben.

Wellenzüge sind nur interferenzfähig, wenn sie *zeitlich und räumlich kohärent* sind, d. h. der gleichen möglichst gut monochromatischen, möglichst wenig ausgedehnten Lichtquelle entstammen. Es interferieren jeweils nur die Komponenten mit gleicher Schwingungsebene (Polarisationsrichtung). Getrennte Lichtquellen ergeben keine Interferenzen, da zwischen den von ihren Atomen in unzusammenhängender Folge emittierten Wellenzügen keine konstanten Phasenbeziehungen bestehen. Man muß also die von gleicher Quelle ausgehenden Wellenzüge entweder durch Wellenfrontteilung (geometrisch) oder durch Amplitudenteilung (physikalisch) aufteilen und nach Durchlaufen ungleicher optischer Wege wieder zur Interferenz zusammenführen. Die hierzu verwendeten *Interferometer* werden in Abschnitt 14.1 behandelt.

Da die atomare Emission von Strahlung nur eine begrenzte Zeit dauert (z. B. $10^{-8}$ s), hat der entstehende Wellenzug auch nur eine begrenzte zusammenhängende Länge, die *Kohärenzlänge* $l_{koh}$. Sie kann aus

$$l_{koh} \approx \frac{\lambda^2}{\Delta\lambda_{0,5}} \qquad (1.5.3)$$

bestimmt werden, mit $\Delta\lambda_{0,5}$ = Halbwertsbreite der Spektrallinie, die ebenfalls durch die Emissionszeit bestimmt, aber durch Störeinflüsse (Doppler-Effekt, Stoßverbreiterung) noch vergrößert wird. *Zeitliche Kohärenz* hängt also unmittelbar mit *Monochromasie* zusammen! Haben die durch Aufspaltung entstandenen, interferenzfähigen Wellenzüge durch unterschiedliche optische Wege einen Gangunterschied $\Gamma$ erhalten, so muß $\Gamma \leqq l_{koh}$ sein, wenn noch Interferenz auftreten soll – sonst überdecken sich die Wellenzüge ja überhaupt nicht mehr. Mit abnehmender Überdeckungslänge nimmt aber der Streifenkontrast ab. Erfahrungsgemäß sollte deshalb $\Gamma \leqq l_{koh}/2$ sein (gelegentlich wird auch dieser reduzierte Wert als „Kohärenzlänge" bezeichnet). Die maximale Interferenzordnung ergibt sich damit zu $\Gamma/\lambda \approx \lambda/2\Delta\lambda_{0,5}$: Hohe Interferenzordnungen sind also nur bei streng monochromatischem Licht beobachtbar. Ist diese Voraussetzung erfüllt, so wird die Anzahl N der beobachtbaren Interferenzstreifen noch durch die *Beobachtungsapertur* begrenzt. Ist u der halbe Öffnungswinkel, so ergibt sich für die Anzahl N der erkennbaren Streifen

$$N = 1 + \frac{1}{2(1 - \cos u)} \qquad (1.5.4)$$

Bei Betrachtung mit bloßem Auge und 5 mm großer Pupille aus 250 mm Abstand ist u = 1/100, N etwa 10000; unter einem Mikroskop mit einer Apertur des Objektivs von 0,25 ist N = 17. Dies ist bei jedem Versuch, Interferenzerscheinungen vergrößert zu betrachten, zu beachten!

Weiterhin ist *räumliche Kohärenz* der interferierenden Wellenzüge erforderlich, d. h. es dürfen nur geringe Wegunterschiede zu den einzelnen Punkten einer Leuchtfläche (z. B. Spalt mit der Breite D) auftreten. Mit der Apertur sin u gilt für die räumliche Kohärenz die Bedingung

$$D \cdot \sin u \ll \frac{\lambda}{2} \qquad (1.5.5).$$

*Zweistrahlinterferenzen* werden im einfachsten Fall durch Reflexion an zwei benachbarten Flächen erzeugt. Dies ist für eine Platte in Luft (Bild 1.5.1 a) und eine „Luftplatte" zwischen Glasblöcken (Bild 1.5.1 b) schematisch dargestellt: Die beiden Strahlen sind zusammenfallend zu denken, d. h. an Fläche 1 findet Strahlenteilung statt. Die an den Flächen 1 und 2 reflektierten Wellen interferieren; die an Fläche 2 reflektierte Welle ist durch den geometrischen „Umweg" $2 \cdot d$ verzögert. Außerdem ist aber jeweils bei der Reflexion am dichteren Medium ein *Phasensprung* um $\pi \triangleq 180° \triangleq \lambda/2$ zu berücksichtigen, d. h. ein „Umklappen" der Phase an der Grenzfläche. Berücksichtigt man noch die Brechzahl n der Platte, so ergibt sich für den Gangunterschied Γ bzw. die Ordnungszahl Γ/λ:

Bei dünner Platte mit n > 1 in Luft:

$$\Gamma = 2 \cdot n \cdot d - \frac{\lambda}{2}$$

$$\frac{\Gamma}{\lambda} = \frac{2 \cdot n \cdot d}{\lambda} - \frac{1}{2} \qquad (1.5.6)$$

Bei einer „Luftplatte" zwischen dichteren Medien

$$\Gamma = 2 \cdot d + \frac{\lambda}{2}$$

$$\frac{\Gamma}{\lambda} = \frac{2 \cdot d}{\lambda} + \frac{1}{2} \qquad (1.5.7)$$

Bei planparallelen Platten und einer einfallenden ebenen Welle ergibt die Interferenz im gesamten Feld gleichmäßige Helligkeit, die von Dicke d und Brechzahl n abhängt (vergl. Tabelle 1.5.1, Zeile $E_2 = E_1$). Werden nun aber die Glasplatten von Bild 1.5.1 b um den kleinen Winkel α gegeneinander geneigt, so entsteht ein *„Luftkeil"* (Bild 1.5.1 c): Durch den zunehmenden Abstand d nimmt der Gangunterschied in vertikaler Richtung zu; es entstehen gleichabständige helle und dunkle Interferenzstreifen, die als *Fizeau-Streifen* bezeichnet werden. Jeder Interferenzstreifen verbindet alle Punkte glei-

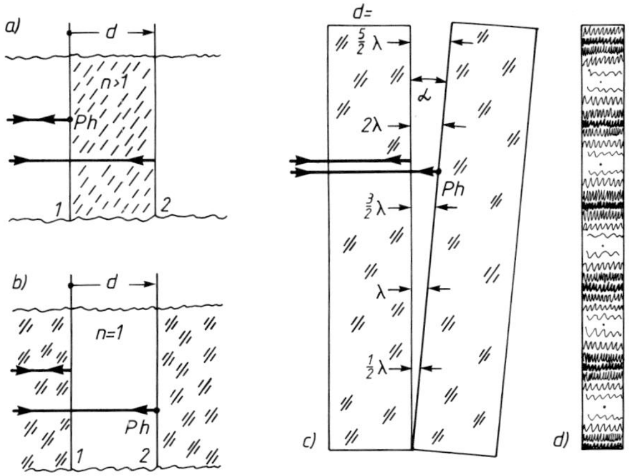


Bild 1.5.1 Interferenzen gleicher Dicke

a) Platte in Luft, b) Luftplatte zwischen Glas, c) Luftkeil, d) Lage der Interferenzstreifen bei dem Luftkeil (um 90° gegenüber c) gedreht). Ph = Reflexion mit Phasensprung um $\lambda/2$

cher Keildicke d; es handelt sich also um *Interferenzen gleicher Dicke.* Die dunklen Streifen liegen jeweils an den Stellen, für die $2 \cdot d = \lambda, 2\lambda, 3\lambda, \ldots$ ist, weil ja stets der Phasensprung um $\lambda/2$ hinzukommt! Der Abstand zwischen zwei dunklen Interferenzstreifen entspricht jeweils einer Änderung der Keildicke um $\lambda/2$. Dies ist ein wichtiges Ergebnis für die Meßtechnik; vergl. Bild 14.3.1 und Bild 14.3.2a. Fizeau-Linien müssen keine parallelen Streifen sein; sind sie kreisförmig (z. B. bei Luftraum zwischen Plan- und Kugelfläche), so heißen sie auch *Newton-Ringe.* Bei den genannten Fällen ist der Streifenkontrast gut, weil die Amplituden der an beiden Flächen reflektierten Wellen etwa gleich sind. Der Reflexionsgrad $\overline{\varrho}$ selbst beträgt nur einige Prozent (Gl. 2.3.4).

Bild 1.5.2 zeigt schematisch das Entstehen von *Interferenzen gleicher Neigung:* Auf eine planparallele Platte trifft von der Lichtquelle Q ein divergentes (oder auch ein durch eine Linse konvergent gemachtes) Bündel, dessen Strahlen ganz unterschiedliche Einfallswinkel $\varepsilon$ ergeben. Im oberen Teil ist nur ein Strahl und seine Aufteilung gezeichnet. Als Gangunterschied zwischen den beiden reflektierten Wellen ergibt sich $\Gamma = l_1 + l_2 - l_3 - \lambda/2$; damit erhält man

$$\Gamma = 2 \cdot d \cdot \sqrt{n^2 - \sin^2 \varepsilon} - \frac{\lambda}{2} \qquad (1.5.8)$$

und für die Interferenzordnung

$$\frac{\Gamma}{\lambda} = \frac{2 \cdot d}{\lambda} \sqrt{n^2 - \sin^2 \varepsilon} - \frac{1}{2} \qquad (1.5.9)$$

Wegen der Rotationssymmetrie der Darstellung von Bild 1.5.2 liegen die Richtungen aller interferierenden Strahlen mit dem gleichen Einfallswinkel $\varepsilon$ auf einem Kegelmantel; diese Strahlen werden in der Brennebene einer Linse zu einer ringförmigen Interferenzfigur vereinigt: Bei Interferenzen gleicher Neigung entstehen *Haidinger-Ringe*

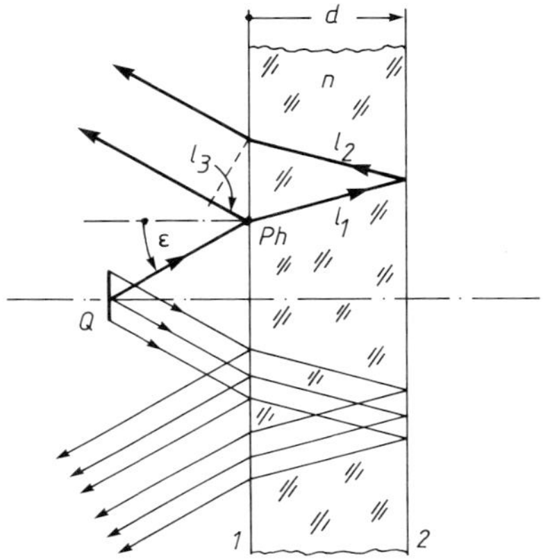


Bild 1.5.2 Interferenzen gleicher Neigung
Q = Lichtquelle, Ph = Reflexion mit Phasensprung

(vergl. Bild 14.3.2 b). Mit zunehmendem Winkel ε werden also Interferenzmaxima und -minima entsprechend hellen und dunklen Ringen durchlaufen. Gemäß Gl. (1.5.9) ist die Interferenzordnung in der Mitte (ε = 0) am höchsten.

Mit *Beugung* wird das Eindringen von Wellen in geometrische Schattenräume bezeichnet, also eine nicht durch Brechung oder Reflexion bedingte Richtungsänderung. Beugung tritt bei jeder Begrenzung eines Wellenfeldes senkrecht zur Ausbreitungsrichtung auf; sie kann mit dem *Huygens-Prinzip der Elementarwellen* erklärt werden: Fällt Licht durch eine Öffnung, so gehen von jedem ihrer Punkte Kugelwellen aus; durch ihre Interferenz ergeben sich in bestimmten Richtungen Beugungsmaxima und -minima. Wird die beugende Öffnung mit Parallellicht bestrahlt und beobachtet man die Interferenzerscheinung in der Brennebene einer nachfolgenden Linse, so liegt *Fraunhofer-Beugung* vor (Lichtquelle und Beobachtungsort liegen für die Öffnung im ∞ oder jedenfalls in großer Entfernung), während sich bei kleineren endlichen Entfernungen *Fresnel-Beugung* ergibt. Wirkt als beugende Öffnung ein *Spalt* mit einer gegenüber der Spaltbreite B großen Länge, so gelten für die Ablenkungswinkel δ, unter denen Maxima und Minima der Beleuchtungsstärke auftreten, die folgenden Beziehungen:

$$\text{Maxima:}\quad \delta = 0; \qquad \sin\delta \approx \frac{2\,\mathrm{m}+1}{2}\cdot\frac{\lambda}{\mathrm{B}}$$

$$\text{Minima:}\qquad \sin\delta = \mathrm{m}\cdot\frac{\lambda}{\mathrm{B}} \tag{1.5.10}$$

mit m = 1, 2, 3, ... Bei δ = 0 liegt das „Beugungsmaximum nullter Ordnung", d. h. in dieser Richtung verlaufen die unabgelenkten Strahlen. Die weitere Untersuchung der Spaltbeugung führt über den Doppelspalt zum *Beugungsgitter* (Abschn. 15). Zu anderen Anwendungen der Beugung gehört auch die *Holografie* (Abschn. 21). Im übrigen wirkt sich die Beugung negativ aus, da sie die Leistungsfähigkeit optischer Systeme auch bei optimaler Korrektion geometrischer Abbildungsfehler prinzipiell begrenzt.

Dies zeigt die Beugung an einer *kreisförmigen Öffnung* mit dem Durchmesser D. Kreisförmige Öffnungen treten ja als Aperturblenden in den meisten optischen Geräten auf. Wird ein idealer Objektpunkt (z. B. Fixstern) in der Brennebene eines idealen, d. h. von Abbildungsfehlern freien Objektivs abgebildet, so entsteht dort keineswegs ein Bildpunkt, sondern ein *Beugungsscheibchen,* das aus einem hellen Zentrum („*Airy-Scheibchen*") besteht, an das sich nach außen eine Folge von hellen und dunklen Interferenzringen anschließt. Bild 1.5.3 zeigt einen Querschnitt durch die bezüglich der $E_{rel}$-Achse rotationssymmetrische Beleuchtungsstärkeverteilung des „Bildpunktes". Die wesentlichen Daten sind in Tabelle 1.5.2 zusammengefaßt ($\varrho'$ = Radius).

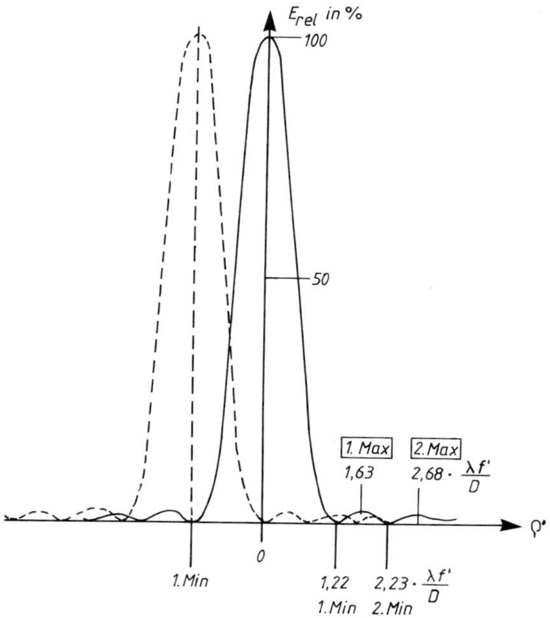


Bild 1.5.3 Beleuchtungsstärke-Verteilung im Beugungsscheibchen

gestrichelt: benachbarter Bildpunkt an der Grenze des Auflösungsvermögens

Aus Bild 1.5.3 und Tab. 1.5.2 ist zu entnehmen, daß die Beleuchtungsstärke im Airy-Scheibchen wesentlich höher als in den Ringen ist. Deshalb gilt konventionell der Radius des ersten dunklen Ringes,

$$\varrho'_{1.\,Min} = 1{,}22 \cdot \frac{\lambda}{D} \cdot f' \tag{1.5.11}$$

**Tabelle *1.5.2* Daten zur Beugung an kreisförmiger Öffnung**

| | 0. Maximum (Mitte) | 1. Minimum (1. dunkler Ring) | 1. Maximum (1. heller Ring) | 2. Minimum (2. dunkler Ring) | 2. Maximum (2. heller Ring) |
|---|---|---|---|---|---|
| Radius $\varrho'$ | 0 | $1{,}22 \cdot \frac{\lambda f'}{D}$ | $1{,}63 \cdot \frac{\lambda f'}{D}$ | $2{,}23 \cdot \frac{\lambda f'}{D}$ | $2{,}68 \cdot \frac{\lambda f'}{D}$ |
| Relative Beleuchtungsstärke $E_{rel}$ | 100% | 0 | 1,75% | 0 | 0,42% |
| Lichtstromanteil $\Phi/\Phi_{ges}$ | 83,8% (Airy-Scheibchen) | | 7,2% im Ring | | 2,8% im Ring |

als der *„Radius des Beugungsscheibchens“*. Setzt man für $f'/D$ die Blendenzahl k ein ($k = f'/D_{EP}$, Abschn. 4.3) und für den sichtbaren Bereich $\lambda = 550$ nm, so erhält man für den Durchmesser des Beugungsscheibchens $2\varrho'$ in µm

$$\frac{2\,\varrho'}{\mu m} = 1{,}34 \cdot k, \quad \text{oder ganz grob: } \frac{2\,\varrho'}{\mu m} \approx k \qquad (1.5.12)$$

Wird z. B. auf $k = 8$ abgeblendet, so hat das Beugungsscheibchen etwa 11 µm Durchmesser.

Vom Objektivhauptpunkt H′ aus erscheint der Radius des Beugungsscheibchens unter dem Winkel $\delta'_{1.Min} = \varrho'_{1.Min}/f'$, also

$$\delta'_{1.Min} = 1{,}22 \cdot \frac{\lambda}{D} \qquad (1.5.13),$$

was mit $\lambda = 550$ nm zu

$$\delta'_{1.Min} = \frac{138''}{D\,(\text{in mm})} \qquad (1.5.14)$$

führt.

Beispielsweise würde eine Eintrittspupille von 69 mm Durchmesser einen Winkel $\delta'_{1.Min} = 2''$ ergeben, d. h. das Beugungsscheibchen hätte eine Winkelausdehnung von 4″ (Winkelsekunden). Bei Weißlicht geben die Gleichungen nur Näherungen an.

In Bild 1.5.3 ist noch die Beleuchtungsstärke-Verteilung für einen benachbarten Bildpunkt gestrichelt eingezeichnet. Beide Punkte sind gerade um $\varrho'_{1.Min}$ gegeneinander verschoben, d. h. das Zentrum (0. Maximum) eines Punktes fällt auf den 1. dunklen Ring des anderen Punktes. Dann ist nach dem *Rayleigh-Kriterium* gerade die *Grenze des Auflösungsvermögens* erreicht: Die Addition der Beleuchtungsstärken ergibt zwischen beiden Maxima noch eine Einsenkung auf ca. 75% des Maximums, so daß beide Punkte noch getrennt erkannt werden. Damit ist die Beugungsgrenze der Auflösung für zwei Objektpunkte dann erreicht, wenn sie sich bis auf einen Winkelabstand $w = \delta'_{1.Min} = 1{,}22 \cdot \lambda/D$ genähert haben. Durch die geometrischen Abbildungsfehler wird die Auflösung gegenüber dieser Beugungsbegrenzung weiter verschlechtert.

Damit die Unschärfe des Bildpunktes vom Auge nicht wahrgenommen werden kann, muß sie unterhalb der *Auflösungsgrenze des Auges* (etwa 1′ bis 2′; Abschn. 6.8) bleiben. Wird ein Bild durch ein optisches Gerät bis an diese Grenze heran vergrößert, so ergibt sich *förderliche Vergrößerung,* darüber hinaus aber *leere Vergrößerung,* die keine neuen Details zeigt. Das Bild ist aber trotzdem oft bequemer zu betrachten, wenn die Grenze der förderlichen Vergrößerung etwas überschritten wird. Beim *Mikroskop* kann die Grenze der förderlichen Vergrößerung mit $\Gamma'_M = 500 \cdot A$ bis $1000 \cdot A$ angesetzt werden (Abschn. 10.1), mit der numerischen Apertur $A = n \cdot \sin u$. Beim *Fernrohr* kann die Grenze der förderlichen Vergrößerung mit der Zahlenwertgleichung $\Gamma'_F = D_{EP}$ (in mm) abgeschätzt werden. Bei einem freien Objektivdurchmesser von z. B. 30 mm wird also erst bei etwa 30-facher Vergrößerung die förderliche Grenze erreicht.

Durch Abblenden optischer Geräte auf kleinere Aperturdurchmesser D nehmen im allgemeinen die geometrischen Abbildungsfehler ab, während die Beugungsunschärfe gemäß Gl. (1.5.11) zunimmt. Ein günstiger Kompromiß wird dann erreicht, wenn geometrische und wellenoptische Unschärfe etwa gleich sind. Aus diesen Überlegungen folgt auch für die *Lochkamera* ein optimaler Lochdurchmesser

$$D = 1{,}6 \cdot \sqrt{f' \cdot \lambda} \tag{1.5.15}$$

wobei f' der Kameraauszug bei Einstellung auf $\infty$ ist [L 11.1.8]. Der Faktor 1,6 ist nicht kritisch.

Wie das Loch in Transmission wirkt entsprechend ein planer „Lochspiegel" in Reflexion.

Bei *ringförmiger Öffnung* (z. B. zentrale Abdeckung des Hauptspiegels durch einen Fangspiegel bei Teleskopen) ändern sich gegenüber Tab. 1.5.2 Lagen und Intensitätsverteilung der Beugungsmaxima und -minima. Mit $D_a$ = Außen-, $D_i$ = Innendurchmesser der ringförmigen Apertur ist das Abschattungsverhältnis $\varepsilon = D_i/D_a$ ($\varepsilon < 1$). Tabelle 1.5.3 gibt einen Überblick [L 1.5.4].

**Tabelle *1.5.3* Daten zur Beugung an ringförmiger Öffnung**

| Abschattung | | 0. Maximum | 1. Minimum | 1. Maximum | 2. Minimum | 2. Maximum |
|---|---|---|---|---|---|---|
| $\varepsilon = 0{,}3$ | $\rho'$ | 0 | $1{,}11 \cdot \lambda \cdot k$ | $1{,}61 \cdot \lambda \cdot k$ | $2{,}42 \cdot \lambda \cdot k$ | $2{,}73 \cdot \lambda \cdot k$ |
| | $E_{rel}$ | 100% | 0 | 4,75% | 0 | 1,10% |
| $\varepsilon = 0{,}5$ | $\rho'$ | 0 | $1{,}00 \cdot \lambda \cdot k$ | $1{,}54 \cdot \lambda \cdot k$ | $2{,}29 \cdot \lambda \cdot k$ | $2{,}76 \cdot \lambda \cdot k$ |
| | $E_{rel}$ | 100% | 0 | 9,63% | 0 | 1,24% |
| $\varepsilon = 0{,}7$ | $\rho'$ | 0 | $0{,}90 \cdot \lambda \cdot k$ | $1{,}41 \cdot \lambda \cdot k$ | $2{,}06 \cdot \lambda \cdot k$ | $2{,}58 \cdot \lambda \cdot k$ |
| | $E_{rel}$ | 100% | 0 | 13,95% | 0 | 5,33% |

Ergebnis: Mit zunehmender Abschattung wird zwar $\rho'_{1.Min}$ geringer, aber durch hellere Ringe (1. und 2. Max.) sinkt der Kontrast.

## Literaturhinweise

L 1.5.1 *Walther, A.:* Diffraction. LÜ 1, Vol. I/7

L 1.5.2 Siehe auch L 1.4.2; L 14. . . .; L 15 . . .

L 1.5.3 *Young, M.:* Pinhole Optics. Applied Optics *10* (1971), 2763

L 1.5.4 *Rivolta, C.:* Airy disk diffraction pattern: Comparison of some values of f/No. and obscuration ratio. Applied Optics *25* (1986), 2404–2408

# 2 Bewertung optischer Strahlung

## 2.1 Aussendung und Empfang optischer Strahlung

*Optische Strahlung* stellt einen begrenzten Ausschnitt aus dem Bereich der elektromagnetischen Wellen (Abschn. 1.1) dar; Grenzen und Bereichsunterteilung zeigt Tab. 2.1.1.

**Tabelle *2.1.1* Wellenlängenbereiche der optischen Strahlung nach DIN 5031, T. 7**

| | | | | | | | |
|---|---|---|---|---|---|---|---|
| | | | | $\lambda = 100$ nm | $\nu = 3 \cdot 10^{15}$ Hz | $\sigma = 10^4$ mm$^{-1}$ | $Q = 12{,}4$ eV |
| Optische Stahlung | UV (Ultraviolett-Strahlung) | UV-C | VUV Vakuum-UV | | | | |
| | | | | $\lambda = 200$ nm | | | $Q = 6{,}2$ eV |
| | | | FUV Fernes UV | | | | |
| | | | | $\lambda = 280$ nm | | $\sigma = 3{,}6 \cdot 10^3$ mm$^{-1}$ | $Q = 4{,}4$ eV |
| | | UV-B | Mittleres UV | | | | |
| | | | | $\lambda = 315$ nm | | $\sigma = 3{,}2 \cdot 10^3$ mm$^{-1}$ | $Q = 3{,}9$ eV |
| | | UV-A | Nahes UV | | | | |
| | | | | $\lambda = 380$ nm | $\nu = 7{,}9 \cdot 10^{14}$ Hz | $\sigma = 2{,}6 \cdot 10^3$ mm$^{-1}$ | $Q = 3{,}3$ eV |
| | VIS (sichtbare Strahlung; Licht) | violett | | | | | |
| | | | | 424 nm | | | |
| | | blau | | | | | |
| | | | | 486 nm | | | |
| | | blaugrün | | | | | |
| | | | | 517 nm | | | |
| | | grün | | | | | |
| | | | | 527 nm | | | |
| | | gelbgrün | | | | | |
| | | | | 575 nm | | | |
| | | gelb | | | | | |
| | | | | 585 nm | | | |
| | | orange | | | | | |
| | | | | 647 nm | | | |
| | | rot | Farbgrenzen nur Näherungswerte (nicht genormt) | | | | |
| | | | | $\lambda = 780$ nm | $\nu = 3{,}85 \cdot 10^{14}$ Hz | $\sigma = 1{,}3 \cdot 10^3$ mm$^{-1}$ | $Q = 1{,}6$ eV |
| | IR (Infrarot-Strahlung) | IR-A | NIR Nahes IR | | | | |
| | | | | $\lambda = 1{,}4$ µm | | $\sigma = 700$ mm$^{-1}$ | $Q = 0{,}9$ eV |
| | | IR-B | | | | | |
| | | | | $\lambda = 3{,}0$ µm | | $\sigma = 330$ mm$^{-1}$ | $Q = 0{,}4$ eV |
| | | IR-C | MIR Mittleres IR | | | | |
| | | | | $\lambda = 50$ µm | | $\sigma = 20$ mm$^{-1}$ | |
| | | | FIR Fernes IR | | | | |
| | | | | $\lambda = 1$ mm | $\nu = 3 \cdot 10^{11}$ Hz | $\sigma = 1$ mm$^{-1}$ | $Q = 10^{-3}$ eV |

$\nu = c/\lambda$ Frequenz
$\sigma = 1/\lambda$ Wellenzahl
$Q = h \cdot \nu$ Photonenenergie
($h$ = Plancksches Wirkungsquantum; 1 eV $= 1{,}602 \cdot 10^{-19}$ Joule)

Die Bereichsgrenzen geben niemals eine scharfe Trennung an, da sich die Eigenschaften von Strahlungsquellen, Empfängern und Stoffen nicht sprunghaft mit der Wellenlänge ändern. So kann z. B. das Auge bei hoher Strahldichte auch noch aus den Bereichen dicht unterhalb 380 nm und oberhalb 780 nm einen Helligkeitseindruck empfangen. Trotzdem ist eine eindeutige Bereichsabgrenzung durch Normung zweckmäßig.

Die zu irgendeinem Zweck benutzte optische Strahlung stellt häufig ein Gemisch aus Strahlungsanteilen unterschiedlicher Wellenlänge dar, die sich auch über mehrere Teilbereiche von Tab. 2.1.1 erstrecken können. Überdeckt das Strahlungsgemisch einen größeren Wellenlängenbereich lückenlos, so zeigt die Strahlung ein *kontinuierliches Spektrum,* während bei einem *Bandenspektrum* die Emissionsbereiche durch Lücken getrennt sind. *Monochromatische Strahlung* umfaßt nur einen sehr engen Wellenlängenbereich; sie ergibt eine *Spektrallinie.* In einem *Linienspektrum* können viele Spektrallinien nebeneinander auftreten.

*Strahlungsempfänger* weisen Strahlung durch die von ihren Energiequanten (Photonen) bewirkten Veränderungen nach; die Photonen werden dabei absorbiert. In diesem Sinne sind alle Stoffe Strahlungsempfänger, die durch Strahlungseinwirkung verändert werden. Empfänger für optische Strahlung sind das Auge, lichtelektrische Empfänger und Fotoschichten. Dabei ist der spektrale Empfindlichkeitsbereich begrenzt und bei den verschiedenen Empfängerarten sehr unterschiedlich (Abschnitte 6.6 bis 6.8; 11.1).

**Literaturhinweise**

L 2.1.1 RCA Electro-Optics Handbook. Technical Series EOH-11, RCA, Harrison 1974, USA
L 2.1.2 DIN 5031 Strahlungsphysik im optischen Bereich und Lichttechnik.
T 7 Benennung der Wellenlängenbereiche
L 2.1.3 *Nicodemus, F. E.:* Radiometry. LÜ 1 Vol. IV/8

## 2.2 Strahlungsphysikalische und lichttechnische Größen

Geht von einer Strahlungsquelle in der Zeit dt die *Strahlungsenergie* $dQ_e$ (in Wattsekunden, Ws) aus, so wird die „Stärke" der Quelle durch die *Strahlungsleistung* $\Phi_e = dQ_e/dt$ (in Watt, W) beschrieben. Für die Strahlungsleistung ist auch die Bezeichnung *Strahlungsfluß* gebräuchlich. Die Strahlungsleistung $\Phi_e$ ist über einen mehr oder weniger großen Wellenlängenbereich verteilt, d. h. sie wird von einem Strahlungsgemisch erbracht. Ist $\Phi_{e\lambda}$ die *spektrale Dichte der Strahlungsleistung,* d. h. die auf ein kleines Wellenlängenintervall $d\lambda$ entfallende Strahlungsleistung $d\Phi_e$, demnach $\Phi_{e\lambda} = d\Phi_e/d\lambda$ (in Watt pro Nanometer, $W \cdot nm^{-1}$), so ist die im Bereich von $\lambda_1$ bis $\lambda_2$ auftretende Strahlungsleistung

$$\Phi_e = \int_{\lambda_1}^{\lambda_2} \Phi_{e\lambda} \cdot d\lambda \qquad (2.2.1)$$

Es kann $\lambda_1 = 0$, $\lambda_2 = \infty$ sein. Die Funktion $\Phi_{e\lambda}(\lambda)$ beschreibt die spektrale Verteilung der Strahlung, d. h. ihre Zusammensetzung aus Anteilen verschiedener Wellenlänge. Beim Vergleich verschiedener Strahlungsarten (z. B. Glühlampen- und Tageslicht) ist aber meist nicht die absolute Verteilung (in $W \cdot nm^{-1}$ als Funktion von $\lambda$) interessant, sondern nur die *relative spektrale Energieverteilung* oder *„Strahlungsfunktion“* S(λ) [L 2.2.1; 2.2.3]:

$$S(\lambda) = \frac{\Phi_{e\lambda}(\lambda)}{\Phi_{e\lambda}(\lambda_0)} \tag{2.2.2}$$

Die spektrale Dichte der Strahlungsleistung bei der Wellenlänge λ ist also auf die gleiche Größe bei der willkürlich, aber irgendwie zweckmäßig gewählten Wellenlänge $\lambda_0$ bezogen. S(λ) hat damit die Dimension Eins („dimensionslose Größe“).

Eine Strahlungsleistung wirkt nur insoweit auf einen Empfänger ein, wie der Empfänger für diese Strahlung empfindlich ist: Die Spektralbereiche der Strahlung und der Empfänger-Empfindlichkeit müssen sich zumindest teilweise überdecken. Ist $s(\lambda) = dY(\lambda)/dX_e(\lambda)$ die *spektrale Empfindlichkeit* des Empfängers, mit $dX_e(\lambda)$ = Eingangsgröße (z. B. die mit der Wellenlänge λ auf den Empfänger treffende Strahlungsleistung) und dY = Ausgangsgröße (z. B. Fotostrom), so kann man durch Bezug auf den Wert bei einer Wellenlänge $\lambda_0$ die *relative spektrale Empfindlichkeit* angeben:

$$s(\lambda)_{rel} = \frac{s(\lambda)}{s(\lambda_0)} \tag{2.2.3}$$

Dann ergibt sich die Ausgangsgröße Y (z. B. der gesamte Fotostrom als Bewertung der einfallenden Strahlungsleistung durch den Empfänger) zu

$$Y = s(\lambda_0) \int_0^\infty X_{e\lambda} \cdot s(\lambda)_{rel} \cdot d\lambda \tag{2.2.4}$$

Die spektrale Dichte der Eingangsgröße, $X_{e\lambda}(\lambda)$, wird also durch die Empfängerfunktion $s(\lambda)_{rel}$ bewertet.

Beispiel: Ist J der Fotostrom eines lichtelektrischen Empfängers (in A) und $\Phi_e$ die auf den Empfänger treffende Strahlungsleistung (in W), so ergibt sich

$$J = s(\lambda_0) \int_0^\infty \Phi_{e\lambda} \cdot s(\lambda)_{rel} \cdot d\lambda.$$

$$A = \frac{A}{W} \cdot \frac{W}{nm} \cdot 1 \cdot nm$$

Unter die Gleichung wurden die Einheiten der Faktoren geschrieben.

Ein aus den übrigen Empfängerarten in seiner Bedeutung herausragender Empfänger ist das menschliche *Auge* (Abschn. 6.8). Die relative spektrale Empfindlichkeit folgt für helladaptiertes Auge (Tagessehen) und für dunkeladaptiertes Auge (Nachtsehen) unterschiedlichen Funktionen: Es ist $s(\lambda)_{rel} = V(\lambda)$ der *spektrale Hellempfindlichkeitsgrad für Tagessehen,* und $s'(\lambda)_{rel} = V'(\lambda)$ der *spektrale Hellempfindlichkeitsgrad für Nachtsehen.* Beide Empfindlichkeitsverteilungen sind jeweils auf die Wellenlänge $\lambda_0$ ihres Maximums bezogen (für V(λ) ist $\lambda_0 =$ 555 nm, für V′(λ) 507 nm); damit ist $V(\lambda)_{max} = V'(\lambda)_{max} = 1$. Die Zahlenwerte sind nach DIN 5031 T.3 in Tab. 6.8.3 wiedergegeben. Bei den Wellenlängen 380 nm und 780 nm ist die Augenempfindlichkeit praktisch auf Null abgesunken, womit die Grenzen des sichtbaren Bereichs definiert sind.

Wendet man die Gl. (2.2.4) auf das Auge an, so ist die zur Strahlungsleistung $\Phi_e$ als Eingangsgröße gehörende Ausgangsgröße der *Lichtstrom* Φ (in Lumen lm): Aus der strahlungsphysikalischen Größe „Strahlungsleistung“ entsteht mit der Bewertung durch das Auge die entsprechende *lichttechnische Größe,* d. h. ein Helligkeitsmaß. Es ergibt sich

$$\Phi = K_m \cdot \int_{380\,nm}^{780\,nm} \Phi_{e\lambda} \cdot V(\lambda) \cdot d\lambda \text{ für Tagessehen, und} \quad (2.2.5)$$

$$\Phi' = K'_m \cdot \int_{380\,nm}^{780\,nm} \Phi_{e\lambda} \cdot V'(\lambda) \cdot d\lambda \text{ für Nachtsehen} \quad (2.2.6)$$

Dabei ist $K_m$ = 683 lm/W der *Maximalwert des photometrischen Strahlungsäquivalents für Tagessehen,* $K'_m$ = 1699 lm/W der entsprechende Wert für Nachtsehen. Der Zahlenwert für $K_m$ entspricht der neuen Definition der Basiseinheit Candela, [L 2.2.5], während in der z. Zt. gültigen Normung (DIN 5031 T.3 und T.8) noch 673 bzw. 685 lm/W angegeben sind; vergl. auch [L 2.2.4].

Strahlungsphysikalische Größen und ihre Bewertung durch das Auge (Lichttechnische Größen) werden nur durch einen Index unterschieden, z. B. entweder

| | strahlungsphysikalisch | lichttechnisch |
|---|---|---|
| | $\Phi_e$ | $\Phi$ |
| oder | $\Phi$ | $\Phi_v$ |

(e bedeutet: „energetische Größe"; v: „visuelle Größe".) Die erste Möglichkeit wird hier benutzt.

Aus der Strahlungsleistung $\Phi_e$ und dem Lichtstrom $\Phi$ werden nun weitere strahlungsphysikalische und zugehörige lichttechnische Größen jeweils mit analogen Definitionen abgeleitet. Sie sind in Tab. 2.2.1 gegenübergestellt. Die Besprechung kann sich deshalb im wesentlichen auf die strahlungsphysikalischen Größen beschränken.

**Tabelle *2.2.1* Wichtige strahlungsphysikalische und lichttechnische Größen**

| Strahlungsphysikalische Größen | | | Lichttechnische Größen | | |
|---|---|---|---|---|---|
| Größe | Definition | Einheit | Größe | Definition | Einheit |
| Spektrale Dichte der Strahlungsleistung $\Phi_{e\lambda}$ | siehe Text | $\frac{W}{nm}$ | | | |
| Strahlungsleistung $\Phi_e$ | $\Phi_e = \int \Phi_{e\lambda} \cdot d\lambda$ | W | Lichtstrom $\Phi$ | $\Phi_e$ bewertet nach $V(\lambda)$ | Lumen lm<br>lm = cd · sr |
| Strahlstärke $I_e$ | $I_e = \frac{d\Phi_e}{d\Omega_1}$ | $\frac{W}{sr}$ | Lichtstärke I | $I = \frac{d\Phi}{d\Omega_1}$ | Candela<br>cd |
| Strahldichte $L_e$ | $L = \frac{dI}{dA_1 \cos\varepsilon_1}$ | $\frac{W}{sr \cdot m^2}$ | Leuchtdichte L | $L_e = \frac{dI_e}{dA_1 \cos\varepsilon_1}$ | $\frac{cd}{m^2}$ |
| Bestrahlungsstärke $E_e$ | $E_e = \frac{d\Phi_e}{dA_2}$ | $\frac{W}{m^2}$ | Beleuchtungsstärke E | $E = \frac{d\Phi}{dA_2}$ | Lux lx<br>lx = lm/m² |
| Bestrahlung $H_e$ | $H_e = \int E_e \cdot dt$ | $\frac{Ws}{m^2}$ | Belichtung H | $H = \int E \cdot dt$ | Luxsekunden<br>lxs |

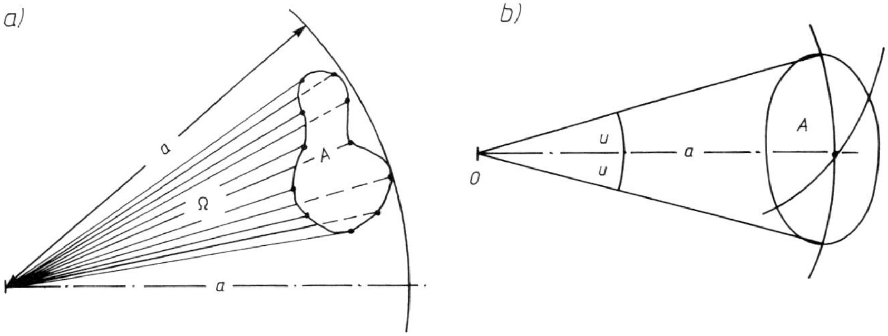


Bild 2.2.1 Zur Definition des Raumwinkels

a) Beliebige Fläche A auf der Kugeloberfläche mit Radius a. b) Rotationssymmetrisches Strahlenbündel; A = Kugelkappe mit kreisförmiger Begrenzung

Eine nützliche geometrische Größe bei der Beschreibung der räumlichen Strahlungsverteilung ist der *Raumwinkel* $\Omega$ (Bild 2.2.1 a): Denkt man sich um einen Raumpunkt O eine Kugel mit beliebigem Radius (= Abstand) a gelegt und auf der Kugeloberfläche eine beliebig geformte Fläche A abgegrenzt, so bilden alle von O zum Flächenrand gezogenen Strahlen eine Kegelfläche, die einen bestimmten Raumbereich (als Ausschnitt aus dem Vollraum) abgrenzt. Die Größe dieses Raumbereiches wird durch den Raumwinkel angegeben:

$$\Omega = \frac{A}{a^2} \cdot \Omega_0 \qquad (2.2.7)$$

mit $\Omega_0 = 1$ sr als „Einheits-Raumwinkel" (um dem Raumwinkel die Einheit „Steradiant" (sr) zu erteilen, da $A/a^2$ ja dimensionslos ist). Beispiel: Für den Vollraum ist $\Omega = 4\,\pi$ sr, da $A = 4\,\pi\,a^2$ für die gesamte Kugeloberfläche. Hat der Raumbereich die rotationssymmetrische Form eines Kreiskegels mit dem Aperturwinkel u (Bild 2.2.1 b), so kann man aus diesem ebenen Winkel u den Raumwinkel berechnen gemäß

$$\Omega = 2\,\pi \cdot (1 - \cos u) \cdot \Omega_0 \qquad (2.2.8)$$

Geht von einer Strahlungsquelle O die Strahlungsleistung $\Phi_e$ in den Raumwinkel $\Omega_1$ aus, so erhält man in diesem Raumbereich die mittlere *Strahlstärke* $I_e$: $I_e = \Phi_e/\Omega_1$. Die Strahlstärke gibt also die räumliche Dichte der Strahlungsleistung an. So kann etwa die von einer Quelle allseitig ausgehende Strahlungsleistung in einer bestimmten Richtung z. B. durch Linsen oder Spiegel verdichtet werden: Bei gleicher Strahlungsleistung steigt die Strahlstärke, natürlich auf Kosten des übrigen Raumbereiches. Für $I_e$ ist in Tab. 2.2.1 die exakte Definition als Differentialquotient angegeben: Die vereinfachte Definition $I_e = \Phi_e/\Omega_1$ gilt bei gleichmäßig im Raum verteilter Strahlungsleistung. Ist dies nicht der Fall, so liefert die vereinfachte Definition die mittlere Strahlstärke (= gesamte Strahlungsleistung dividiert durch den gesamten Raumwinkel). Entsprechendes gilt für alle übrigen Größen.

Die *Strahldichte* $L_e$ beschreibt die Flächendichte der Abstrahlung von einer Sendefläche $A_1$ (z. B. glühendes Blech) mit der vereinfachten Definition $L_e = I_e/(A_1 \cos \varepsilon_1)$. Dabei ist $\varepsilon_1$ der Winkel zwischen Flächennormale und betrachteter Abstrahlungsrichtung, $A_1 \cos \varepsilon_1$ also die wirksame Flächenprojektion.

Auf der Seite des bestrahlten Körpers, d. h. des Strahlungsempfängers, gibt die *Bestrahlungsstärke* $E_e$ die Flächendichte der Einstrahlung an: $E_e = \Phi_e/A_2$, wobei $A_2$ die bestrahlte Fläche ist (stets Index 1 für Sender, Index 2 für Empfänger).

Viele Veränderungen an bestrahlten Körpern (z. B. die Schwärzung der Fotoschicht) nehmen mit der Flächendichte der eingestrahlten Energie zu. Sie wird durch die *Bestrahlung* $H_e = E_e \cdot t$ angegeben.

Ganz analoge Definitionen gelten, ausgehend vom Lichtstrom $\Phi$, für die lichttechnischen Größen. Grundeinheit im SI-System ist jedoch die Einheit der Lichtstärke I, die *Candela* (cd) [L 2.2.5].

Weitere strahlungsphysikalische Größen sind DIN 5031 T.1, lichttechnische Größen DIN 5031 T.3 zu entnehmen. Neben den energetischen Größen der Strahlungsphysik werden noch *Photonengrößen* (Index p) verwendet, z. B. $\Phi_p$ = Photonenstrom (Gl. 6.7.7)

**Literaturhinweise**

L 2.2.1 *Krochmann, J.:* Über spektrale strahlungsphysikalische Größen und deren Formelzeichen. Optik *45* (1976) No. 5, 437–441

L 2.2.2 *Geutler, G.; Krochmann, J.:* Über die Kennzeichnung der Güte von Geräten zur Messung der Beleuchtungsstärke, Raumbeleuchtungsstärke und zylindrischer Beleuchtungsstärke. Optik *47* (1977) No. 1, 39–53

L 2.2.3 *Bauer, G.; Budde, W.:* Zur Charakterisierung von spektralen Strahlungsverteilungen. Optik *48* (1977) No. 1, 129–135

L 2.2.4 *Krochmann, J.:* Über den Maximalwert des photometrischen Strahlungsäquivalentes. Optik *50* (1978) No. 5, 405–412

L 2.2.5 *Krochmann, J.; Rattunde, R.:* Über die Neudefinition der Candela. Optik *58* (1981) No. 1, 1–10

L 2.2.6 DIN 5031 Strahlungsphysik im optischen Bereich und Lichttechnik
T 1 Formelzeichen und Einheiten der Strahlungsphysik;
T 2 Strahlungsbewertung durch Empfänger;
T 3 Formelzeichen und Einheiten der Lichttechnik;
T 4 Wirkungsgrade;
T 8 Strahlungsphysikalische Begriffe und Konstanten

L 2.2.7 *Loos, G.:* Umrechnungsfaktoren zwischen strahlungsphysikalischen und lichttechnischen Größen bei Photodetektoren. Optik *57* No. 2 (1980) 223-228

## 2.3 Strahlungsdurchgang durch Medien

Beim Durchgang optischer Strahlung durch ein Medium (z. B. Luft- oder Wasserschicht, Linse aus Glas) wird die einfallende Strahlungsleistung $\Phi_e$ in verschiedene Anteile zerlegt: Es wird nur der Anteil durchgelassen (Transmission), der nicht durch Reflexion und Absorption aus der ursprünglichen Richtung entfernt wird. Bei Transmission und Reflexion kann gerichtete und/oder gestreute Strahlung auftreten. Streuung ist dabei die Verteilung der Strahlung auf einen größeren Richtungsbereich. Die Einwirkungen des Mediums auf die Strahlung werden durch *Kennzahlen* (DIN 5036 T.1) beschrieben. Diese Kennzahlen hängen neben anderen Parametern von spektraler Zusammensetzung, Polarisationszustand und räumlicher Verteilung der Strahlung ab. In Tab. 2.3.1 sind die wichtigsten Kennzahlen zusammengefaßt. Dabei sind alle „Grade“ Kennzahlen zwischen Null und Eins, bei denen stets die Strahlungsleistung (bzw. ihre spektrale Dichte) nach Transmission, Reflexion oder Absorption auf die einfallende Strahlungsleistung bezogen wird. Alle Integrale sind grundsätzlich von $\lambda = 0$ bis $\lambda = \infty$ zu erstrecken. Soweit die Bereichsgrenzen dadurch gegeben sind, daß einer der Faktoren Null wird, können natürlich diese Integrationsgrenzen verwendet werden (z. B. 380 nm und 780 nm bei $V(\lambda)$). Die Dichtewerte haben als logarithmische Maße den Vorteil, daß sie bei hintereinander in den Strahlengang geschalteten Körpern addiert werden können.

Grundlage aller übrigen Kennzahlen sind die für *monochromatische Strahlung* der Wellenlänge $\lambda$ definierten *spektralen Kennzahlen.* Bild 2.3.1 zeigt am Beispiel einer Glasplatte schematisch die Aufteilung der spektralen (Dichte der) Strahlungsleistung: Die *einfallende spektrale Strahlungsleistung* $\Phi_{e\lambda}$ wird an der ersten Grenzfläche durch *Reflexion* $(\Phi_{e\lambda})_{\varrho 1}$ auf die *eingetretene spektrale Strahlungsleistung* $(\Phi_{e\lambda})_{in}$ vermindert. Nun nimmt die spektrale Strahlungsleistung durch *Absorption* (exponentiell mit der Schichtdicke) bis auf die *ausgetretene spektrale Strahlungsleistung* $(\Phi_{e\lambda})_{ex}$ an der Fläche 2 ab. Hiervon wird wieder der Anteil $(\Phi_{e\lambda})_{\varrho 2}$ reflektiert, so daß hinter der Fläche 2 die *durchgelassene spektrale Strahlungsleistung* $(\Phi_{e\lambda})_{\tau}$ übrig bleibt. Die spektrale Strahlungsleistung $(\Phi_{e\lambda})_{\alpha} = (\Phi_{e\lambda})_{in} - (\Phi_{e\lambda})_{ex}$ wurde also absorbiert. Mit diesen Größen ergeben sich die spektralen Kennzahlen nach Tab. 2.3.1. Während mit dem *spektralen Transmissionsgrad* die Gesamtwirkung der Schicht (z. B. eines Filters bei der Wellenlänge $\lambda$) beschrieben wird, ist der *spektrale Reintransmissionsgrad* von den Reflexionsverlusten an den Flächen „gereinigt“; er beschreibt nur das Ergebnis der Absorption im Schichtinneren und wird z. B. bei Schichtdicken-Berechnungen von Filtern (Abschn. 6.10) benötigt.

Der *spektrale Fresnelsche Reflexionsgrad* ist unmittelbar durch den Brechzahlunterschied an einer Grenzfläche bedingt. Er kann also aus den Brechzahlen $n(\lambda)$ und $n'(\lambda)$ berechnet werden (das Zeichen $(\lambda)$ wird im folgenden weggelassen), wenn außerdem Polarisationszustand und Einfallswinkel bekannt sind. Ist $\varepsilon$ der Einfallswinkel und $\varepsilon'$ der mit dem Brechungsgesetz Gl. (1.3.1) berechnete Brechungswinkel, so ergeben sich die spektralen Reflexionsgrade

für parallel zur Einfallsebene schwingende Welle

$$\bar{\varrho}_p = \frac{\tan^2(\varepsilon - \varepsilon')}{\tan^2(\varepsilon + \varepsilon')} \tag{2.3.1}$$

für senkrecht zur Einfallsebene schwingende Welle

$$\bar{\varrho}_s = \frac{\sin^2(\varepsilon - \varepsilon')}{\sin^2(\varepsilon + \varepsilon')} \tag{2.3.2}$$

und für unpolarisierte Strahlung

$$\bar{\varrho} = \frac{\bar{\varrho}_p + \bar{\varrho}_s}{2} \tag{2.3.3}$$

**Tabelle *2.3.1* Wichtige Kennzahlen für die Materialeinwirkung auf Strahlung**

| | Transmission | Reflexion | Absorption |
|---|---|---|---|
| ① Spektrale Kennzahlen | Spektraler Transmissionsgrad $\tau(\lambda) = \frac{(\Phi_{e\lambda})_\tau}{\Phi_{e\lambda}}$ | Spektraler Reflexionsgrad $\varrho(\lambda) = \frac{(\Phi_{e\lambda})_\varrho}{\Phi_{e\lambda}}$ | Spektraler Absorptionsgrad $\alpha(\lambda) = \frac{(\Phi_{e\lambda})_\alpha}{\Phi_{e\lambda}}$ |
| (Monochromatische Strahlung) | Spektrale optische Dichte $D(\lambda) = \lg \frac{1}{\tau(\lambda)}$ | Spektrale optische Dichte $D(\lambda) = \lg \frac{1}{\varrho(\lambda)}$ | Dekadische Extinktion $E(\lambda) = \lg \frac{1}{\tau_i(\lambda)}$ |
| | Spektraler Reintransmissionsgrad $\tau_i(\lambda) = \frac{(\Phi_{e\lambda})_{ex}}{(\Phi_{e\lambda})_{in}}$ | Spektraler Fresnelscher Reflexionsgrad beim senkrechten Einfall: $\bar{\varrho}_0(\lambda) = \left(\frac{n'(\lambda) - n(\lambda)}{n'(\lambda) + n(\lambda)}\right)^2$ | Spektraler Reinabsorptionsgrad $\alpha_i(\lambda) = \frac{(\Phi_{e\lambda})_{in} - (\Phi_{e\lambda})_{ex}}{(\Phi_{e\lambda})_{in}}$ |

Fortsetzung von Tabelle *2.3.1*

| | Transmission | Reflexion | Absorption |
|---|---|---|---|
| ② Allgemeine Kennzahlen | Allgemeiner Transmissionsgrad $\tau_s = \frac{\int \Phi_{e\lambda} \cdot \tau(\lambda) \cdot s(\lambda)_{rel} \cdot d\lambda}{\int \Phi_{e\lambda} \cdot s(\lambda)_{rel} \cdot d\lambda}$ | Allgemeiner Reflexionsgrad $\varrho_s = \frac{\int \Phi_{e\lambda} \cdot \varrho(\lambda) \cdot s(\lambda)_{rel} \cdot d\lambda}{\int \Phi_{e\lambda} \cdot s(\lambda)_{rel} \cdot d\lambda}$ | Allgemeiner Absorptionsgrad $\alpha_s = \frac{\int \Phi_{e\lambda} \cdot \alpha(\lambda) \cdot s(\lambda)_{rel} \cdot d\lambda}{\int \Phi_{e\lambda} \cdot s(\lambda)_{rel} \cdot d\lambda}$ |
| Bewertungs-funktion: $s(\lambda)_{rel}$ | Dichte $D_s = \lg \frac{1}{\tau_s}$ | Dichte $D_s = \lg \frac{1}{\varrho_s}$ | |
| ③ Strahlungs-phys. Kennzahlen wie ② mit $s(\lambda)_{rel} = 1$! | Strahlungsphys. Transm.-grad $\tau_e = \frac{\int \Phi_{e\lambda} \cdot \tau(\lambda) \cdot d\lambda}{\int \Phi_{e\lambda} \cdot d\lambda}$ | Strahlungsphys. Reflexionsgrad $\varrho_e = \frac{\int \Phi_{e\lambda} \cdot \varrho(\lambda) \cdot d\lambda}{\int \Phi_{e\lambda} \cdot d\lambda}$ | Strahlungsphys. Absorptionsgrad $\alpha_e = \frac{\int \Phi_{e\lambda} \cdot \alpha(\lambda) \cdot d\lambda}{\int \Phi_{e\lambda} \cdot d\lambda}$ |
| ④ Licht-technische Kennzahlen wie ② mit $s(\lambda)_{rel} = V(\lambda)$! | Lichttransmissionsgrad $\tau = \frac{\int \Phi_{e\lambda} \cdot \tau(\lambda) \cdot V(\lambda) \cdot d\lambda}{\int \Phi_{e\lambda} \cdot V(\lambda) \cdot d\lambda}$ | Lichtreflexionsgrad $\varrho = \frac{\int \Phi_{e\lambda} \cdot \varrho(\lambda) \cdot V(\lambda) \cdot d\lambda}{\int \Phi_{e\lambda} \cdot V(\lambda) \cdot d\lambda}$ | Lichtabsorptionsgrad $\alpha = \frac{\int \Phi_{e\lambda} \cdot \alpha(\lambda) \cdot V(\lambda) \cdot d\lambda}{\int \Phi_{e\lambda} \cdot V(\lambda) \cdot d\lambda}$ |

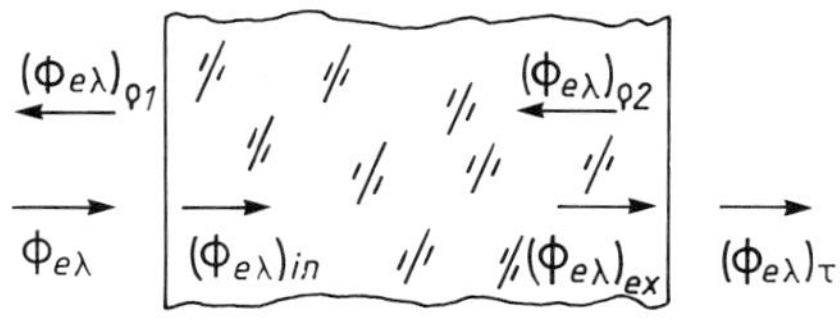


Bild 2.3.1 Aufteilung der spektralen Strahlungsleistungen bei Reflexion, Absorption und Transmission an einer Platte

Nimmt der Einfallswinkel $\varepsilon$ den speziellen Wert $\varepsilon_p = \arctan n'/n$ an, dann stehen reflektierter und gebrochener Strahl senkrecht zueinander; es ist $\varepsilon_p + \varepsilon' = 90°$. Also wird $\tan^2(\varepsilon + \varepsilon') = \infty$, und damit $\bar{\varrho}_p = 0$: Bei Einfall unter dem *Polarisationswinkel* $\varepsilon_p$ (*„Brewster-Winkel“*) wird die parallel zur Einfallsebene schwingende Komponente nicht reflektiert. Fällt also unpolarisierte Strahlung ein, so ist die reflektierte Strahlung vollständig polarisiert, denn sie besteht nur noch aus der senkrecht zur Einfallsebene schwingenden Komponente „s“! Die durchgehende Strahlung ist dann teilpolarisiert, denn sie enthält die Komponente „p“ vollständig, von der Komponente „s“ aber nur den nicht reflektierten Teil.

Bei *kleinem Einfallswinkel,* $\varepsilon \approx 0°$, können die Funktionen sin und tan durch den Winkel ersetzt und das paraxiale Brechungsgesetz Gl. 4.1.1) angewendet werden. Dann folgt aus Gl. (2.3.1) bis (2.3.3)

$$\bar{\varrho} = \bar{\varrho}_p = \bar{\varrho}_s = \left(\frac{n' - n}{n' + n}\right)^2 \quad (2.3.4).$$

Für den Transmissionsgrad einer solchen Grenzfläche erhält man dann

$$\bar{\tau} = \frac{4\,n\,n'}{(n' + n)^2}\;.$$

In Bild 2.3.2 sind die spektralen Reflexionsgrade als Funktion des Einfallswinkels für die Brechzahlen $n = 1/n' = 1{,}5$ (niedrig brechendes Glas gegen Luft) und $n = 1/n' = 4{,}0$ (sehr hohe Brechzahl, z. B. bei IR-Material) dargestellt. Ein wesentliches Ergebnis ist, daß bei unpolarisiert einfallender Strahlung der Reflexionsgrad $\bar{\varrho}$ mit meist ausreichender Genauigkeit bis etwa $\varepsilon = 50°$ mit der einfachen, exakt nur für $\varepsilon = 0°$ gültigen Gl. (2.3.4) berechnet werden kann! Mit zunehmendem Einfallswinkel sind aber reflektierte und durchgehende Strahlung zunehmend teilpolarisiert, bis $\varepsilon_p$ erreicht ist. Mit Annäherung von $\varepsilon$ an 90° gehen alle Reflexionsgrade gegen 1 (oder 100%): bei „streifendem Einfall“ zeigen auch sonst schlecht reflektierende Flächen eine hohe Reflexion!

Von den beiden Flächen einer Glasplatte, eines Prismas oder einer Linse aus üblichen Gläsern werden etwa 8–12% reflektiert; eine Platte aus Kronglas läßt bestenfalls 92% hindurch; eine solche aus Flintglas nur etwa 89%, im Mittel rechnet man mit 90% bei normalen optischen Gläsern.

| | | | | | | | | | | |
|---|---|---|---|---|---|---|---|---|---|---|
| Durch | 1 | 2 | 3 | 4 | 5 | 6 | 7 | 8 | 9 | 10 Linsen |
| gehen | 90 | 81 | 73 | 66 | 59 | 53 | 48 | 43 | 39 | 35% |

hindurch. Die Lichtdurchlässigkeit eines optischen Gerätes sinkt also entsprechend der Linsenzahl. Verkittete Linsen zählen in diesem Zusammenhang als eine Linse, da der Reflex an der Kittfläche meist sehr schwach ist. Natürlich wird durch sorgfältige Reflexminderung (Abschn. 3.6) an allen Glas-Luft-Flächen der Gesamt-Transmissionsgrad eines Gerätes mit vielen Bauelementen gegenüber den angegebenen Werten erheblich erhöht!

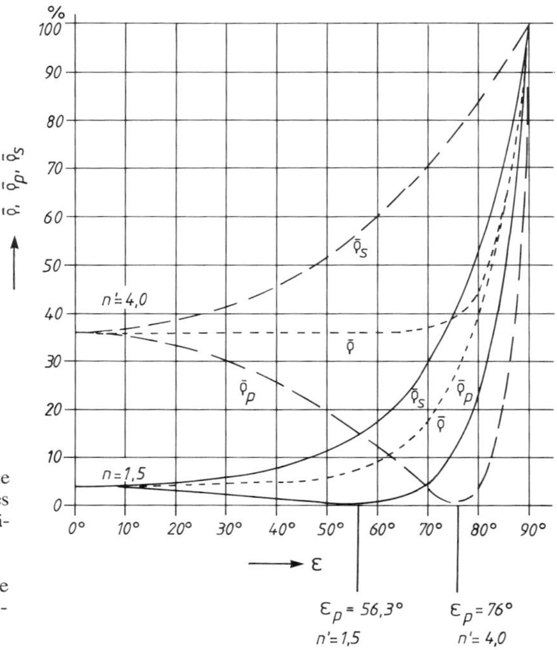


Bild 2.3.2 Spektrale Fresnelsche Reflexionsgrade als Funktion des Einfallswinkels an einer Grenzfläche gegen Luft

Punktierte Linien: Reflexionsgrade für unpolarisiert einfallende Strahlung, als Mittelwert aus $\bar{\varrho}_p$ und $\bar{\varrho}_s$

Die *allgemeinen Kennzahlen* fassen jeweils die durch einen Empfänger mit $s(\lambda)_{rel}$ bewertete Strahlungsleistung im gesamten wirksamen Spektralbereich zusammen und beziehen sie auf die entsprechend bewertete einfallende Strahlungsleistung; siehe auch Gl. (2.2.4). Da die Summe aus transmittierter, reflektierter und absorbierter Strahlungsleistung gleich der einfallenden Strahlungsleistung ist, gilt auch

$$\tau_s + \varrho_s + \alpha_s = 1 \qquad (2.3.5)$$

Mit einem Empfänger, der das gesamte Spektralgebiet gleichmäßig bewertet, für den also $s(\lambda)_{rel} = 1$ gesetzt werden kann, erhält man aus den allgemeinen Kennzahlen die *strahlungsphysikalischen Kennzahlen* („ohne Empfängereinfluß"). Entsprechend entsteht mit $s(\lambda)_{rel} = V(\lambda)$ der wichtige Spezialfall der *lichttechnischen Kennzahlen.*

*Kennzahlen nach Tab. 2.3.1 beschreiben nur die Aufteilung der Strahlungsleistung auf Transmission, Reflexion und Absorption, nicht aber ihre räumliche Verteilung.* Transmittierte oder reflektierte Strahlung kann aber gerichtete und gestreute Anteile enthalten. Ein *streuendes Material* wirkt selbst als Lichtquelle; es sendet einen Teil der einfallenden Strahlungsleistung diffus wieder aus. Deshalb gilt für die gestreute Strahlungsleistung (Index: d) das fotometrische Entfernungsgesetz, Gl. ( 8.1.4), vom Material aus; für die gerichtete Strahlungsleistung (Index: r) gilt es von der Lichtquelle bzw. vom Lichtquellenbild aus. Entsprechend können Transmissions- und Reflexionsgrad in den

*Grad der gerichteten und den Grad der gestreuten Transmission bzw. Reflexion* zerlegt werden:

$$\tau = \tau_r + \tau_d$$
$$\varrho = \varrho_r + \varrho_d \qquad (2.3.6)$$

Der Quotient $T = \dfrac{\tau_d}{\tau} \cdot 100$ (in %) wird als *Trübung* bezeichnet.

Die räumliche Verteilung der Streustrahlung wird bei stark streuenden Materialien durch das *Streuvermögen* $\sigma$ beschrieben:

$$\sigma = \frac{L(20) + L(70)}{2 \cdot L(5)} \qquad (2.3.7)$$

mit L(5), L(20), L(70) = Leuchtdichten bei 5°, 20°, 70° zur Flächennormalen, wenn das Licht unter 0°, also senkrecht zur Flächennormalen, einfällt. Schwach streuende Materialien werden besser durch den *Halbwertswinkel* $\gamma$ gekennzeichnet. Das ist der Winkel, bei dem $L_\gamma = L_0/2$ ist, mit $L_0$ = maximale Leuchtdichte bei 0°.

Vom Reflexions- bzw. Transmissionsgrad zu unterscheiden ist der *Strahldichtefaktor* $\beta$ (für die Lichttechnik: *Leuchtdichtefaktor*). Er wurde früher als *Remissionsgrad* bezeichnet und wird nur bei gestreuter Strahlung angewendet. Während $\varrho$ und $\tau$ nur die Energieverteilung beschreiben, wird in $\beta$ die räumliche Strahlungsverteilung einbezogen. Der *spektrale Strahldichtefaktor* ist definiert als

$$\beta(\lambda) = \frac{L_{e\lambda}}{L_{e\lambda w}} \qquad (2.3.8)$$

mit $L_{e\lambda}$ = spektrale Strahldichte in der jeweils betrachteten Richtung bei angegebenen Bestrahlungsbedingungen, $L_{e\lambda w}$ = spektrale Strahldichte einer „ideal weißen" Fläche, d. h. $\varrho(\lambda)$ bzw. $\tau(\lambda) = 1$, $L_{e\lambda w}$ konstant im Halbraum, also ideal diffuse Streuung entsprechend einem Lambertstrahler. Der *allgemeine Strahldichtefaktor* ergibt sich dann analog zur Definition der Größen in Tab. 2.3.1 zu

$$\beta_s = \frac{\int L_{e\lambda w} \cdot \beta(\lambda) \cdot s(\lambda)_{rel} \cdot d\lambda}{\int L_{e\lambda w} \cdot s(\lambda)_{rel} \cdot d\lambda} \qquad (2.3.9)$$

woraus sich mit $s(\lambda)_{rel} = 1$ $\beta_e$ und mit $s(\lambda)_{rel} = V(\lambda)$ der *Leuchtdichtefaktor* $\beta$ ergeben.

Weitere Definitionen von Kennzahlen enthält DIN 5036 T.1. Bei allen Formelzeichen können Zusatzbezeichnungen (z. B. Index, ($\lambda$) usw.) weggelassen werden, wenn im Zusammenhang keine Verwechslungsmöglichkeit besteht. Begriffe für optisch trübe Stoffe (neben Absorption tritt auch Volumenstreuung auf) sind in DIN 1349 T. 2 festgelegt.

## Literaturhinweise

L 2.3.1 *Krochmann, J.:* Über die Messung des Reflexionsgrades $\varrho$dif bei diffusem Lichteinfall. Optik *49* (1978) No. 4, 453–463

L 2.3.2 *Sutter, E.; Möller, W.:* Streulichtmessung an Linsen. Optik *50* (1978) No. 4, 297–304

L 2.3.3 *Rösner, O.:* Die Aufteilung des Energie-(Licht-)Stromes durch eine Anordnung optischer Grenzflächen. Optik *44* (1975) No. 1, 89–110; Fortsetzungen mit Spezialisierung: *46* (1975) No. 1, 33–53; *46* (1976) No. 3, 241–254; *52* (1978/79) No. 2, 111–120

L 2.3.4 *Elson, J. M.; Bennett, H. E.; Bennett, J. M.:* Scattering from Optical Surfaces. LÜ 1 Vol. VII/7

L 2.3.5 DIN 5036 Strahlungsphysikalische und lichttechnische Eigenschaften von Materialien
T 1 Begriffe, Kennzahlen
T 3 Meßverfahren für lichttechnische und spektrale strahlungsphysikalische Kennzahlen
T 4 Klasseneinteilung

L 2.3.6 DIN 67507 Lichttransmissionsgrade, Strahlungstransmissionsgrade und Gesamtenergiedurchlaßgrade von Verglasungen

L 2.3.7 DIN 1349 Durchgang optischer Strahlung durch Medien

## 2.4 Farbmetrik

Tritt eine Strahlung in das Auge ein („Farbreiz"), so bewirkt ihr im VIS-Gebiet liegender Anteil im Gehirn eine *Farbempfindung,* die auch als *Farbvalenz* bezeichnet wird (DIN 5033 T1). Damit ist die Grundempfindung gemeint, bei der von zusätzlichen Einflüssen (etwa der Umstimmung des Auges) abgesehen wird. Der durch die *Farbreizfunktion* $\varphi(\lambda)$ beschriebenen Zusammensetzung der Strahlung ist also für den farbmetrischen Normalbeobachter eine Farbvalenz eindeutig zugeordnet. Die *Farbmetrik* will diesen Zusammenhang quantitativ erfassen, d. h. die Farbempfindung durch Zahlenwerte ausdrücken. Dies ist eine für die Technik sehr wichtige Aufgabe (z. B. Autolacke, Textilfärbung, Druckfarben, Farbfotografie, Farbfernsehen). Die Farbmetrik muß damit den physikalischen mit dem biologischen Bereich verknüpfen. Auf der physikalischen Seite kann die von einer Lichtquelle ausgehende Strahlung mit der *Strahlungsfunktion* $S(\lambda)$ unmittelbar in das Auge gelangen (Bild 2.4.1 a), sie kann aber auch durch $\lambda$-abhängige *Transmission* (Filter, Bild 2.4.1 b) oder $\lambda$-abhängige *Remission* (farbige Fläche, Bild 2.4.1 c) modifiziert werden. Findet diese Modifikation zwei- oder mehrmals hintereinander statt, so spricht man von *subtraktiver Mischung* der Körperfarben (Bild 2.4.1 d), weil der Strahlung dabei niemals neue Anteile hinzugefügt, sondern durch selektive Absorption nur weggenommen werden. Auf der biologischen Seite muß

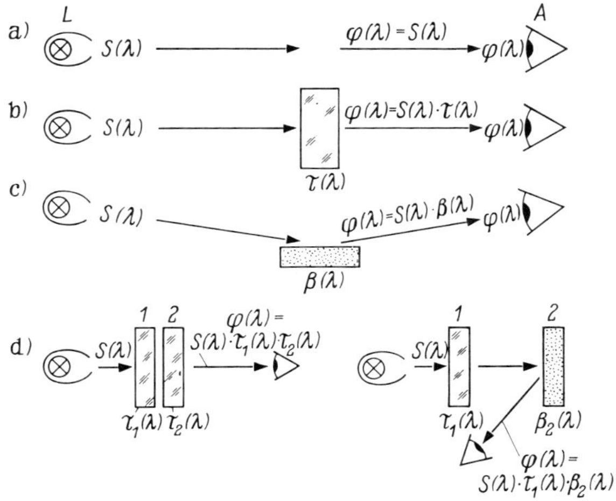


Bild 2.4.1 Entstehung der Farbreizfunktion

a) unmittelbare Beobachtung einer Lichtquelle, b) Lichtdurchgang durch Filter, c) Remission an einer Körperoberfläche, d) subtraktive Mischung: Modifikation der Strahlung durch jeweils zwei Körper

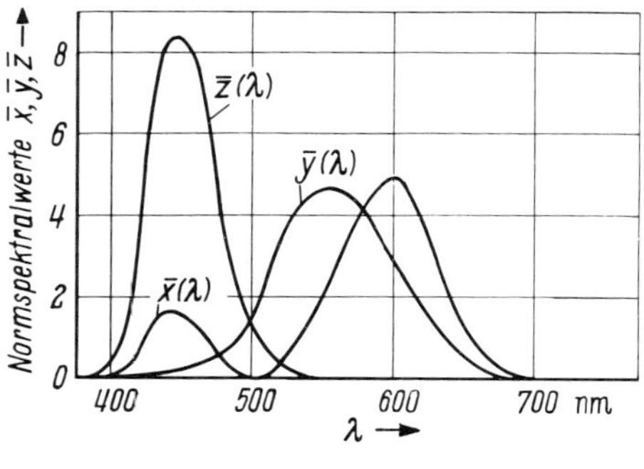


Bild 2.4.2 Normspektralwertfunktionen des farbmetrischen Normalbeobachters (2°-Feld)

das normal farbsehtüchtige Auge, d. h. der *farbmetrische Normalbeobachter* (DIN 5033 T2) definiert werden: Durch umfangreiche Messungen an Versuchspersonen und Normung wurden die *Normspektralwertfunktionen* (Bild 2.4.2) festgelegt. Das Auge bewertet also die Strahlung so, wie das drei fotoelektrische Empfänger mit den Empfindlichkeitsverteilungen $\bar{x}(\lambda)$, $\bar{y}(\lambda)$, $\bar{z}(\lambda)$ unabhängig voneinander tun würden; die Kombination dieser Bewertungen ergibt die Farbvalenz. Sie wird nach DIN 5033 durch die *Normfarbwerte* X, Y, Z quantitativ beschrieben, die in folgender Weise berechnet werden:

$$X = k \cdot \int_{380\,\text{nm}}^{780\,\text{nm}} \varphi(\lambda) \cdot \bar{x}(\lambda) \cdot d\lambda$$

$$Y = k \cdot \int_{380\,\text{nm}}^{780\,\text{nm}} \varphi(\lambda) \cdot \bar{y}(\lambda) \cdot d\lambda \qquad (2.4.1)$$

$$Z = k \cdot \int_{380\,\text{nm}}^{780\,\text{nm}} \varphi(\lambda) \cdot \bar{z}(\lambda) \cdot d\lambda$$

Die durch Lichtquellen und Körpereigenschaft bestimmte Farbreizfunktion $\varphi(\lambda)$ wird also durch die drei Augenfunktionen integral bewertet. Die Konstante k wird für Körperfarben aus

$$k \cdot \int_{380\,\text{nm}}^{780\,\text{nm}} S(\lambda) \cdot \bar{y}(\lambda) \cdot d\lambda = 100 \qquad (2.4.2)$$

bestimmt, d. h. für die ideal mattweiße Fläche ($\beta(\lambda) = 1$) wird bei Beleuchtung mit $S(\lambda)$ $Y = 100$ gesetzt (DIN 5033 T. 3).

Geometrisch wird durch die drei Normfarbwerte ein Punkt im *Farbraum* definiert. Zur bequemen Darstellung in der Ebene muß die Reduktion auf zwei Koordinaten, d. h. die *Normfarbwertanteile* x und y erfolgen:

$$x = \frac{X}{X + Y + Z}; \quad y = \frac{Y}{X + Y + Z} \qquad (2.4.3)$$

Damit wird die *Farbart* (der anschaulich durch Buntton und Sättigung beschreibbare Farbeindruck) durch einen Punkt in der *Normfarbtafel* (Bild 2.4.3) dargestellt. Für die Helligkeit kann zusätzlich der Normfarbwert Y angegeben werden, denn die Funktion $\bar{y}(\lambda)$ hat gleichen spektralen Verlauf wie die Funktion $V(\lambda)$. In der Normfarbtafel liegen alle Farborte auf der durch den *Spektralfarbenzug* und die *Purpurgerade* begrenzten Fläche. Auf diesem Rand liegen die Orte aller Spektralfarben, d. h. der monochromatischen Strahlungen von 380 nm bis 780 nm, sowie die Purpurfarben (Mischfarben aus den Spektralenden Violett und Rot). Der Farbort des *energiegleichen Spektrums,* d. h. einer Strahlung mit $S(\lambda)$ = konstant, ist der *Unbuntpunkt* E, d. h. der Ort aller Grautöne von Schwarz bis Weiß. Aber auch der Farbort der beleuchtenden Lichtart (z. B. Normlichtart A) kann bei Körperfarben (Nichtselbstleuchtern) als Unbuntpunkt betrachtet werden.

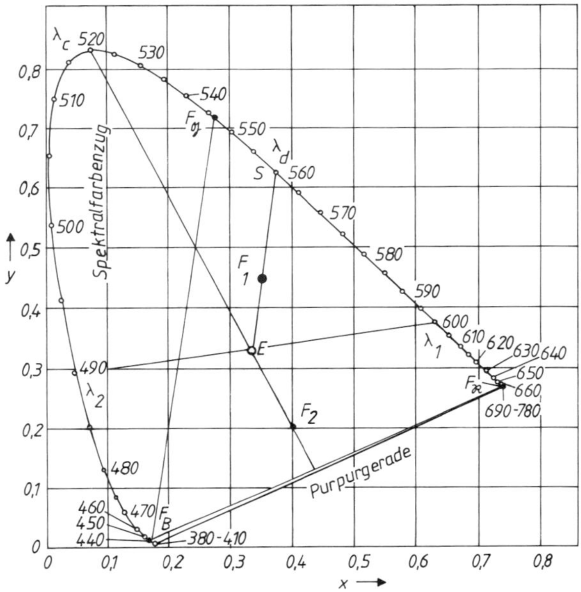


Bild 2.4.3 Normfarbtafel nach DIN 5033

Eingezeichnet ist das Farbort-Dreieck der reellen Bezugsfarben für additive Mischung. Übrige Angaben siehe Text

Die Normfarbtafel hat die sehr nützliche Eigenschaft, daß alle durch *additive Mischung* von zwei Komponenten erzeugten Mischfarben auf einer *Mischgeraden* (Verbindungsgerade der Komponenten-Farborte) liegen. Additive Mischung ergibt sich, wenn dem Auge mehrere Strahlungen unterschiedlicher Farbreizfunktion gleichzeitig (Projektion, Farbpunkte des Fernseh-Bildschirms) oder schnell nacheinander (Farbkreisel) zugeführt werden. Damit ist auch zur Erzeugung von Unbunt („weiß", „grau", „farblos" nicht etwa das volle energiegleiche Spektrum erforderlich, sondern es reichen zwei monochromatische Strahlungen mit den Wellenlängen $\lambda_1$ und $\lambda_2$ aus, die auf einer durch den Unbuntpunkt gehenden Geraden liegen. Für diese unendlich vielen Paare der *kompensativen Spektralfarben* gilt die Beziehung (L 2.4.1)

$$\left(\frac{\lambda_1}{\text{nm}} - 567{,}4\right) \cdot \left(495{,}7 - \frac{\lambda_2}{\text{nm}}\right) = 184{,}3 \qquad (2.4.4).$$

Der durch die Normspektralwertfunktionen $\bar{x}(\lambda)$, $\bar{y}(\lambda)$, $\bar{z}(\lambda)$ definierte Normalbeobachter bezieht sich auf die Beobachtung kleiner Farbflächen mit Gesichtsfeldgrößen unter 4°; dafür wird die Bezeichnung „2°-*Normspektralwertfunktionen*" verwendet. Für *Großfeldbeobachtung* (über 4°, nominell 10°) wurden zusätzlich die 10°-*Normspektralwertfunktionen* $\bar{x}_{10}(\lambda)$, $\bar{y}_{10}(\lambda)$, $\bar{z}_{10}(\lambda)$ eingeführt, womit sich etwas andere Normfarbwerte $X_{10}$, $Y_{10}$, $Z_{10}$, Normfarbwertanteile $x_{10}$, $y_{10}$ und natürlich auch eine etwas andere Form des Spektralfarbenzuges ergeben. Das 2°-System bleibt aber nach wie vor das Basissystem.

Ein Nachteil der Normfarbtafel besteht darin, daß die Abstände zwischen zwei Farborten *nicht empfindungsgemäß gleich* sind; so entspricht der gleiche Abstand im Grün-Gebiet einem kleineren Empfindungsunterschied als im Blau-Gebiet. Man kann also aus dem Farbort-Abstand nicht ohne weiteres auf die vom Beobachter empfundene Farbdifferenz schließen. Einen zwar nicht exakten, aber einfachen Ausgleich ergibt die Transformation der Normfarbtafel mit den Koordinaten x, y in die *CIE-u′v′-Farbtafel 1976* mit den Koordinaten u′, v′ entsprechend

$$u' = \frac{4x}{-2x + 12y + 3} \qquad (2.4.5)$$

$$v' = \frac{9y}{-2x + 12y + 3}$$

Bild 16.5.1 zeigt u. a. die gegenüber der Normfarbtafel verzerrte Form.

Jede Farbvalenz kann durch drei Maßzahlen festgelegt werden. Dies müssen nicht die Normfarbwerte X, Y, Z sein. Möglich ist auch die Kennzeichnung durch die Farbwerte R, G, B einer additiven Mischung aus den drei Spektralfarben mit den Wellenlängen $\lambda = 700{,}0$ nm (rot), $\lambda = 546{,}1$ nm (grün), $\lambda = 435{,}8$ nm (blau). Die Farborte dieser *Primärvalenzen* bilden in Bild 2.4.3 die Eckpunkte eines Dreiecks: Nur alle innerhalb der Dreieckfläche liegenden Farborte sind durch Mischung erreichbar! Eine anschauliche Farbart-Kennzeichnung nach Buntton und Sättigung erhält man durch die *Helmholtz-Maßzahlen:* Legt man z. B. durch den Farbort $F_1$ einer zu kennzeichnenden Lichtquelle (Bild 2.4.3) und den Unbuntpunkt E eine Gerade, so ergibt ihr Schnittpunkt S mit dem Spektralfarbenzug die *bunttongleiche Wellenlänge* $\lambda_d$ (hier: 560 nm). Da weiterhin bei gleichem Farbton auf dem Spektralfarbenzug die höchstgesättigte, bei E die völlig ungesättigte Farbe liegt, wird die Sättigung durch den relativen Abstand des Farbortes $F_1$ vom Unbuntpunkt E beschrieben, d. h. durch den *spektralen Farbanteil* $p_e$, der einfach aus den Koordinaten-Differenzen in x- oder y-Richtung berechnet werden kann:

$$p_e = \frac{y_F - y_U}{y_S - y_U} \qquad (2.4.6)$$

mit F = Farbort, U(=E) = Unbuntpunkt, S = zugehöriger Punkt auf dem Spektralfarbenzug. Alle Punkte auf dem Spektralfarbenzug und auch die Purpurgerade ergeben also die Sättigung $p_e = 1$; für den Punkt E folgt $p_e = 0$. Trifft der durch den Farbort von E ausgehende Strahl gar nicht den Spektralfarbenzug, sondern die *Purpurgerade*, so wird der Strahl zur Gegenseite bis zum Spektralfarbenzug verlängert und an Stelle von $\lambda_d$ die *kompensative Wellenlänge* $\lambda_c$ mit negativem Vorzeichen angegeben (z. B. für den Farbort $F_2$: $\lambda_c = -520$ nm). Als dritte Helmholtz-Maßzahl gehört zu $p_e$ und $\lambda_d$ bzw. $\lambda_c$ noch eine Helligkeitsangabe: Der Normfarbwert Y oder die Leuchtdichte L.

Eine verbesserte, d. h. angenäherte empfindungsgemäße Farbkennzeichnung durch Farbton, Sättigung und Helligkeit erhält man durch das System der *DIN-Farbenkarte* (DIN 6164): Nach Bild 2.4.4 wird die Normfarbtafel durch ein Netz von 24 Farbtonstrahlen (*Farbtonstufen T*) und etwa 16 Sättigungslinien (*Sättigungsstufen S)* überdeckt; hinzu kommt eine aus Y berechnete *Dunkelstufe D* in einer 10-teiligen Skala. Diese Maßzahlen werden in der Form T:S:D angegeben. In Beiblättern zu DIN 6164 stehen überwachte *Farbmuster* zur Verfügung (DIN-Farbenkarte).

Die *Farbmeßverfahren* sind zusammen mit einer Übersicht über die farbmetrische Auswertung in Abschn. 16.6 zusammengestellt.

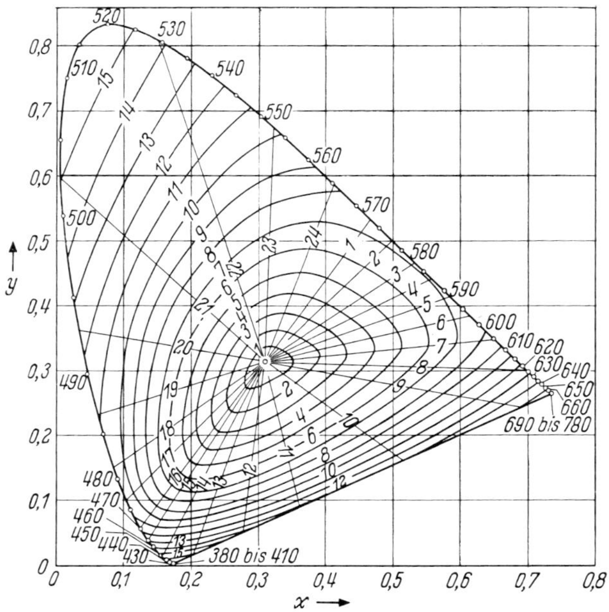


Bild 2.4.4 Normfarbtafel mit Farbton- und Sättigungslinien nach DIN 6164

Zentrum der Linien (Unbuntpunkt) ist der Ort der Normlichtart C; Mittelpunktsvalenz (x = y = 0,333) ist E

## Literaturhinweise

L 2.4.1 *Richter, M.:* Einführung in die Farbmetrik. de Gruyter, Berlin-New York 1976
L 2.4.2 *Richter, M.:* Internationale Bibliographie der Farbenlehre und ihrer Grenzgebiete. Folge 1: 1940–1949; Folge 2: 1950–1954. Musterschmidt, Göttingen 1952 und 1963
L 2.4.3 Fachzeitschrift „Die Farbe". Herausg. M. Richter, Göttingen
L 2.4.4 Referatedienst Farbe der Fachgruppe Farbmetrik der Bundesanstalt für Materialprüfung, Berlin
L 2.4.5 *Schultze, W.:* Farbenlehre und Farbenmessung. Springer, Berlin-Heidelberg-New York, 3. Aufl. 1975
L 2.4.6 *Lang, H.:* Farbmetrik und Farbfernsehen. Oldenbourg, München-Wien 1978
L 2.4.7 *Judd, D. B.; Wyszecki:* Color in Business, Science and Industry. Wiley, New York, 3. Aufl. 1975
L 2.4.8 *Schröder, G.:* Farbbewertung und Farbmessung, Teil I: Grundlagen der Farbmetrik. ZS Feinwerktechnik *72* (1968) H. 7, 329–342
L 2.4.9 DIN 5033 Farbmessung
T 1 Grundbegriffe der Farbmetrik
T 2 Normvalenz-Systeme
T 3 Signallichter an Straßenfahrzeugen und Straßenbahnen
T 4 Signallichter der Eisenbahn
T 5 Gleichheitsverfahren
T 6 Dreibereichsverfahren
T 7 Meßbedingungen für Körperfarben
T 8 Meßbedingungen für Lichtquellen
T 9 Weißstandard für Farbmessung und Photometrie
L 2.4.10 DIN 6163 Farben und Farbgrenzen für Signallichter
T 1 Allgemeines
T 2 Ortsfeste Signallichter an See- und Binnenschiffahrtstr.
T 3 Signallicher an Straßenfahrzeugen und Straßenbahnen
T 4 Signallicher der Eisenbahn
T 5 Ortsfeste Signallichter im Straßen- und Straßenbahnverk.
T 6 Signallichter an Wasserfahrzeugen
T 7 Luftfahrtfeuer und Signallichter zur Luftverkehrsregelung
T 8 Signallichter an Luftfahrzeugen
L 2.4.11 DIN 6164 DIN-Farbenkarte.
T 1 System der DIN-Farbenkarte für den 2°-Normalbeobachter
T 2 Festlegung der Farbmuster. Beiblätter: Farbmuster
T 3 System der DIN-Farbenkarte für den 10°-Normalbeobachter
L 2.4.12 DIN 6167 Beschreibung der Vergilbung von nahezu weißen oder nahezu farblosen Materialien
L 2.4.13 DIN 6169 Farbwiedergabe.
T 1 Allgemeine Begriffe
T 2 Farbwiedergabe-Eigenschaften von Lichtquellen in der Beleuchtungstechnik
T 4 Verfahren zur Kennzeichnung der Farbwiedergabe in der Farbphotographie
T 5 Verfahren zur Kennzeichnung der objektbezogenen Farbwiedergabe im Mehrfarbendruck
T 6 Verfahren zur Kennzeichnung der Farbwiedergabe in der Farbfernsehtechnik mit Bildaufnahmegeräten
T 7 Verfahren zur Kennzeichnung der Farbwiedergabe bei der Fernseh-Farbfilmabtastung
T 8 Verfahren zur Kennzeichnung der farbbildbezogenen Farbwiedergabe im Mehrfarbendruck
L 2.4.14 DIN 6171 Aufsichtfarben für Verkehrszeichen.
T 1 Farben und Farbgrenzen bei Beleuchtung mit Tageslicht
L 2.4.15 DIN 6172 Metamerie-Index von Probenpaaren bei Lichtartwechsel

L 2.4.16 DIN 6173 Farbabmusterung.
T 1 Allgemeine Farbabmusterungsbedingungen
T 2 Beleuchtungsbedingungen für künstliches Tageslicht
L 2.4.17 DIN 6174 Farbmetrische Bestimmung von Farbabständen bei Körperfarben nach der CIELAB-Formel
L 2.4.18 Siehe auch Literaturausgaben L 16.5. ...

## 2.5 Natürliche Lichtquellen und atmosphärische Optik

Die zur Erde gelangende Sonnenstrahlung wird durch die Erdatmosphäre beeinflußt und ist zeitlichen und örtlichen Änderungen unterworfen. Die *Gesamtstrahlung* setzt sich aus *direkter Sonnenstrahlung* und der durch Streuung in der Atmosphäre entstehenden *Himmelsstrahlung* zusammen; bei Punkten oberhalb der Erdoberfläche kommt die am Erdboden reflektierte Strahlung hinzu.

Ein Maß für die beim Strahlungsdurchgang wirkende Luftschicht ist die *relative Luftmasse* m, bezogen auf die Stellung der Sonne im Zenit. Bei kleiner „Zenitdistanz" z (Winkelabstand vom Zenit) gilt $m \approx 1/\cos z$.

Für $m = 0$ (also außerhalb der Atmosphäre) ergibt sich die *Solarkonstante* 1353 $W/m^2$. Bei $m = 1$ (Sonnenstand im Zenit) wird durch die Gesamtstrahlung auf horizontaler Ebene eine *Bestrahlungsstärke* $E_e = 1120\ W/m^2$ erreicht, deren Aufgliederung in einzelne Spektralbereiche Tabelle 2.5.1 angibt. Das spektrale Bestrahlungsmaximum $E_{e\lambda}$ (in $W/m^2 \cdot nm$) liegt also im Bereich 440 nm bis 480 nm. Durch *Wolkenbedeckung* verringert sich die Gesamtstrahlung gemäß Tabelle 2.5.2. Mit der Zenitdistanz z der Sonne verschieben sich – wellenlängenabhängig – die Anteile von Sonnen- und Himmelsstrahlung an der Gesamtstrahlung. So hat z. B. bei $\lambda = 500$ nm die Himmelsstrahlung für $z = 0°$ (Sonne im Zenit) etwa 17%, für $z = 80°$ (Sonnenhöhe 10° über Horizont) etwa 63% Anteil an der Gesamtstrahlung. Insgesamt kann mit einer mittleren Jahreseinstrahlung von 100 $W/m^2$ (50% direkt, 50% diffus) gerechnet werden.

Tabelle 2.5.3 gibt die Leuchtdichte und die Farbdaten von *Sonnen-* und *Himmelslicht* an, sowie die durch Sonnenstrahlung allein bewirkte Beleuchtungsstärke auf horizontaler Fläche, wobei zu den relativen Luftmassen $m = 1$ bis 5 die zugehörigen Sonnenhöhen $(90° - z)$ angegeben wurden.

Ist bei *völlig bedecktem Himmel* $L_0$ die Leuchtdichte im Zenit, so ergibt sich für einen Himmelspunkt mit der Zenitdistanz z die Leuchtdichte (CIE 1955)

$$L(z) = \frac{L_0}{3}(1 + 2\cos z); \tag{2.5.1}$$

der bedeckte Himmel bewirkt insgesamt eine Beleuchtungsstärke [L 2.5.4] von

$$E_h = 2{,}44 \cdot L_0 \cdot \Omega_0 \tag{2.5.2}$$

auf horizontaler Fläche, und

$$E_v = 0{,}969 \cdot L_0 \cdot \Omega_0 \tag{2.5.3}$$

auf vertikaler Fläche ($L_0$ in $cd/m^2$, E in lx, $\Omega_0 = 1$ sr).
Die Zusammenhänge für klaren Himmel sind erheblich komplizierter.

Das Himmelslicht ist *polarisiert,* maximal bei staubfreier Luft und sehr tiefem Sonnenstand. Ein Punkt etwa 20° über der Sonne und ein weiterer in der Gegenhimmelsrichtung von gleicher Höhe liefern unpolarisiertes Licht, die dazwischen liegenden Gebiete zeigen Polarisation in Richtung der Verbindungsbögen beider neutraler Punkte, der Zenit bis 70%. Bei höherem Sonnenstand läßt die Erscheinung nach, die hochstehende Sonne ist von einem weiten polarisationsfreien Gebiet umgeben. Achtung bei Polarisationsgeräten, die mit Tageslicht benutzt werden! Von Wolken reflektiertes Licht ist immer noch teilweise, vom bedeckten Himmel kommendes Licht nicht mehr polarisiert.

**Tabelle *2.5.1* Bestrahlungsstärke auf horizontaler Ebene bei wolkenlosem Himmel, aufgegliedert nach Spektralbereichen**

Bedingungen: Sonne im Zenit (also relative Luftmasse m = 1). Angegeben ist die Einwirkung der Gesamtstrahlung, d. h. direkte Sonnenstrahlung und Himmelsstrahlung (Angaben nach CIE-Empfehlungen 1972).

| $\lambda$ / nm | $E_e$ / W/m² | $\lambda$ / nm | $E_e$ / W/m² |
|---|---|---|---|
| | 0 | 720 | |
| 280 | | | 46 |
| | 5 | 760 | |
| 320 | | | 41 |
| | 27 | 800 | |
| 360 | | | 156 |
| | 36 | 1000 | |
| 400 | | | 108 |
| | 56 | 1200 | |
| 440 | | | 65 |
| | 73 | 1400 | |
| 480 | | | 44 |
| | 71 | 1600 | |
| 520 | | | 29 |
| | 65 | 1800 | |
| 560 | | | 20 |
| | 60 | 2000 | |
| 600 | | | 35 |
| | 61 | 2500 | |
| 640 | | | 15 |
| | 55 | 3000 | |
| 680 | | | ≈ 0 |
| | 52 | | |
| 720 | | | |

**Tabelle *2.5.2* Verringerung der Gesamtstrahlung durch Wolkenbedeckung des Himmels** (CIE 1972)

| Bedeckungsgrad | 0 (wolkenlos) | 0,2 | 0,4 | 0,6 | 0,8 | 1,0 (völlig bedeckt) |
|---|---|---|---|---|---|---|
| relative Gesamtstrahlg. | 100% | 89% | 77% | 64% | 46% | 20% |

**Tabelle *2.5.3* Daten von Sonnen- und Himmelslicht** [L 2.5.2]

| Lichtquellen (m = relative Luftmasse) | Leuchtdichte $cd/m^2$ | Beleuchtungsstärke lx | ähnlichste Farbtemp. K | Normfarbwertanteile x | y |
|---|---|---|---|---|---|
| Sonne bei | | | | | |
| m = 0 (außerhalb der Atmosphäre) | $2{,}00 \cdot 10^9$ | | 6200 | 0,318 | 0,330 |
| Sonnenhöhe über Horizont ca. | | | | | |
| m = 1 90° (Zenit) | $1{,}50 \cdot 10^9$ | $12{,}4 \cdot 10^4$ | 5600 | 0,331 | 0,344 |
| m = 2 29,8° | $1{,}25 \cdot 10^9$ | $4{,}65 \cdot 10^4$ | 5100 | 0,343 | 0,357 |
| m = 3 19,3° | $1{,}00 \cdot 10^9$ | $2{,}6 \cdot 10^4$ | 4700 | 0,356 | 0,369 |
| m = 4 14,0° | $0{,}80 \cdot 10^9$ | $1{,}7 \cdot 10^4$ | 4400 | 0,368 | 0,379 |
| m = 5 11,0° | $0{,}65 \cdot 10^9$ | $1{,}25 \cdot 10^4$ | 4100 | 0,380 | 0,388 |
| Klarer blauer Himmel | 600 bis 4000 | | 15000 bis 30000 | 0,262<br>0,247 | 0,270<br>0,251 |
| Teilweise bedeckter Himmel | 1000 bis 4000 | | 8000 bis 10000 | 0,294<br>0,279 | 0,309<br>0,291 |
| Bedeckter Himmel | 2000 bis 5000 | | 6500 | 0,313 | 0,329 |

Himmelskörper werden entsprechend ihrer Helligkeit nach Größenklassen geordnet; jede nächsthellere Klasse gibt eine um den Faktor $\sqrt[5]{100} = 2{,}512$ höhere Beleuchtungsstärke ($\lg 2{,}512 = 0{,}4$). Steht ein Stern der Klasse Null im Zenit, so ergibt er auf der Erde eine Beleuchtungsstärke $E = 0{,}265 \cdot 10^{-5}$ lx. Gegenüber diesem Wert bedeuten positive Größenklassen dunklere, negative Klassen hellere Himmelskörper (Tabelle 2.5.4).

**Tabelle *2.5.4* Größenklassen und Beleuchtungsstärken auf der Erde bei einigen Himmelskörpern**

| | Sonne | Mond | Merkur | Venus | Mars | Jupiter | Saturn | Polarstern |
|---|---|---|---|---|---|---|---|---|
| Größenklassen | $-26{,}74$ | $-12{,}73$ | $-0{,}96$ | $-4{,}22$ | $-1{,}85$ | $-2{,}29$ | $+0{,}89$ | $+2{,}12$ |
| Lux auf Erde | $1 \cdot 10^5$ | 0,2 | $0{,}5 \cdot 10^{-5}$ | $1{,}6 \cdot 10^{-4}$ | $1{,}1 \cdot 10^{-5}$ | $1{,}6 \cdot 10^{-5}$ | $0{,}9 \cdot 10^{-6}$ | $0{,}3 \cdot 10^{-6}$ |

Bei optischer Signalübertragung durch die Atmosphäre sind u.a. Transmissionsgrad, Signalrauschen durch Luftturbulenzen usw. und die atmosphärische Refraktion (Strahlungsablenkung durch die mit der Luftschichtung verbundene Brechzahländerung) zu beachten. Durch die Dispersion der Luft, $n(\lambda)$ – bei trockener Luft ist $\nu_e \approx 90$ –, tritt bei Übertragung kurzer Lichtimpulse eine Impulsverbreiterung auf.

Der *Transmissionsgrad* einer Luftschicht nimmt für enge Spektralbereiche und konstante Luftzusammensetzung exponentiell mit der Schichtdicke ab. Ursache dafür sind Absorption und Streuung. Für die *Absorption* sind in erster Linie die Ozonmoleküle (vor allem im UV unter 300 nm), die Kohlendioxid- und Wasserdampfmoleküle (vor allem im IR) verantwortlich. Insgesamt ergibt sich ein spektraler Transmissionsverlauf gemäß Bild 20.3.1, wobei die Spektralbereiche hoher Durchlässigkeit üblicherweise als *„atmosphärische Fenster"* bezeichnet werden.

Die *Streuung* der Strahlung an Gasmolekülen sowie an flüssigen oder festen Schwebeteilchen (*„Aerosole"*) wird beugungstheoretisch behandelt, wobei sich die Ansätze nach der Größe des Streukörpers im Verhältnis zur Wellenlänge richten müssen:

Bei einem Partikeldurchmesser D gilt

| | |
|---|---|
| für $D \ll \lambda$ | *Rayleigh-Streuung,* mit einem Streukoeffizienten proportional zu $1/\lambda^4$ (z. B. Streuung an den Gasmolekülen der Luft), |
| für $D \approx \lambda$ | *Mie-Streuung,* mit kompliziertem Verhalten (z. B. bei Aerosolen; Wassertropfen im IR-Gebiet), |
| für $D \gg \lambda$ | geometrische Streuung (z. B. Wassertropfen im sichtbaren Gebiet). |

Die Wellenlängenabhängkeit der Rayleigh-Streuung bewirkt stärkere Streuung von kurzwelligem Licht und damit Änderung der Lichtfarbe in Richtung Rot bei zunehmend dickeren Schichten.

Die Streuung bewirkt Schwächung des durchgehenden Lichts, außerdem aber auch eine Umverteilung: Durch die Volumenstreuung wirkt die atmosphärische Schicht wie eine eigene Lichtquelle, die sich als Schleier konstanter Leuchtdichte über die Verteilung der Objektleuchtdichte legt und damit kontrastmindernd wirkt. Die *Sichtweite* bei der Erkennung von Objekten bzw. Signalquellen wird vor allem durch Aerosole begrenzt; mit zunehmender Entfernung nimmt der Kontrast zwischen Quelle und Hintergrund etwa exponentiell ab. Bei gegebenem Wassergehalt der Luft verhält sich die Streuung umgekehrt proportional zum Tropfenradius: Bei sehr kleinen Tropfen (Nebel) ist die Sichtweite erheblich geringer als bei Regen. Dabei zeigt sich nur geringe Abhängigkeit von der Wellenlänge.

Durch die *atmosphärische Refraktion* werden Zielrichtungen und maximale Sichtweiten verändert:

a) Terrestrische Refraktion: Mit zunehmender Höhe über dem Meeresspiegel nehmen der Luftdruck und damit die Brechzahl der Luft ab (Gl. (3.1.2)). In diesem inhomogenen Medium werden Lichtstrahlen geringfügig gekrümmt, so daß Objektpunkte um einen Winkelbetrag r höherliegend erscheinen, als es der geradlinigen Verbindung entspricht. Ist a der Abstand in Kilometer, so ist etwa $r = 2{,}1 \cdot a$ in Winkelsekunden.

b) Astronomische Refraktion: Aus dem gleichen Grunde erscheinen Himmelkörper insbesondere nahe dem Horizont höher und elliptisch quer verzerrt. Zu der scheinbaren (gemessenen) Höhe h′ über dem Horizont gehören die folgenden wahren Höhen h (10 °C, 1013 mbar):

| | | | | | | | | | |
|---|---|---|---|---|---|---|---|---|---|
| h' = 0° | 1° | 2° | 3° | 5° | 10° | 20° | 40° | 60° | 90° |
| h = −35,4' | 35,3' | 1°41,6' | 2°45,6' | 4°50,2' | 9°54,7' | 19°57,4' | 39°58,8' | 59°59,4' | 90°0' |

Die durch den Erdradius (R = 6370 km) geometrisch bedingte *Sichtweite* $S_0$ von einem Beobachtungspunkt der Höhe $H_1$ über den Meer bis zu einem Zielpunkt der Höhe $H_2$ beträgt $S_0 = 3570\,(\sqrt{H_1} + \sqrt{H_2})$ (Abmessungen in Meter); durch Wirkung der Refraktion wird sie etwas größer: $S \approx 3870\,(\sqrt{H_1} + \sqrt{H_2})$. Vorausgesetzt ist ruhige, aerosolfreie Luft mit konstanter Temperatur. Die Sichtweite bis zum Horizont ergibt sich mit $H_2 = 0$.

## Literaturhinweise


L 2.5.1 *Stewart, H.S.; Hopfield, R.F.:* Atmospheric Effects. LÜ 1 Vol. I/4

L 2.5.2 *Wyszecki, G. W.; Stiles, W. S.:* Color Science. Wiley, New York 1967

L 2.5.3 *Krochmann, J.:* Lichttechnik *15* (1963), 559

L 2.5.4 *Krochmann, J.; Seidl, M.:* Light. Res. Technol. *6* (1974), 165

L 2.5.5 *Koch,* Optik *5* (1949), 258

L 2.5.6 *Carlon, H. R.:* Aerosol spectrometry in the infrared. Appl. Optics *19* (1980) No. 13, 2210–2218

L 2.5.7 *Dietze:* Einführung in die Optik der Atmosphäre. Leipzig 1957

L 2.5.8 *McCartney, E.J.:* Optics of the Atmosphere. Wiley, New York 1976

# 3 Werkstoffe und Herstellungsfragen

## 3.1 Übersicht über Werkstoffeigenschaften

Ein großer Teil der optischen Werkstoffe dient der geordneten Weiterleitung von Strahlen durch Brechung (Gläser, Kunststoffe, Kristalle) oder Reflexion (Spiegelmetalle, dünne Mehrfachschichten), wobei auch beide Eigenschaften gleichzeitig ausgenutzt werden können. Eine Unterbrechung des geordneten Strahlenganges erfolgt durch Streuschichten, die damit zum Sekundärstrahler werden. Entsprechendes gilt bei gleichzeitiger Wellenlängenverschiebung für Fluoreszenzschichten. Außerdem verwendet die optische Technik verschiedene Hilfsstoffe, wie z. B. Kitte.

Durch Brechung wirkende Materialien werden vor allem durch die Abhängigkeit ihrer Brechzahl und ihres Transmissionsgrades von der Wellenlänge gekennzeichnet: Innerhalb des spektralen Arbeitsbereichs muß das Material bei der benutzten Schichtdicke genügend durchlässig sein; für diesen Bereich wird die Brechzahl n bei einer vereinbarten (mittleren) Wellenlänge angegeben und die Dispersion $n(\lambda)$ nach Meßergebnissen oder mit einer Dispersionsformel dargestellt. Exakte Brechzahlangaben erfolgen für diskrete, mit Spektrallampen leicht erzeugbare Linien i ... t gemäß Tabelle 6.1.2. Innerhalb des besonders wichtigen sichtbaren Spektralbereichs erfolgt die Kurzbeschreibung eines optischen Materials mit Brechzahlen für drei Spektrallinien, und zwar durch $n_{F'}$; $n_e$; $n_{C'}$ oder $n_F$; $n_d$; $n_C$: Es wird die *mittlere Brechzahl* $n_e$ und die *Abbesche Zahl*

$$\nu_e = \frac{n_e - 1}{n_{F'} - n_{C'}} \tag{3.1.1}$$

oder entsprechend $n_d$ und

$$\nu_d = \frac{n_d - 1}{n_F - n_C}$$

angegeben. Die Abbesche Zahl gibt den Kehrwert der relativen, d. h. auf die mittlere Brechzahl ($n_e$) bezogenen Dispersion ($n_{F'} - n_{C'}$) an. Diese Brechzahlkombination tritt bei der Berechnung optischer Systeme (Farbfehler, Abschn. 4.4) auf.

Als weitere Eigenschaften werden Homogenität, Isotropie (Freiheit von Doppelbrechung), geringe Eigenfluoreszenz und bestimmte thermische, mechanische und chemische Eigenschaften verlangt.

Bei Spiegelschichten interessiert der Reflexionsgrad als Funktion der Wellenlänge. Bei nicht zu dünnen Metallschichten wird der nicht reflektierte Strahlungsanteil absorbiert, bei den nahezu absorptionsfrei herstellbaren dielektrischen Schichten transmittiert. Bei Oberflächenspiegeln ist die Widerstandsfähigkeit gegen atmosphärische Einflüsse und ihre Erhöhung durch Schutzschichten wesentlich.

Geometrische Verteilung und Größe der Streustrahlung von Streuschichten werden durch spezielle Kenngrößen beschrieben.

In den folgenden Tabellen werden Brechzahl und teilweise auch Dispersion einiger Substanzen angegeben, die nicht in den speziellen Werkstoff-Tabellen der nächsten Abschnitte aufgeführt sind.

Die *Brechzahlen von Gasen* werden auf *Vakuum* bezogen und meist für die Linie e ($\lambda = 546{,}07$ nm) angegeben. Ist $n_0$ die Brechzahl bei den Normalbedingungen $p_0 = 1013$ mbar, $t_0 = 0\,°C$, also $T_0 = 273$ K, so ergibt sich bei dem Druck p und der Temperatur T (bzw. $t_{°C} = T-273$) die Brechzahl n aus

$$n - 1 = (n_0 - 1) \cdot \frac{p}{p_0} \cdot \frac{T_0}{T} \qquad (3.1.2)$$

Die Brechzahl n von *Gasgemischen* kann als gewichteter Mittelwert aus den Brechzahlen $n_1, n_2, \ldots$ entsprechend den Volumenanteilen $p_1, p_2, \ldots$ berechnet werden ($p_1 + p_2 + \ldots = 1$):

$$n = p_1 \cdot n_1 + p_2 \cdot n_2 + \ldots \qquad (3.1.3)$$

Abweichungen ergeben sich durch Rundungs- und Meßfehler. Tabelle 3.1.1 gibt Brechzahl und Dispersion einiger Gase nach [L 14.1.6] an. Dort sind Werte für weitere Gase aufgeführt. Tabelle 3.1.2 zeigt die Dispersion von Wasser und Luft vom nahen UV- bis zum nahen IR-Gebiet; Tabelle 3.1.3 die Temperaturabhängigkeit der Brechzahl von Wasser. Tabelle 3.1.4 gibt die Brechzahlen einiger Flüssigkeiten und verflüssigter Gase, Tabelle 3.1.5 die Brechzahlen einiger fester Körper an.

**Tabelle *3.1.1* Brechzahl und Dispersion von Gasen und Dämpfen bei Normalbedingungen** 0 °C, 1013 mbar (bezogen auf Vakuum n = 1)

| Bezeichnung | $n_e$ | $n_F - n_C$ |
|---|---|---|
| trockene Luft ($78{,}08\%\ N_2$; $20{,}95\%\ O_2$; $0{,}93\%$ Ar; $0{,}03\%\ CO_2$; $0{,}01\%\ H_2$ und Edelgase) | 1,000293246 | $3{,}27 \cdot 10^{-6}$ |
| Aceton $(CH_3)_2CO$ | 1,0010867 | $19{,}3 \cdot 10^{-6}$ |
| Acetylen $C_2H_2$ | 1,0006007 | $11{,}9 \cdot 10^{-6}$ |
| Äthylalkohol $C_2H_5OH$ | 1,000870 | $10{,}8 \cdot 10^{-6}$ |
| Ammoniak $NH_3$ | 1,000379 | $8{,}0 \cdot 10^{-6}$ |
| Argon Ar | 1,00028314 | $3{,}5 \cdot 10^{-6}$ |
| Benzol $C_6H_6$ | 1,001759 | $43 \cdot 10^{-6}$ |
| Brom $Br_2$ | 1,0011849 | |
| Chlor $Cl_2$ | 1,0007840 | $13{,}9 \cdot 10^{-6}$ |
| Chlorwasserstoff HCl | 1,00045127 | $7{,}69 \cdot 10^{-6}$ |
| Deuterium $D_2$ | 1,00013758 | $2{,}16 \cdot 10^{-6}$ |
| Fluor $F_2$ | 1,000206 ($n_D$) | |
| Helium He | 1,00003495 | $0{,}18 \cdot 10^{-6}$ |
| Jod $J_2$ | 1,002200 | |
| Kohlendioxid $CO_2$ | 1,0004506 | $5{,}79 \cdot 10^{-6}$ |
| Kohlenmonoxid CO | 1,0003360 | $5{,}5 \cdot 10^{-6}$ |

▶

Fortsetzung von Tabelle *3.1.1*

| Bezeichnung | $n_e$ | $n_F - n_C$ |
|---|---|---|
| Krypton Kr | 1,0004287 | $5,9 \cdot 10^{-6}$ |
| Methan $CH_4$ | 1,0004433 | $6,7 \cdot 10^{-6}$ |
| Neon Ne | 1,0000672 | $0,28 \cdot 10^{-6}$ |
| Ozon $O_3$ | 1,000520 | |
| Quecksilberdampf Hg | 1,000940 | $52 \cdot 10^{-6}$ |
| Sauerstoff $O_2$ | 1,00027227 | $3,83 \cdot 10^{-6}$ |
| Schwefeldioxid $SO_2$ | 1,0006640 | $13,8 \cdot 10^{-6}$ |
| Schwefelkohlenstoff $CS_2$ | 1,001477 | $70 \cdot 10^{-6}$ |
| Schwefelwasserstoff $H_2S$ | 1,00065068 | $15,67 \cdot 10^{-6}$ |
| Stickstoff $N_2$ | 1,00029914 | $3,33 \cdot 10^{-6}$ |
| Stickstoffdioxid $NO_2$ | 1,0005087 ($n_{C'}$) | |
| Tetrachlorkohlenst. $CCl_4$ | 1,0017819 | $30,6 \cdot 10^{-6}$ |
| Trichloräthylen $C_2HCl_3$ | 1,001705 ($n_D$) | $34,0 \cdot 10^{-6}$ |
| Wasserdampf $H_2O$ | 1,0002527 | $3,8 \cdot 10^{-6}$ |
| Wasserstoff $H_2$ | 1,00013937 | $1,81 \cdot 10^{-6}$ |
| Xenon Xe | 1,0007055 | $12,7 \cdot 10^{-6}$ |
| Xylol $C_8H_{10}$ | 1,002135 | |

**Tabelle *3.1.2* Brechzahl von Wasser und Luft als Funktion der Wellenlänge**

| Linie | $\frac{\lambda}{\text{nm}}$ | n von Wasser bei 20 °C (gegen Luft) | n von Luft bei 15 °C, 1013 mbar (gegen Vakuum) |
|---|---|---|---|
| | 253,65 | 1,3750 | 1,000300 |
| | 313,3 | 1,3556 | 1,000290 |
| i | 365,01 | 1,3470 | 1,000285 |
| h | 404,66 | 1,3427 | 1,000282 |
| g | 435,83 | 1,3401 | 1,000281 |
| F' | 479,99 | 1,3374 | 1,000279 |
| F | 486,13 | 1,3371 | 1,000279 |
| e | 546,07 | 1,3345 | 1,000278 |
| d | 587,56 | 1,3330 | 1,000277 |
| D | 589,3 | 1,3330 | 1,000277 |
| C' | 643,85 | 1,3315 | 1,000276 |
| C | 656,27 | 1,3312 | 1,000276 |
| r | 706,52 | 1,3300 | 1,000276 |
| | 808 | 1,3282 | 1,000275 |
| | 1028 | 1,3245 | 1,000274 |
| | 1500 | 1,316 | 1,000273 |
| | 2000 | 1,300 | 1,000273 |
| Abbesche Zahl $\nu_d$ | | 55,8 | $\approx 88$ |

**Tabelle *3.1.3* Brechzahl von Wasser gegen Luft als Funktion der Temperatur**

| $\frac{t}{°C}$ | $n_d$ | $\frac{t}{°C}$ | $n_d$ |
|---|---|---|---|
| 0 | 1,334 | 40 | 1,3307 |
| 15 | 1,3334 | 60 | 1,327 |
| 20 | 1,3330 | 80 | 1,323 |
| 25 | 1,3326 | 100 | 1,318 |
| 30 | 1,3320 | | |

**Tabelle *3.1.4* Brechzahl von Flüssigkeiten bei Raumtemperatur, bezogen auf Luft** $n = 1$

| Bezeichnung | $n_D$ | Bezeichnung | $n_D$ |
|---|---|---|---|
| Äthylalkohol $C_2H_5OH$ | 1,362 | Schwefelsäure $H_2SO_4$ | 1,429 |
| Aceton $(CH_3)_2CO$ | 1,359 | Tetrachlorkohlenstoff $CCl_4$ | 1,466 |
| Benzin | 1,44 | Tetrafluordichloräthan (Freon) $C_2F_4Cl_2$ | 1,309 |
| Benzol $C_6H_6$ | 1,501 | | |
| Diäthyläther $(C_2H_5)_2O$ | 1,353 | Xylol $C_8H_{10}$ | 1,50 |
| Essigsäure (konz.) $CH_3COOH$ | 1.374 | Zedernholzöl | 1,51 |
| Glyzerin, wasserfrei $C_3H_8O_3$ | 1,455 | Verflüssigte Gase: | |
| Methylalkohol $CH_3OH$ | 1,329 | Ammoniak $NH_3$ | 1,325 |
| Methylenjodid $CH_2J_2$ | 1,742 | Chlor $Cl_2$ | 1,367 |
| α-Monobromnaphthalin $C_{10}H_7Br$ | 1,658 | Kohlendioxid $CO_2$ | 1,19 |
| Rizinusöl | 1,478 | Sauerstoff $O_2$ | 1,221 |
| Salpetersäure $HNO_3$ | 1,397 | Schwefeldioxid $SO_2$ | 1,41 |
| Salzsäure HCl | 1,328 | Schwefelwasserstoff $H_2S$ | 1,384 |
| Schwefelkohlenstoff $CS_2$ | 1,628 $\nu_D = 18{,}5$! | Wasserstoff $H_2$ | 1,11 |

**Tabelle *3.1.5* Brechzahl fester Körper bei Raumtemperatur, bezogen auf Luft** n = 1

| Bezeichnung | $n_D$ | Bezeichnung | $n_D$ |
|---|---|---|---|
| Bleioxid $PbO \cdot H_2O$ | 2,229 | Lithiumbromid LiBr | 1,784 |
| Bleisulfid PbS | 3,912 | Lithiumchlorid LiCl | 1,662 |
| Cadmiumsulfid CdS | 2,506/2,529 | Lithiumjodid LiJ | 1,955 |
| Calciumsulfid CaS | 2,137 | Natriumbromid NaBr | 1,641 |
| Diamant C | 2,417 | Selen | 2,94 |
| Eis $H_2O$ (0 °C) | 1,31 | Silberbromid AgBr | 2,252 |
| Kaliumfluorid KF | 1,361 | Silberchlorid AgCl | 2,062 |
| Kanadabalsam | 1,53–1,54 | Silberjodid AgJ | 2,218 |
| | | Zucker | 1,56 |

**Literaturhinweise**

L 3.1.1 *Kreidl, N. J.; Rood, J. L.:* Optical Materials. LÜ 1 Vol. I/5
*Parker, C. J.:* Optical Materials - Refractive. LÜ 1 Vol. VII/2
L 3.1.2 *Musikant, Solomon:* Optical Materials. Verl. M. Dekker Inc., New York, Basel 1985

## 3.2 Optische Gläser

Glas ist das wichtigste Material für optische Bauelemente, weil es neben ausgezeichneten thermischen, mechanischen und chemischen Eigenschaften eine sehr breite Auswahl optischer Eigenschaften ermöglicht: Allein der Glaskatalog der Fa. Schott, Mainz, gibt die Daten von etwa 240 verschiedenen Gläsern an. Die Glasprogramme anderer Hersteller sind etwas weniger umfangreich, enthalten aber im wesentlichen Gläser mit gleichen oder ähnlichen Eigenschaften.

Die *Eigenschaften eines optischen Glases* werden zweckmäßig am Beispiel einer Seite des Schott-*Glaskatalogs* (Tabelle 3.2.1) dargestellt. Das Kronglas BK 7 ist eines der am häufigsten verwendeten Massengläser. Die wesentlichen optischen Eigenschaften der Gläser sollten nach DIN 58925 T. 2 angegeben werden: Genormt sind die *Hauptbrechzahl* (= mittlere Brechzahl) $n_e$ und die *Abbesche Zahl* $\nu_e$ (Abschn. 3.1). Diese Festlegung erfolgte, weil die Spektrallinien e, F′, C′ mit einer Quecksilber-Cadmium-Lampe dargestellt werden können und meßtechnisch besonders günstig sind. Häufiger in Gebrauch sind jedoch noch die auf die d-Linie bezogenen Daten $n_d$ und $\nu_d$. Aus ihnen wird die sechsstellige *Codenummer* (hier: 517642) gebildet, durch die das Glas in übersichtlicher Weise gekennzeichnet wird: 517 bedeutet: $n_d = 1{,}517$; 642 bedeutet: $\nu_d = 64{,}2$. Die übliche *Glasbezeichnung* gibt mit Buchstaben die Glasgruppe (hier: BK = Bor-Kron) an; das einzelne Glas wird mit einer Typennummer (hier: 7) bezeichnet. Im übrigen werden die genauen *Brechzahlen* für viele Spektrallinien vom IR- bis zum UV-Gebiet angegeben.

**Tabelle *3.2.1* Informationsgehalt eines Glaskatalogs am Beispiel eines Originalblattes für Glas BK 7** [Glaskatalog 3111, Schott, Mainz]

## BK 7 – 517642

| | | |
|---|---|---|
| $n_d$ = 1.51680 | $\nu_d$ = 64.17 | $n_F - n_C$ = 0.008054 |
| $n_e$ = 1.51872 | $\nu_e$ = 63.96 | $n_{F'} - n_{C'}$ = 0.008110 |

**Brechzahlen**

| | λ [nm] | |
|---|---|---|
| $n_{2325.4}$ | 2325.4 | 1.48929 |
| $n_{1970.1}$ | 1970.1 | 1.49500 |
| $n_{1529.6}$ | 1529.6 | 1.50094 |
| $n_{1060.0}$ | 1060.0 | 1.50669 |
| $n_t$ | 1014.0 | 1.50731 |
| $n_s$ | 852.1 | 1.50981 |
| $n_r$ | 706.5 | 1.51289 |
| $n_C$ | 656.3 | 1.51432 |
| $n_{C'}$ | 643.8 | 1.51472 |
| $n_{632.8}$ | 632.8 | 1.51509 |
| $n_D$ | 589.3 | 1.51673 |
| $n_d$ | 587.6 | 1.51680 |
| $n_e$ | 546.1 | 1.51872 |
| $n_F$ | 486.1 | 1.52238 |
| $n_{F'}$ | 480.0 | 1.52283 |
| $n_g$ | 435.8 | 1.52669 |
| $n_h$ | 404.7 | 1.53024 |
| $n_i$ | 365.0 | 1.53626 |

**Relative Teildispersionen**

| | |
|---|---|
| $P_{s,t}$ | 0.3097 |
| $P_{C,s}$ | 0.5607 |
| $P_{d,C}$ | 0.3075 |
| $P_{e,d}$ | 0.2386 |
| $P_{g,F}$ | 0.5350 |
| $P_{i,h}$ | 0.7478 |
| | |
| $P'_{s,t}$ | 0.3075 |
| $P'_{C',s}$ | 0.6058 |
| $P'_{d,C'}$ | 0.2565 |
| $P'_{e,d}$ | 0.2370 |
| $P'_{g,F'}$ | 0.4755 |
| $P'_{i,h}$ | 0.7427 |

**Reintransmissionsgrad $\tau_i$**

| λ [nm] | $\tau_i$ (5 mm) | $\tau_i$ (25 mm) |
|---|---|---|
| 2325.4 | 0.89 | 0.57 |
| 1970.1 | 0.968 | 0.85 |
| 1529.6 | 0.997 | 0.985 |
| 1060.0 | 0.999 | 0.998 |
| 700 | 0.999 | 0.998 |
| 660 | 0.999 | 0.997 |
| 620 | 0.999 | 0.997 |
| 580 | 0.999 | 0.996 |
| 546.1 | 0.999 | 0.996 |
| 500 | 0.999 | 0.996 |
| 460 | 0.999 | 0.994 |
| 435.8 | 0.999 | 0.994 |
| 420 | 0.998 | 0.993 |
| 404.7 | 0.998 | 0.993 |
| 400 | 0.998 | 0.991 |
| 390 | 0.998 | 0.989 |
| 380 | 0.996 | 0.980 |
| 370 | 0.995 | 0.974 |
| 365.0 | 0.994 | 0.969 |
| 350 | 0.986 | 0.93 |
| 334.1 | 0.950 | 0.77 |
| 320 | 0.81 | 0.35 |
| 310 | 0.59 | 0.07 |
| 300 | 0.26 | |
| 290 | | |
| 280 | | |

**Sonstige Eigenschaften**

| | |
|---|---|
| $\alpha_{-30/+70\,°C}$ [$10^{-6}$/K] | 7.1 |
| $\alpha_{20/300\,°C}$ [$10^{-6}$/K] | 8.3 |
| Tg [°C] | 559 |
| $T_{10^{7.6}}$ [°C] | 719 |
| $c_p$ [J/g · K] | 0.858 |
| λ [W/m · K] | 1.114 |
| | |
| ρ [g/cm³] | 2.51 |
| E [$10^3$ N/mm²] | 81 |
| μ | 0.208 |
| HK | 520 |
| | |
| B | 0 |
| CR | 2 |
| FR | 0 |
| SR | 1 |
| AR | 2.0 |

**Konstanten der Dispersionsformel**

| | |
|---|---|
| $A_0$ | 2.2718929 |
| $A_1$ | $-1.0108077 \cdot 10^{-2}$ |
| $A_2$ | $1.0592509 \cdot 10^{-2}$ |
| $A_3$ | $2.0816965 \cdot 10^{-4}$ |
| $A_4$ | $-7.6472538 \cdot 10^{-6}$ |
| $A_5$ | $4.9240991 \cdot 10^{-7}$ |

**Bemerkungen**

**Abweichung relativer Teildispersionen ΔP von der „Normalgeraden"**

| | |
|---|---|
| $\Delta P_{C,t}$ | 0.0210 |
| $\Delta P_{C,s}$ | 0.0083 |
| $\Delta P_{F,e}$ | −0.0009 |
| $\Delta P_{g,F}$ | −0.0008 |
| $\Delta P_{i,g}$ | 0.0029 |

**Temperaturkoeffizienten der Lichtbrechung**

| | $\Delta n/\Delta T_{relativ}$ [$10^{-6}$/K] | | | | | $\Delta n/\Delta T_{absolut}$ [$10^{-6}$/K] | | | | |
|---|---|---|---|---|---|---|---|---|---|---|
| [°C] | 1060.0 | s | C' | e | g | 1060.0 | s | C' | e | g |
| −40/−20 | 2.2 | 2.3 | 2.5 | 2.7 | 3.1 | 0.2 | 0.3 | 0.4 | 0.6 | 1.0 |
| −20/ 0 | 2.2 | 2.3 | 2.6 | 2.8 | 3.3 | 0.5 | 0.6 | 0.8 | 1.0 | 1.5 |
| 0/+20 | 2.3 | 2.4 | 2.7 | 2.8 | 3.4 | 0.9 | 1.0 | 1.2 | 1.3 | 1.9 |
| +20/+40 | 2.4 | 2.5 | 2.8 | 3.0 | 3.6 | 1.2 | 1.3 | 1.5 | 1.7 | 2.3 |
| +40/+60 | 2.5 | 2.6 | 2.9 | 3.1 | 3.8 | 1.3 | 1.4 | 1.7 | 1.9 | 2.6 |
| +60/+80 | 2.6 | 2.7 | 3.0 | 3.2 | 3.9 | 1.6 | 1.7 | 2.0 | 2.2 | 2.8 |

**Tabelle *3.2.2* Auswahl optischer Gläser der Firma Schott, Mainz**

| Code-Nr. „d“ | Glas | Preisfaktor zu BK 7 | Code-Nr. „e“ | $\Delta P_{g,F} \cdot 10^4$ | $\Delta P_{C,s} \cdot 10^4$ | $\tau_i$(400 nm) d = 25 mm | α $10^{-6}$/K | ϱ g/cm³ |
|---|---|---|---|---|---|---|---|---|
| 437907 | FK 54 | 19,1 | 438903 | 418 | −612 | 0,980 | 14,6 | 3,18 |
| 465658 | FK 3 | 2,8 | 466656 | 2 | 79 | 0,96 | 8,2 | 2,27 |
| 479587 | TiK 1 | – | 481584 | −9 | 45 | 0,74 | 10,3 | 2,39 |
| 487704 | FK 5 | 2,7 | 489702 | 36 | 67 | 0,991 | 9,2 | 2,45 |
| 508612 | ZK N7 | 1,3 | 510610 | −39 | 118 | 0,963 | 4,5 | 2,49 |
| 511604 | K 7 | 1,0 | 513602 | 0 | 0 | 0,985 | 8,4 | 2,53 |
| 517642 | BK 7 | 1,0 | 519640 | −8 | 83 | 0,991 | 7,1 | 2,51 |
| 518602 | BaLK N3 | 1,0 | 521600 | −2 | 11 | 0,989 | 7,9 | 2,61 |
| 523515 | KF 9 | 1,3 | 526512 | −15 | 29 | 0,979 | 6,8 | 2,71 |
| 527511 | KzF 6 | – | 529509 | −62 | 136 | 0,94 | 5,5 | 2,54 |
| 529770 | PK 51 | 16,3 | 530766 | 259 | −470 | 0,960 | 13,1 | 3,97 |
| 541472 | LLF 2 | 1,8 | 543469 | −12 | 16 | 0,990 | 7,9 | 2,87 |
| 569561 | BaK 4 | 1,0 | 571559 | −9 | −23 | 0,984 | 7,0 | 3,10 |
| 580537 | BaLF 4 | 1,4 | 582534 | −9 | −36 | 0,977 | 6,4 | 3,17 |
| 581409 | LF 5 | 1,1 | 585406 | −5 | 0 | 0,992 | 9,1 | 3,22 |
| 586610 | LgSK 2 | 17,1 | 588607 | 118 | −336 | 0,86 | 12,1 | 4,15 |
| 589613 | SK 5 | 1,8 | 591610 | −8 | 20 | 0,980 | 5,5 | 3,30 |
| 596392 | F 8 | 1,3 | 599389 | −6 | 11 | 0,987 | 8,2 | 3,38 |
| 603654 | PSK 52 | 11,0 | 605651 | 50 | −93 | 0,79 | 8,5 | 3,38 |
| 613586 | SK 4 | 1,8 | 615584 | −3 | −33 | 0,973 | 6,4 | 3,57 |
| 613443 | KzFS N4 | 5,0 | 617441 | −86 | 182 | 0,94 | 4,5 | 3,20 |
| 617310 | TiF 6 | – | 621307 | 304 | −99 | 0,58 | 13,9 | 2,79 |
| 620364 | F 2 | 0,9 | 624361 | 0 | 0 | 0,990 | 8,2 | 3,61 |
| 620603 | SK 16 | 1,8 | 623601 | −11 | 11 | 0,970 | 6,3 | 3,58 |
| 622532 | SSK 2 | 2,2 | 625529 | −6 | −52 | 0,977 | 6,2 | 3,67 |
| 624470 | BaF 8 | 1,7 | 627467 | −3 | −52 | 0,94 | 7,0 | 3,67 |
| 639554 | SK N18 | 1,9 | 641552 | −12 | −21 | 0,93 | 6,4 | 3,64 |
| 643580 | LaK N6 | 3,4 | 645577 | −17 | −21 | 0,952 | 7,0 | 3,80 |
| 648339 | SF 2 | 1,2 | 652336 | 17 | −12 | 0,970 | 8,4 | 3,86 |
| 650392 | BaSF 10 | 2,0 | 654389 | 12 | −51 | 0,90 | 8,6 | 3,91 |
| 658509 | SSK N5 | 2,0 | 662506 | −8 | −46 | 0,91 | 6,8 | 3,71 |
| 670471 | BaF N10 | 1,9 | 673468 | −3 | −28 | 0,84 | 6,8 | 3,76 |
| 673289 | TiSF 1 | – | 679287 | 140 | −1 | 0,79 | 9,0 | 2,81 |
| 689312 | SF 8 | 1,8 | 694310 | 25 | −12 | 0,89 | 8,2 | 4,22 |
| 691547 | LaK 9 | 5,9 | 694545 | −70 | 87 | 0,950 | 6,3 | 3,51 |
| 702410 | BaSF 52 | 3,9 | 706408 | −34 | 65 | 0,82 | 5,2 | 3,96 |
| 713538 | LaK 8 | 6,7 | 716536 | −82 | 119 | 0,950 | 5,6 | 3,78 |
| 717295 | SF 1 | 2,0 | 723293 | 39 | −16 | 0,89 | 8,1 | 4,46 |
| 720504 | LaK 10 | 7,0 | 723502 | 76 | 111 | 0,91 | 5,7 | 3,81 |
| 724381 | BaSF 51 | 3,9 | 728379 | −15 | 3 | 0,82 | 5,2 | 3,96 |
| 744448 | LaF N2 | 5,1 | 748445 | −30 | −41 | 0,85 | 8,2 | 4,54 |
| 755276 | SF 4 | 2,1 | 762274 | 61 | −24 | 0,84 | 8,0 | 4,79 |
| 782371 | LaF 22 | 9,1 | 787368 | 14 | 0 | 0,61 | 7,0 | 4,21 |
| 785258 | SF 11 | 2,8 | 792256 | 143 | −44 | 0,21 | 6,1 | 4,74 |
| 788474 | LaF 21 | 13,4 | 792472 | −88 | 83 | 0,88 | 5,9 | 4,44 |
| 847238 | SF 57 | 4,8 | 855236 | 115 | −63 | 0,64 | 8,3 | 5,51 |
| 881411 | LaSF 31 | 31,8 | 886409 | −88 | 11 | 0,68 | 6,9 | 5,24 |
| 913324 | LaSF N18 | 26,5 | 920321 | −6 | 57 | 0,36 | 6,0 | 4,82 |
| 953204 | SF 59 | 11,9 | 963202 | 219 | −93 | 0,08 | 9,4 | 6,26 |

LaSF 35: $n_d = 2{,}022$; $\nu_d = 29{,}09$; $\rho = 5{,}42$

Eine recht genaue Darstellung der Dispersionsfunktion $n(\lambda)$ in einem begrenzten Spektralbereich (z. B. vom nahen UV bis zum nahen IR) erhält man durch eine *Dispersionsformel,* z. B. durch die Potenzreihe

$$n^2 = A_0 + A_1 \lambda^2 + A_2 \lambda^{-2} + A_3 \lambda^{-4} + A_4 \lambda^{-6} + A_5 \lambda^{-8} \qquad (3.2.1)$$

Für die im Glaskatalog angegebenen Kostanten $A_0$ bis $A_5$ muß die Wellenlänge $\lambda$ in µm eingesetzt werden. Damit ist eine *Brechzahl-Interpolation* für beliebige Wellenlängen möglich. Die Speicherung der Konstanten $A_0$ bis $A_5$ in einer Rechenanlage reicht aus, um damit alle Brechzahlen, relativen Teildispersionen und Abweichungen $\Delta P$ (siehe unten) zu berechnen!

Für die genauere Berechnung optischer Systeme reicht neben $n_d$ die Angabe der Abbeschen Zahl $\nu_d$ als Quotient von $n_d - 1$ und der *Hauptdispersion* $n_F - n_C$ nicht aus. Zusätzlich werden *relative Teildispersionen* P angegeben, d. h. die Dispersion für ein Wellenlängen-Paar in einem Teilgebiet des Spektrums wird auf die Hauptdispersion bezogen. So gilt z. B.

$$P_{g,F} = \frac{n_g - n_F}{n_F - n_C}\,.$$

Die mit $P'$ bezeichneten relativen Teildispersionen beziehen sich auf die zum System $n_e$, $\nu_e$ gehörige Hauptdispersion $n_{F'} - n_{C'}$.

Wird eine Farbkorrektur für mehr als zwei Wellenlängen angestrebt, d. h. das *sekundäre Spektrum beseitigt,* so muß wenigstens eine Glasart mit *anomaler Teildispersion* verwendet werden, also ein Glas, das eine deutliche Abweichung von *„Normalgläsern"* (z. B. K 7, F 2) zeigt. Für die relativen Teildispersionen P dieser Normalgläser gilt der lineare Zusammenhang

$$P = a + b \cdot \nu_d$$

mit a, b = Konstanten. Für von dieser „Normalgeraden" abweichende Gläser ergibt sich dann

$$P = a + b \cdot \nu_d + \Delta P \qquad (3.2.2);$$

die Abweichungen $\Delta P$ sind für 5 Teildispersionen im Glaskatalog angegeben. Beispiel: Werden K 7 und F 2 als Normalgläser betrachtet, so gilt für $P_{g,F}$ und $P_{C,s}$

$$\begin{aligned} P_{g,F} &= 0{,}6438 - 0{,}001682 \cdot \nu_d + \Delta P_{g,F}; \\ P_{C,s} &= 0{,}4029 + 0{,}002331 \cdot \nu_d + \Delta P_{C,s}. \end{aligned} \qquad (3.2.3)$$

Der Reintransmissionsgrad $\tau_i$ (Abschn. 2.3) wird für die Glasdicken 5 mm und 25 mm und ausgewählte Wellenlängen vom IR- bis zum UV-Bereich tabelliert. Die im sichtbaren und nahen IR-Bereich hohe Lichtdurchlässigkeit wird zur kurzwelligen Seite hin durch einen steilen Abfall (*„UV-Absorptionskante"*) begrenzt. Als Kennwert wird im Glaskatalog der $\tau_i$-Wert bei d = 25 mm und $\lambda$ = 400 nm angegeben. Eine genauere Angabe über die Lage der Absorptionskante kann man mit der Wellenlänge erhalten, die sich als Mittelwert der $\lambda$-Werte für $\tau_i = 0{,}5$ und $\tau_i = 0{,}1$ ergibt (z. B. für d = 5 mm). Die gesamte *Lichtdurchlässigkeit* kann in Form des Lichttransmissionsgrades $\tau$ (Tab. 2.3.1) für Normlichtart A und eine Glasdicke von 100 mm angegeben werden.

Unter „Sonstige Eigenschaften" werden die thermischen und mechanischen Daten sowie Beständigkeitsklassen angegeben: Der *lineare Ausdehnungskoeffizient* $\alpha$ ist für

zwei Temperaturbereiche aufgeführt. $T_g$ ist die *Transformationstemperatur:* Hier ändern sich viele Glaseigenschaften, u. a. der Anstieg der Wärmeausdehnung. Die *Viskosität* des Glases beträgt bei $T_g$ ca. $10^{13}$ dPa · s (Dezipascalsekunde, früher Poise). Bei der *Erweichungstemperatur* $T_{10}$ 7,6 beträgt die Viskosität $10^{7,6}$ dPa · s; in diesem Bereich ist Formgebung durch Senken möglich. Weiterhin werden die isobare *spezifische Wärme* $c_p$ und die *Wärmeleitfähigkeit* $\lambda$ angegeben.
Von den mechanischen Daten des Glases sind Dichte $\varrho$, Elastizitätsmodul E, Poissonzahl $\mu$ und Knoophärte HK angegeben.

Bei B ist die den *Blasengehalt* angebende Klasse (s. unten) aufgeführt. Im übrigen sind Klassen angegeben, die den Widerstand gegen chemische Einflüsse beschreiben: Mit CR wird die *Klima-Resistenz* (Klassen: CR 1 hohe, CR 2 ... CR 4 abnehmende Resistenz) angegeben. FR bezeichnet die *Flecken-Resistenz* (Klassen: FR 0 hohe, FR 1 ... FR 5 abnehmende Resistenz). Die Klassen SR 1 bis SR 4 bezeichnen abnehmende *Resistenz gegen Salpetersäure*; leichter angreifbare Gläser werden mit SR 51 bis SR 53 bezüglich ihrer *Resistenz gegen schwache Säure* beschrieben. Die Klassen AR 1 bis AR 4 geben die *Alkali-Resistenz* (gegen NaOH) an.

Weiterhin werden für jedes Glas die *Temperaturkoeffizienten der Lichtbrechung* angegeben, d. h. die Änderung der Brechzahl n mit der Temperatur T für mehrere Temperaturbereiche und Wellenlängen. Dabei ist zwischen der absoluten Brechzahländerung und der relativen Änderung gegenüber Luft zu unterscheiden: Die relative Änderung ist größer wegen der starken Abhängigkeit der Luftbrechzahl von der Temperatur!

In Tabelle 3.2.2 sind einige Daten optischer Gläser zusammengestellt. Die Glasauswahl enthält häufig verwendete Gläser sowie Gläser mit extremen Eigenschaften. Die Gläser sind nach zunehmender Brechzahl $n_d$ (erster Teil der Code-Nr. „d" geordnet. Aus der Code-Nr. „e" können die gerundeten Werte für $n_e$ und $\nu_e$ entnommen werden. Die beiden Abweichungen $\Delta P$ der relativen Teildispersionen (Gl. 3.2.3) zeigen die „Anomalität" des jeweiligen Glases gegenüber den Normalgläsern K 7/F 2. Die hier ausgewählten Gläser sind als Punkte in das $n_d/\nu_d$-Diagramm (Bild 3.2.1) eingetragen, das die Gruppen-Grenzen erkennen läßt und eine schnelle Übersicht ermöglicht. In dieses Diagramm sind weitere Materialien aufgenommen.

Die Preisfaktoren gelten als Anhaltswerte für Plattenglas im Vergleich zu Glas BK 7.

Optische Gläser werden in unterschiedlichen *Ausführungsformen* und Lieferqualitäten angeboten: Bei *Plattenglas* sind zwei gegenüberliegende Flächen zur optischen Prüfung anpoliert, die übrigen vier Flächen geschliffen. *Blockglas* hat ebenfalls zwei anpolierte, im übrigen naturblanke oder geschnittene Flächen. *Barrenglas* und *Profilstäbe* mit naturblanken Mantelflächen sind auf Länge geschnitten. Weiterhin werden *Glastropfen* (etwa runder Querschnitt) und durch Warmformen vorgeformte *Preßlinge* (mit Linsen- bzw. Prismenform; für Großserien) geliefert. Durch Schneiden und Fräsen auf gewünschte Form vorgearbeitete Glasteile können in den höchsten Qualitätsstufen geliefert werden.

Die genannten Ausführungsformen der Gläser stehen in unterschiedlichen *Lieferqualitäten* zur Verfügung, die sich durch Brechzahltoleranz, Kühlbedingungen und Schlierengehalt unterscheiden: Bei der *Normalqualität* N (alle Ausführungsformen) schwankt die Brechzahl $n_d$ innerhalb einer Schmelze um maximal $\pm 10^{-4}$; auf Schlieren und Spannungen wird in einer Richtung geprüft. Bei der *Präzisionsqualität* P erfolgt verschärfte Auswahl; die Brechzahl-Schwankung innerhalb eines Stückes beträgt maximal $\pm 5 \cdot 10^{-6}$. Die Qualitäten N und P können noch mit zusätzlichen Qualitätsmerkmalen (höhere Homogenität, spezielle Kühlbedingungen, verschärfte Schlieren- und Blasen-Auswahl) geliefert werden.

**Tabelle *3.2.3* Spezialgläser mit hoher Infrarot-Durchlässigkeit** [H 3.2.1]

| Glas | Glastyp | VIS-Bereich: Code-Nr. „d" | Code-Nr. „e" | IR-Brechzahlen für λ in μm: 1,0140 | 1,5296 | 2,3254 | 3,303 | 4,586 | α $10^{-6}$/K | ϱ g/cm³ |
|---|---|---|---|---|---|---|---|---|---|---|
| IRG 9 | Fluor-Phosphatglas | 486810 | 488813 | 1,4793 | 1,4755 | 1,4692 | 1,4583 | | 16,1 | 3,63 |
| IRG 7 | Bleisilikatglas | 564438 | 568433 | 1,5509 | 1,5442 | 1,5341 | 1,5164 | | 9,6 | 3,06 |
| IRG N6 | Ca-Al-Silikatglas | 589546 | 592548 | 1,5777 | 1,5716 | 1,5620 | 1,5451 | | 6,3 | 2,81 |
| IRG 11 | Ca-Aluminatglas | 681442 | 685439 | 1,6650 | 1,6581 | 1,6491 | 1,6349 | 1,6077 | 8,2 | 3,12 |
| IRG 3 | Lanthanschwerflint | 845325 | 851322 | 1,8193 | 1,8089 | 1,7963 | 1,7764 | 1,7375 | 8,1 | 4,47 |
| IRG 2 | Germanatglas | 892300 | 899298 | 1,8630 | 1,8526 | 1,8414 | 1,8253 | 1,7954 | 8,8 | 5,00 |
| IRG 100 | Ge-Sb-Se-Chalkogenidglas | – | – | 2,722 | 2,657 | 2,635 | 2,624<br>8 μm:<br>10 μm:<br>12 μm: | 2,618<br>2,608<br>2,600<br>2,592 | 15,0 | 4,67 |
| Quarzglas | [H 3.2.8; 3.2.9] | 458677 | 460677 | 1,450 | 1,444 | 1,433 | 1,411 | | 0,55 | 2,20 |

*Schlieren* sind faden- oder bandförmige Bereiche mit von der Brechzahl des umgebenden Glases abweichender Brechzahl. Sie sind u. a. besonders störend bei Linsen für hochwertige Objektive [L 3.2.4]. Einwandfrei geschliffene und polierte optische Elemente können durch Schlieren wertlos werden.

*Blasen* vermindern minimal den Transmissionsgrad und erhöhen den Streulichtanteil. Dies ist ggf. bei fotometrischen Meßsystemen zu beachten. Blasen können in der Nähe von Bildfeldern, z. B. in Strichplatten, störend sichtbar werden. Im übrigen sind Blasen weniger gefährlich als Schlieren. Bei bestimmten hochwertigen Gläsern sind Blasen unvermeidbar. Die gelieferten Glas-Halbzeuge können nach dem Gesamtquerschnitt der Blasen in einem Glasvolumen von 100 cm³ in *Blasenklassen* eingeteilt werden (bei Schott von B 0 mit 0 bis 0,029 mm², bis B 4 mit 0,26 bis 0,50 mm²).

*Farbstich:* Manche Glasarten enthalten färbende Bestandteile oder lassen sich völlig frei von färbenden Spuren (meist Schwermetalloxide) herstellen. „Farbarme" Gläser sind teurer und nicht überall erforderlich, für photographische Objektive und andere, das gesamte sichtbare Spektrum berücksichtigende Systeme aber nicht zu umgehen. Kleine Abweichungen lassen sich durch die Vergütung korrigieren.

Normale optische Gläser haben einen ausreichenden – natürlich von der Dicke abhängigen – Transmissionsgrad im Spektralbereich von etwa 350 nm bis 2,5 μm. In den ferneren UV- und IR-Bereichen sind Spezialgläser und Sonderwerkstoffe (Abschn. 3.4) erforderlich. In Tabelle 3.2.3 sind Daten von Quarzglas und *infrarotdurchlässigen Gläsern* zusammengestellt. Im *Ultraviolett-Gebiet* wird neben einer Reihe optischer Gläser mit einer bis etwa 300 nm ausgedehnten Durchlässigkeit vor allem *Quarzglas* verwendet. Quarzglas zeichnet sich durch besonders niedrigen Ausdehnungskoeffizienten aus. Die Brechzahl dieses isotropen Materials liegt niedriger als bei kristallinem Quarz. Die Lage der Grenzen des Transmissionsbereichs im UV und IR ist abhängig vom Herstellungsprozeß. Geringste Verunreinigungen vermindern die UV-Durchlässigkeit; Wassergehalt ergibt Absorption im IR. Die Verunreinigungen werden vermin-

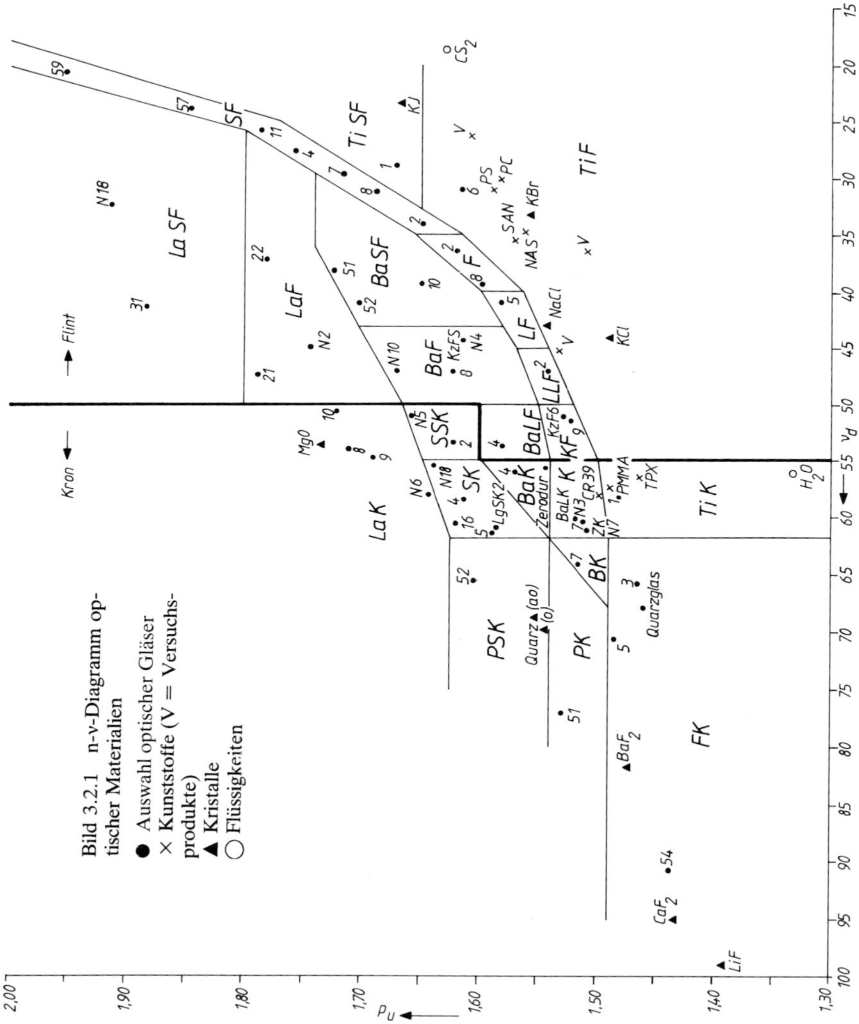


Bild 3.2.1 n-ν-Diagramm optischer Materialien
● Auswahl optischer Gläser
× Kunststoffe (V = Versuchsprodukte)
▲ Kristalle
○ Flüssigkeiten

**Tabelle *3.2.4* Einige Gläser mit hoher Ultraviolett-Durchlässigkeit**

| Glas | Hersteller | VIS-Bereich: Code-Nr. „d" | Code-Nr. „e" | UV-Brechzahlen für λ in nm: 202,5 | 226,5 | 248,2 | 313,2 | 365,5 | α $10^{-6}$/K | ϱ g/cm³ |
|---|---|---|---|---|---|---|---|---|---|---|
| Quarzglas | [H 3.2.8; 3.2.9] | 458677 | 460677 | 1,547 | 1,523 | 1,508 | 1,484 | 1,474 | 0,55 | 2,20 |
| FK 5 | [H 3.2.1] | 487704 | 489702 | | | | | 1,504 | 10,0 | 2,45 |
| UBK 7 | [H 3.2.1] | 517643 | 519641 | | | | 1,548 | 1,536 | 8,3 | 2,51 |
| UK 50 | [H 3.2.1] | 523604 | 525601 | | | | 1,557 | 1,544 | 8,1 | 2,62 |
| BaK 2 | [H 3.2.1] | 540597 | 542594 | | | | | 1,562 | 9,1 | 2,86 |

dert, wenn das Quarzglas nicht durch Schmelzen von kristallinem Quarz, sondern „synthetisch" aus einer Siliziumverbindung gewonnen wird. Unterhalb von 300 nm steigen Brechzahl und Dispersion schnell an. Weiterhin sind eine Reihe von Gläsern für Absorptionsfilter (Abschn. 6.10) gut UV-durchlässig (z. B. Schott WG 230).

Der Transmissionsbereich von Spezialgläsern ist zusammen mit Sonderwerkstoffen in Bild 3.4.1 dargestellt.

Zu den optischen Spezialgläsern gehören auch *fototrope Gläser,* die bei Einwirkung kurzwelliger Strahlung ihren *Transmissionsgrad* verringern, aber nach Abschluß der Bestrahlung wieder reversibel in den Ausgangszustand zurückkehren. Den Grundgläsern werden in Mengen um 0,5 bis 1 Gewichtsprozent Silberoxid sowie die Halogene Chlor, Brom, Fluor zugesetzt. Durch eine an die Erschmelzung anschließende Wärmebehandlung (ähnlich wie bei den Farbfilter-„Anlaufgläsern") bilden sich feinste Silberhalogenid-Ausscheidungen mit Durchmessern von 5 nm bis etwa 30 nm, also erheblich feinerem „Korn" als bei fotografischen Schichten. Durch Belichtung mit kurzwelligem Licht, bevorzugt im Bereich 300 nm bis 400 nm (Sonne, Blitzlicht, Xenonlampe) sinkt der Transmissionsgrad von z. B. $\tau = 0{,}9$ auf $\tau = 0{,}4$ (dickenabhängig), indem aus dem Silberhalogenid metallisches Silber freigesetzt wird – ganz ähnlich wie bei der Entstehung des latenten Bildes in einer fotografischen Schicht. Bei starker Bestrahlung nimmt der Transmissionsgrad so lange ab, bis ein Gleichgewicht mit der Rückreaktion (Regenerierung) erreicht ist. Die *Regenerierung* kann durch Wärme (thermisches Bleichen) und Einstrahlung von langwelligem Licht (optisches Bleichen, z. B. mit He-Ne-Laser) beschleunigt werden.

Fototrope Gläser können für Sonnenbrillen sowie für löschbare Bildspeicher verwendet werden. So ist z. B. durch Kopieren eines fotografischen Negativs auf fototropes Glas eine Positivbetrachtung des Bildes möglich.

Durch Kühlung wird der Kontrast erhöht (geringerer Transmissionsgrad nach Bestrahlung) und die Beständigkeit des gespeicherten Bildes verbessert (langsamere Regenerierung).

Durch starke Bestrahlung mit Röntgen- oder Gammastrahlung vermindert sich bei den meisten optischen Gläsern der Transmissionsgrad, insbesondere im kurzwelligen Gebiet, d. h. die Gläser verfärben sich bräunlich. *Strahlenresistente Gläser* sind durch Zusatz von etwa 0,5% bis 4% Ceroxid $CeO_2$ stabilisiert. In dieser Form sind u. a. BK 7, LF 5, SK 6, SK 4, F 2, SSK N5, LaK 9, SF 8,

SF 1, SF 4 (siehe Tabelle 3.2.2) lieferbar [H 3.2.1]. Sie werden durch den Zusatz „G" gekennzeichnet (z. B. BK 7 G 18 = BK 7 mit 1,8% $CeO_2$). Die optischen Eigenschaften weichen dann vom Grundglas etwas ab. Die Färbung ist teilweise reversibel, insbesondere bei Lichteinstrahlung und Temperatureinwirkung (ganz ähnlich wie bei fototropem Glas).

*Strahlenschutzgläser* werden vor allem für Fenster zum Einblick in durch Kernstrahlung stark belastete Räume („Heiße Zellen") benötigt. Bei höchstem Gehalt an Bleioxid PbO (71%) ist gegenüber Blei etwa die 2,5-fache Glasdicke für gleiche Schutzwirkung erforderlich (grober Richtwert). Die der Strahlung besonders stark ausgesetzte „heiße" Seite von Mehrfachfenstern wird ebenfalls mit $CeO_2$ gegen Verfärbung stabilisiert.

## Literaturhinweise


L 3.2.1 *Schott:* Optisches Glas, Katalog Nr. 3111, Schott Glaswerke, Mainz 1980

L 3.2.2 *Gliemeroth, G.; Mader, K.-H.:* Phototropes Glas. Angewandte Chemie *82* (1970) Nr. 11, 421–433

L 3.2.3 *Gliemeroth, G.; Eichhorn, U.; Hölzel, E.:* Zur Beeinflussung der Eigenschaften silberhalogenhaltiger fototroper Gläser. Glastechn. Ber. *54* (1981) Nr. 6, 162–174

L 3.2.4 *Köhler, H.:* Optik *21* (1964), 339–359; *Keller, R.:* 360–371; *Köhler, H.; Keller, R.:* 372–384

L 3.2.5 DIN 3140 Maß- und Toleranzangaben für Optikeinzelteile.
T2 Blasen;
T 3 Schlieren;
T 4 Spannungen

L 3.2.6 Prüfung auf Einschlüsse durch Eintauchen in Flüssigkeiten: Glastechn. Berichte *29* (1956), 83. Prüfung auf Schlieren: Glastechn. Berichte *33* (1960), 475

L 3.2.7 DIN 58928 Brillenrohglas für Ein- und Mehrstärken-Brillengläser

L 3.2.8 DIN 58925 Optisches Glas.
T 1 Begriff, Einteilung;
T 2 Begriffe der optischen Eigenschaften

L 3.2.9 DIN 58927 Optisches Glas; Technische Lieferbedingungen

L 3.2.10 DIN 58926 Preßlinge für Optikeinzelteile, Linsen; Zulässige Abweichungen, Kennzeichnung

L 3.2.11 siehe auch L 3.1.1

L 3.2.12 *Kossel, D.:* Glas-Kompositionen. Leica Fotografie 1/1978, 20–25

L 3.2.13 *Hofmann, C.; Pohl, H.-J.:* Forderungen der Optikentwicklung an optische Medien aus konstruktiver und technologischer Sicht. Feingerätetechnik *27* (1978) H. 1, 4–8

L 3.2.14 *Sutter, E.; Möller, W.:* Verhalten phototroper Gläser unter natürlichen Anregungsbedingungen. Optik *59* (1981) No. 3, 167–178

L 3.2.15 *Guilino, G.; Köppen, W.:* Phototrope Brillengläser und Nachtfahrtauglichkeit. Deutsche Optikerzeitung Nr. 9/1978

L 3.2.16 *Hack, H.; Neuroth, N.:* Laserresistenz von Glas. Schott-Information Heft 2/82, 8–14


## Beispiele für Hersteller bzw. Lieferanten

H 3.2.1 *Schott Glaswerke,* Hattenbergstraße 10, Mainz: Optisches Glas, Glas-Preßlinge, Strahlenschutzgläser und -fenster

H 3.2.2 *Deutsche Spezialglas AG,* 3223 Delligsen 2: Brillenglas, Schutzglas, Signalglas, Filterrohglas, Spiegelglas, Linsenpreßlinge, Laser-Schutzfilter, Verkehrsspiegel

H 3.2.3 *Corning Glas GmbH,* A.-Lincoln-Str., Wiesbaden 13: Optisches Glas, Glaskeramik

H 3.2.4 *Hoya Corp.,* 572 Miyazawa-cho, Akishima-shi, Tokio, Japan: Optisches Glas

H 3.2.5 *Rudolf Schöbel KG,* Warmensteinach/Bay.: Glas-Preßteile (Signalgläser, Rückstrahler, Glaskugeln, Linsen)

H 3.2.6 *Sendlinger Optische Glaswerke GmbH,* Goerzallee 271, Berlin: Glasteile für Beleuchtungsanlagen und Verkehrssignale, Stufenlinsen

H 3.2.7 *Westdeutsche Quarzschmelze GmbH,* Borsigstr. 1–7, Geesthacht: Quarzglas

H 3.2.8 *Heraeus Quarzschmelze GmbH,* Quarzstr., Hanau: Quarzglas für die Optik (Platten, Linsen, Küvetten usw.)

H 3.2.9 *Thermal Quarz-Schmelze GmbH,* Hüttenstr. 10, Wiesbaden 13: Quarzglas und Quarzglas-Komponenten

H 3.2.10 *English Glass Company Ltd.,* Scudamore Road, Leicester, GB: Formgepreßte Glasbauteile

## 3.3 Kunststoffe

Für preiswerte Massenoptik bis zu mittlerer Qualität werden transparente Kunststoffe in zunehmendem Maße eingesetzt. Vorteilhaft ist vor allem die Möglichkeit, im *Spritzgußverfahren* Großserien komplizierter Bauelemente (z. B. asphärische Linsen, Prismen-Linsen-Kombinationen, Linsenplatten, Mikroprismenraster, Linsen komplett mit Fassungsteilen) sehr billig herzustellen, weil keine spanende Nachbearbeitung der Flächen erfolgt. Weitere Vorteile sind geringes Gewicht (Dichte gegenüber Glas um mehr als die Hälfte niedriger) und hohe Bruchfestigkeit. Nachteile der Kunststoffe sind ihre gegenüber Glas höheren Temperaturkoeffizienten der Ausdehnung und der Brechzahländerung (Kompensation u. a. durch günstige Brechkraft-Aufteilung zwischen Positiv- und Negativlinsen), geringe Härte (Gefahr von Verkratzen), in einigen Fällen Gefahr der Trübung und der Alterung durch Vergilben. Vor allem kann aber der optische Rechner bei der Korrektur hochwertiger Systeme keine Auswahl aus einer großen Anzahl verschiedener Kunststoffe mit sehr unterschiedlichen Werten von Brechzahl, Dispersion und speziellem Verhalten (Teildispersionen) treffen: Nur 3 bis 5 Kunststofftypen werden in größerem Umfang für optische Bauelemente eingesetzt, darunter weit überwiegend das besonders günstige Acrylglas (z. B. Plexiglas®) und das besonders billige Polystyrol.

Trotz der genannten Nachteile wird die Entwicklung optischer Kunststoffe intensiv weiterverfolgt: Ziel ist die Bereitstellung weiterer transparenter Kunststoffe möglichst mit extremen, aus dem üblichen $n-\nu$-Zusammenhang herausfallenden Eigenschaften sowie die Verbesserung der mechanischen und thermischen Daten. Es ist zur Zeit zu übersehen, daß sich die Anzahl einsetzbarer Kunststofftypen mit abweichenden Eigenschaften bestenfalls verdoppeln wird. Nicht gerechnet sind dabei Mischpolymerisate, deren Eigenschaften zwischen denen der Komponenten liegen. Ein Vordringen in Bereiche hoher Brechzahl bei niedriger Dispersion (hohes $\nu$) erscheint sehr unwahrscheinlich; hingegen sind *Kunststoffe mit niedriger Brechzahl bei relativ hoher Dispersion* im Versuchsstadium verwirklicht. Sie sind für die Korrektur zusammengesezter Systeme besonders wertvoll. Kunststoffe mit guten Eigenschaften für die Optik, aber schlechter Verfügbarkeit der speziellen organischen Ausgangsmaterialien haben ebenfalls keine praktische Bedeutung. Die Tabelle 3.3.1 gibt einen Überblick über die Daten handelsüblicher optischer Kunststoffe und einiger Versuchsmuster, die möglicherweise künftig lieferbar sind. Ihre Orte sind in das $n-\nu$-Diagramm (Bild 3.2.1) eingetragen. *Polymethylpentan* TPX zeigt bei hoher Temperaturbeständigkeit, aber starker Schrumpfung,

**Tabelle *3.3.1* Daten optischer Kunststoffe**
Die Kunststoffe sind nach steigender Hauptbrechzahl geordnet. Nicht näher bezeichnete Kunststofftypen sind noch nicht lieferbar (Versuchsmuster).

| Kunststoff | Code-Nr. | $n_d$ | $\nu_d$ | $\tau$ in % bei 3 mm Dicke | $\tau$ in % $\lambda$ = 400 nm | Streulichtanteil in % | Max.-Temp. ca. °C | Ausdehnung $\alpha$ in $K^{-1}$ | Wasseraufn. % | Dichte g/cm³ |
|---|---|---|---|---|---|---|---|---|---|---|
| Polymethylpentan TPX | 466564 | 1,466 | 56,4 | | | | 180 | $117 \cdot 10^{-6}$ | | |
| Polymethylmethacrylat Acrylglas, PMMA z. B. Plexiglas® | 491572 | 1,491 | 57,2 | 92 | 88 | 2 | 90 | $65 \cdot 10^{-6}$ | 0,3 | 1,19 |
| | 498567 | 1,498 | 56,7 | | | | | | | |
| Allyldiglycolcarbonat CR 39 | 499578 | 1,499 | 57,8 | | | 1 | 100 | $120 \cdot 10^{-6}$ | | 1,32 |
| | 510364 | 1,510 | 36,4 | | | | | | | |
| | 535450 | 1,535 | 45,0 | | | | | | | 1,10 |
| Methylmethacrylat-Styrol (Copolymerisat) NAS | 562347 | 1,562 | 34,7 | 90 | | unter 4 | 95 | $65 \cdot 10^{-6}$ | 0,15 | 1,09 |
| | 567340 | 1,567 | 34,0 | | | | | | | 1,08 |
| Styrol-Acrylnitril SAN | 571353 | 1,571 | 35,3 | | | 4 | 95 | $70 \cdot 10^{-6}$ | | |
| Polycarbonat PC, z. B. Lexan® | 585300 | 1,585 | 30,0 | 87 | 80 | unter 4 | 120 | $69 \cdot 10^{-6}$ | 0,15 | 1,20 |
| Polystyrol PS | 590308 | 1,590 | 30,8 | 89 | 77 | 3 | 80 | $70 \cdot 10^{-6}$ | 0,2 | 1,06 |
| | 610261 | 1,610 | 26,1 | | | | | | | 1,25 |

ähnliche optische Eigenschaften wie Acrylglas. Mit den meist verwendeten optischen Kunststoffen, *Acrylglas* und *Polystyrol,* können bereits *Achromate* aufgebaut werden. *Polycarbonat* mit höherer Temperaturbeständigkeit als Polystyrol wird ebenfalls häufiger für optische Bauteile verwendet. *Allyldiglycolcarbonat* (CR 39) ist ein Duroplast, der hohe Härte und damit Widerstandsfähigkeit gegen Verkratzen aufweist. Dieser Kunststoff wird vor allem zur *Brillenglasherstellung* im Gießverfahren eingesetzt. Bearbeitung durch Schleifen und Polieren ist möglich. Im übrigen sind die langsam aushärtenden Gießharze nicht für eine preisgünstige Serienproduktion geeignet. Insgesamt gesehen wird es künftig möglich sein, optische Systeme guter Qualität unter Verwendung asphärischer Flächen aus wenigen, billig hergestellten Kunststofflinsen aufzubauen. Der Nachteil geringer Kratzfestigkeit kann durch Schutzschichten oder durch Einbau der Kunststofflinsen zwischen zwei äußere Glaslinsen beseitigt werden. So wird beispielsweise bereits ein preisgünstiges Zoom-Objektiv mit k = 1,5 für Schmalfilm-Projektion aus drei asphärischen Kunststofflinsen und zwei Glaslinsen hergestellt. Im übrigen werden *Epoxidharze* (z. B. Araldit®) mit großem Erfolg in der *Replicatechnik* (Abschn. 3.10) zum Gießkopieren von Spiegelflächen eingesetzt.

Wegen ihres im allgemeinen hohen Oberflächenwiderstandes neigen Kunststoffteile zur elektrostatischen Aufladung mit hohen Feldstärken und damit zur Staubbedeckung. Durch *antistatische Beschichtung* können die Grenzfeldstärke erniedrigt und die Entladungszeit verkürzt werden.
Die Herstellung optischer Teile im *Spritzgußverfahren* erfordert eine bezüglich Druck und Temperatur sehr präzise Prozeßführung. Die Dickenunterschiede der Teile (z. B. Linsen, besonders ausgeprägt aber bei Prismen) führen zu unterschiedlichem Temperaturverlauf bei der Abkühlung, damit aber zu unterschiedlicher Schwindung und Homogenität. Daraus folgen Formänderungen (z. B. Zunahme der Flächenradien), Brechzahländerungen und Einführung von Spannungsdoppelbrechung.

**Literaturhinweise**

L 3.3.1 *Welham, B.:* Plastic Optical Components. LÜ 1 Vol. VII/3
L 3.3.2 *Schreyer, G.:* Kunststoffe in der Optik. Kunststoffe *51* (1961) H. 9, S. 569–576
L 3.3.3 *Köppen, W.:* Qualitätskriterien für unbeschichtete und beschichtete organische Brillengläser. Deutsche Optikerzeitung, Nr. 8/1979

**Beispiele für Hersteller bzw. Lieferanten**

H 3.3.1 *Röhm,* Darmstadt: Acrylglas (Plexiglas®)
H 3.3.2 *Bell & Howell Optical Division,* Chicago, USA: Optische Systeme aus Kunststoff-Bauelementen
H 3.3.3 *Combined Optical Industries Ltd.,* 200 Bath Road, Slough, GB: Optische Bauelemente und Baugruppen aus Kunststoffen
H 3.3.4 *Horst Mildner,* Wilhelm-Speck-Str. 1, Kassel: Kunststoff-Linsen
H 3.3.5 *Optik, Elektronik GmbH,* Eumigstr. 2, Wiener Neudorf, A: Kunststofflinsen

## 3.4 Kristalle und Sonderwerkstoffe

Während im sichtbaren Spektralbereich eine große Anzahl hoch transparenter Gläser zur Verfügung stehen, die nach ihrer Dispersion n(λ) ausgewählt werden können, ist dies im UV und IR – vor allem in den vom VIS-Gebiet weiter entfernten Bereichen – nicht mehr der Fall. Hier werden die wenigen Gläser (Tab. 3.2.3, 3.2.4) durch eine relativ kleine Anzahl von Kristallen und davon abgeleiteten Werkstoffen ergänzt, deren wichtigste Eigenschaft ein hoher Transmissionsgrad τ(λ) ist. Einige dieser Materialien (z. B. $BaF_2$, $CaF_2$, LiF, $Al_2O_3$, $SiO_2$) sind für Breitband- und Multispektralsysteme geeignet, weil ihre Durchlässigkeit vom UV bis zum IR reicht. Sie werden jedoch nur bei speziellen Anforderungen im sichtbaren Bereich eingesetzt, weil hier Gläser billiger und in vielen Eigenschaften günstiger sind. Vor allem stört bei einigen Stoffen die hohe *Wasserlöslichkeit* (Halogenide, außer Fluoriden), die Schutzschichten und/oder Verwendung in völlig getrockneter Luft erfordert.

*Einkristalle* (je nach Kristallart isotrop oder anisotrop, leicht spaltbar, also mechanisch empfindlich) werden aus natürlichen Fundstücken oder durch Kristallzüchtung (Ziehen aus der Schmelze und ähnliche Verfahren) gewonnen. *Polykristallines Material* (isotrop, fest, beliebige Formgebung) wird durch Drucksintern hergestellt. Diese Materialien (einige sind z. B. unter dem Handelsnamen Irtran bekannt) zeigen häufig im sichtbaren Bereich und im nahen IR eine stärkere Streuung.

Für die meisten Anwendungen kommen nur *isotrope Materialien* in Frage. *Anisotrope Kristalle* werden in der Polarisationsoptik verwendet (Abschn. 17.3). In Tabelle 3.4.1 sind einige wichtige Kristallwerkstoffe zusammengestellt. Bild 3.4.1 zeigt den Transmissionsgrad $\tau(\lambda)$ für einige dieser Werkstoffe und für Spezialgläser (Abschn. 3.2).

Die Reihenfolge entspricht etwa steigender Brechzahl. Die Kennwerte für den sichtbaren Bereich, $n_d$ und $\nu_d$, ermöglichen in Bild 3.2.1 einen Vergleich mit Gläsern und anderen Substanzen. Die *Dispersionen* im UV- und IR-Gebiet sind am besten mit den vollständigen Dispersionsfunktionen $n(\lambda)$ zu übersehen. Zum Vergleich können auch „Abbe-Zahlen" mit den Brechzahlen bei jeweils drei Wellenlängen gebildet werden, z. B. $\nu(313) = n(313)\text{-}1 \,/\, n(265{,}4) - n(404{,}6)$ für das mittlere UV-Gebiet. Allgemein führt *hohe Brechzahl* zu günstiger Gestaltung von Linsen (großer Krümmungsradius), ergibt aber hohen Fresnelschen Reflexionsgrad, so daß *reflexmindernde Beschichtung* notwendig ist. Die angegebenen Grenzen des Transmissionsbereichs sind nur Anhaltswerte: sie hängen von der Schichtdicke und den Anforderungen ab. Für einige Materialien folgen ergänzende Bemerkungen:

Die isotropen Kristalle *Lithiumfluorid* LiF und *Calciumfluorid* $CaF_2$ (auch als polykristallines Material) sind besonders wichtig für das Vakuum-UV. Sie eignen sich in Kombination mit Quarz für Breitband-Achromate. $CaF_2$ ist das gegen Feuchtigkeit beständigste Fluorid. Es wird auch im sichtbaren Bereich für die apochromatische Korrektion verwendet.

*Kristalliner Quarz* ist ein wichtiges Material für optische Bauelemente im Bereich des Luft-UV. Die Anisotropie begrenzt jedoch den Anwendungsbereich; die Achsenlage muß berücksichtigt werden. Quarz ist gegen schnellen Temperaturwechsel nur wenig widerstandsfähig, da der Ausdehnungskoeffizient richtungsabhängig ist.

*Magnesiumoxid* MgO ist sehr hart und damit verschleißfest; es weist mit 2800 °C einen besonders hohen Schmelzpunkt auf.

Bei *Aluminiumoxid* $Al_2O_3$ (Saphir) sind extrem hohe Härte mit breitem Transmissionsbereich und hohem Schmelzpunkt (2030 °C) verknüpft. Das Material ist sehr beständig gegen Temperaturschock.

Die Halbleiter *Silizium* und *Germanium* wirken als Langpaßfilter mit steiler Kante; sie sperren den sichtbaren und den nahen IR-Bereich. Polykristallines Silizium hat im Anwendungsbereich bei 2 mm Dicke, ohne Reflexminderung, einen Transmissionsgrad $\tau \approx 0{,}53$; nach einem Transmissionsminimum bei etwa 16 µm liegt der Transmissionsgrad im langwelligen Bereich bis über 300 µm (!) wieder bei 0,4 bis 0,5. Ein ähnliches Verhalten zeigt Germanium ($\tau \approx 0{,}46$; $\tau$-Minimum bei etwa 28 µm). Mit hoher Härte und Festigkeit sowie günstigen thermischen Eigenschaften gehört Germanium zu den Standardmaterialien für Infrarot-Optik.

*Cadmiumtellurid* CdTe zeichnet sich durch großen Transmissionsbereich aus, hat aber schlechte Wärmeleitfähigkeit und relativ geringe Härte und Festigkeit.

*Zinkselenid* ZnSe ist wegen seines großen Transmissionsbereiches ohne Absorptionsbanden und geringer Temperaturabhängigkeit der Brechzahl ein für Infrarot-Optik sehr häufig eingesetztes Material, u. a. für IR-Laser hoher Leistung und für multispektrale Anwendungen.

*Zinksulfid* ZnS (z. B. ZnS-Multispektral, [H 3.4.5]) ist bei großem VIS-IR-Transmissionsbereich hart und bruchfest, mit sehr geringer Temperaturabhängigkeit der Brechzahl. Die Brechzahl liegt mit ca. 2,2 relativ niedrig.

*Galliumarsenid* GaAs ist wegen seiner besonders großen Härte und Bruchfestigkeit und relativ guter Wärmeleitfähigkeit auch für Hochleistungslaser geeignet. Es ist besonders kratzfest.

## Tabelle *3.4.1* Kristallmaterialien

| Bezeichnung | nützlicher Transmissionsbereich; λ in μm | $n_d$ | $\nu_d$ | n für in Klammern angegebene Wellenlängen (μm) | α $10^{-6}$/K | Wasserlöslichkeit g/100 $cm^3$ |
|---|---|---|---|---|---|---|
| NaF | 0,15 bis 14<br>d = 1 mm | 1,326 | | (0,2) = 1,38; (3) = 1,31;<br>(10,6) = 1,23; (15) = 1,09 | 3,6 | 4,22 |
| $MgF_2$<br>(polykrist.) | 0,12 bis 8<br>d = 2 mm | 1,389 | | (3) = 1,36; (5) = 1,34 | 10,7 | $7{,}6 \cdot 10^{-3}$ |
| LiF | 0,11 bis 8<br>d = 1 mm | 1,392 | 99 | (0,2) = 1,45; (1) = 1,39;<br>(5) = 1,33; (8) = 1,21 | 36 | 0,27 |
| $CaF_2$ Flußspat<br>(polykrist.) | 0,12 bis 12<br>d = 1 mm | 1,434 | 95,2 | (0,2) = 1,47; (2) = 1,42;<br>(5) = 1,40; (10,6) = 1,28 | 24 | $1{,}5 \cdot 10^{-3}$ |
| $BaF_2$ | 0,18 bis 12<br>d = 10 mm | 1,474 | 81,7 | (0,2) = 1,53; (3) = 1,46;<br>(10,6) = 1,39; | 18 | 0,16 |
| KCl<br>Sylvin | 0,21 bis 27<br>d = 1 mm | 1,490 | 44,0 | (0,2) = 1,78; (5) = 1,47<br>(10,6) = 1,45; (20) = 1,40 | 36 | 34,7 |
| NaCl<br>Steinsalz | 0,21 bis 20<br>d = 1 mm | 1,544 | 42,8 | (0,2) = 1,82; (3) = 1,52;<br>(10,6) = 1,49; (20) = 1,37 | 40 | 35,7 |
| $SiO_2$<br>Quarzkristall | 0,15 bis 4<br>ao:<br>d = 2 mm o: | <br>1,553<br>1,544 | <br>68,7<br>69,9 | (0,19) = 1,69; (0,26) = 1,61;<br>(1) = 1,54; (2) = 1,53<br>(0,19) = 1,68; (0,26) = 1,60<br>(1) = 1,53; (2) = 1,52 | 7,81 bzw.<br>14,2 | $1 \cdot 10^{-3}$ |
| KBr | 0,28 bis 37<br>d = 1 mm | 1,560 | 33,4 | (10,6) = 1,53; (30) = 1,44 | 43 | 53,5 |
| KJ | 0,3 bis 30<br>d = 6 mm | 1,667 | 23,3 | (10,6) = 1,62; (30) = 1,56 | 43 | 127,5 |
| CsBr | 0,22 bis 40<br>d = 10 mm | 1,698 | | (3) = 1,67; (10,6) = 1,66;<br>(20) = 1,64; (30) = 1,61 | 48 | 124,3 |
| MgO<br>(polykrist.) | 0,28 bis 6,5<br>d = 10 mm | 1,737 | 53,4 | (1) = 1,72; (3) = 1,68<br>(5) = 1,63 | 12 | $6 \cdot 10^{-4}$ |
| $Al_2O_3$<br>Saphir | 0,17 bis 5,5<br>d = 1 mm | 1,769 | | (1) = 1,76; (3) = 1,71;<br>(5) = 1,63 | 5,8 | $9{,}8 \cdot 10^{-5}$ |
| CsJ | 0,26 bis 60<br>d = 2 mm | 1,788 | | (5) = 1,74; (10,6) = 1,74;<br>(30) = 1,71; (50) = 1,64 | 50 | 44 |
| ZnS<br>(polykrist.) | 0,4 bis 14<br>d = 2 mm | 2,37 | | (1) = 2,29; (5) = 2,25;<br>(10,6) = 2,19 | 6,6<br>... 7,8 | $6{,}9 \cdot 10^{-4}$ |
| TlBr/TlJ<br>KRS 5 | 0,45 bis 45<br>d = 1 mm | 2,629 | | (1) = 2,45; (10,6) = 2,37;<br>(30) = 2,29 | 58 | 0,01 |
| GaAs | 1,5 bis 15<br>d = 1,5 mm | | | (3) = 3,32; (10,6) = 3,28;<br>(15) = 2,7 | 5,2 ... 5,7 | $5 \cdot 10^{-3}$ |
| ZnSe<br>(polykrist.) | 0,5 bis 20<br>d = 3 mm | | | (1) = 2,48; (3) = 2,43<br>(10,6) = 2,40; (20) = 2,3 | 7,6 ... 8 | $1 \cdot 10^{-3}$ |
| CdTe | 1,0 bis 25<br>d = 3 mm | | | (1) = 2,83; (5) = 2,69;<br>(10,6) = 2,67; (20) = 2,63 | 5,9 | unlöslich |
| Si | 1,2 bis 15<br>d = 2 mm | | | (3) = 3,43; (10,6) = 3,42 | 2,7 | $5 \cdot 10^{-3}$ |
| InSb | 7 bis 16<br>d = 0,2 mm | | | (8) = 3,99; (10,6) = 3,95;<br>(15) = 3,88 | 4,9 | unlöslich |
| Ge | 1,8 bis 23<br>d = 1,5 mm | | | (3) = 4,05; (10,6) = 4,00;<br>(15) = 4,00 | 5,5 ... 5,7 | unlöslich |

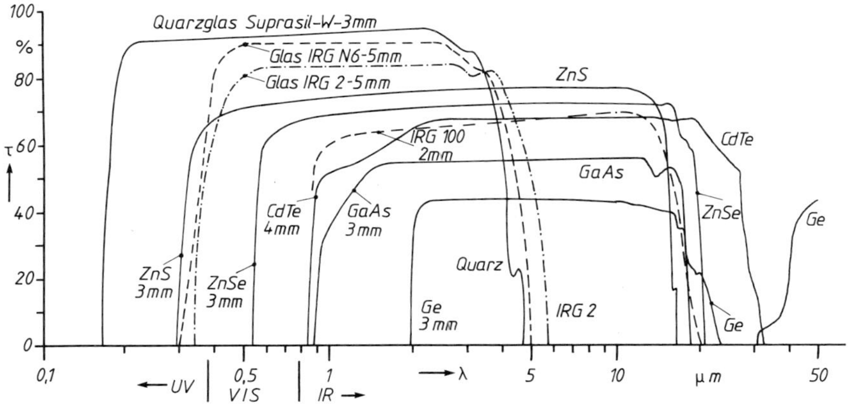


Bild 3.4.1 Transmissionsgrad als Funktion der Wellenlänge für einige Sonderwerkstoffe und Spezialgläser im Bereich UV-VIS-IR

## Literaturhinweise


L 3.4.1 *Horn, W.:* Optische Werkstoffe für die unsichtbaren Spektralgebiete „Infrarot" und „Ultraviolett". Jahrb. f. Optik u. Feinmechanik 1965, 85–121

L 3.4.2 *Schröder, H.; Neuroth, N.:* Optische Materialien für den ultravioletten und infraroten Spektralbereich. Optik *26* (1967/68), 381–401

L 3.4.3 *Berger, M. R.:* Eigenschaften optischer Materialien. Oriel GmbH, Darmstadt 1981


## Beispiele für Hersteller bzw. Lieferanten

H 3.4.1 *Janos Optical Corp.,* Route 35 Townshend, Vermont, USA: Kristallmaterialien, Si, Ge, Quarzglas

H 3.4.2 *Kristallhandel Kelpin,* Im Schilling 18, Leimen/HD: Material für Kristallzüchtung, Kristalle f. UV u. IR

H 3.4.3 *The Harshaw Chemical Co.,* Cleveland, USA: Synthetische Kristalle für die Optik

H 3.4.4 *E. Merck,* Darmstadt: Chemikalien zur Kristallzüchtung (Optipur®)

H 3.4.5 *Schott Glaswerke,* Hattenbergstr. 10, Mainz: Infrarot-Materialien, u. a. ZnS, ZnSe, $CaF_2$

H 3.4.6 *B. Halle Nachf.,* Hubertusstr. 11, Berlin: Bauelemente aus Sonderwerkstoffen

H 3.4.7 *Dr. Steeg & Reuter GmbH,* Berner Str. 109, Frankfurt: Kristalloptische Komponenten

H 3.4.8 *Dr. Johannes Heidenhain GmbH,* Nansenstr. 17, Traunreut: Kristalloptik

H 3.4.9 *Spindler u. Hoyer GmbH u. Co.,* Königsallee 23, Göttingen: Optik aus Sonderwerkstoffen

H 3.4.10 *Oriel GmbH,* Darmstadt: Optische Komponenten aus Kristall- und Sonderwerkstoffen

H 3.4.11 *Dr. Karl Korth Monokristalle - Kristalloptik oHG,* Am Jägersberg 9, Kiel 17: Rohkristalle u. Kristalloptik

H 3.4.12 *Spectron Optik GmbH,* Sportplatzweg, Oestrich-Winkel: Komponenten u. Systeme aus Ge, ZnSe

## 3.5 Spiegelwerkstoffe

*Oberflächenspiegel* ergeben durch achromatische Abbildung und Vermeidung anderer mit dem Durchgang durch brechende Materialien verbundene Fehler viele Vorteile vor refraktiven Systemen. Da jedoch die Änderung eines Strahl-Ablenkungswinkels doppelt so groß wie die Änderung des Einfallswinkels ist, werden bei gleichen optischen Anforderungen an Formgenauigkeit und Mikrogestalt der Spiegelflächen höhere Ansprüche gestellt als bei brechenden Grenzflächen. Eine weitere Eigenschaft des Spiegels ist der Verlauf des spektralen Reflexionsgrades $\varrho(\lambda)$. Von der Möglichkeit, die Oberfläche eines massiven Metallkörpers durch gute Politur unmittelbar als Spiegel zu benutzen, macht man heute nur in Ausnahmefällen Gebrauch. Im allgemeinen wird eine *Spiegelschicht* auf einen *Spiegelträger* aufgebracht. Der Spiegelträger wird bezüglich mechanischer und thermischer Stabilität sowie Polierbarkeit optimal gestaltet; er ist für die Formgenauigkeit der Fläche verantwortlich. Auf den Träger wird die Spiegelschicht durch (meist) *Aufdampfen im Hochvakuum* oder chemische Verfahren aufgebracht. Die Spiegelschicht paßt sich völlig der Form der Trägerfläche an; sie bestimmt den Verlauf der spektralen Reflexionsfunktion und (ggf. zusammen mit Schutzschichten) die zeitliche Stabilität der Reflexionseigenschaften. Für Spiegelschichten werden bevorzugt Metalle verwendet. Dielektrische Mehrfachschichten werden in Abschn. 3.6 und Abschn. 6.11 behandelt.

Tabelle 3.5.1 gibt für die wichtigsten Spiegelmetalle den *spektralen Reflexionsgrad* vom UV bis zum IR an (nach [L 3.5.1], ergänzt durch Cr, Ni und Hg). Die angegebenen Werte sind als obere Grenzen zu betrachten. Nur Hochvakuumaufdampfung mit hoher Aufdampfgeschwindigkeit ergibt die höchsten Reflexionswerte; eine Alterung der Schichten (u. a. durch atmosphärische Einflüsse) vermindert den Reflexionsgrad ebenfalls.

*Aluminium* ist das wichtigste Spiegelmetall für Oberflächenspiegel. Es ist leicht aufdampfbar und haftet gut an Glas. Durch die Ausbildung einer Aluminiumoxidschicht an der Luft wird die zunächst weiche Aluminiumschicht härter und gegen atmosphärische Einflüsse geschützt. Aluminium zeigt vom UV bis zum IR einen hohen Reflexionsgrad; es übertrifft im Ultraviolettbereich alle anderen Spiegelmetalle. Ungünstige Herstellungsbedingungen (z. B. zu langsame Bedampfung) wirken sich bevorzugt auf die Reflexion im kurzwelligen UV-Bereich aus. Der Aluminiumbelag ist in frischem Zustand leicht mit Nadeln zu reißen (Skalen usw.), größere Flächen können durch Lauge entfernt werden. Reinigung von Staub oder Trübungen durch einen Wattebausch mit Wasserstoffsuperoxid; hitzebeständig bis etwa 400 °C. Für teildurchlässige Schichten ist Aluminium gut brauchbar, da es rein grau und verhältnismäßig kratzfest ist, also auch beim Verkitten nicht Schaden nimmt.

*Silber* war früher der am häufigsten benutzte Spiegelwerkstoff. Man kann gezogene Metallteile polieren und galvanisch versilbern; auf Glas wird Silber chemisch niedergeschlagen oder aufgedampft. Da Silber durch Schwefelwasserstoff geschwärzt wird, müssen Oberflächenspiegel oft erneuert oder durch einen Lacküberzug geschützt werden, der die Planheit präziser Flächen zerstört; besser durch aufgedampften Quarz. Rückseitig versilberte Spiegel werden durch galvanische Verkupferung, auch Vernickelung und durch einen Lacküberzug – mitunter nur durch diesen – geschützt. Will man einzelne Striche oder Felder der Versilberung entfernen, so wird der Lack mit Spiritus abgewaschen und das Metall vorsichtig mit einer Nadel gerissen, größere Flächen mit Salpetersäure weggeätzt. Halb- oder anderweit teildurchsichtige Silberschichten werden durch che-

**Tabelle *3.5.1* Spektraler Reflexionsgrad frisch aufgedampfter Spiegelmetalle sowie einer Hg-Fläche** bei senkrechtem Einfall (Angaben in Prozent)

| $\lambda$ / µm | Al | Ag | Au | Cu | Rh | Pt | Ni | Hg | Cr |
|---|---|---|---|---|---|---|---|---|---|
| 0.220 | 91.5 | 28.0 | 27.5 | 40.4 | 57.8 | 40.5 | | | 40.5 |
| 0.240 | 91.9 | 29.5 | 31.6 | 39.0 | 63.2 | 46.9 | | | 44 |
| 0.260 | 92.2 | 29.2 | 35.6 | 35.5 | 67.7 | 51.5 | 38 | 58 | 47.5 |
| 0.280 | 92.3 | 25.2 | 37.8 | 33.0 | 70.7 | 54.9 | | | 50 |
| 0.300 | 92.3 | 17.6 | 37.7 | 33.6 | 73.4 | 57.6 | 44 | 63 | 52 |
| 0.315 | 92.4 | 5.5 | 37.3 | 35.5 | 75.0 | 59.4 | | | 53.5 |
| 0.320 | 92.4 | 8.9 | 37.1 | 36.3 | 75.5 | 60.0 | | | 54 |
| 0.340 | 92.5 | 72.9 | 36.1 | 38.5 | 76.9 | 62.0 | 47 | | 55 |
| 0.360 | 92.5 | 88.2 | 36.3 | 41.5 | 78.0 | 63.4 | 49 | 70 | 55.5 |
| 0.380 | 92.5 | 92.8 | 37.8 | 44.5 | 78.1 | 64.9 | 50 | 72 | 57 |
| 0.400 | 92.4 | 95.6 | 38.7 | 47.5 | 77.4 | 66.3 | 55 | 73 | 58 |
| 0.450 | 92.2 | 97.1 | 38.7 | 55.2 | 76.0 | 69.1 | 59 | 75 | 60 |
| 0.500 | 91.8 | 97.9 | 47.7 | 60.0 | 76.6 | 71.4 | 61 | 75 | 61.5 |
| 0.550 | 91.5 | 98.3 | 81.7 | 66.9 | 78.2 | 73.4 | 63 | | 62 |
| 0.600 | 91.1 | 98.6 | 91.9 | 93.3 | 79.7 | 75.2 | 65 | 75 | 62 |
| 0.650 | 90.5 | 98.8 | 95.5 | 96.6 | 81.1 | 76.4 | 66 | | 62 |
| 0.700 | 89.7 | 98.9 | 97.0 | 97.5 | 82.0 | 77.2 | 69 | 77 | 62 |
| 0.750 | 88.6 | 99.1 | 97.4 | 97.9 | 82.6 | 77.9 | | | 62 |
| 0.800 | 86.7 | 99.2 | 98.0 | 98.1 | 83.1 | 78.5 | 70 | | 62 |
| 0.850 | 86.7 | 99.2 | 98.2 | 98.3 | 83.4 | 79.5 | | | 62 |
| 0.900 | 89.1 | 99.3 | 98.4 | 98.4 | 83.6 | 80.5 | | | 61 |
| 0.950 | 92.4 | 99.3 | 98.5 | 98.4 | 83.9 | 80.6 | | | |
| 1.0 | 94.0 | 99.4 | 98.6 | 98.5 | 84.2 | 80.7 | 72 | | |
| 1.5 | 97.4 | 99.4 | 99.0 | 98.5 | 87.7 | 81.8 | 79 | | |
| 2.0 | 97.8 | 99.4 | 99.1 | 98.6 | 91.4 | 81.8 | 84 | | |
| 3.0 | 98.0 | 99.4 | 99.3 | 98.6 | 95.0 | 90.6 | 89 | | |
| 4.0 | 98.2 | 99.4 | 99.4 | 98.7 | 95.8 | 93.7 | | | |
| 5.0 | 98.4 | 99.5 | 99.4 | 98.7 | 96.4 | 94.9 | 94 | | |
| 6.0 | 98.5 | 99.5 | 99.4 | 98.7 | 96.8 | 95.6 | | | |
| 7.0 | 98.6 | 99.5 | 99.4 | 98.7 | 97.0 | 95.9 | | | |
| 8.0 | 98.7 | 99.5 | 99.4 | 98.8 | 97.2 | 96.0 | | | |
| 9.0 | 98.7 | 99.5 | 99.4 | 98.8 | 97.4 | 96.1 | 96 | | |
| 10.0 | 98.7 | 99.5 | 99.4 | 98.9 | 97.6 | 96.2 | | | |
| 15.0 | 98.9 | 99.6 | 99.4 | 99.0 | 98.1 | 96.5 | 97 | | |
| 20.0 | 99.0 | 99.6 | 99.4 | | | | | | |
| 30.0 | 99.2 | 99.6 | 99.4 | | | | | | |

mischen Niederschlag aus entsprechend verdünnten Bädern gewonnen; die Eigenfarbe bzw. spektrale Durchlässigkeit hängt wesentlich von den Arbeitsbedingungen ab. Aufdampfen im Vakuum ist empfehlenswerter. Gut hergestellte Silberspiegel vertragen Temperaturen bis 300 °C, wenn der Lack luftdicht ist. Darüber hinaus verlieren sie ihr Spiegelvermögen; Platin und Rhodium sind dann zweckmäßiger. Silber hat ein schmales Reflexionsminimum im Ultravioletten:

| | | | | | | | |
|---|---|---|---|---|---|---|---|
| $\lambda =$ | 257 | 275 | 298 | 316 | 325 | 336 | 361 nm |
| $\varrho =$ | 24 | 21 | 15 | 4,2 | 15 | 55 | 77 %. |

*Gold* kann ebenfalls auf unterschiedliche Weise niedergeschlagen werden. Wegen hoher Beständigkeit der Schicht bei sehr hohem Reflexionsgrad eignet es sich gut für Infrarotspiegel. Teiltransparente Goldschichten erscheinen in Durchsicht grün.

*Platin* und *Rhodium* sind gegen atmosphärische Einflüsse und höhere Temperaturen besonders beständig. Als teildurchlässige Schicht ergeben sie im sichtbaren Bereich brauchbare Graufilter.

*Quecksilber* wird mit freier Oberfläche als Referenz-Planspiegel bei interferometrischen Untersuchungen benutzt. Rotierende Gefäße mit Quecksilber liefern parabolisch gekrümmte Spiegel.

*Nichtrostender Stahl* wird z. B. bei medizinischen Geräten verwendet, die kochfest sein müssen und auch Säuren vertragen. Das geringe Reflexionsvermögen (etwa 55% im sichtbaren Bereich) nimmt man dann in Kauf.

Die Beständigkeit der wichtigsten Spiegelschicht, Aluminium, kann durch eine zusätzlich aufgedampfte *Schutzschicht* erheblich erhöht werden. Durch langsame Bedampfung mit Siliziummonoxid SiO in Gegenwart von Sauerstoff entsteht eine „Quarzschicht" ($SiO_2$ und $Si_2O_3$). Durch UV-Nachbelichtung dieser Schicht wird eine stärkere Absorption unter 300 nm beseitigt, so daß die Aluminiumspiegel mit hohem Reflexionsgrad bis etwa 220 nm benutzt werden können. Für das Gebiet des Vakuum-UV eignet sich Magnesiumfluorid als Schutzschicht. Optimale Reflexion im sichtbaren Bereich ergibt sich, wenn die Schichten auf SiO-Basis für $\lambda = 550$ nm eine Dicke von $\lambda/2$ aufweisen.

An *Material für Spiegelträger* (Tabelle 3.5.2) werden hohe Anforderungen bezüglich mechanischer und thermischer Stabilität gestellt. Große Spiegel verformen sich bei unterschiedlicher Lage bereits durch ihr Eigengewicht; Verschiebungen um Bruchteile von $\lambda$ müssen verhindert bzw. durch Gegenkräfte kompensiert werden. Temperaturänderungen und ungleichmäßige Temperaturverteilungen führen zu inneren Spannungen und Verformungen. Wesentliche Anforderungen an ein Trägermaterial für Präzisionsspiegel sind deshalb hoher Elastizitätsmodul E und sehr niedriger thermischer Ausdehnungskoeffizient $\alpha$. Weiterhin wird gute Polierbarkeit gefordert, damit optimal glatte Flächen mit geringem Streulichtanteil erzielt werden.

In dieser Hinsicht sind die meisten *Metallflächen* ungünstig, weil ihre Gefügestruktur wegen abweichender Eigenschaften an den Korngrenzen zu Flächenabweichungen nach dem Polieren führen kann. Es werden aber u. a. Reinkupfer, Aluminium- und Molybdänlegierungen sowie druckgesintertes Beryllium als Spiegelträger benutzt, wobei die Polierbarkeit durch eine Schicht von chemisch abgeschiedenem Nickelphosphid $NiP_3$ verbessert werden kann. Metallspiegel haben zwar eine hohe Wärmeausdehnung, eignen sich aber wegen ihrer günstigen Wärmeleitfähigkeit z. B. für Hochleistungs-Laser. Molybdän- u. Kupferspiegel können auch ohne Reflexionsschicht verwendet werden, bei Kupfer ggf. mit dielektrischer Schutzschicht.

Größere Bedeutung haben Glas mit niedrigem Ausdehnungskoeffizienten, Quarzglas und – als günstigstes Material – Glaskeramik. *Glaskeramik* (z. B. Zerodur® (Schott, Mainz) oder Crystron-Zero® (Hoya) ist ein porenfreies Material, das in der Glasphase

**Tabelle *3.5.2* Werkstoffe für Spiegelträger**

| Bezeichnung | Dichte g/cm³ | α $10^{-6}$/K | Wärme-leitf. W/m·K | E-Modul $10^3$N/mm² | Knoop-härte |
|---|---|---|---|---|---|
| Glas BK 7 | 2,51 | 7,1 | 1,11 | 81 | 520 |
| Glas Duran 50 | 2,23 | 3,2 | 1,02 | 62 | |
| Quarzglas | 2,20 | 0,55 | 1,37 | 73 | 500 |
| Zerodur | 2,53 | 0±0,15 | 1,64 | 91 | 630 |
| Aluminium | 2,70 | 23,0 | 171 | 69 | |
| Beryllium | 1,85 | 11,2 | 220 | 293 | |
| Kupfer | 8,94 | 16,7 | 392 | 117 | |
| Molybdän | 10,20 | 5,0 | 146 | 318 | |
| Silizium | 2,33 | 4,1 | 163 | 131 | 1150 |

*Mikrokristalle* enthält. Ihre geringe Größe von etwa 50 nm führt zu einem hohen Transmissionsgrad im sichtbaren und nahen IR-Gebiet, allerdings mit Abnahme im kurzwelligen Bereich. Zur Herstellung der Glaskeramik wird zunächst ein Ausgangsglas z. B. durch Gießen oder Pressen in die Rohform des Bauelements gebracht. Durch eine längere Temperaturbehandlung zwischen Transformations- und Erweichungstemperatur tritt die – bei Gläsern sonst gefürchtete – „Entglasung“ ein, d. h. Ausscheidung von Kristallen. Durch optimale chemische Zusammensetzung und optimalen Kristallanteil wird erreicht, daß sich der schwach negative Ausdehnungsverlauf der Kristalle und der positive Ausdehnungsverlauf des restlichen Glases nahezu kompensieren. Auf diese Weise kann z. B. im Temperaturbereich von $-50$°C bis $+200$°C ein Ausdehnungskoeffizient von $\alpha = 0 \pm 0{,}15 \cdot 10^{-6}$/K (Quarzglas $+0{,}55 \cdot 10^{-6}$/K!) erreicht werden. Für begrenzte Temperaturbereiche sind noch engere Toleranzen möglich. Die maximale Betriebstemperatur für höchste Präzision liegt bei etwa 150 °C; die mechanischen Festigkeitseigenschaften übertreffen Quarz. Der Ort von Zerodur im n-ν-Diagramm ($n_d = 1{,}542$; $\nu_d = 56{,}2$) wurde zum Vergleich in Bild 3.2.1 eingetragen.

## Literaturhinweise

L 3.5.1 *Hass, G.:* Mirror Coatings. LÜ 1 Vol. III/8
L 3.5.2 *Barnes Jr., W. P.:* Optical Materials-Reflective. LÜ 1 Vol. VII/4
L 3.5.3 DIN 58197 Mindestanforderungen für reflexionsmindernde Schichten und Spiegelschichten
L 3.5.4 DIN 58196 siehe L 3.6.9

**Beispiele für Hersteller bzw. Lieferanten**

H 3.5.1 *E. Merck,* Darmstadt: Aufdampf-Chemikalien (Patinal®), u. a. Metalle
H 3.5.2 *Leybold-Heraeus GmbH,* Wilhelm-Rohn-Str. 25, Hanau: Aufdampf-Materialien, Aufdampfanlagen, Meßgeräte
H 3.5.3 *Balzers Hochvakuum GmbH,* Siemensstr. 11, Wiesbaden: Aufdampf-Materialien, Aufdampfanlagen, Meßgeräte
H 3.5.4 *Ernst Befort Wetzlar GmbH,* Braunfelser Str. 26, Wetzlar: Bauteile u. Bedampfungen mit dünnen Schichten
H 3.5.5 *Vakulux GmbH,* Heimlingstr. 9, Ulmtal-Allendorf: Bedampfung mit dünnen Schichten
H 3.5.6 *Horst Liebe KG,* Crellestr. 22, Berlin: Bedampfungen mit dünnen Schichten
H 3.5.7 *Gerhard Schuster,* Birkbuschstr. 62, Berlin: Bedampfungen mit dünnen Schichten
H 3.5.8 siehe auch Beispiele 3.6
H 3.5.9 *Schott Glaswerke,* Hattenbergstr. 10, Mainz: Glaskeramik Zerodur; Glas Duran

## 3.6 Dielektrische dünne Schichten. Reflexminderung

Während dünne Metallschichten (Abschn. 3.5) in ausreichender Schichtdicke hohen Reflexionsgrad ergeben und bei sehr geringer Dicke zwar teildurchlässig, aber mit hoher Absorption behaftet sind, wirken *dielektrische Schichten* nahezu absorptionsfrei. Sie sind also hervorragend zur Umverteilung der Energie zwischen Reflexion und Transmission geeignet, wenn sie zwischen zwei Medien (z. B. Luft/Glas) eingeschoben werden. Grundlage dieser Energieverteilung sind die *Fresnelschen Gleichungen* (Gl. 2.3.1; 2.3.2), aus denen für senkrechten Einfall ($\varepsilon = 0$), mit guter Näherung aber auch für Einfallswinkel bis etwa 50°, für den *Reflexionsgrad* $\varrho$ an einer Fläche folgt (Gl. 2.3.4)

$$\varrho = \left(\frac{n' - n}{n' + n}\right)^2$$

Weiterhin ist bei Interferenzerscheinungen zu beachten, daß sich bei Reflexion an der Grenzfläche vom dünneren zum dichteren Medium ($n < n'$) stets ein *Phasensprung* um 180° entsprechend einer Wegänderung von $\lambda/2$ ergibt, bei einer Reflexion an der Grenzfläche vom dichteren zum dünneren Medium ($n > n'$) jedoch kein Phasensprung.

Zunächst sollen *Schichten beliebiger Dicke* betrachtet werden. Wird der Brechzahlsprung $n/n'$ zwischen zwei Medien durch eine oder mehrere Zwischenschichten überbrückt, so ergeben sich natürlich an den neu gebildeten Grenzflächen zusätzliche Reflexionen – aber bei kleineren Brechzahlunterschieden und damit Reflexionsgraden. Diese Reflexionen an mehreren Übergangsschichten ergeben aber insgesamt einen kleineren Reflexionsgrad $\varrho$ als bei der ursprünglichen Grenzfläche $n/n'$! Der Idealfall des reflexionsfreien Durchgangs durch die Grenzfläche ergibt sich, wenn eine *inhomogene Schicht* mit Brechzahlgradient $n \to n'$ eingeschaltet wird. Solche inhomogenen Schichten können u. a. durch Ätzen oder durch Aufdampfen eines Gemisches aus niedrig- und hochbrechenden Substanzen realisiert werden, wobei sich die Anteile während des Aufdampfvorganges verschieben. Verwendet man hingegen nur eine Zwischenschicht mit der konstanten Brechzahl $n_s$, so ergibt sich für den *Gesamtreflexionsgrad* an den beiden Grenzflächen $n/n_s$ und $n_s/n'$ ein *Minimum,* wenn $n_s = \sqrt{n \cdot n'}$ gewählt wird. Eine *Reflexionserhöhung* erhält man, wenn durch eine oder mehrere Zwischenschichten der Brechzahlsprung erhöht, also z. B. eine Zwischenschicht mit hoher Brechzahl ($n < n_s > n'$) gewählt wird.

Bereits diese Übersicht zeigt, daß *dielektrische Schichtmaterialien* mit niedriger Brechzahl $n_s$ (zwischen Luft und z. B. Glas) und mit hoher Brechzahl (z. B. höher als Glas) benötigt werden. Sie müssen durch Hochvakuum-Aufdampfung (ggf. auch im Tauchverfahren) aufbringbar sein und bei ausreichender Härte fest an dem Trägermaterial haften, also wischfest sein (z. B. Brillenoptik!). Tabelle 3.6.1 zeigt eine nach steigender Brechzahl geordnete Auswahl geeigneter Materialien.

**Tabelle *3.6.1* Auswahl dielektrischer Materialien für dünne Schichten**

| Bezeichnung | | n bei 550 nm | Durchlässigkeitsgrenzen (μm) | Dichte g/cm³ | Schmelzpunkt °C |
|---|---|---|---|---|---|
| Kryolith | $Na_3AlF_6$ | 1,35 | 0,2–14 | 2,9 | 1000 |
| Magnesiumfluorid | $MgF_2$ | 1,38 | 0,12–8 | 3,1 | 1266 |
| Cerfluorid | $CeF_3$ | 1,63 | 0,3–5 | 6,2 | 1460 |
| Zinksulfid | ZnS | 2,32 | 0,39–14 | 4,0 | 1850 |
| Titandioxid | $TiO_2$ | 2,4 | 0,4–12 | 3,8 | 1775 |
| Silizium | Si | 3,46 (2 μm) | 1,2–15 | 2,4 | 1415 |
| Germanium | Ge | 4,12 (2 μm) | 1,8–23 | 5,4 | 958 |
| Bleitellurid | PbTe | 5,0 | 4–20 | 8,2 | 904 |

*Kryolith* ergibt bei niedrigster Brechzahl eine relativ weiche und wenig beständige Schicht mit guter Durchlässigkeit im sichtbaren und nahen UV-Bereich. *Magnesiumfluorid* ist das wichtigste Material für die Reflexminderung mit Einfachschichten. Es ergibt bei Aufdampfen auf erhitzten Träger eine harte und recht beständige Schicht, die zudem auch im kurzwelligen UV durchlässig ist. *Zinksulfid* liefert im sichtbaren und nahen IR-Bereich eine ausreichend harte und beständige Schicht mit hoher Brechzahl. *Titandioxid* ist ebenfalls für den VIS- und IR-Bereich geeignet und ergibt bei hoher Brechzahl harte und widerstandsfähige Schichten.

Eine Verbesserung der gewünschten Energieverteilung zwischen Reflexion und Transmission erhält man nun mit Hilfe der *Interferenz,* d. h. durch sorgfältige Abstimmung der *Schichtdicken.* Hier soll nur die Anwendung zur *Reflexionsverminderung* besprochen werden; Angaben zu Interferenzfiltern folgen in Abschn. 6.11. Grundlage und

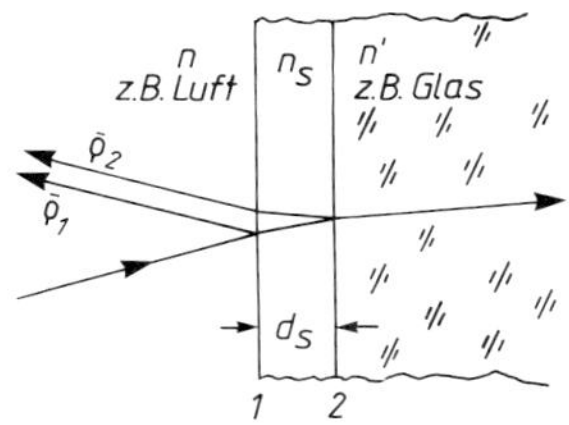


Bild 3.6.1 Reflexminderung durch Interferenzauslöschung an einer Einfachschicht

$\bar{\varrho}_1$, $\bar{\varrho}_2$ = an den Grenzflächen 1 und 2 reflektierte Anteile

billigste Realisierung der Reflexminderung ist die *Einfachschicht* (Bild 3.6.1), für die zwei Bedingungen eingehalten werden müssen:

*Phasenbedingung* $n_s \cdot d_s = (2\,m + 1) \cdot \lambda/4$ (3.6.1)

*Amplitudenbedingung* $n_s = \sqrt{n \cdot n'}$ (3.6.2)

mit $n_s$, $d_s$ = Brechzahl und Dicke der Schicht, m = 0, 1, 2, 3, ... Ordnungszahl, $\lambda$ = Wellenlänge in Luft.

Die Phasenbedingung besagt, daß der optische Weg $n_s \cdot d_s$ in der Schicht ein ungeradzahliges Vielfaches von $\lambda/4$ sein muß. Da das an der Rückseite reflektierte Bündel (bei senkrechtem Einfall) die doppelte Schichtdicke durchläuft, sind beide Reflexionsanteile um ein ungeradzahliges Vielfaches von $\lambda/2$ gegeneinander verschoben; es ergibt sich also ein Interferenzminimum. Dieses Minimum wird Null, d. h. es erfolgt *Auslöschung der Reflexion,* wenn die Amplituden der reflektierten Wellen gleich sind. Die in der Reflexion „ausgelöschte“ Energie ist natürlich nur in die Transmission verlagert.

Dieser Idealfall der Reflexionsbeseitigung wird praktisch aus mehreren Gründen nicht vollständig erreicht: Die Phasenbedingung kann bei weißem Licht nur für eine mittlere Wellenlänge (z. B. $\lambda$ = 550 nm) erfüllt werden. Beiderseits steigt die Reflexion an, wobei sich Schichten mit $n_s \cdot d_s = \lambda/4$ günstiger als dickere Schichten ($3\,\lambda/4$, $5\,\lambda/4$, ...) verhalten, d. h. ein flacheres Minimum ergeben. Die Amplitudenbedingung ist aus technologischen Gründen schwer erfüllbar: Für n = 1 (Luft), n' = 1,52 (niedrig brechendes Kronglas) folgt $n_s$ = 1,23. Nach Tabelle 3.6.1 liegen aber die niedrigsten Brechzahlen der brauchbaren Schichtmaterialien bei 1,35 bzw. 1,38. Damit liegen günstige Bedingungen für die Einfachschicht nur bei hoch brechenden Gläsern vor. Trotzdem wird von der Einschicht-Entspiegelung durch Aufdampfen des harten und beständigen $MgF_2$ umfangreicher Gebrauch gemacht. Günstiger – insbesondere bei niedrig brechenden Gläsern – ist die in der Fertigung wesentlich aufwendigere *Breitbandentspiegelung* mit *Mehrschichtsystemen.*

Günstigere Voraussetzungen zur Erfüllung der Amplitudenbedingung kann man dadurch schaffen, daß man auf das niedrig brechende Grundmaterial (Glas, Kunststoff) zunächst eine *inhomogene Schicht* mit nach außen zunehmender Brechzahl (Bild 3.6.2) aufdampft, so daß sich ohne zusätzliche Reflexion eine scheinbar höhere Brechzahl des Schichtträgers ergibt. Dieses Verfahren wurde bereits bei Brillengläsern aus Kunststoff angewendet [L 3.6.8].

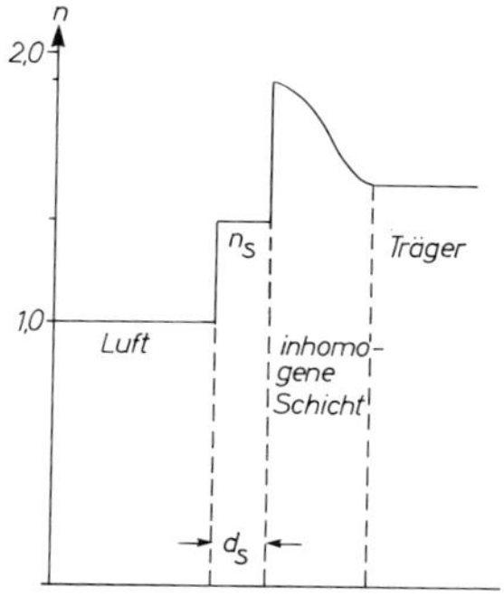


Bild 3.6.2 Verbesserung der Reflexminderung bei Trägern niedriger Brechzahl durch inhomogene Schicht

Unerwünschte Reflexionen vermindern natürlich den Transmissionsgrad eines Objektivs. Ein wichtigerer Grund für die Reflexminderung vor allem an Grenzflächen zu Luft ist aber die *Kontrastminderung* durch Mehrfachreflexionen:

Durch zweimalige Spiegelung an zwei brechenden Flächen kommt ein Spiegelbild zustande, von dem Licht in der ursprünglichen Richtung weitergeht und mit dem beabsichtigten durch reguläre Brechung weitergeführten Strahlengang gemeinsam durch das Gerät dringt. Ein solches Bild hat im Mittel $5\% \cdot 5\% = 0{,}25\%$ der Intensität des Hauptbildes. Da je zwei Flächen ein solches Bild liefern, ist die Zahl z der Spiegelbilder bei x Flächen $z = x \cdot (x - 1)/2$, also

| | | | | | | | | | |
|---|---|---|---|---|---|---|---|---|---|
| bei x = | 2 | 4 | 6 | 8 | 10 | 12 | 14 | 16 | 18 Flächen |
| oder | 1 | 2 | 3 | 4 | 5 | 6 | 7 | 8 | 9 Linsen |
| z = | 1 | 6 | 15 | 28 | 45 | 66 | 91 | 120 | 153 Bilder. |

Je nach Lage eines solchen Spiegelbildes in der Nähe der Pupille oder des Bildes wird die Lichtstrahlung auf eine größere oder kleinere Fläche des ganzen Gesichtsfeldes verteilt, es erzeugt einen verhältnismäßig gleichmäßigen Schleier oder deutlich umrandete, auffällige Lichtflecke. Nimmt man im Mittel an, daß das Reflexlicht auf eine dem Gesichtsfeld gleiche Fläche verteilt werde, und daß im Bilde helle und dunkle Objektstellen etwa gleich oft vertreten seien, so werden die Kontraste M vom theoretischen Wert „1" verringert,

| | | | | | | | |
|---|---|---|---|---|---|---|---|
| bei | 2 | 4 | 6 | 8 | 10 | 12 | Flächen |
| auf M = | 0,998 | 0,992 | 0,980 | 0,962 | 0,937 | 0,900, | |

die Helligkeit des dunklen Untergrundes gegenüber den hellen Bildteilen (100%) wird

| | | | | | |
|---|---|---|---|---|---|
| 0,12 | 0,75 | 2 | 3,5 | 6 | 8%. |

Diese Werte sind wegen der nur selten wörtlich zutreffenden Voraussetzungen als Näherungen zu betrachten.

Jedenfalls ist außer aus wirtschaftlichen Gründen auch wegen der Zerstörung der Kontraste jede Aufgabe mit möglichst wenig Flächen zu lösen, auch wenn man vom Mittel der Reflexverminderung Gebrauch machen kann. Man beachte auch Abschn. 7.2 (Streulichtverminderung).

Das durch einmalige Reflexion an einer Linsenfläche zurückgeworfene Licht dringt im wesentlichen aus der Eintrittsöffnung des Gerätes wieder nach außen und stört grundsätzlich bei Autokollimationsanordnungen, sonst gelegentlich durch eine zweite Reflexion an Fassungsteilen, die mitunter als gute Spiegel wirken!

Soweit eine Reflexminderung durch dünne Schichten nicht vorhanden oder nicht ausreichend ist, können störende Spiegelbilder auch durch *konstruktive Maßnahmen* (zumindest behelfsmäßig bei Versuchsaufbauten) unwirksam gemacht werden, wie die folgenden Beispiele zeigen:

1. *Ausblenden der Zentralstrahlen.* Für eine Sammellinse ist die näherungsweise unter Vernachlässigung der Dicke anzugebende Brennweite für die das Spiegelbild erzeugenden Strahlen $f'_k$ (Bild 3.6.3a)

$$1/f'_k = (3\,n - 1)\,(1/r_1 + 1/r_2), \qquad (r_1 \text{ und } r_2 \text{ hier positiv})$$

für $n = 1{,}5$ also 1/7, für $n = 1{,}6$ rund 1/6 der dioptrischen Brennweite; dementsprechend ist die Bildgröße auch nur etwa 1/7, die Apertur siebenmal so groß. Verdeckt man die Mitte der Linse vom Durchmesser D mit einer Zentralblende $Z_1$ vom Durchmesser D/7, so bleibt der Brennpunkt im Bildraum spiegelbildfrei, auch für Strahlen der Neigung D/2f zur Achse. Bringt man eine solche Blende von der Größe y'/7 im Spiegelbild an, wobei y' die Größe des entworfenen Bildes ist, so bleibt das ganze Bild von Reflexlicht frei. Sehr häufig können durch sehr wenige solcher Blenden auch mehrlinsige Systeme reflexfrei gemacht werden; natürlich ist dieses Mittel mit (meist überschätzten) Lichtverlusten verbunden. Vorteile sind vollständige Wirkung für alle Spektralfarben, Möglichkeit nachträglicher Anbringung in fertig montierten und justierten Geräten unter Beobachtung des Erfolgs, z. B. bei Spektrographen, Fotoobjektiven, vor allem bei Einrichtungen mit großem Linsendurchmesser und kleinem Blickfeld. Bei Systemen höchster Bildleistung muß die Beugung bedacht werden.

2. *Dezentrieren der Linsen.* Da die Spiegelbilder durch die achsennahen Strahlen erzeugt werden, werden rund ausgeschnittene, seitliche Teile der Linsen benutzt (Bild 3.6.3b), die die Achse nicht enthalten, oder auf zentrische Linsen werden Prismen zur seitlichen Ablenkung aufgekittet. Das Verfahren ist nur möglich, wenn seitliche Versetzungen des Strahlenbündels nicht schaden oder durch doppellinsige Systeme mit entgegengesetzt gerichteter Ablenkung behoben werden und wenn bei alledem die Bildgüte in erträglichen Grenzen bleibt; ist l/k die benutzte Öffnung des Lichtbündels, so muß die gleiche optische Anlage, von den Reflexen abgesehen, auch mit der Öffnung 1 : k/2 brauchbar sein, unter Umständen mit noch höherer Lichtstärke, da bei unsymmetrischem Strahlengang Bildfehler deutlich werden, die bei zentrischem Durchgang durch die Linse unmerklich bleiben trotz erhöhter Öffnung, z. B. Farbfehler.

Sehr dünne Linsen, Planplatten und Filter werden schief gestellt, sofern der Bildwinkel nicht zu groß ist.

Durch Autokollimation können zur optischen Achse senkrechte Planplatten Doppelbilder liefern, z. B. Lichtfilter auf photographischen Objektiven bei Aufnahmen mit seitlich im Bildfeld liegenden Lichtquellen: das auf der Photoschicht entworfene Bild wird vom Objektiv ins Unendliche entworfen, vom Filter ins Objektiv zurückgespiegelt und gegenüber der Bildmitte als Reflexbild entworfen.

Viele Planplatten in konvergenten oder divergenten Beleuchtungsstrahlengängen liefern durch Reflexe eine Aufhellung der Bildmitte. Abhilfe: die Filter im parallelen Strahlengang zwischen den Kondensorlinsen anbringen.

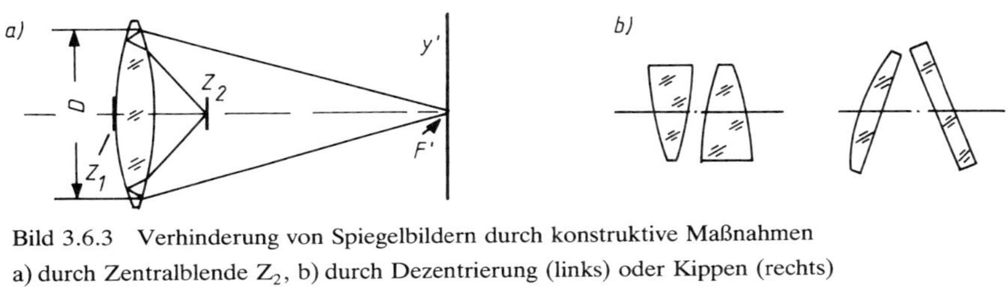


Bild 3.6.3 Verhinderung von Spiegelbildern durch konstruktive Maßnahmen
a) durch Zentralblende $Z_2$, b) durch Dezentrierung (links) oder Kippen (rechts)

**Literaturhinweise**


L 3.6.1 *Biermann, M.:* Design of wide-angle antireflection coatings. Optik 44 (1976) No. 4, 489–504

L 3.6.2 *Aufmuth, P.; Brandt, H.-W.; Kiehl, J. R.:* Berechnung und Herstellung von Systemen dünner dielektrischer Schichten für optische Anwendungen. Optik 50 (1978) No. 4, 329–340

L 3.6.3 *Khashan, M. A.:* A Fresnel formula for dielectric multilayer mirrors. Optik 54 (1979/80) No. 5, 363–371

L 3.6.4 *Baumeister, P.:* Interference, and Optical Interference Coatings. LÜ 1 Vol I/8

L 3.6.5 *Wolter, H.:* Optik dünner Schichten, in: Handbuch Band 24, LÜ 12

L 3.6.6 *Anders, H.:* Dünne Schichten für die Optik. Wissenschaftliche Verlagsgesellschaft, Stuttgart 1965

L 3.6.7 Optical Coatings II. SPIE-Proceedings Vol. 140. Society of Photo-Optical Instrumentation Engineers, Bellingham, 1978

L 3.6.8 *Daniels, E. J.:* Claret ET - ein reflexverminderndes Kunststoff-Brillenglas. Zeiss-Information *85,* 63

L 3.6.9 DIN 58196 Dünne Schichten für die Optik
T 1 Prüfung durch Lagerung in deionisiertem Wasser und in Salzwasser
T 2 Prüfung durch Kochen in deionisiertem Wasser und in Salzwasser
T 3 Prüfung der Beständigkeit gegen optische Strahlung

L 3.6.10 DIN 58197 Mindestanforderungen für reflexionsmindernde Schichten und Spiegelschichten

L 3.6.11 DIN 58195 Dünne Schichten für die Optik, Begriffe


**Beispiele für Hersteller bzw. Lieferanten**

H 3.6.1 *Deutsche Balzers GmbH,* Marienthaler Str. 2, Geisenheim: Dünne Schichten für optische Bauelemente

H 3.6.2 *Ealing Beck Ltd.,* Greycaine Road, Watford, GB: Bauelemente mit dünnen Schichten

H 3.6.3 *Melles Griot GmbH,* Kleyerstr. 14, Darmstadt: Bauelemente mit dünnen Schichten

H 3.6.4 *Oriel GmbH,* Im Tiefen See 58, Darmstadt: Bauelemente mit dünnen Schichten

H 3.6.5 siehe auch Beispiele 3.5

H 3.6.6 *Spectron Optik GmbH,* Sportplatzweg, Oestrich-Winkel: Dünne Schichten, Reflexminderung, auch für Ge und ZnSe

## 3.7 Streuschichten, Absorptionsschichten

In den Abschnitten 3.1 bis 3.6 wurden Materialien für Bauelemente zur gerichteten Weiterleitung des Lichts (Linsen, Spiegel, Prismen usw.) besprochen. Außerdem werden Flächen bzw. in größerer Dicke wirksame Schichten benötigt, die als Sekundärstrahler das auffallende Licht diffus in den Halbraum verteilen („mattweiße" Streuschichten) oder es möglichst vollständig absorbieren („schwarze" Flächen). Zu unterscheiden ist zwischen der energetischen Eigenschaft – dem Reflexionsgrad $\varrho$ – und der räumlichen Verteilung der Abstrahlung, die u. a. durch Streuvermögen und Halbwertswinkel (Abschn. 2.3) beschrieben werden kann. Zwischen der gerichteten Reflexion (Bild 3.7.1 a) und der ideal diffusen Reflexion entsprechend einem Lambert-Strahler (Bild 3.1.1 c) gibt es beliebige Übergänge (Bild 3.7.1 b). Einen Spezialfall stellen Rückstrahlschichten (retroreflektierende Schichten) dar, wobei die Retroreflexion praktisch

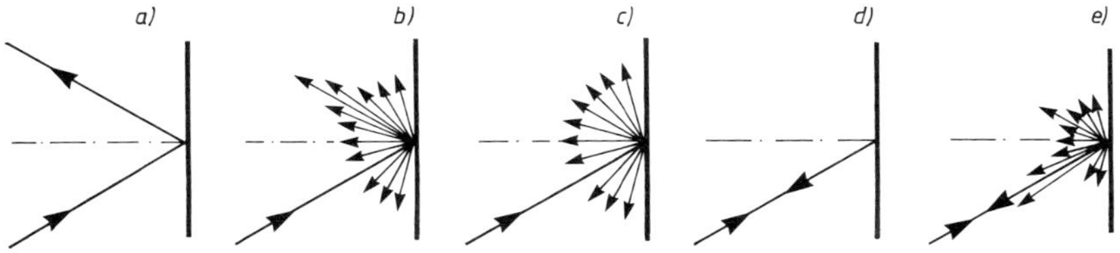


Bild 3.7.1 Reflexionstypen

a) ideale gerichtete Reflexion (guter Spiegel), b) Mischung aus diffuser und gerichteter Reflexion (Mattfläche mit Glanzanteil), c) ideal diffuse Reflexion (Lambert-Strahler), d) ideale Retroreflexion, e) Retroreflexion mit Anteilen diffuser und gerichteter Reflexion (Rückstrahler)

wieder von Anteilen diffuser Streuung und gerichteter Reflexion überlagert ist (Bild 3.7.1d, e). Solche Reflexfolien werden zusammen mit Bildwänden und Mattscheiben in Abschn. 8.3 dargestellt. Farbige Streuschichten haben einen sich mit der Wellenlänge stärker ändernden spektralen Reflexionsgrad $\varrho(\lambda)$. Tabelle 3.7.1 gibt einen Überblick über häufig benutzte *„mattweiße"* und *mattschwarze" Beschichtungen.* Sie sollten – insbesondere für fotometrische Anwendungen – im Idealfall einen von der Wellenlänge unabhängigen Reflexionsgrad aufweisen, also „neutral" reflektieren. Dies ist streng nie der Fall. Welche Abweichungen noch zulässig sind, hängt von der konkreten Anwendung ab.

Die räumliche Verteilung der gestreuten Strahlung ist von der Größenverteilung der Streupartikel abhängig. Wird ein streuendes Pigment von einer glatten Transparentschicht (z. B. Schutzlack) abgedeckt, so ergibt sich an der Außenfläche stets reguläre

**Tabelle *3.7.1* Beispiele für diffus reflektierende Beschichtungen**

| hoher Reflexionsgrad | | niedriger Reflexionsgrad | |
|---|---|---|---|
| Bezeichnung | $\varrho$ in % | Bezeichnung | $\varrho$ in % |
| Titandioxid | 99 | Platinschwarz | 0,1 |
| Bariumsulfat in Gelatine | 97 | schwarzer Samt | 0,4 |
| | | Ruß | 0,8 |
| Magnesiumoxid, frisch aufgedampft | 96 | schwarzes Tuch | 1–1,5 |
| Gips | 80 | schwarzer Mattlack | 1–1,5 |
| LMT-Kugelanstrich | ca. 80 | schwarzes Papier | 5 |
| weißes Schreibpapier | ca. 70 | | |

Reflexion entsprechend dem Fresnelschen Reflexionsgrad (Gl. 2.3.1, 2.3.2, 2.3.4), die sich der Streustrahlung überlagert. Die Fresnelschen Gleichungen 2.3.1 und 2.3.2 zeigen weiterhin, daß für großen Einfallswinkel ε, d. h. für *streifenden Einfall*" der Reflexionsgrad stark zunimmt: auch „mattschwarze" Flächen reflektieren bei streifendem Einfall noch erstaunlich viel Licht, während sie bei senkrechtem Einfall recht schwarz erscheinen, weil hier der Anteil gerichteter Reflexion niedrig ist. Streifend reflektierte Strahlung kann durch Kulissenblenden abgefangen werden (Abschn. 7.2). Sie stellen den Übergang zu einem *„schwarzen Körper"* dar, der optimale Strahlungsabsorption ergibt: Benötigt man eine möglichst ideal schwarze Fläche, so stellt man sie als Öffnung in einem (möglichst großen) schwarz ausgekleideten Kasten dar, der auch noch Kulissenblenden enthalten kann (Bild 3.7.2a). Die an einer schwarzen Innenfläche noch reflektierte Reststrahlung wird durch Mehrfachreflexion schnell auf Null reduziert.

Eine Anwendung bei Test- oder Signaltafeln mit optimalem Kontrast zwischen schwarzen und weißen Flächen zeigt Bild 3.7.2b). Das Prinzip der möglichst vollständigen Absorption durch Mehrfachreflexion ist letztlich auch mit den Hohlräumen zwischen den Fasern von schwarzem Samt verwirklicht. Hierzu ein weiteres Beispiel:

Sehr gut lichtschluckend wirken aufeinander geschichtete Nadeln, deren schwarz angelassene Spitzen nach außen zeigen (Bild 3.7.2c), analog zur schallschluckenden Auskleidung von Tonsenderäumen. Die Anordnung ist dort brauchbar, wo kleine Flächen in Frage kommen und nicht viel Raum zur Verfügung steht, z. B. in Vertikalilluminatoren.

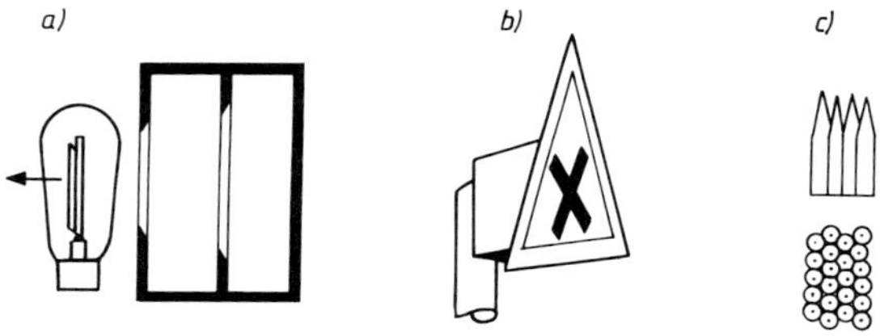


Bild 3.7.2 Erzielung hoher Absorption durch Hohlräume

a) schwarzer Hohlraum als dunkler Hintergrund, b) Verkehrszeichen mit Hohlraum, c) Nadelpackung als schwarzer Hintergrund

## Literaturhinweise

L 3.7.1 DIN 5033 Farbmessung
T 9 Weißstandard für Farbmessung und Photometrie

## Beispiele für Hersteller bzw. Lieferanten

H 3.7.1 *LMT Lichtmeßtechnik,* Berlin; Mattweißer, aselektiver Anstrich u. a. für Fotometerkugeln

H 3.7.2 *Heinrich Reichmann,* Dorfstr. 25, Brokdorf: Mattscheiben, Streuscheiben

H 3.7.3 *Spindler u. Hoyer GmbH & Co.,* Königsallee 23, Göttingen: Streuscheiben

H 3.7.4 *3M Deutschland GmbH,* Carl-Schurz-Str. 1, Neuss: Reflexfolien und Reflexfarben, u. a. für Verkehrszeichen und Optoelektronik; Lichtstreufolie, Rückprojektions-Bildschirme

## 3.8 Lumineszenzschichten

Bei der *Lumineszenz* wird die einem atomaren System zugeführte Energie ohne die Zwischenstufe der thermischen Energie in Strahlungsenergie umgewandelt. Bei der Energiezuführung durch Strahlung gilt die *Regel von Stokes:* Die emittierte Strahlung hat gleiche oder größere Wellenlänge als die anregende Strahlung (d. h. die Quantenenergie der Anregung kann nicht kleiner sein als die Quantenenergie der Emission). Beispielsweise kann eine lumineszierende Schicht oder ein lumineszierender Körper durch UV-Anregung eine Emission im sichtbaren Spektralbereich ergeben, nicht umgekehrt. Die Lumineszenzschichten wirken – ebenso wie Streuschichten – als „Selbstleuchter", weil das Licht von den Lumineszenzzentren ausgeht.

Die Anregung durch Strahlung (Absorption) und die Emission (Leuchten) können in mehr oder weniger großem zeitlichen Abstand erfolgen; man unterscheidet deshalb grob zwischen *Fluoreszenz* (schnelles Abklingen der Leuchterscheinung) und *Phosphoreszenz* (langsames Abklingen). Durch Mischen verschiedener Leuchtstoffe kann man sowohl den Spektralbereich der Emission wie auch die *Nachleuchtdauer* beeinflussen. Beispielsweise können in einem Leuchtstoff für Oszilloskopröhren zwei Komponenten vereinigt sein, wodurch sich eine blauweiße Schreibspur (Fluoreszenz) und eine gelbgrüne Nachleuchtspur (Phosphoreszenz) ergeben. Die Nachleuchtspur kann durch Blaufilter unterdrückt werden.

Durch Verunreinigungen der Leuchtstoffe kann die Fluoreszenz unterdrückt werden, ebenso auch durch höhere Temperatur. Da mit zunehmender Temperatur die Stoßwahrscheinlichkeit zwischen Atomen wächst, wird die Energie strahlungslos in Wärme übergeführt.

Andererseits kann bei der Anregung zugeführte Energie über längere Zeit gespeichert werden, z. B. durch „Einfrieren" bei tiefer Temperatur. Durch Zuführung geringer Energiebeträge kann dann die gespeicherte Energie freigesetzt werden, so daß Phosphoreszenz entsteht. Zur Auslösung kann neben thermischer Energie auch die Energie langwelliger Strahlung (Rot oder Infrarot) dienen. Entweder tritt hierbei keine Erhöhung der Leuchtdichte über die Grundleuchtdichte des langsamen Abklingens auf („Tilgung" oder „Löschung"), oder es findet eine Leuchtdichte-Erhöhung statt („Ausleuchtung"). Der letztere Fall ist besonders interessant: Er ermöglicht (ohne Verletzung der Stokes-Regel!) mit *IR-Strahlung* eine *Auslösung der Lumineszenz* im sichtbaren Spektralgebiet. Damit sind „Infrarot-Wandlerschirme" möglich (Abschnitt 20.3).

Neben *organischen Leuchtstoffen* (z. B. für Farbstofflaser (Abschn. 6.5), „Aufheller" in der Waschmittel- und Textilindustrie, Szintillatoren zum Nachweis von Kernstrahlung und zur Anfärbung von Präparaten in der Fluoreszenzmikroskopie werden in der Technik viele Arten *anorganischer Leuchtstoffe* verwendet. Meist wird dazu ein Grundgitter mit Fremdatomen eines anderen Elements dotiert, die als Emissionszentren wirken. Als Beispiele seien genannt: Mit Silber dotiertes Zinkcadmiumsulfid (ZnCdS : Ag), grünleuchtend, für Röntgenschirme; mit Europium dotiertes Yttriumvanadat ($YVO_4$ : Eu), rotleuchtend, als eine Komponente bei Farbfernsehschirmen und zur Farbkorrektur der Strahlung von Quecksilberdampflampen. Durch geeignete Leuchtstoffmischungen können spektrale Verteilung und damit Farbart der Strahlung von *Leuchtstofflampen* (Abschn. 6.2) nahezu beliebig eingestellt werden. In Tabelle 3.8.1 sind die spektralen

**Tabelle *3.8.1* Leuchtschirm-Eigenschaften**

| Leucht-stoff | Fluores-zenz | $\lambda_{max}$ nm | $\lambda$-Bereich ca. nm | Nachleucht-zeit | Bemerkungen |
|---|---|---|---|---|---|
| P 1 | Gelbgrün | 525 | 480–580 | mittel | für Oszilloskope |
| P 2 | Blaugrün | 535 | 420–620 | mittel | auf niedrigem Leuchtdichte-Niveau langsames Abklingen |
| P 4 | Weiß | 455<br>465 | 410–580 | kurz | TV-Bildschirme (schwarz-weiß) |
| P 7 | Blauweiß | 435<br>555 | 350–640 | lang | Langsam ablaufende Vorgänge |
| P 11 | Blau | 460 | 400–550 | mittelkurz | Bildwandlerkameras; günstig für fotografische Aufnahmen |
| P 20 | Gelbgrün | 560 | 480–680 | mittel bis mittelkurz | Bildwandler |
| P 31 | Gelbgrün | 530 | 430–600 | mittelkurz | Hohe Leuchtdichte; langsam ablaufende Vorgänge |

Eigenschaften einer Auswahl von *Bildschirm-Leuchtstoffen* zusammenstellt, die nach amerikanischer Norm mit P... bezeichnet werden. Eine weitere Anwendung für Leuchtstoffe ergibt sich in der Optoelektronik (Abschn. 19.2): Nahezu unsichtbare Codierungen können z. B. zur Briefsortierung aufgedruckt und bei UV-Beleuchtung eindeutig erfaßt werden. Während die Fluoreszenz bei Farbfiltern meist unerwünscht ist, können stark fluoreszierende Gläser (z. B. Schott W 69, GG 21, GG 17) als *Fluoreszenzstandards* verwendet werden.

Mit solchen Filtern ist auch der Aufbau einer „Lichtfalle" möglich: werden drei Filter oder Filterkombinationen in der Reihenfolge UV-Quelle, (1) UV- und VIS-durchlässig, (2) fluoreszierend, (3) VIS-durchlässig, UV-sperrend angeordnet, so geht das in (2) angeregte Fluoreszenzlicht durch (3). Bei umgekehrter Reihenfolge, UV-Quelle, (3), (2), (1), tritt kein Licht aus, weil die anregende UV-Strahlung abgeschirmt wird.

**Literaturhinweise**

L 3.8.1 *Riehl, N.* (Hrsg.): Einführung in die Lumineszenz. Verlag Karl Thiemig KG, München 1971

L 3.8.2 *Kümmel, U.:* Luminophore in [L 6.1.3]

L 3.8.3 DIN 5031 Strahlungsphysik im optischen Bereich und Lichttechnik
T 9 Lumineszenz-Begriffe

## 3.9 Optische Kitte

Kitte werden in der Optik für zwei unterschiedliche Aufgaben verwendet: Während der Bearbeitung müssen optische Elemente untereinander oder mit Tragkörpern durch *Rohkitte* verbunden werden. Diese Kitte, auf die hier nicht weiter eingegangen werden soll, sind meist Mischungen mehrerer Bestandteile (Pech, Wachs, Kolophonium, Polyesterharz, Gips, ggf. mit Schellack, Terpentin, Paraffin). Sie müssen die Optikteile in der Fertigung unverrückbar festhalten, sich aber nach der Bearbeitung ohne Beschädigungen wieder ablösen lassen. Für den Aufbau optischer Systeme aus fertig bearbeiteten Elementen werden *Feinkitte* (DIN 58753) benutzt. Besonders wichtig sind hier die zur *Verbindung optischer Flächen* dienenden, also im Strahlengang liegenden Kitte.

Diese Feinkitte müssen im wirksamen Spektralbereich einen möglichst gleichmäßig hohen Transmissionsgrad aufweisen und frei von Trübungen sein, eine dem Glas angepaßte Brechzahl haben, auf Glas gut haften, eine gute Temperatur- bzw. Tropenbeständigkeit zeigen und so elastisch sein, daß sich die Verbindung bei schnellem Temperaturwechsel nicht löst. Der Kitt soll sich ohne Schrumpfung verfestigen, damit keine Spannungen eingeführt werden.

Wichtigster *Warmkitt* ist *Kanadabalsam* ($n = 1{,}53$ bis $1{,}55$). Lieferbare Qualitäten können sich in der Härte und damit Elastizität und im Erweichungspunkt (ca. 60 °C bis 70 °C) unterscheiden. Die zu verbindenden Bauteile werden erwärmt; auf eine Fläche wird ein Harztropfen gebracht. Dann werden die Flächen durch Drücken und Reiben so zusammengebracht, daß eine ganz dünne, luftblasenfreie Kittschicht entsteht. Bei gleichen Radien der zu verkittenden Flächen ist die Kittschicht am Rande dünner als am Scheitel.

Geringfügige Radienabweichung (Konvexradius kleiner) führt zu gleichmäßiger oder in der Mitte geringerer Schichtdicke.

Kanadabalsam (insbesondere „glashart") ist gegen Stöße und niedrige Temperaturen wenig widerstandsfähig. Zunehmend werden deshalb als *Kaltkitte* Epoxid-Zweikomponentenkleber eingesetzt. Während des langsamen Aushärtens über mehrere Stunden müssen die optischen Elemente in Vorrichtungen festgehalten werden, damit die Zentrierung nicht verlorengeht; ggf. ist auch ein Nachzentrieren während des Aushärtevorgangs notwendig. Deshalb wurde ein durch UV-Strahlung *vorhärtbarer Epoxid-Feinkitt* (Optistick® 1293, [H 3.9.1] entwickelt: Die verkitteten Bauteile werden noch während des Zentriervorgangs mit UV-Licht bestrahlt und sind dann nicht mehr gegeneinander verschiebbar, so daß die anschließende thermische Nachhärtung (z. B. 15 h bei 60 °C) ohne Hilfsvorrichtungen erfolgen kann. Die Brechzahl beträgt ca. $n = 1{,}55$.

Bauelemente mit großem Durchmesser können ggf. auch mit einer hochviskosen *Flüssigkeitsschicht* (z. B. Silikonöl) luftfrei aneinander angeschlossen werden. Dadurch sind sonst in der Kittschicht auftretende Spannungen durch unterschiedlichen Ausdehnungskoeffizienten beider Gläser vermeidbar. Beide Teile müssen natürlich durch eine Fassung miteinander verbunden werden.

Da bei Kittflächen die Brechzahl der Kittschicht häufig dicht bei der Brechzahl eines der Gläser (z. B. Kronglas) liegt und auch der Brechzahlunterschied zum zweiten Glas viel geringer als an einer Grenzfläche zu Luft ist, können Formgenauigkeit und Mikrogestalt insbesondere der Glasfläche mit kittnaher Brechzahl geringer sein, als es für eine Glas/Luft-Fläche gefordert wird: Der Kitt füllt kleine Fehlstellen aus und wirkt als Fortsetzung des Glaskörpers.

Wegen der geringen Brechzahldifferenzen ist natürlich auch der Fresnelsche *Reflexionsgrad* wesentlich niedriger als bei einer Glas/Luft-Fläche ohne Reflexminderung. Eine störende Reflexion tritt nur bei Gläsern mit sehr hoher Brechzahl auf.

Da der Transmissionsgrad von Kanadabalsam unterhalb von 340 nm steil abnimmt, sind für das UV-Gebiet spezielle Kitte erforderlich [L 3.9.3], u. a. kommt Dimethylpolysiloxan in Frage. Flüssiges Verbindungsmedium mit hohem Transmissionsgrad bis unter 200 nm ist Glyzerin.

**Literaturhinweise**

L 3.9.1 *Schade, H.:* Optische Kitte und Kittungen. Jahrb. f. Optik u. Feinmechanik 1969, 147–157
L 3.9.2 DIN 58753 Feinkitte für die Optik
T 1: Einteilung und Anforderungen
T 2: Prüfung
L 3.9.3 *Pellicori, S. F.:* Transmittance of Some Optical Materials for Use Between 1900 and 3400 A. Appl. Optics *3* (1964) 361–366
L 3.9.4 *Hunt, P. G.:* Glas- und Metallkleber. Optica Acta *14* (1976) 401

**Beispiele für Hersteller bzw. Lieferanten**

H 3.9.1 *E. Merck,* Darmstadt: Feinkitte für die Optik
H 3.9.2 Epoxy Produkte GmbH, Fürth/Odw.: Epoxy-Glas (Klare, farblose Vergußmasse u. a. für optoelektronische Bauelemente)
H 3.9.3 Siehe auch Beispiele 3.10. ...

## 3.10 Herstellungsverfahren

Die üblichen *Glasbearbeitungsverfahren* der optischen Industrie (siehe z. B. [L 3.10.12]) können hier nur in einer Übersicht erwähnt werden: Durch Sägen, Schneiden, Bröckeln und Rundieren von Plattenglas oder die Herstellung von Preßlingen werden die Glasteile so vorgearbeitet, daß bei dem anschließenden Schleifen möglichst wenig Material abgetragen werden muß. Das *Schleifen* mit losen Schleifmitteln in Schleifschalen wird immer mehr durch *„Fräsen“* (Schleifen mit diamantbesetzten ringförmigen Werkzeugen) ersetzt. Das abschließende Feinschleifen bzw. Feinfräsen soll möglichst geringe Rauhtiefe in der Größenordnung von 1 μm ergeben, damit der *Poliervorgang* abgekürzt wird. Fertig polierte Linsen müssen *zentriert* werden, wenn sie in optischen Systemen mit anderen Linsen einwandfrei zusammenwirken sollen: Die geometrische Achse des kreiszylindrischen Randes muß mit der optischen Achse (Verbindung der Krümmungsmittelpunkte beider Flächen) zusammenfallen. Um dies zu erreichen, wird die optische Achse durch Ausrichtung nach Reflexbildern oder mechanisch durch Ringschneiden mit der Drehachse einer Spindel zur Deckung gebracht und dann der Rand zylindrisch gefräst. Die Bearbeitung von *Planoptik* (Planparallelplatten, Prismen) stellt wegen der erforderlichen hohen Winkelgenauigkeit besondere Anforderungen, u. a. an die Ausrichtung und Befestigung der Teile während der Schleif- und Poliervorgänge.

Die hier nur angedeuteten Fertigungsgänge sind im Prinzip über viele Jahrzehnte gleich geblieben. Im Detail wurden sie jedoch in vieler Hinsicht verbessert, um bei gleicher oder höherer Genauigkeit eine kostengünstigere Fertigung zu erreichen. Hierzu gehören die Verbesserung der Schleif-, Polier- und Kühlmittel, sowie auch die Weiterentwicklung der Werkstattmeßtechnik zu schnelleren und weitgehend automatisierten Verfahren. Trotzdem bleiben Schleifen und Polieren sehr aufwendige, zeitraubende und damit teure Verfahren, die man gerne umgehen möchte. Wege hierzu sind das *Blankpressen* von Glasteilen (mit verminderter Oberflächenqualität), das *Spritzgießen* von Kunststoffteilen (mit Nachteilen des Materials) und der Flächenaufbau auf einem Träger durch *Gießkopieren* (ebenfalls mit speziellen Einschränkungen gegenüber den Eigenschaften von Glas). Bei diesen Verfahren sind asphärische Flächen in der Serienfertigung nicht schwerer herzustellen als sphärische, so daß durch diesen zusätzlichen Freiheitsgrad Abbildungsfehler und/oder die Anzahl der Elemente verringert werden können. Dies erklärt das große Interesse an Weiterentwicklungen zur *Präzisionsbearbeitung asphärischer Flächen* durch Schleifen und Polieren [L 5.5.2]: auch wenn die Flächen durch Pressen oder Gießen in der Serienfertigung kostengünstig hergestellt werden können, müssen die Formen hierzu erst in aufwendigen Arbeitsgängen angefertigt werden. Die genannten Preß- und Gießverfahren werden im folgenden noch kurz beschrieben.

Die aufwendige Doppelbearbeitung optischer Flächen, d. h. Formgebung durch Fräsen und Finish durch Polieren, die insbesondere bei komplizierten Flächenformen schwierig ist, kann durch *Polierdrehen* bzw. *Polierfräsen* ersetzt werden: Mit speziellen Einkristall-*Diamantwerkzeugen* wird in einem Arbeitsgang eine spiegelglänzende Oberfläche erreicht. Erforderlich ist eine Präzisionslagerung von Schlitten und Spindeln mit *Luftlagern* ([L 3.10.4], [H 3.10.8]), ggf. auch mit Flüssigkeits-Druckschmierung, so daß sich völlig ratterfreier Vorschub ergibt. Außerdem darf der Span nicht abreißen, d. h. neben schwingungsfreiem Aufbau der Maschine muß auch das Material geeignet sein (NE-Metalle, vor allem Al, Cu, Ms, Ge, Kanigen, sowie Kunststoffe, z. B. Acrylglas). Mit diesem Verfahren können u. a. Metallspiegel, Spiegelpolygone und asphärische Kunststoff-Linsen hoher Genauigkeit hergestellt werden.

Glaslinsen mit geringeren Qualitätsanforderungen, aber ggf. komplizierter Flächenform (z. B. asphärische Kondensorlinsen für Projektoren) können preisgünstig durch *Blankpressen* hergestellt werden. Hierzu wird eine zweiteilige Gußeisenform mit Nikkelstahl-Einsatz verwendet, in den die z. B. asphärische Flächenform sorgfältig eingearbeitet ist. Bei dem Preßvorgang werden Glasstangen in einem Ofen auf die richtige

Temperatur (etwa $\geqq 1000\,°C$) gebracht, so daß eine zähflüssige Glasmasse mit einer Viskosität von etwa $10^4$ dPa·s entsteht. Ein Glastropfen mit ausreichendem Volumen wird in die vorgeheizte Form gebracht und die Form geschlossen. Nach dem Entformen werden die Linsen langsam gekühlt. Um sie zu „härten", d.h. gegen Temperaturwechsel beständig zu machen, werden durch Temperung und einen schnellen Kühlverlauf Vorspannungen eingeführt, durch die Temperaturwechsel-Spannungen kompensiert werden. Die zweite optische wirksame Fläche wird meist nicht blankgepreßt, sondern plan oder sphärisch ausgeführt und wie üblich geschliffen und poliert, um bei der Abkühlung auftretende Deformationen zu beseitigen. Die blankgepreßte Fläche weist kleine Unebenheiten auf, die den Streulichtanteil erhöhen. Sowohl in der Verbesserung der Oberflächengüte wie im Verfahren des beidseitigen Blankpressens wurden durch sorgfältige Prozeßführung Fortschritte erzielt [H 3.10.25]. Verwendet wird meist Brillen-Kronglas (Abschn. 9.2) oder Flintglas F2.

Abbildende Elemente aus transparenten Kunststoffen (überwiegend Acrylglas) können in großen Serien sehr preisgünstig durch *Spritzgießen* [L 3.3.1] hergestellt werden. Bei der Konstruktion von Kunststoff-Systemen ist zu beachten, daß die genaue Brechzahl mit geringerer Sicherheit bekannt ist als bei Glas. Saubere Planflächen sind schwieriger zu erzeugen als leicht gekrümmte Flächen. Unterschiede im Querschnitt führen bei der Abkühlung zu unterschiedlicher Schrumpfung und damit zu Flächendeformationen, die beim Formenbau kompensiert werden müssen. In dieser Hinsicht besteht zwischen sphärischen und asphärischen Flächen kein Unterschied, d. h. auch für eine sphärische Fläche kann eine asphärische Form erforderlich sein. Es ist möglich und zweckmäßig, Linsen und andere optisch wirksame Elemente komplett mit Fassungs- und Führungsteilen zu spritzen. Ein wesentlicher Vorteil dieses Herstellungsverfahrens liegt ja darin, daß sehr komplizierte Teile, wie Linsenraster, Prismen-Linsen-Kombinationen in einem Stück und zusammen mit allen für den mechanischen Aufbau erforderlichen Vorrichtungen erzeugt werden können, so daß auch Montage- und Justierkosten entfallen. Große *Fresnellinsen* werden durch *Pressen* (wie Schallplatten) hergestellt.

Die bezüglich Form und Mikrogestalt originalgetreue Übertragung und Vervielfältigung einer optischen Fläche durch *Kopieren* ist ein seit langem bekanntes Verfahren. Es wird sehr erfolgreich zur Herstellung von *Beugungsgitter-Kopien* angewendet, wobei zunächst Kollodiumhäute, dann aushärtende Gießharze verwendet wurden [L 15.1.4]. Das *Gießkopierverfahren* erlangt aber zunehmende Bedeutung auch für die Herstellung anderer optischer Bauteile (z. B. asphärische Flächen, Spiegelpolygone für Scanner, Dachkantprismen, Elemente der integrierten Optik). Gegenüber der aufwendigen herkömmlichen Bearbeitung (Schleifen, Polieren, Messen und Retuschieren jedes Einzelstücks) ergibt das Gießkopierverfahren eine um so größere Kostenersparnis, je komplizierter die Flächenform oder Flächenkombination ist und je höher die Genauigkeitsanforderungen an die Flächen sind.

Grundlage des Gießkopierverfahrens ist ein sehr sorgfältig durch konventionelle Bearbeitung hergestelltes *Original,* dessen Flächenqualität der geplanten Anwendung entsprechen muß (z. B. Flächenabweichung $\lambda/4$). Als Original kann ggf. auch ein vorhandenes optisches Bauteil benutzt werden. Durch direktes Abgießen vom Original erhält man *Negativkopien,* d. h. aus einem Konvexspiegel-Original wird ein Konkavspiegel, usw. Dies kann vorteilhaft sein: Will man die schwierige Bearbeitung z. B. von Planflächen in einem Hohlraum vermeiden, so wird das Original mit außen liegenden Flächen hergestellt. Sollen hingegen Kopien und Original übereinstimmen, so wird zunächst durch Gießkopieren eine *Matrize* hergestellt, von der dann die Kopien abgenommen werden. Mehrere vom gleichen Original gezogene Matrizen beschleunigen die Serienfertigung.

Als Gießharz wird meist *Epoxidharz* verwendet, wobei durch Auswahl und Mischung aus der Reihe der lieferbaren Typen die Eigenschaften variiert werden können. Wegen starker Schrumpfung und anderen ungünstigen Daten kann das Gießharz nur in dünner Schicht (0,01 mm bis 0,2 mm, maximal jedoch 1 mm) angewendet werden; es erfordert also einen massiven *Träger,* der die Stabilität und damit die Erhaltung der Flächenform bestimmt.

Den Ablauf des Gießkopierverfahrens zeigt Bild 3.10.1: Auf die Fläche des Originals wird im Vakuum eine extrem dünne *Trennschicht* (z. B. einige Moleküllagen Silikonöl) aufgedampft, darauf die reflektierende *Aluminiumschicht* (z. B. 200 nm dick), ggf. auch vor der Al-Schicht die zum Schutz des fertigen Spiegels zweckmäßige SiO-Schicht (Umwandlung in $SiO_2/Si_2O_3$). Auf den Träger wird eine ausreichende Epoxidharz-Menge gegeben und das beschichtete Original darin abgedrückt. Nach dem Aushärten des Harzes werden Original und Kopie durch Stoß oder Temperaturschock getrennt: Ergebnis ist ein bereits fertig beschichteter Spiegel. Auch kompliziertere Beschichtungen können vor dem Kopieren aufgebracht werden. Eine Beschichtung der Kopie nach dem Entformen ist ebenfalls möglich, wird aber u. a. durch die Temperaturbeständigkeit des Gießharzes bestimmt.

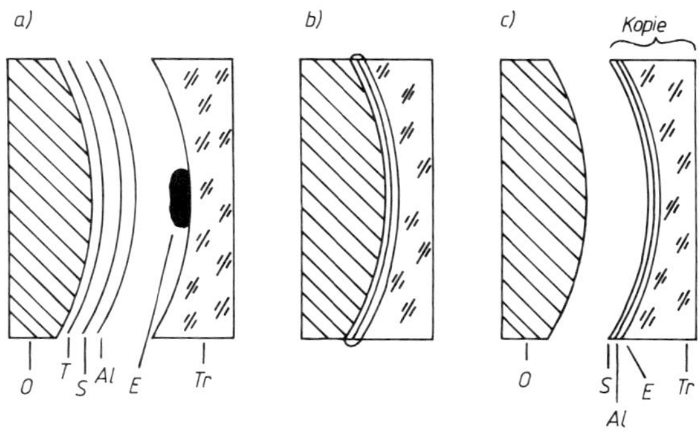


Bild 3.10.1 Gießkopierverfahren (nach [L 3.10.13])
a) Schichtaufbau: O = Original, T = Trennschicht, S = SiO-Schutzschicht, Al = Spiegelschicht, E = Epoxidharz, Tr = Träger für die Kopie. b) Abdrücken und Aushärten, c) Trennen in Original und Kopie

Von der recht hohen *Volumenschrumpfung* des Gießharzes von etwa 4% bis 6% entfallen etwa 2,5% auf den Bereich der Verfestigung (Gelstadium bis zum vollständigen Aushärten); vorher kann das Harz nachfließen. Dies wirkt sich als *lineare Schrumpfung* in Richtung der Flächennormalen aus, so daß Dickenunterschiede der Harzschicht zu Deformationen der Kopie gegenüber der gewünschten Fläche führen. Fehler der Trägerfläche finden sich also, stark abgeschwächt, auch auf der Kopierfläche wieder! Eine asphärische Kopierfläche sollte also auch als asphärische Trägerfläche vorgearbeitet sein, wobei aber die Fertigungstoleranzen um den Faktor 10 grober sein können als bei der endgültigen Fläche [L 5.5.2]. Weichen Kopier- und Trägerfläche stark voneinander ab (z. B. Aufbau einer asphärischen Fläche auf einem sphärischen Träger), so müssen Original bzw. Matrize so korrigiert sein, daß sie die unterschiedliche Schrumpfung berücksichtigen. Der gegenüber Glas etwa um den Faktor 10 höhere *Ausdehungskoeffizient* des Gießharzes ($\alpha \approx 50 \cdot 10^{-6}$/K bis $70 \cdot 10^{-6}$/K) führt bei größeren Temperaturunterschieden zu Tangentialspannungen, die bei nicht ausreichend stabilem Träger zu Flächendeformationen oder bei Glasträgern sogar zu Beschädigungen führen können. Auch aus diesem Grund muß die Schichtdicke gering sein. Für den *Träger der Kopie* eignen sich sehr unterschiedliche Materialien, u. a. Glas, Quarz, Zerodur, Aluminium, Stahl, Keramik. Aufgedampfte Schichten zeigen auf dem Epoxidharz nur mäßige *Abriebfestigkeit.* Die maximale Einsatztemperatur liegt bei den meisten Harzen bei etwa 80 °C bis 100 °C. Harze mit wesentlich höherer Temperaturbeständigkeit ergeben nicht die beste Flächenqualität.

Als *massive Gießharzteile* werden *Brillengläser* aus Allyldiglycolcarbonat (Tabelle 3.3.1) in Glasformen hergestellt.

Große, leichte Parabolspiegel geringerer Genauigkeit (z. B. 2,5 m × 2,5 m für Solarkollektoren) können durch *Rotationsgießen* (Aushärten einer Epoxidharz-Schale während mehrstündiger Rotation mit konstanter Winkelgeschwindigkeit entsprechend gewünschter Brennweite) preisgünstig hergestellt werden [L 3.10.25].

## Literaturhinweise


L 3.10.1 *Scott, R. M.:* Optical Manufacturing. LÜ 1 Vol. III/2

L 3.10.2 *Seelemann, G.:* Polierverfahren für Optik-Planflächen hoher Genauigkeit. Jahrb. f. Optik und Feinmechanik 1965, 17–33

L 3.10.3 *Binz, H.:* Über die Paßvorgabe bei Kugelflächen. Jahrb. f. Optik u. Feinmechanik 1965, 55–59

L 3.10.4 *Langenbeck, P.:* Luftgelagerte Arbeitsspindeln und Schlittenführungen für das Polierdrehen und -fräsen mit Diamantwerkzeugen. Industrie Diamanten Rundschau IDR 2 (1980), Mai 1980

L 3.10.5 *Rosenkranz, W.:* Die Verformung des Glases durch Wärme (Preß-Optik). Jahrb. f. Optik u. Feinmechanik 1967, 97–106

L 3.10.6 *Binz, H.:* Über das Polieren von Kugelflächen. Jahrb. f. Optik u. Feinmechanik 1970, 125–133

L 3.10.7 *Schade, H.:* Ausrichten von Linsen auf Zentriermaschinen. Jahrb. f. Optik u. Feinmechanik 1973, 109–112

L 3.10.8 *Schade, H.:* Linsenanzahl auf Trägerkörpern. Jahrb. f. Optik u. Feinmechanik 1974, 162–166

L 3.10.9 *Loh, E.:* Rationalisierung und Automation bei der Glasbearbeitung in der Optik. Jahrb. f. Optik u. Feinmechanik 1974, 236–248

L 3.10.10 *Schade, H.:* Preßlingsgewichte. Jahrb. f. Optik u. Feinmechanik 1976, 144–148

L 3.10.11 *Binz, H.:* Zentrieren der Linsen. Jahrb. f. Optik u. Feinmechanik 1969, 133–142

L 3.10.12 *Schade, H.:* Arbeitsverfahren der Feinoptik. Deutscher Ingenieur-Verlag, Düsseldorf 1955

L 3.10.13 *Weissmann, H. M.:* Epoxy Replication of Optics. Optical Engineering *15* (1976) No. 5, 435–441

L 3.10.14 *Hunter, W. R.; Michels, D. J.; Fleetwood, C. M.; Mangus, J. D.; Bach, B. W.:* Replication of Wolter lens components. Applied Optics *19* (1980) No. 13, 2128–2131

L 3.10.15 DIN 58722 Optikfertigung.
T 1 Begriffe der Optikfertigung, Arbeitsverfahren

L 3.10.16 DIN 58724 Optikfertigung; Vergleichssphärometer, Meßringe

L 3.10.17 DIN 58729 Optikfertigung; Kugelpfannen

L 3.10.18 DIN 58736 Optikfertigung; Zentrierglocken

L 3.10.19 DIN 58746 Optikfertigung; Spannfutter

L 3.10.20 DIN 58747 Optikfertigung; Ultraschallreinigungsanlagen
L 3.10.21 DIN 58748 Optikfertigung; Paletten für Tragkörper
L 3.10.22 DIN 58749 Optikfertigung; Aufnahmeringe für Bedampfungsanlagen
L 3.10.23 DIN 69110 Optikfertigung; Diamantbesatz für Werkzeuge der Optik
L 3.10.24 *Jones, R. A.:* Computer-controlled grinding of optical surfaces. Applied Optics *21* (1982) No. 5, 874–877
L 3.10.25 Economical fabrication of large parabolic mirrors. Applied Optics *24* (1985), 4434 und 4438
L 3.10.26 *Braat, J. J. M.; Smid, A.; Wijnakker, M. M. B.:* Design and production technology of replicated aspheric objective lenses for optical disk systems. Applied Optics *24* (1985), 1853–1855
L 3.10.27 *Jeanmichel, C.:* Spanende Herstellung asphärischer Spiegel und Linsen. Feinwerkt. & Meßt. *93* (1985), 1–3

## Beispiele für Hersteller bzw. Lieferanten

H 3.10.1 *Wilhelm Loh Wetzlar GmbH & Co KG,* Friedenstr. 26, Wetzlar: Optik-Maschinen
H 3.10.2 *Wilhelm Bothner & Co,* Rüninger Weg 40, Braunschweig: Optik-Maschinen
H 3.10.3 *Dama-Spezialfabrik für Optik-Maschinen W. H. Spira,* Riedstr. 10, Darmstadt: Optik-Maschinen
H 3.10.4 *Karl Fechner,* Schützenstr. 128, Hilden: Optik-Maschinen
H 3.10.5 *Leico Maschinenbau,* Löhnberg 1: Optik-Maschinen
H 3.10.6 *Prontor-Werk Alfred Gauthier GmbH,* Wildbad-Calmbach: Maschinen f. Brillenglas- u. Feinoptik-Bearbeitung
H 3.10.7 *Karl Streblow,* Braunfelser Str. 90, Wetzlar: Werkzeuge u. Einrichtungen für die Optik-Fertigung
H 3.10.8 *Protop-Bleile GmbH,* 7771 Frickingen 2: Luftlager-Spindeln, -Schlitten u. -Drehtische; luftgelagerte Bearbeitungsmaschinen f. ebene und sphär. Spiegelflächen
H 3.10.9 *Ernst Winter & Sohn GmbH & Co,* Osterstr. 58, Hamburg: Diamantwerkzeuge
H 3.10.10 *Joisten & Kettenbaum GmbH,* Bergisch Glattbach: Diamantwerkzeuge
H 3.10.11 *Dr. Wilhelm Müller Diamantmetall,* Feldafing/Starnberger See: Diamant-Werkzeuge
H 3.10.12 *Loh Optikservice GmbH,* Solmser Str. 3, Wetzlar: Diamantwerkzeuge; Kittpech, Kühlmittel, Lacke, Schleif- u. Poliermittel
H 3.10.13 *Dynamit Nobel AG,* Troisdorf: Elektrokorunde z. Schleifen
H 3.10.14 *Elektroschmelzwerk Kempten,* München: Silciumcarbid z. Schleifen
H 3.10.15 *Hermann C. Starck Berlin,* Elisabethstr. 14, Düsseldorf: Elektrokorunde
H 3.10.16 *Velox H. Gebauer KG,* Lenzenbergstr. 15, Niedernhausen-Niederseelbach: Poliermittel
H 3.10.17 *Pieplow & Brandt,* Henstedt-Ulzburg: Polierpech, Schleif- u. Poliermittel, Abdecklacke
H 3.10.18 *Tivoli Werke AG,* Reichsbahnstr. 99, Hamburg: Polier- u. Kittpeche
H 3.10.19 *Karl Roll,* Kanalstr. 30, Mühlacker-Enzberg: Ultraschall-Reinigungsanlagen
H 3.10.20 *Schoeller & Co,* Dreieichstr. 6, Mörfelden: Ultraschall-Reinigungsanlagen
H 3.10.21 *PTR Optics Corporation,* Waltham, USA: Herstellung von Präzisionsteilen im Gießkopierverfahren
H 3.10.22 *Pneumo Precision,* Inc, Precision Park, Keene, NH, USA: Erzeugg. optischer Flächen durch Diamantbearbeitung, u. a. bei Al, Au, Ag, Cu, Ni, Ge, ZnS, Kunststoffen
H 3.10.23 *Optik-Kontor Färber KG,* Rodheimer Str. 70, 6301 Heuchelheim: Optische Gläser u. Werkstattbedarf f. Feinoptiker
H 3.10.24 *Honeywell,* Lexington, Mass., USA: Optische Präzisionsteile durch Diamantbearbeitung
H 3.10.25 *Docter-Optic-Wetzlar GmbH,* 6331 Schöffengrund 1: Blankpreß-Anlagen, Optik-Spezialmaschinen

# 4 Optische Abbildung

## 4.1 Grundlagen

Jeder optisch abzubildende Gegenstand sendet Strahlung aus. Entweder tut er dies unmittelbar, wie etwa eine Glühwendel, oder er reflektiert mehr oder weniger diffus auffallende Strahlung, wie die meisten Gegenstände. Damit kann man sich jede Gegenstandsfläche in einzelne leuchtende Punkte aufgelöst denken. Es genügt meist, die von einigen ausgewählten Gegenstandspunkten ausgehenden Lichtstrahlen auf ihrem Weg durch optische Elemente zu verfolgen. Jede *optische Abbildung* ist nun dadurch gekennzeichnet, daß die von einem *Gegenstandspunkt* ausgehenden Strahlen in ihrem Verlauf so verändert werden, daß sie durch einen anderen Punkt – den *Bildpunkt* – gehen. Diese Strahlenvereinigung im Bildpunkt erfolgt nicht fehlerfrei; für alle grundsätzlichen Betrachtungen kann man aber von den Abbildungsfehlern absehen. Gegenstandspunkte und Bildpunkte – und damit Gegenstände und Bilder – können reell oder virtuell sein (Bild 4.1.1): Ein reeller Punkt ist ein Schnittpunkt von Strahlen; hier tritt eine Energiekonzentration auf. Ein *reelles Bild* kann unmittelbar auf einer Fotoschicht gespeichert werden. Ein virtueller Punkt ist ein Schnittpunkt von Strahlenverlängerungen: Die Strahlen kommen „scheinbar" von diesem Punkt her oder gehen durch diesen Punkt. Im virtuellen Punkt tritt keine Energiekonzentration auf. Eine an den Ort eines *virtuellen Bildes* gebrachte Fotoschicht kann das Bild nicht speichern. Jedes abbildende optische Element wandelt also die zu einem Zentrum O gehörende Kugelwelle in eine zu einem anderen Zentrum O′ gehörende Kugelwelle um. In der gleichwertigen Beschreibung durch die Strahlenoptik heißt dies, daß das durch einen Punkt O gehende,

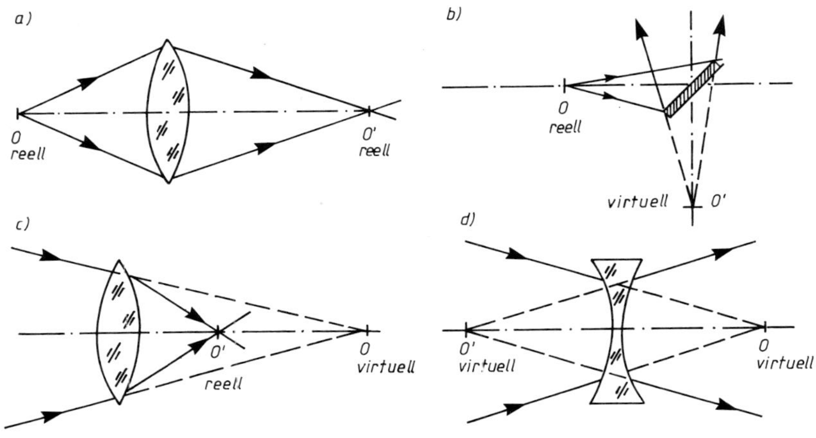


Bild 4.1.1 Beispiele für optische Abbildung eines Gegenstandspunktes O

a) Bild und Gegenstand reell, b) Bild virtuell, c) Gegenstand virtuell, d) Bild und Gegenstand virtuell

*„homozentrische" Strahlenbündel* in ein anderes, durch einen Punkt O′ gehendes homozentrisches Bündel umgewandelt wird.

Optische Elemente können positiv, negativ oder neutral wirken: Ein *positives Element* wirkt „sammelnd" (z. B. Konvexlinsen, Konkavspiegel): Die Strahlen eines homozentrischen Bündels werden stärker konvergent oder weniger divergent gemacht. Ein *negatives Element* wirkt „zerstreuend" (z. B. Konkavlinsen, Konvexspiegel): Die Strahlen eines homozentrischen Bündels werden stärker divergent oder weniger konvergent gemacht. Ein *neutrales Element* beeinflußt die Winkel zwischen den Strahlen eines homozentrischen Bündels nicht (z. B. Planplatte, Planspiegel): Das Strahlenzentrum wird nur verschoben oder die Bündelrichtung geändert. (Die Wirkung von Abbildungsfehlern ist in diese Betrachtung natürlich nicht eingeschlossen).

In der praktischen Optik sind unter Gegenstands- und Bildpunkten immer kleine Flächenelemente zu verstehen. Selbst bei einem von Abbildungsfehlern freien System wird ein „idealer" Gegenstandspunkt als Beugungsscheibchen abgebildet (Abschn. 1.5). Werden die Strahlen eines von einem idealen Gegenstandspunkt ausgehenden Bündels durch ein fehlerfreies System parallel gemacht, so schneiden sich die Strahlen bzw. ihre Verlängerungen nach dem Parallelenaxiom im unendlichen ($\infty$), und zwar auf beiden Seiten (in $+\infty$ und $-\infty$): auf der einen Seite die Strahlen, auf der anderen Seite ihre Verlängerungen. Damit ist bei *„Abbildung nach Unendlich"* keine Unterscheidung zwischen reellem und virtuellem Bild möglich. In der praktischen Optik gibt es keine unendlich großen Entfernungen. Im $\infty$ liegende Punkte sind aber wichtige Idealfälle.

Bei gegebenen Daten eines Gegenstandes und eines optischen Systems wird die optische Abbildung durch Lage (= Abstand), Größe, Orientierung (aufrecht, umgekehrt usw.) und ggf. Helligkeit des Bildes beschrieben. Hierzu müssen einige Größen definiert sowie ihre Bezeichnungen und Vorzeichen festgelegt werden. Grundlage hierfür ist DIN 1335.

Zunächst soll das in diesem Buch normgemäß verwendete *Vorzeichensystem* erläutert werden: Widerspruchsfreie Ergebnisse erhält man ohne zusätzliche Merkregeln, wenn man nur mit gerichteten (vorzeichenbehafteten) Strecken und Winkeln arbeitet, wobei die gleichen Festlegungen wie in der Mathematik gelten: Von einem Bezugspunkt aus nach rechts und nach oben gemessene Strecken sind positiv, in Gegenrichtung negativ. Die Lichtrichtung stimmt mit der positiven Richtung überein. Die Systeme werden also, wenn irgend möglich, so gezeichnet, daß das Licht von links einfällt. Winkel werden von einem Bezugsschenkel aus entgegen dem Uhrzeigersinn positiv, im Uhrzeigersinn negativ gerechnet (DIN 1312). Jetzt muß noch für jede Strecke der Bezugspunkt (Anfangspunkt, Ausgangspunkt) festgelegt werden, entsprechend für jede Winkelgröße der Bezugsschenkel (Ausgangsschenkel für die Drehbewegung). Die an sich willkürlichen Festlegungen müssen in ihren Verknüpfungen ein widerspruchsfreies System ergeben.

Die Übersichtlichkeit der Größenbezeichnungen wird dadurch erheblich verbessert, daß paarweise vorkommende, *„konjugierte" Größen* gleich bezeichnet und nur durch einen zusätzlichen Strich für die im Bildraum gültige Größe unterschieden werden (Beispiel: a = Gegenstandsweite, a′ („a Strich") = Bildweite). Gleichartige, aber *nicht konjugierte Größen* werden durch einen Querstrich für die Gegenstandsseite hervorgehoben (Beispiel: $\overline{F}$ („F quer") für den gegenstandsseitigen, F′ für den bildseitigen Brennpunkt, denn $\overline{F}$ wird nicht nach F′ abgebildet).

Abbildende optische Systeme wirken durch das Brechungsgesetz (Gl. 1.3.1) und/oder durch das formal darin enthaltene Reflexionsgesetz (Gl. 1.3.2). Für kleine Winkel gilt nun $\sin\varepsilon \approx \tan\varepsilon \approx \varepsilon$; $\cos\varepsilon \approx 1$: Die Winkelfunktionen sin und tan können durch den im Bogenmaß gemessenen Winkel selbst ersetzt werden. Bei Gültigkeit dieser Näherung kann man das *Brechungsgesetz in der „paraxialen Form“* benutzen, d. h. an Stelle von Gl. 1.3.1

$$n \cdot \varepsilon = n' \cdot \varepsilon' \tag{4.1.1}$$

schreiben. Dies ergibt besonders einfache Formulierungen, mit denen die Grundeigenschaften optischer Systeme dargestellt werden. Kleine Einfallswinkel, Brechungswinkel und andere Winkel ergeben sich, wenn Strahlen im *achsennahen Raum,* d. h. im *Paraxialgebiet* eines optischen Systems verlaufen; die Optik dieses Gebietes wird auch als *Gaußsche Optik* bezeichnet. Die sich für das Paraxialgebiet ergebenden Gleichungen sollten jedoch nicht als Faustformel betrachtet werden: sie sind die Grenzgesetze für gegen Null gehende Winkel und damit die Grundlagen der Optik, die durch die Betrachtung der Abbildungsfehler ergänzt werden.

Die Tabelle 4.1.1 zeigt für zwei Fälle der Brechung vom dünneren zum dickeren Medium (z. B. Luft $n = 1$, Glas $n' = 1{,}7$, sowie Glas $n = 1{,}5$, Glas $n' = 1{,}7$), um welchen Fehler die paraxiale Berechnung des Brechungswinkels nach Gl. 4.1.1 zu groß gegenüber der Berechnung mit dem Brechungsgesetz Gl. 3.1.1 ausfällt. Für viele Fälle der praktischen Berechnung genügt also die paraxiale Näherung.

**Tabelle *4.1.1* Beispiele für Fehler bei paraxialer Näherung des Brechungsgesetzes**

| $\varepsilon$ | $\varepsilon'$-Fehler in % bei $n = 1$; $n' = 1{,}7$ | $\varepsilon'$-Fehler in % bei $n = 1{,}5$; $n' = 1{,}7$ |
|---|---|---|
| 1° | 0,0034 | 0,0011 |
| 2° | 0,014 | 0,0045 |
| 4° | 0,053 | 0,018 |
| 8° | 0,21 | 0,072 |
| 16° | 0,86 | 0,3 |
| 32° | 3,6 | 1,3 |

Die im folgenden definierten Größen dienen der Beschreibung der optischen Abbildung im Paraxialgebiet. Dabei werden *zentrierte Systeme* vorausgesetzt: Die Krümmungsmittelpunkte aller optisch wirksamen Flächen liegen auf der gleichen Geraden, der *optischen Achse.* Für die *Krümmungsradien* ist jeweils der Flächenscheitel S der Bezugspunkt; $r = \overline{SC}$ (Bild 4.1.2): Liegt also der Krümmungsmittelpunkt links vom Scheitel, so ist der Radius negativ. Hier wie auch im folgenden wird die Einprägung der richtigen Vorzeichen von Strecken und Winkeln durch die beiden folgenden Hilfsmittel erleichtert: Die Pfeile werden nur einseitig gerichtet gezeichnet; sie weisen vom Bezugspunkt zum Endpunkt der Strecke. Weiterhin können die Vorzeichen der Zahlenwerte als Merkzeichen in Klammern beigefügt werden.

Ein optisches System mit beliebig vielen brechenden oder reflektierenden Flächen $\varkappa$ von 1 bis k (k = letzte Fläche) kann durch die Lage seiner *Brennpunkte* $\overline{F}$ und F′ und

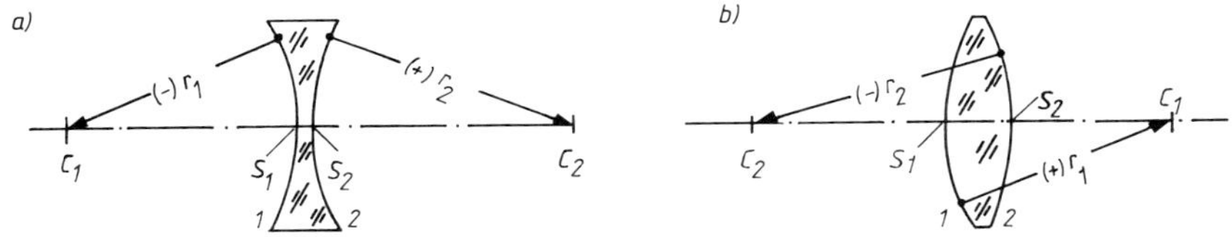


Bild 4.1.2 Vorzeichen von Flächenradien. Der Flächenscheitel ist Bezugspunkt

die Lage seiner *Hauptpunkte* H, H′ gekennzeichnet werden. Der *gegenstandsseitige Brennpunkt* $\bar{F}$ ist der Punkt auf der Achse, zu dem ein Bildpunkt im ∞ gehört (Bild 4.1.3a, b). Von $\bar{F}$ ausgehende oder (bei virtuellem $\bar{F}$) zu ihm hinlaufende Strahlen ergeben also bildseitig ein Parallelbündel. Bringt man die Verlängerungen des einfallenden und des achsenparallel austretenden Strahls zum Schnitt, so legen die Schnittpunkte im Paraxialgebiet eine *Hauptebene* fest, die von der Achse im *Hauptpunkt* H durchstoßen wird. Dann gilt für die *gegenstandsseitige Brennweite* $\bar{f}$ die Definition $\bar{f} = \overline{H\bar{F}}$; H ist also der Bezugspunkt. Im Paraxialgebiet gilt $\bar{f} = h_k/\sigma_1$, mit $h_k$ = Austrittshöhe des Parallelstrahls, $\sigma_1$ = Winkel des einfallenden Strahls mit der Achse.

Die bildseitigen Größen sind ganz entsprechend definiert: Der *Bildbrennpunkt* F′ ist der zu einem im ∞ liegenden Gegenstandspunkt gehörende Bildpunkt (Bild 4.1.3 c, d). Die Schnittpunkte zwischen einfallenden Parallelstrahlen und austretenden Brennstrahlen ergeben die Hauptebene und damit den *Hauptpunkt* H′; für die *Bildbrennweite*

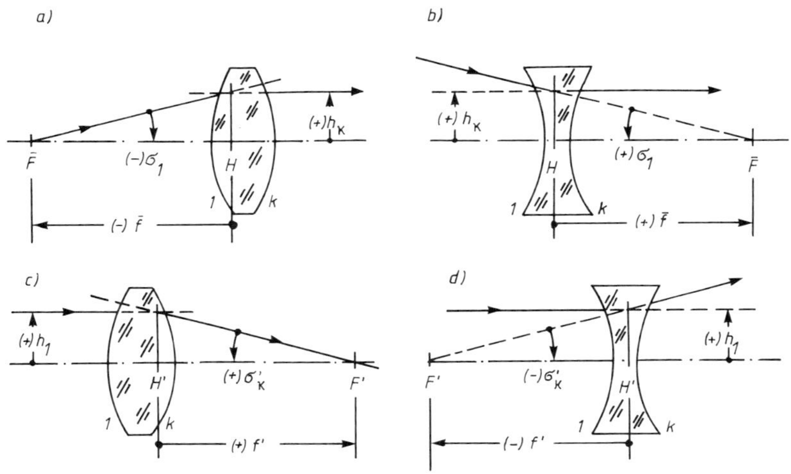


Bild 4.1.3 Festlegung von Brenn- und Hauptpunkten
a), b): $\bar{F}$ und H; c), d): F′ und H′
Bei dem Negativsystem b), d) sind die Brennpunkte virtuell

gilt die Definition $f' = \overline{H'F'}$, mit $f' = h_1/\sigma'_k$. Die Bildbrennweite kennzeichnet die Wirkung des Systems: Bei einem positiven System (s. oben) ist $f' > 0$, bei einem negativ wirkenden System ist $f' < 0$. Für neutrale Systeme gilt $f' = \infty$. Allgemein bedeutet ein großer Betrag der Brennweite f′ eine geringe Strahlablenkung. Die *Brechkraft* $\dot{F}$ wird deshalb zweckmäßig durch den Kehrwert der Brennweite ausgedrückt: $\dot{F} = 1/f'$. In diesem Zusammenhang wird für die Brechkraft-Einheit $m^{-1}$ der spezielle Name *Dioptrie* verwendet: 1 dpt = 1 $m^{-1}$. Beispiel: Bei $f' = -250$ mm beträgt die Brechkraft $\dot{F} = -4$ dpt.

Die Hauptpunkte H und H′ sind auch die Bezugspunkte für die Angabe der Lage von Gegenstands- und Bildebene (Bild 4.1.4): Die *Gegenstandsweite* ist durch $a = \overline{HO}$, die *Bildweite* durch $a' = \overline{H'O'}$ definiert, wobei O und O′ der Gegenstands- bzw. Bildpunkt auf der Achse ist. Mit den Strecken $z = \overline{\bar{F}O}$, $z' = \overline{F'O'}$ kann jedoch auch die Entfernung von Gegenstand bzw. Bild gegenüber den Brennpunkten angegeben werden. Die Bezeichnung *Schnittweite* (s bzw. s′) sollte für Strecken vorbehalten bleiben, deren Bezugspunkt ein Flächenscheitel S ist.

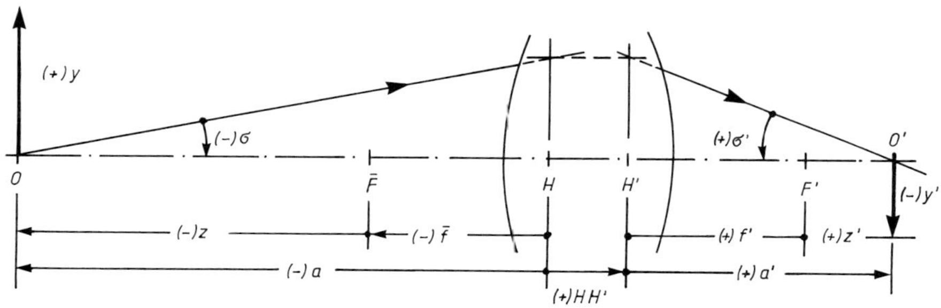


Bild 4.1.4 Definition und Vorzeichen gerichteter Strecken

Zum Vergleich von *Gegenstands- und Bildgröße* wird zweckmäßig eine (beliebige) Strecke y in der Gegenstandsebene und die zugehörige Strecke y′ in der Bildebene gewählt (y′ ist also das Bild von y). Dann ist der *Abbildungsmaßstab* β′ definiert als das Streckenverhältnis

$$\beta' = \frac{y'}{y} \tag{4.1.2}$$

Entsprechend den Streckenvorzeichen von y und y′ bedeutet negativer Abbildungsmaßstab ein umgekehrtes Bild (Bild 4.1.4)

Sorgfältig zu trennen sind die Begriffe „Abbildungsmaßstab“ und „Vergrößerung“: die *Vergrößerung* Γ′ ist definiert als das Verhältnis der Tangenswerte von Sehwinkeln (Feldwinkeln), also als

$$\Gamma' = \frac{\tan w'}{\tan w} \tag{4.1.3}$$

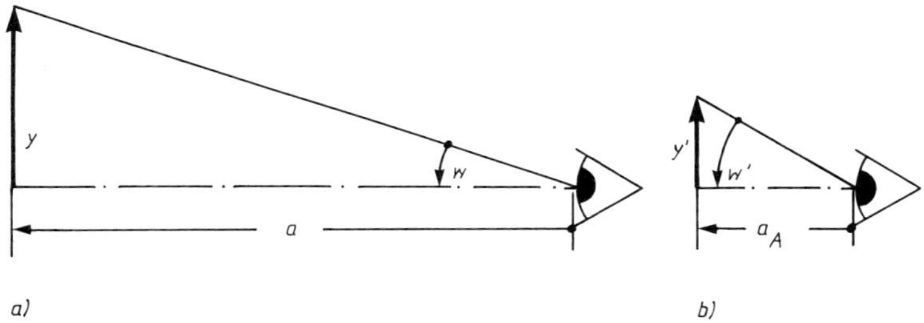


Bild 4.1.5 Zur Definition der Vergrößerung

a) unmittelbare Beobachtung des Gegenstandes y, b) Betrachtung des durch ein Beobachtungsinstrument oder fotografische Aufnahme erzeugten Bildes y′

Dabei ist w der *„Sehwinkel ohne Instrument“* (Bild 4.1.5), d. h. der Winkel, unter dem eine Gegenstandsstrecke y bei direkter Beobachtung aus einem Abstand a erscheint. Erfolgt nun Abbildung der Strecke y durch ein optisches Instrument (Fernrohr, Mikroskop, fotografische Aufnahme, TV-Übertragung usw.), so ergibt die Betrachtung der Bildstrecke y′ aus dem Augenabstand $a_A$ einen *„Sehwinkel mit Instrument“* w′. Beispiel: In Bild 4.1.5 ist bei den gegebenen Bedingungen $|\beta'| < 1$, denn es ist $|y'| < |y|$ (die Abbildung kann entsprechend Bild 4.1.4 erfolgt sein!); es ist aber $|\Gamma'| > 1$, denn es ist $w' > w$.

Die hier definierten Strecken können natürlich auch mit einem *anderen Vorzeichensystem* benutzt werden: Die *Krümmungsradien* aller Konvexflächen werden als positiv angesehen, die Radien von Konkavflächen als negativ (dann sind in Bild 4.1.2a beide Radien negativ, in Bild 4.1.2b beide Radien positiv!). Alle reellen *Abstände* (a, a′ usw.) sind als positiv, alle virtuellen Abstände als negativ anzunehmen. In Bild 4.1.4 (reelles Objekt, reelles Bild) wären dann a, a′, z, z′, $\bar{f}$, f′ positiv; in Bild 4.1.3b wäre $\bar{f}$ negativ, usw. In beiden Systemen aufgestellte Gleichungen unterscheiden sich also in den Vorzeichen einiger Größen. Zweckmäßig ist es, nur das oben beschriebene normgemäße System zu benutzen.

Für die *Winkel-Vorzeichen* gilt folgendes: Bei einem Winkel zwischen Strahl und Achse (Bild 4.1.3) oder Radius und Achse (Zentriwinkel) ist der Strahl (bzw. der Radius) der Bezugsschenkel. Dreht man den Strahl um den kleinsten möglichen Winkel zur Achse, so erhält man den Drehsinn und damit das Winkel-Vorzeichen. Bei Winkeln zwischen Strahl und Flächennormale (Einfalls-, Brechungswinkel) ist die Flächennormale (Einfallslot) der Bezugsschenkel. Das richtige Winkelvorzeichen erhält man, wenn man das Lot zum Strahl dreht. In Bild 1.3.1a sind also $\varepsilon$ und $\varepsilon'$ positiv, $\varepsilon'_r$ negativ. Bei Winkeln zwischen Flächen oder Strahlrichtungen ist der Bezugsschenkel die erste Fläche bzw. die alte Strahlrichtung. Man erhält das Winkel-Vorzeichen, wenn man die erste Fläche in die zweite dreht (Prismenwinkel $\alpha$), bzw. wenn man die alte Strahlrichtung in die neue dreht (Ablenkungswinkel $\delta$). In den jeweiligen Abschnitten wird hierauf nochmals hingewiesen.

**Literaturhinweise**

L 4.1.1 *Kingslake, R.:* Basic Geometrical Optics LÜ 1 Vol. I/6
L 4.1.2 *Maréchal, A.:* Optique géométrique générale in: Handbuch Band 24, LÜ 12
L 4.1.3 DIN 1335 Technische Strahlenoptik in der Photographie; Zeichen, Benennungen

## 4.2 Abbildungsgleichungen

Durch die in diesem Abschnitt zusammengestellten Abbildungsgleichungen werden die Daten des Bildes mit den Daten des Gegenstandes und den Daten des abbildenden Systems verknüpft. Dafür werden die in Abschn. 4.1 definierten Größen benutzt. Die Abbildungsgleichungen sind auf beliebige abbildende Systeme anwendbar (z. B. Linsen, Spiegel, aber auch kompliziert aufgebaute Fotoobjektive).

Jedes optische System ist zunächst durch die Lage seiner Hauptpunkte H, H', und die Lage seiner Brennpunkte $\bar{F}$, F' gekennzeichnet, und damit auch durch seine Brennweiten $\bar{f}$ und f'. Das *Verhältnis der beiden Brennweiten* wird durch die Brechzahlen n des Mediums vor und n' des Mediums hinter dem System bestimmt:

$$\frac{\bar{f}}{f'} = -\frac{n}{n'} \qquad (4.2.1)$$

Für den häufigsten Fall n' = n (System in Luft) ist also stets $\bar{f} = -f'$!

Die *allgemeine Abbildungsgleichung* für die Verknüpfung der Bildweite a' mit der Gegenstandsweite a lautet

$$\frac{f'}{a'} + \frac{\bar{f}}{a} = 1, \qquad (4.2.2)$$

und entsprechend mit den von den Brennpunkten aus gemessenen Abständen:

$$z \cdot z' = \bar{f} \cdot f' \qquad (4.2.3).$$

Der *Abbildungsmaßstab* β' ist allgemein berechenbar aus

$$\beta' = \frac{a' \cdot n}{a \cdot n'} \qquad (4.2.4).$$

Die Gleichungen 4.2.2 bis 4.2.4 sind auch bei unterschiedlichen Medien beiderseits des Systems verwendbar (z. B. Wasser und Luft), also bei $n' \neq n$.

Die folgenden Gleichungen geben die empfehlenswerte Spezialisierung für den häufigsten Fall, nämlich beiderseits gleiche Medien – kurz: für *Systeme in Luft* – wieder: Die *Abbildungsgleichung* lautet dann

$$\frac{1}{a'} - \frac{1}{a} = \frac{1}{f'}, \qquad (4.2.5)$$

oder in der Newton-Form

$$z \cdot z' = -f'^2, \qquad (4.2.6)$$

wobei sich für den *Abbildungsmaßstab*

$$\beta' = \frac{a'}{a} \qquad (4.2.7)$$

ergibt. Bei mehreren hintereinander geschalteten Abbildungsstufen (1), (2), (3) ... ergibt sich der gesamte Abbildungsmaßstab multiplikativ aus den $\beta'$-Werten der einzelnen Stufen:

$$\beta' = \beta'_{(1)} \cdot \beta'_{(2)} \cdot \beta'_{(3)} \cdot \ldots \qquad (4.2.8).$$

Aus Gl. (4.2.5) und (4.2.7) ergeben sich nützliche Beziehungen zwischen Abbildungsmaßstab und Gegenstands- bzw. Bildweite: Für die *Gegenstandsweite* erhält man

$$a = f' \left( \frac{1}{\beta'} - 1 \right), \qquad (4.2.9)$$

oder auch

$$z = \frac{f'}{\beta'}; \qquad (4.2.10)$$

und für die *Bildweite*

$$a' = f' (1 - \beta') \qquad (4.2.11),$$

bzw.

$$z' = - f' \cdot \beta' \qquad (4.2.12).$$

Für den *Abstand zwischen Gegenstands- und Bildebene,* OO′, erhält man aus Bild 4.1.4 $OO' = a' - a + HH'$, und mit Gl. (4.2.9) und (4.2.11)

$$OO' = f' \left( 2 - \beta' - \frac{1}{\beta'} \right) + HH' \qquad (4.2.13).$$

Bei Geräten mit *automatischer Scharfeinstellung* wird die Abbildungsgleichung (4.2.5)/(4.2.6) durch eine mechanische oder elektrische Kopplung (Schrittmotor-Steuerung) zwischen a und a′ erfüllt, z. B. bei Vergrößerungsgeräten und Reprokameras. Bild 4.2.1 zeigt ein einfaches mechanisches Prinzip gemäß Gl. (4.2.6).
Werden in Gl. (4.2.5) a′ und $-a$ durch veränderliche Widerstände (Potentiometer-Weggeber) und f′ durch einen Festwiderstand repräsentiert, so ergibt sich die Gleichung für Parallelschaltung von Widerständen: Die Abbildungsgleichung kann durch einen Brückenabgleich erfüllt werden. Literatur zu mechanischen Rechengetrieben: [L 4.2.1], [L 4.2.2]. Zur automatischen Scharfeinstellung bei Kleinkameras („Autofokus“) siehe Abschn. 9.6.

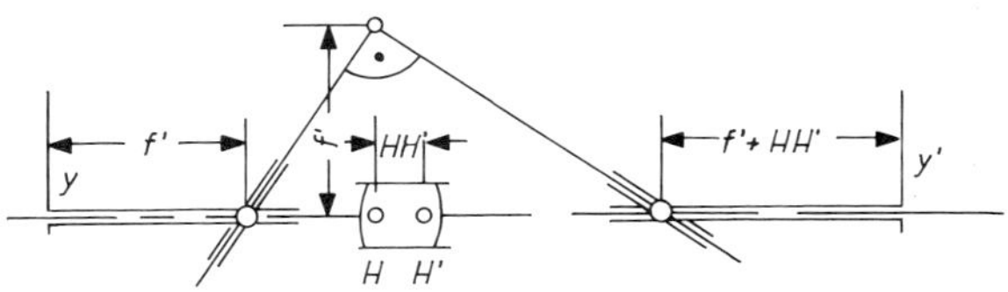

Bild 4.2.1 Prinzip der automatischen Scharfeinstellung durch Anwendung des Höhensatzes im rechtwinkligen Dreieck

Die Auswertung der Abbildungsgleichung liefert die nützliche Regel, daß sich bei Abbildung durch *Linsensysteme Gegenstand und Bild stets gleichläufig* (d. h. in gleicher Richtung) verschieben; bei Abbildung durch *Spiegel* sind die *Bewegungen gegenläufig.*

Die Bewegungsgeschwindigkeiten von Gegenstand und Bild können aber in Abhängigkeit vom Abbildungsmaßstab $\beta'$ sehr unterschiedlich sein: Verschiebt sich der Gegenstand um eine kleine Strecke da längs der Achse, und ist da' die zugehörige Bildverschiebung, so folgt für den *Tiefenabbildungsmaßstab* $\alpha' = da'/da$:

$$\alpha' = \beta'^2 \qquad (4.2.14).$$

Für jede Abbildung gilt der *Satz von Helmholtz-Lagrange* (Bild 4.1.4):

$$y \cdot n \cdot \sin\sigma = y' \cdot n' \cdot \sin\sigma' \qquad (4.2.15),$$

der sich im *Paraxialgebiet* vereinfacht zu

$$y \cdot n \cdot \sigma = y' \cdot n' \cdot \sigma' \qquad (4.2.16).$$

Für $n' = n$ ergibt sich als *Winkel-Maßstab* $\gamma' = \sigma'/\sigma$:

$$\gamma' = \frac{1}{\beta'} \qquad (4.2.17),$$

so daß sich insgesamt zwischen den Maßstäben der Zusammenhang

$$\alpha' \cdot \gamma' = \beta' \qquad (4.2.18)$$

ergibt.

An Stelle der Berechnung der Bilddaten können Lage und Größe des Bildes auch durch *paraxiale Bildkonstruktion* (Zeichnung) bestimmt werden (Bild 4.2.2): Von einem nicht auf der Achse liegenden Gegenstandspunkt P werden Parallelstrahl 1 und Brennstrahl 2 bis zur Hauptebene H gezeichnet. Die Strahlen verlaufen zwischen H und H' achsenparallel. Entsprechend den Definitionen von Bild 4.1.3 wird der Parallelstrahl 1 an der Ebene H' als Brennstrahl abgeknickt; der Brennstrahl 2 tritt achsenparallel aus. Als Schnittpunkt erhält man hier den reellen Bildpunkt P'. Kommen die Strahlen nicht zum Schnitt, so sind sie rückwärtig zu verlängern: Es ergibt sich ein virtueller Bildpunkt. Zur Kontrolle kann der Strahl PH gezeichnet werden. Er tritt nur parallel verschoben, d. h. unter gleichem Winkel, aus H' aus und muß durch P' gehen. (Im allgemeinen Fall, d. h. $n' \neq n$, kommt diese Eigenschaft des Winkelverhältnisses Eins, also parallel verlaufender Strahlen vor und nach der Brechung, den *Knotenpunkten* K und K' zu; bei $n' = n$ wird aber $K' = H'$, $K = H$). Die paraxiale Bildkonstruktion wird in gleicher Weise bei Negativsystemen und auch bei vertauschten Hauptpunktlagen ($HH' < 0$) angewendet; sie kann u. a. auch zur Bestimmung der Brennweite bei gegebenem $\beta'$ sowie Gegenstands- und Bildlage benutzt werden! Das Ergebnis hängt natürlich von der Zeichengenauigkeit ab.

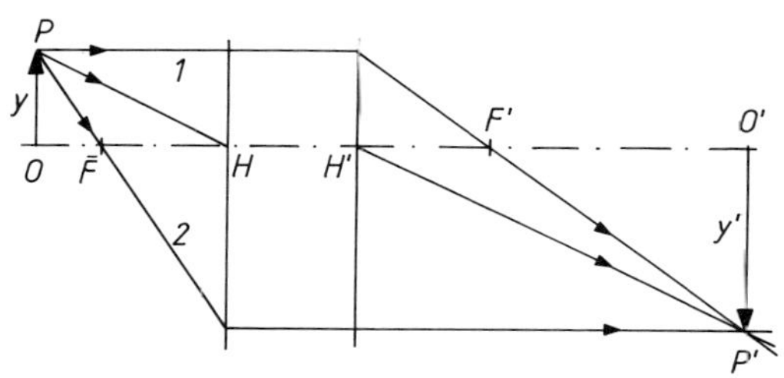


Bild 4.2.2 Paraxiale Bildkonstruktion

Das abbildende System ist durch die Lage der Punkte $\bar{F}$, H, H', F' gegeben

Beispiel:
Eine Münze von 30 mm Durchmesser werde durch ein Objektiv 120 mm groß abgebildet; dann ist $\beta' = -4$. Hat das System 80 mm Brennweite, dann wird $a = -100$ mm und $a' = 400$ mm. Der Winkel-Maßstab beträgt $\gamma' = -0{,}25$, d. h. das abbildende Objektiv erscheint vom Bild aus nur ein Viertel mal so groß wie von der Münze aus. Der Tiefenabbildungsmaßstab ist $\alpha' = 16$: Erstreckt sich das Relief der Münze 1 mm längs der optischen Achse, so tut es das Bild um 16 mm. Dies ergibt Schärfentiefe-Probleme (Abschn. 4.5).

**Literaturhinweise**

L 4.2.1 *Meyer zur Kapellen, :* Mathematische Instrumente Leipzig, 3. Aufl. 1949
L 4.2.2 *Kerner:* Optik *13* (1956), 65–73
L 4.2.3 Siehe auch Hinweise L 4.1. ...

## 4.3 Begrenzung der Strahlengänge

Ein abzubildender Gegenstand ist ebenso wenig wie die wirksame Fläche des abbildenden Systems unbegrenzt groß; in zweifacher Hinsicht findet also eine Strahlengang-Begrenzung statt. Allein schon durch die Notwendigkeit, Abbildungsfehler einzuschränken, sind definierte Begrenzungen notwendig, die man durch Blenden bewirkt. Bild 4.3.1 zeigt diese Begrenzungen am Beispiel einer fotografischen Kamera, die mit einem einlinsigen Objektiv mit Vorderblende ausgerüstet ist. Diese Blende begrenzt die *Öffnung der einfallenden Strahlenbündel*; sie heißt deshalb *Aperturblende.* Die Aperturblende wirkt hier als *Eintrittspupille* EP, denn sie begrenzt alle eintretenden Bündel. Die Linse bildet nun nicht nur die Gegenstandsebene ab, sondern auch die Aperturblende, d. h. die Eintrittspupille. Das Blendenbild wirkt als *Austrittspupille* AP, denn alle austretenden Bündel scheinen von AP begrenzt zu werden. In diesem Beispiel ist die Austrittspupille virtuell. Alle Bündel, die von der Eintrittspupille begrenzt wer-

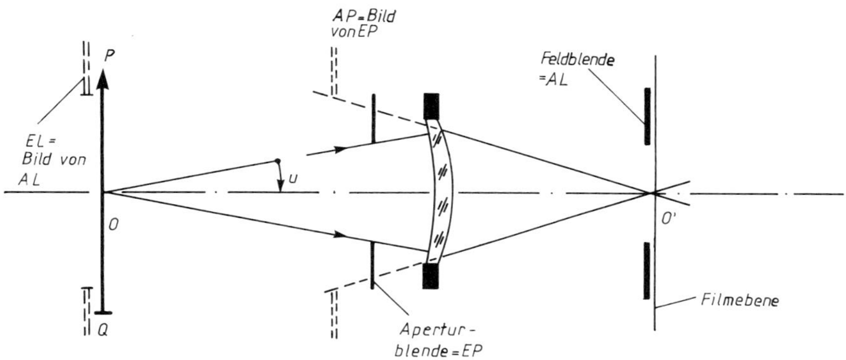


Bild 4.3.1 Strahlengang-Begrenzung durch Feldblende und Aperturblende

den, gehen also auf der Austrittsseite von dem (reellen oder virtuellen) Blendenbild, d. h. der Austrittspupille aus!

Eine weitere Begrenzung ist völlig anderer Art: Durch einen z. B. rechteckigen Ausschnitt dicht vor der Filmebene wird das abzubildende *Feld* sauber begrenzt. Diese Blende (der Formatrahmen) heißt deshalb *Feldblende*. Die Feldblende wirkt hier als *Austrittsluke* AL, denn sie begrenzt das Bildfeld. Natürlich wird vom Gegenstandsfeld nur der Teil auf dem Film abgebildet, der – entsprechend dem Abbildungsmaßstab – von der Austrittsluke freigegeben wird. Man kann sich also die Austrittsluke mit umgekehrter Lichtrichtung von rechts nach links in die Gegenstandsebene abgebildet denken: Das Bild von AL ist die *Eintrittsluke* EL.

Liegt nun bei einfachen Kameras die Aperturblende hinter dem Objektiv, so ist sie selbst Austrittspupille AP, denn sie begrenzt ja unmittelbar die austretenden Bündel. Dann ist ihr Bild die Eintrittspupille EP! Meist ist jedoch die Aperturblende in Form einer Irisblende innerhalb des Objektivs angeordnet, d. h. zwischen einem vorderen Systemteil (1) und einem hinteren Systemteil (2). Die Blende ist dann selbst weder EP noch AP: EP ist das (mit umgekehrter Lichtrichtung!) durch (1) entworfene, AP das durch (2) entworfene Bild. Auch die Feldblende kann andere Lagen als in Bild 4.3.1 haben: Bei einem Dia-Projektor ist sie die Dia-Maske; sie ist selbst Eintrittsluke EL, weil sie in der Gegenstandsebene liegt. Das auf der Bildwand sichtbare Bild der Dia-Berandung ist dann die Austrittsluke AL. Bei Beobachtungsinstrumenten, wie Fernrohren und Mikroskopen, wird die (meist kreisförmige) Feldbegrenzung in der Ebene des vom Objektiv entworfenen reellen Zwischenbildes vorgenommen: Die Feldblende ist weder EL noch AL; ihre durch Objektiv bzw. Okularlinse entworfenen Bilder übernehmen diese Funktionen.

Apertur- und Feldblenden und ihre Abbildungen sind stets deutlich und klar zu unterscheiden: Die Aperturblende bestimmt die Helligkeit und oft die Güte der Abbildung sowie die Schärfentiefe, nicht aber die Bildgröße. Andererseits hat die Größe der Feldblende auf die Helligkeit und Abbildungsgüte auf der Achse keinen Einfluß. Eine Ausnahme bildet der Kontrast, soweit er infolge der Reflexe an Linsen und Fassungen von der Größe des Lichtstroms im Gerät abhängt.

Befinden sich im Strahlengang Blenden an einer Stelle, die weder Ort einer Luke noch einer Pupille ist, so beschneiden sie sowohl die Lichtstärke bzw. Apertur als auch das Gesichtsfeld, und zwar für verschiedene Orte in verschiedenem Ausmaß. Sie erscheinen unscharf im Bilde und haben oft eine unkontrollierbare Wirkung, sie „*vignettieren*". Zu kleine optische Bauteile, etwa Prismen und Spiegel, wirken oft in diesem Sinne. Um sie möglichst klein zu halten, verlegt man teure Prismen zur Bildumkehr, Polarisatoren usw. an Stellen geringsten Bündelquerschnittes, vorausgesetzt, daß der dort bestehende größte Bildwinkel (siehe das Helmholtz-Lagrangesche Gesetz, Gl. (4.2.15) von diesem System auch aufgenommen wird.

Man bringt Apertur- und Feldblenden möglichst nahe der Lichtquelle im Strahlengang an, um von vornherein alle nicht erforderlichen Strahlen fernzuhalten (wenig Reflexe, geringe Erwärmung, Schonung lichtempfindlicher Objekte, Filter usw.).

Leidet durch mehrfache Abbildung, z. B. in unkorrigierten Beleuchtungssystemen, die Güte der Abbildung der Feldblende, so wird zwar eine „Vorblende" möglichst früh im Strahlengang, eine

Bild 4.3.2 Anwendung von Vorblenden vor einer Feldblende, z. B. bei dem Bildfenster eines Kinoprojektors. Die Blenden nehmen die wärmeführende Strahlung des Bündelrandes auf und halten dadurch die eigentliche Feldblende kühl

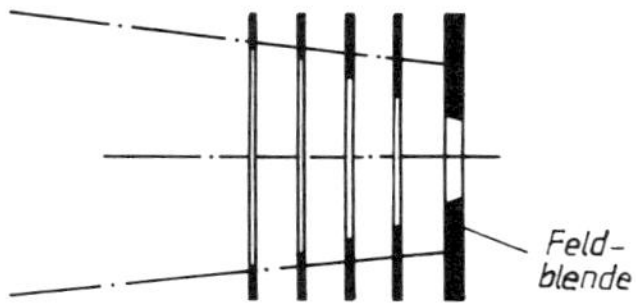


weitere „Hauptblende" aber möglichst am Ende desselben angebracht, wobei die erstere reichlich bemessen wird, z. B. in der Mikrophotographie. Ähnlich geht man vor, wenn die Feldblende vor starker Erhitzung geschützt werden muß, etwa bei Kinoprojektoren (Bild 4.3.2).

Bild 4.3.3 zeigt eine *mehrstufige Abbildung:* Hier wird die Gegenstandsebene O durch die Objektive oder Linsen (1), (2), (3) in die Bildebene O‴ abgebildet; O′ und O″ sind Zwischenbildebenen. Die Bilder entstehen als „Luftbilder", d. h. sie werden nicht auf einem Bildschirm aufgefangen. Dann zeigen die gestrichelten Strahlen bei den Zwischenbildern O′ und O″, daß die Randteile der Gegenstandsebene gar nicht abgebildet werden können, weil die Strahlen nicht durch die freie Öffnung der nächsten Stufe gehen. Deshalb werden in den Zwischenbildebenen oder in deren Nähe *Feldlinsen* $FL_1$ und $FL_2$ eingesetzt. Sie lenken die Strahlenbündel zur nächsten Stufe. Diese Bedingung kann genauer auf folgende Weise formuliert werden: Liegt bei dem System (1) die Eintrittspupille (Linsenfassung oder Blende), so treten hier alle bei der Abbildung wirksamen Bündel ein. Sie sollen auch durch die Öffnung der Stufe (2) gehen. Also muß die Feldlinse $FL_1$ die Öffnung der Stufe (1) in die Öffnung der Stufe (2) abbilden: Die Feldlinse schließt die Abbildungsstufe (1) optisch an die Abbildungsstufe (2) an! Ebenso wird die Stufe (3) durch $FL_2$ an die Stufe (2) angeschlossen. Damit ergibt sich eine Symmetrie der Wirkungen von Abbildungsstufen und Feldlinsen: Bei den abbildenden Systemen liegen die Pupillen. Sie bilden die Luken (Gegenstands- und Bildfelder) ineinander ab. Bei den Luken liegen die Feldlinsen. Sie bilden die Pupillen ineinander ab. Die Feldlinsen beeinflussen die eigentliche Abbildung nicht oder nur wenig; sie müssen also nicht die hohen Anforderungen an Abbildungsgüte erfüllen, die bei den Abbildungssystemen gestellt werden. Da die Feldlinsen jedoch zusammen mit den Bildfeldern scharf oder nahezu scharf abgebildet werden, müssen ihre Oberflächen sauber, d. h. frei von sichtbaren Fehlern, sein.

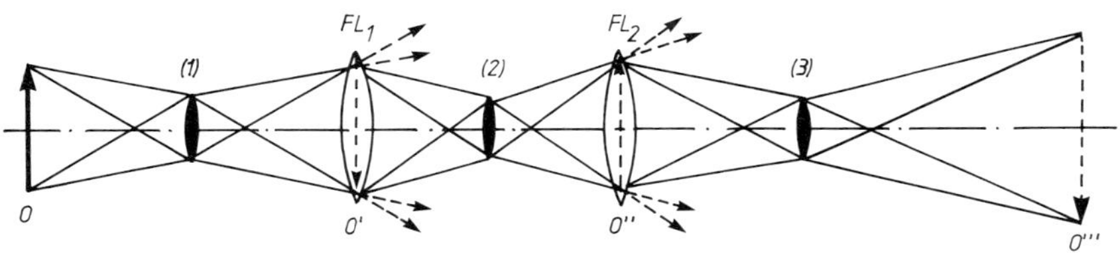


Bild 4.3.3 Anwendung von Feldlinsen bei mehrstufiger Abbildung
Die Feldlinsen $FL_1$ und $FL_2$ bilden die Pupillen der Abbildungsstufen (1), (2), (3) ineinander ab

Wird nur in einem verhältnismäßig kleinen Gesichtsfeld gute Schärfe verlangt, ist eine gewisse Größe desselben aber erforderlich, um auftauchende Objekte frühzeitig wahrnehmen zu können, um sie zu genauer Betrachtung in die Mitte des Gesichtsfeldes zu bringen, so ist es oft zweckmäßig, eine farbige Gesichtsfeldmaske anzubringen, die die am Rande vorhandenen Farbenvergrößerungsfehler stark mildert und gleichzeitig das Mittelfeld gut abhebt, z. B. bei Suchern für kinematographische Zwecke.

Bei Geräten, die mit dem Auge zusammen zu subjektivem Gebrauch dienen, wird die Austrittspupille in die Pupille des Auges abgebildet. Hierfür gelten folgende Regeln:

a) Bei Geräten, die eine künstliche Lichtquelle enthalten, welche hell genug ist, um eine Bildleuchtdichte von wenigstens 30 cd/m$^2$ zu gewährleisten (z. B. Mikroskope), oder die vorwiegend bei Tageslicht benutzt werden, soll die Austrittspupille mindestens 3 mm groß sein, um höchste Sehschärfe zuzulassen. Das Gesichtsfeld soll 40–50° nicht wesentlich übersteigen.

b) Geräte, die bei Nacht benutzt werden, sollen mindestens 7, besser 10 mm Austrittspupille aufweisen, damit sie die volle Pupille dunkeladaptierter jugendlicher Augen nicht beschneiden, z. B. bei Nachtgläsern, Spektralgeräten für sehr lichtschwache Erscheinungen usw.

c) Geräte, bei denen ein großes, leicht überblickbares Gesichtsfeld $2\,u' = 60°$ und mehr vorhanden ist, sollen eine Pupille von etwa 8–10 Millimeter haben, die im Augendrehpunkt liegt, also wenigstens 25 mm hinter dem letzten Linsenscheitel.

d) Bei Geräten, die eine zu Meßzwecken veränderbare Austrittspupille haben, soll deren größte Ausdehnung 2–3 mm nicht überschreiten, weil die Lichtdurchlässigkeit der Augenmedien nicht über die ganze Pupillenöffnung hinweg konstant ist, sondern nach dem Rande individuell verschieden abnimmt.

e) Werden in einem Gerät zwei Strahlengänge in einem gemeinsamen Gesichtsfeld vereinigt (z. B. Photometer, Vergleichsmikroskope), so sollen die Austrittspupillen beider sich hinsichtlich Ort und Größe möglichst genau decken.

Eine wichtige Kenngröße zur Beschreibung eines optischen Systems ist die *Blendenzahl* k, mit der Definition

$$k = \frac{f'}{D_{EP}} \qquad (4.3.1),$$

mit $f'$ = Brennweite, $D_{EP}$ = Durchmesser der Eintrittspupille. Hat eine Linse z. B. einen freien Durchmesser von 40 mm und eine Brennweite von 200 mm, so ist $k = 5$. Der Kehrwert der Blendenzahl, $1/k$, wird als *Öffnungsverhältnis* bezeichnet.

Unter *„Apertur“* versteht man den Sinus des halben Öffnungswinkels u (Bild 4.3.1), d. h. also des Winkels zwischen optischer Achse und äußerstem Randstrahl. Der Scheitel dieses Winkels liegt in dem Punkt, für den das System sphärisch und hinsichtlich der Sinusbedingung korrigiert ist. Befindet sich dieser Punkt, in dem der Gegenstand sowohl als auch das Bild liegen kann, nicht in Luft, sondern in einem Mittel mit der Brechzahl n, so ist dieser Sinus mit dieser Brechzahl malzunehmen; es ist dann die *„numerische Apertur“* $A = n \cdot \sin u$, z. B. bei Mikroobjektiven.

Ist z. B. $u = 30°$, so ist $A = 0{,}5$; befindet sich das Ding oder Bild in Öl mit $n = 1{,}52$, so ist $A = 0{,}76$.

Ist bei der Korrektur des Systems die Sinusbedingung erfüllt (Gl. (4.4.7)), so gilt zwischen Apertur und Blendenzahl die Beziehung

$$A = \frac{1}{2k} \qquad (4.3.2)$$

Ein Fotoobjektiv der Öffnung 1 : 2 hat also eine Apertur A = 0,25; ein Mikroobjektiv der numerischen Apertur A = 1,3 hat ein Öffnungsverhältnis 1 : 0,4. Hieraus folgt, daß es korrigierte Systeme mit höherer Öffnung als 1 : 0,5 für Luft oder 1 : 0,33 für Öl nicht geben kann.

**Literaturhinweise**

L 4.3.1 *Klein, W.:* Pupillen und Sehfelder in optischen Geräten. Jahrb. f. Optik u. Feinmechanik 1980, 59–83

## 4.4 Abbildungsfehler

In den vorausgegangen Abschnitten wurde die Abbildung durch ein ideales System vorausgesetzt: Es bildet die Punkte in einer achsensenkrechten Gegenstandsebene „scharf“ in eine achsensenkrechte Bildebene ab; in dieser Ebene ist der Abbildungsmaßstab konstant. Von einem einfachen optischen System, etwa einer sphärischen Linse, werden diese Anforderungen aber nur im Paraxialgebiet und mit monochromatischem Licht erfüllt. Die bei realen Abbildungen auftretenden Abweichungen werden als Abbildungsfehler bezeichnet. Ihre Korrektion – die wesentliche Aufgabe der Rechenabteilungen optischer Firmen – kann in diesem Buch nicht ausführlich dargestellt werden; die Literaturhinweise geben jedoch ausreichendes Material zur Einführung in dieses Gebiet an. In Abschnitt 5.1 sind einige Gleichungen zur Durchrechnung optischer Systeme zusammengestellt. Jede Korrektion ist ein Kompromiß zwischen dem Aufwand für ein System und seiner Leistung: Unter Beachtung wirtschaftlicher Gesichtspunkte müssen ausreichende Abbildungseigenschaften für den zu erfüllenden Zweck erzielt werden. So sind die Anforderungen an ein lichtstarkes fotografisches Objektiv erheblich schärfer als z. B. an die Betrachtungslinse eines Diabetrachters.

Die geometrische Abbildungswirkung eines optischen Systems wird durch Brechung und/oder Reflexion von Lichtstrahlen bestimmt. Die Wirkung der Beugung kommt hinzu. Damit ist die *trigonometrische Strahldurchrechnung* die Grundlage zur Bestimmung der Abbildungseigenschaften eines Systems: Durch Anwendung des Brechungsgesetzes (Gl. (1.3.1)) bzw. des Reflexionsgesetzes (Gl. (1.3.2)) wird unter Benutzung geeigneter Formelsätze (Abschn. 5.1) der Strahlenverlauf durch die einzelnen Systemflächen bestimmt. Die Lage der Bildebenen-Durchstoßpunkte vieler von einem Gegenstandspunkt ausgehender, über die Eintrittspupille verteilter Strahlen stellt die Punktabbildung anschaulich dar (*„Spot-Diagramm“*); außerdem gibt die (berechnete oder gemessene) *Modulationsübertragungsfunktion* (MTF) bzw. ein ganzer Satz solcher Funktionen die Abbildungsleistung eines Systems wieder (Abschn. 12.1).

Häufig ist jedoch die Aufspaltung der gesamten Abweichung von der idealen Abbildung in einzelne *Abbildungsfehler* sinnvoll: Sie ermöglicht dem Konstrukteur eine Analyse des optischen Systems und zeigt den Weg zu systematischer Verbesserung des Korrektionszustandes. Dem Anwender gibt sie Hinweise für den ökonomischen Einsatz von Systemen bei verschiedenen Aufgaben. Man unterscheidet üblicherweise die im folgenden genannten Abbildungsfehler, deren kurze Beschreibung später noch durch Detailangaben ergänzt wird:

1. *Öffnungsfehler* (auch: „sphärische Aberration"): Von einem Achsenpunkt ausgehende Strahlen (Mittenbüschel) ergeben im Bildraum in Abhängigkeit von ihrer Einfallshöhe h unterschiedliche Schnittpunkte mit der Achse („*Längsaberration*"); in der durch den paraxialen Bildpunkt gehenden Ebene haben ihre Durchstoßpunkte unterschiedliche Abstände von der Achse („*Queraberration*"). Wenn gegen die – hier nicht näher zu erläuternde – *Isoplanasiebedingung* verstoßen wird, treten Asymmetriefehler bei schiefen Büscheln auf. Die *Sinusbedingung* ist der Spezialfall der Isoplanasiebedingung für vollständig beseitigten Öffnungsfehler: Ein Verstoß gegen die Sinusbedingung bedeutet, daß eine kleine den Achsenpunkt umgebende Fläche durch alle Linsenzonen zwar in der gleichen Bildebene, aber mit unterschiedlichem Abbildungsmaßstab abgebildet wird.

2. *Astigmatismus:* Die Abbildung eines seitlich der Achse liegenden Gegenstandspunktes wird auch bei engem Bündel in zwei nicht punktförmige Bildorte aufgespalten: Alle Punkte einer achsensenkrechten Gegenstandsebene liegen dann im Bildraum auf zwei zur Achse rotationssymmetrischen, gekrümmten Schalen, der *meridionalen* und der *sagittalen Bildschale.*

3. *Bildfeldkrümmung:* Auch bei Freiheit von Astigmatismus kann die Bildfläche von der Ebene abweichen; diese Bildfeldkrümmung wird durch die *Petzvalsumme* angegeben.

4. *Koma:* Dies ist ein „asymmetrischer Öffungsfehler", der bei der Abbildung eines seitlich der Achse liegenden Gegenstandspunktes durch ein weit geöffnetes Bündel auftritt.

5. *Verzeichnung:* Der Abbildungsmaßstab $\beta'$ ändert sich mit dem Abstand von der Achse: Außeraxiale Bildpunkte liegen nicht an der durch Zentralprojektion bestimmten Stelle.

Wegen der Dispersion $n(\lambda)$ brechender Medien treten Farbfehler bereits im Paraxialgebiet auf; sie überlagern sich aber außerdem noch den vorgenannten „monochromatischen Abbildungsfehlern", d. h. diese Fehler variieren etwas mit der Wellenlänge.

6. *Farblängsfehler* (auch: „Chromatische Schnittweitendifferenz"): Die verschiedenfarbigen Bilder liegen in unterschiedlichem Abstand vom optischen System.

7. *Farbquerfehler* (auch: „Chromatische Vergrößerungsdifferenz"): Die verschiedenfarbigen, an gleicher Stelle liegenden Bilder sind unterschiedlich groß.

Die Abbildungsfehler können aus trigonometrischer Strahldurchrechnung bestimmt, aber nur dann in geschlossenen Gleichungen erfaßt und damit analytisch untersucht werden, wenn die Winkelfunktionen durch Reihenentwicklungen dargestellt werden. So gilt für einen beliebigen Winkel x die unendliche Reihe

$$\sin x = x - \frac{x^3}{3!} + \frac{x^5}{5!} - \frac{x^7}{7!} \dots .$$

Bricht man die Reihe bereits nach dem ersten Glied ab ($\sin x = x$), dann erhält man die Optik des Paraxialgebietes, z. B. aus dem Brechungsgesetz (1.3.1) das paraxiale Brechungsgesetz $n \cdot \varepsilon = n' \varepsilon'$ (4.1.1). Dann bleiben nur „Aberrationen erster Ordnung" übrig, nämlich die Farbfehler wegen $n(\lambda)$.

Besondere Bedeutung hat das Abbrechen der Reihe nach dem zweiten Glied ($\sin x = x - x^3/6$), weil sich hier mit noch nicht zu komplizierten Ausdrücken eine große Aussagekraft erzielen läßt. Diese (wegen $x^3$) *„Fehler dritter Ordnung“* (die monochromatischen Abbildungsfehler) können nun gemäß der *Seidelschen Fehlertheorie* durch Koeffizienten beschrieben werden, deren Berechnung hier zu weit führen würde. Der besondere Vorteil liegt darin, daß jeder Koeffizient in die Anteile der einzelnen Systemflächen an dem Gesamtfehler zerlegt werden kann, d. h. in die *Seidelschen Flächenteilkoeffizienten.* Die *Seidelsche Summe* aus diesen Teilkoeffizienten bis zu einer bestimmten Fläche beschreibt dann den durch alle vorausgegangenen Flächen bewirkten Fehler, bei Summation über alle Flächen den Gesamtfehler des Systems.

Berechnete Fehlerfunktionen und Fehlerkoeffizienten werden allgemein durch Wertetabellen oder Diagramme dargestellt. Beides kann durch größere EDV-Anlagen komfortabel erledigt werden:

Bild 4.4.1 gibt das (nur verkleinerte und etwas komprimierte) Original der *grafischen Fehlerdarstellung* eines Objektivs wieder, wie sie unmittelbar vom Plotter einer Rechenanlage ausgegeben wurde [L 4.4.15]. In Ergänzung zu Zahlentabellen mit den exakten Werten geben diese Darstellungen eine schnelle und anschauliche Übersicht über die Fehlerentwicklung bei Änderung der Konstruktionsparameter oder z. B. bei Änderung der f′-Einstellung eines Varioobjektivs. Im einzelnen wurden die folgenden Grafiken automatisch ausgegeben:

a) *Linsenschnitt* und Randstrahlenverlauf für Mitten- und Randbüschel eines Objektivs mit $f' = 92{,}62$ mm, $k = 2{,}54$, bei Einstellung auf $\infty$, also $\beta' = 0$.

b) Summe der Seidelschen *Flächenteilkoeffizienten* in Richtung der optischen Achse, für Öffnungsfehler, Koma, Astigmatismus, Aufspaltung des Astigmatismuskoeffizienten in meridionalen (MER) und sagittalen (SAG) Anteil, Bildfeldkrümmung (PETZ), Verzeichnung, Farblängsfehler (FLAE) und Farbquerfehler (FQUE). Die optische Achse verläuft von oben nach unten: Links sind Linsen (schraffiert) und Luftzwischenräume in einheitlicher Dicke aufgetragen. So bedeutet z. B. „8“ den Luftraum vor der letzten Linse, Die Sprünge der Summen an den einzelnen Flächen, d. h. den feinpunktierten Zeilenlinien, geben die Werte der Teilkoeffizienten an diesen Flächen wieder. Die einheitliche Darstellung bei allen Fehlern wird durch unterschiedliche Maßstabsfaktoren ermöglicht, die – wie auch bei den folgenden Grafiken – jeweils in den Diagrammen angegeben sind.

c) Als Funktion der Höhe in der Eintrittspupille (Y EP) werden die *Aberrationen des Mittenbüschels* jeweils für vier Wellenlängen (Linien e, C′, F′, g; Code siehe unten links) dargestellt: Queraberrationen, Isoplanasie-Abweichungen und Längsaberrationen.

d) Als Funktion der Bildhöhe y′ ist – getrennt für vier Wellenlängen – die *Bildfeldwölbung* der meridionalen (gestrichelt) und der sagittalen Schale dargestellt, weiterhin die *Verzeichnung* in Promille und die *Resthelligkeit* (REHE) in einem 10%-Liniengitter.

e) Getrennt für vier Bildhöhen y′ und mit vier Wellenlängen als Parameter wird die *meridionale Koma* (Ordinate) als Funktion der Höhe in der Eintrittspupille (Abszisse) dargestellt. In ähnlicher Weise wird die *sagittale Koma* wiedergegeben.

Zur Konstruktion eines korrigierten optischen Systems werden auf Grund der Gaußschen Optik und der Erfahrung im Hinblick auf die verlangte Abbildungsgüte die Anzahl, Stellung und Brechkraft der erforderlichen Linsen festgelegt und mit den Seidelschen oder ähnlichen Formeln ihre beste Gestalt sowie die verbleibenden Restfehler näherungsweise bestimmt. Die trigonometrische Durchrechnung einer großen Anzahl von Strahlen ermöglicht die Feinabstimmung.

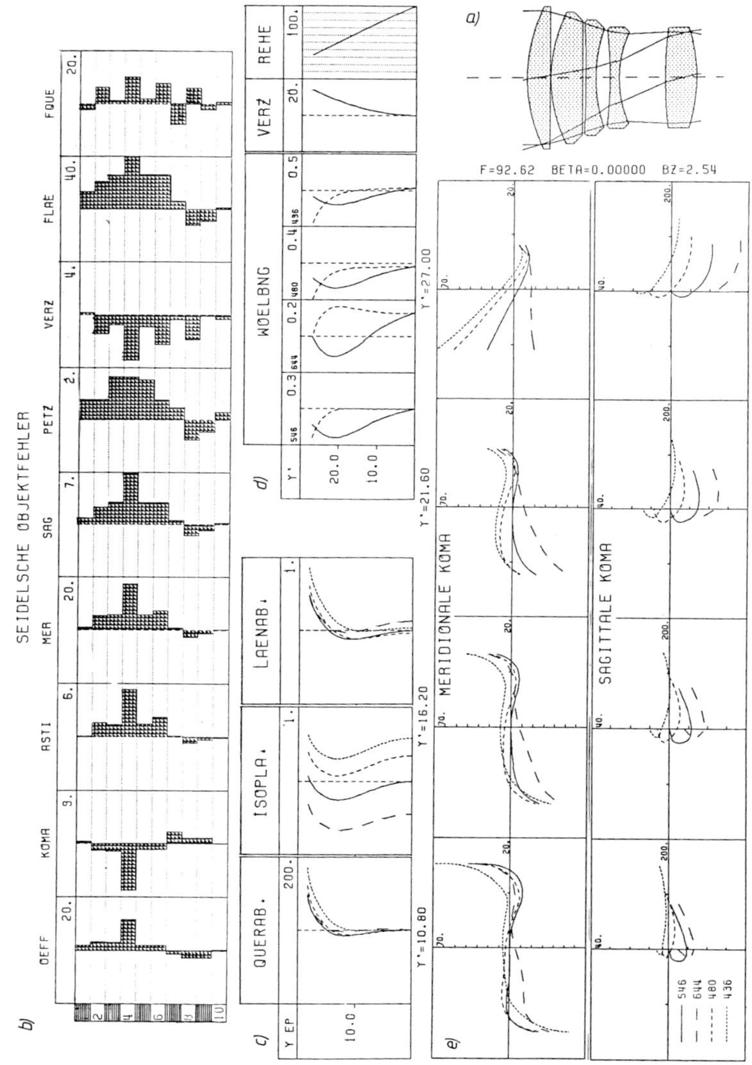


Bild 4.4.1 Grafische Fehlerdarstellung eines Objektivs. (Erläuterungen im Text)

In den anschließenden Unterabschnitten folgen Detailangaben zu den einzelnen Abbildungsfehlern.

*1. Farbfehler:*

*Farbfehler* treten als Fehler erster Ordnung auch im Paraxialgebiet auf:

Die Brechzahl n nimmt bei allen Substanzen mit abnehmender Wellenlänge zu. Diese Zunahme ist besonders stark kurz vor Gebieten, in denen die Strahlung absorbiert wird; hinter einem solchen Spektralbereich ist die Brechzahl sprunghaft erniedrigt, um zunächst schnell, dann wieder langsamer zuzunehmen. Man sagt, in der Nachbarschaft von Absorptionsgebieten finde *„anomale Dispersion“* statt.

Somit hat eine Linse für jede Lichtfarbe eine andere Schnitt- und Brennweite. Als Nennwert gibt man diese Größen für $n_D$, $n_d$ oder $n_e$ an, sofern die Verwendung keine andere Wellenlänge vorschreibt. Abweichungen davon nennt man „Farbfehler“ oder *„chromatische Aberration“*.

*Soweit Geräte für den Gebrauch mit dem Auge in Frage kommen, wählt man für die Beurteilung der Farbfehler Lichtarten nahe den Enden des sichtbaren Spektrums, z. B. die Linien C und F oder C′* und F′, und nennt

$$\Delta f' = f'_F - f'_C \tag{4.4.1}$$

die chromatische Brennweitendifferenz oder den *Farbvergrößerungsfehler,*

$$\Delta a' = \Delta s' = s'_F - s'_C \tag{4.4.2}$$

die chromatische Schnittweitendifferenz oder den *Farblängsfehler.* Es ist also der Farbfehler einer Sammellinse stets negativ, denn die genannten Größen sind für F kleiner als für C.

Ist $\nu = (n_d - 1)/(n_F - n_C)$ die *Abbesche Zahl* (Werte siehe Tabelle 3.2.2 und Bild 3.2.1), die das Farbenstreuvermögen eines Glases in erster Ordnung beschreibt, so ist

$$\Delta f' = -f'/\nu. \tag{4.4.3}$$

Innerhalb des gut sichtbaren Spektrums ändert sich die Brennweite und damit die Bildgröße weit entfernter Dinge also um etwa 2–5% je nach Glasart.

Der *Farblängsfehler* für Gegenstände im Abstand a ist

$$\Delta s' = -\frac{a^2 \cdot f'}{(a + f')^2 \cdot \nu} = -(1 - \beta')^2 \cdot \frac{f'}{\nu} \tag{4.4.4a}$$

Bei stark vergrößernder Abbildung kann also $\Delta s'$ erhebliche Werte annehmen; für $\beta' = -10$ ist $\Delta s' = -121 \cdot f'/\nu$, also etwa $-2f'$ für eine Linse aus Kronglas. Die ohne Berücksichtigung anderer Fehler allein durch den Farblängsfehler entstehende Unschärfe bei Abbildung eines Punktes ergibt einen Bildkreisradius

$$\varrho' = \frac{a'}{4 \cdot k \cdot \nu} \tag{4.4.4b}$$

mit $\nu$ = Abbesche Zahl, k = Blendenzahl, a′ = Bildweite. Ggf. ist $\nu$ jeweils für das in Betracht gezogene Spektralgebiet zu definieren, d. h. durch $(n - 1)/\Delta n$ zu ersetzen, mit n = mittlere Brechzahl, $\Delta n$ = Brechzahldifferenz für in Randbereichen liegende Linien.

Durch Kombination mindestens je einer Sammel- und Streulinse von gleichem $\Delta f'$ aus Gläsern mit verschiedenem $\nu$ können *„Achromate"* hergestellt werden, die für zwei Farben, im allgemeinen C und F, gleiche Brennweite oder gleiche Schnittweite haben. Bei gleicher Brennweite sind die Bildgrößen gleich, die Bilder liegen aber nicht am gleichen Orte; bei gleichen Schnittweiten sind sie im allgemeinen nicht gleich groß. Das „weiße" Gesamtbild aller Farben hat dann bunte Ränder.

Dagegen treten Farbfehler bei kleinen, subjektiv betrachteten Bildern nicht so stark in Erscheinung, wie es die Rechnung vermuten läßt. Je nach dem vorliegenden Zweck werden beide Fehler näherungsweise oder einer streng beseitigt; die Restfehler müssen natürlich innerhalb der durch die Aufgabe bedingten Grenzen bleiben.

Ein System aus zwei Linsen gleichen Werkstoffes ist frei vom *Farbvergrößerungsfehler,* wenn für deren Abstand e gilt

$$e = \frac{f'_{(1)} + f'_{(2)}}{2} \qquad (4.4.5)$$

Davon macht man bei Okularen (Abschn. 9.4) und bei speziellen Projektionsobjektiven Gebrauch. Wird ein System so aufgebaut, daß zwei spiegelbildlich symmetrische Hälften einer Mittelblende zugeordnet sind, z. B. fotografische Doppelobjektive, so verschwindet der Farbvergrößerungsfehler beim Maßstab $\beta' = -1$ völlig, bei anderen Maßstäben nahezu, auch bei großen Bildwinkeln.

Da die Änderung der Brechzahl mit der Wellenlänge nicht bei allen Glasarten gleichartig erfolgt, sind bei Achromaten zwar die Brennweiten oder Schnittweiten für C und F einander gleich, für alle anderen Farben aber davon abweichend, und zwar immer für das dazwischenliegende (grüne) Gebiet kleiner, für die äußeren Spektralgebiete größer. Tabelle 4.4.1 zeigt dies an einigen Zahlenbeispielen.

**Tabelle *4.4.1* Farbvergrößerungsfehler,** bezogen auf $f'_D = 10000$ Einheiten

| Linsenzahl | Objektivtyp | Wellenlänge in nm | | | | | | | | | | | Bemerkung |
|---|---|---|---|---|---|---|---|---|---|---|---|---|---|
| | | 1083 | 1018 | 912 | 812 | 768 | 656 | 589 | 546 | 486 | 436 | 405 | Gläser |
| | | | | | | A′ | C | D | e | F | g | h | |
| 2 | Achromat | +78 | +62 | +41 | +26 | +19 | +5 | 0 | −0,1 | +5 | +22 | +45 | BK 7, F 2 |
| 2 | Achromat | +61 | +51 | +35 | +22 | +16 | +4,6 | 0 | −0,3 | +4,6 | +23 | +46 | K 3, F 2 |
| 2 | Halb-Apochromat | +38 | +32 | +20 | +12 | +9,6 | +2,4 | 0 | −1,1 | +2,4 | +15 | +32 | K 3, KzF 1 |
| 3 | Apochromat | −64 | −52 | −24 | −13 | −14 | −0,4 | 0 | +1,6 | −0,4 | +0,4 | −1,2 | BK 7, F 2, KzF 1 |
| 2 | Halb-Apochromat | | | | | | +0,7 | 0 | −0,6 | +1,6 | −10,8 | | nach König |
| 3 | Apochromat | | | | | | +0,9 | 0 | −0,7 | +0,2 | +5 | | nach König |
| 1 | Einfache Linse | +208 | +192 | +163 | +128 | +111 | +52 | 0 | −34 | −112 | −204 | −281 | K 3 |
| 1 | Einfache Linse | +299 | +278 | +241 | +194 | +169 | +81 | 0 | −65 | −194 | −353 | −493 | F 2 |

Wichtig, aber wegen der anderen Aberrationen nicht allein maßgebend sind diese Zahlen unter anderem für Infrarotfotografie und für Meßprojektoren.

Die restlichen Farbfehler eines Achromaten bezeichnet man als *„sekundäres Spektrum";* sie gehen etwa auf die Hälfte zurück, wenn die Glastype „Kurzflint" eingeführt wird. Durch Aufbau aus drei Linsen aus verschieden streuenden Glasarten zu einem

*„Apochromaten“* verringert sich das sekundäre Spektrum noch weiter [4.4.24]. Es äußert sich in gelbgrünen oder rotvioletten Farbränden an den Bildern eines gewöhnlichen Achromaten aus normalem Kron und Flint, deren Farbton sich deutlich von den – natürlich wesentlich breiteren – reinen Spektralfarben einer einfachen Linse unterscheidet.

Um den Farbfehler eines Systems zu beeinflussen, kann eine „Schrödersche Platte“ eingeschaltet werden, eine meist verkittete Kombination zweier Linsen entgegengesetzt gleicher Brennweite, die zusammen also brechkraftlos sind, aber infolge des verschiedenen ν-Wertes ihrer Gläser einen Farbfehler aufweisen, der den des Hauptsystems ändert, z. B. bei Projektionsobjektiven für Quecksilberlicht.

Auch Prismen können achromatisch gestaltet werden durch Zusammenfügen zweier Prismen aus verschiedenen Glasarten im entgegengesetzten Sinne. Für sie gilt hinsichtlich des sekundären Spektrums in dem in erster Ordnung farbenfreien abgelenkten Lichtbündel dasselbe wie für Linsensysteme.

Werden die entworfenen Bilder nicht mit dem helladaptierten Auge betrachtet, sondern anderen Empfängern zugeleitet, so werden für andere Farben als C und F die Brenn- oder Schnittweiten einander gleich gemacht (Tabelle 4.4.2).

**Tabelle *4.4.2* Wellenlängen zur Achromatisierung bei unterschiedlichen Empfängern**

| Empfänger | Farbfehler behoben für | Art der Achromasie |
|---|---|---|
| Auge | C, F oder C′, F′ | „visuell“ |
| Auge, hohe Ansprüche | C, d, F oder C′, e, F′ | „apochromatisch“ |
| Orthochromatische Fotoschicht | d, g | „fotografisch“ |
| Panchromatische Schicht, Farbfilm | C, F oder C′, F′ | visuell |
| Empfindlichkeit blau bis UV<br>Empfindlichkeit im nahen IR | F, g oder i<br>A′, t | „aktinisch“ |

*2. Öffnungsfehler:*

Ein Dingpunkt auf der optischen Achse einer von Kugelflächen begrenzten Linse wird mit *Öffnungsfehler* (sphärischer Aberration) abgebildet: Die Bildschnittweite $\tilde{s}'$ ist um so kürzer, je größer die Durchstoßhöhe h des Strahls durch die Linse ist. Ist s′ die Schnittweite für die Abbildung längs der Achse, so ist $\Delta s' = \tilde{s}' - s'$, die *„sphärische Längsaberration“*, proportional $h^2$, und der Durchmesser $2\,\varrho$ der entstehenden Streukreise proportional $h^3$. Die Ordinate der rechts gezeigten Kurve (Bild 4.4.2) gibt die Einfallshöhe des zugehörigen Strahls, die Abszisse (Abstand von der Senkrechten im Achsbildpunkt O′) den Aberrationsbetrag $\Delta s'$ an. So stellt man den Verlauf der sphäri-

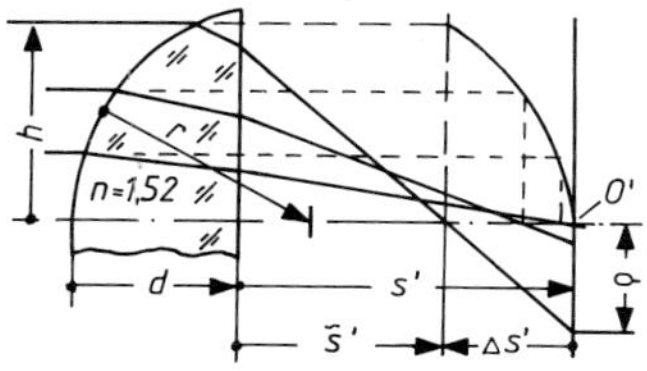


Bild 4.4.2 Darstellung der sphärischen Aberration
$\tilde{s}'$ = Schnittweite, die zur Einfallshöhe h gehört

schen Aberration meist dar; gelegentlich trägt man als Abszisse an Stelle von $\Delta s'$ den Streukreisdurchmesser $2\,\varrho$ auf.
Bei gleicher Brennweite hängt der Betrag der sphärischen Aberration von der Gestalt der Linse, der *„Durchbiegung"*, ab, von der Brechzahl und von der Lage des Dingpunktes. Für achsparallel einfallende Strahlen besteht das Minimum für eine etwas unsymmetrische Bi-Linse (Bild 4.4.3 D). Wichtig für die Planung von Beleuchtungseinrichtungen ist die sphärische Aberration von Plankonvexlinsen, die auf der Konvexseite von achsparallelen Strahlen getroffen werden. Tabelle 4.4.3 gibt für eine Linse $f' = 100$ mm für mehrere Höhen h die Längsabweichung $\Delta s'$, die Strahlneigung gegen die Achse $\sigma'$, die Brennweitenabweichung $\Delta f'$ und den Streukreisdurchmesser $2\,\varrho$ an.

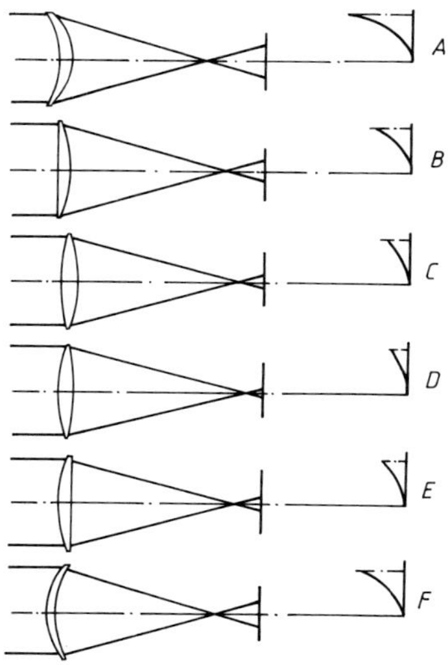


Bild 4.4.3 Änderung der sphärischen Aberration mit der Durchbiegung einer Linse

Die Tabelle kann benutzt werden, um für Linsen jeder Dicke d die sphärische Aberration zu bestimmen. Man denkt sich die fragliche Linse in eine solche der Dicke 38 mm und in eine Planplatte zerlegt; die Aberration der letzteren bestimmt man aus Abschn.

**Tabelle *4.4.3* Öffnungsfehler bei einer Plankonvexlinse.** Daten: $r_1 = 52$ mm, $r_2 = \infty$, $d = 38$ mm, $n = 1{,}52$; also $f' = 100$ mm

| h | 5 | 10 | 15 | 20 | 25 | 30 | 35 | 40 | 45 | 50 mm |
|---|---|---|---|---|---|---|---|---|---|---|
| s′ | 74,75 | 73,98 | 72,86 | 70,78 | 68,22 | 64,89 | 60,55 | 54,82 | 46,18 | 29,49 |
| Δs′ | 0,268 | 1,02 | 2,14 | 4,22 | 6,78 | 10,11 | 14,45 | 20,18 | 28,82 | 45,51 |
| σ′ | 2,875 | 5,811 | 8,850 | 12,16 | 15,77 | 19,88 | 24,81 | 31,07 | 40,37 | 59,20 |
| Δf′ | 0,306 | 1,222 | 2,498 | 5,014 | 7,985 | 11,73 | 16,57 | 22,50 | 30,57 | 41,79 |
| 2 ϱ | 0,026 | 0,208 | 0,656 | 1,82 | 3,82 | 7,32 | 13,35 | 24,3 | 49,0 | 153 |

5.6 unter Beachtung des Winkels σ′. Dabei ist zu beachten, daß die Aberration der Linse negativ, die der Platte positiv ist!

Gleichzeitig können die Brennweiten reduziert bzw. erweitert werden, z. B. Aberration einer randscharfen Plankonvexlinse von 200 mm Brennweite und 160 mm Dmr. Auf 100 mm reduziert, gibt das 80 mm Dmr. oder h = 40. Die Dicke ist nach Gl. (5.2.8) d = 19 mm. Die für den Vergleich mit der Tabelle zuzufügende Planplatte ist also auch 19 mm dick. Für die Linse ergibt sich ein Randfehler von 20,18 mm und $\sigma' = 31{,}07°$, für die Planplatte von 1,12 mm (σ′ im Bogenmaß einsetzen!). Die nur 19 mm dicke Linse hat also $20{,}18 - 1{,}12 = 19{,}06$ mm Aberration, die ursprünglich betrachtete Linse von 200 mm Brennweite den doppelten Betrag, also etwa 38,1 mm.

Die Stelle engster Einschnürung des Bündels im Bildraum liegt etwa $^4/_5$ Δs′ vom Achsenbildpunkt entfernt nach der Linse zu verschoben, ihr Durchmesser ist etwa $^2/_5$ ϱ (Bild 4.4.4).

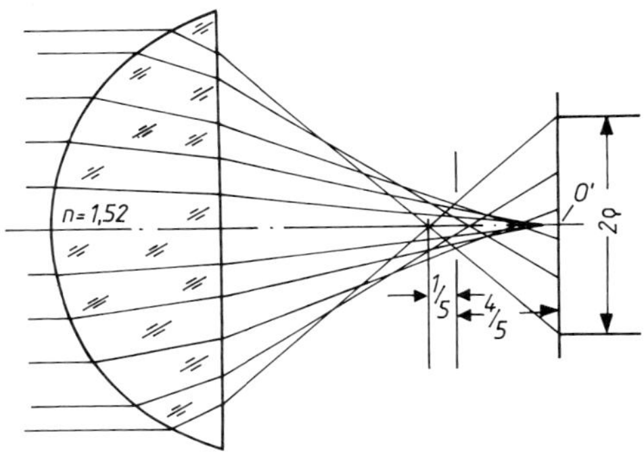


Bild 4.4.4 Einschnürung des Bündels hinter einer mit sphärischer Aberration behafteten Linse

Dies ermöglicht trotz der hohen Aberrationsbeträge die Verwendung unkorrigierter Linsen für Beleuchtungszwecke. Die Strahlen, die sich und die Achse an der Stelle der engsten Einschnürung schneiden, passieren die Linse in einer Höhe, die 0,80 bis 0,85 der maximalen beträgt.

Bei achsparallelem Lichteinfall ist für Bi-Linsen die sphärische Aberration etwa vom gleichen Betrage wie für Plankonvexlinsen.
Für Linsen mit höherer Brechzahl nimmt die sphärische Aberration ab; siehe Tabelle 4.4.4, die für eine randscharfe Linse von f = 100 mm und h = 30 mm gilt; die Dicke d ist jeweils auf volle Millimeter nach oben abgerundet.

**Tabelle *4.4.4*** **Öffnungsfehler bei Plankonvexlinsen** mit f′ = 100 mm, aber **unterschiedlicher Brechzahl** n. Durchmesser jeweils 60 mm, randscharf, also h = 30 mm

| n | 1,333 | 1,4 | 1,45 | 1,5 | 1,55 | 1,6 | 1,65 | 1,7 | 1,8 | 2,0 |
|---|---|---|---|---|---|---|---|---|---|---|
| r | 33,3 | 40 | 45 | 50 | 55 | 60 | 65 | 70 | 80 | 100 |
| d | 19 | 14 | 12 | 10 | 9 | 9 | 8 | 7 | 6 | 5 |
| s′ | 85,75 | 90,00 | 91,72 | 93,33 | 94,14 | 94,38 | 95,15 | 95,88 | 96,67 | 97,50 |
| Δs′ | 33,07 | 19,60 | 14,71 | 11,68 | 9,65 | 8,23 | 7,24 | 6,53 | 5,58 | 4,70 |
| σ′ | 29,61 | 22,99 | 21,19 | 20,17 | 19,52 | 19,08 | 18,76 | 18,53 | 18,21 | 17,88 |
| Δf′ | 39,28 | 23,18 | 17,02 | 13,01 | 10,23 | 8,23 | 6,74 | 5,61 | 4,02 | 2,28 |

Natürlich können auch dieser Tabelle die Werte für andere Brennweiten und Dicken entnommen werden.

Die beiden folgenden Tabellen geben die Zahlenwerte für die sphärische Aberration einer einzelnen Konvexfläche, auf die von der Glasseite her achsparallele Strahlen treffen (Bild 4.4.5): Tabelle 4.4.5 zeigt die Abweichungen als Funktion der Einfallshöhe h, Tabelle 4.4.6 als Funktion der Brechzahl n.

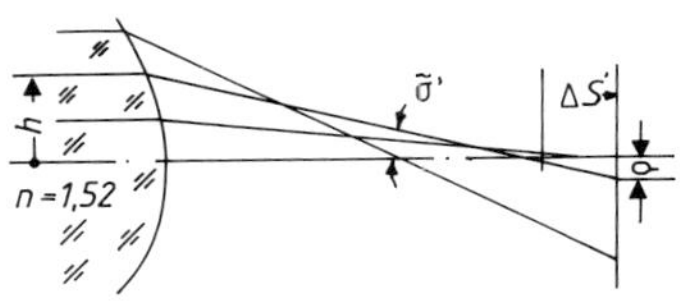


Bild 4.4.5 Sphärische Aberration einer dem Bildraum zugewandten Konvexfläche

**Tabelle *4.4.5*** **Öffnungsfehler einer Konvexfläche Glas/Luft** mit f′ = 100 mm, n = 1,52, s′ = 100 mm

| h | 1 | 2 | 3 | 5 | 8 | 10 | 15 | 20 | 25 | 30 mm |
|---|---|---|---|---|---|---|---|---|---|---|
| Δs′ | 0,036 | 0,162 | 0,379 | 1,072 | 3,067 | 4,338 | 10,02 | 18,44 | 30,44 | 48,12 |
| σ′ | 0,573 | 1,147 | 1,723 | 2,886 | 4,674 | 5,908 | 9,238 | 13,16 | 18,22 | 26.04 |
| Δf′ | 0,022 | 0,106 | 0,248 | 0,705 | 2,017 | 2,852 | 6,588 | 12,13 | 20,02 | 31,66 |

**Tabelle *4.4.6* Öffnungsfehler von Konvexflächen** mit f′ = 100 mm, aber **unterschiedlicher Brechzahl** n. h = 30 mm, s′ = 100 mm

| n | 1,333 | 1,4 | 1,45 | 1,5 | 1,55 | 1,6 | 1,65 | 1,7 | 1,8 | 2,0 |
|---|---|---|---|---|---|---|---|---|---|---|
| r | 33,3 | 40 | 45 | 50 | 55 | 60 | 65 | 70 | 80 | 100 |
| $\Delta s'$ | | | 65,85 | 51,85 | 42,72 | 37,81 | 33,51 | 30,16 | 25,30 | 19,48 |
| $\sigma'$ | Totalreflexion | | 33,34 | 27,29 | 24,46 | 23,13 | 22,11 | 21,39 | 20,43 | 19,41 |
| $\Delta f'$ | | | 45,42 | 34,56 | 27,56 | 23,63 | 20,31 | 17,74 | 14,05 | 9,74 |

Beispiel: Eine Bi-Linse von 100 mm Dmr. und 250 mm Brennweite denkt man sich in zwei Plankonvexlinsen von je 500 mm Brennweite zerlegt; sie haben also den fünffachen Maßstab gegenüber den Tabellen. 100 mm Dmr. entspricht 50 mm Höhe; man entnimmt der Tabelle 4.4.5 für h = 50 : 5 = 10 $\Delta s'$ = 4,34 mm Aberration. Die Bi-Linse hat also für die Abbildung eines Gegenstandes in wahrer Größe eine Aberration von etwa 4,34 · 2 · 5 = 43,4 mm.

Ersetzt man die Bi-Linse durch zwei Plankonvexlinsen von je 500 mm Brennweite, die ihre Scheitel einander zukehren, so findet man nur etwa 11,9 mm Randfehler, also den vierten Teil. Deshalb in Diabildwerfern der Doppelkondensor aus Plankonvexlinsen!

Für streuende (Konkav-) Flächen können die Tabellen ebenfalls benutzt werden; es gelten dieselben Winkel- und Brennweitenwerte mit anderem Vorzeichen: Die Brennweiten sind negativ, die Werte der Abweichungen positiv; die Dicke ist negativ zu zählen.

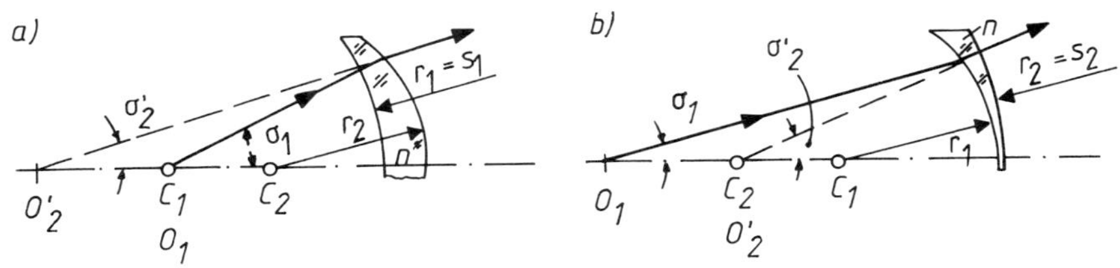


Bild 4.4.6 Aplanatische Menisken
a) positiver Meniskus, b) negativer Meniskus

Bei Meniskenlinsen kann der Randfehler sehr kleine Werte annehmen, insbesondere, wenn der Gegenstand auf der hohlen Seite liegt und das Bild virtuell ist, d. h. auf der gleichen Seite der Linse bleibt, mag sie sammelnd oder streuend sein. Für einen bestimmten Fall ist die sphärische Aberration streng für alle Höhen gleich Null: „*Aplanatischer Meniskus*" (Bild 4.4.6). Die Radienbeziehungen und Schnittweiten für den positiven wie für den negativen Menuskus gehen aus der folgenden Übersicht hervor:

| *Positiver Meniskus:* | *Negativer Meniskus:* |
|---|---|
| Gegeben $r_1$ und d | Gegeben $r_1$ und d |
| Dann ist | Dann ist |
| $r_2 = \frac{n}{n+1} \cdot (r_1 - d)$ | $r_2 = r_1 \cdot \frac{n+1}{n} - d$ |
| $s_1 = r_1$ | $s_1 = r_1(n+1)$ |
| $s'_1 = r_1$ | $s'_1 = r_1 \cdot \frac{n+1}{n}$ |
| $s_2 = r_1 - d$ | $s_2 = r_2$ |
| $s'_2 = n \cdot (r_1 - d)$ | $s'_2 = r_2$ |
| $\beta' = n$ | $\beta' = \frac{1}{n}$ |
| $\frac{\sin\sigma'_2}{\sin\sigma_1} = \frac{1}{n}$ | $\frac{\sin\sigma'_2}{\sin\sigma_1} = n$ (4.4.6) |

Man wendet streng aplanatische Menisken nur an, wenn auf aberrationslose Abbildung Wert gelegt wird; infolge ihrer starken Durchbiegung sind sie teuer, man begnügt sich in Beleuchtungseinrichtungen fast stets mit wesentlich flacheren Menisken.

Streng behoben ist die sphärische Aberration bei allen Kugelflächen, die konzentrisch zum Gegenstand liegen, so daß alle Strahlen ungeknickt hindurchtreten; weiterhin für Planplatten bei parallelen Bündeln beliebiger Richtung.

Behoben werden kann die sphärische Aberration durch das Zusammenfügen je einer sammelnden und einer streuenden Linse verschiedener Brechkraft, die dank ihres verschiedenen Durchbiegungsgrades entgegengesetzt gleiche Beträge der sphärischen Aberration aufweisen. Will man beide Linsen verkitten, so müssen sie aus Gläsern von verschiedenem n bestehen; in jedem Falle kann gleichzeitig eine Achromasiebedingung erfüllt werden, durch passende Glaswahl auch die Sinusbedingung und bei mehr als zwei Linsen auch noch andere Anforderungen. Im allgemeinen ist die Behebung nur für eine Höhe streng durchführbar; für die anderen Höhen verbleiben Zonenfehler.

An einzelnen Linsen kann, sofern es sich nicht zufällig um aplanatische Menisken handelt, die sphärische Aberration durch nichtkugelige (asphärische) Flächen behoben werden (siehe Abschn. 5.5).

Bei Linsenabbildung ergibt sich der *Bildkreisradius* $\varrho'$ eines axialen Bild„punktes“ vereinfacht als Addition der Anteile von *Öffnungsfehler und Beugung:*

$$\varrho' = a' \cdot \left(\frac{c(n)}{2 \cdot k^3} + 1{,}22 \cdot \frac{\lambda \cdot k}{f'}\right) \qquad (4.4.7)$$

mit $a'$ = Bildweite, k = Blendenzahl, $f'$ = Brennweite, $\lambda$ = Wellenlänge, c(n) = Funktionswert, der von Brechzahl und Durchbiegung der Linse abhängt. Für Kronglas kann man – als sehr grobe Näherung – $c(n) \approx 0{,}07$ annehmen, wobei die von der paraxialen Lage abweichende optimale Bildebene vorausgesetzt ist (Bild 4.4.4). Aus

Gleichung (4.4.7) erhält man durch Differentiation die zu minimalem Bildkreisradius führende optimale Blendenzahl $k_{opt}$:

$$k_{opt} = \sqrt[4]{\frac{1{,}23 \cdot c(n) \cdot f'}{\lambda}} \qquad (4.4.8).$$

Dieser k-Wert ergibt, in Gl. (4.4.7) eingesetzt, den minimalen Bildkreisradius. Bei $k < k_{opt}$ wird $\varrho'$ durch den Öffnungsfehler, bei $k > k_{opt}$ durch Beugung größer.

Beispiel: Bei Abbildung durch eine Kronglaslinse (z. B. BK 7) mit $f' = 50$ mm bei HeNe-Laserlicht, $\lambda = 632{,}8$ nm, mit $\beta' = -1$ (also $a' = 2f'$), erhält man mit $c(n) \approx 0{,}07$ $k_{opt} \approx 9{,}1$ und $\varrho'_{min} \approx 19$ µm.

*3. Sinusbedingung:*

Wenn ein optisches System mit seiner gesamten Öffnung ein scharfes Bild liefern soll, müssen die von den einzelnen Zonen entworfenen Bilder nicht nur an der gleichen Stelle liegen, d. h. die sphärische Aberration muß behoben sein, sondern sie müssen auch alle gleich groß sein. Es muß also der Abbildungsmaßstab für alle Zonen konstant und gleich dem Abbildungsmaßstab im Paraxialraum sein. Dies setzt weiter voraus, daß die Brennweite $\tilde{f}'$ für alle Zonen gleich der Brennweite $f'$ für die Achse ist. Nimmt man ein System an, das sphärisch für einen sehr weit entfernten Dingpunkt korrigiert ist, also alle achsenparallelen Strahlen im Brennpunkt sammelt, so muß die diesem zugewandte Hauptfläche für alle Höhen h konstanten Abstand vom Brennpunkt haben, d. h. sie muß eine Kugelfläche mit dem Brennpunkt als Krümmungsmittelpunkt sein. Es folgt dann $h = \tilde{f}' \cdot \sin \sigma'$. Die andere Hauptfläche ist eine Ebene; nach den elementaren Abbildungsgesetzen werden jeweils Punkte mit gleichem h beider Flächen ineinander abgebildet (Bild 4.4.7).

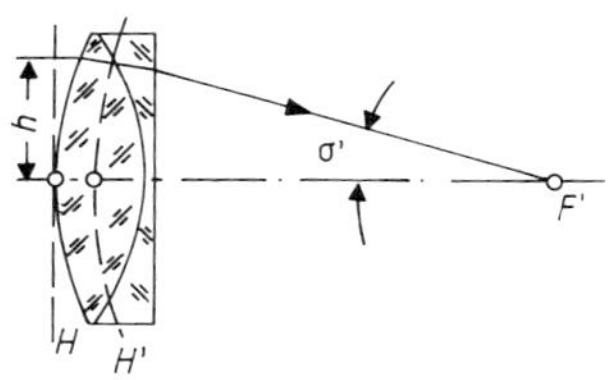


Bild 4.4.7 Hauptflächen eines für unendlich fernen Dingpunkt korrigierten Achromaten

Handelt es sich um ein System, das mit endlichen Schnittweiten benutzt wird, so sind die Hauptflächen Kugelflächen um Ding- und Bildpunkt als Mittelpunkt. Hier gilt die *Sinusbedingung* (Bild 4.4.8)

$$\frac{\sin \sigma}{\sin \sigma'} = \frac{\tilde{a}'}{\tilde{a}} = \beta' \qquad (4.4.9)$$

Bei der kurvenmäßigen Darstellung der sphärischen Aberration pflegt man die Verstöße gegen die Sinusbedingung, d. h. die Differenzen $\Delta f' = f'_h - f'$ zwischen Zonen- und Achsbrennweite, als gestrichelte Kurve hinzuzufügen (Bild 4.4.9).

Wenn gewöhnliche Linsen angewandt werden, spielt die Sinusbedingung keine wesentliche Rolle. Je höher die Forderungen hinsichtlich Bildschärfe sind, um so wichtiger ist ihre Innehaltung.

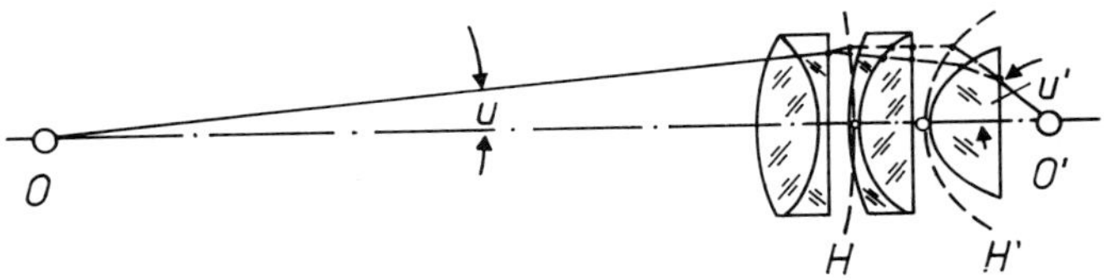


Bild 4.4.8 Hauptflächen eines für endliche Schnittweiten korrigierten Objektivs
Aperturwinkel $u = \sigma_{max}$, $u' = \sigma'_{max}$

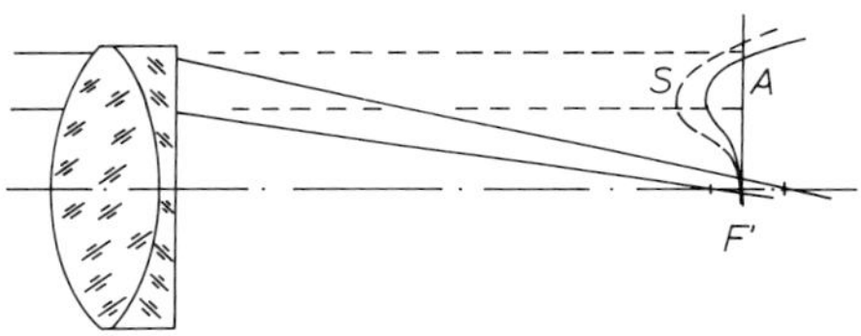


Bild 4.4.9 Klassische grafische Darstellung der sphärischen Aberration (A) und der Verstöße gegen die Sinusbedingung (S) für einen verkitteten Achromaten

Aus der mathematischen Formulierung erkennt man, daß das Öffnungsverhältnis eines optischen Systems nicht beliebig gesteigert werden kann, sondern der Durchmesser kann (für „unendlich" fernes Ding) höchstens gleich 2f′ werden. Die bildseitige Hauptfläche ist dann eine Halbkugel; das System muß vom Bild aus betrachtet, den dingseitigen Halbraum ausfüllen, d. h. unter 180° erscheinen. Beispiel: sehr starke Mikroobjektive wie Bild 4.4.8. Ist der Durchmesser größer, so ist keinesfalls die Sinusbedingung erfüllt; die Bilder können zwar am selben Ort liegen, sind aber verschieden groß. Da ein solches System mehr Licht auffängt, als es nach dem Energieprinzip erforderlich ist, kann dieser Überschuß nur zur Erzeugung zu großer Bilder dienen, die Brennweite wird also nach dem Rande zu zwangsläufig zunehmen. Beispiel hierfür: der Parabolspiegel. Ist jedoch der Ding- oder Bildraum mit einem optischen Mittel der Brechzahl n erfüllt, so ist statt sin u (oder u′) $n \cdot \sin u$ ($n' \cdot \sin u'$) zu setzen, und dann ist eine Steigerung der Systemgröße bis zum 2n-fachen der Brennweite möglich; so z. B. bei Mikroobjektiven, „Ölimmersionen".

Ebensowenig wie die sphärische Aberration kann auch die Sinusbedingung für alle Höhen streng erfüllt werden. Zonenreste sind stets vorhanden; man ist bestrebt, sie denen der sphärischen Aberration gleichzumachen (Staeble-Lihotzkische Isoplanasiebedingung). Leicht verständlich ausgedrückt: Können schon die Bilder aller Zonen nicht genau aufeinanderliegen, so sollen sie wenigstens so groß sein, daß sie, vom Hauptpunkt des Systems aus gesehen, unter gleichem Winkel, d. h. gleich groß, erscheinen.

Die Hauptflächen sind dann keine mathematischen Kugeln, sondern weichen um Beträge davon ab, deren Größe für das Auflösungsvermögen wesentlich ist. Man spricht von „vollkommen" oder „unvollkommen" korrigierten Systemen, je nachdem, ob die Abweichung kleiner oder größer als ein Viertel der Lichtwellenlänge ist, für die die Korrektion gilt. Im ersten Falle spielen die restlichen geometrischen Fehler gar keine Rolle mehr, und die Unschärfe im Bild ist nur durch die Beugung gegeben; sie hängt vom Öffnungsverhältnis ab, und es gilt für den Durchmesser des

Bildscheibchens, das an Stelle des Bildpunktes von einem Dingpunkt entworfen wird, $2\sigma = 2k \cdot \lambda = \lambda/\sin u'$, und das unabhängig von der maßstäblichen Größe des Systems. Um mit grünem Licht ($\lambda = 0{,}5\ \mu m$) zwei Dingpunkte im Winkelabstand von 1′ trennen zu können, bedarf es eines Systemdurchmessers von etwa 3 mm. Bei einem „unvollkommenen" System sind allein die geometrischen Aberrationen maßgebend, d. h. die Zerstreuungskreise, und diese wachsen proportional mit der Brennweite. Ein gegebenes System kann also durch Abblenden von einem unvollkommenen zu einem volkommenen werden. Beim Übergang („kritische Blende") weist das System die größte Bildleistung auf; für kleinere Blenden verdirbt die Beugung, für größere die Gesamtheit der Aberrationen das Bild. Wichtig für Objektive an Kleinkameras, Mikroobjektive, überall dort, wo kleine Bilder entworfen oder festgehalten und später stark vergrößert werden. Ebenso kann ein System, in kleinem Maßstab ausgeführt, vollkommen, in großem Maßstab unvollkommen sein.

Die aplanatischen Menisken erfüllen streng die Sinusbedingung; sie sind oft wesentlicher Bestandteil von Mikroobjektiven. Da sie nicht chromatisch korrigiert sind, gilt bei ihnen dieser Zustand streng für eine Wellenlänge.

Man nennt ganz allgemein auf sphärische Aberration und Sinusbedingung korrigierte Systeme „Aplanate". Der Ausdruck „aplanatisch" wird gelegentlich auch für Lupen benutzt, selbst wenn sie dieser Eigenschaft kaum genügen; er besagt also manchmal nicht viel.

*4. Astigmatismus:*

Wird ein seitlich der optischen Achse liegender Dingpunkt längs eines „Hauptstrahls" von einer einfachen Linse abgebildet, so entsteht im allgemeinen kein einheitliches Bild, sondern das abgebildete Bündel weist zwei Stellen stärkster Einschnürung auf, die linienförmigen Querschnitt haben. Es gibt gar keinen Bildpunkt; es ist *Astigmatismus,* „Punktlosigkeit", vorhanden. Eines der beiden linienartigen Bilder, das „tangentiale" oder „meridionale" genannt, liegt tangential zur Achse und im allgemeinen der Linse näher als das radial stehende „sagittale" oder „äquatoriale" Bild. Die tangentiale Abbildung findet in einer Ebene statt, die den Hauptstrahl und die Achse enthält, die sagittale in einer senkrecht dazu stehenden, an jeder Linsenfläche geknickten Ebene (Bild 4.4.10). Durch diese Art der Abbildung werden alle Konturen eines ausgedehnten Gegenstandes auf zwei „Bildschalen" verteilt abgebildet, die sich in der optischen Achse im Paraxialbildpunkt berühren. Sie sind bei einer gewöhnlichen Linse hohl gegen die Linse gekrümmt, die meridionale stärker als die sagittale. Alle radialen Konturen werden durch die sagittalen Bündel auf die „Sagittalschale" abgebildet, alle tangentialen entsprechend auf die „Meridionalschale" (Bild 4.4.11)

Über die Art der graphischen Darstellung unterrichtet Bild 4.4.12; man gibt als Betrag des Astigmatismus entweder die Entfernung der Bildpunkte $P'_t$ und $P'_s$ längs des Hauptstrahls oder den Unterschied ihrer Abstände von der Paraxialbildebene $O' - E$ an. Bei einer einfachen Linse ist dieser Betrag vom Ort der Blende abhängig, d. h. vom Schnittpunkt des Hauptstrahls mit der optischen Achse und vom Durchbiegungszustand der Linse. Bild 4.4.13 zeigt eine Linse $f = 100$ mm aus Glas mit $n = 1{,}523$ in vier Durchbiegungszuständen: als Plankonvexlinse, als punktuelles Brillenglas und als zwei noch krummere Menisken. Man erkennt daraus:

1. Bei kleinem Blendenabstand strecken sich mit zunehmender Durchbiegung beide Bildschalen zur Ebene, um schließlich positive Wölbung anzunehmen; der Astigmatismus ist für das Brillenglas, die Krümmung der Bildschalen für eine stärkere Durchbiegung am besten beseitigt.

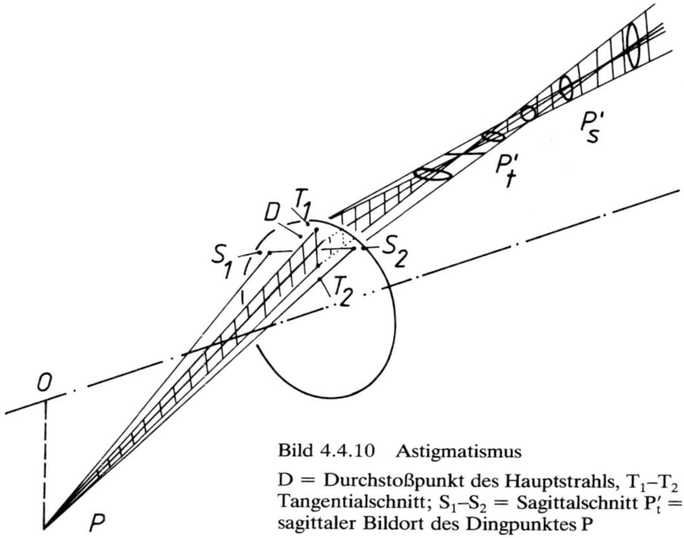


Bild 4.4.10 Astigmatismus

D = Durchstoßpunkt des Hauptstrahls, $T_1$–$T_2$ = Meridional- oder Tangentialschnitt; $S_1$–$S_2$ = Sagittalschnitt $P'_t$ = meridionaler, $P'_s$ = sagittaler Bildort des Dingpunktes P

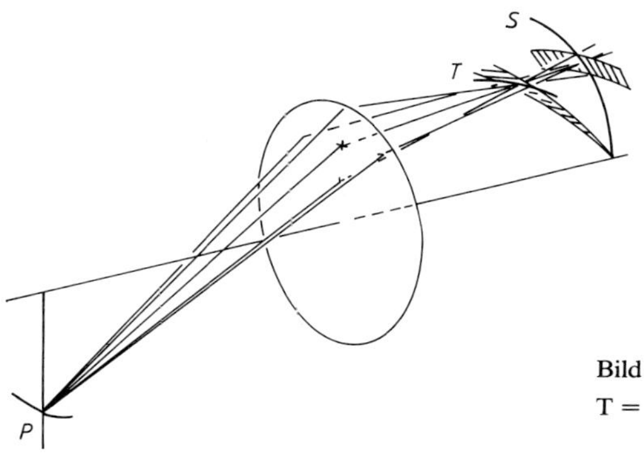


Bild 4.4.11 Astigmatische Bildschalen

T = Meridionale, S = Sagittale Bildschale

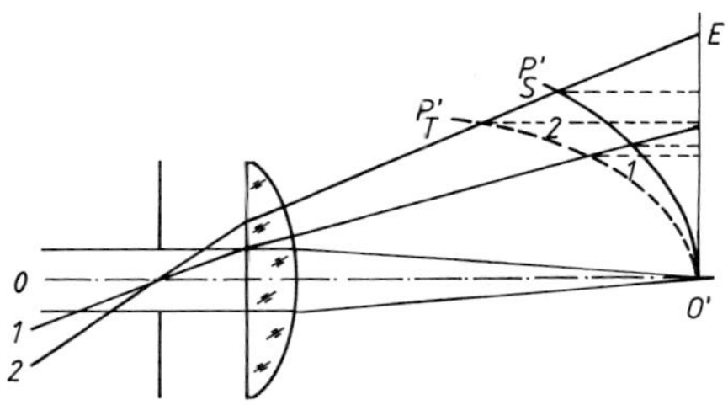


Bild 4.4.12 Grafische Darstellung der astigmatischen Bildschalen

0, 1, 2 = Hauptstrahlen

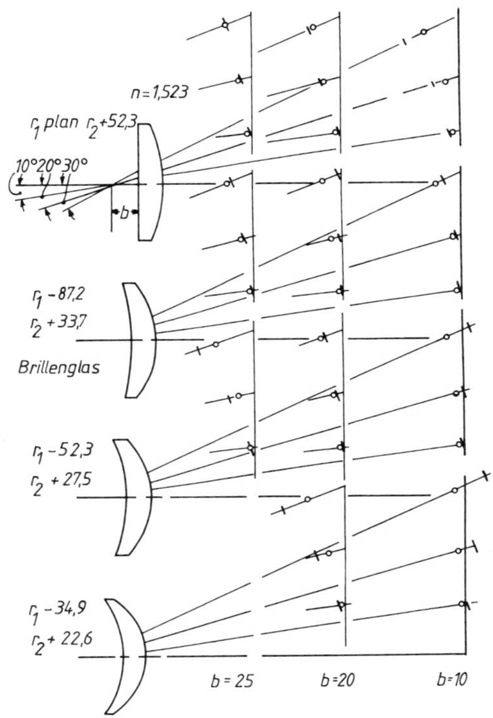


Bild 4.4.13 Änderung der Bildschalenkrümmung mit der Durchbiegung einer Sammellinse
b = Blendenabstand. Strich = meridionaler, Kreis = sagittaler Bildort

2. Je größer der Blendenabstand, um so besser ist der Astigmatismus für eine flache Linsenform behoben; für die Plankonvexlinse etwa bei b = 25% der Brennweite, für das Brillenglas etwa ebenda, für die krümmeren Menisken bei geringeren Blendenabständen.

Man erkennt, daß Menisken für die Abbildung auf kugeligen oder ähnlich gekrümmten Flächen gut brauchbar sind (Guckkästen, Projektion auf gekrümmten Skalen), und weiter, daß neben der Kombination mehrerer Linsen mit entgegengesetzten Astigmatismusbeträgen die Kombination von Durchbiegung und Blendenstellung ein gutes Korrektionsmittel ist.

In manchen Fällen tritt Astigmatismus längs der optischen Achse auf, z. B. an unzweckmäßig gelagerten Planspiegeln, auch an sehr kleinen, durch Kitten oder dgl. befestigten Spiegeln an Galvanometern usw. Anstatt die Befestigung zu ändern, ist es auch möglich, den Astigmatismus durch eine Zylinderlinse zu beseitigen, die an passender Stelle in den Strahlengang gebracht wird. Ebenso kann Astigmatismus durch Zylinderlinsen erzeugt werden, wenn z. B. die Abbildung eines „Punktes" (Stern, sehr kleine Lichtquelle) zu besserer Ablesung oder als Spalt eines Spektralapparates strichförmig auseinandergezogen werden soll.

*5. Bildfeldwölbung:*

Auch bei behobenem Astigmatismus liegt das Bild weit entfernter Dinge oder einer Ebene nicht wieder auf einer Ebene, sondern im allgemeinen auf einer gekrümmten Bildschale, der Petzvalschale mit dem Scheitelradius $r_p$. Sind $f'_{(1)}$, $f'_{(2)}$ ... die Brennweiten und $n_{(1)}$, $n_{(2)}$ ... die Brechzahlen dünner Linsen, so gilt für die Krümmung der Petzvalschale

$$\frac{1}{r_p} = \frac{1}{f'_{(1)} \cdot n_{(1)}} + \frac{1}{f'_{(2)} \cdot n_{(2)}} + \ldots \qquad (4.4.10)$$

Objektive mit geebnetem Bildfeld haben in erster Näherung $1/r_p = 0$.

Durch Einführung hochbrechender Gläser mit geringerer Farbenzerstreuung (Schwerkrone) ist die Beseitigung der Wölbung, also die Bildebnung, allgemein möglich geworden. Fernrohrobjektive haben eine beträchtliche Wölbung; es ist etwa $r_p = 1{,}37\,f'$, für Halbachromate sogar $r_p = 1{,}30\,f'$. Bei einem dicken, sammelnden Meniskus, dessen beide Radien gleich sind (Hoeghscher Meniskus, Abschn. 5.2) ist mit einer dicht vor der Hohlfläche liegenden Blende die Wölbung ebenfalls weitgehend behoben.

Die graphische Darstellung der Wölbung ist durch die des Astigmatismus zwangsläufig mit gegeben. Ihre Behebung – meist nur für eine Hauptstrahlneigung streng, für andere Neigungen mit Zonenresten – setzt sinngemäß Beseitigung des Astigmatismus voraus. Ist dieser nicht behoben, die gedachte Mittelfläche zwischen tangentialer und sagittaler Bildschale aber ungefähr eine Ebene, so spricht man von „Ebnung im übertragenen Sinne“.

So z. B. in Bild 4.4.13 der vorletzte Meniskus bei b = 10. Der erhebliche Astigmatismus stört bei Fotobildern gelegentlich mehr als ein Rest Wölbung, z. B. beim gleichen Meniskus mit b = 20.

Die Wölbung kann auch durch eine zusätzliche Plankonkavlinse behoben werden, deren Planfläche in der Bildebene liegt und deren Hohlfläche dem Objektiv zugekehrt ist und der Bedingung

$$r = r_p \cdot (n - 1)/n$$

gehorcht (Bild 4.4.14). Die Linse wirkt durch die Verlängerung des Lichtweges für die schiefen Strahlen (Smyth-Linse).

Die Smyth-Linse kann auch zur Erzeugung positiver Wölbung, (z. B. für Bilder auf Photokathoden von Bildwandler-Röhren), zur Korrektion weiterer Bildfehler benutzt und auch mit einer asphärischen Fläche versehen werden. Wegen ihrer Nähe zur Bildfläche wirken sich Herstellungsfehler nicht stark aus.

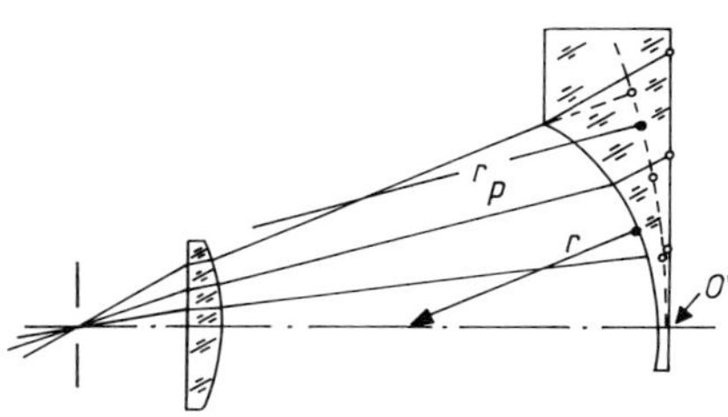


Bild 4.4.14 Behebung der Bildfeldwölbung durch eine Smyth-Linse

*6. Koma:*

Erfüllt ein System die Sinusbedingung nicht, so werden ausgedehnte, auf der Achse liegende Gegenstände verschieden groß durch die einzelnen Zonen abgebildet, Punkte seitlich der optischen Achse also unscharf auch dann, wenn die sphärische Aberration behoben ist. Verschlimmert wird dieser Fehler noch durch Astigmatismus und Wölbung; man bezeichnet ihn als *Koma*. Der Fehler kann beträchtliche Maße annehmen, siehe Bild 4.4.15, das die Koma einer einfachen Sammellinse zeigt. Behoben ist dieser Fehler bis auf Zonenreste bei Fotoobjektiven, weiterhin durch die Anordnung gleicher Systemteile zu einer gemeinsamen Mittelblende (wie beim Farbenvergrößerungsfehler oder der Verzeichnung), „Asymmetrie-Fehler".

Bild 4.4.15 Koma einer Konvexlinse

Scharfes Strahlenbündel links durch Reflexion an der Planfläche

Die durch Koma bedingten Streufiguren in der Bildebene sind durchweg zweiseitig-symmetrisch und können die merkwürdigsten Formen, ähnlich Lemniskaten oder Zykloiden, annehmen. Man unterscheidet meridionale und sagittale Koma; die letztere bezieht sich auf „windschiefe" Strahlen, die die optische Achse nicht schneiden und deren rechnerische Verfolgung die Mittel der sphärischen Trigonometrie bedingt.

Zur Darstellung zeichnet man wie bei der sphärischen Aberration eine Kurve, deren Ordinaten die Einfallshöhen an der ersten Fläche oder in der Blende für eine bestimmte Hauptstrahlneigung und deren Abszisse der Abstand der Schnittpunkte einander benachbarter Komastrahlen ist. In Bild 4.4.16 ist die Koma-Kurve zu Bild 4.4.15 wiedergegeben. Durch eine Blende kann die Koma oft so behoben werden, daß nur die Wirkung der sphärischen Aberration, nicht aber irgendwelche Unsymmetrien sich bemerkbar machen; so bei Kugelspiegeln im Krümmungsmittelpunkt, „Natürliche Blende" nach *Gleichen*.

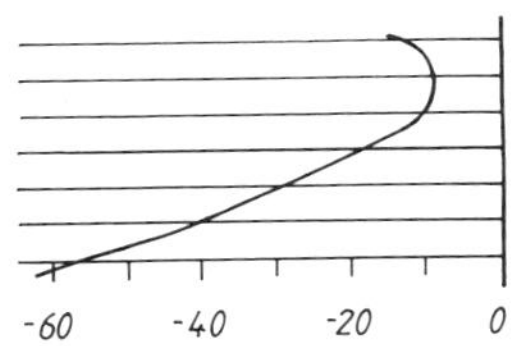


Bild 4.4.16 Grafische Darstellung der Koma zu Bild 4.4.15

*7. Verzeichnung:*

Bisher wurden Bildschärfefehler betrachtet. Daneben können jedoch *Bildmaßstabsfehler* auftreten, d. h. eine Verzeichnung des Bildfeldes. Das von einem optischen System entworfene Bild soll, vom Hauptpunkt H′ aus betrachtet, eine perspektivisch richtige Projektion darstellen. Nimmt jedoch der Abbildungsmaßstab mit wachsender Hauptstrahlneigung zu, so tritt *kissenförmige Verzeichnung* (Bild 4.4.17a) auf. Bei nach außen abnehmendem Abbildungsmaßstab wird *tonnenförmige Verzeichnung* (Bild 4.4.17b) sichtbar. Die Verzeichnung wird in Prozent des paraxialen Abbildungsmaßstabs angegeben und als Funktion der Hauptstrahlneigung grafisch dargestellt. Bei gut korrigierten Objektiven ist sie meist für eine Hauptstrahlneigung streng Null; für andere Neigungen sind geringe Zonenfehler vorhanden.

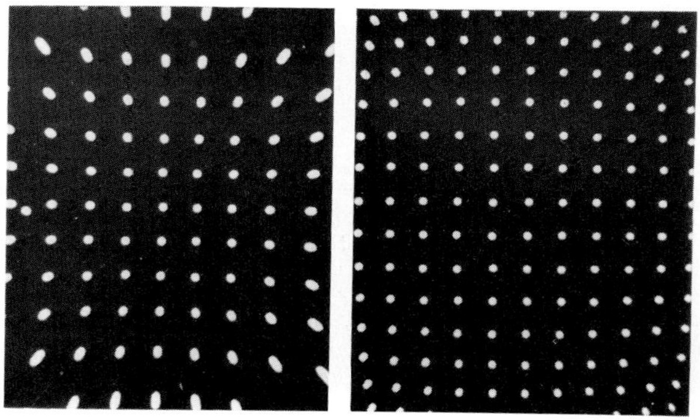

Bild 4.4.17 Verzeichnung in den Bildern eines gelochten Bleches
a) kissenförmig, b) tonnenförmig

Sehr gut muß die Verzeichnung bei Fotoobjektiven für Vermessungszwecke behoben sein, außerdem bei Meßprojektoren für den optischen Vergleich von Werkstücken mit der (vergrößerten) Zeichnung.

Bei Foto- und Projektionsobjektiven für normale Zwecke spielt eine Verzeichnung von 1% keine Rolle; hochlichtstarken Systemen billigt man gelegentlich mehr zu. Geräte mit rundem Gesichtsfeld, etwa Mikroskope und Fernrohre, haben oft noch stärkere tonnenförmige Verzeichnung, bei der die Krümmung gerader Linien am Rande der runden Gesichtsfeldbegrenzung nicht zuwiderläuft und somit nicht auffällt. Außerdem ist das dingseitige Gesichtsfeld größer.

Ursache der Verzeichnung ist die sphärische Aberration, mit der die Blende B (Bild 4.4.18) virtuell in $\tilde{B}'$ statt in B′ abgebildet wird. Die Strahlneigung im Bildraum ist dann $\tilde{w}'$ statt w′, das Bild liegt bei P′ an Stelle P″. Um die Verzeichnung zu beheben, muß die sphärische Aberration in den beiden vor und hinter der Blende gelegenen Systemteilen gleich sein. Verzeichnungsfreie reelle Abbildung mit dem Abbildungsmaßstab $\beta'$ erreicht man mit einem System, das aus zwei geometrisch ähnlichen Systemgliedern (1) und (2) aufgebaut ist. Dabei liegt das Objekt in der Ebene $\overline{F}_{(1)}$ und das Bild in $F'_{(2)}$; also ist $f'_{(2)}/\overline{f}_{(1)} = \beta'$. Alle linearen Abmessungen von (2) müssen sich gegenüber (1) um den Faktor $\beta'$ unterscheiden. Für $\beta' = -1$ bedeutet dies spiegelsymmetrischen Aufbau von zwei gleichen Systemteilen zu einer Mittelblende, wie in Bild 4.4.19 und 11.5.5.

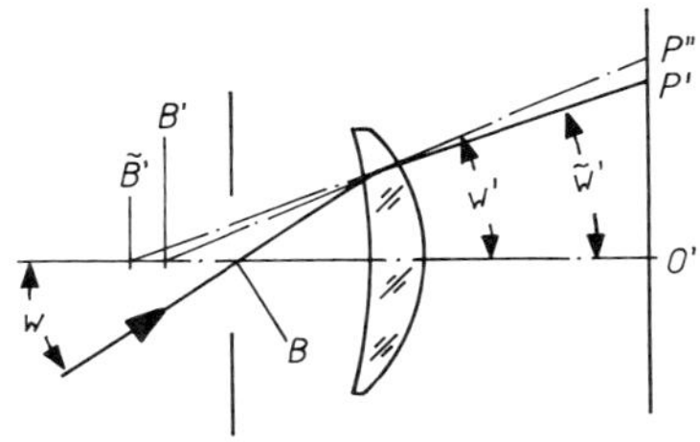


Bild 4.4.18 Entstehung der Verzeichnung durch sphärische Aberration der Blendenabbildung

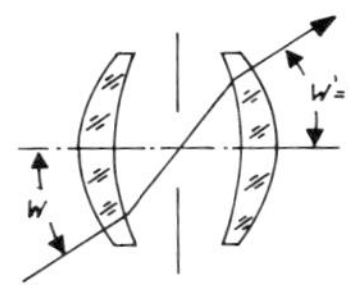


Bild 4.4.19 Objektivaufbau symmetrisch zur Blende behebt Verzeichnung für $\beta' = -1$

Verzeichnung ist stets rotationssymmetrisch zur Achse. Die einseitige Dehnung eines Bildes oder die in der Fotografie übliche ,,Aufrichtung stürzender Linien" ist Verzerrung oder Entzerrung; Verzerrungseffekte beim Betrachten fotografischer Aufnahmen aus falschem Abstand haben mit Verzeichnung auch nichts zu tun.

*Beispiel:*

Einfaches Objektiv aus punktuell abbildenden Brillengläsern zur Abbildung einer Skala oder dgl. auf einer gekrümmten Fläche (Bild 4.4.20). Ist der Astigmatismus behoben, so ist der Radius der Scheitelkrümmung der Bildfläche nach Gl. (4.4.10)

$$r_p = f \cdot n = 1523/\dot{F},$$

wobei = 1,523 angenommen und $\dot{F}$ die Brechkraft in Dioptrien ist. Es soll eine ebene Skala auf einer Fläche von 300 mm Krümmungsradius in $a' - a = 900$ mm Abstand abgebildet werden. Man rechnet $\dot{F} = 1523/300 = 5$ dpt entsprechend 200 mm Brennweite für das System und stellt ferner fest, daß für den Abbildungsmaßstab entweder $\beta' = -2$ oder $\beta' = -0{,}5$ ist. Je nach der Ausdehnung der Skalen und dem verfügbaren Platz wird man die eine oder andere Vergrößerung wählen. Man benutzt zwei Meniskengläser von je 2,75 dpt, die im Abstand von 50 mm mit symmetrisch dazwischen liegender Mittelblende gefaßt werden und unter Berücksichtigung des Abstandes eine Brechkraft von etwa 5,1 dpt liefern. Blendendurchmesser je nach der verlangten Schärfe 0,5 bis 2 cm. Die Beleuchtungseinrichtung wird so gestaltet, daß das Bild der Lichtquelle von einem Kondensor in die Blendenmitte entworfen wird. Die Anordnung behebt gleichzeitig Verzeichnung und Farbenvergrößerungsfehler, die Abbildung ist ,,winkeltreu". Die sphärische Aberration nimmt merkliche Beträge an, die Blende darf keineswegs fehlen.

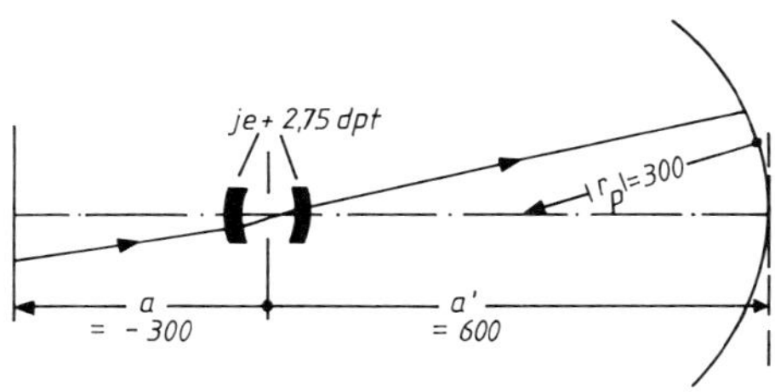


Bild 4.4.20 Abbildung einer Ebene auf eine gekrümmte Fläche durch Menisken

Neben den konstruktionsbedingten Abbildungsfehlern verringern *Herstellungsfehler* die Abbildungsgüte, da kein System optimal nach den Konstruktionsangaben hergestellt werden kann:

Keine bearbeitete Fläche ist ideal; in jedem Fall sind Abweichungen von der rechnungsmäßig festgelegten Form oder der erstrebten Güte vorhanden. Diese Abweichungen können folgender Art sein:

1. Die vorgesehene, meist kugelige Krümmung der Fläche ist nicht durchweg erreicht worden; sie ist in mehr oder minder regelmäßiger Verteilung größer oder kleiner, was innerhalb recht enger Grenzen durch die Probeglasmethode feststellbar ist. Die „Makrogestalt" der Fläche weist also Fehler auf.

2. Die richtig gestaltete Fläche ist nicht sachgemäß bearbeitet; sie zeigt in scharf umrissenen Gebieten matte Stellen infolge unvollkommener Politur, undurchsichtige Stellen durch eingeschlossene Blasen oder Fremdkörper, Schrammen und Kratzer durch unzweckmäßige Behandlung. Die Fläche weist Eigenheiten hinsichtlich ihrer „Mikrogestalt" auf (DIN 4761; 3140).

Man beachte:

A) Optische Glieder, die den Pupillen benachbart sind und den Gegenstand abbilden, dürfen keine Fehler nach 1, also hinsichtlich der Makrogestalt, sie dürfen aber kleinere Fehler nach 2 aufweisen.

B) Glieder, die dem Gesichtsfeld und den dort entworfenen Bildern benachbart sind, dürfen keine Fehler nach 2, können aber Fehler nach 1 aufweisen.

Beispiele hierzu:

a) Bei einem Fernrohr- oder Fotoobjektiv ist die richtige regelmäßige Krümmung der Flächen von entscheidendem Einfluß auf die Bildgüte. Ein Kratzer oder eine Blase im Glas schaden der Schärfe des Bildes nicht, höchstens seinen Kontrasten durch unerwünschtes Streulicht.

b) Eine im Gesichtsfeld eines Okulars angebrachte Strichplatte, deren eine Fläche scharf im Gesichtsfeld erscheint, braucht nicht vollkommen eben zu sein; sie kann sogar recht wellige Flächen haben, Keilfehler usw. Dagegen sind Staub, Kratzer, Blasen mit dem Bilde zusammen scharf zu sehen und in verkaufsfähigen Geräten unmöglich (Bild 4.4.21).

c) Für einen Spiegel, der sich in der Nähe des Objektives eines Episkops befindet, gilt das unter A Gesagte. Wegen der Größe des Stücks ist auf hinreichende Dicke und

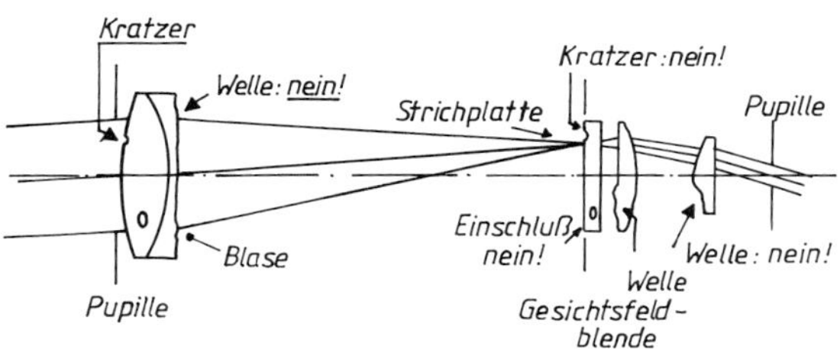


Bild 4.4.21 Erlaubte und unstatthafte Werkstoff- und Bearbeitungsfehler

damit auf das Fehlen von Astigmatismus als Folge zylindrischer Durchbiegung zu achten. Dagegen sind Stockflecke in der Verspiegelung z. B. auf die Bildschärfe ohne Einfluß.

d) Ein Spiegel in der Nähe der fotografischen Schicht eines Mikrofotogerätes muß sehr hohen Anforderungen nach 2 genügen, weil in diesem Fall die Abbildung durch sehr enge Bündel erfolgt, jeder Oberflächenfehler also einen sehr scharfen, deutlich umgrenzten „Schatten" wirft. Eine allgemeine Durchbiegung des ganzen Spiegels ist aber unerheblich. Spiegel dieser Art können also dünn sein, müssen aber eine einwandfreie Politur besitzen und sorgfältig behandelt, insbesondere gesäubert werden.

Natürlich muß man auch bei Flächen nach 1 gewisse Toleranzen für die Innehaltung der Krümmung zulassen, die aber eng sind im Verhältnis zu denen hinsichtlich der mikrogeometrischen Fehler. Umgekehrt sind die zulässigen Toleranzen hinsichtlich der Sauberkeit von Flächen nach 2 eng, hinsichtlich der Makrogestalt aber weit zu fassen.

## Literaturhinweise

L 4.4.1 *v. Rohr, M.:* Grundlagen der Theorie der optischen Abbildung. Berlin 1904

L 4.4.2 *Berek, M.:* Grundlagen der praktischen Optik. W. de Gruyter & Co., Berlin 1930/1970

L 4.4.3 *Tiedeken, R.:* Lehrbuch für den Optik-Konstrukteur, Band I: Strahlengang in optischen Systemen. VEB Verlag Technik, Berlin 1963

L 4.4.4 *Gramatzki, H. J.:* Probleme der konstruktiven Optik. Akademie-Verlag, Berlin, 2. Aufl. 1957

L 4.4.5 *Havlicek, F. I.:* Einführung in das Korrigieren optischer Systeme. Wissenschaftliche Verlagsgesellschaft, Stuttgart 1960

L 4.4.6 *Maréchal, A.:* Méthode de calcul des systèmes optiques, in: Handbuch Band 29, LÜ 13

L 4.4.7 *Stavroudis, O. N.:* Modular Optical Design. Springer, Berlin 1982

L 4.4.8 *Kross, J.:* Über die „automatische Korrektion" optischer Systeme. Jahrb. f. Optik u. Feinmechanik 1970, 17-33

L 4.4.9 *Klein, W.:* Bemerkungen zur Korrektion und Durchrechnung von optischen Systemen. Jahrb. f. Optik u. Feinmech. 1983, 35-76

L 4.4.10 *Cox, A.:* A System of Optical Design. The Focal Press, London, New York 1964

L 4.4.11 *Čanžek, L.:* Anspannung und Zentrierempfindlichkeit im paraxialen Bereich. Optik *53* (1979) No. 2, 105-113

L 4.4.12 *Determann, H.:* Ein einfacher Formelsatz zur Durchrechnung windschiefer Strahlen. Optik *48* (1977) No. 3, 305-319. Ergänzungen und Erweiterungen: Optik *49* (1977) No. 2, 187-201; *52* (1978/79) No. 1, 81-86

L 4.4.13 *Khular, E.; Thyagarajan, K.; Ghatek, A. K.:* Ray tracing in uniaxial and biaxial media. Optik *46* (1976) No. 3, 297-307

L 4.4.14 *Marx, H.:* Theorie der geometrisch-optischen Bildfehler, in: Handbuch Band 29, LÜ 13

L 4.4.15 *Keller, R.; Schröder, W.:* Graphische Fehleranalyse. Jos. Schneider AG, BMFT-Forschungsbericht 13 N 5162

L 4.4.16 *Klein, W.:* Berechnung und Korrektion eines einfachen Achromaten. Jahrb. f. Optik u. Feinmechanik 1969, 21-36

L 4.4.17 *Klein, W.:* Berechnung und Korrektion einfacher Apochromaten. Jahrb. f. Optik u. Feinmechanik 1971, 37-56

L 4.4.18 *McDowell, M. W.; Boettcher, A. J.:* The design of apochromatic collimators for use in MTF evaluation. Optik *48* (1977) No. 5, 491-506

L 4.4.19 *McDowell, M. W.:* An investigation into the reduction of secondary colour in optical relay systems. Optik *51* (1978) No. 3, 273-286

L 4.4.20 *Franke, G.:* Die Leistungsbeurteilung optischer Systeme. Jahrb. f. Optik u. Feinmechanik 1974, 27-46

L 4.4.21 *Klein, W.:* 0-Linsenansätze bei optischen Systemen. Jahrb. f. Optik u. Feinmech. 1984, 30-65
L 4.4.22 *Schade, H.:* Prüfen optischer Teile. Jahrb. f. Optik u. Feinmechanik 1977, 128-151
L 4.4.23 *Wester-Ebbinghaus, W.:* Photographisch-numerische Bestimmung der geometrischen Abbildungseigenschaften eine optischen Systems. Optik *55* (1980) No. 3, 253-259
L 4.4.24 *Naumann, H.:* Über die Achromasie optischer Systeme für mehr als zwei Wellenlängen. Abh. Braunschweiger Wiss. Ges. VI, S. 107, 1954. Weitere Möglichkeiten der Apochromasie durch Schwerflinte und andere Gläser siehe Herzberger, Optica acta *3,* Juli 1959; Modern Geometrical Optics, New York 1958; Schulz, Optik *25,* S. 203 und 208, 1967
L 4.4.25 *Kingslake, R.:* Lens Design Fundamentals. Academic Press, New York 1978
L 4.4.26 *Kingslake, R.:* Optical System Design. Academic Press, New York 1983
L 4.4.27 DIN 4761 Oberflächencharakter, Geometrische Oberflächentextur-Merkmale, Begriffe, Kurzzeichen
L 4.4.28 *Beckmann, L. H. J. F.:* Optikrechnen mit Kleincomputern. Jahrb. f. Optik u. Feinmech. 1985, 72-93
L 4.4.29 *Wöltche, W.:* Der Entwicklungsprozeß optischer Systeme am Beispiel des Doppel-Gauß-Objektivs. Zeiss-Inform., 26 (1981/82), H. 93, 51-63
L 4.4.30 *Vollrath, W.:* COMO - ein Programm zur Korrektion optischer Systeme. Optik *74* (1986), 3-6
L 4.4.31 *Emmerich, W.; Hofmann, Ch.:* Abbildungsleistungen optischer Systeme und Optiktechnologie. Feingerätetechnik *34* (1985), 51-53

## 4.5 Schärfentiefe

Bei einer optischen Abbildung ist oft eine größere Unschärfe zulässig, als sie sich durch die Fehlerreste des abbildenden Systems ergibt. Man benutzt dann den Überschuß an Schärfe, um nicht nur die exakt scharf eingestellte Dingebene, sondern auch einen vor und hinter ihr liegenden Tiefenraum befriedigend abzubilden. Dies ist insbesondere in der Fotografie wichtig.

**Tabelle *4.5.1* Zulässige Unschärfekreis-Durchmesser**

| Bildformat in mm | Formatdiagonale in mm | Unschärfekreis-Durchmesser in mm |
|---|---|---|
| 90 × 120 | 150 | 0,100 |
| 60 × 60 | 85 | 0,060 |
| 24 × 36 | 43 | 0,033 |
| 13 × 17 (Pocket) | 21 | 0,020 |
| 4,2 × 5,7 (Super-8) | 7 | 0,010 |

Zwischenwerte können interpoliert werden

Über den zulässigen *Unschärfekreis-Durchmesser* u' für einen Bildpunkt entscheidet die Bildverwendung (u. a. Nachvergrößerung, besondere Schärfeanforderungen), wobei im allgemeinen ein Tausendstel der Bilddiagonale nicht überschritten werden darf. Dieser grobe Richtwert entspricht einem Sehwinkel von etwa 3 Winkelminuten. Bei kinematografischen Filmbildern ist noch eine höhere Unschärfe zulässig. Die bei normaler Anwendung zugelassenen Unschärfekreisdurchmesser in Abhängigkeit vom Bildformat zeigt Tabelle 4.5.1.

Ist a die (genau genommen ab Hauptpunkt H gemessene) Einstellentfernung, f' die Brennweite des Objektivs und k die eingestellte Blendenzahl, so ergeben sich die *Schärfentiefegrenzen* $a_v$ und $a_h$ zu

$$a_v = \frac{a}{1 - u'k \cdot \dfrac{a + f'}{f'^2}} \tag{4.5.1}$$

$$a_h = \frac{a}{1 + u'k \cdot \dfrac{a + f'}{f'^2}} \tag{4.5.2}$$

Dabei ist $a_v$ die vordere (kameranahe) und $a_h$ die hintere (kameraferne) Schärfengrenze. Entsprechend dem verwendeten Vorzeichensystem sind natürlich bei reellen Objekten die Zahlenwerte von a, $a_v$, $a_h$ negativ!

Stellt man auf

$$a = -f' \left(\frac{f'}{u' \cdot k} + 1\right) \approx -\frac{f'^2}{u'k}$$

ein, so wird der Nenner in Gl. (4.5.2) Null, und die Schärfentiefe reicht von $a_v = a/2$ bis $a_h = \infty$! Diese Justierung („Fixfokuseinstellung“) wird bei Kameras mit fest eingebauten Objektiven ohne Entfernungseinstellung verwendet.

Sind die gewünschten Grenzen des Schärfentiefe-Bereichs gegeben, so muß man für die Entfernung a und die Blendenzahl k die folgenden Einstellungen wählen:

$$a = 2 \cdot \frac{a_v \cdot a_h}{a_v + a_h} \tag{4.5.3}$$

$$k = \frac{f'^2}{u'} \cdot \frac{a_v - a_h}{2a_v a_h + f'(a_v + a_h)} \tag{4.5.4}$$

Durch Subtraktion der Gl. (4.5.1) von Gl. (4.5.2) erhält man den *Schärfentiefebereich* $a_h - a_v$. Bei *Nah- und Makroaufnahmen* ergibt sich hierfür die brennweitenunabhängige Näherungsgleichung

$$a_h - a_v = 2u'k \cdot \frac{\beta' - 1}{\beta'^2} \tag{4.5.5}$$

Auf den hier wiedergegebenen Gleichungen basieren alle Schärfentiefetabellen, -rechner und -ringe an Objektiven.

Bei optischen Instrumenten für subjektiven Gebrauch (Fernrohre, Mikroskope) kommt zur geometrischen Schärfentiefe noch ein Bereich hinzu, der durch die *Akkommodation* des Auges auf unterschiedliche Bildlagen überbrückt wird. Wird mit einem *afokal eingestellten Fernrohr* (Abschn. 9.3) ein in endlicher Entfernung a liegender Gegenstand beobachtet, so liegt das Bild in der Entfernung $a' = a/\Gamma'^2$, mit $\Gamma'$ = Fernrohrvergrößerung. Kann der Beobachter noch auf die Nahpunktweite $a_P$ (Abschn. 6.8) akkommodieren, d. h. auf ein Fernrohrbild in der Entfernung $a' = a_{P'}$, so liegt die *vordere Schärfengrenze* im Gegenstandsraum bei $a_v = a_P \cdot \Gamma'^2$; für die hintere Grenze gilt bei normalsichtigem Auge $a_h = \infty$. Der hier gegebene Akkommodationsbereich reicht meist zur Abschätzung der subjektiven Schärfentiefe aus.

Bei *Mikroskopen* kann die folgende vollständige Gleichung für den Schärfentiefebereich $a_h - a_v$ angewendet werden [L 10.1.6]:

$$|a_h - a_v| = n \cdot \left[\frac{\lambda}{2A^2} + \frac{u'}{A \cdot |\Gamma'|} + \frac{a_s^2}{\Gamma'^2 \cdot |a_p|}\right] \qquad (4.5.6)$$

Dabei ist n (meist n = 1) die Brechzahl im Dingraum, λ die wirksame Wellenlänge, u' (meist u' = 0,15 mm) der bildseitige Unschärfekreis-Durchmesser, A die numerische Apertur des Objektivs, $a_s = -250$ mm die Bezugssehweite, $a_P$ die Nahpunktweite. Für die Fernpunktweite wurde $a_R = \infty$ gesetzt.

Das erste Glied ist durch die Beugung, also wellenoptisch, bestimmt, das zweite gibt die geometrische Schärfentiefe (ähnlich Gl. 4.5.5) an, und das dritte den zusätzlichen Akkommodationsbereich. Dieses Glied entfällt z. B. bei mikrofotografischer Abbildung. Dann wird auch β' an Stelle von Γ' gesetzt.

Wege zur erheblichen *Erweiterung des Schärfentiefe-Bereichs*, u.a. in der Mikroskopie, zeigt [L 4.5.2]: Bei der Schärfentiefe-Erweiterung durch zweistufige lineare Bildverarbeitung wird der Fokussierbereich periodisch durchfahren; die Bilder werden über eine TV-Kamera-Aufnahme gemittelt und durch elektronische Filterung (Kontrastanhebung der hohen Ortsfrequenzen) verarbeitet. Im zweiten Verfahren werden bei Durchfahren des Fokussierbereiches aus jeder Tiefenebene nur die scharfen Bildbereiche gespeichert, deren Auswahl nach bestimmten Schärfekriterien erfolgt. Aus diesen Bildelementen wird dann das scharfe Gesamtbild zusammengesetzt, wobei auch ein Tiefenprofil erstellt werden kann.

## Literaturhinweise

L 4.5.1 *Franke, G.:* Photographische Optik. Akademische Verlagsgesellschaft, Frankfurt 1964

L 4.5.2 *Häussler, G.; Körner, E.:* Abbildung mit erweiterter Schärfentiefe. Zeiss Inform. *29* (1986), H.98, 9-13

# 5 Bauelemente auf der Basis von Reflexion und Brechung

## 5.1 Paraxiale und meridionale Durchrechnung einer Flächenfolge

Ein optisches System, z. B. ein Objektiv, besteht aus einer Folge meist sphärischer Flächen, die durch Reflexion oder Brechung wirksam werden. Bild 5.1.1 gibt die Beziehungen an einer *brechenden sphärischen Fläche* wieder. Eine beliebige, durch den Krümmungsmittelpunkt C gehende Gerade kann als optische Achse betrachtet werden; sie schneidet die Fläche im Scheitel S. Die Entfernungen eines Gegenstandspunktes O und des durch die Fläche erzeugten Bildpunktes O′ werden von S aus gemessen: Es ist $s = SO$ die objektseitige Schnittweite, $s' = SO'$ die bildseitige Schnittweite. *Konstruktionsdaten* der Fläche sind die beiden Brechzahlen n und n′, sowie der Krümmungsradius $r = SC$. In Bild 5.1.1 ist also r positiv (C liegt rechts vom Scheitel); negatives r ergibt sich, wenn C links vom Scheitel liegt (nach links hohle Fläche). Ein einfallender, auf C zielender Strahl geht ungebrochen durch die Fläche; es ist also $C = K = K'$, d. h. die Knotenpunkte fallen mit dem Krümmungsmittelpunkt zusammen.

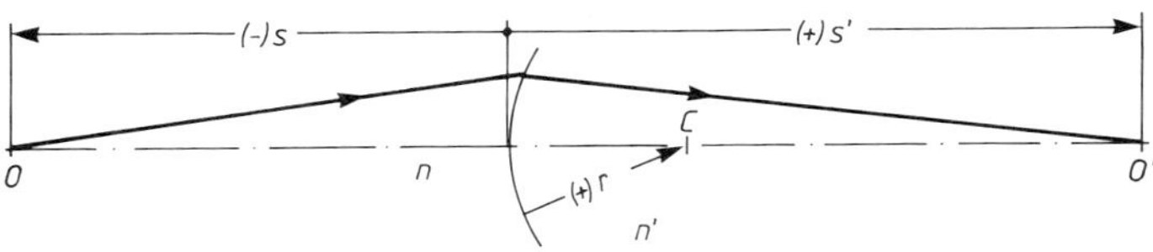


Bild 5.1.1 Zur Durchrechnung einer brechenden sphärischen Fläche im Paraxialgebiet

Die Größen n, n′, r, s, s′ sind durch die *Schnittweitengleichung*

$$\frac{n'}{s'} - \frac{n}{s} = \frac{n' - n}{r} \qquad (5.1.1)$$

verbunden; sie ist die Grundgleichung für alle *Flächendurchrechnungen im Paraxialgebiet*. So erhält man z. B. die Brennweiten f′ und $\bar{f}$ der Fläche: Setzt man $s = \infty$, so wird $s' = f'$; $f' = rn'/(n' - n)$. Mit $s' = \infty$ wird $s = \bar{f}$; $\bar{f} = -rn/(n' - n)$.

Auch auf *Spiegelflächen* ist die Schnittweitengleichung anwendbar. Man setzt dazu formal $n' = -n$ ein. Dann wird $f' = \bar{f} = r/2$: Die Brennpunkte F′ und $\bar{F}$ fallen zusammen. Kommen jedoch in einem System mehrere Spiegelflächen oder spiegelnde und brechende Flächen vor, so ist die bei jeder Spiegelung auftretende Lichtrichtungsumkehr für eine übersichtliche Durchrechnung und Darstellung ungünstig. Einen einheitlichen Strahlengang von links nach rechts erhält man dadurch, daß man die reflektierten Strahlen an der Scheitelebene der Spiegelfläche umklappt, d. h. das Vorzeichen der Schnittweite s′ umkehrt. Dies wird durch eine modifizierte Schnittweitengleichung bewirkt: Es ist

$$\frac{1}{s'} - \frac{1}{s} = -\frac{2}{r} \tag{5.1.2}$$

die *Schnittweitengleichung für die aufgefaltete Spiegelfläche.* Sie hat die Brennweiten $\bar{f} = r/2$; $f' = -r/2$, d. h. durch die Auffaltung liegen $\bar{F}$ und $F'$ auf entgegengesetzten Seiten der Fläche; die Spiegelfläche wirkt jetzt wie eine dünne Linse.

Zur Durchrechnung einer *Flächenfolge* aus k Flächen (z. B. vollständiges Objektiv) bedient man sich des mit Bild 5.1.2 erläuterten Verfahrens: Die Flächen werden mit $\varkappa = 1$ bis $\varkappa = k$ in Lichtrichtung numeriert (im Bild ist $k = 4$). Die Bezeichnung der Flächen 2 und 3 mit $\varkappa$ und $\varkappa + 1$ soll die allgemeine Darstellung zeigen. Für eine beliebige Fläche $\varkappa$ gilt dann

$$I'_\varkappa = I_\varkappa + \frac{n'_\varkappa - n_\varkappa}{r_\varkappa} \cdot h_\varkappa, \quad \text{bzw.} \quad I'_\varkappa = I_\varkappa + \frac{2 \cdot n_\varkappa}{-r_\varkappa} \cdot h_\varkappa \tag{5.1.3}$$

brechende Fläche — aufgefaltete Spiegelfläche

wobei zur Abkürzung $I_\varkappa = n_\varkappa \cdot \sigma_\varkappa$, $I'_\varkappa = n'_\varkappa \cdot \sigma'_\varkappa$ gesetzt wurde.

Für die erste Fläche, $\varkappa = 1$, wird $h_1$ beliebig gewählt (z. B. $h_1 = 100$ mm; das bedeutet nur eine Ordinatendehnung im Paraxialgebiet!). Damit kann man $I_1 = n_1 h_1 / s_1$ berechnen, also auch $I'_1$ nach Gl. (5.1.3). Für die f'-Bestimmung wird $s_1 = \infty$ eingegeben; damit ist $I_1 = 0$.

Nun muß der Übergang auf die Fläche 2 erfolgen, allgemein auf die nächste Fläche, d. h. von $\varkappa$ nach $\varkappa + 1$. Hierzu benutzt man die *Übergangsgleichungen*

$$I_{\varkappa+1} = I'_\varkappa, \quad \text{und} \quad h_{\varkappa+1} = h_\varkappa - \frac{d'_\varkappa}{n'_\varkappa} \cdot I'_\varkappa \tag{5.1.4}$$

Durch wiederholte Anwendung von Gl. (5.1.3) und Gl. (5.1.4) erhält man schließlich die Werte $h_k$ und $I'_k$ für die letzte Fläche k.

Damit werden auf einfache Weise bestimmbar die
*Brennweite der Flächenfolge* aus

$$f' = h_1 \cdot \frac{n'_k}{I'_k} \tag{5.1.5}$$

sowie die *bildseitige Schnittweite* (hier Lage des Brennpunktes) aus

$$s'_{k(F')} = h_k \cdot \frac{n'_k}{I'_k} \tag{5.1.6}$$

Dann kann auch der Abstand des Hauptpunkts $H'$ vom letzten Flächenscheitel $S_k$ bestimmt werden: Es ist

$$S_k H' = s'_k - f' \tag{5.1.7}.$$

Die Brennweite $\bar{f}$ ergibt sich (nach Gl. (5.1.1) und folgendem Text) zu $\bar{f} = -f' \cdot n_1/n'_k$, mit $n_1$, $n'_k$ = Brechzahlen vor und nach dem System.

Die Lage der objektseitigen Punkte $\bar{F}$ und H ist jedoch mit dieser Durchrechnung noch nicht bestimmt. Der Brennpunkt $\bar{F}$ ist ja nach Definition (Abschn. 4.1) der Objektpunkt, für den das Bild im Unendlichen liegt. Es müßte also $s'_k = \infty$ gesetzt und von der Fläche k zur Fläche 1 durchgerechnet werden. Diese *Rückwärtsrechnung* wird auf ein-

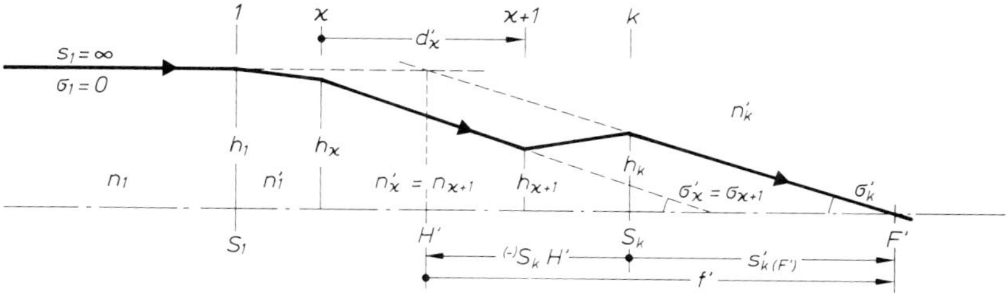


Bild 5.1.2 Zur Durchrechnung einer Flächenfolge (Die Flächen 1...k sind nur durch die Strahl-Einfallshöhen $h_1 \ldots h_k$ dargestellt).

fache Weise dadurch ausgeführt, daß man die Folge der Flächen und die Vorzeichen der Flächenradien umkehrt: Fläche k wird zur Fläche 1®, wobei $r_{1®} = -r_k$ zu setzen ist. Für das umgekehrte System wird dann wieder $s_{1®} = \infty$ gesetzt. Das Ergebnis $s'_{k®}$ (® = Rückwärtsrechnung) muß natürlich noch auf die Ausgangslage des Systems transformiert werden: Man erhält $s_1 = -s'_{k®}$ und damit den Abstand des Brennpunktes $\bar{F}$ vom ersten Flächenscheitel. Analog zu Gl. (5.1.7) ergibt sich dann

$$S_1 H = s_1 - \bar{f} \quad (5.1.8).$$

Damit ist auch die Lage des Hauptpunktes H bestimmt.

Die gesamte Durchrechnung ist leicht programmierbar, z. B. für Taschenrechner. Sie wird in den Einzelschritten durch ein *Rechenschema* (Bild 5.1.3) übersichtlich dargestellt.

Für die trigonometrische Strahldurchrechnung im *nicht paraxialen Gebiet* werden noch einige Gleichungen angegeben, die sich auf *Strahlen in der Meridionalebene* (die Objektpunkt und Achse enthaltende Zeichenebene) bei zentrierten, sphärischen Flächen beziehen. Für die etwas umständlichere Durchrechnung „windschiefer Strahlen“ (Strahlen, welche die Fläche außerhalb der Meridianebene treffen) gibt es spezielle Gleichungssätze, siehe z. B. [L 4.4.12].

Bild 5.1.4 gibt einen Überblick über Punkte, Strecken und Winkel, wobei die Tilde (~) darauf hinweist, daß es sich im Gegensatz zu den Bildern 5.1.1, 5.1.2 um nicht paraxiale Größen handelt. Zur Vereinfachung wird die Tilde in den Gleichungen jedoch weggelassen. Durchgerechnet wird der Strahlverlauf an der Fläche $\varkappa$ (z. B. $\varkappa = 1$) mit dem Übergang auf die folgende Fläche $\varkappa + 1$. An die Stelle des hier gewählten Gleichungssatzes können auch andere Darstellungen treten. Die Vorzeichen von Strecken und Winkeln sind sorgfältig zu beachten.

1) *Daten der Fläche* $\varkappa$: Die sphärische Fläche ist durch die Daten r, n, n' festgelegt.

2) *Koordinaten des einfallenden Strahls:* Als Eingangskoordinaten werden die Schnittweite s des Achsenpunktes A und der Strahlwinkel σ mit der Achse gewählt. Geht der Strahl unter dem Winkel σ von einem seitlich von der Achse im Abstand y gelegenen Objektpunkt Q aus, so ist

$$s = \frac{y}{\tan \sigma} + s_Q \quad (5.1.9).$$

**Vorwärtsrechnung**

| Zeile | | Eingabe | 1 | 2 | 3 | 4 | 5 | 6 | 7 | 8 |
|---|---|---|---|---|---|---|---|---|---|---|
| 1 | Flächenform und Werkstoff | | ( SK 1 ) | | ) F 2 ( | | ( K 5 ( | SK 1 ) | | |
| 2 | Flächen-Nr. → | | 1 | 2 | 3 | 4 | 5 | 6 | 7 | 8 |
| 3 | $d'_x$ | – | 5,83 | 2,95 | 4,42 | 2,13 | 0,70 | 7,22 | | |
| 4 | $n'_x$ | $n_1$ 1 | 1,6103 | 1 | 1,6205 | 1 | 1,5210 | 1,6103 | 1 | |
| 5 | $r_x$ | | 22,34 | −137,19 | −31,90 | 20,14 | 80,89 | 16,95 | −25,29 | |
| 6 | Eingabe $s_1 = \infty$ — $h_x$ | | Eingabe 100 | 90,109 | 80,868 | 76,614 | 78,319 | 78,456 | 77,931 | |
| 7 | [A] $i_x$ | | $\frac{n_1 \cdot h_1}{s_1} = 0$ | 2,7319 | 3,1327 | 1,5597 | −0,80072 | −0,29628 | 0,11706 | |
| 8 | [B] * $\frac{n'_x - n_x}{r_x} \cdot h_x$ | | 2,7319 | 0,40086 | −1,5730 | −2,3604 | 0,50444 | 0,41334 | 1,8806 | |
| 9 | [C] $i_{x+1}$ = [A] + [B] | | 2,7319 | 3,1327 | 1,5597 | −0,80072 | −0,29628 | 0,11706 | 1,9977 | |
| 10 | [D] $\frac{d'_x}{n'_x} \cdot$ [C] | | 9,8906 | 9,2415 | 4,2542 | −1,7055 | −0,13635 | 0,52485 | | |
| 11 | [E] $h_{x+1} = h_x -$ [D] | | 90,109 | 80,868 | 76,614 | 78,319 | 78,456 | 77,931 | | |

**Rückwärtsrechnung**

| Zeile | | Eingabe | 1 | 2 | 3 | 4 | 5 | 6 | 7 | 8 |
|---|---|---|---|---|---|---|---|---|---|---|
| 1 | Flächenform und Werkstoff | | ( SK 1 ) | K 5 ) | | ) F 2 ( | | ( SK 1 ) | | |
| 2 | Flächen-Nr. → | | 1 | 2 | 3 | 4 | 5 | 6 | 7 | 8 |
| 3 | $d'_x$ | | 7,22 | 0,70 | 2,13 | 4,42 | 2,95 | 5,83 | | |
| 4 | $n'_x$ | 1 | 1,6103 | 1,5210 | 1 | 1,6205 | 1 | 1,6103 | 1 | |
| 5 | $r_x$ | | 25,29 | −16,95 | −80,89 | −20,14 | 31,90 | 137,19 | −22,34 | |
| 6 | $h_x$ | | 100 | 89,180 | 87,853 | 80,507 | 77,865 | 79,476 | 80,173 | |
| 7 | [A] $i_x$ | | 0 | 2,4132 | 2,8830 | 3,4489 | 0,96852 | −0,54607 | −19,252 | |
| 8 | [B] | | 2,4132 | 0,46984 | 0,56585 | −2,4804 | −1,5146 | 0,35356 | 2,1902 | |
| 9 | [C] | | 2,4132 | 2,8830 | 3,4489 | 0,96852 | −0,54607 | −0,19252 | 1,9977 | |
| 10 | [D] | | 10,820 | 1,3268 | 7,3461 | 2,6417 | −1,6109 | −0,69699 | | |
| 11 | [E] | | 89,180 | 87,853 | 80,507 | 77,865 | 79,476 | 80,173 | | |

* bei Spiegelflächen: $\frac{2 \cdot n_x \cdot h_x}{r_x}$ (nach Auffaltg.!)

Vorwärtsrechnung:

$f' = \frac{h_1 \cdot n'_K}{C_K} \quad s'_K = \frac{h_K \cdot n'_K}{C_K}$

$S_K H' = s'_{K(F')} - f'$

Ergebnisse:
$f' = 50{,}06$ mm
$S_K H' = -11{,}05$ mm
$s'_{K(F')} = 39{,}01$ mm

Rückwärtsrechnung:

$f'_{(R)} = \frac{h_1 \cdot n'_K}{C_K} \quad s'_{K(R)} = \frac{h_K \cdot n'_K}{C_K}$

$S_K H'_{(R)} = s'_{K(R)} - f'_{(R)}$

Ergebnisse:
(nach Vorzeichenumkehr!)
$f = -50{,}06$ mm
$S_1 H = 9{,}93$ mm
$s_{1(F)} = -40{,}13$ mm

Angaben zum System:
Triplet mit verkittetem Hinterglied („Tessar-Typ")

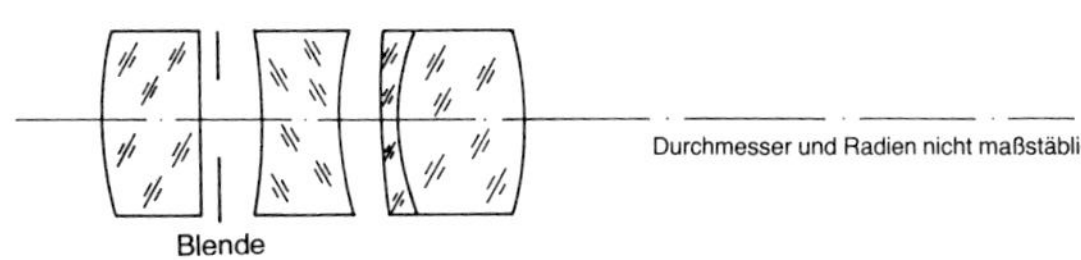


Durchmesser und Radien nicht maßstäblich!

| Name: | Datum: |
|---|---|
| Unterschrift: | Blatt-Nr.: |

Bild 5.1.3 Rechenschema mit Beispiel zur Flächendurchrechnung

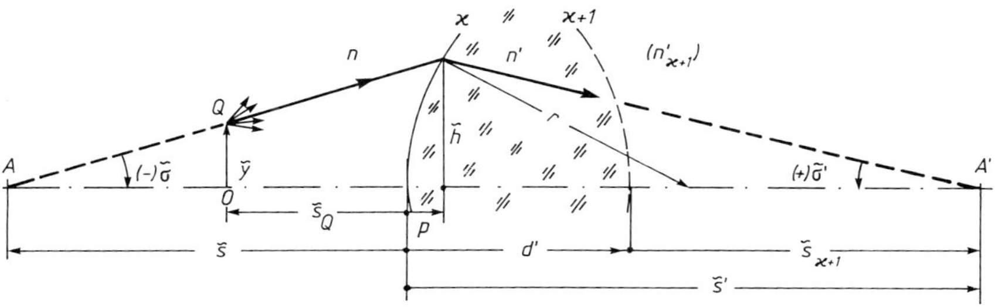


Bild 5.1.4 Zur Durchrechnung von Strahlen in der Meridionalebene eines Systems aus brechenden sphärischen Flächen

Alle Größen beziehen sich auf die Fläche $\varkappa$, bis auf die mit $\varkappa + 1$ gekennzeichneten

Ist nicht $\sigma$, sondern die Durchstoßhöhe h an der Fläche gegeben, so erhält man als Eingangskoordinaten

$$\sigma = \arctan \frac{h - y}{s_Q - p} \tag{5.1.10}$$

$$s = \frac{y(s_Q - p)}{h - y} + s_Q \tag{5.1.11}$$

wobei

$$p = r \cdot \left[1 - \cos\left(\arcsin \frac{h}{r}\right)\right] \tag{5.1.12}$$

die Pfeilhöhe ist. Damit sind die Koordinaten $\sigma$ und s als Eingangswerte der Durchrechnung verfügbar.

3) *Koordinaten des gebrochenen Strahls:*

$$\sigma' = \sigma + \arcsin\left(\frac{s - r}{r} \cdot \sin\sigma\right) - \arcsin\left(\frac{n}{n'} \cdot \frac{s - r}{r} \cdot \sin\sigma\right) \tag{5.1.13}$$

$$s' = r + (s - r) \cdot \frac{n \cdot \sin\sigma}{n' \cdot \sin\sigma'} \tag{5.1.14}$$

4) *Übergang zur nächsten Fläche:* Werden die zuvor berechneten Größen mit dem Index $\varkappa$ versehen, so erhält man die Eingangsdaten für die folgende Fläche $\varkappa + 1$ aus den Übergangsgleichungen

$$\sigma_{\varkappa+1} = \sigma'_\varkappa; \quad s_{\varkappa+1} = s'_\varkappa - d'_\varkappa; \quad n_{\varkappa+1} = n'_\varkappa \tag{5.1.15}$$

Soll die Durchstoßhöhe $h_{\varkappa+1}$ der nächsten Fläche bestimmt werden, so gilt dafür

$$h_{\varkappa+1} = r \cdot \sin\left[\sigma + \arcsin\left(\frac{s - r}{r} \cdot \sin\sigma\right)\right] \tag{5.1.16}$$

(Alle Größen beziehen sich auf die Fläche $\varkappa + 1$ !).

5) *Spezialfälle:*

a) *Objektpunkt auf der Achse:* In Gl. 5.1.9 bis 5.1.11 ist y = 0 zu setzen.
b) *Planfläche:* Es ist r = ∞ und damit p = 0.
Damit wird

$$\sigma = \arctan \frac{h - y}{s_Q} \tag{5.1.10a}$$

$$s = s_Q \cdot \left(1 + \frac{y}{h - y}\right) \tag{5.1.11a}$$,

und nach der Brechung

$$\sigma' = \arcsin \left(\frac{n}{n'} \cdot \sin\sigma\right) \tag{5.1.13a}$$

$$s' = s \cdot \frac{\tan\sigma}{\tan\sigma'} \tag{5.1.14a}$$.

c) *Achsenparallel einfallender Strahl:*
Es ist h = y, σ = 0, s = ∞. Man verwendet jetzt die Gleichungen

$$\sigma' = \arcsin \frac{h}{r} - \arcsin \frac{n \cdot h}{n' \cdot r} \tag{5.1.13b}$$

$$s' = r + \frac{n \cdot h}{n' \cdot \sin\sigma'} \tag{5.1.14b}$$.

Allgemein werden also zur Berechnung der Strahlkoordinaten die Gleichungen 5.1.13 und 5.1.14 verwendet, ggf. mit den Spezialformen a und b. Aus den Daten σ' und s' können weitere Größen, z. B. die Durchstoßhöhen in einer achsensenkrechten Ebene (z. B. Bildebene) bestimmt werden.

**Literaturhinweise**

Die Literaturhinweise wurden zusammenfassend am Ende von Abschnitt 4.4 gegeben (S. 123/124).

## 5.2 Sphärische Linsen

Linsen bestehen aus transparenten Werkstoffen mit zwei meist sphärischen Flächen 1 und 2. Die optische Achse ist durch die beiden Krümmungsmittelpunkte $C_1$ und $C_2$ festgelegt; sie schneidet die Flächen in den Scheiteln $S_1$ und $S_2$. Eine Bestimmung der optischen Linsendaten kann mit Hilfe der Durchrechnung durch zwei Flächen (k = 2) nach Abschn. 5.1 erfolgen, auch dann, wenn an die Linse beiderseits unterschiedliche Medien grenzen ($n_2' \neq n_1$, z. B. Wasser und Luft). Für den weitaus häufigsten Fall der *Linse in Luft* gibt Tabelle 5.2.1 geschlossene Gleichungen für Brennweite, Hauptpunktlagen und Hauptpunktabstand an. *Konstruktionsdaten* der Linse in Luft sind die Flächenradien $r_1$ und $r_2$, die Scheiteldicke $d = S_1S_2$ und die – natürlich von der Wellenlänge abhängige – Brechzahl n des Linsenwerkstoffs. Ist die Linsendicke d klein gegenüber dem Betrag der Radiendifferenz, $d \ll |r_2 - r_1|$, so ergeben sich für diese dünne Linse vereinfachte Gleichungen.

**Tabelle *5.2.1* Paraxiale Linsengleichungen**

| Beliebig dicke Linse | Dünne Linse $d \ll \|r_2 - r_1\|$ |
|---|---|
| $f' = \frac{1}{n-1} \cdot \frac{n \cdot r_1 \cdot r_2}{(n-1)d + n(r_2 - r_1)}$ (5.2.1) | $f' = \frac{1}{n-1} \cdot \frac{r_1 r_2}{r_2 - r_1}$ (5.2.2) |
| $S_1H = -\frac{r_1 \cdot d}{(n-1)d + n(r_2 - r_1)}$ (5.2.3)<br>$S_2H' = -\frac{r_2 \cdot d}{(n-1)d + n(r_2 - r_1)}$ | $S_1H = -\frac{r_1}{r_2 - r_1} \cdot \frac{d}{n}$ (5.2.4)<br>$S_2H' = -\frac{r_2}{r_2 - r_1} \cdot \frac{d}{n}$ |
| $HH' = d \cdot \left(1 - \frac{r_2 - r_1}{(n-1)d + n(r_2 - r_1)}\right)$ (5.2.5) | $HH' = d \cdot \frac{n-1}{n}$ (5.2.6) |

Geht im idealen Grenzfall die Linsendicke d gegen Null (*„unendlich dünne Linse“*), so gilt für die Brennweite f′ weiterhin Gl. (5.2.2). Die Linse schrumpft aber auf eine brechende Ebene zusammen, d. h. es wird $S_1H = S_2H' = HH' = 0$. Diese Reduktion auf eine *„Äquivalentlinse“* ist z. B. bei Betrachtung mehrerer Linsen in einem System nützlich, wenn es nicht auf die Detailkonstruktion der Linse ankommt.

Zusätzlich zu den Gleichungen der Tab. 5.2.1 gelten allgemein die folgenden Beziehungen: Stets ist für die Linse in Luft die Objektbrennweite $\bar{f} = -f'$. Die Abstände der Hauptpunkte von den Scheiteln verhalten sich wie die zugehörigen Flächenradien: $S_1H/S_2H' = r_1/r_2$. Die *Brechkraft* der Linse ergibt sich als Kehrwert 1/f′ der Bildbrennweite entsprechend Gl. (5.2.1) bzw. Gl. (5.2.2). Wichtig sind noch die Abstände der Brennpunkte von den Flächenscheiteln, d. h. die *Schnittweiten* $s_1 = S_1\bar{F}$ und $s_2' = S_2F'$:

$$s_1 = \bar{f} + S_1H$$
$$s_2' = f' + S_2H' \qquad (5.2.7)$$

Durch Umkehren einer Linse ändern sich ihre paraxialen Eigenschaften nicht, aber die Scheitel $S_1$, $S_2$, die Hauptpunkte H, H′ und die Brennpunkte $\bar{F}$, F′ vertauschen natürlich ihre Bezeichnungen.

Nach ihrer optischen Gesamtwirkung werden Linsen eingeteilt in Positivlinsen (auch: „Konvexlinsen“, „Sammellinsen“; einfallendes Parallelbündel wird konvergent), Negativlinsen (auch: „Konkavlinsen“, „Zerstreuungslinsen“; einfallendes Parallelbündel wird divergent) und neutrale Linsen (Sonderfall mit $f' = \infty$ ; einfallendes Parallelbündel wird weder konvergent noch divergent).

*Positivlinsen* haben positive Brennweite f′, ihre Scheiteldicke d ist größer als die Randdicke. Entfernt man die Linse von einer Objektfläche (Zeitung) auf das Auge zu, so wird das Bild größer. Seitliche Linsenbewegung ergibt gegenläufige Bildbewegung.

*Negativlinsen* haben negative Brennweite f′; ihre Scheiteldicke d ist kleiner als die Randdicke. Entfernt man die Linse von einer Objektfläche auf das Auge zu, so wird das Bild kleiner. Seitliche Linsenbewegung ergibt gleichläufige Bildbewegung.

Linsen gleicher Brennweite und Glasart (Brechzahl n) können sehr unterschiedliche Formen (*„Durchbiegung“*) haben. Mit der Form des Linsenschnitts ändern sich die Lage der Hauptpunkte und die Abbildungsfehler im nicht-paraxialen Gebiet. Die Hauptpunkte verlagern sich bei unsymmetrischen Linsenformen stets nach der Seite der Fläche mit kleinerem Betrag des Krümmungsradius hin. Sie können außerhalb des Linsenkörpers liegen. Die spezielle Linsenform wird durch das Verhältnis der beiden Flächenradien zueinander und zur Scheiteldicke bestimmt. Bild 5.2.1 gibt eine Übersicht. Es ergeben sich die folgenden besonderen Eigenschaften:

1. *Linsen mit konzentrischen Flächen:* Die Krümmungsmittelpunkte beider Flächen fallen zusammen, woraus $d = r_1 - r_2$ folgt. Für die Brennweite ergibt sich

$$f' = \frac{n}{n-1} \cdot \frac{r_1 \cdot r_2}{r_2 - r_1} \quad \text{und speziell für die Kugel:} \quad f' = \frac{n}{n-1} \cdot \frac{r_1}{2}.$$

Für die Hauptpunktlagen folgt $S_1H = r_1$; $S_2H' = r_2$; $HH' = 0$: Beide Hauptpunkte fallen mit dem gemeinsamen Krümmungsmittelpunkt beider Flächen zusammen! Eine Kugel hat bei $n = 1{,}5$ die Brennweite $f' = 1{,}5 \cdot r_1$.

2. *Symmetrische Bi-Linsen* (symmetrische Bikonvex- bzw. Bikonkavlinsen): Für eine dünne (!) Linse erhält man

$$f' = \frac{r_1}{2(n-1)}; \quad \text{bei } n = 1{,}5 \text{ also } f' = r_1.$$

$$\text{Weiterhin wird } S_1H = \frac{d}{2n}; \quad S_2H' = -\frac{d}{2n}; \quad HH' = d \cdot \frac{n-1}{n}$$

Die Hauptpunkte liegen symmetrisch zu den Scheiteln; für $n = 1{,}5$ wird $S_1H = -S_2H' = HH' = d/3$.

3. *Planlinsen* (Plankonvex- bzw. Plankonkavlinsen): Für $r_2 = \infty$ gilt

$$f' = \frac{r_1}{n-1}; \quad S_1H = 0; \quad S_2H' = -\frac{d}{n}; \quad HH' = d \cdot \frac{n-1}{n}$$

und entsprechend für $r_1 = \infty$

$$f' = -\frac{r_2}{n-1}; \quad S_1H = \frac{d}{n}; \quad S_2H' = 0; \quad HH' = d \cdot \frac{n-1}{n}.$$

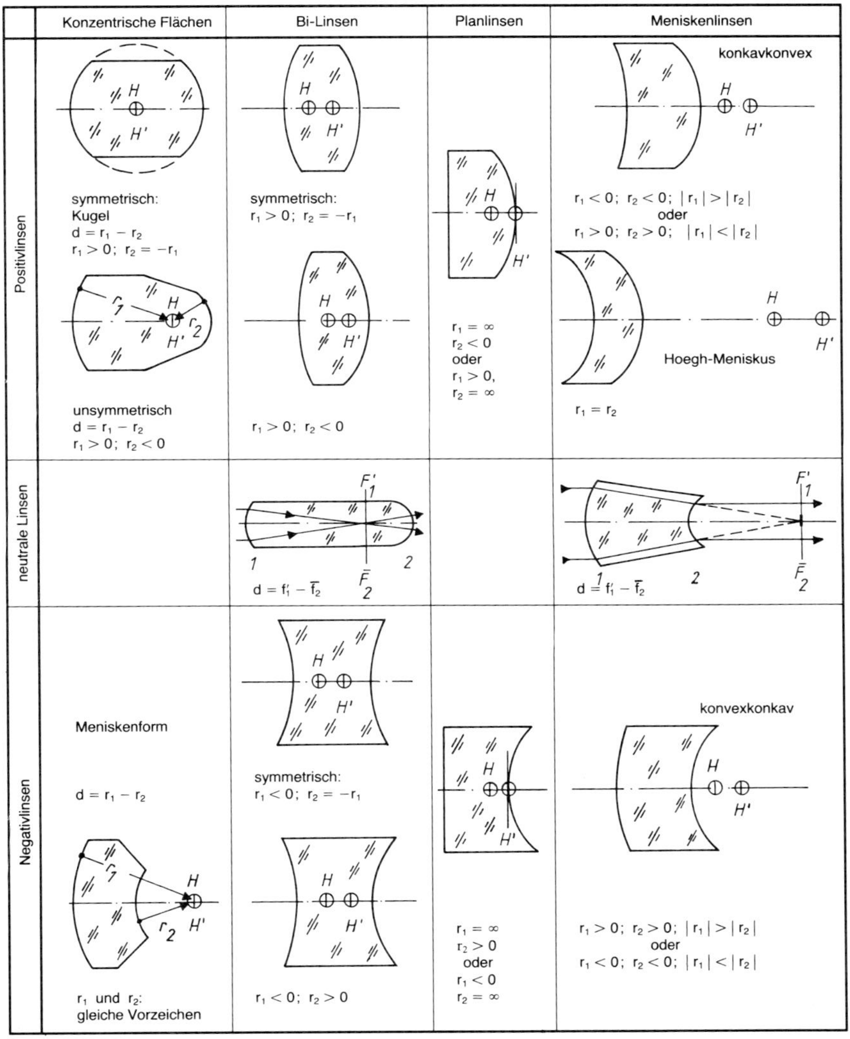


Bild 5.2.1 Übersicht über Linsenformen

(Die Hauptpunktlagen gelten jeweils als Beispiel). Ohne Berücksichtigung der Dicke kann man die Durchbiegung durch das Radienverhältnis $r_1/r_2$ oder durch den Formfaktor

$$Q = \frac{r_1 + r_2}{r_2 - r_1}$$

beschreiben.

Die Brennweite ist also unabhängig von der Dicke d; ein Hauptpunkt fällt stets mit dem Scheitel der gekrümmten Fläche zusammen! Für n = 1,5 ergibt sich $f' = 2 \cdot r_1$ bzw. $f' = -2 \cdot r_2$.

4. *Meniskenlinsen* (Konkavkonvexlinsen = Positivlinsen, Konvexkonkavlinsen = Negativlinsen): Die Vorzeichen beider Radien sind gleich. Sind auch noch die Beträge gleich, also $r_2 = r_1$, so ergibt sich als spezielle Linsenform der *Hoeghsche Meniskus* mit

$$f' = \frac{n}{(n-1)^2} \cdot \frac{r_1^2}{d}, \quad \text{sowie}$$

$$S_1H = S_2H' = -\frac{r_1}{n-1}; \quad HH' = d.$$

Derartige Menisken spielen in fotografischen Objektiven eine Rolle, da sie in erster Ordnung frei von Bildfeldkrümmung sind. Die Gleichung für f' zeigt, daß die Brennweite mit abnehmender Dicke d gegen unendlich geht.

5. *Neutrale Linsen:* Soll eine Linse neutral wirken, d. h. die Brennweite ∞ haben, so muß der Nenner in Gl. (5.2.1) Null werden. Daraus folgt

$$d = (r_1 - r_2) \cdot \frac{n}{n-1}.$$

Dann ist $d = f_1' - \bar{f}_2$, d. h. die Brennpunkte $F_1'$ und $\bar{F}_2$ der beiden Flächen fallen zusammen – wie bei einem afokalen Fernrohr. Eine Bi-Form („Kepler-Fernrohr") und eine Menisken-Form („Galilei-Fernrohr") sind möglich (Bild 5.2.1). Es ergibt sich eine Fernrohr-Vergrößerung $\Gamma' = r_1/r_2$. Die Hauptpunkte liegen im Unendlichen.

Bei vielen praktischen Aufgaben, etwa bei Versuchsaufbauten und Kleinserien, können Linsen nicht immer nach ihrer „besten Form" (optimale Durchbiegung, d. h. günstigstes Radienverhältnis) ausgesucht werden. Bevorzugt sind die in großem Wertebereich problemlos lieferbaren Linsentypen, d. h. *Plankonvex-* und *symmetrische Bikonvexlinsen* einzusetzen. Soll der Öffnungsfehler möglichst klein sein, so ist für die *Entscheidung zwischen beiden Linsenformen* der Abbildungsmaßstab zu berücksichtigen. Bei reeller Abbildung ($\beta' < 0$) ergeben Plan- und Bi-Linse gleichen Öffnungsfehler bei

$$|\beta'_{grenz}| = \frac{4n^2 - n - 6}{4n^2 + n - 2}$$

bzw. bei dem Kehrwert dieses Abbildungsmaßstabes:
bei $|\beta'| < |\beta'_{grenz}|$ ist die Planlinse mit Konvexseite zum Objekt,
bei $|\beta'_{grenz}| < |\beta'| < 1/|\beta'_{grenz}|$ die symmetrische Bikonvexlinse,
bei $|\beta'| > 1/|\beta'_{grenz}|$ die Planlinse mit Planseite zum Objekt am günstigsten.

Beispiel: Für Glas BK 7 und $\lambda = 632{,}8$ nm (HeNe-Laser) erhält man aus Tabelle 3.2.1 n = 1,51509; es folgt $|\beta'_{grenz}| = 0{,}192$; im Bereich $\beta' = -0{,}192$ bis $-5{,}22$ gibt also die symmetrische Bikonvexlinse den kleinsten Öffnungsfehler. Am günstigsten ist natürlich für diese Linse $\beta' = -1$.

Die Brechung muß stets möglichst gleichmäßig auf die Linsenflächen verteilt werden. Daraus ergibt sich die allgemeine Regel, daß unsymmetrische Linsen mit der schwächer gekrümmten Fläche (größerer Radius) zur Seite mit kleinerer Schnittweite zu orientieren sind. Eine Planlinse zeigt also mit der Planfläche zur Seite kleinerer Schnittweite – siehe $\beta'$-Bereiche oben.

Befindet sich eine Linse nicht in Luft, sondern zwischen beliebigen Medien, so gelten als Konstruktionsdaten $r_1$, $r_2$, d, $n_1$ (Medium vor der ersten Linsenfläche), $n_1'$ (Medium des Linsenmaterials), $n_2'$ (Medium hinter der zweiten Linsenfläche). Dann ergibt sich für die *Bildbrennweite bei beliebigen Medien*

$$f' = \frac{n_1' \cdot n_2' \cdot r_1 \cdot r_2}{(n_1' - n_1) \cdot (n_1' - n_2') \cdot d + n_1'[(n_1' - n_1) r_2 - (n_1' - n_2') r_1]}$$

und die *Hauptpunktlagen bei beliebigen Medien:*

$$S_1H = -\frac{(n_1' - n_2') \cdot n_1 \cdot r_1 \cdot d}{(n_1' - n_1) \cdot (n_1' - n_2') \cdot d + n_1'[(n_1' - n_1) r_2 - (n_1' - n_2') r_1]}$$

$$S_2H' = -\frac{(n_1' - n_1) \cdot n_2' \cdot r_2 \cdot d}{(n_1' - n_1) \cdot (n_1' - n_2') \cdot d + n_1'[(n_1' - n_1) r_2 - (n_1' - n_2') r_1]}$$

Die *Knotenpunkte* K, K′ (Abschn. 4.2) fallen jetzt nicht mit den Hauptpunkten H, H′ zusammen. Für die Abstände dieser Punkte ergibt sich:

$$HK = H'K' = \frac{(n_2' - n_1) \cdot n_1' \cdot r_1 \cdot r_2}{(n_1' - n_1) \cdot (n_1' - n_2') \cdot d + n_1'[(n_1' - n_1) r_2 - (n_1' - n_2') r_1]}$$

Im übrigen gelten die allgemeinen Abbildungsgleichungen (4.2.1 ... 4.2.4). Aus den obigen Gleichungen folgen die Gleichungen der Tabelle 5.2.1 als Spezialfall für $n_1 = n_2' = 1$.

Der Rand aller Linsen ist im allgemeinen zylindrisch und rotationssymmetrisch zur Achse, d. h. die Linse ist *„zentriert“*. Die Kante zwischen Rand und brechenden Flächen wird durch eine Facette gebrochen; an sehr tiefen Hohlflächen wird eine Planfacette angebracht, um Aussprünge zu vermeiden. Moderne Systeme mit knappem Raum für die Fassung erfordern oft andre, komplizierte Randformen, insbesondere bei dicken Linsen.

Wegen der sicheren Lagerung in der Rohr- oder Ringfassung ist der Durchmesser der Linsen stets um 3–6% größer, als es der verlangten freien Öffnung entspricht. Bei Hohlflächen ist dann die Facette so breit wie die Auflage der Linse in der Fassung; gegebenenfalls sind genaue Angaben hinsichtlich der verbleibenden Randdicke usw. zu machen.

Um ein Durchbiegen bei der Bearbeitung zu vermeiden, muß die Dicke insbesondere bei Streulinsen etwa ein Siebentel bis ein Zehntel des Durchmessers betragen. Bei Sammellinsen ist außerdem auf eine Randdicke von einem Fünfzigstel bis zu einem Zwanzigstel des Durchmessers zu achten. Nur zu verkittende Linsen werden gelegentlich „randscharf“ ausgeführt.

Für eine Fläche mit dem Krümmungsradius r ergibt sich bei dem Linsendurchmesser D die *Scheitelhöhe* (Pfeilhöhe) p zu

$$|p| = |r| - \sqrt{r^2 - \frac{D^2}{4}} \tag{5.2.8}$$

Zweckmäßig ist p für Konvexflächen positiv, für Konkavflächen negativ zu nehmen. Dann gilt mit $d_r$ = Randdicke: $d = d_r + p_1 + p_2$.

Das *Volumen einer Linse* bestimmt ihr Gewicht und beeinflußt den Glaspreis. Ohne Berücksichtigung von Fasen am Rand erhält man für das Volumen V

$$V = \frac{\pi}{3}\left[\pm p_1^2(3|r_1| - |p_1|) \pm p_2^2(3|r_2| - |p_2|) + \frac{3}{4} D^2 \cdot d_r\right] \tag{5.2.9}$$

(Vorzeichen der beiden ersten Glieder positiv bei Konvex- und negativ bei Konkavflächen.) Bei flachen Linsen, also $p \ll 3r$, ergibt sich als vereinfachte Gleichung

$$V = \pi \frac{D^4}{64}\left[\pm \frac{1}{|r_1|} \pm \frac{1}{|r_2|} + \frac{16 \cdot d_r}{D^2}\right]. \tag{5.2.10}$$

**Literaturhinweise**

L 5.2.1 *DIN 58160 Norm-Optikteile*
*T 4 Plankonvexlinsen*
*T 7 Plankonkavlinsen*
*T 8 Symmetrische Bikonvexlinsen*

**Beispiele für Hersteller bzw. Lieferanten von Linsen:**

H 5.2.1 *Spindler u. Hoyer GmbH u. Co,* Königsallee 23, Göttingen
H 5.2.2 *Melles Griot GmbH,* Kleyerstr. 14, Darmstadt: auch Mikrolinsen
H 5.2.3 *Herzog-Optik-Wetzlar KG,* Industriestraße, Nauborn-Wetzlar
H 5.2.4 *Thermo-Optik Arnold KG,* Weilstr. 14, Weilburg/Lahn
H 5.2.5 *J. Hauser KG,* Solms/Wetzlar: auch Präzisions-Glaskugeln
H 5.2.6 *Ernst Befort Wetzlar GmbH,* Braunfelser Str. 26, Wetzlar
H 5.2.7 *Wilhelm Weule,* Im Schleeke 40, Goslar (insbes. große Abmessungen)
H 5.2.8 *E. Färber KG,* Rodheimer Str. 70, Heuchelheim
H 5.2.9 *Erich Erdmann KG,* Ulmtal-Allendorf
H 5.2.10 *Heinrich Reichmann,* Dorfstr. 25, Brokdorf
H 5.2.11 *Oriel GmbH,* Im Tiefen See 58, Darmstadt: auch Linsen aus Quarzglas
H 5.2.12 *Thermal Quarz-Schmelze GmbH,* Hüttenstr. 10, Wiesbaden 13: Linsen aus Quarzglas
H 5.2.13 *Ealing Beck Ltd.,* Greycaine Road, Watford, GB
H 5.2.14 *J. D. Möller GmbH,* Wedel bei Hamburg
H 5.2.15 *Julius Ernst Sill,* Wendelstein
H 5.2.16 *A. Schweizer GmbH,* Hans-Böckler-Str. 7, Forchheim
H 5.2.17 *B. Halle Nachfl.,* Hubertusstr. 10, Berlin 41: Sonderlinsen für UV-VIS-IR
H 5.2.18 *G. Rodenstock,* Isartalstr. 43, München

## 5.3 Spiegel

Spiegel bilden ebenso wie Bauelemente mit brechenden Flächen reell oder virtuell ab; sie werden weiterhin zur Änderung der Bündelrichtung und Änderung der Bildorientierung (z. B. einseitige oder vollständige Bildumkehr) benutzt (Abschn. 5.7). Die Reflexion tritt an jeder Grenzfläche zwischen Medien unterschiedlicher Brechzahl n und n′ auf; sie kann durch dielektrische Mehrfachschichten verstärkt oder durch Metallschichten bewirkt werden. Bei Reflexionsprismen (Abschn. 5.7) wird häufig die Totalreflexion (Abschn. 1.3) ausgenutzt. Man unterscheidet demgemäß nahezu absorptionsfreie dielektrische Spiegel und mit Absorptionsverlusten behaftete Metallspiegel.

Aus dem Reflexionsgesetz Gl. (1.3.2) folgt entsprechend Gl. (5.7.1) für den Einfallswinkel $\varepsilon$ der *Ablenkungswinkel* $\delta = 180° - 2\varepsilon$. Dreht sich also der Spiegel um den Winkel $\Delta\varepsilon$, so schwenkt der Lichtstrahl um $\Delta\delta = -2\Delta\varepsilon$, d. h. um den doppelten Drehwinkel (zur Anwendung bei Lichtzeigern siehe Abschn. 8.6). Wegen dieser Verdoppelung des Winkels sind spiegelnde Flächen gegen Lageänderungen und Fertigungsfehler sehr empfindlich,. bei ihrer Herstellung dürfen die Toleranzen nur ein Viertel bis ein Sechstel von denen einer brechenden Fläche bei gleich großem Fehler der Lichtstrahlrichtung sein.

 

Als Spiegel höchster Qualität in Abbildungsstrahlengängen kommen nur *Oberflächenspiegel* in Betracht, soweit nicht die Linsenwirkung der Glasschale zusätzlich ausgenutzt werden soll (Manginspiegel, Abschn. 8.7). Oberflächenspiegel werden – von speziellen Anwendungen abgesehen – durch Aufdampfen einer Aluminiumschicht hergestellt, die durch eine dünne Quarzschicht geschützt wird (Bedampfung mit SiO, Umwandlung in $SiO_2$). Rückflächenspiegel können auch durch Versilbern hergestellt werden, wobei Lackschichten den Schutz übernehmen.

Je nach den Anforderungen, die an die Bildgüte gestellt werden, darf die *Spiegeldicke* einen bestimmten Bruchteil der Spiegeldiagonale nicht unterschreiten:

Für höchste Ansprüche (astronomische Geräte, Meßgeräte, Fotokameras für Reproduktionsaufnahmen) ein Fünftel bis ein Zehntel, für technische Zwecke (Projektionsgeräte) ein Zehntel bis ein Zwanzigstel. Für Beleuchtungszwecke genügen oft Planspiegel aus gezogenem Tafelglas, die gar nicht geschliffen und poliert zu sein brauchen; gekrümmte Spiegel können oft geblasen sein.

Hat ein zylindrisch begrenztes Strahlenbündel den Durchmesser D und ist der Reflexionswinkel ε, so muß die wirksame Spiegelfläche eine Ellipse mit den Achsen D und D/cos ε sein. Winkel $\varepsilon > 60°$ sind zu vermeiden und möglichst durch eine doppelte Spiegelung zu ersetzen.

Liegt ein Lichtbündel mit konischer (kegelförmiger) Außenbegrenzung vor, dessen Öffnungswinkel 2u ist, das an der Stelle mit dem Durchmesser D geknickt werden soll, so ist die erforderliche Fläche des Planspiegels wiederum eine Ellipse mit der Länge (doppelte große Achse, Bild 5.3.1)

$$2a = 0{,}5\,D \cdot \cos u\,[1/\cos(\varepsilon - u) + 1/\cos(\varepsilon + u)]$$

und der Breite

$$2b = D\left(1 + \frac{\sin^2\varepsilon \cdot \sin^2 u}{\cos^2 u - \sin^2\varepsilon}\right)$$

Die optische Achse geht dabei nicht durch den Spiegelmittelpunkt; die Summe aus halbem Öffnungswinkel und Reflexionswinkel ε darf sich nicht 90° nähern, weil sonst der Spiegel sehr lang wird. Werden kleine Knickwinkel (180° − 2ε) verlangt, so sind zwei Spiegel zweckmäßiger, oder es

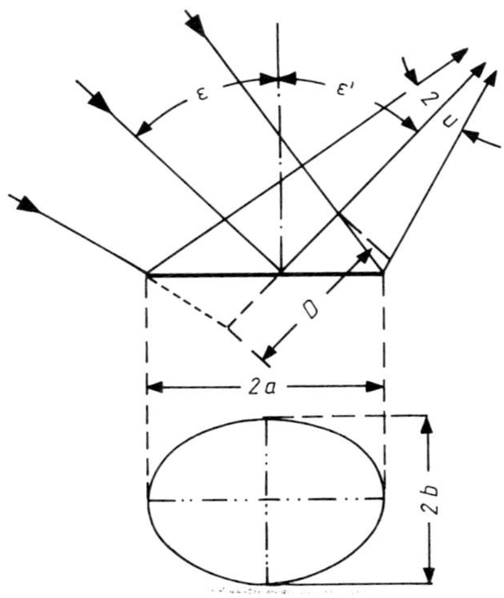


Bild 5.3.1 Reflexion eines konischen Bündels

ist ein brechendes Prisma anzuwenden, wenn der Astigmatismus nicht schadet. Handelt es sich um Strahlenbündel von weniger als etwa 5 cm Dmr., so sind Prismen gegebenenfalls vorteilhafter; bei größeren Bündeln auch dann, wenn Bedingungen hinsichtlich der Bildlage gestellt werden.

Bei Planspiegeln mit Rückflächenverspiegelung spiegelt auch die Vorderfläche, und solche Spiegel liefern Doppel- oder Mehrfachbilder, wenn sie in nicht telezentrischem Strahlengang benutzt werden (Bild 5.3.2). Man kann einen solchen Spiegel keilförmig gestalten, wenn zwischen Spiegeldicke d, Bildweite s, Brechzahl n und Keilwinkel α (klein angenommen!) die Beziehung herbeigeführt wird:

$$\alpha = \frac{d \cdot \tan \varepsilon' \cdot \cos \varepsilon}{n \cdot s}.$$

Die Lichtwege für die ober- und unterseitig gespiegelten Strahlen sind aber nicht gleich, also auch nicht die Bildgrößen; das Verfahren ist auf Ausnahmefälle beschränkt. Besser ist die Reflexminderung der Vorderfläche.

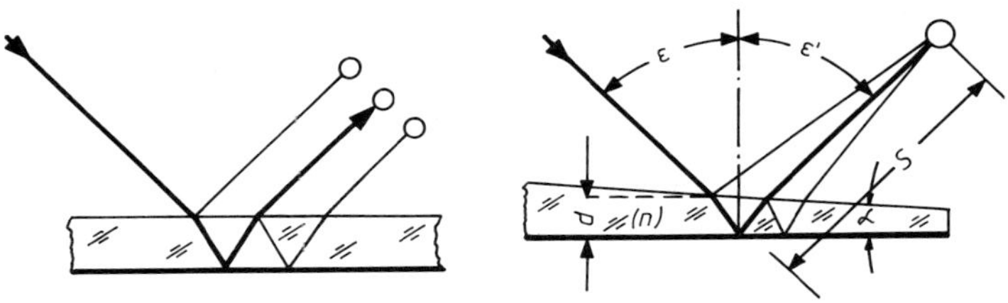


Bild 5.3.2 Mehrfachbilder an Rückflächenspiegeln und ihre Behebung

Auf *gewölbte Spiegel* werden die Gleichungen für eine brechende sphärische Fläche mit $n' = -n$ übertragen (Abschn. 5.1). Für die *Brennweite* f' *des aufgefalteten Spiegels* ergibt sich $f' = -r/2$. Damit hat ein Hohlspiegel ($r < 0$) positive Brennweite f' (Sammelwirkung), ein erhabener Spiegel ($r > 0$) negative Brennweite (Zerstreuungswirkung).

Handelt es sich um Oberflächenspiegel, also polierte Metallflächen z. B., so fallen beide *Hauptpunkte* im Scheitel des Spiegels zusammen; bei rückseitig verspiegelten Glasschalen, deren beide Radien gleich oder auch verschieden sein können, liegen beide Hauptpunkte zusammen im Abstand $d(n-1)/n$ vom Scheitel der Spiegelfläche. Natürlich gelten alle Abbildungsgleichungen.

Vorteilhaft bei Spiegeln ist infolge der Umlenkung des Strahlenganges die Verkürzung der Baulänge des Gerätes gegenüber der Benutzung von Linsen; weiterhin der Wegfall von Farbfehlern. Nachteilig ist die Abschattung des Strahlenganges durch eingebrachte Objekte, Umlenkspiegel u. a.

Ein kugelig gekrümmter Spiegel weist im allgemeinen *sphärische Aberration* auf. Für einen achsparallel einfallenden Strahl ist der Reflexionswinkel gegeben durch $\sin \varepsilon' = h/r$ und die sphärische Abweichung $\Delta s' = s'_h - s'_0 = -f(1/\cos \varepsilon' - 1)$. Die Verstöße gegen die Sinusbedingung sind positiv und vom gleichen Betrage, also $\Delta f' = -\Delta s'$. Für kleine Höhen (Paraxialgebiet) gilt $\Delta s' = f \cdot (h/f)^2 \cdot 1/8$; für den Streukreisdurchmesser $2\varrho = f \cdot (h/f)^3 \cdot 1/4$; für die Strahlneigung $u' = 2\varepsilon'$. Die Stelle der engsten Einschnürung des mit der sphärischen Aberration behafteten Bündels liegt etwa um 4/5 $\Delta s'$ vom Achsenbrennpunkt entfernt; der Durchmesser beträgt etwa 2 $\varrho$/5.

Dinge im Krümmungsmittelpunkt von Kugelspiegeln werden frei von Aberration in wahrer Größe in sich abgebildet; Anwendung als Rückspiegel bei Lichtquellen, insbesondere Projektionsglühlampen (Abschn. 8.4). Für Spiegel anderer, z. B. parabolischer Krümmung gilt das nicht!

Für erhabene Spiegel gelten dieselben Aberrationsformen; das von achsparallel einfallenden Strahlen vermittelte Bild ist virtuell, nach dem Krümmungsmittelpunkt zielende Strahlen werden aberrationsfrei in sich selbst zurückgeworfen.

Fällt ein Bündel unter $\sigma$ zur Achse geneigt auf den Spiegel, so tritt Astigmatismus auf. Für die tangentiale Abbildung (in der Zeichenebene, Bild 5.3.3) gilt $f'_t = f'_0 \cos\sigma$, für die sagittale $f'_s = f'_0/\cos\sigma$. Für $\sigma = 45°$ verhalten sich die Brennweiten also wie 1:2. Will man eine rechtwinklige Knickung des Strahlenganges mit der Abbildung durch einen Hohlspiegel verbinden, so muß dieser torisch sein; Beispiel in Abschn. 5.5. Aus den Formeln folgt, daß die sagittale Bildschale eine Ebene, die tangentiale eine Kugel mit dem Radius $f'/2$ ist. Der Betrag des Astigmatismus senkrecht zur Paraxialbrennebene gemessen ist $A = f' \cdot \sin^2\sigma$, die mittlere Wölbung $R = f'$.

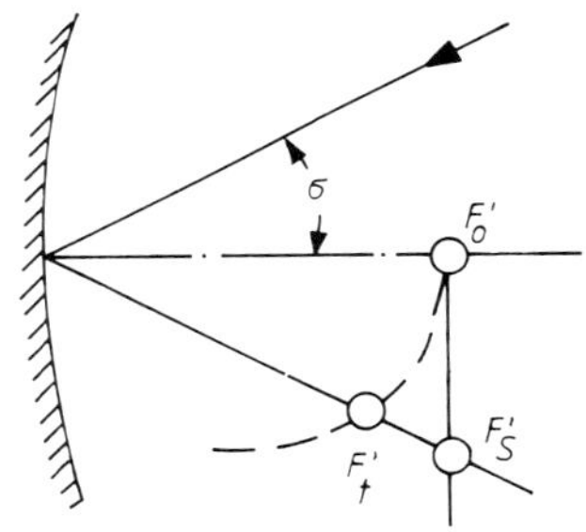


Bild 5.3.3 Astigmatismus eines Kugelspiegels

Bei nicht zu großen Öffnungsverhältnissen und winkelmäßig kleinen Bildfeldern sind fotografische Aufnahmen gut möglich. Man läßt hierbei nicht den Spiegelrand als Blende wirken, sondern bringt eine solche im Krümmungsmittelpunkt des Spiegels an. Dann sind Koma und Astigmatismus behoben, es tritt nur sphärische Aberration und Wölbung auf, aber nach der entgegengesetzten Seite. Eine solche Anordnung wird in der Astronomie viel benutzt und ist auch für Erdfernrohre durchaus brauchbar („Schmidt-Spiegel", Abschn. 5.5).

Kugelspiegel guter Genauigkeit bis 30 cm Durchmesser in Brennweiten bis etwa 20 cm sind als Kinolampenspiegel oder Rückspiegel für Glühlampen als versilberte Glasspiegel erhältlich. Für die erwähnten Zwecke oft genügend (wenigstens in geometrischer Hinsicht) sind geblasene Spiegel, die von manchen Hütten hergestellt werden. Mindestens ebenso genau, aber hitzefester sind gezogene oder gedrückte Metallspiegel mit gut spiegelnder Oberflächenschicht: Chrom, Rhodium, eloxiertes Aluminium, in geeigneter Weise (Lack, Chromatverfahren) geschütztes Silber.

**Literaturhinweise**

L 5.3.1 *Mahlein, H. F.:* Messung des spektralen Reflexionsvermögens von hochreflektierenden Spiegeln. Optik *43* (1975) No. 3, 249–252
L 5.3.2 *Weis, B.: Berechnung von Spiegelreflektoren.* Optik *50* (1978) No. 5, 371–390
L 5.3.3 *Sonnefeld, A.:* Die Hohlspiegel. Verlag Technik Berlin; Berliner Union Stuttgart, 1957
L 5.3.4 DIN 58160 Norm-Optikteile
T 9 Sphärische Hohlspiegel
T 12 Vorderflächen-Planspiegel
L 5.3.5 Freeman, R. H.; Pearson, J. E.: Deformable mirrors for all seasons and reasons. Appl. Optics *21* (1982) No. 4, 580–588

**Beispiele für Hersteller bzw. Lieferanten von Spiegeln**

H 5.3.1 *Franke & Co,* Optik GmbH, Philosophenstr. 116, Gießen
H 5.3.2 *Dr. Johannes Heidenhain GmbH,* Nansenstr. 17, Traunreut
H 5.3.3 *Ealing Beck Ltd.,* Greycaine Road, Watford, GB
H 5.3.4 *J. D. Möller Optische Werke GmbH,* Wedel
H 5.3.5 *J. Hauser KG,* Solms/Wetzlar
H 5.3.6 *Ernst Befort Wetzlar GmbH,* Braunfelser Str. 26, Wetzlar
H 5.3.7 *B. Halle Nachfl.,* Hubertusstr. 11, Berlin: Präzisionsspiegel
H 5.3.8 *Leybold-Heraeus GmbH,* Wilhelm-Rohn-Str. 25, Hanau
H 5.3.9 *Melles Griot GmbH,* Kleyerstr. 14, Darmstadt
H 5.3.10 *Spindler u. Hoyer GmbH u. Co,* Königsallee 23, Göttingen
H 5.3.11 *Thermo-Optik Arnold KG,* Weilstr. 14, Weilburg/Lahn
H 5.3.12 *Anaspec GmbH,* Pallaswiesenstr. 63, Darmstadt: Planspiegel aus Duran 50
H 5.3.13 *Herzog-Optik-Wetzlar KG,* Industriestraße, Nauborn-Wetzlar
H 5.3.14 *Oriel GmbH,* Im Tiefen See 58, Darmstadt
H 5.3.15 *Julius Ernst Sill,* Wendelstein
H 5.3.16 *Heinrich Reichmann,* Dorfstr. 25, Brokdorf
H 5.3.17 *Horst Liebe KG,* Crellestr. 22, Berlin
H 5.3.18 *Wilhelm Weule,* Im Schleeke 40, Goslar
H 5.3.19 *PTR Optics Corp.,* Waltham, USA: Kupferspiegel, Spiegelpolygone
H 5.3.20 *Protop-Bleile GmbH,* 7771 Frickingen 2: Herstellung v. Metallspiegeln durch Diamant-Feinbearbeitung

## 5.4 Systeme mit mehreren Gliedern

Die Abbildung durch ein mehrgliedriges System (mehrere Linsen, Spiegel, Objektive, Kondensoren usw., auch in gemischter Anordnung) ist leicht zu übersehen: Stets ist das von einem System (einer Abbildungsstufe) entworfene Bild (reell, virtuell oder im $\infty$ liegend) der Gegenstand für das in Lichtrichtung nächstfolgende System! Die *Durchrechnung von Stufe zu Stufe* erfolgt deshalb ganz ähnlich wie bei Einzelflächen (Abschn. 5.1). Jedes System ($\varkappa$) wird durch die Brennweite $f'_{(\varkappa)}$ und die Lage der Hauptpunkte $H_{(\varkappa)}$ und $H'_{(\varkappa)}$ bestimmt. Die Abstände der Systeme voneinander können zwischen den Hauptpunkten oder den Brennpunkten entsprechend den folgenden Definitionen gemessen werden (Bild 5.4.1):

*Hauptpunktabstand der Systeme:* $e'_{(\varkappa)} = H'_{(\varkappa)}H_{(\varkappa+1)}$

*Optische Tubuslänge* $t'_{(\varkappa)} = F'_{(\varkappa)}\overline{F}_{(\varkappa+1)}$.

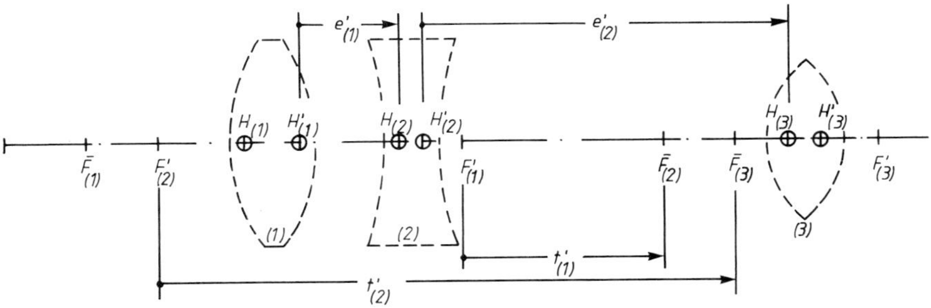


Bild 5.4.1 Zur Durchrechnung eines mehrgliedrigen Systems (hier drei dicke Linsen)

Wenn jedes System für grundsätzliche Betrachtungen durch eine Ebene dargestellt wird ($HH' = 0$), so ist $e'_{(\varkappa)}$ unmittelbar der Abstand zwischen den Systemebenen. Spiegel werden als Teil eines mehrgliedrigen Systems zweckmäßig „aufgefaltet" (Abschn. 5.1).

Bild 5.4.2 zeigt ein *Rechenschema für mehrgliedrige* Systeme, hier mit einem Beispiel für drei dünne Linsen. Die Eingabe beginnt mit $a_{(1)}$, d. h. der Lage des Gegenstandes vor dem ersten System. Die Abbildungsgleichung, Gl. (4.2.5) ergibt $a'_{(1)}$. Dann erfolgt der Übergang zur Objektweite des nächsten Systems (Zeile 7), die nach Zeile 5 der folgenden Spalte übertragen wird. Als Ergebnis erhält man die Bildlage $a'_{(k)}$ nach dem letzten System, sowie den Gesamt-Abbildungsmaßstab $\beta'$. Die optischen Daten des Gesamtsystems, d. h. $f'$ und $\bar{f} = -f'$, sowie die Lage der Gesamthauptpunkte H und H' kann man mit der Eingabe $a_{(1)} = \infty$ bestimmen. Dabei ist aber die Lage des objektseitigen Hauptpunkts H nur zu erhalten, wenn das zu $a'_{(k)} = \infty$ gehörige $a_{(1)}$ bestimmt wird. Diese *Rückwärtsrechnung* wird – wie bei Einzelflächen – am einfachsten durch Umkehr der Systemfolge ausgeführt.

Für ein nur aus *zwei Gliedern* bestehendes System können einfache Gleichungen für die optischen Daten angegeben werden, wobei der Abstand beider Glieder mit $e = H'_{(1)} H_{(2)}$ bzw. $t = F'_{(1)}\bar{F}_{(2)}$ bezeichnet wird:

Brennweite

$$f' = \frac{f'_{(1)} \cdot f'_{(2)}}{f'_{(1)} + f'_{(2)} - e} \quad \text{oder} \quad f' = -\frac{f'_{(1)} \cdot f'_{(2)}}{t} \tag{5.4.1}$$

Hauptpunktlagen

$$H_{(1)}H = e \cdot \frac{f'}{f'_{(2)}}; \qquad H'_{(2)}H' = -e \cdot \frac{f'}{f'_{(1)}} \tag{5.4.2}$$

Brennpunktlagen

$$\bar{F}_{(1)}\bar{F} = -\frac{f'^2_{(1)}}{t}; \qquad F'_{(2)}F' = \frac{f'^2_{(2)}}{t} \tag{5.4.3}$$

Lage des Brennpunkts F' gegenüber dem zweiten System

$$H'_{(2)}F' = a'_{(2)} = \frac{(f'_{(1)} - e) \cdot f'_{(2)}}{f'_{(1)} + f'_{(2)} - e} \tag{5.4.4}$$

| Zeile | | Vorwärtsrechnung | | | | | |
|---|---|---|---|---|---|---|---|
| 1 | System-Glieder | 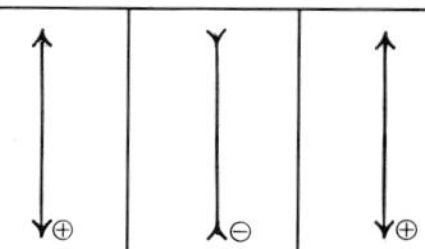 | | | | | |
| 2 | System-Nr. ($\varkappa$) | 1 | 2 | 3 | 4 | 5 | 6 |
| 3 | $e'_{(\varkappa)}$ | *30* | *90* | | | | |
| 4 | $f'_{(\varkappa)}$ | *30* | *−75* | *15* | | | |
| 5 | $a_{(\varkappa)}$ | Eingabe *−60* | *30* | *−40* | | | |
| 6 | $a'_{(\varkappa)} = \frac{a_{(\varkappa)} \cdot f'_{(\varkappa)}}{a_{(\varkappa)} + f'_{(\varkappa)}}$ | *60* | *50* | *24* | | | |
| 7 | $a_{(\varkappa+1)} = a'_{(\varkappa)} - e'_{(\varkappa)}$ | *30* | *−40* | | | | |

| | |
|---|---|
| $\beta' = \frac{a'_{(1)} \cdot a'_{(2)} \cdot a'_{(3)} \cdot \ldots a'_{(K)}}{a_{(1)} \cdot a_{(2)} \cdot a_{(3)} \cdot \ldots a_{(K)}}$ | Ergebnisse: $a'_{(K)} = 24$ $\beta' = +1$ |
| nur bei $a_{(1)} = \infty$ (!): $f' = \frac{a'_{(1)} \cdot a'_{(2)} \cdot a'_{(3)} \cdot \ldots a'_{(K)}}{a_{(2)} \cdot a_{(3)} \cdot \ldots a_{(K)}}$ | $f' =$ <br> $H_{(1)}H =$ ; $H'_{(K)}H' =$ |

$H'_{(K)}H' = a'_{(K)} - f'$; $H_{(1)}H = a_{(1)} - \bar{f}$; $a_{(1)}$ aus Rückwärtsrechnung mit $a'_{(K)} = \infty$!

Bild 5.4.2 Rechenschema mit Beispiel zur Durchrechnung eines mehrgliedrigen Systems

Abbildungsmaßstab $$\beta' = -\frac{f'_{(2)}}{f'_{(1)}} \cdot \frac{1}{1 + \frac{(a_{(1)} + f'_{(1)}) \cdot t}{f'^2_{(1)}}} \tag{5.4.5}$$

Für $t=0$ (*afokale Systeme*, Abschn. 9.3) oder für $a_{(1)} = -f'_{(1)}$ (Objektlage in $\bar{F}_{(1)}$) folgt $\beta' = -f'_{(2)}/f'_{(1)}$, unabhängig von sonstigen Bedingungen!

Ein nützliches Ergebnis ist noch der Satz, daß sich bei dicht hinereinander angeordneten Systemen ($e'_{(\varkappa)} = 0$) die Brechkräfte $1/f'_{(\varkappa)}$ einfach addieren.

Bei außerhalb des Linsenmaterials liegenden Hauptpunkten kann der Hauptpunktabstand e auch negativ werden: $H_{(2)}$ liegt dann in Lichtrichtung vor $H'_{(1)}$.

**Literaturhinweise**

L 5.4.1 *Klein, W.:* Berechnung und Korrektion eines einfachen Umkehrsystem. Jahrb. f. Optik und Feinmechanik 1973, 63–80

L 5.4.2 *Klein, W.:* Berechnung und Korrektion einfacher Telesysteme. Jahrb. f. Optik u. Feinmechanik 1975, 48–68

**Beispiele für Hersteller bzw. Lieferanten**

H 5.4.1 *Jos. Schneider AG,* Ringstr. 132, Bad Kreuznach: Objektive
H 5.4.2 *G. Rodenstock,* Isartalstr. 43, München: Objektive
H 5.4.3 *Will Wetzlar GmbH,* Wilhelm-Will-Str. 7, Wetzlar-Nauborn: Objektive f. Projektion, Mikroskopie u. techn. Geräte
H 5.4.4 *B. Halle Nachfl.,* Hubertusstr. 10, Berlin 41: Sonderobjektive für UV-VIS-IR
H 5.4.5 *Franke & Co,* Optik GmbH, Philosophenstr. 116, Gießen: Objektive
H 5.4.6 *Heinrich Reichmann,* Dorfstr. 25, Brokdorf: Objektive
H 5.4.7 *Erich Erdmann KG,* Ulmtal-Allendorf: Objektive
H 5.4.8 *Canzek Optik,* CH 5035 Unterentfelden: Berechnung optischer Systeme
H 5.4.9 *Spindler u. Hoyer GmbH u. Co,* Königsallee 23, Göttingen: Linsensysteme, u.a. Objektive, Okulare, Kondensoren
H 5.4.10 *Melles Griot GmbH,* Kleyerstr. 14, Darmstadt: Linsensysteme, u.a. Achromate, Objektive, Kondensoren
H 5.4.11 *Wild Heerbrugg AG,* Heerbrugg, CH: Linsen u. Objektive usw. in Sonderanfertigung
H 5.4.12 *Emo-Optik A. Seibert,* Hörnsheimer Eck 11, Wetzlar: Feinmechanisch-optische Komponenten
H 5.4.13 *Optisa AG,* Gewerbehofstr. 11, CH 2503 Biel: Optische Komponenten

## 5.5 Bauelemente mit asphärischen Flächen

„Asphärisch“ sind alle Flächen, die von der Kugelgestalt und ihrem Grenzfall, der Planfläche, abweichen. Im engeren Sinne werden als asphärische Flächen alle rotationssymmetrischen Flächen bezeichnet, deren Meridiankurve von einem Kreisbogen abweicht. Als Spezialfälle gehören hierzu die Kegelschnitte Parabel, Ellipse und Hyperbel, sowie von der Planfläche ausgehende asphärische Korrektionsflächen (Schmidt-Platte). Stufenlinsen (Fresnellinsen) sind ebenfalls ein Sonderfall rotationssymmetrischer, nicht kugelförmiger Flächen. Nicht rotationssymmetrische Flächen haben in zwei senkrecht zueinander stehenden Schnitten unterschiedliche Schnittkurven (z. B. Kreisbogen mit unterschiedlichen Radien). Hierzu gehören u. a. Zylinderflächen.

Im *Paraxialgebiet* bleiben alle Gleichungen für sphärische Flächen, sphärische Linsen usw. auch für rotationssymmetrische asphärische Flächen gültig, denn diese Flächen sind in der Nähe der Achse durch den Krümmungsradius r ihres Scheitelkreises bestimmt. Für die Büschel in den einzelnen Schnitten gilt dies ebenso bei nicht rotationssymmetrischen Flächen: So gelten z. B. für eine Zylinderlinse im Hauptschnitt senkrecht zur Zylinderachse die Gleichungen für eine sphärische Linse, im dazu senkrecht liegenden Schnitt (Krümmungsradius $r = \infty$) die Gleichungen für eine Planplatte.

Eine besonders anschauliche Darstellung der *Meridiankurve einer asphärischen Fläche* erhält man mit *Polarkoordinaten,* wenn als Pol der Krümmungsmittelpunkt C des Scheitelkreises gewählt wird (Bild 5.5.1a). Ist $\bar{r}$ der unter dem Zentriwinkel $\varphi$ gemessene Abstand zwischen C und einem Punkt P der Meridiankurve, so ergibt sich allgemein

$$\bar{r} = r + c_1 \cdot \varphi^4 + c_2 \cdot \varphi^6 + c_3 \cdot \varphi^8 + \ldots, \qquad (5.5.1)$$

wobei die Konstanten $c_1$, $c_2$, $c_3$ entsprechend der gewünschten Flächenform bestimmt werden. Für die Kugelfläche sind diese Konstanten Null; im Paraxialgebiet ($\varphi$ klein) sind sie bei allen Flächen vernachlässigbar.

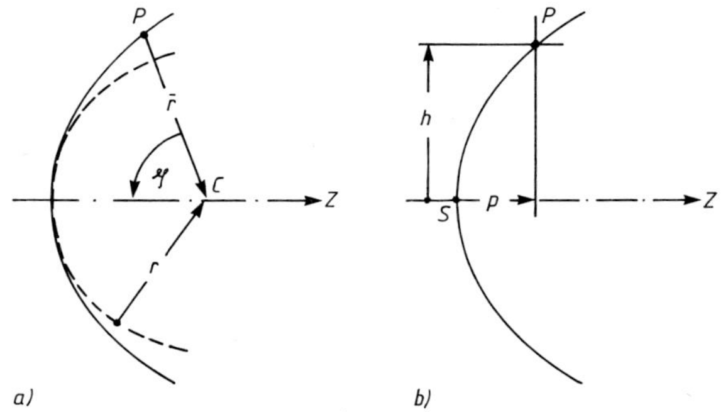


Bild 5.5.1 Meridianschnitt durch eine asphärische Fläche

a) Darstellung in Polarkoordinaten, b) Darstellung in kartesischen Koordinaten. C, r = Scheitelkreis, φ, r̄ = Polarkoordinaten, p, h = kartesische Koordinaten. z = Rotationsachse

In *kartesischen Koordinaten* kann die Lage eines Punktes P der Meridiankurve durch die Pfeilhöhe p als Funktion des Abstands h von der Rotationsachse z dargestellt werden (Bild 5.5.1 b); der Scheitel S ist also der Koordinatenursprung. Eine allgemeine Gleichung für die Meridiankurve hat die Form

$$p = \frac{1}{r} \cdot \frac{h^2}{1 + \sqrt{1 - (K+1)\,\frac{h^2}{r^2}}} + c_1 \cdot h^4 + c_2 \cdot h^6 + c_3 \cdot h^8 + \ldots \qquad 5.5.2$$

mit r = Scheitelkrümmungsradius, K = Kegelschnittkonstante. Durch die Deformationskonstanten $c_1$, $c_2$, $c_3$ ... wird die Abweichung der Kurvenform vom gewählten Kegelschnitt (1. Glied) beschrieben. Sind diese Konstanten alle Null, so ergibt sich als Meridiankurve der durch Radius r und Konstante K beschriebene *Kegelschnitt.* Tabelle 5.5.1 und zugehörige Bilder 5.5.2 und 5.5.3 geben einen Überblick. Die sphärische Fläche wurde in den Vergleich mit einbezogen.

Natürlich kann man auch einen Kegelschnitt als Deformation eines anderen betrachten: Faßt man z. B. den Kreis als deformierte Parabel auf, so ergibt sich

$$p = \frac{h^2}{2r} + \frac{h^4}{8r^3} + \frac{h^6}{16r^5} + \ldots \qquad (5.5.3)$$

Wird umgekehrt die Parabel als deformierter Kreis angesehen, so erhält man

$$p = r\left(1 - \sqrt{1 - \frac{h^2}{r^2}}\right) - \frac{h^4}{8r^3} - \frac{h^6}{16r^5} - \ldots \qquad (5.5.4)$$

Für die praktische Berechnung asphärischer Flächen, in die [L 5.5.3] eine gute Einführung gibt, sind auch noch andere Ansätze mit kartesischen Koordinaten möglich.

Große Bedeutung auch bei einfacher Beleuchtungsoptik hat die *Korrektur des Öffnungsfehlers* durch asphärische Flächen, aber es können auch die übrigen monochromatischen Bildschärfefehler (Verstoß gegen die Sinusbedingung, Astigmatismus, Koma) sowie Verzeichnung korrigiert werden. Ganz allgemein schaffen asphärische Flächen zusätzliche Freiheitsgrade in den Korrekturmöglichkeiten, die für verbesserte Korrektur und/oder für eine Verringerung der Flächenzahl ausgenutzt werden können.

So sind einfache, sphärisch korrigierte Linsen mit höchster Öffnung möglich, deren Durchmesser wesentlich größer ist als die Brennweite. Eine sphärische Plankonvexlinse von 100 mm Brennweite

**Tabelle *5.5.1* Rotationssymmetrische Flächen mit Kegelschnitten als Meridiankurven**

| Fläche | Achsen* | Konstante K Berechnung | Konstante K Wert | p | r | Weitere Daten |
|---|---|---|---|---|---|---|
| Kugel | $a = b = r$ | $K = \frac{b^2}{a^2} - 1$ | $K = 0$ | $p = r\left(1 - \sqrt{1 - \frac{h^2}{r^2}}\right)$ | $r = \frac{h^2 + p^2}{2p}$ | $\overline{SF} = \frac{r}{2}$ (paraxial) |
| Rotations-Paraboloid Bild 5.5.2 a | | | $K = -1$ | $p = \frac{h^2}{2r}$ | $r = \frac{h^2}{2p}$ | $\overline{SF} = \frac{r}{2}$ |
| Bild 5.5.3 a<br>Rotations-Ellipsoid | $\|b\| < \|a\|$ | $K = \frac{b^2}{a^2} - 1$ | $-1 < K < 0$ | $p = \frac{r\left(1 - \sqrt{1 - (K+1)\frac{h^2}{r^2}}\right)}{K+1}$ | $r = \frac{b^2}{a}$ | $s_2 = \frac{r}{K+1}(1 + \sqrt{-K})$<br>$s_1 = \frac{r}{K+1}(1 - \sqrt{-K})$ |
| Bild 5.5.3 b | $\|b\| > \|a\|$ | | $K > 0$ | | | $a = \frac{r}{K+1}$<br>$B_1B_2 = 2r\,\frac{\sqrt{K}}{K+1}$ |
| Rotations-Hyperboloid Bild 5. 5.2 b | $\|b\| \gtreqless \|a\|$ | $K = \frac{b^2}{a^2} - 1$ | $K < -1$ | | | $s_1 = \frac{r}{K+1}(1 - \sqrt{-K})$<br>$s_2 = \frac{r}{K+1}(1 + \sqrt{-K})$ |

*) a = Achse in z-Richtung

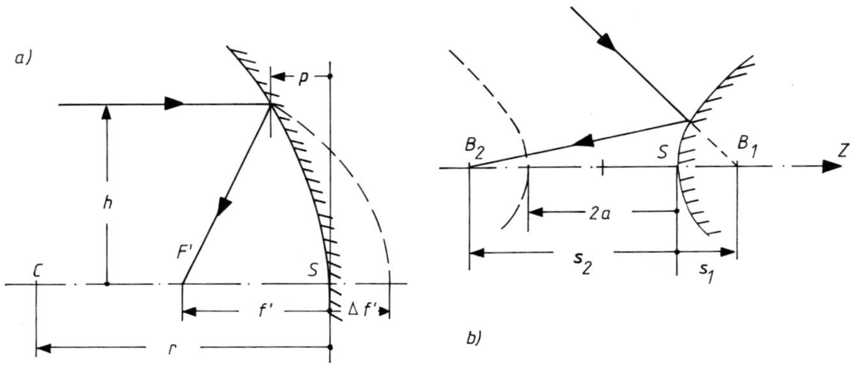


Bild 5.5.2 Paraboloid und Hyperboloid
a) Parabolischer Konkavspiegel, b) hyperbolischer Konvexspiegel. $B_1$, $B_2$ = „Brennpunkte"

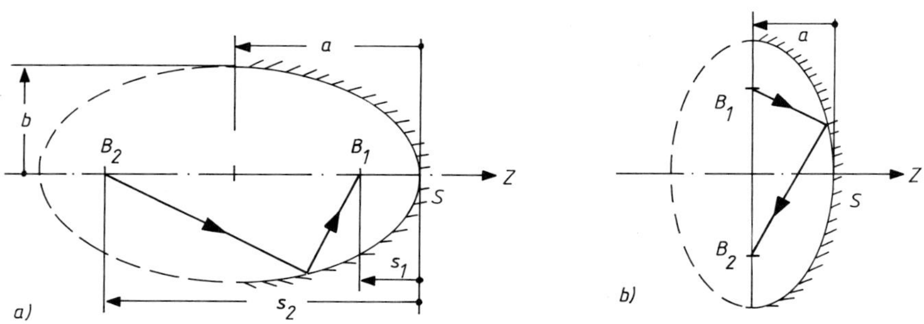


Bild 5.5.3 Ellipsoidspiegel
a) Rotation um große, b) Rotation um kleine Ellipsenachse

z. B. hat einen Krümmungsradius von etwa 50 mm und ist halbkugelig, wenn sie 100 mm Durchmesser haben soll; dabei hat sie einen sehr großen Öffnungsfehler. Ist die Linse aber so asphärisch, daß die Aberration behoben ist, so kann sie einen fast beliebigen Durchmesser haben, der nur dadurch begrenzt ist, daß die Schnittweite immer kleiner wird und ein Brennpunkt in die Linse hineinwandert und nicht mehr zugänglich ist. Solche Linsen werden für Signalscheinwerfer, als Kondensoren in Bildwurfgeräten und Beleuchtungseinrichtungen, insbesondere als Kollektoren bei der Mikroskopie benutzt (z. B. Bild 8.7.3).

Ihr Meridian ist eine Parabel höherer Ordnung, die so genau berechnet wird, daß die restlichen Aberrationen für den beabsichtigten Zweck nicht mehr stören, die Streukreise also höchstens 0,1–0,5 mal so groß wie die abgebildete Lichtquelle sind. Der Öffnungsfehler läßt sich zonenlos über die ganze Öffnung beliebig genau beheben und die Sinusbedingung streng für eine Zone erfüllen; soll auch diese für die ganze Linse streng zutreffen, so müssen zwei asphärische Flächen angebracht sein, was aber wegen der Herstellungsschwierigkeiten vermieden wird.

Bei Spiegeln werden auch *Kegelschnitte* als Meridiankurven verwendet: Für den *Parabolspiegel* ist der Spiegelmeridian eine Parabel; achsparallel einfallende Strahlen werden frei von sphärischer Aberration durch den Brennpunkt gespiegelt. Dagegen sind die Verstöße gegen die Sinusbedingung erheblich: Ist $h^2 = 2 \cdot r \cdot p$ die analytische Formel für die Parabel (Bild 5.5.2 a), mit $r = 2 \cdot f'$ als Scheitelkrümmungsradius, so ist die Brennweite für die Höhe h $f'_h = p + f'$, also $\Delta f' = h^2/4f'$: Die Scheitelhöhe p ist gleich dem Verstoß gegen die Sinusbedingung. Im Unendlichen gelegene Dinge werden bei größeren Öffnungsverhältnissen nur undeutlich wiedergegeben, auch ist die Koma merklich.

Parabolspiegel mit größeren Brennweiten werden z. B. als Hauptspiegel für kleine Spiegelteleskope geliefert; mit kurzen Brennweiten sind Metallspiegel als Fahrzeugscheinwerferspiegel erhältlich.

Bei *Ellipsoid-* und *Hyperboloidspiegeln* ist der Meridian ein Abschnitt einer Ellipse oder Hyperbel, meist ein Scheitelabschnitt; es kommen aber auch ringförmige, bei Ellipsoidspiegeln etwa faßähnliche Segmente vor. Das *Ellipsoid* bildet einen Objektpunkt, der mit dem Ellipsenbrennpunkt $B_1$ oder $B_2$ zusammenfällt, frei von sphärischer Aberration nach dem anderen Brennpunkt $B_2$ oder $B_1$ ab (Bild 5.5.3 a). Der paraxiale Abbildungsmaßstab $\beta' = -s'/s$ ist negativ (z. B. $s' = s_1$, $s = s_2$). Zu einem reellen Objekt ergibt sich ein reelles Bild. Die Sinusbedingung wird nicht erfüllt. Mit steigendem Aperturwinkel u nimmt $|\beta'|$ ab.

*Ellipsoidspiegel* werden vor allem bei Projektorlampen – auch in die Lampe eingebaut – zur Ausleuchtung kleiner Felder verwendet.

*Hyperboloidspiegel* (Bild 5.5.2b) bilden von einem Hyperbelbrennpunkt zum anderen frei von sphärischer Aberration ab, wobei Objekt oder Bild virtuell sind. Der paraxiale Abbildungsmaßstab $\beta' = -s'/s$ ist positiv (da $s = s_1 > 0$, $s' = s_2 < 0$ ist). Die Sinusbedingung wird nicht erfüllt. Mit steigendem Winkel u nimmt $\beta'$ zu.

Hyperbolische Spiegel kommen bei bestimmten Typen astronomischer Fernrohre als Fangspiegel vor (Abschn. 9.3).

Den Spezialfall des *Axicons* erhält man aus dem Hyperboloid, wenn man in Gl. (5.5.2) r gegen Null gehen läßt und $K = -(1 + \tan^2(\alpha/2))$ setzt: Das Axicon [L 5.5.6] hat eine brechende oder reflektierende Kreiskegelfläche mit dem Öffnungswinkel $\alpha$, entstanden durch Rotation einer gegen die optische Achse um $\alpha/2$ geneigten Geraden um die Achse. Gl. (5.5.2) liefert dann als Beschreibung des Meridianschnitts $p = h/\tan(\alpha/2)$. Ein reflektierendes Axicon mit $\alpha = 90°$ verteilt ein koaxial einfallendes Parallelbündel (z. B. Laserstrahl) auf einen achsensenkrechten Ring.

Erhebliche Bedeutung für die Korrektur des Öffnungsfehlers von Kugelspiegeln hat die *Korrekturplatte nach Schmidt* [L 9.3.7], die in der Ebene des Spiegel-Krümmungsmittelpunktes zusammen mit einer Aperturblende angebracht wird (Bild 5.5.4). Diese Korrektur wird vor allem bei Astrokameras angewendet, die für großes Bildfeld bei kleiner Blendenzahl k nutzbar sein müssen. Durch die als Eintrittspupille wirkende Blende werden Koma und Astigmatismus behoben, weil jedes schräg einfallende Bündel einen anderen Ausschnitt des Kugelspiegels symmetrisch trifft. Die Korrekturplatte wirkt, vereinfacht betrachtet, am Rand als Negativ- und in der Mitte als Positivlinse und kompensiert damit den Öffnungsfehler. Sie weicht geringfügig von einer Planplatte ab, wobei sich für ihre Dicke d als Funktion des Radius R die Gleichung

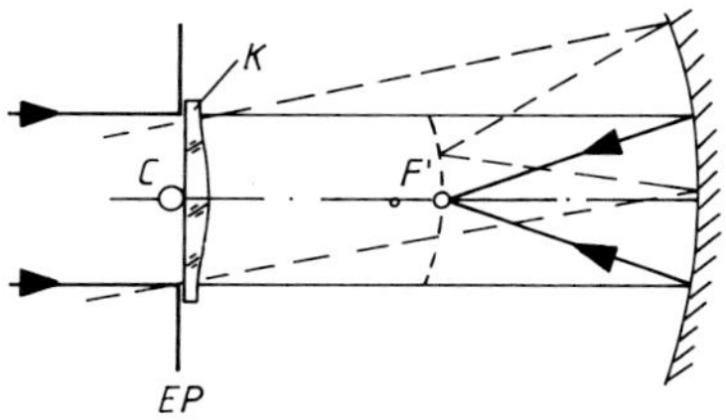


Bild 5.5.4 Öffnungsfehler-Korrektur mit Schmidt-Platte

C = Krümmungsmittelpunkt des Spiegels, K = Korrekturplatte nach Schmidt, EP = Aperturblende (Eintrittspupille)

$$d(R) = \frac{1}{512} \cdot \frac{1}{n_d - 1} \cdot \frac{D_{max}}{k^3} \left[ \left( \frac{2R}{D_{max}} \right)^4 - 1{,}5 \left( \frac{2R}{D_{max}} \right)^2 \right] + d \qquad (5.5.5)$$

ergibt, mit $D_{max}$ = freier Durchmesser der Platte, d = Scheiteldicke, k = Blendenzahl.

Als Glas wird z. B. UBK 7 (517643) verwendet. Die Dickenfunktion kann variiert und die Korrekturplatte auch achromatisch gestaltet werden [L 5.5.7]. Die Herstellung der Platte erfolgt durch Überschleifen einer Planplatte in deformiertem Zustand (einseitig wirkendes Vakuum); nach dem Entspannen ergibt sich die gewünschte Flächenform.

Das Bildfeld der Schmidt-Kamera ist gewölbt (Krümmungsradius gleich der Spiegelbrennweite); entweder werden Film oder Fotoplatte in diese Form gebracht oder das Feld durch eine Linse unmittelbar vor der Aufnahmefläche geebnet.

Bei geringen Ansprüchen an die Abbildungsqualität, also insbesondere bei Beleuchtungsoptik, können Linsen mit großer Apertur preisgünstig und mit erheblicher Einsparung an Gewicht und Baulänge als *Stufenlinsen* (*Fresnellinsen*) realisiert werden. Man kann sie prinzipiell als eine in Ringzonen aufgeteilte und auf nahezu die gleiche Ebene zusammengeschobene Linse ansehen (Bild 5.5.5 a). Die Krümmung der durch Brechung wirksamen *Zonenflächen* wird dabei nur für die mit groben Stufen gepreßten Glaslinsen beibehalten, die besonders hoch temperaturbelastbar sind und deshalb für Scheinwerferoptik (z. B. Stufenlinsen-Scheinwerfer für Bühnenbeleuchtung und Fotografie) verwendet werden. Bei den mit sehr geringen Stufenbreiten (0,5 mm bis unter 0,1 mm) durch Spritzen oder Pressen aus Kunststoff hergestellten Linsen sind die wirksamen Zonenflächen jedoch *Kegelflächen* – im Querschnitt stellen die Zonen also Ablenkprismen mit ebenen Flächen dar, wobei der Prismenwinkel $\alpha$ (Abschn. 5.9) zum Rand hin zunimmt. Durch die nicht stetig gekrümmte Fläche ergeben sich Restfehler, die aber wegen der einfachen Herstellung in Kauf genommen werden. Abgesehen von diesen prinzipbedingten Fehlern wird eine möglichst gute Strahlenvereinigung angestrebt, d. h. die sphärische Aberration beseitigt:

Der Neigungswinkel $\alpha$ einer Zonenfläche im Abstand h von der Achse (Bild 5.5.5 c) ergibt sich mit Hilfe von Gl. (5.9.2) unter Beachtung der Winkel- und Streckenvorzeichen zu

$$\tan\alpha = \frac{\sin\sigma' - \sin\sigma}{\sqrt{n^2 - \sin^2\sigma} - \cos\sigma'} \qquad (5.5.6),$$

wobei $\tan\sigma = h/a$, $\tan\sigma' = h/a'$ ist. Setzt man $a = \infty$, so wird $a' = f'$ (Einfall oder Austritt achsenparalleler Strahlen auf der Seite der Planfläche). Wegen Ausnutzung der Brechung an beiden Flächen ist es günstiger, das Parallelbündel auf die Seite der

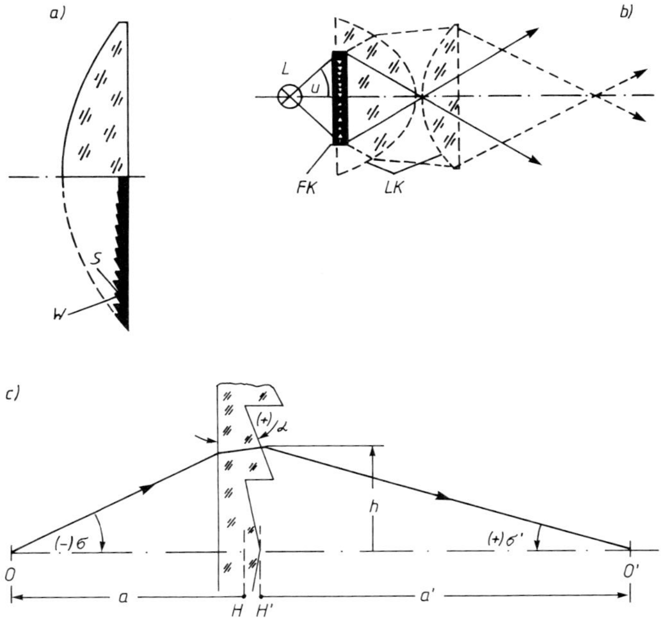


Bild 5.5.5 Stufenlinsen

a) Prinzip. W = wirksame Flächen der Ringzonen, S = Störflanken. b) Vergleich eines Fresnel-Kondensors FK aus zwei Stufenlinsen mit einem aus zwei üblichen Linsen aufgebauten asphärischen Kondensor LK bei gleichem Aperturwinkel u. L = Lampe. Nach [L 5.5.4]. c) Skizze zur Berechnung der Zonenneigungen α

Zonenfläche zu verlegen und damit a = f, a′ = ∞ zu setzen (z. B. Linse eines Doppelkondensors, siehe unten).

Der Grundsatz konstanter optischer Weglänge bei einer von sphärischer Aberration freien Abbildung ist bei Stufenlinsen nicht erfüllt. Deshalb treten auch Phasendifferenzen zwischen den einzelnen Zonenstrahlen auf. Der Übergang zwischen den Ringzonen wird durch steile *„Störflanken“* vermittelt, die den Gesamttransmissionsgrad vermindern (ringförmige Schattenzonen), sowie durch Streuung und Reflexion den Kontrast herabsetzen. Die unvermeidbaren Störflanken sind ein wesentlicher Nachteil der Stufenlinsen.

Werden die Neigungswinkel der Zonenflächen für zwei Linsen unterschiedlicher Brennweite berechnet und diese Zonen abwechselnd auf einer Stufenlinse angeordnet, so entsteht eine *„bifokale“ Linse:* der Lichtstrom eines einfallenden Parallelbündels wird auf zwei Brennpunkte verteilt. Eine solche Linse kann z. B. als Bauelement eines Kondensors für einen mit Wechselobjektiven ausgerüsteten Projektor oder als Feldlinse bei einer Einstellscheibe für Spiegelreflexkameras mit Wechseloptik vorteilhaft sein.

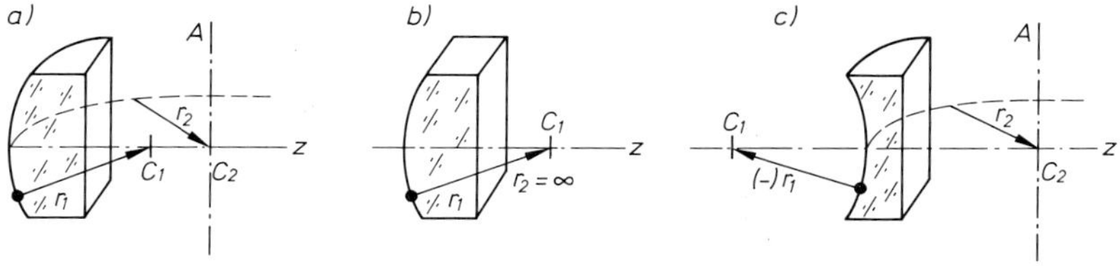


Bild 5.5.6 Torische Flächen und ihre Sonderformen

a) $r_1 \lesseqgtr r_2$; gleiche Vorzeichen: Torische Fläche mit positiver (oder negativer) Brechkraft in beiden Schnitten. b) $r_2 = \infty$ : Zylinderfläche. c) Ungleiche Vorzeichen von $r_1$ und $r_2$: Sattelfläche (positive Brechkraft in einem und negative Brechkraft in dem anderen Schnitt). A = Rotationsachse; senkrecht dazu der Rotationsschnitt (mit Kreis $r_2$). z = opt. Achse. Jeweils ist eine rechteckförmige Planlinse mit ihrem Meridianschnitt ($r_1$) dargestellt.

Ein Kondensor mit großem Öffnungsverhältnis kann aus zwei Stufenlinsen aufgebaut werden, deren Rillenflächen einander zugekehrt sind. Beide Linsen werden mit Hilfe der sichtbaren Moiré-Figuren so justiert, daß die Störflanken sich genau gegenüberliegen (Zentrierung), und dann am Rande dicht verklebt. So ergeben sich glatte und damit staubunempfindliche Außenflächen. Solche Kondensoren werden in großem Umfang bei *Arbeitsprojektoren* verwendet. Gegenüber einem normalen Linsenkondensor ergibt sich eine erheblich kleinere Baulänge und eine wesentliche Gewichtsersparnis (Bild 5.5.5 b). Andere Bauelemente (z. B. Zylinderlinsen, asphärische Spiegel, Ablenkprismen, Axicon, [L 5.5.8]) können ebenfalls mit Stufenflächen realisiert werden.

Grundtyp der *nicht rotationssymmetrischen Flächen* (unterschiedliche Meridianschnitte in verschiedenen achsensenkrechten Ebenen) ist die *torische Fläche,* entstanden durch Rotation eines Kreisbogens mit dem Radius $r_1$ um eine im Scheitelabstand $r_2$ liegende Gerade (Bild 5.5.6 a). In den beiden Hauptschnitten ergeben sich also die Krümmungsradien $r_1$ und $r_2$ und damit unterschiedliche Brennweiten: Es entsteht Astigmatismus längs der optischen Achse.

Spezialfälle der torischen Fläche sind die *Zylinderfläche* (Bild 5.5.6 b) mit der Brechkraft Null in dem die Zylinderachse enthaltenden Schnitt, und die *Sattelfläche* (Bild 5.5.6 c) mit positiver bzw. negativer Brechkraft in den zueinander senkrecht stehenden Hauptschnitten. Die Meridianschnitte torischer Flächen können natürlich auch von der Kreisform abweichen.

Eine *ringförmige torische Linse* (Gürtellinse, Bild 8.6.2) entsteht durch Rotation des Meridianschnitts ($r_1$) um einen Vollkreis ($r_2$). Dabei kann der Brennpunkt des Meridianschnitts in die Rotationsachse A gelegt und dort eine Lichtquelle angebracht werden. Dann ergibt sich Bündelung des Lichts im Meridianschnitt bei Abstrahlung um 360° im Rotationsschnitt. Der Meridianschnitt kann als Fresnellinsenprofil ausgelegt werden, auch mit getrennten Zonenringen aus Glas.

Werden bei einem *torischen Element* (Linse oder Spiegel) die Brechkräfte in den beiden Hauptschnitten mit $\dot{F}_1 = 1/f'_1$ und $\dot{F}_2 = 1/f'_2$ bezeichnet, so ergibt sich in einem beliebigen Schnitt a, der um $\vartheta_1$ gegen den Hauptschnitt 1 gedreht ist:

$$\dot{F}_a = \dot{F}_2 - (\dot{F}_2 - \dot{F}_1) \cdot \cos^2 \vartheta_1 \qquad (5.5.7\,a)$$

und im dazu senkrechten Schnitt b

$$\dot{F}_b = \dot{F}_2 - (\dot{F}_2 - \dot{F}_1) \cdot \sin^2 \vartheta_1 \tag{5.5.7b}$$

Daraus folgt $\dot{F}_a + \dot{F}_b = \dot{F}_1 + \dot{F}_2$: Die Summe der Brechkräfte in zwei beliebigen, aber senkrecht zueinander stehenden Schnitten ist konstant und gleich der Summe der Brechkräfte in den Hauptschnitten. Die Krümmungen $1/r$ in den Schnitten einer torischen Fläche kann man genauso berechnen, wenn man in den Gleichungen (5.5.7) die Brechkräfte $\dot{F}$ durch die Krümmungen ersetzt.

Beispiel: Ist $\dot{F}_1 = -\dot{F}_2$ (Sattelfläche mit entgegengesetzt gleichen Brechkräften), so ergibt sich für $\vartheta_1 = 45°$ $\dot{F}_a = \dot{F}_b = 0$, also $f' = \infty$ in diesen Schnitten. Ist $\dot{F}_1 = 0$ (Zylinderfläche mit $\dot{F}_2$ im Meridianschnitt), so folgt $\dot{F}_a = \dot{F}_2 \cdot \sin^2 \vartheta_1$; $\dot{F}_b = \dot{F}_2 \cdot \cos^2 \vartheta_1$, mit $\vartheta_1$ = Winkel gegen die Zylinderachse.

Die Gesamtwirkung von zwei *Zylinderflächen*, die mit ihren Zylinderachsen gegeneinander verdreht sind, kann auf die Wirkung einer torischen Fläche umgerechnet werden. Sind die beiden Zylinderflächen mit den Brechkräften $\dot{F}_a$ und $\dot{F}_b$ (in den Meridianschnitten) bei geringem Abstand ($d \approx 0$) gegeneinander um den Winkel $\vartheta$ verdreht, so kann man zwei senkrecht zueinander stehende Hauptschnitte 1 und 2 finden, in denen die größte bzw. die kleinste Brechkraft auftritt. Diese Schnitte sind um die Winkel $\vartheta_1$ und $\vartheta_2 = 90° + \vartheta_1$ gegen die Zylinderachse von $\dot{F}_a$ verdreht.

Berechnet man zur Abkürzung

$$\dot{F} = \sqrt{\dot{F}_a^2 + \dot{F}_b^2 + 2\,\dot{F}_a \dot{F}_b \cos 2\vartheta}\,, \tag{5.5.8}$$

so erhält man für die Winkellagen der beiden Hauptschnitte

$$\tan \vartheta_1 = \frac{-\dot{F}_a - \dot{F}_b \cos 2\vartheta + \dot{F}}{\dot{F}_b \sin 2\vartheta}; \quad \tan \vartheta_2 = -\frac{1}{\tan \vartheta_1} \tag{5.5.9}$$

Für die Brechkräfte in den beiden Hauptschnitten erhält man

$$\dot{F}_1 = \frac{\dot{F}_a + \dot{F}_b + \dot{F}}{2}; \quad \dot{F}_2 = \frac{\dot{F}_a + \dot{F}_b - \dot{F}}{2} \tag{5.5.10}$$

Gleichwertig damit ist die Darstellung, daß einer in allen Schnitten wirksamen „sphärischen" Brechkraft $\dot{F}_{sph} = \dot{F}_2$ eine „zylindrische" Brechkraft $\dot{F}_{zyl} = \dot{F}$ im Hauptschnitt 1 überlagert ist, denn es ist $\dot{F}_1 = \dot{F}_2 + \dot{F}$.

Beispiele zu Zylinderflächen:

1) Es sei $\dot{F}_b = \dot{F}_a$ (gleiche Zylinderlinsen). Mit trigon. Umformung findet man $\dot{F} = 2\dot{F}_a \cos\vartheta$, $\vartheta_1 = \vartheta/2$, $\dot{F}_1 = \dot{F}_a(1 + \cos\vartheta)$, $\dot{F}_2 = \dot{F}_a(1 - \cos\vartheta)$. Durch Änderung von $\vartheta$ können also die Brechkräfte $\dot{F}_1$ und $\dot{F}_2$ – und damit auch $\dot{F}_{sph} = \dot{F}_2$ und $\dot{F}_{zyl} = \dot{F}$ kontinuierlich verändert werden. Mit $\vartheta = 0$ (Zylinderlinsen parallel) erhält man reine Zylinderwirkung ($\dot{F}_1 = 2\dot{F}_a$; $\dot{F}_2 = 0$); mit $\vartheta = 90°$ (Zylinderlinsen gekreuzt) ergibt sich $\dot{F}_1 = \dot{F}_2 = \dot{F}_a$: In den Hauptschnitten, aber auch in allen anderen Schnitten (s. oben) ist die Brechkraft gleich (Wirkung wie sphärische Linse).

2) Für $\dot{F}_b = -\dot{F}_a$ (Konkav- und Konvex-Zylinderlinse) wird $\dot{F} = 2\dot{F}_a \sin\vartheta$, $\tan\vartheta_1 = -(1 - \tan \vartheta/2)/(1 + \tan\vartheta/2)$, $\dot{F}_1 = \dot{F}_a \sin\vartheta$, $\dot{F}_2 = -\dot{F}_a \sin\vartheta$. Mit $\vartheta = 0$ erhält man $\dot{F}_1 = \dot{F}_2 = 0$: Die Linsenkombination wirkt als Planplatte. Hingegen ergibt sich für $\vartheta = 90°$ $\dot{F}_1 = \dot{F}_a$, $\dot{F}_2 = -\dot{F}_a$. Man erhält also eine durch $\vartheta$ veränderbare Sattelfläche, von der Planplattenwirkung bis zu maximalem Brechkraftunterschied.

Es ergeben sich hier entgegengesetzt gleiche zylindrische Brechkräfte, die für $\vartheta = 0$ verschwinden. Eine solche Anordnung ist ausbaufähig, insbesondere kann man deren zwei so hintereinander schalten, daß eine innere Zylinderlinse mit doppelter Brechkraft von zwei äußeren mit entgegenge-

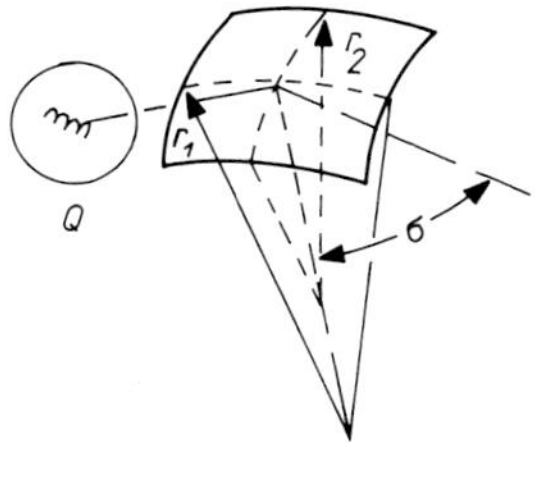


Bild 5.5.7 Torischer Hohlspiegel zur gleichzeitigen Abbildung und Knickung

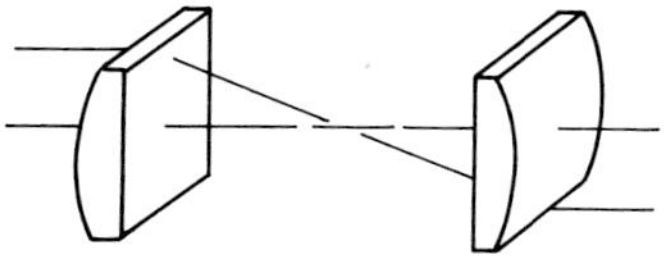

Bild 5.5.8 Astronomisches Fernrohr aus Zylinderlinsen zur Bilddrehung bzw. Bildwendung

setzter einfacher Brechkraft eingeschlossen ist, die gegenüber der inneren gemeinsam gedreht werden. Ableitung der Formeln z. B. in [L 9.2.1].

Anwendungsbeispiele für nicht rotationssymmetrische Flächen:
1) Torischer Hohlspiegel zur Abbildung bei gleichzeitiger Knickung des Strahlenganges (Bild 5.5.7): Der Astigmatismus (Bild 5.3.3) wird durch unterschiedliche Radien beseitigt. Ist $f'$ die in beiden Schnitten gewünschte Brennweite, so muß $r_1 = 2f'/\cos\sigma$, $r_2 = 2f' \cdot \cos\sigma$ gewählt werden. Für $\sigma = 45°$, also Knickung um 90°, wird $r_1 = 2r_2$. Der Öffnungsfehler ist nicht korrigiert, also niedrige Apertur zu wählen.

2) Bilddrehung mit afokaler Anordnung aus parallel ausgerichteten Zylinderlinsen, d. h. im Meridianschnitt wie Kepler-Fernrohr (Bild 5.5.8): In der gezeichneten Stellung erfolgt Höhen-Umkehrung, nach Drehung um 90° Seiten-Umkehrung. Dies bedeutet eine Bilddrehung um 180° (vollständige Umkehrung). Allgemein dreht sich das Bild um den Winkel $2\vartheta$, wenn die Linsenanordnung um $\vartheta$ gedreht wird. Gegenüber Prismen (z. B. Bild 5.7.8 a) geringerer Glasweg.

3) Zur Vergrößerung des Sichtfeldes (Vermeidung des „toten Winkels") wurde ein *asphärischer Auto-Außenspiegel* entwickelt (H 5.5.16): An einen üblichen sphärisch gewölbten Teil (z. B. $r = 2000$ mm), der etwa ⅔ bis ¾ der Spiegelfläche umfaßt, schließt außen ein asphärischer Teil an, bei dem sich der Krümmungsradius stufenlos bis auf z. B. 160 mm am linken Rand vermindert. Gegenüber Planspiegeln ($w \approx 16°$) wird der Feldwinkel um den Faktor 3, gegenüber Konvexspiegeln um etwa das 1,5-fache erhöht. Bei der Bildbeurteilung ist zu beachten, daß der Abbildungsmaßstab nach außen gleitend abnimmt.

4) Bei modernen *Gleitsicht-Brillengläsern* (siehe auch „progressive Gläser", Abschn. 9.2) werden völlig unsymmetrische asphärische Flächen angewendet [L 5.5.17]: Eine Minimierung der Bildfehler, insbesondere des Astigmatismus in den seitlichen Teilen der Progressionszone, gelang durch Flächendarstellung mit *Spline-Funktionen*. Die Fläche kann dann an vielen Stützpunkten genau berechnete Werte annehmen und ergibt damit eine große Zahl von Freiheitsgraden zur Korrektion, verläuft aber durch die Splines optimal glatt.

Bauelemente mit nicht rotationssymmetrischen Flächen, vor allem mit Zylinderlinsen, werden auch für *anamorphotische Abbildung* verwendet, die ein „verzerrtes" Bild liefert, d. h. unterschiedliche Abbildungsmaßstäbe $\beta'_x$ und $\beta'_y$ in den beiden achsensenkrechten Koordinaten. Die Bildorte müssen natürlich für jeden die Achse enthaltenden Schnitt übereinstimmen, sonst tritt Astigmatismus längs der Achse auf. Hierzu gibt es

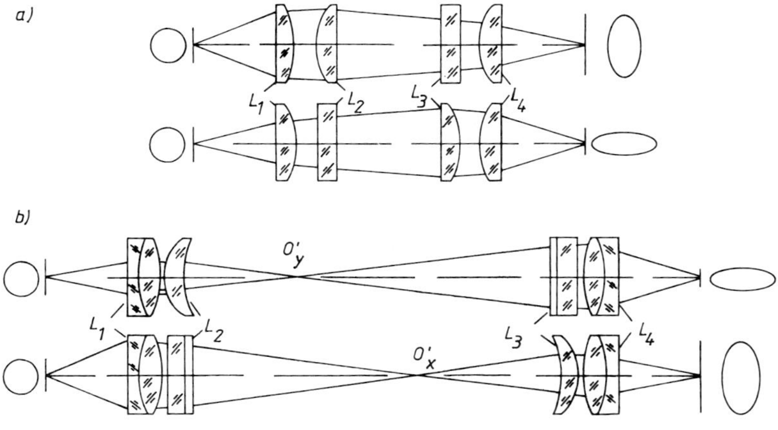


Bild 5.5.9 Beispiele für Systeme zur anamorphotischen Abbildung

a) einfaches System in zwei Hauptschnitten, mit sphärischen Linsen $L_1$, $L_4$ und gekreuzten Zylinderlinsen $L_2$, $L_3$. Der Kreis wird als Ellipse abgebildet (Objekt- und Bildebene umgeklappt). b) Verwendung von Achromaten $L_1$, $L_4$, aplanatischen Zylinder-Menisken $L_2$, $L_3$, mit reellem astigmatischen Zwischenbild O′

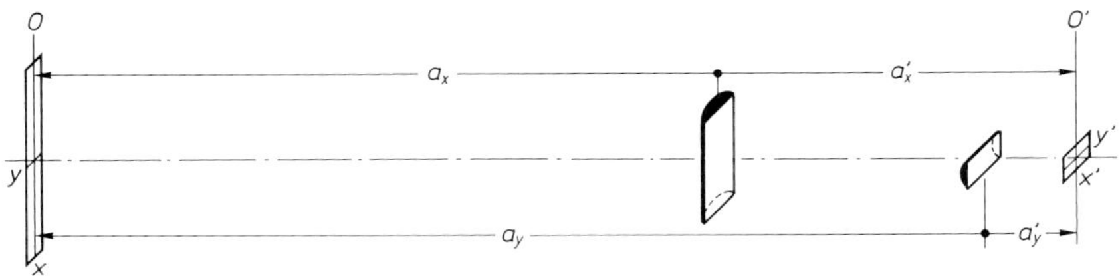


Bild 5.5.10 Anamorphotische Abbildung durch gekreuzte Zylinderlinsen (nicht maßstäblich)

unterschiedliche Möglichkeiten, z. B. nach Bild 5.5.9. Bei reeller Zwischenabbildung sind Feldlinsen erforderlich. Mit gekreuzten Spalten ist der Aufbau einer anamorphotischen Lochkamera (Abschn. 1.5) möglich.

Beispiel (Bild 5.5.10): Anamorphotische Abbildung einer Prüffläche mit $x = 20$ mm, $y = 200$ mm auf eine CCD-Matrix (Abschn. 19.4) mit der aktiven Fläche $x' = 5{,}7$ mm, $y' = 4{,}4$ mm durch zwei gekreuzte Zylinderlinsen. Der Abstand OO′ zwischen Prüffläche und CCD-Sensor soll ca. 1000 mm betragen. Gesucht sind Brennweiten und Lagen der beiden Linsen. Erforderlich sind die Abbildungsmaßstäbe $\beta'_x = x'/x = -0{,}285$; $\beta'_y = y'/y = -0{,}022$. Für beide Koordinaten gilt $OO' = 1000$ mm. Mit Gl. (4.2.13) erhält man (für dünne Linsen: $HH' \approx 0$) $f'_x = 172{,}6$ mm für die erste und $f'_y = 21{,}1$ mm für die zweite Linse. Mit Gl. (4.2.11) folgen die Abstände der Linsen von der Sensorfläche: $a'_x = 221{,}8$ mm; $a'_y = 21{,}5$ mm. Beim realen Aufbau sind die Linsendicken zu berücksichtigen. Werden handelsübliche Linsen ähnlicher Brennweite ausgewählt, muß der Aufbau entsprechend modifiziert werden.

Beispiel: Ein Meßobjekt soll anamorphotisch verzerrt mit einer Fernsehkamera abgebildet werden. Es soll $\beta_x' : \beta_y' = 5:1$ gelten. Dazu kann das Bild in y-Richtung um den Faktor 5 gestaucht werden, und zwar durch ein afokales System aus Negativ-Zylinderlinse 1 (z. B. $f_1' = -20$ mm) und Positiv-Zylinderlinse 2 ($f_2' = 100$ mm) im Abstand $e = f_1' + f_2' = 80$ mm. Beide Linsen sind mit parallelen Zylinderachsen anzuordnen (!); im Meridianschnitt (y-z-Ebene) wirken sie also wie ein umgekehrtes, d. h. verkleinerndes Galilei-Fernrohr (Abschn. 9.3). Dieses Reduktionssystem wird unmittelbar vor das Kamera-Objektiv gesetzt. Davor kommt ggf. noch eine Vorsatzlinse, die ein Meßobjekt in geringem Abstand nach $\infty$ abbildet. Das Kamera-Objektiv wird dann auf $\infty$ eingestellt.

## Literaturhinweise


L 5.5.1 *Heynacher, E.:* Fertigung und Prüfung asphärischer Flächen - Stand der Technik in der Bundesrepublik Deutschland. Feinwerktechnik & Meßtechnik *92* (1984), 1-5

L 5.5.2 *Heynacher, E.:* Fertigung asphärischer Flächen durch formgebende Bearbeitung und durch Abgießen. Optik *45* (1976), No. 3, S. 249-267

L 5.5.3 *Klein, W.:* Asphärische Linsen in optischen Geräten. Jahrbuch für Optik und Feinmechanik 1979, S. 47-88 Berlin: Fachverlag Schiele & Schön GmbH

L 5.5.4 *Hofmann, Ch.; Tiedeken, R.:* Über die Einsatzmöglichkeiten von Fresneloptik als Bauelement des wissenschaftlichen Gerätebaus. Feingerätetechnik *15* (1966), H. 1, S. 1-8

L 5.5.5 *Hofmann, C.; Tiedeken, R.:* Über die Berechnung, die Herstellung und die Anwendung der modernen Fresnellinsen mit extrem kleiner Rillenstruktur. Jenaer Jahrbuch 1964, S. 109

L 5.5.6 *McLeod, J. H.:* Axicons and Their Uses. J. Opt. Soc. Am. 50 (1960) No. 11, 166-169

L 5.5.7 *Greve, A.:* Achromatic Schmidt Corrector Plates. Optik *42* (1975) No. 1, 87-95 -,: Off-axis aberration of achromatic Schmidt correctors. Optik *50* (1978) No. 3, 235-242

L 5.5.8 *Deml, R.; Greis, U.:* Herstellung und Abbildungseigenschaften eines Fresnel-Axikons. Optik *44* (1976) No. 2, 223-236

L 5.5.9 *v. Fragstein, C.; Hartz, A.:* Ein unkonventionelles Verfahren zur Behebung des Öffnungsfehlers an einer „Einfachlinse". Optik *44* (1976) No. 4, 469-473

L 5.5.10 *Barnett, M. E.:* The geometrical vector flux field within a compound elliptical concentrator. Optik *54* (1979/80) No. 5, 429-432

L 5.5.11 *Welford, W. T.; Winston, R.:* The Optics of Nonimaging Concentrators. Academic Press, New York (1978)

L 5.5.12 *Besenmatter, W.:* Analyse der primären Wirkung asphärischer Flächen mit Hilfe des Delano-Diagramms. Optik *51* (1978) No. 4, 385-396

L 5.5.13 *Felgner, R.:* Asphärische Beleuchtungs-Linsen aus Plexiglas. Jahrb. f. Optik u. Feinmechanik 1973, 91-94

L 5.5.14 *Jurek, B.:* Optical Surfaces, Elsevier, Amsterdam 1977

L 5.5.15 *Ruben, P. L.:* Design and use of mass-produced aspheres at Kodak. Applied Optics *24* (1985), 1682-1688

L 5.5.16 *Menchaca, C.; Malacara, D.:* Toroidal and spherocylindrical surfaces. Applied Optics *25* (1986), 3008-3009

L 5.5.17 *Fürter, G.:* Das Gleitsichtglas Zeiss Gradal HS - mit Splines zu höchstem Sehkomfort. Zeiss Inform. *28* (1985), Heft 97, S. 55-59


## Beispiele für Hersteller bzw. Lieferanten

H 5.5.1 *Thermo-Optik Arnold KG,* Weilstr. 14, Weilburg/Lahn: Asphärische Linsen, Parabolspiegel

H 5.5.2 *J. Hauser KG,* Solms/Wetzlar: Asphärische Linsen, Zylinderlinsen

H 5.5.3 *Melles Griot GmbH,* Kleyerstr. 14, Darmstadt: Asphärische Linsen, Bauelemente m. Zylinderflächen, Parabolspiegel (auch außeraxial), Ellipsoidspiegel

H 5.5.4 *Spindler u. Hoyer GmbH u. Co,* Königsallee 23, Göttingen: Asphärische Linsen, Zylinderlinsen, Parabolspiegel

H 5.5.5 *Herzog-Optik-Wetzlar KG*, Industriestraße, Nauborn-Wetzlar: Asphärische Linsen
H 5.5.6 *Anaspec GmbH*, Pallaswiesenstr. 63, Darmstadt: Außeraxiale Parabolspiegel
H 5.5.7 *PTR Optics Corp.*, Waltham, USA: Parabolspiegel
H 5.5.8 *Ealing Beck Ltd.*, Greycaine Road, Watford, GB: Diamantbearbeitete asphärische Spiegel aus Cu, Al, Ni, Ge usw.
H 5.5.9 *B. Halle Nachfl.*, Hubertusstr. 10, Berlin 41: Parabolspiegel u. -systeme bis 800 nm
H 5.5.10 *Carl Zeiss*, Oberkochen: Asphärische Optik
H 5.5.11 *Docter-Optic-Wetzlar GmbH*, 6331 Schöffengrund 1: Asphärische Linsen
H 5.5.12 *Lectric Lites Co.*, Inc., 2504 W. Vickery Blvd., Ft. Worth, Tex., USA: Fresnel-Linsen, auch Fresnel-Zylinderlinsen, Fresnel-Reflektoren mit parabolischer Korrektur
H 5.5.13 *Protop-Bleile GmbH*, 7771 Frickingen 2: Herstellung asphärischer Flächen durch Diamant-Feinbearbeitung
H 5.5.14 *Tokyo Optacryl Co.*, J, über: *R. Schahl GmbH*, Rotwandstr. 16, Pullach: Fresnel-Kondensoren, u.a.f. Arbeitsprojektoren
H 5.5.15 *Spectron Optik GmbH*, Sportplatzweg, Oestrich-Winkel: Fresnellinsen
H 5.5.16 *Deutsche Spezialglas AG*, 3223 Delligsen 2: Asphärische Spiegel, u.a. Autospiegel
H 5.5.17 *W. Weule*, Im Schleeke 40, 3380 Goslar: Asphärische Linsen, Zylinderflächen, Parabolspiegel (auch off-axis), Ellipsoidspiegel, torische Flächen, asphärische Flächen

## 5.6 Planplatten

Planplatte ist jeder durchsichtige Körper, dessen Lichtein- und -austrittsfläche eben und parallel innerhalb gewisser Fehlergrenzen sind. Will man die Planheit beider Flächen betonen, so spricht man von einer Bi-Planplatte; eine Planplatte schlechthin braucht auch nur auf einer Seite optisch zu interessieren, z. B. die Trägerplatte eines Oberflächenspiegels. Von Planparallelplatte spricht man, wenn die Parallelität der beiden Flächen, d. h. ihr vorhandener „Keilfehler", wichtig ist.

Trifft ein Bündel schräg auf eine Planplatte, so ergibt sich für einen Strahl ein Verlauf nach Bild 5.6.1: Bei *Luft als umgebendem Medium* wird der Strahl durch an beiden Flächen entgegengesetzt gleiche Brechung parallel versetzt. Mit d = Plattendicke, n = Brechzahl der Platte kann die Versetzung durch unterschiedliche Strecken beschrieben werden. Die eigentliche Strahlversetzung (senkrecht zum Strahl gemessen) ergibt sich zu

$$v_{\perp\varepsilon} = d \cdot \frac{\sin(\varepsilon - \varepsilon')}{\cos \varepsilon'} \qquad (5.6.1)$$

wobei nach dem Brechungsgesetz Gl. (1.3.1) $\varepsilon' = \arcsin(\sin \varepsilon / n)$ einzusetzen ist.

Damit gilt

senkrecht zur Platte | parallel zur Platte

$$v_{\perp} = \frac{v_{\perp\varepsilon}}{\sin \varepsilon} \quad (5.6.2); \qquad v_{\parallel} = \frac{v_{\perp}\varepsilon}{\cos \varepsilon} \qquad (5.6.3)$$

Die Bildversetzung längs des Strahls ist für
1. das in der Versetzungsebene liegende tangentiale Büschel

$$v_{\|\varepsilon\tau} = \frac{d}{\sin \varepsilon} \cdot \left(\tan \varepsilon - \tan \varepsilon' \cdot \frac{\cos^2 \varepsilon}{\cos^2 \varepsilon'}\right) \qquad (5.6.4)$$

2. das senkrecht zur Versetzungsebene liegende sagittale Büschel

$$v_{\|\varepsilon s} = \frac{d}{\sin \varepsilon} \cdot (\tan \varepsilon - \tan \varepsilon'); \qquad (5.6.5)$$

die Platte ergibt also Astigmatismus.

Für Bündeleinfall senkrecht zur Platte, also $\varepsilon = 0$, wird $v_{\perp\varepsilon} = v_{\|} = 0$; die axiale Bildversetzung ist dann $OO' = v_{\perp} = v_{\|\varepsilon\tau} = v_{\|\varepsilon s}$:

$$OO' = d \cdot \frac{n-1}{n} \qquad (5.6.6.)$$

Für $n = 1{,}5$ ergibt sich $OO' = d/3$.

Um den Betrag $OO'$ werden alle Objekt- und Bildpunkte in positiver Lichtrichtung verschoben! Als Abbildungsmaßstab ergibt sich stets $\beta' = +1$.

Bei kleinen Einfallswinkeln $\varepsilon$ (Paraxialgebiet) soll $v_{\perp\varepsilon}$ kurz mit v bezeichnet werden. Aus Gl. (5.6.1) ergibt sich näherungsweise

$$v = \varepsilon \cdot d \cdot \frac{n-1}{n} \qquad (5.6.7)$$

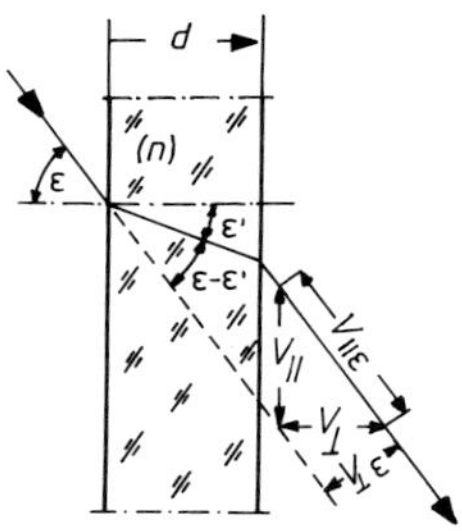


Bild 5.6.1 Strahlversetzung durch eine Planplatte

Plattendrehungen um $\varepsilon$ können also in Parallelverschiebungen v umgesetzt werden („Planplattenmikrometer").

Trifft ein weit geöffnetes homozentrisches Bündel auf eine Glasplatte, so ist es nach dem Durchgang nicht mehr homozentrisch; es tritt sphärische Aberration in positivem Sinne auf. Ist u der Winkel des am stärksten geneigten Randstrahls, so ist der Unterschied der Versetzungen, also die sphärische Aberration,

$$v_{\perp} - OO' = \frac{d \cdot u^2}{n} \cdot \frac{n^2 - 1}{2n^2 - u^2},$$

solange $\cos u = 1 - u^2/2$ gesetzt werden kann. Fehler bei $u = 45°$: 2%; man kann fast immer mit dieser Formel rechnen. Zu beachten bei der Auswahl von abbildenden Systemen bei Vorhandensein langer Glaswege (Prismen, Abschlußplatten, Flüssigkeitsschichten, Bild 5.6.2.

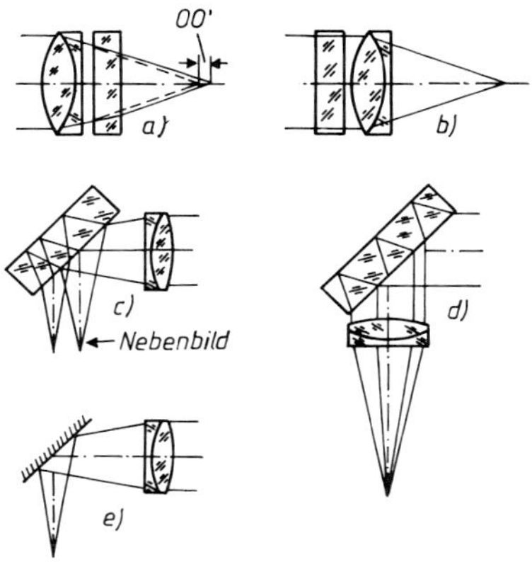


Bild 5.6.2 Wirkung von Planplatten
a) in konvergentem Strahlengang sphärische Aberration und Bildversetzung; b) im telezentrischen Strahlengang keine Störung; c) Rückflächenspiegel in konvergentem Strahlengang gibt Nebenbilder; d) im telezentrischen Strahlengang störungsfrei; e) Oberflächenspiegel im konvergenten Strahlengang erforderlich

Planplatten kann man als Ablenkprismen mit dem Prismenwinkel Null betrachten. Damit sind sie mit Form 000 in die Kurzzeichen-Festlegung nach DIN 58158 einbezogen (Abschn. 5.7).

Die Planheit einer Fläche kann sehr weit getrieben werden. Man betrachtet die restliche Krümmung zumindest in einer Richtung (einem Meridian) als kugelig und drückt ihren Radius in Metern oder Kilometern aus. Eine Pfeilhöhe von $p = {}^1/_5$ der zur Beobachtung dienenden Lichtwellenlänge, praktisch also ${}^1/_{10}$ µm, ist leicht festzustellen. Also ist der noch meßbare Radius nach Gl. (13.4.5)

$$r \approx D^2/8p.$$

Eine Platte von $D = 200$ mm Durchmesser kann also hinsichtlich ihrer Restkrümmung bis auf Radien von etwa 50 km geprüft werden. Solche für Interferometer (Abschn. 14) benutzten Platten stellen hochwertige optische Erzeugnisse dar und sind teure Einzelstücke. Als Probegläser genügen im allgemeinen Planplatten mit $r = 10$ km. Planspiegel für hochwertige photographische oder Bildwurfgeräte müssen mindestens $r = 5$ km haben, wenn keine Bildverschlechterung durch Astigmatismus eintreten soll.

Planplatten dieser Genauigkeit sollen eine Dicke von wenigstens 10% ihres Durchmessers bzw. ihrer Diagonale haben, damit sie bei der Bearbeitung und bei der Befestigung im Gerät nicht verspannt werden oder sich durchbiegen (Abschn. 7.1). Käufliches Spiegelglas hat je nach der Güte Radien r von einigen Dutzend bis zu wenigen hundert Metern.

Zur Prüfung blickt man streifend (Reflexionswinkel 80 bis 85°) über die Platte nach einem fernen Gegenstand hin. Kann man ihn deutlich sehen, so ist der Krümmungsradius r größer als etwa 5 m. Benutzt man für den Versuch ein Fernrohr mit $\Gamma'$facher Vergrößerung, so ist r größer als $5 \cdot \Gamma'^2$ m. Dies gilt, wenn man merklich die Akkommodation betätigen muß, um deutlichen Astigmatismus zu überbrücken. Bleibt das Bild zwanglos klar und deutlich, auch wenn die Platte in ihrer Ebene gedreht wird, so kann man als Mindestradius etwa $20\ \Gamma'^2$ ansetzen (Bild 5.6.3).

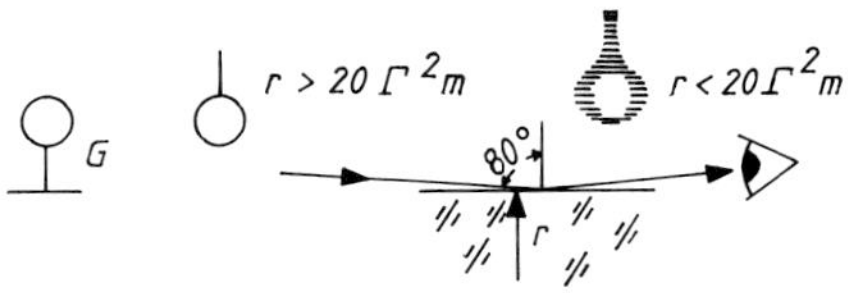


Bild 5.6.3 Prüfen von Flächen auf Planheit durch streifendes Darüberblicken

Unregelmäßige Krümmungen erkennt man an ebenso unregelmäßiger Bildverzerrung, mitunter schon bei sehr wenig streifender Reflexion oder gar in der Durchsicht, z. B. bei gezogenem Fensterglas.

Ein sehr schwacher Keilfehler wird interferometrisch festgestellt. Man kann einen kleinsten Dickenunterschied der Ränder von etwa $^1/_5$ Wellenlänge = 0,1 μm noch feststellen, was einem Keilfehler von etwa 1/3 D Minuten oder etwa 20/D Sekunden entspricht, Durchmesser D in mm. Keilfehler von etlichen Sekunden bis Minuten prüft man mit einem Fernrohr (Abschn. 13.2).

Abschlußgläser an Meßgeräten müssen auf wenige Sekunden genau sein und dann so gedreht werden, daß die Winkelablenkung senkrecht zu der Ebene steht, in der gemessen werden soll. Bei reinen Beobachtungseinrichtungen, auch Filterscheiben vor (Foto-)Objektiven, können meist wesentlich größere Keilfehler zugelassen werden, üblich sind etwa 10′. Größere Genauigkeiten erfordern umfangreichere Arbeitsmittel und erhöhen den Preis. Viel wichtiger ist, daß die Platte keine Linsenwirkung hat.

Ist f′ die Brennweite des Objektivs, k seine Blendenzahl und 1/c der Bruchteil der Brennweite, den die Unschärfe ausmachen darf, so darf die Brennweite der Vorsatzscheibe $f_v' = f' \cdot c/k$ betragen, wenn die Toleranz voll ausgenutzt werden darf. Da dies selten der Fall ist, setzt man vorsorglich $f_v' = 10 \cdot f' \cdot c/k$. Für das Objektiv einer 6 × 9-cm-Kamera 1:4,5 mit 11 cm Brennweite gibt das (c = 1500) etwa $f_v' = 370$ m. Nimmt man an, daß beide Seiten der Planplatte gleich konvex sind, so ist diese Zahl zugleich der Radius r der Planscheiben, der um eine volle Größenordnung Sicherheit gegen Unschärfen wegen nicht planer Filter gibt.

Läßt sich der Astigmatismus erzeugende schräge Einbau einer Glasplatte nicht umgehen, dann kann eine zweite Platte zu seiner Kompensation schräg, aber um 90° um die optische Achse gedreht, zugefügt werden. Sie kann gegebenenfalls eine andre Dicke und Neigung haben und gleichzeitig Filter, teildurchlässiger Spiegel usw. sein.

## Literaturhinweise

L 5.6.1 *Klein, W.:* Planparallelplatten im optischen Strahlengang. Jahrb. f. Optik u. Feinmechanik 1974, 124–145
L 5.6.2 DIN 58160 Norm-Optikteile
T 3 Runde und quadratische Glasplatten
T 5 Teilkreisträger aus Glas

**Beispiele für Hersteller bzw. Lieferanten von Planplatten und Planparallelplatten**

H 5.6.1 *B. Halle Nachfl.*, Hubertusstr. 10, Berlin 41: Planpl. in Interferometer-Qualität
H 5.6.2 *J. D. Möller Optische Werke GmbH,* Wedel
H 5.6.3 *Spindler u. Hoyer GmbH u. Co,* Königsallee 23, Göttingen
H 5.6.4 *Franke & Co, Optik GmbH,* Philosophenstr. 116, Gießen
H 5.6.5 *Protop-Bleile GmbH,* Carl-Kistner-Str. 56, Freiburg
H 5.6.6 *Thermal Quarz-Schmelze GmbH,* Hüttenstr. 10, Wiesbaden 13: Platten aus Quarzglas
H 5.6.7 *G. Rodenstock,* Isartalstr. 43, München

## 5.7 Reflexionsprismen und Spiegelsysteme

Reflektierende Planflächen werden benutzt zur *Richtungsänderung* (Ablenkung) von Bündeln, zur *Parallelversetzung* von Bündeln und zur *Änderung der Bildlage* (Drehung oder Klappung des Bildes gegenüber der Objektlage, Abschn. 4.1). Diese Aufgaben können von Systemen aus sorgfältig zueinander justierten und stabil montierten Oberflächen-*Planspiegeln* (Abschn. 5.3) übernommen werden. Bei nicht zu großem Volumen sind aber *Reflexionsprismen* günstiger, d. h. Glaskörper, an die alle benötigten Planflächen angeschliffen werden. Ihr Vorteil liegt in der unveränderlichen Winkelzuordnung der Flächen und damit Einsparung der Halte- und Justiermittel, somit auch geringerem Platzbedarf. Häufig kann die *Totalreflexion* ausgenutzt und damit auf Verspiegelung verzichtet werden; damit ist auch bei entsprechendem Strahlverlauf die gleiche Fläche für Strahldurchgang und Totalreflexion benutzbar! Ein Nachteil von Reflexionsprismen ist ihre *Wirkung als dicke Planplatte* (axiale Versetzung, Farbfehler, Astigmatismus). Alle nur durch Reflexion wirkenden Prismen sind durch Auffalten an den Spiegelflächen grafisch in eine dicke Planplatte umzuwandeln. Dieses anschauliche Verfahren kann zur Volumen- und Gewichtseinsparung durch Optimierung der Prismenform bei konischen Bündeln benutzt werden, deren Eingangs- und Ausgangsquerschnitt ja unterschiedliche Größe hat. Kompliziertere *Prismensysteme* werden durch Verkitten oder auch Montage mit Luftabstand aus Einzelprismen zusammengebaut. Ersetzt man eine Planfläche (z. B. eine nicht reflektierende Eingangs- oder Ausgangsfläche) durch eine gekrümmte Fläche, so wird der Prismenwirkung eine Abbildungswirkung überlagert.

Da die Grundwirkungen von Reflexionsprismen und Spiegelsystemen gleich sind, werden hier nur Prismen behandelt. Vor ausführlicherer Darstellung von Systematik und Eigenschaften wichtiger Prismen sollen an Bild 5.7.1 einige Grundlagen erörtert werden: Die Teilbilder a) bis d) zeigen die Lösung der gleichen Grundaufgabe – *Bündelumlenkung um 90°* – mit unterschiedlichen Prismen. Bei a) wird ein *Halbwürfelprisma* (eine Spiegelfläche) verwendet, bei b) ein *Pentagonprisma* (zwei Spiegelflächen). Die beiden Spiegelflächen sind *komplanar,* d. h. sie stehen senkrecht zur gleichen Einfallsebene = Zeichenebene. Bei a) wird $\delta = 90°$ nur erreicht, wenn der Einfallswinkel $\varepsilon$ genau 45° ist, denn es gilt für eine Spiegelung

$$\delta = 180° - 2 \cdot \varepsilon \qquad (5.7.1).$$

Für b), also zwei unter dem Winkel $\alpha$ (hier 45°) angeordnete Flächen („Winkelspiegel") gilt aber

$$\delta = 2 \cdot \alpha \qquad (5.7.2)$$

unabhängig vom Einfallswinkel ε. Dreht man also das Pentagonprisma b) um eine Achse senkrecht zur Zeichenebene, so bleibt die Ablenkung um δ erhalten!

Geht man von a) und b) auf 3, 4, ... Spiegelungen über, so gilt als allgemeiner Satz: Der Ablenkungswinkel δ ist von einer Drehung des Gesamtsystems um eine Achse senkrecht zur Einfallsebene abhängig (unabhängig), wenn eine ungerade (gerade) Anzahl komplanarer Spiegelungen benutzt wird.

Die *Bildlage* wird mit einem „L" als Objektsymbol untersucht (langer y-Balken in der Knickebene = Zeichenebene = y-z-Ebene, kurzer x-Balken senkrecht in die Zeichenebene hinein zeigend, d. h. die x-z-Ebene festlegend. Diese L-Symbole sind perspektivisch, die Prismen aber im Schnitt dargestellt!

Die Bildlage x', y' bei a) zeigt, daß *eine Spiegelung* zu *einseitiger Bildumkehrung* führt (hier y-Umkehrung L → Γ, also Klappung um x-Achse). Hingegen ergibt sich bei b), also zwei Spiegelungen, keine Bildumkehr, L → L. Man findet die y-Richtung leicht mit einem Parallelstrahl (bei Bild 5.7.1 a gestrichelt), oder noch schneller „experimentell" durch Umklappen z. B. eines Bleistifts an den Spiegelflächen! Die x-Richtung bleibt bei a) und b) ungeändert.

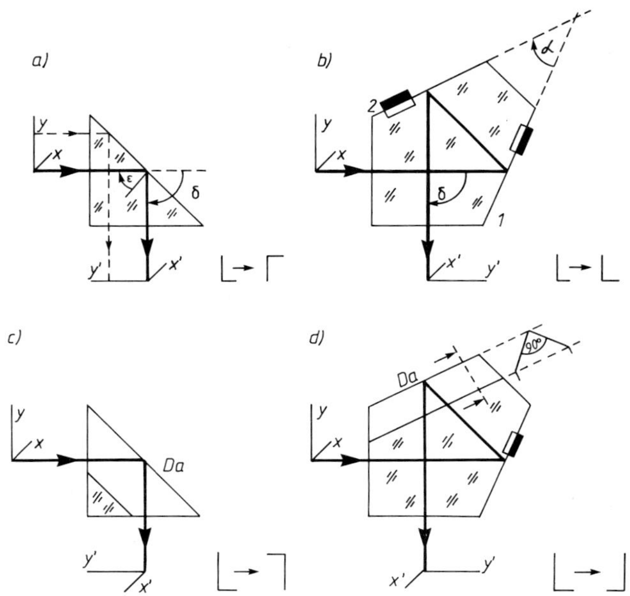


Bild 5.7.1 Grundlagen der Reflexionsprismen am Beispiel der 90°-Richtungsänderung

a) Halbwürfelprisma, b) Pentagonprisma, c) Halbwürfelprisma mit Dachkante Da, d) Pentagonprisma mit Dachkante

In den Bildern 5.7.1 c, d ist nun eine Spiegelfläche durch ein *Dachflächenpaar* ersetzt: Zwei unter exakt $\alpha = 90°$ zueinander angeordnete, aber zur Zeichenebene *nicht komplanare* Flächen (siehe Schnitt bei d)), die sich in der *Dachkante* Da schneiden. Für die y-Koordinate ändert sich nichts (die Dachkante zählt hier als eine komplanare Spiegelfläche (!); sie repräsentiert die durch das Dachflächenpaar ersetzte Fläche), aber in der x-Koordinate erfolgt Richtungsumkehr.

In Erweiterung auf mehr als zwei Spiegelflächen gilt für die Bildlage allgemein: Einseitige Bildumkehr (L → Γ oder L → ⅃) ergibt sich bei ungerader Anzahl komplanarer Spiegelungen. Vollständige oder keine Bildumkehr (L → ⅂ oder L → L) ergibt sich bei gerader Anzahl komplanarer Spiegelungen. Der Ersatz einer Spiegelfläche durch ein Dachflächenpaar bewirkt zusätzlich einseitige Bildumkehr senkrecht zur Knickebene.

Bei dem Vergleich von Objekt- und Bildlage muß man stets der Strahlrichtung entgegen blicken!

Eine *Bilddrehung* (z. B. L → ⌟, Drehung um +90°) wird ebenfalls durch nicht komplanare Spiegelungen erreicht. Die *einseitige Bildumkehr* bedeutet Klappung, d. h. Übergang von einem Rechts- in ein Links-Koordinatensystem. Sie kann nicht durch Bilddrehung erreicht werden, wie die vollständige Bildumkehr.

Mit DIN 58158 wurde für die schwer übersehbare Vielfalt an Prismenformen und Prismenkombinationen eine *Systematik* erarbeitet, der eine ausführliche Zusammenstellung von Einzelprismen und Prismensystemen mit Literaturangaben, Benennungen usw. beigefügt ist. Dabei wird den *Einzelprismen* ein *dreistelliges Kurzzeichen* (Formzahl) zugeordnet, das Form und Strahlenverlauf beschreibt. Bei *Prismensystemen* kennzeichnet ein *zweistelliges Kurzzeichen* die Aufgabe (Funktion). Der *Formzahl* eines Einzelprismas kann zur Kennzeichnung seiner Funktion die *Aufgabennummer* beigefügt werden; umgekehrt kann das Prismensystem zusätzlich zu seiner Aufgabe durch die Formzahlen der verwendeten Einzelprismen beschrieben werden. Die Tabellen 5.7.1 und 5.7.2 geben einen Überblick über die Kurzzeichen.

In der folgenden Darstellung werden die Einzelprismen und Prismensysteme nach *Funktionsgruppen* entsprechend der 1. Kennziffer nach Tabelle 5.7.2 geordnet. Weitere Merkmale sind dann der Winkel der Strahlablenkung und die Versetzung des Achsstrahls. Bei den Bildunterschriften bzw. im Text sind jeweils die Kurzzeichen nach DIN 58158 angegeben. So bedeutet z. B. (12/620): Funktion 12 nach Tabelle 5.7.2; Form 620 nach Tabelle 5.7.1 (bei Form 9 . . . jedoch Sonderkennziffern!). Allgemein werden die folgenden Bezeichnungen verwendet: $d$ = maximaler Durchmesser des zylindrischen, vom Prisma weitergeleiteten Strahlenbündels, $L$ = Mindestglasweg, $v$ = Parallelversetzung des Achsstrahls, $\delta$ = Ablenkungswinkel, $\alpha$ = wichtigster Prismenwinkel.

Es werden nur Systeme für Ablenkungen um

$$\delta = 0°, 30°, 45°, 60°, 90°, 120°, 180°$$

besprochen. Zwischenwerte des Ablenkungswinkels sind durch meist geringe Modifikation der Prismenform erreichbar.

1. *Weiterleitung des Lichts ohne Änderung der Bildlage* (Funktion 1 . . .): Hierfür sind alle Prismen mit gerader Zahl komplanarer Reflexionen (0, 2, 4 . . .) geeignet. Mit der

**Tabelle *5.7.1* Kurzzeichen für Einzelprismen nach DIN 58158**

Es bedeuten: ∢ = Hauptwinkel, ∧ = Dachkante, ⊥ = senkrechter Ein- und Austritt des Achsenstrahls, ∠ = schräger Ein- und/oder Austritt des Achsenstrahls, ◨ 2 = 2 Flächen vollverspiegelt, ◫ 1 = 1 Fläche teildurchlässig verspiegelt.

| 1. Kennziffer: Grundform | 2. Kennziffer: Änderung der Grundform | 3. Kennziffer: Achsenstrahlverlauf; Verspiegelung |
|---|---|---|
| 0 Dispersions- und Ablenk-Prismen  | 0 keine | 0 ⊥ |
| 1 90° 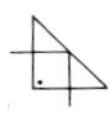 | 1 ∢ kleiner | 1 ∠ |
| 2 60°  | 2 ∢ größer | 2 ⊥ ◨ 1 |
| 3 120° 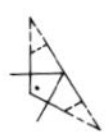 | 3 1 wirksame Fläche zusätzl. | 3 ∠ ◨ 1 |
| 4 90° 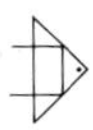 | 4 Sonderfälle zu 1–3 (z. B. gekrümmte Flächen) | 4 ⊥ ◨ 2 |
| 5 30° 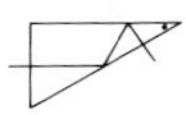 | 5 keine, ∧ | 5 ⊥ ◨ 3 |
| 6 45° 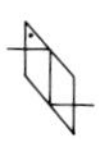 | 6 ∢ kleiner, ∧ | 6 ⊥ ◫ 1 |
| 7 45° 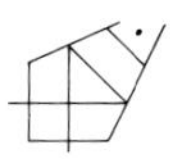 | 7 ∢ größer, ∧ | 7 ⊥ ◫ 1 ◨ 1 |
| 8 45°  | 8 1 wirksame Fläche zusätzl. und ∧ | 8 ⊥ ◨ 1 teilweise |
| 9 Sonderformen* | 9 Sonderfälle zu 5–8 | 9 Sonderfälle, z. B. 4–8 ∠ |

**Tabelle *5.7.2* Kurzzeichen für Prismensysteme nach DIN 58158 (Funktion)**

| 1. Kennziffer: | 2. Kennziffer: Strahlablenkung | Achsstrahlversetzung |
|---|---|---|
| 0 Strahlablenkung durch Brechung | | |
| 1 Keine Beeinflussung der Bildlage | 1 ohne | ohne |
| 2 Seitentausch der Bildlage in Knickebene | 2 ohne | mit |
| 3 Seitentausch senkrecht zur Knickebene | 3 ohne | mit, veränderlich |
| 4 Vollständige Umkehr der Bildlage | 4 mit | ohne |
| 5 Andere Bildlagen als bei 1–4 | 5 mit | mit |
| 6 Physikalische Strahlenteilung (teildurchläss.) | 6 mit | mit, veränderlich |
| 7 Geometrische Strahlenteilung | 7 mit, veränderlich | ohne |
| 8 Dispersion | 8 mit, veränderlich | mit |
| 9 Polarisation | 9 mit, veränderlich | mit, veränderlich |

*Planplatte* (Null Reflexionen) ist eine axiale Verschiebung (11/000) möglich, durch Kippen der Planplatte auch eine Parallelversetzung (13/000) um kleine, veränderliche Beträge (Abschn. 5.6).

Das *Rhomboidprisma* (Bild 5.7.2 a) gestattet Drehbarkeit des austretenden Strahls um den eintretenden als Achse oder umgekehrt, etwa in binokularen Geräten (Abschn. 11.10) zur Anpassung an verschiedene Augenabstände. Bei wenig geöffneten Bündeln kommt man mit Totalreflexion aus, sonst müssen die 45°-Flächen verspiegelt werden. Wird das Prisma schräg gelegt (Bild 5.7.2b), dann können auch größere Aperturen mit Totalreflexion beherrscht werden, der Lichtweg im Glas wird aber bei gleicher Versetzung verlängert.

$$v = 2\ d \sin^2\alpha; \quad L = 2\ d \tan\alpha; \quad l = v + d; \quad b = 2\ d \tan\alpha \sin^2\alpha.$$

Veränderliche Versetzung: Zwei gleichschenklig-rechtwinklige Prismen (Halbwürfel), durch mechanische Mittel gegeneinander verschiebbar (Bild 5.7.2c).

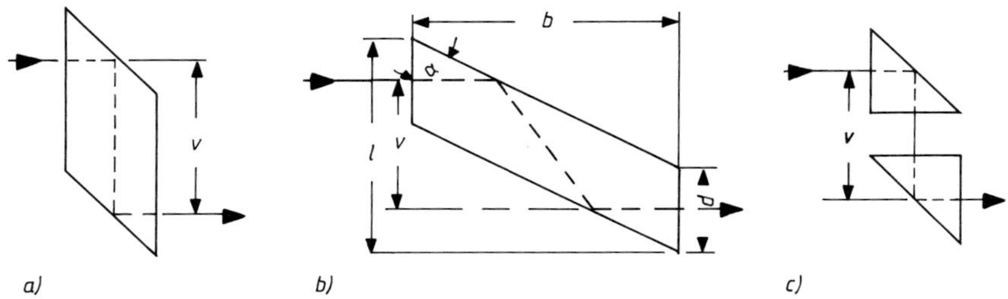


Bild 5.7.2 Prismen für Parallelversetzung ohne Änderung der Bildlage
a) (12/600) Rhomboidprisma, b) (12/620) Rhomboidprisma, schräg liegend: $v = 2d \sin^2\alpha$; $L = 2d \tan\alpha$; $l = v + d$, $b = 2d \tan\alpha \sin^2\alpha$, c) (13/100 + 100) zwei Halbwürfelprismen

Bei *Ablenkung des Bündels um 30°* kann der Knickpunkt K der Bündelachse außerhalb des Prismas (Bild 5.7.3a) oder innerhalb (Bild 5.7.3b) liegen. Beide Prismen sind im Verhältnis zu ihrer Leistung sehr groß und schwer; diese Aufgabe löst man ggf. besser mit zwei getrennten Spiegeln. Eine Lösung mit 4 Reflexionen zeigt Bild 5.7.3c. Werden diese Prismen z. B. durch ein Rhomboidprisma nach Bild 5.7.2 ergänzt (auch mit Verkittung), so ist zusätzlich Parallelversetzung aus der Knickebene heraus möglich. Dies gilt natürlich auch bei allen anderen Ablenkungswinkeln.

*Knickung eines Strahlenganges um 45°* ohne Bildlagenbeeinflussung kommt oft vor, um den senkrechten oder waagerechten Strahlengang eines Gerätes um 45° nach oben in das bequem gehaltene Auge richten zu können. Auch hier kann der Knickpunkt in oder neben dem Prisma liegen.

Die hierfür geeigneten Prismen (Bild 5.7.4a, b, c) ergeben sich als Modifikation der entsprechenden 30°-Prismen (Bild 5.7.3a, b, c): Das Bauernfeind-Prisma (Bild 5.7.4a), das Prisma mit im Inneren liegenden Knickpunkt (Bild 5.7.4b) und das Prisma mit viermaliger Spiegelung (Bild 5.7.4c), das den Knickpunkt besonders weit vom Prisma weg legt, was gelegentlich vorteilhaft sein kann. Eine andere Form zeigt Bild 5.7.4d. Das Prisma kommt ohne verspiegelte Fläche aus, sofern die Einschränkungen der Totalreflexion (Abschn. 1.3) beachtet werden.

Für eine *Knickung um 60°* gelten ebenfalls grundsätzlich die Lösungen wie für 30° und 45°: Prisma nach Bauernfeind (Bild 5.7.5a), Prisma mit innenliegendem Knickpunkt

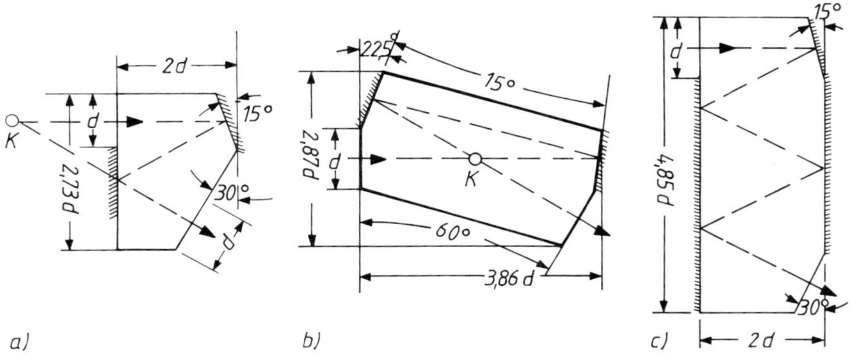


Bild 5.7.3 Prismen für 30°-Ablenkung ohne Änderung der Bildlage

a) (14/514) 30°-Bauernfeind-Prisma, L = 5,46 · d, b) (14/714) 30°-„Pentagon"-Prisma, L = 11,33 · d, c) (14/910) 30°-Sonderform mit 4 Reflexionen, L = 10,7 · d

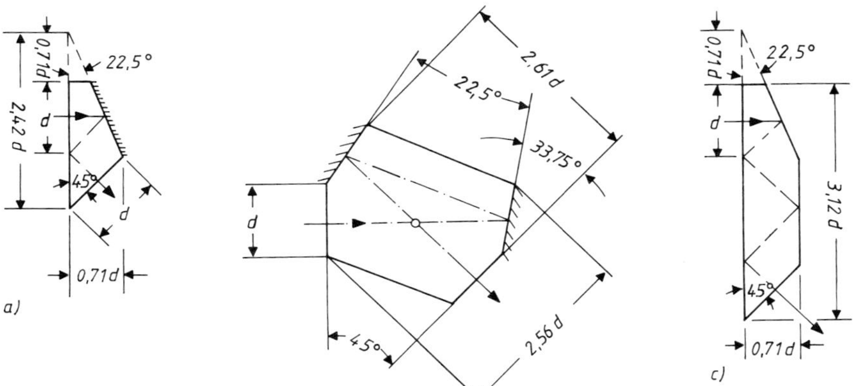


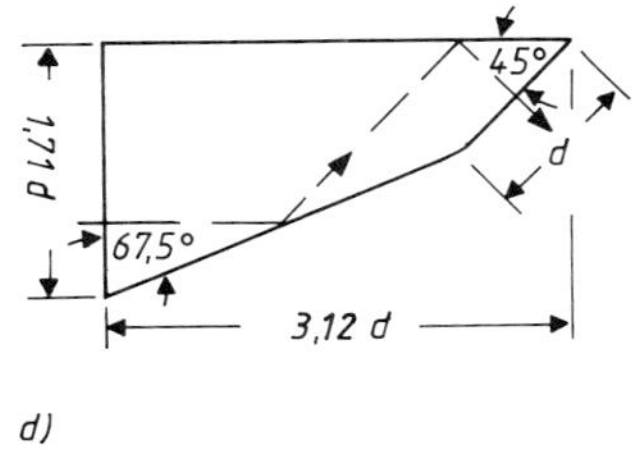


Bild 5.7.4 Prismen für 45°-Ablenkung ohne Änderung der Bildlage

a) (14/512) 45°-Bauernfeind-Prisma, L = 1,71 · d,
b) (14/714) 45°-„Pentagon"-Prisma, L = 7,46 · d,
c) (14/910) 45°-Sonderform mit 4 Reflexionen, L = 2,71 · d, d) (14/510) um 45° ablenkendes Prisma, L = 3,41 · d

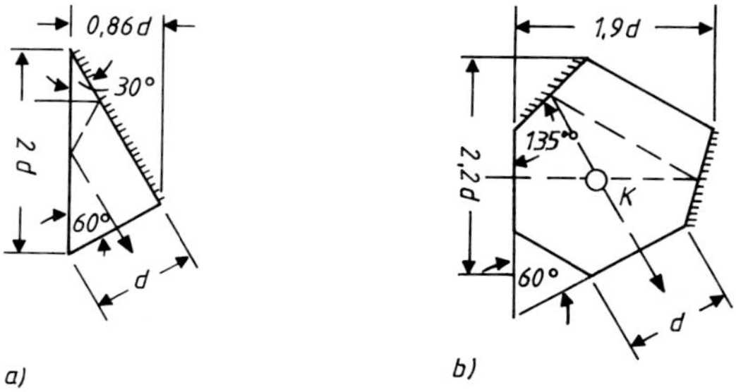


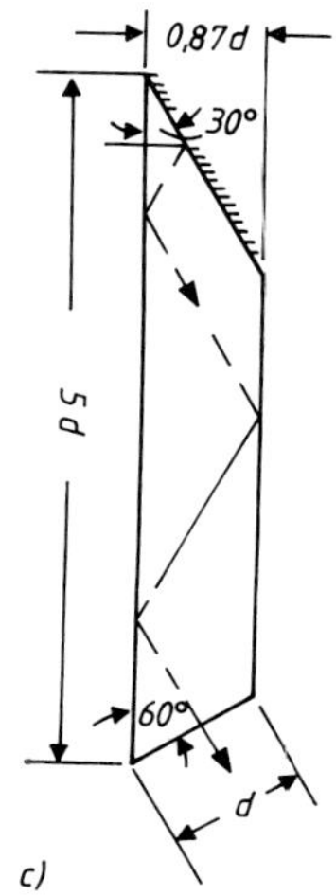


Bild 5.7.5 Prismen für 60°-Ablenkung ohne Änderung der Bildlage
a) (14/502) 60°-Bauernfeind-Prisma, L = 1,73 · d, b) (14/714) 60°-„Pentagon“-Prisma, L = 5,1 · d, c) (14/910) 60°-Sonderform mit 4 Reflexionen, L = 5,25 · d

(Bild 5.7.5b) und Prisma mit weit außerhalb liegendem Knickpunkt durch 4 Reflexionen (Bild 5.7.5c).

*Rechtwinklige Abknickung* eines Strahlenganges ist die häufigste Aufgabe eines Prismas. Ohne Seitenvertauschung löst sie das Pentagon-Prisma (Bild 5.7.6a). Andere Lösungen bietet das Viereckprisma nach Wollaston (Bild 5.7.6b). Man kann das gleiche Prisma auch mit 4 Spiegelungen benutzen (Bild 5.7.6c). Dann müssen aber die beiden stumpfwinklig zueinander stehenden Flächen verspiegelt und außerdem die Totalreflexionsbedingungen eingehalten werden. Bild 5.7.6d zeigt das Bauernfeind-Winkelprisma, das aufgefaltet eine schräg durchstrahlte Planplatte ergibt. Es handelt sich um ein Halbwürfelprisma mit verspiegelter Hypotenusenfläche. Das Bauernfeind-Prisma kann sehr verschiedenartig gestaltet werden. Wie bei jeder komplanaren Zweifach-Reflexion ist die Ablenkung gleich dem doppelten Winkel zwischen den Spiegelflächen. Für senkrechten Strahldurchtritt kann ein zusätzliches ablenkendes Prisma an der nur dem Lichtdurchtritt dienenden Fläche angebracht werden – zweckmäßig mit dem Bauernfeind-Prisma aus einem Stück (Bild 5.7.6e). Seine Ablenkung muß durch ein zweites, loses Prisma nahe der total spiegelnden und gleichzeitig vom Bündel durchsetzten Fläche kompensiert werden. Eine solche Anordnung kann sehr raumsparend, insbesondere für konische Bündel, ausgelegt werden.

*Knickung eines Strahlenganges um 120°* kommt vor, wenn ein langer Strahlengang auf engem Raum zusammengedrängt, beispielsweise ein von oben nach unten verlaufender Strahlengang auf einer pultartig angeordneten Fläche aufgefangen werden soll. Man löst diese Aufgabe am besten, wenn man zweimal um je 60° knickt und dazu Prismen mit einer Reflexion oder Planspiegel wählt; ein Beispiel gibt Bild 5.7.7a. Eine Lösung mit innen liegendem Knickpunkt zeigt Bild 5.7.7b.

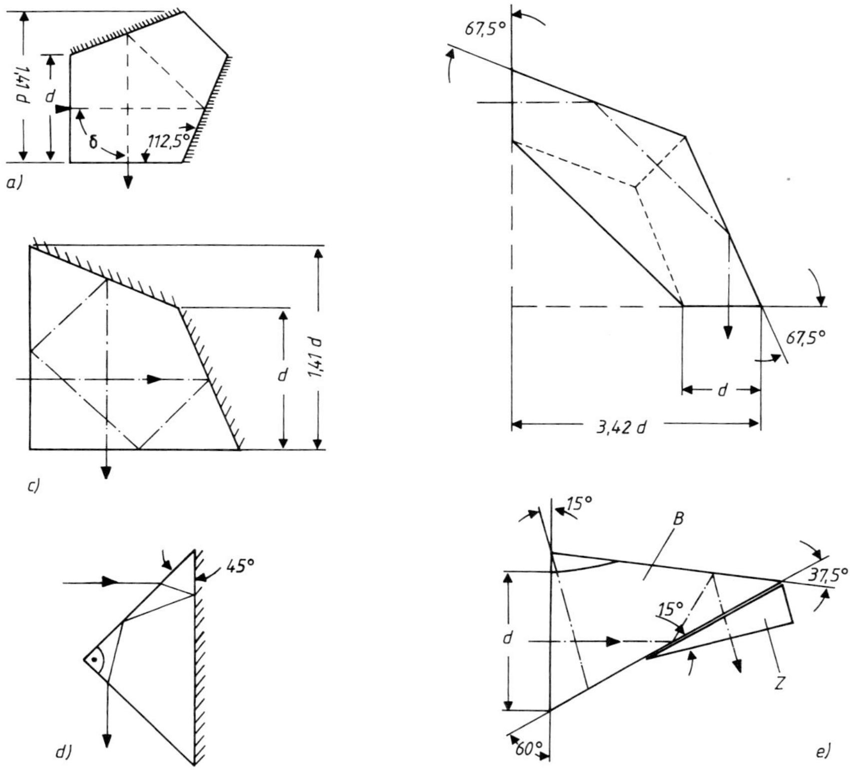


Bild 5.7.6 Prismen für 90°-Ablenkung ohne Änderung der Bildlage

a) (14/704) Pentagon-Prisma, L = 3,41 · d, b) (14/430-2) Wollaston-Prisma, L = 4,83 · d, c) (14/912) Wollaston-Prisma mit 4 Reflexionen, L = 4,83 · d, d) (14/523) Bauernfeind-Winkelprisma, e) (14/523 + 015) Bauernfeind-Prisma B mit 15°-Ablenkprisma Z (hier als Beispiel für 75° Ablenkung!)

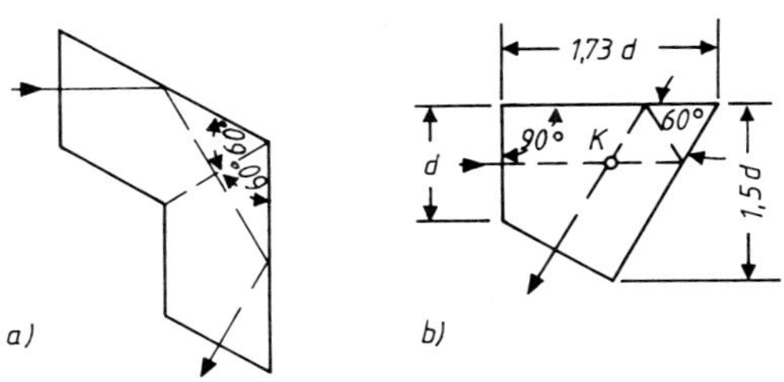


Bild 5.7.7 Prismen für 120°-Ablenkung ohne Änderung der Bildlage

a) (14/200 + 200) System aus zwei 60°-Ablenkprismen, L = 3,46 · d, b) (14/724) 120°-Vierseitprisma, L = 3,46 · d

Rückwurf, also *Knickung um 180°*, unter Beibehaltung der Bildlage leisten zwei Spiegel, Halbwürfelprismen oder sonst zwei Prismen, die zusammen um 180° knicken und die Bildlage im gleichen Sinne ändern, z. B. zweimal das Bild aufrichten oder zweimal dieselben Seiten vertauschen. Die doppelte Knickung muß aber in der waagerechten Ebene stattfinden.

2. *Weiterleitung des Lichts mit Seitentausch der Bildlage in der Knickebene,* d. h. einseitige y-Bildumkehr (Funktion 2 . . .): Hierfür sind alle Prismen mit ungerader Anzahl komplanarer Reflexionen geeignet. Mit einer Spiegelung wird das Prisma nach Dove oder Amici, auch nach Delaborne, benutzt (Bild 5.7.8a). Es gilt

$$l = d\,(\cot\alpha + \tan(\alpha + \varepsilon')),$$

wobei $\alpha$ der Winkel zwischen Ein- bzw. Austrittsfläche und Grundfläche und $\cos\alpha = n \cdot \sin\varepsilon'$ ist; $\varepsilon'$ sei der Brechungswinkel im Glas. Unter der kürzeren der parallelen Trapezseiten bleibt ein dreieckiger Raum strahlenfrei von der Höhe

$$t = (d/2)\,(1 - \cot\alpha \cot(\alpha + \varepsilon')),$$

der für Befestigungszwecke benutzt werden kann. Lichtweg:

$$L = d/\cos(\alpha + \varepsilon').$$

Das Prisma darf nur im telezentrischen Strahlengang benutzt werden, weil durch die Brechung an den schiefen Seitenflächen Astigmatismus auftritt. Üblich ist $\alpha = 45°$.

Zwei solcher Prismen oder Halbwürfel, deren Hypotenusen verspiegelt und zusammengelegt werden, können dazu dienen, einen Strahlengang um veränderbare Beträge zu knicken, die sich nach beiden Seiten des Wertes Null erstrecken bis 120° (Bild 5.7.8b).

Drei Spiegelungen: Prisma von Abbe bzw. König. Aus zwei Teilen zu verkitten; außerdem muß die Grundfläche verspiegelt werden (Bild 5.7.8c).

Das Prisma kann auch im divergenten oder konvergenten Strahlengang benutzt werden; die Summe des Totalreflexionswinkels des benutzten Glases, des halben Öffnungswinkels (Apertur) und des Bildwinkels darf 90° nicht überschreiten.

Prisma nach Räntsch: Diese dreiteilige Anlage muß sehr genau gefertigt und justiert werden. Es ist $l = 1{,}44\, d$ (Bild 5.7.8d); bemerkenswert ist der geringe Raumbedarf.

Fünf Spiegelungen: Prisma nach Schmidt oder Pechan. Aus zwei Teilen bestehend, die lose bzw. mit kleinem Luftraum aufeinander liegen (Bild 5.7.8e). Beide Prismenteile sind in einer geeigneten Fassung sorgfältig zu lagern und zu befestigen (Abschn. 7.1).

Alle genannten „geradsichtigen“ Prismen (Achsstrahl ohne Versetzung) drehen das Bild um den doppelten Winkel, wenn sie um die optische Achse gedreht werden. Sie können also z. B. für Bildaufrichtungen in Rundblickfernrohren (Abschn. 9.3) benutzt werden.

*Parallelversetzung mit Seitenvertauschung in der Versatzebene* ergibt der Zusammenbau eines Halbwürfels mit einem Pentagonprisma (Bild 5.7.8f). Beide Teile können getrennt oder verkittet sein; im letzteren Fall kann auch eine Platte eingefügt werden, wenn die Strahlversetzung größer als der Bündeldurchmesser sein soll. Das Prisma nach Sprenger oder Leman (Bild 5.7.8g) hat den Vorteil, aus einem Stück zu bestehen. In dieser Form wird es selten benutzt. Prismen mit 5 Reflexionen sind von Huet angegeben worden, haben aber unwirtschaftlich lange Glaswege.

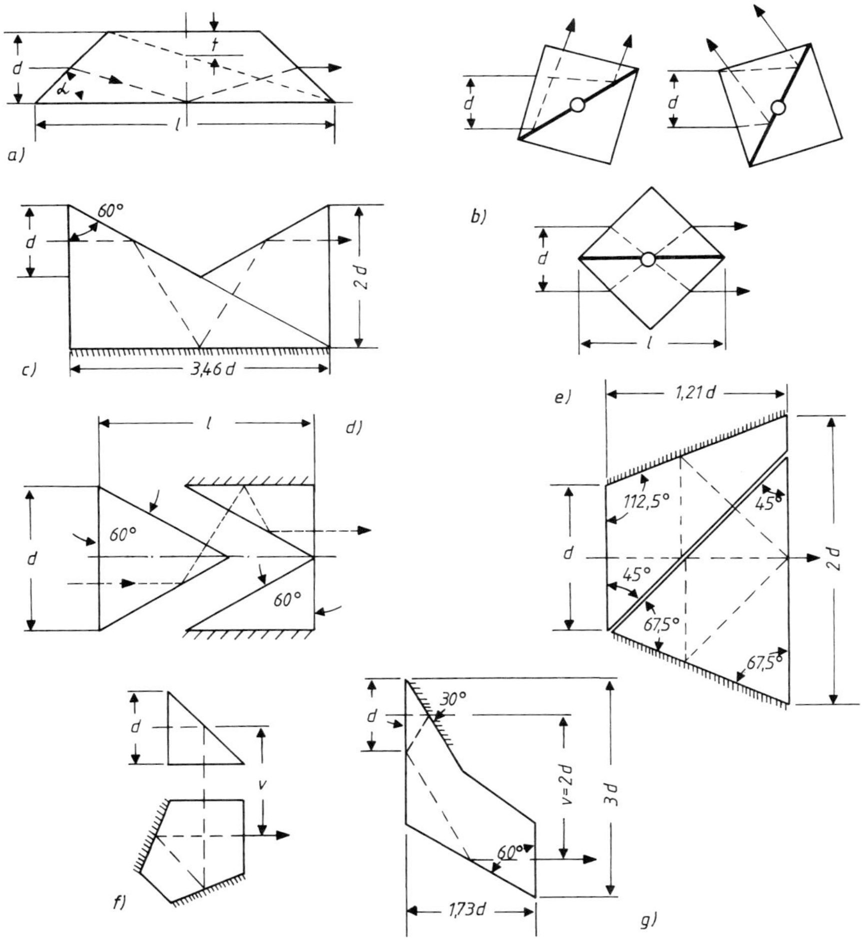


Bild 5.7.8 Prismen für einseitige Bildumkehr

a) (21/101) Prisma nach Dove/Amici, b) (27/102 + 102) Drehprisma zur veränderbaren Knickung, c) (21/200 + 502) Prisma nach Abbe/König, L = 5,20 · d, d) (21/200 + 502 + 502) Prisma nach Räntsch, L = 1,73 · d (in Glas) + 0,29 · d (in Luft), e) (21/512 + 802) Prisma nach Schmidt/Pechan, L = 4,62 · d, f) (23/100 + 704) Pentaprisma mit Halbwürfel, L = 4,41 · d (in Glas) + (v-d) (in Luft), g) (22/901) Prisma nach Sprenger/Leman, L = 3,46 · d

Eine *Knickung des Strahlenganges mit Seitentausch in der Knickebene* wird durch einen Planspiegel bewirkt; Bild 5.7.9 zeigt geeignete Prismen. *Ablenkung um 30°* erfordert einen Spiegel mit der Länge l = 3,9 · d oder ein Prisma nach Bild 5.7.9a. Lösungen mit 3 Spiegelungen sind leicht konstruierbar, aber unnötig kompliziert. Eine *Knickung um 45°* kann durch einen Spiegel der Länge l = 2,62 · d oder ein zu Bild 5.7.9a modifiziertes Prisma mit l = 2,62 · d, L = 2,41 · d, h = 0,92 · d und einem Winkel 67,5° statt 75° geleistet werden. 45°-Ablenkung bei 3 Reflexionen ergibt das Prisma nach Schmidt (Bild 5.7.9b). *Für 60°-Ablenkung* ist ein Spiegel mit l = 2 · d oder ein gleichseitiges Prisma (Bild 5.7.9c) notwendig, dessen Spitze abgeschnitten werden kann. Die *Ablenkung um 90°* leistet ein Planspiegel mit l = 1,41 · d oder ein Halbwürfelprisma (Bild 5.7.9d). Soll hierbei die Abknickung variabel sein, so kann durch eine bestimmte Lage der Drehachse seitliches Auswandern des Strahls vermieden werden.

*120°-Ablenkung* erreicht man mit einem Spiegel der Länge l = 1,15 · d oder mit einem Prisma nach Bild 5.7.9e mit einer verspiegelten Fläche. Die Ecken können abgeschnitten werden.

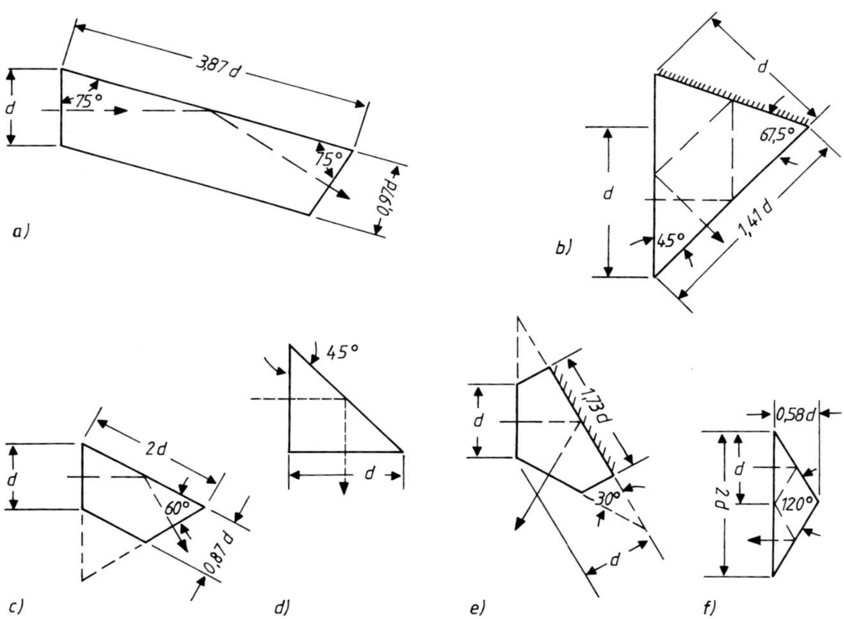


Bild 5.7.9 Prismen für Ablenkungen von 30° bis 180° und einseitige Bildumkehr in der Knickebene

a) (24/210) 30°-Prisma, L = 3,74 · d, b) (24/802) 45°-Prisma nach Schmidt, L = 2,41 · d, c) (24/200) 60°-Prisma („gleichseitig"), L = 1,73 · d, d) (24/100) 90°-Halbwürfelprisma, L = d, e) (24/302) 120°-Prisma, L = 1,73 · d, f) (25/900) 180°-Prisma mit Versetzung, L = 1,74 · d

Seitentausch bei Knickung um 180° wird durch einen einfachen Spiegel bewirkt; soll der rückgeführte Strahl nicht innerhalb des ankommenden verlaufen, dann sind drei Spiegelungen in der Knickebene nötig, die in vielen Möglichkeiten angeordnet werden können, beispielsweise in einem gleichseitigen Prisma mit 120° Spitzenwinkel (Bild 5.7.9f). Die Knickung kann in der waagerechten wie in der senkrechten Ebene stattfinden.

3. Weiterleitung des Lichts mit *Seitentausch der Bildlage senkrecht zur Knickebene,* d. h. einseitige x-Bildumkehr (Funktion 3 . . .): Hierzu ist bezüglich der Knickebene eine gerade Anzahl von Spiegelungen notwendig (also keine Seitenumkehr), wobei jedoch eine Spiegelfläche durch ein Dachflächenpaar ersetzt ist (also Seitentausch senkrecht zur Knickebene). Wird der Achsstrahl jedoch weder geknickt noch parallel versetzt ($\delta = 0°$), so besteht kein Unterschied zu den Lösungen von Bild 5.7.8a bis e. Tritt nur Parallelversetzung ohne Ablenkung auf, so erfordert Seitenvertauschung senkrecht zur Versatzebene, daß bei den Lösungen nach Bild 5.7.2 eine reflektierende Fläche durch ein Dachflächenpaar ersetzt wird. Ein Beispiel zeigt Bild 5.7.10a, d. h. Zusammenbau eines Halbwürfelprismas mit einem Halbwürfelprisma mit Dachkante. Man beachte, daß der Glasweg im Halbwürfelprisma $L = d$, im Dachkantprisma aber $L = 1{,}73 \cdot d$ beträgt. Wenn beide Prismen verkittet werden, ist die Versetzung $v = 1{,}36 \cdot d$. Bei 30°-Ablenkung muß eine Spiegelfläche bei den Lösungen nach Bild 5.7.3 durch ein Dachflächenpaar ersetzt werden; entsprechendes gilt für den Ablenkungswinkel 45° mit den Lösungen nach Bild 5.7.4. Als Beispiel zeigt Bild 5.7.10b das um 45° ablenkende, Bild 5.7.10c das um 60° ablenkende Bauernfeind-Prisma mit Dachkante. Auch hier können Zusatzprismen nach Bild 5.7.6e angebracht werden. Mit innen liegendem Knickpunkt ist das 60°-„Pentagon“-Prisma wie in Bild 5.7.5b mit Dachkante möglich. Entsprechend kann man bei dem 60°-Prisma mit 4 Reflexionen nach Bild 5.7.5c die verspiegelte Fläche durch eine Dachkante ersetzen, wobei sich $l = 5{,}84 \cdot d$ und $L = 6{,}53 \cdot d$ ergeben.

Bei *Ablenkung um 90°* kann ein Pentagon-Prisma mit Dachkante (Bild 5.7.10d) verwendet werden. Der Glasweg von $L = 4{,}22 \cdot d$ bei symmetrischem Prisma kann auf $L = 3{,}82 \cdot d$ verkleinert werden, wenn der Winkel $\beta$ an der verspiegelten Fläche auf 115,5° erhöht wird – natürlich bei Einhaltung des Hauptwinkels $\alpha = 45°$ zwischen Spiegelfläche und Dachkante! Eine andere Möglichkeit zur 90°-Ablenkung ist die Ausrüstung eines Wollaston-Prismas mit einer Dachkante. Günstig ist die Benutzung des Viereckprismas mit 4 Spiegelungen (Bild 5.7.10e), weil eine nur geringfügige Vergrößerung des Prismas wegen der Dachkante erforderlich ist. Man spart die Verspiegelung einer Fläche. Die Benutzungsform mit 2 Reflexionen (Bild 5.7.6b) kann aufgelöst werden in zwei Prismen mit je 45° Knickung, davon eines mit Dachkante. Entsprechend kann die 120°-Ablenkung zusammengesetzt werden aus einem Halbwürfelprisma mit Dachkante (Bild 5.7.1c) und einem um 30° knickenden Prisma, z. B. nach Bild 5.7.9a.

Werden zur *Ablenkung um 180°* zwei unter $\alpha = 90°$ stehende Spiegelflächen verwendet und eine Fläche durch ein Dachflächenpaar ersetzt, so entsteht ein *Tripelspiegel* (Bild 5.7.10f). Er besteht also aus drei unter 90° aufeinander stehenden Spiegelflächen, die wegen der Innehaltung der Winkel einem Prisma in Form einer Würfelecke angeschliffen werden. Alle Strahlen, aus welcher Richtung sie auch in den Tripelspiegel fallen mögen, werden in ihre Herkunftsrichtung zurückgeworfen. Daraus folgt, daß der

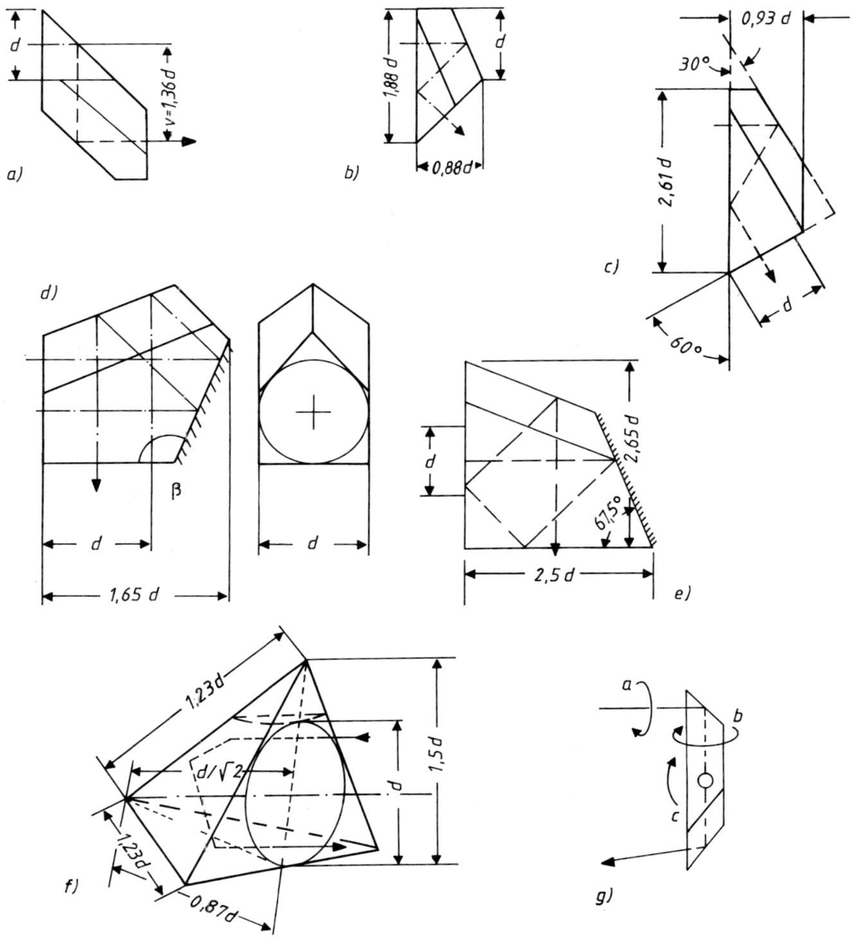


Bild 5.7.10 Prismen für einseitige Bildumkehr senkrecht zur Knickebene

a) (32/650) Rhomboidprisma mit Dachkante, oder (32/100 + 150) Halbwürfelprisma + Halbwürfelprisma mit Dachkante, b) (34/560) 45°-Bauernfeind-Prisma mit Dachkante, L = 2,11 · d, c) (34/550) 60°-Bauernfeind-Prisma mit Dachkante, L = 2,81 · d, d) (34/752) Pentagon-Prisma mit Dachkante (in 2 Ansichten), β = 112,5°: L = 4,22 · d, β = 115,5°: L = 3,82 · d, e) (34/962) Wollaston-Prisma mit Dachkante, L = 8,8 · d, f) (34/450) Tripelspiegel (perspektivisch, Lichteinfall von rechts!), L = 1,41 · d, g) (34/450) Tripelstreifen

Tripelspiegel selbst nie gegenüber dem Strahlengang ausgerichtet zu werden braucht. Blickt man in ihn hinein, so erscheint das Auge stets im Schnittpunkt der drei Dachkanten. Andere Retroreflektoren siehe Bild 8.3.3.

Die überstehenden Ecken des als Würfelecke gedachten Tripelspiegels können so abgeschnitten werden, daß er sechseckig erscheint.

Anwendung bei Rückstrahlern an Fahrzeugen, Signalen usw. Gelegentlich wird nur ein Ausschnitt aus dem Tripelspiegel benutzt, der „Tripelstreifen", der als Zusammenbau eines Halbwürfelprismas mit einem Dachkantprisma betrachtet werden kann und zur Einrichtung von Scheinwerfern dient (Abschn. 8.7). Er erfaßt einen Teil des telezentrisch gerichteten Lichtbündels und schickt ihn um die Scheinwerferoptik herum in das Auge des Beobachters, der ein Bild der Lichtquelle (Grauglas!) auf dem anzuleuchtenden Gegenstand sieht.

Steht eine der drei Flächen nicht genau senkrecht auf den anderen, so wird das zurückgeworfene Bündel in deren zwei aufgespalten, vorausgesetzt, daß das eintretende Bündel den ganzen Spiegel ausfüllt. Ist letzteres nicht der Fall, so wird nur ein Bündel zurückgeworfen, dessen Richtung wohl von der Drehlage des Spiegels hinsichtlich der Bündelrichtung (Achse a, Bild 5.7.10g), nicht aber hinsichtlich anderer Drehachsen (b, c) abhängt. Anwendung zur Fernablesung von Kompassen oder ähnlichen Einrichtungen mittels Lichtes unabhängig von der Kipplage des Tripelspiegels.

4. Weiterleitung des Lichts mit *vollständiger Umkehr der Bildlage* (Funktion 4 . . .): Die Umkehr der Bildlage in der Knickebene und senkrecht dazu entspricht einer Bilddrehung um 180°. Sie kombiniert die beiden Funktionen 2. und 3., erfordert also bezüglich der Knickebene eine ungerade Anzahl von komplanaren Spiegelungen, wobei jedoch eine Spiegelfläche durch ein Dachflächenpaar ersetzt ist. Wesentliche Aufgabe dieser *„Umkehrsysteme"* ist die Aufrichtung eines durch reelle Abbildung mit einem Linsensystem vollständig umgekehrten Bildes. Bild 5.7.11 zeigt geradsichtige Umkehrsysteme mit 1, 3, 5 Reflexionen, davon jeweils eine an einer Dachkante.

Für das Prisma nach Amici (Bild 5.7.11 a) gilt mit $\varepsilon'$ = Brechungswinkel im Prisma:

$$l = d\,\sqrt{2}\,(\tan(\alpha + \varepsilon') + \cot\alpha)$$

ein freier Raum im Rücken des Prismas hat die Höhe

$$t = (d/2)\,(\sqrt{2} - \cot\alpha\,\cot(\alpha + \varepsilon');$$
$$h = 1{,}21\ d,\ L = 2\,\sqrt{2}/\cos(\alpha + \varepsilon').$$

Auch hier tritt Astigmatismus auf, wenn das Prisma im nicht parallelen Strahlengang benutzt wird.

Vier solcher Prismen können mit parallel zueinander liegenden, aber sich nicht berührenden Dachflächen (oder sie müssen verspiegelt sein) zu einem bildaufrichtenden Block von verhältnismäßig kleinen Abmessungen zusammengesetzt werden.

Das Prisma nach Abbe bzw. König (Bild 5.7.11 b) kann die Dachkante an jeder der drei spiegelnden Flächen tragen; zweckmäßig ist sie an der Grundfläche, weil dann ihre Verspiegelung erspart wird und die Abmessungen des Prismas nicht größer werden gegenüber Bild 5.7.8c. Das Prisma wird zur Bildaufrichtung in Fernrohren benutzt, wenn keine Achsenversetzung und keine allzu große Zunahme des mechanischen Durchmessers gegenüber dem Bündeldurchmesser erwünscht ist.

Wird die Dachkante an der ersten oder dritten Fläche angebracht, so wird das Prisma um 0,73 d höher, l nimmt um d zu, L um 3 d. Ohne diese Vergrößerungen würden durch die Dachkante kleine Kreisabschnitte vom zylindrischen Bündel abgeschnitten.

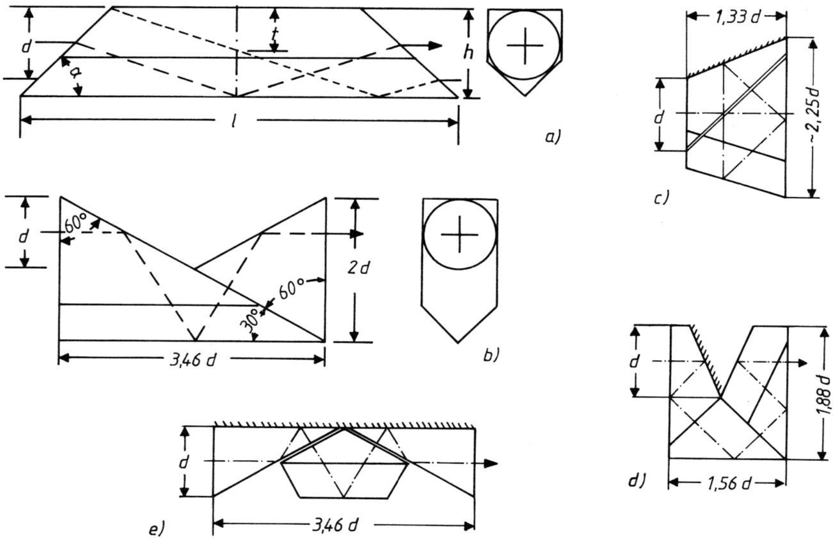


Bild 5.7.11 Geradsichtige Umkehr-Prismensysteme

a) (41/151) Amici-Prisma mit Dachkante, b) (41/550+200) Abbe/König-Prisma mit Dachkante, L = 5,20 · d, c) (41/512+850) Pechan-Prisma mit Dachkante, L = 5,32 · d, d) (41/512+100+560) Uppendahl-Prisma, L = 5,03 · d, e) (41/502+350+502) Prisma nach Cranz, L = 5,20 · d

Ist das Bündel konisch, so ordnet man die Dachkante auf der Seite des kleineren Bündeldurchmessers an und kann dann meist die Abmessungen wie bei Bild 5.7.8c beibehalten.

Fünf Spiegelflächen: Das Prisma von Pechan kann ebenfalls eine Dachkante erhalten. Auch hierbei erhöhen sich alle Abmessungen. Dieses Prisma kommt dann in Frage, wenn eine kurze mechanische Baulänge wertvoll ist, ein langer Glasweg aber nicht schadet (Bild 5.7.11c).

Hierher gehört auch das Prisma nach Uppendahl, bestehend aus zwei Bauernfeindprismen, davon eines mit Dachkante, und einem Halbwürfel; die drei Teile werden zusammengekittet (Bild 5.7.11d).

Weitere Prismen ohne Versetzung und kleiner Bauhöhe h, die den (stets zylindrisch angenommenen) Strahlengang möglichst wenig überragt:

Prisma nach Cranz (Bild 5.7.11e), aus drei losen Teilen bestehend und nicht breiter als der Durchmesser des Bündels; $l = 2 \cdot \sqrt{3}\,d = 3{,}46\,d$. Wenn die Teile verkittet werden, müssen die Flächenanteile für Totalreflexion und Durchgang streng getrennt sein, das Prisma wird größer, man kann die Verspiegelung einsparen.

Zu nennen sind auch die äußerst raumsparend mit Reflexionen in mehreren Ebenen wirksamen Umkehrprismen nach Cranz.

Eine häufige Aufgabe ist die *Bildumkehr mit seitlicher Versetzung;* sie wird bei sehr vielen Fernrohren durch die „Porro-Prismen erster Art" (Bild 5.7.12a) gelöst. Die Prismen brauchen nicht mit den halben Hypotenusen aufeinander zu liegen, sondern können beliebig weit auseinandergezogen sein. Ist der Strahlengang nicht zylindrisch begrenzt, so können die Prismen verschieden groß ausgeführt, ein langer Strahlengang somit auf ein Drittel seiner Länge „zusammengefaltet" werden (Bild 5.7.12b).

Die „Porro-Prismen zweiter Art" zeigt Bild 5.7.12c. Hier ist v = d. Häufig werden die Prismen als zwei spiegelbildlich gleiche Teile nach Bild 5.7.12d ausgeführt, die eine geringere Bauhöhe gestatten, nämlich 1,71 d statt 2 d. Durch Abstandsänderung kann der Betrag der Versetzung seitlich vergrößert werden.

Das Prisma von Leman oder Sprenger mit Dachkante hat den Vorteil, aus einem einzigen Glasstück zu bestehen; die Justierung liegt ein für allemal im Glase fest und hängt von keinerlei Befestigungsmitteln ab. Es wird deshalb in Fernrohren benutzt, die Erschütterungen ausgesetzt sind, z. B. in Zielfernrohren, wo die erhebliche Versetzung auch von Vorteil ist (Bild 5.7.13a).

Prisma von Huet: Entspricht grundsätzlich dem von Leman, hat aber zwei Spiegelungen mehr und somit noch höhere Versetzung. Das Prisma wird selten benutzt (Bild 5.7.13b).

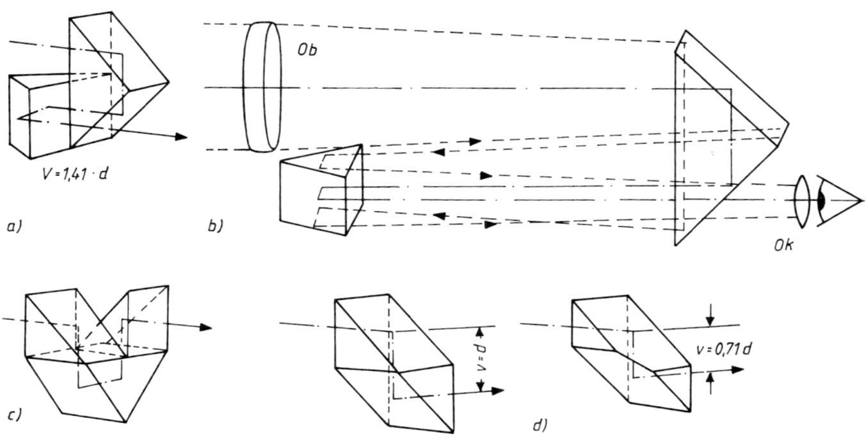


Bild 5.7.12 Porro-Prismen zur Bildumkehrung mit Versetzung

a) (42/400+400) Porro-Prismen 1. Art, L = 4·d, b) mit Porro-Prismen zusammengefalteter Strahlengang zwischen Objektiv Ob und Okular Ok, c) (42/100+400+100) Porro-Prismen 2. Art, L = 4·d, d) (42/640+640) Verkürzung bei Porro-Prismen 2. Art, L = 3,42·d; links halbes Porro-Prisma 2. Art entsprechend c), bestehend aus zwei Halbwürfelprismen, rechts verkürzte Form

Hierzu sind ähnliche Prismen nach Zeiss zu erwähnen. Schließlich kann ein Pentagon-Prisma mit einem Halbwürfel vereinigt werden, wobei einer dieser Teile eine Dachkante erhält (Moeller, Rodenstock).

Bild 5.7.13c zeigt die Anordnung mit Dachkante am Pentagonprisma (v = d), während die Dachkante am Halbwürfel v = 1,37 · d ergibt (Bild 5.7.13d).

Die erste Form ist der zweiten vorzuziehen, da nur eine Fläche zu verspiegeln ist. Natürlich können beide Elemente getrennt und in größerem Abstand voneinander angeordnet werden; sie brauchen keineswegs verkittet zu sein.

Bild 5.7.13e, Prisma von Schmidt: Halbwürfel mit Vierseitprisma; v = 1,1 d. Die Prismen dürfen nicht verkittet werden, weil sonst keine Totalreflexion stattfinden kann; die gegenüberliegende Seite muß verspiegelt werden.

Weitere ein- oder zweiteilig herstellbare Prismen mit fünf Reflexionen, davon eine an einer Dachkante, und mit vergleichsweise kleiner Versetzung von Luboshez, König und Schönfeld.

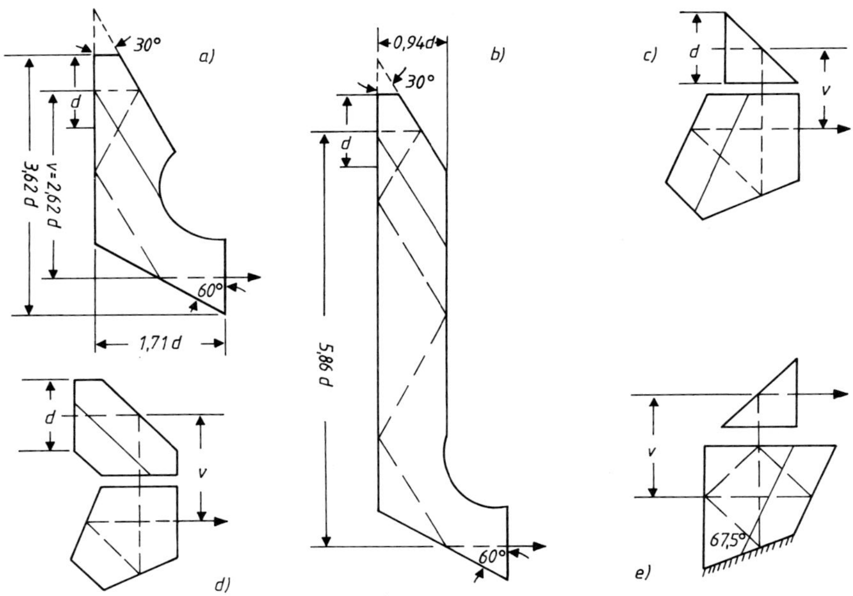


Bild 5.7.13 Weitere Prismen zur Bildumkehrung mit Versetzung

a) (42/951) Sprenger/Leman-Prisma mit Dachkante, L = 4,54 · d, b) (42/971) Huet-Prisma mit Dachkante, L = 8,27 · d, c) (42/100+752) Halbwürfel und Pentagon-Prisma mit Dachkante, L = 5,21 · d, d) (42/150+704) Halbwürfel mit Dachkante und Pentagon-Prisma, L = 5,15 · d, e) (42/962+100) Prisma nach Schmidt, L = 7,1 · d

*Bildaufrichtung mit Knickung um 30°* ist durch ein Prisma nach Bild 5.7.9a, aber mit Dachkante, leicht durchführbar (Bild 5.7.14a). Die vollständige *Bildaufrichtung bei Knickung um 45°* ist bei Mikroskopen und Fernrohren häufig. Hierzu ist das Prisma nach Bild 5.7.14b geeignet, oder mit drei Spiegelungen das Prisma nach Schmidt (Bild 5.7.14c). Das Prisma ist in Fernrohren wegen seiner kleinen Baulänge und seines kurzen Lichtweges beliebt. Bild 5.7.14d zeigt analog zu a) und b) ein gleichseitiges Prisma mit Dachkante zur 60°-Ablenkung.

Vollständige *Bildaufrichtung bei 90°-Knickung* liefert ein Halbwürfelprisma mit Dachkante (Bild 5.7.14e). Dieses Prisma stellt eine wichtige Grundform dar, weshalb es hier noch näher erläutert werden soll. Die freien Spitzen der Dachkante können parallel zur gegenüberliegenden Kathete abgeschnitten werden, ebenso ein Teil an der beiden Katheten gemeinsamen Kante. In Richtung der Bündelachse betrachtet, erscheint die von der Kathete schräg geschnittene Dachkante unter einem Winkel von 70° 32′.

Eine Drehung der beiden spiegelnden Flächen um die Dachkante (Achse a) hat keinerlei geometrische Einwirkung auf den Strahlengang; die Dachkante braucht nur in sich, aber nicht gegenüber dem Prisma sehr genau zu sein. Drehung um Achse b, d. h. das Reflexionslot, bewirkt Bilddrehung um den doppelten Winkel; die Kante muß also parallel zu den Seitenflächen des Prismas bleiben. Eine Drehung der Dachkante oder des Prismas um Achse c (senkrecht zur Zeichenebene) hat denselben Einfluß wie bei einer einfachen spiegelnden Fläche; der Knickwinkel ändert sich um den doppelten Betrag, die Bildlage bleibt erhalten.

Für volle Bildaufrichtung bei Knickung um 120° gibt es eine ganze Reihe von Lösungen. Man setzt zwei Prismen zusammen, deren Knicksumme 120° beträgt; davon richtet das eine das Bild auf, während das andere die Bildlage nicht beeinflußt; oder man läßt das eine in der Knickebene, das andere senkrecht dazu die Bildseiten tauschen. Am einfachsten und kleinsten ist ein Dachkantprisma nach Bild 5.7.14f, bei dem die Maße von Bild 5.7.9e gelten.

Volle *Bildaufrichtung bei 180°-Richtungsumkehrung* leisten zwei Spiegelungen in der senkrechten Ebene, also z. B. ein Teilprisma eines Porro-Prismensatzes erster Art nach Bild 5.7.12a.

5. *Weiterleitung des Lichts mit Bilddrehung um 90°* oder andere Winkel (Funktion 5 . . .):

Bilddrehung um 90° ohne Seitenvertauschung erfordert zwei oder vier Reflexionen und ist mit einem Prisma ohne Achsenversetzung nicht durchzuführen. Man kann z. B. zwei Dovesche Prismen ohne Dachkante hintereinander anordnen und das zweite um 45° drehen, so daß das Bild um 90° stürzt; das erfordert eine große Baulänge.

Mit seitlicher Versetzung, aber ohne Seitenvertauschung arbeitet ein aus dem Porro-Satz erster Art abzuleitender Aufbau nach Bild 5.7.15a. Durch Ändern des 45°-Winkels kann die Bilddrehung variiert werden. Ein hierauf basierendes „optisches Gelenk“ ist im Gebrauchsmuster 1.954.605 beschrieben.

Seitenvertauschung in einer Anordnung, die zwei Knickebenen aufweist, und Versetzung ist gemäß Bild 5.7.15b möglich. Das Bild wird hierbei im Gegenzeigersinne um 90° gedreht; für eine Drehung im Zeigersinne ist das Prisma spiegelbildlich aufzubauen. Die Versetzung $v = \sqrt{2} \cdot d$ wird kleiner, wenn die Prismen nach Bild 5.7.12d gestaltet werden.

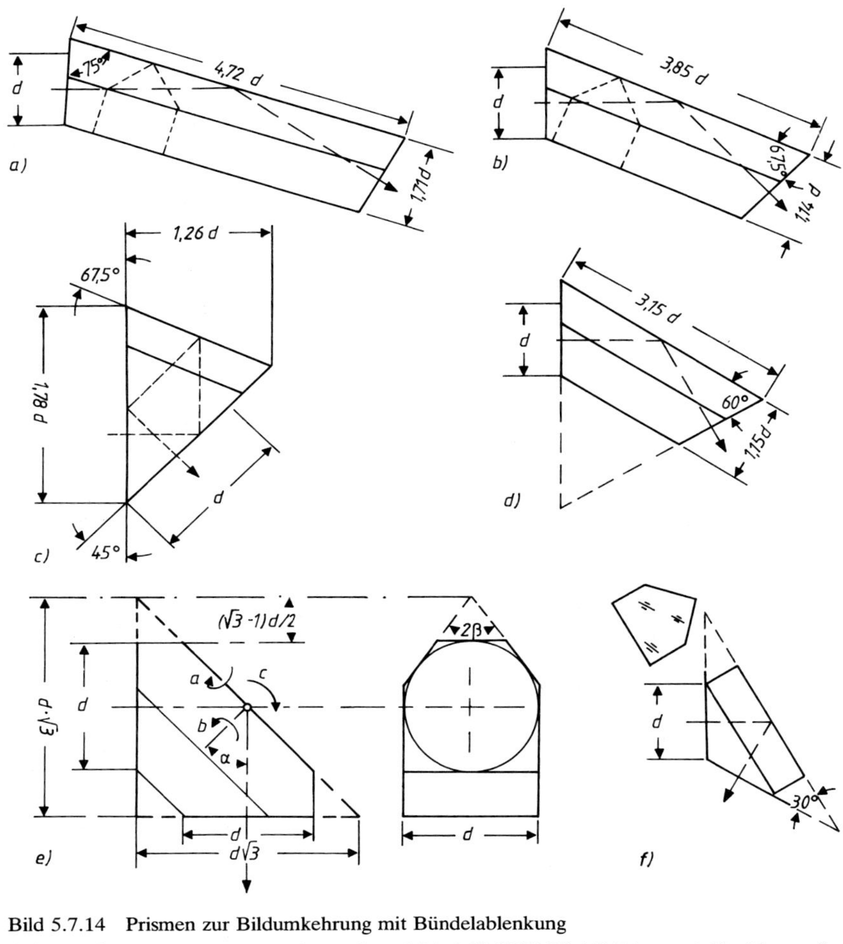


Bild 5.7.14 Prismen zur Bildumkehrung mit Bündelablenkung

a) (44/260) 30°-Prisma mit Dachkante, L = 5,36 · d, b) (44/260) 45°-Prisma mit Dachkante, L = 3,55 · d, c) (44/850) Schmidt-Prisma mit Dachkante, L = 3,04 · d, d) (44/250) gleichseitiges Prisma mit Dachkante, L = 2,64 · d, e) (44/150) Halbwürfelprisma mit Dachkante, L = 1,73 · d, f) (44/350) 120°-Prisma mit Dachkante, L = 1,73 · d

Für Bilddrehungen um 90° bei Knickung des Strahlenganges um 45° sind einheitliche Lösungen nicht bekanntgeworden, da dieser Fall selten eintritt; man löst ihn durch Kombination bekannter Prismen.

Bilddrehung um 90° bei Knickung um den gleichen Winkel liefern zwei Halbwürfel, die zu einem Ganzen vereinigt sein können wie die Hälfte eines Porro-Prismas zweiter Art (Bild 5.7.12d).

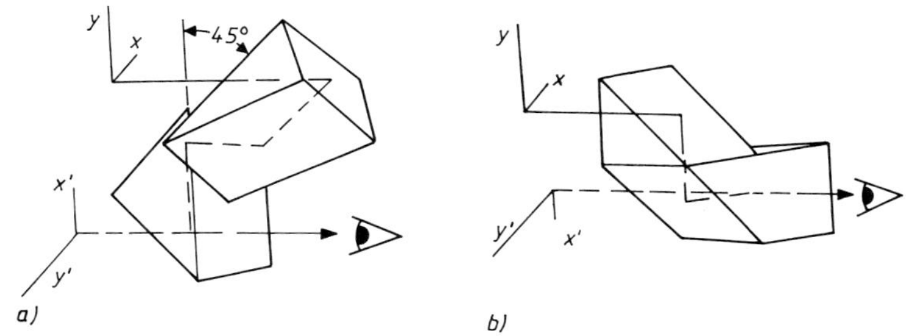


Bild 5.7.15 Bilddrehung um 90° durch Prismen

a) (53/400+400) Bilddrehung mit Porro-Prismen, L = 4 · d, b) (52/100+100+100) Drei Halbwürfel zur 90°-Bilddrehung, L = 3 · d

*Bilddrehung um 90° bei Richtungsänderung von 180°* erhält man durch ein Element (Form 400) des Porroprismas 1. Art, das unter 45° aufgestellt wird.

Wenn Knickungen oder Bilddrehungen um andere als die hier aufgeführten Winkelwerte erforderlich sind, können geeignete Anordnungen aus den hier angegebenen abgeleitet werden.

Es folgen noch einige Hinweise zur *Anwendung und Fertigung der Prismen,* d. h. zur Totalreflexion, zur Dachkante und Fertigungsfehlern: Werden konische Bündel durch Prismen mit totalreflektierenden Flächen geleitet, so muß die Totalreflexion auch für die Randstrahlen (größte Neigung zur Bündelachse) erfüllt sein. Dies soll am Beispiel des Halbwürfelprismas erläutert werden: Bei dem konvergenten Bündel nach Bild 5.7.16 wird wegen des kleinen Einfallwinkels auf die Hypotenusenfläche zuerst bei dem unteren Randstrahl die Grenze der Totalreflexion erreicht.

Der Öffnungswinkel u, den ein an der Hypotenuse eines solchen Prismas gespiegeltes Bündel haben darf, ohne daß Licht zur Hypotenuse austritt, ergibt sich aus

$$\sin u = n \cdot \sin (45° - \varepsilon'_g)$$

wobei $\varepsilon'_g$ der Grenzwinkel der Totalreflexion ist. Man braucht also Prismen hoher Brechzahl, wenn man weit geöffnete Bündel total reflektieren will. Ist kein Glas mit hinreichend hohem n vorhan-

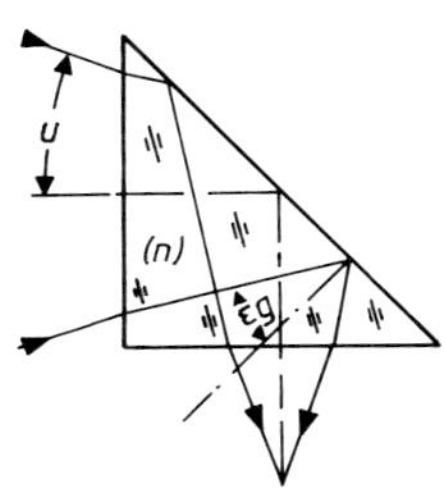


Bild 5.7.16 Totalreflexion eines konvergenten Bündels im Halbwürfelprisma

den, muß man die Hypotenuse verspiegeln oder den Strahl um weniger als 90° abknicken, so daß der Reflexionswinkel größer wird. Üblich sind Prismen aus Borkron BK 7, um bei langen Glaswegen die Verluste durch Absorption klein zu halten, mit n = 1,52, oder aus Flintgläsern mit n = 1,7 ... 1,9, um lange Glaswege für Prismen zu schaffen. Die Prismen klassischer Prismenferngläser bestehen aus Baritkron BaK 4 mit n = 1,57.

Beispielsweise ergibt sich für Glas F2 mit n = 1,624: $\varepsilon_g = 38{,}01°$; u = 11,40°.

Ist bei einem Dachflächenpaar d der Durchmesser des zylindrischen Bündels, so muß die Einzelfläche die Breite $b = d/\sqrt{2}$ haben; für schief unter dem Winkel σ zur Winkelhalbierenden einfallendes Bündel ergibt sich $b = d \cdot \cos(45° - \sigma)/\cos 2\sigma$ (Bild 5.7.17a).

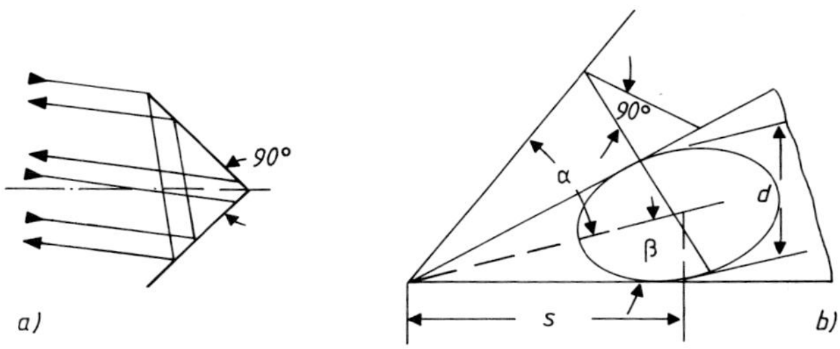


Bild 5.7.17 Dachflächenpaar

a) schräger Einfall eines Bündels, b) Maßbeziehungen

Sehr wichtig ist genaue Innehaltung des 90°-Winkels, weil sonst ein Bildsprung stattfindet, wenn die Dachkante in der Nähe eines Bildes liegt, oder Doppelbilder auftreten, wenn sich die Dachkante nahe der Pupille befindet. Meist tritt beides auf. Ist j der Winkelfehler der Dachkante, s cm der Abstand des Bildes von ihr, so ist $4 \cdot s \cdot j$ der Abstand der entstehenden beiden Bilder, also die Unschärfe. Wird das Bild mit $\Gamma$-facher Vergrößerung betrachtet, so erscheint die Unschärfe unter dem Winkel $4\,s\,j \cdot \Gamma/25$; wenn dieser Betrag 1/3000 (Abschn. 6.8) nicht überschreiten soll, ergibt sich $j = 25/12000\,s\,\Gamma$. Für s = 20 cm und $\Gamma = 10$ – Daten eines mittleren Fernrohrs – wird $j = 2''$. Dachkanten müssen also sehr genau gefertigt sein und sind somit nicht billig.

Sie werden deshalb nur dann aus zwei getrennten Spiegeln aufgebaut, wenn sie sehr groß sind, z. B. für Reproduktionszwecke. Sonst werden sie einem Prisma so angeschliffen, daß an der Dachkante innere Reflexion eintritt. Meist werden rechtwinklig-gleichschenklige Prismen benutzt, deren Hypotenuse die Dachkante trägt; in der Reflexionsebene findet Knickung um 90° statt, der Reflexionswinkel an den beiden die Dachkante bildenden Flächen beträgt 60°, so daß auch bei praktisch weit geöffneten Bündeln Totalreflexion eintritt und weder Verspiegelung noch hochbrechendes Glas erforderlich ist, auch nicht, wenn der Knickwinkel gelegentlich größer als 90° ist.

Allerdings kann die Dachkante infolge der Halbierung des Bündels die Auflösung gefährden und darüber hinaus bei etwas unsymmetrischer Lage durch Interferenzwirkung das Bild weiter verschlechtern.

Wird ganz allgemein an einem Prisma eine reflektierende Fläche durch eine Dachkante ersetzt, so muß das Prisma um einen gewissen Betrag größer entworfen werden, wenn ein zylindrisch begrenztes Strahlenbündel gleichen Durchmessers hindurchgelassen werden soll. Die Vergrößerung des Prismas hängt vom Reflexionswinkel α an der durch die Dachkante ersetzten Prismenfläche ab.

In Tabelle 5.7.3 ist z der Faktor in Prozent, um den das Prisma größer werden muß, $d' = d/(1 + z/100)$ der verringerte Bündeldurchmesser bei beibehaltener Prismengröße, 2β der Winkel, unter dem das Dachflächenpaar im Schnitt mit einer Fläche erscheint, die vom Bündel senkrecht durchstoßen wird (Bild 5.7.17b). Dieser Wert ist für die zeichnerische Darstellung wichtig. Mit s wird der Abstand der Bündelachse von der Spitze des Prismas bezeichnet.

**Tabelle *5.7.3* Maßangaben zum Dachflächenpaar**

| $\alpha$ = 90 | 75 | 67,5 | 60 | 45 | 30 | 22,5 | 15 Grad |
|---|---|---|---|---|---|---|---|
| z = 20,7 | 22,0 | 23,8 | 26,5 | 36,6 | 56,7 | 94,0 | 150% |
| d' = 0,83 | 0,82 | 0,81 | 0,79 | 0,732 | 0,65 | 0,52 | 0,40 · d |
| s = 1,414 | 1,440 | 1,475 | 1,529 | 1,732 | 2,237 | 2,88 | 4,00 · d/2 |
| β = 45 | 44,01 | 42,74 | 40,89 | 35,27 | 26,56 | 20,94 | 14,51 Grad |

Jedes noch so sauber geschliffene und polierte Prisma zeigt *Herstellungsfehler,* die sich auf den Strahlengang auswirken. Zunächst sei angenommen, daß die Prismenflächen zwar eben seien, die Winkel aber Fehlerbeträge gegenüber dem beabsichtigten Wert enthalten. Es ergeben sich dann Abweichungen in der Richtung des austretenden Strahls; hierfür einige wichtige Beispiele. Es seien α, β, γ usw. die Fehlerbeträge.

1. Gleichschenklig-rechtwinkliges Prisma (Halbwürfel). Beide Katheten werden rechtwinklig vom Strahl durchsetzt, wenn $\alpha = -\beta/2$, also die Gleichschenkligkeit gewahrt ist (Bild 5.7.18a).

2. Porro-Prisma. Hier verschwindet ein Fehler in der Parallelrichtung des ankommenden und des rückkehrenden Strahls, wenn $\beta = -\alpha$, d. h. wenn die Rechtwinkligkeit gewahrt ist; die Schenkel brauchen nicht gleich lang zu sein (Bild 5.7.18b).

3. Pentagon-Prisma. Drehen des Prismas in der Zeichenebene ändert am Betrag der Strahlenabknickung nichts. Von Einfluß auf den Knickwinkel sind alle Prismenwinkel in ungefähr gleichem Maße (Bild 5.7.18c).

4. Beim Dove-Prisma verschwindet ein Richtungsfehler, wenn die Seitenwinkel gleich sind; der Mittelstrahl wird freilich unter Umständen versetzt (Bild 5.7.18d).

5. Für das Lemansche Prisma ist der Winkelfehler in Bild 5.7.18e angegeben; empfindlich sind beide seitliche Spiegelflächen.

6. Dachkantprisma. Wegen der durch die Dachkante bedingten Fehler s. oben; bei Fehlern in der Dachkantenebene gilt das hier unter 1 Gesagte.

Die bisher betrachteten Erscheinungen beziehen sich auf Fehler der Winkel zwischen benachbarten brechenden oder spiegelnden Flächen innerhalb der Zeichenebene. Die Prismen wurden also als Säulen mit genau parallelen Kanten betrachtet. Eine oder mehrere Flächen eines Prismas können aber geneigt zum Lot auf der Zeichenebene stehen: „Pyramidalfehler". Er bewirkt außer Ablenkungen in der Zeichen- bzw. Knickebene auch solche aus dieser Ebene heraus sowie Bilddrehungen.

Das Prisma werde so justiert gedacht, daß Ein- und Austrittsfläche senkrecht zur Knickebene orientiert bleiben; dann braucht nur die Neigung spiegelnder Flächen betrachtet zu werden. Findet an einer solchen Fläche die Reflexion unter dem Winkel α an Stelle $\alpha_0$ statt und ist sie um den kleinen Winkel g gekippt, so ergeben sich folgende Ausweichungen h des Strahls aus der Zeichenebene im Winkelmaß (Bild 5.7.19):

| $\alpha_0$ = | 15 | 22,5 | 30 | 45 | 60 | 67,5° |
|---|---|---|---|---|---|---|
| h = g · | 1,932 | 1,848 | 1,732 | 1,414 | 1,000 | 0,765 |

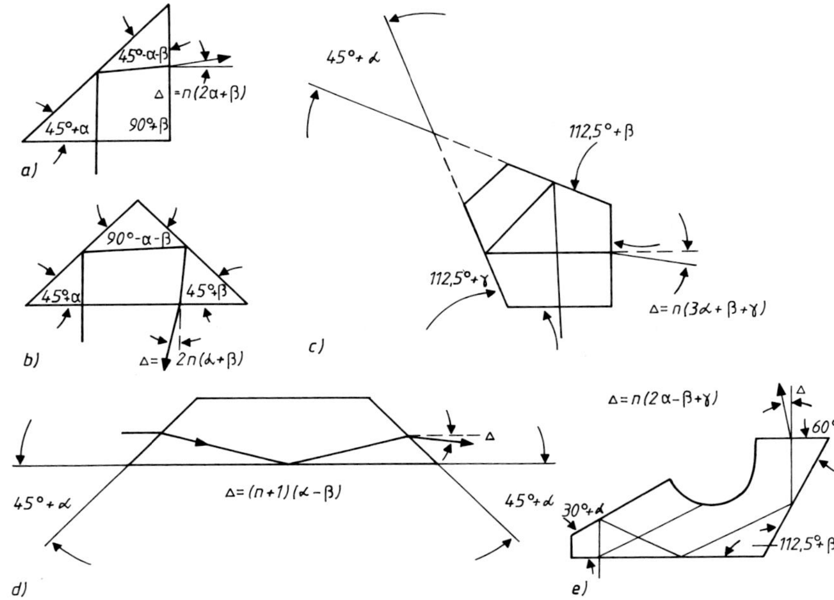


Bild 5.7.18 Winkelfehler bei Prismen

a) Halbwürfel-Prisma, b) Porro-Prisma, c) Pentagon-Prisma, d) Dove-Prisma, e) Leman-Prisma

Die Seitenablenkung s im Sinne einer erhöhten Knickung ist stets s = g · h, also quadratisch von g abhängig. Besitzt ein Prisma mehrere spiegelnde Flächen, so addieren sich die Strahlausweichungen s; die h-Werte können sich unter günstigen Umständen aufheben.

Als dritter Fehler kommt hinzu, daß die Flächen nicht eben sein müssen, sondern eine sehr flache Krümmung, also eine Brechkraft aufweisen, die aus schleiftechnischen Gründen oft positiv und zylindrisch ist. Das Prisma stellt eine Vereinigung von einer Linse mit Hohlspiegeln dar und bildet ein optisches System der Brechkraft $\dot{F}$, die sich ergibt aus

$$\dot{F}_k = (n-1)\,(1/r_1 + 1/r_2) + \Sigma\,(2/r_s \cdot \cos\alpha),$$

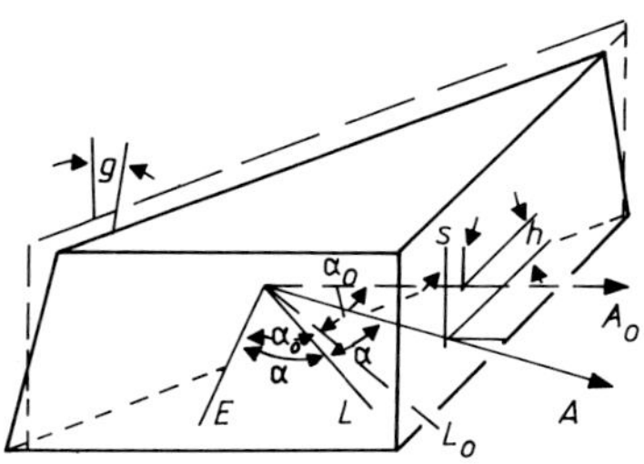


Bild 5.7.19 Pyramidalfehler

E einfallender, $A_0$ fehlerfrei reflektierter Strahl, $L_0$ Lot, $\alpha_0$ Reflexionswinkel, A, L, α dieselben bei Pyramidalfehler durch Kippwinkel g; s, h Seiten- und Höhenablenkung wobei $r_1$, $r_2$ die (sehr großen) Radien der Ein- und Austrittsfläche, $r_s$ die Spiegelflächen darstellen. Diese Formel gilt für die Brechkraft in der Knickebene; senkrecht dazu ist die Brechkraft

$$\dot{F}_s = (n - 1)\ (1/r_1 + r_2) + \Sigma\ (2 \cos \alpha / r_s).$$

Sind die Flächen nicht Kugelflächen, sondern torisch oder zylindrisch, so sind die Krümmungswerte in den betrachteten Ebenen zugrunde zu legen. Die Glasdicken kann man normalerweise vernachlässigen; praktisch wird man die Gesamtbrechkraft durch Messen der Brennweite des ganzen Prismas bestimmen, wozu es (für die vorkommenden Brennweiten von 100 m bis 10 km) besondere Methoden gibt.

### Literaturhinweise

L 5.7.1 *Hopkins, R. E.:* Mirror and Prism Systems LÜ 1 Vol. III/7
L 5.7.2 *Binz, H.:* Das Pentagonprisma. Jahrb. f. Optik u. Feinmechanik 1971, 67–74
L 5.7.3 *Binz, H.:* Pyramidalfehler bei Prismen. Jahrb. f. Optik u. Feinmechanik 1972, 85–95
L 5.7.4 *Binz, H.:* Das Dachkantprisma. Jahrb. f. Optik u. Feinmechanik 1973, 113–119
L 5.7.5 *Binz, H.:* Das Tripelprisma. Jahrb. f. Optik u. Feinmechanik 1974, 146–151
L 5.7.6 *Zarm, H.:* Theorie und Berechnung eines parallaxfreien Prismenkreuzes und seine Anwendung in einem neuartigen Komparator. Jahrb. f. Optik u. Feinmechanik 1976, 86–99
L 5.7.7 DIN 58158 Optik-Prismen
T. 1 Einteilung und Kurzzeichen für Einzelprismen
T. 2 Kurzzeichen für Prismensysteme
T. 3 Zusammenstellung von Einzelprismen und Prismensystemen
L 5.7.8 DIN 58160 Norm-Optikteile
T 2 Reflexionsprismen

### Beispiele für Hersteller bzw. Lieferanten von Reflexionsprismen

H 5.7.1 *Heinrich Reichmann,* Dorfstr. 25, Brokdorf
H 5.7.2 *J. D. Möller Optische Werke GmbH,* Wedel: auch Polygone
H 5.7.3 *Fleige-Optik,* Holm-Wedel bei Hamburg: auch Polygone u. Spiegelpolygone
H 5.7.4 *Spindler u. Hoyer GmbH u. Co,* Königsallee 23, Göttingen
H 5.7.5 *Melles Griot GmbH,* Kleyerstr. 14, Darmstadt: auch Mikroprismen
H 5.7.6 *Protop-Bleile GmbH,* Carl-Kistner-Str. 56, Freiburg
H 5.7.7 *B. Halle Nachfl.,* Hubertusstr. 10, Berlin 41
H 5.7.8 *Dr. Johannes Heidenhain GmbH,* Nansenstr. 17, Traunreut
H 5.7.9 *Oriel GmbH,* Im Tiefen See 58, Darmstadt
H 5.7.10 *Franke & Co, Optik GmbH,* Philosophenstr. 116, Gießen
H 5.7.11 *Anaspec GmbH,* Pallaswiesenstr. 63, Darmstadt: Präzisions-Tripelspiegel
H 5.7.12 *Thermal Quarz-Schmelze GmbH,* Hüttenstr. 10, Wiesbaden 13: Prismen aus Quarzglas
H 5.7.13 *Physik Instrumente (PI) GmbH & Co,* Siemensstraße, Waldbronn: Spiegelsysteme
H 5.7.14 *Wild Heerbrugg AG,* Heerbrugg, CH
H 5.7.15 *W. Weule,* Im Schleeke 40, 3380 Goslar: Große Prismen für Beleuchtungssysteme

## 5.8 Strahlenteiler

Oft muß ein Strahlenbündel in zwei oder mehr Bündel geteilt werden, oder es sind zwei oder mehr Bündel zu einem Bündel zusammenzuführen. Beide Aufgaben werden – bei entgegengesetztem Strahlengang – mit den gleichen *„Strahlenteilern"* ausgeführt. Die Zerlegung eines Bündels kommt z. B. bei binokularen Beobachtungssystemen und der Verteilung eines Lichtstroms auf zwei Empfänger vor; ggf. ist aus einem Hauptstrahlengang (z. B. bei der Mikrofotografie) nur ein kleiner Teillichtstrom zu Messung und Beobachtung abzuzweigen. Die Zusammenführung von zwei Bündeln wird z. B. bei Mischbildentfernungsmessern und photometrischen Aufgaben benötigt. Bei Interferometern kann der gleiche Teiler zur Bündelteilung und anschließenden Zusammenführung in anderer Richtung benutzt werden.

Strahlenteiler können 1. „physikalisch", 2. „geometrisch" oder 3. „periodisch" wirken; sie können mit Prismen und Spiegelflächen, aber auch mit Linsen aufgebaut sein. *Teilerprismen* sind in die Nomenklatur für Reflexionsprismen nach DIN 58158 einbezogen (Abschn. 5.7): Nach Tab. 5.7.2 bedeuten die Funktionen 6 . . . physikalische Strahlenteilung, die Funktionen 7 . . . geometrische Strahlenteilung. Im übrigen kann mit der Teilung eine Strahlablenkung und/oder Achsstrahlversetzung verbunden sein.

*Geometrische Strahlenteiler* (Bild 5.8.1) teilen den Bündelquerschnitt in zwei oder mehr größere Bereiche oder auch in kleinere Teilbereiche (Streifen, Spiegelflecken) auf („Aperturteilung"). Die Aufteilung der Apertur darf nicht in zu kleine Elemente erfolgen, weil sonst die Auflösung durch Beugung vermindert werden kann.

*Physikalische Strahlenteiler* (Bild 5.8.2) erhalten die ungeteilte Apertur für beide Teilbündel: Gleichmäßig im gesamten Querschnitt wird der einfallende Lichtstrom entsprechend Transmissionsgrad $\tau$ und Reflexionsgrad $\varrho$ aufgeteilt. Das Auflösungsvermögen wird also nicht durch Aperturverkleinerung verschlechtert. Für verlustarme Aufteilung

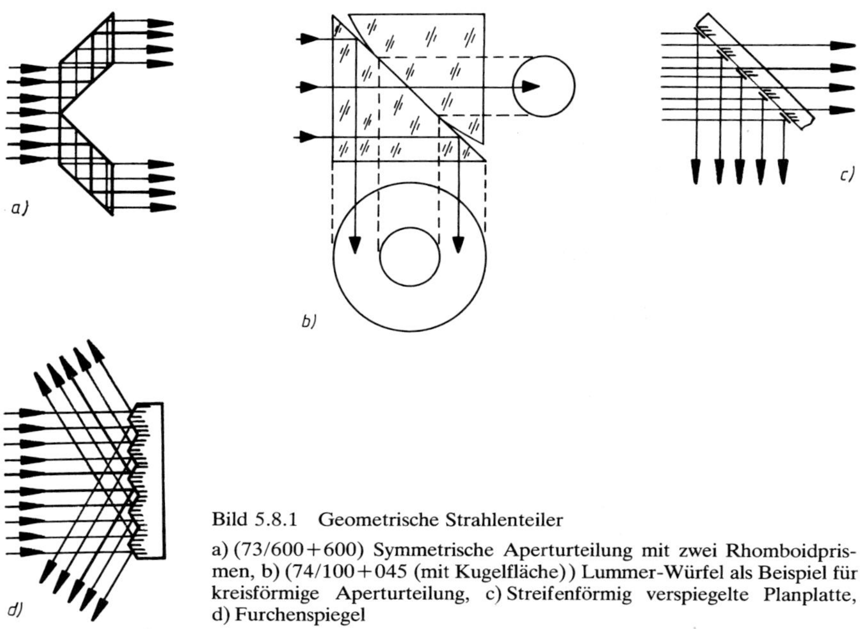


Bild 5.8.1 Geometrische Strahlenteiler

a) (73/600+600) Symmetrische Aperturteilung mit zwei Rhomboidprismen, b) (74/100+045 (mit Kugelfläche)) Lummer-Würfel als Beispiel für kreisförmige Aperturteilung, c) Streifenförmig verspiegelte Planplatte, d) Furchenspiegel soll der Absorptionsgrad α der Teilerschicht möglichst niedrig sein. Deshalb werden dünne Metallschichten nur noch wenig benutzt. Günstiger sind dielektrische Mehrfachschichten (Interferenzfilter, Abschn. 6.11): Bei nahezu absorptionsfreier Teilung kann durch die Konstruktion des Schichtpakets das Teilerverhältnis beliebig eingestellt werden, wobei auch spektrale Anforderungen berücksichtigt werden können. So sind Interferenz-Farbteiler möglich, mit denen eine verlustarme Aufteilung eines Spektralbereichs (z. B. kurzwellige Reflexion, langwellige Transmission) erfolgt (Abschn. 20.1).

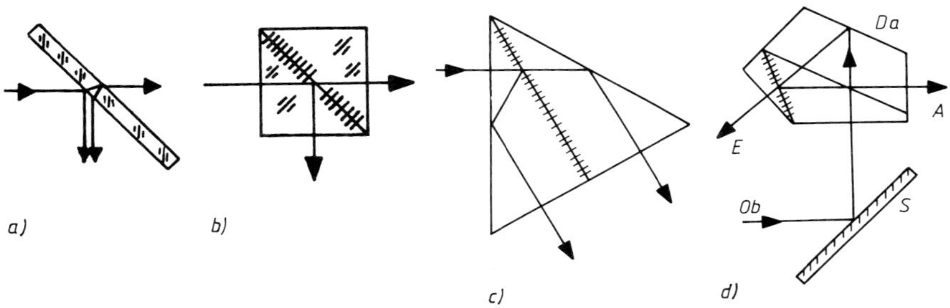


Bild 5.8.2 Physikalische Strahlenteiler

a) Planplatte, ggf. auch mit Reflexionserhöhung einer und Reflexminderung der zweiten Fläche! b) (64/106+045) Teilerwürfel, c) (64/506+221) Kösters-Teilungsprisma, d) (64/756+020) Prisma für Spiegelreflexkamera mit Meß-Teiler. Ob = Bündel vom Objektiv, S = Klappspiegel, A = zum Auge, E = zum Empfänger, Da = Dachkante

*Periodische Strahlenteiler* machen aus einem Dauerlichtstrom zwei Wechsellichtströme mit zeitlich versetzten Halbperioden (Phasenverschiebung 180°): So kann durch eine unter 45° zur Bündelrichtung angeordnete verspiegelte Sektorenblende der Lichtstrom abwechselnd durchgelassen oder abgelenkt werden. Das Teilerverhältnis ist durch unterschiedliche Sektorenbreite einstellbar. Eine schwingende Spiegelblende wirkt entsprechend.

Werden physikalische oder geometrische Teiler zweifach wirksam (auf dem Hin- und Rückweg des Lichts, z. B. bei Lichtaussendung und Empfang in einer Reflexlichtschranke, Abschn. 19.2), so treten die mit der Teilung zwangsläufig verbundenen Verluste auch in beiden Lichtrichtungen auf. Bei der geometrischen Teilung steht für den Sendelichtstrom nur ein Teil der Gesamtapertur zur Verfügung; der rückkehrende Empfangslichtstrom trifft auch zum Teil auf die Sendeapertur, geht also dem Empfänger verloren. Entsprechendes gilt für die physikalische Teilung: Gilt z. B. für eine absorptionsfrei wirkende Teilerschicht bei der gegebenen Aufstellung (Einfallswinkel) $\varrho = 15\%$ und damit $\tau = 85\%$, und ist die Schicht bei der Lichtaussendung durch Transmission, für den Empfang des rückkehrenden Lichts durch Reflexion wirksam, so tritt am Empfänger nur der Bruchteil $0{,}15 \cdot 0{,}85 = 0{,}1275$, also 12,75% des Sendelichtstroms auf – abgesehen von allen anderen Verlusten!

Der einfachste physikalische Teiler für das Abzweigen eines kleinen Teillichtstroms ist eine unter 45° im Strahlengang stehende, wegen des Astigmatismus dünne *Planplatte* (z. B. ein mikroskopisches Deckglas). Bei $n \approx 1{,}5$ beträgt der Reflexionsgrad für beide

Flächen zusammen etwa 10%. Wenn bei nicht telezentrischem Strahlengang die durch Reflexion an beiden Glas-Luft-Flächen entstehenden Doppelbilder stören (Bild 5.6.2c), muß eine Fläche entspiegelt werden. Praktisch keine Störung durch Planplattenwirkung (Astigmatismus, Doppelbilder) geben sehr dünne, *gespannte Kunststofffolien.* Ihre Einsatzmöglichkeiten werden jedoch dadurch beschränkt, daß sie zu mechanischen Schwingungen angeregt werden können.

**Literaturhinweise**

L 5.8.1 DIN 58171 T 1 Norm-Optiksysteme; Strahlungsteilerwürfel
L 5.8.2 *Cooper, F.S.:* Optical Characteristics and Applications of Beam Splitting Pellicles. J. Opt. Soc. Am. *36* (1946), 363

**Beispiele für Hersteller bzw. Lieferanten von Strahlenteilern**

H 5.8.1 *Spindler u. Hoyer GmbH u. Co,* Königsallee 23, Göttingen
H 5.8.2 *Oriel GmbH,* Im Tiefen See 58, Darmstadt: auch Folienteiler
H 5.8.3 *B. Halle Nachfl.,* Hubertusstr. 10, Berlin 41: Teilerwürfel, auch polarisierend
H 5.8.4 *Melles Griot GmbH,* Kleyerstr. 14, Damstadt: auch Folienteiler
H 5.8.5 *Spectron Optik GmbH,* Sportplatzweg, Oestrich-Winkel

## 5.9 Dispersions- und Ablenkprismen, Keile

Weicht bei einer Bi-Planplatte der Winkel $\alpha$ zwischen den Plattenflächen deutlich von Null ab, so entsteht ein *Ablenkprisma.* Es bewirkt Richtungsänderung eines Bündels durch Brechung. Wegen der materialabhängigen Dispersion $dn/d\lambda$ ist mit der Brechung eine Farbzerlegung verbunden; speziell für diese Aufgabe vorgesehene Prismen nennt man *Dispersionsprismen. Keile* sind Ablenkprismen mit kleinen Winkeln $\alpha$. Nach DIN 58158 wird die Form von Dispersions- und Ablenkprismen durch die 1. Kennziffer „0“ bezeichnet (Tab. 5.7.1); die 2. und 3. Kennziffer geben den Prismenwinkel $\alpha$ auf volle Grad gerundet an. So bedeutet 007 einen Keil mit $\alpha = 7°$, 060 ein Prisma mit $\alpha = 60°$. Die Funktionen (Aufgaben) von Prismen oder Prismensystemen werden entsprechend Tab. 5.7.2 durch ein zweistelliges Kurzzeichen angegeben, z. B. hier: 0 ... = Strahlablenkung durch Brechung, 8 ... = Dispersion.

Die Schnittgerade der beiden wirksamen Prismenflächen, die nicht körperlich vorhanden zu sein braucht, wird *„brechende Kante“* genannt; eine senkrecht dazu durch das Prisma gelegte Ebene ist der *Hauptschnitt* (= Zeichenebene, Bild 5.9.1). Ein im Hauptschnitt verlaufender Strahl wird um den Winkel

$$\delta = \alpha + \varepsilon_2' - \varepsilon_1 \qquad (5.9.1)$$

abgelenkt, mit $\varepsilon_1$ = Einfallswinkel, $\varepsilon_2'$ = Austrittswinkel. Ist das Prisma mit der Brechzahl n von Luft umgeben, so erhält man bei gegebenen Winkeln $\alpha$ und $\varepsilon_1$ für den Austrittswinkel

$$\varepsilon_2' = \arcsin\left(\cos\alpha \cdot \sin\varepsilon_1 - \sin\alpha \cdot \sqrt{n^2 - \sin^2\varepsilon_1}\right) \qquad (5.9.2).$$

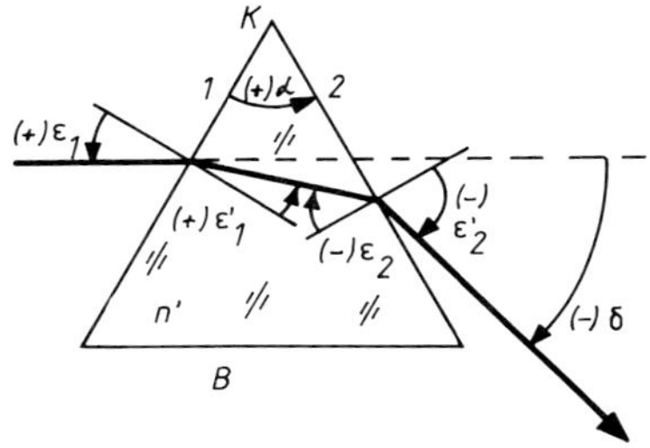


Bild 5.9.1 Strahlenverlauf bei einem Prisma
K = „brechende Kante", α = „brechender Winkel", B = Basis

Fällt der Strahl unter dem Einfallswinkel $\varepsilon_1 = \arcsin n \cdot \sin \alpha/2$ auf die erste Fläche, so geht er symmetrisch durch das Prisma; es ist also $\varepsilon_2' = \varepsilon_1$. Dann nimmt der Ablenkungswinkel δ den kleinstmöglichen Wert an; es ergibt sich das *Minimum der Ablenkung*

$$\delta_{min} = \alpha - 2 \cdot \arcsin \left(n \cdot \sin \frac{\alpha}{2}\right) \qquad 5.9.3).$$

Da α und $\delta_{min}$ mit hoher Genauigkeit gemessen werden können, ist auf diese Weise die Brechzahl n bestimmbar.

Für *Keile,* also kleinen Prismenwinkel α, ergibt sich bei kleinem Einfallswinkel aus Gl. (5.9.2) für den Ablenkungswinkel die Näherung

$$\delta = -\alpha\,(n-1) \qquad (5.9.4).$$

Solche Keile mit kleiner Ablenkung können u. a. zur Vermeidung von Reflexen oder zu Meßzwecken verwendet werden. Die dabei auftretende Farbzerlegung vom Betrag δ/ν stört nur selten; im Bedarfsfall ist das Prisma achromatisch zu korrigieren (Abbesche Zahl ν siehe Abschn. 3.1).

Da durch die Brechung in Prismen *Astigmatismus* entsteht, sollen sie nur dort im Strahlengang angebracht werden, wo der Gegenstand bzw. sein Bild weit entfernt sind. Ist d die mittlere Dicke des Prismas und α der (kleine) Prismenwinkel, so entsteht eine astigmatische Differenz Δs, d. h. eine Differenz der Schnittweiten im Hauptschnitt und in der Ebene senkrecht dazu (Bild 5.9.2) von

$$\Delta s = -\frac{d \cdot \alpha^2 \cdot (n^2 - 1)}{8\,n} \qquad (5.9.5).$$

Ist s die Schnittweite, k die Blendenzahl, so wird durch Δs ein Winkelfehler $\Delta s/k \cdot s$ verursacht.

Beispiel: Für α = 1° ≈ 1/60, d = 10 mm, n = 1,5 ergibt sich Δs ≈ − 0,0003; dies ist auch bei kurzen Schnittweiten meist zu vernachlässigen. Ist aber α = 45°, d = 50 mm (z. B. Dove-Prisma, Abschn. 5.7), so folgt Δs = 3,25. Wenn bei k = 10 der Winkelfehler unter der Wahrnehmungsgrenze 1/3000 bleiben soll, muß die Schnittweite s rund 1 m betragen. Man erkennt, daß man Prismen möglichst dünn, die Glaswege des Lichts in ihnen kurz halten muß, um unnötigen Astigmatismus zu vermeiden.

Für Korrektionszwecke, Meßgeräte usw. sind oft *Prismen mit stetig veränderbarem Winkel* erforderlich. Man benutzt hierzu beispielsweise eine Plankonvexlinse und eine Plankonkavlinse von gleichem Radius aus gleichem Glas („Abat'scher Keil"), die zen-

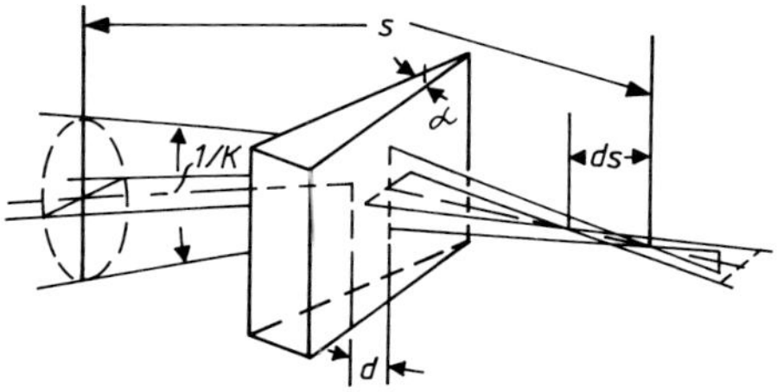


Bild 5.9.2 Astigmatismus durch Brechung in einem Prismenkeil

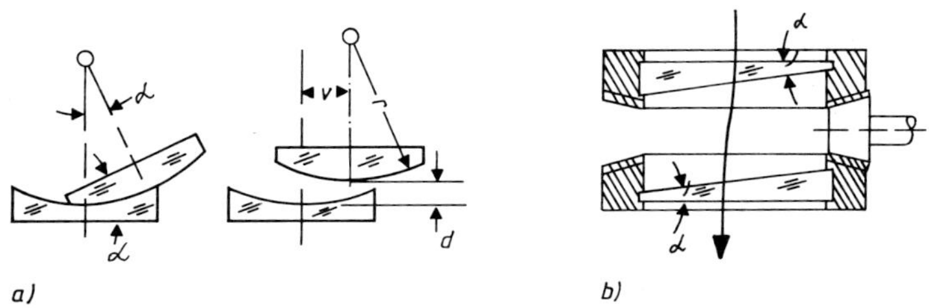


Bild 5.9.3 Prismen mit veränderbarer Ablenkung

a) Prismenwirkung durch gegeneinander gekippte oder parallel verschobene Linsen, b) veränderliches Prisma aus zwei Drehkeilen

trisch ineinandergelegt eine Planplatte ohne Ablenkung bilden, in der Kugel- (oder Zylinder-)Fläche auseinandergeschoben aber ein Prisma darstellen (Bild 5.9.3a). Bei Parallelverschiebung einer Linse ist der wirksame Winkel $\alpha = v/r$, wenn r der Radius der verschobenen Linse ist; sind beide sphärischen Flächen um d voneinander entfernt, so muß d (n − 1) ihr Radienunterschied sein, es tritt dann eine schwache Fernrohrwirkung auf. Oder: Zwei gleichartige Prismen, hintereinander im Strahlengang angeordnet, werden im Gegensinne durch einen seitlich angebrachten Zahntrieb gedreht (Bild 5.9.3b); in der gezeichneten Stellung ist die Abweichung Null, beim gegenseitigen Verdrehen um den Gesamtwinkel $2\,\vartheta$ kommt eine Ablenkung $\delta = 2\,(n-1)\cdot\alpha\cdot\sin\vartheta$ des Strahles aus der Zeichenebene heraus zustande.

Der Verlauf der Dispersionskurve n (λ) des verwendeten Prismenmaterials bestimmt die – ebenfalls λ-abhängige – *Materialdispersion* $dn/d\lambda$. Hieraus ergibt sich zusammen mit Brechzahl n und Prismenwinkel α die *Winkeldispersion* $d\delta/d\lambda$, d. h. die Richtungs-Auffächerung der Wellenlängen, zu

$$\frac{d\delta}{d\lambda} = \frac{2\cdot\sin\frac{\alpha}{2}}{\sqrt{1-n^2\sin^2\frac{\alpha}{2}}}\cdot\frac{dn}{d\lambda} \qquad (5.9.6).$$

Für einen kleinen Spektralbereich erhält man den Mittelwert der Materialdispersion aus den im Glaskatalog angegebenen Brechzahlen, d. h. als Differenzenquotient $\Delta n/\Delta\lambda$.

**Literaturhinweise**

L 5.9.1 *Kingslake, R.:* Dispersing Prisms. LÜ 1 Vol. V/1
L 5.9.2 DIN 58160 Norm-Optikteile
T 6 60°-Dispersionsprismen

**Beispiele für Hersteller bzw. Lieferanten**

H 5.9.1 *Spindler u. Hoyer GmbH u. Co,* Königsallee 23, Göttingen: Dispersionsprismen u. Keile, Hohlprisma, Geradsichtprisma
H 5.9.2 Siehe auch Beispiele 5.7. . . .

## 5.10 Normung und Zeichnungsangaben bei optischen Bauteilen und Systemen

Tabelle 5.10.1 gibt eine Übersicht über die Normung der Angaben für *Optikeinzelteile* nach DIN 3140. Bei Fehlerangaben wird die Fehlerart durch eine Kennummer bezeichnet (z. B. 1 = Blasen, 6 = Spannungen), an die eine Toleranzangabe angeschlossen ist. So bedeutet z. B. 1/5 × 0,25, daß im Prüfbereich des Teils A = 5 *Blasen* mit S = 0,25 mm Durchmesser zulässig sind. Ohne besonderen Hinweis ist jedoch auch eine größere Anzahl kleinerer Blasen erlaubt, z. B. 32 Blasen mit dem Durchmesser 0,10 mm, denn dies ergibt die gleiche Gesamt-Blasenfläche. Wird die Aufteilung nicht zugelassen, so muß 1/(5 × 0,25) geschrieben werden. Dieses Beispiel soll zeigen, daß zur vollständigen Interpretation der Erläuterungen die teilweise umfangreichen Festlegungen der Normblätter herangezogen werden müssen. Bezüglich der *Paßfehler*-Angaben (3/. . .) wird auf Abschn. 14.3 verwiesen. Bei der *Schlierenstufe* S (besonders schlierenarm) muß die Schlierendichte spezifiziert werden (z. B. 2/3‰).

Der *Zentrierfehler* wird durch den Flächenkippwinkel $\varkappa$ ausgedrückt. Dazu muß zunächst die *Bezugsachse* festgelegt und stets angegeben werden (z. B. Zylinderachse der Randbearbeitung, entsprechend dem Fassungszylinder). Der Schnittpunkt zwischen Bezugsachse und Fläche ist der *Zentrierscheitel.* Hier wird der Winkel $\varkappa$ zwischen Bezugsachse und Flächennormale bestimmt. Der Krümmungsmittelpunkt einer sphärischen Fläche liegt dann um $\varkappa \cdot r$ seitlich der Bezugsachse. Bei zentrierten Linsen fällt die optische Achse (Verbindung der beiden Krümmungsmittelpunkte) mit der Bezugsachse zusammen.

Für *Oberflächenfehler* und *Fehlstellen von Oberflächenbeschichtungen* gelten ähnliche Festlegungen wie bei Blasen. In allen diesen Fällen müssen in Zeichnungen die Prüfbereiche angegeben werden, wenn sich die Toleranzen nicht auf das gesamte Teil beziehen.

In optischen Materialien können mechanische *Spannungen* auftreten, und zwar Grundspannungen durch zu schnelles Abkühlen und elastische Spannungen z. B. durch zu festes Einspannen der Teile. Sie führen zu *Spannungsdoppelbrechung* (Gl. (17.4.1)), die durch den auftretenden *Gangunterschied* $\Gamma = d \cdot \Delta n$ beschrieben werden kann, mit d = durchstrahlte Dicke, $\Delta n$ = Brechzahldifferenz für die beiden senkrecht zueinander polarisierten Komponenten. Der Gangunterschied wird deshalb auf d = 1 cm

**Tabelle *5.10.1* Zeichnungsangaben, Maß- und Toleranzangaben für Optikeinzelteile nach DIN 3140**

| Bedeutung | Kennzahl oder Sinnbild | Erläuterungen | DIN 3140 Teil |
|---|---|---|---|
| Blasen | 1/A×S | A = Anzahl, S = Durchmesser (in mm) der Blasen. 17 Stufen S = 0,0063 . . . 10 mm | 2 |
| Schlieren | 2/Stufe | 5 Stufen d. Schlierendichte: S = sehr schlierenarm; 01 = bis 8‰; 02 = bis 20‰; 03 = bis 50‰; 04 über 50‰ | 3 |
| Paßfehler | 3/m(△m)F | m = max. zuläss. Streifenzahl; △m = Streifendifferenz 90°; F = Feinpaß-Streifenbruchteil | 5 |
| Zentrierfehler | 4/ϰ | ϰ = Winkel zwischen Flächennormalen im Zentrierscheitel und Bezugsachse | 6 |
| Oberflächenfehler | 5/A×S | A = Anzahl, S = $\sqrt{\text{Fehlerfläche in mm}^2}$. 17 Stufen wie bei Blasen | 7 |
| Spannungen | 6/Γ | Γ = Gangunterschied in nm je cm Glasweg. Γ: <2; 5; 10; 20; beliebig. | 4 |
| Fehlstellen von Oberflächenbeschichtungen | 50/A×S | A = Anzahl, S = $\sqrt{\text{Fehlerfläche in mm}^2}$. 21 Stufen S = 0,0063 . . . 63 mm | 10 |
| roh | ohne | Trennschnitt, Gießen, Walzen, Ziehen, Senken, Pressen | |
| blank, durchsichtig | ◡ | Gießen, Walzen, Ziehen, Blasen, Senken, Blankpressen | |
| wie geschliffen, grob | ∨ | Rauhtiefe 40 bis 20 µm. Gefräste, geschliffene, gestrahlte Flächen | |
| wie geschliffen, mittel | ∨∨ | Rauhtiefe 6 bis 4 µm. Gefräste, geschliffene Flächen | |
| wie geschliffen, fein | ∨∨∨ | Rauhtiefe 3 bis 2 µm. Gefräste, geschliffene Flächen | |
| wie geschliffen, feinst | ∨∨∨∨ | Rauhtiefe unter 2 µm. Gefräste, geschliffene Flächen | 8 |
| wie poliert, grob | ◇ | Je 10 mm Meßweg 400 bis 200 Störungen. Anpolierte Flächen | |
| wie poliert, mittel | ◇◇ | Je 10 mm Meßweg 80 bis 40 Störungen. Nicht auspolierte Flächen | |
| wie poliert, fein | ◇◇◇ | Je 10 mm Meßweg 16 bis 8 Störungen. Auspolierte Flächen | |
| wie poliert, feinst | ◇◇◇◇ | Je 10 mm Meßweg 3,2 bis 1,6 Störungen. Auspolierte Flächen ohne Feinstruktur | |
| Oberflächenangabe nach DIN ISO 1302 |  | Bezugshaken für andere Maßangaben, z. B. Rauheit Ra. | |
| Vorderflächenspiegelschicht |  | Ergänzend zum Sinnbild ggf. Feld zur Eintragung der speziellen Eigenschaften (z. B. τ(λ), ϱ(λ), α(λ), Streulicht, Fluoreszenz, Polarisation usw.; Haftfestigkeit, Wischfestigkeit; Strahlungsbeständigkeit; chemische Beständigkeit, Klimabeständigkeit; Hitzebeständigkeit; Schichtfehlstellen 50/A × S, s. oben. Sonderschicht stets mit Spezifikation. | |
| Rückflächenspiegelschicht |  | | |
| Teilerschicht |  | | 9 |
| reflexionsmindernde Schicht | 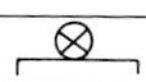 | | |
| Sonderschicht |  | | |
| Lackschicht | 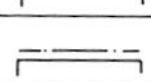 | | |

Glasdicke bezogen. Höchste Anforderungen an die Spannungsfreiheit ($\Gamma/d < 2$ nm/cm) werden an Optikteile für Polarisations- und Interferenzgeräte gestellt; die weiteren Stufen nach DIN 3140 T4 betreffen beispielsweise Präzisionsoptik, Astro- und Reprooptik (5 nm/cm), korrigierte Systeme für Fotografie und Mikroskopie (10 nm/cm), sowie Lupen und Sucherlinsen (20 nm/cm). Bei einfachen optischen Systemen und in der Beleuchtungsoptik wird keine Toleranzgrenze für Spannungen angegeben.

Bei aus Einzelteilen zusammengebauten *optischen Systemen* sind weitere Zeichnungsangaben erforderlich (DIN 58170). *Axiale Scheitelabstände* werden mit Toleranz bzw. Abstimmbereich und Abstimmtoleranz (bei während der Montage justierten Systemen) oder Einstellbereich und Einstelltoleranz (bei verstellbaren Baugruppen, z. B. Okularen) angegeben.

*Zentrierfehler* ergeben sich durch seitliche Versetzung und Kippung der Achsen von Einzelteilen bzw. Teilsystemen gegenüber der „Hauptbezugsachse" des Gesamtsystems (z. B. der Achse eines Fassungs- oder Führungsrohrs). Beim Verkitten und Ansprengen von Einzelteilen zu Verbundteilen sind Dicken- und Zentriertoleranzen zu beachten. Für die bei der Verbindung ggf. auftretenden *Spannungen* und *Paßfehler* gelten die Festlegungen wie bei Einzelteilen. *Unsauberkeiten* für das Gesamtsystem werden mit der Kennzahl 15/A×S ganz ähnlich wie Fehler der Einzelteile bewertet.

## Literaturhinweise

L 5.10.1 DIN 3140 Maß- und Toleranzangaben für Optikeinzelteile
T1 Darstellung, Maßeintragung, Werkstoff
T2 Blasen
T3 Schlieren
T4 Spannungen
T5 Paßfehler
T6 Zentrierfehler
T7 Oberflächenfehler
T8 Oberflächengüte
T9 Oberflächenbeschichtungen
T10 Fehlstellen von Oberflächenbeschichtungen
T11 Darstellung in Tabellenform
Bbl 1 Zeichnungsangaben für Optikeinzelteile; Zeichnungsbeispiele, Stichwortverzeichnis

L 5.10.2 DIN 58168 Optikteile, Systeme; Einteilung, Begriffe, Abkürzungen

L 5.10.3 DIN 58165 Zulässige Abweichungen für Optikeinzelteile; Maße ohne Toleranzangabe, Werkstoff- und Bearbeitungsfehler

L 5.10.4 DIN 58170 Zeichnungsangaben für Optiksysteme
T51 Axiale Abstände
T52 Laterale Lageabweichungen (Zentrierfehler)
T53 Verkittete und angesprengte Verbundteile

L 5.10.5 E DIN 58170 T54 Maß- und Toleranzangaben für optische Systeme; Unsauberkeiten

L 5.10.6 DIN 58160 Norm-Optikteile
T1 Auswahlreihe für Hauptmaße
(Die übrigen Teile sind bei den jeweiligen Bauelementen aufgeführt)

L 5.10.7 *Köhler, H.:* Der Einfluß von Glasschlieren auf die Güte der optischen Abbildung. Optik *21* (1964) 339–359

L 5.10.8 *Keller, R.:* Die Intensitätsverteilung im Bild eines punktförmigen Objektes bei einer mit Schlieren behafteten Abbildung. Optik *21* (1964) 360–371

L 5.10.9 *Köhler, H.; Keller, R.:* Kontrastübertragungsfunktion einer optischen Abbildung, die durch Rechteckschlieren gestört ist. Optik *21* (1964) 372–384

L 5.10.10 *Schuch, K.:* Methoden zur Messung der Zentrierung optischer Systeme. Optik *16* (1959) 652–659

L 5.10.11 *Hofmann, C.:* Definition und Messung der Dezentrierung sphärischer Einzellinsen. Experimentelle Technik der Physik *9* (1961) 145–183

L 5.10.12 *Schorsch, H.:* Die Rauheit von Glasvorfertigungsflächen und ihre Beziehung zu den Bearbeitungszeichen nach DIN 3140. Feinwerktechnik *70* (1966) H. 10, 493

L 5.10.13 *Schorsch, H.:* Zur Oberflächenqualität von Glaspolituren und ihre Beziehung zu den Bearbeitungszeichen nach DIN 3140. Fachber. f. Oberflächentechnik (1970) H. 7/8, Düsseldorf

L 5.10.14 *Schade, H.:* Zulässige Fehler an optischen Glasteilen. Jahrb. f. Optik u. Feinmech. 1984, 105-111

# 6 Strahlungsquellen, Empfänger und Filter

## 6.1 Allgemeine Eigenschaften von Strahlungsquellen

Strahlungsquellen können entsprechend dem Mechanismus der Energieumwandlung in *Temperaturstrahler* (thermisch angeregte Strahlung) und *Lumineszenzstrahler* eingeteilt werden. Temperaturstrahler, zu denen alle Glühlampen gehören, haben den Vorteil kontinuierlichen Spektrums und des einfachen Betriebs („Beheizung"). Sie senden aber Strahlung auch in häufig nicht benötigten Spektralbereichen aus, die damit für den beabsichtigten Zweck (z. B. Beleuchtung) verloren geht. Lumineszenzstrahler (z. B. Gasentladungslampen, Leuchtdioden, Laser) ergeben in selektiven Spektralbereichen hohe Strahlungsemission bei niedriger Temperatur, weil die Umwandlung der zugeführten Energie in Strahlungsenergie nicht über die Zwischenstufe der Wärmeenergie erfolgt.

Als Referenz bei Angaben über Strahlungsquellen wird der *Schwarze Strahler* benutzt, d. h. ein Hohlraum mit überall gleicher Wandtemperatur und kleiner Wandöffnung (z. B. Muffel eines Ofens). Die Öffnung wirkt als *Lambertstrahler* (in allen Richtungen gleiche Strahldichte $L_e$); die von ihr ausgehende Strahlung hängt nur von Wellenlänge $\lambda$ und Temperatur T ab. Die *spektrale Strahldichte des schwarzen Strahlers* (Index: s) wird durch das *Plancksche Strahlungsgesetz* angegeben:

$$L_{e\lambda,s} = \frac{c_1}{\pi} \cdot \frac{1}{\lambda^5 \left(e^{\frac{c_2}{\lambda T}} - 1\right)} \cdot \frac{1}{\Omega_0} \qquad (6.1.1)$$

mit den Konstanten $c_1 = 3{,}741832 \cdot 10^{-16}\ \mathrm{W \cdot m^2}$,
$c_2 = 1{,}438786 \cdot 10^{-2}\ \mathrm{m \cdot K}$.

$L_{e\lambda,s}$ ergibt sich dann in $\frac{\mathrm{W}}{\mathrm{m^3 \cdot sr}}$ (mit dem Einheitsraumwinkel $\Omega_o = 1$ sr).

Bild 6.1.1 zeigt den Verlauf der spektralen Strahldichte als Funktion der Wellenlänge mit der Temperatur T als Parameter.

Aus dem Planckschen Strahlungsgesetz erhält man zwei Teilgesetze:

1. Das Integral über den Ausdruck (6.1.1) von $\lambda = 0$ bis $\lambda = \infty$, in Bild 6.1.1 durch die Fläche unter einer Kurve dargestellt, ergibt die Strahldichte („*Stefan-Boltzmannsches Gesetz*")

$$L_{e,s} = \frac{\sigma}{\pi} \cdot T^4 \cdot \frac{1}{\Omega_o} \qquad (6.1.2)$$

mit der Strahlungskonstante

$\sigma = 5{,}67032 \cdot 10^{-8}\ \frac{\mathrm{W}}{\mathrm{m^2 \cdot K^4}}$. $L_{e,s}$ ergibt sich in $\frac{\mathrm{W}}{\mathrm{m^2 \cdot sr}}$.

2. Wird der Ausdruck von (6.1.1) nach $\lambda$ differenziert und die Ableitung gleich Null gesetzt, so erhält man die temperaturabhängige Wellenlänge $\lambda_{max}$ des Maximums der Ausstrahlung („*Wiensches Verschiebungsgesetz*") gemäß

$$\lambda_{max} \cdot T = 2{,}8978 \cdot 10^{-3}\ \mathrm{m \cdot K} \qquad (6.1.3)$$

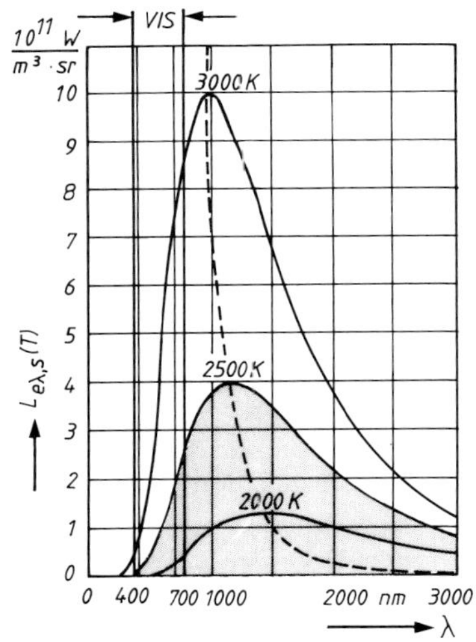


Bild 6.1.1 Spektrale Strahldichte des Schwarzen Strahlers für drei Temperaturen

VIS = sichtbarer Bereich; gestrichelte Linie: Lage der Maxima (Wiensches Verschiebungsgesetz). Gerasterte Fläche: Strahldichte bei 2500 K (Stefan-Boltzmannsches Gesetz)

Setzt man die hieraus bestimmte Wellenlänge $\lambda_{max}$ in Gl. (6.1.1) ein, so erhält man als Maximum der spektralen Strahldichte

$$L_{e\lambda,s\,(max)} = c_3 \cdot T^5 \tag{6.1.4}$$

mit $c_3 = 4{,}09561 \cdot 10^{-6} \; \dfrac{W}{m^3 \cdot sr \cdot K^5}$.

Die Gleichungen (6.1.2) bis (6.1.4) und Bild 6.1.1 zeigen folgendes: Mit Zunahme der Temperatur nimmt die *Gesamtstrahlung* stark zu ($T^4$). Dabei verschiebt sich das *Strahlungsmaximum* zu kürzeren Wellenlängen (Glühfarben: Das Licht wird „weißer“). Da die *maximale Ausstrahlung* mit der Temperatur schneller wächst ($T^5$) als die Gesamtstrahlung ($T^4$), werden die Kurvenflanken immer steiler.

Die spektrale Strahldichte $L_{e\lambda}(T)$ eines *beliebigen Temperaturstrahlers* ist über den *spektralen Emissionsgrad* $\varepsilon(\lambda,T)$ mit der Strahlung des Schwarzen Strahlers verknüpft:

$$L_{e\lambda} = \varepsilon(\lambda,T) \cdot L_{e\lambda,s} \tag{6.1.5}$$

Der spektrale Emissionsgrad ist gleich dem *spektralen Absorptionsgrad:*

$$\varepsilon(\lambda,T) = \alpha(\lambda,T) \tag{6.1.6}$$

*„Kirchhoffsches Gesetz“*

Die kleine Wandöffnung in einem Hohlraum wirkt extrem schwarz: Sie hat das höchste Absorptionsvermögen $\alpha = 1$ (d. h. die gesamte einfallende Strahlung wird absorbiert), damit aber auch das höchste Emissionsvermögen $\varepsilon = 1$: *„Schwarzer Strahler“*.

Ist nun $\varepsilon(\lambda,T) < 1$, aber (jedenfalls in einem betrachteten Wellenlängenbereich) unabhängig von der Wellenlänge, so liegt ein *Grauer Strahler* vor: seine relative spektrale Strahlungsverteilung stimmt mit dem Schwarzen Strahler überein, die Emission liegt aber niedriger. Hingegen zeigt ein *Selektivstrahler* eine vom Schwarzen Strahler abweichende Strahlungsverteilung, d. h. $\varepsilon(\lambda,T)$ ist nicht unabhängig von der Wellenlänge.

Die *Farbart* der von einem Schwarzen Strahler ausgehenden Strahlung kann man als Funktion der Temperatur als Farbort in die Normfarbtafel eintragen. Es ergibt sich so der *Plancksche Kurvenzug.* Liegt nun der Farbort eines beliebigen Strahlers (das könnte auch ein Linienstrahler sein) auf diesem Kurvenzug, so bezeichnet man die zugehörige Temperatur des Schwarzen Strahlers als *Farbtemperatur* $T_f$ des Strahlers. Dieser Begriff läßt sich natürlich nur auf Strahlung im sichtbaren Gebiet anwenden. Die Farbtemperatur wird deshalb zur kurzen Kennzeichnung von Lichtquellen benutzt, denn sie beschreibt grob die spektrale Verteilung von Temperaturstrahlern. Die Farbtemperatur $T_f$ ist bei Grauen Strahlern gleich ihrer wahren Temperatur T; für Selektivstrahler gilt dies nicht. Liegt der Farbort eines Strahlers nicht auf, sondern nur in der Nähe des Planckschen Kurvenzugs, so kann nur eine *ähnlichste Farbtemperatur* angegeben werden (DIN 5033 T. 8); bei größerem Abstand ist eine Farbtemperatur-Angabe sinnlos.

Die für Zwecke der Farbmessung eingeführte, aber auch für andere Verwendung nützliche Festlegung von *Normlichtarten* (A, C, D65) und weiteren *Lichtarten* ist in Tab. 6.1.1 zusammengestellt. Angegeben sind jeweils Farbtemperatur, Normfarbwertanteile x, y (Farbtafelkoordinaten), sowie die Strahlungsfunktion $S(\lambda)$ im sichtbaren Spektralbereich. Die Strahlungen P, G, A werden durch Glühlampen mit entsprechend eingestellten elektrischen Betriebsdaten realisiert, B und C durch die Glühlampe A mit genau definiertem Flüssigkeitsfilter (DIN 5033 T. 7), Xe durch die Xenon-Hochdruck-Kurzbogenlampe, D55, D65, D75 näherungsweise durch Lichtquellen mit Filter. Das Energiegleiche Spektrum ($S(\lambda)$ = konst.) dient als theoretische Bezugsstrahlung. Tab. 6.1.2 gibt eine Übersicht über wichtige Spektrallinien.

Vergleicht man die in einem Wellenlängenbereich von $\lambda_1$ bis $\lambda_2$ von einer Strahlungsquelle abgegebene Strahlungsleistung $\Phi_e$ mit der zur Erzeugung aufzuwendenden Leistung P, so erhält man die *Strahlungsausbeute* $\eta_e$:

$$\eta_e = \frac{\Phi_e}{P} \quad \text{(im Bereich } \lambda_1 \text{ bis } \lambda_2\text{)} \qquad (6.1.7).$$

Entsprechend wird für Lichtquellen die für das Auge nutzbare Strahlungsleistung, d. h. der Lichtstrom $\Phi$, auf die (elektrische) Eingangsleistung P bezogen und so die *Lichtausbeute* $\eta$ definiert:

$$\eta = \frac{\Phi}{P} \text{ in } \frac{\text{Lumen}}{\text{Watt}}. \qquad (6.1.8)$$

Die theoretischen Grenzen liegen bei $\eta$ = 683 lm/W für monochromatische Strahlung von $\lambda$ = 555 nm (entsprechend dem Wert von $K_m$, Abschn. 2.2) und $\eta$ = 225 lm/W für weißes Licht.

Eine weitere für Strahlungsquellen bzw. Lichtquellen wichtige Kenngröße ist die Strahldichte $L_e$ bzw. die Leuchtdichte L.

Tabelle 6.1.3 gibt einen Überblick über die praktischen Eigenschaften technischer Lichtquellen. Die Vergleichbarkeit wird dadurch erreicht, daß sehr unterschiedliche Lampentypen bei etwa gleicher Leistung (hier um 200 Watt) betrachtet werden. Die genauen Typenangaben dienen nur als konkrete Beispiele. Viele Lampen werden von mehreren Herstellern mit gleichen oder sehr

**Tabelle *6.1.1* Daten von Normlichtarten (N); Lichtarten (L) und energiegleichem Spektrum (E) nach DIN 5033 T.7,** geordnet nach Farbtemperatur bzw. ähnlichster Farbtemperatur $T_f$

| Bezeichnung | P Petrol.-lampe | G Vakuum-Glühl. | A Gasgef. Glühl. | B Sonne | E Energie-gleich | D55 Tages-licht | Xe Xenon-licht | D65 Tages-licht | C Tages-licht | D75 Tages-licht |
|---|---|---|---|---|---|---|---|---|---|---|
| Normung | L | L | N | L | E | L | L | N | N | L |
| $\frac{T_f}{K}$ | 1900 | 2360 | 2856 | 4800 | 5500 | 5500 | 6250 | 6500 | 6750 | 7500 |
| x | 0,5376 | 0,4898 | 0,4476 | 0,3484 | 0,3333 | 0,3324 | 0,3188 | 0,3127 | 0,3101 | 0,2990 |
| y | 0,4113 | 0,4149 | 0,4074 | 0,3516 | 0,3333 | 0,3474 | 0,3184 | 0,3290 | 0,3162 | 0,3149 |
| $\frac{\lambda}{nm}$ | $S(\lambda)_P$ | $S(\lambda)_G$ | $S(\lambda)_A$ | $S(\lambda)_B$ | | $S(\lambda)_{D55}$ | $S(\lambda)_{Xe}$ | $S(\lambda)_{D65}$ | $S(\lambda)_C$ | $S(\lambda)_{D75}$ |
| 380 | 1,15 | 4,01 | 9,80 | 22,40 | | 32,6 | 96,8 | 50,0 | 33,00 | 66,7 |
| 390 | 1,69 | 5,32 | 12,09 | 31,30 | | 38,1 | 103,3 | 54,6 | 47,40 | 70,0 |
| 400 | 2,41 | 6,93 | 14,71 | 41,30 | | 61,0 | 109,5 | 82,8 | 63,30 | 101,9 |
| 410 | 3,39 | 8,88 | 17,68 | 52,10 | | 68,6 | 109,0 | 91,5 | 80,60 | 111,9 |
| 420 | 4,66 | 11,21 | 21,00 | 63,20 | | 71,6 | 113,5 | 93,4 | 98,10 | 112,8 |
| 430 | 6,30 | 13,96 | 24,67 | 73,10 | | 67,9 | 104,0 | 86,7 | 112,40 | 103,1 |
| 440 | 8,37 | 17,18 | 28,70 | 80,80 | | 85,6 | 109,0 | 104,9 | 121,50 | 121,2 |
| 450 | 10,97 | 20,88 | 33,09 | 85,40 | | 98,0 | 128,0 | 117,0 | 124,00 | 133,0 |
| 460 | 14,16 | 25,11 | 37,81 | 88,30 | | 100,5 | 119,0 | 117,8 | 123,10 | 132,4 |
| 470 | 18,05 | 29,89 | 42,87 | 92,00 | | 99,9 | 130,0 | 114,9 | 123,80 | 127,3 |
| 480 | 22,72 | 35,25 | 48,24 | 95,20 | | 102,7 | 123,0 | 115,9 | 123,90 | 126,8 |
| 490 | 28,28 | 41,20 | 53,91 | 96,50 | | 98,1 | 113,0 | 108,8 | 120,70 | 117,8 |
| 500 | 34,81 | 47,76 | 59,86 | 94,20 | | 100,7 | 100,5 | 109,4 | 112,10 | 116,6 |
| 510 | 42,43 | 54,93 | 66,06 | 90,70 | | 100,7 | 99,0 | 107,8 | 102,30 | 113,7 |
| 520 | 51,22 | 62,72 | 72,50 | 89,50 | | 100,0 | 100,0 | 104,8 | 96,90 | 108,7 |
| 530 | 61,28 | 71,13 | 79,13 | 92,20 | | 104,2 | 100,5 | 107,7 | 98,00 | 110,4 |
| 540 | 72,71 | 80,16 | 85,95 | 96,90 | | 102,1 | 100,0 | 104,4 | 102,10 | 106,3 |
| 550 | 85,59 | 89,79 | 92,91 | 101,00 | | 103,0 | 99,5 | 104,0 | 105,20 | 104,9 |
| 560 | 100,00 | 100,00 | 100,00 | 102,80 | | 100,0 | 99,0 | 100,0 | 105,30 | 100,0 |
| 570 | 116,02 | 110,78 | 107,18 | 102,60 | | 97,2 | 100,0 | 96,3 | 102,30 | 95,6 |
| 580 | 133,72 | 122,11 | 114,44 | 101,00 | | 97,7 | 101,0 | 95,8 | 97,80 | 94,2 |
| 590 | 153,15 | 133,96 | 121,73 | 99,20 | | 91,4 | 99,0 | 88,7 | 93,20 | 87,0 |
| 600 | 174,38 | 146,29 | 129,04 | 98,00 | | 94,4 | 95,0 | 90,0 | 89,70 | 87,2 |
| 610 | 197,42 | 159,09 | 136,35 | 98,50 | | 95,1 | 94,5 | 89,6 | 88,40 | 86,1 |
| 620 | 222,33 | 172,31 | 143,62 | 99,70 | | 94,2 | 99,0 | 87,7 | 88,10 | 83,6 |
| 630 | 249,12 | 185,91 | 150,84 | 101,00 | | 90,4 | 95,5 | 83,3 | 88,00 | 78,7 |
| 640 | 277,80 | 199,87 | 157,98 | 102,20 | | 92,3 | 90,0 | 83,7 | 87,80 | 78,4 |
| 650 | 308,37 | 214,14 | 165,03 | 103,90 | | 88,9 | 92,5 | 80,0 | 88,20 | 74,8 |
| 660 | 340,83 | 228,68 | 171,96 | 105,00 | | 90,3 | 89,5 | 80,2 | 87,90 | 74,3 |
| 670 | 375,16 | 243,46 | 178,77 | 104,90 | | 93,9 | 91,5 | 82,3 | 86,30 | 75,4 |
| 680 | 411,34 | 258,43 | 185,43 | 103,90 | | 90,0 | 95,0 | 78,3 | 84,00 | 71,6 |
| 690 | 449,31 | 273,56 | 191,93 | 101,60 | | 79,7 | 101,0 | 69,7 | 80,20 | 63,9 |
| 700 | 489,06 | 288,80 | 198,26 | 99,10 | | 82,8 | 87,5 | 71,6 | 76,30 | 65,1 |
| 710 | 530,51 | 304,13 | 204,41 | 96,20 | | 84,8 | 100,0 | 74,3 | 72,40 | 68,1 |
| 720 | 573,62 | 319,49 | 210,36 | 92,90 | | 70,2 | 88,0 | 61,6 | 68,30 | 56,4 |
| 730 | 618,32 | 334,86 | 216,12 | 89,40 | | 79,3 | 102,0 | 69,9 | 64,40 | 64,2 |
| 740 | 664,53 | 350,21 | 221,67 | 86,90 | | 85,0 | 99,0 | 75,1 | 61,50 | 69,2 |
| 750 | 712,18 | 365,48 | 227,00 | 85,20 | | 71,9 | 94,0 | 63,6 | 59,20 | 58,6 |
| 760 | 761,20 | 380,67 | 232,11 | 84,70 | | 52,8 | 117,5 | 46,4 | 58,10 | 42,6 |
| 770 | 811,49 | 395,73 | 237,01 | 85,40 | | 75,9 | – | 66,8 | 58,20 | 61,4 |
| 780 | 862,97 | 410,63 | 241,67 | 87,00 | | 71,8 | – | 63,4 | 59,10 | 58,3 |

**Tabelle *6.1.2* Wichtige Spektrallinien**

| Linie | Wellenlänge λ/nm | Farbbereich | Element bzw. Quelle | Filterkombination | τ % |
|---|---|---|---|---|---|
| | 253,65 | UV | Quecksilber | | |
| | 307,59 | UV | Zink | UG 5-3+Ni/Co-20+Pi-20 | 5 |
| | 313 | UV | Quecksilber | UG 5-3+K-20 | 35 |
| | 326,11 | UV | Cadmium | UG 5-3+Ni/Co-20+K-20 | 5 |
| | 334,15 | UV | Quecksilber | UG 5-3+Ni/Co-20+S-20 | 10 |
| | 351,92<br>352,94 | UV | Thallium | UG 3-2+BG12-4<br>+Ni/Co-10 | 10 |
| i | 365,01 | UV | Quecksilber | UG 11-2+BG12-2<br>+WG360-1 | 20 |
| | 377,57 | UV | Thallium | UG 3-2+GG 375-2 | 30 |
| h | 404,66<br>407,78 | violett<br>violett | Quecksilber<br>Quecksilber | UG 2-1+UG 3-2<br>+GG 385-5+BG 12-2 | 1 |
| g | 435,83 | blau | Quecksilber | BG 12-4+GG 435-4<br>+BG 3-2 | 4 |
| | 455,54<br>459,32 | blau | Cäsium | BG 12-2+GG 375-2 | 40 |
| F′ | 479,99 | blau | Cadmium | BG 12-2+GG 455-3 | 25 |
| F | 486,13 | blau | Wasserstoff | | |
| | 488,0 | blau | Argon-Ionenlaser | | |
| | 508,58 | grün | Cadmium | BG 7-1+GG 495-2<br>+BG 7-2 | 20 |
| | 514,5 | grün | Argon-Ionenlaser | | |
| | 535,05 | grün | Thallium | BG 18-5+GG 475-2 | 35 |
| e | 546,07 | grün | Quecksilber | BG 20-5+OG 530-1<br>+BG 18-3+BG 7-2 | 10 |
| | 576,96<br>578,97 | gelb | Quecksilber | BG 18-2+OG 570-3<br>+BG 18-2 | 15 |
| d | 587,56 | gelb | Helium | BG 18-2+OG 590-2<br>+BG 18-2 | 10 |
| D | 589,00<br>589,59 | gelb | Natrium | 3G 18-2+OG 590-2<br>+BG 18-2 | 10 |
| | 632,8 | rot | Helium-Neon-Laser | | |
| | 636,23 | rot | Zink | RG 610-2 | 85 |
| C′ | 643,85 | rot | Cadmium | RG 610-2 | 90 |
| C | 656,27 | rot | Wasserstoff | | |
| | 667,81 | rot | Helium | RG 665-2+KG 3-3 | 20 |
| | 694,3 | rot | Rubin-Laser | | |
| r | 706,52 | rot | Helium | RGN 9-2 | 65 |
| A′ | 766,49<br>769,90 | rot | Kalium | KG 1-2+RGN 9-2 | 25 |
| | 780,02<br>794,76 | IR | Rubidium | KG 1-2+RGN 9-2 | 25 |
| s | 852,11 | IR | Cäsium | KG 1-2+RG 1000-2 | 1 |
| t | 1013,98 | IR | Quecksilber | | |
| | 1060 | IR | Neodym- | | |
| | 1150<br>3390 | IR | Helium-Neon-Laser | | |
| | 10600 | IR | Kohlendioxid-Laser | | |

Viele Spektrallinien können durch Osram-Spektrallampen (Tab. 6.3.2) erzeugt und durch einen Monochromator, monochromatische Interferenzfilter-Kombinationen oder die angegebene Filterkombination (Absorptionsfilter; Osram-Angaben) ausgesondert werden. Hinter dem Schott-Filtertyp ist jeweils die Dicke in mm angegeben; z. B. BG 12-2 = BG 12, 2 mm dick. Flüssigkeitsfilter: 1) Ni/Co = 303 g Nickelsulfat + 86,5 g Kobaltsulfat pro Liter; 2) Pi = 16 mg Pikrinsäure pro Liter; 3) K = 150 mg Kaliumchromat pro Liter; 4) S = n/5 Salpetersäure. Die Schichtdicke ist jeweils angegeben. τ in % = Transmissionsgrad der Filterkombination.

**Tabelle *6.1.3* Eigenschaften unterschiedlicher Lampentypen bei etwa gleicher elektrischer Leistung**

| Lampentyp | Leistung | Spannung oder Strom | $\frac{\Phi}{\text{lm}}$ | $\frac{\eta}{\text{lm/W}}$ | $\frac{T_f}{\text{K}}$ | Ra | $\frac{I}{\text{cd}}$ | Leuchtfläche mm | $\frac{L}{\text{cd/cm}^2}$ | Brennstellung | Abmessungen mm | $\frac{Z}{\text{h}}$ |
|---|---|---|---|---|---|---|---|---|---|---|---|---|
| O Standard Allgebrauchslampe | 200 W | 230 V≃ | 3 150 | 15,8 | | | | | | bel. | 148 × 80 ∅ | 1000 |
| O 64382 Halogenl. Flugplatzbefeuerung | 200 W | 6,6 A | 4 800 | 24 | | | | 7 × 3,9 | | s 90 | 59 × 13,5 ∅ | 1000 |
| O Nitraphot S Aufnahmelampe | 250 W | 220 V | 7 500 | 30 | 3 400 | | | | | bel. | 118 × 65 ∅ | 3 |
| O 58.8490 E Projektorlampe | 250 W | 230 V | 5 000 | 20 | | | | 10 × 8 | | s 15 | 135 × 32 ∅ | 50 |
| O 58.8349 E Projektorlampe | 250 W | 5 A | 6 200 | 24,8 | | | | 5 × 5 | | s 15 | 135 × 32 ∅ | 25 |
| O 64648 Halogenl. Projektorlampe | 200 W | 220 V | 4 500 | 22,5 | | | | 6 × 6 | | s 90 | 63,5 × 20 ∅ | 25 |
| O 64657 Halogenl. Schreibprojektor | 250 W | 24 V | 8 400 | 33,6 | | | | 7,6 × 4 | | s 90 | 55 × 13,5 ∅ | 300 |
| O 64655 Halogenl. Projektorlampe | 250 W | 24 V | 8 500 | 34 | | | | 7 × 3,5 | | s 90 | 55 × 13,5 ∅ | 50 |
| O HBO 200 W/2 Hg-Dampf Kurzbogen | 200 W | 3,1 … 4,2 A = | 10 000 | 50 | 6 200 | 20 | 1000 | 0,6 × 2,2 | 40 000 | s 45 | 128 × 17 ∅ | 400 |
| O XBO 250 W Xenon-Kurzbogen | 250 W | 18 A = | 4 800 | 19,2 | 6 200 | 95 | 530 | 0,7 × 1,7 | 26 000 | s 15 | 226 × 25 ∅ | 1200 |
| P CSI 250 W/1 Metallhalogenid Kurzbogen | 250 W | 220 V ~ | 15 000 | 60 | 3 400 | 84 | | × 3 | | s 15 | 122 × 12,5 ∅ | 300 |
| P SN 250-505 Zinnhalogenid Kurzbogen | 250 W | 220 V ~ | 17 000 | 70 | 5 500 | 90 | | × 5 | | bel. | 110 × 23 ∅ | 1000 |
| O HQL 250 W Hg-Hochdruck mit Yttrium-Vanadat-Leuchtstoff | 250 W | 2,15 A | 13 500 | 54 | | | | | 10 | bel. | 226 × 90 ∅ | |
| O HWL 250 W Mischlichtlampe mit Yttrium-Vanadat-Leuchtstoff | 250 W | 1,2 A | 5 600 | 22 | | | | | 5 | bel. | 226 × 90 ∅ | |
| O HQI-T 250 W/D Halogen-Metalld. | 250 W | 3,0 A | 19 000 | 76 | | | | | 1 100 | h 150 | 220 × 46 ∅ | |
| P MSI 200 W | 200 W | | 16 000 | 80 | 5 600 | 90 | | × 10 | | | | 300 |
| O NAV-T 250 W Na-Hochdrucklampe | 250 W | 3,0 A | 25 500 | 102 | | 22 | | | 400 | bel. | 257 × 46 ∅ | |
| O NA 180 W Na-Niederdrucklampe | 180 W | 3,1 A | 33 000 | 183 | | | | | 10 | P 20 | 1120 × 66 ∅ | |
| O 57.7295 E Episkoplampe | 250 W | 220 V | 4 500 | 18 | | | | 16 × 10 | | s 45 | 115 × 81 ∅ | 100 |

O = Osram, P = Philips

ähnlichen Daten geliefert. Die Tabelle umfaßt normale Glühlampen, Halogenglühlampen und eine große Palette von Entladungslampen.

Die Farbe eines Körpers wird durch die *Strahlungsfunktion* S(λ) des beleuchtenden Lichts mitbestimmt (Abschn. 2.4). Eine gute Farbwiedergabe, bei der die Remissions- bzw. Transmissionseigenschaften des Körpers im gesamten sichtbaren Spektralbereich zur Wirkung kommen, kann deshalb nur mit „weißem" Licht erreicht werden, nicht aber mit einer monochromatischen Lichtquelle, wie etwa einer Niederdruck-Natriumdampflampe. Ein Maß zur Beurteilung ist der allgemeine *Farbwiedergabe-Index* $R_a$, der aus der Wiedergabe mehrerer Testfarben ermittelt wird. Es ist $0 \leqq R_a \leqq 100$. Werte von $R_a \geqq 90$ zeigen sehr gute Farbwiedergabe an. Bild 6.1.2 zeigt die Lage verschiedener Lampentypen im $\eta/R_a$- bzw. $\eta$/L-Diagramm. Als ganz grobe Tendenz erkennt man, daß weder beste Farbwiedergabe noch höchste Leuchtdichte bisher mit besonders hoher Lichtausbeute vereinbar sind. Einen sehr günstigen Kompromiß zwischen allen drei Eigenschaften stellen Halogen-Metalldampflampen dar.

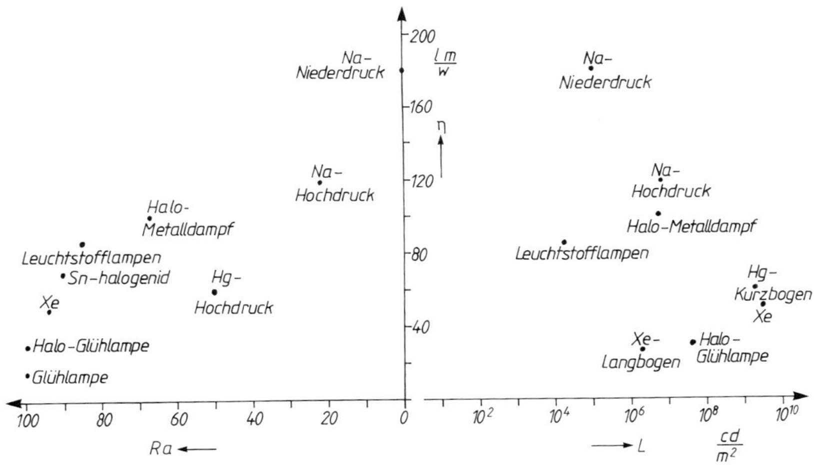


Bild 6.1.2 Ungefähre Werte für Lichtausbeute η, Farbwiedergabe-Index $R_a$ und Leuchtdichte L bei verschiedenen Lampentypen

## Literaturhinweise

L 6.1.1 *Zanker, A.:* Monochromatic emissive power of black body found quickly by nomograph. Optik 49 (1978) No. 4, 409–412

L 6.1.2 *Bauer, G.:* Strahlungsmessung im optischen Spektralbereich. Friedr. Vieweg & Sohn, Braunschweig 1962

L 6.1.3 *Albrecht, H.;* u. a.: Optische Strahlungsquellen. Lexika-Verlag, Grafenau 1977

L 6.1.4 DIN 5039 Licht, Lampen, Leuchten; Begriffe, Einteilung

L 6.1.5 DIN 49800 Elektrische Lampen; Einteilung, Übersicht

**Beispiele für Hersteller bzw. Lieferanten**

H 6.1.1 *Osram GmbH,* Hellabrunner Str. 1, München: Lampen aller Art, Elektronenblitzgeräte
H 6.1.2 *Philips GmbH,* Mönckebergstr. 7, Hamburg: Lampen aller Art
H 6.1.3 *BLV Licht- und Vakuumtechnik GmbH & Co KG,* Steinhöring b. München: Halogenlampen, Xenon-, Blitz- u. Stroboskopröhren
H 6.1.4 *GTE Sylvania Licht GmbH,* Graf-Zeppelin-Str. 9–11, Erlangen: Lampen, u. a. für Fotografie u. Projektion; Blitzröhren
H 6.1.5 *Spindler u. Hoyer GmbH u. Co,* Königsallee 23, Göttingen: Lichtquellen
H 6.1.6 *Oriel GmbH,* Im Tiefen See 58, Darmstadt: Lichtquellen; Impulslichtquellen
H 6.1.7 *Ealing Beck Ltd.,* Greycaine Road, Watford, GB: Lichtquellen
H 6.1.8 siehe auch Beispiele 6.2. . . ., 6.3. . . ., 6.4. . . ., 6.5. . . .
H 6.1.9 *Tungsram GmbH,* Hohenstaufenstr. 8, Frankfurt: Glühlampen u. Entladungslampen

## 6.2 Glühlampen

In optischen Geräten werden Glühlampen trotz zunehmender Konkurrenz durch Lumineszenzdioden und Entladungslampen in großem Umfang verwendet, weil sie relativ preisgünstig und einfach zu betreiben sind, vor allem aber wegen ihrer großen Typenvielfalt: Durch Geometrie des Glühdrahtes oder -bandes (Wolfram, Schmelzpunkt ca. 3653 K), Kolbenform, Sockeltyp und Verspiegelung oder Spiegel- bzw. Linseneinbau können Glühlampen leicht an sehr unterschiedliche Aufgabenstellungen und Betriebsbedingungen angepaßt werden.

Das vom Glühdraht etwas ungleichmäßig abdampfende Wolfram beeinflußt prinzipiell in zweierlei Weise die Gebrauchsdauer der Lampe: An etwas dünner gewordenen Stellen brennt der Glühdraht durch (vor allem bei dem wegen des niedrigen Kaltwiderstandes sehr hohen Einschaltstromstoß); während der Lebensdauer wird der Lichtstrom allmählich durch *Kolbenschwärzung* vermindert (wegen der Konvektion vor allem an Kolbenteilen oberhalb der Wendel). Vermindern der Verdampfung und Verhinderung der Kolbenschwärzung waren deshalb zwei wesentliche Entwicklungsaufgaben, die durch geeignete *Gasfüllung* des Lampenkolbens gelöst wurden. Entsprechend kann man Glühlampen in die folgenden Typenklassen einordnen:

| Typ | Gasfüllung | Glühdrahttemperatur T |
|---|---|---|
| *Vakuumlampe* | keine | ca. 2300 K–2700 K |
| *Gasgefüllte Lampe* | Edelgase ($N_2$, Ar, Kr, Xe) | ca. 2600 K–3000 K |
| *Halogenlampe* | Edelgas + Brom- oder Jod-Zusatz | ca. 3000 K–3400 K |

Nur Kleinlampen werden als Vakuumlampen ausgeführt. Eine Gasfüllung vermindert mit zunehmendem Druck die Verdampfungsgeschwindigkeit des Wolframs. Der mögliche Druck ist aber wegen der großen, dünnen Glaskolben normaler Lampen etwa auf Atmosphärendruck begrenzt. Hier führte der Halogenzusatz zu einem erheblichen Fortschritt: Durch einen komplizierten Kreisprozeß (Verbindung von Wolfram mit dem Halogen in der Nähe der Wandung und wieder Zerlegung in die Komponenten in der Nähe der Wendel) wird die Ablagerung von Wolfram auf dem Kolben verhindert – soweit der Kolben auf einer Temperatur über etwa 250° C gehalten wird. Dies erfordert einen durch den Glühdraht genügend aufgeheizten, also kleinen, dickwandigen, hoch schmelzenden Kolben (Quarz- oder Hartglas). Der kleine Kolben ermöglicht aber höheren Druck des Füllgases! Bei der *Halogenlampe* sind also zwei günstige Effekte miteinander gekoppelt: Höherer Gasdruck senkt die Verdampfungsgeschwindigkeit und ergibt damit bei gleicher Temperatur größere Lebensdauer oder bei gleicher Lebensdauer höhere Temperatur und damit Lichtausbeute; während der Lebensdauer ändert sich der Lichtstrom nur wenig. Durch diese hervorragenden Eigenschaften hat die Halogenlampe bei vielen technischen Anwendungen normale Glühlampen verdrängt.

Da die Lichtausbeute mit der Temperatur erheblich zunimmt, werden Wärmeverluste durch Zusammendrängen des Glühdrahtes auf möglichst kleinen Raum (Wendel, Doppelwendel) vermindert. Dies hat auch den Vorteil der für optische Zwecke meist günstigen kleinen Leuchtfläche (Annäherung an „punktförmige" Quelle!). *Niedervoltlampen* (kurzer, dicker Draht) sind hier günstiger als *Hochvoltlampen* (langer, dünner Draht), d. h. Lampen für direkten Betrieb an Netzspannung. Die Wendelgeometrie bestimmt zusammen mit schattenwerfenden Teilen (Sockel, Halterungen) die räumliche Verteilung der austretenden Strahlung.

Die *Betriebsdaten* einer gegebenen Glühlampe können durch Änderung der Drahttemperatur (über Spannung bzw. Strom) innerhalb gewisser Grenzen an die Aufgabenstellung angepaßt werden (z. B. höhere Lebensdauer oder höherer Lichtstrom). Diese *Betriebsgesetze einer Glühlampe* können in Form der folgenden Exponentialgleichung dargestellt werden:

$$Y = Y_N \cdot \left(\frac{X}{X_N}\right)^p \qquad (6.2.1)$$

Dabei ist X die gegebene, Y die gesuchte Größe. $X_N$ und $Y_N$ sind die Nennwerte, d. h. die bei Betrieb gemäß Herstellerangaben gültigen Werte. Tabelle 6.2.1 gibt die Werte des Exponenten p für beliebige Umrechnungen an. Zwischen den *elektrischen Größen* gelten natürlich die Beziehungen

$$P = U \cdot J = J^2 \cdot R = U^2/R \qquad (6.2.2),$$

und für die Lichtausbeute gilt gemäß Definition (Gl. 6.1.8): $\eta = \Phi/P$.

Weiterhin gibt Bild 6.2.1 den Zusammenhang von Drahttemperatur T und Farbtemperatur $T_f$ mit der Lichtausbeute $\eta$ an. Wolfram als selektiver Strahler hat eine über der Drahttemperatur liegende Farbtemperatur, das Licht erscheint also „weißer" als bei einem Planckschen Strahler gleicher Temperatur.

Beispiel: Für eine Kleinlampe mit Gasfüllung gibt der Hersteller folgende Daten an: $U_N = 6$ V; $J_N = 0{,}98$ A; $\Phi_N = 50$ lm; $T_{fN} = 2500$ K; $Z_N = 700$ h.

a) Welche Nenndaten ergeben sich für die aufgenommene Leistung und die Lichtausbeute? Mit (6.2.2) und (6.1.8) findet man $P_N = 5{,}88$ W; $\eta_N = 8{,}5$ lm/W.

b) Die Lampe soll doppelten Lichtstrom abgeben. Welche Betriebsspannung ist zu wählen? Welche Werte ergeben sich für Leistung, Lichtausbeute, Lebensdauer und Farbtemperatur?

Nach der Aufgabenstellung ist $\Phi = X$ die gegebene Größe, und $X/X_N = 2$. Aus Tab. 6.2.1 findet man für die gasgefüllte Lampe (G) für die gesuchten Größen Y = U, P, $\eta$, Z die Exponenten p = 0,26; 0,39; 0,61; –3,7. Als neue Betriebsspannung ergibt sich also U = 7,18 V. Dann gelten die Werte P = 7,71 W; $\eta$ = 13,0 lm/W; Z = 54 h. Zur neuen Lichtausbeute findet man aus Bild 6.2.1 eine Farbtemperatur von etwa $T_f = 2700$ K.

Alle Werte sind gerundet – auch die Exponenten in Tab. 6.2.1. Rechnungen dieser Art können keine zuverlässige Aussage über das Verhalten eines einzelnen Lampenexemplars geben, da hier

**Tabelle *6.2.1* Exponent p für Umrechnung der Betriebsdaten von Glühlampen nach Gl. (6.2.1)**

| Gegebene Größe X → | U | | | J | | | R | | | P | | | Φ | | | η | | | T | | | Z | | |
|---|---|---|---|---|---|---|---|---|---|---|---|---|---|---|---|---|---|---|---|---|---|---|---|---|
| Gesuchte Größe Y ↓ | V | G | H | V | G | H | V | G | H | V | G | H | V | G | H | V | G | H | V | G | H | V | G | H |
| Spannung U | 1 | 1 | 1 | 1,7 | 2,0 | 1,7 | 2,5 | 2,0 | 2,5 | 0,63 | 0,67 | 0,63 | 0,28 | 0,26 | 0,33 | 0,5 | 0,43 | 0,71 | 2,9 | 2,5 | 2,9 | −0,071 | −0,071 | −0,071<br>−0,1 |
| Strom J | 0,6 | 0,5 | 0,6 | 1 | 1 | 1 | 1,5 | 1 | 1,5 | 0,38 | 0,33 | 0,38 | 0,17 | 0,13 | 0,2 | 0,3 | 0,22 | 0,43 | 1,8 | 1,25 | 1,8 | −0,043 | −0,036 | −0,043<br>−0,06 |
| Widerstand R | 0,4 | 0,5 | 0,4 | 0,67 | 1 | 0,67 | 1 | 1 | 1 | 0,25 | 0,33 | 0,25 | 0,11 | 0,13 | 0,13 | 0,2 | 0,22 | 0,29 | 1,2 | 1,25 | 1,2 | −0,029 | −0,036 | −0,029<br>−0,04 |
| Leistung P | 1,6 | 1,5 | 1,6 | 2,7 | 3,0 | 2,7 | 4,0 | 3,0 | 4,0 | 1 | 1 | 1 | 0,44 | 0,39 | 0,53 | 0,8 | 0,65 | 1,1 | 4,7 | 3,8 | 4,7 | −0,11 | −0,11 | −0,11<br>−0,16 |
| Lichtstrom Φ | 3,6 | 3,8 | 3,0 | 6,0 | 7,6 | 5,0 | 9,0 | 7,6 | 7,5 | 2,3 | 2,5 | 1,9 | 1 | 1 | 1 | 1,8 | 1,7 | 2,1 | 10,6 | 9,5 | 8,8 | −0,26 | −0,27 | −0,21<br>−0,3 |
| Lichtausbeute η | 2,0 | 2,3 | 1,4 | 3,3 | 4,6 | 2,3 | 5,0 | 4,6 | 3,5 | 1,3 | 1,5 | 0,87 | 0,56 | 0,61 | 0,47 | 1 | 1 | 1 | 5,9 | 5,8 | 4,1 | −0,14 | −0,16 | −0,1<br>−0,14 |
| Temperatur T | 0,34 | 0,4 | 0,34 | 0,57 | 0,8 | 0,57 | 0,85 | 0,8 | 0,85 | 0,21 | 0,27 | 0,21 | 0,094 | 0,11 | 0,11 | 0,17 | 0,17 | 0,24 | 1 | 1 | 1 | −0,024 | −0,029 | −0,024<br>−0,034 |
| Lebensdauer Z | −14 | −14 | $U > U_N$: −14<br>$U < U_N$: −14 bis −10 | −23 | −28 | −23<br>−23 bis −17 | −35 | −28 | −35<br>−35 bis −25 | −8,7 | −9,3 | −8,7<br>−8,7 bis −6,3 | −3,9 | −3,7 | −4,7<br>−4,7 bis −3,3 | −7 | −6,1 | −10<br>−10 bis −7,1 | −41 | −35 | −41<br>−41 bis −29 | 1 | 1 | 1 |

V = Vakuum-Glühlampe, G = Gasgefüllte Glühlampe, H = Halogen-Glühlampe; hier zum Teil unterschiedliche Werte bei Über- und Unterheizung.

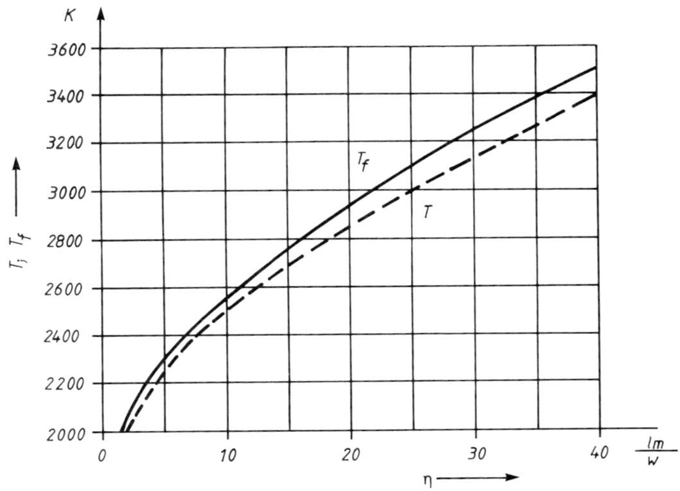


Bild 6.2.1 Drahttemperatur T und Farbtemperatur $T_f$ von Glühlampen als Funktion der Lichtausbeute η

Fertigungstoleranzen und spezielle Betriebsbedingungen einwirken. Dies gilt ganz besonders für Aussagen über die Lebensdauer. Halogenlampen weisen überdies bei Unterspannung eine größere Lebensdauer-Streuung auf: Bei den Tabellenwerten gilt der obere Exponent (z. B. −14) bei Überspannung, der untere Bereich (z. B. −14 bis −10) für Unterspannung.

Das oben gegebene Beispiel zeigt, daß eine mäßige Spannungserhöhung zur Zunahme von Lichtstrom, Lichtausbeute und Farbtemperatur führt, die Lebensdauer aber stark absinkt. Die Exponenten in der ersten Spalte von Tabelle 6.2.1 (U als gegebene Größe) kann man für kleine (!) Spannungsänderungen vereinfacht so interpretieren: Z. B. für Vakuumlampen nimmt bei 1% Spannungserhöhung der Lichtstrom um 3,6% zu, die Lebensdauer aber um 14% ab.

Tabelle 6.2.2 und Bild 6.2.2 geben Typenbeispiele für Glühlampen ohne Halogenzusatz mit sehr unterschiedlichen Leistungsbereichen und Einsatzgebieten. *„Lampen für wissenschaftliche Zwecke“* sind durch Konstruktion und einen Alterungsprozeß vor der Verwendung auf stabile und damit kalibrierbare fotometrische Daten ausgelegt. Hierzu gehören u. a. Lampen mit geradlinig ausgespanntem Leuchtdraht und Wolframbandlampen. Besonders vielseitig in der Fotometrie einsetzbar ist die Osram-Lampe Wi 40/G (Bild 6.2.2a und Tab. 6.2.2) mit quadratischem Leuchtfeld und konischem Kolben zur Reflexionsunterdrückung in der Hauptstrahlungsrichtung (senkrecht zur Leuchtfläche). Die Lampe kann bezüglich Lichtstrom, Lichtstärke und Farbtemperatur kalibriert werden. So können beispielsweise in einem Werks-*Prüfzertifikat* die exakten elektrischen Werte (Strom und Spannung) für die Einstellung der Lampe auf $T_f$ = 2856 K angegeben und die hierbei gemessenen Werte für Lichtstrom und Lichtstärke bescheinigt werden; die gleiche Lampe kann mit anderen elektrischen Werten auf eine niedri-

**Tabelle *6.2.2* Typenbeispiele für Glühlampen**

| Lampentyp | $\frac{P}{W}$ | $\frac{U}{V}$ | $\frac{\Phi}{lm}$ | $\frac{I}{cd}$ | $\frac{L}{cd/cm^2}$ | $\frac{T_f}{K}$ | $\frac{Z}{h}$ | Leuchtfeld mm | Bild | Besonderheiten | Bemerkungen |
|---|---|---|---|---|---|---|---|---|---|---|---|
| O Wi 40/G | 186<br>85,5 | 31<br>19 | | 290<br>45 | | 2856<br>2360 | 1000 | 18×18 | 6.2.2a | quadrat. Feld, konischer Kolben | Vergleichslampe für Fotometrie |
| O 8004 | 3 | 4 | 25 | | 380 | | 50 | 2×0,3 | 6.2.2b | kleines Feld | Lampen für optische und lichtelektronische Zwecke |
| O 8017 | 15 | 6 | 140 | | 600 | | 1000 | 2,3×1,2 | 6.2.2c | lange Lebensdauer | |
| O 8001 | 26,1 | 6 | 400 | | 1000 | | 100 | 4×0,9 | 6.2.2d | gerade Wendel | |
| O 8100 | 30 | 6 | 350 | | 720 | | 600 | 2×2 | 6.2.2e | quadrat. Feld | |
| O 58.8224 | 150 | 24 | 4300 | | | | 25 | 6,4×3,2 | 6.2.2f | Feld 2:1 | Projektorlampen |
| O 58.8295 | 150 | 230 | 3000 | | | | 25 | 8×8 | 6.2.2g | quadrat. Feld | |
| O 58.8007 | 50 | 8 | | | | | 25 | | 6.2.2h | Ellipsoid-Reflektor | |
| Zorn 2.44.16 | 0,83 | 2,5 | 4,5 | | | 2440 | 350 | Pfeil | 6.2.2i | Pfeilsymbol-Projektion | Miniaturlampen |
| " 1.61.21 | 0,32 | 3 | 1,4 | | | 2440 | 15 | 1,2 lang | 6.2.2k | Subminiatur-Soffitte | |
| " 2.14.16 | 1,15 | 2,5 | 7 | | | 2560 | 80 | | 6.2.2l | gerader Faden | |
| " 3.21.16 | 0,34 | 2,5 | | | | 2540 | 20 | | 6.2.2m | Zylinderlampe mit Linse | |
| P 683 | 0,3 | 5 | 0,6 | | | | 50000 | | 6.2.2n | Hohe Lebensdauer | |

O = Osram, P = Philips

gere Farbtemperatur (z. B. 2360 K) eingestellt werden. Auch für andere, nicht speziell für wissenschaftliche Zwecke vorgesehene Lampen kann ein Prüfzertifikat ausgestellt werden, wenn ausgesuchte und vorgealterte Exemplare verwendet werden.

In Tabelle 6.2.3 und Bild 6.2.3 sind Typenbeispiele für Halogenglühlampen zusammengestellt. Durch einen fest mit der Lampe zusammengebauten *Ellipsoidspiegel* erübrigt sich bei der Ausleuchtung kleiner Flächen ein zusätzlicher Kondensor. Dabei erhalten die nahezu gleich aufgebauten Lampen gemäß Bild 6.2.3 a und b durch unterschiedliche *Spiegelbelegung* entgegengesetzte Eigenschaften für ganz unterschiedliche Einsatzgebiete: Während bei dem Typ Osram 64635 (Bild 6.2.3 a) ein mit Gold belegter, also Infrarotstrahlung besonders gut reflektierender Spiegel für möglichst hohe Temperatur im Brennfleck sorgt, ergibt bei dem Typ Osram 64634 (Bild 6.2.3 b) ein „Kaltlichtspiegel" mit hoher Durchlässigkeit für Infrarotstrahlung eine relativ niedrige Temperatur in der ausgeleuchteten Filmebene.

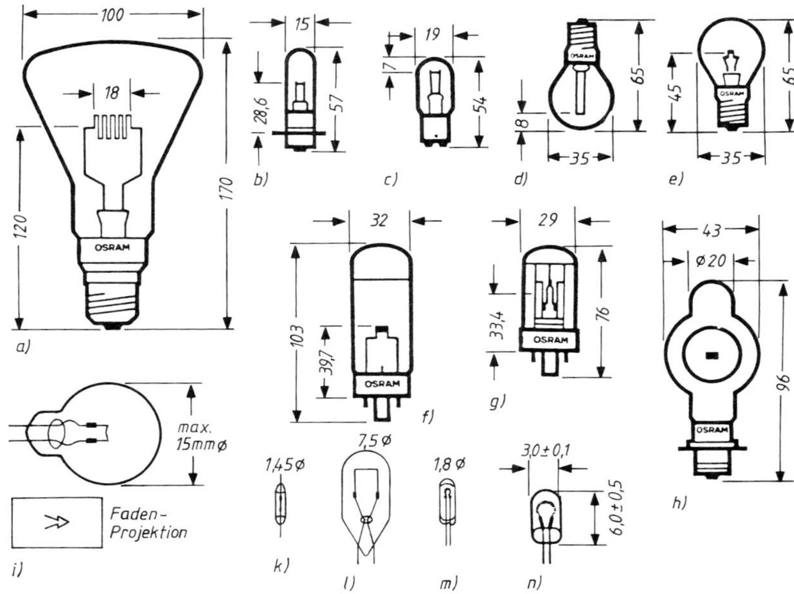


Bild 6.2.2 Typenbeispiele für Glühlampen entsprechend Tab. 6.2.2. Die Abbildungen sind nicht maßstäblich zueinander; Größenangaben beachten!

## Tabelle *6.2.3* Typenbeispiele für Halogenglühlampen

| Lampentyp | P / W | U / V | Φ / lm | Z / h | Leuchtfeld mm | Bild | Besonderheiten | Bemerkungen |
|---|---|---|---|---|---|---|---|---|
| O 64635 IR-Reflektor-strahler | 150 | 15 | | 50 | | 6.2.3 a | Ellipsoidspiegel, IR-reflektierend | Thermische Bearbeitg., max. 1500° C im Brennpunkt |
| O 64634 | 150 | 15 | | 50 | | ähnl. 6.2.3 a | Kaltlicht-Ellipsoidspiegel | |
| P 6604 | 75 | 12 | | 50 | | 6.2.3 b | wie vor | Projektorlampen |
| O 64255 | 20 | 8 | | 50 | | 6.2.3 c | wie vor | |
| O 64640 | 150 | 24 | 5 000 | 50 | 5,8 × 2,9 | 6.2.3 d | Feld 2 : 1 | |
| O 64680 | 500 | 225 | 14 500 | 50 | 10 × 10 | 6.2.3 e | quadrat. Feld | |
| O 64553 | 650 | 225 | 17 000 | 75 | 20 lang | 6.2.3 k | zweiseitig gesockelt | Schreibprojektor |
| O 64223<br>O 64260 | 10<br>30 | 6<br>12 | 150<br>800 | 300<br>50 | 1,4 × 0,7<br>2,6 × 1,3 | 6.2.3 h<br>6.2.3 f | | Mikroskop-Beleuchtung |
| O 64623 | 100 | 12 | 2 700 | 2000 | 5,3 × 3 | 6.2.3 g | hohe Lebensdauer | Mikrofilmlesegeräte |
| P HM 08 | 2,4 | 6 | | 100 | | 6.2.3 i | | Miniaturlampe |
| GE 2604 X | 10 | 5 | | 5000 | C-6 | – | Linsenlampe Hohe Lebensdauer | |

O = Osram, P = Philips, Ge = General Electric

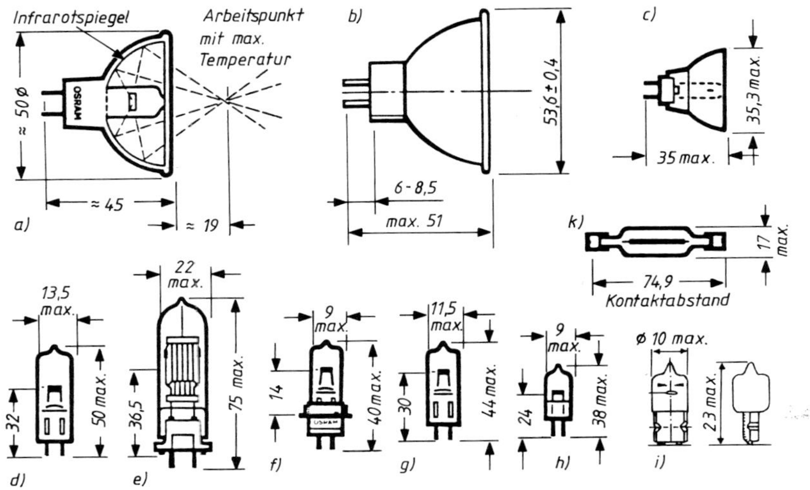


Bild 6.2.3 Typenbeispiele für Halogenglühlampen entsprechend Tab. 6.2.3. Die Abbildungen sind nicht maßstäblich zueinander; Größenangaben beachten!

## Literaturhinweise


L 6.2.1 *Carlson, F. E.; Clark, C. N.:* Light Sources for Optical Devices LÜ 1 Vol. I/2.
*Eby, J. E.; Levin, R. E.:* Incoherent Light Sources LÜ 1 Vol. VII/1

L 6.2.2 *Neumann, G. M.:* Betriebsgesetze der Halogenglühlampe. Lichttechnik *21* (1969) H. 6, 63A–65-A

L 6.2.3 DIN 15560 Scheinwerfer für Film, Fernsehen, Bühne und Photographie
T 51 Halogen-Glühlampen für Film- und Fernsehaufnahmen
T 53 Halogen-Glühlampen für Schmalfilm- und Photoaufnahmen

L 6.2.4 DIN 49810 Allgebrauchslampen
T 1 Lampen der Hauptreihe

L 6.2.5 DIN 49820 Lichtwurflampen
T 3 Projektionslampen B, in kleinen Abmessungen
T 4 Episkop- und Kinolampen
T 5 Kleinbildwerfer-Lampen für Netzspannung
T 6 Halogen-Glühlampen H für Kleinbildwerfer mit Kleinspannung
T 7 Halogen-Glühlampen HF, mit zwei Sockeln, für Flutlicht
T 8 Halogen-Glühlampen HS, mit einem Sockel, für Studios
T 9 Halogen-Glühlampen HS, mit zwei Sockeln, für Studios
T 10 Halogen-Glühlampen HA für Schmalfilm- und Photoaufnahmen
T 11 Halogen-Glühlampen HB, mit einem Sockel, für Bühnen
T 12 Halogen-Glühlampen HR, mit Reflektor, für Schmalfilm-Projektoren, mit Kleinspannung

L 6.2.6 DIN 49846 Zwerglampen
T 1 Form K und Form M
T 2 Form LA und Form LB
T 3 Form LC und Form LD

L 6.2.7 DIN 49848 Zwerglampen F
L 6.2.8 DIN 49895 Elektrische Glühlampen; Begriffe, Prüfungen
L 6.2.9 DIN 49896 Lichtschwerpunkt und Leuchtkörperform von Kraftfahrzeug-Glühlampen

**Beispiele für Hersteller bzw. Lieferanten**

H 6.2.1 *General Electric, USA,* über Alfred Neye-Enatechnik GmbH, Schillerstr. 14, Quickborn: Miniatur-Glühlampen, u. a. Miniatur-Halogenlampen
H 6.2.2 *Knitter & Co KG,* Baldham/München: Miniatur-Glühlampen u. Lumineszenzdioden
H 6.2.3 *Micro-Glühlampen-Ges. Menzel & Sasse KG,* Postf. 800626, Hamburg: Miniatur- u. Subminiatur-Glühlampen
H 6.2.4 *Zorn KG,* Robert-Koch-Str. 6, Stockach: Miniatur- u. Subminiatur-Glühlampen
H 6.2.5 *O. Hedler,* Borngasse 33, Runkel/Lahn: Halogen-Leuchten f. Foto- u. Filmaufnahmen
H 6.2.6 Siehe auch Beispiele 6.1. . . .

## 6.3 Entladungslampen

Während die Hauptvorteile der Glühlampe in einfachem Betrieb und niedrigen Investitionskosten sowie Abstrahlung eines kontinuierlichen Spektrums und damit guter Farbwiedergabe (nicht aber mit Tageslichtcharakter) liegen, sind die Hauptvorteile der Entladungslampen in wesentlich höherem Wirkungsgrad bzw. höherer Lichtausbeute und einer insgesamt größeren Flexibilität zu sehen: So können für optische Geräte extrem hohe Leuchtdichten (Kurzbogenlampen) oder für Raumbeleuchtung günstige niedrige Leuchtdichten (Leuchtstofflampen) erzielt werden; eine Lampe kann besonders hohe Lichtausbeute (Na-Niederdrucklampe) oder besonders gute Farbwiedergabe (Xenonlampe) aufweisen. Die moderne Lampenentwicklung hat aber erhebliche Erfolge in der Vereinigung dieser beiden Hauptforderungen erzielt, d. h. in der Herstellung von Lampen mit gleichzeitig guter Farbwiedergabe und hoher Lichtausbeute.

Art und Druck der *Lampenfüllung* sind die wesentlichen Parameter einer Entladungslampe; sie sind natürlich mitbestimmend für das Kolbenmaterial sowie Kolben- und Elektrodengeometrie. Als wirksame Lampenfüllung werden Gase (z. B. Xenon) oder Metalldämpfe (z. B. Quecksilber, Natrium, immer zusammen mit Edelgas, z. B. Argon) verwendet. Metalldämpfe erreichen erst mit der durch Aufheizen erzielten Betriebstemperatur den richtigen Dampfdruck. Dies ist einerseits vorteilhaft (bei Hochdrucklampen im betriebslosen Zustand ungefährlich niedriger Druck), andererseits nachteilig (Anlaufphase über ggf. einige Minuten bis zum Erreichen des richtigen Dampfdrucks, ggf. Abhängigkeit der Betriebsdaten von der Umgebungstemperatur). Mit zunehmendem Fülldruck steigt die im gleichen Lampenvolumen in Strahlung umsetzbare Leistung (Möglichkeit hoher Leuchtdichte); außerdem gleichen sich die Spektren mehr an ein Kontinuum an:

Bei niedrigem Druck entstehen Linienspektren (ungestörte Atome), die jedoch durch Fluoreszenzanregung von Leuchtstoffen in kontinuierliche Abstrahlung umgesetzt werden können. Mit zunehmendem Druck werden die Linien vor allem durch Stoßvorgänge verbreitert; außerdem kann durch Mischen mehrerer Atomarten ein immer dichteres Linienspektrum und durch Molekülstrahler ein praktisch kontinuierliches Spektrum erzielt werden.

Alle Entladungslampen müssen mit *Strombegrenzung* (ohmscher Widerstand bei Gleichspannungs- oder Drossel bei Wechselspannungsbetrieb) betrieben werden; zum *Zünden der Entladung* ist eine über der Brennspannung liegende Spannung erforderlich. Dies erfordert den Betrieb an Vorschaltgeräten, die im Hinblick auf größtmögliche Lampenschonung und Betriebssicherheit optimiert werden. Die Eigenschaften wichtiger Typen von Entladungslampen werden im folgenden näher besprochen. Typenbeispiele sind in Tab. 6.3.1 und Bild 6.3.1 zusammengestellt.

Die wichtigsten Niederdrucklampen arbeiten mit Quecksilber bzw. Natrium. *Hg-Niederdrucklampen* strahlen die Linien 184,9 nm (ozonbildend) und bevorzugt 253,7 nm (bakterientötend) ab; sie werden also als *Entkeimungs-* und *Ozonstrahler* verwendet. Vor allem kann aber diese kurzwellige UV-Strahlung durch Fluoreszenzanregung in längerwellige Strahlung umgesetzt werden, wobei durch Mischung geeigneter Leuchtstoffe eine nahezu beliebige Strahlungsverteilung erreicht werden kann, so daß diese *Leuchtstofflampen* in großer Auswahl verfügbar sind. Sie werden in der Optik zur großflächigen Beleuchtung (Testtafeln, Lichtkästen zur Filmprüfung, Vorlagendurchleuchtung bei Reprokameras, u. a.) verwendet. Dabei kann beispielsweise zwischen Farbtemperaturen 6000 K, 5000 K, 4000 K, 3000 K gewählt werden, bei einem Farbwiedergabeindex bis über 90. Durch moderne Farbstoffe („Dreibandenlampe", z. B. Osram LUMILUX®) konnte die Lichtausbeute bei Ra = 0,85 auf über 90 lm/W gegenüber vorher 55 lm/W (wenn gleichzeitig gute Farbwiedergabe verlangt wurde!) gesteigert werden. Mit anderen Leuchtstoffen entstehen *Spezialstrahler.* So kann das kurzwellige UV der Hg-Linien (vor allem $\lambda = 253{,}7$ nm) in langwelliges UV übersetzt werden, z. B. 320 nm bis 480 nm (UV-Blau) für Lichtpausmaschinen, Kopierzwecke, UV-Lackhärtung (Herstellung gedruckter Schaltungen). Dabei kann ein *Schwarzglaskolben* die Strahlung bei ca. 400 nm abschneiden, so daß nur wenig sichtbares Licht austritt (u. a. für UV-Analysenlampen). Grünaktinische Leuchtstofflampen mit dem Fluoreszenzbereich 450 nm bis 650 nm mit Schwerpunkt etwa bei $\lambda_{max} = 530$ nm werden u. a. für Büro-Kopiergeräte verwendet.

Die Einstellung des optimalen Dampfdrucks trotz großer Temperaturabhängigkeit kann durch zwei Maßnahmen verbessert werden: Bei niedrigen Umgebungstemperaturen wird die Lampe in einen geschlossenen Außenkolben oder entsprechende Lampenhülle eingebaut; bei hohen Außentemperaturen wird der Dampfdruck durch Füllen der Lampe mit Indiumamalgam (In-Hg-Legierung) erniedrigt.

Die *Natrium-Niederdrucklampe* erreicht durch direktes Abstrahlen der Doppellinie 589,0 nm/589,6 nm in der Nähe des Maximums der Augenempfindlichkeit (555 nm) die höchste Lichtausbeute aller Lampen, jedoch bei völlig ungenügender Farbwiedergabe.

Bei Hochdrucklampen (Drücke über etwa 1 bar) sind die Typenvariationen noch größer. Unter den Quecksilber-Hochdrucklampen sind für optische Geräte vor allem die als „Höchstdrucklampen" ausgeführten *Kurzbogenlampen* interessant, die bei guter Modulierbarkeit ($10^4$ Hz) und mäßiger Farbwiedergabe (Ra ca. 50) extrem hohe Leuchtdichten erreichen. Einzellinien können durch Filter gut isoliert werden, z. B. zur Hologramm-Rekonstruktion. Eine Verbesserung der Farbwiedergabe wird durch Zusatz weiterer Metalle (vor allen der Gruppe der seltenen Erden) in Form von Halogeniden erreicht *(Halogen-Metalldampflampen),* so daß sich ein Viellinienspektrum bildet.

Beste Farbwiedergabe ermöglicht das kontinuierliche Spektrum von *Xenonlampen,* bei

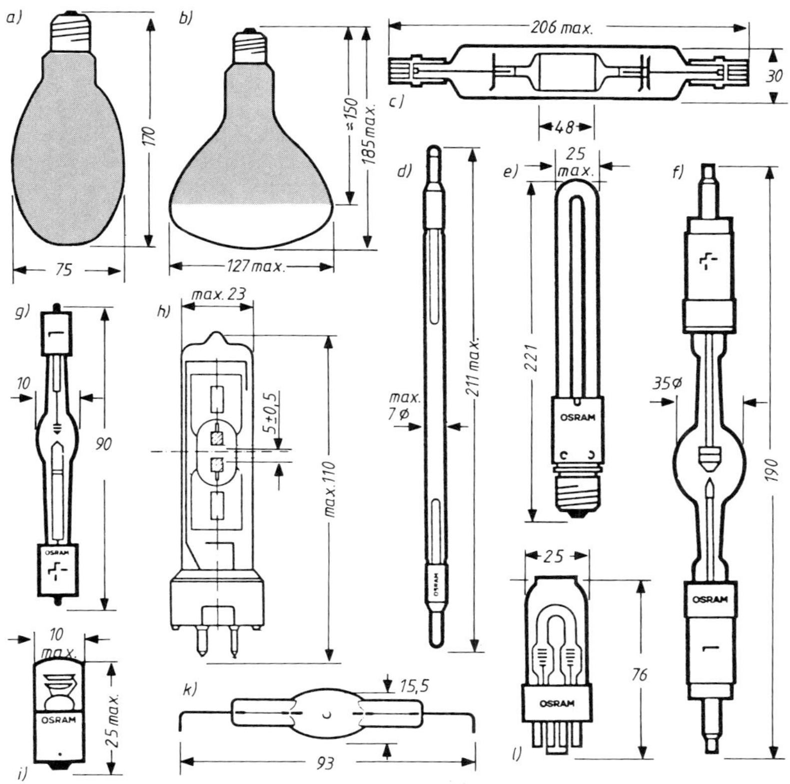


Bild 6.3.1 Typenbeispiele für Entladungslampen entsprechend Tabelle 6.3.1. Die Abbildungen sind nicht maßstäblich zueinander; Größenangaben beachten!

Kurzbogenlampen in Verbindung mit extrem hoher Leuchtdichte. Kleine Xenon-„Langbogenlampen" werden als *Blitzlichtquellen,* Lampen mit größeren Rohrlängen nahezu beliebiger Form u. a. als Lichtquellen bei Reprokameras verwendet, wobei mit einer Folge kurzer Impulse gearbeitet wird. *Krypton-Hochdrucklampen* werden zur Anregung kontinuierlicher Neodym-Laser verwendet.

Eine neu entwickelte Kurzbogenlampe für Projektionszwecke und ähnliche Verwendung ist die *Zinnhalogenidlampe.* Sie vereinigt sehr gute Farbwiedergabe ($R_a = 90$) bei Tageslicht-Spektrum ($T_f = 5500$ K) mit guter Lichtausbeute (70 lm/W), hoher Lebensdauer (1000 h) und der Möglichkeit von Wechselspannungsbetrieb.

Zur bequemen Erzeugung von Linienspektren im Labor dienen *Spektrallampen* (Tab. 6.3.2). Mit Kombinationen von Absorptionsfiltern (Tab. 6.1.2) oder mit Interfe-

**Tabelle *6.3.1* Typenbeispiele für Entladungslampen**

| Lampentyp | $\frac{P}{W}$ | $\frac{J}{A}$ | $\frac{\Phi}{lm}$ | $\frac{I}{cd}$ | Leuchtfeld mm | $\frac{L}{cd/cm^2}$ | $\frac{T_f}{K}$ | $\frac{Z}{h}$ | Abmessungen mm | Bild | Watt-bereich | Bemerkungen |
|---|---|---|---|---|---|---|---|---|---|---|---|---|
| O L 40 W/11 In 1<br>Lumilux Tageslicht | 40 | | 3200 | | | | ≈6000 | | 1200 × 38∅ | | 20–65 | |
| O L 40 W/19<br>Daylight 5000 de Luxe | 40 | | 2000 | | | | 5000 | | " | | " | Beurteilung von Dias |
| O L 40 W/21 In 1<br>Lumilux Weiß | 40 | | 3400 | | | | ≈4000 | | " | | " | Leuchtstofflampen |
| O L 40 W/31 In 1<br>Lumilux Warmton | 40 | | 3400 | | | | ≈3000 | | " | | " | |
| O L 40 W/77<br>Fluora | 40 | | | | | | | | " | | 8–65 | Pflanzenbau |
| P TL 40 W/05<br>320–480 nm;<br>$\lambda_{max}$ = 365 nm | 40 | | | | | | | | " | | 6–120 | Lichtpausen, Fotolacke |
| P TL 40 W/08<br>320–400 nm;<br>$\lambda_{max}$ = 355 nm | 40 | | | | | | | | " | | 8–40 | Schwarzglaskolben, UV-Analyse |
| O HQV 125 W | 125 | | | | | | | | 170 × 75 ∅ | 6.3.1 a | | |
| O Ultra-Vitalux<br>Hg-Brenner + Glüh-wendel | 300 | | | | | | | 1000 | 185 × 127 ∅ | 6.3.1 b | | Sonnen-Simulation: Werkstoffprüfung |

Fortsetzung von Tabelle *6.3.1*

| Lampentyp | $\frac{P}{W}$ | $\frac{J}{A}$ | $\frac{\Phi}{lm}$ | $\frac{I}{cd}$ | Leuchtfeld mm | $\frac{L}{cd/cm^2}$ | $\frac{T_f}{K}$ | $\frac{Z}{h}$ | Abmessungen mm | Bild | Watt-bereich | Bemerkungen |
|---|---|---|---|---|---|---|---|---|---|---|---|---|
| O Solarca Halogen-Metalldampf | 360 | | | | | | | | 206 × 30 ∅ | 6.3.1 c | | UV-Trocknung, Episkope |
| O HNS 10 W/U oz Entkeim.- u. Ozonstr. | 10 | 0,17 | | | | | | | 221 × 25 ∅ | 6.3.1 e | 10–30 | auch: Entkeimung, ozonfrei |
| O HBO 100 W/2 Hg-Dampf-Kurzbogen | 100 | 5 | 2200 | 260 | 0,25 × 0,25 | 170000 | | 200 | 90 × 10 ∅ | 6.3.1 g | 50–500 | höchste Leuchtdichte |
| P SN 250–505 Zinnhalogenid-Kurzb. | 250 | 3,5 | 17000 | | | | 5500 | 1000 | 110 × 23 ∅ | 6.3.1 h | 100–1000 | sehr gute Farbwiedergabe; f. optische Geräte |
| O XBO 500 W/H Xenon-Kurzbogen | 500 | 28 | 14500 | 1450 | | 40000 | | 2000 | 190 × 35 ∅ | 6.3.1 f | 75–6500 | |
| O XBF 2500 W/1 Xenon-Hochdruck | 2500 | 22,3 | 77000 | 6500 | | 33000 | | 600 | 277 × 20 ∅ | | 2500–6000 | Wasserkühlung |
| O KBF 2500 W Krypton-Hochdruck | 2500 | 21,5 | | | | | | | 211 × 7 ∅ | 6.3.1 d | 2500–3500 | Wasserkühlung; Nd-Laser-Anregg. |
| O XIE 15 W/8 Xenon-Impulslampe | 15 | | max. 500 Hz, 6 Ws pro Blitz | | | | | | 76 × 25 ∅ | 6.3.1 l | 5–40 | Stroboskope |
| O HCI 400 W Halogen-Metalldampf | 400 | 5,9 | 32000 | | | | 4500–6500 | 500 | 93 × 15,5 ∅ | 6.3.1 k | | Schreibprojektor |
| O LG 233 Glimmlampe | | | | | | | | | 25 × 10 ∅ | 6.3.1 i | | Signallampe |

O = Osram, P = Philips

renzfiltern (deren Nebenmaxima des Transmissionsgrades durch Vorfilter unterdrückt werden müssen!) werden einzelne Linien isoliert, so daß man monochromatische Strahlung erhält.

**Tabelle *6.3.2* Osram-Spektrallampen (Auswahl)**

Alle Lampen sind für einen Strom 1,0 A ausgelegt und bei einheitlichen Abmessungen 107 × 21 mm Durchmesser mit Sockel Pico 9 ausgestattet. Betrieb mit Drossel in Reihe und Starter parallel.

| Typ | Element | $\frac{P}{W}$ | $\frac{I}{cd}$ | Leuchtfläche mm | $\frac{L}{cd/cm^2}$ | wichtige Linien |
|---|---|---|---|---|---|---|
| Cd/10 | Cadmium | 15 | 1,2 | 15 × 6 | 2 | 326; 468/80; 509; 644 nm |
| Cs/10 | Cäsium | 10 | 0,3 | 15 × 6 | 0,2 | 794–921 nm |
| He/10 | Helium | 55 | 2,0 | 15 × 8 | 1,5 | 588; 668; 707 nm |
| Hg/10 | Quecksilber | 40 | 90 | 20 × 8 | 110 | 313; 334; 365; 404/407; 435/436; 546; 577/579nm |
| HgCd/10 | Quecksilber + Cadmium | 25 | 10 | 20 × 8 | 15 | Hg- + Cd-Linien |
| K/10 | Kalium | 10 | 0,04 | 15 × 6,5 | 0,02 | 767/770 nm |
| Na/10 | Natrium | 15 | 40 | 15 × 6,5 | 15 | 589 nm |
| Ne/10 | Neon | 30 | 3,5 | 15 × 8 | 1,5 | 638–668 nm |
| Rb/10 | Rubidium | 10 | 0,2 | 15 × 6 | 0,1 | 780/795 nm |
| Tl/10 | Thallium | 15 | 1,5 | 8 × 3 | 3,5 | 352/353; 378; 535 nm |
| Zn/10 | Zink | 15 | 0,5 | 15 × 6 | 0,7 | 308; 328/330/335 nm |

Genaue Wellenlängen der Linien und Aussonderung der Linien durch Filter siehe Tab. 6.1.2

Bild 6.3.2 zeigt die relativen spektralen Strahlungsverteilungen einiger Entladungslampen.

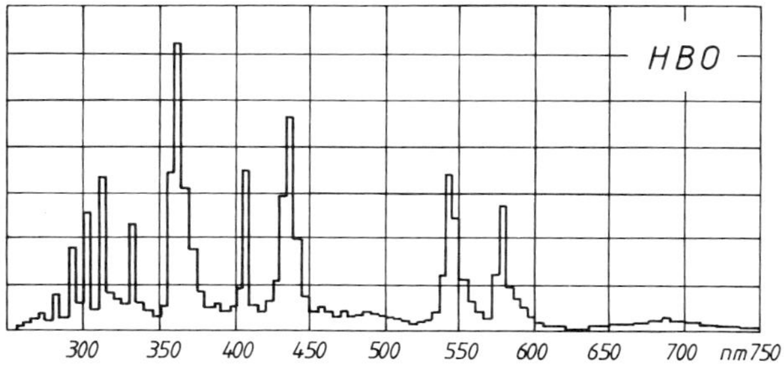


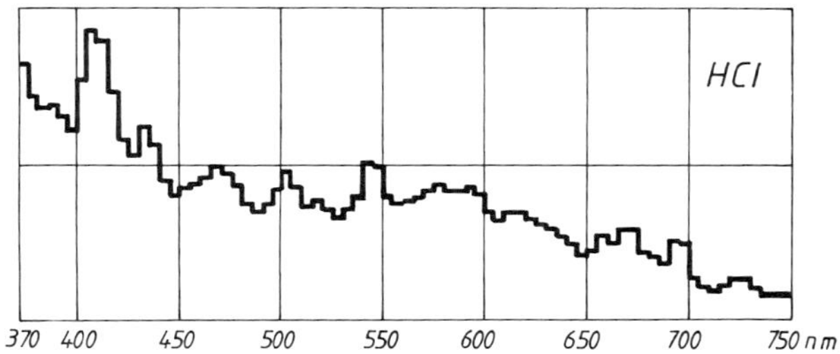


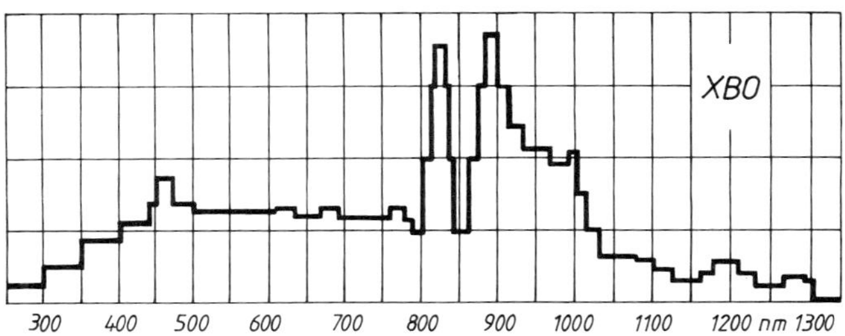


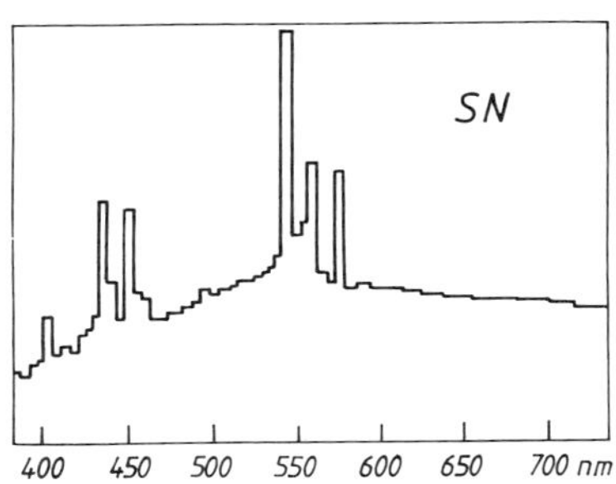


Bild 6.3.2 Spektralverteilung einiger Entladungslampen

HBO = Quecksilberdampf-Kurzbogenlampe, HCI = Halogen-Metalldampflampe, XBO = Xenon-Kurzbogenlampe, SN = Zinnhalogenid-Kurzbogenlampe. Dargestellt ist jeweils die relative spektrale Strahlungsverteilung als Funktion der Wellenlänge

**Literaturhinweise**

L 6.3.1 siehe auch L 6.2.1
L 6.3.2 DIN 49804 Entladungslampen; Einteilung
L 6.3.3 DIN 49659 Leuchtstofflampen ohne Start-Vorheizung
L 6.3.4 DIN 49859 Halogen-Metalldampflampen für Allgemeinbeleuchtung
L 6.3.5 DIN 49860 Halogen-Metalldampflampen mit tageslichtähnlicher Strahlungsverteilung, für Film- und Fernsehaufnahmen
L 6.3.6 DIN 49861 Quecksilberdampf-Hochdrucklampen mit Leuchtstoff
L 6.3.7 DIN 49862 Leuchtstofflampen in gerader Form
L 6.3.8 DIN 49866 Leuchtstofflampen in Ringform
L 6.3.9 DIN 49867 Leuchtstofflampen in U-Form

**Beispiele für Hersteller bzw. Lieferanten**

H 6.3.1 *W. C. Heraeus GmbH,* Produktbereich Original Hanau, Heraeusstr. 12–14, Hanau: Ultraviolettstrahler, Metalldampflampen
H 6.3.2 *Noblelight Ltd, GB,* über Reten Akustik, Am Taubenberg 5, Idstein: Xenon- u. Krypton-Blitzlampen
H 6.3.3 *Dr. R. Seitner,* Herrsching/Ammersee: Entladungslampen f. wiss. u. techn. Anwendungen
H 6.3.4 *Vetter GmbH,* Horrenberger Str. 48, Wiesloch: Ultraviolett-Strahler, Leuchten u. Zubehör
H 6.3.5 *ILC, über Kontron GmbH,* Oskar-von-Miller-Str. 1, Eching: Xenon-Blitzlampen
H 6.3.6 *Bachofer GmbH & Co KG,* Reutlingen: UV-Lampen
H 6.3.7 *Heimann GmbH,* Weher Köppel 6, Wiesbaden-Dotzheim: Elektronen-Blitzröhren
H 6.3.8 *Mayer & Wonisch,* Fresekenweg 14, Arnsberg: Lichtblitz-Stroboskope
H 6.3.9 *Reglomat AG, CH,* über Allgem. Industrie-Commerz, Mauerkircherstr. 43, München: Digitales Lichtblitz-Stroboskop
H 6.3.10 *Metz-Apparatewerke,* Ritterstr. 5, Fürth: Elektronenblitzgeräte
H 6.3.11 *Multiblitz Dr.-Ing. D. A. Mannesmann GmbH & Co KG,* Oberstr. 89, Köln-Westhoven: Elektronenblitzgeräte u. Studio-Ausrüstungen
H 6.3.12 *AMKO GmbH,* Gärtnerweg 49, Tornesch b. Hamburg: Lampengehäuse m. Ellipsoidspiegel f. Entladungslampen
H 6.3.13 *Deutsche Durst GmbH,* Bramfelder Str. 102, Hamburg: Blitzgeräte u. Beleuchtungseinrichtungen
H 6.3.14 siehe auch Beispiele 6.1. . . .
H 6.3.15 *Regula-Werk King & Bauser GmbH,* Bad Liebenzell: Elektronenblitzgeräte
H 6.3.16 *Impulsphysik GmbH,* Sülldorfer Landstr. 400, Hamburg: Impulslichtquellen u. Impuls-Röntgenquellen

## 6.4 Lumineszenzdioden

Bei Lumineszenzdioden (auch: lichtemittierende Diode, LED) wird Strahlung im sichtbaren oder infraroten Spektralbereich ohne den Umweg über thermische Energie (wie bei Glühlampen) erzeugt: Auf durch elektrisches Feld bewirkte Ladungstrennung in der pn-Schicht folgt Rekombination der Ladungen, wobei die frei werdende Energie in Form von Strahlung abgegeben wird. Die Spannung muß dabei in Durchlaßrichtung anliegen, der Strom durch Vorwiderstand oder Konstantstromquelle begrenzt werden. Als *Halbleiter-Grundmaterialien* eignen sich vor allem Galliumphosphid GaP mit Abstrahlung im Grün-Bereich sowie Galliumarsenid GaAs mit Abstrahlung im Infrarot-Bereich, sowie Mischkristalle $GaAs_{1-x}P_x$ für den dazwischen liegenden Spektralbereich (gelb, rot); z. B. $GaAs_{0,6}P_{0,4}$ für Rot). Die Abstrahlung erfolgt im allgemeinen schmalbandig, z. B. mit einer Halbwertsbreite von 30 nm. Dabei nimmt die Wellenlänge $\lambda_{max}$ des Strahlungsmaximums mit der Temperatur zu: Eine Temperaturerhöhung um etwa 3 K ergibt eine Verschiebung um 1 nm. Wirksam ist natürlich die Temperatur der pn-Schicht. Während IR-strahlende Lumineszenzdioden wegen der spektralen Empfindlichkeitsverteilung vieler Halbleiterempfänger für das Zusammenwirken mit lichtelektrischen Empfängern besonders günstig sind, werden im sichtbaren Bereich strahlende Dioden vor allem als Anzeigeelemente verwendet. In optischen Geräten können sie aber – wenn nur kleine Strahlungsleistung erforderlich ist – als (gegenüber Weißlichtquellen mit Interferenzfiltern) sehr billige *monochromatische Quellen* eingesetzt werden! Neu entwickelte *blauleuchtende SiC-Lumineszenzdioden* ergeben wegen größerer Halbwertsbreite geringere Farbsättigung.

Während der Quantenwirkungsgrad (Verhältnis der Zahl der erzeugten Photonen zur Zahl der Elektronen) 100% erreichen kann, wird der *Gesamtwirkungsgrad* und damit im sichtbaren Bereich die Lichtausbeute durch elektrische und optische Verluste so stark herabgesetzt, daß er niedriger als bei Glühlampen liegt. Damit scheiden lichtemittierende Dioden für allgemeine Beleuchtungszwecke aus. Die elektrischen Verluste ergeben sich durch Kontakt- und Materialwiderstände, die optischen Verluste durch Absorption und hohen Reflexionsgrad bzw. Totalreflexion an der Grenzfläche des Halbleitermaterials, das eine hohe Brechzahl (n zwischen 3 und 4) aufweist. Mehrfach reflektierte Strahlung wird dabei schnell absorbiert.

Das Einbetten der Halbleiterdiode in Plastikmaterial (z. B. Epoxidharz, Acrylglas) reduziert durch *Verminderung des Brechzahlsprungs* die Reflexion; außerdem wird durch die Form der Außenfläche des Plastikkörpers und Streueigenschaften des Plastikmaterials die Abstrahlungscharakteristik beeinflußt: Ein zylindrischer, klarer (d. h. streuarmer) Plastikkörper mit halbkugeliger Abschlußfläche ergibt enge Bündelung der Strahlung, also kleinen Halbwertswinkel, während ein streuender Plastikkörper zu diffuser Weitwinkelabstrahlung führt, wobei die Quelle auf die Abmessungen des Plastikkörpers vergrößert ist. Durch Anfärben des Plastikkörpers oder durch ein vorgesetztes Filter in der Eigenfarbe der Lichtemission kann eine *Kontrastanhebung* gegenüber störender Umgebungsbeleuchtung bewirkt werden: Auffallendes Licht anderer Wellenbereiche wird absorbiert, auffallendes Licht in der Eigenfarbe geht mit interner Reflexion zweifach durch die Filterschicht, wird also um den Faktor $\tau^2(\lambda)$ geschwächt, während das Diodenlicht mit einmaligem Durchgang nur eine $\tau$-Schwächung erfährt.

Während der niedrige Wirkungsgrad von LED's im Vergleich zu anderen Lichtquellen nachteilig ist, ergeben sich – vor allem bezogen auf in der Leistung etwa vergleichbare Kleinglühlampen – durch die Anwendung der Lumineszenzdioden auch erhebliche Vorteile: Bei kleinen Abmessungen und hoher mechanischer Stabilität liegt die Lebensdauer mit etwa $10^5$h sehr hoch (dann kein Totalausfall, sondern Rückgang des Wirkungsgrades auf etwa 50%). Hohe Sperrschichttemperatur vermindert aber die Lebensdauer. Die Dioden können bis zu hoher, durch Aufbau und Schaltungskapazität bestimmter Grenzfrequenz moduliert werden (etwa im Bereich 1 MHz bis 100 MHz). Bei Impulsbreiten bis herunter zum Bereich von Nanosekunden sind sehr hohe Impulsleistungen möglich (!), die wesentlich höher als bei Dauerbetrieb sind. Der Betrieb erfolgt mit niedriger, nur wenig stromabhängiger Spannung von etwa 2 Volt. Die Leuchtdichte steigt in mittlerem Strombereich (grob) linear mit dem Durchlaßstrom an. Kleine Abstrahlfläche des Halbleiters ergibt bei nicht streuender Einbettung eine nahezu punktförmige, monochromatische Strahlungsquelle. Bei hoher Stromdichte und entsprechendem geometrischem Aufbau (Resonator) geht die Lumineszenzdiode in den Halbleiterlaser (Abschn. 6.5) über.

**Tabelle *6.4.1* Beispiele für Lumineszenzdioden (Siemens)**

| Spektralbereich | $\lambda_{max}$ nm | $\Delta\lambda_{0,5}$ nm | Grenzwerte elektr. Strom $J_F$ mA | $J_{FS}$ A | bei $J_F = 100$ mA $I_e$ mW/sr | $\Phi_e$ mW | bei $J_F =$ 10 mA $I$ mcd | Halbwertswinkel $\gamma_{0,5}$ | Gehäuse | Typ | Material/ Technologie |
|---|---|---|---|---|---|---|---|---|---|---|---|
| IR | 950 | 40 | 300<br>230 | 5<br>4 | 6,3–12,5<br>20–40 | 16<br>6,3 | –<br>– | ±60°<br>± 6° | Plastik<br>Glaslinse | LD 242III<br>CQY77III | GaAs |
| Rot | 645 | 35 | 60 | 1 | – | – | 3,2–6,4<br>15 –30 | ±70°<br>±12° | rot, diff.<br>rot, klar | CQX23 II<br>LD 52 C | TSN |
| Gelb | 590 | 35 | 60 | 1 | – | – | 2,5–5<br>10 –20 | ±70°<br>±12° | gelb, diff.<br>gelb, klar | CQX33 II<br>LD 56 C | TSN |
| Gelbgrün | 560±15 | 25 | 60 | 1 | – | – | 4–8<br>20–40 | ±80°<br>±12° | weiß, diff.<br>weiß, klar | CQX13 II<br>LD 57 C | GaP |
| Blau | 480 | 90 | 25 | – | – | – | 2,2–3,3 | ± 8° | weiß, klar | SLB 5410 | SiC |

TSN = transparentes Substrat mit Dotierung in der Gasphase

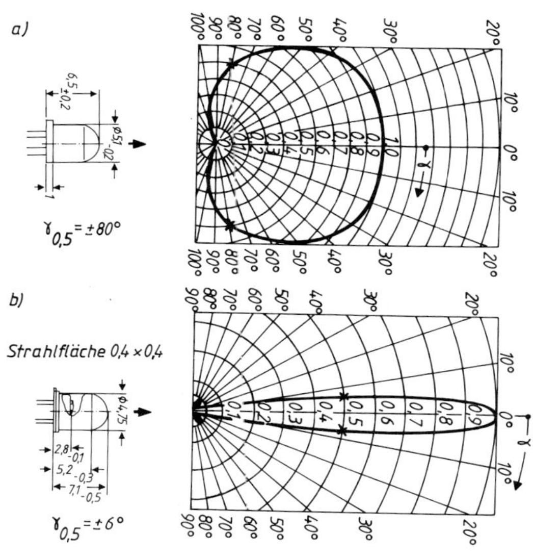


Bild 6.4.1 Beispiele für Gehäuseform und Abstrahlcharakteristik von Lumineszenzdioden

a) beste Sichtbarkeit von der Seite durch diffus streuendes Gehäuse, b) hohe Strahlstärke bzw. Lichtstärke durch enge Bündelung (Glaslinse oder klares Gehäuse mit Linsenform)

Tabelle 6.4.1 gibt einige Beispiele für Lumineszenzdioden, wobei nur Typen mit hoher Strahlstärke $I_e$ bzw. Lichtstärke I ausgewählt wurden, die für Lichtschranken bzw. als monochromatische Quellen verwendet werden können. Es wurden jeweils Typen mit sehr großem *Halbwertswinkel* $\gamma_{0,5}$ und mit enger Abstrahlkeule gegenübergestellt. Ist $I_0$ die Licht- bzw. Strahlstärke auf der Achse, so ist unter dem Winkel $\gamma_{0,5}$ $I = I_0/2$. Die spektrale *Halbwertsbreite* $\Delta\lambda_{0,5}$ ist die Differenz zwischen den Wellenlängen, an denen der spektrale Strahlungsfluß auf die Hälfte des Wertes bei $\lambda_{max}$ abgesunken ist. Gegenüber dem Grenzwert des *Durchlaßstroms* bei Dauerbetrieb, $J_F$, ist ein sehr hoher *Stoßstrom* $J_{FS}$ möglich, wobei meist Impulsdauern von 1 µs nicht überschritten werden dürfen. Bild 6.4.1 zeigt für die beiden Typen mit extremen Halbwertswinkel die Gehäuseform und die Abstrahlcharakteristik.

Der Typ LD 57 C mit besonders hoher Lichtstärke, I = 20–40 mcd, ergibt in 1 m Abstand eine Beleuchtungsstärke von 0,02 bis 0,04 lx mit gelbgrünem Licht. Das ist (für den Betrieb mit 10 mA) etwas weniger als bei einer Kleinstglühlampe mit vergleichbarer Lebensdauer (50 mcd, $10^5$ h, 5 V, 60 mA), die 0,05 lx bei weißem Licht ergibt. Da bei der Glühlampe hohe Lebensdauer durch Unterheizung erreicht wurde, ist die Lichtausbeute schlecht.

### Literaturhinweise

L 6.4.1 Siehe auch Hinweise L 19.1. . . ., L 6.7.2
L 6.4.2 *Vogel, J.:* Elektrooptische Effekte in der Anwendung für Displays. Jahrb. f. Optik und Feinmechanik 1975, 134–158
L 6.4.3 *Winstel, G.; Weyrich, C.:* Optoelektronik I (Lumineszenz- und Laserdioden). Springer-Verlag, Berlin-Heidelberg-New York 1980

### Beispiele für Hersteller bzw. Lieferanten von Lumineszenzdioden

H 6.4.1 *AEG-Telefunken,* Heilbronn
H 6.4.2 *Alfred Neye Enatechnik GmbH,* Schillerstr. 14, Quickborn
H 6.4.3 *Siemens AG,* Balanstr. 73, München
H 6.4.4 *ITT Standard Elektrik Lorenz AG,* Platenstr. 66, Nürnberg
H 6.4.5 *VALVO Philips GmbH,* Burchardstr. 19, Hamburg

## 6.5 Laser

Seit ihrer praktischen Verwirklichung (1960) sind Laser durch intensive Entwicklungsarbeit zu Strahlungsquellen mit einzigartigen Eigenschaften geworden, deren Einsatz in Meßtechnik, optischer Informationsübertragung und Materialbearbeitung die Fortschritte auf diesen Gebieten wesentlich mitbestimmt hat. Die Laserstrahlung zeigt hohe *zeitliche Kohärenz* („lange zusammenhängende Wellenzüge") und hohe *räumliche Kohärenz* („punktförmige Lichtquelle"). Beide Eigenschaften können bei natürlichen Lichtquellen nur unvollkommen durch schmalbandige Filter und enge Blenden erreicht werden; durch beide Maßnahmen wird die Strahlung stark geschwächt. Nur der Laser liefert kohärente Wellenfelder mit gleichzeitig hoher Intensität! Das aus einem Laser austretende Strahlenbündel *(„Laserstrahl")* zeigt nur geringe Divergenz; es stellt ohne Einschalten optischer Elemente ein nahezu ideales Parallelbündel dar.

Zu Laserstrahlung können feste, flüssige und gasförmige Körper angeregt werden; die möglichen Laserwellenlängen reichen vom Ultraviolett- bis zum Infrarotbereich. Die Laserstrahlung kann unpolarisiert oder linear polarisiert sein; sie kann im „Dauerstrichbetrieb" („continuous wave", CW) oder im Impulsbetrieb abgegeben werden, wobei extrem hohe Impulsleistungen erreichbar sind.

Das *physikalische Prinzip des Lasers* kann hier nur kurz angedeutet werden: Atome und Moleküle können Energie in Stufen unterschiedlicher Höhe („Energieniveaus") speichern, die in Form horizontaler Linien anschaulich dargestellt werden (*„Termschema"*, Bild 6.5.1). Das Bohrsche Atommodell zeigt bereits dieses Bild: Das Elektron kann auf verschiedenen diskreten Bahnen umlaufen, wobei die gespeicherte Energie mit größer werdendem Bahnradius (Abstand vom Kern) zunimmt. Bild 6.5.1 zeigt zwei Energieniveaus $W_1$ und $W_2$. Wurde ein Atom durch irgendeine Energiezufuhr „angeregt", d. h. befindet es sich in einem höheren Energiezustand $W_2$, so fällt es nach kurzer, aber nicht genau definierter Zeit wieder in den Grundzustand $W_1$ zurück. Dann wird die frei werdende Energie $W_2$–$W_1$ als Strahlungsquant $h \cdot \nu$ (h = Plancksches Wirkungsquantum, $\nu$ = Frequenz) abgegeben (Bild 6.5.1a): Es ergibt sich *„spontane Emission"*. So arbeiten übliche mit geringer Kohärenz strahlende Lichtquellen, z. B. Spektrallampen.

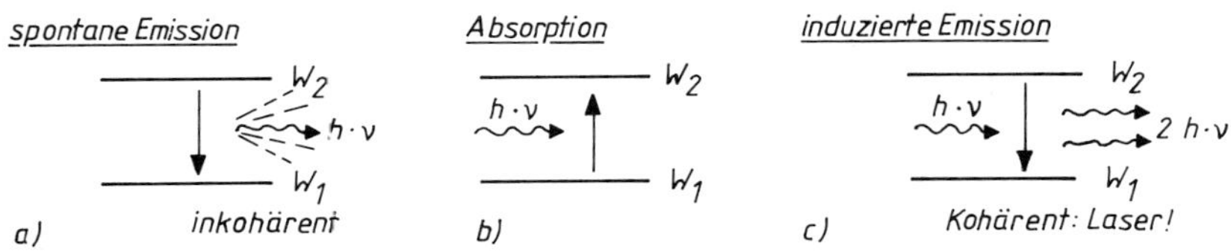


Bild 6.5.1 Atomare Prozesse der Strahlungsemission und Strahlungsabsorption bei zwei Energieniveaus
$W_1$, $W_2$ = Energieniveaus, $h \cdot \nu$ = Strahlungsquant

Treffen nun umgekehrt Quanten $h \cdot \nu = W_2 - W_1$ auf die Substanz, so sind zwei Wirkungen möglich: Das Quant wird *absorbiert* (Bild 6.5.1b), wobei seine Energie für den Übergang $W_1 \rightarrow W_2$ benutzt wird, oder es wird durch Resonanz der Übergang $W_2 \rightarrow W_1$ erzwungen, so daß Energie in Form eines zusätzlichen Quants frei wird: Die einfallende Strahlung wurde verstärkt. Diese *„induzierte Emission"* (oder: „stimulierte Emission") (Bild 6.5.1c) ist die physikalische Grundlage des Lasers. Das wird auch durch den Namen dieser Strahlungsquelle ausgedrückt (Laser ist die Abkürzung für „Light amplification by stimulated emission of radiation"). Welcher der beiden durch Quanteneinfall bewirkten Effekte (Absorption oder induzierte Emission) nach außen bemerkbar wird, hängt nun davon ab, ob sich eine größere Anzahl der Atome im Zustand $W_2$ oder im Zustand $W_1$ befindet, d. h. welche der *Besetzungsdichten* ($N_1$ oder $N_2$; Atome/$m^3$) höher ist: Der Lasereffekt tritt nur bei $N_2 > N_1$ auf; das höhere Niveau $W_2$ muß also stärker besetzt sein als das Grundniveau $W_1$. Hier liegt das Problem der Realisierung des Lasers: Da jedes System spontan in den Zustand niedrigster Energie übergeht, ist der Grundzustand $W_1$ bevorzugt besetzt. Höhere Zustände können nur bei ständiger Energiezufuhr besetzt sein. Dabei scheidet die einfachste Form der Energiezufuhr, nämlich über thermische Energie (Aufheizen, wie z. B. bei Glühlampen) aus:

Selbst bei der Temperatur $T = \infty$ würde man nur $N_2 = N_1$ erreichen, nicht aber die für die Laserwirkung notwendige Umkehr der der Besetzungsdichten gegenüber dem normalen Zustand, d. h. $N_2 > N_1$. Diese *Besetzungsinversion* ist nur durch Zufuhr nicht thermischer Energie möglich, z. B. durch elektrische Energie oder durch optisches Pumpen, d. h. Einwirkung einer *Pumpstrahlung* mit der Frequenz $\nu_p$. Damit ergibt sich als einfachstes Laser-Schema das *Drei-Niveau-System* (Bild 6.5.2): Durch Pumpen $W_1 \rightarrow W_3$ und schnellen Übergang $W_3 \rightarrow W_2$ wird $N_2 > N_1$. $W_2$ und $W_1$ sind die *Arbeitsniveaus des Lasers;* zwischen ihnen erfolgt der Übergang durch induzierte Emission. Die Welle mit der *Arbeitsfrequenz* $\nu$ wird verstärkt; die Energie für die Verstärkung wird der Pumpstrahlung entnommen. Dabei entstehen durch spontane Emission die ersten Quanten $h \cdot \nu$, die dann die induzierte Emission auslösen. Die so entstehenden Quanten lösen weitere Quanten aus: Die *Verstärkung* (Quantendichte) nimmt exponentiell mit der Weglänge im Lasermaterial zu. Damit ergibt sich das allgemeine Aufbauschema eines Lasers (Bild 6.5.3): Das aktive Lasermaterial (d. h. eine Substanz mit geeignet liegenden Energieniveaus) ist in einem aus Plan- und/oder Hohlspiegeln gebildeten *optischen Resonator* angeordnet. Dann bewirken Vielfachreflexionen zwischen den Spiegeln hohe Verstärkung durch Wegverlängerung im Lasermaterial („optische Rückkopplung"), Ausrichtung der Strahlung in der Längsachse, sowie Ausbildung stehender Wellen: Im Resonator können sich unterschiedliche Eigenschwingungen *(„axiale Moden")* ausbilden. Die Resonatorlänge L ist groß gegenüber der Wellenlänge. Das Reflexionsvermögen der Spiegel muß zwar hoch sein, aber zumindest ein Spiegel muß zur Auskopplung der Laserstrahlung teildurchlässig sein. Die Verstärkung im Lasermaterial muß alle Verluste und die nach außen abgegebene Strahlung ausgleichen.

Der Querschnitt des Laserstrahls kann in unterschiedlicher Weise in helle Bezirke aufgeteilt sein, die durch dunkle Linien (Feldstärke Null, d. h. „Knotenlinien") getrennt sind, d. h. es ergeben sich verschiedene *„transversale Moden"* (Bild 6.5.4). Sie werden durch die Zahl der Knoten in x- und y-Richtung in der Form $TEM_{xy}$ (transverse

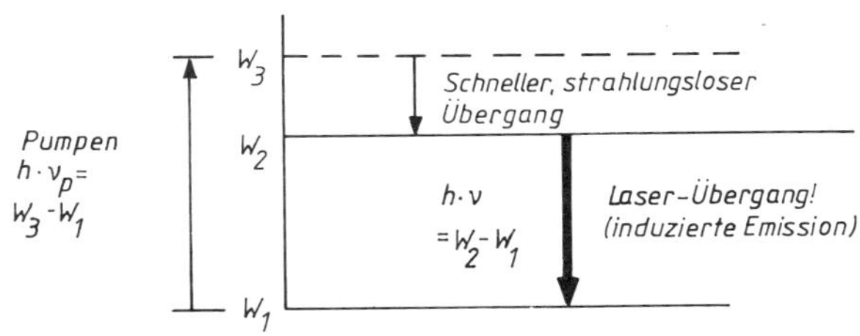


Bild 6.5.2 Drei-Niveau-System als einfachstes Laser-Schema

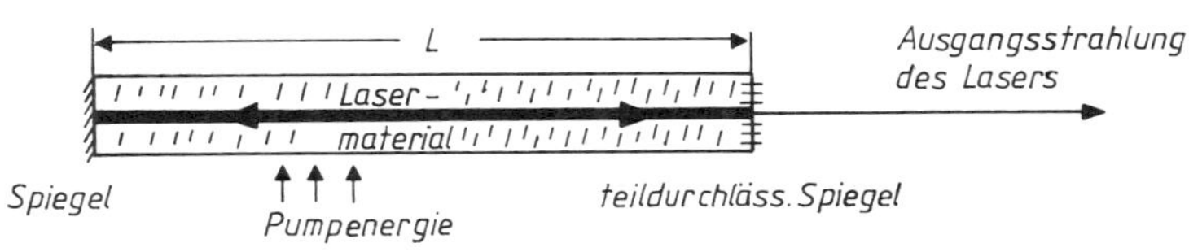


Bild 6.5.3 Aufbauschema eines Lasers

L = Resonatorlänge

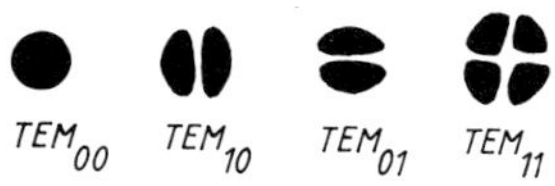


Bild 6.5.4 Beispiele für transversale elektromagnetische Moden eines Laserstrahls

electromagnetic mode) bezeichnet. Besondere Bedeutung hat der *Grundmode* $TEM_{00}$: Im Strahlquerschnitt ergibt sich einheitlicher Schwingungszustand mit nach außen entsprechend einer Gaußverteilung abnehmender Intensität. Dieser Mode ergibt kleinsten Strahlquerschnitt und beste Fokussierbarkeit. Höhere Moden können u. a. durch unterschiedliche Resonatorjustierung angeregt werden: Der Resonator bevorzugt jeweils die Eigenschwingungen mit den geringsten Verlusten.

Der gewählte Resonator-Typ (Abstand und Radien der Spiegel) beeinflußt die Lasereigenschaften sehr stark, da er die Verstärkung (erfaßtes Volumen des aktiven Materials), Verluste, Stabilität und Schwierigkeit der Justierung bestimmt. Beispielsweise ist der *konfokale Resonator* (beide Spiegelradien gleich der Resonatorlänge, also in der Mitte zusammenfallende Spiegelbrennpunkte) leicht justierbar; er hat geringe Beugungsverluste und arbeitet sehr stabil im Grundmode, da sich für höhere Moden hohe Verluste ergeben. Der Grundmode füllt aber nur ein kleines Volumen aus.

Muß der Raum mit dem aktiven Lasermaterial durch *Fenster* gegen die Spiegel abgeschlossen sein (z. B. bei Gaslasern mit justierbaren Spiegeln), so werden die Fenster unter dem Polarisationswinkel $\varepsilon_p$ *(Brewsterwinkel)* angeordnet (Bild 6.5.5), mit $\tan \varepsilon_p = n'/n$, wobei n′ die Glasbrechzahl, n = 1 (Luft) ist. Dann geht in der Einfallsebene schwingendes Licht (elektr. Vektor) ohne Reflexionsverluste durch die Fenster (keine Verminderung der Laser-Verstärkung), während die dazu senkrechte Komponente hohe Verluste erleidet: Die Ausgangsstrahlung des Lasers ist linear polarisiert.

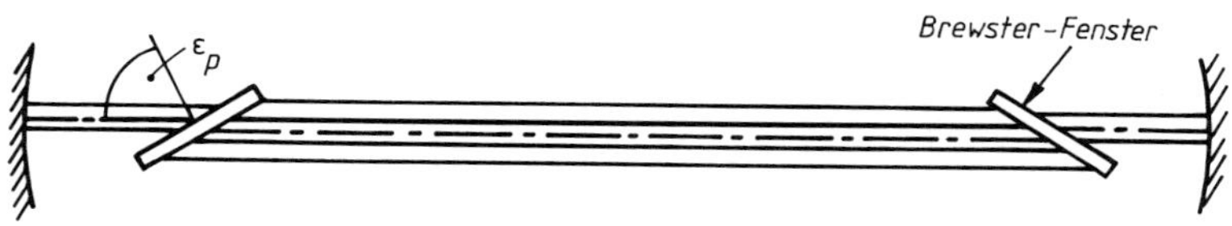


Bild 6.5.5 Abschluß des aktiven Laserraums (Gas) durch Brewster-Fenster. $\varepsilon_p$ = Brewster-Winkel

Zu den für die Anwendung interessanten Eigenschaften der Laserstrahlung gehören Radius und Öffnungswinkel des Laserstrahls. Da der Laserstrahl nicht scharf begrenzt ist, sondern nach außen eine allmähliche Intensitätsabnahme entsprechend der Gauß-Verteilung zeigt, wird als *Strahlradius* R der Abstand von der Strahlachse bezeichnet, in dem die Intensität auf $1/e^2$ (etwa 13,5%) der Mittenintensität abgefallen ist. Der kleinste Radius $R_0$ ergibt sich beim konfokalen Resonator in der *Strahltaille* in der Mitte zwischen den Spiegeln mit den Radien r = L:

$$R_0 = \sqrt{\frac{r \cdot \lambda}{2\pi}}\,. \tag{6.5.1}$$

Mit zunehmendem Abstand von der Strahltaille z vergrößert sich der Radius R; für $z \gg r$ folgt als Näherung $R = R_0 \cdot 2z/r$. Da sich der halbe Öffnungswinkel $\delta$ aus $\delta = R/z$ ergibt, findet man

$$\delta = \sqrt{\frac{2 \cdot \lambda}{\pi \cdot r}} = \frac{\lambda}{\pi \cdot R_0} \qquad (6.5.2)$$

Der *Divergenzwinkel* $2\delta$ des Laserstrahls hängt also von der Wellenlänge $\lambda$ und der Resonatorlänge $L = r$ ab. Die geringe Divergenz ermöglicht es, den Laserstrahl auf sehr kleine Flächen zu fokussieren. Bei sehr großem Abstand z (Fernmessung, Informationsübertragung) kann die vom Laserstrahl ausgeleuchtete Fläche trotzdem recht groß werden. Dann kann man den Divergenzwinkel durch eine *Aufweitung des Laserstrahls* vermindern: Läßt man den Laserstrahl durch ein afokal eingestelltes Fernrohr (Abschn. 9.3) bzw. ein entsprechendes zweilinsiges System mit der Vergrößerung $\Gamma'$ in umgekehrter Richtung (vom Okular zum Objektiv) gehen, so wird der Strahlradius zwar auf $R' = R \cdot \Gamma'$ vergrößert, aber der Öffnungswinkel auf $\delta' = \delta/\Gamma'$ verkleinert!

Im folgenden werden einige Eigenschaften der häufig angewendeten Lasertypen angegeben: Wichtigste aktive Atome für *Festkörperlaser* sind Chrom und Neodym, die als Ionen in Trägerkristalle eingelagert sind. Der *Rubinlaser* enthält als aktives Material $Cr^{3+}$ in $Al_2O_3$. Dieser als Impulslaser benutzte 3-Niveau-Laser strahlt rotes Licht der Wellenlänge $\lambda = 694{,}3$ nm ab. Um die Besetzungsinversion $N_2 > N_1$ zu erreichen, ist eine bestimmte Mindest-Pumpleistung nötig. Auch mit weißem Pumplicht ergibt sich ein guter Wirkungsgrad. Mit Ausnahme des Rubinlasers sind die meisten anderen Laser *4-Niveau-Laser.* Hierzu gehören auch *Neodym-YAG-Laser* und *Neodym-Glas-Laser,* bei denen $Nd^{3+}$-Ionen in $Y_3Al_5O_{12}$ (Yttrium-Aluminium-Granat = YAG) bzw. in Glas untergebracht sind. Bild 6.5.6 zeigt das Termschema eines solchen 4-Niveau-Lasers: Das untere Laserniveau $W_2$ fällt nicht mit dem Grundniveau $W_1$ zusammen. Deshalb ist es im thermischen Gleichgewicht bei Raumtemperatur unbesetzt. Für die Inversion $N_3 > N_2$ ist deshalb nur geringe Pumpleistung erforderlich. Andererseits sind die Pumpbänder $W_4$ schmal: Weiße Pumpstrahlung wird schlecht ausgenutzt. Die Abstrahlung erfolgt im Infrarotbereich bei der Wellenlänge 1,06 µm.

Festkörperlaser ergeben wegen großer Ionendichte eine hohe Verstärkung. Als Quelle für die Pumpstrahlung dienen Xenon- und Quecksilber-Blitzlampen. Im einfachsten Falle umgibt eine wendelförmige Blitzlampe den Laserstab. Günstiger ist ein Zylinderspiegel mit elliptischem Querschnitt, in dessen beiden Brennlinien die stabförmige Blitzlampe und der Laserstab angebracht sind: Die Lampe wird in den Stab abgebildet. Die Energie für den Pumpimpuls wird durch Kondensatorentladung aufgebracht. We-

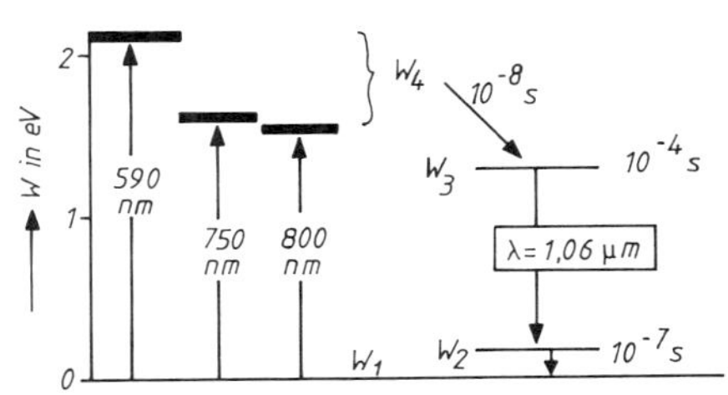


Bild 6.5.6 Termschema eines Vier-Niveau-Lasers (Neodym)

gen der kurzen Impulsdauern erhält man hohe Impulsleistungen; die Impulsfrequenz ist u. a. durch die thermische Belastbarkeit des Lasermaterials begrenzt.

*Gaslaser* sind gut für Dauerbetrieb geeignet („CW-Laser") und werden meist durch Gasentladung angeregt. Ihre Strahlung zeichnet sich durch große Kohärenzlängen aus. Drei wichtige Gaslaser sind der Helium-Neon-Laser (Neutralgaslaser), der Argon-Laser (Ionenlaser) und der Kohlendioxid-Laser (Moleküllaser). Die in der Gasentladung (Gleichstromentladung oder Hochfrequenz-Anregung) beschleunigten Elektronen geben ihre Energie teilweise an die Atome (bzw. Ionen, Moleküle) des Gases ab; die Atome werden angeregt. Das so angeregte Gas muß nicht selbst das laseraktive Gas sein: die Energie kann durch Stöße an die Atome eines anderen, laseraktiven Gases übertragen werden. Bei dem *Helium-Neon-Laser* ist Helium das durch die Gasentladung angeregte, Neon das laseraktive Gas. Dieser einfach aufgebaute und preiswerte, im Betrieb unkomplizierte Laser hat größte Verbreitung in der Meßtechnik. Er liefert eine Strahlung sehr großer Kohärenzlänge bei relativ geringer Ausgangsleistung. Die Laserniveaus des Neon liegen so, daß Strahlung bei der Wellenlängen 632,8 nm (rot, meist verwendet), 1,15 μm und 3,39 μm möglich ist. Die jeweils nicht gewünschten Wellenlängen werden durch konstruktive Maßnahmen unterdrückt. Der *Argonlaser* ergibt bei komplizierterem Aufbau hohe Leistung und gute Kohärenz. Als Ionenlaser (durch Stoß erst Ionisierung, dann Anregung des Ions) erfordert er hohe Stromdichte, so daß Wasserkühlung des Entladungsrohrs notwendig ist. Der Argonlaser kann auf mehreren Wellenlängen im UV-, Blau- und Grün-Bereich gleichzeitig schwingen; bevorzugt treten die Wellenlängen 488 nm und 514,5 nm (blaugrün und grün) auf. Bei dem *Kohlendioxidlaser* werden über die Gasentladung in Stickstoff $CO_2$-Molekülschwingungen angeregt. Dieser Laser erreicht sehr hohen Wirkungsgrad (bis etwa 30%) und hohe Ausgangsleistung. Er wird deshalb u. a. in der Materialbearbeitung und bei Fernmeßsystemen mit Überbrückung großer Entfernungen in der Atmosphäre eingesetzt. Bevorzugt treten Schwingungen im 10,6 μm-Band auf (Infrarot).

Unter den *Gaslasern für Impulsbetrieb* hat insbesondere der *TEA-Laser* (*T*ransverse *E*xcited *A*tmospheric Pressure Laser) größere Bedeutung. Dieser Kohlendioxidlaser wird bei atmosphärischem Gasdruck quer zur Rohrachse angeregt. Weitere interessante Impuls-Gaslaser vor allem für das UV-Gebiet sind die *Excimer-Laser,* deren Moleküle mit kurzer Lebensdauer nur im Anregungszustand existieren (Excimere). Hierzu gehören Edelgas-Halogene, die bei schneller Entladung in dem Gasgemisch entstehen und bei ihrem Zerfall die entsprechende Laserlinie emittieren.

*Farbstofflaser* sind der wichtigste Typ der *Flüssigkeitslaser.* Als Lasermaterial wirken Lösungen von fluoreszierenden organischen Farbstoffen mit geringer Konzentration, z. B. $10^{-4}$ Mol/Liter (neben vielen anderen: Rhodamin in Äthanol, Fluorescein (Na) in Wasser). Die Farbstoffmoleküle emittieren in einem relativ breiten Spektralbereich von z. B. 60 nm. In diesem Bereich kann der Laser durch ein drehbares Prisma oder Gitter abgestimmt werden (Bild 6.5.7); durch Wechseln der Farbstoffküvette kann man einen großen Spektralbereich überdecken (z. B. sichtbares Spektrum mit 5 verschiedenen Farbstoffen). Die Pump-Anregung erfolgt durch sehr kurze Lichtimpulse oder kontinuierlich durch einen Argonlaser. Die wichtigsten Eigenschaften der Farbstofflaser sind also ihre kontinuierliche Abstimmbarkeit, wobei durch große Farbstoffauswahl der Spektralbereich vom UV bis zum IR erfaßt werden kann, sehr hohe Impuls-Ausgangsleistungen, sowie ein homogenes, billiges, leicht kühlbares Lasermedium.

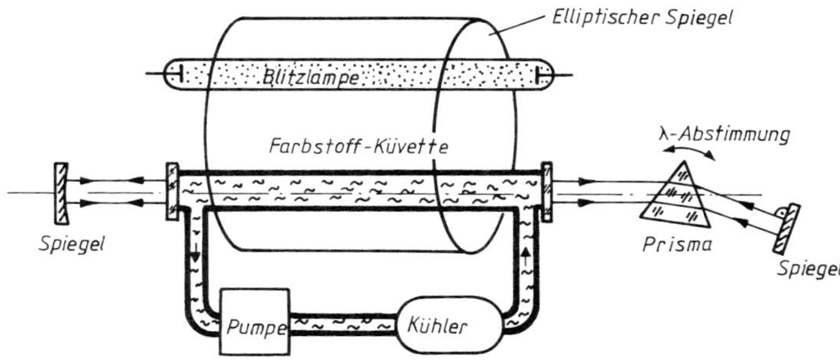


Bild 6.5.7 Aufbauschema eines blitzlampengepumpten Farbstofflasers mit Abstimmung durch Prisma

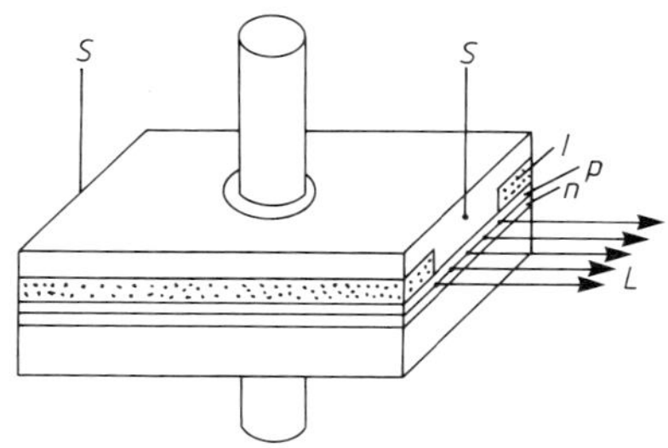


Bild 6.5.8 Aufbauschema eines Halbleiterlasers

S = Stirnflächen als Resonatorspiegel, p, n = p- bzw. n-dotierte Schicht, I = Isolator, L = Laserstrahlung. Oben und unten Stromzuführung

Insbesondere für die optische Nachrichtentechnik, aber auch für andere Systeme, die kompakte Laserquellen erfordern, gewinnen *Halbleiterlaser* zunehmende Bedeutung. Es handelt sich um Lumineszenzdioden mit pn-Sperrschicht, die geometrisch (mit parallelen Stirnflächen) so ausgeführt sind, daß sich ein optischer Resonator ergibt (Bild 6.5.8). Durch Spannung in Durchlaßrichtung erfolgt Ladungsträger-Injektion. Bei der Rekombination der Ladungsträger wird Strahlung emittiert.

Lasertätigkeit (Selbsterregung) tritt jedoch erst bei Überschreiten einer Schwellstromdichte (z. B. 20 A/mm$^2$) ein. Die emittierende Grenzschicht (Dicke 1–2 μm) wirkt wie ein enger Spalt; senkrecht zu der Spaltrichtung ist also das austretende Bündel durch Beugung stark divergent! Die Wellenlänge der Abstrahlung liegt bei etwa 900 nm. Bei dem meist angewendeten Impulsbetrieb bedingen die hohen Schwellstromdichten lange Abkühlungspausen, so daß z. B. bei Impulsdauern von 1 μs der Impulsabstand 1 ms betragen kann. Die Halbleiterlaser zeichnen sich durch einfachen Aufbau (jedoch mit komplizierter Technologie bei der Herstellung), sehr geringes Volumen, direkte Modulierbarkeit durch den Pumpstrom bis zum Gigahertz-Bereich und relativ hohen Wirkungsgrad aus, der durch Kühlung (z. B. 77 K durch flüssigen Stickstoff) verbessert wird.

Die normalen Impulslaser, bei denen eine Kondensatorbatterie über die Blitzlampe des Lasers entladen wird, liefern relativ lange Impulse (Dauer z. B. 1 ms), die in eine Folge von Einzelimpulsen geringer Breite („Spikes") aufgelöst sein können. Will man bei gleicher oder niedrigerer Energie die Ausgangsleistung erheblich erhöhen, so muß man die Impulsdauer stark verkürzen, z. B. auf eine Nanosekunde. Als Beispiel ist folgender Vergleich nützlich: Wird eine Energie von 10 Joule in einer Millisekunde abgegeben, so ergibt sich eine Ausgangsleistung von 10 kW (normaler Impulslaser). Wird nur 1 J in 1 ns abgegeben, so erhält man als Ausgangsleistung ein Gigawatt *(„Riesenimpulslaser")*. Wichtigstes Mittel zur Erzeugung von Riesenimpulsen ist der Laserbetrieb mit *Güteschaltung („Q-Switching"):* Durch schlechte Resonatorgüte (z. B. Dejustieren des Lasers!) wird zunächst die optische Rückkopplung aufgehoben. Da der Laservorgang (Verstärkung durch induzierte Emission) nun nicht einsetzen kann, baut sich eine hohe Überbesetzungsdichte auf. Wird jetzt kurzzeitig die Resonatorgüte erhöht, so entsteht ein leistungsstarker Impuls.

Eine Güteschaltung kann mit folgenden Verfahren ausgeführt werden: Wird an Stelle eines festen Laserspiegels ein Drehspiegel oder Drehprisma eingesetzt („Änderung der Justierung"), so nimmt der Drehspiegel nur für kurze Zeit die richtige Winkellage ein, bei der optische Rückkopplung möglich ist. Weiterhin können elektrooptische Verschlüsse (Kerrzelle, Pockelszelle usw.) in den Resonatorraum eingreifen und den Lichtweg zu den Spiegeln sperren oder freigeben. Als passiver Güteschalter kann eine ausbleichbare Farbstoffschicht oder ein entsprechendes Farbfilter (z. B. Schott RG 8) im Resonatorraum verwendet werden („automatischer Verschluß"): Bei zunächst hoher Absorption des Farbstoffs ist die Resonatorgüte gering; der Laservorgang beginnt erst bei hoher Überbesetzung. Dann bleicht der Farbstoff durch das Laserlicht schnell aus, so daß sich der Transmissionsgrad kurzzeitig erhöht: Es entsteht ein Riesenimpuls.

Eine *Modulation* der Laserstrahlung kann unmittelbar über die Pumpanregung (Strom beim Halbleiterlaser) oder u. a. durch elektrooptische Verschlüsse erfolgen, die im Resonatorraum oder außerhalb untergebracht sein können.

Für die Materialbearbeitung und andere Anwendungen ist die Frage der erreichbaren *Leistungsdichte* wichtig, d. h. die *Größe des Fokussierflecks,* auf den die Laserstrahlung konzentriert werden kann. Bei den üblichen inkohärenten Lichtquellen (Bild 6.5.9 a) wird nur ein kleiner, in den Raumwinkel Ω fallender Teil der abgegebenen Strahlungsleistung auf die Fläche A′ geleitet; als Leistungsdichte (Bestrahlungsstärke) ergibt sich $E_e = \Phi_e/A'$, mit $\Phi_e$ = Strahlungsleistung (Strahlungsfluß). Durch verkleinerte Abbildung kann die Leistungsdichte nicht erhöht werden, weil dabei der erfaßte Raumwinkel Ω abnimmt. Dagegen wird die Laser-Ausgangsleistung innerhalb eines Bündels mit sehr geringem Divergenzwinkel 2δ abgegeben (Bild 6.5.9 b). Für die untere Grenze der Divergenz ergab sich (Gl. 6.5.2) $\delta = \lambda/(\pi \cdot R_o)$ bei Gaußscher Energieverteilung

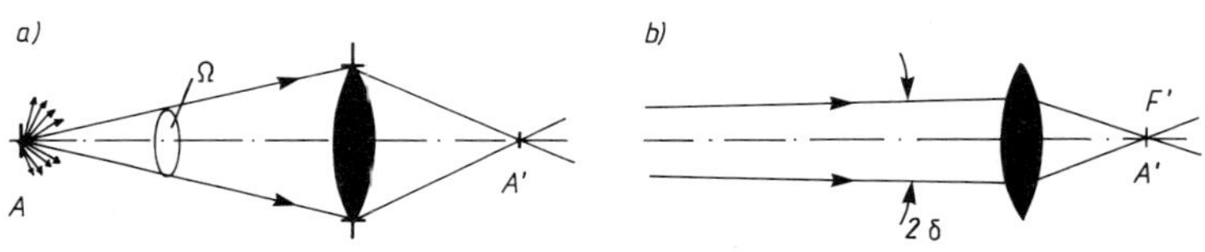


Bild 6.5.9 Fokussierung bei inkohärenter und kohärenter Strahlungsquelle
a) inkohärente Quelle, b) Laser
A = Strahlungsfläche, A′ = Fokussierfleck
Ω = Raumwinkel, δ = Divergenzwinkel

(Grundmode). Der Divergenzwinkel kann jedoch praktisch etwas größer sein (z. B. durch Kristallfehler beim Rubinlaser). Mit f′ = Brennweite der Fokussierlinse ergibt

**Tabelle *6.5.1* Übersicht über wichtige Laser**

| Aggregatzustand | Laser-Bezeichnung | laseraktiv. Material | Hilfsmaterial; Wirt | Wellenlänge $\lambda$ | Ausgangsleistung | Anwendungsbeispiele | Bemerkungen |
|---|---|---|---|---|---|---|---|
| Gaslaser | Helium-Neon | Ne | He | 632,8 nm<br>1,152 µm<br>3,391 µm | CW: 0,5–50 mW<br>CW: 10–100 mW | Meßtechnik, Justieren, Holografie | Große Kohärenz, Lebensdauer, Stabilität |
| | Helium-Cadmium | $Cd^+$ | He | 325,0 nm<br>441,6 nm | CW: 5–50 mW | Fotolithografie, Spektroskopie | Große Kohärenzlänge |
| | Argon | $Ar^+$ | | 514,5 nm<br>488,0 nm | CW: bis 100 W | Holografie, Spektroskopie; Pumpen von Farbstofflasern | auch UV-Linien |
| | Krypton | $Kr^{++}$ | | 350,7 nm (Linien 324–858 nm) | CW: 1–10 W pro Linie | Fotolithografie, Spektroskopie, Pumpen v. Farbst.-L. | durch zahlreiche Linien auch „weißes" Licht |
| | Kohlendioxid | $CO_2$ | $N_2$, He | 10,6 µm | CW: 1 W–1 kW | Materialbearbeitung, Lidar | hoher Wirkungsgrad |
| | Kohlendioxid-TEA | $CO_2$ | $N_2$, He | 9...11 µm abstimmbar | Puls: 0,1 µs: 10–100 MW | | |
| | Stickstoff | $N_2$ | | 337,1 nm | Puls: 10 ns: 100 kW | Pumpen von Farbstofflasern, Fotochemie | |
| | Excimer,<br>z. B. XeF<br>KrF<br>ArF | <br>Xe, F<br>Kr, F<br>Ar, F | <br>He<br>He<br>He | <br>350 nm<br>248 nm<br>193 nm | Puls:<br>z. B. 25 ns<br>2–4 MW | Fotochemie, Spektroskopie, Pumpen von Farbstofflasern | wichtige UV-Laser mit hoher Energie |
| Flüss.-Laser | Farbstoff | organ. Farbst. | Lösungsmittel | 310... 1200 nm abstimmbar | CW: 0,1 W<br>Puls: 10 kW | Spektroskopie | |
| Festkörperlaser | Rubin | $Cr^{+++}$ | $Al_2O_3$ | 694,3 nm | CW: 1 W<br>Puls: 100 W–GW | Materialbearbeitung, Lidar | |
| | Nd – YAG | $Nd^{+++}$ | $Y_3Al_5O_{12}$ | 1,064 µm | CW: 1–1000 W<br>Puls: 10 MW | Materialbearbeitung; besonders Feinbearb. | |
| | Nd – Glas | $Nd^{+++}$ | Glas | 1,06 µm | Puls: 100 W–GW | Materialbearbeitung; Plasma-Erzeugung; Fotochemie | |
| Halbleiterlaser | Galliumarsenid u. ä. | GaAs<br>GaAlAs | | 850... 910 nm | CW: 0,1 W<br>Puls: 10 kW | optische Informationsübertragung | |

Die für die Meßtechnik und weitere Anwendungen besonders wichtigen HeNe-Laser werden auch für andere Linien im VIS-Bereich geliefert: Grün 543,5 nm, Gelb 594,1 nm, Orange 612 nm, und natürlich Rot 633 nm. Bei Leistungen von einigen mW werden die Laser für eine dieser Linien, für zwei benachbarte Linien oder mit Littrow-Prisma durchstimmbar für alle Linien ausgeführt, [H 6.5.11]. Die Leistungen auf den einzelnen Linien sind sehr unterschiedlich.

sich für den Radius des Bildscheibchens $y' = \delta \cdot f'$, und damit für die Bildfläche $A' = \pi \cdot \delta^2 \cdot f'^2$. Für die Bestrahlungsstärke (z. B. in $W/cm^2$) erhält man also

$$E_e = \frac{\Phi_e}{\pi \cdot \delta^2 \cdot f'^2}. \qquad (6.5.3)$$

Beispielsweise sind mit einem Neodymlaser etwa $10^{15}$ $W/cm^2$ erreichbar, während sich im Bild der Sonnenscheibe nur $10^2$ $W/cm^2$ ergeben!

In Tabelle 6.5.1 sind die meistverwendeten Laser zusammengestellt. Es wurden jeweils nur die wichtigsten Spektrallinien aufgeführt. Die angegebenen Ausgangsleistungen dienen nur als grober Anhalt für die erreichbaren Werte.

## Literaturhinweise


L 6.5.1 *Brown, D. C.:* Solid State Lasers LÜ 1 Vol. VI/1. *Forsyth, J. M.; Wilson, J.:* Gas Lasers LÜ 1 Vol. VI/2. *Butler, J. F.:* Semiconductor Diode Lasers LÜ 1 Vol. VI/3

L 6.5.2 *Schmidt, W.:* Farbstofflaser. Jahrb. f. Optik u. Feinmechanik 1973, 37–58

L 6.5.3 *Dändliker, R.:* Laser-Kurzlehrgang. AT-Verlag, Aarau, Stuttgart, 3. Aufl. 1981

L 6.5.4 *Kuhl, J.:* Durchstimmbare Farbstofflaser in der Anwendung. Jahrb. f. Optik u. Feinmechanik 1975, 102–133

L 6.5.5 *Kogelnik, H.:* Propagation of Laser Beams. LÜ 1 Vol. VII/6

L 6.5.6 *Weber, H.; Herziger, G.:* Laser. Physik Verlag, Weinheim 1972

L 6.5.7 *Beesley, M. J.:* Lasers and their Applications. Taylor & Francis Ltd., London 1971

L 6.5.8 *Steele, E. L.:* Optische Laser in der Elektronik. Berliner Union/W. Kohlhammer, Stuttgart 1972

L 6.5.9 *Náray, Z.:* Laser und ihre Anwendungen. Akademische Verlagsgesellschaft Geest & Portig KG, Leipzig 1976

L 6.5.10 *Schäfer, F. P.* (Hrsg.): Dye Lasers. Springer-Verlag, Berlin, Heidelberg, New York, 2. Aufl. 1977

L 6.5.11 *Rosenberger, D.:* Technische Anwendungen des Lasers. Springer-Verlag, Berlin, Heidelberg, New York 1975

L 6.5.12 *Bimberg, D.;* u. a.: Laser in Industrie und Technik. Lexika-Verlag, Grafenau 1977

L 6.5.13 *Westermann, F.:* Laser. B. G. Teubner, Stuttgart 1976

L 6.5.14 *Gürs, K.:* Laser. Umschau-Verlag, Frankfurt 1970

L 6.5.15 DIN 58215 Laserschutzfilter und Laserschutzbrillen

L 6.5.16 *Tradowsky, K.:* Laser. Vogel-Verlag, Würzburg, 4. Aufl. 1979

L 6.5.17 *Guimares, W. O. N.; Lin, C. T.; Moorradian, A.:* Lasers and Applications. Springer-Verlag, Heidelberg 1981

L 6.5.18 *Holzinger, G.; Kroy, W.; Schreiber, P.; Sutter, E.:* Schutz vor Laserstrahlen. Nr. 14 Schriftenreihe Arbeitsschutz, Dortmund 1978. Wirtschaftsverlag NW GmbH, Bremerhaven

L 6.5.19 *Treiber, H.:* Lasertechnik. Frech-Verlag, Stuttgart 1982


## Beispiele für Hersteller bzw. Lieferanten

H 6.5.1 *Spindler u. Hoyer GmbH u. Co.,* Königsallee 23, Göttingen: HeNe-Laser u. Laser-Zubehör; Laser-Meßplatz zur Bildauswertung

H 6.5.2 *Carl Baasel Lasertechnik KG,* Sandstr. 21, München: Laser u. Zubehör

H 6.5.3 *Rupp & Hubrach KG,* Am Zwinger 4, Bamberg: Laser-Strahlenschutzbrillen

H 6.5.4 *Polytec GmbH & Co.,* Waldbronn-Karlsruhe: Laser u. Zubehör, Laser-Schutzbrillen

H 6.5.5 *CW Radiation GmbH,* Starenweg 6, München: HeNe-Lasersysteme u. Komponenten

H 6.5.6 *Melles Griot GmbH,* Kleyerstr. 14, Darmstadt: HeNe-Laser

H 6.5.7 *Oriel GmbH,* Im Tiefen See 58, Darmstadt: Laser und Zubehör
H 6.5.8 *Coherent GmbH,* Hermannstr. 54, Neu-Isenburg: HeNe-, Farbstoff- u. Ionenlaser, Laserzubehör
H 6.5.9 *Dr. Steeg & Reuter GmbH,* Berner Str. 109, Frankfurt: Laseroptik
H 6.5.10 *B. Halle Nachfl.,* Hubertusstr. 11, Berlin: Laseroptik
H 6.5.11 *Kontron Phystech,* O.-v. Miller-Str. 1, 8057 Eching: Laser u. Laseroptik
H 6.5.12 *Schott Glaswerke,* Hattenbergstr. 10, Mainz: Lasergläser
H 6.5.13 *Physiktechnik GmbH,* R.-Diesel-Ring 28, 8029 Sauerlach: Vermittlung gebrauchter Laser-Systeme
H 6.5.14 *Siemens AG,* Balanstr. 73, München: HeNe-Laser u. Komponenten
H 6.5.15 *OEI GmbH,* Rheinstr. 120, Karlsruhe: Laser-Doppler-Anemometer u. Zubehör, Geräte zur Partikelgrößen-Analyse
H 6.5.16 *Lambda Physik GmbH,* Hans-Böckler-Str. 12, Göttingen: Stickstoff-Laser, Excimer-Laser, Farbstoff-Laser u. Farbstoffe, Laser-Optik u. -Fotometer
H 6.5.17 *Hamamatsu Television Europa GmbH,* Mühlbachstr. 20, Seefeld/Hechendorf: Ultrakurzzeit-Impulslichtquelle mit Laserdiode
H 6.5.18 *Rofin-Sinar Laser GmbH,* Billbrookdeich 186, Hamburg: HeNe-, HeCd- u. $CO_2$-Laser, Laseroptik, Leistungsmeßgeräte, Modulatoren
H 6.5.19 *Impulsphysik GmbH,* Sülldorfer Landstr. 400, Hamburg: Rubin- u. Nd:Glas-Laser
H 6.5.20 *Spectra Physics GmbH,* Siemensstr. 20, Darmstadt: Laser, Lasersysteme u. Zubehör
H 6.5.21 *Spectron Optik GmbH,* Sportplatzweg, Oestrich-Winkel: Metallspiegel für $CO_2$-Laser, Nd-YAG-Stäbe
H 6.5.22 *W. C. Heraeus GmbH,* 808 Fürstenfeldbruck: Laser-Kristalle u. -Materialbearbeitungsanlagen

## 6.6 Allgemeine Eigenschaften von Empfängern

Strahlungsempfänger (z. B. Auge, Fotoschicht, lichtelektrische Empfänger) reagieren auf Strahlung mit einem Ausgangssignal (Helligkeitsempfindung, Schwärzung, Strom). Diese Reaktion muß qualitativ (relative spektrale Empfindlichkeit; Abschn. 2.2) und quantitativ (absolute Empfindlichkeit) bewertet werden. Weiterhin ist das räumliche und zeitliche Verhalten der Empfängerreaktion zu berücksichtigen: Die Empfindlichkeit des Empfängers hängt meist von der Einfallsrichtung der Strahlung ab; die Trägheit des Empfängers (und nachgeschalteter Stufen) begrenzt die Auflösung oder Erfassung kurzer Strahlungsimpulse. Diese allgemeinen Bewertungsfragen für Empfänger der Abschnitte 6.7, 6.8, 11.1 sollen hier zusammengestellt werden.

Ist allgemein die Strahlungsgröße $X_e$ (z. B. Strahlungsleistung $\Phi_e$) für einen Empfänger die *Eingangsgröße* und dazu Y (z. B. Fotostrom) die *Ausgangsgröße,* so reagiert der Empfänger bei der Wellenlänge $\lambda$ auf den in dem schmalen Bereich $d\lambda$ auftretenden Wert der Eingangsgröße, $dX_e = X_{e\lambda} \cdot d\lambda$, mit dem Wert der Ausgangsgröße $dY = Y_\lambda \cdot d\lambda$. Dabei sind $X_{e\lambda}$ und $Y_\lambda$ die *spektralen Dichten* von Eingangs- und Ausgangsgröße, vergl. Abschn. 2.2. Dann wird die Empfindlichkeit des Empfängers als Funktion der Wellenlänge, d. h. seine *spektrale Empfindlichkeit* $s(\lambda)$, definiert durch

$$s(\lambda) = \frac{dY}{dX_e}, \qquad \text{also } s(\lambda) = \frac{Y_\lambda}{X_{e\lambda}} \tag{6.6.1}$$

Durch Bezug auf den Wert bei einer geeignet gewählten Wellenlänge $\lambda_o$ erhält man gemäß Gl. 2.2.3 die *relative spektrale Empfindlichkeit* zu $s(\lambda)_{rel} = s(\lambda)/s(\lambda_o)$.

Die Reaktion des Empfängers auf Strahlung aus einem breiteren Spektralbereich, der durch die Grenzwellenlängen $\lambda_1$ und $\lambda_2$ definiert ist, wird durch seine *absolute Empfindlichkeit* s beschrieben:

$$s = \frac{Y}{X_e} \tag{6.6.2}$$

Da sich die Größen $X_e$ und Y durch Integration über den Spektralbereich von $\lambda_1$ bis $\lambda_2$ ergeben ($X_e = \int X_{e\lambda} \cdot d\lambda$; Y siehe Gl. 2.2.4), hängt die absolute Empfindlichkeit stets von der Zusammensetzung der Strahlung ab, sofern nicht $s(\lambda)$ im gesamten Spektralbereich konstant ist!

Zusammenfassend ergeben sich folgende Gleichungen:

Für die Eingangsgröße $X_e$:

$$X_e = X_{e\lambda}(\lambda_o) \int_o^\infty S(\lambda) \cdot d\lambda \tag{6.6.3}$$

Für die Ausgangsgröße Y:

$$Y = s(\lambda_o) \cdot X_{e\lambda}(\lambda_o) \int_o^\infty S(\lambda) \cdot s(\lambda)_{rel} \cdot d\lambda \tag{6.6.4}$$

und damit für die absolute Empfindlichkeit s:

$$s = s(\lambda_o) \cdot \frac{\int_o^\infty S(\lambda) \cdot s(\lambda)_{rel} \cdot d\lambda}{\int_o^\infty S(\lambda) \cdot d\lambda} \tag{6.6.5}$$

Werden die Integrale über den gesamten Wellenlängenbereich von 0 bis $\infty$ erstreckt, so liegen die Bereichsgrenzen an den Stellen, bei denen eine der Funktionen $S(\lambda)$ (= Strahlungsfunktion, Abschn. 2.2) bzw. $s(\lambda)_{rel}$ Null wird.

Bei nicht linearem Zusammenhang zwischen Eingangsgröße $X_e$ und Ausgangsgröße Y *(„nichtlineare Kennlinie des Empfängers“)* hängt die Empfindlichkeit noch vom Wert der Eingangsgröße $X_e$ ab, d. h. von der Lage des „Arbeitspunktes“ auf der Kennlinie. Dann kann man nur für den gewählten Arbeitspunkt die *differentielle Empfindlichkeit*

$$s_d = \frac{dY}{dX_e} \tag{6.6.6}$$

angeben. Sie zeigt, mit welcher Änderung dY der Empfänger auf die Änderung $dX_e$ der Eingangsgröße reagiert (z. B. Gammawert bei Fotoschichten, Abschn. 11.1).

Die Abhängigkeit der Empfindlichkeit des Empfängers von der *Einfallsrichtung* der Strahlung wird zweckmäßig als relative Größe angegeben und in Polarkoordinaten dargestellt (Bild 6.6.1). Viele Empfänger weisen eine mit zunehmendem Einfallswinkel $\alpha$ gegenüber der Empfängerachse rotationssymmetrisch abnehmende Empfindlichkeit $s(\alpha)$ auf. Ist dann $s_o$ die Empfindlichkeit in der Empfängerachse ($\alpha = 0$), so ergibt sich als *relative Richtungsempfindlichkeit* $s(\alpha)_{rel}$

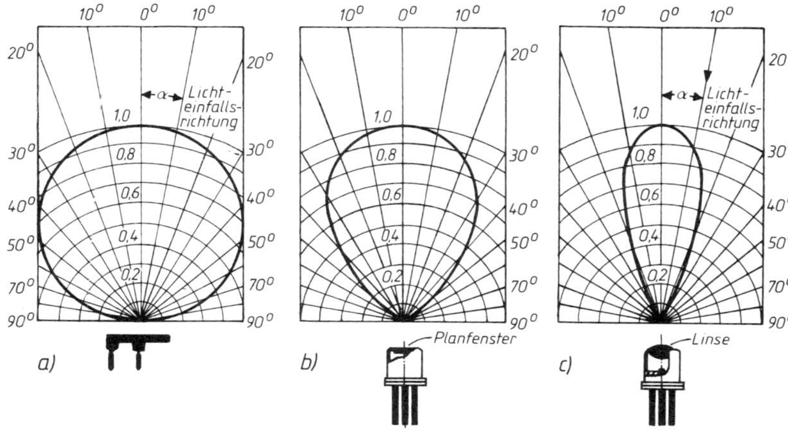


Bild 6.6.1 Relative Richtungsempfindlichkeit von Empfängern

a) Cosinusgetreue Bewertung, b), c) zunehmende Selektivität der Empfangsrichtung

$$s(\alpha)_{rel} = \frac{s(\alpha)}{s_o} \tag{6.6.7}$$

Die Form der *„Richtkeule"* kann häufig – zumindest angenähert – beschrieben werden durch $s(\alpha)_{rel} = \cos^p\alpha$: Mit dem Exponenten $p=0$ ergibt sich allseitig gleichmäßiger Empfang, $p = 1$ beschreibt die *„Cosinus-getreue Bewertung"*, wie sie z. B. bei Beleuchtungsstärke-Messungen wichtig ist (Bild 6.6.1 a), während durch $p > 1$ eine zunehmend schlankere Richtkeule dargestellt wird. Eine Richtcharakteristik ähnlich wie in Bild 6.6.1 b wird durch $s(\alpha)_{rel} = \cos^3\alpha$ beschrieben, während $s(\alpha)_{rel} = \cos^{13}\alpha$ eine Verteilung ähnlich Bild 6.6.1 c darstellt.

Das *Zeitverhalten* eines – z. B. lichtelektrischen – Empfängers kann in unterschiedlicher Weise beschrieben werden. So kann das Ausgangssignal als Funktion der Lichtwechselfrequenz *(„Frequenzgang")* angegeben werden, wobei die *Grenzfrequenz* in unterschiedlicher Weise definiert werden kann, z. B. durch Abfall des Signals auf das $1/\sqrt{2}$-fache (= 0,707) des Signals bei niedriger Frequenz. Weiterhin können *Anstiegs-* und *Abfallzeit* des Signals (z. B. von 10% auf 90% des Endwertes, und umgekehrt) angegeben werden. Diese Zeiten bestimmen die Verformung eines eingangsseitig aufgegebenen Strahlungs-Rechteckimpulses auf der Ausgangsseite des Detektors. Im jeweiligen Einzelfall ist die genaue Definition der benutzten Größen anzugeben. Auch für das Auge (Flimmergrenze) und die Fotoschicht (Ultrakurzzeiteffekt) ist das Zeitverhalten zu beachten.

## 6.7 Lichtelektrische Empfänger

In lichtelektrischen Empfängern werden durch Strahlungsquanten mit der Energie $h \cdot \nu$ Ladungsträger freigesetzt, die die Leitfähigkeit erhöhen bzw. durch ihre unterschiedliche Konzentration zu einer Potentialdifferenz führen („Fotoeffekt"). Bei dem *äußeren Fotoeffekt* liefern die Strahlungsquanten die Ablösungsenergie, mit der Elektronen aus der Katodenfläche in den freien Raum (evakuierter oder gasgefüllter Glaskolben) austreten können, so daß ein Strom zur Anode fließt. Der äußere Fotoeffekt wird in der *Vakuum-Fotozelle,* der *gasgefüllten Fotozelle* (Verstärkung des Stroms durch Ionisation des Gases) und dem für die Meßtechnik bei schwachen Signalen besonders wichtigen *Sekundärelektronenvervielfacher* (SEV, auch: Photomultiplier PM) ausgenutzt. Bei dem SEV erfolgt die Stromverstärkung durch Ablösen von Sekundärelektronen aus hintereinander geschalteten Elektrodenblechen (Dynoden) oder Mikrokanalplatten (Abschnitt 20.2). Bei diesen Empfängern ist der durch Strahlungseinfall ausgelöste Fotostrom linear von der Strahlungsleistung abhängig. Während die Vakuum-Empfänger (Vakuum-Fotozelle, SEV) bei modulierten Lichtsignalen bis zu hoher Grenzfrequenz (Größenordnung MHz) eingesetzt werden können, wird die Verstärkung durch Ionisation bei gasgefüllten Fotozellen mit einer niedrigeren Grenzfrequenz (Größenordnung 10 kHz) erkauft. Fotozellen sind bereits weitgehend durch Halbleiter-Empfänger ersetzt. Auch Sekundärelektronenvervielfacher werden wegen ihres relativ komplizierten Betriebs und großen Volumens zunehmend verdrängt, sind aber wegen der Kombination ihrer Eigenschaften (höchste Empfindlichkeit bei sehr hoher Grenzfrequenz und Wahl des spektralen Empfindlichkeitsbereichs durch die Katodenbelegung) für viele Meßaufgaben unentbehrlich. Eine Übersicht über die Eigenschaften von *Fotokatoden* für Fotozellen und SEV geben Tabelle 6.7.2 und Bild 6.7.1. Sekundärelektronenvervielfacher mit Frontfenster werden mit semitransparenter Katodenschicht ausgestattet (Betrieb in Transmission, T), während bei Seitenfenster-Anordnung Strahlungsauffall und Elektronenemission auf der gleichen Seite erfolgen (Betrieb in Reflexion, R). Der Spektraltyp S-... entspricht einer weit verbreiteten amerikanischen Normung.

Bei dem *inneren Fotoeffekt* wird durch die Quantenenergie die Zahl der Ladungsträger innerhalb des Kristallgitters eines Halbleitermaterials erhöht. Tabelle 6.7.1 gibt einen Überblick über lichtelektrische Empfänger; Bild 6.7.2 zeigt die relative spektrale Empfindlichkeit einiger Halbleitermaterialien. In Abschnitt 20.3 sind die Empfänger für das Infrarot-Gebiet zusammengestellt.

Der *relative spektrale Empfindlichkeitsverlauf* ermöglicht keine Beurteilung der von verschiedenen Empfängern abgegebenen Fotoströme, da die absolute Empfindlichkeit s sehr unterschiedlich sein kann. Zunächst muß jeweils definiert werden, auf welche Eingangs- und Ausgangsgröße (Abschn. 6.6) sich die Empfindlichkeitsangabe bezieht. Wählt man als Ausgangsgröße z. B. den Fotostrom J, so kann man ihn auf die Eingangsgröße $X_e = \Phi_e$ (Strahlungsleistung) oder $X_e = E_e$ (Bestrahlungsstärke) beziehen. Häufig werden aber stattdessen die lichttechnischen Eingangsgrößen $X = \Phi$ (Lichtstrom) bzw. $X = E$ (Beleuchtungsstärke) verwendet, das Empfängersignal also auf die Helligkeitsempfindung bezogen. Damit kann man die *absolute Empfindlichkeit* durch die Quotienten

$$s_\Phi = \frac{J}{\Phi}, \quad \text{z. B. in } \mu\text{A/lm} \tag{6.7.1}$$

**Tabelle *6.7.1* Lichtelektrische Empfänger**

| Empfänger-Typ | Schalt-zeichen | Ausführung | Funktion | Material | Eigenschaften |
|---|---|---|---|---|---|
| Fotozelle |  | Vakuum | äußerer Fotoeffekt | siehe Tabelle 6.7.2 | Kurze Ansprechzeit, geringere Empfindlichkeit (Schwelle $10^{-11}$ W bei Multialkali). $I_{ph} \sim E_e$ |
| | 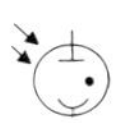 | gasgefüllt | äußerer Fotoeffekt + Gasverstärkung 3× . . . 10× | (Daten von Fotokatoden) | Längere Ansprechzeit, aber höhere Empfindlichkeit Grenzfrequenz einige kHz |
| Sekundär-elektronen-Verviel-facher (SEV) | 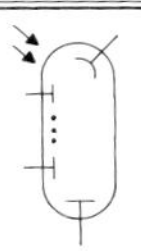 | Frontfenster (T-Katode) / Seiten-fenster (R-Katode) | äußerer Fotoeffekt + Sekundärelektronen-Multiplikation (Dynoden, Mikrokanal-platte) | | Höchste Empfindlichkeit bei kurzer Ansprechzeit. Hohes SRV durch innere Verstärkung (bis $10^7$ ×). Schwelle $10^{-13}$ . . . $10^{-16}$ W. Ansprechzeit 1–10 ns |
| Foto-widerstand | 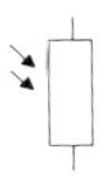 | | Foto-Eigenleitung (Mischkristalle) | CdS, CdSe, CdSSe, PbS u. weitere im IR | Hohe Empfindlichkeit im VIS bzw. IR, träge; Ansprechzeit 1 . . . 30 ms. Signal-abhängig von Vorbelichtung: Ermüdg. |
| Foto-element | 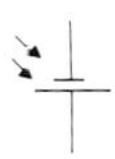 | | aktiv: fotovoltaischer Effekt | Se Si GaAs und andere | Se: VIS Si: (UV), VIS bis nahes IR Kurzschlußstrom $\sim \Phi_e$. Ansprechzeit 1 . . . 300 µs. u. a. als Solarzelle |
| Foto-diode |  | pn | Betrieb mit Sperrspannung | Ge, Si | Grenzfrequenz einige 100 MHz. Gute Linearität |
| | | pin (Planar) | eigenleitende Zone zwischen p und n | Si | Kurze Ansprechzeit (ns), hohe Empfindlichkeit, sehr gute Linearität |
| | | pin (Schottky-Barrier) | Metall-Halbleiter-Kontakte | Si | Hohe Grenzfrequenz, erweiterte UV-IR-Empfindlichkeit; großflächige positionsempfindliche Dioden. |
| |  | Avalanche | Sperrspannung knapp unter Durchbruch. Interne Verstärkung | Ge, Si | Hohe Empfindlichkeit u. sehr hohe Grenzfrequenz (GHz-Bereich); hohes SRV. Vergleichbar mit SEV. |
| Foto-transistor | 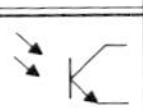 | | Basis-Fotostrom mit Nachverstärkung | Si | Höhere Empfindlichkeit, aber niedrigere Grenzfrequenz als Diode |

oder

$$s_E = \frac{J}{E}, \quad \text{z. B. in } \mu A/lx \tag{6.7.2}$$

beschreiben. Bei gleichmäßig ausgeleuchteter Empfängerebene gilt $s_E = A \cdot s_\Phi$, wobei A die aktive Empfängerfläche ist. Zum Vergleich von Empfängern unterschiedlicher

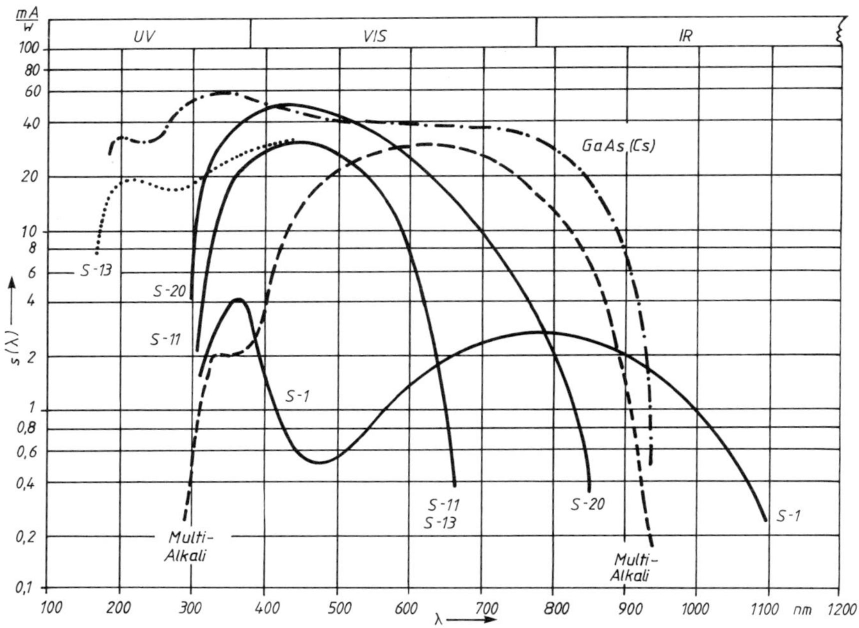


Bild 6.7.1 Absolute spektrale Empfindlichkeit einiger Fotokatoden-Materialien
Der spektrale Transmissionsgrad des Fenstermaterials ist mit berücksichtigt (vergl. Tabelle 6.7.1)

Fläche muß man die Empfindlichkeit $s_\Phi$ heranziehen. Kleinflächige Empfänger (Fotodioden und -transistoren) erfordern häufig eine Vergrößerung des aufgefangenen Lichtstroms durch optische Abbildung. Dazu kann ein offener oder in einem Gehäuse mit Planfenster (Bild 6.6.1 b) untergebrachter Empfänger zusammen mit getrennter Empfangsoptik oder ein Empfänger in Gehäuse mit Abschlußlinse (Bild 6.6.1 c) verwendet werden. In jedem Falle wirkt als Lichtstrom-Auffangfläche die gegenüber dem Empfänger wesentlich größere Linsenfläche.

Weicht die relative spektrale Empfindlichkeit $s(\lambda)_{rel}$ eines Empfängers von der $V(\lambda)$-Funktion des Auges sehr stark ab (z. B. bei Empfängern mit Empfindlichkeitsmaximum im IR), so ist der Bezug der Empfindlichkeitsangabe auf den Lichtstrom $\Phi$ bzw. die Beleuchtungsstärke E unzweckmäßig, weil diese Größen nur den sichtbaren Teil der Strahlung erfassen. Wurde für eine bestimmte Strahlungsart, die jeweils anzugeben ist (z. B. Normlichtart A) die Empfindlichkeit auf die Beleuchtungsstärke E bezogen, so kann sie auch auf die Bestrahlungsstärke $E_e$ umgerechnet werden: Mit $s_e$ nach Gl. (6.7.2) und $s_{E_e} = J/E_e$, z. B. in $\mu A/W \cdot m^{-2}$, ergibt sich

$$s_{E_e} = \frac{s_E}{k}, \text{ und ebenso } s_{\Phi_e} = \frac{s_\Phi}{k} \qquad (6.7.3),$$

**Tabelle *6.7.2* Daten von Fotokatoden** [H 6.7.1]

| Fotokatoden-schicht | Fenster | λ-Bereich nm | Spektral-typ | $\lambda_{max}$ | bei $\lambda_{max}$ η in % | bei $\lambda_{max}$ s in mA/W | s in μA/lm | Bild | Transmission Reflexion |
|---|---|---|---|---|---|---|---|---|---|
| Ag-O-Cs | Borsilikatglas | 400–1200 | S-1 | 800 | 0,4 | 2,8 | 30 | 6.7.1 | T, R |
| Sb-Cs | Borsilikatglas | 300–650 | S-4 | 400 | 13 | 42 | 40 | | R |
| | | | S-11 | 440 | 9 | 32 | 40 | 6.7.1 | T |
| | UV-Glas | 185–650 | S-5 | 340 | 18 | 49 | 40 | | R |
| | | | S-21 | 440 | 9 | 32 | 40 | | T |
| | Quarzglas | 160–650 | S-13 | 440 | 9 | 32 | 40 | 6.7.1 | T |
| | | | S-19 | 340 | 18 | 49 | 40 | | R |
| Ag-Bi-O-Cs | Borsilikatglas | 300–800 | S-10 | 430 | 5,8 | 20 | 40 | | T |
| | UV-Glas | 185–800 | – | 430 | 5,8 | 20 | 40 | | R |
| | Quarzglas | 160–800 | – | 430 | 5,8 | 20 | 40 | | R |
| Na-K-Sb-Cs | Borsilikatglas | 300–850 | S-20 | 420 | 15 | 51 | 120 | 6.7.1 | T |
| Multialkali | Borsilikatglas | 300–900 | – | 640 | 6 | 29 | 160 | 6.7.1 | T |
| GaAs (Cs) | UV-Glas | 185–910 | – | 340 | 21 | 58 | 300 | 6.7.1 | R |
| CsTe | Quarzglas | 160–320 | – | 220 | 15 | 28 | – | | T, R |
| Bialkali | Borsilikatglas | 300–650 | – | 450 | 25 | 90 | 90 | | T, R |

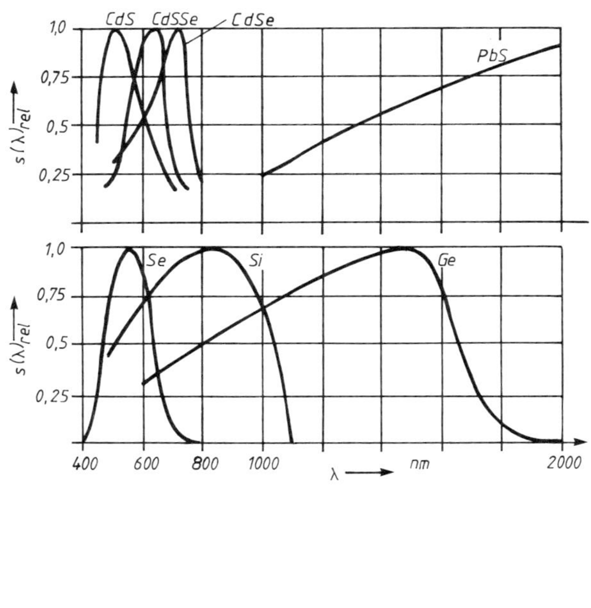


Bild 6.7.2 Relative spektrale Empfindlichkeit einiger Halbleitermaterialien

a) für Fotowiderstände: Cadmiumsulfid, Cadmiumsulfoselenid, Cadmiumselenid, Bleisulfid; b) Selen, Silizium, Germanium mit k = Konstante, die in [L 2.2.7] berechnet wurde. Der Wert hängt von der gegebenen Normlichtart bzw. Lichtart (Tab. 6.1.1) ab (die Quellen wurden hier als Schwarze Strahler angenommen). Gerundet ergeben sich folgende Werte:

| | P | G | A | D55 | D65 | C | D75 | |
|---|---|---|---|---|---|---|---|---|
| k = | 0,973 | 0,181 | 0,061 | 0,011 | 0,010 | 0,010 | 0,011 | $\frac{W \cdot m^{-2}}{lx}$ |

Beispiel: Wird für ein Fotoelement die Empfindlichkeit $s_E = 3{,}0\ \mu A/lx$ „bei Normlichtart A" angegeben, so gilt für die gleiche Strahlung $s_{E_e} = 49{,}2\ \mu A/W \cdot m^{-2}$.

Wenn durch zwei Lichtquellen die gleiche Beleuchtungsstärke am Empfänger erzielt wird, aber die Strahlungen unterschiedliche Infrarotanteile aufweisen, so sind die abgegebenen Fotoströme (z. B. bei einem Si-Empfänger) verschieden. Allgemein ist ein Vergleich der absoluten Empfindlichkeit von Empfängern nur bei gleicher Strahlungsart möglich.

Als *Quantenwirkungsgrad* $\eta(\lambda)$ wird u. a. bei Fotokatoden der Quotient aus Zahl der pro Sekunde freigesetzten Fotoelektronen und Zahl der pro Sekunde einfallenden Quanten (bei der Wellenlänge $\lambda$) bezeichnet. Es ergibt sich

$$\eta(\lambda) = \frac{s(\lambda) \cdot h \cdot c}{e \cdot \lambda} \qquad (6.7.4)$$

mit $s(\lambda)$ = spektrale Empfindlichkeit (Signalstrom/Strahlungsleistung), h = Plancksches Wirkungsquantum, c = Lichtgeschwindigkeit, e = Elektronenladung.

Unter Einsetzen der Werte für die Konstanten erhält man

$$\eta(\lambda) = 1239{,}5\ V \cdot nm \cdot \frac{s(\lambda)}{\lambda} \qquad (6.7.5)$$

mit $s(\lambda) = J/\Phi_e$ in A/W, $\lambda$ in nm.

Aus dem Signalstrom J ergibt sich der einfallende *Photonenstrom* $\Phi_p$ (Photonen pro Sekunde) zu

$$\Phi_p = \frac{J}{e \cdot \eta(\lambda)} \quad \text{in } s^{-1} \qquad (6.7.6),$$

oder als Umrechnung aus dem spektralen Strahlungsfluß $\Phi_{e\lambda}$ zu

$$\Phi_p = \frac{\lambda \cdot \Phi_{e\lambda} \cdot d\lambda}{h \cdot c} \qquad (6.7.7).$$

Wichtig für die Beurteilung von Empfängern ist das *Signal-Rausch-Verhältnis* SRV (engl.: SNR), d. h. der Quotient aus Signalstrom und mittlerem Rauschstrom (Störstrom), bzw. das entsprechende Spannungsverhältnis. Als *rauschäquivalente Leistung* (engl.: NEP) wird die einfallende Strahlungsleistung $\Phi_e$ (in Watt) bezeichnet, die gerade zu einem SRV = 1 führt. Ihr Kehrwert ist ein Maß für die Schwellenempfindlichkeit des Detektors. Zweckmäßig werden jedoch in den Vergleich unterschiedlicher Detektoren (z. B. im IR-Gebiet, Abschn. 20.3) auch die Detektorfläche A und die Meßbandbreite $\Delta f$ (= Bandbreite des Meßverstärkers) einbezogen, da Rauschursachen von beiden Größen abhängen. Deshalb wird als Gütezahl die (spezifische) *Detektivität* D* definiert:

$$D^* = \frac{\sqrt{A \cdot \Delta f}}{NEP} \quad \text{in } \frac{cm \cdot \sqrt{Hz}}{W} \qquad (6.7.8).$$

Wegen der $\lambda$- und Frequenzabhängigkeit müssen dabei noch die Wellenlänge der Strahlung (oder z. B. bei Planck-Strahlern die Temperatur T) und die Meßfrequenz (z. B. Zerhacken der Strahlung durch Chopper) angegeben werden. Die Bandbreite wird häufig auf $\Delta f$ = 1 Hz normiert.

*Fotowiderstände* sind belichtungsabhängige Widerstände, deren Widerstandswert unabhängig von der Stromrichtung ist. Man hat mit ihnen sehr empfindliche und dabei einfach anzuwendende, aber träge Empfänger zur Verfügung. Die Empfindlichkeit kann bis etwa $s_\Phi = 10\,\mathrm{A/lm}$ betragen; die Fotoströme reichen in Abhängigkeit von der Größe der Fläche bis etwa 100 mA. Die ohne Kühlung zulässige Dauer-Verlustleistung liegt im Bereich von etwa $2\,\mathrm{mW/mm^2}$ bis $10\,\mathrm{mW/mm^2}$, wobei die Flächen einige Quadratmillimeter bis Quadratzentimeter groß sind. Auf die Halbleiterschicht sind Gold-, Indium- oder andere Metallelektroden kammartig aufgedampft. Der Fotowiderstand ist in ein Glas- oder Plastikgehäuse gasdicht eingeschlossen. Eine ungleichmäßige Ausleuchtung der Empfängerfläche (Fokussierfleck) kann zu punktweiser Überlastung führen. Der Widerstand hängt mit der Beleuchtungsstärke E (bzw. dem Lichtstrom Φ) angenähert nach der Gleichung

$$R \sim E^{-\gamma} \tag{6.7.9}$$

zusammen, wobei die Steilheit $\gamma$ etwa zwischen 0,5 und 1 liegt. Bei einem Wechsel zwischen hoher und niedriger Beleuchtungsstärke stellt sich der Fotowiderstand recht träge auf den neuen R-Wert ein. Die Trägheit wird durch hohe Beleuchtungsstärke und kleine Flächen vermindert. Bei gleicher Beleuchtungsstärke können sich nach vorausgegangener Hellzeit bzw. Dunkelzeit unterschiedliche Widerstandswerte ergeben: Der Fotowiderstand hat ein „Gedächtnis“ für den Vorbelichtungszustand. Während Fotowiderstände aus Bleisulfid (PbS) und Indiumantimonid (InSb) speziell für das Infrarotgebiet geeignet sind, ergeben Cadmiumverbindungen eine günstige Empfindlichkeitsverteilung im sichtbaren Bereich (Bild 6.7.2). Insbesondere ergeben Fotowiderstände aus Cadmiumsulfid (CdS) und Cadmiumsulfoselenid (CdSSe) auch ohne Korrekturfilter bereits eine für viele Anwendungen ausreichende Anpassung an die Empfindlichkeitsverteilung des Auges bzw. von Fotoschichten (Anwendung als Belichtungsmesser).

*Fotoelemente* weisen wie Fotodioden eine pn-Sperrschicht auf, sie werden aber im Gegensatz zur Fotodiode ohne Vorspannung betrieben. Durch den inneren Fotoeffekt werden Elektronen als Ladungsträger freigesetzt, wobei die wegen der pn-Schicht ungleichmäßige Ladungsverteilung zu einer Leerlaufspannung $U_L$ zwischen den Anschlußklemmen führt. Die Leerlaufspannung nimmt logarithmisch mit der Beleuchtungsstärke zu und geht schließlich gegen einen Sättigungswert. Bei dem Lastwiderstand $R_L = 0$ tritt der Kurzschlußstrom $I_k$ auf, der der Empfängerfläche und der Beleuchtungsstärke proportional ist. Deshalb eignen sich Fotoelemente gut für lineare Meßsysteme. So werden einfache Belichtungsmesser batterielos mit einem *Selenelement* und Drehspulmeßwerk aufgebaut; die spektrale Empfindlichkeitsverteilung von Selen stimmt grob mit $V(\lambda)$ des Auges überein. Andererseits liegt der Wirkungsgrad der direkten Energiewandlung (Strahlungsenergie in elektrische Energie) bei Selen unter 1%, so daß für *Solarzellen* vor allem *Siliziumelemente* mit großer Fläche (Wirkungsgrad etwa 8% bis 12%) in Frage kommen.

*Fotodioden* werden mit einer Vorspannung in Sperrichtung betrieben (ohne Vorspannung wirken sie als Fotoelemente). Als Halbleitermaterialien werden Germanium (hohe Empfindlichkeit im IR; Bild 6.7.2) und vor allem Silizium (geringe Temperaturabhängigkeit des Dunkelstromes) verwendet. Der Fotostrom ist über einen weiten Bereich der Beleuchtungsstärke proportional. Da Vorbelichtung keinen Einfluß hat, eignet sich die Fotodiode für quantitative Messungen. Die Grenzfrequenz liegt hoch.

*Fototransistoren* sind Bauelemente mit zwei Sperrschichten (Kollektor/Basis- und Emitter/Basis-Übergang). Dabei wird eine möglichst groß ausgeführte Kollektor/Basis-pn-Sperrschicht der Strahlung ausgesetzt. Die Funktion kann man im wesentlichen als Verstärkung eines Diodenstroms durch einen nachgeschalteten Transistor betrachten. Der Kollektorstrom wird dann als Fotostrom bezeichnet. Die Empfindlichkeit $s_{\Phi}$ liegt etwa um den Faktor 100 bis 500 höher als bei entsprechenden Dioden; dies wird durch niedrigere Grenzfrequenz erkauft. Der Fotostrom ist nicht streng proportional zur Beleuchtungsstärke. Da offene Basis die höchste Empfindlichkeit ergibt, läßt man den zur Einstellung des Arbeitspunktes günstigen Basisanschluß häufig weg.

**Literaturhinweise**

L 6.7.1 *Bleicher, M.:* Halbleiter-Optoelektronik. Dr. Alfred Hüthig Verlag, Heidelberg 1976
L 6.7.2 Electro-Optics Handbook. RCA Corporation, Technical Series EOH-11, 1974
L 6.7.3 *Vine, B. H.:* Electro-Optical Devices. LÜ 1, Vol. II/6
L 6.7.4 *Wyatt, C. L.:* Radiometric Calibration: Theory and Methods. Academic Press, New York 1978
L 6.7.5 *Kompa, S.:* Berechnung der Signalwerte fotoelektrischer Empfänger. Feingerätetechnik *25* (1976) H. 6, 265–268

**Beispiele für Hersteller bzw. Lieferanten**

H 6.7.1 *Hamamatsu Television Europa GmbH,* Seefeld: Fotomultiplier, Fotozellen, Si- u. GaAsP-Fotoelemente, Halbleiter-Detektoren, Mikrokanalplatten
H 6.7.2 *RCA,* über: *A. Neye Enatechnik,* Quickborn/Hamburg: Fotomultiplier, Fotozellen, Halbleiter-Detektoren
H 6.7.3 *ITT Standard Elektrik Lorenz AG,* Fritz-Müller-Str. 112, Eßlingen: Fotomultiplier, Fotozellen
H 6.7.4 *Heribert Lehner,* Drosselweg 6, Wiemersdorf: Fotomultiplier (SRC), Mikrokanalplatten
H 6.7.5 *AEG-Telefunken,* Heilbronn: Optoelektronische Bauelemente, Solarzellen
H 6.7.6 *Siemens AG,* Balanstr. 73, München: Optoelektronische Bauelemente, Solarzellen
H 6.7.7 *Hewlett Packard,* Berner Str. 117, Frankfurt: Optoelektronische Bauelemente
H 6.7.8 *Spectronics,* USA, über Neumüller, Eschenstr. 2, Taufkirchen: Optoelektronische Bauelemente
H 6.7.9 *Oriel GmbH,* Im Tiefen See 58, Darmstadt: Nanosekunden- u. Picosekunden-Fotodetektoren
H 6.7.10 *Heimann GmbH,* Weher Köppel 6, Wiesbaden-Dotzheim: Fotowiderstände
H 6.7.11 *ts-electronic,* Wiedenmayerstr. 50, München: Fotodetektoren, auch positionsempfindlich, Arrays, IR-Detektoren, Thermosäulen

## 6.8 Daten des Auges

Das menschliche Auge ist ein Strahlungsempfänger mit vorgeschalteter Optik und nachgeschalteten Verarbeitungsstufen: In einem komplizierten Prozeß der visuellen Informationsverarbeitung [L 6.8.3] werden die auf die beiden Augen treffenden *Strahlungsreize* in die komplexe *Gesichtsempfindung* (u. a. Erfassung von Helligkeit, Farbart, Bewegung, Entfernung, Objektstruktur) umgewandelt. Die mit dem Auge zusammen benutzten optischen Geräte müssen auf die Augeneigenschaften abgestimmt werden. Wegen der individuellen Unterschiede können nur Durchschnittswerte der Augendaten angegeben werden. Die von verschiedenen Autoren gewonnenen Ergebnisse weisen dabei eine Streuung auf. Für viele technische Zwecke genügen Angabe und Verwendung gerundeter Daten. Auch eine Darstellung der Augenfunktionen an vereinfachten „Augenmodellen" kann nützlich sein.

Bild 6.8.1 zeigt einen vereinfachten Querschnitt durch das optische System des menschlichen Auges. Tabelle 6.8.1 enthält dazu die gerundeten Werte des *„schematischen Auges"* (= Durchschnittsauge) nach Gullstrand. Das durch die Hornhaut C eintretende Licht passiert die mit „Kammerwasser" gefüllte *vordere Augenkammer* V und fällt durch die *Iris* I auf die *Linse* L. Die Linse ist mit relativ hartem Kern und flexiblen Außenbereichen aus zahlreichen zwiebelartig übereinander liegenden Schichten aufgebaut, wobei die Brechzahl von innen nach außen abnimmt. Die Brechkraft der Linse kommt damit durch Flächenkrümmung und den Brechzahlgradienten zustande; die Linse ist ein Beispiel für die *Gradientenoptik* (Abschn. 18.5). Der Raum zwischen der als Empfänger wirkenden *Netzhaut* R und der Linse ist mit dem gallertartigen *Glaskörper* G gefüllt. Optimal scharfe Abbildung ergibt sich nur innerhalb der *Netzhautgrube* F, d. h. innerhalb eines engen Feldwinkels von $2\,w \approx 4°$. Gleichzeitig kann aber ein großes Umfeld unscharf überwacht werden. An der Ausstrittsstelle der Sehnerven fehlen die Netzhaut-Empfänger (*„blinder Fleck"* P). Die optische Achse des zentrierten Systems und die durch die Netzhautgrube gehende Sehachse sind gegeneinander geneigt. Von außen ist als schwarze Öffnungsfläche der Iris die *Eintrittspupille* EP sichtbar und meßbar; sie ist das durch das davor liegende Teilsystem (Hornhaut und Vorderkammer) geringfügig vergrößerte Bild ($\beta' = 1{,}12$) der Iris. Die Brechzahldifferenzen innerhalb des Auges (1,34 bis max. 1,41) sind gegenüber dem Brechzahlsprung an der Grenzfläche Luft/Hornhaut relativ gering. Diese Grenzfläche liefert also den größten Beitrag zur Gesamtbrechkraft, d. h. durch diese Fläche erfolgt im wesentlichen die Abbildung. Die Linse liefert hierzu einen Korrekturbeitrag: Bei der *Akkommodation* („automatische Scharfeinstellung") auf den Nahbereich verkleinert der Akkommodationsmuskel den Linsendurchmesser, wodurch die Krümmung vor allem der vorderen Linsenfläche

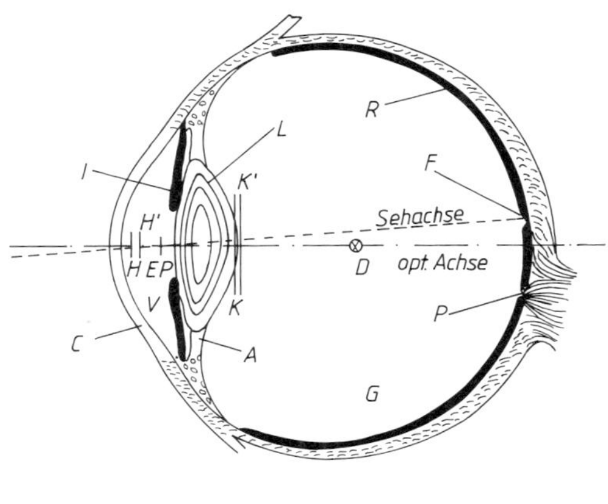


Bild 6.8.1 Querschnitt durch das optische System des Auges

C = Hornhaut, H, H′ = Hauptpunkte, I = Iris, EP = Lage der Eintrittspupille, V = vordere Augenkammer, L = Linse, A = Akkommodationsmuskel, K, K′ = Knotenpunkte, G = Glaskörper, D = Augendrehpunkt, R = Netzhaut, F = Netzhautgrube, P = blinder Fleck verstärkt und der Brechzahlgradient geändert wird. Der Begriff „Gummilinse“ kann also bei der Augenlinse wörtlich genommen werden. Durch Verschieben der locker an der Linse anliegenden Iris wandert auch die Eintrittspupille etwas zur Hornhaut hin. Bei Akkommodation auf den Fernpunkt liegt zwar der Brennpunkt F′ um etwa 0,39 mm hinter der Netzhaut in der Sehgrube. Wegen der Abbildungsfehler des Auges (Farb- und Öffnungsfehler) liegt aber der Ort bester Abbildung auf der Netzhaut.

**Tabelle *6.8.1* Gerundete Werte für das optische System des schematischen Auges**

| (Alle Längenangaben in mm) | | Akkommodation auf den Fernpunkt $a_R$: Abstand ab Hornhautscheitel | weitere Daten | Akkommodation auf den Nahpunkt $a_p$: Abstand ab Hornhautscheitel | weitere Daten |
|---|---|---|---|---|---|
| *Gesamtsystem:* | | | | | |
| Hauptpunkte | H | 1,35 | | 1,77 | |
| | H′ | 1,60 | | 2,09 | |
| Brennpunkte | $\bar{F}$ | −15,71 | $\bar{f} = -17{,}06$ | −12,40 | $\bar{f} = -14{,}17$ |
| | F′ | 24,39 | $f' = 22{,}79$ | 21,02 | $f' = 18{,}93$ |
| Knotenpunkte | K | 7,08 | | 6,53 | |
| | K′ | 7,33 | | 6,84 | |
| Netzhautgrube | | 24,0 | | 24,0 | |
| Iris | | 3,6 | | 3,2 | |
| Eintrittspupille | | 3,0 | $\beta' = +1{,}12$ | 2,7 | |
| Augendrehpunkt | | 13,5 | | 13,5 | |
| Nahpunkt $a_P$ | | | | −102,3 | |
| Fernpunkt $a_R$ | | ∞ | | | |
| *Hornhaut:* | | | $n_1' = 1{,}376$ | | $n_1' = 1{,}376$ |
| Vordere Hornhautfläche | | 0 | $r_1 = 7{,}7$ | 0 | $r_1 = 7{,}7$ |
| Hintere | | 0,5 | $r_2 = 6{,}8$ | 0,5 | $r_2 = 6{,}8$ |
| *Kammerwasser:* | | | $n_2' = 1{,}336$ | | $n_2' = 1{,}336$ |
| *Linse:* | | | $n_3' = 1{,}386$ im Kern bis 1,406 | | $n_3' = 1{,}386$ |
| Vordere Linsenfläche | | 3,6 | $r_3 = 10{,}0$ | 3,2 | $r_3 = 5{,}33$ |
| Hintere | | 7,2 | $r_4 = -6{,}0$ | 7,2 | $r_4 = -5{,}33$ |
| *Glaskörper:* | | | $n_4' = 1{,}336$ | | $n_4' = 1{,}336$ |

Die *Eintrittspupille* EP erscheint beim Sehen in die Ferne etwa 3 mm, beim Sehen im Nahbereich etwa 2,7 mm hinter dem Hornhautscheitel (Tab. 6.8.1). Hier soll die *Austrittspupille optischer Geräte* liegen. Genügend Freiraum für das Auge ergibt sich, wenn die Austrittspupille wenigstens 12 mm bis 15 mm hinter der letzten Linsenfläche angeordnet wird. Die Iris stellt sich mit schneller Reaktion auf die *Leuchtdichte* L des betrachteten Gegenstandes ein; dadurch ändert sich der Durchmesser $D_{EP}$ der Eintrittspupille im Bereich von etwa 2 mm bis 8 mm. Als Mittelwerte können gelten:

| $\lg \frac{L}{cd \cdot m^{-2}}$ | −6,5 | −4,5 | −2,5 | −1,5 | −0,5 | +0,5 | +1,5 | +2,0 | +2,5 | +3,0 |
|---|---|---|---|---|---|---|---|---|---|---|
| $\frac{D_{EP}}{mm}$ | 7,5 | 7,25 | 7,2 | 6,9 | 6,4 | 5,4 | 3,5 | 2,9 | 2,0 | 1,9 |
| | Nachtsehen | | Übergang | | | | Tagessehen | | | |

Die Lichtdurchlässigkeit der Pupille nimmt zum Rande hin ab, so daß die Netzhaut-Beleuchtungsstärke nicht proportional zur Pupillenfläche wächst. Man erhält die *effektive Pupillenfläche,* wenn man die aus $D_{EP}$ berechnete Fläche mit einem Korrekturfaktor $s < 1$ multipliziert (DIN 5031 T. 6):

| $\frac{D_{EP}}{mm}$ | 2 | 3 | 4 | 5 | 6 | 7 | 8 |
|---|---|---|---|---|---|---|---|
| s | 0,971 | 0,920 | 0,852 | 0,771 | 0,682 | 0,589 | 0,499 |

*Akkommodationsbreite* und *maximaler Pupillendurchmesser* hängen mit erheblicher Streuung vom *Lebensalter* ab: Die *Nahpunktweite* $a_P$ (kleinste durch Akkommodation scharf einstellbare Entfernung) nimmt mit dem Alter zu, während der Fernpunkt normalerweise seine Lage beibehält ($a_R = \infty$), aber auch in Richtung auf positive $a_R$-Werte (virtuelle Objektlage!) wandern kann. Eine Übersicht gibt Tab. 6.8.2.

Die Tabelle zeigt, daß bis zu mittlerem Lebensalter noch auf eine Nahpunktweite von −25 cm akkommodiert werden kann. Diese Entfernung ist als *Bezugssehweite* $a_s = -250$ mm genormt. Sie dient als Bezugswert für das Nahsehen bei Angaben über optische Instrumente (z. B. Vergrößerung). Weiterhin ergibt sich, daß nur von älteren Menschen oder nur bei hellem Licht benutzte Geräte keinen Austrittspupillen-Durchmesser über 5 mm bis 6 mm zu haben brauchen.

Infolge der Beugung des Lichtes an den Pupillenrändern werden die wahrgenommenen Bilder um so unschärfer, je kleiner die Pupille ist. Dagegen spielen bei Pupillendurchmessern über etwa 3 mm die Abbildungsfehler des Auges eine Rolle: Farbfehler und sphärische Aberration betragen je etwa 1 dpt. Infolgedessen ist bei 3 mm Pupillendurchmesser die Sehschärfe S am größten. Zwei Punkte werden getrennt wahrgenommen *(„Auflösungsvermögen“)* wenn sie unter dem Winkel w von etwa $1' = 1/3000$ erscheinen. Man spricht von

**Tabelle *6.8.2* Akkommodationsfähigkeit und maximale Pupillenweite als Funktion des Lebensalters**

| Alter in Jahren | Nahpunktweite $a_P$ in cm | Akkommodationsbreite $\frac{1}{a_R} - \frac{1}{a_P}$ in dpt | Maximaler Pupillendurchmesser in mm |
|---|---|---|---|
| 10 | −6,5 ... −8,8 | 15,4 ... 11,3 | 8 |
| 20 | −7,4 ... −10,9 | 13,5 ... 9,2 | 8 |
| 30 | −9,2 ... −15,2 | 10,9 ... 6,6 | 7 |
| 40 | −12,8 ... −28,6 | 7,8 ... 3,5 | 6 |
| 50 | −31,3 ... −90,9 | 3,2 ... 1,1 | 5 |
| 60 | −52,6 ... −167 | 1,9 ... 0,6 | 4 |
| 70 | −55,6 ... −167 | 1,8 ... 0,6 | 3 |
| 80 | −55,6 ... −167 | 1,8 ... 0,6 | 2,3 |

eben erkennbar bei $w = 1' \sim 1/3000$,
gut erkennbar bei $w = 2' \sim 1/1500$,
bequem sichtbar bei $w = 3' \sim 1/1000$.

Das gilt für den Bereich bester Sehschärfe bei guter Beleuchtung. Wesentlich unterhalb dieser Grenze ist die Sehschärfe geringer, ebenso darüber; von $10^4$ cd/m$^2$ etwa tritt Blendung ein.

Das Auflösungsvermögen für die Verschiebung dünner Striche gegeneinander, z. B. bei Teilungen *(„Noniensehschärfe“)*, reicht infolge des mosaikartigen Aufbaus der Netzhaut bis 10″ ... 3″ hinunter.

Als *Sehschärfe* S wird der Kehrwert des unter genormten Bedingungen noch aufgelösten Winkels w (heller Zwischenraum zwischen dunklen Objektteilen) definiert, also $S = 1/w$, mit w in Winkelminunten. Wird $w = 1'$ noch aufgelöst, so wird die *Bezugssehschärfe* $S = 1$ erreicht. Neben der Sehschärfe ist die *Unterschiedsempfindlichkeit* $L/\Delta L$ wichtig, d. h. die Fähigkeit, bei vorhandener Leuchtdichte L noch kleine Leuchtdichteunterschiede $\Delta L$ benachbarter Felder wahrzunehmen. Beide Größen hängen u. a. von der Leuchtdichte L ab, so daß zur Abschätzung folgende Mittelwerte brauchbar sind:

| $\lg \frac{L}{cd \cdot m^{-2}}$ | −5,5 | −4,5 | −3,5 | −2,5 | −1,5 | −0,5 | +0,5 | +1,5 | +2,5 | +3,5 | +4,5 | +5,5 |
|---|---|---|---|---|---|---|---|---|---|---|---|---|
| 1/S | | 50 | 17 | 12 | 4 | 1,5 | 1 | 0,8 | 0,6 | 0,5 | | |
| $L/\Delta L$ | 1 | 2 | 3 | 6 | 15 | 25 | 40 | 50 | 80 | 80 | 60 | 15 |
| | Nachtsehen | | | Übergang | | | | Tagessehen | | | | |

## Tabelle *6.8.3* Spektrale Eigenschaften des Auges

Die Normspektralwerte für farbmetrische Berechnungen (Abschn. 2.4) bei 2°- und 10°-Feld wurden nach DIN 5033 T 2 gerundet angegeben. $V(\lambda) = \bar{y}(\lambda)$ ist der spektrale Hellempfindlichkeitsgrad für Tagessehen nach DIN 5031 T 3 (Abschn. 2.2), $V'(\lambda)$ der spektrale Hellempfindlichkeitsgrad für Nachtsehen.

| | 2°-System | | | 10°-System | | | |
|---|---|---|---|---|---|---|---|
| | $\bar{x}(\lambda)$ | $\bar{y}(\lambda)$ | $\bar{z}(\lambda)$ | $\bar{x}_{10}(\lambda)$ | $\bar{y}_{10}(\lambda)$ | $\bar{z}_{10}(\lambda)$ | |
| $\lambda$ nm | | $V(\lambda)$ | | | | | $V'(\lambda)$ |
| 380 | 0,0014 | 0,0000 | 0,0065 | 0,0002 | 0,0000 | 0,0007 | 0,0006 |
| 390 | 0,0042 | 0,0001 | 0,0201 | 0,0024 | 0,0003 | 0,0105 | 0,0022 |
| 400 | 0,0143 | 0,0004 | 0,0679 | 0,0191 | 0,0020 | 0,0860 | 0,0093 |
| 410 | 0,0435 | 0,0012 | 0,2074 | 0,0847 | 0,0088 | 0,3894 | 0,0348 |
| 420 | 0,1344 | 0,0040 | 0,6456 | 0,2045 | 0,0214 | 0,9725 | 0,0966 |
| 430 | 0,2839 | 0,0116 | 1,3856 | 0,3147 | 0,0387 | 1,5535 | 0,1998 |
| 440 | 0,3483 | 0,0230 | 1,7471 | 0,3837 | 0,0621 | 1,9673 | 0,3281 |
| 450 | 0,3362 | 0,0380 | 1,7721 | 0,3707 | 0,0895 | 1,9948 | 0,455 |
| 460 | 0,2908 | 0,0600 | 1,6692 | 0,3023 | 0,1282 | 1,7454 | 0,567 |
| 470 | 0,1954 | 0,0910 | 1,2876 | 0,1956 | 0,1852 | 1,3176 | 0,676 |
| 480 | 0,0956 | 0,1390 | 0,8130 | 0,0805 | 0,2536 | 0,7721 | 0,793 |
| 490 | 0,0320 | 0,2080 | 0,4652 | 0,0162 | 0,3391 | 0,4153 | 0,904 |
| 500 | 0,0049 | 0,3230 | 0,2720 | 0,0038 | 0,4608 | 0,2185 | 0,982 |
| 510 | 0,0093 | 0,5030 | 0,1582 | 0,0375 | 0,6067 | 0,1120 | 0,997 |
| 520 | 0,0633 | 0,7100 | 0,0782 | 0,1177 | 0,7618 | 0,0607 | 0,935 |
| 530 | 0,1655 | 0,8620 | 0,0422 | 0,2365 | 0,8752 | 0,0305 | 0,811 |
| 540 | 0,2904 | 0,9540 | 0,0203 | 0,3768 | 0,9620 | 0,0137 | 0,650 |
| 550 | 0,4334 | 0,9950 | 0,0087 | 0,5298 | 0,9918 | 0,0040 | 0,481 |
| 560 | 0,5945 | 0,9950 | 0,0039 | 0,7052 | 0,9973 | 0,0000 | 0,3288 |
| 570 | 0,7621 | 0,9520 | 0,0021 | 0,8787 | 0,9556 | 0,0000 | 0,2076 |
| 580 | 0,9163 | 0,8700 | 0,0017 | 1,0142 | 0,8689 | 0,0000 | 0,1212 |
| 590 | 1,0263 | 0,7570 | 0,0011 | 1,1185 | 0,7774 | 0,0000 | 0,0655 |
| 600 | 1,0622 | 0,6310 | 0,0008 | 1,1240 | 0,6583 | 0,0000 | 0,0332 |
| 610 | 1,0026 | 0,5030 | 0,0003 | 1,0305 | 0,5280 | 0,0000 | 0,0159 |
| 620 | 0,8544 | 0,3810 | 0,0002 | 0,8563 | 0,3981 | 0,0000 | 0,0074 |
| 630 | 0,6424 | 0,2650 | 0,0000 | 0,6475 | 0,2835 | 0,0000 | 0,0033 |
| 640 | 0,4479 | 0,1750 | 0,0000 | 0,4316 | 0,1798 | 0,0000 | 0,0015 |
| 650 | 0,2835 | 0,1070 | 0,0000 | 0,2683 | 0,1076 | 0,0000 | 0,0007 |
| 660 | 0,1649 | 0,0610 | 0,0000 | 0,1526 | 0,0603 | 0,0000 | 0,0003 |
| 670 | 0,0874 | 0,0320 | 0,0000 | 0,0813 | 0,0318 | 0,0000 | 0,0001 |
| 680 | 0,0468 | 0,0170 | 0,0000 | 0,0409 | 0,0159 | 0,0000 | 0,0001 |
| 690 | 0,0227 | 0,0082 | 0,0000 | 0,0199 | 0,0077 | 0,0000 | 0,0000 |
| 700 | 0,0114 | 0,0041 | 0,0000 | 0,0096 | 0,0037 | 0,0000 | 0,0000 |
| 710 | 0,0058 | 0,0021 | 0,0000 | 0,0046 | 0,0018 | 0,0000 | 0,0000 |
| 720 | 0,0029 | 0,0010 | 0,0000 | 0,0022 | 0,0008 | 0,0000 | 0,0000 |
| 730 | 0,0014 | 0,0005 | 0,0000 | 0,0010 | 0,0004 | 0,0000 | 0,0000 |
| 740 | 0,0007 | 0,0002 | 0,0000 | 0,0005 | 0,0002 | 0,0000 | 0,0000 |
| 750 | 0,0003 | 0,0001 | 0,0000 | 0,0003 | 0,0001 | 0,0000 | 0,0000 |
| 760 | 0,0002 | 0,0001 | 0,0000 | 0,0001 | 0,0000 | 0,0000 | 0,0000 |
| 770 | 0,0001 | 0,0000 | 0,0000 | 0,0001 | 0,0000 | 0,0000 | 0,0000 |
| 780 | 0,0000 | 0,0000 | 0,0000 | 0,0000 | 0,0000 | 0,0000 | 0,0000 |
| Σ: | 10,6836 | 10,6856 $\lambda_{max}$ = 507 nm | 10,6770 | 11,6646 | 11,6644 | 11,6645 | $\lambda_{max}$ = 555 nm |

Die Bereiche für beste Sehschärfe und für beste Unterschiedsempfindlichkeit liegen also im Bereich des Tagessehens zwischen 300 cd/m² und 3000 cd/m².

Für Leuchtdichten über 1 cd/m² vorwiegend, über 100 cd/m² ausschließlich, arbeitet der *„Tagessehapparat"*, bestehend aus den *Zäpfchen* der Netzhaut, die die Farbenempfindungen zu vermitteln vermögen und die die Mitte der Netzhaut einnehmen, etwa bis 5° Durchmesser: „foveales Sehen". Muß (bei Photometern z. B.) dieses Gebiet der Netzhaut, im wesentlichen der „gelbe Fleck", allein wirksam bleiben, so muß das Gesichtsfeld des Gerätes auf 1–3° beschränkt werden. Bei Leuchtdichten unter etwa $10^{-2}$ cd/m² arbeitet der Dämmerungsapparat, der die Netzhautränder einnimmt („peripheres Sehen") und farbenblind, aber wesentlich blauempfindlich ist. Daher das Purkinjesche Phänomen: Blau erscheint bei Tagessehen dunkler als Rot, bei Dämmerungssehen dagegen heller.

Die für Tages- und Nachtsehen gültigen spektralen Empfindlichkeitsverteilungen, d. h. die *spektralen Hellempfindlichkeitsgrade* $V(\lambda)$ und $V'(\lambda)$, sind in Tab. 6.8.3 aufgeführt. Beide Funktionen ähneln einer Gauß-Verteilung. Sie können näherungsweise analytisch dargestellt werden [L 6.8.4].

Individuelle Schwankungen ergeben sich durch Farbuntüchtigkeit verschiedenen Grades bei 25% aller Männer, dagegen nur bei 0,1‰ aller Frauen. (Folgerung: Farbbeurteilungen usw. von Frauen durchführen lassen!) Dazu kommen Schwankungen mit jährlicher, monatlicher und täglicher Periode, so daß viele an sich exakte Meßwerte der Literatur sich nicht ohne weiteres vergleichen lassen. Das Maximum der Kurven rückt im Sommer, bei Vollmond, bei Tage ein wenig nach Blau. Für viele Meßzwecke kann man die Verhältnisse des Dämmerungssehens aus der Tageskurve dadurch ableiten, daß man an Stelle einer Lichtquelle mit iso-energetischer Verteilung eine solche von 20000 K Farbtemperatur annimmt bzw. durch ein Filter erzeugt.

Beim längeren Betrachten hell erleuchteter Gegenstände stellt sich das Auge darauf ein, es ist gegebenenfalls geblendet; unmittelbar hinterher werden auch helle Lichteindrücke nicht empfunden. Ist $L_1$ die Leuchtdichte längerer Gewöhnung in cd/m² und $L_2$ die eines kleineren Feldes, die nach dem Auslöschen von $L_1$ eben noch erkannt werden kann, so gilt ungefähr

$$\lg L_2 = 0{,}7 \cdot \lg L_1 - 1{,}83$$

Beispiel: Einfahrt in einen Straßentunnel bei heller Sonne, $L_1 = 16000$ cd/m². Dann ist $L_2 = 13$ cd/m², damit aber eine Unterschiedsempfindlichkeit vorhanden sein kann, muß mindestens das Zehnfache an Leuchtdichte vorhanden sein, also etwa 130 cd/m² oder mit Rücksicht auf die graue Straßendecke etwa 1000 Lux. Bei trübem Wetter ($L_1 = 1600$ cd/m²) wird $E = 8$ lx.

Über die *Unterschiedsempfindlichkeit* hinsichtlich verschiedener Farben auch im Hinblick auf Reinheit und Weißlichkeit liegen viele Untersuchungen vor. Unterschiedsempfindlichkeit hinsichtlich der Spektralfarben: Zwei Farben der Wellenlänge $\lambda$ und $\lambda + \Delta\lambda$ werden noch unterschieden, wenn ihr Unterschied $\Delta\lambda$ beträgt (in nm):

| λ | Δλ | λ | Δλ | λ | Δλ |
|---|---|---|---|---|---|
| 400 | 6 | 495 | 1,2 | 590 | 1,5 |
| 410 | 5 | 500 | 1,3 | 600 | 2,0 |
| 420 | 4 | 510 | 1,3 | 610 | 2,9 |
| 430 | 3 | 520 | 2,5 | 620 | 3,5 |
| 440 | 2,3 | 530 | 3,0 | 630 | 3,2 |
| 450 | 2,5 | 540 | 3,3 | 640 | 2,8 |
| 460 | 2,8 | 550 | 2,8 | 650 | 3,3 |
| 470 | 2,5 | 560 | 2,3 | 660 | 5 |
| 480 | 2,0 | 570 | 1,7 | 670 | 10 |
| 490 | 1,4 | 580 | 1,3 | | |

Man bevorzugt, z. B. durch entsprechende Filter, Gebiete mit großem $\Delta\lambda$, d. h. geringer Unterschiedsempfindlichkeit, wenn Farbunterschiede nicht stören sollen, z. B. in der Pyrometrie.

*Einstimmung des Auges:* Das Auge gewöhnt sich bei längerer Betrachtung eines farbigen Gegenstandes oder beim Aufenthalt in farbigem Licht so daran, daß es bald als „weiß" empfunden wird, z. B. Lampenlicht, auch Beleuchtung mit farbigem Kunstlicht. Nur krasse Unterschiede an bekannten Gegenständen (Gesichtsfarbe in Quecksilberlicht) fallen unangenehm auf. Diese Erscheinung ist für die Beleuchtung farbiger Bilder wichtig. Abends erscheint ein mit Glühlampen erleuchteter Kasten mit farbigen Bildern natürlich; bei Tage aber unansehnlich, die Farbbilder sind rotstichig und unwirksam. Die Lichtfarbe solcher Einrichtungen ist also der Außenbeleuchtung tunlichst anzupassen durch Wechsel der Lampen, Einschalten von Filtern od. dgl. Genaugenommen müssen auch die Bilder der andersfarbigen Beleuchtung angepaßt werden.

*Flimmerempfindlichkeit.* Periodisch unterbrochenes Licht wird nicht mehr als solches empfunden, sondern als gleichförmige Strahlung (Aufhören des Flimmerns), wenn die Lichtfrequenz $\nu$ eine von der Leuchtdichte abhängige Größe überschreitet. Bei Gleichheit von Hell- und Dunkelzeiten gilt das Gesetz von Porter:

$$\nu = = a \cdot \lg L + b.$$

| | | | |
|---|---|---|---|
| Hierbei ist für Tagessehen: | $a = 12{,}1$ | $b = 32{,}25$ | für L in |
| für Dämmerungssehen: | $a = 1{,}246,$ | $b = 25{,}5$ | $cd/m^2$ |

Wichtig für Kinoprojektion: Der hier günstigen Bildwandleuchtdichte von 32 $cd/m^2$ entspricht eine Frequenz von rd. 50 Hell-Dunkel-Perioden.

Absolute Lichtempfindlichkeit bei bester Dunkeladaptation (nach mehrstündiger Gewöhnung in dunklem Raum): etwa $\frac{1}{\pi}\ 10^{-5}\ cd/m^2$ bei 9 mm Pupillendurchmesser; das entspricht bei der am hellsten erscheinenden Lichtfarbe 550 nm (Gelbgrün) etwa $10^{-12}$ Lumen $= 1 \cdot 10^{-15}$ Watt oder 1 cd in 8 km Abstand. Als praktische Grenze gilt der 30fache Betrag, 1 cd auf etwa 1,5 km. Im Signalwesen nimmt man hiervon wiederum mindestens das 50–100fache an, etwa 20 cd für rotes Licht, 80 cd für weißes oder andersfarbenes Licht auf 1 km; aus Gründen der Sicherheit bei unsichtigem Wetter benutzt man hiervon wiederum das 1000–5000fache, insbesondere bei sonnigem, aber dunstigem Wetter.

*Beidäugiges Sehen:* Häufigkeitsverteilung der Pupillenabstände (nach Graff); Anzahl der Prozente aller Männer und Frauen, deren Pupillenabstand dem angegebenen Wert ± 0,5 mm entspricht).

| 56 | 57 | 58 | 59 | 60 | 61 | 62 | 63 | 64 | 65 | 66 | 67 | 68 | 69 | 70 | 71 | 72 mm |
|---|---|---|---|---|---|---|---|---|---|---|---|---|---|---|---|---|
| 0 | 0 | 1 | 2 | 3 | 5 | 8 | 11 | 13 | 14 | 13 | 11 | 8 | 5 | 3 | 2 | 1% Männer |
| 1 | 2 | 3 | 7 | 10 | 12 | 14 | 13 | 12 | 10 | 7 | 5 | 2,5 | 1 | 0,5 | 0 | 0% Frauen |

90% aller Männer werden zwischen 61 und 70 mm, aller Frauen zwischen 59 und 67 mm erfaßt. Geräte mit fester Pupillenweite baut man für 62–64 mm.

Durch das beidäugige Sehen wird die Erkennbarkeit insbesondere beim Dämmerungssehen erhöht, gegebenenfalls verdoppelt. Die Tiefenerkennbarkeit T hängt von Pupillenabstand und der unter 2 angegebenen Sehschärfe ab sowie von der Leuchtdichte und beträgt etwa:

| | | | |
|---|---|---|---|
| Pupillenabstand . . . . . . . . . . . . . . . . . . . . . | 50 | 60 | 70 mm |
| Sehschärfe 1′ . . . . . . . . . . . . . . . . . . . . . . | T=86 | 103 | 120 m |
| Sehhschärfe 10″ . . . . . . . . . . . . . . . . . . . . . | 515 | 615 | 720 m |

Wird (durch Prismenanordnung z. B.) der Augenabstand um den Faktor p erhöht, so nimmt T proportional zu.

**Literaturhinweise**


L 6.8.1 *Rosenbruch, K.-J.; Eggert, J.:* Untersuchungen über die Abbildungsqualität von optischen Instrumenten für den visuellen Gebrauch mit Hilfe eines simulierten Auges. Optik *43* (1975) No. 3, 291–299

L 6.8.2 *Adema, A.; Krochmann, J.:* Über den Einfluß der Strahlungsfunktion auf die Sehschärfe. Optik *44* (1976) No. 2, 173–181

L 6.8.3 *Röhler, R.:* Visuelle Informationsverarbeitung. Optik *48* (1977) No. 2, 139–162

L 6.8.4 *Kürzinger, W.:* Näherungsweise Darstellung der spektralen Hellempfindlichkeit des menschlichen Auges durch eine Gauß-Funktion. Optik *56* (1980) No. 1, 75–82

L 6.8.5 *Fry, G. A.:* The Eye and Vision. LÜ 1 Vol. II/1

L 6.8.6 *Schober, H.:* Das Sehen. 2 Bände. VEB Fachbuchverlag, Leipzig, 4. Aufl. 1970

L 6.8.7 DIN 5031 Strahlungsphysik im optischen Bereich und Lichttechnik
T 3 Formelzeichen und Einheiten der Lichttechnik
T 6 Pupillen-Lichtstärke als Maß für die Netzhautbeleuchtung

L 6.8.8 DIN 5033 Farbmessung. T 2 Normvalenz-Systeme

L 6.8.9 Siehe auch L 9.2.14


## 6.9 Allgemeine Eigenschaften von Filtern

*Filter* sind (meist plattenförmige) Bauelemente, die durchgehende Strahlung schwächen sollen, wobei die Schwächung von der Wellenlänge unabhängig (Neutralfilter) oder abhängig sein kann. Da für Transmissions-, Reflexions- und Absorptionsgrad nach Gl. (2.3.5) $\tau + \varrho + \alpha = 1$ gilt, kann die durchgehende Strahlung durch Absorption *(Absorptionsfilter)* oder Reflexion *(Interferenzfilter)* geschwächt werden. Die Filtereigenschaften können sich über die Filterfläche ein- oder zweidimensional ändern, z. B. bei Verlauffiltern.

Die Wirkung eines Filters auf die Strahlung wird durch den spektralen Transmissionsgrad $\tau(\lambda)$ als Funktion der Wellenlänge beschrieben und als *„Filterkurve"* grafisch dargestellt. Lineare Ordinatenteilung für $\tau(\lambda)$ (Bild 6.10.1 a) gibt dabei den richtigen Eindruck von der Form der Filterkurve, verhindert aber genaue Ablesung im Bereich geringer Durchlässigkeit. Hierfür ist logarithmische Darstellung (Bild 6.10.1 b) günstiger; in Gegenrichtung können dann auch die spektralen Dichtewerte $D(\lambda)$ mit linearer Teilung unmittelbar abgelesen werden. Bei Absorptionsfiltern werden noch spezielle Darstellungen verwendet (Abschn. 6.10).

Eine Einteilung der Filter nach ihren spektralen Eigenschaften kann entsprechend dem Verlauf der Filterkurve erfolgen: *Kantenfilter* zeigen einen steilen $\tau$-Anstieg *(Langpaßfilter)* oder steilen $\tau$-Abfall *(Kurzpaßfilter)* mit zunehmender Wellenlänge, *Bandfilter* lassen einen breiteren, Linien- oder *Monochromatfilter* einen engen Spektralbereich mit mehr oder weniger glockenförmigem Verlauf der Filterkurve durch.

Filterkurve und damit spektrale Eigenschaften des Filters können durch einige Kennwerte beschrieben werden: Die *Halbwertsbreite* $\Delta\lambda_{0,5}$ (kurz: *Bandbreite*) ist die Breite des Bereichs, in dem $\tau(\lambda) \geqq 0{,}5 \cdot \tau_{max}$ ist, wobei die Angabe auch in Prozent der

Durchlaßwellenlänge $\lambda_m$ (siehe unten) erfolgen kann, also in der Form $(\Delta\lambda_{0,5}/\lambda_m) \cdot 100$. Dann ist die *Zehntelwertsbreite* $\Delta\lambda_{0,1}$ der Bereich, in dem $\tau(\lambda) \geqq 0{,}1 \cdot \tau_{max}$ ist. *Hundertstelwertsbreite* $\Delta\lambda_{0,01}$ und *Tausendstelwertsbreite* $\Delta\lambda_{0,001}$ sind entsprechend definiert. Mit diesen Werten kann die Form der Filterkurve beschrieben werden (Bild 6.11.2). So bedeutet z. B. $\Delta\lambda_{0,1}/\Delta\lambda_{0,5} = 1$ einen sprunghaften Anstieg (Rechteckflanke).

Bei schmalbandigen Filtern kann die *mittlere Wellenlänge* $\lambda_m$ zur Beschreibung der spektralen Lage des Bandes angegeben werden: Das ist die Wellenlänge in der Mitte des Bereichs $\Delta\lambda_{0,5}$. Bei der *Wellenlänge des Maximums* $\lambda_{max}$ gilt $\tau(\lambda) = \tau_{max}$. Bei völlig symmetrischer Filterkurve ist $\lambda_m = \lambda_{max}$.

Will man *Bandfilter,* d. h. allgemein Filter mit begrenztem Transmissionsbereich, nach ihrer Bandbreite klassifizieren, so ist hierfür die prozentuale Angabe der Bandbreite $(\Delta\lambda_{0,5}/\lambda_m) \cdot 100$ gut geeignet:

| Filter mit | haben Bandbreiten von etwa |
|---|---|
| geringer Bandbreite | 1% bis 5% (z. B. 3% ≙ 15 nm bei 500 nm) |
| sehr geringer Bandbreite | 0,1% bis 1% (z. B. 0,3% ≙ 1,5 nm bei 500 nm) |
| extrem geringer Bandbreite | 0,01% bis 0,1% (z. B. 0,03% ≙ 0,15 nm bei 500 nm). |

*Kantenfilter* zeigen als *Kurzpaßfilter* einen steilen Übergang von kurzwelligem Transmissions- zu langwelligem Sperrbereich; bei *Langpaßfiltern* erfolgt ein steiler Anstieg von kurzwelligem Sperr- zu langwelligem Durchlaßbereich. In beiden Fällen kann man den Flankenanstieg durch die *Steilheit* $\gamma$ beschreiben:

$$\gamma = \frac{\lambda_{0,8} - \lambda_{0,05}}{\lambda_{0,05}} \cdot 100 \text{ in } \%,$$

oder

$$\gamma = \frac{\lambda_{0,8} - \lambda_{0,05}}{\lambda_{0,5}} \cdot 100 \text{ in } \%. \tag{6.9.1}$$

Es wird also die Wellenlängendifferenz zwischen den Punkten mit dem Transmissionsgrad $0{,}8 \cdot \tau_{max}$ und $0{,}05 \cdot \tau_{max}$ auf eine gewählte Wellenlänge bezogen; dies kann wieder $\lambda_{0,05}$ oder eine mittlerem Transmissionsgrad $(\tau = 0{,}5 \cdot \tau_{max})$ zugeordnete Wellenlänge $\lambda_{0,5}$ sein. Die Wellenlänge $\lambda_{0,05}$ wird meist als Fußpunkt der ansteigenden oder abfallenden Kante betrachtet, $\lambda_{0,5}$ (neben der Bedeutung $\tau = 0{,}5 \cdot \tau_{max}$ auch $\tau_i = 0{,}5$!) als für die Kantenlage kennzeichnende Wellenlänge.

Beispiel: Für ein Kantenfilter mit $\lambda_{0,8} = 488$ nm, $\lambda_{0,5} = 500$ nm, $\lambda_{0,05} = 518$ nm ergibt sich $\gamma = -5{,}8\%$, bezogen auf $\lambda_{0,05}$, bzw. $\gamma = -6{,}0\%$, bezogen auf $\lambda_{0,5}$. Der Unterschied ist also praktisch unerheblich. Negative Steigung zeigt ein Kurzpaßfilter an.

Für ein Farbfilter können bei Bezug auf eine Normlichtart (z. B. A, D 65) die *Normfarbwerte* und damit die *Farbtafelkoordinaten* (Normfarbwertanteile x, y) berechnet werden (Abschn. 2.4). Bei Absorptionsfiltern hängt die Lage des Farbortes, insbesondere bezüglich der Sättigung, von der Schichtdicke ab. Schmalbandige Filter ergeben hochgesättigte Farben, deren Farborte auf oder nahe bei dem Spektralfarbenzug liegen.

Geht die Strahlung durch mehrere *hintereinander angebrachte Filter* 1, 2, 3 . . ., so werden die spektralen Transmissionsgrade multipliziert:

$$\tau(\lambda) = \tau_1(\lambda) \cdot \tau_2(\lambda) \cdot \tau_3(\lambda) \cdot \ldots \tag{6.9.2}$$

Die spektralen Dichtewerte sind bequemer, weil sie einfach addiert werden:

$$D(\lambda) = D_1(\lambda) + D_2(\lambda) + D_3(\lambda) + \ldots \quad (6.9.3).$$

Gleichen Dichte-Differenzen entsprechen gleiche Quotienten der Transmissionsgrade, denn es gilt

$$D_2 - D_1 = \lg \frac{\tau_1}{\tau_2}, \text{ also } \frac{\tau_1}{\tau_2} = 10^{D_2 - D_1} \quad (6.9.4)$$

Tab. 6.9.1 gibt einen Überblick über die *Anwendung von Filtern* und die jeweils bevorzugt verwendeten Filtertypen. Dabei sind die Grenzen fließend. Für einige Anwendungen folgen hier ergänzende Angaben (s. gegenüberliegende Seite).

*Konversionsfilter* sollen die spektrale Verteilung einer mit ausreichender Genauigkeit durch die Farbtemperatur $T_{f1}$ beschriebenen Lichtquelle in eine andere Verteilung mit der Farbtemperatur $T_{f2}$ umwandeln (z. B. Gewinnung verschiedener Normlichtarten aus Glühlampenlicht, Anpassung von Tageslicht an Kunstlicht-Farbfilm, usw.). Diese Filter zeigen einen allmählich vom Blau- zum Rot-Gebiet ansteigenden oder abfallenden spektralen Transmissionsgrad. Für die durch das Plancksche Strahlungsgesetz (Gl. 6.1.1) gegebene spektrale Strahldichte gilt als Näherung (Wiensches Strahlungsgesetz)

$$L_{e\lambda} = \frac{c_1}{\pi} \cdot \lambda^{-5} \cdot e^{-\frac{c_2}{\lambda \cdot T_f}} \cdot \frac{1}{\Omega_o} \quad (6.9.5).$$

Soll nun eine Verteilung $L_{e\lambda 1}$ in eine Verteilung $L_{e\lambda 2}$ übergeführt werden, so muß das Konversionsfilter den Transmissionsverlauf

$$\tau(\lambda)_{rel} = \frac{\dfrac{L_{e\lambda 2}}{L_{e\lambda 1}}}{\left(\dfrac{L_{e\lambda 2}}{L_{e\lambda 1}}\right)_{max}}$$

haben, woraus sich für den Verlauf der spektralen Dichte

$$D(\lambda) = c_2 \cdot \left(\frac{1}{\lambda} - \frac{1}{\lambda_o}\right) \cdot \left(\frac{1}{T_{f2}} - \frac{1}{T_{f1}}\right) + \text{Konst} \quad (6.9.6)$$

ergibt, wobei mit $\lambda_o$ die Wellenlänge bezeichnet ist, bei der $L_{e\lambda 2}/L_{e\lambda 1}$ maximal wird. $c_2 = 1{,}439 \cdot 10^{-2}$ m · K ist die Konstante des Planckschen Strahlungsgesetzes.

Ein Konversionsfilter kann also durch den *Umwandlungswert*

$$\Delta M = \frac{1}{T_{f2}} - \frac{1}{T_{f1}}$$

In $K^{-1}$ gekennzeichnet werden. Man verwendet jedoch die kleinere Einheit *„Mired"* (micro reciprocal degree, µrd; 1 µrd = $10^{-6} K^{-1}$). Damit erhält man

$$\Delta M = \frac{10^6}{T_{f2}} - \frac{10^6}{T_{f1}} \ \mu rd \quad (6.9.7)$$

mit $T_1$, $T_2$ in Kelvin.

Zu gelblichen Filtern gehört positives $\Delta M$ (Herabsetzung der Farbtemperatur); $\lambda_o$ liegt bei etwa 700 nm bis 800 nm. Eine Anhebung der Farbtemperatur erfolgt durch bläuliche Filter mit negativem $\Delta M$; $\lambda_o$ liegt bei etwa 350 nm bis 400 nm. Die Umwandlungswerte sind näherungsweise den Absorptions-Schichtdicken proportional: $\Delta M_2 = \Delta M_1 \cdot (d_2/d_1)$; bei Hintereinanderschaltung von

**Tabelle *6.9.1* Beispiele für Filteranwendungen**

| Anwendung | Kantenfilter | | | | | | | Herstellung bevorzugt als | |
|---|---|---|---|---|---|---|---|---|---|
| | Kurz-paß | Lang-paß | Band-filter | Mono-chrom. Filter | Absorpt.-Banden | geringe τ-Änd. | Neutral-filter | Absorpt.-Filter | Interfe-renzfilter |
| Korrekturfilter<br>Konversionsfilter<br>Fotogr. Filter<br>für Aufn. u. Kopie | | | | | | X | | X | |
| Farbauszugsfilter<br>Farbdruck<br>Anaglyphen<br>„Rot-Blau-Verf.“ | | | X | | | | | X | |
| UV-Durchlaßfilter | X | | X | | | | | X | |
| Fluoreszenzanregung | X | | | | | | | | X |
| UV-Sperrfilter<br>Fotografie<br>Schutzfilter | | X | | | | | | X | |
| IR-Durchlaßfilter<br>Kaltlichtspiegel | | X | | | | | | X | <br>X |
| IR-Sperrfilter<br>Wärmeschutzfilter | X | | X | | | | | X | X |
| Gleichmäßige Schwä-chung: Meßsysteme<br>Sonnenschutz<br>Fotografie | | | | | | X | X | X | |
| Neutrale Teiler | | | | | | | X | | X |
| Farbteiler (Dichro-itische Spiegel) | | | X | | | | | | X |
| Erzeugung mono-chrom. Strahlung | | | | X | | | | | X |
| Isolierung v. Spektrallinien | | | X | X | | | | X | X |
| Ausblendung v. Spektrallinien | | | | | X | | | X | |
| Farbkontraständerg. | | | | | X | | | X | |
| Dunkelkammerfilter | | X | X | | | | | X | |
| Laser-Schutzfilter | | | | | X | | | X | |

Filtern addieren sich ihre Umwandlungswerte. Werden i gleiche Filter hintereinandergeschaltet, so wächst der Umwandlungswert auf den i-fachen Wert. Bei realen Filtern ergeben sich Abweichungen vom idealen Verlauf der Filterkurve; außerdem weichen die Strahlungsfunktionen der Lichtquellen mehr oder weniger von der Planckschen Verteilung ab.

Eine exakte Reproduzierbarkeit der Filterkurven für Meßzwecke, d. h. zur Einstellung sensitometrischer Lichtarten und Normlichtarten, ermöglichen Flüssigkeitsfilter in Form der *Davis-Gibson-Filter:* Zwei Filterflüssigkeiten, deren Zusammensetzung in

DIN 4512 T. 6 (fotografische Sensitometrie) und DIN 5033 T. 7 (Farbmessung) angegeben ist, sind hintereinander in einer Doppelküvette von 2 × 10 mm Schichtdicke untergebracht. Zu den Korrekturfiltern gehören auch die Kopierfilter zur Beseitigung von Farbstichen in der Farbfilm-Kopiertechnik, sowie die fotografischen Aufnahmefilter.

*Farbauszugsfilter* sollen nur einen scharf begrenzten Bereich des sichtbaren Spektralgebiets durchlassen. Sie werden u. a. benutzt, um aus einer farbigen Vorlage die Druckvorlagen für den Mehrfarbendruck zu gewinnen.

*Anaglyphenfilter* dienen zur stereoskopischen Betrachtung von Druckvorlagen oder projizierten Bildern: Die Filter vor den beiden Augen bilden ein komplementär gefärbtes Filterpaar (rot bis orange und blau bis grün). Der Transmissionsbereich eines Filters wird von dem anderen Filter gerade gesperrt. Werden also die Halbbilder mit auf die Filter abgestimmten Druckfarben rot und grün übereinander gedruckt, so wird für jedes Auge nur ein Halbbild sichtbar. Eine ganz ähnliche Anwendung von Komplementärfiltern ergibt sich bei dem *„Rot-Blau-Verfahren"* zur Herstellung von doppelseitigen Leiterplatten: Die Vorlagen für die Leiterbahnen beider Seiten werden aus roten und blauen Filterstreifen zu einer gemeinsamen Vorlage zusammengeklebt. Bei der fotografischen Verkleinerung gewinnt man daraus durch Einschalten von Rot- und Blau-Filtern die beiden getrennten Vorlagen.

*Filter zur Erzeugung monochromatischer Strahlung,* d. h. schmalbandige Filter, können zwar mit Absorptionsfilter-Kombinationen für praktisch alle Farben des Spektrums hergestellt werden, sind aber nur sehr wenig durchlässig. Transmissionsgrade von 5% bis 10% bei etwa 20 nm Halbwertsbreite sind schon eine günstige Ausnahme. Hier erreicht man mit Interferenzfiltern erheblich günstigere Werte.

*Farbkontrastfilter* lassen zwei voneinander durch eine Absorptionslücke getrennte Spektralgebiete hindurch und vermögen die Farbunterschiede bunter durch sie hindurch betrachteter Gegenstände zu erhöhen oder zu verringern. Im ersten Fall werden die physiologischen Mischfarben Gelb und Blaugrün absorbiert, so daß Rot, Grün und Blau betont werden; zur Unterdrückung der Farbkontraste werden diese Farben absorbiert und Gelb sowie Blaugrün hindurchgelassen, die ein blasses, wie ein Schwarzweißphoto wirkendes Bild liefern.

Die Farbe solcher Kontrastfilter, gegen eine weiße Fläche betrachtet, ändert sich erheblich, gelegentlich sprunghaft, mit der umgebenden Beleuchtung. Man benutzt sie deshalb zur Prüfung der Lichtzusammensetzung (z. B. bei Farbfilmaufnahmen) oder zur Feststellung der Temperatur glühender Körper.

*Graufilter* für photometrische, insbesondere spektrale Messungen müssen eine für alle Farben gleiche Dichte, Keile dieselbe Konstante haben, also rein „grau" sein. Das bereitet Schwierigkeiten. Für das sichtbare Gebiet ist diese Bedingung durch sorgfältig hergestellte Gelatinefilter, z. B. bei den Goldbergschen Keilen, auf 1–2% erfüllt; für das anschließende Ultraviolett und Ultrarot sind die Dichten meist zu groß bzw. zu klein. Fein verteiltes Silber (photographische Schicht), Kombinationen mehrerer Farbstoffe, verschiedenartig aufgedampfte Platinschichten wurden hierfür vorgeschlagen.

## Literaturhinweise

L 6.9.1 *Scharf, P. T.:* Filters. LÜ 1 Vol. I/3

L 6.9.2 *Frenk, H.; Mayer, R.:* Optische Filter und ihre Anwendung in Instrumenten. Jahrb. f. Optik u. Feinmechanik 1967, 23–34

L 6.9.3 DIN 58 190 Optische Strahlungsfilter. T 1 Einteilung, Begriffe

L 6.9.4 DIN 58191 Optische Strahlungsfilter
T 1 Begriff, Kurzbeschreibung und Beschriftung von Neutralfiltern
T 2 Begriff, Kurzbeschreibung und Beschriftung von Kantenfiltern
T 3 Begriff, Kurzbeschreibung und Beschriftung von Bandpaßfiltern

**Beispiele für Hersteller bzw. Lieferanten von Filtern**

H 6.9.1 *Schott Glaswerke,* Hattenbergstr. 10, Mainz: Farb- u. Filtergläser, Interferenzfilter, Kunststoffverbund-Filter
H 6.9.2 *Oriel GmbH,* Im Tiefen See 58, Darmstadt
H 6.9.3 *Melles Griot GmbH,* Kleyerstr. 14, Darmstadt
H 6.9.4 *Ealing Beck Ltd.,* Greycaine Road, Watford, GB
H 6.9.5 *Spindler u. Hoyer GmbH u. Co.,* Königsallee 23, Göttingen
H 6.9.6 *B. Halle Nachfl.,* Hubertusstr. 10, Berlin 41

## 6.10 Absorptionsfilter

Bei Absorptionsfiltern erfolgt die Schwächung der durchgehenden Strahlung im wesentlichen durch Absorption im Filtermaterial; der Reflexionsanteil an der Schwächung bleibt auf die Fresnelsche Reflexion an der Grenzfläche zwischen Luft und dem Filtermaterial mit der Brechzahl n beschränkt. Einige wichtige spektrale Kennzahlen zur Beschreibung des Filterverhaltens ($\tau(\lambda)$, $D(\lambda)$, $\tau_i(\lambda)$, $E(\lambda)$) wurden bereits in Abschn. 2.3 definiert und in Tab. 2.3.1 zusammengestellt.

Die Einwirkung eines Filters auf Strahlung wird durch die Funktion $\tau(\lambda)$ beschrieben (Abschn. 6.9). Der *spektrale Transmissionsgrad* hängt von der *Brechzahl* n, der *Konzentration* c des absorbierenden Stoffes, der *Filterdicke* d und der spektralen Stoffeigenschaft, d. h. dem *spektralen dekadischen Absorptionskoeffizienten* $\varkappa(\lambda)$ ab. Mit ausreichender Genauigkeit erhält man für den spektralen Transmissionsgrad

$$\tau(\lambda) = \frac{2n}{n^2+1} \cdot 10^{-\varkappa(\lambda) \cdot c \cdot d} \qquad (6.10.1)$$

(Die Einheit von $\varkappa(\lambda)$ wird durch die gewählten Einheiten für Konzentration und Schichtdicke bestimmt.)

Der spektrale Transmissionsgrad ergibt sich also als Produkt aus zwei Faktoren: 1. dem *Reflexionsfaktor* P (= „Rho“) mit

$$P = \frac{2n}{n^2+1} \qquad (6.10.2)$$

durch den die *Fresnelsche Reflexion* unter Berücksichtigung von Mehrfachreflexionen erfaßt ist (Gl. 6.10.2 gilt streng nur für senkrechten Lichteinfall, genügend genau aber bis etwa $\varepsilon = 45°$; die $\lambda$-Abhängigkeit von n kann vernachlässigt werden), 2. dem *Reintransmissionsgrad* $\tau_i(\lambda)$ mit

$$\tau_i(\lambda) = 10^{-\varkappa(\lambda) \cdot c \cdot d} \qquad (6.10.3)$$

Gesetz von Bouguer, Lambert, Beer

Die Berechnung von $\tau(\lambda)$ und $D(\lambda)$ bei mehreren hintereinandergeschalteten Filtern wurde bereits mit Gl. (6.9.2) und (6.9.3) angegeben. Der Reintransmissionsgrad wird hingegen bei der Umrechnung der Spektralfunktionen auf verschiedene Filterdicken benötigt. Ganz entsprechend dem Zusammenhang von D(λ) mit τ(λ) wird von dem Reintransmissionsgrad die *dekadische Extinktion* E(λ) als logarithmisches Maß abgeleitet: Es ist $E(\lambda) = \lg 1/\tau_i(\lambda)$ (Tab. 2.3.1). Eine günstige Darstellung der Filterfunktion ermöglicht die *Diabatie* Θ(λ):

$$\Theta(\lambda) = 1 - \lg E(\lambda) \tag{6.10.4}$$

*Umrechnung auf andere Filterdicke:*

Sind $d_1$ und $d_2$ die Dicken der absorbierenden Filterschicht, so ergeben sich bei bekannten Daten für die Schichtdicke $d_1$ folgende Kenngrößen bei der Dicke $d_2$ ((λ) weggelassen):

$$\tau_{i2} = \tau_{i1}^{\,d_2/d_1} \tag{6.10.5}$$

Dieser Zusammenhang der Reintransmissionsgrade folgt aus Gl. (6.10.3). Für die Extinktion erhält man

$$E_2 = E_1 \cdot \frac{d_2}{d_1} \tag{6.10.6}$$

und für die Diabatie

$$\Theta_2 = \Theta_1 + \lg \frac{d_1}{d_2} \tag{6.10.7}$$

Schließlich ergibt sich für die Gesamtwirkung des Filters als Folge der Schichtdickenänderung, d. h. für den *spektralen Transmissionsgrad* τ(λ), aus Gl. (6.10.1) bis (6.10.3)

$$\tau_2 = \tau_1^{d_2/d_1} \cdot P^{(d_1 - d_2)/d_1} \tag{6.10.8}$$

Tab. 6.10.1 gibt am Beispiel einiger Werte für $\tau_i(\lambda)$ einen Vergleich der Spektralfunktionen von Filtern. Für die Umrechnung zwischen $\tau_i(\lambda)$ und τ(λ) wurde der Reflexionsfaktor P = 0,92 (entsprechend einer Brechzahl von n = 1,513) gewählt. Die gleiche Bedingung gilt für die Bilder 6.10.1 und 6.10.2, die sich auf das gleiche Filterbeispiel beziehen: Gewählt wurde ein fiktives Filter mit linearem Abfall des Reintransmissionsgrades $\tau_i(\lambda)$, mit $\tau_i(\lambda)_{max} = 0{,}9$. Es läßt besonders gut die Formänderung der Filterkurven erkennen. Die Darstellungen von Bild 6.10.1 können (ohne Bezug auf bestimmte Dicken) auch auf Interferenzfilter angewendet werden; Bild 6.10.2 bezieht sich nur auf Absorptionsfilter. Als Beispiel für die Dickenabhängigkeit wurde in beiden Bildern $d_2 = 6 \cdot d_1$ gewählt, entsprechend z. B. Absorptionsfiltern mit 2 mm und 12 mm Dicke. Der „wahre" Verlauf der Filterfunktion wird nur durch lineare τ(λ)-Darstellung sichtbar gemacht (Bild 6.10.1 a). Die größere Dicke führt zu erheblicher Verminderung des Transmissionsgrades, aber auch zu einem „schmalbandigen" Filter: Die *Halbwertsbreite* $\Delta\lambda_{0,5}$ ist gegenüber dem dünneren Filter ($d_1$) erheblich reduziert. Niedrige Transmissionswerte können aber aus der logarithmischen Darstellung (Bild 6.10.1 b) oder aus der gerade umgekehrt verlaufenden Dichtekurve D(λ) (Bild 6.10.1 c) besser abgelesen werden.

Die Kurven für $\tau_i$ (λ) (Bild 6.10.2 a) unterscheiden sich von τ(λ) nur durch den Faktor P = 0,92. Die *Diabatie-Darstellung* (Bild 6.10.2 b) zeigt sehr nützliche Besonderheiten: Die Kurvenform ist unabhängig von der Dicke; die Kurven sind nur gemäß Gl. (6.10.7) gegeneinander verschoben. Außerdem ist die Ablesung sowohl bei hohen $\tau_i$-Werten (knapp unter 1,0) wie bei niedrigen Werten günstig. Üblicherweise schreibt man dann an die Ordinate nicht die Diabatie-Werte selbst, sondern die hier rechts angegebenen

**Tabelle *6.10.1* Vergleich spektraler Daten von Filtern bei einem Reflexionsfaktor P = 0,92**

| $\tau_i(\lambda)$ | $E(\lambda)$ | $\Theta(\lambda)$ | $\tau(\lambda)$ | $D(\lambda)$ |
|---|---|---|---|---|
| 1,00 | 0 | $\infty$ | 0,920 | 0,036 |
| 0,99 | $4{,}36 \cdot 10^{-3}$ | 3,36 | 0,911 | 0,041 |
| 0,90 | 0,046 | 2,34 | 0,828 | 0,082 |
| 0,50 | 0,301 | 1,52 | 0,460 | 0,337 |
| 0,10 | 1,000 | 1,00 | 0,092 | 1,036 |
| 0,05 | 1,301 | 0,89 | 0,046 | 1,337 |
| 0,01 | 2 | 0,70 | $0{,}92 \cdot 10^{-2}$ | 2,036 |
| $10^{-3}$ | 3 | 0,52 | $0{,}92 \cdot 10^{-3}$ | 3,036 |
| $10^{-4}$ | 4 | 0,40 | $0{,}92 \cdot 10^{-4}$ | 4,036 |
| $10^{-5}$ | 5 | 0,30 | $0{,}92 \cdot 10^{-5}$ | 5,036 |
| $10^{-10}$ | 10 | 0 | $0{,}92 \cdot 10^{-10}$ | 10,036 |
| 0 | $\infty$ | $-\infty$ | 0 | $\infty$ |

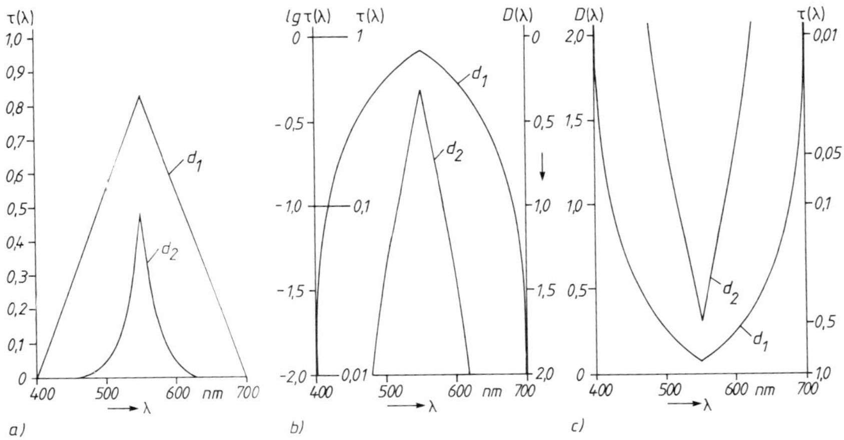


Bild 6.10.1 Form der Filterkurven des gleichen Filters bei unterschiedlicher Darstellung, sowie zwei absorbierenden Dicken $d_1$ und $d_2 = 6 \cdot d_1$

a) $\tau(\lambda)$ linear, b) $\tau(\lambda)$ logarithmisch, c) $D(\lambda)$ linear

$\tau_i(\lambda)$-Werte. Dichtekurven (Bild 6.10.1c) und Extinktionskurven (Bild 6.10.2c) stimmen nahezu überein.

Bei *schrägem Einfall des Lichts* (z. B. Randstrahlen weit geöffneter Bündel) werden längere Wege durch die Absorptionsschicht zurückgelegt, so daß die Dichte größer, der

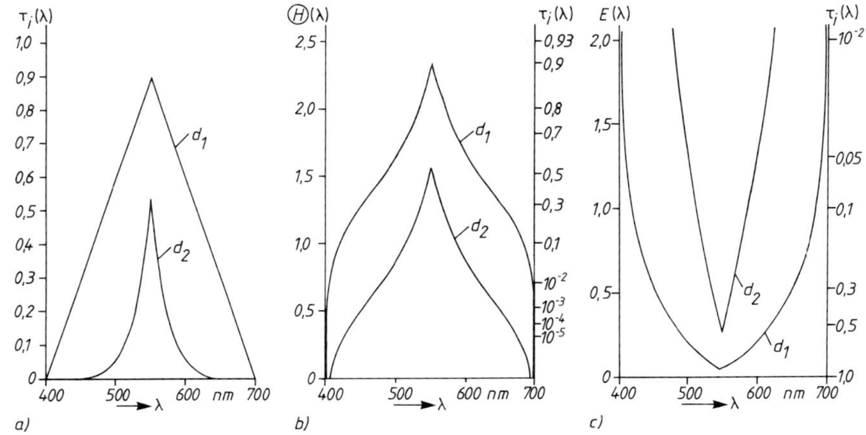


Bild 6.10.2 Weitere Filterkurven für gleiches Filter wie bei Bild 6.10.1
a) $\tau_i(\lambda)$ linear, b) Diabatie $\Theta(\lambda)$ linear, c) Extinktion $E(\lambda)$ linear

Transmissionsgrad kleiner ist und ggf. Farbverschiebungen auftreten. Dies gilt für eine wenige hundertstel Millimeter dicke Gelatineschicht ebenso wie für eine dicke Küvette oder Glasplatte! Fällt ein Bündel aus Luft unter dem Einfallswinkel $\varepsilon$ auf das Filter, so ergibt sich im Filter für den Brechungswinkel $\varepsilon'$

$$\cos \varepsilon' = \sqrt{1 - \frac{\sin^2 \varepsilon}{n^2}} \tag{6.10.9}$$

Die *wirksame Filterdicke* $\tilde{d}$ ist dann

$$\tilde{d} = \frac{d}{\cos \varepsilon'} . \tag{6.10.10}$$

Damit können die für Schrägeinfall wirksamen Spektralfunktionen nach Gl. (6.10.5) bis (6.10.8) berechnet werden. Bei Farbfiltern mit steilen Absorptionskanten stören diese Änderungen wenig, aber bei Filtern, die der Schwächung um einen genau definierten Bruchteil dienen, können erhebliche Fehler auftreten. So sollten z. B. Graufilter für Eichzwecke nur im telezentrischen Strahlengang benutzt werden.

Nach Gl. (6.10.1) und Gl. (6.10.3) wirken Änderungen der Konzentration c genau so wie Änderungen der Dicke d; damit können alle auf Dickenänderungen bezüglichen Gleichungen auch auf die Konzentration des absorbierenden Stoffs angewendet werden, soweit die Lösungen verdünnt sind und keine konzentrationsabhängigen Reaktionen auftreten.

Absorptionsfilter sollen trübungsfrei sein und (meist) keine Eigenfluoreszenz aufweisen. In geometrischer Hinsicht sollen sie Planparallelplatten darstellen. Wo die Planplatteneigenschaften im Strahlengang stören, muß die Schichtdicke möglichst gering sein (z. B. dünne, unverkittete Gelatinefilter mit hoher Farbstoffkonzentration). Zur selektiven Absorption bei Farbfiltern benutzt man Schwermetallverbindungen in Lösungen, Glas oder getrockneter Gelatine, sowie kolloidale Anfärbung und organische Farbstoffe. Man kann die folgenden wichtigen *Bauformen* unterscheiden:

1. *Flüssigkeiten in Küvetten;* Gefäße aus planparallelen Scheiben mit Zwischenlage, die einen bestimmten Abstand beider Scheiben garantiert. Aus sorgfältig plan gearbeiteten Scheiben und hinsichtlich der Dicke genau gemessenen Zwischenlagen aufgebaut, bilden Küvetten die geometrisch fehlerfreiesten und am besten reproduzierbaren Lichtfilter. Natürlich müssen die farbigen Lösungen so sorgfältig quantitativ wie chemische Normallösungen hergestellt werden. Die Küvetten sind als säurefest verkittete oder verschmolzene Gefäße von Spezialfabriken käuflich zu haben.

Es ist leicht möglich, den Zwischenraum auf 0,002 mm genau zu messen. Enthält die Lösung z. B. 20 g ± 1 mg Farbstoff auf 1 Liter ± 0,05 $cm^3$ Wasser, so ist der maximale Gesamtfehler in der Bemessung des mit 10 mm Flüssigkeitsschicht (Temperatureinfluß beachten) angenommenen Filters 0,3‰. Wegen der Nachteile einer Flüssigkeiten enthaltenden Küvette ist ihr Gebrauch auf laboratoriumsmäßig arbeitende Betriebe beschränkt, wo geometrisch-optisch oder hinsichtlich der Einhaltung des Filterrezeptes sehr hohe Anforderungen gestellt werden; eich- oder normfähige Filter mit genau definierter Durchlässigkeit werden als solche Flüssigkeitsfilter angegeben, z. B. das Davis-Gibson-Weißlichtfilter in DIN 4512 und DIN 5033.

2. *Farbgläser:* Gläser mit Ionenfärbung (z. B. grün durch Chromdioxid) zeigen etwa sinus- oder glockenförmige Filterkurve, während Anlaufgläser eine Filterkurve mit steiler Kante ergeben, die den kurzwelligen Absorptionsbereich vom langwelligen Durchlaßbereich trennt (Langpaßkantenfilter). Bei diesen Gläsern entsteht die Färbung (z. B. gelb durch Cadmiumsulfid) erst durch Wärmebehandlung des Glases, wobei kleinste Kristalle im kolloidalen Größenbereich ausgeschieden werden. Von Nachteilen farbiger Flüssigkeiten sind in der Masse gefärbte Gläser frei; daraus gefertigte Planscheiben haben die Vorteile einheitlicher fester Körper. Sie unterliegen keiner Farbänderung durch Eintrocknen usw. und sind, von Ausnahmen abgesehen, lichtecht. Die Hitzefestigkeit und Beständigkeit gegen chemische Einflüsse ist oft gering. Weil Farbgläser gelegentlich Schlieren haben, beeinträchtigen sie mitunter die Strahlengänge hochwertiger abbildender Systeme. Da jede Farbglasschmelze etwas anders ausfällt, ist vollkommene Reproduzierbarkeit mitunter nicht sicher; dies gilt insbesondere für Filter, die ein größeres Spektralgebiet nur schwächen, nicht aber völlig absorbieren sollen. Damit die farbigen Eigenschaften über das ganze Filter hinweg konstant sind, muß das Filterglas sorgfältig planparallel bearbeitet werden. Ein Keilfehler von nur 2′ macht bei einem 60 mm großen Filter etwa 0,03 mm Dickenunterschied aus, die bei 1,5 mm Glasdicke einem Fehler von 2% entsprechen. Es ist also schwer, die mit Küvetten mögliche Genauigkeit zu erreichen; deren Gläser haben auf die Farbe keinen Einfluß, können also Keilfehler haben!

Für viele technische Zwecke sind Farbgläser wegen ihrer Konstanz und technischen Einfachheit die beste Filterform.

3. *Gelatinefilter mit Anilinfarbstoffen.* Man färbt Gelatinelösung mit einer sorgfältig abgemessenen Menge Farbstofflösung, gießt nach dem Schmelzen auf waagerecht nivellierter Glasplatte aus, läßt erstarren und trocknen. Die Schicht kann auf der Glasplatte verbleiben und mit einer zweiten mittels Kanadabalsams zum Schutze verkittet werden. Bei geeigneter Vorpräparation kann die Farbschicht als Folie abgezogen, in beliebige Stücke geschnitten und einzeln oder zu mehreren zwischen zwei Glasplatten gelegt oder gekittet werden. Dies empfiehlt sich bei Versuchen oder bei kleinen Filtern unter etwa 5 cm Durchmesser. Die Genauigkeit, mit der solche Filter reproduziert werden können, liegt bei 1–3% [6.10.6]). Dabei ist vollkommene Reinheit bzw. Reproduzierbarkeit des Farbstoffes angenommen. Die Vielzahl der vorhandenen Farbstoffe gestattet sehr vielfäl-

**Tabelle *6.10.2* Beispiele für Absorptionsfilter aus Glas** [H 6.10.1]

| Typ | Bild 6.10.3 | Beschreibung | $P_d$ | $n_d$ | Haltbarkeit |
|---|---|---|---|---|---|
| UG 5 | b | UV-durchläss. Schwarzglas | 0,917 | 1,525 | ④ V |
| BG 1 | e | Blauviolettglas, UV- u. Rot-durchläss. | 0,921 | 1,510 | ② V |
| BG 24 | a | Blauviolettglas, UV- u. Rot-durchläss. | 0,919 | 1,518 | ④ V |
| BG 25 | a | Blauglas, Rot absorbierend | 0,920 | 1,512 | ② |
| BG 36 | d | Banden-Absorpt.-Glas (Didymglas) | 0,877 | – | ③ V |
| BG 38 | a | Blaugrünglas, Rot absorbierend | 0,915 | 1,531 | ③ |
| VG 6 | a | Grünglas | 0,912 | 1,548 | ② |
| VG 9 | b | Grünglas | 0,911 | 1,551 | ② |
| VG 10 | a | Grünglas | 0,912 | 1,546 | ② |
| GG 10 | b | Glas m. sehr geringer Fluoreszenz | 0,918 | 1,523 | ② |
| GG 385 | c | Farblos. Glas m. steiler Kante im UV | 0,904 | 1,579 | ② |
| GG 400 | c | Gelbglas m. steiler Absorptionskante | 0,913 | 1,542 | ③ |
| GG 435 | c | Gelbglas m. steiler Absorptionskante | 0,912 | 1,542 | ③ |
| GG 475 | c | Gelbglas m. steiler Absorptionskante | 0,914 | 1,538 | ③ |
| OG 515 | c | Orangeglas m. steiler Absorpt.-Kante | 0,914 | 1,538 | ③ |
| OG 550 | c | Orangeglas m. steiler Absorpt.-Kante | 0,914 | 1,539 | ③ |
| OG 590 | c | Orangeglas m. steiler Absorpt.-Kante | 0,914 | 1,539 | ③ |
| RG 630 | c | Rotglas m. steiler Absorptionskante | 0,917 | 1,538 | ③ |
| RG 665 | c | Rotglas m. steiler Absorptionskante | 0,913 | 1,537 | ③ |
| RG 695 | c | IR-durchläss. Schwarzglas; steile Kte. | 0,914 | 1,537 | ③ |
| RG 780 | c | IR-durchläss. Schwarzglas; steile Kte. | 0,915 | 1,538 | ③ |
| RG 830 | c | IR-durchläss. Schwarzglas; steile Kte. | 0,911 | 1,551 | ③ |
| RG 1000 | c | IR-durchlässiges Schwarzglas | 0,914 | – | ② |
| RG 9 | c | IR-durchlässiges Schwarzglas | 0,913 | 1,540 | ② |
| NG 1 | e | Neutral-Glas | 0,919 | 1,520 | ② |
| NG 4 | e | Neutral-Glas | 0,922 | 1,505 | ② |
| NG 9 | e | Neutral-Glas | 0,920 | 1,512 | ② |
| NG 11 | e | Neutral-Glas | 0,923 | 1,502 | ② |
| NG 12 | e | Neutral-Glas | 0,925 | 1,492 | ② |
| WG 9 | b | Fluoreszenz-Glas, hellblau fluoresz. | 0,918 | 1,520 | ② |
| WG 230 | c | Farblos. Glas m. steiler Kante im UV | 0,909 | 1,560 | ③ V |
| WG 280 | c | Farblos. Glas m. steiler Kante im UV | 0,926 | 1,488 | ① |
| WG 305 | c | Farblos. Glas m. steiler Kante im UV | 0,918 | 1,523 | ① |
| WG 335 | c | Farblos. Glas m. steiler Kante im UV | 0,882 | 1,621 | ① |
| WG 360 | c | Farblos. Glas m. steiler Kante im UV | 0,887 | 1,648 | ① |
| KG 3 | b | Wärmeabsorptions-Glas | 0,919 | 1,521 | ④ V |
| KG 4 | b | Wärmeabsorptions-Glas | 0,918 | 1,517 | ④ V |
| FG 3 | d | Blaues Farbtonglas (Konversionsfilt.) | 0,923 | 1,498 | ② |
| FG 13 | d | Braunes Farbtonglas (Konversionsfilt.) | 0,909 | 1,556 | ③ |
| FG 18 | e | Braunes Farbtonglas (Konversionsfilt.) | 0,915 | 1,536 | ② |

tige technische Anforderungen zu erfüllen, insbesondere, wenn Farbgläser zu Hilfe genommen werden, die als Deckscheiben mit den Folien verkittet werden können. Verkittete Filter sind nicht hitzefest, sehr viele Farbstoffe auch nicht lichtecht, so daß sie nur eine begrenzte Anwendungsmöglichkeit oder Lebensdauer haben.

Tabelle 6.10.2 und Bild 6.10.3 geben *Beispiele für Absorptionsfilter aus Farbgläsern* eines Herstellers [H 6.10.1]. Obgleich weitere Farbgläser lieferbar sind, überdecken die Beispiele etwa den Gesamtbereich der möglichen Glastypen. Reflexionsfaktor $P_d$ und Brechzahl $n_d$ beziehen sich auf die d-Linie, $\lambda = 587{,}6$ nm. Die chemische Haltbarkeit gegen Verwitterung nimmt in der Reihenfolge ① bis ④ ab. Gläser der Gruppe ④ müssen ggf. durch eine Schutzschicht geschützt werden. Bei Gläsern mit dem Hinweis „V" kann der Transmissionsgrad bei starker kurzwelliger Strahlung abnehmen.

Bild 6.10.3 zeigt den spektralen Reintransmissionsgrad $\tau_i(\lambda)$ der Filter in diabatischer Ordinatenteilung. Die Kurven gelten für die hinter dem Glastyp angegebene Filterdicke (z. B. KG 4–2 ist der Typ KG 4 mit 2 mm Dicke). Die Ablesung für andere Dicken zeigt folgendes Beispiel: Aus Bild 6.10.3a entnimmt man für BG 38–1 bei

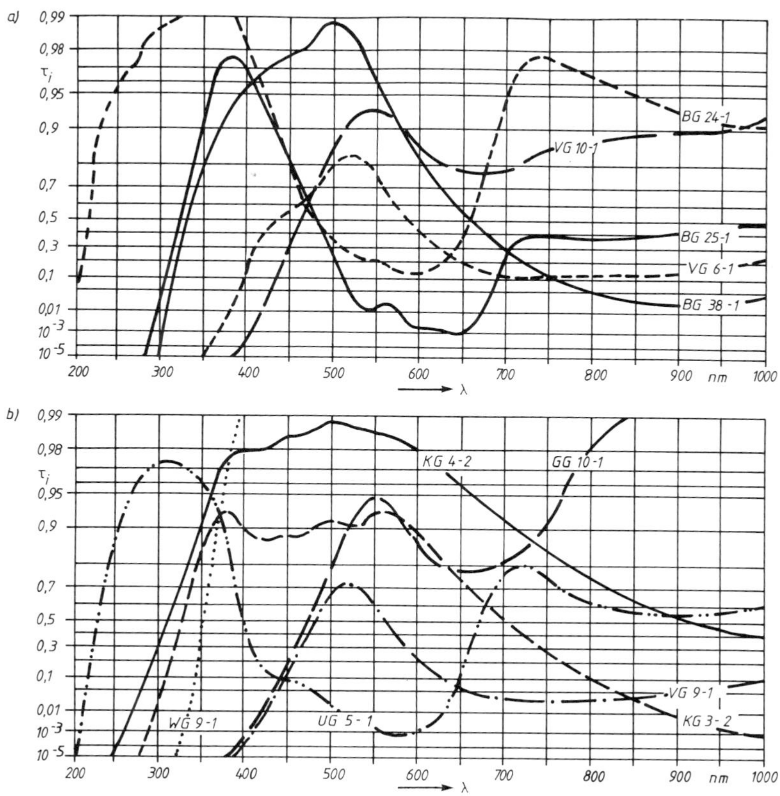


Bild 6.10.3

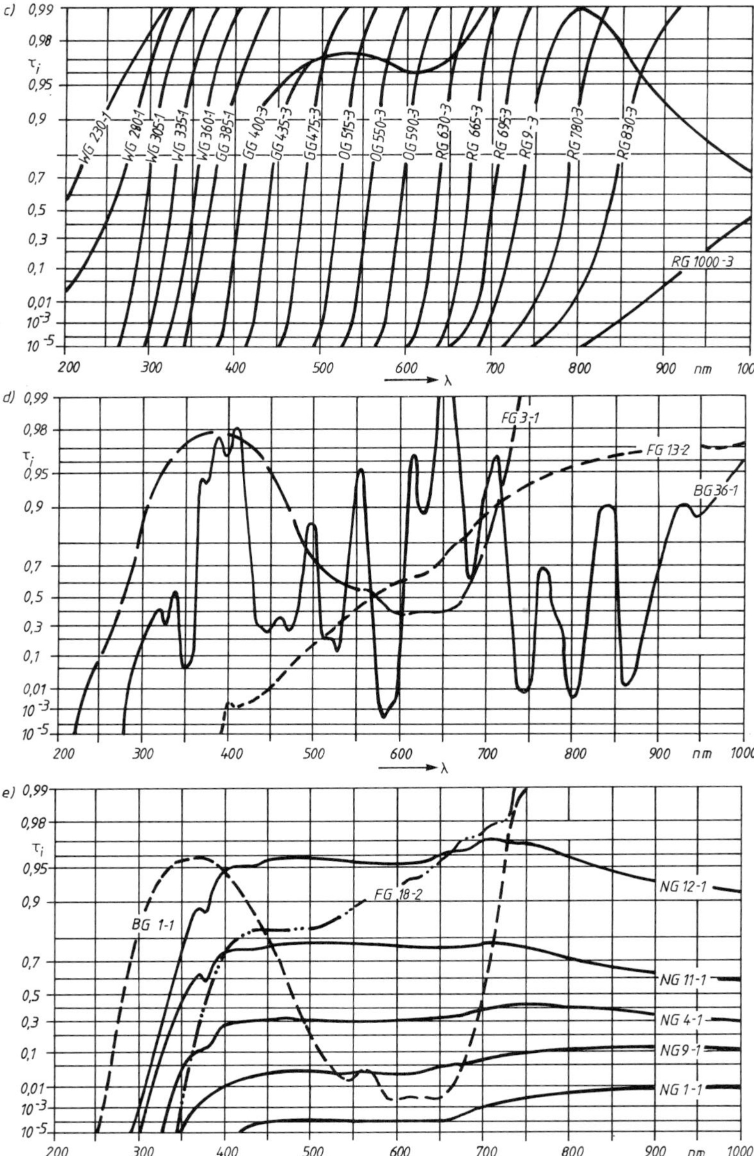


Bild 6.10.3 Reintransmissionsgrad von Glasfiltern [H 6.10.1] in diabatischer Darstellung
Erläuterungen siehe Text und Tabelle 6.10.2

500 nm: $\tau_i = 0{,}99$. Für die Dicke 4 mm berechnet man daraus mit Gl. (6.10.5) $\tau_i = 0{,}96$. Um die im Diagramm abzumessende Ordinatendifferenz zwischen 0,99 und 0,96 muß man nun die (z. B. auf Transparentpapier durchgezeichnete) Kurve nach unten verschieben. Dann kann man die $\tau_i$-Werte bei 4 mm Dicke für den gesamten Wellenlängenbereich ablesen. Gläser mit steiler Absorptionskante (Bild 6.10.3c) werden durch die Kantenlage (Wellenlänge für $\tau_i = 0{,}5$) bezeichnet, die sich bei einer Dicke von 2 mm oder 3 mm ergibt.

### Literaturhinweise

L 6.10.1 *Res, M. A.; Kok, C. J.; Schneider, R. O.; Hengstberger, F.; Kröger, K.; Jun, M. R.:* Einfaches Phosphatglasfilter mit spektraler Lichtdurchlässigkeit der V (λ)-Kurve. Optik *42* (1975) No. 4, 351–360

L 6.10.2 *Res, M. A.; Bednarik, J.; Hengstberger, F.; Kok, C. J.; Kröger, K.:* Filtergläser mit Bandpaß-Eigenschaften. . . . (verschiedene Spektralbereiche). Optik *48* (1977) No. 1, 83–94; No. 4, 371–382; *49* (1977) No. 3, 277–293; No. 4, 433–444

L 6.10.3 *Res, M. A.; Kruse, K. M. M.; Hecker, E.:* Band-pass filter glasses in the region 550 nm to 616 nm. Optik *51* (1978) No. 1, 1–14; No. 2, 127–140

L 6.10.4 *Kröger, K.; Res, M. A.; Bednarik, J.:* Cut-on filters containing Ce-Ti for use in the visible region. Optik *49* (1977) No. 3, 347–355

L 6.10.5 *Bednarik, J.; Res, M. A.; Kröger, K.:* Filter glasses with band-reject characteristics for use in the visible part of the spectrum. Optik *52* (1978/79) No. 3, 215–234

### Beispiele für Hersteller bzw. Lieferanten

H 6.10.1 *Schott Glaswerke,* Hattenbergstr. 10, Mainz: Farb- und Filterglas
H 6.10.2 *Hoya Corp.,* 572 Miyazawa-cho, Akishima-shi, Tokio, J: Filter und Filterglas
H 6.10.3 *Agfa-Gevaert AG,* Leverkusen: Filter für Fotografie und Reprografie
H 6.10.4 *Kodak AG,* Hedelfinger Str., Stuttgart-Wangen: Filter, insbesondere für Reprografie
H 6.10.5 *Martin Summer,* Gräfelfing: Drosselgasse 4: Heliopan-Filter für die Fotografie
H 6.10.6 *Göttinger Farbfilter,* Brauweg 36, Göttingen: Gelatinefilter u. a. Filter, Graukeile
H 6.10.7 *B + W Filterfabrik,* Im Rad 2, Wiesbaden: Filter u. Zubehör für Fotografie
H 6.10.8 *Regula-Werk King & Bauser GmbH,* Bad Liebenzell: Filtersystem für Fotografie
H 6.10.9 *LIFA,* Neusäßer Str. 25, Augsburg: Filter für die Fotografie
H 6.10.10 Siehe auch Beispiele 6.9. . . .

## 6.11 Interferenzfilter

Die spektralen Eigenschaften von Interferenzfiltern sind durch die Interferenzen bei Mehrfachreflexionen in Dünnschichtsystemen bedingt. In dem einfachsten Fall des *Metall-Interferenzfilters* wird eine transparente dielektrische Schicht der Dicke $d = \lambda/2$ durch zwei teildurchlässige Metallspiegelschichten begrenzt. Dann ergibt sich ein enger Durchlaßbereich bei der Wellenlänge λ und bei bestimmten kürzeren Wellenlängen, die meist durch ein aufgekittetes Farbglas eliminiert werden. Die störende Absorption der Metallschichten begrenzt $\tau_{max}$.

Bei *dielektrischen Interferenzfiltern* wird jede Metallschicht durch ein Schichtsystem („Reflektor") aus $\lambda/4$-dicken Schichten mit abwechselnd hoher und niedriger Brechzahl ersetzt, Bild 6.11.1. Jedes Interferenzsystem *(„Cavity")* besteht also aus zwei Reflektoren und einer $\lambda/2$-Abstandsschicht; mehrere Cavities können hintereinander geschaltet werden. Die Schichtdicken der Abstandslagen ($\lambda/2$) bestimmen die spektrale Lage des Transmissionsbereichs. Mit zunehmender Zahl der Einzelschichten im Reflektor kann die *Bandbreite* vergrößert, durch Hinzufügen weiterer Cavities die *Flankensteilheit* verbessert werden (Bild 6.11.2). So ergibt sich z. B. für

| | 1 Cavity | 2 Cavities | 3 Cavities |
|---|---|---|---|
| $\dfrac{\Delta\lambda_{0,1}}{\Delta\lambda_{0,5}} =$ | 2,8 | 1,7 | 1,3 |

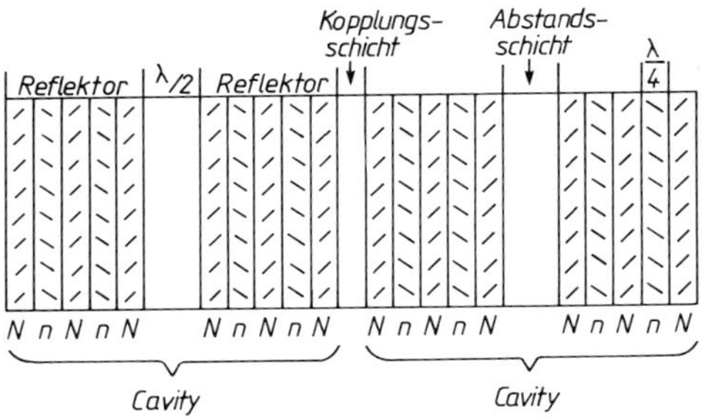


Bild 6.11.1 Aufbauschema eines dielektrischen Interferenzfilters mit zwei Interferenzsystemen (Cavities)
N = Schicht mit hoher, n = Schicht mit niedriger Brechzahl

Auch kombinierte Schichtsysteme aus Metall- und dielektrischen Interferenzfiltern werden aufgebaut. Mit diesen Filtern können zusammen mit Farbgläsern alle unerwünschten Durchlaßstellen beiderseits der Arbeitswellenlänge unterdrückt werden. Interferenzfilter ohne zusätzliche Sperrfilter erreichen im Durchlaßbereich maximalen Transmissionsgrad; ihr *Sperrbereich* außerhalb des Durchlaßbandes erstreckt sich aber nur von etwa $0{,}85 \cdot \lambda_m$ bis $1{,}25 \cdot \lambda_m$.

Durch *Temperaturerhöhung* wird die mittlere Wellenlänge $\lambda_m$ geringfügig zu größeren Werten hin verschoben (ca. 0,02 nm/K), da Schichtdicken- und Brechzahländerungen auftreten. Einen größeren Einfluß hat die *Änderung des Einfallswinkels:* Die Daten des Interferenzfilters gelten normalerweise für $\varepsilon = 0°$. Für $\varepsilon \gtrless 0°$, also nicht senkrechten Einfall, verschiebt sich $\lambda_m$ zu kleineren Werten, wobei bis zu Winkeln von etwa 20° die folgende Gleichung als Näherung gilt:

$$\lambda_{m,\varepsilon} = \lambda_m \cdot \sqrt{1 - \frac{\sin^2\varepsilon}{n^2}} \tag{6.11.1}$$

mit $\lambda_{m,\varepsilon}$ und $\lambda_m$ = mittlere Wellenlängen bei den Einfallswinkeln $\varepsilon$ und $\varepsilon = 0°$, $n$ = wirksame Brechzahl, die wegen Mitwirkung der übrigen Systemschichten etwas von der Brechzahl der $\lambda/2$-Abstandsschichten (z. B. Zinksulfid oder Kryolith) abweicht. So ergeben sich als wirksame Werte etwa $n = 2{,}0$ bis $2{,}1$ für Zinksulfid und $n = 1{,}45$ für Kryolith. Gl. (6.11.1) zeigt, daß bei hoher Brechzahl die Bandverschiebung als Funktion des Drehwinkels geringer ist als bei niedriger Brechzahl.

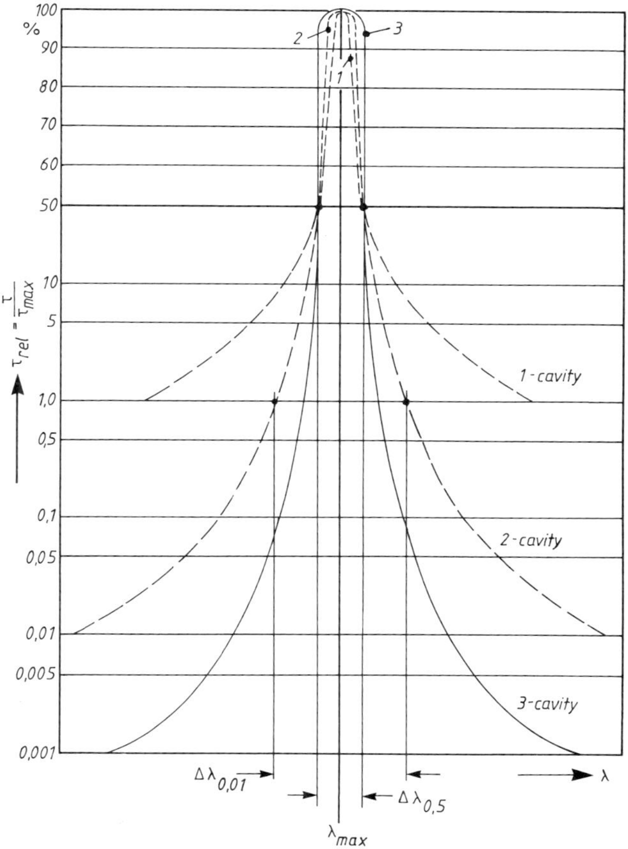


Bild 6.11.2 Form der Transmissionskurve eines Interferenzfilters bei unterschiedlicher Anzahl von Cavities (nach [H 6.11.4])

Man beachte die Änderung der Ordinatenteilung unterhalb $\tau_{rel}$ = 50%. $\Delta\lambda_{0,5}$ = Halbwertsbreite (Bandbreite), hier gleicher Wert für alle drei Filterkurven; $\Delta\lambda_{0,01}$ = Hundertstelwertsbreite, als Beispiel für 2-Cav.-System

*Beispiel:* Steht ein mit n = 1,45 aufgebautes, bei $\lambda_m$ = 635,0 nm wirksames Interferenzfilter zur Verfügung, das auf einen HeNe-Laserstrahl (632,8 nm) abgestimmt werden soll, so ergibt sich aus Gl. (6.11.1) $\varepsilon = 6{,}93° \approx 7°$. Um diesen Winkel muß das Filter zur Feinabstimmung gegenüber senkrechtem Einfall gedreht werden.

In *konvergentem* oder *divergentem Strahlengang* mit dem Aperturwinkel u kann man für den Bereich des Einfallswinkels von $\varepsilon = 0°$ bis $\varepsilon = u$ nur einen Mittelwert $\overline{\Delta\lambda}_{m,\varepsilon}$ für die verschobene Wellenlänge angeben. Als brauchbare Näherung ergibt sich

$$\overline{\Delta\lambda}_m = 0{,}5 \cdot \Delta\lambda_{m,u} \qquad (6.11.2)$$

Insgesamt werden die Bandbreite vergrößert und der maximale Transmissionsgrad verringert. Bei großen Einfallswinkeln sind Filter mit steilen Flanken, d. h. mit mehr als zwei Cavities, am günstigsten.

*Beispiel:* ein bei senkrechtem Einfall auf $\lambda = 500$ nm abgestimmtes Filter mit ZnS-Abstandsschicht ($n \approx 2$) ergibt in divergentem Strahlengang mit $u = 8°$ $\lambda_{m,u} = 498{,}8$ nm und damit $\Delta\lambda_{m,u} = 1{,}2$ nm für den Randstrahl, im Mittel aber nur $\overline{\Delta\lambda_m} = 0{,}6$ nm.

Bei dem *Einbau* aller mit Farbgläsern verkitteten Interferenzfilter in den Strahlengang ist zu beachten, daß die Kittschicht vor höheren Temperaturen und starker kurzwelliger Bestrahlung geschützt werden muß: Das hoch reflektierende Interferenzfilter sollte zur Lichtquelle zeigen, das Farbglas von der Lichtquelle abgewendet sein.

Im *Ultraviolettbereich* können Filter mit hohem Transmissionsgrad ohne Nebenmaxima bei größeren Wellenlängen mit Interferenzspiegeln aufgebaut werden (Bild 6.11.3), wobei durch die dargestellte Mehrfachanordnung auch große Aperturen überdeckt werden können.

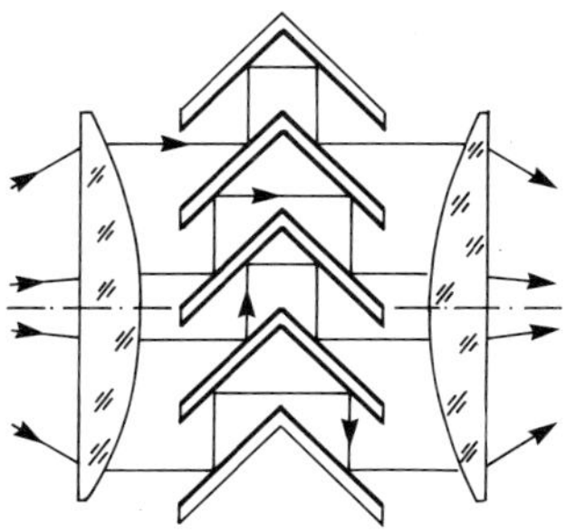

Bild 6.11.3 Interferenz-Reflexionsfilter für den Ultraviolett-Bereich [H 6.11.5]

Geradsichtiger Aufbau mit 4 Reflexionen für jeden Strahl. Dicke schwarze Linien: Mehrfachschichten, aufgedampft auf Schwarzglas. Linsen aus Quarzglas

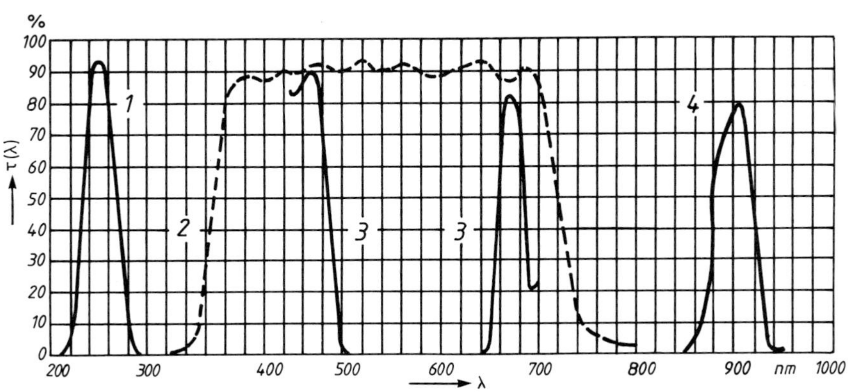


**Bild 6.11.4 Beispiele für Interferenzfilter**

1 Interferenz-Reflexionsfilter UV-R-250 [H 6.11.5] gemäß Bild 6.11.3; 2 Wärmeschutzfilter mit steilen Kanten; 3 Interferenzfilter FITC-3 [H 6.11.1] für die Fluoreszenzmikroskopie; 4 Infrarot-Bandfilter 905 nm für GaAs-Laser

Dünne Schichten für Interferenzfilter können außer durch Aufdampen im Hochvakuum auch sehr wirtschaftlich durch *Tauchverfahren* aufgebracht werden [L 6.11.3, 6.11.4]. Hierzu wird die zu beschichtende Platte langsam aus einem Tauchbad gezogen, das z. B. eine Silizium- oder Titanverbindung in alkoholischer Lösung enthält. Nach Verdampfen des Lösungsmittels verbleibt auf der Platte ein dünner Film, der durch Luftfeuchtigkeit und Wärme in $SiO_2$ (n = 1,445) bzw. $TiO_2$ (n = 2–2,4) umgewandelt wird. Damit stehen zwei Schichten mit stark unterschiedlicher Brechzahl für Mehrfachschichtsysteme zur Verfügung. Außerdem können beliebige Brechzahl-Zwischenwerte durch Mischen der Ausgangslösungen eingestellt werden.

Bild 6.11.4 gibt einige wenige Beispiele für Transmissionskurven von Interferenzfiltern. Das Fluoreszenzfilter 3 trennt mit steiler Kante den kurzwelligen Anregungsbereich vom dicht benachbarten Fluoreszenzbereich im sichtbaren Gebiet. *Dichroitische Teiler,* u. a. für die Verwendung in Farbfernsehkameras, zeigt Bild 20.1.3.

## Literaturhinweise

L 6.11.1 *McDowell, M. W.; Bezuidenhout, D. F.; Chinnery, D. N. W.:* Design and application of a V(λ) interference filter. Optik *53* (1979) No. 4, 257–269

L 6.11.2 *McDowell, M. W.; Chinnery, D. N. W.; Theron, E.:* The Design and application of interference filters for direct polychromatic MTF measurements. Optik *44* (1975) No. 1, 79–88

L 6.11.3 *Hußmann, E.:* Gläser mit Oberflächenschichten. Chemie f. Labor u. Betrieb 1975, Nr. 12, 463–466

L 6.11.4 *Schröder, H.:* Properties and applications of oxide layers deposited on glass from organic solutions. Optica Acta *9* (1962), 249

## Beispiele für Hersteller bzw. Lieferanten

H 6.11.1 *Deutsche Balzers GmbH,* Marienthaler Str. 2, Geisenheim: Interferenzfilter, Farbteilerspiegel

H 6.11.2 *Ditric Optics Inc.,* über: Dr. R. Seitner, Herrsching/Ammersee: Interferenzfilter

H 6.11.3 *Leybold-Heraeus GmbH,* Wilhelm-Rohn-Str. 25, Hanau: Interferenzfilter u. Farbteiler

H 6.11.4 *Corion Corp.,* USA, über Laser-Optronic, Eversbuschstr. 200, München: Interferenzfilter, Dünnschichtsysteme

H 6.11.5 *Schott Glaswerke,* Hattenbergstr. 10, Mainz: Interferenzfilter, Gläser mit Oberflächenschichten, auch im Tauchverfahren

H 6.11.6 *OCLI,* USA, über Oriel GmbH, im Tiefen See 58, Darmstadt: Interferenzfilter

H 6.11.7 *B. Halle Nachfl.,* Hubertusstr. 11, Berlin: Polarisationsinterferenzfilter (Lyot-Öhman u. a.)

H 6.11.8 *Dr. Hugo Anders GmbH,* Schwarzacher Str. 27, 847 Nabburg: Interferenzfilter

H 6.11.9 *Carl Zeiss,* Oberkochen: Lyot-Filter (Hα)

H 6.11.10 *Omega Export,* Inc., 212 Main Street, Brattleboro, VT, USA: Interferenzfilter, Bauelemente mit dünnen Schichten

H 6.11.11 *Spectron Optik GmbH,* Sportplatzweg, Oestrich-Winkel: Interferenzfilter u. Farbteiler

# 6.12 Spektrale Anpassung von Empfängern durch Filter

Sollen verschiedenartige Empfänger auf einfallende Strahlung beliebiger spektraler Zusammensetzung in gleicher Weise reagieren, so müssen sie gleiche spektrale Empfindlichkeitsverteilung $s(\lambda)_{rel}$ aufweisen. Die spektrale Anpassung eines Empfängers an einen anderen ist durch Filter möglich. Wichtigste Aufgabe ist die *Anpassung lichtelek-*

*trischer Empfänger an das Auge,* um fotometrische Messungen ausführen, d. h. eine Strahlung mit lichttechnischen Größen bewerten zu können: Das Produkt aus $s(\lambda)_{rel}$ des Empfängers und $\tau(\lambda)$ des Korrekturfilters muß proportional dem spektralen Hellempfindlichkeitsgrad $V(\lambda)$ des Normalbeobachters sein. Weiterhin können Empfänger an die Normspektralwertfunktionen $\bar{x}(\lambda)$, $\bar{y}(\lambda)$, $\bar{z}(\lambda)$ zur Ausführung von Farbmessungen nach dem Dreibereichsverfahren (Abschn. 16.5) angepaßt werden, ebenso wie an die Empfindlichkeitsverteilung einer Fotoschicht oder an fotobiologische Wirkungsfunktionen.

Die Filteranpassung kann durch Vollfilterung oder Partialfilterung vorgenommen werden. Bei der einfacher auszuführenden *Vollfilterung* [L 6.12.4] bedecken ein Filter oder (meist) eine Kombination aus mehreren hintereinandergeschalteten Filtern die gesamte Empfängerfläche, die beliebig klein sein darf. Die Anpassung erfolgt durch Auswahl geeigneter Filtertypen und (bei Absorptionsfiltern) durch Variation der einzelnen Schichtdicken.

Bei der *Partialfilterung* nach dem *Dresler-Prinzip* [L 6.12.1, 6.12.2, 6.12.3] überdecken die Korrekturfilter „parallel geschaltet" die Empfängerfläche mit unterschiedlichen Bedeckungsgraden (Flächenanteilen); außerdem können die Filter teilweise hintereinandergeschaltet sein. Bild 6.12.1 soll zeigen, daß der Aufbau der Filterstapel kompliziert sein kann. Durch sorgfältig ausgeführte Partialfilterung ist aber eine optimale Anpassung erreichbar, wenn nicht die Katalogangaben, sondern die durch Messung bestimmten Ist-Funktionen von $s(\lambda)$ und $\tau(\lambda)$ als Basis benutzt werden bzw. der Feinabgleich empirisch unter begleitender Spektralmessung erfolgt. Zur Bestimmung des Bedeckungsgrades sind auch grafische Verfahren anwendbar. Eine Änderung des Bedekkungsgrades (lineare Empfindlichkeitsänderung) und eine Änderung der Filterschichtdicke (exponentielle Empfindlichkeitsänderung) von Absorptionsfiltern ergeben zwei unterschiedliche Freiheitsgrade der Korrektur [L 6.12.3]. Bei zu kleinen Empfängerflächen muß die Partialfilterung auf einer größeren Fläche vor dem Empfänger erfolgen; durch eine Streuscheibe müssen die zum Empfänger gelangenden Lichtanteile gemischt werden. Auch die beste Partialfilterung führt nur zu dem angestrebten Resultat, wenn die gesamte Filterfläche gleichmäßig ausgeleuchtet ist!

Soll ein Empfänger mit der relativen spektralen Empfindlichkeit $s(\lambda)_{rel}$ durch *Vollfilterung* an einen „Normalempfänger" mit $s_N(\lambda)_{rel}$ angepaßt werden (z. B. Auge: $s_N(\lambda)_{rel}$ =

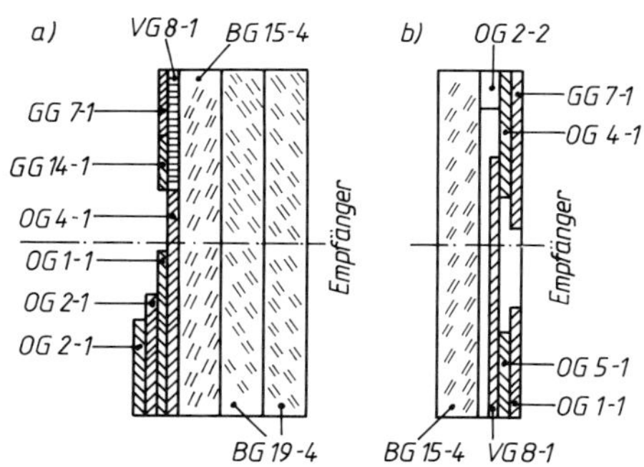


Bild 6.12.1 Beispiel für Filterstapel bei partieller Filterung

Angepaßt wurden a) eine SEV-Katode S-10 an $V(\lambda)$ [L 6.12.4], b) ein Selen-Fotoelement an $V(\lambda)$ [L 6.12.3]. Die Abmessungen sind nicht maßstäblich dargestellt

$V(\lambda)$), so muß $\tau(\lambda)$ für die Korrekturfilter-Kombination aus der Gleichung (Index „rel“ weggelassen!)

$$s(\lambda) \cdot \tau(\lambda) = c \cdot s_N(\lambda) \tag{6.12.1}$$

bestimmt werden, mit $c$ = Konstante.

Die Konstante $c$ muß so bestimmt werden, daß an jeder Stelle des $\lambda$-Bereiches $\tau(\lambda) < 1$ gilt, weil das Korrekturfilter die Strahlung ja stets nur schwächt. Wird die Wellenlänge, bei der sich für den Quotienten $s_N(\lambda)/s(\lambda)$ ein Maximum ergibt, mit $\lambda_{max}$ bezeichnet, so erhält man als Korrekturbedingung

$$\tau(\lambda) = \underbrace{\tau(\lambda_{max}) \cdot \frac{s(\lambda_{max})}{s_N(\lambda_{max})}}_{c} \cdot \frac{s_N(\lambda)}{s(\lambda)} \tag{6.12.2}$$

Die $s_N(\lambda)$- und $s(\lambda)$-Werte können aus Spektraldiagrammen oder Tabellen entnommen werden; damit ergibt sich $\lambda_{max}$. Bei mehreren Filtern werden die Transmissionsgrade gemäß Gl. (6.9.2) multipliziert. Optimale Anpassung mit Schichtdickenvariation nach Vorauswahl geeigneter Filtertypen wird zweckmäßig mit einem programmierbaren Rechner ausgeführt.

Die erreichte Güte der Anpassung kann durch den *Anpassungsfehler* $f_A$ als Quadratsumme aller Abweichungen beschrieben werden (K, L = kurz- u. langwellige Grenze):

$$f_A = \sum_K^L \left( \frac{\tau(\lambda)}{\tau(\lambda_{max})} \text{IST} - \frac{\tau(\lambda)}{\tau(\lambda_{max})} \text{SOLL} \right)^2 \tag{6.12.3}$$

Eine gute Gesamt-Anpassung ($f_A$ minimal) kann trotzdem an einzelnen $\lambda$-Stellen größerer Differenzen enthalten, so daß – z. B. bei monochromatischer Strahlung – größere Meßfehler auftreten können. Genaue Anpassung durch viele Einzelfilter wird meist durch niedrigen maximalen Transmissionsgrad erkauft, soweit nicht Interferenzfilter mitverwendet werden können. Für Standard-Anpassungen mit häufig ausreichender Genauigkeit ($V(\lambda)$-Anpassung häufig auftretender Empfängerfunktionen) sind verkittete Farbglaskombinationen lieferbar [H 6.12.1].

## Literaturhinweise

L 6.12.1 *Dresler, A.:* Das Licht *3* (1933) H. 2 41–43

L 6.12.2 *Rieck, J.:* Das Licht *7* (1937) H. 5 115–117; H. 7 137–139; H. 8 157–160

L 6.12.3 *Corduan, K.:* Zum Angleich der spektralen Empfindlichkeit lichtelektrischer Empfänger an vorgegebene Empfindlichkeitsfunktionen. Techn.-wiss. Abh. Osram-Ges. *7* (1958) 314–323

L 6.12.4 *Geutler G.:* Angleich der relativen spektralen Empfindlichkeit von Vervielfacher-Photozellen an die Hellempfindlichkeitsfunktion des menschlichen Auges V(λ). Techn.-wiss. Abh. Osram-Ges. 8 (1963) 130–137

L 6.12.5 *Kröhnert, R.; Sümnich, K.-H.; Fischer, B.:* Ein Beitrag zur Anpassung lichtelektrischer Empfänger an den spektralen Hellempfindlichkeitsgrad V(λ). Feingerätetechnik 16 (1967) H. 4 150–153

L 6.12.6 *Krystek, M.; Erb, W.:* Kenngrößen von Empfängern. Optik *54* (1979/80) No. 5, 381–388

L 6.12.7 *Geutler, G.; Krochmann, J.; Özver, Z.; Röhricht, W.:* Über die Kennzeichnung der Güte des Angleichs der relativen spektralen Empfindlichkeit lichtempfindlicher Empfänger an die V(λ)-Funktion. Optik *43* (1975) No. 5, 453–469

L 6.12.8 *Krochmann, J.; Reißmann, K.:* Über den Spektralangleich von Strahlungsempfängern und von Lichtquellen. Optik *56* (1980) No. 1, 83–93

**Beispiele für Hersteller bzw. Lieferanten**

H 6.12.1 *Schott Glaswerke,* Hattenbergstr. 10, Mainz: Farbglaskombinationen zum V(λ)-Empfängerangleich

H 6.12.2 *LMT Lichtmeßtechnik GmbH Berlin & Co.,* Helmholtzstr. 9, Berlin: Si-Fotoelemente mit sehr feinem V(λ)-Angleich sowie Anpassung an Normspektralwerte und andere Funktionen

# 7 Mechanische Bauelemente; Einbau und Justierung von Bauteilen

## 7.1 Fassungen und Halterungen für optische Bauteile

Beim Einbau optischer Teile (Linsen, Spiegel, Planplatten, Prismen) in die mechanischen Halterungen und Fassungen ist zu beachten, daß Glas zwar durch Eigengewicht, Druckdifferenzen und von der Halterung übertragene Kräfte elastisch verformt werden kann, aber nur geringe Druck- und noch geringere Zugfestigkeit aufweist. Deshalb entstehen durch Fassungsteile, die mit großen Kräften auf kleine Flächen drücken, leicht Aussprünge oder weitergehende Zerstörungen des Glasteiles. Dabei sind wegen unterschiedlicher Ausdehnungskoeffizienten von optischem Material und Werkstoff der Fassung die bei Temperaturänderungen auftretenden zusätzlichen Spannungen zu berücksichtigen. Im übrigen soll die Halterung oder Fassung das optische Bauteil stabil in der vorgegebenen Lage halten – ggf. auch stoßsicher –, den Streulichtanteil nicht erhöhen, den Strahlengang nicht behindern (Vignettierung) und (bei Prismen) die Totalreflexion nicht stören. Wertvolle Systeme müssen zur Reparatur oder Nachjustierung demontierbar sein.

Die Bilder 7.1.1 und 7.1.2 zeigen einige Möglichkeiten zur Befestigung von Linsen in Fassungen. Einfachste, nicht lösbare Befestigung ist das *Einkleben* oder Einkitten (Bild 7.1.1 a), z. B. mit Zweikomponentenkleber.

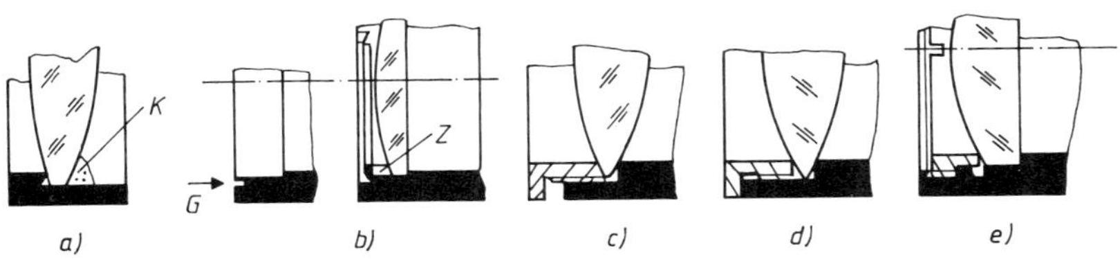


Bild 7.1.1 Befestigung von Linsen in Fassungen

a) Fassung mit Ringschneide und Klebung K, b) Einrollen mit Grat G und Einlegen eines Zwischenringes Z, c) ungünstiges Andrücken einer Linse mit Gewindering, d), e) Linse durch abgestimmte Ringhöhe bzw. Anschlag für Ring entlastet

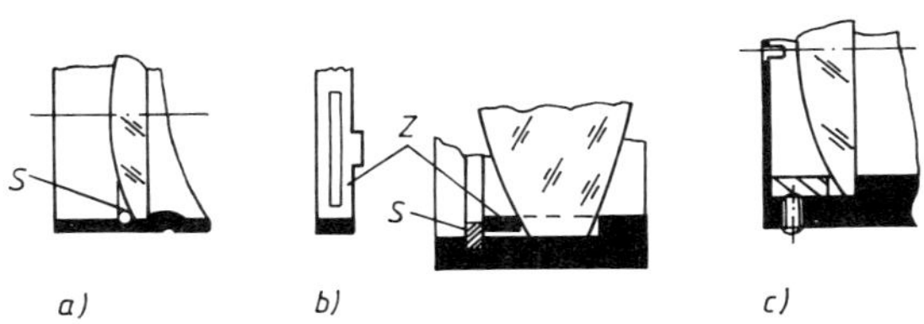


Bild 7.1.2 Weitere Möglichkeiten zur Linsen-Halterung

a) Sprengring, b) Sprengring mit federndem Zwischenring (Dreipunktauflage), c) Andruckring, mit Madenschraube geklemmt

Das *Eindrücken* oder *Einrollen* ist für Optik mittleren bis besseren Genauigkeitsgrades insbesondere bei kleinem Durchmesser bis etwa 30 mm die beste Befestigungsart, da keine weiteren Teile benötigt werden. Man dreht einen schmalen Grat vor und stimmt gegebenenfalls vor dem Eindrücken auf die Linsendicke ab (Bild 7.1.1 b). Um Glasverletzungen auszuschließen, wird gern ein Zwischenring eingelegt. Gußfassungen sind hierbei natürlich nicht zu brauchen, sondern nur gezogene Rohre, auch Kunststoffe.

Von elastischen Unterlagen wird abgesehen, wenn runde Glasteile in gut ausgedrehten runden Fassungen ohne erhebliche axiale oder radikale Drucke durch *Sprengringe, Gewinderinge* usw. am ganzen Rande festgehalten werden. Der Anschraubdruck der Gewinde soll nicht vom Glas allein aufgenommen werden (Bild 7.1.1 c), sondern durch einen mechanischen Anschlag der Fassung, die der Glasdicke entsprechend abzustimmen ist (Bild 7.1.1 d, e). Soll das nicht geschehen, so müssen federnde Organe (geschlitzte Zwischenringe, Wendelfedern) eingeschaltet werden, wie bei Bild 7.1.2 b, wo der federnde Zwischenring die Linse durch vorspringende Nasen an drei Punkten hält. Diese Halterung ist vor allen bei größeren Linsen zweckmäßig. Solche Bauteile können auch in Metallringen mit gummiartigen Gießmassen spannungsfrei gelagert werden [L 7.1.2].

Bei Linsen mit stark erhabener Krümmung ist ein kegelig oder kugelig ausgedrehter Ring oder Gewindering anzuwenden, damit ein Druck scharf wirkender Kanten auf die Linsenflächen vermieden wird.

Kratzer, die durch scharfe Metallkanten sehr leicht entstehen können, sind der Ausgangspunkt von Sprüngen, die den ganzen Glasteil zerstören können. Sie pflegen sich radial von dem Punkt zu starken Flächendrucks über das ganze Glas auszubreiten. Aus diesem Grunde werden gelegentlich auch die sonst mattgeschliffenen Ränder von Linsen poliert, um alle Sprünge sozusagen im Keime zu ersticken.

Die Linsen dürfen im Fassungsrohr nicht radial geklemmt sitzen (unrunde Rohre!), sondern müssen etwas Spiel haben je nach dem verlangten Genauigkeitsgrad: etwa 0,01 mm für Mikrooptik, für Fotoobjektive und Ferngläser üblicher Größe, bis 2 mm für Beleuchtungsoptik je nach Durchmesser, bis 5 mm bei großen Beleuchtungsanordnungen, die sehr warm werden.

Der Zusammenbau mehrerer Linsen zu optischen Systemen, vor allem Objektiven, erfolgt meist mit *Füllfassungen* (Bild 7.1.3). Dabei sind zwei Forderungen mit engen Toleranzen zu erfüllen: Die Einzellinsen müssen zueinander zentriert sein (d. h. die Krümmungsmittelpunkte aller Flächen müssen auf der gemeinsamen optischen Achse liegen [L 7.1.4]) und die Luftabstände müssen eingehalten werden. Bild 7.1.3 a zeigt, wie Linsen mit unterschiedlichem Durchmesser in einem stufenförmig ausgedrehten Fassungsrohr mit Zwischenringen im richtigen Abstand gehalten werden; den Abschluß bildet ein Gewindering. Für *Systeme höchster Präzision,* z. B. beugungsbegrenzt korrigierte Reproobjektive für Fotolithografie integrierter Schaltungen, wird die *Füllfassung mit Justierdrehen* der Einzelfassungen angewendet (Bild 7.1.3 c), [L 7.1.5]. Dabei werden die mit Linsen fertig bestückten Einzelfassungen (Vorschraubring oder Klebenut) auf der Justierdrehmaschine optisch ausgerichtet und dann genau passend zum Rohrstutzen abgedreht. Durch Zwischenringe kann der Luftabstand genau eingestellt werden. Günstigste Materialpaarung ist Stahl für den Rohrstutzen und Messing für die Fassungen.

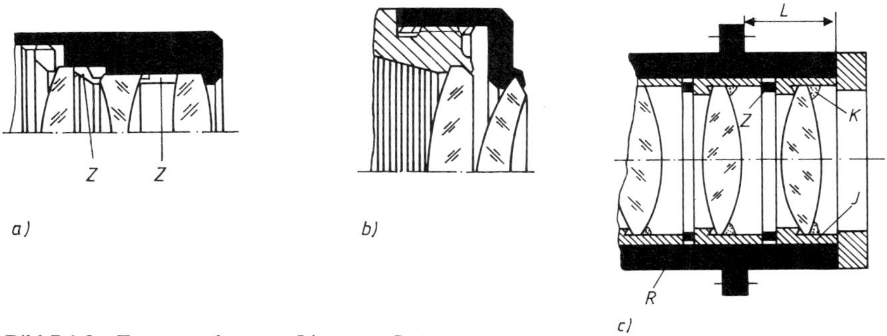


Bild 7.1.3 Zusammenbau von Linsen zu Systemen

a) Füllfassung mit Stufen und Zwischenringen Z, b) aus zwei Gewindefassungen mit eingerollten Linsen verschraubtes System, c) Füllfassung für Präzisionsoptik [L 7.1.3], mit R = Rohrstutzen, J = Justierdrehfassungen, Z = Zwischenringe zur Längenabstimmung, K = Klebung

Jedoch kann zur wirtschaftlichen Herstellung von Präzisionsobjektiven auch ein anderer Weg beschritten werden: Die Fassungsflächen werden mit relativ groben Toleranzen gefertigt; sie können also die exakte Linsenlage nicht festlegen. Bei der Montage wird nun jede Linse mit Hilfe der durch die Linsenflächen entstehenden Reflexbilder genau ausgerichtet. Der Spalt zwischen Linse und Fassung wird dann mit einer nach Vernetzung elastisch bleibenden Kunststoffmasse völlig ausgefüllt. Damit wird unter Vermeidung von Temperaturspannungen die Linse exakt in der vorbestimmten Lage gehalten.

Um bei *Temperaturänderungen* Spannungen zwischen Fassung und optischem Teil zu vermeiden, muß das Passungsspiel entsprechend der Differenz der Ausdehnungskoeffizienten gewählt werden. Für Gläser wurden die Ausdehnungskoeffizienten in Tab. 3.2.2 angegeben; z. B. ergibt sich für Glas BK 7 $\alpha = 7{,}1 \cdot 10^{-6}/\mathrm{K}$. Für Fassungsmetalle liegen die Werte meist höher, wie Tab. 7.1.1 zeigt:

**Tabelle *7.1.1* Linearer Ausdehnungskoeffizient einiger Metalle**

| | $\alpha$ $10^{-6}/\mathrm{K}$ | | $\alpha$ $10^{-6}/\mathrm{K}$ |
|---|---|---|---|
| Stahl | 10,6–12,6 | Aluminium | 23,9 |
| Stahllegierungen | 12–15 | Al-Legierungen | 22–23 |
| Messing | 17,4–19,4 | Titan | 9,0 |

Die Ausdehnung des (in der Feinbearbeitung schwierigen) Titans liegt also im Bereich der Gläser; andererseits kommen einige Gläser der Ausdehnung von Stahl nahe. Kunststoffe (Tabelle 3.3.1) und einige Kristalle (Tabelle 3.4.1) haben jedoch einen wesentlich größeren Ausdehnungskoeffizienten als Metalle. Bei Kunststoffen bestehen in dieser Hinsicht keine Schwierigkeiten, weil Kunststoffteile meist mit Fassungen aus gleichem oder ähnlichem Werkstoff kombiniert werden.

Soweit optische Systeme auch bei tiefer Temperatur verwendet werden müssen, ist für ein Teil mit dem Durchmesser D ein *Mindestspiel* $\Delta D$ entsprechend

$$\Delta D = D \cdot \Delta\alpha \cdot \Delta t \qquad (7.1.1)$$

vorzusehen, mit $\Delta t$ = maximale Temperaturdifferenz, $\Delta\alpha = \alpha_{\text{Fassung}} - \alpha_{\text{Glas}}$.

Sind Linsen bzw. ihre Fassungen *starker Erwärmung* ausgesetzt, so ist zu beachten:

1. Das radiale und axiale Spiel zwischen Glas und Fassung muß so groß sein, daß bei gleichmäßiger Erwärmung kein unzulässig großer Druck auf das Glas ausgeübt wird.

2. Es ist zusätzliches Spiel dafür vorzusehen, daß das Metallgehäuse bereits wieder erkaltet ist, wenn die (eventuell sehr dicke) Linse noch heiß ist. Es ist also das Gesamtspiel für heißes Glas und kalte Fassung zu bemessen.

3. Es ist zu bedenken, daß das kalte Gehäuse der heißen Linse durch Leitung Wärme entzieht. Der kalte Linsenrand erhält also tangentiale Zugspannung; kleine Sprünge werden der Ausgangspunkt großer welliger Risse längs des Durchmessers. Auch deshalb der polierte Rand großer Scheinwerferlinsen! Unbedingt nötig ist eine Wärmeisolation zwischen Glas und Metall, am besten 1–3 mm dicke Asbeststreifen.

Bild 7.1.4 zeigt einige einfache Halterungen für Beleuchtungslinsen.

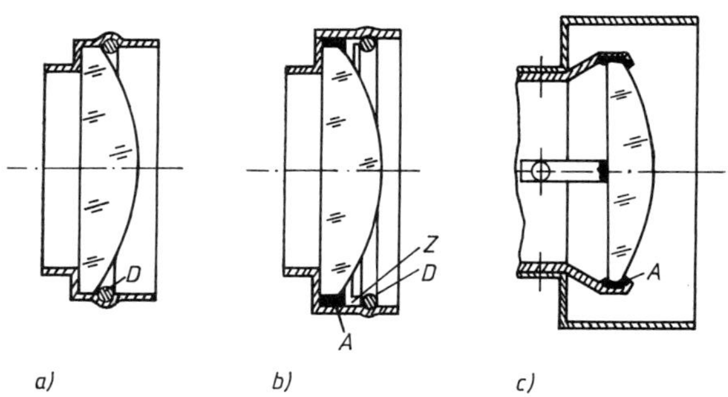


Bild 7.1.4 Halterungen für Beleuchtungslinsen

a) ungünstige Fassung ohne Wärmeisolation, D = Drahtring, b) bessere Fassung mit Asbestzwischenlage A und Zwischenring Z, c) wärmeisolierte Befestigung der Linse mit federnden Haltern; Schutztubus

4. Um die Linse gleichmäßig durch die Strahlung zu erwärmen, soll sie gänzlich durchleuchtet werden; breite abgeschattete Ränder verursachen Sprünge wie unter 3. Dies gilt in erhöhtem Maße für wärmeabsorbierende Gläser, die infolge der absorbierten Strahlung sehr heiß werden (mehrere hundert Grad Celsius!) und noch sorgfältiger hinsichtlich Spiel und Isolation zu fassen sind. Man zerschneidet sie gern in Streifen, um das Springen weitgehend zu vermeiden, darf sie aber dann nicht in der Nähe einer Gesichtsfeldblende anbringen.

Lichtdurchlässige, Wärme reflektierende Flächen werfen die Wärmestrahlung in Richtung Lichtquelle zurück: dazwischen stehende Teile werden also vom doppelten Wärmestrom beansprucht. Gegenteil: „Kaltlichtspiegel“.

Absorbierende und andre dünne Gläser, die sich etwas durchbiegen können, dürfen einseitig, besser beidseitig durch einen Luftstrom gekühlt werden. Dicke Linsen dagegen sind durch geeignete Rohrstutzen und richtig angebrachte Luftschlitze vor Kaltluft zu schützen.

Eine *Planplatte* der Dicke d und der Breite b, die nur an zwei im Abstand der Länge l gegenüberliegenden Seiten abgestützt wird, erhält mit einer in der Mitte wirkenden *Einzelkraft* F eine Durchbiegung f gemäß

$$f = \frac{F \cdot l^3}{4 \cdot E \cdot b \cdot d^3} \qquad (7.1.2),$$

mit E = Elastizitätsmodul. Für Glas BK 7 gilt $E = 81 \cdot 10^3\ N/mm^2$ (Tab. 3.2.1), allgemein für Krongläser ungefähr 70–80, Flintgläser 60, Schwerflinte $50–60 \cdot 10^3\ N/mm^2$.

Beispiel: Eine Glasplatte aus BK 7 mit l = 80 mm, b = 60 mm, d = 3 mm, wird durch eine in der Mitte angreifende Kraft F = 5 N (ggf. bedingt durch die Verspannung bei unebener Fassungsauflage) um 4,87 µm, also etwa 0,005 mm durchgebogen, was einem Krümmungsradius von 160 m oder bei Reflexion unter 45° einer Brennweite von 57 m entspricht. Es entsteht ein Astigmatismus von 1/57 dpt. Wird der Strahlengang über ein 16faches Fernrohr dem Auge zugeleitet, so beträgt der Astigmatismus dann 4,5 dpt und überschreitet den üblichen Bereich der Akkommodation; es kann überhaupt kein scharfes Bild gesehen werden.

Die Befestigung von Planplatten, insbesondere Spiegeln, ist also so auszubilden, daß eine Durchbiegung grundsätzlich vermieden wird. Stets sind elastische Zwischenlagen aus Gummi, Kunststoff, Kork, Tuch od. dgl. vorzusehen. Der Druck eines Befestigungsmittels, z. B. einer Lasche, soll das drei- bis fünffache Gewicht des Glasteils nicht überschreiten. Bild 7.1.5 zeigt gute und schlechte Halterungen für Planplatten.

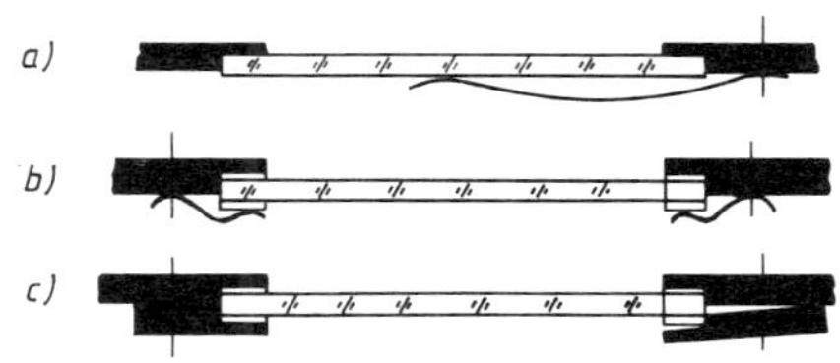


Bild 7.1.5 Befestigung von Planplatten u. Spiegeln

a) ungünstig: Durchbiegung durch Einzelkraft in der Mitte, b) federnde Befestigung am Rand mit Zwischenlagen, c) links gute, rechts schlechte Klemmung mit Zwischenlagen

Bei einer horizontal liegenden Platte und gleicher Abstützung wie oben bewirkt das *Eigengewicht* G der Platte (gleichmäßig verteilte Last) eine Durchbiegung

$$f = \frac{5 \cdot G \cdot l^3}{32 \cdot E \cdot b \cdot d^3} \qquad (7.1.3);$$

eine *Druckdifferenz* $\Delta p$ zwischen beiden Plattenseiten wirkt ganz entsprechend; als wirksame Kraft ist $G = \Delta p \cdot A$ zu setzen, mit A = Plattenfläche.

Beispiel: Eine Spiegelplatte z. B. mit der Dichte $\varrho = 2{,}56\ g/cm^3$, $E = 72 \cdot 10^3 N/mm^3$, 1 = 400 mm, b = 200 mm, d = 10 mm hat ein Eigengewicht $G = \varrho \cdot g \cdot l \cdot b \cdot d$, G = 20,1 N ($g = 9{,}81\ m/s^2$); durch ihr Gewicht biegt sie sich um etwa 0,014 mm durch; dem entspricht ein Radius der Platte von 1,5 km, der bei Reflexion unter 75° eine Spiegelbrennweite von 190 m liefert und in einem 14fachen Fernrohr einen sehr deutlichen Astigmatismus von 1 dpt zeigt, der sorgfältige Messungen ausschließt. Unterstützung des Spiegels in der Mitte der Rückseite ist nicht möglich, weil dann die Rückseite sowohl als auch die Unterlage mindestens auf 0,001 mm genau plan sein müßten. Abhilfe schafft größere Dicke des Spiegels, z. B. h = 3 cm, wodurch der Fehler auf 1/27 sinkt. Nur ganz weiche, elastische Unterlagen machen die größere Dicke teilweise überflüssig, z. B. Schwammgummi. Die Bearbeitung so großer, dünner Platten bleibt nach wie vor sehr schwierig; über ihre Bemessung siehe Abschn. 5.6.

Eine *kreisförmige Platte* mit dem Durchmesser D, die am Rand gleichmäßig aufliegt, biegt sich bei horizontaler Lage unter ihrem *Eigengewicht* in der Mitte um

$$f = \frac{3 \cdot \varrho \cdot g \cdot D^4}{256 \cdot E \cdot d^2} \cdot (1 - \mu) \cdot (5 + \mu) \qquad (7.1.4)$$

durch, mit $\mu$ = Poisson-Zahl.

Beispiel: Betrachtet werden Spiegel aus Glas BK 7 mit $\varrho = 2{,}51\ \text{g/cm}^3 = 2510\ \text{kg/m}^3$, $E = 81 \cdot 10^9\ \text{N/m}^2$, $\mu = 0{,}208$ (Tabelle 3.2.1). Bei einem Durchmesser D = 300 mm und einer Dicke d = 30 mm ergibt sich durch Eigengewicht in der Mitte eine Durchbiegung f = 0,13 μm; das gleiche Glas würde bei gleichem Verhältnis von Durchmesser zu Dicke, aber D = 3000 mm, d = 300 mm, eine Durchbiegung f = 13 μm ergeben! Spiegel mit großem Durchmesser müssen also mit im Verhältnis zum Durchmesser größerer Dicke ausgeführt und durch ein sorgfältig ausgewähltes System von Stützpunkten auf der Rückseite stabilisiert werden.

Für Linsen ist Gl. (7.1.4) in grober Näherung benutzbar, wenn für die Dicke d ein Mittelwert zwischen Scheitel- und Randdicke eingesetzt wird.

Die *Halterung von Prismen* muß wegen der vielen unterschiedlichen Formen und Funktionen (Abschn. 5.7) dem einzelnen Bauteil angepaßt werden [L 7.1.1]. Einige Beispiele zeigt Bild 7.1.6. Die einfachste Befestigungsart ist das Aufkleben kleiner Prismen auf Träger (Bild 7.1.6a), wobei das Prisma bis zum Aushärten des Klebers in justierter Lage gehalten werden muß. Bei größeren Abmessungen ist federndes Andrücken gegen Anschlagflächen (Bild 7.1.6b, e) besser, da sich bei größeren Temperaturdifferenzen Klebeverbindungen durch unterschiedliche Ausdehnung lösen können. Total reflektierende Flächen müssen im Bereich des Strahlenganges von jeder Halterung frei bleiben (Bild 7.1.6a, b, e, f). Optisch unwirksame Flächen (Bild 7.1.6d), vor allem

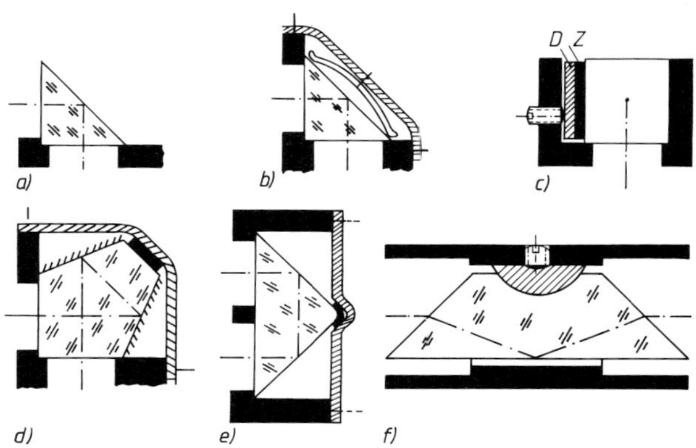


Bild 7.1.6 Beispiele zur Halterung von Prismen

a) Befestigung durch Kleben, b) Prismenstuhl mit Druckfeder, die den im Strahlengang liegenden Teil der Hypotenusenfläche frei läßt, c) Klemmen eines von der Stirnfläche aus gesehenen Prismas an den optisch nicht genutzten Seitenflächen; D = Druckplatte, Z = elastische Zwischenlage, d) Pentaprisma in Prismenstuhl mit Bügel (oder Kappe), der über Zwischenlage auf die optisch nicht genutzte Fläche wirkt), e) Prismenstuhl mit Porroprisma und federndem Bügel, e) in Rohr gefaßtes Dove-Amici-Prisma: Der wirksame Teil der totalreflektierenden Basis bleibt frei, weil die Fläche nur auf seitlichen Leisten aufliegt. Die Anpressung erfolgt über Druckstück in zylindrisch ausgefräster Nut (vom Strahlengang freier Teil des Prismas)

Seitenflächen (Bild 7.1.6c) können bei vielen Prismenformen zum Einklemmen des Prismas unter Einschalten einer stabilen Druckplatte zur gleichmäßigen Kraftverteilung und einer elastischen Zwischenlage benutzt werden. Verkittete Prismensysteme müssen so gefaßt werden, daß die Kittschicht frei von Kräften bleibt (z. B. Tangentialkräfte in der Kittfläche beim Klemmen eines Teilerwürfels an den optisch unwirksamen Deckflächen!). Einige der dargestellten Prismen müssen durch Anschläge oder Stützlappen gegen seitliches Verschieben (senkrecht zur Zeichenebene) gesichert werden. Im übrigen wird die Justierung der Prismen zumindest durch Kleber-Tropfen fixiert.

**Literaturhinweise**

L 7.1.1 *Wehling, G.:* Einbau optischer Teile, in: Taschenbuch der Feinwerktechnik, KG 6, C. F. Wintersche Verlagshandlung, Prien 1965
L 7.1.2 *Deterding, L. G.:* Appl. Optics *1* (1962), 403
L 7.1.3 *Eberhardt, V.; Guyenot, V.:* Einige Aspekte der Mechanikfertigung von Hochleistungsobjektiven. Feingerätetechnik *28* (1979) H. 11, 504–506
L 7.1.4 *Hofmann, C.:* Feingerätetechnik *14* (1965) H. 4, 150–157
L 7.1.5 *Guyenot, V.:* Entwicklungsrichtungen der Montagetechnologie von Hochleistungsobjektiven. Feingerätetechnik *27* (1978), 63–64
L 7.1.6 *Schade, H.:* Zentrierfehler. Jahrb. f. Optik u. Feinmech. 1974, 157–161
L 7.1.7 *Schade, H.:* Das Laser-Zentrierverfahren. Jahrb. f. Optik u. Feinmech. 1983, 160–166
L 7.1.8 *Böswetter, G.; Steffens, H.-J.:* Fassen von Mittelklasseoptik hoher Stückzahlen. Feingerätetechnik *34* (1985), 56–57

## 7.2 Streulichtverminderung in optischen Geräten

Als *Streulicht* (besser: Falschlicht) wird alles Licht bezeichnet, das auf unerwünschten Wegen zum Bildfeld bzw. zum Detektor gelangt und zur Kontrastminderung bzw. Verfälschung des Meßsignals beiträgt. Es kann durch reguläre Mehrfachreflexionen (z. B. an optisch wirksamen Flächen) wie durch Streuung an Oberflächen- und Volumenfehlern entstehen. Der Streulichteinfluß wird besonders kritisch bei Meß- und Beobachtungssystemen für niedriges Helligkeitsniveau, z. B. Nachtsichtgeräten [L 7.2.1]. Die Verminderung des Streulichts erfordert drei Maßnahmen: 1. Möglichst vollständiges Abfangen des zur Meß- oder Abbildungsaufgabe nicht benötigten Lichts („Licht außerhalb des Objektfeldes"), 2. Vernichtung entstandenen Streulichts durch mehrfache Reflexion an stark absorbierenden Flächen („Prinzip des Schwarzen Körpers"), 3. Verbesserung der Qualität optischer Flächen zur Verminderung der Streuung.

Zu 1.: Licht aus Bereichen außerhalb des bei der Messung oder Abbildung benutzten Objektfeldes muß bereits vor dem optischen Gerät abgefangen werden. Dies geschieht durch eine angepaßte *„Gegenlichtblende"*. Die Querschnittsform der objektseitigen Lichtröhre ändert sich z. B. bei Kameras zwischen der rechteckigen Objektfläche und der kreisförmigen Eintrittspupille. Vor dem Objektiv angebrachte „Sonnenblenden" sind deshalb meist kreisförmig. Ihre Wirkung wird aber erhöht, wenn sie genauer an das Feld angepaßt, bei Kameras also rechteckig mit abgerundeten Ecken ausgeführt werden: Sind x′ und y′ die Seitenlängen des Bildformats und soll die Blende im Abstand $a_{Bl}$ vor dem Hauptpunkt H des Objektivs mit der Brennweite f′ und der kleinsten Blendenzahl k angebracht werden, so ergibt sich für die Seitenlängen $x_{Bl}$, $y_{Bl}$ des Blendenausschnitts (alle Längen positiv)

$$x_{Bl} = x' \cdot \frac{a_{Bl}}{f'} + D_{EP}; \quad y_{Bl} = y' \cdot \frac{a_{Bl}}{f'} + D_{EP} \tag{7.2.1}$$

mit $D_{EP} = f'/k$ Durchmesser der Eintrittspupille. Die Ecken dieses Rechtecks sind mit dem Radius $D_{EP}/2$ zu runden (für $a_{Bl} = 0$ ergibt sich dann kreisförmige Blende mit dem Durchmesser $D_{EP}$). Mit größerem Abstand vom Objektiv kann die Blende immer mehr der Rechteckform des Objektfeldes angepaßt werden und schaltet damit Streulicht wirksam aus („Kompendium" mit Faltenbalg zur Streulicht-Absorption).

Auch bei Meßsystemen – z. B. Belichtungsmessern – ist häufig eine Einschränkung des Feldwinkels 2w durch *Richtblenden* erforderlich. Umgekehrt verhindert eine solche Feldbegrenzung bei Spiegelscheinwerfern die unerwünschte Beleuchtung des Vorfeldes (Streulicht und von der Lichtquelle direkt ausgehendes, nicht durch den Konkavspiegel gerichtetes Licht). Darf der Strahlengang durchbrochen werden, so verwendet man *Waben- oder Rohrblenden* (Bild 7.2.1 a, b). Ist D die Weite (Durchmesser oder Seitenlänge), l die Länge der Maschen, so wird der (halbe) Feldwinkel w in der betrachteten Ebene auf $\tan w = D/l$ eingeschränkt, mit allmählichem Helligkeitsabfall am Rand. Auch sorgfältig geschwärzte Wabenwände geben aber durch den streifenden Lichteinfall Streulicht. Eine moderne und sehr platzsparende Richtblenden-Anordnung ist die *Jalousettenfolie* (Bild 7.2.1 c bis f), bei der in einer nur 0,76 mm dicken Kunststoffschicht Mikrolamellen mit dem Abstand D und der Höhe l angeordnet sind. Mit dem normal verwendeten Längenverhältnis $l/D = 2{,}75$ und einer Brechzahl des Kunststoffs

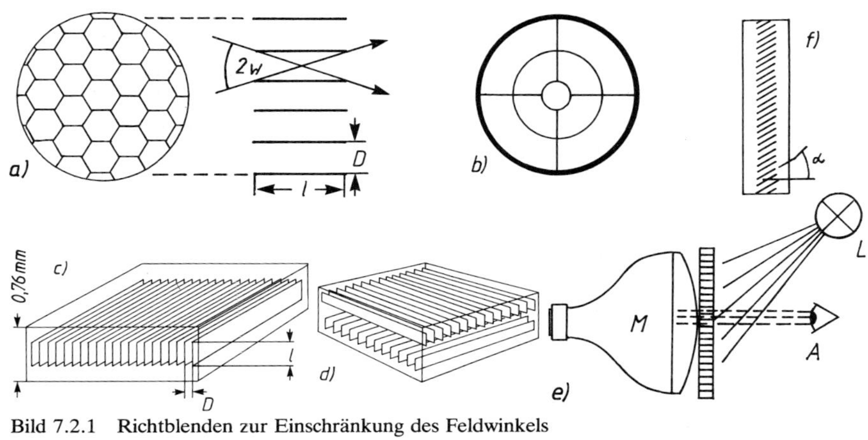


Bild 7.2.1 Richtblenden zur Einschränkung des Feldwinkels

a) Wabenartige Röhrenstruktur, b) Kreiszylinder, c) Jalousettenfolie [H 7.2.1], d) Folie mit gekreuzten Jalousien („Wabenstruktur"), e) Jalousettenfolie vor einem Monitorschirm M zur Ausschaltung von störendem Reflexlicht der Lichtquelle L, A = Auge, f) Jalousettenfolie mit von der Flächennormale abweichendem (auf Luft bezogenen) Jalousienwinkel α

$n_D = 1{,}478$ ergibt sich in Luft ein halber Feldwinkel w = 30°. Eine gekreuzte Anordnung (Bild 7.2.1d) ergibt die Wirkung einer Wabenstruktur ähnlich Bild 7.2.1a. Weicht der (auf Luft umgerechnete) Jalousienwinkel $\alpha$ von 0° ab (Jalousien schräg zur Flächennormalen, z. B. $\alpha$ = 18°, 30°, 45°), so kann damit der Sichtbereich schräg zur Fläche gelegt werden. Anwendungen sind u. a. Kontraststeigerung bei Datensichtgeräten durch Vermeidung störender Reflexe (Bild 7.2.1e), gegenseitige Abschirmung nebeneinander angeordneter Bildschirm-Arbeitsplätze und die Verbesserung der Erkennbarkeit bei Flüssigkristall-Anzeigen.

Zu 2.: Auch bei sorgfältiger Abschirmung von Fremdlicht nach 1. entsteht durch das Objektlicht an Fassungen und Teilen im Bildraum, an der Filmebene, sowie an den optischen Elementen selbst, *Streulicht,* das durch konstruktive Maßnahmen ausgeschaltet werden muß. Ungünstig sind enge Rohre (Tuben) zur Verbindung optischer Elemente: Auch bei mattschwarzer Beschichtung (Abschn. 3.7) ergibt sich bei dem hier meist vorliegenden *streifenden Einfall* ein recht hoher Reflexionsgrad. Die Tuben werden deshalb mit möglichst großem Durchmesser ausgeführt und mit *Kulissenblenden* ausgestattet (Bild 7.2.2). Damit an den Blendenrändern nicht selbst wieder Streulicht entsteht, müssen sie scharfkantig ausgeführt sein (Bild 7.2.3). Die konische Fläche bei dicken Blenden muß stets vom einfallenden Licht abgewendet sein (Bild 7.2.3b), im umgekehrten Fall wirken die Blendenränder als „Trichter" für Streulicht (Bild 7.2.3c)! Die Öffnung der Kulissenblenden soll unter Vermeidung von Vignettierung möglichst eng an die Querschnittsform der Lichtröhre in der Blendenebene angepaßt sein. Gute Streulichtabsorption ergibt ein *Faltenbalg,* wie er z. B. bei Großformat- und Reprokameras verwendet wird. Er muß aber staubfrei gehalten werden. Streifende Reflexion bei Tuben und Fassungsteilen kann durch Eindrehen von möglichst tiefen und engen

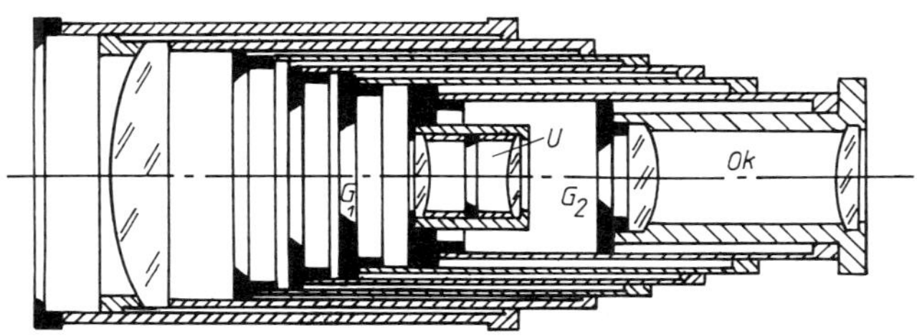


Bild 7.2.2 Kulissenblenden in einem (hier zusammengeschobenen) Erdfernrohr

S = ausziehbare Gegenlichtblende, $G_1$, $G_2$ = Gesichtsfeldblenden, U = Umkehrsystem, Ok = Okular

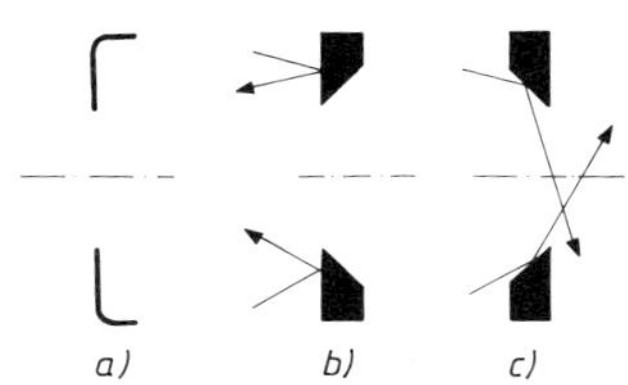


Bild 7.2.3 Gestaltung von Blenden

a) Blende aus dünnem Blech mit Rand zum Einsetzen in ein Rohr, b) Schneidenblende mit konischer Eindrehung in richtiger Lage, c) Blende wie b) in falscher Lage: Streulicht durch Blendenrand!

*Riefen* verhindert werden – auch in Form eines Gewindes mit kleiner Steigung. Auch die Riefen müssen natürlich mattschwarz beschichtet werden. Ein Beispiel gibt die Frontseite der Fassung in Bild 7.1.3b.

Zu 3.: Die abbildenden optischen Elemente sowie Fenster und Prismen usw. wirken streulichtfördernd, und zwar in geringerem Umfang durch Streuung im Volumen (Gasbläschen, Inhomogenitäten), zum größten Teil aber durch ihre Oberflächen. Durch sorgfältig ausgeführte konstruktive Maßnahmen nach 1. und 2. kann das Streulicht zwar um Größenordnungen vermindert werden; eine weitere Reduktion ist dann aber nur durch Verbesserung der Qualität der optischen Bauteile möglich. Hierzu gehört vor allem die *Reflexminderung der Flächen* zur Vermeidung von Mehrfachreflexionen (Abschn. 3.6), Vergl. auch Bild 7.2.4, weiterhin die Schwächung der Oberflächenstreuung [L 7.2.4]. Dielektrische Mehrfachschichten (Abschn. 3.6, 6.11) zeigen Streuung vor allem an den Grenzflächen der Schichten.

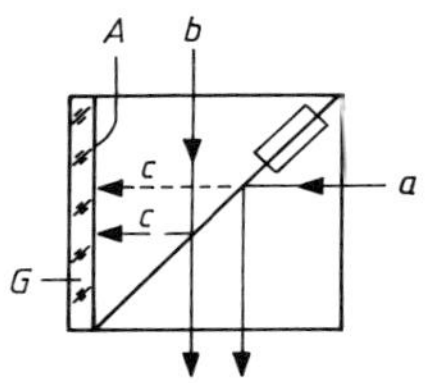


Bild 7.2.4 Teilerwürfel mit Absorptionsglas

Die Strahlengänge a und b werden zusammengeführt. Die störende Reflexion der nicht benötigten Anteile c an der Fläche A kann durch angekittetes Grauglas vermieden werden, wenn Reflexminderung der Außenflächen fehlt

*Oberflächenstreuung* im UV-, VIS- und nahen IR-Bereich entsteht vor allem durch die *Mikrorauhigkeit* auch gut polierter Flächen. Sie wird am einfachsten durch die über den gesamten Halbraum *integrierte Streustrahlung* TIS („total integrated scatter") charakterisiert. Als Definition gilt

$$\mathrm{TIS} = \frac{\Phi_s'}{\Phi_r'} \tag{7.2.2}$$

mit $\Phi_r'$ = insgesamt reflektierter, $\Phi_s'$ = gestreuter Lichtstrom (der als Differenz aus insgesamt reflektiertem und regulär reflektiertem Lichtstrom bestimmt wird). Ist $\delta$ der quadratische Mittelwert der Mikrorauhigkeit (d. h. der Gauß-verteilten Höhenabweichungen von der mittleren Fläche, wobei die Abweichungen klein gegen die Wellenlänge sind), $\lambda$ die Wellenlänge und $\varepsilon$ der Einfallswinkel, so gilt als Näherungsgleichung [L 7.2.2]

$$\mathrm{TIS} \approx \left(\frac{4\pi\,\delta\cos\varepsilon}{\lambda}\right)^2 \tag{7.2.3}$$

Die Streuung wächst also quadratisch mit $\delta/\lambda$. Umgekehrt kann aus Messungen der Gesamtstreuung die Mikrorauhigkeit (ohne Aussagen über die seitlichen Abstände der Unebenheiten) bestimmt werden. Trägt man die Wellenlänge $\lambda$ gegen die mittlere Rauhigkeit $\delta$ mit TIS als Parameter auf (Bild 7.2.5), so kann man erkennen, welches Streu-Niveau in einem bestimmten Wellenlängenbereich bei sorgfältig bearbeiteten Materialien zu erwarten ist (Glas läßt sich im allgemeinen besser polieren als Metalle und bestimmte Kristalle).

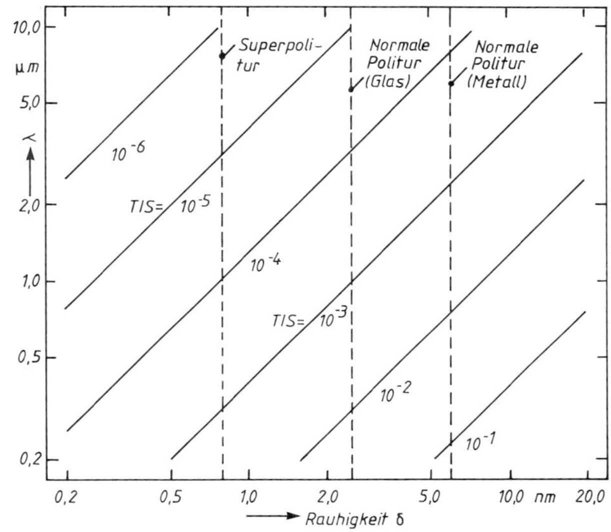


Bild 7.2.5 Streuanteil TIS im Wellenlängen-Rauhigkeits-Diagramm, [L 7.2.3]

Der Streuanteil TIS ist als Parameter aufgetragen. Gestrichelte Linien geben erreichbare Mikrorauhigkeiten an

Beispiel: Bei $\delta = 5$ nm (im Glas-Bereich) $\lambda = 2$ µm (nahes IR) und senkrechtem Einfall ($\varepsilon = 0°$) ergeben Gl. (7.2.3) und Bild 7.2.5 TIS $\approx 10^{-3}$, also einen Streu-Anteil von 1 Promille.

Im mittleren und fernen *Infrarot* gibt Gl. (7.2.3) keine brauchbaren Werte mehr, vor allem, weil sich nun die nahezu $\lambda$-unabhängige *Streuung an Kratzern,* Staubpartikeln und muldenförmigen Ausbrüchen – also an vereinzelten Oberflächenstörungen – stärker bemerkbar macht, denn die Streuung durch Mikro-Rauhigkeit nimmt ja nach Gl. (7.2.3) mit $\lambda^{-2}$ ab. Im sichtbaren Bereich sind Kratzer viel stärker sichtbar, als es ihrer Streu-Wirkung auf das Gesamtsystem entspricht; ebenso stört Staub oft weniger als die durch seine Beseitigung verursachten Schäden!

Die natürlich notwendige *Reinigung optisch wirksamer Flächen* muß deshalb sehr vorsichtig erfolgen, wobei Fingerabdrücke, Handschweiß, Kalkflecke und andere aggressive Substanzen möglichst sofort nach dem Entstehen entfernt werden müssen. Grober Staub wirkt wie Schmirgel und muß deshalb weitgehend durch Abblasen entfernt werden (Gummiballpuste, Druckluftdose), auch durch einen sehr feinen Haarpinsel, ggf. speziellen Antistatikpinsel, der eine staubanziehende Aufladung der Flächen verhindert. Festhaftende Verschmutzungen können vorsichtig mit einem ganz weichen Lappen (Baumwolle, Leinen) oder Wattebausch und destilliertem Wasser, bei fetthaltigen Verunreinigungen auch mit reinem Leichtbenzin, Xylol, Alkohol oder Äther abgewischt werden. Bei organischen Lösungsmitteln ist aber zu beachten, daß ggf. Lacke und Kitte angegriffen werden können.

Sehr gut zur Reinigung eignet sich spezielles *Linsenreinigungs-Papier* (z. B. [H 7.2.3]). Unter Umständen können solche Papiere eine das Beschlagen verhindernde (Silikon-)Präparation enthalten (Anwendung vor allem für Brillengläser). In kritischen Fällen kann dadurch die Wirkung aufgedampfter Mehrfachschichten beeinflußt werden. Dünne, festhaftende Restschichten können bei kleinen Linsen (z. B. Mikro-Objektive) durch Aufpressen eines frischen Bruchstücks von Polystyrolschaum (Verpackungsmaterial) und koaxiales Abdrehen vollständig entfernt werden [L 7.2.6].

**Literaturhinweise**


L 7.2.1 *Martin, S.:* Influence of surface defects on the glare characteristics of a night vision system with refractive optics. Optica Acta *25* (1978) No. 12, 1113–1135

L 7.2.2 *Bennett, H. E.; Porteus, J. O.:* J. Opt. Soc. Am. *51* (1961), 123

L 7.2.3 *Bennett, H. E.:* Scattering characteristics of optical materials. Opt. Eng. *17* (1978), 480

L 7.2.4 *Elson, J. M.; Bennett, H. E.; Bennett, J. M.:* Scattering from Optical Surfaces. LÜ 1 Vol. VII/7

L 7.2.5 *Sutter, E.; Möller, W.:* Streulichtmessung an Linsen. Optik *50* (1978) No. 4, 297–304

L 7.2.6 *Pabst, H.:* Neue Methode zur Reinigung von Objektiv-Frontlinsen. Leitz-Mitt. Wiss. u. Techn. VI, Nr. 2, S. 67, Aug. 1973

L 7.2.7 *Hoenig, St. A.:* Electrostatic dust protection for optical elements. Appl. Optics *21* (1982) No. 3, 565–569


**Beispiele für Hersteller bzw. Lieferanten**

H 7.2.1 *Jakob Benn & Söhne GmbH,* Maybachstr. 2, Hanau: Fotobalgen

H 7.2.2 *Emil Kreher,* Dieselstr. 5, Bayreuth: Fotobalgen

H 7.2.3 *Leybold-Heraeus GmbH & Co KG,* Bonner Str. 104, Köln: Linsenreiniger-Papier

## 7.3 Veränderbare Blenden und Lichtschwächungseinrichtungen; Verschlüsse

Durch veränderbare Blenden kann der Lichtstrom in einem optischen Gerät kontinuierlich oder in Stufen variiert werden. Dabei kann die Lichtschwächung „geometrisch“ (Änderung des Bündelquerschnitts) oder „physikalisch“ (z. B. durch Absorption: Graufilter) erfolgen. Bild 7.3.1 zeigt Beispiele zur geometrischen Schwächung, also veränderbare Blenden. *Irisblenden* (Bild 7.3.1 a) enthalten mindestens 4, meist 12–30 „Lamellen“ L, 0,05–0,2 mm dünne Stahlblechstreifen, sichelartig gekrümmt, deren Ende A drehbar am Umfang einer festen Ringfassung R gelagert ist. Das Ende B ist ebenso mit einem Stift in dem Schlitz eines drehbaren Ringes K so eingesetzt, daß beim Drehen mit dem Hebel H die Lamellen mehr oder minder tief sehnenartig das Lichtbündel beschneiden. Sondertypen lassen sich gänzlich schließen; kleinstes Loch meist etwa 1 mm, größte Öffnung 10–25 mm kleiner als der äußere Durchmesser der gesamten Konstruktion; Irisblenden sind bis etwa 15 cm Durchmesser handelsüblich. Durch andere als kreislinienförmige Begrenzung werden bestimmte Abhängigkeiten der Öffnung vom Drehwinkel erreicht, z. B. jeweils Halbierung bei konstantem Winkel in photographischen Objektiven; „gleichabständige“ Blendenskalenteilung.

*Revolverblenden* sind dort üblich, wo nicht mehr als zwei bis sechs immer wiederkehrende feste Öffnungen vorkommen. Sie beanspruchen neben dem Strahlengang erheblichen Platz (Bild 7.3.1 b), ihre Öffnungen sind aber vollkommen unabhängig vom mechanischen Spiel und deshalb auch für Meßzwecke geeignet. Wichtig ist eine gut wirkende Arretierfeder F, die die zentrische Lage der Blendenöffnungen im Strahlengang sichert. Man kann die kleinen Blendenöffnungen so nahe aneinanderrücken, daß die größte Öffnung eben verdeckt wird (gestrichelter Kreis). Gleiche Prinzipien gelten für eine *Schiebeblende,* bei der die Blendenöffnungen auf einem Blechstreifen mit Arretierkerben nebeneinander angeordnet sind. Für *Einsteckblenden* gilt im wesentli-

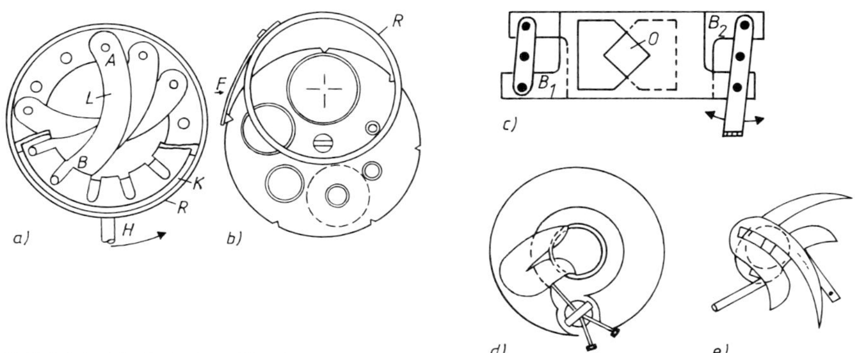


Bild 7.3.1 Veränderbare Blenden

a) Irisblende; von zwölf Lamellen sind drei in Schließstellung gezeichnet, b) Revolverblende; R = Rohrtubus, F = Arretierfeder, c) Katzenaugenblende, d) Blendenfahne an einem Drehspulsystem [L 7.3.1]; Abstimmung der Blendenfunktion durch Formgebung des Blendenrandes, e) zwei gekoppelte Flügel nach d), senkrecht zueinander ablaufend

chen dasselbe wie für Revolverblenden, nachteilig ist, daß sie „lose Teile“ darstellen, die leicht verlorengehen. Außerdem besteht erhöhte Verschmutzungsgefahr durch den Einsteckschlitz hindurch, die bei den anderen Blenden kleiner, bei der Irisblende fast Null ist.

*Katzenaugenblenden* bestehen aus zwei gegenläufig bewegbaren Blechen $B_1$, $B_2$ (Bild 7.3.1 c), die eine quadratische Öffnung O frei lassen. Sie können zu Meßzwecken sehr genau gebaut werden und laufen dann, durch Schrauben bewegt, in Schwalbenschwanzführungen. Bei gelenkiger Befestigung können die Blendenfahnen mit kleinen Kräften betätigt werden, indem sie z. B. zur automatischen Blendeneinstellung an Stelle eines Zeigers an einem Drehspulmeßwerk angebracht werden (Bild 7.3.1 d, e).

Die bei der Lichtschwächung durch Blenden eintretende *Aperturänderung* ist nicht immer erwünscht (z. B. bei der Beleuchtungsregelung von Faseroptik-Leuchten für die Makrofotografie); ggf. ist auch die Einschaltung von Blenden gar nicht möglich (ringförmige Apertur bei Spiegelobjektiven). Dann ist *physikalische Schwächung* durch kontinuierlich verlaufende oder abgestufte „Graukeile“ anwendbar. Wie bei Revolver-, Schiebe- und Einsteckblenden kann die Transmissionsänderung mit dem Drehwinkel, entlang einer Koordinate oder durch Einstecken von Einzelfiltern bewirkt werden. Bei Beleuchtungsanordnungen kann die physikalische Schwächung auch durch eine *geometrische Schwächung mit feiner Flächenaufteilung* ersetzt werden, d. h. durch lichtundurchlässige Rasterpunkte unterschiedlicher Größe, ganz entsprechend einem Druckraster. Auch eine *Jalousettenfolie* nach Bild 7.2.1 e) oder f) ist zur veränderbaren Lichtschwächung brauchbar, wenn sie um eine senkrecht zur Zeichenebene stehende Achse geschwenkt wird! Bei zu feiner Flächenaufteilung, etwa durch Raster, kann sich die Beugung störend bemerkbar machen. Dies ist für jeden Anwendungsfall zu untersuchen.

Mit *Verschlüssen* können Strahlengänge in optischen Geräten (z. B. Laserstrahl) unterbrochen bzw. zur Belichtung fotografischer Schichten oder zur zeitlich begrenzten Einwirkung auf Empfänger freigegeben werden. Benötigte *Belichtungszeiten* liegen je nach Aufgabenstellung zwischen Stunden und Bruchteilen einer Mikrosekunde. Die langen Zeiten werden dabei durch *Zeitbildungseinrichtungen* bestimmt (mechanisch durch Zahnräder-Hemmwerke, elektronisch z. B. durch Widerstands-Kondensator-Kombinationen oder digitale Zeitgeber), während die kürzesten Zeiten nach unten unmittelbar durch die Eigenschaften der Verschlußelemente selbst begrenzt werden (z. B. Trägheitsmomente und verfügbare Kräfte bei der Beschleunigung von Verschlußblättern). Sehr kurze Öffnungszeiten können deshalb nur mit Verschlüssen ohne bewegte mechanische Teile (vor allem elektrooptische Verschlüsse) erreicht werden. Weiterhin können die Verschlüsse nach ihrer Lage (in oder in der Nähe einer *Pupillen- oder Feldebene*) differenziert werden. „Pupillen"-Verschlüsse beleuchten das gesamte Feld gleichzeitig, mit an- und abschwellender Beleuchtungsstärke (z. B. Zentralverschluß einer Kamera), „Feld"-Verschlüsse beleuchten bei kurzen Zeiten die einzelnen Teile des Feldes nacheinander (z. B. Schlitzverschluß einer Kamera).

Der *Fallverschluß* (Bild 7.3.2 a) ist ein besonders einfach aufgebauter, für Laborzwecke (z. B. Bestimmung der Lichtempfindlichkeit nach DIN 4512) geeigneter Verschluß, der mittlere, direkt durch Rechnung bestimmbare Belichtungszeiten von etwa 0,1 s bis 0,001 s zuläßt [L 7.3.4]. Ist H die Höhe des Belichtungsschlitzes und h die Anfangshöhe seiner unteren Kante über dem betrachteten Feldpunkt (z. B. der Achse der Öffnung), d. h. die Fallhöhe, so ergibt sich für die *Belichtungszeit* t

$$t = \sqrt{\frac{2(h+H)}{g}} - \sqrt{\frac{2h}{g}} \qquad (7.3.1).$$

Beispiel: Ein Filmstreifen der Höhe l = 20 mm wird durch einen dicht davor angeordneten Fallverschluß mit der Schlitzhöhe H = 17,7 mm und der Fallhöhe h = 150 mm über der Streifenmitte belichtet. Es ergibt sich t = 0,01 s, für die obere Streifenkante (h = 140 mm) aber t = 0,0104 s, für die untere Kante (h = 160 mm) t = 0,0097 s. Die Belichtungszeit nimmt mit zunehmendem Fallweg ab und ändert sich hier bei einer Höhendifferenz von 20 mm um etwa 7%. Die Belichtungszeit kann in Stufen durch Austausch der Fallbleche mit unterschiedlichen Schlitzhöhen H geändert werden. Lange, ebenfalls ohne Kalibrierung direkt berechenbare Belichtungszeiten können durch *Pendelscheibenverschlüsse* (physisches Pendel aus reibungsarm mit horizontaler Achse gelagerter Kreisscheibe mit Belichtungsschlitz) realisiert werden.

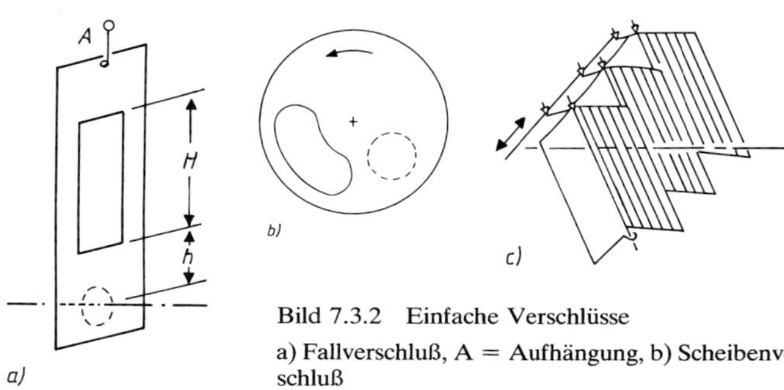


Bild 7.3.2 Einfache Verschlüsse

a) Fallverschluß, A = Aufhängung, b) Scheibenverschluß, c) Jalousieverschluß

Der *Scheibenverschluß* (Bild 7.3.2b) ist ein einfacher, z. B. für preisgünstige Kameras verwendbarer, durch Federspannung angetriebener Verschluß. Die Belichtungszeit kann durch die Feder-Vorspannung (Änderung der Winkelgeschwindigkeit) variiert werden. Für die nächste Belichtung muß die Drehrichtung umgekehrt oder die Öffnung beim Verschluß-Rücklauf abgedeckt werden. An Stelle einer Scheibendrehung kann der geradlinige Ablauf eines *Blendenschiebers* treten. Wird die Verschlußblende aus Eisenblech zwischen zwei Magnetspulen angeordnet, so kann die Blende durch wechselseitige Ansteuerung beider Spulen in Offen- und Schließstellung gebracht werden.

Wichtigster „Pupillen"-Verschluß bei fotografischen Kameras ist der *Zentralverschluß*, der meist innerhalb des Objektivs dicht mit der Irisblende zusammengebaut ist. Als (weniger häufig benutzter) Hinterlinsenverschluß ermöglicht er zwar das Auswechseln des nur mit Blende bestückten Objektivs, muß aber größeren Durchmesser haben. Durch den Zentralverschluß wird mit Hilfe von z. B. fünf Verschlußlamellen das Zentrum der Aperturblende zuerst freigegeben und zuletzt wieder geschlossen. Die Öffnungsfläche und damit der Lichtstrom $\Phi$ ändern sich also während des Verschlußablaufs. Dies zeigt das *Lichtstrom-Zeit-Diagramm* (Bild 7.3.3a); DIN 19015. Man kann dabei einen näherungsweise linearen Anstieg des Lichtstroms während der Öffnungszeit $t_1$, konstanten Wert während der Volloffenzeit $t_2$ und linearen Abfall während der Schließzeit $t_3$ annehmen, also eine Trapezfläche unter der $\Phi$-Kurve. Wandelt man diese Fläche in ein Rechteck um, so ergibt seine Seitenlänge auf der Abszisse die *Effektivzeit* $t_e$, d. h. die wirksame Belichtungszeit (statt $t_e$ wird kurz t geschrieben, wenn keine Verwechslungen möglich sind). Mit der Zeit $t_0 = t_1 + t_2 + t_3$ wird der *Zeitwirkungsgrad*

$$\eta = \frac{t_e}{t_0} \tag{7.3.2}$$

definiert. Bei $t_2 = 0$ (Richtungsumkehr der Verschlußblätter ohne Ruhepause; kürzeste Belichtungszeit) sinkt der Zeitwirkungsgrad auf $\eta = 0{,}5$ (Bild 7.3.3b). Wird jedoch eine größere Blendenzahl k (kleinere Öffnung) eingestellt, so steigt $\eta$ an, aber die Belichtungszeit $t_e$ vergrößert sich gegenüber dem eingestellten Wert, weil der Verschluß erst bis zur Maximalöffnung läuft (Bild 7.3.3c)! Da die Apertur nicht während der gesamten Belichtungszeit voll geöffnet ist, wird die Schärfentiefe etwas verbessert. Durch die gleichzeitige Belichtung der gesamten Bildfläche ergibt sich unverzerrte Wiedergabe bewegter Objekte und die Möglichkeit einer Blitzsynchronisation auch bei

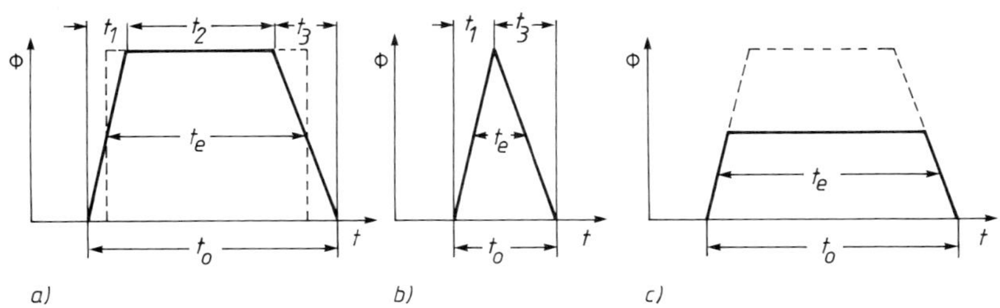


Bild 7.3.3 Lichtstrom-Zeit-Diagramme eines Verschlusses

a) Blende voll geöffnet, längere Belichtungszeit, b) Blende voll geöffnet, kürzeste Belichtungszeit ($t_2 = 0$), c) Blende nicht voll geöffnet, sonst Einstellung wie a) kurzen Belichtungszeiten. Durch Federn oder Elektromagnete werden die Verschlußblätter über einen gemeinsamen Antriebsring sehr hoch beschleunigt, abgebremst und in der Bewegungsrichtung umgekehrt. Dies ergibt eine starke Beanspruchung an den Lagerbolzen. Die Belichtungszeit kann verkürzt werden, wenn die Umkehr der Bewegungsrichtung durch getrennte Öffnungs- und Schließlamellen vermieden wird. Dann kann ggf. die Irisblende eingespart werden, indem die Schließlamellen auf die gewünschte freie Öffnung eingestellt werden. Der Zentralverschluß kann auch elektrodynamisch angetrieben werden (Zusammenwirken von Kleinstmagneten und Spulen unmittelbar am Antriebsring der Verschlußblätter).

Die verschleißfördernde hohe Beschleunigung der Verschlußelemente bei kurzen Belichtungszeiten wird durch einen *Rotationslamellenverschluß* (Zeiss) völlig vermieden, der für Reihenaufnahmen bei Luftbildkameras benutzt wird (Bild 7.3.4): Vier miteinander gekoppelte Scheiben 1 mit Sektorausschnitten von z. B. 90° geben gemeinsam die Aperturöffnung frei und bestimmen durch die Ausschnittlänge und ihre hohe Winkelgeschwindigkeit die kurze Belichtungszeit. Durch die schnell rotierenden Scheiben würden sehr viele Einzelbelichtungen (z. B. 150/s) erfolgen. Eine weitere, langsam rotierende Scheibe 2 läßt davon mit ihrem Ausschnitt jedoch nur einen Bruchteil zu (z. B. jede 7. oder jede 10. Belichtung). Während ihres Umlaufs bleibt genügend Zeit, um die Öffnung mit einer Schwenkblende 3 freizugeben, die durch einen Magneten über den Exzenter 4 betätigt wird. Eine Belichtungsmöglichkeit besteht also nur, wenn 2 und 3 die Öffnung gleichzeitig freigeben; die Belichtungszeit wird dann durch die Scheiben 1 bestimmt. Nachteilig ist der große Raumbedarf dieses Verschlußtyps.

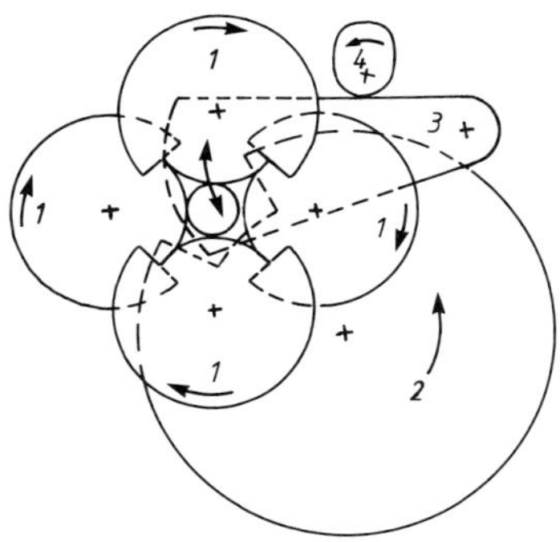


Bild 7.3.4 Rotationslamellenverschluß

Kleiner Kreis: Durch Öffnung in Blende 3 sowie die Sektorausschnitte der rotierenden Scheiben 1 und 2 freigegebene Öffnung

Bei dem *Schlitzverschluß* laufen nacheinander zwei Vorhänge möglichst dicht vor der Filmebene ab. Sie bestehen aus Gummituch (meist horizontaler Ablauf bei normaler Kameralage) oder zusammenschiebbaren Metallamellen (meist vertikaler Ablauf). Das Bildfeld wird also streifenförmig in Ablaufrichtung nacheinander belichtet, solange nicht die Schlitzbreite b zwischen den beiden Vorhangkanten wenigstens gleich der Bildformatseite ist. Nur bei entsprechend langen Belichtungszeiten kann Blitzsynchronisation erfolgen. Bei einer Geschwindigkeit v der Vorhänge ergibt sich eine Belichtungszeit $t_e = b/v$, die sich durch ungleichmäßigen Vorhangablauf jedoch über die Bildbreite ändern kann. Das Lichtstrom-Zeit-Diagramm (Bild 7.3.3a) gilt deshalb nur für einen bestimmten Bildpunkt. Würde der Verschluß exakt in der Bildebene ablaufen können, so hätte er einen Zeitwirkungsgrad $\eta = t_e/t_0 = 1$. Durch den unvermeidlichen Abstand zwischen Vorhang- und Filmebene ist wie beim Zentralverschluß $\eta < 1$. Mit Schlitzverschlüssen sind sehr kurze Belichtungszeiten (bis etwa 1/2000 s) erreichbar; bewegte Objekte werden aber verzerrt wiedergegeben; deshalb sind diese Verschlüsse nicht für Bildmessung brauchbar.

Große Öffnungen können durch *Jalousieverschlüsse* (Bild 7.3.2c) abgedeckt werden; diese können aber durch Aperturverringerung, Streulicht und Beugung stören und wirken im konvergenten oder divergenten Strahlengang wie Richtblenden (Abschn. 7.2). Die Lamellen können auch einzeln ohne mechanische Kopplung gelagert und direkt durch Magnetspulen betätigt werden, in deren Feld sie sich als Anker einstellen. Solche und viele weitere nach unterschiedlichen physikalischen Prinzipien arbeitende *Spezialverschlüsse* werden in [L 7.3.1] behandelt.

*Elektrooptische Verschlüsse* [L 7.3.3] ermöglichen kürzeste Belichtungszeiten bei höchsten Bildfolgefrequenzen, haben aber (durch Anwendung von Polarisatoren) niedrigen Transmissionsgrad und meist beschränkten Feldwinkel.

## Literaturhinweise

L 7.3.1 *Atorf, H. H.:* Verschlüsse für photographische und optische Geräte. Feinwerktechnik *72* (1968), S. 163–168, 323–328, 475–483
L 7.3.2 *Rosenfeldt, H.; Komesker, H.:* Untersuchungen zur Dynamik von Metallamellen-Schlitzverschlüssen für Kleinbildkameras. Feinwerktechnik & Meßtechnik *86* (1978), 368–375
L 7.3.3 *Müller, W.:* Elektro-optische Verschlüsse, in: Vollrath, K.; Thomer, G (Hrsg.): Kurzzeitphysik. Springer-Verlag, Wien-New York 1967
L 7.3.4 *Vieth, G.:* Meßverfahren der Photographie R. Oldenbourg Verlag, München-Wien; Focal Press, London-New York, 1974
L 7.3.5 DIN 19015 Zeitmessung an Zentralverschlüssen; Begriffe, Belichtungszeiten, Meßanordnung
L 7.3.6 DIN 19016 Schlitzverschlüsse; Begriffe, Belichtungszeiten, Meßanordnung
L 7.3.7 *Schwarz, A.:* Camera Shutters L 22.1 Vol. IV/3

## Beispiele für Hersteller bzw. Lieferanten

H 7.3.1 *Will Wetzlar GmbH,* Optische Werke, Nauborn-Wetzlar: Irisblenden
H 7.3.2 *Melles Griot GmbH,* Kleyerstr. 14, Darmstadt: Irisblenden; mechan. u. elektron. Zentralverschlüsse
H 7.3.3 *Ealing Beck Ltd.,* Greycaine Road, Watford, GB: Irisblenden
H 7.3.4 *J. H. Dallmeyer Ltd,* Heerstr. 19, Bonn: Irisblenden
H 7.3.5 *3M Deutschland GmbH,* Neuss: Jalousettenfolie (3M Light Control Film)
H 7.3.6 *Prontor-Werk,* Alfred Gauthier GmbH, Wildbad-Calmbach: Zentralverschlüsse u. Verschlußsteuerungen für Fotografie u. Optik
H 7.3.7 *AMKO GmbH,* Gärtnerweg 49, Tornesch b. Hamburg: Optischer Chopper (m. Sektorenscheiben)
H 7.3.8 *Rofin-Sinar Laser GmbH,* Billbrookdeich 186, Hamburg: Lichtchopper
H 7.3.9 *G. Rodenstock,* Isartalstr. 43, München: Zentralverschlüsse

## 7.4 Mechanische Aufbausysteme für optische Komponenten

Bei der Entwicklung optischer Geräte müssen Baugruppen mit optischen Systemen und Hilfseinrichtungen stabil, aber leicht veränderbar, miteinander verbunden werden; die Komponenten müssen bequem justierbar sein. Diese Anforderungen werden von Aufbausystemen erfüllt. Sie können eindimensional (optische Bänke), zweidimensional (optische Tische) und dreidimensional (durchbrochene Tische mit Aufbauten in mehreren Ebenen oder dreidimensional montierte Banksysteme) ausgeführt sein. Solche Aufbausysteme können auch für fest zusammengestellte Einzelgeräte verwendet werden, für die sich die gesonderte Anfertigung mechanischer Teile nicht lohnt (z. B. spezielle Meß- und Prüfgeräte).

Bild 7.4.1 gibt eine (keineswegs vollständige) Übersicht über *Systeme für optische Bänke.* Es wird jeweils nur das Führungselement (Schiene) und das dazu passende Trägerelement (Reiter) dargestellt. Auf den Reitern kann eine große Anzahl unterschiedlicher Aufbauteile befestigt werden; hierzu wird jedoch auf die Kataloge der Hersteller verwiesen. Beispielsweise wird auf die Reiter eine Säule mit Bohrung aufgeschraubt, die optische Elemente in Halterung mit Stift aufnimmt. Flexibilität in den Aufbau- und Verbindungsmöglichkeiten der Schienen entscheiden zusammen mit der Vielfalt der Aufbauteile über die Anpassungsfähigkeit eines Systems an die jeweilige Aufgabenstellung. Unterschiedliche Systeme des gleichen Herstellers können meist durch entsprechende Adapter kombiniert werden. Die *Dreikantschiene* (Bild 7.4.1 a, b) in Form eines gleichseitigen Dreiecks („Zeiss-Profil") ist die meist verbreitete optische Bank für lineare Geräteaufbauten und Demonstrationen. Die Reiter wurden gegenüber der früher üblichen, nur für Säulen geeigneten Form mit breiterer Auflagefläche ausgestattet. Für die Kombination zu zwei- und dreidimensionalen Aufbauten sind die Dreikantschienen weniger geeignet. Bankprofile mit zwei Führungsauflagen in größerem Seitenabstand und mit großer Profilhöhe (Bild 7.4.1 c) sind besonders stabil und biegesteif. Sie sind nicht als flexibles Banksystem, sondern als Einzelbank z. B. für Präsisionsmessungen vorgesehen. Große Aufbau-Flexibilität ergeben *„X-Profile"* (Bild 7.4.1 d bis g).

Das System X 95 (Bild 7.4.1 d) mit Aluminium-Rippenrohr ermöglicht bei geringem Gewicht und Ansetzbarkeit von Reitern und Verbindern an allen vier Seiten zwei- und dreidimensionale Aufbauten, u. a. auch zur Konstruktion von Tischgestellen. Das Stahlprofil des Systems X 26 (Bild 7.4.1 e) ist vor allem als Ergänzungssystem zur Zusammenstellung einzelner Baugruppen mit kürzeren Führungslängen vorgesehen. Gleiches gilt für das X-Grundprofil (Bild 7.4.1 f) des PI-Systems, das auf vier Profilen mit 1, 2 und 4 (Bild 7.4.1 g) X-Schienen aufbaut, die alle gleiches Rastermaß aufweisen. Durch räumliche Verbindung von mehreren Schienen kann die Steifigkeit weiter erhöht werden. Bild 7.4.1 h zeigt ein Beispiel aus dem großen Profilangebot von *Granit-Bänken,* das mit zunehmender Breite in Tische übergeht. Granit-Bänke zeichnen sich durch hohe Steifigkeit und Führungsgenauigkeit sowie gute thermische Stabilität (geringe Wärmeleitfähigkeit, Ausdehnungskoeffizient etwa wie bei Glas, also niedriger als bei Gußeisen und vor allem Aluminium) aus. Die Reiter für das dargestellte Profil 95 mm × 95 mm passen auch zu den Schienen X 95 (Bild 7.4.1 d). Die *Mikrobank* (Bild 7.4.1 i, k, l) stellt ein außerordentlich flexibles System für die Zusammenstellung optischer Baugruppen dar, auch bei zwei- und dreidimensionalen Aufbauten. Vier

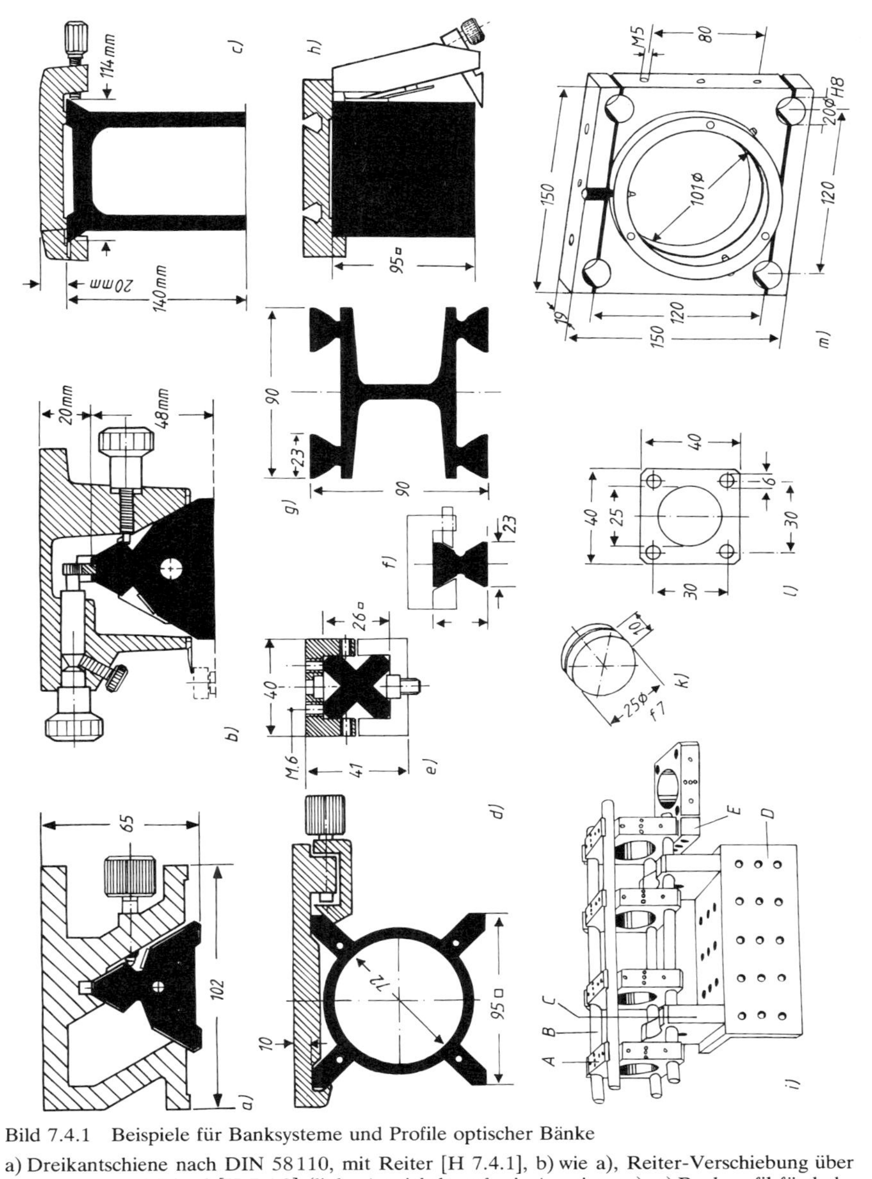


Bild 7.4.1 Beispiele für Banksysteme und Profile optischer Bänke

a) Dreikantschiene nach DIN 58110, mit Reiter [H 7.4.1], b) wie a), Reiter-Verschiebung über Zahnstange und Ritzel [H 7.4.3] (links Antriebsknopf mit Arretierung), c) Bankprofil für hohe Belastbarkeit [H 7.4.3], d) System X 95 [H 7.4.1], e) System X 26 [H 7.4.1], f) PI-System, Kleinschiene X-01 [H 7.4.2], g) PI-System, Optische Bank X-05 [H 7.4.2] (zwei weitere Profile siehe Tab. 7.4.1), h) einfache Granitbank GN 95 [H 7.4.1], i) Mikrobank [H 7.4.1] mit A = Aufnahmeplatten, B = Stangen, C = Stangenhalter, D = Bankwinkel, E = Eckverbinder, k) Fassungsrohling zu i), l) Aufnahmeplatte zu i), m) Vierloch-Trägerplatte mit Justierring zur Makrobank [H 7.4.1]. (Die Einzelabbildungen sind nicht maßstäblich zueinander)

6 mm-Stahlstangen ergeben hohe Stabilität; bei Verwendung von nur zwei Stangen ist die Zugänglichkeit zu den einzelnen Elementen verbessert. Neben dem gezeigten Fassungsrohling (Bild 7.4.1 k) zum Selbsteinbau beliebiger optischer Elemente ist eine große Anzahl fertig gefaßter optischer Elemente, mechanischer Ergänzungsteile und Justiermittel lieferbar, ebenso wie Komponenten für Laseraufbauten und Optoelektronik. Während bei der Mikrobank die maximale Öffnung optischer Elemente 31,5 mm betragen kann (direktes Einsetzen in die aufgebohrten Trägerplatten), wird bei der *Makrobank* mit ähnlichem Aufbauprinzip (vier 20 mm-Stangen) eine maximale Öffnung von 100 mm erreicht. Damit ist der stabile Aufbau auch kommerzieller Meßsysteme mit schweren Einzelkomponenten möglich.

**Tabelle *7.4.1* Biegesteifigkeit einiger Profile für optische Bänke**

| Profil | Hersteller und Bezeichnung | Material | $\frac{I}{mm^4}$ | $\frac{E}{N/mm^2}$ | Durchbiegung f/mm bei l = 1 m, F = 100 N |
|---|---|---|---|---|---|
|  | H 7.4.1 Dreikant | Gußeisen | $2 \cdot 10^5$ | $110 \cdot 10^3$ | 0,095 |
|  | H 7.4.1 X 95 | Alu-Leg. | $21{,}5 \cdot 10^5$ | $72{,}5 \cdot 10^3$ | 0,013 |
|  | H 7.4.2 X-01 | Alu-Leg. | $0{,}359 \cdot 10^5$ | $72{,}5 \cdot 10^3$ | 0,800 |
|  | X-02 | | $11 \cdot 10^5$ | | 0,026 |
|  | X-03 | | $0{,}734 \cdot 10^5$ | | 0,391 |
|  | X-05 | | $23{,}8 \cdot 10^5$ | | 0,012 |
|  | H 7.4.1 GN 95 | Granit | $67{,}9 \cdot 10^5$ | $69 \cdot 10^3$ | 0,004 |

Die Tabelle 7.4.1 gibt eine Übersicht über die *Biegesteifigkeit* einiger Bankprofile. Sie ist natürlich für die Auswahl nicht allein entscheidend, da auch u. a. Verwindungsfestigkeit, Resonanzempfindlichkeit usw. berücksichtigt werden müssen. Bei einer Lagerung des Profils auf zwei Stützen (Füßen) im Abstand l und einer in der Mitte angreifenden Einzelkraft F ergibt sich in der Mitte eine Durchbiegung f gemäß

$$f = \frac{F \cdot l^3}{48 \cdot E \cdot I} \qquad (7.4.1)$$

mit E = Elastizitätsmodul, I = Flächenträgheitsmoment. Als Beispiel wurde die Durchbiegung f bei einer Unterstützungslänge l = 1 m und einer Kraft F = 100 N (Auflegen einer Masse von etwa 10 kg (genau: 10,19 kg) angegeben.

Bei Untersuchung der Ebenheit der Führung ist auch die Durchbiegung der Bank oder des Tisches unter dem *Eigengewicht* des Bankprofils zu berücksichtigen. Bei Unterstützung an den Bankenden (Aband l der Füße etwa gleich der Banklänge L) ergibt sich die Durchbiegung f nach Gl. (7.1.3). Bringt man die Stützen auf kleineren Abstand, so ergibt sich bei l = 0,554 · L ein Minimum der Durchbiegung f (die Durchbiegung gegenüber der Stützhöhe ist dann an den Bankenden und in der Mitte gleich). So biegt sich die Granitbank GN 95 (Tab. 7.4.1) bei Unterstützung an den Enden um f = 6,9 μm durch ihr Eigengewicht in der Mitte durch ($\varrho = 2{,}8\ g/cm^3$), bei der optimierten Unterstützung aber nur um 0,14 μm! Bei großen Längen ist natürlich die Unterstützung an drei oder mehr Punkten noch günstiger.

Für zwei- und dreidimensionale Aufbauten mit beliebiger Verschiebbarkeit der Komponenten werden *Tischplatten* benötigt. Sie können massiv aus Granit- oder Kunststeinplatten ausgeführt sein und sind dann sehr schwer; ihre hohe Masse ergibt aber durch niedrige Eigenfrequenzen günstiges Schwingungsverhalten. Geringeres Gewicht erhält man mit dicken Aluminiumplatten, relativ dünnen Deckplatten mit Versteifung durch eine Wabenstruktur und Verbundplatten Stahl/Holz und Stahl/Plastik. Ein flexibles Tischsystem, auch mit beliebigen Durchbrüchen für dreidimensionale Aufbauten kann aus „Schäferbank"-Bausteinen [H 7.4.8] zusammengestellt werden. Der Grundbaustein ist ein unten offener „Ziegel" aus Aluminiumguß, 400 mm × 200 mm × 100 mm hoch. Diese Quader können durch seitliche Bohrungen und „Nut und Feder" – Passung (Nuten in den Bausteinen mit eingelegten Paßstücken) zu ebenen Tischflächen mit beliebigen Abmessungen zusammengestellt werden.

Für die *Befestigung der einzelnen Baugruppen* auf den Tischplatten gibt es verschiedene Möglichkeiten: Die Platten können mit rasterförmig angeordneten Gewindebohrungen ausgeführt sein (auch bei Granit) oder solche Rasterplatten werden auf der Tischplatte befestigt. Dabei kann weitgehend freie Verschiebbarkeit der Baugruppen erreicht werden, wenn die Trägerfüße mit Spannpratzen festgeklemmt werden, deren Länge sich nach dem Rastermaß der Gewindebohrungen richtet. Bequemste Befestigung erhält man durch *Magnetfüße* mit schaltbaren Dauermagneten auf einer Tischplatte aus Stahl oder auf „Haftplatten", die auf Granit- oder Aluminiumtische geschraubt werden. Nicht immer sind aber ferromagnetische Befestigungsmittel zulässig, z. B. bei magnetooptischen Untersuchungen. Dann ist für eine begrenzte Zeit (in der Größenordnung von 24 h) auch eine Befestigung mit *Vakuum-Haftfüßen* (Bild 7.4.2) möglich, sofern die Tischfläche glatt und nicht porös ist. Bei Granitplatten hat sich auch einfaches Aufstellen mit schweren, wackelfrei aufliegenden Füßen bewährt, deren hohes Eigengewicht zufälliges Verschieben verhindert.

Bei manchen Untersuchungen (z. B. Holografie, Interferometrie) ist *schwingungsdämpfende Aufstellung* der Tische bzw. Bänke notwendig. Hierzu werden von den Herstellern für Tischsysteme komplette Ausrüstungen geliefert, vor allem auf der Basis von Luftfedern, aber auch mit gedämpften Stahlfedern und Gummielementen. Die

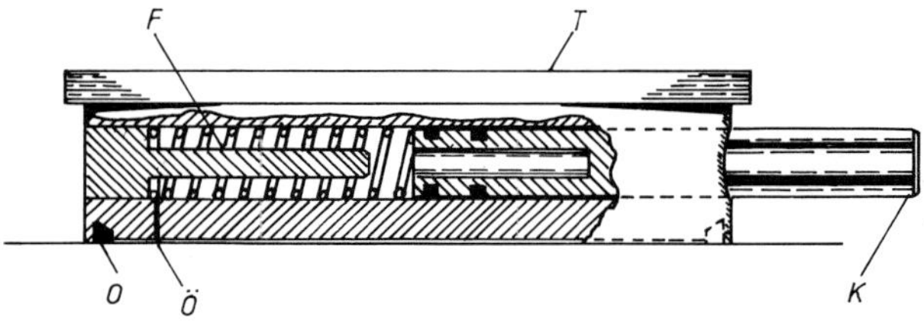


Bild 7.4.2 Trägerplatte mit Vakuum-Haftfuß [H 7.4.3]

K = Kolben, Ö = Öffnung, O = „O-Ring", F = Feder, T = Trägerfläche. Durch Eindrücken des Kolbens wird die Luft verdrängt. Die Feder drückt dann den Kolben so weit nach außen, daß ein Unterdruck im Innenraum entsteht

beste Schwingungsisolierung gegenüber Gebäudeschwingungen kann jedoch das Schwingen von Baugruppen nicht verhindern, die mit hoch liegenden Schwerpunkten (Befestigung auf Stiel) z. B. durch akustische Vibrationen angeregt werden! Außerdem muß ein Tisch zunächst einmal in sich steif sein, d. h. bei Änderungen der Belastungsverteilung dürfen keine Verbiegungen auftreten.

## Literaturhinweise

L 7.4.1 *Wolf, L.:* Schwingungsisolation bei feinmechanischen und optischen Geräten. Feingerätetechnik *28* (1979) H. 4, 175–179

L 7.4.2 DIN 58110 Optische Bänke; Schienen

L 7.4.3 DIN 58111 Optische Bänke; Reiter

L 7.4.4 DIN 58112 Optische Bänke; Säulen für Reiter

## Beispiele für Hersteller bzw. Lieferanten

H 7.4.1 *Spindler u. Hoyer GmbH u. Co,* Königsallee 23, Göttingen: Optische Bänke u. Experimentiertische, Aufbausysteme

H 7.4.2 *Physik Instrumente* (PI) GmbH & Co, Siemensstraße, Waldbronn: Optische Bänke u. Zubehör, Tischsysteme, Schwingungsisolatoren

H 7.4.3 *Ealing Beck Ltd.,* Greycaine Road, Watford, GB: Optische Bänke, Tische, Schwingungsisolatoren, Aufbausysteme

H 7.4.4 *Helms Verfahrenstechnik,* Marienstr. 32, Hannover: Schwingungsgedämpftes Meßtischsystem

H 7.4.5 *SOPRA,* 68 rue Pierre-Joigneaux, Bois Colombes, F: Experimentiertisch-System

H 7.4.6 *Oriel GmbH,* Im Tiefen See 58, Darmstadt: Optische Bänke, Tische und Zubehör

H 7.4.7 *Carl Baasel Lasertechnik KG,* Sandstr. 21, München: Optische Bänke und Tische, Schwingungsdämpfung, Aufbausysteme

H 7.4.8 *Winopal Forschung,* Echternfeld 25, Hannover: Schäferbank-Tischsystem u. andere Aufbausysteme

H 7.4.9 *OWIS GmbH,* Im Gaisgraben 11, 7813 Staufen: Experimentiertische, Aufbausysteme

## 7.5 Justierelemente

Auf optischen Bänken oder Tischen aufgebaute oder in Geräten enthaltene Baugruppen müssen häufig feinjustiert werden, und zwar in bis zu sechs Freiheitsgraden (Verschiebung in drei Koordinatenrichtungen und Kippung um drei Achsen). Beispielsweise ist mit einem speziellen kompakt aufgebauten *Justiertisch* [H 7.4.1] diese vollständige Justierung möglich (Verschiebung ± 2,5 mm in 3 Richtungen und Kippung ± 4° bzw. ± 6° um 3 Achsen). Meist ergibt sich jedoch einfacherer Aufbau mit größeren Verstellbereichen, wenn bei der Justierung mehrerer Baugruppen gegeneinander die notwendigen Verstellbewegungen nicht an einer Stelle konzentriert werden.

Die Hersteller optischer Aufbausysteme [H 7.4] liefern eine große Auswahl an Justierelementen. Hierzu gehören neben Einstellvorrichtungen ohne Meßmöglichkeit auch Meßsysteme, die das reproduzierbare Wiederfinden bestimmter Positionen erlauben: Meß-Verschiebereiter z. B. mit Spindelantrieb und Meßtrommel-Ablesung auf 0,01 mm, Meßschrauben, Zentrierplatten, Dreh- und Neigetische.

Besonders feine Verstellungen kann man mit *Piezo-Antrieben* erreichen, z. B. [H 7.4.2]: Es werden aus Piezokeramik-Scheiben aufgebaute Säulen in einem Gehäuse verwendet, die bei Anlegen einer Spannung ihre Länge ändern. Diese Längenänderung beträgt z. B. 5 µm bis 40 µm bei einer Spannung von 1000 Volt, je nach Säulenlänge. Zur Speisung ist also eine stabilisierte Gleichspannungsquelle mit Feineinstellung 0–1000 V erforderlich. Dies ist zwar umständlich, ermöglicht aber eine feinfühlige Schnellverstellung durch *Fernbedienung,* etwa vom Platz des Beobachters aus. Durch Zusammenbau einer Mikrometerschraube mit einem Piezoantrieb kann großer Verstellweg (z. B. 25 mm) mit Feinverstellung (z. B. um 10 µm) kombiniert werden. Eine Fernbedienung mit größeren Verstellbereichen ist über *Motorantrieb* möglich (Schrittmotor oder Gleichstrommotor mit durch die Spannung einstellbarer Geschwindigkeit der Verschiebung).

### Literaturhinweise

L 7.5.1 *Hansen, F.:* Justierung. VEB Verlag Technik, Berlin 1964

L 7.5.2 *Dietrich, L.:* Piezotranslatoren – vielseitige Mikrostellglieder. Laser Magazin 1986, 26–28, 33–36

### Beispiele für Hersteller bzw. Lieferanten

H 7.5.1 *B. Halle Nachfl.,* Hubertusstr. 10, Berlin 41: Teilkreis-Fassungen

H 7.5.2 *Physik Instrumente (PI) GmbH & Co,* Siemensstraße, Waldbronn: Mikropositionierungen, Piezoantriebe, Motorantriebe und Steuerungen

H 7.5.3 *Spindler u. Hoyer GmbH u. Co,* Königsallee 23, Göttingen: Feinstellelemente, Steuerungen

H 7.5.4 *Ealing Beck Ltd.,* Greycaine Road, Watford, GB: Justierelemente und Feinpositionierungen

H 7.5.5 *CWR,* Starenweg 6, München 45: Positioniereinheiten und Steuerungen

H 7.5.6 *Oriel GmbH,* Im Tiefen See 58, Darmstadt: Justier- und Steuerelemente

H 7.5.7 *Dr. Lutz Pickelmann,* St.-Cajetan-Str. 13, München: Piezoantriebe

# 8 Beleuchtung in optischen Geräten; Projektoren und Beleuchtungssysteme

## 8.1 Grundlagen der Beleuchtungstechnik

Durch optische Geräte wird Strahlungsenergie übertragen. Die grundlegenden Gesetze werden hier zusammengestellt, wobei auf strahlungsphysikalische und lichttechnische Größen (Abschn. 2.2), den Strahlendurchgang durch Medien (Abschn. 2.3) sowie die optische Abbildung (Abschn. 4) zurückgegriffen wird. Die folgenden Gleichungen gelten in gleicher Weise für strahlungsphysikalische Größen (dann mit Index e) wie für lichttechnische Größen, z. B. ebenso für die Strahlungsleistung $\Phi_e$ wie für den Lichtstrom $\Phi$. Der Einfachheit halber werden sie nur mit Hilfe der lichttechnischen Größen erläutert.

Ausgangspunkt der Betrachtungen ist die Frage, wie eine Fläche $A_2$ (z. B. Bildschirm, Fotoschicht, optoelektronischer Empfänger, Linse, Spiegel) durch eine leuchtende Fläche $A_1$ (Sendefläche, z. B. Glühwendel, Lichtbogen) beleuchtet wird (Bild 8.1.1). Betrachtet man zwei Flächenelemente $dA_1$ und $dA_2$, die unter den Winkeln $\varepsilon_1$ und $\varepsilon_2$ (gegenüber den Flächennormalen) zu ihrer Verbindungslinie der Länge $\tilde{a}$ orientiert sind, so gibt das *fotometrische Grundgesetz* den Lichtstromanteil $d^2\Phi$ an, der bei der Leuchtdichte L von $dA_1$ nach $dA_2$ (oder wegen der Symmetrie auch umgekehrt!) übergeht:

$$d^2\Phi = L \cdot \frac{dA_1 \cdot \cos\varepsilon_1 \cdot dA_2 \cdot \cos\varepsilon_2}{\tilde{a}^2} \cdot \Omega_0 \qquad (8.1.1)$$

Dabei wird angenommen, daß das Medium zwischen $dA_1$ und $dA_2$ absorptionsfrei ist. Der gesamte zwischen den Flächen $A_1$ und $A_2$ übergehende Lichtstrom $\Phi$ ergibt sich dann aus Gl. (8.1.1) als Doppelintegral über die beiden Flächen.

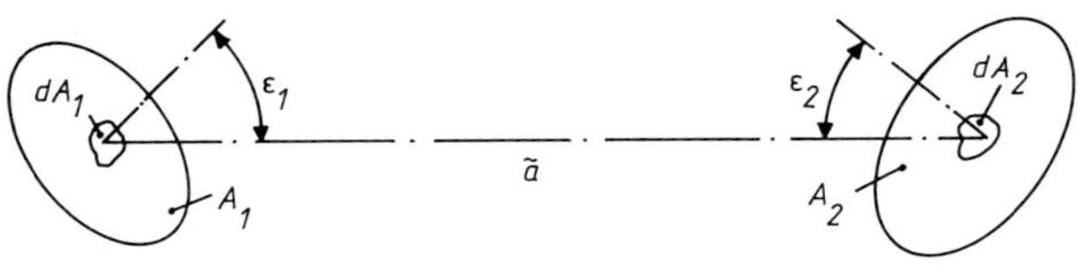


Bild 8.1.1 Zum fotometrischen Grundgesetz

$A_1$ = Leuchtfläche mit Flächenelement $dA_1$, $A_2$ = beleuchtete Fläche mit Flächenelement $dA_2$, $\tilde{a}$ = Abstand

Ist nun eine Fläche klein, etwa $A_1$ (Leuchtfläche), und liegen beide Flächen wie in Bild 8.1.2 parallel zueinander, d. h. ist $\varepsilon_1 = \varepsilon_2 = \sigma$, so gilt für den Lichtstrom

$$\Phi = L \cdot A_1 \int_{A_2} \frac{\cos^2\sigma}{\tilde{a}^2} \, dA_2 \cdot \Omega_0 \qquad (8.1.2)$$

Bild 8.1.2 Zur Lichtstrom-Integration

$A_1$ = kleine Leuchtfläche, $A_2$ = kreisförmige beleuchtete Fläche mit Flächenelement $dA_2$, u = Aperturwinkel

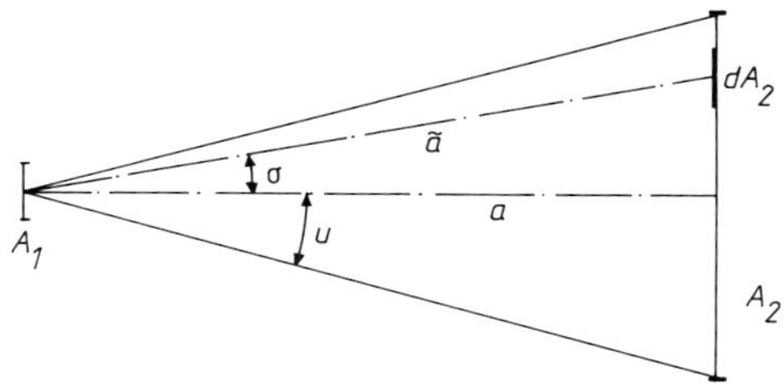


Wenn jetzt die Fläche $A_2$ kreisförmig ist (z. B. Linse) und ihr Rand von $A_1$ aus unter dem Aperturwinkel $u = \sigma_{max}$ erscheint, so ergibt die Integration nach Gl. (8.1.2)

$$\Phi = \pi \cdot L \cdot A_1 \cdot \sin^2 u \cdot \Omega_0 \qquad (8.1.3)$$

Der *Lichtstrom* Φ ist also dem Quadrat der objektseitigen Apertur proportional. $I_0 = L \cdot A_1$ ist die Lichtstärke der leuchtenden Fläche in Richtung der Flächennormalen. Ist die Leuchtdichte L der Fläche $A_1$ in allen Abstrahlungsrichtungen σ konstant, d. h. ist die Fläche ein *Lambertstrahler* (Bild 8.1.3a), so nimmt die Lichtstärke mit zunehmender Neigung σ entsprechend $I = I_0 \cdot \cos\sigma$ ab. Bei einem *Kugelstrahler* gilt hingegen I = konst. (Bild 8.1.3b). Für die Abstrahlung in den Halbraum (u = 90°) gilt dann nach Gl. (8.1.3) für den

Lambertstrahler $\Phi_{\frown} = \pi \cdot I_0 \cdot \Omega_0$, während sich für den
Kugelstrahler $\Phi_{\frown} = 2\pi \cdot I \cdot \Omega_0$ ergibt.

Eine Glühwendel wirkt in der Ebene senkrecht zur Wendelachse wie ein Kugelstrahler, in einer die Wendelachse enthaltenden Ebene jedoch als Lambertstrahler. Ist die Wendel klein gegen den Abstand von der beleuchteten Fläche, so kann bis zu einem Aperturwinkel u = 60° der Lichtstrom als geometrisches Mittel aus den Lichtströmen von Lambert- und Kugelstrahler bestimmt werden (Fehler unter 1%).

Für die mittlere Beleuchtungsstärke auf der Fläche $A_2$ erhält man nach der Definition (Tab. 2.2.1) $\overline{E} = \Phi/A_2$, und als Näherung für kleinen Aperturwinkel u (d. h. Abstand

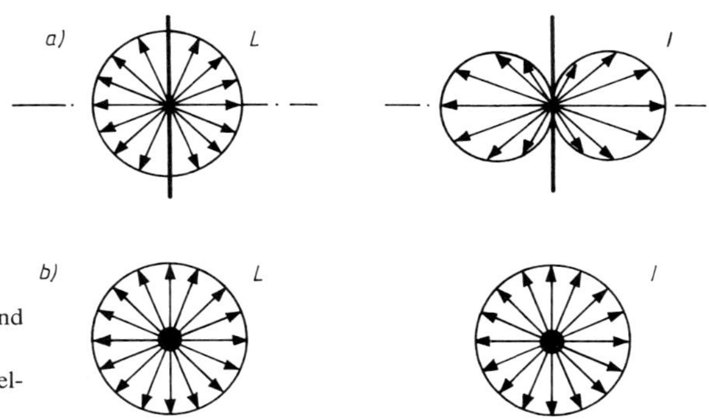


Bild 8.1.3 Leuchtdichte- und Lichtstärkeverteilung

a) Lambertstrahler, b) Kugelstrahler

a groß gegen die Abmessungen der Flächen) kann man aus Gl. (8.1.3) das *fotometrische Entfernungsgesetz*

$$E = \frac{I}{a^2} \cdot \Omega_0 \tag{8.1.4}$$

ableiten.

Gehört die Fläche $A_2$ zu einem *abbildenden Element,* etwa einer Linse, so leitet sie den empfangenen Lichtstrom $\Phi$ zum Bild $A_1'$ der Leuchtfläche weiter, wobei er durch den Transmissionsgrad $\tau$ des optischen Systems vermindert wird, so daß auf der Bildfläche die Beleuchtungsstärke $E = \Phi \cdot \tau / A_1'$ vorhanden ist. Gl. (8.1.3) ergibt dann zusammen mit $\beta'^2 = A_1'/A_1$

$$E = \pi \cdot L \cdot \tau \cdot \frac{\sin^2 u}{\beta'^2} \cdot \Omega_0 \tag{8.1.5}$$

Ist nun für weit geöffnete Bündel die Sinusbedingung (Gl. 4.4.7) erfüllt, so folgt daraus

$$E = \pi \cdot L \cdot \tau \cdot \sin^2 u' \cdot \Omega_0 \tag{8.1.6}$$

die *Beleuchtungsstärke* ist also dem Quadrat der bildseitigen Apertur proportional.

Die beleuchtete Bildfläche wird selbst zur Lichtquelle, d. h. man kann ihr eine *Leuchtdichte* zuschreiben. Entsteht das Bild als „Luftbild", d. h. nicht auf einem Bildschirm (Streufläche), so ergibt sich als Bildleuchtdichte $L'$

$$L' = \tau \cdot L \tag{8.1.7}$$

$L'$ ist also niemals größer als L, sondern (abgesehen von dem Schwächungsfaktor $\tau$) gleich der Objektleuchtdichte. Eine Bildwand verteilt jedoch den Lichtstrom durch Streuung. Nimmt man den Grenzfall der ideal matten Fläche (Lambertstrahler) an, so ergibt die diffus in den Halbraum verteilte Strahlung eine Leuchtdichte $L_{diff}$ entsprechend

$$L_{diff} = \frac{E \cdot \varrho}{\pi} \cdot \frac{1}{\Omega_0} \tag{8.1.8}$$

mit $\varrho$ = Reflexionsgrad der Fläche. Gemäß Gl. (8.1.4) bis (8.1.6) kann also $L_{diff}$ durch die Abbildungsbedingungen beeinflußt werden, nicht aber $L'$.

In den Gleichungen (8.1.1) bis (8.1.3) wird der Lichtstrom jeweils als Produkt aus der Leuchtdichte L und geometrischen Größen dargestellt. Man kann nun diese Größen zusammengefaßt als geometrischen Faktor betrachten und so den *geometrischen Fluß* (oder: *Lichtleitwert*) G definieren. Dann gilt stets

$$\Phi = L \cdot G \tag{8.1.9}$$

Für den geometrischen Fluß ergibt sich die Einheit $m^2 \cdot sr$.

Bei einer optischen Abbildung verläuft die gesamte Strahlung zwischen Objektebene (Eintrittsluke EL) und abbildendem System (Eintrittspupille EP) innerhalb einer *Lichtröhre,* die durch die Flächen $A_{EL}$ und $A_{EP}$ sowie die Mantelfläche (Randstrahlen) begrenzt wird (Bild 8.1.4). Dann kann der geometrische Fluß näherungsweise durch die Abmessungen dieser Lichtröhre dargestellt werden, d. h. es gilt

$$G = \frac{A_{EL} \cdot A_{EP}}{a^2} \cdot \Omega_0 \tag{8.1.10a}$$

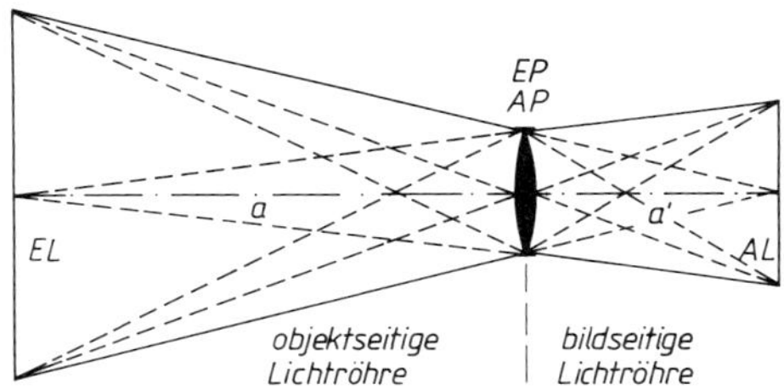


Bild 8.1.4 Lichtröhren und geometrischer Fluß

EP, AP = Ein- und Austrittspupille, EL, AL = Ein- und Austrittsluke

und entsprechend für die Bildseite

$$G' = \frac{A_{AL} \cdot A_{AP}}{a'^2} \cdot \Omega_0 \tag{8.1.10b}$$

Es ist G' = G, auch für die weiteren Lichtröhren einer mehrstufigen Abbildung, wenn die einzelnen Stufen durch Feldlinsen richtig aneinander angepaßt sind (Abschn. 4.3).

Die mit Gl. (8.1.6) berechnete Beleuchtungsstärke E gehörte zur Bildfläche $A_1'$ einer kleinen auf der Achse liegenden Leuchtfläche bzw. Objektfläche $A_1$ (Bild 8.1.2). Für seitlich der Achse unter dem Feldwinkel w erscheinende Flächen ergibt sich jedoch eine geringere Beleuchtungsstärke E(w) entsprechend

$$E(w) = E \cdot \cos^4 w \tag{8.1.11}$$

*(„natürlicher Helligkeitsabfall“)*, weil sich die in Bündelrichtung wirksamen Flächen von Eintrittsluke und -pupille um den Faktor cos w verkleinern und an Stelle des Achsabstandes a eine größere Entfernung ã wirksam wird. Ein weiterer Helligkeitsabfall ergibt sich, insbesondere bei kleiner Blendenzahl k (Objektiv nicht oder nur wenig abgeblendet), durch *Vignettierung*, d. h. durch das Beschneiden der Eintrittspupille durch Fassungsränder des Objektivs. Bei Schrägeinblick erscheint eine kreisförmige Blendenöffnung dann nicht als Ellipse, sondern als Kreiszweieck.

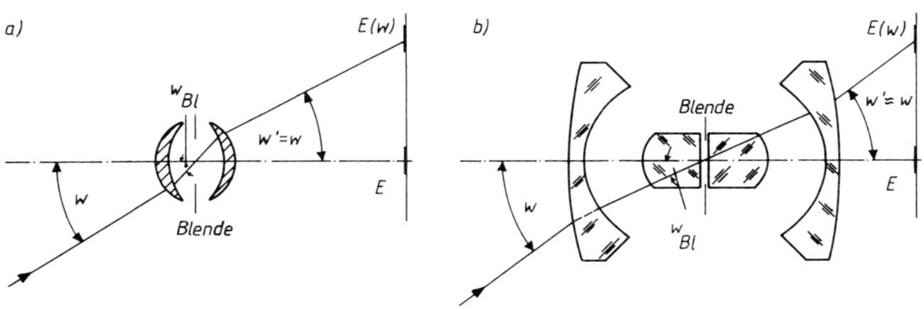


Bild 8.1.5 Zum Einfluß des Feldwinkels an der Blende auf die Verteilung der Beleuchtungsstärke

a) altes Weitwinkelobjektiv: $w_{Bl} > w$
b) modernes Weitwinkelobjektiv: $w_{Bl} < w$

Der Beleuchtungsstärke-Abfall mit $\cos^4 w$ gilt aber auch bei vignettierungsfreiem Bündeldurchgang und verzeichnungsfrei abbildendem Objektiv nur dann, wenn der an der Aperturblende auftretende Feldwinkel $w_{Bl}$ gleich dem äußeren Feldwinkel w ist. Bei $w_{Bl} \neq w$ (Bild 8.1.5, [L 8.1.2]) ist $\cos^4 w$ durch $\cos^3 w \cdot \cos w_{Bl}$ zu ersetzen. In Bild 8.1.5a (altes Weitwinkelobjektiv, z. B. Goerz-Hypergon) ist $w_{Bl} > w$, der Beleuchtungsstärke-Abfall also stärker als $\cos^4 w$. Das prinzipielle Aufbauschema eines modernen *Weitwinkelobjektivs* (Bild 8.1.5b) zeigt, daß durch $w_{Bl} < w$ der Helligkeitsabfall gemildert wird. Da außerdem die Eintrittspupille das durch das vordere Objektivglied entworfene Bild der Aperturblende ist, kann man durch entsprechende Korrektion dafür sorgen, daß der Abbildungsmaßstab $\beta'$ dieses Blendenbildes mit zunehmendem Feldwinkel zunimmt. Dann wird $A(w)/A > 1$, mit $A(w)$ = Fläche der Eintrittspupille unter dem Winkel w, $A$ = Fläche bei $w = 0$ d. h. auf der Achse. Damit wird der natürliche Helligkeitsabfall zumindest teilweise kompensiert.

### Literaturhinweise

L 8.1.1 *Bethe, G.:* Über die Beleuchtung durch strahlende Flächen. Optik *8* (1951/7, 476–487, 489–511

L 8.1.2 *Naumann, H.:* Über den Randabfall der Helligkeit bei Weitwinkelobjektiven. MFM Mod. Fototech. 1968 H. 2, 92–93

L 8.1.3 *Kingslake, R.:* Illumination in Optical Images. LÜ 1 Vol. II/5

L 8.1.4 *Franke, G.:* Lichttechnik für Konstrukteure. Jahrb. f. Optik u. Feinmechanik (1975) 21-47; (1976) 21-45; (1977) 30-68; (1978) 29-59.

L 8.1.5 *Goodman, D. S.:* Illumination analysis with a reflecting sphere. Applied optics *24* (1985), 1217-1219

### Beispiele für Hersteller bzw. Lieferanten

H 8.1.1 *Daume & Jordan GmbH & Co KG,* Schwelmer Str. 161, Wuppertal-Langerfeld: Reflektoren für Lampen

H 8.1.2 *W. Weule,* Im Schleeke 40, 3380 Goslar: Geschliffene Hohlspiegel

## 8.2 Kondensoren und Objektive

*Kondensoren* sind in Projektions- und Beleuchtungsanordnungen die Abbildungssysteme für die Lichtquelle. Deren Leuchtfläche wird bei kleinen Dia-Flächen (Filmbilder) unmittelbar in die Objektfläche abgebildet *(Abbe-Beleuchtung);* die Leuchtfläche muß deshalb gleichmäßig hell sein, oder die strukturierte Fläche wird unscharf abgebildet. Hierzu werden meist mit der Lampe zusammengebaute Ellipsoidspiegel-Kondensoren verwendet. Bei größeren Diaflächen kommt nur *Köhlersche Beleuchtung* in Frage: Der Kondensor steht dicht bei der Dia-Ebene und bildet die Leuchtfläche in das Objektiv ab. Sein Durchmesser muß dann größer als die Diagonale des Dias sein, was bei großflächigen Vorlagen (Arbeitsprojektoren) Fresnellinsen erfordert, die quadratisch beschnitten werden. Anforderungen an die *Fehlerkorrektur* von Kondensoren richten sich nach dem Abbildungssystem, mit dem zusammen der Kondensor benutzt wird. So werden z. B. in der Mikroskopie hoch korrigierte Kondensoren benutzt, während die Anforderungen an Kondensoren für Kleinbildprojektoren geringer sind, ebenso für technische Kleinprojektoren (z. B. Skalenprojektoren).

In erster Linie wird bei Kondensoren der *Öffnungsfehler* vermindert bzw. korrigiert. Besonders häufig wird deshalb der zweistufige Kondensor aus zwei asphärischen Preßglaslinsen oder auch aus zwei sphärischen Planlinsen verwendet. Mit asphärischen Linsen können größere Öffnungsverhältnisse (kleinere Blendenzahlen k) erzielt werden; Typenreihen handelsüblicher Linsen gehen bei kleineren Durchmessern z. B. bis k = 0,5, während bei sphärischen Planlinsen etwa k = 1,2 erreicht wird. Als Material wird meist Spiegelglas verwendet, das wegen der Temperaturbeanspruchung auch „gehärtet" (Abschn. 3.10) wird, soweit nicht Spezialglas mit geringem Ausdehnungskoeffizienten oder Quarzglas in Frage kommen. Bei technischen Kleinprojektoren, z. B. für Waagenskalen, können wegen der geringen Lampenleistung auch asphärische Linsen aus Acrylglas benutzt werden, [L 8.2.1].

Soll zwischen den beiden Kondensorlinsen *telezentrischer Strahlengang* (Zwischenabbildung nach $\infty$) herrschen, so gilt für die Brennweite der beiden Linsen $f'_{(2)}/f'_{(1)} = -\beta'_{kond}$, mit $\beta'_{kond}$ = Abbildungsmaßstab des Kondensors. Bei üblichen Bildprojektoren mit großem Abstand zur Bildwand ($a' \gg f'_{ob}$) ist dann $f'_{(2)}$ etwas größer als $f'_{ob}$, weil ja der Kondensor dicht vor der Dia-Ebene steht.

Wird ein *Kondensor* mit der Brennweite $f'_{kond}$ *aus zwei gleichen Plankonvexlinsen* mit dem Scheitelabstand e aufgebaut ($H'_{(1)}$ und $H_{(2)}$ liegen ja in den Scheiteln der Konvexflächen!), so muß jede der beiden Linsen eine Brennweite

$$f'_L = f'_{kond} + \sqrt{f'_{kond}\,(f'_{kond} - e)} \qquad (8.2.1)$$

haben. Für den Hauptpunktabstand des Kondensors gilt dann

$$HH' = \frac{-e^2}{2f'_L - e} + 2d\left(\frac{n-1}{n}\right) \qquad (8.2.2)$$

mit d = Dicke einer Linse. Die beiden Hauptpunkte liegen natürlich symmetrisch zur Mittenebene des Kondensors. Für e = 0 (berührende Scheitel) wird $f'_L = 2 \cdot f'_{kond}$ und $HH' = 2d\,(n-1)/n$; es fallen dann H mit $H_{(1)}$ und H' mit $H'_{(2)}$ zusammen.

Bei mehrstufigem Kondensor erhält man eine günstige Ausgangsbasis für möglichst geringen Öffnungsfehler, wenn die Linsenbrennweiten unter Benutzung einer von $\beta'$ abhängigen Konstanten c abgestuft werden: wofür die folgenden gerundeten Werte gelten:

| | | | | | |
|---|---|---|---|---|---|
| $\beta'_{kond}$ = | $\infty$ | −10 | −5 | −2 | −1 |
| | 0 | −0,1 | −0,2 | −0,5 | |
| c = | 1,4 | 1,34 | 1,3 | 1,2 | 1,0 |

Als Einzelbrennweiten erhält man dann für den zweistufigen Kondensor:

$$f'_{(1)} = f'_{kond} \cdot \frac{c+1}{c}; \quad f'_{(2)} = f'_{kond} \cdot (c+1) \qquad (8.2.3)$$

für den dreistufigen Kondensor:

$$f'_{(1)} = f'_{kond} \cdot \frac{c^2+c+1}{c^2}; \quad f'_{(2)} = f'_{kond} \cdot \frac{c^2+c+1}{c}; \quad f'_{(3)} = f'_{kond} \cdot (c^2+c+1) \qquad (8.2.4)$$

Diese Gleichungen gelten jedoch nur für die Näherung dünner Linsen mit verschwindendem Abstand e; ihre Einhaltung ist nicht kritisch. Für verkleinerte Abbildung wird die gleiche Stufung bei umgekehrter Linsenfolge benutzt. Nach Bestimmung der Einzelbrennweiten und damit der Abbildungsmaßstäbe (es gilt natürlich $\beta'_{kond} = \beta'_{(1)} \cdot \beta'_{(2)} \cdot \beta'_{(3)} \cdot \ldots$, Gl. [4.2.8]) kann für jede Linse die beste Form (Abschn. 4.4) festgelegt werden. Häufig beschränkt man sich jedoch bei dreistufigen Kondensoren auf eine Meniskenlinse (1) zusammen mit zwei Planlinsen (2) und (3); vergl. Bild 8.4.1.

Die für viele Zwecke ausreichende Korrektion eines Kondensors kann – auch grafisch – durch Strahlverfolgung entgegen der Lichtrichtung kontrolliert werden: Die vom Dia auf die Eintrittspupille des Objektivs treffenden Strahlen müssen, rückwärts durch den

Kondensor verfolgt, durch beliebige Punkte der Leuchtfläche gehen. Demgemäß sind bei kleinen Lichtquellen, die hohe Leuchtdichte ergeben, die Korrektionsanforderungen höher. Die Korrektion kann praktisch auch dadurch verbessert werden, daß die Leuchtfläche etwas geringeren Abstand vom Kondensor erhält, als paraxial errechnet wurde.

Gemäß Bild 8.2.1 a wird die Leuchtfläche durch einen Kondensor häufig in die Eintrittspupille EP eines Objektivs oder in eine Blendenöffnung abgebildet. Ist dabei die Leuchtfläche klein und/oder stark strukturiert, so wird die Öffnung ungleichmäßig ausgeleuchtet. Dann ergibt ein *Wabenkondensor* (Bild 8.2.1 b) eine sehr gleichmäßige Ausleuchtung: Eine Wabenplatte $W_1$ mit zahlreichen Einzellinsen ergibt eine Vielfachabbildung der Leuchtfläche in der Ebene der Wabenplatte $W_2$. Die Linsen der Platte $W_2$ bilden die Linsenöffnungen (Waben) von $W_1$ alle übereinander vergrößert auf die Eintrittspupille EP ab. Deshalb wird die Form der Waben von $W_1$ an die auszuleuchtende Öffnung (EP oder Blende) angepaßt (z. B. quadratische Form). Eine Anwendung zeigt Abschn. 16.3.

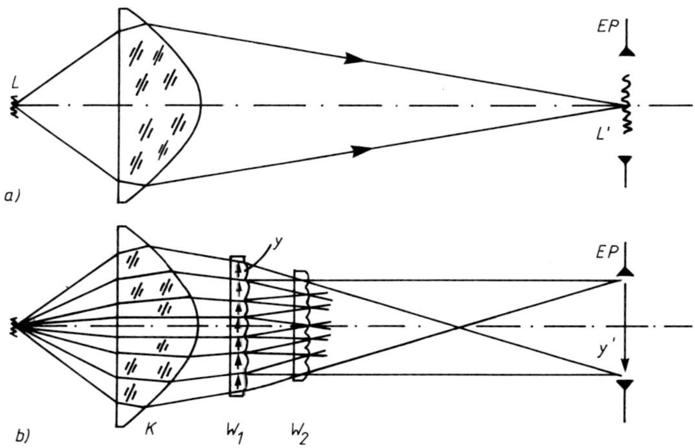


Bild 8.2.1 Wirkung eines Wabenkondensors

a) Normaler Kondensor: Abbildung der Leuchtfläche L in die Eintrittspupille EP, b) Abbildung aller Elemente y der Wabenplatte W1 in die gleiche Eintrittspupille

Als *Objektiv* benutzt man Systeme nach Petzval oder, wenn die Reste von Bildwölbung stören, drei- und mehrlinsige Anastigmate, die dazu den Vorteil haben, keine hitzeempfindliche Kittfläche zu besitzen.

Die Bildwinkel sind meist klein, die Mittenschärfe gut, die Farbfehler sorgfältig behoben, und zwar durchweg für C und F. Diese Objektive sind für „unendlich" fernes Ding bzw. Bild korrigiert, Vergrößerungsobjektive aber für endliche Maßstäbe, wie z. B. 10:1. Für Brennweiten, Lichtstärken und Fassungsdurchmesser gibt es Normen

[L 8.2.3 ... 8.2.8]. Für sehr lange Brennweiten und entsprechend kleine Bildwinkel (unter etwa 10 bis 12°) kann man einfache Achromate verwenden; werden kurze Brennweiten und große Bildwinkel verlangt, müssen oft Sonderkonstruktionen benutzt werden, etwa ähnlich umgekehrten Galilei-Fernrohren. Objektive veränderbarer Brennweite erlauben die Anpassung der Bildgröße an wechselnde Wandgrößen und Entfernungen.

Bei ungeglasten Dias, die also nicht durch Deckgläser eben gehalten werden, kann ebenso wie bei Filmbildern eine empirisch bestimmte mittlere Wölbung durch eine konstruktiv darauf abgestimmte Bildfeldwölbung des Objektivs kompensiert werden, so daß über das ganze Bildfeld eine gleichmäßig hohe Schärfe erreicht wird (z. B. [H 8.2.3]).

Für technische Kleinprojektoren, z. B. zur Projektion der Ausschnitte von Waagenskalen können preiswerte, in Fassung leicht zentrierbare Objektive mit Kugel- oder Halbkugelelementen verwendet werden, [L 8.2.2]. Nur aus drei Elementen bestehende Objektive mit einer Vollkugel (Bild 8.2.2 a) sind nur für kleine Bildwinkel geeignet. Die Aufspaltung in zwei je dreilinsige Systeme ergibt u. a. verbesserte Bildfeldebnung. Diese Systeme aus einer Typenreihe mit etwa geometrisch gestuften Brennweiten können einzeln verwendet oder symmetrisch bzw. asymmetrisch kombiniert werden (Bild 8.2.2b), so daß sich mit wenigen Grundtypen eine große Zahl von Objektiven mit unterschiedlichen Daten ergibt.

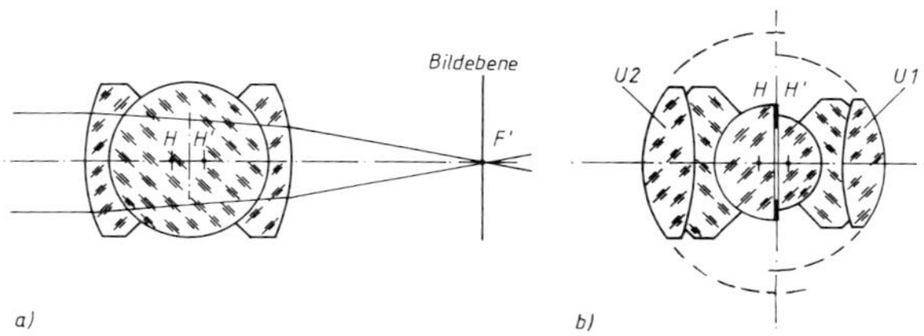


Bild 8.2.2 Kugel-Objektive für Kleinprojektoren [L 8.2.2]

a) Kronglas-Kugel, in zwei Flintlinsen eingebettet, b) asymmetrische Kombination von Halbkugeln

## Literaturhinweise


L 8.2.1 *Felgner, R.:* Asphärische Beleuchtungs-Linsen aus Plexiglas. Jahrb. f. Optik u. Feinmechanik *20* (1973), 91–94

L 8.2.2 *Felgner, R.:* Kugel-Objektive. Jahrb. f. Optik u. Feinmechanik *20* (1973), 85–89

L 8.2.3 DIN 108 T 6 Diaprojektion; Außendurchmesser der Fassung von Dia-Projektionsobjektiven

L 8.2.4 DIN 108 T 10 Diaprojektoren und Dias; Projektionsobjektive für Arbeitsprojektoren, Optische Kenngrößen

L 8.2.5 DIN 15741 Kino-Projektionsobjektive für Film 35 mm und Film 70 mm;
T 1 Optische Kenngrößen
T 2 Abmessungen für Objektivfassungen, Freiraum im Projektor

L 8.2.6 DIN 15744 Kino-Projektionsobjektive für Film 16 mm; Optische und mechanische Kenngrößen

L 8.2.7 DIN 15844 Film 8 mm; Projektionsobjektiv für Film 8S, Optische und mechanische Kenngrößen für austauschbare Objektive zur Projektion von Film 8S

L 8.2.8 DIN 4521 Aufnahme- und Projektionsobjektive; Brennweite, Relative Öffnung
L 8.2.9 *Gerhard, W.; Fritzsch, W.*: Kondensorlinsen für definierte Strahlintensitätsverteilung. Feinwerktechnik & Meßtechnik *84* (1976) H. 6, 294–296

**Beispiele für Hersteller bzw. Lieferanten**

H 8.2.1 *Wilhelm Will KG,* Nauborn-Wetzlar: Projektions-Objektive
H 8.2.2 *G. Rodenstock,* Isartalstr. 43, München: Projektionsobjektive, Kondensoren
H 8.2.3 *Ernst Leitz Wetzlar GmbH,* Wetzlar: Objektive, Colorplan®-CF für ungeglaste Dias
H 8.2.4 *Heinrich Reichmann,* Dorfstr. 25, Brokdorf: Projektionsobjektive
H 8.2.5 *B. Halle Nachfl.,* Hubertusstr. 10, Berlin 41: Sonderobjektive für UV-VIS-IR
H 8.2.6 *J. Hauser KG,* Solms/Wetzlar: Beleuchtungsoptik (Linsen, Spiegel, Wärmeschutzfilter)
H 8.2.7 *Herzog-Optik-Wetzlar KG,* Industriestraße, Nauborn-Wetzlar: Beleuchtungsoptik (Linsen, Spiegel, Wärmeschutzfilter, Kondensoren)
H 8.2.8 *Thermo-Optik Arnold KG,* Weilstr. 14, Weilburg/Lahn: Beleuchtungsoptik (Linsen, Spiegel, Wärmeschutzfilter)
H 8.2.9 *Spindler u. Hoyer GmbH u. Co,* Königsallee 23, Göttingen: Kondensoren, Projektionsobjektive
H 8.2.10 *J. H. Dallmeyer Ltd,* Heerstr. 19, Bonn: Kondensoren, Telezentrische Objektive für Meßprojektoren
H 8.2.11 *3M Deutschland GmbH,* Carl-Schurz-Str. 1, Neuss: Fresnellinsen
H 8.2.12 *AUER-SOG Glaswerke GmbH,* Bad Gandersheim: Fresnellinsen
H 8.2.13 *Cryon Optics,* New York: Fresnellinsen, auch mit zwei Brennweiten
H 8.2.14 *Lectric Lites Co., Inc.,* 2504 W. Vickery Blvd., Ft. Worth, Tex., USA: Fresnellinsen
H 8.2.15 Siehe auch Beispiele 5.2. . . ., 5.3. . . ., 5.4. . . ., 5.5. . . .
H 8.2.16 *Bausch, H. G.,* Westerwaldstr. 4, Limburg: Asphärische Beleuchtungsoptik
H 8.2.17 *ISCO GmbH,* An der Lutter 22, Göttingen: Objektive f. Projektoren u. Kopiergeräte
H 8.2.18 *Docter-Optic-Wetzlar GmbH,* 6331 Schöffengrund 1: Komplette Projektionssysteme, Objektive u. Beleuchtungsoptik
H 8.2.19 *W. Weule,* Im Schleeke 40, 3380 Goslar: Beleuchtungsoptik, Hohlspiegel, geschliffene Kondensorlinsen, große Abmessungen

## 8.3 Bildschirme, Retroflektoren

Durch Bildschirme wird der gerichtete Strahlengang bei einer Projektions-Abbildung unterbrochen; sie wirken in Aufsicht (Reflexion) bzw. in Durchsicht (Transmission) als Sekundärstrahler mit mehr oder weniger diffuser Abstrahlung. Auf Bildschirmen werden reelle Bilder entworfen; ähnlich strukturierte Flächen mit definierter Verteilung der gestreuten Strahlung werden aber auch zu anderen Zwecken benutzt, z. B. als Reflexfolien in der Optoelektronik oder im Verkehrswesen.

*Bildschirme* müssen allgemein folgenden Anforderungen genügen: 1. Das eingestrahlte Licht soll möglichst vollständig weitergeleitet werden, d. h. entweder der Reflexionsgrad $\varrho$ oder der Transmissionsgrad $\tau$ sollen möglichst nahe an 100% herankommen. 2. Das weitergeleitete Licht soll möglichst genau in den Winkelbereich abgestrahlt werden, in dem die Beobachtung oder Signalverarbeitung erfolgt. Dies kann im einen Extrem gleichmäßige Abstrahlung in den Halbraum bedeuten (vollständig diffuse Streuung durch „mattweiße" Schichten, Abschn. 3.7), im anderen Extrem eine Bündelung in einen sehr engen Raumwinkelbereich, wobei die Abstrahlung in Richtung der regulären Reflexion (Metallschichten) oder der Retroreflexion (Rückstrahlflächen, z. B. Perlwände) erfolgen kann (Bild 8.3.1). 3. Die Struktur des Bildschirms („Korn") muß feiner als die aufzulösenden Bilddetails sein, bei gegebenen Beobachtungsbedin-

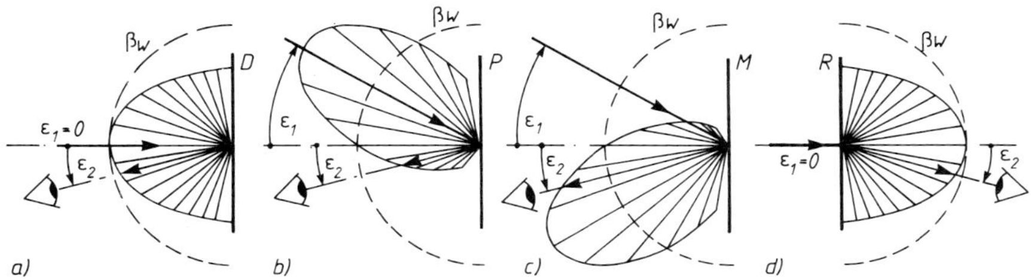


Bild 8.3.1 Bildwandtypen nach DIN 19045 T.4

Dargestellt ist jeweils die Leuchtdichtefaktor-Indikatrix $\beta(\varepsilon_2)$ bei gegebenem Einfallswinkel $\beta_1$. Zum Vergleich ist $\beta_w$ für die ideal diffus streuende mattweiße Fläche (Lambert-Strahler) angegeben

a) Typ D: Diffus streuende, mattweiße Bildwand, die dem Lambert-Strahler nahekommt. b) Typ P: Wand mit Vorzugsrichtung der Abstrahlung entgegen der Lichteinfallsrichtung, „Perlwand". c) Typ M: Wand mit Vorzugsrichtung der Abstrahlung entsprechend regulärer Reflexion ($-\varepsilon_1$), „metallisierte Wand". d) Typ R: Mattschirm für Durchprojektion (Rückprojektion) mit breitem Streubereich, im Gegensatz zur „Kleinwinkelstreuung" der meisten Mattscheiben

gungen soll also der Bildschirm als einheitliche Fläche erscheinen. Bei der praktischen Ausführung von Bildschirmen sind diese Forderungen nicht unabhängig voneinander erfüllbar. Vor allem ist stets zu beachten, daß jede Änderung des Streuwinkels nur eine Umverteilung des durch $\varrho$ bzw. $\tau$ festgelegten Lichtstromes bedeutet: Die Leuchtdichte-Erhöhung in einer Vorzugsrichtung führt stets zum Leuchtdichteabfall in anderen Richtungen.

*Mattweiße Bildwände* (Typ D, Bild 8.3.1 a) werden meist als Textilgewebe hergestellt, das mit PVC beschichtet ist. Die Deckschicht enthält z. B. $TiO_2$ als Weiß-Pigment. Weiterhin werden leicht genarbte Kunststoff-Folien verwendet. Solche Bildwände weisen neben der diffusen Streuung einen geringfügigen Anteil regulärer Reflexion („Glanz") auf. Sie werden bei Projektionen in breiten Räumen verwendet, wenn eine Betrachtung unter großem Beobachtungswinkel (gegenüber der Flächennormalen) unvermeidbar ist. Dabei ist zu beachten, daß größere Beobachtungswinkel als 45 ° wegen der perspektivischen Bildverkürzung ausgeschlossen werden sollten.

*Aluminiumwände* (Typ M, Bild 8.3.1 c) sind mit Aluminiumanstrich (Alu-Flitter in Kunstharzlack) beschichtete Gewebe oder Folien. Sie können durch Riffelung oder Rasterstrukturen, die wie kleine Konkav- oder Konvexspiegel wirken, recht genau an einen gewünschten Streuwinkel angepaßt werden. Durch torisch gekrümmte Rasterelemente kann dabei, z. B. für Filmtheater, der Streubereich in der Horizontalebene größer als in der Vertikalebene gewählt werden. Innerhalb des festgelegten Streubereichs wird eine möglichst gleichmäßige Leuchtdichteverteilung verlangt. Trotzdem ist nicht zu vermeiden, daß die einzelnen Bereiche einer breiten Bildwand unterschiedlich hell erscheinen (Bild 8.3.2 a). Abhilfe bringt die Überlagerung einer Feldlinsenwirkung (Abschn. 4.3), hier als *„Feldspiegel":* Die Bildwand wird leicht gekrümmt, etwa mit dem Radius = Projektorabstand (Bild 8.3.2 b). Bei einem Hohlspiegel würde das Projektorobjektiv in sich selbst abgebildet; hier wird erreicht, daß dem Beobachter die

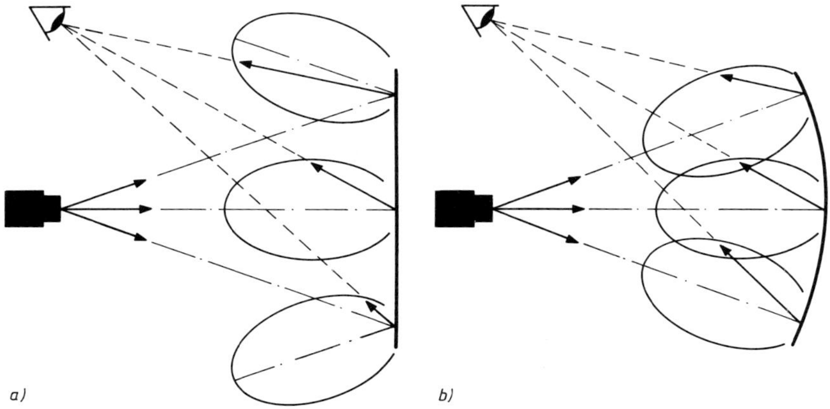


Bild 8.3.2 Helligkeitsverteilung über der Fläche einer Bildwand vom Typ M

a) Flachschirm: sehr ungleichmäßige Verteilung über die Bildbreite, b) zylindrisch gekrümmte Wand: gleichmäßige Helligkeitsverteilung

einzelnen Bildwandteile praktisch gleich hell erscheinen. Aluminiumwände eignen sich gut zur *Tageslichtprojektion,* da sie bei eng gewähltem Streubereich in der Vorzugsrichtung eine hohe Leuchtdichte ergeben und seitlich einfallendes Störlicht nicht zum Betrachter gelenkt wird. Für die *Projektion von Stereobildern* mit Bildtrennung durch Polarisation sind Aluminiumwände unerläßlich, weil nur bei Metallschichten der Polarisationszustand erhalten bleibt, während dielektrische Schichten zu Depolarisation führen. Glatte Metallflächen (Planspiegel) sind als Bildwände natürlich nicht brauchbar, weil wegen der streng gerichteten Reflexion von einem Beobachterort aus kein ausgedehntes Bild erkennbar wäre. Stets ist ausreichende Streuung notwendig.

Bei *Perlwänden* (Typ P, Bild 8.3.1 b) sind auf einem Träger (Gewebe oder Folie) kleine Glasperlen in einem Kleberbett mit dichter Besetzung aufgebracht (Größenordnung $10^7$ Perlen pro Quadratmeter). Jede Perle wirkt als Rückstrahler nach dem „Katzenaugen“-Prinzip (Bild 8.3.3): Im Idealfall würde bei $n = 2$ Reflexion an der (verspiegelten) Rückseite der Glaskugeln erfolgen; bei niedriger Brechzahl (z. B. $n = 1{,}5$) müßte hinter jeder Kugel eine konzentrische Hohlspiegelfläche (Radius = Kugelbrennweite) angebracht sein. Beides ist praktisch nicht zu verwirklichen. Übrig bleibt aber eine Streuverteilung mit Vorzugsrichtung entgegen der Einstrahlrichtung, wobei die Bündelung durch höhere Glasbrechzahl (bis $n \approx 1{,}90$) erhöht wird. Die Zwischenräume zwischen den Perlen ergeben diffuse Reflexion; die Einbettungstiefe der Kugeln beeinflußt den nutzbaren Streuwinkel.

Den Perlwänden verwandt und ähnlich aufgebaut sind *Reflexfolien* für optoelektronische Abtastung (Lichtschrankentechnik) und Verkehrssignale, z. B. [H 8.3.2]. Sie werden durch den *Rückstrahlwert* R nach DIN 5036 T.1 gekennzeichnet: $R = I_\varepsilon / E_\perp$ in cd/lx, mit $I_\varepsilon$ = Lichtstärke beim Abstrahlungswinkel $\varepsilon$, bei Folien bezogen auf eine Fläche von 1 $m^2$, $E_\perp$ = Beleuchtungsstärke bei senkrechtem Lichteinfall.

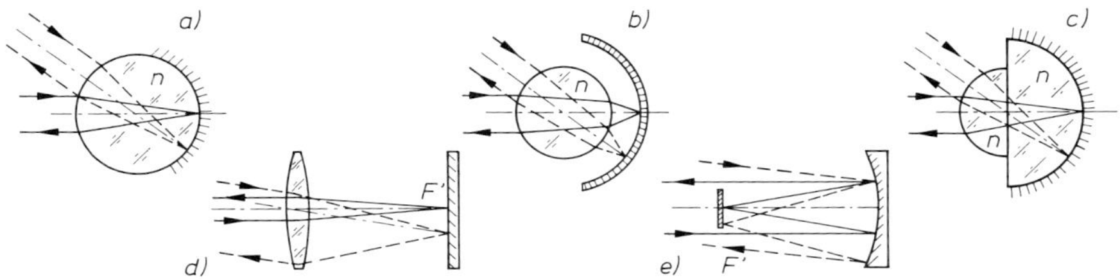


Bild 8.3.3 Retroreflektoren

a), b), c) für weiten, d), e) für engen Winkelbereich. a) bei n = 2 muß die Reflexionsfläche mit der Kugelfläche zusammenfallen, b) bei n < 2 als konzentrischer Hohlspiegel angeordnet sein, mit c) besonders stabilem Aufbau aus zwei verkitteten Halbkugeln. d) Aufbau mit Linse, e) mit Hohlspiegel und jeweils Planspiegel in der Brennebene.

Während sich für die ideal mattweiße Fläche ($\varrho = 1$) pro $m^2$ $R = 0{,}318$ cd/lx ergibt (aus Gl. 8.1.8), kann die Rückstrahlung bei einer Perlfolie je nach Aufbau etwa um den Faktor 100 bis 1000 höher sein (z. B. Reflexfolie Scotchlite High Gain, Fa. 3M)! Die höchsten Rückstrahlwerte werden durch Folien mit frei liegenden Perlen erreicht; da diese aber bei Feuchtigkeits- oder Ölfilm keine Retroreflexion ergeben, erfolgt häufig Abdeckung mit einer Klarfolie. Eine spezielle *Reflexfarbe* (Codit, Fa. 3M) enthält ebenfalls Glasperlen; sie kann mit Sprühdosen oder durch Streichen und Spritzen aufgebracht werden. Farbige Reflexfolien ergeben niedrigere Rückstrahlwerte, weil das Farbpigment den Reflexionsgrad subtraktiv herabsetzt.

*Retroreflektoren* werden nicht nur in Form von Reflexfolien, sondern auch als sorgfältig aufgebaute Einzelsysteme eingesetzt (z. B. anstelle eines Interferometer-Planspiegels). Bild 8.3.3 zeigt Aufbau-Prinzipien. Hinzu kommt noch der Tripelspiegel (Bild 5.7.10f.).

Bei *Durchlicht-Bildschirmen* (Typ R, Bild 8.3.1d) ergeben sich ebenfalls sehr unterschiedliche Streuverteilungen: *Trübglasscheiben* oder *Volumenstreuscheiben* (auch: Opal- oder Milchglas) streuen nahezu diffus. Bei *Mattscheiben* aus Glas liegt der Halbwertswinkel (Abschn. 2.3) unter 10°, die Streuung ist also gering. Mit zunehmender Rauheit (groberes Schleifkorn) der matt geschliffenen Fläche nimmt der Halbwertswinkel zu; sehr kleine Halbwertswinkel werden durch Feinschleifen oder besser durch Anätzen mit Flußsäure erzielt [L 8.3.2]. Bei schlechter Streuung geht ein erheblicher Anteil des eingestreuten Lichts ohne Richtungsänderung durch die Mattscheibe; dann ist die Austrittspupille des Projektors als heller Fleck („hot spot") störend sichtbar. Im übrigen sind größere, dünne Glas-Mattscheiben durch die bei der Mattierung eintretende Oberflächenverletzung relativ brüchig, so daß Acrylglas-Scheiben mit Mattierung oder einem speziellen streuenden Lackauftrag vorzuziehen sind. Tabelle 8.3.1 gibt einen Überblick über die Typen von Streuscheiben.

Störendes, bei guter Streuung grobes Mattscheibenkorn kann durch *rotierende* oder *schwingende Mattscheiben* unwirksam gemacht werden [L 8.3.7]. Durch Lackauftrag, Aufkitten einer Klarscheibe oder eine dünne Fettschicht erhält man eine Platte mit sehr geringer Streuung, da nur der Brechzahlsprung zwischen Glas und dem „Immersionsmittel" wirksam wird.

Bei allen nicht wesentlich diffus streuenden Wänden erscheint das entworfene Bild, wenn es nicht unter sehr kleinem Winkel betrachtet wird, ungleichmäßig hell. Man

**Tabelle *8.3.1* Einteilung und Kennbuchstaben von Streuscheiben nach DIN 58161 T. 4**

<table>
<tr><td rowspan="5">S<br>Streu-<br>scheiben</td><td rowspan="4">O<br>Oberflächen-<br>streuscheiben<br>(optisch<br>klare Medien)</td><td rowspan="3">M<br>Matt-<br>scheiben</td><td>AM geätzte Mattscheiben</td></tr>
<tr><td>SM gesandete Mattscheiben</td></tr>
<tr><td>GM geschliffene Mattscheiben</td></tr>
<tr><td colspan="2">P Profilscheiben (Herstellg. durch Fräsen, Abdrücken usw.)</td></tr>
<tr><td>V<br>Volumen-<br>streuscheiben<br>(trübe Medien)</td><td colspan="2">U Überfangstreuscheiben<br>(dünne Trübschicht)<br><br>T Massivstreuscheiben<br>(Trübschicht in voller Dicke)</td></tr>
</table>

behebt diesen Fehler, indem man der Wand eine Sammelwirkung überlagert, z. B. bei Durchlichtwänden durch Vereinigung mit einer Sammellinse, die die Austrittspupille des Bildwerfers in das Auge des Betrachters abbildet (Bild 8.3.4a). Die Linse hat also *Feldlinsenwirkung;* natürlich beschränkt die Möglichkeit ihrer Ausführung die Größe. Man kann die Planseite einer Kondensorlinse matt schleifen und hat dann beides in einem Stück. Mattiert man die Konvexseite, so kann gleichzeitig der Bildfeldwölbung entgegengewirkt werden. Stellt man die Linse in einigem Abstand von der Mattscheibe

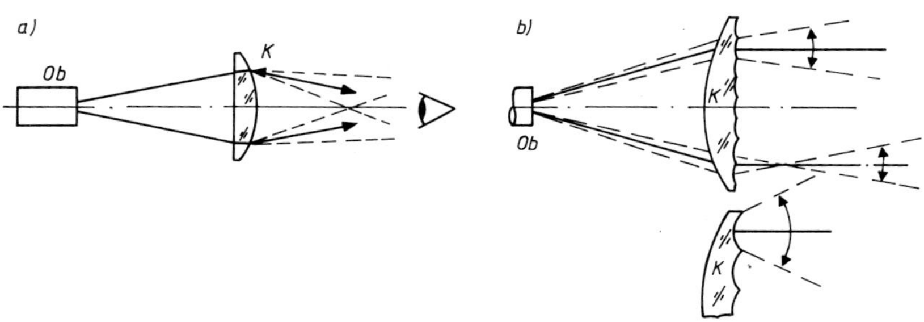


Bild 8.3.4 Kombination von Streufläche und Feldlinse

a) Die Feldlinse K mit mattierter Konvexfläche bildet das Objektiv Ob in das Beobachterauge ab.
b) Raster aus rechteckigen Streulinsen auf der Feldlinse K; Streuung im senkrechten Schnitt (oben) kleiner als im waagerechten (unten)

auf, so wirkt sie gleichzeitig vergrößernd; ein gutes Mittel, um die Vergrößerung eines Gerätes zu erhöhen, das man häufiger anwenden sollte. Oft kann dann die Streuwirkung geringer sein, so daß die Helligkeit noch weiter steigt.

Die Sammelwirkung kann auch durch *Stufenlinsen* mit sehr feiner, nicht auffallender Stufung aus Preßglas oder Kunststoff erzeugt werden.

Bei besonders lichtschwachem Lichtwurf sind *Linsenrasterwände* empfehlenswert. Für Durchlicht bestehen sie aus vielen kleinen Linsen, deren Öffnungsverhältnis der gewünschten Streuung entspricht (Bild 8.3.4b); ob Sammel- oder Streulinsen, ist gleichgültig. Jede Linse entwirft ein kleines Bild der Austrittspupille des Projektors; alle diese Bildchen müssen dem Betrachter zu einer geschlossenen hellen Fläche zusammenfließen, die Linsengröße darf also etwa 1/2000 der Betrachtungsentfernung nicht überschreiten. Soll die Streuung in verschiedenen Richtungen verschieden groß sein, kann man Linsen mit torischen Flächen benutzen oder von der runden, sechseckigen oder quadratischen Form erheblich abweichen.

Mit solchen Schirmen kann man den Lichtstrom des Projektors ohne Verluste in den verlangten Raumwinkel lenken; streut ein solcher Schirm in dem einen Hauptschnitt um $2\,a^\circ$, im anderen um $2\,b^\circ$, dann ist die Leuchtdichte das $1/\sin a \cdot \sin b$-fache einer diffus reflektierenden Fläche. Für $2\,a = 60^\circ$, $2\,b = 10^\circ$ ergibt sich der 23fache Wert. Eine Beleuchtungsstärke von 5 lx, die auf einer diffusen Wand kaum Farben erkennen läßt, liefert also über 32 cd/m² wie in einem guten Kinotheater. Sehr gut brauchbar für Fernsehprojektion oder für Bildwurf bei Tage, insbesondere wenn es auf Feinheiten im Bild nicht wesentlich ankommt.

## Literaturhinweise

L 8.3.1 *Jacobson, R. E.:* Projection Screens. LÜ 1 Vol. I/10

L 8.3.2 *Zschommler, W.:* Das Schleifen von Mattierungen nach Mattierungsgraden entsprechend den Messungen nach Halbwertwinkeln. Feinwerktechnik *71* (1967) H. 9, 440–441

L 8.3.3 DIN 19045 T. 2 Steh- und Laufbild bei Lehr- und Heimprojektion; Bildwände

L 8.3.4 DIN 19045 T. 4 (E) Lehr- und Heimprojektion für Steh- und Laufbild; Reflexions- und Transmissionseigenschaften von Bildwänden, Kennzeichnende Größen, Bildwand-Typen, Messung

L 8.3.5 DIN 58161 T. 4 Prüfung von Optikeinzelteilen; Streuscheiben

L 8.3.6 DIN 5036 T. 1 Strahlungsphysikalische und lichttechnische Eigenschaften von Materialien; Begriffe, Kennzahlen

L 8.3.7 *Lau; Schalge:* (Rotierende Mattscheiben). Feingerätetechnik *7* (1958) H. 3, S. 121

L 8.3.8 *Krochmann, J.; Mayer, R.:* Über die Kennzeichnung lichttechnischer Eigenschaften von Streuscheiben. Optik *27* (1968), 582

L 8.3.9 *Krochmann, J.; Riechert, H.:* Lichttechnische Eigenschaften von Bildwänden. Fernseh- und Kinotechnik *27* (1973) Nr. 11, 399–401; Nr. 12, 439–441

L 8.3.10 *Grau, W.; Heine, H.:* Technik der Projektion. DIN-Normenheft 23, Beuth Verlag 1977

L 8.3.11 DIN 19045 Lehr- und Heimprojektion für Steh- und Laufbild
T 4 Reflexions- und Transmissionseigenschaften von Bildwänden. Kennzeichnende Größen, Bildwand-Typen, Messung

L 8.3.12 DIN 67520 Retroreflektierende Materialien zur Verkehrssicherung
T 1 Lichttechnische Bewertung, Messung und Kennzeichnung von Rückstrahlern und Reflexstoffen
T 2 Lichttechnische Mindestanforderungen an Reflexstoffe für Verkehrszeichen im Straßenverkehr
T 3 Lichttechnische Mindestanforderungen an Nachtkennzeichen . . .

**Beispiele für Hersteller bzw. Lieferanten**

H 8.3.1 *Mechanische Weberei GmbH,* Neuhäuser Weg 2, Bad Lippspringe: Lichtbildwände
H 8.3.2 *siehe auch Beispiele 3.7. . . .*
H 8.3.3 *Nordic GmbH,* Hufnerstr. 20, Hamburg: Reflexfolienwand, u. a. für Frontprojektion
H 8.3.4 *Reflecta GmbH,* Berlichingenstr. 9, Schwabach: Bildwände

## 8.4 Projektoraufbau

Projektoren bilden ein meist ebenes Objekt reell auf einem Bildschirm (Abschn. 8.3) ab. Dazu kann das durchgehende (Dia- und Filmprojektion) oder das von der Projektionsvorlage diffus reflektierte Licht (Epi-Projektion) benutzt werden. In beiden Fällen kann auf der Bildseite eine reflektierende Bildwand (Auflichtbetrachtung) oder ein transparenter Bildschirm (Durchlichtbetrachtung) verwendet werden. Dia- bzw. Filmprojektion mit Auflichtbetrachtung ist die bei Bildprojektoren häufigste Kombination. In Tab. 8.4.1 sind Formatangaben zusammengestellt. Bei vielen technischen Projektoren (z. B. Skalen- und Meßprojektoren, Mikrofilm-Lesegeräte; Abschn. 8.5) tritt Durchlichtbetrachtung auf. Epi-Projektion wird außer zur Wiedergabe von Vorlagen im didaktischen Bereich u. a. auch bei Kopiergeräten verwendet.

Optische Elemente eines *Durchlichtbildwerfers* (Bild 8.4.1) sind Lichtquelle Q mit Spiegel S, der Kondensor aus Linsen (1) und (2) mit Wärmeschutzfilter W, Dia D und Objektiv Ob. Bei einem *Diabildwerfer* ist das Diapositiv D wesentlich größer als die Leuchtfläche von Q (Glühlampe hoher Leuchtdichte - häufig Halogenlampe - oder Xenon- bzw. Zinnhalogenid-Entladungslampe). Der flache Leuchtkörper der Lampe wird zur Ausnutzung des nach rückwärts austretenden Lichtstromes durch einen Kugelspiegel in sich selbst so abgebildet, daß das Wendelbild in die Zwischenräume der Wendeln oder neben die Wendelfläche fällt (Bild 8.4.2).

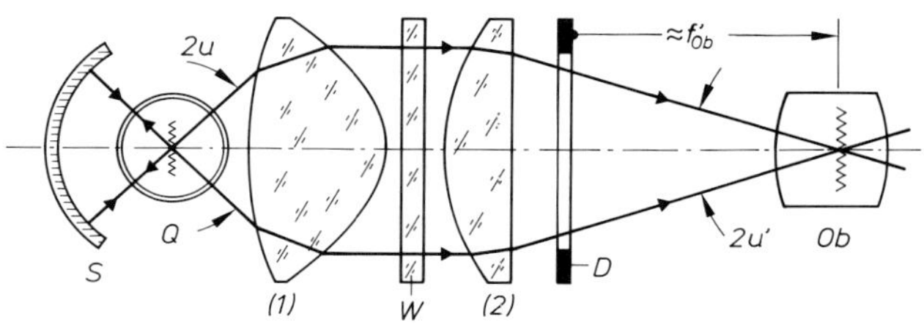


Bild 8.4.1 Durchlichtbildwerfer
S = Spiegel, Q = Lichtquelle, W = Wärmeschutzfilter, D = Dia, Ob = Objektiv

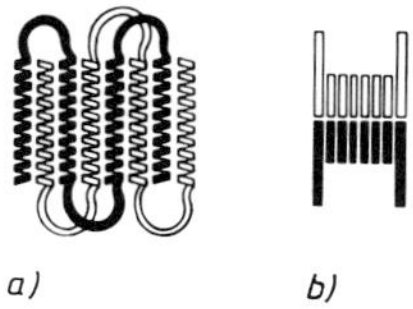


Bild 8.4.2 Richtige Lage des Wendelbildes bei Abbildung durch den Spiegel

a) Wendelbild in den Zwischenräumen der Wendel (schwarz) einer Hochvoltlampe: Erhöhung der mittleren Leuchtdichte. b) Wendelbild oberhalb der Flachkernwendel einer Niedervoltlampe: Ergänzung der wirksamen Wendelfäche zum Quadrat

**Tabelle *8.4.1* Formate für Dias und Filmbilder**

| Bezeichnung, Verwendung, Außenmaße | Format in mm | projiziertes Feld (Maske) in mm | Fläche in $cm^2$ | Diagonale in mm |
|---|---|---|---|---|
| Arbeitsprojektor-Folien | | | | |
| A: 280 mm × 280 mm | 250×250 | 245×245 | 600,3 | 346,5 |
| 220 mm × 280 mm | 200×250 | 195×245 | 477,8 | 313,1 |
| B: 300 mm × 300 mm | 285×285 | 280×280 | 784,0 | 396,0 |
| 210 mm × 297 mm (DIN A4) | 200×285 | 198×280 | 554,4 | 342,9 |
| Großformat | | | | |
| 8,5 cm × 10 cm | 60×90 | 55×78 | 42,9 | 95,4 |
| | 65×90 | | | |
| 8,5 cm × 8,5 cm | 56×72 | 54×70 | 37,8 | 88,4 |
| Mittelformat | | | | |
| 7 cm × 7 cm | 60×60 | 54×54 | 30,3 | 77,8 |
| | 45×60 | 39×55 | 21,5 | 67,4 |
| Kleinbildformat | | | | |
| 5 cm × 5 cm | 40×40 | 38×38 | 14,4 | 53,7 |
| | 24×36 | 23×35 | 8,1 | 41,9 |
| Instamatic | 28×28 | 26,5×26,5 | 7,0 | 37,5 |
| z. B. Robot | 24×24 | 23×23 | 5,3 | 32,5 |
| Halbformat | 18×24 | 16,5×23 | 3,8 | 28,3 |
| Kleinstbildformat | | | | |
| 3 cm × 3 cm Pocketkam. | 13×17 | 12×15,8 | 1,9 | 19,8 |
| Minox | 8×11 | 7,5×10,5 | 0,8 | 12,9 |
| Normaltonfilm | | | | |
| 35 mm | 16×22 | 15,3×20,8 | 3,2 | 25,8 |
| Schmalfilm | | | | |
| 16 mm | 7,5×10,3 | 7,16×9,6 | 0,69 | 12,0 |
| Schmalfilm | | | | |
| 8 mm Super-8 | 4,2×5,7 | 3,7×5,2 | 0,19 | 6,4 |
| Normal-8 | 3,6×4,9 | 3,3×4,4 | 0,15 | 5,5 |

Der *Kondensor* ist aus einer häufig asphärischen Linse (1) (große Apertur mit Korrektion des Öffnungsfehlers) und einer meist sphärischen Linse (2) aufgebaut. Er bildet die Leuchtfläche in die Eintrittspupille des Objektivs ab. Das Bild soll die Pupille möglichst gut ausfüllen: Bei zu kleinem Bild ergibt sich geringerer Lichtstrom, bei zu großem Bild wird das Dia unnötig erwärmt. Die Anpassung ist durch Lampen- und Objektiv-Auswahl sowie durch den Ausbildungsmaßstab des Kondensors vorzunehmen. Andererseits ergibt sich bei zu kleinem Leuchtflächenbild der gleiche Vorteil wie bei Abblendung des Objektivs (größere Blendenzahl k): Die Schärfentiefe wird erhöht und Abbildungsfehler werden vermindert.

Als *Wärmeschutzfilter* W verwendet man meist eine Planplatte aus preisgünstigem IR-absorbierendem Glas (Abschn. 6.10). Dieses Filter wird sehr heiß und zeigt nur einen flachen Abfall des Transmissionsgrades vom VIS- zum IR-Gebiet, im Gegensatz zu Interferenzfiltern (Abschn. 6.11). Die Interferenzschichten können auch unter Einsparung des Wärmeschutzfilters auf eine (möglichst schwach gekrümmte) Fläche einer Kondensorlinse aufgedampft werden. Durch Fertigung der Linse (2) aus Wärmeabsorptionsglas erhält man ein Wärmeschutzfilter mit gleitender Dicke und damit Temperatursenkung in Bildmitte.

Gelegentlich wird ein kleines Diapositiv bzw. Filmbild in größerem Abstand vom Kondensor angeordnet, wenn nämlich dieser mit Rücksicht auf die Ausdehnung der Lampe eine gewisse Größe nicht unterschreiten darf (Bild 8.4.3). Das Diapositiv steht dann dort, wo es eben noch gleichmäßig ausgeleuchtet ist, ohne daß Einzelheiten der Lichtquelle zu sehen sind.

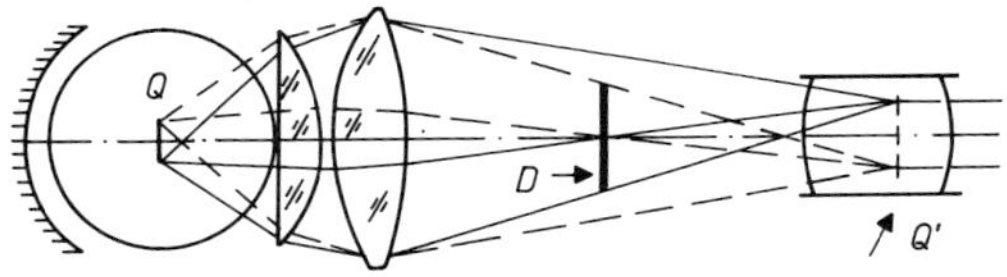


Bild 8.4.3 Wiedergabe kleiner Diapositive

Q = Leuchtfläche, Q′ = Leuchtflächenbild, D = Dia

Bildet der Kondensor die Leuchtfläche mit dem Durchmesser $D_L$ (bzw. der Diagonale, da die Leuchtfläche meist nicht kreisförmig ist) gerade in die Eintrittspupille mit dem Durchmesser $D_{EP}$ ab, so ist der Abbildungsmaßstab des Kondensors $\beta'_{kond} = D_{EP}/D_L$. Dann gilt bei Erfüllung der Sinusbedingung (Gl. (4.4.7)) für die Kondensoraperturen $\sin u_{kond}/\sin u'_{kond} = D_{EP}/D_L$. Da der diaseitige Aperturwinkel des Kondensors etwa gleich dem Feldwinkel des Objektivs sein muß, $u'_{kond} = w_{Ob}$, folgt $\sin u'_{kond} \approx D_{Dia}/2 \cdot f'_{Ob}$, mit $D_{Dia}$ = Diagonale des Dias (das Dia steht bei üblichen Projektionsmaßstäben nahe der Brennebene $\overline{F}_{Ob}$). Die lampenseitige Apertur ist $D_{kond}/2 \cdot a_{kond}$, mit $D_{kond}$ = freier Durchmesser des Kondensors. Zusammengefaßt erhält man mit der Blendenzahl $k_{Ob} = f'_{Ob}/D_{EP}$

$$\frac{D_{kond}}{a_{kond}} = \frac{D_{Dia}}{D_L \cdot k_{Ob}} \qquad (8.4.1)$$

Sind also die Größe des Dias ($D_{Dia}$), die Leuchtfläche ($D_L$) und das Objektiv ($k_{Ob}$) gegeben, so ist $D_{kond}/a_{kond}$ und damit die Kondensor-Apertur festgelegt.

*Filmbildwerfer,* insbesondere Kinoprojektoren: Überall dort, wo die Lichtquelle etwa ebenso groß wie das Diapositiv ist, wird die Lichtquelle nahe bei oder in dem Diapositiv abgebildet, und zwar durch Hohlspiegel oder Linsenkondensoren. Diese Abbildung muß durch Abbildungsfehler so verschlechtert sein, daß Einzelheiten der Lichtquelle, z. B. die Lampenwendeln, nicht im Bild erscheinen. Andererseits dürfen keine erheblichen Lichtverluste auftreten. Je gleichförmiger die Lichtquelle ist, um so geringer können die Fehler sein. Man bemißt die sphärische Aberration so, daß bei Bewegungen der Lampe längs der optischen Achse (Kohlennachschub bei Bogenlampen!) stets das Bild einer Zone in der Bildbühne bleibt; die Verstöße gegen die Sinusbedingung unterdrükken Einzelheiten der Lichtquelle [L 8.4.4]. Bei Bogenlicht ist das leichter als bei Glühlampen durchzuführen; gleichmäßig und räumlich konstant brennende Lichtquellen können mit vollkommen auskorrigierten Systemen abgebildet werden.

Bei größeren Projektoren ist die Bogenlampe heute durch Xenon-Entladungslampen (Abschn. 6.3) ersetzt; der Lichtbogen wird durch Ellipsoidspiegel oder Parabolspiegel mit Kondensorlinse in das Bildfenster abgebildet. Bei kleinen Filmprojektoren wird bevorzugt die Halogenlampe mit fest an- oder eingebautem Ellipsoidspiegel verwendet, der bei größeren Lampenleistungen als Kaltlichtspiegel ausgeführt ist. Eintrittspupille bei diesen Beleuchtungseinrichtungen ist nicht die Lampe, sondern der Spiegel; Austrittspupille sein Bild, das vom Objektiv O nahe seines bildwandseitigen Brennpunktes entworfen wird. Deshalb müssen die Objektive einen größeren Durchmesser haben, als es der Austrittspupille entspricht, damit Lichtverluste vermieden werden [L 8.4.5]. Durch eine Feldlinse auf der Lampenseite des Filmfensters kann die Austrittspupille ins Objektiv verlegt werden, so daß ein kleinerer Durchmesser oder höhere Lichtströme möglich sind; bei kurzbrennweitigen Objektiven ist dies notwendig.

Weiterhin üblich sind Glüh- oder Halogenlampen, mit ein- bis dreilinsigem Kondensor, oft asphärisch, der die Lichtquelle etwa zwischen Film und Objektiv abbildet, so daß das Filmfenster gleichmäßig ausgeleuchtet ist. Die hier benutzten Objektive werden bis zum Öffnungsverhältnis 1 : 1,3 ausgenutzt; darüber hinaus entstehen Schwierigkeiten durch Unschärfe bei schlechter Planlage des Films.

*Mikroprojektion:* Zur Wiedergabe kleinster Vorlagen im durchfallenden Licht, etwa mikroskopischer Präparate, dienen kurzbrennweitige Anastigmate oder aus Objektiv und Okular bestehende normale Mikroskope. Die Beleuchtung ist mit der Köhlerschen Anordnung mit Kollektor und Kondensor sorgfältig einzustellen, wobei Lichtquellen höchster Leuchtdichte und entsprechender Wärmeentwicklung zusammen mit Wärmeschutzfiltern benutzt werden müssen.

*Arbeitsprojektoren* (auch: Schreibprojektoren) sind Großbildprojektoren, mit denen die Projektion frei aufgelegter Dias (Schreib- oder Bildfolien) etwa bis zum Format DIN A4 oder auch die Wiedergabe flacher Demonstrationseinrichtungen (etwa Getriebemodelle) möglich ist. Entsprechend großflächige Kondensoren werden durch zwei Fresnellinsen (Bild 5.5.5) verwirklicht. Ein kontrastreiches Projektionsbild auch bei hellem oder nur schwach verdunkeltem Vortragsraum muß durch hohen Lichtstrom erreicht werden. Deshalb werden Halogenlampen oder besser noch Halogen-Metalldampflampen (Tab. 6.3.1) verwendet.

Bildwurfgeräte für Auflicht, „*Episkope*", dienen zur Projektion nicht transparenter Vorlagen. Man beleuchtet sie kräftig, so daß sie wie selbstleuchtend wirken, und bildet sie mit einem lichtstarken Objektiv auf der Bildwand ab. Die Bildbühne mißt 14 ×

14 cm oder 16 × 16 cm, für Sonderzwecke bis 30 cm im Durchmesser. Als Objektiv dienen Anastigmate der Öffnung 1 : 3 bis 1 : 5, deren Brennweite 30–80 cm beträgt; es kommen also Durchmesser von 8–20 cm vor. Da die Gegenstände durchweg waagerecht liegen, der Strahlengang aber auf eine senkrechte Wand geworfen wird, ist eine Umlenkung durch einen Planspiegel nötig, der gleichzeitig seitenrichtige Bilder gewährt. Der Spiegel muß ebensogut wie das Objektiv gearbeitet und auf der Oberfläche verspiegelt sein, da er sich nicht im telezentrischen Strahlengang befindet und sonst Doppelbilder geben würde. Ebene Objekte müssen mit einer Glasplatte bedeckt sein, damit sie sich infolge der unausbleiblichen Erwärmung nicht verziehen; diese Platte verschluckt wegen des zweimaligen Durchganges besonders viel Licht und neigt auch zu Störungen durch Reflexe, wird also zweckmäßig reflexmindernd behandelt.

Die Beleuchtungseinrichtung ist hinsichtlich Aufbau, Apertur usw. vom Objektiv praktisch unabhängig. Sie soll die Lichtleistung der Lampe gut ausnutzen und das Objekt gleichmäßig beleuchten. Man verwendet meist Parabolspiegel- oder Linsenscheinwerfer (Bild 8.4.4) oder auch Beleuchtungsspiegel aus vielen kleinen ebenen Flächen, sogenannte Polyederspiegel. Die Literatur enthält viele Vorschläge für solche Anordnungen. Bei mittleren, erst recht bei hohen Lichtleistungen muß die Wärmestrahlung durch Filter vom Objekt ferngehalten oder dieses durch einen Ventilator gekühlt werden.

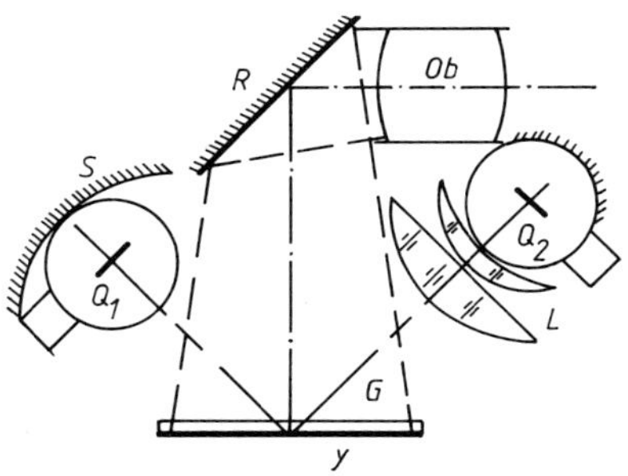


Bild 8.4.4 Episkop mit Darstellung von zwei unterschiedlichen Beleuchtungsanordnungen. Lampe $Q_1$ mit Spiegel S (Spiegelscheinwerfer), Lampe $Q_2$ mit Linsensystem L (Linsenscheinwerfer)

Ob = Objektiv, R = Planspiegel, G = Andruckplatte, y = Vorlage

Grundsätzlich kann die episkopische Projektion bei weitem nicht die Lichtströme wie eine Durchlichtprojektion erreichen. Sie ist also auf mäßige Bildwandgrößen und Abstände beschränkt. Der lichttechnische Nutzeffekt überschreitet selten 0,5%.

Beispiel: Der Lichtstrom einer 1000-Watt-Lampe von 17000 Lumen werde zu 50% einer Objektfläche von 16 × 16 cm = 1/40 $m^2$ zugeführt, so daß die Beleuchtungsstärke auf ihr 340000 lx beträgt; ein weißer Gegenstand mit $\varrho$ = 100% leuchtet also mit etwa 11 · $10^4$ cd/$m^2$ . Das Objektiv der Öffnung 1 : 4 erfaßt dann einen Lichtstrom von etwa 140 lm, der durch die Verluste in der unvermeidlichen Objektscheibe, im Objektiv und im Oberflächenspiegel auf knapp 50% oder höchstens 70 lm reduziert wird. Die hohe Beleuchtungsstärke von 340000 lx auf dem Objekt erfordert eine Kühlung durch Wärmeschutzfilter, so daß die Lichtleistung kaum 50 lm oder 0,3% übersteigt.

Wesentlich günstiger sind Xenonlampen oder Halogen-Metalldampflampen (Tab. 6.3.1).

Für den zur Bildwand gelangenden Lichtstrom eines Durchlichtprojektors ergibt sich angenähert

$$\Phi = L \cdot \tau \cdot A_{Dia} \cdot \frac{\pi}{4k^2} \cdot \left(\frac{\beta'}{1-\beta'}\right)^2 \cdot \Omega_o \tag{8.4.1}$$

und damit auch

$$\Phi = L \cdot \tau \cdot A_{Dia} \cdot \frac{A_{AP}}{f'^2} \cdot \left(\frac{\beta'}{1-\beta'}\right)^2 \cdot \Omega_o \tag{8.4.2}$$

mit L = Leuchtdichte der Lichtquelle, $\tau$ = Transmissionsgrad der optischen Elemente, $A_{Dia}$ = Fläche des Diapositivs, k = Blendenzahl des Objektivs, f' = Brennweite des Objektivs, $A_{Ap}$ = Fläche der Austrittspupille, $\Omega_o$ = Einheitsraumwinkel, $\beta'$ = Abbildungsmaßstab.

Nach dem Satz von Helmholtz-Lagrange, Gl. (4.2.15), können die geometrischen Größen dieser Gleichungen durch ihre Bilder ersetzt werden, z. B. die Diabildfläche $A_{Dia}$ durch die Schirmbildfläche A' und gleichzeitig die Brennweite f' durch den Schirmabstand a'. Der Projektor kann als Lichtquelle oder Scheinwerfer mit der Lichtstärke

$$I = L \cdot \tau \cdot A_{AP} \tag{8.4.3}$$

aufgefaßt werden.

Der Nutzlichtstrom eines Diaprojektors wird nach DIN 19021 aus der Messung der Beleuchtungsstärke E an 9 Punkten der Bildwand bestimmt. Es ergibt sich dann $\Phi = \overline{E} \cdot A$, mit $\overline{E}$ = mittlere Beleuchtungsstärke, A = Bildfläche des projizierten Maskenausschnitts. Die Erwärmung des Dias im Bildfenster wird mit einem Meßdia bestimmt, das ein Thermoelement enthält, wobei ein Teil der Strahlung durch einen Schwarzweißfilm mit der Dichte D = 1 absorbiert wird. Es gilt die Temperatur nach 30 min Projektion.

## Literaturhinweise

L 8.4.1 *Pünsch, S.:* Kleinbild-Projektoren. Jahrb. f. Optik u. Feinmechanik 1969, 69–89
L 8.4.2 *Pünsch, S.:* Großbildprojektoren. Jahrb. f. Optik u. Feinmechanik 1970, 111–121
L 8.4.3 *Pünsch, S.; Faller, W.:* Stehbildprojektoren. In Taschenbuch der Feinwerktechnik, AG 4.2. C. F. Wintersche Verlagshandlung, Prien 1965
L 8.4.1 *Naumann, H.; Schreyer:* Kinotechnik *20* (1938), S. 10; DRP 516202
L 8.4.5 *Naumann, H.:* Kinotechnik *11* (1929) S. 651
L 8.4.6 DIN 19021 Bewertung von Stehbildwerfern mit Lichtwurflampen; T. 1: Lichtmessungen und Auswertung; T. 2: Temperaturmessungen; T. 3: Temperaturmessung an Arbeitsprojektoren

## Beispiele für Hersteller bzw. Lieferanten

H 8.4.1 *Ernst Leitz Wetzlar GmbH,* Wetzlar: Kleinbildprojektoren, Universal-Projektoren
H 8.4.2 *Ed. Liesegang,* Volmerswerther Str. 21, Düsseldorf: Projektoren, Arbeitsprojektoren (auch mit Entzerrung), Episkope, Mikrofilm-Projektor
H 8.4.3 *Enna-Werk Dr. Apelt GmbH & Co KG,* Konradinstr. 3, München: Projektoren, Episkope
H 8.4.4 *Kindermann & Co GmbH,* Kindermannstr. 2, Ochsenfurt: Projektoren, Arbeitsprojektoren, Episkope

## 8.5 Spezielle Projektoren

Abgesehen von den bereits in Abschn. 8.4 beschriebenen Bildprojektoren werden Projektionseinrichtungen in der Technik in großem Umfang für Anzeige-, Prüf- und Meßzwecke eingesetzt. Hierbei sind zusätzliche Anforderungen zu erfüllen (z. B. geringes Bauvolumen, leichte Bedienbarkeit, Verzeichnungsfreiheit), während der prinzipielle Aufbau mit Bildprojektoren übereinstimmt. Einige Projektoren für Sonderzwecke werden in den folgenden Beispielen dargestellt.

*Skalenprojektoren,* die u. a. für Waagen, Drehspulgeräte, Galvanometersysteme usw. eingesetzt werden können, verbinden hohe Anzeigegenauigkeit mit geringem Raumbedarf der Anzeigefläche: Da der minimale Teilstrichabstand einer Skala, $t_{min}$, durch das Auflösungsvermögen des Auges bestimmt wird, kann eine mit dem Abbildungsmaßstab $\beta'$ vergrößert projizierte Skala entsprechend zusammengedrängt, d. h. mit Intervallen $t_{min}/\beta'$ ausgeführt sein. Eine Skala der Länge l ergibt also einen Meßbereich und eine Ablesegenauigkeit wie eine direkt abzulesende Skala der Länge $l \cdot \beta'$. Da nur ein kleiner Skalenausschnitt projiziert wird, benötigt die Ablese-Mattscheibe nur wenig Platz. Der direkt in die Mattscheibe eingelassene Indexstrich ergibt parallaxfreie Ablesung.

Als Kondensor dienen ein bis zwei Sammellinsen, gegebenenfalls eine davon asphärisch, um hohe Helligkeiten oder möglichst große Bilder zu erreichen; Objektiv ist je nach den Bildansprüchen ein Anastigmat (genau abzulesende Teilung) oder auch ein aus Menisken aufzubauendes System (grobe Druckschrift). Als Bildwand dient eine Mattscheibe; eine zusätzliche Feldlinse und ein vertiefter Einbau unter einem Blendschutz gestatten auch bei heller Umgebung gute Ablesung (Bild 8.5.1).

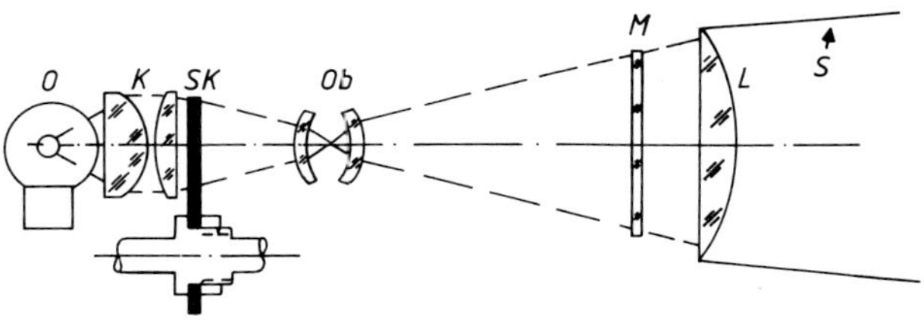


Bild 8.5.1 Skalenprojektor

Q = Lampe, K = Kondensor, Sk = Skala, Ob = Objektiv, M = Mattscheibe, L = Feld- und Vergrößerungslinse, S = Blendschutzschirm

Zwischen Objektiv und Mattscheibe angebrachte nicht komplanare Spiegelflächen (Abschn. 5.7) ermöglichen eine *Bilddrehung,* so daß z. B. eine horizontal bewegte Skala ein in senkrechter Richtung ablaufendes Skalenbild ergibt (Bild 8.5.2).

Eine ähnliche Aufgabe wie Skalenprojektoren erfüllen *Maßstabsprojektoren* (Bild 8.5.3). Sie bilden Präzisionsmaßstäbe stark vergrößert auf einer Mattscheibe mit „Einfanggabel" ab, so daß durch Symmetrieabgleich (symmetrische Einstellung des Strichbildes zu den Gabelflanken) eine Genauigkeit entsprechend einem Sehwinkel von 5″ (Winkelsekunden) erreicht werden kann. Das entspricht bei einem Betrachtungsabstand von 250 mm und einem Abbildungsmaßstab $\beta' = -20$ einer Einstellgenauigkeit des Maßstabs von etwa 0,3 µm. Der Maßstab weist dabei nur eine grobe (nur

Bild 8.5.2 Projektor für die Skala einer Waage

Q = Lampe, K = Kondensor, Sk = Skala am Waagebalken, Ob = Objektiv, S = Umlenkspiegel, M = Mattscheibe

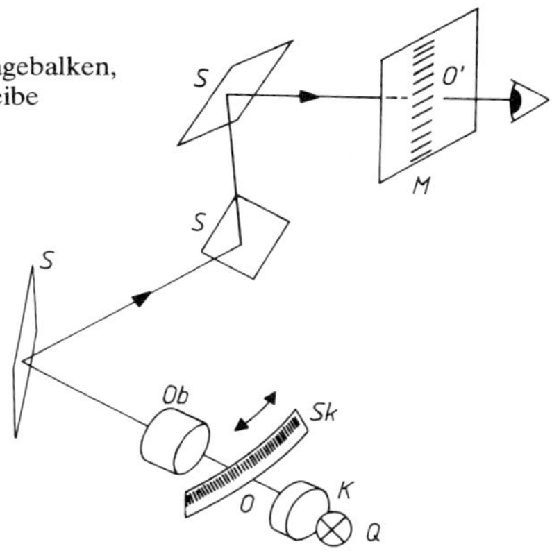


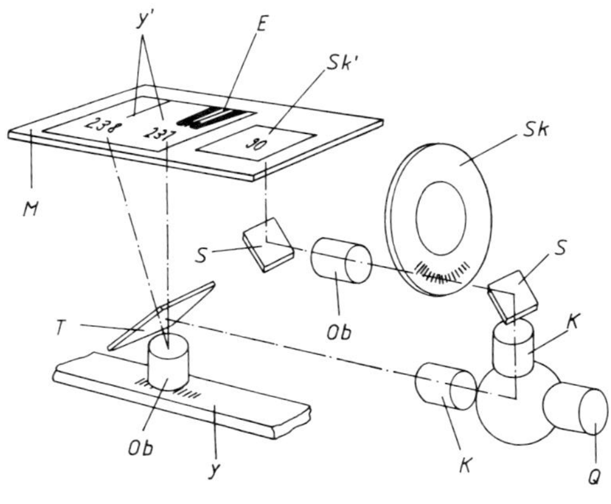


Bild 8.5.3 Maßstabsprojektor als optisches Zählwerk [H 8.5.3]

Der Maßstab wird in Epi-Projektion, die Feinskala (Einheit 0,01 mm) in Dia-Projektion abgebildet

Q = Lampe, K = Kondensor, Ob = Objektiv, T = Teiler, S = Umlenkspiegel, M = Mattscheibe, E = Einfanggabel, y = Maßstab, y' = Maßstabsbild, Sk = Feinskala, Sk' = Skalenbild (Dezimalzahl)

mm-Striche), aber mit höchster Genauigkeit hergestellte Teilung auf; die Feinteilung jedes Intervalls erfolgt auf optisch-mechanischem Wege: Durch eine Mikrometerschraube wird die Mattscheibe mit Einfanggabel verschoben; die dabei gedrehte Feinskala wird ebenfalls projiziert. In Bild 8.5.3 ist die gleichzeitige Benutzung einer Lampe für Epi-Projektion des Maßstabs und Dia-Projektion der Feinskala gezeigt. Ist jeder Maßstabstrich ebenso wie jedes Intervall der Feinskala beziffert, so entsteht ein *„optisches Zählwerk“* [H 8.5.3]: Das Meßergebnis wird vollständig als Zahlenwert (hier: 237,90 mm) dargestellt.

*Alphanumerische Anzeigen* können mit *Mehrfachprojektoren* realisiert werden:

Für Ziffern- oder Schrifttableaus (Börsensäle, Weichenstellwerke) werden mehrere Projektoren, z. B. deren zehn für Ziffern 1–0, einer gemeinsamen Bildfläche zugeordnet; alle gleichartigen

Kondensor- und Objektivlinsen sind auf einem gemeinsamen plattenartigen Träger angeordnet, z. B. mit ihm einstückig aus Kunststoff gepreßt. Das gesamte Gerät besteht also aus zehn einzeln schaltbaren kleinen Lichtquellen, drei oder höchstens vier Kunststoffplatten, einer die Zahlen eingestanzt tragenden Schablone und einer Mattscheibe als Bildfläche.

*Meßprojektoren* (auch: *Profilprojektoren*) ermöglichen Messungen am optisch vergrößerten Bild eines Werkstücks, wozu der Abbildungsmaßstab (z. B. $|\beta'| = 10, 20, 50$ oder 100) durch sorgfältige Justierung exakt eingestellt und über das gesamte Bildfeld (Durchmesser 100 mm bis 1000 mm oder mehr) erhalten werden muß. Deshalb werden bei hohen Ansprüchen extrem *verzeichnungsarme Spezialobjektive* (z. B. Verzeichnung 0,25 Promille oder weniger) verwendet. Alle Fehler sollen unter der Auflösungsgrenze des Auges (etwa 0,1 mm auf dem Bildschirm bei einem Betrachtungsabstand von 250 mm) bleiben. Weiterhin darf die Unsicherheit der Scharfeinstellung nicht zu Meßfehlern führen: Innerhalb der Schärfentiefe wird ja eine unterschiedliche Einstellung des Objekttisches mit dem Werkstück und damit der Objektweite a nicht bemerkt; sie führt aber zu abweichendem Abbildungsmaßstab auf dem Bildschirm (Bild 8.5.4a). Deshalb wird durch eine Aperturblende in der Brennebene F′ des Objektivs eine *objektseitig telezentrische Abbildung* erzwungen (Bild 8.5.4b): Nur enge Bündel, deren Hauptstrahlen achsenparallel verlaufen, tragen zur Abbildung bei. Bildseitig ist F′ das Projektionszentrum: Wenn der Bildschirm sorgfältig und in festem Abstand zum Objektiv justiert ist, zeigt er auch bei geringfügig veränderter Gegenstandslage das Bild in gleicher Größe. Die Beleuchtung muß ebenfalls telezentrisch wirken, d. h. die Leuchtfläche wird nach $\infty$ abgebildet. Prinzipiell genügen für die telezentrische Abbildung entweder die Blende in F′ oder die telezentrische Beleuchtung. Die Kombination ergibt aber große Bildhelligkeit und Unterdrückung von störendem Streulicht. Der abbildbare Werkstückdurchmesser ist bei telezentrischer Abbildung kleiner als der freie Durchmesser des Objektivs.

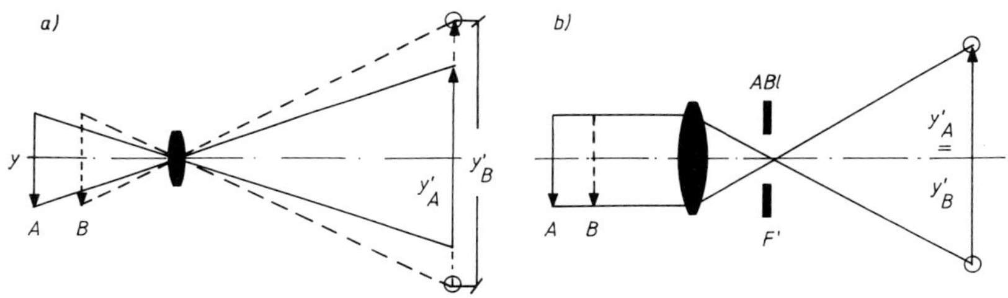


Bild 8.5.4 Zur telezentrischen Abbildung bei Meßprojektoren

a) nicht telezentrische Abbildung. A, B = zwei Lagen des Objektes y; $y'_A$ -= scharfes, $y'_B$ = unscharfes Bild in gleicher Ebene. b) telezentrische Abbildung: Aperturblende ABl in Brennebene F′

Meßprojektoren werden mit horizontalem und vertikalem Strahlengang in unterschiedlichen Bauformen hergestellt, wobei Dia- und Epiprojektion mit Durchlichtbetrachtung oder Auflichtbetrachtung (mattweißer Bildschirm) möglich sind. Besonders häufig werden umschaltbare (oder auch kombiniert angewendete) Dia- und Epi-Projektion mit Durchlichtbetrachtung verwendet (Bild 8.5.5). Als Bildwand dienen eine Matt-

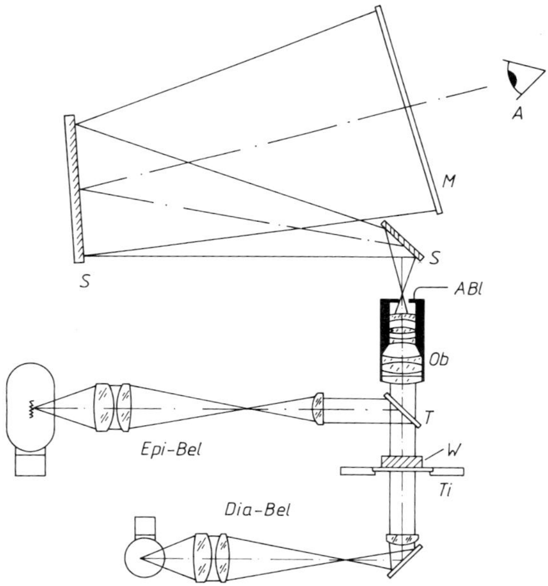


Bild 8.5.5 Meßprojektor mit Dia- und Epi-Projektion

Ti = Tisch, W = Werkstück, T = Teiler, Ob = Objektiv, ABl = Aperturblende, S = Spiegel, M = Mattscheibe, A = Auge

scheibe oder eine Glasplatte mit Transparentfolie bzw. Transparentpapier (Referenzzeichnungen). Wegen der schlechten Streueigenschaften der Mattscheibe kann zur Betrachtung – nicht zum Messen – eine Fresnellinse als Feldlinse vorgeschaltet werden. Die Mattfläche des Bildschirms muß außen liegen, um Parallaxfehler bei der Messung zu vermeiden.

Günstigste Meßbedingungen gibt die *Dia-Projektion,* die aber nur Umrisse und Durchbrüche eines Werkstücks zeigt. Bei *Epi-Projektion* hängt die Bildqualität stark von den Streueigenschaften und der daran ggf. angepaßten Beleuchtungsanordnung ab, da von polierten Planflächen (reguläre Reflexion) bis zu mattschwarzen Flächen alle Flächentypen vorkommen können. Bei Epi-Projektion kann telezentrische Abbildung (mit geringer Helligkeit bei streuenden Flächen) nur durch die Blende in F′ erreicht werden.

Die Vermessung bzw. Toleranzprüfung von Werkstücken am Bildschirm kann mit Hilfe sehr genau (ggf. mit Koordinatografen) hergestellter Referenzzeichnungen, Norm-Meßplatten (z. B. für Gewindeprofile) oder mit Hilfe aufgelegter Präzisionsmaßstäbe erfolgen. Weiterhin können Längenmessungen durch Verschieben des Werkstücks mit einem Kreuztisch und Ablesung am Mikrometer bzw. digitalen Meßtaster erfolgen. Der Projektor wirkt hierbei nur als „berührungsloser Anschlag“: Die Meßpunkte des Werkstückbildes werden mit einer Zielmarke des Bildschirms (z. B. Fadenkreuz) nacheinander zur Deckung gebracht. Das Antasten von Kanten kann auch optoelektronisch durch einen auf den Bildschirm aufgesetzten Empfänger erfolgen. Da stets auf die gleiche Stelle des Bildfeldes (Fadenkreuz in Bildmitte) eingestellt wird, wirken sich Verzeichnungsfehler überhaupt nicht aus.

Einfache *Prüfprojektoren* für ständig wiederkehrende Profilkontrollen an Stanzteilen, Prüfung der richtigen Form gebogener Federn usw. können auf einer optischen Bank aus Lichtquelle mit Kondensor, Werkstückhalter, Objektiv und Bildschirm (mit Zeichnung des Referenzprofils) frei aufgebaut werden, wobei (meist unter Verzicht auf telezentrische Abbildung) der Abbildungsmaßstab mit Hilfe eines Objektmikrometers (genau geteilte Skala in der Werkstückebene) eingestellt wird.

Mit *Mehrebenenprojektoren* kann ein Objekt (z. B. eine zu justierende Glühlampenwendel) gleichzeitig in zwei oder drei senkrecht zueinander stehenden Richtungen projiziert werden. Damit können z. B. Grundriß, Aufriß und Seitenriß auf dicht nebeneinander liegenden Bildschirmen bequem beobachtet werden. Bei nicht selbstleuchtenden Objekten können in zwei Koordinatenrichtungen Durchlichtquellen angeordnet werden.

### Literaturhinweise

L 8.5.1 Siehe auch L 8.2.2

L 8.5.2 *Stübner:* Dia-Projektion in industrieller Fertigung. MFM Monatl. Fotogr. Mitt. (1967) Nr. 5, 252 ff.

### Beispiele für Hersteller bzw. Lieferanten

H 8.5.1 *Werth Meßtechnik GmbH,* Siemensstr. 19, Gießen: Meßprojektoren

H 8.5.2 *Ernst Leitz Wetzlar GmbH,* Wetzlar: Tisch-Meßprojektor mit Doppelbildeinrichtung; großer Profilprojektor, Maskenvergleichsgerät f. Halbleiterherstellung

H 8.5.3 *Dr. Johannes Heidenhain GmbH,* Nansenstr. 17, Traunreut: Optische Positionsanzeigen

H 8.5.4 *Leisegang KG,* Leibnizstr. 32, Berlin 12: Industrie-Projektoren, auch 2- u. Mehrebenen-Projektoren.

H 8.5.5 *Projectina AG,* Heerbrugg, CH, über Karl Schröder KG, Weinheim: Zwei-Ebenen-Projektor f. Ober- und Unterseite des Prüflings, Mikro-Makro-Projektoren, Leiterplatten-Projektoren

H 8.5.6 *Ges. für Anzeichen-Geräte mbH,* Grundweg 56, Hamburg: Anzeichen-Projektoren f. große Werkstücke

H 8.5.7 *Nikon, GmbH,* Tiefenbroicher Weg 25, Düsseldorf: Meßprojektoren

## 8.6 Spezielle Beleuchtungseinrichtungen, Scanner

In diesem Abschnitt sollen einige Hinweise und Beispiele zu Beleuchtungseinrichtungen gegeben werden, die außerhalb der normalen Projektionsanordnungen liegen.

Eine Grundfrage ist die Erzeugung einer *definierten Lichtverteilung* in einer Ebene. Beispielsweise kann bei einer Reprokamera die Aufgabe bestehen, den durch das Objektiv bedingten Beleuchtungsstärke-Abfall in der Filmebene entsprechend $\cos^4 w$ oder einer ähnlichen Funktion (Abschn. 8.1) durch entsprechend stärkere Beleuchtung der Vorlagenebene am Rand auszugleichen. Zu einer gegebenen Beleuchtungsstärke-Verteilung müssen also Geometrie und Lage der Lichtquelle und der Einrichtungen zur

Umverteilung des Lichtstroms (Linsen, Reflektoren, auch mit diffuser Reflexion) bestimmt werden. Einfacher lösbar ist die umgekehrte Aufgabe, d. h. die Bestimmung der Lichtverteilung zu einem gegebenen Beleuchtungssystem. Löst man diese Aufgabe mit programmierter Durchrechnung unter Variation der Parameter, so kann auf diese Weise das Beleuchtungssystem optimiert, d. h. die Ist-Lichtverteilung an die Soll-Verteilung angenähert werden. Bei der Berechnung sind auch systemtheoretische Methoden anwendbar [L 8.6.1]. Auf Einzelheiten kann hier nicht eingegangen werden.

Häufig muß ein *schmaler Streifen* oder *Spalt* intensiv beleuchtet werden, etwa in Spektralgeräten, bei der Abtastung der Tonspur in Lichttonprojektoren oder der Rauhigkeitsuntersuchung nach dem Lichtschnittverfahren. Bildet man etwa eine quadratische Wendelfläche in der Ebene eines Spaltes ab, so geht der größte Teil des Lichtstromes verloren. Deswegen müssen *linienförmige Lichtquellen* (z. B. Wolframband, gerade ausgespannte Glühwendel in Kugel- oder Soffittenlampen, gerade ausgestreckte Entladungslampen, u. a. Leuchtstofflampen) verwendet oder die Leuchtfläche durch *Querschnittswandlung* an die Form der auszuleuchtenden Fläche angepaßt werden. Hierzu sind *faseroptische Querschnittswandler* (Abschn. 18.2) geeignet. Die Querschnittswandlung kann aber auch durch verzerrte (anamorphotische) Abbildung durch Einschaltung von *Zylinderlinsen* oder -spiegeln erfolgen. Bild 8.6.1 zeigt hierzu ein Beispiel. Für die Ausleuchtung eines ringförmigen Bereiches sind Gürtellinsen (Bild 8.6.2) geeignet. Allerdings ist bei großen Öffnungswinkeln ein Helligkeitsabfall an den Enden des auf einer Ebene aufgefangenen Lichtstreifens unvermeidbar. Bild 8.6.3 zeigt als Beispiel die Zusammensetzung der Abbildung einer Fläche aus Streifen, die durch Überfahren mit einer Leuchtstofflampe nacheinander beleuchtet werden.

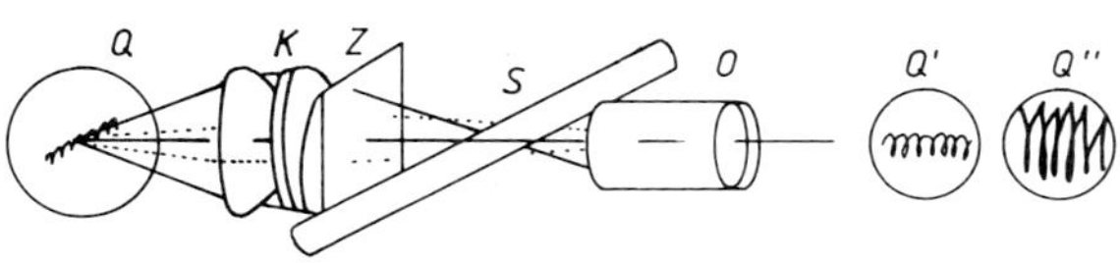


Bild 8.6.1 Streifenprojektor

Lampe Q wird durch K im waagerechten Schnitt im Objektiv O (punktierte Strahlen), durch K und Zylinderlinse Z im senkrechten Schnitt im Streifen S abgebildet. Q′, Q″ Austrittspupille im Objektiv ohne und mit Zylinderlinse Z

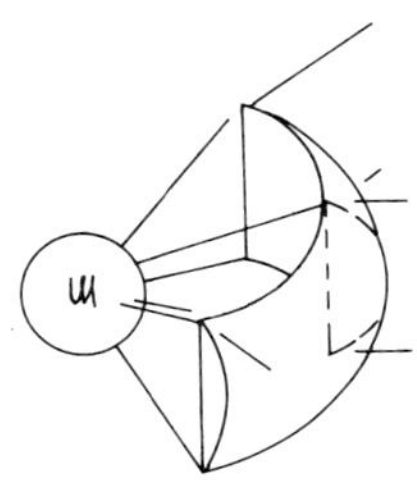

Bild 8.6.2
Ring- oder Gürtellinse

Als Beispiel für die Lösung der Aufgabe, eine sehr große Fläche möglichst gleichmäßig und intensiv, aber streulichtarm zu durchleuchten, zeigt Bild 8.6.4 den schematischen Aufbau einer *Blasenkammer*. Die eigentliche Blasenkammer ist z. B. mit flüssigem Wasserstoff bei −246 °C gefüllt und wird bei einer Schichtdicke von 500 mm durch zwei dicke Glasfenster mit den Abmessungen 2200 × 620 mm begrenzt. Dieses Rechteckfeld (Seitenverhältnis etwa 3,5 : 1) wird von drei Beleuchtungseinheiten durchstrahlt, deren kreisförmige Lichtquellenbilder an der rechten Seite des Gehäuses übereinanderliegen und dort absorbiert werden. Vom Standpunkt der Kameras aus er-

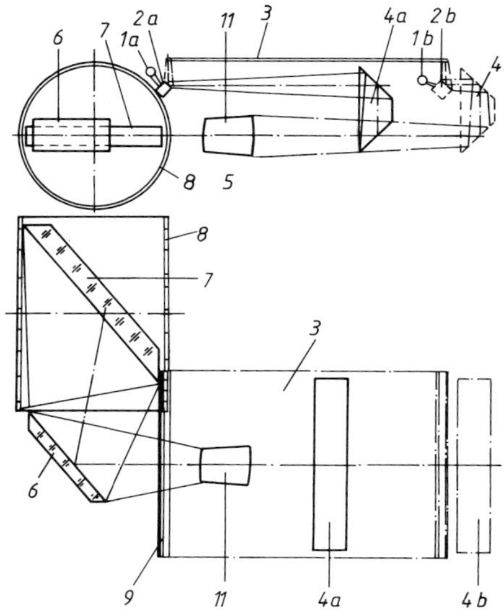


Bild 8.6.3 Fotokopiergerät

Die senkrecht zur Zeichenebene stehende Stableuchte 1 wird mit dem Abtastspiegel 2 unter der Vorlage 3 entlanggeführt; der Abbildungsstrahlengang geht über Prisma 4, Objektiv 5 und feste Spiegel 6, 7 auf die Innenseite der lichtempfindlichen Trommel 8. Oben Seitenriß, unten Ansicht von unten; a und b sind die Endlagen der bewegten Teile

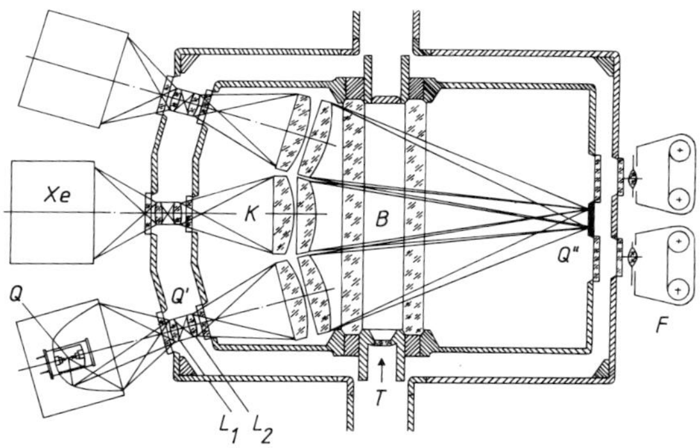


Bild 8.6.4 Aufbauschema der 2-m-Blasenkammer von CERN [L 8.6.4]

Xe = 3 Xenon-Blitzlampen mit Ellipsoidspiegel, Q = Lichtquelle, Q′ = durch Spiegel entworfenes Lichtquellenbild, K = 3 Kondensoren, $L_1$, $L_2$ = Feldlinsen zur Abbildung des Spiegels in K, B = Blasenkammer, mit flüssigem Wasserstoff gefüllt, T = Einschuß der Kernteilchen, Q″ = durch Hauptkondensoren entworfene Lichtquellenbilder, F = fotografische Kameras

scheint also das gesamte Feld dunkel, d. h. es wird das Prinzip der *Dunkelfeldbeleuchtung* angewendet. Werden nun (im Bild von der unteren Seite her) energiereiche Kernteilchen in die Blasenkammer eingeschossen, so führt ihre Ionisationswirkung in der überhitzten (unter Siedeverzug stehenden) Flüssigkeit zur Bildung von Dampfblasen, die durch Lichtstreuung hell auf dem dunklen Grund erscheinen. Die so markierten *Teilchenspuren* werden fotografiert. Als Lichtquellen werden drei Xenon-Blitzlampen mit Ellipsoidspiegel benutzt; die von den Spiegeln entworfenen Lichtquellenbilder werden durch die drei Hauptkondensoren (je zwei Plankonvexlinsen, davon eine mit asphärischer Fläche) abgebildet.

 

Durch Projektion einer Marke über einen *Drehspiegel* können kleine Drehungen und in Drehungen übergeführte Verschiebungen sehr empfindlich nachgewiesen werden (langer *„Lichtzeiger“*):

Dreht sich ein Spiegel um den Winkel $\Delta\varepsilon$, so wird der reflektierte Strahl um $2\,\Delta\varepsilon$ abgelenkt. Diese Verdoppelung und die Masselosigkeit des Lichtstrahls werden bei Meßinstrumenten (Galvanometer, Magnetometer, Dehnungsmesser, Schwingungsmesser) zur Empfindlichkeitssteigerung benutzt. Man projiziert eine Ablesemarke auf eine Skala und schickt das Bündel über einen am Meßsystem befestigten Spiegel S (Bild 8.6.5 a). Die gesamte Anordnung kann bei Galvanometern in ein geschlossenes Gehäuse eingebaut werden, wobei als Marke M ein schwarzes Kreuz unter 45° oder ein senkrechter Strich in hellem Feld dient, das so groß ist, daß mindestens eine Ziffer der Skala K beleuchtet wird. Dann kann man solche Geräte auch im Dunkeln benutzen; gegen Blendung durch die helle Marke hilft ein Rot- oder Graufilter oder Unterspannung der Lampe.

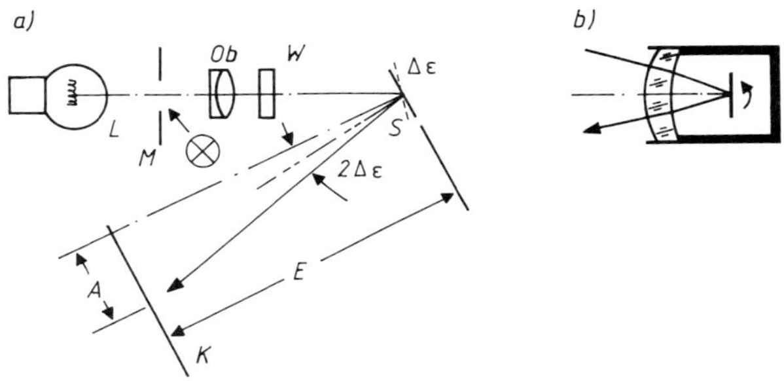


Bild 8.6.5 Markenprojektor für Meßgerät mit Drehspiegel

a) Projektion der Ablesemarke M (z. B. Fadenkreuz) durch das Objektiv Ob, das gleichzeitig die Lampe L im Drehspiegel S des Meßgeräts abbildet. Das Markenbild erscheint auf der Skala K. W = Wärmeschutzfilter. b) Als Linse ausgeführtes Abschlußglas vor dem Drehspiegel wirkt als Doppelobjektiv

Bei sehr empfindlichen Geräten projiziert man die Marke M auf eine mehrere Meter entfernte Skala K; ebenso kann man die Skala beleuchten und den Projektor durch ein Fernrohr ersetzen.

Die Brennweite der zwischen Lampe L und Marke M einzufügenden Kondensorlinse ist so zu bestimmen, daß die Pupille, d. h. das Lampenbild, tatsächlich im Spiegel liegt; oft kann man die Maße so wählen, daß diese Linse wegfallen kann wie in Bild 8.6.5 a.

Als Objektiv des Projektors dient oft das vor dem Spiegel angebrachte Abschlußglas, meist ein Brillenglas von 2 bis 3 dpt Brechkraft, das, vom Licht zweimal durchsetzt, als symmetrisches und im wesentlichen verzeichnungsfreies Doppelobjektiv von 15 bis 25 cm Brennweite wirkt, sofern die Lichtquelle genau im Spiegel abgebildet wird (Bild 8.6.5 b). Durch fernrohrartige Tele-Objektive zwischen Spiegel S und Skala K kann der Ausschlag vergrößert werden.

Gelegentlich werden auch Hohlspiegel benutzt, um das Linsenobjektiv zu sparen. Sollen sie einigermaßen genau sein, so sind sie dick und schwer, also der *Empfindlichkeit* des Gerätes abträglich.

Um diese voll auszunutzen, sind alle optischen Möglichkeiten auszuschöpfen. Wird auf der Skala eine Ablesegenauigkeit von g mm verlangt, so wird man die Bildverbreiterung durch die Beugung ebenso groß machen. Ist b die Breite des Spiegels und E die Entfernung, dann ist

$$g = \lambda \cdot E/b,$$

wobei λ die Lichtwellenlänge bedeutet. Man setzt für weißes Licht $\lambda = 0{,}5\ \mu m$ und hat dann

$$g\ (_{mm}) = E\ (_m)\ /\ 2b\ (_{mm}).$$

Will man also auf g = 0,5 mm genau in E = 3 m Abstand ablesen, dann muß der Spiegel und vor allem die Austrittspupille des Gerätes 3 mm breit sein. Die Höhe des Spiegels macht man klein aus Gewichtsgründen; die Auflösung in Richtung der Teilungsstriche spielt ja keine Rolle.

Die Empfindlichkeit kann durch *Mehrfachspiegelung,* z. B. zwei- oder dreifache Spiegelung vervielfacht werden, wenn die Ausschlagswinkel nicht sehr groß sind, eine wesentliche Vergrößerung des Spiegels nicht erheischen oder sie nicht schadet (Bild 8.6.6a). An Stelle in der Drehebene kann der Strahl auch in der Meridianebene geknickt werden (Bild 8.6.6b). Der Spiegel hat dann ein kleineres Trägheitsmoment. Der feste Spiegel kann Hohlspiegel sein und das Objektiv ersetzen. Treten bei Mehrfachspiegelung m Reflexionen am Drehspiegel auf, so ergibt sich eine Strahlablenkung um $\delta = 2 \cdot m \cdot \Delta\varepsilon$.

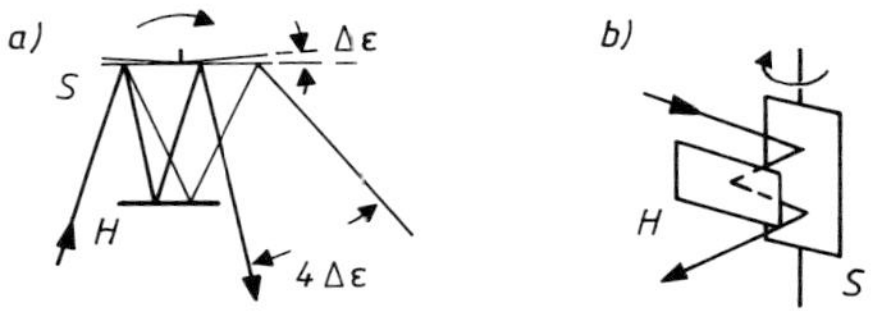


Bild 8.6.6 Empfindlichkeitserhöhung durch Mehrfachspiegelung

a) Zweifache Reflexion am Drehspiegel S ergibt doppelte Empfindlichkeit. H = fester Hilfsspiegel. b) Zweifache Reflexion bei nicht achsensenkrechter Einfallsebene

Die *Spiegel* für empfindliche Geräte werden meist aus mikroskopischen Deckgläsern hergestellt: Man verspiegelt sie im ganzen, zerschneidet sie mit dem Diamanten durch Längs- und Querschnitte in sehr viele Spiegelchen der verlangten Größe und sucht die brauchbaren mit Lupe und Pinzette aus.

Kleine Spiegel werden in *elektromechanischen Scannern* zur Ablenkung eines Strahlenbündels (häufig eines Laserstrahls) benutzt, womit linien- oder flächenförmige Bereiche abgetastet werden. Anwendungsbeispiele sind Überwachungs- und Prüfanlagen, Barcode-Leser, Display- und Schreibsysteme, sowie Materialbearbeitung mit Laserstrahlung. Spiegelscanner eignen sich für niedrige und mittlere Frequenzen bis etwa 50 kHz und ergeben achromatische, d. h. λ-unabhängige Ablenkung. Für höhere Frequenzen werden u. a. akustooptische Ablenker verwendet. Die Bauarten elektromechanischer Scanner werden im folgenden kurz beschrieben. Eine gute Übersicht gibt [L 8.6.8].

Die besonders häufig eingesetzten *Galvanometer-Scanner* sind entweder mit einer Drehspule aufgebaut (für hohe Frequenz, aber kleine Drehwinkel und kleine Spiegeldurchmesser), oder mit drehbarem Eisenkern, Bild 8.6.7: Ein durch Torsionsfeder gefesselter Weicheisen-Rotor dreht sich zwischen den vier Polschuhen des Stators. Der Stator ist durch Permanentmagnete magnetisch vorgespannt; der Magnetfluß der Steuerspulen wird überlagert. Auf der sorgfältig gelagerten Rotorachse ist der Planspiegel starr befestigt. Die Drehbewegung wird gedämpft. Frequenzen bis über 20 kHz, Spiegel-Drehwinkel bis etwa 30° und große Spiegelflächen (bis einige $cm^2$) sind möglich. Natürlich sind diese Maximalwerte nicht gleichzeitig erreichbar: Mit zunehmender Frequenz nehmen Drehwinkel und mögliche Spiegelgröße ab. Innerhalb

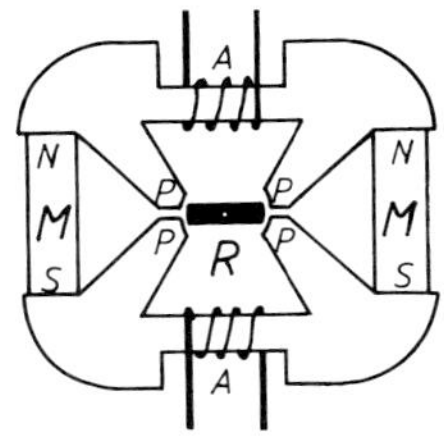


Bild 8.6.7 Aufbauprinzip eines Dreheisengalvanometer-Scanners [H 8.6.1]

R = Rotor, P = Polschuhe, M = Permanentmagnete, A = Antriebsspulen

dieser Grenzen verhält sich der Galvanometer-Scanner analog-linear, d.h. die Spiegelposition folgt beliebigem Eingangssignal bezüglich Frequenz, Amplitude und Kurvenform. Soll die Einstellung möglichst eng einer eingeprägten Kurvenform (z.B. Dreieck- oder Sägezahn-Schwingung) folgen, so wird die Rotorstellung durch *Positions-Rückmeldung* (z.B. kapazitiv mit gegenüber dem Rotor angeordneten Elektroden) überwacht.

*Piezo-Scanner* sind einseitig eingespannte Biegestäbe, die aus zwei aufeinander geklebten, entgegengesetzt polarisierten Piezo-Keramikplatten bestehen. Wird eine Steuerspannung angelegt, so verkürzt sich die erste und verlängert sich die zweite Platte. Die Piezo-Biplatte verbiegt sich also (wie ein Bimetallstreifen unter Temperatureinfluß). Ein auf dem freien Ende befestigter Spiegel wird damit verdreht. Die Piezo-Scanner sind durch kleinen Spiegel-Drehwinkel (meist nur einige Winkelminuten, max. 2°), sehr hohe Frequenz (bis über 40 kHz) und hohe Steuerspannung gekennzeichnet. Sie sind sehr robust. Im übrigen gleichen die Eigenschaften denen der Galvanometer-Scanner. Zusammenfassend ergibt sich, daß Galvanometer- und Piezo-Scanner nicht in Eigenresonanz schwingen, deshalb analog-linear arbeiten und größere Steuerleistungen erfordern.

Im Gegensatz dazu stehen *eigenresonante Scanner* mit fester Frequenz, sinusförmiger Abtastbewegung und sehr niedriger Steuerleistung: Bei einem *Torsionsband-Scanner* ist der relativ große Spiegel (bis einige $cm^2$) auf einem beidseitig eingespannten Torsionsband befestigt. Über eine Magnetspule erfolgt Anregung der durch Trägheitsmoment und Winkelrichtgröße bestimmten Eigenresonanz. Die Betriebsfrequenz ist also durch den Aufbau und die Spannung des Bandes in einem Bereich von etwa 5 Hz bis 1 kHz vorgegeben. Bei niedrigen Frequenzen sind Spiegel-Drehwinkel bis ca. 30° möglich.

Ebenfalls in Eigenresonanz schwingt der *Torsionsstab-Scanner*, bei dem ein einseitig eingespannter Stab in der Nähe der Einspannstelle zu Torsionsschwingungen angeregt wird. Der Spiegel befindet sich am freien Ende. Die gegenüber dem Torsionsband-Scanner höhere Torsionssteifigkeit (Winkelrichtgröße) ermöglicht Frequenzen von etwa 100 Hz bis 16 kHz bei Spiegel-Drehwinkeln von 20° bis 1,5°, [H 8.6.3]. Diese Scanner eignen sich gut für *x-y-Ablenkung* (rasterförmige Flächenabtastung), da sie leicht mit fester Phasenkopplung betrieben werden können: Zwei Scanner werden mit gekreuzten Achsen dicht nebeneinander angeordnet.

Ein weiterer sehr häufig benutzter Scanner-Typ benutzt ein *rotierendes Spiegelpolygon*. Es wird meist mit fester, aber beliebig einstellbarer Abtastfrequenz (Produkt aus Um-

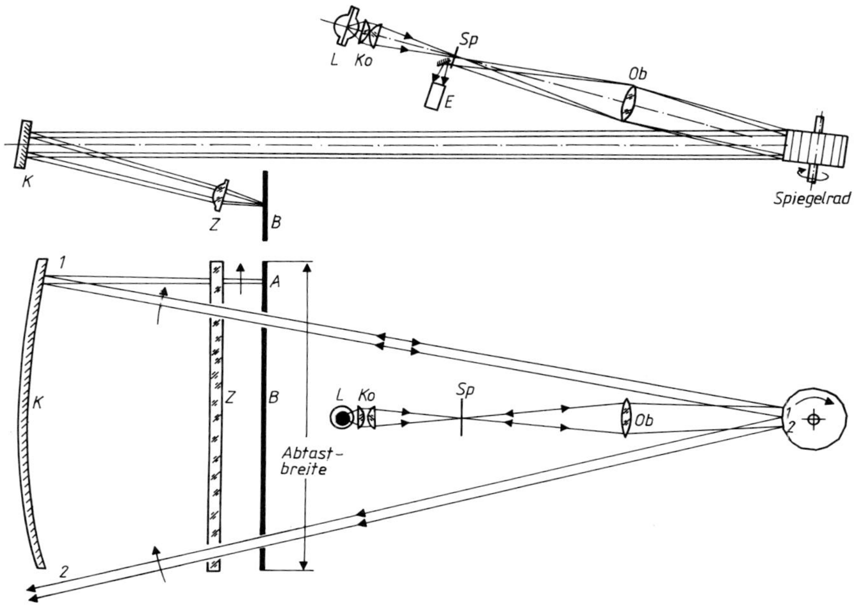


Bild 8.6.8 Spiegelpolygon-Scanner (Zeilentaster) zur Erfassung von Fehlstellen in Bahnen [L 19.2.2]

Oben Seitenansicht, unten Draufsicht (Strahlengang „aufgefaltet", d. h. ohne Planspiegel). L = Lichtquelle, Ko = Kondensor, Sp = Spalt, E = Empfänger, Ob = Objektiv, K = Hohlspiegel, Z = Zylinderlinse, B = abzutastende Bahn (bis 1,6 m Breite), A = Abtastfleck

drehungsfrequenz und Facettenzahl) betrieben. Die obere Frequenzgrenze (z. B. 50 kHz) wird nur durch den konstruktiven Aufbau und Deformationen unter dem Einfluß der Zentralkraft bestimmt. Der Abtastwinkel liegt fest.

Bild 8.6.8 zeigt als Beispiel für einen *Scanner mit rotierendem Spiegelpolygon* einen Zeilentaster [L 8.6.6] zur Erfassung von Fehlstellen in Papier- oder Textilbahnen. Der von der Xenonlampe L über den Kondensor Ko beleuchtete Spalt Sp dient als eigentliche Lichtquelle. Er wird durch das Objektiv Ob, den Hohlspiegel K und (nur im Vertikalschnitt) durch die Zylinderlinse Z auf bzw. in der Nähe der zu überwachenden Materialbahn B abgebildet. Auf der Bahn entsteht ein heller Abtastfleck mit den Abmessungen von ca. 2 mm × 2 mm. Das remittierte Licht gelangt auf etwa dem gleichen Weg zum Empfänger E (SEV). Der Abtastfleck A muß sehr schnell quer zur Transportrichtung der Bahn über die gesamte Bahnbreite geführt werden. Deshalb ist in der Brennebene des Hohlspiegels K ein rotierendes Spiegelpolygon aus z. B. 20 Planspiegeln angeordnet. In der gezeichneten Stellung des Spiegelrades befinden sich die benachbarten Flächen 1 und 2 im Objektivstrahlengang. Während Bündel 1 nahezu das Ende der Abtastbreite erreicht hat und der Fleck A die Bahn verlassen wird, beginnt das Bündel 2 die nächste Abtastzeile. Durch nicht eingezeichnete Planspiegel wird der Strahlengang auf günstigere Abmessungen zusammengefaltet. Ein wesentliches Prinzip bei dieser Anordnung ist die Umwandlung einer Rotationsbewegung (Spiegelrad) in eine Translationsbewegung (Parallelversetzung des Abtaststrahls) durch den Hohlspiegel. Ebenso bewirkt eine Linse die Umwandlung einer Strahlschwenkung (mit Pol am Brennpunkt) in eine Strahlversetzung, und umgekehrt. Dabei wird verlangt, daß der Weg $y'$ des Lichtpunktes in der Abtastebene proportional zum Schwenkwinkel $\Theta$ auf der Eingangsseite ist ($y' = K \cdot \Theta$; $K$ = Konstante) und außerdem das Bündel in der Abtastebene konvergiert (Bildfeldebnung). Diese Verzeichnungseigenschaft muß durch entsprechende Korrektur erreicht werden (*K-Θ-Linse*" oder „f·Θ-Linse"). Wegen der günstigen Fokussierung (sehr kleine Abtastflecke) wird meist ein *Laserstrahl* benutzt.

Bild 11.10.1 zeigt ein weiteres einfaches Beispiel für ein Scanner-System: Durch eine rotierende Planplatte, ausgeführt als Polygon, wird die Parallelversetzung eines Bündels erreicht, um in der Hochfrequenzkinematografie das Bild dem kontinuierlich bewegten Film nachzuführen.

**Literaturhinweise**

L 8.6.1 *Reiner, A.; Weis, B.:* Zur Anwendung systemtheoretischer Methoden in der Lichttechnik. Optik *43* (1975) No. 2, 185–197
L 8.6.2 *Marshall, G. F.:* Scanning Devices and Systems. LÜ1 Vol. VI/6
L 8.6.3 Siehe auch L 16.4.4; L 8.2.9
L 8.6.4 *Köhler, H.:* Optik für Blasenkammern. Zeiss-Informationen *14* (1966) H. 59, S. 15–24
L 8.6.5 *Brosens, P.:* Scanning Accuracy of the Moving-Iron Galvanometer Scanner. Optical Engineering 15 (1976) No. 2, 95–98
L 8.6.6 *Hölter, R.; Lentze, F.; Streit, K.:* Photoelektronische Oberflächenabtastung von Papierbahnen nach dem System Simultalux. AEG-Mitt. *54* (1964) 5/6, S. 349–353
L 8.6.7 *Leipold, H.; Symanowski, C.:* Beleuchtungsoptik in fotolithografischen Belichtungseinheiten. Feingerätetechnik *29* (1980) H. 12, 561–564
L 8.6.8 siehe H 8.6.3: Katalog Scanner, Chopper, Modulatoren.

**Beispiele für Hersteller bzw. Lieferanten**

H 8.6.1 *General Scanning Inc.,* USA, über Carl Baasel Lasertechnik KG, Sandstr. 21, München: Galvanometer-Scanner
H 8.6.2 *Ferranti GmbH,* Offenbach: Laser-Scanner für industrielle Meß- und Prüfaufgaben
H 8.6.3 *Kontron Phystech,* O.-v. Miller-Str. 1, 8057 Eching: Elektromechanische Scanner
H 8.6.4 *W. Weule,* Im Schleeke 40, 3380 Goslar: Ring- bzw. Gürtellinsen, geschliffen, Hohlspiegel für Scanner

## 8.7 Scheinwerfer

Scheinwerfer sind Zusammenstellungen eines Sammelsystems und einer Lichtquelle, die in sehr großer Entfernung – meist im „Unendlichen" – abgebildet wird. Die Optik kann ein Spiegel oder eine Linse sein. Die Lichtquelle steht im Brennpunkt, so daß ein telezentrisches Lichtbündel entsteht; die sphärische Aberration muß behoben werden.

Deshalb benutzt man als Spiegel vorwiegend solche parabolischer Krümmung von verschiedener Art. So kann die Vorderseite spiegeln und genau parabolisch sein wie bei

Metallspiegeln (Bild 8.7.1 a); es können Vorder- und spiegelnde Rückfläche genaue Paraboloide sein, wobei die dazwischenliegende Glas-„Linse“ aber brechende Wirkung hat, so daß der Spiegel nicht ganz aberrationsfrei ist (Bild 8.7.1 b). Um Aberrationsfreiheit streng zu erreichen, muß die Rückfläche ein wenig von der Paraboloidform abweichen („R-Spiegel“, Bild 8.7.1 c). Diese letzteren Spiegel sind auch frei vom Vorderreflex oder „Halo“, d. h. die nicht vergütete und deshalb einige Prozente reflektierende Vorderfläche entwirft ein Spiegelbild ebenfalls aberrationsfrei im „Unendlichen“, so daß keinerlei Streuung oder Vorfeldbeleuchtung auftritt, die z. B. bei Bühnenscheinwerfern verpönt ist. Halo entsteht auch durch zweimalige Spiegelung an der versilberten Rückfläche und einer dazwischen vor sich gehenden Reflexion an der Vorderfläche; dieser „Nebenreflex“ ist bei Spiegeln nach Art des R-Spiegels automatisch ebenfalls behoben.

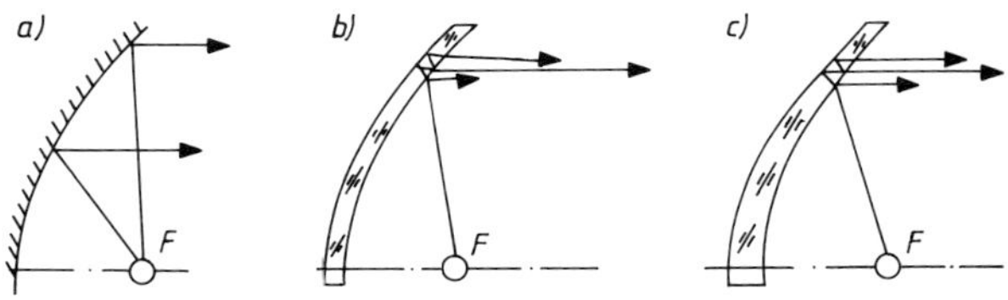


Bild 8.7.1 Parabolspiegel
a) Oberflächenspiegel,
b) Rückflächenspiegel ohne Korrektur der Flächenformen,
c) Rückflächenspiegel mit Korrektur der Flächenformen

Einen erheblichen Halo haben parabolisch wirkende Spiegel, deren Vorderfläche sphärisch und deren Rückfläche so asphärisch gekrümmt ist, daß der ganze Spiegel wie ein parabolischer wirkt. In Kinobildwerfern z. B. stört der Halo nicht; dort sind diese Spiegel vorteilhaft, da sie billiger bzw. genauer als gleich teure, beiderseits parabolische Spiegel sind.

1. Der *Mangin-Spiegel,* benannt nach seinem Erfinder, ist ein Hohlspiegel mit Kugelflächen wesentlich verschiedener Krümmung (Bild 8.7.2 a). In der klassischen Form ist $r_i = f'$, $r_a = 1{,}5f'$ bei $n = 1{,}5$; zugunsten einer besseren Korrektion macht man etwa $r_i = 1{,}15f'$, $r_a = 1{,}6f'$, $n = 1{,}52$. Bei Öffnungsverhältnissen von 1,6 : 1 (1,7 : 1) machen die Zonenfehler der sphärischen Aberration etwa 7′ (60′) aus, also weniger als die mittleren Fertigungsfehler bei Parabolspiegeln. Allerdings kommt ein Farbfehler von 27′ (34′) hinzu. Die Sinusbedingung ist so weit erfüllt, daß z. B. ein Spiegel der Öffnung 1 : 1,3 im monochromatischen Licht oder mit Farbfiltern ein Bildfeld von etwa $2 \times 7°$ auszeichnet, das nach außen durch den Astigmatismus begrenzt ist.

Für Scheinwerferzwecke ist der Spiegel sehr gut brauchbar, vor allem, wenn eine gute Abbildung einer kleinen Lichtquelle gebraucht wird; da diese etwa im Krümmungsmittelpunkt der Vorderfläche steht, ist der Spiegel weitgehend halofrei. Man sollte ihn häufiger anwenden. Leider ist er wegen seines dicken Randes hitzeempfindlich.

2. *Mangin-Spiegel mit Vorsatzlinse* (Bild 8.7.2 b): Durch eine Linse, die die doppelte Brechkraft wie die Glasschale des Mangin-Spiegels (als Linse betrachtet) hat, kann sein Farbfehler behoben und die sphärische Korrektion noch weiter gebessert werden, so daß mit Winkel u von 60° und mehr eine gute Scheinwerferoptik entsteht; sie ist gleichzeitig Gehäuse für die Lichtquelle. Als Signal zweckmäßig: Der rückwärtige Lichtstrom geht über den Spiegel und liefert das in der Ferne wirksame Licht, der

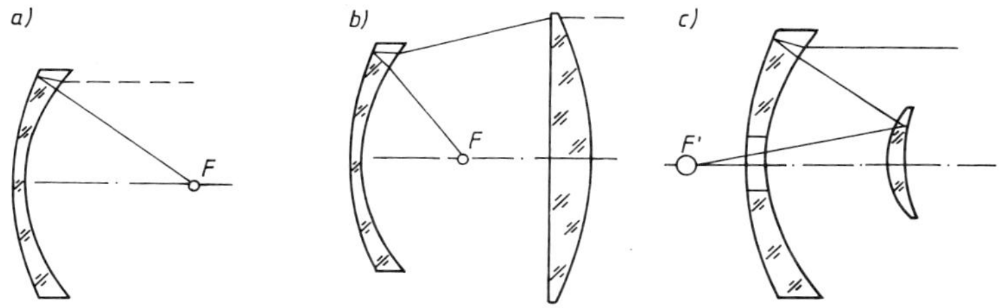


Bild 8.7.2 Scheinwerfer-Systeme mit Spiegeln

a) Mangin-Spiegel, b) Mangin-Spiegel mit Vorlinse, c) Cassegrain-Objektiv

vorwärtige Lichtstrom passiert die Linse und macht das Signal auch aus der Nähe seitlich sichtbar. Soll das unterbunden werden, muß eine Waben- oder Rohrblende vorgesehen sein.

3. *Cassegrain-Objektiv:* Man kann dieses und auch die anderen von der Astronomie her bekannten Spiegelobjektive an Stelle aus asphärischen aus Mangin-Spiegeln aufbauen (z. B. Bild 8.7.2c). Der konvexe Fangspiegel, der hyperbolisch sein müßte, wird durch einen „negativen" Mangin-Spiegel ersetzt. Das System hat den Vorteil einer kurzen Baulänge und Schnittweite bei sehr langen Brennweiten und ist z. B. für Projektionsscheinwerfer brauchbar. Auch hier schadet der Ausfall der achsennahen Strahlen in den seltensten Fällen.

4. *Kugelspiegel mit Korrektionsplatte* (Schmidt): Einem Kugelspiegel – zweckmäßig mit komafreier Blende (Bild 5.5.4) – kann eine Linse (besser gesagt Platte) mit asphärischer Fläche Pl vorgesetzt werden, die nahe der Achse sammelnd, am Rande dagegen streuend wirkt und die sphärische Unterkorrektion des Spiegels aufhebt. Sie ist in der gezeichneten Stellung auch für seitliche Bildpunkte wirksam. Die Platte kann durch Pressen oder Senken verhältnismäßig genau hergestellt werden, da ihre Fläche von einer Ebene praktisch nur wenig abweicht; für astronomische Zwecke, als Fernseh-Projektionssystem und zur Röntgenschirmbildphotographie benutzt.

5. *Spiegelobjektive* für hohes Öffnungsverhältnis und großen Bildwinkel oder für sehr lange Brennweiten und kurze Baulänge erfordern weitergehenden Aufwand.

Auch bei Linsenscheinwerfern muß die sphärische Aberration behoben werden. Entweder wird die Linse als Fernrohrachromat gestaltet oder asphärisch gekrümmt. Im ersteren Fall sind halbe Öffnungswinkel bis 15°, bei doppellinsigen Systemen bis 30°, im letzteren Fall Winkel von 65 bzw. 90° ohne weiteres möglich, d. h. die in einem Halbraum tretende Strahlung der Lichtquelle kann abgefangen werden (Bild 8.7.3). Blickt man aus großer Entfernung in den Scheinwerfer, so erscheint seine ganze Öffnung mit Licht erfüllt. Ist $A_{EP}$ die Fläche des optischen Systems und L die Leuchtdichte der Lichtquelle, so ergibt sich für die Lichtstärke I auf der Achse des Scheinwerfers

$$I = \varrho \cdot L \cdot A_{EP} \qquad (8.7.1)$$

wobei der Reflexionsgrad $\varrho$ des Spiegels durch den Transmissionsgrad $\tau$ des Linsensystems ersetzt werden kann.

Infolge des endlichen Radius y der Leuchtfläche weist jeder Scheinwerfer eine „natürliche" Streuung auf. Ist f' die Brennweite der Optik, so ist $w = y/f'$ der Divergenzwinkel gegenüber der Achse, vorausgesetzt, daß die Sinusbedingung erfüllt ist. Das ist aber bei

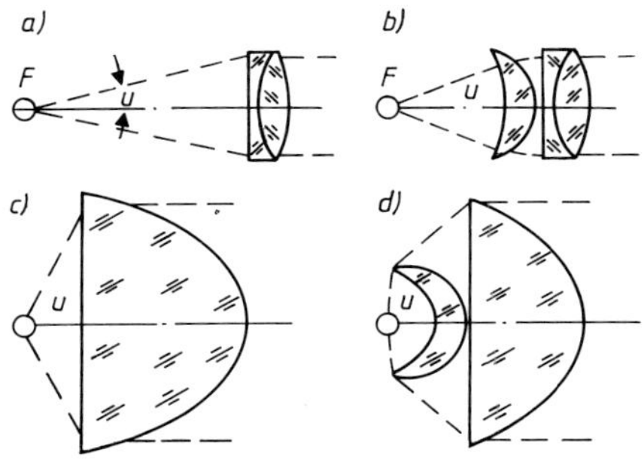


Bild 8.7.3 Linsenscheinwerfer mit unterschiedlichen Öffnungswinkeln u

a) mit Achromat, b) Achromat mit Meniskuslinse, c) asphärische Linse, d) asphärische Linse mit Meniskuslinse: u = 90°

Parabolspiegeln nicht der Fall; das im ∞ entworfene Bild ist unscharf begrenzt. Man bezeichnet deshalb als Streuung 2w den Winkel, innerhalb dessen die Lichtstärke von dem Maximum auf der Achse auf die Hälfte (oder auf 1/10) abfällt. Dazu kommt die Streuung durch die Herstellungsfehler der asphärischen Flächen; schließlich haben auch manche Lichtquellen keine über die ganze Fläche konstante Leuchtdichte, was ebenfalls die Streugrenze beeinflußt.

Befindet man sich in geringem Abstand vor dem Scheinwerfer, so ist seine freie Öffnung nicht vollständig mit Licht erfüllt, sondern man sieht die Lichtquelle (dunkles Blendglas!) schwach vergrößert wie durch ein Leseglas nur einen Teil der Spiegelfläche einnehmen. Als *„fotometrische Grenzentfernung"* $a_{gr}$ bezeichnet man den Abstand

$$a_{gr} = D_{EP} \cdot \frac{f'}{2y} \tag{8.7.2}$$

von dem ab der Scheinwerfer vollständig mit Licht erfüllt erscheint und für die Beleuchtungsstärke das quadratische Entfernungsgesetz gilt – vorausgesetzt, daß die Sinusbedingung erfüllt ist. Dabei ist 2y der Durchmesser der Leuchtfläche, $D_{EP}$ der Durchmesser des optischen Systems.

Beispiel: Ein Manginspiegel mit dem Durchmesser $D_{EP}$ = 300 mm und der Brennweite f' = 200 mm ergibt mit einer Leuchtfläche des Durchmessers 2y = 10 mm (z. B. Kohlebogen) eine Streuung von 2w ≈ 0,05 ≈ 2,9°; für die Grenzentfernung erhält man $a_{gr}$ = 6 m, und bei einer Leuchtdichte $L = 18 \cdot 10^7\ \mathrm{cd/m^2}$ zusammen mit einem Reflexionsgrad ϱ = 0,8 findet man eine maximale Lichtstärke $I \approx 10^7$ cd.

Bei Parabolspiegeln ergibt sich die Grenzentfernung zu

$$a_{gr} = \frac{D_{EP}}{2y} \cdot \frac{(f' + D_{EP}^2/16f')^2}{f' - D_{EP}^2/16f'} \tag{8.7.3}$$

Ist die Lichtquelle keine senkrecht zur Achse stehende Ebene, sondern eine Kugel oder ein achsensenkrechter Zylinder (Wendel), so wird die Sinusbedingung besser durch die Herschel-Bedingung ersetzt; die Abbildung durch eine Parabel ist dann vorteilhaft, weil die Bildgröße über alle Zonen des Spiegels hinweg gleichmäßiger ist und der Spiegel über einen größeren Winkelbereich voll leuchtet, was für Signalzwecke wichtig ist.

Um die Leuchtrichtung eines Scheinwerfers, der durch einen Deckel oder eine Jalousie abgedeckt ist, vorher bestimmen zu können, dient ein Tripelspiegel.

Scheinwerfer mit kurzer Spiegelbrennweite und sehr großer Lichtquelle, etwa Glühlampen hoher Leistung und weitläufigen Aufbaus, werden als „Flutstrahler" zur Anleuchtung von Gebäuden usw. benutzt; infolge ihrer großen Streuung (bis 90° und mehr) spielen die Abbildungsfehler keine Rolle, so daß die Spiegel kugelförmig sein können und gelegentlich mit kleinen warzenartigen Erhebungen oder Vertiefungen versehen werden, die die Streuung weiter erhöhen und eine vielleicht störende Abbildung der Lichtquelle unterbinden.

Zu dem gleichen Zweck können Streuscheiben vor dem Scheinwerfer angebracht sein: Sie bestehen aus vielen sphärischen oder Zylinderlinsen, deren Öffnungsverhältnis dem gewünschten Streuwinkel abzüglich der natürlichen Streuung entspricht. Zur seitlichen Ablenkung können diese Streuelemente auch eine zusätzliche Prismenwirkung aufweisen. Zweckmäßig werden solche Streuscheiben aus Preßglas hergestellt.

Über die mechanische Ausgestaltung der Scheinwerfer besteht eine reichhaltige Patentliteratur; über ihre lichttechnische Bewertung unterrichtet das Normblatt DIN 5037.

Soll ein Scheinwerfer nur in einem Schnitt eine kleine Streuung haben, z. B. in der Senkrechten, in der Waagerechten aber – etwa zur Überflutung eines freien Platzes – stark streuen, so benutzt man Zylinderspiegel mit waagerecht liegender Achse, in deren Brennlinie sich eine stabförmige Lichtquelle befindet, etwa eine langgebaute Gasentladungslampe. Bei großer Länge der Leuchte treten schräg zur Achse verlaufende Strahlen aber mit erheblicher Aberration, also mit Streuung nach oben oder unten, aus und vermindern den Nutzeffekt, der durch die Anwendung der sehr wirtschaftlichen Natriumdampflampen trotzdem sehr hoch sein kann.

Zur Bühnenbeleuchtung benutzt man Linsenscheinwerfer mit Glühlampe, die innerhalb der Brennweite der Linse steht, so daß das Lichtbündel wie bei einem Flutstrahler divergiert; der Streuwinkel kann durch Lampenverschiebung geändert werden.

Gelegentlich ist der Lichtfleck eines Scheinwerfers nicht klein oder scharf begrenzt genug, wenn z. B. einzelne Figuren auf der Bühne aus großem Abstand angeleuchtet werden sollen, die Umgebung aber dunkel bleiben muß. Man projiziert dann einen Lichtfleck, kann dabei aber zugunsten der Lichtstärke einfachste „Objektive" aus Kondensorlinsen benutzen.

So kann durch einen Kondensorteil auf der Objektivseite weitgehende Farbrandfreiheit erzielt werden; lange Brennweiten werden baulich kürzer durch Spiegelobjektive.

## Literaturhinweise

L 8.7.1 *Sonnefeld, A.:* Die Hohlspiegel. Verlag Technik, Berlin; Berliner Union, Stuttgart, 2. Aufl. 1957

L 8.7.2 DIN 5037 Lichttechnische Bewertung von Scheinwerfern
T 1 Begriffe und lichttechnische Bewertungsgrößen
T 2 Signalscheinwerfer – Signalleuchten
T 3 Beleuchtungsscheinwerfer, Kennzeichnung durch den Zehntelstreuwinkel
T 4 Beleuchtungsscheinwerfer, Kennzeichnung durch den Halbstreuwinkel
Bbl 1 Vereinfachte Nutzlichtbewertung für Film-, Fernseh- und Bühnenscheinwerfer

L 8.7.3 DIN 15 560 Scheinwerfer für Film, Fernsehen, Bühne und Photographie (die Norm ist in zahlreiche Teile untergliedert)

L 8.7.4 DIN 65 423, 65 424, 65 425 Luft- und Raumfahrt, Scheinwerfer . . .

## Beispiele für Hersteller bzw. Lieferanten

H 8.7.1 *Rank Strand GmbH,* Wolfenbüttel 16: Stufenlinsen-Scheinwerfer und Bühnenbeleuchtung

H 8.7.2 *AEG-Telefunken,* Industriestr. 29, Wedel: Zielscheinwerfer

H 8.7.3 *ADB Lichtelek GmbH,* Bahnhofstr. 39, Brilon: Scheinwerfer f. Studios usw.

H 8.7.4 *W. Weule,* Im Schleeke 40, 3380 Goslar: Plankonvexlinsen, Hohlspiegel für Scheinwerfer

# 9 Beobachtungs- und Zielgeräte; Entfernungsmesser

## 9.1 Lupen

Lupen und Lesegläser dienen dazu, kleine Gegenstände dem Auge vergrößert darzubieten. Erstere liefern eine 3–20fache Vergrößerung; Lesegläser werden von Weitsichtigen benutzt, um Schrift usw. in eine ihnen angenehme Sehweite zu bringen; von Normalsichtigen, um ausgedehnte Dinge (Briefmarken, kleine Photographien) bei mäßiger Vergrößerung zu betrachten, wobei ein unverzerrtes Bild wesentlich ist.

Die Vergrößerung $\Gamma'_L$ einer Lupe ergibt sich aus der Definitionsgleichung (4.1.3) zu $\Gamma'_L = \tan w'/\tan w$, d. h. es wird der Sehwinkel w′ mit Lupe mit dem Sehwinkel w bei direkter Betrachtung des Objekts (ohne Lupe) verglichen. Das Ergebnis dieses Vergleichs hängt davon ab, welche Akkommodationsentfernungen man bei der Objekt- und bei der Bildbetrachtung zugrunde legt. Im allgemeinsten Fall betrachtet das Auge das Objekt ohne Lupe aus einer Entfernung a; mit Lupe wird auf die Bildlage $a_A = a'_L - e$ akkommodiert (Bild 9.1.1). Je nachdem, ob nun die Gegenstandsweite $a_L$ oder die Bildweite $a'_L$ bekannt sind, ergibt sich die *Lupenvergrößerung* zu

$$\Gamma'_L = -\frac{(f' - a'_L) \cdot a}{(e - a'_L) \cdot f'} \tag{9.1.1}$$

oder

$$\Gamma'_L = -\frac{f' \cdot a}{e(f' + a_L) - f' \cdot a_L} \tag{9.1.2}$$

mit f′ = Brennweite der Lupe.

Aus diesen Gleichungen können die folgenden wichtigen Spezialfälle abgeleitet werden:

1. Das Objekt wird ohne Lupe normgemäß aus der Bezugssehweite $a_s = -250$ mm betrachtet, d. h. es ist $a = a_s$. Bei der Lupenbetrachtung soll das Auge aber auf $a_A = \infty$ akkommodiert sein. Dann ist $a_L = -f'$: Das Objekt liegt in der vorderen Brennebene $\overline{F}$ der Lupe. Dann erhält man

$$\Gamma'_L = \frac{250\,\text{mm}}{f'} \tag{9.1.3}$$

als *Standardvergrößerung der Lupe.* Dieser Wert wird auch zur Angabe der Eigenvergrößerung von Okularen benutzt.

2. Bei der Bildbetrachtung ebenso wie bei der Objektbetrachtung ist das Auge auf die Bezugssehweite akkommodiert; d. h. es ist $a = -250$ mm; $a_A = a'_L - e = -250$ mm. Dann erhält man aus Gl. (9.1.1) $\Gamma'_L = (f' - a'_L)/f'$. Nach Gl. (4.2.11) ist also in diesem Falle $\Gamma'_L = \beta'_L$, d. h. die Lupenvergrößerung gleich dem durch die Lupe bewirkten Abbildungsmaßstab. Setzt man noch $a'_L = e - 250$ mm ein, so ergibt sich

$$\Gamma'_L = 1 + \frac{250\,\text{mm} - e}{f'} \tag{9.1.4}$$

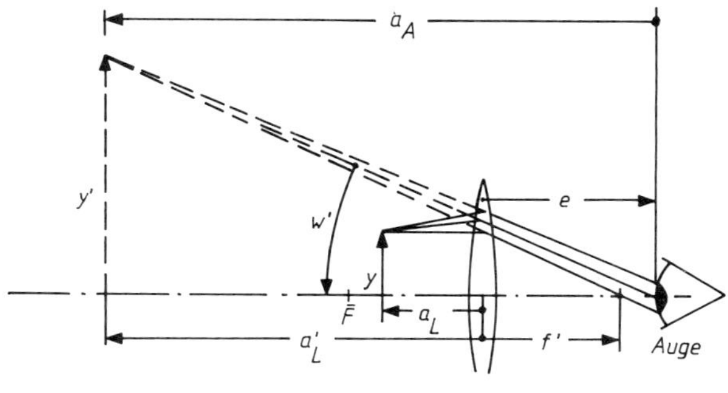


Bild 9.1.1 Zur Vergrößerung durch eine Lupe
y = Gegenstand, y' = virtuelles Bild

ist dabei $e \approx 0$, d. h. das Auge dicht hinter der Lupe, so kann man

$$\Gamma'_L = 1 + \frac{250\,\text{mm}}{f'} \tag{9.1.5}$$

als *Lupenvergrößerung bei Nah-Akkommodation* angeben. Die beiden Gleichungen sind bei *Lesegläsern,* also schwachen Vergrößerungen durch große Lupenbrennweiten, brauchbar.

3. Schließlich kann die Lupe bzw. das Leseglas in größerem Abstand vom Auge, aber dicht vor dem Objekt (etwa einer abzulesenden Skala) angebracht sein. Dann ist $e \gg |a'_L|$. Gl. (9.1.1) ergibt

$$\Gamma'_L = -\frac{f' - a'_L}{f'} \cdot \frac{a}{e}, \quad \text{also} \quad \Gamma'_L = -\beta'_L \cdot \frac{a}{e} \tag{9.1.6}$$

Setzt man nun $a = -e$, d. h. kann man an die Skala nicht näher heran und muß sie auch ohne Lupe aus dem großen Abstand betrachten, so wird wieder $\Gamma'_L = \beta'_L$: Die *Ablesevergrößerung* ist gleich dem Abbildungsmaßstab. Vergleicht man jedoch mit der direkten Betrachtung aus der Bezugssehweite, also $a = -250$ mm, so erhält man

$$\Gamma'_L = \beta'_L \cdot \frac{250\,\text{mm}}{e} \tag{9.1.7}$$

Arten und optische Kenngrößen der Lupen sind in DIN 58383 festgelegt. *Lupen im engeren Sinne* werden mit kleinem Abstand e benutzt und haben eine Vergrößerung $\Gamma'_L \geqslant 3$, die nach Gl. (9.1.3) angegeben wird. *Lesegläser* werden mit großem Abstand e benutzt und haben eine Brennweite $f' > 125$ mm. Ihre Vergrößerung wird nach Gl. (9.1.5) angegeben. Der Fassungsrand begrenzt das Sehfeld. Als *Okulare* werden Lupen bezeichnet, die nachvergrößernde Stufe in einem optischen System sind. *Fernrohrlupen* sind als zweistufige Systeme ohne scharfe Abgrenzung zwischen Mikroskopen und Prüffernrohren einzuordnen. Man kann sie als Fernrohre mit Vorsatzlinse auffassen.

Es folgen noch einige Angaben zu Bauformen und Anwendungen von Lupen:

*Einfache Lupen* werden häufig als Bikonvexlinsen ausgeführt. Sie sind bei schwachen Vergrößerungen brauchbar. *Einlinsige asphärische Lupen* ermöglichen bei kleiner Brennweite einen relativ großen Durchmesser.

*Achromatische Lupen* sind innerhalb eines kleinen Gesichtsfeldes vom Farbfehler frei, verzeichnen aber oft stark, wenn man ihre volle Vergrößerung ausnutzen will. Bis etwa 25mal erhältlich; für Abbildungszwecke als einfaches Objektiv brauchbar, wenn man sie etwas abblendet, indem man z. B. bei einem Projektionsgerät das von einem Kondensor entworfene Bild der Lichtquelle nur $^1/_2$- bis $^1/_4$mal so groß wie den Lupendurchmesser macht.

*Aplanatische Lupen* bestehen aus zwei Plankonvexlinsen, die ihre Konvexseiten einander zukehren. Als Leseglas beliebt, da ohne erhebliche Verzeichnung; für Beleuchtungszwecke gelegentlich gut brauchbar wie ein Doppelkondensor.

*Brückesche Lupen* sind Galilei-Ferngläser, die durch eine Vorsatzlinse oder etwas vergrößerten Okularabstand auf 0,5 bis 2 m statt auf „unendlich“ eingestellt sind. Gelegentlich werden sie binokular mit konvergent einander zugekehrten optischen Achsen geliefert. Sehr zweckmäßig für die Betrachtung von Bildern, Kunstwerken bei schlechter Beleuchtung oder durch schwachsichtige Personen; sehr zu empfehlen zum Ablesen von Skalen, Meßgeräten usw. aus der angegebenen, für direkte Sicht gelegentlich unbequemen Entfernung.

*Verzeichnungsfreie Lupen* oder „Lupen, die ihr Gesichtsfeld selbst beleuchten“, sind Plankonvexlinsen, bei denen Glasdicke, Brennweite und Dingabstand so abgestimmt sind, daß ein größeres Gesichtsfeld zweifach vergrößert verzeichnungsfrei dargeboten wird. Die „Selbstbeleuchtung“ des Gesichtsfeldes ist keine besondere Eigenart dieser Lupen, sondern hängt von der geschickt gewählten Stellung der Lichtquelle hinter dem Kopf des Benutzers ab, so daß ihr Licht die Lupe durchdringt und, auf einem kleinen Querschnitt zusammengezogen, den Gegenstand heller beleuchtet als die Umgebung. Die Reflexe in der Lupe verderben oft den Gewinn durch diesen Kunstgriff. Setzt man eine halbkugelige Planlinse (also $r = -d$) mit der Planfläche unmittelbar auf die Objektebene, so fallen Bild- und Objektebene zusammen. Bei Betrachtung aus größerem Abstand ergibt sich $\Gamma'_L = \beta'_L = n$, mit $n$ = Brechzahl des Linsenwerkstoffs.

*Einstell-Lupen für fotografische Zwecke:* Sie dienen dazu, die auf der Mattscheibe oder in ihrer Ebene entworfenen Bilder drei- bis fünffach so zu vergrößern, daß die Scharfeinstellung (nicht nur durch schwachsichtige Personen) leicht überprüft werden kann. Ihre Fassung bietet einen Anschlag in der Schärfenebene, so daß sie beim Aufsetzen auf die Mattscheibe das darauf entworfene Bild sofort deutlich zeigen; fehlsichtige Benutzer müssen sie durch Abstandsänderung einstellen. Man benutzt sie auf der Mattscheibe, wenn es sich um verhältnismäßig leicht erkennbare und gut einstellbare Bilder handelt, z. B. an normalen Fotokammern mit nicht zu lichtschwachen Objektiven. Mitunter vertauscht man die Mattscheibe gegen eine Klarglasscheibe, die zur Festlegung der Schärfenebene ein Strichkreuz oder dgl. enthält, und stellt das in ihrer Ebene entstehende Luftbild ein, insbesondere bei sehr lichtschwachen und wenig aufgelösten Bildern, wie in der Mikrofotografie. In diesem Fall ist die Lupe ihre eigene Feldlinse, die die Austrittspupille des Mikroskops in der Augenpupille abbildet. Gelegentlich wird eine zweite Linse als Feldlinse angebracht, um die Austrittspupille näher an die Lupe heranzurücken und leichter auffindbar zu machen, insbesondere bei sehr dunklen Bildern. Das Ganze ähnelt dann einem Ramsdenschen Okular. Solche Einstell-Lupen sind für die Ablesung geeignet beleuchteter Skalen oder auch sehr lichtschwacher Dinge oft außerordentlich nützlich.

*Fadenzähler:* Einfache, gelegentlich auch achromatische Lupen, deren Dingebene durch einen Rahmen mit bestimmten Abmessungen, Maßstäben, Strichplatten für die verschiedensten Sonderzwecke gekennzeichnet ist. Wenn sie auch anders selten benutzbar sind, gibt ihre Gestaltung doch gelegentlich Anregung zu ähnlichen Anordnungen für andere Zwecke.

## Literaturhinweise

L 9.1.1 *Rosin, S.:* Eyepieces and Magnifiers. LÜ1 Vol. III/9
L 9.1.2 DIN 58383 Lupen; Arten und optische Kenngrößen

**Beispiele für Hersteller bzw. Lieferanten**

H 9.1.1 *EMO-Optik Arthur Seibert,* Braunfelserstr. 36, Wetzlar: Lupensysteme, Mikroskope
H 9.1.2 *Ernst Leitz Wetzlar GmbH,* Wetzlar: Meßlupen
H 9.1.3 *Grün Optik Wetzlar GmbH,* Solmserstr. 90, Wetzlar: Großfeld- u. Meßlupen
H 9.1.4 *A. Schweizer GmbH,* Hans-Böckler-Str. 7, Forchheim: Lupen
H 9.1.5 *Julius Ernst Sill,* Wendelstein: Lupen, Lesegläser
H 9.1.6 *J. Hauser KG,* Solms/Wetzlar: Lupen
H 9.1.7 Siehe auch Beispiele 5.2 . . .
H 9.1.8 *Carl Zeiss,* Oberkochen: Lupen
H 9.1.9 *Classen + Co.,* Grevenweg 89, Hamburg: Lupen

## 9.2 Grundlagen der Brillenoptik

Brillengläser dienen zur Beseitigung der Fehlsichtigkeit des Auges. Beim gesunden und normal gebauten, entspannten Auge werden in sehr großer Entfernung befindliche Gegenstände auf der Netzhaut scharf wiedergegeben: das Auge ist „rechtsichtig“.

Durch angeborene oder erworbene Veränderungen können Fern- und Nahpunkt wesentlich andere Entfernungen als in Abschn. 6.8 angegeben haben. Liegen beide in endlicher, sehr geringer Entfernung vor dem Auge, so ist es kurzsichtig; zum Ausgleich dienen konkave Brillengläser, die ein virtuelles Bild des betrachteten fernen Gegenstandes zwischen Fern- und Nahpunkt des Auges entwerfen.

Dementsprechend werden Konvexgläser benutzt, wenn sich Fern- oder Nahpunkt hinter dem Auge oder der Nahpunkt zu weit ab vor dem Auge befinden (Weitsichtigkeit).

Ist die Akkommodationsbreite kleiner als etwa 3 dpt, so müssen für Nähe und Ferne verschiedene Gläser benutzt werden (Fern- und Lesebrille), die in einem Zwei-Stärken- oder „Doppelfokusglas“ vereinigt sein können (Alterssichtigkeit). Neuerdings gibt es Dreistärkengläser und asphärische Gläser mit „gleitender“, stufenloser Brechkraftzunahme von oben nach unten.

Aus Gründen der Fehlerbehebung für seitlich der Blickrichtung gelegene Gegenstände, insbesondere wegen Astigmatismus und Bildwölbung, sind moderne Brillengläser meniskenförmig durchgebogen. Da das Brillenglas zur Abbildung eines Punktes stets nur von einem Bündel mit einigen Millimetern Durchmesser (entsprechend der Augenpupille) durchsetzt wird, tritt kein Öffnungsfehler auf. Farbfehler-Korrektur durch achromatisch verkittete Gläser wird aus Gewichtsgründen vermieden; der *Farbfehler* wird durch relativ hohe Abbesche Zahl (z. B. Brillen-Kronglas $n_d = 1{,}523$; $\nu_d \approx 59$) vermindert. Ggf. muß ein höherer Farbfehler in Kauf genommen werden (z. B. Brillen-Flintglas SF N64: $n_d = 1{,}706$; $\nu_d = 30{,}3$). Damit muß der *Astigmatismus schiefer Bündel* als wesentlicher Fehler korrigiert werden. Im Idealfall müssen tangentiale und sagittale Bildschale mit der *Fernpunktkugel* zusammenfallen, d. h. mit der Bildfläche, auf der weit entfernte Gegenstandspunkte bei unterschiedlichen Blickrichtungen (Bewegung des Auges um den Augendrehpunkt) abgebildet werden. Für diese Korrektur des Astigmatismus mit vorgegebener *Bildfeldwölbung* steht im Normalfall nur die Durchbiegung der Linse zur Verfügung, d. h. die Änderung der Flächenradien. Nur in speziellen Fällen wird die Brechzahl geändert, z. B. bei Doppelfokusgläsern, oder bei hohen Brechkräften zur Verminderung der Flächenkrümmung (z. B. SF N64, s. oben).

In der Brillenoptik wird bevorzugt mit Brechkräften (Abschn. 4.1) gerechnet, mit der Einheit $m^{-1}$ = dpt (Dioptrie). Als Kehrwert der Brennweiten-Gleichung für eine Linse beliebiger Dicke, Gl. (5.2.1), erhält man für die *Brechkraft* $\dot{F}$ eines Brillenglases

$$\dot{F} = \frac{n-1}{r_1} - \frac{n-1}{r_2} + \frac{d}{n} \cdot \frac{(n-1)^2}{r_1 \cdot r_2} \qquad (9.2.1)$$

Nennt man

$$\dot{F}_1 = \frac{n-1}{r_1} \quad \text{und} \quad \dot{F}_2 = -\frac{n-1}{r_2}$$

die *Brechkräfte der Einzelflächen* 1 und 2 (2 ist die augenseitige Fläche), so kann man die Gesamtbrechkraft in der Form

$$\dot{F} = \dot{F}_1 + \dot{F}_2 - \frac{d}{n} \cdot \dot{F}_1 \cdot \dot{F}_2 \qquad (9.2.2)$$

ausdrücken. Bei zu vernachlässigender Scheiteldicke d (insbesondere also bei Negativlinsen mit Mittendicken von nur etwa 1 mm) ist die Gesamtbrechkraft gleich der Summe der Brechkräfte der Einzelflächen:

$$\dot{F} = \dot{F}_1 + \dot{F}_2 \qquad (9.2.3).$$

Der leicht meßbare *Scheitelbrechwert* $\dot{S}_2 = 1/s'_{2(F')}$, d. h. der Kehrwert der Bildschnittweite (Abstand des Brennpunktes F' vom Scheitel der zweiten Fläche) ist die wichtigste Brillenglas-Kenngröße, da Gläser mit gleichem Wert $\dot{S}_2$ bei gleichem Abstand vom Auge für die Grundkorrektur austauschbar sind. Es ergibt sich

$$\dot{S}_2 = \frac{\dot{F}}{1 - \frac{d}{n} \cdot \dot{F}_1} \qquad (9.2.4)$$

oder aus den Konstruktionsdaten

$$\dot{S}_2 = (n-1) \cdot \frac{(n-1)d + n(r_2 - r_1)}{n \cdot r_1 r_2 - (n-1)\, d \cdot r_2} \qquad (9.2.5).$$

Gelegentlich wird auch der Scheitelbrechwert $\dot{S}_1 = 1/s_{1(F)}$ benötigt:

$$\dot{S}_1 = -\frac{\dot{F}}{1 - \frac{d}{n} \cdot \dot{F}_2} \qquad (9.2.6).$$

Die Brillengläser werden nach den Scheitelbrechwerten $\dot{S}_2$ bezeichnet, was bei schwachen und konkaven Gläsern keinen wesentlichen Unterschied zur Brechkraft $\dot{F}$ bedeutet; bei stärkeren Positivgläsern ist entsprechend der größeren Dicke und der Hauptpunktverschiebung bei Menisken die Brechkraft $\dot{F}$ bis zu etwa 2 dpt kleiner als $\dot{S}_2$.

Handelsüblich sind Brillengläser von 0 bis ± 20 dpt; bis etwa 3 dpt in Stufen zu 1/4 dpt, bis 6 dpt in Stufen zu 1/2 dpt, darüber hinaus in Stufen zu 1 dpt. Durchmesser für die schwächeren Brechkräfte 45 bis 70 mm, die stärkeren weniger, mindestens aber 38 mm.

Ihre *Durchbiegung* ist – von fertigungstechnisch bedingten Abrundungen abgesehen – so gewählt, daß das Bild im wesentlichen frei von Astigmatismus oder auf einer Kugelfläche liegend erscheint, wenn der Augendrehpunkt (etwa Mittelpunkt des Augapfels) 25 mm hinter dem augenseitigen Scheitel des Glases gelegen ist.

Bei Positivgläsern aus Brillenkronglas bis etwa 7 dpt wird $r_2 = 87{,}2$ mm entsprechend $\dot{F}_2 = -6$ dpt gewählt; bei Konkavgläsern bis etwa $-5$ dpt entspricht $r_1$ $+6$ dpt. Bei stärkeren Gläsern werden diese Radien stufenweise flacher, so daß Brillengläser um $\pm$ 18 bis 20 dpt als plankonvexe bzw. plankonkave Linsen erscheinen.

Da das Auge nicht notwendig rotationssymmetrisch sein muß, sind Fehlsichtigkeiten verschiedenen Grades in verschiedenen, die optische Achse enthaltenden Schnitten häufig; es besteht *Astigmatismus längs der Achse.* Die Ebenen größter und kleinster Fehlsichtigkeit werden als *„Hauptschnitte"* bezeichnet. Zur Behebung sind Brillengläser erforderlich, die in der Richtung der beiden stets senkrecht zueinander stehenden Hauptschnitte verschiedene Brechkräfte aufweisen; dies wird durch Zylinderflächen erreicht, die der Planfläche eines Plankonkav- bzw. -konvexglases angeschliffen, meist aber mit der verhältnismäßig krummen Fläche eines Meniskus zu einer *torischen Fläche* vereinigt werden.

Angegeben wird die sphärische Wirkung, die überlagerte *Zylinderwirkung* und die Zylinder-Achsenlage, z. B. sph $-7{,}5$ dpt, cyl $+0{,}5$ dpt, A 155° (180°-Bogenschema). Bei Positivgläsern gestaltet man meist die Fläche 1 (Außentorus), bei Negativgläsern die Fläche 2 (Innentorus) torisch.

Die zylindrischen Wirkungen sind bis etwa 3 dpt in Stufen zu $^1/_4$ dpt, darüber hinaus zu $^1/_2$ dpt üblich; Wirkungen über etwa 6 dpt sind selten. Über die Umrechnung mehrerer Zylinderflächen im Strahlengang siehe Abschn. 5.5.

Zur Behebung von *Schielfehlern* werden Gläser mit zusätzlicher (oder alleiniger) *Prismenwirkung* hergestellt. Schwächere prismatische Wirkungen werden durch *Dezentrieren* (seitliches Verschieben) normaler Gläser erreicht. Optische und geometrische Achse weisen dann eine *Parallelversetzung* v (Bild 9.2.1) auf. Sie führt zu einer *prismatischen Ablenkung* P entsprechend

$$P = \dot{F} \cdot v, \tag{9.2.7}$$

angegeben in der Einheit cm/m (DIN 58204 T. 1). Beispiel: Ein um $v = 0{,}6$ cm dezentriertes Brillenglas mit $\dot{F} = 5$ dpt ergibt $P = 3$ cm/m, also 3 cm Ablenkung auf 1 m Entfernung. An Stelle der Brechkraft $\dot{F}$ kann auch der Scheitelbrechwert $\dot{S}_2$ treten. Außerdem muß die Richtung der Dezentrierung (Basislage des Prismas) angegeben werden.

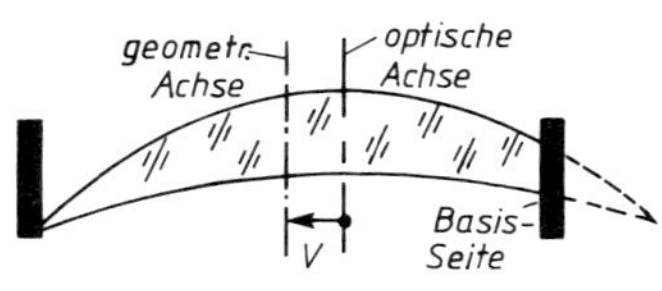


Bild 9.2.1 Durch Dezentrierung prismatisch wirkendes Brillenglas

v = Versetzung der geometrischen Achse (Fassung) gegenüber der optischen Achse

Bei *Mehrstärkengläsern,* d. h. Bifokalgläsern mit Fern- und Nahteil (auch: Trifokalgläsern mit 3 Zonen), wird der Brechkraft des Fernteils im Nahteil eine positive Brechkraft überlagert (z. B. Fern $-7{,}5$ dpt, Nah $-5{,}5$ dpt). Die Aufteilung der Brillenglasfläche kann davon abhängig gemacht werden, ob die Brille überwiegend im Fern- oder im Nahbereich benutzt wird.

Die Herstellung der Mehrstärkengläser erfolgt nach unterschiedlichen Verfahren, überwiegend jedoch durch *Einschmelzen des Nahteils.* Dies erfordert eine genaue Anpassung der thermischen

Eigenschaften beider Gläser. Besonders leichte Bifokalgläser werden durch *Gießen* aus dem duroplastischen Kunststoff CR 39 (Abschn. 3.3) in komplizierten Glasformen hergestellt.

Bei *„progressiven Gläsern"*, die man als Vielstärkengläser bezeichnen könnte, nimmt die Brechkraft der Fläche 1 von oben nach unten (in einer Progressionszone zwischen Fern- und Nahteil) kontinuierlich zu. Dies wird durch stetige Änderung der Krümmung bewirkt. Da nun keine rotationssymmetrische Fläche vorliegt, ergibt sich Astigmatismus, insbesondere in den Randzonen.

*Schutzbrillen* geben den Augen Schutz vor mechanischen Verletzungen, Verätzungen und/oder vor schädlichen Strahlungsanteilen (starke Sonnenstrahlung, Laserstrahlung, UV, IR, usw.). Sie können zum Teil mit den als Sehhilfe benutzten Brillengläsern vereinigt sein.

## Literaturhinweise


L 9.2.1 *Graff:* Messungen augen- und brillenoptischer Größen. Karlsruhe 1960

L 9.2.2 *Lueck, I. B.:* Spectacle Lenses. LÜ1 Vol. III/6

L 9.2.3 *Schade, H.:* Berechnung der Radien von Brillengläsern. Jahrb. f. Optik u. Feinmechanik 1970, 61–68

L 9.2.4 *Gelius, S.:* Phototrope Brillengläser. Jahrb. f. Optik u. Feinmechanik 1971, 19–33

L 9.2.5 *Baron, H.:* (Kontaktlinsen). Jahrb. f. Optik u. Feinmechanik 1973, 97–106; 1968, 87–104

L 9.2.6 *Fahrner, D.:* Ein Beitrag zur Optik hochbrechender Brillengläser. Jahrb. f. Optik u. Feinmechanik 1974, 167–172

L 9.2.7 *Guilino, G.:* Mehrstärkengläser. Jahrb. f. Optik u. Feinmechanik 1975, 82–101; 1976, 100–113

L 9.2.8 *Grosskopf, K.:* Die Verfestigung von Brillengläsern durch chemische Vorspannung. Jahrb. f. Optik u. Feinmechanik 1975, 208–225

L 9.2.9 *Boynton:* (Fortschritte in physiologischer Optik). Applied Optics *6* (1967) Nr. 8, 1283–1293

L 9.2.10 DIN 58201 Tabo-Gradbogenschema; Ausführung, Anwendung

L 9.2.11 DIN 58202 Bezeichnung sphärischer und torischer Ein- und Mehrstärken-Brillengläser

L 9.2.12 DIN 58203 Rohkantige Einstärken-Brillengläser; Anforderungen und zulässige Abweichungen

L 9.2.13 DIN 58204 T1 Prismatische Ein- und Mehrstärken-Brillengläser; Begriffe, Bezeichnungen

L 9.2.14 DIN 58208 Begriffe und Zeichen bei Brillengläsern in Verbindung mit dem menschlichen Auge
- T 1 Einstärkengläser
- T 2 Mehrstärkengläser
- T 3 Auge
- T 4 Monokulares System Auge – Brillenglas
- T 5 Binokulares System Auge – Brille

L 9.2.15 *ZS Augenoptik.* VEB Verlag Technik, Berlin, DDR

L 9.2.16 *ZS Der Augenoptiker.* Verlag Willy Schrickel, Düsseldorf

L 9.2.17 *ZS Deutsche Optikerzeitung.* Optische Fachveröffentlichungen GmbH, Stuttgart

L 9.2.18 *ZS Neues Optikerjournal.* Verlag Heinz Postenrieder, Pforzheim

L 9.2.19 *Guilino, G.:* Moderne Beschichtungsverfahren für Brillengläser. Der Augenoptiker *32* (1977), Heft 9

L 9.2.20 *Guilino, G.:* Beschichtung von Brillengläsern aus Glas und Kunststoff – Stand der Technik. Der Augenoptiker *35* (1980), Heft 6

L 9.2.21 *Köppen, W.:* Spezifische Eigenschaften von Zwei- und Dreistärkengläsern. Der Augenoptiker, Heft 2/1981

L 9.2.22 *Köppen, W.:* Progressive Brillengläser der neuen Generation – Progressiv Perfalit. Der Augenoptiker, H. 4/1980

L 9.2.23 *Guilino, G; Köppen, W.:* Progressiv R. Optometrie *5* (1981), 266–271

L 9.2.24 *Guilino, G.:* Meß- und Wirkungswerte prismatischer Brillengläser. Der Augenoptiker, H. 11/1980

**Beispiele für Hersteller bzw. Lieferanten**

H 9.2.1 *G. Rodenstock,* Isartalstr. 43, München: Brillengläser
H 9.2.2 *Carl Zeiss,* Oberkochen: Brillengläser, auch Lupen- u. Fernrohrbrillen, Ophthalmologische Instrumente
H 9.2.3 *A. Schweizer GmbH,* Hans-Böckler-Str. 7, Forchheim: Brillengläser
H 9.2.4 *Herbert Schwind,* Goldbacher Str. 57, Aschaffenburg: Ophthalmologische Instrumente
H 9.2.5 *G. Rodenstock Instrumente GmbH,* Drachenseestr. 12, München: Ophthalmologische Instrumente
H 9.2.6 *Fisba Optik AG,* Rohrschacherstr. 270, St. Gallen, CH: Ophthalmologische Instrumente

## 9.3 Fernrohre

Fernrohre sind zweistufige, in ihrer Grundeinstellung *afokale Systeme* (d. h. „brennpunktlose", auch „teleskopische" Systeme). Sie wandeln ein eintretendes Parallelbündel mit dem Durchmesser $D_{EP}$ in ein Parallelbündel mit dem Durchmesser $D_{AP}$ um, wobei sich der Neigungswinkel w des eintretenden Bündels in den Winkel w' des austretenden Bündels verändert (Bild 9.3.1). Damit ergibt sich gemäß (Gl. 4.1.3) für die *Vergrößerung*

$$\Gamma'_{F\infty} = \frac{D_{EP}}{D_{AP}} \tag{9.3.1}$$

Dabei ist zu beachten, daß bei $D_{EP} > 0$ (z. B. freier Durchmesser des Objektivs) $D_{AP} < 0$ ist, wenn die Eintrittspupille reell als Austrittspupille (durch ein Positivokular) abgebildet wird. Dann ist $\Gamma'$ negativ, d. h. es wird ein vollständig umgekehrtes Bild beobachtet. Bei $|\Gamma'|<1$ liegt Verkleinerung vor: „umgekehrtes Fernrohr". Mit der Brennweite $f'_{Ob}$ des ersten Systems (Objektiv) und $f'_{Ok}$ des zweiten Systems (Okular) ergibt sich

$$\Gamma'_{F\infty} = -\frac{f'_{Ob}}{f'_{Ok}} \tag{9.3.2}.$$

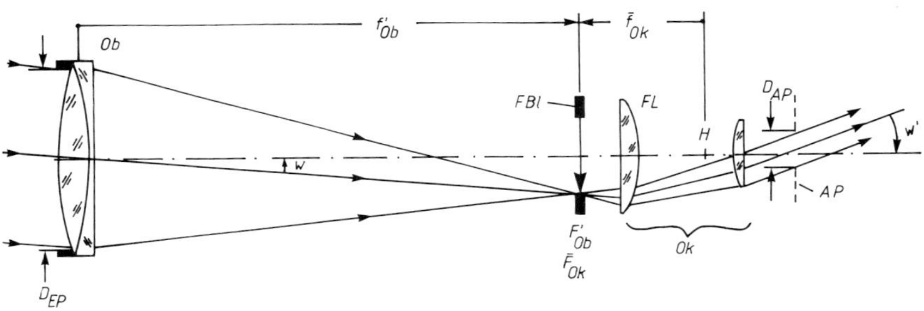


Bild 9.3.1 Aufbau eines Kepler-Fernrohrs

FBl = Feldblende in der Zwischenbildebene, FL = Feldlinse, Ob = Objektiv, Ok = Okular, $D_{EP}$, $D_{AP}$ = Durchmesser der Eintritts- bzw. Austrittspupille

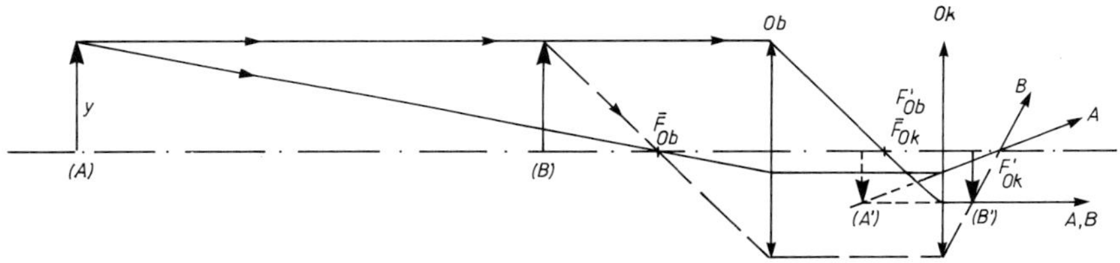


Bild 9.3.2 Zum konstanten Abbildungsmaßstab afokaler Systeme

(A), (B), = zwei Lagen des gleichen Gegenstandes y, (A'), (B') = zugehörige Bildlagen (virtuell bzw. reell)

Durch afokale Systeme werden weit entfernte Objekte wieder weit entfernt, aber mit der Vergrößerung $\Gamma'_{F\infty}$ abgebildet. Das einfachste afokale System (mit $\Gamma' = 1$) ist die Planplatte. Sie kommt ja „zusammengefaltet" in Form von Umkehrprismen häufig im Strahlengang von Fernrohren vor. Bildet ein afokales System ein in beliebigem Abstand (also auch kleinem Abstand im Endlichen) liegendes Objekt ab (Bild 9.3.2), so ergibt sich unabhängig von der Objektlage der *konstante Abbildungsmaßstab*

$$\beta' = -\frac{f'_{Ok}}{f'_{Ob}}, \quad \text{also} \quad \beta' = \frac{1}{\Gamma'_{F\infty}} \tag{9.3.3}$$

Dies ist eine sehr nützliche Eigenschaft afokaler Systeme. Wird z. B. einem Zielmikroskop ein afokales System vorgeschaltet, so kann eine Skala unabhängig von ihrer Entfernung mit konstanter Vergrößerung abgelesen werden.

Liegt der Gegenstand im Abstand $a_{Ob}$ vor dem Objektiv, so ergibt sich für den Abstand des Bildes vom Okular des afokalen Systems

$$a'_{Ok} = f'_{Ok}\left(1 + \frac{a_{Ob} \cdot f'_{Ok}}{f'^2_{Ob}} + \frac{f'_{Ok}}{f'_{Ob}}\right) \tag{9.3.4}$$

Allgemeiner ist an Stelle des Objektivs das erste, an Stelle des Okulars das zweite Glied des afokalen Systems zu setzen. Stets gilt für den Abstand der beiden Glieder

$$e = f'_{(1)} + f'_{(2)} \tag{9.3.5}$$

womit die Brennpunkte $F'_{(1)}$ und $\bar{F}_{(2)}$ zusammenfallen.

Gemäß Gl. (4.2.14) ergibt sich für den *Tiefenabbildungsmaßstab* $\alpha'$

$$\alpha' = \beta'^2, \quad \text{also auch} \quad \alpha' = \frac{1}{\Gamma'^2_{F\infty}} \tag{9.3.6}$$

Besitzt z. B. ein Beobachter eine Akkommodationsbreite von 4 dpt und blickt durch ein sechsfach vergrößerndes Fernrohr, so ist die mit der Akkommodation überbrückte Tiefe nur noch $4 : 6^2 = 1/9$ dpt, d. h. mit dem auf „Unendlich" scharf gestellten Fernrohr kann er bis auf 9 m heran scharf sehen, wenn er ohne Fernrohr bis auf 25 cm heran deutlich sehen kann. Ist das Fernrohr so eingestellt, daß es 10 m = 0,1 dpt entfernte Dinge im Unendlichen zeigt, so sieht derselbe Benutzer alles scharf bis auf 0,1 + 0,11 = 0,21 dpt entsprechend 4,75 m Abstand.

*Arten und Benennungen von Fernrohren* sind in DIN 58385 zusammengestellt. Dabei wird nach dem *Verwendungszweck* zwischen Fernrohren zum Beobachten von terrestrischen Objekten („Erdfernrohre"), zum Beobachten von astronomischen Objekten sowie Fernrohren für Sonderzwecke (Geodäsie, Meß- und Prüftechnik, Ziel- und Richtfernrohre) unterschieden. Bei der Unterteilung nach *Eigenschaften* wird vor allem zwischen monokularen und binokularen Fernrohren (hierzu gehören u. a. die Feldstecher als Doppelfernrohre mit zwei getrennten Strahlengängen) differenziert. Weiterhin kann die Bildlage zur Unterscheidung herangezogen werden: Fernrohre mit positivem Okular *(Kepler-Fernrohr)* ergeben ein umgekehrtes Bild (vor allem astronomische Fernrohre), während Erdbeobachtung und meist auch die Anwendung für Sonderzwecke ein aufrechtes Bild erfordern. Es entsteht direkt bei einem Fernrohr mit Negativ-Okular *(Galilei-Fernrohr);* bei Kepler-Fernrohren ist *Bildaufrichtung* durch reelle Zwischenabbildung mit einem Umkehrsystem (Vergrößerung der Baulänge) oder mit Spiegelsystemen bzw. Reflexionsprismen (Verkleinerung der Baulänge) notwendig.

Folgende *Kenngrößen für Beobachtungs- und Zielfernrohre* (DIN 58386 T. 1) werden angegeben: 1. Die *Fernrohrvergrößerung* $\Gamma'_{F\infty}$, die fest oder veränderlich ausgeführt sein kann, 2. der *Durchmesser der Eintrittspupille* $D_{EP}$, 3. das *Sehfeld* durch den Feldwinkel 2w in Grad oder den Felddurchmesser y bei angegebenem Abstand a, mit dem Zusammenhang $y/a = 2 \cdot \tan w$, 4. ggf. die *Dämmerungszahl Z* mit der Definition

$$Z = \sqrt{|\Gamma'_{F\infty}| \cdot D_{EP}} \qquad (9.3.7)$$

mit $D_{EP}$ in mm.

Beispiel: Die Angaben 8 × 30; 7,4° bedeuten $|\Gamma'_{F\infty}| = 8$, $D_{EP} = 30$ mm, sowie einen Sehfelddurchmesser von 129 m auf 1000 m Abstand. Als Dämmerungszahl ergibt sich dann Z = 15,5.

*Kepler-Fernrohre* werden für astronomische Beobachtung mit Linsenobjektiven („Refraktoren") oder Spiegelobjektiven („Reflektoren", „Spiegelteleskope") aufgebaut. Hochwertige Linsenobjektive (zweilinsige Achromate oder dreilinsige Apochromate) werden bei großem Durchmesser sehr schwer und teuer, das Fernrohr außerdem unhandlich lang. Man ersetzt die Objektive deshalb gern durch Hohlspiegel oder Anordnungen von mehreren Spiegeln. Dies ist auch bei Fernrohren für Erdbeobachtungen und technische Zwecke empfehlenswert, auch wegen des Wegfalls der Farbfehler. Folgende Kombinationen von Kugel-, Parabol- und Ellipsenspiegel sind klassisch; neuere Abwandlungen sind der Literatur zu entnehmen:

1. Nach *Newton* (Bild 9.3.3.b). Der Planspiegel knickt den Strahlengang des Parabolspiegels so, daß der Brennpunkt seitlich außen liegt. Das Rohr ist nicht wesentlich kürzer als die Brennweite des Spiegels.

2. Nach *Cassegrain* (Bild 9.3.3a). Der Konvexspiegel muß hyperbolisch sein; die Anlage liefert schon bei kurzer Baulänge eine hinreichende Brennweite, sie ist bei Spiegelobjektiven oft benutzt worden.

3. Die Anordnung von *Nasmyth,* aus 2 hervorgegangenen, bietet nichts wesentlich Neues. Die seitliche Anordnung des Okulars gestattet, das Rohr um die Okularachse zu schwenken, ohne daß der Beobachter seinen Platz ändert; die Annehmlichkeit, in der Fernrohrrichtung ohne weiteres auch mit bloßem Auge sehen zu können, ist für Erdziele wesentlich, für astronomische Arbeiten ohne Belang (Bild 9.3.3c).

4. Der Brachyt vermeidet die Unterbrechung der Eintrittspupille durch den vorgebauten Fangspiegel (Kreisring statt Kreisscheibe), indem der Hauptspiegel geneigt wird. Dadurch werden die Abbildungsfehler (meist Koma) im seitlichen Bildfeld schon in der Gesichtsfeldmitte sichtbar; durch Dezentrierung des Okulars können sie weitgehend kompensiert werden. Da diese Bildfehler auch von den restlichen Bearbeitungsfehlern des Spiegels abhängen, ist der Erfolg dieser Maß-

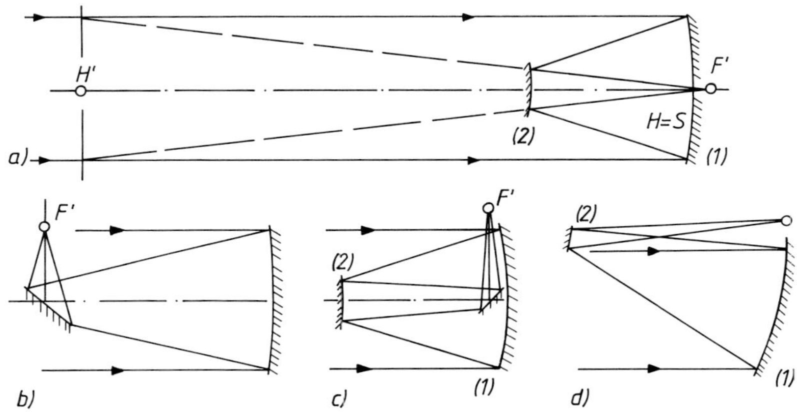


Bild 9.3.3 Grundkonstruktionen von Spiegelfernrohren

a) Anordnung nach Cassegrain. Hauptpunkt H im Scheitel S; bildseitiger Hauptpunkt H' weit vor dem System, b) Anordnung nach Newton, c) Anordnung nach Nasmyth, d) Brachyt

nahme von Fall zu Fall verschieden. Auch mit Kugelspiegeln kleiner Öffnung nicht zu empfehlen (Bild 9.3.3d).

Das *Galilei-Fernrohr* besitzt als Okular eine Negativlinse an Stelle eines Sammelsystems. Unter Berücksichtigung der Vorzeichen gelten die Fernrohr-Gleichungen. Da $f'_2$ negativ ist, ist die Vergrößerung positiv, das Bild also aufrecht und die Länge L kleiner als $f'_1$. Der Wegfall irgendeines Umkehrsystems erlaubt einen einfachen optischen Aufbau, geringe Lichtverluste und eine große Lichtstärke, auch im Hinblick auf den Durchmesser der Austrittspupille. Deshalb werden Galilei-Fernrohre nicht nur für Theatergläser, sondern auch für ausgesprochene Nachtgläser (Jagd, Seefahrt) benutzt. Mangels einer reellen Bildebene können keine Fadenkreuze usw. eingebaut werden. Auch ist die Austrittspupille nicht für das Auge zugänglich, sondern liegt im Innern des Fernrohrs (Bild 9.3.4) und wirkt als unscharf erscheinende Bildfeldbegrenzung.

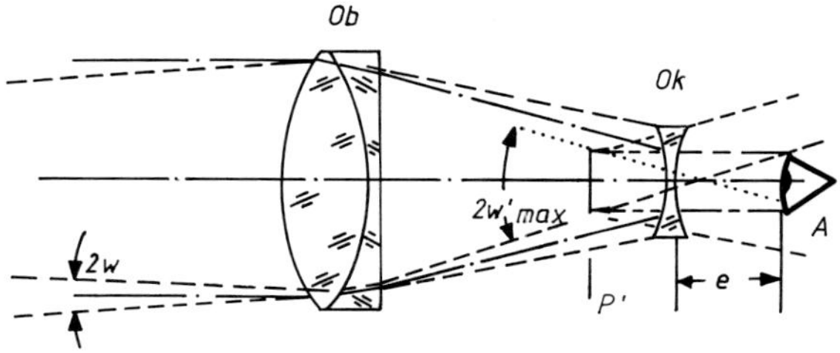


Bild 9.3.4 Galilei-Fernrohr

Ist e der Augenabstand von der Okularlinse, so ergibt sich der Feldwinkel 2w aus

$$\tan w = \frac{D_{EP}}{2\left(f'_{Ob} + f'_{Ok} - \dfrac{e \cdot f'_{Ob}}{f'_{Ok}}\right)} \tag{9.3.8}$$

wobei wegen der unscharfen Feldbegrenzung die Helligkeit am Rand auf die Hälfte abgefallen ist.

Beispiel: Das Galilei-Fernrohr in Bild 9.3.4 kann mit den folgenden Daten ausgeführt sein:

$r_1 = +43{,}75$
$r_2 = -40{,}4$ $\quad d_1 = 16$ mm, D = 48 mm, Glas K 4 (519574),
$r_3 = -525$ $\quad d_2 = 2$ mm, D = 48 mm, Glas F 2 (620364),
$r_4 = -27{,}6$ $\quad l_1 = 54$ mm, Luft,
$r_5 = +27{,}6$ $\quad d_3 = 2$ mm, D = 16 mm, Glas K 4 (519574).

Vergrößerung: $\Gamma' = +3{,}5$.

Galilei-Fernrohre werden vom Rechner als Ganzes korrigiert; da das Okular meist eine einfache Linse ist, weist das Objektiv restliche Farbfehler auf. Vergrößerungen über vierfach sind selten, weil dann das Gesichtsfeld zu klein wird; mit den oben angegebenen Daten erhält man $f'_{Ob} \approx 93$ mm, $f'_{Ok} \approx 26$ mm, und für $D_{EP} = 44$ mm, e = 20 mm erhält man aus Gl. (9.3.8) als Feldwinkel 2w = 18°.

Bis zu etwa zweifacher Vergrößerung kann das Fernrohr bei mäßigem Gesichtsfeld aus zwei einfachen Linsen verschiedener Glasart zusammengesetzt sein. Wegen seines kurzen Aufbaues kann es dann als Vorsatzglied zur stufenweisen Veränderung der Vergrößerung anderer Systeme benutzt werden (Bild 9.3.5).

Werden größere Bildwinkel und hohe Schärfe verlangt, z. B. für Photo- oder Kinoaufnahmen, so müssen Objektiv und Okular aus mehreren Linsen bestehen.

Abweichungen vom normalen Aufbau, etwa verschiebbare Zwischenlinsen zur Scharfeinstellung, kommen auch bei Theater- und Sportgläsern gelegentlich vor. Die Anordnung zweier Systeme für beide Augen ist die Regel; die Scharfstellung geschieht für beide gleichzeitig durch Mitteltrieb, eine Knickbrücke gestattet Anpassung an verschiedene Augenabstände.

Bei *Erdfernrohren* ist *Bildaufrichtung* durch Prismen- oder Linsenanordnungen notwendig, soweit nicht Galilei-Fernrohre verwendet werden:

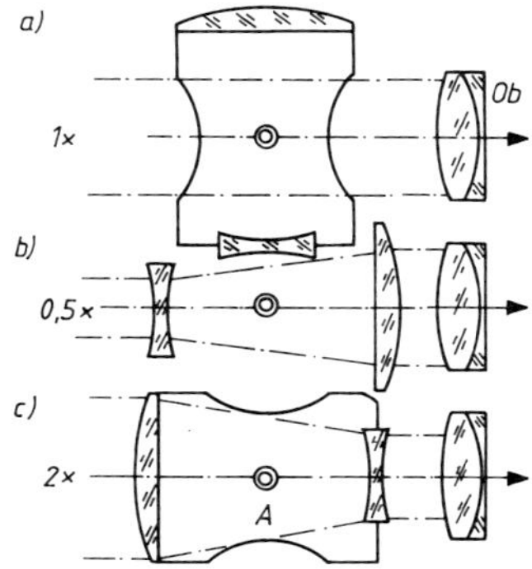


Bild 9.3.5 Vorsatz-Galilei-Fernrohr zur stufenweise veränderlichen Vergrößerung

A = Drehachse
a) Vorsatz ausgeschaltet, keine Vergrößerungsänderung,
b) „umgekehrtes Galilei-Fernrohr“: Verkleinerung,
c) Vergrößerung durch Fernrohr vor dem Objektiv Ob

1. *Bildaufrichtung durch Prismensätze:* Überwiegend werden Porro-Prismen erster Art benutzt, da sie eine wesentliche Kürzung der Baulänge gestatten: der übliche Prismenfeldstecher (Bild 5.7.12b). Bei doppelter Anlage für beide Augen ist der Objektivabstand durch die Achsenversetzung in den Prismen so vergrößert, daß das Raumwahrnehmungsvermögen im Verhältnis der Abstände von Eintritts- zu Austrittspupillen erhöht wird. Vergrößerung $\Gamma'$ und Eintrittspupille $D_{EP}$ werden so abgestimmt, daß $D_{AP} = D_{EP}/\Gamma'$ bei ausschließlich am Tage benutzten Gläsern mindestens 3 mm, bei ausgesprochenen Nachtgläsern wenigstens 8 mm beträgt. Im Mittel sind 5–7 mm üblich. Zur Einstellung auf nicht im „Unendlichen" befindliche Dinge und zum Ausgleich der Fehlsichtigkeit des Benutzers innerhalb etwa ± 6 dpt sind entweder beide Okulare mit „Mitteltrieb" gemeinsam und zusätzlich eines allein verstellbar oder beide Okulare getrennt. Ist $f_{Ok}$ die Okularbrennweite, so muß die Verstellung für ± z Dioptrien etwa $\pm f'^2_{Ok} \cdot z/1000$ mm (f' in Millimeter) betragen. Gern bringt man am Umfang des Okulars eine Skala an, die in Dioptrien geteilt ist; für $f_{Ok} = 20$ mm und $z = \pm 6$ dpt ergibt sich etwa ± 2,4 mm; damit diese Verstellung innerhalb einer Umdrehung des Okulars vor sich geht, muß dieses ein Gewinde von 5, besser 6 mm Steigung haben.

Zur Anpassung an verschiedene Augenabstände weisen die Verbindungsbrücken beider Glashälften ein Gelenk auf („Knickbrücke"), dessen Achse mit den optischen Achsen auf der Objektiv- und auf der Okularseite innerhalb von $^1/_2{}^c$ etwa parallel laufen muß; größere Beträge werden vom Benutzer störend vermerkt oder führen bei längerer Benutzung des Fernrohrs zu Beschwerden wie Kopfschmerzen usw. Derselbe Toleranzbetrag gilt etwa auch für die Mängel in der Bildaufrichtung, durch Fertigungsfehler der Prismen bedingt; die Verdrehung der Teilbilder gegeneinander soll innerhalb höchstens 1° bleiben.

Gelegentlich werden auch Prismen nach König oder Amici (Bild 5.7.11a, b) benutzt; die Fernrohre sind länger, aber schlanker, die Lichtverluste ein wenig geringer. Da das Prisma nach Amici Astigmatismus verursacht, muß es außerhalb des Raumes zwischen Okular und Objektiv angebracht werden. Für moderne, kompakt gebaute Feldstecher mit schlankem Gehäuse (Objektivabstand = Okularabstand) werden jedoch vor allem *Dachkant-Umkehrsysteme* nach Pechan-Schmidt und Uppendahl (Bild 5.7.11c, d) eingesetzt. Durch Aufspaltung des verkitteten Objektiv-Achromaten in eine Positiv- und eine Negativlinse mit Luftabstand entsteht ein *Teleobjektiv* (Hauptpunkt H' vor dem System, Abschn. 11.5), so daß die Baulänge verkürzt wird. Damit Brillenträger das gesamte Sehfeld überblicken können, wird die Austrittspupille etwa 15 mm hinter den letzten Linsenscheitel des Okulars gelegt (normal 8–10 mm); bei Beobachtern ohne Brille sorgt dann eine ausstülpbare Gummimuschel für den richtigen Augenabstand vom Okular. Durch *Innenfokussierung* (Verschiebung einer inneren Okularlinsengruppe) wird ein staubdichtes, in seinen äußeren Abmessungen konstantes Gehäuse erreicht.

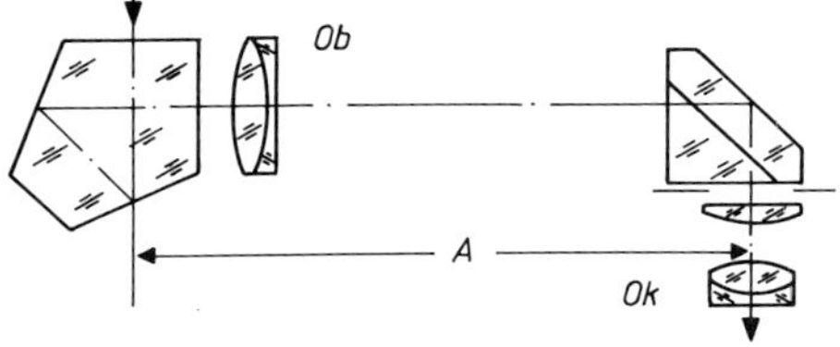


Bild 9.3.6 Fernrohr mit Bildaufrichtung und Versetzung A zwischen Objektiv- und Okularachse

Wenn ein Fernrohr eine erhebliche Achsversetzung A (Bild 9.3.6) aufweisen soll, um z. B. bei Doppelfernrohren die „Plastik“ zu erhöhen oder um Hindernisse herum zu sehen, kann je ein um 90° knickendes Prisma vor dem Objektiv und nahe dem Okular vorgesehen werden, wovon eines ein Pentagon-, das andere (zweckmäßig das kleinere von beiden!) ein Dachkantprisma sein muß. Bei einem *Rundblick-Fernrohr* (Bild 9.3.7) kann der Kopf RK um den Azimutwinkel von 360° gedreht werden. Damit aufrechte Bildlage erhalten bleibt, muß ein einseitig umkehrendes Prisma P mit der halben Winkelgeschwindigkeit des Kopfes umlaufen („Derotation“). Die Zusammenfassung von Objektiv Ob und Strichplatte M (Zielmarke) im Kopf (d. h. Derotator P erst nach der Strichplatte) vermeidet Winkel-Einstellfehler (z. B. [H 9.5.4]).

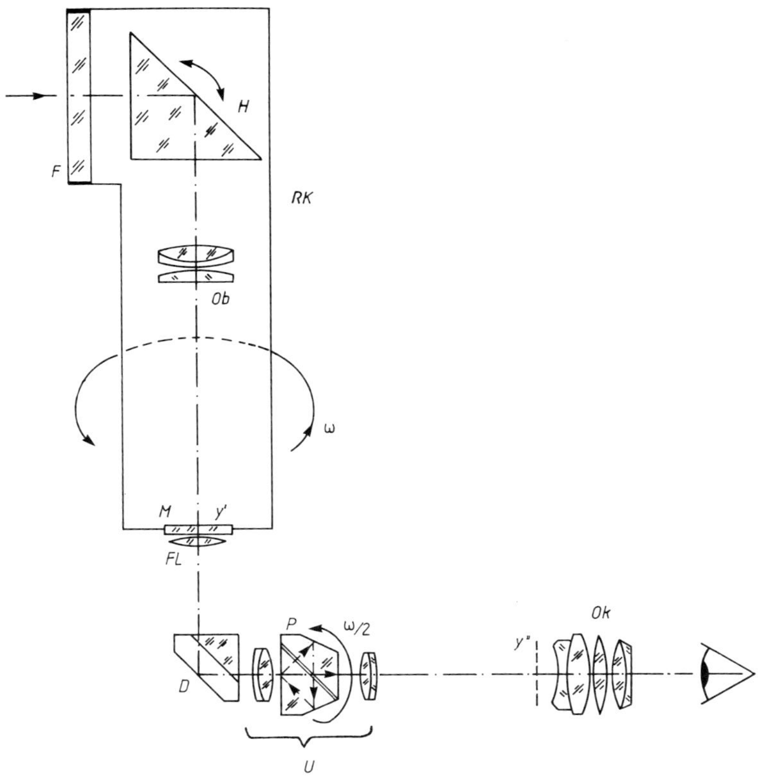


Bild 9.3.7 Rundblickfernrohr

RK = 360°-Rundblickkopf, Drehung um vertikale Achse mit Winkelgeschw. ω, mit Fenster F, Prisma H zur Höhenänderung (Schwenkung um horiz. Achse), Objektiv Ob, Strichplatte M mit Zwischenbild y'; FL = Feldlinse, D = Dachkantprisma, U = Umkehrsystem, P = Schmidt-Pechan-Prisma zur Derotation (Drehung mit ω/2, Ok = Okular)

Ein Doppelfernrohr mit erheblicher Achsversetzung kann so gebaut werden, daß der Abstand der Eintrittspupillen das $\Gamma'$fache des Augenabstandes beträgt. Dann ist der körperliche Eindruck infolge des beidäugigen Sehens für einen einzelnen Gegenstand derselbe wie bei der Betrachtung aus $1/\Gamma'$ des Abstandes mit bloßem Auge. Für in der Tiefe gestaffelte Objekte sind die Sehwinkel zwischen seinen einzelnen Teilen bei Fernrohrbeobachtung aber kleiner, so daß ein kulissenhafter Eindruck entsteht, der erst verschwindet, wenn sich die Abstände der Ein- und Austrittspupillen wie das Quadrat von $\Gamma'$ verhalten. Siehe dazu die Beziehung zum Tiefenabbildungsmaßstab.

Bei der Auswahl der Objektive ist die sphärische Überkorrektion der als Planplatte wirkenden Prismen zu beachten, natürlich nur, soweit sie zwischen Objektiv und Gesichtsfeldblende liegen.

2. *Bildaufrichtung durch Linsen:* Zwischen Objektiv und Okular wird eine Zwischenabbildung durch ein *„Umkehrsystem"* eingeführt („terrestrisches Fernrohr"), so daß das Rohr erheblich länger wird; daher das „teleskopartig" aus mehreren ineinander schiebbaren Rohren bestehende Gehäuse der „Auszugsfernrohre" (Bild 7.2.2). Die Vergrößerung kann durch das Umkehrsystem geändert werden; in jedem Fall gilt die Beziehung zwischen Vergrößerung und Pupillendurchmessern nach Gl. (9.3.1). Bildet das Umkehrsystem das vom Objektiv entworfene Zwischenbild mit dem Abbildungsmaßstab $\beta'_U$ ab, so ergibt sich für die Fernrohrvergrößerung

$$\Gamma'_{F\infty} = -\frac{f'_{Ob}}{f'_{Ok}} \cdot \beta'_U \qquad (9.3.9).$$

Das Umkehrsystem besteht oft aus zwei gleichen Plankonvexlinsen, die zur Behebung des Farbvergrößerungsfehlers (Abschn. 4.4) im Abstand ihrer Brennweite angeordnet sind, so daß $e = f'_{(1)} = f'_{(2)} = f'_U$ gilt, mit $f'_U$ = Brennweite des gesamten Umkehrsystems. Bei Einstellung auf $\beta'_U = -1$ gilt dann für die Baulänge l grob

$$l = f'_{Ob} + f'_{Ok} + 3 \cdot f'_U.$$

Bild 9.3.8 zeigt ein solches Fernrohr.

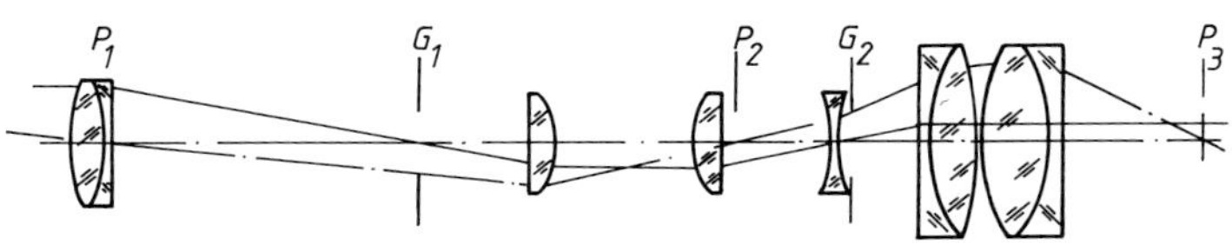


Bild 9.3.8 Zielfernrohr mit Umkehrsystem

Für höhere Ansprüche muß das Umkehrsystem aus Achromaten bestehen, wobei die Abstandsbedingung wegfällt.

Durch Verschieben des Umkehrsystems kann die Vergrößerung geändert werden („pankratische Fernrohre" [L 9.3.13]). Man kann zwei Wege einschlagen: entweder wird das Umkehrsystem zwischen zwei Endlagen verschoben, so daß in der einen die Vergrößerung um den Faktor m, in der anderen um 1/m verändert wird; in den Zwischenstellungen ist das Bild unscharf. Oder man sieht eine hinreichende Okularverstellung vor, so daß auch in den Zwischenstellungen des Umkehrsystems das Bild scharf gesehen werden kann. Ist z.B. $\beta' = -2$ oder $\beta' = -0{,}5$, so ist nach Gl. (4.2.13) $OO' = 4{,}5 \cdot f'_U + HH'$; für $\beta' = -1$ gilt aber $OO' = 4 \cdot f'_U + HH'$. Für eine Änderung der Fernrohrvergrößerung um den Faktor 4 braucht das Okular also nur um $f'_U/2$ verstellt zu werden; zusätzlich kommt noch die Verstellung für nicht im „Unendlichen" liegende Dinge sowie für fehlsichtige Benutzer dazu.

In eine der beiden Bildebenen kann ein Fadenkreuz o.dgl. eingesetzt werden; man bevorzugt die dem Objektiv benachbarte, wenn eine Ausrichtung des Fernrohrs gegenüber einer festen Richtung erforderlich ist, weil dann die Übereinstimmung nicht auch vom Umkehrsystem abhängt.

Oft wird ein besonders großer Abstand zwischen Okular und Auge verlangt, z. B. bei Jagdzielfernrohren, einmal, um durch den Rückstoß ein Anprallen des Fernrohrs an das Auge zu verhindern, und dann, um die Okularlinse winkelmäßig größer als alle anderen Fernrohrteile, ihre Fassung aber möglichst schmal erscheinen zu lassen, damit der Blick am Fernrohr vorbei nicht unnötig verdeckt wird. Manchmal wird dann eine Negativlinse als Feldlinse im Okular vorgesehen, die die Austrittspupille weit hinaus verlegt und außerdem die Bildfeldwölbung günstig beeinflußt. Gelegentlich werden solche Fernrohre mit der Vergrößerung $\Gamma' = 1$ gebaut; sie haben nur den Zweck, die im ersten Zwischenbild befindliche Zielmarke („Zielstachel") im „Unendlichen" zu zeigen und die beim Zielen über Kimme und Korn stark beanspruchte Akkommodation auszuschalten. Das Bild dieser Fernrohre paßt sich lückenlos der Umgebung an. Für Nachtzielfernrohre ist eine ausreichende Vergrößerung und Pupille vorzusehen.

Bei Fernrohren mit Bildumkehr durch Linsen ist das Objektiv sphärisch vollständig zu korrigieren.

Gelegentlich wird der Zusammenbau des Umkehrsystems mit einem Okular als *„terrestrisches Okular"* bezeichnet, insbesondere bei Fernrohren mittlerer Größe, die sowohl für Erdziele wie für astronomische Beobachtungen benutzt und meist mit mehreren Okularen verschiedener Bauart und Vergrößerung ausgestattet werden.

3. *Bildaufrichtung durch Spiegel:* Wird bei dem Spiegelsystem nach Gregory (Bild 9.3.9) das vom Hauptspiegel („Objektiv") entworfene Bild durch einen elliptischen Fangspiegel („Umkehrsystem") reell abgebildet, so ergibt sich ebenfalls Bildaufrichtung. Wegen der möglichen Vergrößerung des zweiten Zwischenbildes gegenüber dem ersten ($|\beta'_U| > 1$) ergibt sich große Brennweite bei kleiner Baulänge; es ist aber ein großer Durchmesser des Hauptspiegels erforderlich.

Mit Prismen können *linsenlose Fernrohre* aufgebaut werden:

Es ist möglich, zwei brechende Prismen so in einen Strahlengang zu setzen, daß der Durchmesser des (telezentrischen) Strahlenbündels verringert wird, also eine Fernrohrwirkung eintreten muß

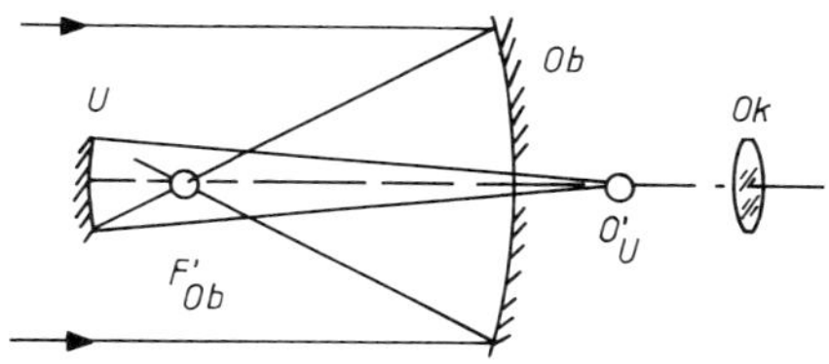


Bild 9.3.9 Spiegelteleskop nach Gregory
Der elliptische Fangspiegel wirkt als Umkehrsystem U

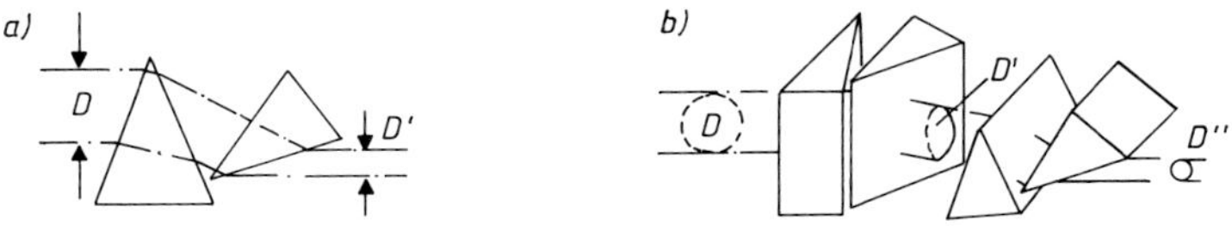


Bild 9.3.10 Fernrohrwirkung durch Prismen

a) Prinzipdarstellung in einer Ebene, b) Fernrohr mit elliptischer Zwischenpupille D′

(Bild 9.3.10a). Für den um 90° versetzten Schnitt ist dann eine zweite Prismenanordnung gleicher Art erforderlich (Bild 9.3.10b). Durch gleichzeitiges Schwenken der Prismen kann die Vergrößerung $\Gamma'$ stetig geändert werden.

Technische Verwendung hat dieses Fernrohr nach Brewster bei Breitfilm-Verfahren gefunden.

## Literaturhinweise

L 9.3.1 *Eggert, J.; Rosenbruch, K.-J.:* Vergleich der visuell und der photoelektrisch gemessenen Abbildungsgüte von Fernrohren. Optik *48* (1977) No. 5, 439–450

L 9.3.2 *McDowell, M. W.; Bouwer, H. K.; Frazer, W.; Diering, R. L.; Wojtowicz, T.; Martin, S.:* Optical properties of some 8 × 30 binoculars. Optik *53* (1979) No. 3, 203–217

L 9.3.3 *Meinel, A. B.:* Astronomical Telescopes. LÜ1 Vol. V/6

L 9.3.4 *Baron, H.:* Neuere Entwicklungen auf dem Sektor der Prismenfernrohre. Jahrb. f. Optik und Feinmechanik 1972, 69–80

L 9.3.5 *Zarm, H.:* Konstruktionstafeln für den Entwurf anallaktischer Fernrohre. Jahrb. f. Optik u. Feinmechanik 1975, 69–81

L 9.3.6 *Zarm, H.:* Grundlagen und Technologie der automatischen Horizontierung. Jahrb. f. Optik u. Feinmechanik 1977, 152–169

L 9.3.7 *Bahner, K.:* Teleskope; in: Handbuch Band 29, LÜ13

L 9.3.8 *König, A.; Köhler, H.:* Die Fernrohre und Entfernungsmesser. Springer, Berlin, Göttingen, Heidelberg 1959

L 9.3.9 *Riekher, R.:* Fernrohre und ihre Meister. VEB Verlag Technik Berlin 1957

L 9.3.10 DIN 58385 Fernrohre; Arten, Benennungen

L 9.3.11 DIN 58386 Fernrohre
T 1 Optische Kenngrößen für Beobachtungs- und Zielfernrohre
T 2 Optische Kenngrößen für Prüffernrohre

L 9.3.12 DIN 58388 Fernrohre; Bestimmung der optischen Kenngrößen

L 9.3.13 *Slevogt, H.:* Optik *13* (1956), S. 560

## Beispiele für Hersteller bzw. Lieferanten

H 9.3.1 *Dr. Johannes Heidenhain GmbH,* Nansenstr. 17, Traunreut: Astronomische Fernrohre, Astrooptik

H 9.3.2 *Carl Zeiss, Oberkochen:* Rechnergesteuertes Turmzielfernrohr, Röntgenteleskope. Astronomische Fernrohre, Ferngläser, Zielfernrohre, Astronomische Optik bis 4 m Durchmesser.

H 9.3.3 *Ernst Leitz Wetzlar GmbH,* Wetzlar: Ferngläser

H 9.3.4 *Hartmann-Optik Wetzlar OHG,* Wetzlar: Ferngläser

H 9.3.5 *Hertel & Reuss,* Quellhofstr. 67, Kassel: Teleskope, Ferngläser, Zielfernrohre

H 9.3.6 *Celestron Deutschland Dr. Vehrenberg KG,* Schillerstr. 17, Düsseldorf: Astro-Objektive

H 9.3.7 *Steiner-Optik GmbH,* Dr.-Hans-Frisch-Str. 9, Bayreuth: Ferngläser
H 9.3.8 *F. W. Breithaupt & Sohn,* Adolfstr. 13, Kassel: Geodätische Instrumente
H 9.3.9 *B. Halle Nachfl.,* Hubertusstr. 10, Berlin 41: Optik f. Astro-Teleskope, Telesk. f. Laserstrahl-Aufweitung
H 9.3.10 *Wild Heerbrugg AG,* CH, über Ernst Leitz KG, Wetzlar: Vermessungsinstrumente
H 9.3.11 *Kern & Co AG,* Aarau, CH: Vermessungsinstrumente

## 9.4 Objektive und Okulare für Fernrohre

1. *Fernrohrobjektive.* a) Achromate. Als Objektive für Prismenfeldstecher kann man von den einschlägigen optischen Werken aus zwei Linsen verkittete Objektive erhalten, die hinsichtlich Sinusbedingung und weitgehend auf Farbe und sphärische Aberration korrigiert sind; letzteres im Zusammenhang mit dem Glasweg in den Bildumkehrprismen, die als 80–100 mm dicke Platte aufzufassen sind. Ohne sie sind die Objektive um einige Promille der Brennweite chromatisch und sphärisch unterkorrigiert. Die Zonenfehler liegen je nach den benutzten Glasarten unter 1–2‰; die Öffnungsverhältnisse um 1 : 4 herum. Der Durchmesser kann aus den Daten der handelsüblichen Feldstecher entnommen werden; ein Prismenglas 6 × 30 z. B. hat also ein Objektiv von etwa 32 mm Durchmesser (Zuschlag für die Fassung!) und rund 120 mm Brennweite. Weitere übliche Durchmesser sind etwa 25, 40, 50, 60, 80 mm, die Brennweiten jeweils das rund Vierfache.

Für Fernrohre anderer Bauart, insbesondere Handfernrohre, Zielfernrohre, die ein anderes Umkehrsystem haben, gibt es Achromate auch mit vollständig behobener sphärischer Aberration bei verminderten Lichtstärken und Zonenfehlern. Die Auswahl hinsichtlich der Brennweiten ist wesentlich geringer. Viele optische Werke stellen sie für ihren Eigenbedarf in Prüfgeräten her und geben einzelne Stücke, aber auch auf Bestellung gefertigte Serien ab.

Objektive für Galilei-Ferngläser, d. h. Jagd- und Theatergläser, sind zusammen mit dem Okular korrigiert; sie haben einen restlichen negativen Farbfehler, der etwa einem ν-Wert von 200 entspricht, d. h. einem Drittel bis Viertel von dem einer einfachen Linse, und auch sphärische Restfehler von etwa 1% der Brennweite. Durchmesser 30–60 mm, Öffnungsverhältnis 1 : 3–1 : 4. Wegen ihrer Preiswürdigkeit oft dort gut brauchbar, wo Vollachromate zu teuer und nicht erforderlich, gewöhnliche Linsen in ihrer Leistung aber ungenügend sind.

b) Apochromate. Für astronomische Fernrohre, lang gebaute Hand- und Aussichtsfernrohre, Justiergeräte, Spektralapparate sind von deren Herstellern – oft offiziell in den Listen als einzeln käuflich geführt – zweilinsige Objektive aus Sondergläsern (wichtiger Bestandteil: Kurzflint) erhältlich, die ein vermindertes sekundäres Spektrum haben, also Halbapochromate darstellen. Öffnungsverhältnis 1 : 8–1 : 12, Durchmesser von etwa 30 mm ab, Brennweiten ab 25 cm. Systeme über etwa 60–70 mm Durchmesser sind nicht mehr verkittet, da große Kittflächen der verhältnismäßig hohen Präzision dieser Objektive Abbruch tun können. Die beiden Linsen sitzen in einer verschraubten Fassung, wobei zwischen ihnen ein Luftraum von einigen hundertstel Millimetern durch Stanniolzwischenlagen eingehalten wird. Diese kleinen – meist drei – Stanniolstückchen dürfen nicht entfernt werden! In dieser Ausführung sind Objektive bis etwa 2 m Brennweite zu haben, die als hochwertige Präzisionsgeräte entsprechend teuer sind. Für

Kollimatoren und ähnliche Justier- und Meßgeräte zu benutzen, wenn Achromate nicht ausreichen; die sphärische Korrektion ist für eine Farbe vollkommen, für eine zweite mindestens annähernd durchgeführt; die Zonen auch hinsichtlich der Sinusbedingung sind unmerklich. Gut ausgeführte und einwandfrei gefaßte Objektive dieser Art rechnen zu den „vollkommenen" Systemen.

Voll-Apochromate sind dreilinsig, nur zum Teil oder überhaupt nicht verkittet, werden nur in Fassung geliefert und sind entsprechend teuer. Öffnungsverhältnis 1 : 12 bis 1 : 18, Durchmesser ab 30 mm; sie haben nur Sinn, wenn eine wirklich vollkommene (Restfehler um 0,1‰) Farbenvereinigung über das ganze Spektrum hinweg erforderlich ist, z. B. in Spektralapparaten für sehr genaue Messungen, astronomische Zwecke usw., für Justiergeräte, wo die Farbe eine Rolle spielt, z. B. Strahlenteilprismen für Farbfilm. Da sich der Farbfehler der Brennweite (Farbvergrößerungsfehler) bei streng behobenem Farbfehler der Schnittweiten nicht restlos beseitigen läßt, müssen solche Objektive bei hohen Ansprüchen an Farbreinheit der Bilder mit Kompensationsokularen benutzt werden. Die Bildwölbung dieser Objektive ist beträchtlich, der Radius der Bildschale beträgt rund 1,3 bis 1,5 f'.
In diesem Zusammenhang ist an die Spiegelobjektive für astronomische und andere Zwecke zu erinnern, die serienmäßig nicht hergestellt werden und also nicht ohne weiteres zu haben sind.

Alle diese Fernobjektive sind ausnahmslos für die Abbildung unendlich ferner, auf der optischen Achse liegender Dinge verhältnismäßig kleiner Ausdehnung korrigiert, deren Bild im jenseitigen Brennpunkt liegt. Natürlich kann man den Strahlengang umkehren und den im Brennpunkt befindlichen Gegenstand in sehr großer Entfernung abbilden. Abweichungen hiervon sind zulässig; ihr Ausmaß hängt von den zugestandenen Abbildungsfehlern ab, die dann eintreten. Abbildungsmaßstäbe 100 : 1 sind fast immer, 10 : 1 bei Achromaten meist zulässig.

2. *Okulare* („Augenstücke"), bilden in optischen Anordnungen das Schlußglied. Sie sind grundsätzlich Lupen und werden nach der Vergrößerung bezeichnet; es ist nach Gl. (9.1.3) $f' = 250\,\text{mm}/\Gamma'_L$. In der Regel sind die optische Anlage und eine im Brennpunkt befindliche Gesichtsfeldblende zu einem Ganzen in einer Fassung vereinigt; der augenseitige Brennpunkt muß nahe der Augenpupille liegen, also wenigstens 10 mm Abstand vom letzten Linsenscheitel haben, und wird gelegentlich aus Gründen der Fehlerbegrenzung oder auch nur wegen des leichteren Auffindens durch eine Aperturblende gekennzeichnet. Einheitliche Gewinde oder Fassungsdurchmesser gestatten leichten Austausch gegeneinander. Außer der Vergrößerung ist das Gesichtsfeld wesentlich, d. h. der Winkel, unter dem die Gesichtsfeldblende dem Auge erscheint.

Bei der Berechnung der Okulare wird durchweg vorausgesetzt, daß die Austrittspupille als Bild der vorhergehenden Pupille des Gerätes erscheint und daß sie einen gewissen Durchmesser nicht überschreitet; bei Mikrookularen etwa 3 mm, bei Feldstechern 4–5 mm, in Sonderfällen 7–10 mm, an Ablesemikroskopen, Spektroskopen oft nur 1–2 mm. Die freie Öffnung der Okulare läßt aber mit Rücksicht auf den Bildwinkel eine wesentlich größere Austrittspupille zu, für die indessen keinerlei Fehlerbehebung vorhanden ist; man lasse sich nicht zur Ausnutzung dieser vollen Öffnung verleiten, insbesondere dann nicht, wenn im Gesichtsfeld deutlich zu erkennende Strichplatten oder Fadenkreuze vorhanden sind. So kann z. B. ein zehnfaches Mikrookular nicht in einem Fernrohr mit einem Objektiv 1 : 4 benutzt werden; die Austrittspupille würde 6 mm groß sein, was für ein solches Okular zuviel ist. Undeutliche Bilder, falsche Ablesungen auf der Strichplatte beim seitlichen Hineinblicken wären die Folge. Vielmehr ist in diesem Fall ein Okulartyp zu benutzen, der für eine Austrittspupille von 6 bis 8 mm geeignet ist.

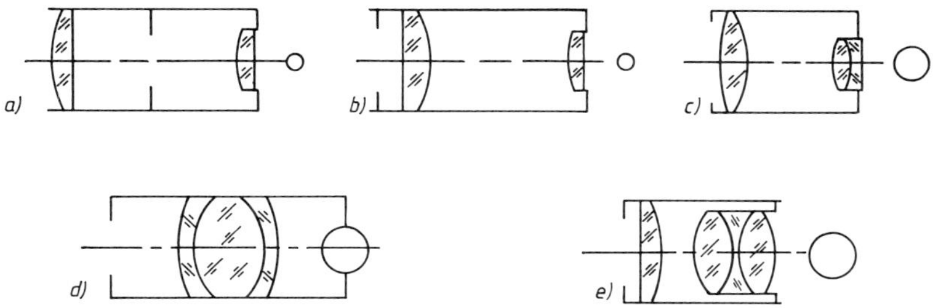


Bild 9.4.1 Grundformen von Okularen

(Der Kreis gibt jeweils Lage und Größe der Austrittspupille an) a) Huygens-Okular, b) Ramsden-Okular, c) Kellner-Okular, d) Monozentrisches Okular mit Blende am Ort der Austrittspupille, e) Orthoskopisches Okular

Folgende Okularformen sind klassisch (Bild 9.4.1):

1. Huygens-Okular. Zwei Plankonvexlinsen; Farbvergrößerungsfehler gebessert. Vorteil: Gesichtsfeldblende im Innern; daran angebrachte Teile, wie Skalen, Fadenkreuze, Spalte, Schraubenmikrometer, sind vor Staub und Zugriff geschützt. Nachteil: Die dem Auge abgewandte „Feldlinse" ändert die Größe des Bildes in der Gesichtsfeldblende, so daß eine Umrechnung von Meßwerten notwendig ist; Skalen müssen von Fall zu Fall geeicht werden. Verhältnis von Austrittspupille zu Brennweite bis etwa 1 : 15. Für Mikroskope überwiegend benutzt; übliche Vergrößerungen: 4-, 5-, 6-, 7,5-, 10-, 12,5-, 20fach.

2. Kompensationsokulare für Mikroskope und astronomische Fernrohre haben eine verkittete Augenlinse, ähneln aber sonst den Huygens-Okularen. Sie weisen einen Farbfehler auf, der den Farbvergrößerungsfehler des Objektivs, vor allem mancher Apochromate, ausgleicht. Gleichzeitig dienen sie der Gesichtsfeldebnung. Daraus geht hervor, daß sie nur mit den zu ihnen gehörigen Objektiven benutzt werden sollten; sie leisten wegen ihrer besseren Korrektion aber auch in anderen Fällen gute Dienste, da ihr Bildfeld meist etwas größer ist.

3. Ramsden-Okular. Optische Anlage wie unter 1, aber die Gesichtsfeldblende liegt außen, ist also zugänglich. Vorteile: Beim Wechsel des Okulars können im Gesichtsfeld befindliche Einrichtungen am Gerät verbleiben, z. B. Trennkanten bei Photometern, Vergleichsmikroskopen; die vom vorhergehenden System entworfene Bildgröße bleibt unverändert. Strichplatten brauchen nicht besonders geeicht zu werden.

4. Kellner-Okular. Durch Verkitten der Augenlinse chromatisch und sphärisch gebessert und für größere Bildwinkel und größere Pupillen brauchbar (bis 1 : 4). In Prismenfeldstechern allgemein benutzt; übliche Brennweiten 12–40 mm.

5. Monozentrisches Okular. Eine verkittete Linse, gleichzeitig Augen- und Feldlinse. Deshalb weitgehend frei von Reflexen; wird für starke Vergrößerungen und für sehr lichtschwache oder kontrastlose Objekte in der Astronomie und bei ähnlichen Arbeiten benutzt. Für mittlere bis große Austrittspupille, an deren Ort zweckmäßig eine Blende sitzt.

6. Orthoskopische Okulare, bestehend aus vier bis fünf gruppenweise verkitteten Linsen – mehrere Arten sind möglich –, sind weitgehend verzeichnungsfrei und für große Pupillen und Bildwinkel benutzbar. Natürlich sind sie dem Aufwand entsprechend teuer, ihre Benutzung nur in Sonderfällen nötig, z. B. bei Meßgeräten, die bei schlechter Beleuchtung benutzt werden.

7. Weitwinkelokulare bieten Gesichtsfelder bis 70°, das freilich nur ausgenutzt werden kann, wenn das vom vorhergehenden System entworfene Bild hinreichend eben ist, sonst sind am Rande des

Gesichtsfeldes erscheinende Dinge nur wahrnehmbar, nicht erkennbar. Hochwertige Feldstecher enthalten sie.

Moderne Okulare bieten Bildwinkel bis 70° und mehr, sind über die volle Öffnung sphärisch korrigiert und somit als Lupe brauchbar (z. B. zur Betrachtung von Leuchtschirmen an Bildwandlern) und haben acht und mehr Linsen.

8. Galilei-Okulare stellen keine sammelnden, sondern streuende Systeme dar; sie bestehen meist nur aus einer bikonkaven Linse. Da sie keine reelle Austrittspupille entwerfen können, hängt die Gesichtsfeldgröße vom Öffnungsverhältnis des vorhergehenden Systems und vom Augenabstand ab. In Galilei-Fernrohren sind sie mit dem Objektiv zusammen berechnet. Man benutzt sie auch gelegentlich in der Astro- und Mikrofotografie, da sie wegen ihrer negativen Brennweite positive Fehler, insbesondere Bildfeldwölbung, einführen, so daß das entworfene Bild zumindest geebneter wird. In diesem Fall werden sie chromatisch korrigiert. In Systemen für die Projektion von Skalen sind sie oft recht gut brauchbar, da sie außerdem den Vorteil haben, den Aufbau zu verkürzen, und zwar um die doppelte Okularbrennweite gegenüber einem anderen, z. B. Kellnerschen oder monozentrischen Okular. Nur das Huygensche Okular besitzt den gleichen Vorteil in kleinem Ausmaß (Bild 9.4.2).

Außerdem findet – das ist oft ein Vorteil – keine Bildumkehr statt; das Bild erscheint also um 180° verdreht gegenüber dem mit einem sammelnden Okular betrachteten.

Bei allen Okularen, die mit Strichplatte oder Fadenkreuz benutzt werden oder außer der Gesichtsfeldblende eine Trennkante, einen Spalt oder dgl. scharf zeigen sollen, ist die Augenlinse zur Anpassung an die Fehlsichtigkeit des Beobachters und zur genauen Scharfstellung verstellbar (Abschn. 9.3).

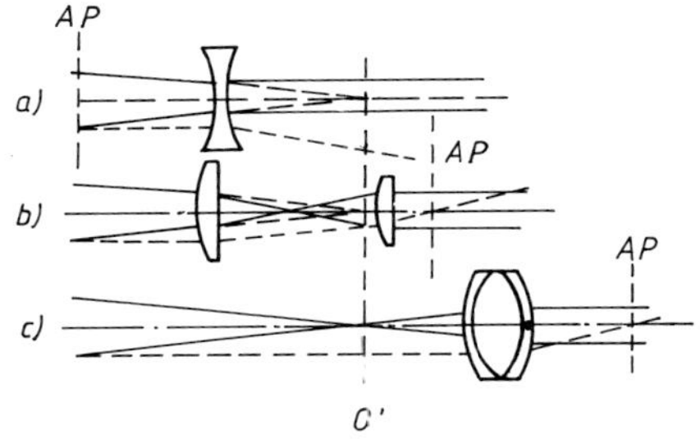


Bild 9.4.2 Verkürzung des mechanischen Aufbaues

a) durch Galilei-Okular, b) durch Huygens-Okular, gegenüber dem monozentrischen Okular c). O′ = Bildebene des links zu denkenden Objektivs, AP = Austrittspupille. Der gestrichelte Strahl gehört zu einem seitlichen Bildpunkt

## Literaturhinweise

L 9.4.1 *Kalló, P.:* Experiences by testing some common oculars and designing a new one. Optik *52* (1978/79) No. 2, 157–166

L 9.4.2 s. auch L 9.1.1

L 9.4.3 *Klein, W.:* Berechnung und Korrektion von einfachen Okularen. Jahrb. f. Optik u. Feinmechanik 1970, 37–57

L 9.4.4 DIN 58171
T 2 Norm-Optiksysteme; Verkittete achromatische Fernrohrobjektive

## Beispiele für Hersteller bzw. Lieferanten

H 9.4.1 *Heinrich Reichmann,* Dorfstr. 25, Brokdorf: Astro-Optik

H 9.4.2 siehe auch Beispiele 5.2. …, 5.3. …, 5.4. …, 5.5. …, 9.3. …

## 9.5 Bildleitung durch enge Rohre und Öffnungen

Oft müssen Bilder durch dünne Rohre (Länge groß gegenüber dem Durchmesser) oder enge, nicht gut zugängliche Öffnungen (Länge in der Größenordnung des Durchmessers) geleitet werden. Prinzipien zur Lösung dieser Aufgabe sind in Bild 9.5.1 zusammengestellt. Durch Hintereinanderschaltung einer beliebigen Anzahl von *Umkehrsystemen* kann ein Bild in einem Rohr weitertransportiert werden (Bild 9.5.1 a). An den Orten der Zwischenbilder werden *Feldlinsen* (vergl. Bild 4.3.3) eingeschaltet, die jeweils eine Abbildungsstufe (Umkehrsystem) an die folgende anschließen. Feldlinsen sind jedoch nachteilig wegen ihres Beitrages zur Bildfeldwölbung und der Möglichkeit, daß Staubpartikel auf den Linsenflächen im Bildfeld scharf erscheinen. Durch *telezentrische Strahlenführung* (Absch. 8.5) ist es möglich, die Feldlinsen zu vermeiden (Bild 9.5.1 b). Wesentlich ist die Aperturblende ABl in der Brennebene F′ der ersten Linse. Man vergleiche die beiden Anordnungen Bild 9.5.1 a und b. In Bild 9.5.1 d ist eine enge Wandöffnung dargestellt, die für die Augenpupille nicht erreichbar ist. Bei der Beobachtung ergibt sich ein kleiner Feldwinkel w („Schlüssellochbeobachtung"). In Bild 9.5.1 c ist diese Wandöffnung Eintrittspupille eines Linsensystems. Sie liegt in der Brennebene $\overline{F}$ der ersten Linse. Damit ergibt sich telezentrischer Strahlengang. Die Öffnung wird als Austrittspupille AP in die Ebene F′ der zweiten Linse abgebildet. Das Auge kann an diesen Pupillenort gebracht werden und beobachtet mit einem im Vergleich zum direkten Einblick großen Feldwinkel w. Diese Anordnung stimmt völlig mit dem mittleren Teil von Bild 9.5.1 b überein! Zur Erweiterung des kleinen Blickwinkels $w_2$ auf den erheblich größeren Winkel $w_1$ kommt auch ein umgekehrtes, also verkleinerndes *Galilei*-Fernrohr in Frage. Läßt man Verzeichnung zu, so können auch 180° überblickt werden; wird gleiche Größe oder Vergrößerung verlangt, kann ein zweites gleiches oder stärker vergrößerndes Fernrohr zugefügt werden, wenn man mit einem einzigen nicht auskommen kann. Dann wird der Bildwinkel aber wiederum kleiner; man beachte den Satz von Helmholtz-Lagrange! Nach dem gleichen Prinzip können Systeme für objektive Bilder auf Schirmen, Fotoschichten usw. gebaut sein, wenn ein großer Winkel erfaßt werden soll.

*Endoskope* („Innensehrohre") zur Untersuchung von Hohlraumwänden durch enge Öffnungen hindurch (z. B. Verbrennungsmotoren, medizinische Anwendungen) erfordern die Bildleitung durch besonders dünne Rohre. Bild 9.5.2 zeigt das optische System eines starren Endoskops nach dem Prinzip von Bild 9.5.1 a. Die Feldlinsen sind etwas aus den Bildebenen herausgerückt. Die letzte Feldlinse gehört zum Okular. Um das vom Objektiv entworfene erste Zwischenbild aufzurichten, ist eine ungerade Anzahl von Umkehrsystemen erforderlich. Selbstverständlich ist sorgfältige Reflexionsminderung bei allen Glas/Luft-Flächen notwendig. Durch die axiale Bildversetzung bei Glasplatten nach Gl. 5.6.6 wird ein Strahlengang verlängert; bei $n = 1{,}5$ um $^1/_3$ der Glasdicke. Werden also in den Endoskop-Strahlengang *Stablinsen* oder mit den Linsen verkittete Glasstäbe eingefügt [L 9.5.1], so kann bei gleicher Anzahl der Umkehrsysteme die Rohrlänge vergrößert werden.

*Flexible Endoskope* mit der Hauptanwendung im medizinischen Bereich werden mit *faseroptischen Bildleitern* aufgebaut (Bild 18.3.1). In engen Grenzen „biegsame" Systeme erhält man, wenn die Pupillen in den Umkehrsystemen nicht den ganzen Rohrdurchmesser füllen; dann kann die optische Achse an den Orten der Feldlinsen bzw.

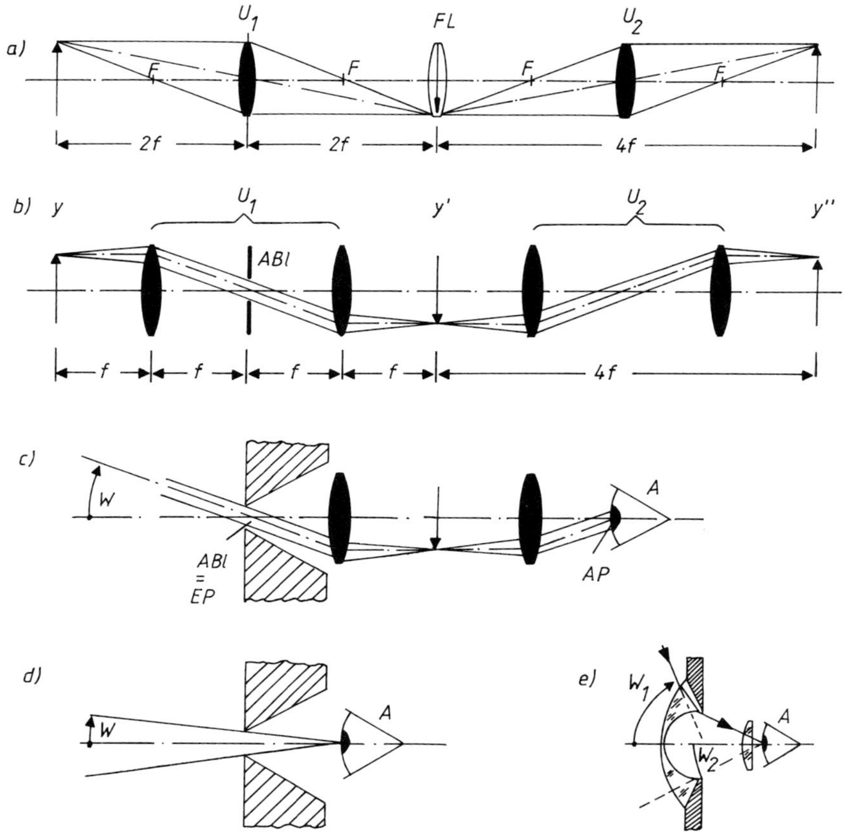


Bild 9.5.1 Bildleitung durch enge Rohre oder Öffnungen

a) Bildleitung durch Umkehrsysteme $U_1$ und $U_2$ mit jeweils $\beta' = -1$, FL = Feldlinse. b) Bildleitung wie bei a), aber Vermeidung der Feldlinse durch telezentrische Strahlenführung; ABl = Aperturblende in der Brennebene F' der ersten Linse. c) Strahlenführung identisch mit mittlerem Teil von b): eine enge Öffnung ABl=EP wird als Austrittspupille AP an den Ort des Auges A abgebildet. d) direkter Einblick in die Öffnung: geringerer Feldwinkel w gegenüber c). e) umgekehrtes Galilei-Fernrohr mit großem Feldwinkel $w_1$; $w_2$ = Feldwinkel bei direktem Einblick in die Öffnung

Zwischenbilder um den Winkel (D-D')/2f' geknickt werden, wobei D der Durchmesser der Umkehrlinsen, D' der Durchmesser der dort befindlichen Pupille, f' die Brennweite des Umkehrsystems ist.

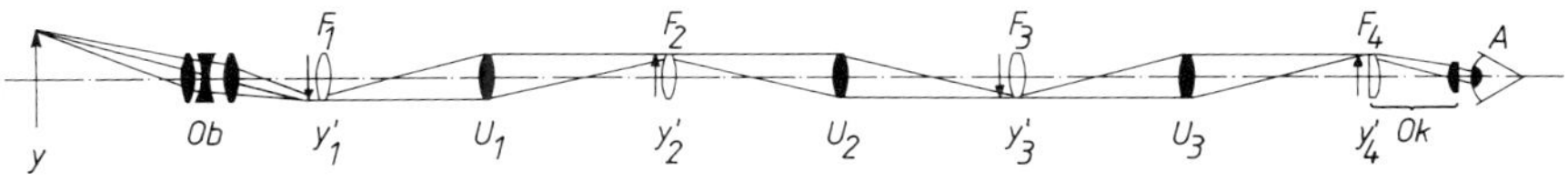


Bild 9.5.2 Endoskop [L 9.5.2]

Ob = Objektiv, $U_1$ bis $U_3$ = Umkehrsysteme, $F_1$ bis $F_4$ = Feldlinsen, Ok = Okular, A = Auge

Eine größere Knickung gestattet ein Wendeprisma (Bild 5.7.8b), das am Ort einer Pupille zwischen die Hälften des Umkehrsystems gesetzt wird (telezentrischer Strahlengang, Bild 9.5.3). Es muß durch einen Mechanismus so gelenkt werden, daß es sich um den halben Knickwinkel der optischen Achse mitdreht. Werden zwei solcher Sätze um 90° verdreht zueinander gebracht, dann kann die Einrichtung nach jeder Seite beliebig gebogen werden. Gleichzeitig findet volle Bildaufrichtung statt, denn jede einzelne Spiegelung wirkt seitenvertauschend.

Die für Endoskope dargestellten Prinzipien können auch auf größere *Sehrohre („Periskope")* angewendet werden. Für relativ kurze Rohre (Länge/Durchmesser bis etwa 10) genügt ein *terrestrisches* Fernrohr (Abschn. 9.3), dessen Objektiv ein fotografischer Anastigmat oder zumindest ein gutes Fernrohrobjektiv ist; die Gesamtvergrößerung liegt bei etwa 1; dingseitiger und bildseitiger Winkel sind dann etwa gleich groß (Bild 9.5.4).

Hierzu ein Beispiel: Das Objektiv sei ein Anastigmat mit $f' = 50$ mm, $k = 4{,}5$, und einem gesamten Feldwinkel $2w = 60°$. Es ergibt sich ein Bildfelddurchmesser von etwa 58 mm; die Feldlinse erhält also einen Durchmesser von 60 mm. Sie soll das Objektiv in das Umkehrsystem abbilden, zweckmäßig mit einem Abbildungsmaßstab, der für das Umkehrsystem denselben Durchmesser wie für die Feldlinse ausnutzt. Für das Objektiv ergibt sich aus k und f' ein freier Durchmesser von etwa 11 mm; als Abbildungsmaßstab wird $\beta' = -5$ gewählt. Dann gilt für die Feldlinse $a = -50$ mm, $a' = 250$ mm, $f' = 41{,}7$ mm $\approx 40$ mm. Das mit $\beta' = -1$ abbildende

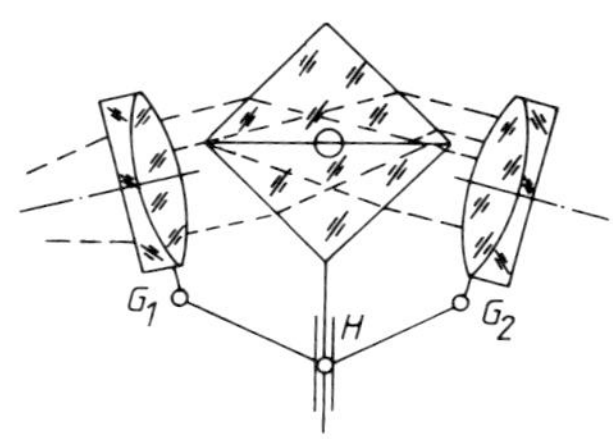


Bild 9.5.3 Wendeprisma zur Knickung von Strahlengängen

Führung durch Gelenke $G_1$, $G_2$ und Schiebehülse H. Man beachte die Aufspaltung der Pupille, die nur im teleskopischen Strahlengang zulässig ist

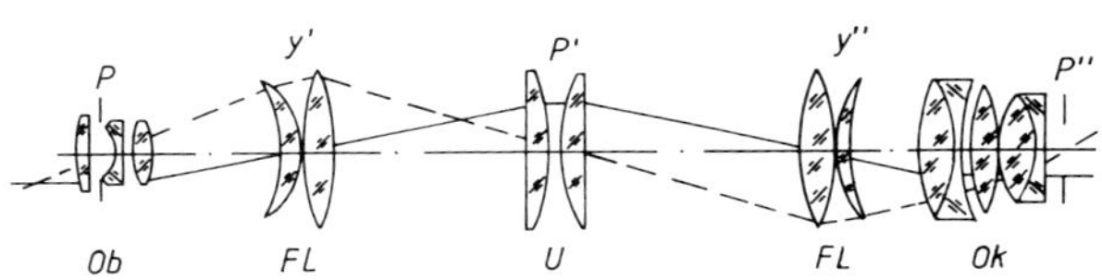


Bild 9.5.4 Periskop

Ob = Okular, FL = Feldlinsensysteme, U = Umkehrsystem, Ok = Okular, P, P', P'' = Pupillen, y', y'' = Bilder des weit entfernten Gegenstands

Umkehrsystem muß dann eine Brennweite $f' = 125$ mm, jede der beiden gleichen Einzellinsen $f' = 250$ mm haben. Zur Betrachtung des zweiten Bildes, an dessen Ort wieder eine Feldlinse (jeweils aus zwei Einzellinsen aufgebaut) stehen muß, dient ein fünffaches Weitwinkelokular, um bei der Gesamtvergrößerung $\Gamma' = +1$ das gesamte Bildfeld von 60° erfassen zu können. Die Gesamtlänge des Rohres beträgt etwa 600 mm zuzüglich der durch die Linsendicken bedingten Hauptpunktabstände. Der Durchmesser der optischen Glieder beträgt mit Ausnahme von Objektiv und Okular 60 mm, so daß der Rohrdurchmesser gut ausgenutzt ist und eine maximale Länge erreicht wird. Ein- und Austrittspupille haben einen Durchmesser von 11 mm. Eine größere Länge im Verhältnis zum Durchmesser kann durch Verkleinerung der Pupillen oder weitere Umkehrsysteme erreicht werden.

### Literaturhinweise

L 9.5.1 *Franke, G.:* Der Aufbau moderner Endoskope. Feinwerktechnik *74* (1970) H. 9, 382–385
L 9.5.2 *Brachvogel, H.:* Optische Instrumente für die Hohlraumkontrolle. Technische Rundschau 1969, Nr. 2, 9–11, 13

### Beispiele für Hersteller bzw. Lieferanten

H 9.5.1 *Eltrotec Elektro-GmbH,* Am Niederfeld 17, Schorndorf: Starre u. flexible Endoskope.
H 9.5.2 *Classen + Co,* Grevenweg 89, Hamburg: Starre u. flexible Endoskope
H 9.5.3 *American Cystoscope Makers Inc.,* USA, über Wappler International GmbH, Taunusstr. 38, München: Endoskope
H 9.5.4 *Carl Zeiss,* Oberkochen: Rundblickperiskope, U-Boot-Sehrohre
H 9.5.5 *Fiber-Optic AG,* Fegistr. 1, Spreitenbach, CH: Endoskope
H 9.5.6 *Leisegang GmbH & Co KG,* Leibnizstr. 32, Berlin 12: Kolposkope u. a.

## 9.6 Entfernungsmesser und Kamera-Scharfeinstellung

Entfernungsmesser arbeiten auf der Basis von Längen- oder Zeitmessung: Entweder wird die Entfernung aus einer direkten oder indirekten Winkelmessung abgeleitet (Triangulation), oder es wird die Laufzeit von Wellenimpulsen bestimmt („Echolot"; Radar, im Lichtbereich: „Lidar"). Entfernungsmessung wird u. a. im Vermessungswesen, bei militärischen Zielgeräten, in der industriellen Fertigungsüberwachung und bei der Einstellung fotografischer Kameras benötigt.

Bei Entfernungsmessern auf trigonometrischer Grundlage wird die Entfernung a bei bekannter Basis b durch Messen des Winkels w bzw. δ bestimmt (Bild 9.6.1). Die Basis b liegt beim *Zielwinkel-Entfernungsmesser* in der Objektebene (Bild 9.6.1 a; Meßlatte oder bekannte bzw. geschätzte Objektabmessung), während sie beim *Basis-Entfernungsmesser* im Gerät selbst enthalten ist (Bild 9.6.1 b). Bei kleinen Winkeln gilt $a = b/w$ bzw. $a = b/\delta$.

Die *Winkelmessung* muß mit hoher Genauigkeit erfolgen, beim Zielwinkel-Entfernungsmesser z. B. durch Fernrohr-Beobachtung der Basis b und Mikrometer-Bestimmung der Bildgröße b'. Es gilt dann $a = f' \cdot b/b'$, mit $f'$ = Objektivbrennweite des Fernrohrs. Beim Basis-Entfernungsmesser werden die beiden über die Basisenden erhaltenen Bilder des Objekts durch *Kompensatoren* (Drehspiegel, veränderliche Keile) zur Deckung oder Ausrichtung gebracht. Die Entscheidung über die Koinzidenz treffen das Auge oder ein optoelektronischer Sensor. Bild 9.6.1 d zeigt die durch optische

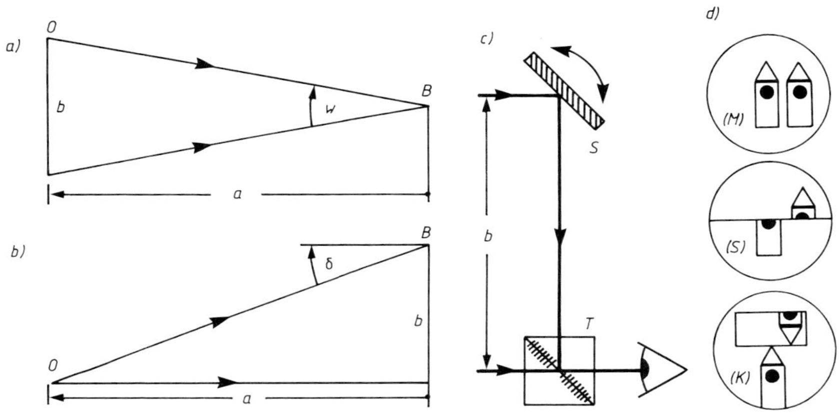


Bild 9.6.1 Entfernungsmessung auf trigonometrischer Grundlage

a) Zielwinkel-Entfernungsmessung, b) Basis-Entfernungsmessung, c) Prinzip des Mischbild-Entfernungsmessers, d) Darstellung beim Mischbild-(M), Schnittbild-(S) und Kehrbild-(K) Entfernungsmesser
a = gesuchte Entfernung, b = Basis, O = Objektebene, B = Beobachtungsebene, w, δ = zu messende Winkel, S = Spiegel, T = Teiler

Zwischenglieder erreichbaren unterschiedlichen Präsentationsmöglichkeiten für das Beobachterauge: *Mischbild* (M), *Schnittbild* (S) und *Kehrbild* (K). Durch ihre Vor- und Nachteile ergeben sich unterschiedliche Anwendungsbereiche. Das einfachste Prinzip eines *Mischbild-Entfernungsmessers* gibt Bild 9.6.1 c wieder. Bei dem als Kompensator verwendeten Drehspiegel bewirkt eine kleine Drehung um $\Delta\varepsilon$ eine Strahlschwenkung um $2\Delta\varepsilon$; besser ist deshalb eine optische Untersetzung durch veränderliche Keile oder ein Drehkeilpaar (Bild 5.9.3).

Die Leistungsfähigkeit eines kleinen Basis-Entfernungsmessers zeigt folgendes Beispiel: Für einen Hand-Schnittbildentfernungsmesser (Emes 0,25, Fa. Carl Zeiss) mit b = 0,25 m, $\Gamma' = 6{,}5$, Feldwinkel $2w = 4°$ wird ein Entfernungs-Gebrauchsbereich von 20 m bis 2000 m mit einer Meßgenauigkeit $\Delta a = 3{,}08 \cdot 10^{-5} \cdot a^2$ (z. B. $\Delta a \approx 30$ cm bei a = 100 m) angegeben.

Auf der Grundlage des steroskopischen Sehens arbeitende *Raumbild-Entfernungsmesser* ergeben gegenüber den in Bild 9.6.1 d dargestellten Möglichkeiten vor allem bei Objekten mit unscharfen Begrenzungen (Wolken!) höhere Meßgenauigkeit.

Beim stereoskopischen Entfernungsmesser befinden sich in den Bildebenen eines Doppelfernrohrs zwei Strichplatten mit einer Reihe von Marken, die verschiedene Parallaxe aufweisen und somit in verschiedener Entfernung erscheinen. Ist b die Basis des Gerätes und $f_1'$ die Brennweite seiner Objektive, so ist $f_1' \cdot b/a$ die Parallaxe für die dem Abstand a zugeordneten Marken, d. h. der Unterschied ihrer Abstände von der optischen Achse oder der Marke für „Unendlich". Ist $f_2$ die Okularbrennweite, so ist bei einer Sehschärfe von $1/3000 = 1'$ der Zusammenfall der Marken mit dem räumlich gesehenen Gegenstand auf ±2′ sicher oder mit einem Parallaxfehler von $f_2/1500$; daraus ergibt sich die größte meßbare Entfernung zu

$$a_{max} = 1500 \cdot b \cdot f'_1/f'_2 = 1500 \cdot b \cdot \Gamma'.$$

Der Kehrwert hiervon, etwa in Dioptrien ausgedrückt, stellt für alle Entfernungen die Genauigkeit dar, mit der gemessen werden kann.

Die optischen Teile eines Entfernungsmessers müssen sehr starr zusammengefügt sein. Man pflegt sie in einem gemeinsamen Rohr zu fassen, das gegen Durchbiegung geschützt und hinsichtlich der Wärmeeinflüsse kompensiert in einem weiteren Rohr axial elastisch oder durch Vierpunktbefestigung angebracht ist. Wegen der Innehaltung des Winkels zwischen beiden optischen Achsen benutzt man Pentagon-Prismen an Stelle von Halbwürfeln. Bei Entfernungsmessern für kleine Abstände, etwa einige hundert Meter, für Fotografie, Jagd, Messung von Fahrzeuggeschwindigkeiten usw., erübrigt sich diese Vorsichtsmaßregel, weil solche Geräte wegen ihrer kleinen Basis und der weniger hohen Meßgenauigkeit in sich ohne weiteres starr genug sind.

Bild 9.6.2 zeigt das Prinzip eines *Laufzeit-Entfernungsmessers* [L 9.6.1, H 9.6.2], der sich mit unterschiedlichen Bereichen für Vermessung, Füllstandskontrolle (Silos) und industrielle Anwendung im Nahbereich eignet. Als Impulsquelle wird ein GaAs-Halbleiterlaser (IR) verwendet, als Empfänger eine Si-Fotodiode. Die Zeitdifferenz zwischen Senden und Empfang eines Impulses wird durch Auszählen mit der Taktfrequenz bestimmt. Insgesamt sind Entfernungen von ca. 1 m bis 400 m (mit Reflektor am Ziel bis 2 km) erfaßbar, wobei im Bereich 2 m bis 8 m eine Genauigkeit von ±10 mm erreicht wird.

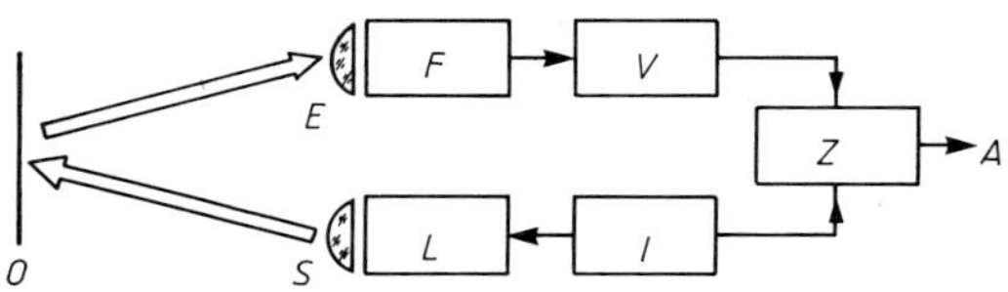


Bild 9.6.2 Prinzip eines Laufzeit-Entfernungsmessers [H 9.6.2]

O = Objekt, S, E = Sende- und Empfangsoptik, L = Halbleiterlaser, I = Impulsgenerator, F = Fotodiode, V = Verstärker, Z = Zeitmeßeinrichtung, A = Anzeige

Die bereits beschriebenen Meßprinzipien werden auch bei Entfernungsmessern bzw. *Einstellhilfen für fotografische Kameras* angewendet. Dabei erfolgt die Scharfeinstellung des Bildes kaum noch über den Umweg einer echten Entfernungsmessung mit einem kleinen Basis-Entfernungsmesser und Übertragen des abgelesenen Wertes auf die Objektivskala. Zumindest wird der Kompensator des Mischbild-Entfernungsmessers durch die Objektiveinstellung betätigt *(„gekuppelter Entfernungsmesser“);* die Entfernung kann, soweit sie überhaupt interessiert, an der Objektivskala abgelesen werden. Bei Spiegelreflexkameras erfolgt Messung durch das Wechselobjektiv, entweder durch Scharfeinstellung auf Mattscheibe oder Mikroprismenraster (Kontrastbewertung durch das Auge: Einstellung auf Maximalkontrast), oder mit einem *Schnittbildindikator* gemäß Bild 9.6.1 d (S), der hier besonders einfach auszuführen ist (zwei Prismenkeile mit entgegengesetzt liegenden Keilkanten in der Mitte des Sucherfeldes).

Bei *Kameras mit automatischer Scharfeinstellung* („Autofokus“) wird die Entscheidung des Auges ausgeschaltet. Die Einstellsysteme können passiv oder aktiv (eingebaute Strahlungsquelle) sein. Bild 9.6.3 zeigt ein schon häufiger verwendetes *passives System* für Kompaktkameras [H 9.6.4], das vom Mischbildentfernungsmesser abgeleitet ist:

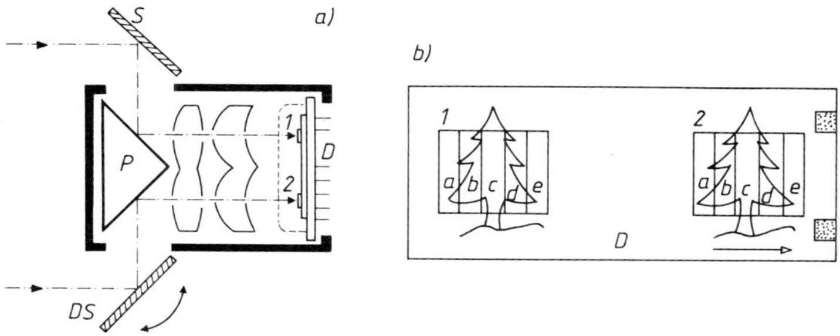


Bild 9.6.3 Passives Autofokus-System für Kompakt-Kameras, Visitronic® [H 9.6.4]
a) Aufbauschema, b) vergrößertes Bild der beiden Detektor-Arrays. S = fester, DS = drehbarer Spiegel, P = Prisma, D (1, 2) = Detektor-Arrays

Der Meßfeld-Bildausschnitt wird über festen Spiegel S und Drehspiegel DS auf zwei Detektorarrays D mit je 5 Elementen abgebildet (Bild 9.6.3 b). Während der Drehspiegel-Bewegung wird die Beleuchtungsstärke-Verteilung auf den paarweise zugeordneten Detektorstreifen (a-a, b-b usw.) elektronisch verglichen. Die so gefundene Drehspiegelstellung, bei der die Bilder auf den Detektorfeldern gleiche Lage haben, steuert die Objektiveinstellung.

Ein anderes passives System verwendet *„Festkörper-Triangulation"*, die ohne bewegliche Teile auskommt [H 9.6.6]: Beide Spiegel stehen fest; es wird nur eine, aber hoch auflösende Detektorzeile (240 Elemente) verwendet. Über den einen Spiegel wird nur das anvisierte Bilddetail (Sucherkreis) auf der Zeile entworfen, über den anderen Spiegel das gleiche Detail in größerem Umfeld. Der Abstand der beiden Detailbilder auf der Detektorzeile hängt von der Entfernung ab und wird elektronisch bestimmt.

Im Gegensatz zu diesen „Außenmessungen" (nicht durch das Objektiv) zeigt Bild 9.6.4 ein für hochwertige Spiegelreflexkameras geeignetes *passives System* [H 9.6.3], das mit *„Innenmessung" durch das Objektiv* arbeitet und dabei unabhängig vom eingesetzten Wechselobjektiv verwendet werden kann: Der Filmebene F und der Einstellebene mit Meßfeld M ist über einen Hilfsspiegel HS eine weitere Bildebene mit schwingendem Raster R zugeordnet, wobei die Feldlinse FL die beiden Pupillenhälften 1 und 2 des Objektivs auf zwei Empfänger abbildet. Durch die mit dem schwingenden Raster bewirkte Modulation erhalten die beiden Empfänger Wechselsignale mit einer Phasenverschiebung, solange das Bild vor oder hinter der Rasterebene liegt. Das Objektiv wird nun über die Auswerteelektronik A durch einen Servomotor solange verschoben, bis die Phasenverschiebung Null wird: Scharfstellung. Das Meßprinzip ist in Abschn. 15.2 erläutert (Bild 15.2.2).

Auch *aktive Scharfstell-Automatiken* können nach dem *Triangulations-Prinzip* arbeiten [H 9.6.6]: An Stelle des Drehspiegels tritt eine schwenkbare Infrarot-Lumineszenzdiode, die mit einem scharf gebündelten „Scheinwerferstrahl" den Objektraum überstreicht. Trifft er auf das im Meßfeld anvisierte Objektdetail, so ergibt das reflektierte

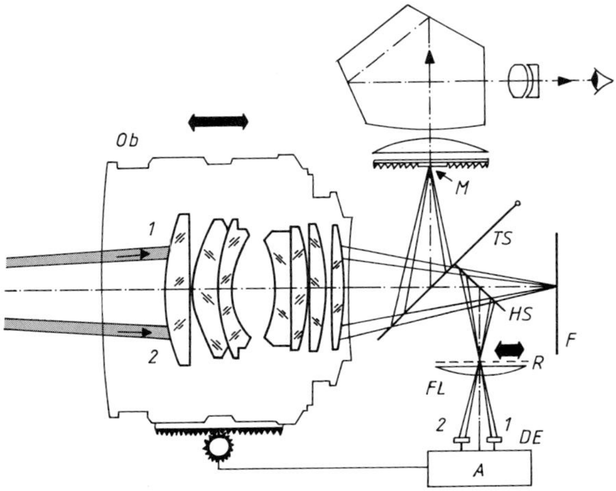


Bild 9.6.4 Passives Autofokus-System für Spiegelreflex-Kameras, Correfot® [H 9.6.3]

Ob = Objektiv, M = Meßfeld auf der Einstellscheibe, TS = teildurchlässiger Klappspiegel, HS = Hilfsspiegel, F = Filmebene, R = schwingendes Raster, FL = Feldlinse, DE = Doppelempfänger, A = Auswerte-Elektronik

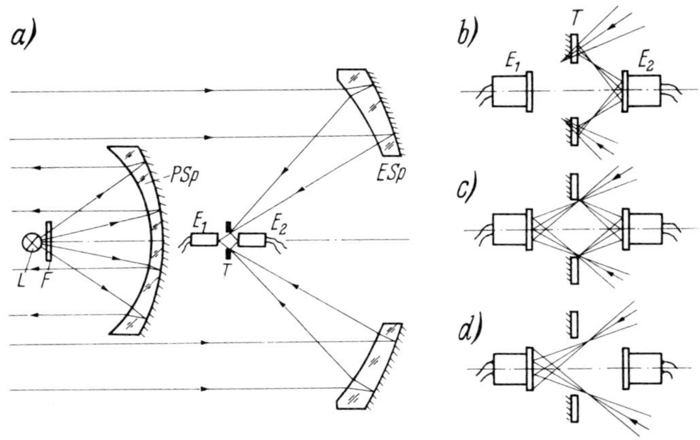


Bild 9.6.5 Aktives Infrarot-Autofokus-System [L 9.6.5]

L = modulierte Glühlampe, F = IR-Filter, PSp = Projektorspiegel, ESp = Empfangsspiegel, T = Strahlenteiler (Kreisringspiegel), $E_1$, $E_2$ = Empfänger.
a) Aufbau, b) und d) falsche, c) richtige Entfernungseinstellung

IR-Licht maximales Empfängersignal. Aus der zugehörigen Winkelstellung der Sendediode wird die richtige Objektiveinstellung abgeleitet.

Bild 9.6.5 zeigt ein im Aufbau komplizierteres *aktives Infrarotsystem* [L 9.6.5], dessen Prinzip dem Abstandsregler und der Dia-Scharfeinstellung (Bild 19.2.4) verwandt ist:

Das über den korrigierten Projektorspiegel PSp ausgesandte Infrarotbündel wird vom Objektiv remittiert und gelangt damit zum geringen Teil auf den Empfangsspiegel ESp (Mangin-Spiegel), der so ausgelegt ist, daß sich die von einer Objektstelle ausgehenden Strahlen in einer schmalen, ringförmigen Brennfläche schneiden. Diese Fläche fällt bei richtiger Entfernungseinstellung mit der Ebene des Strahlenteilers T zusammen (Bild 9.6.5c). Dann erhalten die beiden Empfänger $E_1$ und $E_2$ gleiche Strahlungsleistungen. Bei abweichender Einstellung überwiegt die Bestrahlung bei $E_1$ oder $E_2$ (Bild 9.6.5b, d).

Ein aktives Einstellungssystem nach dem *Laufzeit-Verfahren* [H 9.6.5] arbeitet mit *Ultraschall*-Impulsen. Dies ergibt bei geringen Entfernungen günstigere Meßbedingungen gegenüber Lichtimpuls-Messung, weil sich wegen der um etwa den Faktor $10^6$ geringeren Schallgeschwindigkeit entsprechend längere Laufzeiten ergeben.

## Literaturhinweise

L 9.6.1 *Riegl, J.:* Ein optischer Radar-Entfernungsmesser für industrielle Anwendungen. Optik *44* (1976) No. 2, 217–222

L 9.6.2 *Patrick, F. B.:* Military Optical Instruments. LÜ1 Vol. V/7

L 9.6.3 *König A.; Köhler, H.:* Die Fernrohre und Entfernungsmesser. Springer-Verlag, Berlin, Göttingen, Heidelberg 1959

L 9.6.4 *Günther, N.:* Fernoptische Beobachtungs- und Meßinstrumente. Wissenschaftliche Verlagsgesellschaft, Stuttgart 1959

L 9.6.5 *Lavanchy, J. P.; Odone, G. B.:* An Automatic Rangefinder and Focus Control System. Journal of the SMPTE *78* (1969), 32–34

## Beispiele für Hersteller bzw. Lieferanten

H 9.6.1 *Carl Zeiss,* Oberkochen: Schnittbild-, Raumbild- u. Laser-Entfernungsmesser

H 9.6.2 *Optik, Elektronik GmbH,* Eumigstr. 2, Wiener Neudorf: Laser-Entfernungsmesser

H 9.6.3 *Ernst Leitz Wetzlar GmbH,* Wetzlar: Entwicklung Correfot®-System zur automatischen Scharfeinstellung

H 9.6.4 *Honeywell, USA:* Visitronic®-System zur automatischen Scharfeinstellung, z. B. in Konica-Kameras

H 9.6.5 *Polaroid GmbH,* Offenbach: Sonar®-Ultraschallsystem für Kamera-Einstellung und Entfernungsmessung

H 9.6.6 *Canon Inc.,* Tokio über: Euro-Photo GmbH, Willich 3. Aktives IR-Autofokus-System und passives System mit Festkörper-Triangulation

# 10 Mikroskopie

## 10.1 Grundlagen des Mikroskops; Beleuchtungs- und Beobachtungsverfahren

Mikroskope gestatten es, kleine Gegenstände stark vergrößert zu sehen. Ein *Objektiv* entwirft ein Zwischenbild mit *Abbildungsmaßstäben* von $\beta'_{Ob} = -1{,}6$ bis $\beta'_{Ob} = -160$, das vom *Okular* mit *Lupenvergrößerungen* von $\Gamma'_{Ok} = 5$ bis $\Gamma'_{Ok} = 25$ weiter vergrößert wird. Bild 10.1.1 a zeigt ein solches „zusammengesetztes", d. h. zweistufiges Mikroskop mit Huygens-Okular. Für die Vergrößerung $\Gamma'_M$ des Mikroskops ergibt sich

$$\Gamma'_M = \beta'_{Ob} \cdot \Gamma'_{Ok} \tag{10.1.1}$$

Mit der *optischen Tubuslänge* $t = F'_{Ob}\bar{F}_{Ok}$ (Abschn. 5.4) wird $\beta'_{Ob} = -t/f'_{Ob}$; nach Gl. (9.1.3) ist $\Gamma'_{Ok} = 250\,\text{mm}/f'_{Ok}$. Damit erhält man für die *Vergrößerung des Mikroskops*

$$\Gamma'_M = \frac{t \cdot 250\,\text{mm}}{f'_{Ob} \cdot f'_{Ok}} \tag{10.1.2}$$

Man kann nun das in Bild 10.1.1 a in endliche Entfernung abbildende Objektiv in ein Kollimatorobjektiv Ob und ein Fernrohrobjektiv („*Tubuslinse*") L mit Zwischenabbildung nach Unendlich aufspalten (Bild 10.1.1 b). Dann ergibt sich für die Mikroskopvergrößerung

$$\Gamma'_M = \Gamma'_{Ob} \cdot q \cdot \Gamma'_{Ok} \tag{10.1.3}$$

mit $\Gamma'_{Ob} = 250\,\text{mm}/f'_{Ob}$ *Lupenvergrößerung des Objektivs*, $q = -f'_L/250\,\text{mm}$ *Tubusfaktor* (Faktor durch die Tubuslinse), $\Gamma'_{Ok} = 250\,\text{mm}/f'_{Ok}$ Vergrößerung des Okulars. Die Zahlenwerte der Abbildungsmaßstäbe, Vergrößerungen und Faktoren werden auf den Mikroskop-Bauteilen angegeben. Normreihen für die Werte enthält DIN 58886. Der telezentrische Strahlengang zwischen Objektiv und Tubuslinse erleichtert den Einbau von weiteren Systemen, z. B. die Einführung eines Beleuchtungsstrahlenganges für die Auflichtbeleuchtung.

Die Kombination eines Objektivs mit großem Abbildungsmaßstab und eines Okulars mit hoher Vergrößerung, so daß sich nach Gl. (10.1.1) eine sehr hohe Gesamtvergrößerung ergibt, ist zwar möglich, aber nicht „förderlich": Auch höchste Nachvergrößerung des Zwischenbildes mit dem Okular macht keine Einzelheiten erkennbar, die vom Objektiv wegen begrenzter Auflösung nicht abgebildet wurden. Auch bei optimal korrigiertem Objektiv wird die Auflösung ja durch die *Beugung* begrenzt (Abschn. 1.5); mit zunehmender *numerischer Apertur* $A = n \cdot \sin u$ (Abschn. 4.3) wächst die Auflösung und damit die Möglichkeit zu hoher Gesamtvergrößerung. Als Grenze der *förderlichen Vergrößerung* nimmt man $500 \cdot A$ bis $1000 \cdot A$ an, so daß die Mikroskop-Vergrößerung zweckmäßig im Bereich

$$\Gamma'_M = 500 \cdot A \text{ bis } 1000 \cdot A \tag{10.1.4}$$

zu wählen ist, aber natürlich auch niedriger liegen kann. Oberhalb dieser Grenze ergibt sich leere Vergrößerung, d. h. zwar ein größeres Bild, das aber keine feineren Strukturen zeigt. Hohe numerische Apertur A wird durch große Öffnung (sin u) und Anhebung der Brechzahl n zwischen Objekt und Frontlinse erreicht, indem der Luftzwischenraum durch eine Ölschicht ausgefüllt wird („*Ölimmersion*“).

Die kleinsten Elemente, die in ihrer Form bei Hellfeldbeleuchtung noch erkannt werden können, haben eine Ausdehnung (abhängig von der Beleuchtungsapertur) von

$$y = \lambda/(2\,A) \text{ bis } y = \lambda/A$$

Sind sie kleiner, so kann über ihre Form nichts mehr ausgesagt werden. Wird die Größe y/3 unterschritten, so ist die Änderung der Helligkeit im Gesichtsfeld kleiner als 10% und die Anwesenheit des Körperchens im Hellfeld nicht mehr feststellbar.

Viele Objekte, z. B. in der Biologie, liegen in einem Einbettungsmittel unterhalb eines *Deckglases* mit der Dicke d = 0,17 mm. Diese Planplatte vor dem Objektiv wird in die sphärische Korrektion einbezogen, wenn ein „*Trockensystem*“ (kein Immersionsobjektiv) mit einer Apertur über etwa A = 0,40 vorliegt. Dickenabweichungen $\Delta d$ des Deckglases stören die Korrektur und führen zu Kontrastminderungen. Als grobe Näherung für die erlaubte Abweichung gilt $\Delta d = 1{,}6\ \mu m/A^4$. Für A = 0,85 darf die Abweichung also nur etwa 3 μm betragen. Da so hohe Genauigkeit nur schwer erreichbar ist, werden Trockenobjektive mit $A > 0{,}75$ mit *Korrektionsfassungen* ausgerüstet, die auf die gemessene Deckglasdicke eingestellt werden und damit die Objektivkorrektur anpassen. Im übrigen trägt das Einbettungsmittel zur wirksamen Deckglasdicke bei, so daß zweckmäßig etwas unterhalb 0,17 mm liegende Deckglasdicken verwendet werden.

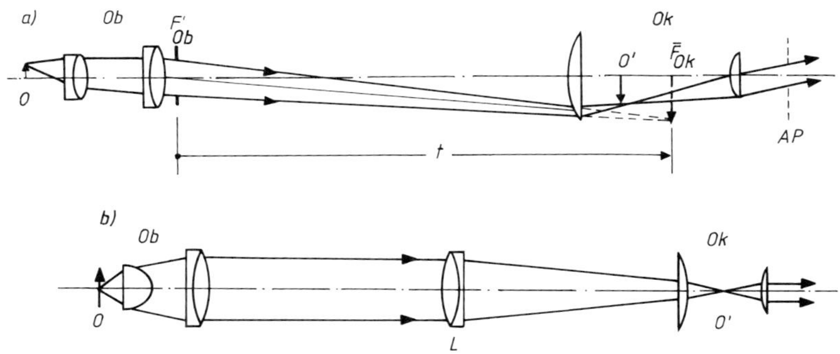


Bild 10.1.1 Strahlengang in Mikroskopen

a) Objektiv-Bildebene fällt mit $\bar{F}_{Ok}$ zusammen (vom Objektiv entworfenes Bild wird durch die Feldlinse nach O' verlagert). t = optische Tubuslänge, AP = Austrittspupille. b) Objektiv-Bildebene liegt im ∞. L = Tubuslinse

Bei einem normalen Mikroskop nach Bild 10.1.1 a fällt die Bildebene des Objektivs mit der Brennebene $\bar{F}_{Ok}$ des Okulars zusammen. Austauschbarkeit der optischen Systeme des Mikroskops ist deshalb nur gegeben, wenn bestimmte Abstände durch Normung festgelegt werden (DIN 58887). Für diese *Anschlußmaße* gelten die folgenden Definitionen und Werte (Bild 10.1.2):

1. *Abgleichlänge des Objektivs* $l_1 = 45$ mm als Abstand zwischen Objektebene und Anlagefläche des Objektivs am Tubus,

2. (mechanische) *Bildweite des Objektivs* $l_2 = 150$ mm als Abstand der Bildebene von der Anlagefläche des Objektivs,

3. *Okularseitige Abgleichlänge des Mikroskoptubus* $l_4 = 10$ mm als Abstand der Tubus-Anlagefläche für das Okular von der Objektiv-Bildebene,

4. *Abgleichlänge des Okulars* $l_3 = 10$ mm als Abstand der Anlagefläche des Okulars von der Objektiv-Bildebene.

Damit ergibt sich ein konstanter Abstand zwischen Objektebene und Zwischenbildebene von $l_1 + l_2 = 195$ mm. Der Abstand zwischen den beiden Tubusrändern (Anlageflächen für Objektiv und Okular), $l_2 + l_4 = 160$ mm, wird auch als *mechanische Tubuslänge* bezeichnet. Für diesen Abstand gab es auch andere Festlegungen, z. B. 170 mm. Alle Abstände gelten für Luft; bei Glaswegen sind die entsprechenden Versetzungen zu berücksichtigen (z. B. Deckgläser, Einbau von Prismen usw.). Die gegebenen Definitionen bleiben aber voll erhalten.

Bei der *Scharfstellung* des mikroskopischen Präparats wird das Objektiv gegenüber dem Objekt in den Abstand $l_1$ (Bild 10.1.2) gebracht. Dies kann durch Verschieben des Objekttisches oder des Tubus erfolgen. Da die Schärfentiefe mit zunehmender Apertur und Vergrößerung abnimmt (Abschn. 10.2), ist bei höheren Vergrößerungen neben einer Grob- auch eine Feineinstellung notwendig. Wegen der Bequemlichkeit der Bedienung und bei großen Mikroskopen aus Stabilitätsgründen werden *Grob- und Feintrieb* in die Nähe des Mikroskopfußes verlegt und wirken dann auf den Objekttisch. Sie können getrennt nebeneinander angeordnet oder bei Forschungsmikroskopen koaxial mit Untersetzung der Feinbewegung durch Planetengetriebe ausgeführt sein [L 10.1.10]. Für Kursmikroskope ist eine Vereinfachung durch *Einknopfbedienung* (Bild 10.1.3a) möglich: Der Mitnehmerstift an der Triebknopf-Achse ist zwischen zwei Anschlägen an der Schnecke frei beweglich; bei Umkehren der Bewegungsrichtung ergibt sich also ein „toter Gang" für den direkten Schneckenantrieb. In diesem Bereich wird aber die Schnecke zur Feineinstellung über schiefe Ebene und Kugel fein verschoben. Eine weitere Vereinfachung bei Schulmikroskopen kann man erreichen, wenn die Drehung des Triebknopfes in eine *sinusförmige Hubbewegung* des Objekttisches übersetzt wird (Bild 10.1.3b): Die Grobbewegung geht dann kontinuierlich in die Feinbewegung über, mit im Mittel etwa 2,2 μm Hub pro Grad Drehung. Da nun der Feinstellbereich nicht mehr frei über den Grobbereich verschiebbar ist, sind Annahmen über „Normalpräparate" notwendig: (feine Schnitte auf Normobjektträgern: hohe Vergrößerung, also Feineinstellung; grobe Präparate: niedrige Vergrößerung, also nur Grobeinstellung erforderlich). Bei nicht an den Grobtrieb gekoppelten Feinbewegungen wird ein Hub von z. B. 100 μm pro Umdrehung vorgesehen, der an einer Skala (Teilung 1 μm bis 2 μm) abgelesen werden kann.

Abgesehen von der Möglichkeit zu präziser Scharfeinstellung ist insbesondere bei großen Mikroskopen mit schweren Ergänzungsteilen hohe mechanische *Stabilität* und exakte *Reproduzierbarkeit* aller Einstellungen erforderlich. Sie wird z. B. durch Kugellagerung und Kugelrastung des Objek-

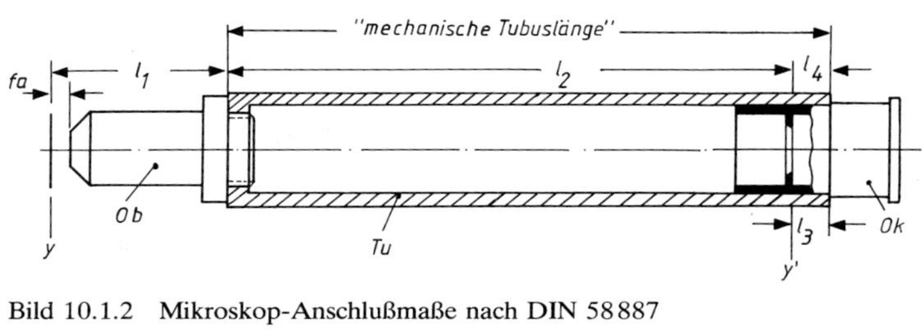


Bild 10.1.2 Mikroskop-Anschlußmaße nach DIN 58887
Ob = Objektiv, Tu = Tubus, Ok = Okular, fa = freier Arbeitsabstand

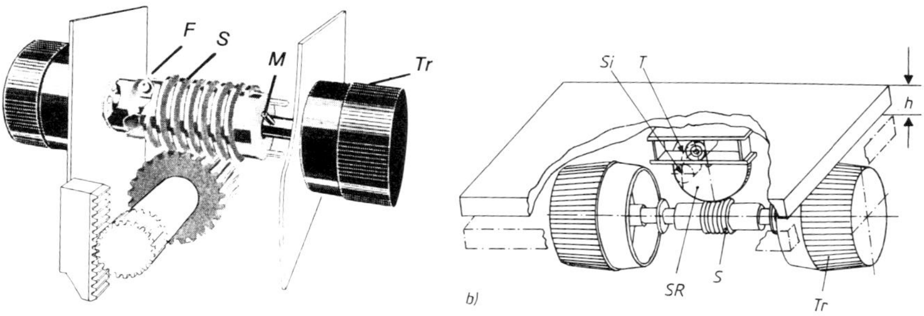


Bild 10.1.3 Einfache Kombinationen von Grob- und Feintrieb [H 10.1.1]

a) Einknopfbedienung, b) sinusförmiger Tischhub. Tr = Triebknopf, S = Schnecke, M = Mitnehmerstift, F = Feintrieb, SR = Schneckenrad, T = Tischauflage, Si = Sinusantrieb, h = maximaler Tischhub

tivrevolvers und durch Kugelführung der Objekttisch-Verschiebung erreicht. Wird die Objektiv-Abgleichlänge $l_1$ mit engen Toleranzen eingehalten, so bleibt bei Objektivwechsel die Scharfstellung bis auf kleine Korrekturen unverändert.

Bild 10.1.4 gibt Beispiele zu *Stativ- und Aufbauformen* von Mikroskopen. Das „klassische", aus Stahl und Messing hergestellte Stativ (Bild 10.1.4a) mit schwerem Fuß, kippbarem Träger und verschiebbarem Tubus ist durch starre Gehäuse mit hoher Biegesteifigkeit (Bild 10.1.4b) aus Aluminiumguß abgelöst. Sehr hohe Stabilität wird durch variablen Aufbau des Mikroskops aus Bausteinen mit quadratischer Grundfläche (Bild 10.1.4c bis f) erreicht, in deren Mittelachse die optische Hauptachse des Systems gelegt wurde. Die Bilder zeigen gleichzeitig die Lichtführung für Auflicht und Durchlicht, sowie den Umbau zum *umgekehrten Mikroskop,* bei dem z. B. größere Körper zu metallografischen Untersuchungen oder Schalen mit Bakterienkulturen einfach aufgelegt und damit von unten betrachtet werden können.

Mikroskopisch zu betrachtende Dinge müssen gut beleuchtet werden, um ein deutlich sichtbares Bild liefern zu können. Man unterscheidet grundsätzlich *„Durchlicht"* für durchsichtige Gegenstände, z. B. dünne Schnitte durch pflanzliche oder tierische Teile, Dünnschliffe durch Mineralien, Bakterien, und *„Auflicht"* für undurchsichtige Dinge, Metalle, Gesteine, Kunststoffe, Papier u. dgl.

Sowohl Durchlicht- wie Auflichtbeleuchtung sind im Hellfeldverfahren oder Dunkelfeldverfahren ausführbar: Bei *Hellfeldbeleuchtung* liegt die Beleuchtungsapertur innerhalb der Beobachtungsapertur; ohne ein den Lichtstrom schwächendes Objekt ergibt sich ein gleichmäßig helles Sehfeld (z. B. im Durchlicht: fehlerfreie Glasplatte, im Auflicht: fehlerfrei diffus oder (achsensenkrechte) regulär reflektierende Fläche). Bei *Dunkelfeldbeleuchtung* liegt die Beleuchtungsapertur außerhalb der Beobachtungsapertur (Objektivapertur); ohne ein den Lichtstrom teilweise ablenkendes Objekt (Streuung, Beugung) ergibt sich ein gleichmäßig dunkles Sehfeld (z. B. im Auflicht: fehlerfreier achsensenkrechter Spiegel; im Durchlicht: fehlerfreie Glasplatte).

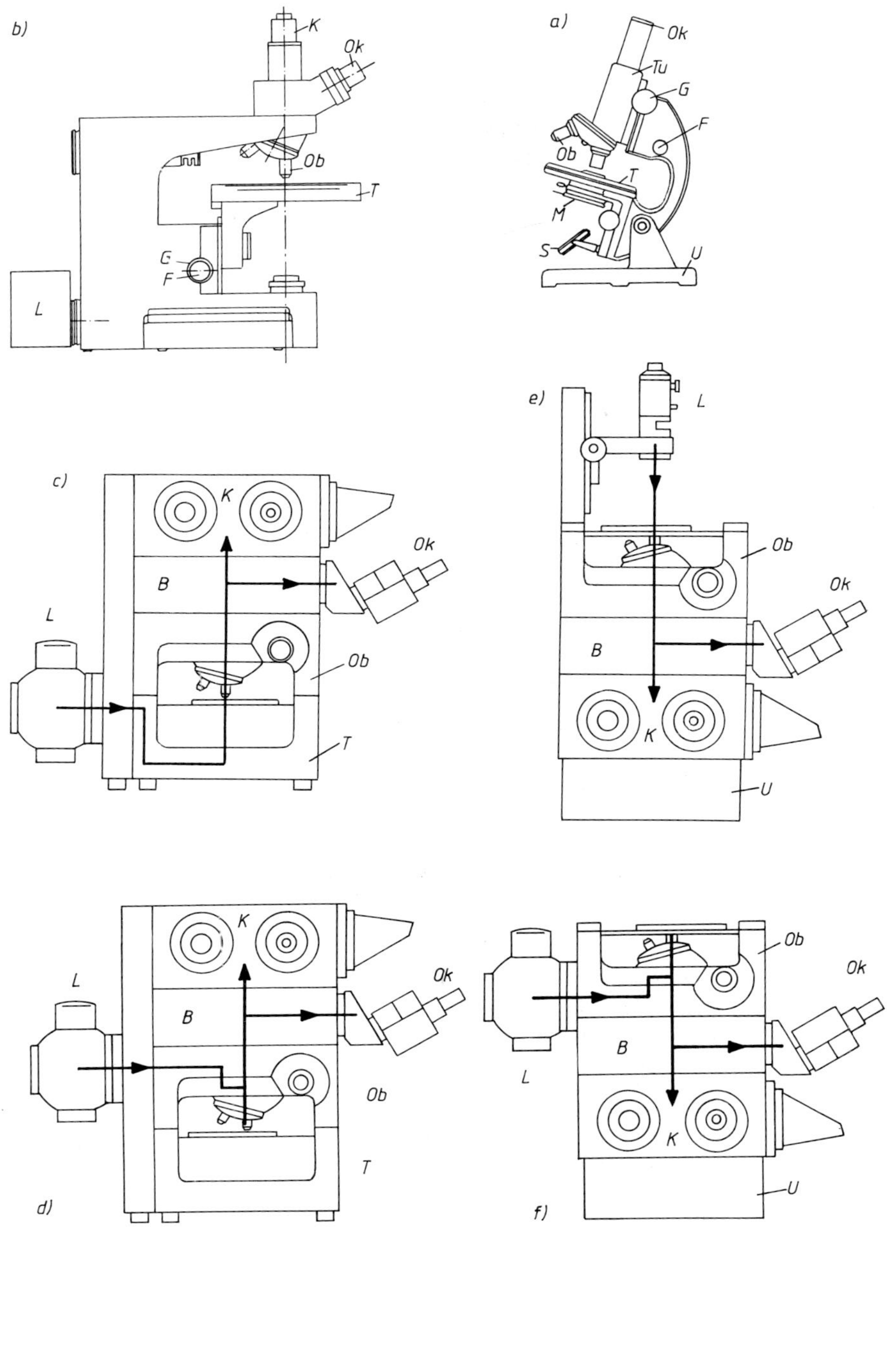
b)
K
Ok
Ob
T
G
F
L
a)
Ok
Tu
G
F
Ob
T
M
S
U
e)
L
Ob
Ok
B
K
U
c)
K
Ok
B
L
Ob
T
d)
K
L
Ok
B
Ob
T
f)
Ob
Ok
B
L
K
U

Zur *Durchlicht-Hellfeld-Beleuchtung* dient ein zwei- oder dreilinsiger Kondensor, der dem beleuchtenden Bündel etwa die gleiche Apertur gibt, wie sie das benutzte Mikroobjektiv hat. Die objektseitige Linse 3 (Bild 10.1.5) ist halbkugelig und hat eine aplanatische Fläche; die dem Licht zugekehrte Linse 1 hat etwa Minimumform hinsichtlich der sphärischen Aberration. Die gegebenenfalls vorhandene dritte Linse 2 ist ein Meniskus, gelegentlich auch aplanatisch. Die Apertur der Kondensoren liegt zwischen 1,0 und 1,4, die Brennweite zwischen 10 und 20 mm, die Schnittweite durchweg bei 1,3 mm, so daß die letzte plane Fläche dicht am Objektträger O liegt und mit ihm durch eine Immersionsflüssigkeit verbunden werden kann. Gelegentlich ist der Kondensor durch Verkitten mit zusätzlichen Linsen achromatisch. Er ist in einer Schiebhülse oder ähnlich austauschbar befestigt, zentrisch zur optischen Achse des Mikroskops und durch Zahn und Trieb od. dgl. längs der Achse verstellbar. Die Hülse trägt ferner eine unter dem Kondensor einschwenkbare Irisblende zur Regelung der Beleuchtungsapertur; sie ist zur Erzeugung schiefer Beleuchtung seitlich verstellbar. Diese Anordnung einschließlich eines Spiegels, der schräg einfallendes Licht dem Kondensor zuführt, heißt „Abbescher Beleuchtungsapparat". Stets ist die Frontlinse, bei dreilinsigen Kondensoren auch die Mittellinse entfernbar, um Brennweite und Apertur des Kondensors auch schwachen Objektiven anpassen zu können.

Bei kleinen Mikroskopen, die keinen Kondensor haben, kann der Planspiegel durch einen auf seiner Rückseite befindlichen Hohlspiegel ersetzt werden.

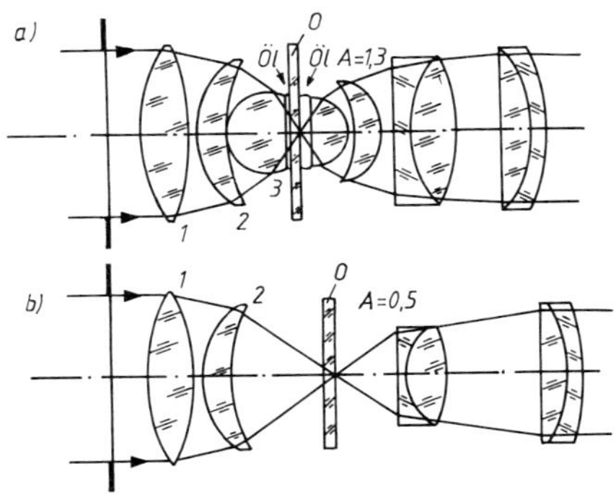


Bild 10.1.5 Anpassung des Kondensors an die Objektivapertur

a) Dreifacher Kondensor und Ölimmersion, b) gleicher Kondensor ohne Frontlinse bei schwachem Trockenobjektiv. O = Objektträger

◀ Bild 10.1.4 Beispiele für Stativbauarten und Mikroskop-Anordnungen

a) „Klassisches" Mikroskop-Stativ (nach [L 10.1.9]), b) Stativform eines modernen Großmikroskops [H 10.1.1], c) bis f) Aufbauvariationen am Beispiel eines Mikroskop-Bausteinsystems („Axiomat" [H 10.1.2]): c) aufrechtes Mikroskop mit Durchlichtbeleuchtung, d) aufrechtes Mikroskop mit Auflichtbeleuchtung, e) umgekehrtes Mikroskop mit Durchlichtbeleuchtung, f) umgekehrtes Mikroskop mit Auflichtbeleuchtung. U = Sockel bzw. Stativfuß, T = Tischsockel bzw. Tisch, Ob = Objektivbrücke bzw. Objektiv, B = Bildweiche, Ok = Okular, L = Lampe, K = Kamerabaustein oder Kameraanschluß, G = Grobtrieb, F = Feintrieb, M = Kondensor, S = Spiegel, Tu = Tubus

Als Lichtquelle dient bei mäßigen Ansprüchen eine weiße, gleichmäßig beleuchtete Fläche; z. Beispiel Glühlampe mit mattem oder Opalglaskolben, die durch den Kondensor in der Dingebene abgebildet wird. Besser ist ein sorgfältig aufgebautes Beleuchtungssystem, das eine zwangsläufige Regelung der Apertur und der Größe des ausgeleuchteten Gesichtsfeldes gestattet; beide sind auf das erforderliche Mindestmaß zu reduzieren, um das Objekt zu schonen (z. B. lichtempfindliche Kleinwesen) und unnötige, stets die Kontraste mindernde Strahlen vom Mikroskop fernzuhalten („Köhlersche Beleuchtung", Bild 10.1.6). Ein „Kollektor" K, eine meist asphärische Linse vom Öffnungsverhältnis 1 : 1 oder mehr, bildet eine kleine (2–5 mm Durchmesser) Lichtquelle hoher Leuchtdichte, z. B. Niedervoltglühlampe, im Kondensor M bzw. der daran befindlichen Aperturblende B ab. Gleichzeitig wird der Kondensor M so eingestellt, daß er den Kollektor K bzw. die bei ihm stehende Gesichtsfeldblende G im Objekt O abbildet. Die Kollektorblende G wird so weit geschlossen, daß nur das gewünschte Gebiet des Objektes beleuchtet ist, die Aperturblende B am Kondensor M auf etwa $^1/_2$–$^2/_3$ der Objektivapertur (Beobachtung im Tubus bei herausgenommenem Okular).

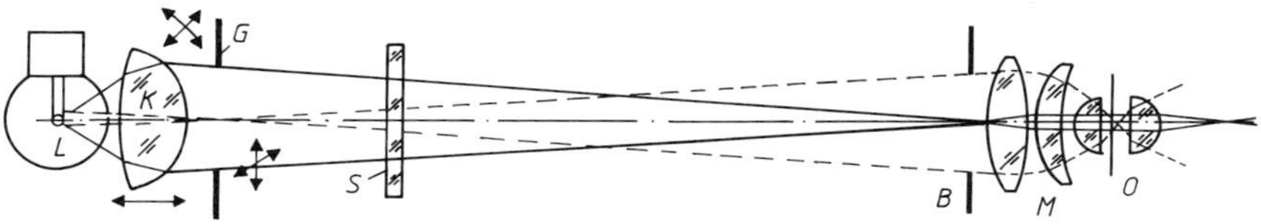


Bild 10.1.6 Köhlersche Beleuchtungsanordnung

Die Pfeile geben die erforderlichen Einstellmöglichkeiten an. Die Strahlen zeigen die Abbildung der Lichtquellenmitte (ausgezogen) und die Beleuchtung der Objektmitte (gestrichelt). S = Wärmeschutzfilter, L = Lampe, K = Kollektor, G = Leuchtfeldblende, B = Aperturblende, M = Kondensor, O = Objektebene

Aus diesen Bedingungen ergeben sich folgende mechanische Notwendigkeiten: Verschiebbarkeit des Kollektors längs der optischen Achse; Schwenkbarkeit von Lichtquelle mit Kollektor, um das Lichtbündel auf den Kondensor M zu richten; seitliche und Höhenverschiebung dieser Teile oder des Kondensors oder Anordnung eines schwenkbaren, den Strahlengang knickenden Spiegels, um die Kollektorblende G zentrisch ins Blickfeld O des Mikroskops zu bringen. Außerdem sind Möglichkeiten vorzusehen, um Lichtfilter und wärmeabsorbierende Scheiben oder Küvetten S anordnen zu können.

Bei *Auflicht-Hellfeld-Beleuchtung* muß das Licht durch das Objektiv hindurch dem Objekt zugeführt werden (Bild 10.1.7). Das geschieht durch den „Vertikalilluminator", in dem ein unter 45° stehendes Glasplättchen P oder ein Halbwürfelprisma H das von der Seite eingeführte Licht durch das Objektiv O schickt. Hier ist Köhlersche Beleuchtung besonders wichtig; gelegentlich wird durch eine zusätzliche Zwischenabbildung die Gesichtsfeldblende zweimal eingeführt ($G_1$, $G_2$). Das Glasplättchen P gibt keine sehr helle Beleuchtung, beansprucht aber die Apertur des Objektivs gleichmäßig, so daß keine Bildverschlechterung eintritt; es kommt für hohe Vergrößerungen allein in

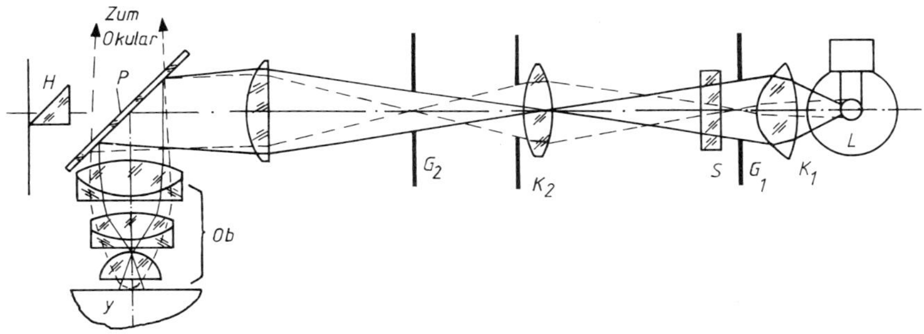


Bild 10.1.7 Köhlersche Beleuchtung für Auflicht

P = dünne Planplatte, austauschbar gegen Halbwürfelprisma H

Frage. Wegen des Astigmatismus darf das Plättchen nur dünn sein, es sei denn, es stehe im telezentrischen Strahlengang. Das Prisma gibt eine höhere Lichtstärke, beansprucht das Objektiv aber einseitig und führt zu schlecht aufgelösten Bildern. Durch reflexerhöhende Mittel (Abschn. 3.6) kann seine Lichtstärke auch vom Glasplättchen erreicht werden. Da das Gesichtsfeld des Mikroskops auch ohne Objekt y durch die Reflexe auf den Objektivlinsen stark aufgehellt wird, werden durchweg reflexmindernde Schichten aufgetragen, insbesondere wenn als Objekte andere Dinge als geschliffene und spiegelartig polierte Metalle oder Erze vorliegen.

Für *Durchlicht-Dunkelfeld-Beleuchtung* kann man einen Kondensor wie bei Hellfeldbeleuchtung benutzen, dessen Apertur die des Objektivs wesentlich übersteigt, und seinen axialen Bereich bis zur Apertur des Objektivs mit einer Zentralblende abdecken (Bild 10.1.8a). Das Licht bildet also einen Hohlkegel, dessen „Spitze" im Objekt liegt und die das Bild der Gesichtsfeldblende enthält; alle Strahlen gehen am Objektiv vorbei. Zwischen Kondensor und Objektträger ist Immersionsöl oder Wasser zu bringen, damit die Apertur voll ausgenutzt wird.

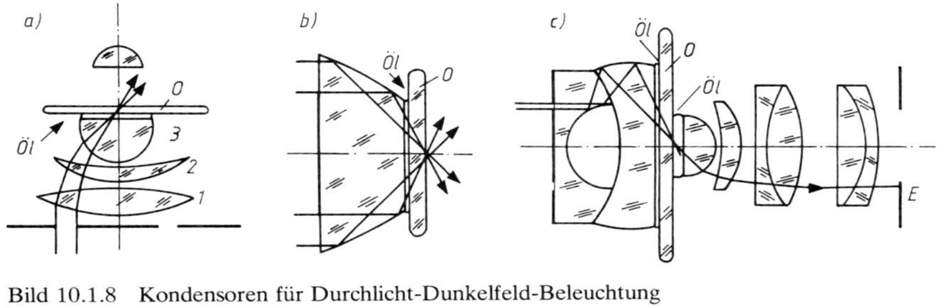


Bild 10.1.8 Kondensoren für Durchlicht-Dunkelfeld-Beleuchtung

a) Kondensor großer Apertur; Blende mit Zentralabdeckung; b) Paraboloid-Kondensor; c) Kardioid-Kondensor und Immersionsobjektiv mit Blende E

Eine bessere Wirkung wegen ihrer geringeren sphärischen Restfehler ergeben Spiegelkondensoren, entweder als Paraboloid (Bild 10.1.8.b) oder als „Kardioidkondensor" (Bild 10.1.8c), wobei die vorgeschriebenen Kurven technisch durch Kugelflächen ersetzt werden, ohne daß die astigmatische und aplanatische Korrektion Schaden leidet. Werden mit diesen Kondensoren Ölimmersionen benutzt, deren Apertur bei 1,3 liegt, so sind diese durch eine Einsatzblende auf etwa 1,0 abzublenden.

Kleine Teilchen, die sich im Beleuchtungskegel dieser Kondensoren befinden, leuchten im Gesichtsfeld hell auf („Sonnenstäubchen"); sie können sogar wesentlich kleiner sein, als sie im Hellfeld aufgelöst und erkannt werden können. Freilich ist dann über ihre Form nichts auszusagen. Anwendung für Bakterien, die sich nicht färben lassen und deshalb im Hellfeld nicht erkennbar sind; Staub; Kolloide und ähnliche fein verteilte Stoffe; Studium der Braunschen Molekularbewegung.

Für *Auflicht-Dunkelfeld-Beleuchtung* umgibt man das Objektiv mit einem ringförmigen Hohlspiegel oder einer Ringlinse; darüber ist ein Planspiegel unter 45° angebracht, der für den Abbildungsstrahlengang durchbohrt ist (Bild 10.1.9). Beleuchtet wird von der Seite durch einen kleinen Scheinwerfer, meist die vorhandene Lichtquelle mit Kollektor. Es ist technisch nicht schwer, diese Einrichtung mit einem Vertikalilluminator zu vereinigen, so daß ein Wechsel zwischen Hell- und Dunkelfeld mit ein oder zwei Griffen möglich ist (z. B. „Ultropak" von Leitz). Stets sind zusätzliche Mittel erforderlich, um den Ringspiegel bzw. die Ringlinse gegenüber dem Objektiv heben und senken und das Prisma oder das Glasplättchen um die Knickachse des Beleuchtungsstrahlenganges drehen zu können, wenn man sie nicht unaustauschbar fest einbaut.

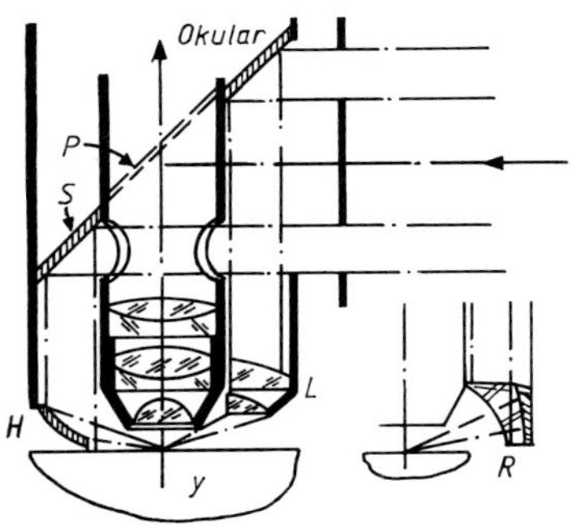


Bild 10.1.9 Auflicht-Dunkelfeld-Beleuchtung

Dargestellt sind drei Möglichkeiten: Hohlspiegel H, durchbohrte Linsen L, Spiegelring R. S = Ringspiegel. P = einschiebbare Planplatte (für Hellfeld-Beleuchtung)

Oft ist *kombinierte Beleuchtung* zweckmäßig, z. B. Durchlicht-Hellfeld-Beleuchtung und Auflicht-Dunkelfeld-Beleuchtung, wobei die erstere die genauen Umrisse, letztere die Oberflächenstrukturen zeigt, z. B. bei Drahtnetzen, Textilien usw. Benutzung verschiedenfarbiger Filter für beide Strahlengänge gibt zusätzliche Wirkungen.

Bei Beleuchtungseinrichtungen für Mikroskope werden neben *Niedervolt-Glühlampen* zunehmend *Halogenglühlampen* (Abschn. 6.2) wegen geringeren Raumbedarfs, höherer Farbtemperatur und geringerer Lichtstromabnahme über die Lebensdauer verwendet, bei größerem Lichtstrombedarf (z. B. Großfeld-Auflicht-Beobachtung) auch *Gasentladungslampen* (Abschn. 6.3) bis etwa 250 W (Quecksilber-Höchstdrucklampen, Xenonlampen, Halogen-Metalldampflampen). Bei mikrofotografischen Aufnahmen ist auch *Blitzbeleuchtung* möglich. Bild 10.1.10 zeigt den Aufbau einer Mikro-Blitzleuchte [H 10.1.2], bei der die Zwischenabbildung einer Glühwendel an den Ort der Blitzröhre gelegt ist. Damit können bei nahezu gleichem äußerem Strahlengang die Niedervoltlampe zur Beobachtung und optimalen Einstellung und die Blitzlampe zur Aufnahme benutzt werden. Bei niedrigem Abbildungsmaßstab des Objektivs, also großem freiem Arbeitsabstand, kann auch Beleuchtung über *faseroptische Lichtleiter* (Abschn. 18.2) erfolgen. Hierdurch ist eine sehr flexible Beleuchtungsführung, u. a. auch mit einseitiger Schrägbeleuchtung, möglich.

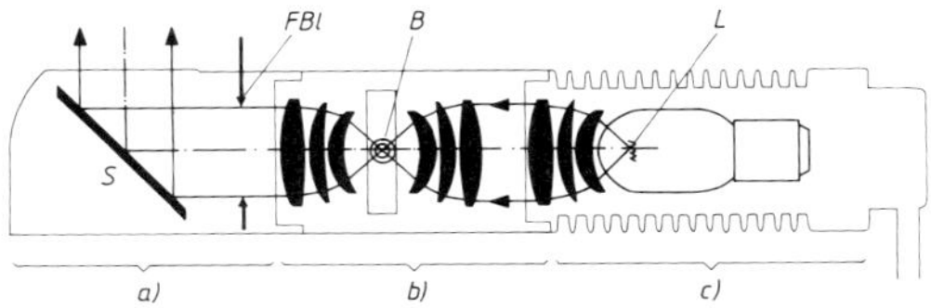


Bild 10.1.10 Mikro-Blitzleuchte [H 10.1.2]

a) Spiegelgehäuse, b) Blitzeinheit mit Doppelkollektor, c) Niedervoltleuchte. S = Spiegel, FBl = Leuchtfeld-Irisblende, B = Blitzröhre mit Schieber, L = Glühwendel

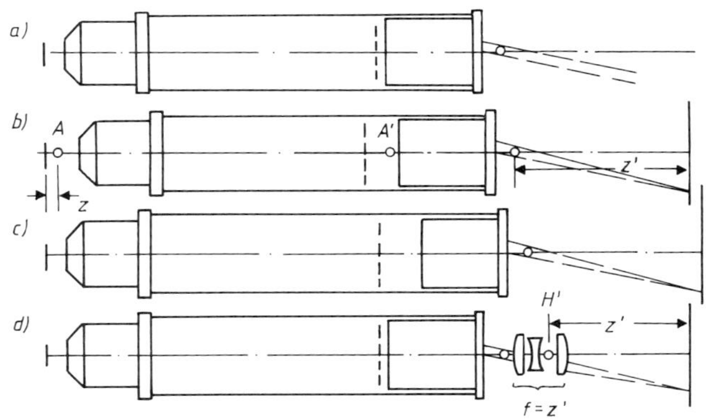


Bild 10.1.11 Mikroskop-Einstellung zur Mikrofotografie

a) zum Vergleich: visuelle Benutzung des Mikroskops, b) Einstellung mit gesamtem Tubus, c) Einstellung mit dem Okular, d) Mikroskop-Einstellung wie bei a); dahinter auf $\infty$ eingestellte Kamera

Bei der mikroskopischen Beobachtung mit auf $\infty$ akkommodiertem Auge liegt das Objekt in der Brennebene $\bar{F}$ des Mikroskops (Objektiv + Okular), denn es wird ja nach $\infty$ abgebildet (Bild 10.1.11 a). *Mikrofotografische Aufnahmen* erfordern jedoch eine Bildlage in endlicher Entfernung, d. h. das Objekt muß um die Strecke z aus der Brennebene $\bar{F}$ verschoben werden (Bild 10.1.11 b). Ist z′ der Abstand der Bildebene (Filmebene) von der Brennebene F′ des Mikroskops (grob: ... vom Okular), so ergibt sich aus Gl. (4.2.3), (5.4.1), (10.1.2)

$$z = -\left(\frac{250\ \text{mm}}{\Gamma'_M}\right)^2 \cdot \frac{1}{z'} \tag{10.1.5}$$

Für den Abbildungsmaßstab β′ der fotografischen Abbildung ergibt sich dann mit Gl. 4.2.10

$$\beta = \Gamma'_M \cdot \frac{z'}{250\ \text{mm}} \tag{10.1.6}$$

Nennt man

$$p = \frac{z'}{250\ \text{mm}} \tag{10.1.7}$$

den *Kamerafaktor* (der meist bei mikrofotografischen Einrichtungen angegeben ist), so ergibt sich für den Abbildungsmaßstab

$$\beta' = \Gamma'_M \cdot p \tag{10.1.8}$$

Der Kamerafaktor p gibt also das Verhältnis von Abbildungsmaßstab zu Mikroskopvergrößerung an. DIN 58886 enthält eine Normreihe für die Faktoren p (0,32 ... 4).

Da bei Änderung des Abstandes zwischen Objekt und Tubus die Lagen von Objekt und Bild nicht mehr streng mit den aplanatischen Punkten A und A′ des Objektivs übereinstimmen (Bild 10.1.11b), kann auch das Okular allein verschoben (Bild 10.1.11c) oder eine auf ∞ eingestellte Kamera mit eigenem Objektiv hinter dem Okular angebracht werden (Bild 10.1.11d). Optisch beste Lösung ist die Einstellung gemäß Bild 10.1.11c unter Verwendung eines speziell korrigierten *Projektionsokulars* („Projektiv").

Für mikrofotografische Aufnahmen ist also im einfachsten Falle ein stabiles Mikroskop und eine *Kleinbild-Spiegelreflexkamera,* die mit einem Adapter unmittelbar auf den Mikroskop-Tubus gesetzt werden kann, erforderlich. Eine auf getrenntem Stativ über dem Mikroskop angebrachte Kamera belastet den Mikroskop-Tubus nicht; durch lichtdichten, aber flexiblen Anschluß an das Okular wird die Übertragung von Erschütterungen vermieden. Mit beliebigen Großformatkameras und einfachen Mikroskopen, die ein Umlegen des Tubus in die Horizontale ermöglichen, kann eine stabile mikrofotografische Anordnung auf einer *optischen Bank* zusammengebaut werden (Bild 10.1.12).

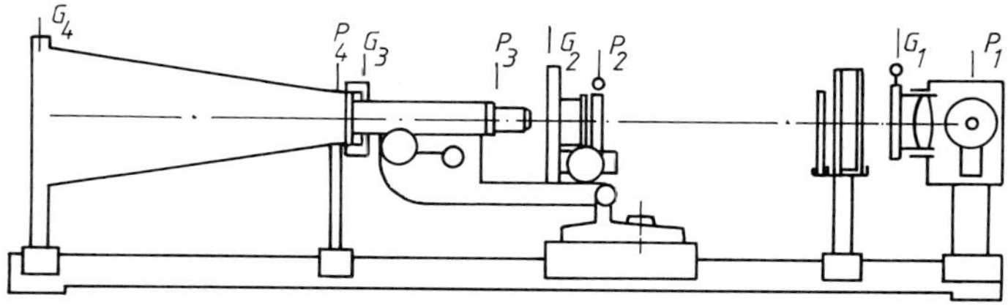


Bild 10.1.12 Mikrofotografische Einrichtung auf optischer Bank

$P_1$ bis $P_4$ = Pupillen, $G_1$ bis $G_4$ = Luken (Felder)

Bevorzugt werden jedoch *Aufsatzkameras* verwendet (Bild 10.1.13), die bei Formaten zwischen 24 mm × 36 mm und 9 cm × 12 cm meist mit festem Auszug ausgeführt und mit dem entsprechenden Kamerafaktor p beschriftet sind. Die Einstellung wird über *Beobachtungstubus* oder bei größeren Formaten durch Mattscheibenbeobachtung vorgenommen. Bei modernen mikrofotografischen Systemen (z. B. Vario-Orthomat [H 10.1.1]) werden unterschiedliche Kamera-Aufsätze (auch für Sofortbildfilm) auf ein gemeinsames Verschlußteil mit Foto-Okular und *automatischer Belichtungssteuerung* gesetzt. Die Einstellung erfolgt über den Okulartubus des Mikroskops, in dessen Feld die Marken zur Formatbegrenzung eingespiegelt werden, ebenso wie ein Meßfleck, mit dem Spot-Belichtungsmessung an einzelnen Objektdetails möglich ist (etwa bei dunklen Flächenanteilen in hellem Grund). Bei einem *Fotomikroskop* ist die Kamera vollständig in das Mikroskop-Stativ integriert (z. B. [H 10.1.2]).

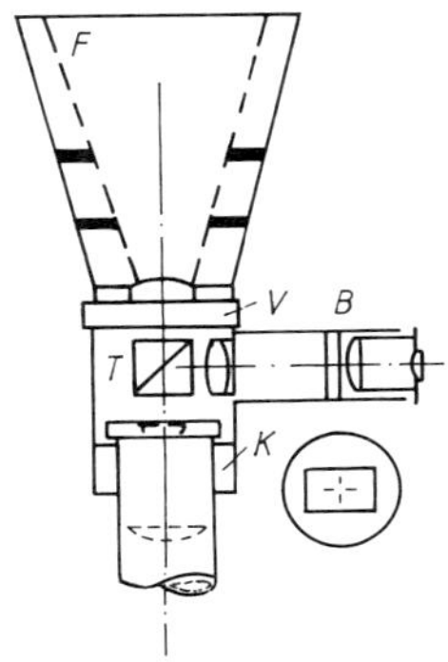


Bild 10.1.13 Einfache Aufsatzkamera
F = Film, V = Verschluß, T = Teiler, B = Beobachtungsfernrohr, K = Klemmeinrichtung

Für Laufbildaufnahmen *(Mikrokinematografie)* wird eine *Schmalfilmkamera* über dem Mikroskop angebracht, wobei durch getrennte Aufstellung jede Übertragung von Erschütterungen vermieden werden muß. Bei fest eingebautem Objektiv werden Kamera und Mikroskop auf $\infty$ eingestellt. Der Abstand zwischen Austrittspupille des Mikroskops und Hauptpunkt H des Objektivs darf höchstens $f'^2/D \cdot k$ betragen, wenn das Filmformat vollständig ausgezeichnet werden soll (mit f', k = Brennweite und Blendenzahl des Objektivs, D = Diagonale des Filmformats); mit einem in diesen Zwischenraum eingeschobenen Teiler kann ggf. der Beobachtungsstrahlengang abgezweigt werden.

Bei mikrofotografischen Aufnahmen verwendete *Beleuchtungseinrichtungen* sollen möglichst regelbar sein, ohne daß sich dabei die Farbtemperatur und die Apertur ändern, d. h. Änderung des Lichtstroms nicht durch Spannungsregelung der Lampe oder durch eine Irisblende, sondern z. B. durch Graufilter.

**Literaturhinweise**

L 10.1.1 *Benford, J. R.;* Rosenberger, H. E.: Microscopes. LÜ1 Vol. IV/2
L 10.1.2 *Uhlig, M.:* Untersuchungsmethoden beim Lichtmikroskop. Jahrb. f. Optik u. Feinmechanik 1971, 129–147
L 10.1.3 *Michel, K.:* Die Grundzüge der Theorie des Mikroskops. Wissenschaftliche Verlagsgesellschaft, Stuttgart, 2. Aufl. 1964
L 10.1.4 *Michel, K.:* Die Mikrophotographie. (Die wissenschaftliche und angewandte Photographie, Band 10) Springer-Verlag, Wien 1957
L 10.1.5 *Claussen, H. C.:* Mikroskope. in: Handbuch Band 29, L 22.13
L 10.1.6 *Beyer, H.:* Handbuch der Mikroskopie. VEB Verlag Technik, Berlin 1973
L 10.1.7 *Beyer, H.:* Theorie und Praxis der Interferenzmikroskopie. Akad. Verlagsgesellschaft Geest & Portig KG, Leipzig 1974
L 10.1.8 *Françon, M.:* Einführung in die neueren Methoden der Lichtmikroskopie. G. Braun, Karlsruhe 1967
L 10.1.9 *Ehringhaus, A.; Trapp, L.:* Das Mikroskop. B. G. Teubner, Stuttgart, 5. Aufl. 1958
L 10.1.10 *Determann, H.; Lepusch, F.:* Das Mikroskop und seine Anwendung. Ernst Leitz Wetzlar GmbH, Wetzlar 1977
L 10.1.11 *Patzelt, W. J.:* Polarisationsmikroskopie. Ernst Leitz Wetzlar GmbH, Wetzlar 1977
L 10.1.12 *Klein, W.:* Umgekehrte Mikroskope. Jahrb. f. Optik u. Feinmech. 1983, 120–139
L 10.1.13 DIN 58880 Mikroskope; Tubusschieber und Tubusschlitz, Anschlußmaße
L 10.1.14 DIN 58882 Mikroskope; Kondensatoren, Filter, Anschlußmaße
L 10.1.15 DIN 58883 Beleuchtungsspiegel für Mikroskope; Haupt- und Anschlußmaße
L 10.1.16 DIN 58884 Objektträger, Deckgläser, Immersionsmittel für Mikroskope
L 10.1.17 DIN 58885 Mikroskope; Tischfedern, Anschlußmaße
L 10.1.18 DIN 58886 Mikroskope; Vergrößerungen, Lupenvergrößerung – Maßstab
L 10.1.19 DIN 58887 Optische Anschlußmaße für Mikroskope
L 10.1.20 *Klein, W.:* Diskussionseinrichtungen bei Mikroskopen. Jahrb. f. Optik u. Feinmech. 1984, 66–86
L 10.1.21 *Köhler, H.:* Eine moderne Darstellung der Abbeschen Theorie von der „Bildentstehung im Mikroskop". Teil I: Zeiss-Inform *26*(1981/82), H. 93, 36–39; Teil II: *27*(1982), H. 94, 14–17

**Beispiele für Hersteller bzw. Lieferanten von Mikroskopen**

H 10.1.1 *Ernst Leitz Wetzlar GmbH,* Wetzlar
H 10.1.2 *Carl Zeiss,* Oberkochen
H 10.1.3 *Will Wetzlar GmbH,* Wilhelm-Will-Str. 7, Wetzlar-Nauborn
H 10.1.4 *Reichert,* Wien, über: *W. Pabisch GmbH & Co. KG,* Atterseestr. 16, München
H 10.1.5 *Olympus Optical Co. (Europa) GmbH,* Steindamm 105, Hamburg
H 10.1.6 *Hertel & Reuss,* Quellhofstr. 67, Kassel
H 10.1.7 *Grün Optik Wetzlar GmbH,* Solmserstr. 90, Wetzlar
H 10.1.8 *Jenoptik Jena,* DDR, über Werner Jähnert GmbH, Weender Landstr. 3, Göttingen
H 10.1.9 *Ealing Beck Ltd.,* Greycaine Road, Watford, GB
H 10.1.10 *Oskar Uhl,* Mühlweg 33, 6334 Aßlar 1: Optisch-mechanische Bauteile, u. a. für Mikroskope

## 10.2 Objektive und Okulare für Mikroskope

Mikroskop-Objektive für größere Abbildungsmaßstäbe erfordern einen hohen Korrekturaufwand: Damit die mit ihnen erzielbare Mikroskop-Vergrößerung auch ausnutzbar, also „förderlich" (Abschn. 10.1) ist, müssen sie mit großer Apertur ausgeführt werden; außerdem sollen sie ein möglichst großes Feld mit geringer Bildfeldwölbung auszeichnen. Entsprechend unterschiedlicher Korrektur kann man im wesentlichen vier Objektivtypen unterscheiden:

1. *Achromatische Objektive,* meist aufgebaut aus wenigstens zwei verkitteten Achromaten (Abschn. 4.4) und ggf. zusätzlichen Linsen. Da außerhalb des Spektralbereichs zwischen den bei der Korrektur benutzten Wellenlängen (z. B. F = 486,1 nm, C = 656,3 nm) die Farbabweichungen stark zunehmen, muß der fotografisch wirksame kurzwellige Bereich (violett) bei Mikroaufnahmen durch Grünfilter ausgeschaltet werden.

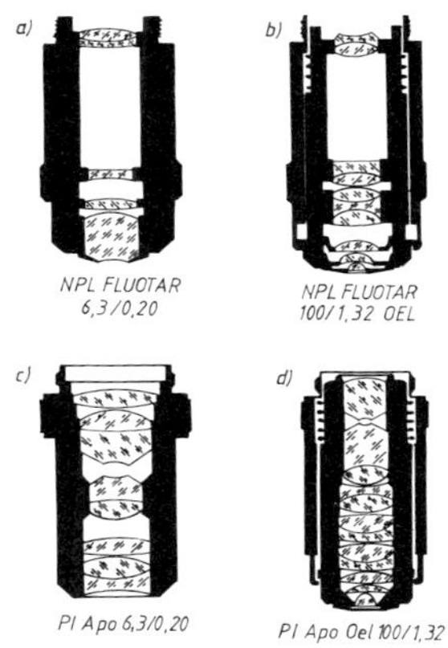


Bild 10.2.1 Gegenüberstellung von Halbapochromaten und Planapochromaten [H 10.1.1]

a), b) Halbapochromate NPL FLUOTAR®, c), d) Planapochromate; a), c) niedriger, b), d) hoher Abbildungsmaßstab

2. *Halbapochromate* zeigen verbesserte Farbkorrektur, d. h. Verminderung des bei der achromatischen Korrektur verbleibenden „sekundären Spektrums". Diese Korrektur wird bei einem mit Achromaten vergleichbaren Aufbau (Bild 10.2.1a, b) dadurch erreicht, daß ein Teil der Linsen aus Materialien mit extrem niedriger Dispersion (d. h. hoher Abbescher Zahl ν) gefertigt wird. Hierzu gehören das (teure) Flußspat $CaF_2$ oder den Eigenschaften dieses Kristalls nahekommende, aber preisgünstigere Spezialgläser, z. B. FK 54 (Bild 3.2.1).

3. *Apochromate* werden auf gleiche Schnittweite für drei Wellenlängen korrigiert; das sekundäre Spektrum wird dadurch unmerklich. Diese optimale Farbkorrektur erfordert ebenfalls den Einsatz von Flußspat und/oder Sondergläsern.

4. *Planobjektive* liefern ein sehr großes geebnetes Bildfeld z. B. bis 28 mm Durchmesser, wie es vor allem für die Mikrofotografie angestrebt wird. Bild 10.2.1c, d zeigt Beispiele für Planobjektive mit apochromatischer Korrektur.

Tabelle 10.2.1 zeigt an Beispielen einer Objektivreihe von Halbapochromaten die Änderung von Brennweite und freiem Arbeitsabstand sowie Apertur mit dem festgelegten Abbildungsmaßstab. Die Schärfentiefe nimmt in dieser Reihe mit steigendem Abbildungsmaßstab von etwa 80 μm auf unter 1 μm ab: siehe Gl. (4.5.6).

**Tabelle *10.2.1* Beispiele aus einer Objektivreihe:** Leitz-NPL Fluotar-Objektive. Abgleichlängen (Bild 10.1.2): $l_1 = 45$ mm, $l_2 = 150$ mm, $l_4 = 10$ mm. Sehfeldzahl 22 mm wird erreicht oder überschritten

| Abb.-Maß-stab $\lvert\beta'\rvert$ | num. Apertur A | Brenn-weite f'/mm | freier Arbeits-abstand $f_a$/mm | Auf-lösung λ/2A; 550 nm, in μm | Orts-frequenz Lp/mm | $\Gamma'_{förd}$ | Schärfen tiefe mit Okular 10 × ca. μm |
|---|---|---|---|---|---|---|---|
| 6,3 | 0,20 | 22,7 | 2,30 | 1,38 | 725 | 100 ... 200 | 80 |
| 10 | 0,30 | 15,0 | 0,75 | 0,92 | 1087 | 150 ... 300 | 33 |
| 16 | 0,45 | 10,8 | 0,58 | 0,61 | 1639 | 225 ... 450 | 13 |
| 25 | 0,55 | 7,19 | 0,36 | 0,50 | 2000 | 275 ... 550 | 6 |
| 40 | 0,70 | 4,64 | 0,24 | 0,39 | 2564 | 350 ... 700 | 2,7 |
| 63 | 0,90 | 2,79 | 0,11 | 0,31 | 3226 | 450 ... 900 | 1,3 |
| 100 | 1,32 Öl | 1,64 | 0,15 | 0,21 | 4762 | 660 ... 1320 | 0,8 |

Die Tabelle zeigt, daß die freien Arbeitsabstände $f_a$ bei hohen $\beta'$-Werten sehr klein werden. Da hierdurch die Gefahr einer Beschädigung des Objektivs besteht, werden Objektive mit mittleren und hohen Abbildungsmaßstäben durch *gefederte Fassungen* (Bild 10.2.1 b, d) gegen harten Kontakt mit dem Deckglas oder der Objektfläche geschützt.

Auf den Objektiven werden Abbildungsmaßstab und Apertur in der Form 40/0,70 angegeben, außerdem die mechanische Tubuslänge $l_2 + l_4$ und die in die Korrektur einbezogene Deckglasdicke in der Form 160/0,17. Hier bedeutet $\infty/-$: Bildweite $\infty$ (Zusammenwirken mit Tubuslinse!); Korrektur ohne Deckglas.

Als *Okulare* (Abschn. 9.4) werden Huygenssche oder Ramsdensche verwendet, für mikrophotographische Zwecke Ebnungs- oder Kompensationsokulare, die die Bildfeldwölbung der Objektive verbessern, auch den Farbenvergrößerungsfehler bei Apochromaten. Für hohe Vergrößerungen bevorzugt man orthoskopische oder monozentrische Okulare. Für rein photographische Zwecke liefern Negativlinsen als Okulare eine gute Bildebnung.

Während die Vergrößerung $\Gamma'_{Ok}$ des Okulars nach Gl. (9.1.3) durch die Brennweite $f'_{Ok}$ bestimmt wird, kommt als weitere wesentliche Eigenschaft der Durchmesser 2 y' des vom Objektiv entworfenen Zwischenbildes hinzu. Dieser Durchmesser wird durch die Okularblende oder deren Bild (Huygens-Okulare) begrenzt. Man gibt deshalb den Zahlenwert von 2 y' in mm als *Sehfeldzahl* des Okulars an. Bei Okularen mit dem genormten Einsteckdurchmesser von 23,2 mm sind Sehfeldzahlen bis etwa 20 möglich; bei *Großfeld-Okularen* mit 30 mm Einsteckdurchmesser liegt die maximale Sehfeldzahl bei 28. Die auskorrigierten Felder von Objektiv und Okular müssen natürlich aufeinander abgestimmt sein, d. h. Großfeld-Okulare können nur zusammen mit entsprechenden Planobjektiven verwendet werden. Kennt man die Sehfeldzahl des Okulars, so erhält man mit dem Abbildungsmaßstab $\beta'$ des verwendeten Objektivs den Durchmesser 2 y des überblickbaren *Objektfeldes:*

$$2\,y = \frac{2\,y'}{\beta'} \tag{10.2.1}$$

Für den *Bildfeldwinkel* $2\,w'$ erhält man

$$2\,w' = 2\arctan\frac{y'}{f'_{Ok}} \tag{10.2.2}$$

mit $y'$ = halbe Sehfeldzahl in mm.

Brillenträger können bei aufgesetzter Brille die Augenpupille nicht an den Ort der etwa 10 mm hinter dem letzten Linsenscheitel des Okulars liegenden Austrittspupille bringen, so daß der Durchmesser des Sehfeldes beschnitten wird. Bei *Brillenträger-Okularen* wird deshalb durch konstruktive Maßnahmen die Austrittspupille etwa 20 mm hinter das Okular verlegt.

Bild 10.2.2 zeigt zum Vergleich ein Huygens- und ein Kompensationsokular (Leitz-Periplan); Tabelle 10.2.2 gibt einige Okulardaten.

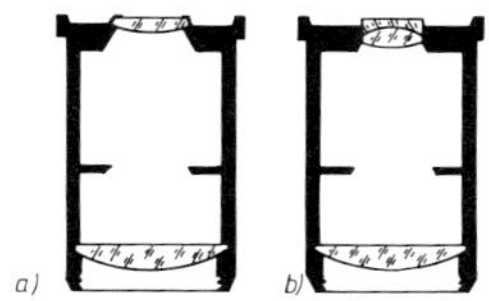


Bild 10.2.2 Vergleich von Okulartypen
a) Huygens-Okular 8 ×, b) Periplan®-Okular 8 × (Kompensations-Okular)

**Tabelle *10.2.2* Beispiele für Okulare** [H 10.1.1] mit gleicher Vergrößerung $\Gamma'_{Ok} = 10\times$

| Typ | $f'_{Ok}$ mm | Sehfeldzahl $2\,y'$ | Bildwinkel $2\,w'$ |
|---|---|---|---|
| Huygens 23,2 mm | 25 | 14 | 31° |
| Periplan 23,2 mm | 25 | 18 | 40° |
| Periplan-Großfeld 30 mm | 25 | 24 | 51° |
| Periplan-Brillenträger, 30 mm | 25 | 22 | 47° |

## Literaturhinweise

L 10.2.1 *Klein, W.:* Berechnung und Korrektion von schwachen Mikroskopobjektiven. Jahrb. f. Optik u. Feinmech. 1985, 33–71

L 10.2.2 *Benford, J. R.:* Microscope Objectives. LÜ1 Vol. III/4. *Rosin, S.:* Eyepieces and Magnifiers. LÜ1 Vol. III/9

L 10.2.3 *Klein, W.:* Aufbau und Korrektion der Mikroskopobjektive. Jahrb. f. Optik u. Feinmechanik 1976, 46–85

L 10.2.4 *Klein, W.:* Aufbau und Korrektion der Mikroskopokulare. Jahrb. f. Optik u. Feinmechanik 1977, 95–127
L 10.2.5 *Klein, W.:* Tubusoptik in Mikroskopen. Jahrb. f. Optik u. Feinmechanik 1978, 60–96
L 10.2.6 *Klein, W.:* Variooptik in Mikroskopen. Jahrb. f. Optik u. Feinmechanik 1980, 84–106
L 10.2.7 *Klein, W.:* Neue Serieneinteilungen bei Mikroskopobjektiven. Jahrb. f. Optik u. Feinmech. 1986, 103-124
L 10.2.8 DIN 58878 Farbkennzeichnung von Mikroskopobjektiven
L 10.2.9 DIN 58888 Gewindeanschluß für Mikroskopobjektive; RMS-Gewinde
L 10.2.10 DIN 58881 Mikroskope; Okulare, Anschlußmaße
L 10.2.11 *Bufe, B.; Tandler, H.:* Konstruktiv-technologische Probleme bei der Mikroskopoptik. Feingerätetechnik *34* (1985), 58-59

**Beispiele für Hersteller bzw. Lieferanten**

H 10.2.1 *Melles Griot GmbH,* Kleyerstr. 14, Darmstadt: Mikroskoptuben, Objektive, Okulare, Strichplatten usw.
H 10.2.2 *L. Merker,* Leo Slezakgasse 7, Wien, A: Okulare

## 10.3 Spezielle Mikroskopierverfahren, Mikroskope und Ausrüstungen

In diesem Abschnitt soll kurz auf einige der zahlreichen speziellen Mikroskopierverfahren hingewiesen werden. Während im Hellfeld Amplitudenobjekte und im Dunkelfeld streuende Objektdetails sichtbar werden, verbleibt die Notwendigkeit, transparente Objekte zu differenzieren, deren Details sich nur durch kleine Brechzahl- oder Dickenunterschiede voneinander abheben, die also zu Unterschieden in der optischen Weglänge führen *(„Phasenobjekte“).* Hier werden die mit Interferenzkontrast und Phasenkontrast bezeichneten Verfahren angewendet. Bei Wegdifferenzen etwa unterhalb der Lichtwellenlänge ist der *Interferenzkontrast* günstig: Das Beleuchtungslicht wird linear polarisiert und dann in zwei senkrecht zueinander polarisierte Komponenten gleicher Amplitude aufgespalten, die das Objekt mit geringer seitlicher Verschiebung (innerhalb des Auflösungsvermögens) durchsetzen, und die dadurch im Objekt unterschiedliche Phasenverschiebungen erfahren. Benachbarte Objektteile können damit in Farbe und Helligkeit differenziert werden. Die seitliche Verschiebung der beiden Teilbündel ergibt ein Bild ähnlich wie bei einseitiger Schrägbeleuchtung einer strukturierten Oberfläche, d. h. einen reliefartigen Kontrast mit Licht- und Schattenkanten.

*Phasenkontrast* wird hingegen nicht durch Interferenz von verschobenen Teilbündeln, sondern durch Interferenz von am Objekt gebeugten Wellen mit den direkt durchgehenden Wellen (nullte Beugungsordnung) erzeugt. Da das Auge die in transparenten Objekten entstehenden optischen Wegunterschiede (Phasendifferenzen) nicht direkt erkennen kann, werden mit der Phasenkontrast-Einrichtung eines Mikroskops von Phasenobjekten Amplitudenbilder erzeugt.

Das Prinzip zeigt Bild 10.3.1: Eine vorgeschaltete Ringblende wird vom Kondensor nach $\infty$ und damit vom Objektiv in seine Brennebene $F'_{Ob}$ abgebildet. Die durch die Ringblende gelangenden, das Präparat ungebeugt durchsetzenden Beleuchtungsbündel („nullte Beugungsordnung“) treffen in $F'_{Ob}$ auf einen *Phasenring,* d. h. auf eine ringförmige, durch Aufdampfen so abgestimmte Schicht ($MgF_2$), daß gegenüber der Umgebung eine Phasendifferenz von $+90°$ ($\lambda/4$) erreicht wird (genauer: im Phasenring ergibt sich ein Voreilen der Phase um 90°, weil die umgebende Kittschicht höhere Brechzahl aufweist). Außerdem bewirkt eine metallische Absorptionsschicht eine Schwächung.

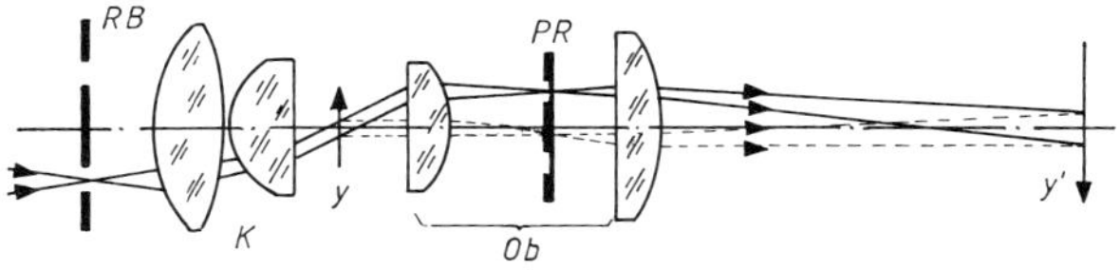


Bild 10.3.1 Prinzip des Phasenkontrastverfahrens

RB = Ringblende, K = Kondensor, y = Objektebene, Ob = Objektiv, PR = Phasenring, y' = Zwischenbildebene. Strahlengang ausgezogen: direktes Beleuchtungslicht (nullte Ordnung), gestrichelt: eine der Beugungsordnungen

Durch diese Auslegung des Phasenringes ergibt sich folgende Funktion: Während bei Amplitudenobjekten das gebeugte Licht gegenüber der 0. Ordnung eine Phasenverschiebung von 180° aufweist, sind dies bei Phasenobjekten nur 90°. Durch die zusätzlich eingeführte 90°-Verschiebung im Phasenring ergeben sich ebenfalls insgesamt 180°, d. h. die gleichen Phasenverhältnisse wie bei einem Amplitudenobjekt. Durch die Schwächung im Phasenring wird die Intensität der 0. Ordnung an die Beugungsordnungen angeglichen. In der Zwischenbildebene des Mikroskops ergibt sich nun durch Interferenz der Beugungsordnungen ein Amplitudenbild: Details mit gegenüber dem Umfeld höherer Brechzahl erscheinen dunkler.

Eine weitere Möglichkeit zu Nachweis und Untersuchung bestimmter Objektdetails bietet die *Fluoreszenzmikroskopie:* Fluoreszenzfähige Details oder aber in den meisten Fällen mit Fluoreszenzfarbstoffen spezifisch angefärbte Details werden mit kurzwelligem Licht angeregt; das längerwellige Fluoreszenzlicht wird dem Auge, einem Fotometer oder der fotografischen Schicht zugeführt. Das Objekt wirkt hierbei also als *Selbstleuchter.*

Voraussetzung für eine kontrastreiche Beobachtung der meist schwachen Fluoreszenzerscheinungen ist die möglichst saubere Trennung von Erreger- und Fluoreszenzlicht, die bei dicht nebeneinander liegenden Spektralbereichen für Anregung (Exzitation) und Fluoreszenz (Emission) nur durch *Kantenfilter* (Abschn. 6.9) mit steilen Kanten erfolgen kann. Bild 10.3.2 [L 10.3.5] zeigt das Prinzip: Aus der von der Quecksilber-

Teiler, Ob = Objektiv, y = Objektebene, SF = Sperrfilter

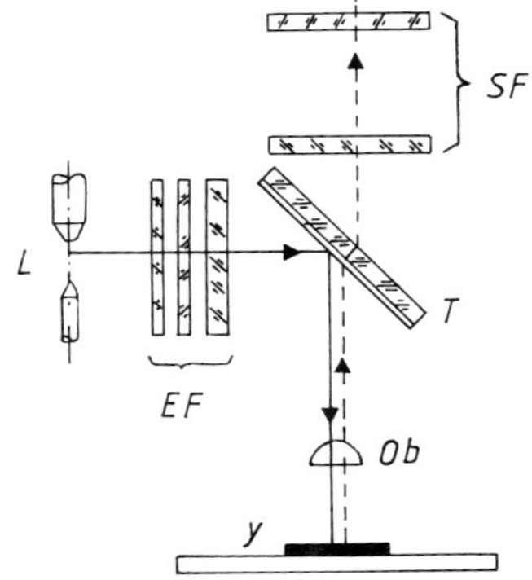


Bild 10.3.2 Beispiel für einen Fluoreszenz-Auflichtilluminator [L 10.3.5]

L = Hg-Lampe, EF = Erregerfilter, T = dichroitischer Teiler, Ob = Objektiv, y = Objektebene, SF = Sperrfilter dampflampe L ausgehenden Erregerstrahlung werden längerwellige Anteile durch die *Erregerfilter*-Kombination EF ausgeblendet; nur das kurzwellige Licht gelangt zum Objekt y. Die *Sperrfilter*-Kombination SF eliminiert aus der zum Beobachtungstubus gehenden Fluoreszenzstrahlung die überlagerte Erregerstrahlung, die durch Reflexion am Objekt und anderen Flächen wirksam wird. Ist der Teiler T als *dichroitischer Teiler* (Bild 20.1.3) so ausgeführt, daß er das kurzwellige Erregerlicht reflektiert und das längerwellige Fluoreszenzlicht durchläßt, so wirkt er gleichzeitig als Erreger- und Sperrfilter; die Filter EF und SF dienen zur weiteren Korrektur. Bei kippbaren Interferenz-Sperrfiltern kann der Durchlaßbereich geringfügig verschoben werden (Abschn. 6.11). Da der *Fluoreszenzfarbstoff* meist durch die Aufgabenstellung festgelegt ist, müssen Lichtquellen und Filterkombinationen an den Farbstoff angepaßt werden (Tabellen in [L 10.3.5]). Alle außerhalb des untersuchten Objekts liegenden Fluoreszenzlichtquellen mindern natürlich den Kontrast oder machen die Untersuchung unmöglich: Teilerplatten, Objektive, Immersionsöle und Sperrfilter dürfen keine Eigenfluoreszenz zeigen.

Die Untersuchung doppelbrechender Substanzen, vor allem in der Mineralogie und Petrografie, erfolgt mit Hilfe der *Polarisationsmikroskopie* (siehe Abschn. 17.5).

Zu quantitativen Untersuchungen an mikroskopischen Präparaten werden *Mikroskop-Fotometer* eingesetzt: An eng begrenzten Objektdetails können u. a. Transmissions- und Reflexionsgrad sowie Fluoreszenzintensität gemessen werden. Durch Filter kann die Messung auf schmale Spektralbereiche beschränkt, durch Vorschaltung von Monochromatoren kann der spektrale Verlauf der gemessenen Größen bestimmt werden.

Bild 10.3.3 zeigt den Strahlengang in einem *Fotometrietubus* [H 10.1.1]: Das vom Objektiv in der Ebene der Okularblende entworfene Zwischenbild wird über Teiler im

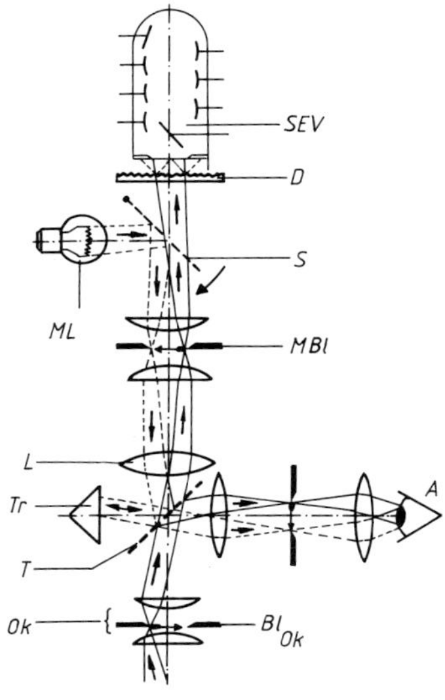


Bild 10.3.3 Fotometrietubus als Aufsatz für Mikroskope (Leitz MPV 1.1)

Vom Mikroskop ist nur das Okular Ok mit Blende $Bl_{Ok}$ dargestellt. SEV = Empfänger, D = Streuscheibe, S = Klappspiegel, MBl = Meßblende, ML = Lampe zur Beleuchtung der Meßblende, L = Linse, T = Teiler, Tr = Tripelspiegel, A = Auge

Beobachtungstubus und in der Ebene der *Meßblende* abgebildet. Diese Meßblende wird über Klappspiegel regelbar beleuchtet und im umgekehrten Strahlengang dem Bildfeld überlagert, so daß zu untersuchende Objektdetails genau an den Ort der Meßblende gelegt werden können. Der von der kreis- oder rechteckförmigen Meßblende durchgelassene Lichtstrom wird dem Empfänger zugeführt. Das Bild der Meßblende (= Austrittsluke AL des Meßfeldes) begrenzt in der Objektebene als Eintrittsluke EL ein sehr kleines Feld; es gilt $D_{EL} = D_{AL}/(0{,}25 \cdot \Gamma'_M)$; der Faktor 0,25 wird durch die Tubusoptik bestimmt. Beispiel: Eine Meßblende von $D_{AL} = 0{,}3$ mm ergibt bei $\Gamma'_M = 800$ einen Meßfelddurchmesser von $D_{EL} = 1{,}5$ µm; Details bis herunter zu dieser Größe können also gezielt gemessen werden.

Für die schnelle Reihenauswertung mikroskopischer Präparate wird ggf. eine *automatische Scharfeinstellung* angestrebt. Einen Vorschlag hierzu zeigt Bild 10.3.4 [L 10.3.3]: Über die Auflicht-Beleuchtungseinrichtung wird ein Laserstrahl in die Schärfenebene des Objektivs fokussiert. Liegt hier auch die Objektebene, so wird das reflektierte Licht auf die kleine Empfangsfläche eines Fototransistors gebündelt, so daß sich maximales Ausgangssignal ergibt. Mit dem Signal wird die Einstellbewegung gesteuert. Ein bei einem digitalen Bildanalysesystem anwendbares Fokussierverfahren, bei dem die optimale Einstellung aus den digitalisierten Bilddaten berechnet wird, beschreibt [L 10.3.1].

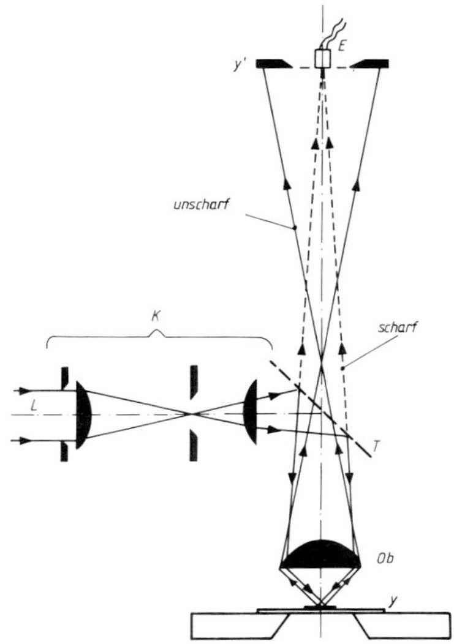


Bild 10.3.4 Automatische Mikroskop-Scharfeinstellung [L 10.3.3]

L = Laserstrahl, K = Auflicht-Beleuchtungseinrichtung, T = Teiler, Ob = Objektiv, y = Objektebene, y' = Zwischenbildebene, E = Empfänger. Darstellung für unscharfe Einstellung. Strahlengang gestrichelt: scharfe Einstellung

Das *Mikroskop-Autofokussystem* LAF, [H 10.3.1], für reflektierende Oberflächen (z. B. IC-Wafer, Metallschliffe) arbeitet prinzipiell nach dem Abstandsregler-Schema mit Aperturteilung (Bild 19.2.4b). Als Strahlungsquelle wird eine IR-Impuls-Laserdiode verwendet. Die Reproduzierbarkeit der eingestellten Schärfeebene wird mit 0,1 µm bei einem Fangbereich von 1 mm angegeben.

## Literaturhinweise

L 10.3.1 *Dähne, C.; Lanzl, F.:* A microscope focussing technique for a digital image analysing system. Optik *55* (1980) No. 4, 437–448

L 10.3.2 *Thaer, A.; Hoppe, M.; Patzelt, W. J.:* Akustomikroskop ELSAM. Leitz-Mitt. Wiss. u. Techn. VIII (1982) Nr. 3/4, 61–67

L 10.3.3 *Haina, D.:* Scharfeinstellvorrichtung. DBP 2443167

L 10.3.4 *Patzelt, W. J.:* Akustomikroskopie. Jahrb. f. Optik u. Feinmech. 1986, 125–140

L 10.3.5 *Kraft, W.:* Die Fluoreszenzmikroskopie und ihre gerätetechnischen Anforderungen. Leitz-Mitt. Wiss. u. Techn. V (1972) Nr. 7, 193–206

## Beispiele für Hersteller bzw. Lieferanten

H 10.3.1 *Ernst Leitz Wetzlar GmbH,* Wetzlar: Projektionsmikroskop, Augenmikroskop, Polarisationsmikroskope, Mikroskop-Aufsatzkamerasystem, Meßmikroskope, Mikroskop-Fotometer, Autofokussystem LAF für Mikroskope

H 10.3.2 *Carl Zeiss,* Oberkochen: Meßmikroskope, Fotomikroskope, Stereomikroskope, Mikroskop-Fotometer, Polarisationsmikroskope, Operationsmikroskope usw.

H 10.3.3 *Wild Heerbrugg AG,* CH, über Ernst Leitz KG, Wetzlar: Stereomikroskope, Fotomakroskop, Operationsmikroskope

H 10.3.4 *Bausch & Lomb,* USA, über ts-electronic, Wiedenmayerstr. 50, München: Stereomikroskope

H 10.3.5 *Spindler u. Hoyer* GmbH & Co., Königsallee 23, Göttingen: Meßmikroskope, Kathetometer

H 10.3.6 *Ealing Beck Ltd.,* Greycaine Road, Watford, GB: Kathetometer

H 10.3.7 Siehe auch Beispiele 10.1 . . .

H 10.3.8 *Reichert,* Wien, über *W. Pabisch GmbH & Co. KG,* Attersee Str. 16, München: Foto-, Projektions- u. Stereo-Mikroskope

H 10.3.9 *Classen + Co.,* Grevenweg 89, Hamburg: Stereomikroskope

H 10.3.10 *Olympus Optical Co.* (Europa) GmbH, Wendenstr. 14, Hamburg: Spezielle Mikroskope u. mikrofotografische Einrichtungen

# 11 Fotografie

## 11.1 Typen und Eigenschaften von Fotoschichten

In *fotografischen Schichten* werden durch Strahlungseinfall Veränderungen bewirkt, die in sichtbare Bilder übergeführt werden können. Einzelheiten sind der Literatur zu entnehmen. Fotoschichten enthalten *Silberhalogenide,* bevorzugt *Silberbromid AgBr,* da diese eine hohe „innere Verstärkung" ergeben: Ein nur von wenigen Lichtquanten getroffenes AgBr-Korn ist bereits entwickelbar, d. h. in fein verteiltes metallisches Silber überführbar. Deshalb sind Silberhalogenidschichten hoch empfindlich; sie können andererseits bei weniger hoher Empfindlichkeit sehr feinkörnig hergestellt werden und haben dann hohes Auflösungsvermögen bis zu einigen tausend Linienpaaren pro Millimeter. Auf automatische Entwicklung in der Kamera abgestimmte Schichtsysteme ermöglichen das *Sofortbildverfahren.* Farbstoffaufbau ,-abbau oder -diffusion können mit dem Silbersalzprozeß verknüpft werden und ergeben die Verfahren der *Farbfotografie.*

Für spezielle Aufgaben können andere Schichttypen günstiger sein als Silberhalogenide. Die in der Lichtpaustechnik verwendeten, vom Benzol abgeleiteten *Diazoverbindungen* ergeben unbelichtet mit Ammoniak ein Farbstoffbild; bei Belichtung mit UV-Licht wird die Verbindung zerstört. Große technische Bedeutung u. a. für die Herstellung von Mikrostrukturen haben *Fotolacke,* die praktisch kornlos arbeiten. Eines der hierbei verwendeten Prinzipien ist die *Fotopolymerisation:* Durch die Energie von UV-Strahlung werden organische Einzelmoleküle (Monomere) zu nicht mehr löslichen Großmolekülen (Polymere) verbunden, so daß die Entwicklung in einem Auswaschen der unbelichteten Schichtteile besteht. So können z. B. darunter liegende Metallflächen gezielt geätzt werden.

Starke Ausbreitung und im Kopierbereich bereits überwiegende Verwendung ergibt sich für die *Elektrofotografie.* Hier wird die dünne Schicht eines *Fotoleiters* zunächst gleichmäßig aufgeladen. An belichteten und damit leitenden Stellen fließt die Ladung ab. Das so gebildete, unsichtbare Ladungsbild wird durch Pigmentteilchen (Toner), die sich an den aufgeladenen Stellen anlagern, in ein sichtbares Bild umgewandelt. *Thermoplastischer Film* enthält ebenfalls eine Fotoleitschicht. Das durch Belichtung entstandene Ladungsbild bewirkt bei »Entwicklung« durch höhere Temperatur eine Verformung der nun weichen Thermoplastschicht. Das entstehende Relief wirkt als *Phasen-Beugungsgitter,* z. B. für holografische Aufzeichnungen (Abschn. 21).

Die Fotoverfahren wirken entweder *negativ* (Schwärzung an belichteten Stellen), wie z. B. das Silberhalogenid-Verfahren, oder *positiv,* (Schwärzung an unbelichteten Stellen), wie z. B. Elektrofotografie und Diazoverfahren. Es konnten jeweils nur die Grundverfahren kurz angegeben werden; sie sind zahlzeicher Variationen fähig. Gegenüber anderen Empfängern haben Fotoschichten die folgenden Vorteile: Die Schicht registiert *Strahlungsenergie,* nicht Strahlungsleistung. Deshalb können durch *Langzeitbelichtung* noch sehr geringe Objektleuchtdichten erfaßt werden (z. B. für das Auge völlig unsichtbare Sterne). Bei entsprechend hoher Beleuchtungsstärke sind andererseits *sehr kurze Belichtungszeiten* (Nanosekundenblitze) möglich. Die Fotoschicht ist ein zweidimensionaler, bei dicken Schichten (z. B. für Kernspuraufnahmen) auch dreidimensionaler Empfänger; sie ist bei geeignetem Schichtträger (Polyesterfilm, Glas- und Metallplatten) so maßhaltig, daß Präzisionsmessungen möglich sind.

Die Fotoschicht mit Silberhalogeniden reagiert auf die *Belichtung* $H = E \cdot t$ (bzw. *Bestrahlung* $H_e = E_e \cdot t$; Abschn. 2.2) mit zunehmender Lichtundurchlässigkeit. Die logarithmische Darstellung ($D = \lg \frac{1}{\tau}$ als Funktion von lgH) ergibt die nichtlineare *Schwärzungskurve,* d. h. die Kennlinie der Fotoschicht mit zugehörigen Entwicklungsbedingungen. Die Steilheit des einigermaßen linearen Mittelstücks der Schwärzungskurve wird durch den *Gammawert* $\gamma = \Delta D/\Delta \lg H$ beschrieben. Für $\gamma = 1$ werden die Helligkeitsverhältnisse (Kontrast) des Objekts in entsprechende, aber umgekehrte Helligkeitsverhältnisse des Negativs umgesetzt: Der *Negativkontrast* ist gleich dem *Objektkontrast.* $\gamma < 1$ bedeutet Kontrastabschwächung („weichere" Wiedergabe), $\gamma > 1$ Kontrastverstärkung („härtere" Wiedergabe). Stets wirkt hierbei der Entwicklungsprozeß mit!

Die *Empfindlichkeit* einer Fotoschicht wird, abgesehen von älteren Systemen, durch DIN- oder ASA-Zahlen angegeben. Das DIN-System ist logarithmisch aufgebaut (jeweils 3 DIN mehr bedeuten Verdopplung der Empfindlichkeit), während die ASA-Zahlen der Empfindlichkeit direkt proportional sind. Das zeigt folgender Vergleich:

| | | | | | | | | | |
|---|---|---|---|---|---|---|---|---|---|
| DIN | 3 | 6 | 9 | 12 | 15 | 18 | 21 | 24 | 27 |
| ASA | 1,6 | 3 | 6 | 12 | 25 | 50 | 100 | 200 | 400 |

Bei normalem Bildmotiv soll die mittlere Belichtung eines 21-DIN-Films etwa 0,1 lxs betragen. Bei Fotomaterial für wissenschaftliche Zwecke (z. B. für Holografie) kann an Stelle einer Angabe der Empfindlichkeit in DIN oder ASA die Bezeichnung mit der notwendigen *Bestrahlung* $H_e$ in $erg/cm^2$ (1 erg = 0,1 µJ) zweckmäßig sein.

Leider ergibt eine bestimmte Belichtung H keine von den Einzelfaktoren E und t völlig unabhängige Dichte D: Bei sehr langen Belichtungszeiten (z. B. Astrofotografie) tritt der *Schwarzschildeffekt* auf, bei sehr kurzen Belichtungszeiten der *(Ultra)kurzzeiteffekt.* In beiden Fällen verhält sich die Schicht unempfindlicher als im mittleren Bereich des „Reziprozitätsgesetzes", d. h. gegenüber der Belichtungsmesseranzeige ist Zeitverlängerung oder weitere Öffnung der Blende nötig.

Die *spektrale Empfindlichkeitsverteilung* $s(\lambda)$ hängt vom Filmtyp ab. Reine, *„unsensibilisierte" AgBr-Schichten* sind nur für UV, Violett und Blau/Blaugrün bis etwa $\lambda$ = 490 nm empfindlich. Durch Zusatz von *Sensibilisatoren* (spezielle Farbstoffe) können *orthochromatische Schichten* (empfindlich bis Gelb, $\lambda <$ 580 nm) und *panchromatische Schichten* (empfindlich bis Rot, etwa $\lambda <$ 700 nm) hergestellt werden; die letzteren ergeben das normale Aufnahmematerial für farbige Objekte, d. h. einigermaßen augenrichtige Umsetzung der Farben in Grautöne. Auch für das nahe *IR-Gebiet* (etwa 780 nm bis 1200 nm) ist Sensibilisierung möglich; sichtbare Strahlung muß dann für reine IR-Aufnahmen durch ein Sperrfilter ausgeschaltet werden. *Kurzwelliges Ultraviolett* (100 nm bis 200 nm) kann nur bei gelatinearmen Platten *(„Schumann-Platten")* zur Wirkung kommen, da dieser Spektralbereich von Gelatine absorbiert wird.

Die *Detailwiedergabe* der Fotoschicht wird durch den Verlauf der Schwärzungskurve, die Körnung und die Lichtdiffusion (Streuung) in der Schicht bestimmt. Mit der *Modulationsübertragungsfunktion* (MTF, Abschn. 12.2) kann erkannt werden, welcher Kontrast sich als Funktion der Detailfeinheit ergibt. Eine wesentlich weniger präzise, aber zu Vergleichszwecken einfach zu handhabende und deshalb weit verbreitete Angabe ist das *Auflösungsvermögen* AV in Linienpaaren pro Millimeter (Lp/mm). Es kann mit *Testfiguren* gestufter oder kontinuierlich sich ändernder Linienfeinheit angenähert bestimmt werden.

### Literaturhinweise

L 11.1.1 *Perrin, F. H.:* The Photographic Emulsion (LÜ1, Vol. II,3). *Selwyn, E. W. H.:* Combination of Lens and Film (LÜ1, Vol II,4). *Shaw, R.:* Photographic Detectors (LÜ1, Vol. VII,5)

L 11.1.2 *Frieser, H.:* Photographische Informationsaufzeichnung. R. Oldenbourg/Focal Press, München, London 1975

L 11.1.3 *Vieth, G.:* Meßverfahren der Photographie. R. Oldenbourg/Focal Press, München, London 1974

L 11.1.4 *Walls, H. J.; Attridge, G. G.:* Basic Photo Science. Focal Press, London, New York 2. Aufl. 1977

L 11.1.5 *Frieser, H.; Haase, G.; Klein, E.:* Grundlagen der photographischen Prozesse mit Silberhalogeniden. Akadem. Verlagsgesellschaft, Frankfurt 1968

L 11.1.6 *v. Angerer, E.; Joos, G.:* Wissenschaftliche Photographie. Akadem. Verlagsgesellschaft Geest & Portig KG, Leipzig 1959

L 11.1.7 *Krug, W., Weide, H.-G:* Wissenschaftliche Photographie in der Anwendung. Akadem. Verlagsgesellschaft Geest & Portig KG, Leipzig 1972

L 11.1.8 *Schröder, G.:* Technische Fotografie. Vogel-Verlag, Würzburg 1981

L 11.1.9 *Granzer, F.; Moisar, E.:* Der photographische Elementarprozeß in Silberhalogeniden. Physik in unserer Zeit *12* (1981) Nr.1 22–32; Nr.2 36–42

L 11.1.10 DIN 19040 Begriffe der Photographie
- T 1 Grundbegriffe
- T 2 Allgemeine technische Begriffe für photographische Verfahren und Techniken
- T 4 Allgemeine technische Begriffe für photographische Materialien und ihre Eigenschaften
- T 6 Allgemeine technische Begriffe für Labor- und Dunkelkammereinrichtungen

### Beispiele für Hersteller bzw. Lieferanten

H 11.1.1 *Agfa-Gevaert AG,* Leverkusen: Fotomaterial f. techn. u. wiss. Anwendungen

H 11.1.2 *Kodak AG,* Hedelfinger Str. 54, Stuttgart-Wangen: Fotomaterial f. techn. u. wiss. Anwendungen

H 11.1.3 *Ilford GmbH,* Dornhofstr. 100, Neu-Isenburg: Fotoschichten f. techn. u. wiss. Anwendungen

H 11.1.4 *Polaroid GmbH,* Sprendlinger Landstr. 109, Offenbach: Sofortbild-Fotomaterial

H 11.1.5 *Du Pont de Nemours* (Deutschland) GmbH, Opernplatz 2, Frankfurt: Fotomaterial f. Reprografie

H 11.1.6 *ORWO,* über Chemie-Export-Import, Storkower Str. 133, DDR-Berlin: Fotoschichten f. techn. u. wiss. Anwendungen

## 11.2 Kamerakonstruktionen

Einsatzbereiche, aber auch Volumen und Gewicht einer Kamera werden durch das Bildformat erheblich mitbestimmt. *Kleinstbildformate* (8 mm × 11 mm bis 13 mm × 17 mm) ermöglichen zwar äußerst kompakte Kamerabauweise, können aber wegen der begrenzten Informationskapazität der kleinen Filmfläche prinzipiell nicht mit der Bildqualität größerer Formate konkurrieren. Trotzdem hat für normalen Amateurgebrauch die *Pocketkamera* (13 mm × 17 mm) einen erheblichen Marktanteil errungen. Wegen der Ausführung als *Kassettenkamera* (wie die „Instamatic"-Kameras 28 mm × 28 mm) entfällt das unbeliebte Filmeinfädeln. Standardkamera für die Amateurfotografie, aber auch für viele wissenschaftlich-technische Anwendungen ist die *Kleinbildkamera* mit dem Bildformat 24 mm × 36 mm. In Form der *Sucherkamera* mit sehr gedrängtem Aufbau ist sie der Pocketkamera unbedingt vorzuziehen. Als *Spiegelreflexkamera* (Bild 11.2.1) ergibt sich ein Kamerasystem mit nahezu unbegrenzter Ausbaufähigkeit bei relativ günstigem Preis für Baugruppen und Filmmaterial. Besondere Vorteile sind extremer Brennweitenbereich der verfügbaren Objektive vom Superweitwinkel („Fischaugen-") bis zum Teleobjektiv mit über einem Meter Brennweite, die Möglichkeit für Serienaufnahmen durch Motorantrieb für Filmtransport und Verschlußspannung, sowie Belichtungsautomatik mit vielen Wahlmöglichkeiten. Vor allem für technische Registrierkameras (Robot) wird auch das Quadratformat 24 mm × 24 mm verwendet.

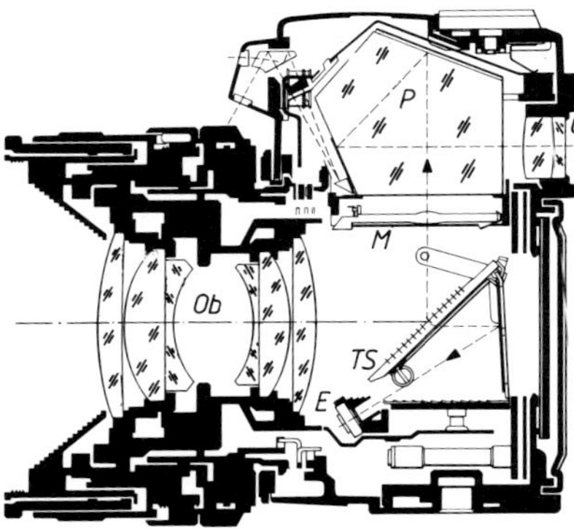


Bild 11.2.1 Querschnitt durch eine Kleinbild-Spiegelreflexkamera (Leica R 4-mot)

Ob = Objektiv, TS = teildurchlässiger Klappspiegel, E = Meßempfänger, M = Einstellscheibe, P = Pentaprisma mit Dachkante (vgl. auch Bild 5.8.2 d), Ok = Okulareinblick

Die *Mittelformatkamera* 6 cm × 6 cm, auch 6 cm × 7 cm, kann als Universalkamera der Berufsfotografie bezeichnet werden. Bei etwas größerem Volumen und Gewicht steht sie in der Flexibilität einer Kleinbildkamera kaum nach; das größere Bildformat ist aber besonders gut vergrößerungs- und reproduktionsfähig und ermöglicht nachträglich Ausschnittwahl. Bei der *zweiäugigen Spiegelreflexkamera* befindet sich über dem Kameraraum ein zweites Objektiv mit 45°-Spiegel und Mattscheibe, die das Bild in wahrer Größe zeigt. Beide Objektive müssen also gleiche Brennweite haben und werden zur Scharfstellung gemeinsam verschoben. Das Sucherbild bleibt zwar auch während der Auslösung voll sichtbar, erfordert aber *Parallaxenanzeige* oder -ausgleich und zur Änderung der Brennweite Platinen mit Wechselobjektiv-Paaren. Die Bedeutung dieses Kameratyps ist deshalb zugunsten der *einäugigen Spiegelreflexkamera* mit den Formaten 6 cm × 6 cm, 6 cm × 7 cm und 6 cm × 4,5 cm erheblich zurückgegangen. In der Grundkonstruktion ist jedes Wechselobjektiv mit einem eigenen Zentralverschluß ausgerüstet.

Im Bereich des Mittelformats liegen auch die *Billigkameras* (früher: „Box“) mit nicht achromatischem, meist aus Kunststoff gepreßtem Meniskenobjektiv und einfachem Sucher. Die Formate 6 cm × 9 cm und 6 cm × 6 cm werden bevorzugt.

Ihre Justierung auf beste Schärfe (nicht im Serienbau, sondern im Muster) bietet Probleme: Mit Rücksicht auf hoch, also auch rotempfindliche Schichten und Kunstlicht einerseits, auf blaues Tageslicht und die hohe UV-Transparenz der Linse andererseits und schließlich die sphärische Aberration ist die beste Lage des (meist gekrümmt geführten) Filmes zum Objektiv nur durch Probeaufnahmen zu entscheiden. Zweckmäßig stellt man auf das Gelbbild ein: Das Bild wird dann zwar sehr weich, zeigt aber noch Zeichnung. Außerdem passiert nichts bei Benutzung einer Gelbscheibe. Man pflegt auf eine Entfernung von etwa 5 m zu justieren, was ungefähr der Einstellung „auf Nah-Unendlich“ entspricht; außerdem macht man mit solchen Kameras auf diese Entfernung die meisten Aufnahmen. Für Bilder in größerem Abstand wird ohnehin stärker abgeblendet, die Stelle stärkster Einschnürung für die sphärische Aberration rückt von der Linse ab und kompensiert die kleinere Bildweite.

Für viele Aufgaben des Berufsfotografen ist die *Großformatkamera* trotz ihrer unbequemeren Handhabung unentbehrlich. Formate ab 9 cm × 12 cm bzw. 4“ × 5“ ermöglichen optimale reprografische Wiedergabe farbiger Vorlagen. Für jede Einzelaufnahme kann die bestgeeignete Fotoschicht mit sofort anschließender Verarbeitung und ggf. Korrektur gewählt werden; auch kleinere Bildausschnitte sind einwandfrei vergrößerbar. Die Objektive sind mit eigenem Zentralverschluß auf leicht auswechselbaren Trägerplatten montiert. Ausschnittwahl und Scharfstellung erfolgen durch Mattscheibenbeobachtung. Für die Großformatkamera haben sich zwei unterschiedliche Bautypen herausgebildet: Die *Laufbodenkamera* ist zusammengeschoben in einem kompakten Gehäuse untergebracht; die Objektivstandarte ist auf Schienen im herausgeklappten Gehäusedeckel geführt. Diese noch gut transportierbare Kamera kann auch mit gekuppeltem Entfernungsmesser und Rahmensucher ausgerüstet sein, um die unbequeme Mattscheibeneinstellung zu vermeiden. Die *Kamera auf optischer Bank* ist auf einer Führungsschiene offen aufgebaut (Objektivstandarte und Rückteil für Filmkassette und Mattscheibe mit Verbindung durch weit ausziehbaren Balgen). Sie wird für Aufnahmen im Studio und Labor verwendet.

Wichtigste Eigenschaften der Großformatkamera – vor allem aber der Kamera auf optischer Bank – ist die *universelle Verstellbarkeit* von Objektivstandarte und Rückteil gegeneinander: Abstandsänderung in Richtung der optischen Achse ermöglicht Anpassung an großen Brennweitenbereich der Wechselobjektive sowie Scharfeinstellung von ∞ bis zum extremen Nahbereich; mit seitlicher *Parallelverschiebung* können u. a. „stürzende Linien“ vermieden werden. Eine *Kippung* von Objektivstandarte und Rückteil gegeneinander (in zwei Koordinaten ausführbar) ermöglicht Scharfabbildung schräg liegender Ebenen nach dem *„Scheimpflug-Prinzip“:* Objektebene, Objektivebene und Filmebene müssen sich zur Erfüllung der Abbildungsgleichung in der gleichen Schnittgeraden treffen.

*Spezialkameras* sind an einen eingeengten Aufgabenbereich optimal angepaßt. Hierzu gehören u. a. Reprokameras (Abschn. 11.8), Kameramikroskope (Abschn. 10.1), Stereo- und Luftbildkameras (Abschn. 11.10), sowie Geräte für Mikrofilmaufnahme (Abschn. 11.9) und Kurzzeitfotografie (Abschn. 11.6).

*Laufbildkameras* werden für 35 mm-Normalfilm und als *Schmalfilmkamera* für die

Formate Super-8 und 16 mm gebaut. In billige Schmalfilmkameras werden Objektive mit *„Fixfokuseinstellung“* (Absch. 4.5) fest eingebaut. Als Einstellentfernung nimmt man meist |a| = 1000 · f′/k. Die meisten Laufbildkameras für alle Filmformate sind aber heute mit *Vario-Objektiven* ausgerüstet, wobei ein immer größerer Brennweitenbereich angestrebt und die Brennweitenänderung („Zoomen“) häufig motorisch ausgeführt wird. Verbunden damit sind ein Spiegelreflexsucher und automatische Belichtungsregelung.

## Literaturhinweise


L 11.2.1 *Magill, A.A.:* Still Cameras LÜ1 Vol. IV/4. *Corbin, R. M.:* Motion Picture Equipment LÜ1 Vol. V/11

L 11.2.2 DIN 19040 Begriffe der Photographie
T 3 Allgemeine technische Begriffe für photographische Aufnahmegeräte und Zubehör
T 7 Allgemeine technische Begriffe der photographischen Beleuchtungstechnik

L 11.2.3 DIN 4510 Bildgrößen und Kopiermasken in der Stehbildphotographie (T 1 bis T 4)

L 11.2.4 *Plummer, W. T.:* Unusual Optics of the Polaroid SX-70 Land camera. Appl. Optics *21* (1982) No. 2, 196–202

L 11.2.5 siehe auch L 11.1.8


## Beispiele für Hersteller bzw. Lieferanten

H 11.2.1 *Ernst Leitz Wetzlar GmbH,* Wetzlar: Kleinbildkameras u. Kamerasysteme

H 11.2.3 *Minolta Camera GmbH,* Kurt-Fischer-Str. 50, Ahrensburg: Kleinbildkameras u. Kamerasysteme

H 11.2.3 *Nikon GmbH,* Uerdinger Str. 96, Düsseldorf: Kleinbildkameras u. Kamerasysteme

H 11.2.4 *Canon Inc.,* J, über Euro-Photo GmbH, Linsellesstr. 142, Willich: Kleinbildkameras u. Kamerasysteme

H 11.2.5 *Polaroid GmbH,* Sprendlinger Landstr. 109, Offenbach: Sofortbildkameras

H 11.2.6 *Sinar AG,* Schaffhausen, CH, über Deutsche Durst GmbH, Bramfelder Str. 102, Hamburg: Großformat-Kamerasystem, Objektive u. Zubehör

H 11.2.7 *Linhof GmbH,* Rupert-Mayer-Str. 45, München: Großformat-, Panorama- u. Luftbildkameras, Mittelformat-Kameras

H 11.2.8 *Robot,* Hildener Str. 57, Düsseldorf-Benrath: Registrierkameras u. fotografische Registrieranlagen

H 11.2.9 *Olympus Optical Co. (Europa) GmbH,* Wendenstr. 14, Hamburg: Kleinbildkameras u. Kamerasysteme

H 11.2.10 *Plaubel GmbH,* Borsigallee 37, Frankfurt: Groß- u. Mittelformat-Kameras

H 11.2.11 *Pentax GmbH,* Grandweg 64, Hamburg: Kleinbild- u. Mittelformat-Kameras

H 11.2.12 *Hasselblad, S,* über Nordic GmbH, Hufnerstr. 20, Hamburg: Mittelformat-Kamerasystem

H 11.2.13 *Minox GmbH,* Gießen: Kleinstbild- u. Kleinbild-Kameras

H 11.2.14 *Rollei-Werke,* Braunschweig: Großformatkameras

H 11.2.15 *ALPA Pignons S. A.,* Ballaigues, CH: 360°-Panoramakamera

H 11.2.16 *Mamiya Camera Co.,* Ltd., Otsuka 3-Chome, Tokio, J: Mittelformat- u. Kleinbildkameras

H 11.2.17 *Regula-Werk King & Bauser GmbH,* Bad Liebenzell: Kleinbild- u. Kassetten-Kameras

H 11.2.18 *Steinheil-Lear Siegler AG,* Osterfeldstr. 82, Ismaning: Schirmbild-Kameras

## 11.3 Sucher und Einstellhilfen

Der Sucher soll die Bildfeldbegrenzung exakt zeigen und ggf. auch noch das nähere Umfeld erkennen lassen (z. B. durch eingespiegelten Leuchtrahmen). Alle *Sucher mit eigener Zielachse* ergeben *Parallaxe:* Die Übereinstimmung von Sucher- und Bildfeld ist entfernungsabhängig. Die besonders bei Nahaufnahmen erheblichen Differenzen müssen durch Marken im Sucherfeld oder mit der Entfernungseinstellung gekuppelte Korrekturen berücksichtigt werden. *Parallaxfreie* Einstellung ermöglichen Mattscheibe und einäugige Spiegelreflexkamera, auch ein vor dem Gehäuse einer Sucherkamera mit Wechselobjektiven angebrachter Spiegelreflexansatz. Ein einfaches Einstellhilfsmittel bei Nahaufnahmen ist auch ein in fester Einstellentfernung an der Kamera angebrachter Objekivrahmen (Drahtbügel), der unmittelbar das Objektfeld begrenzt.

Bei hochwertigen Sucherkameras wird ein *Mischbildentfernungsmesser* (Abschn. 9.6) mit dem Sucher zum *Meßsucher* (Bild 11.3.1) vereinigt: Das Auge sieht gleichzeitig über Strahlenteiler die beiden von den Basisenden (Sucher und zusätzliches Fenster) her kommenden Bilder, deren Konturen zur Deckung gebracht werden müssen. Hierzu ist ein Schwenkspiegel (auch: Schwenkkeil, Drehkeil) mit der Entfernungseinstellung des Objektivs verbunden. *Schärfeindikatoren* – vor allem bei Spiegelreflexkameras verwendet – zeigen unmittelbar an,ob die Bildebene mit der Einstellebene zusammenfällt. Sie wurden ebenso wie Einrichtungen zur automatischen Scharfeinstellung zusammen mit Entfernungsmessern in Abschnitt 9.6 behandelt.

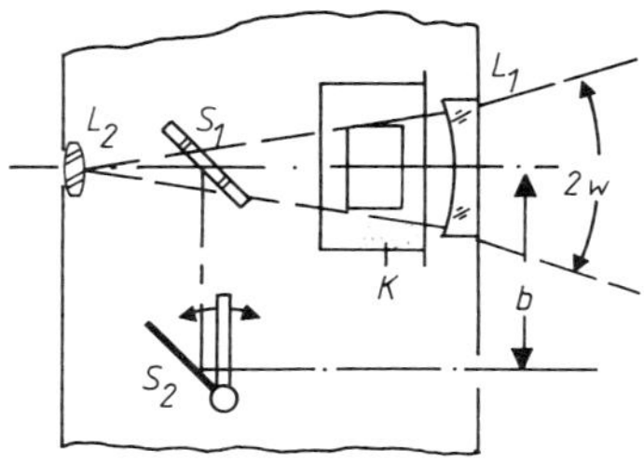


Bild 11.3.1 Meßsucher

$L_1$, $L_2$ = Newton-Sucher, $S_1$ = fester Spiegel, $S_2$ = vom Objektiv gesteuerter Spiegel, K = Klappmaske, Fw = Feldwinkel, b = Meßbasis

Für die *Toleranzgrenze einer Scharfeinstellung,* d. h. die zulässige Verschiebung $\Delta a'$ der Filmebene aus ihrer optimalen Lage, kann man

$$\Delta a' \approx \pm \lambda \cdot k^2 \cdot (1 - \beta') \tag{11.3.1}$$

ableiten. Innerhalb dieser Grenzen wird die durch Beugung bedingte Unschärfe nicht wesentlich vergrößert. Beispiel: Für eine Makroaufnahme mit $\beta' = -1$, eine mittlere Wellenlänge $\lambda = 550$ nm und Abblendung auf $k = 4$ ergibt sich $\Delta a' \approx \pm$ 0,02 mm.

**Literaturhinweise**

L 11.3.1 *Schade, H.:* Berechnung eines einfachen Kamerasuchers. Jahrb. f. Optik u. Feinmechanik 1970, 99–106
L 11.3.2 *Zarm, H.:* Vorschaltprisma für zweiäugige Kameras. Jahrb. f. Optik u. Feinmechanik 1974, 152–156
L 11.3.3 *Holle, W.:* Elektrooptische Fokussierung, insbesondere fotografischer Kameras. Jahrb. f. Optik u. Feinmechanik 1976, 256–279

## 11.4 Belichtungssteuerung

Die Belichtungszeit wird durch *Verschlüsse* begrenzt, die vor der Filmebene (Schlitzverschluß) oder in der Nähe der Pupillenebene (Zentralverschluß) angeordnet sind. Die Festlegung der Belichtungszeiten erfolgt durch mechanische oder elektronische Zeitbildungseinrichtungen. Die Verschlüsse wurden in Abschnitt 7.3 näher beschrieben.

Die *Bestimmung der Belichtungszeit* bei der Belichtungssteuerung der Kamera oder bei der Messung mit getrenntem Belichtungsmesser erfolgt nach den *Kalibrierformeln*

$$t = \frac{C_R \cdot k^2}{L \cdot 10^{S/10}} \tag{11.4.1}$$

für die *Objektmessung* (Messung von der Kamera zum Objekt), und

$$t = \frac{C_L \cdot k^2}{E \cdot 10^{S/10}} \tag{11.4.2}$$

für die *Lichtmessung* (Messung der Beleuchtungsstärke am Ort des Objekts).
Dabei bedeuten $C_R = 13{,}3$ bis $16{,}3$ cds/m$^2$ und $C_L = 255$ bis $425$ lxs die Kalibrierkonstanten, k die Blendenzahl, L in cd/m$^2$ die mittlere Leuchtdichte des Objekts, E in Lux die Beleuchtungsstärke am Objektort, S die Filmempfindlichkeit in DIN.

*Blendenzahlen* k sind in einer Reihe mit dem Faktor $\sqrt{2}$, Belichtungszeiten mit dem Faktor 2 gerundet abgestuft, so daß jede Änderung um eine Stufe zu einer Belichtungsänderung um den Faktor 2 führt. Hierzu paßt wieder die Empfindlichkeitsstufung um jeweils 3 DIN (Abschn. 11.1).

Beispiele für die k- und t-Stufung:

| | | | | | | | | | |
|---|---|---|---|---|---|---|---|---|---|
| k = | 1 | 1,4 | 2 | 2,8 | 4 | 5,6 | 8 | 11 | 16 . . . |
| t = | 1/250 | 1/125 | 1/60 | 1/30 | 1/15 | 1/8 | 1/4 | 1/2 | 1 . . . sek. |

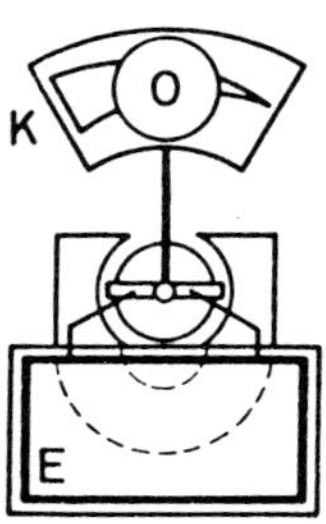


Bild 11.4.1 Blendensteuerung ohne Hilfsspannung

K = Keilblende, O = Objektivapertur, E = großflächiger Empfänger mit Drehspulmeßwerk

Als Empfänger für *Belichtungsmesser* und *Belichtungssteuerungen* werden neben dem älteren Selen-Fotoelement vor allem Cadmiumsulfid- und Camiumsulfidselenid-Fotowiderstände sowie Silizium-Fotoelemente bzw. -Fotodioden (Abschn. 6.7) verwendet. Bild 11.4.1 zeigt eine einfache *Blendensteuerung:* Das großflächige Selen-Fotoelement ist mit einem Drehspulgerät verbunden, das unmittelbar die Keilblende K betätigt. Mit zwei über Hebel gekuppelten Blendenflügeln wird eine nahezu quadratische Apertur erreicht (vergl. auch Bild 7.3.1 d, e).

### Literaturhinweise

L 11.4.1 Siehe Hinweise L 7.3 ..., L 11.1.8
L 11.4.2 DIN 19010 Lichtelektrische Belichtungsmesser
T 1 Skalen, Kalibrieren
T 2 Automatische Belichtungseinstellung in photogr. Kameras
T 3 Blitzbelichtungsmesser
L 11.4.3 DIN 19011 Blitzlichtquellen
T 1 Bestimmung der Leitzahl
T 2 Elektronenblitzgerät mit automatischer Belichtungsregelung
T 3 Kennzahlen für die spektrale Strahlungsverteilung
L 11.4.4 DIN 19012 Blitzlampen; Einteilung in Klassen, nach dem zeitlichen Verlauf der Lichtabstrahlung
L 11.4.5 DIN 19017 Belichtungswert; Begriff und Bezugspunkt, Belichtungswertkorrektur
L 11.4.6 DIN 19020 Blitzleuchten; Lichttechnische Bewertung von Reflektoren
L 11.4.7 DIN 19040 Begriffe der Photographie; T 9 Allgemeine Begriffe in der Blitzlichttechnik

### Beispiele für Hersteller bzw. Lieferanten

H 11.4.1 *Wilko GmbH,* Lindengreppenstr. 27, Mering: Kamera-Testgeräte (Verschlüsse, Belichtungssteuerung)
H 11.4.2 *Copal Europe GmbH,* Spaldingstr. 110, Hamburg: Kamera-Testgeräte (Verschlüsse, Belichtungssteuerung)
H 11.4.3 *Gossen GmbH,* Nägelsbachstr. 25, Erlangen: Belichtungsmesser
H 11.4.4 *Prontor-Werk,* Alfred Gauthier GmbH, Wildbad-Calmbach: Belichtungsmessg. m. elektronischer Verschlußsteuerung für Großformatkameras
H 11.4.5 *Sinar AG,* CH, über Deutsche Durst GmbH, Bramfelder Str. 102, Hamburg: Belichtungsmesser u. Steuersystem f. Großformatkameras
H 11.4.6 *Ernst & Wilhelm Bertram* KG, Planegger Str. 125, München: Belichtungsmesser

## 11.5 Objektive für fotografische Geräte

*Fotoobjektive* sollen ein ebenes, scharfes, verzeichnungsarmes Bild auf der lichtempfindlichen Schicht entwerfen, das auch möglichst hell sein soll. Je nach den gestellten Forderungen hinsichtlich Bildwinkel, Anfangsöffnung (kleinste Blendenzahl $k_{min}$) und Auflösungsvermögen ist die Aufgabe mit einer einfachen Linse oder nur mit sorgfältig berechneten und hergestellten Linsenfolgen zu lösen. Bei entsprechend hohem *Korrekturaufwand* sind auch extreme Anforderungen bis zur nahezu vollständigen Beseitigung geometrischer Abbildungsfehler (*„beugungsbegrenztes Auflösungsvermögen"*) erfüllbar. Die Funktion eines optimal konstruierten Objektivs wird schließlich durch die

*Herstellungsfehler* begrenzt (z. B. Zentrierfehler, Flächenabweichungen, Glasfehler), so daß an Fertigung und Montage größere Anforderungen gestellt werden. Während also Objektive für Spezialzwecke ohne Rücksicht auf die Kosten mit beliebiger Zahl von Einzellinsen hergestellt werden können, muß die Konstruktion der in Serienfertigung hergestellten Objektive auf *wirtschaftliche Herstellung* und vorgegebene Einbauräume (etwa bei Spiegelreflexkameras) Rücksicht nehmen. Hierzu tragen vor allem die Verminderung der Anzahl von Einzellinsen durch neue Glasarten, asphärische Flächen und die mit Einsatz von großen EDV-Anlagen gegebenen Korrekturmöglichkeiten bei. Damit ergibt sich bei gleicher oder besserer Leistung gegenüber älteren kompliziert aufgebauten Objektiven ein einfacherer und weniger fehleranfälliger Zusammenbau bei geringerem Volumen und Gewicht des Objektivs. Die Reflexminderung der Glas/Luft-Flächen ist in Abschn. 3.6 behandelt.

Optimale Objektivkorrektur kann nur für einen bestimmten *Abbildungsmaßstab* erreicht werden; das Objektiv zeigt dann gute Funktion in einem gewissen $\beta'$-Bereich. Auf großen Aufnahmeabstand (also $|\beta'| \ll 1$) korrigierte Objektive sollten also bei Makroaufnahmen umgekehrt an der Kamera angebracht werden. Andererseits wird bereits der Weg beschritten, durch „*floating elements*" (Bild 11.5.1) die Korrektur automatisch an die eingestellte Entfernung anzupassen: Bei Einstellung auf geringe Entfernung wird eine Linsengruppe im Objektiv verschoben. Die *Symmetrie des Objektivaufbaus* bezüglich der Blende ist zu beachten, wenn eine verzeichnungsfreie, „orthoskopische" Abbildung (flächen- und winkeltreue Abbildung der Objektebene auf die dazu parallele Bildebene) erreicht werden soll. Eine Blende vor oder hinter dem Objektiv bewirkt tonnen- bzw. kissenförmige Verzeichnung (Absch. 4.4). Bei $\beta' = -1$, also symmetrischem Strahlengang vor und hinter dem Objektiv, ist ein zur Blende völlig symmetrisch aufgebautes Objektiv verzeichnungsfrei. Zunehmend unsymmetrischer Aufbau ermöglicht Verzeichnungsfreiheit für andere Abbildungsmaßstäbe.

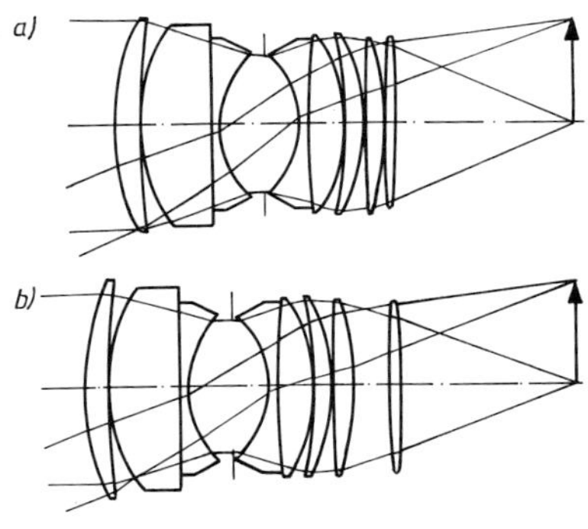


Bild 11.5.1 Korrekturanpassung an die Entfernungseinstellung („Floating elements")

Beispiel: Canon FD 1,2/55 mm SSC AL, mit asphärischer Fläche. a) Einstellung auf $\infty$, b) Einstellung auf 0,6 m. Die Bilder zeigen gleichzeitig die Vignettierung des unter maximalem Feldwinkel schräg einfallenden Bündels durch die Fassung der äußeren Systemglieder

Eine *veränderliche Bildfeldwölbung* durch Verschieben von Linsengliedern mit einem Einstellring kann dazu benutzt werden, um bei technischen oder architektonischen Weitwinkelaufnahmen eine *konvexe oder konkave Objektfläche* scharf auf der ebenen Filmfläche abzubilden (Beispiel: Minolta VFC-Rokkor 2,8/24 mm).

Ist der von einem Objektiv scharf ausgezeichnete *Bildkreisdurchmesser* erheblich größer als die Diagonale des verwendeten Filmformats, so kann das Objektiv aus der symmetrischen Lage (Objektivachse = Formatachse) verschoben werden (z. B. Vermeidung von „stürzenden Linien“). Diese Möglichkeit wird vor allem bei Großformatkameras ausgenutzt; für Mittelformat- und Kleinbildkameras sind Spezialobjektive lieferbar, die senkrecht zur optischen Achse verschoben und ggf. auch gekippt werden können.

Die *Entfernungseinstellung* wird im allgemeinen durch *Verschieben des gesamten Objektivs* gegenüber der Bildebene gemäß der Abbildungsgleichung Gl. (4.2.5) ausgeführt. Eine im mechanischen Aufwand einfachere Lösung ist die *Frontlinseneinstellung:* Bei einfacher aufgebauten Objektiven, insbesondere Triplets, läßt sich die erste Linse ein wenig vom übrigen Objektiv entfernen, wodurch die Brennweite kürzer, bei konstanter Schnittweite das Objektiv also auf nähere Entfernung eingestellt wird. Bei Teleobjektiven langer Brennweite, die zur Naheinstellung sehr weit ausgefahren werden müßten, wobei sich auch der Schwerpunkt verlagert, wendet man gelegentlich das auch bei Fernrohren benutzte Prinzip der *Innenfokussierung* an: es wird nur ein inneres oder das hintere Linsenglied verschoben.

Innerhalb einer *Objektivreihe* – z. B. für Systemkameras – kann man die Einzelobjektive durch den ausgenutzten, d. h. über die Formatdiagonale gemessenen *Feldwinkel* 2w klassifizieren. Es ergibt sich

$$2w = 2 \cdot \arctan \frac{D_F}{2 \cdot f'} \qquad (11.5.1)$$

mit $D_F$ = Formatdiagonale. DIN 19040 schlägt die folgende Einteilung vor:

$2w < 20°$: Fernobjektiv, Teleobjektiv
$20° < 2w < 40°$: Objektiv mit langer Brennweite
$40° < 2w < 55°$: Normalobjektiv
$55° < 2w$ : Weitwinkelobjektiv.

Der vom Objektiv mit ausreichender Bildqualität bei einer bestimmten Blendenzahl k ausgezeichnete Feldwinkel muß größer als der von der Diagonale beanspruchte Winkel sein, wenn das Objektiv gegenüber dem Bildformat verschoben oder gekippt wird (wie vor allem bei Großformatkameras).

Die Brennweite des *Normalobjektivs* entspricht etwa der Formatdiagonale. *Fernobjektive* werden als zweilinsige Achromate oder dreilinsige (Halb)-apochromate (Bild 11.5.3c) aufgebaut, weil die Korrektion nur für ein kleines Bildfeld nötig ist. Ihre gesamte Baulänge (bis zur Filmebene) entspricht etwa der Brennweite. Im Gegensatz hierzu werden *Teleobjektive* (Bild 11.5.2a) so aufgebaut, daß ihre Baulänge geringer als die Brennweite ist: Durch Kombination von positivem Vorderglied (1) mit negativem Hinterglied (2) liegt der Hauptpunkt H′ vor der Frontlinse. Bei *Weitwinkelobjektiven* bewirkt die Umkehrung dieses Prinzips (Bild 11.5.2 b), daß sich bei kurzer Brennweite eine lange Schnittweite s′ ergibt, so daß ausreichender Platz für den Klappspiegel einer Spiegelreflexkamera verbleibt. *Katadioptrische* Systeme, d. h. die Kombination von Spiegeln mit Korrekturlinsen, ergeben durch Zusammenfalten des Strahlenganges eine erhebliche Verkürzung der Baulänge bei Teleobjektiven mit sehr langer Brennweite; Bild 11.5.8 h.

*Fischaugen-Objektive* (Bild 11.5.7a) erfassen einen sehr großen Bildwinkel, wobei die Abbildung notwendigerweise mit starker *tonnenförmiger Verzeichnung* behaftet ist (verzeichnungsfreie Abbil-

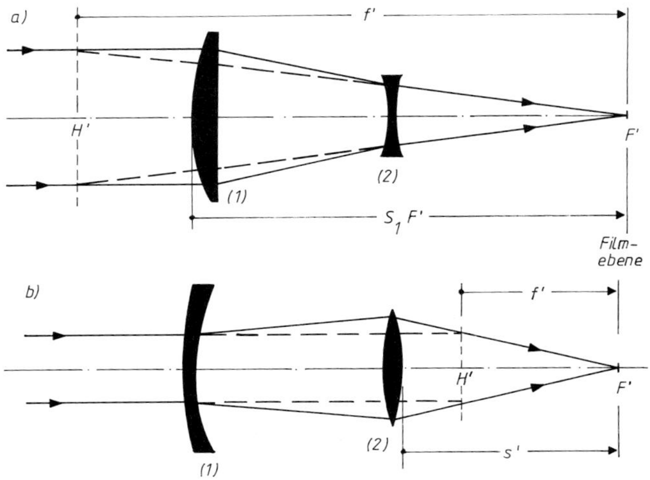


Bild 11.5.2 Aufbauprinzipien von Tele- und Retrofokus-Objektiv

a) Teleobjektiv: Vor die erste Linse verlagerter Hauptpunkt H′ gibt gegenüber der Brennweite verkürzte Baulänge. b) Weitwinkelobjektiv nach dem „Retrofokus"-Prinzip: Hinter die letzte Linse verlagerter Hauptpunkt H′ gibt gegenüber der Brennweite verlängerte Schnittweite

dung würde eine unendlich große Bildfläche bei 180° Feldwinkel erfordern). Für künstlerische Gestaltung, Gesamtübersichten und Überwachungsaufgaben sind diese Objektive aber nützlich: Mit senkrecht nach oben gerichteter Kamera kann bei Feldwinkeln 2w = 180° oder mehr (bis 220°!) der gesamte Himmels-Halbraum erfaßt werden. Bei der Abbildung des Halbraums auf eine Ebene bestimmt die Objektivkonstruktion, welche *geometrische Projektion* (flächentreu, äquidistant, orthographisch) wirksam wird. Ein horizontal gelegter größerer Konvexspiegel mit darüber befestigter, senkrecht nach unten ausgerichteter Kamera ermöglicht ebenfalls die Erfassung des gesamten Halbraums, wobei aber die Kamera im Bildfeld erscheint.

Der Überblick über Probleme bei Fotoobjektiven soll durch Angaben über den Objektivaufbau und einen Datenvergleich bei modernen mehrgliedrig aufgebauten Objektiven ergänzt werden.

Einfachstes Objektiv mit nur einem Glied ist eine *Meniskuslinse* mit Blende auf der Konkavseite; damit ist eine mäßige Korrektur des Astigmatismus möglich. Liegt die Blende vor der Linse (Bild 11.5.3 a), so ergibt sich die weniger auffallende tonnenförmige Verzeichnung. Möglich sind nur kleine Öffnungen (k > 11) und Bildwinkel bis 2w ≈ 40°.

Durch Aufspalten der Meniskuslinse in zwei verkittete Linsen wird Farbkorrektur bei Verbesserung der Korrektur weiterer Fehler ermöglicht, d. h. es wird ein *Achromat* verwendet (Bild 11.5.3b). In der gezeigten Blendenlage ergibt sich schwach kissenförmige Verzeichnung. Während der Achromat als Normalobjektiv (2w ≈ 45°) bei beschränkter Öffnung (k > 9) nur in Billigkameras verwendbar ist, ergibt er als *Fernbild-*

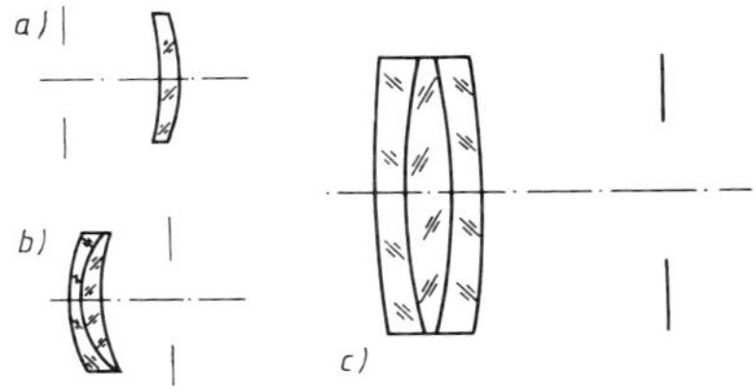


Bild 11.5.3 Eingliedrige Fotoobjektive (Simplet)

a) Meniskenlinse mit Vorderblende, b) Achromat mit Hinterblende, c) Halbapochromat als Fernobjektiv

*linse bei* Aufbau mit modernen Gläsern gute Abbildungsleistung, da die Korrektur nur für kleinen Feldwinkel erforderlich ist, also ähnliche Bedingungen wie bei Fernrohr-Objektiven vorliegen. Korrigiert werden deshalb Farb- und Öffnungsfehler, nicht Astigmatismus, wobei etwa $k > 5$ und $2w < 8°$ erreicht werden. In Weiterentwicklung der Korrektur zum *Apochromaten* oder auch zu *halbapochromatischer Korrektion* unter Einsatz von Spezialgläsern (vergl. auch Abschn. 10.2) ist der Aufbau von Hochleistungs-*Fernobjektiven* möglich, die sich durch niedriges Glasgewicht, nur zwei an Luft grenzende Flächen und sehr geringes Streulicht auszeichnen (Beispiel: Leitz Telyt-S, $k = 6{,}3/f' = 800$ mm; Bild 11.5.3c).

Alle Fotoobjektive höherer Qualität müssen für einen größeren Feldwinkel anastigmatische Ebnung des Bildfeldes bei gleichzeitiger Korrektur der Öffnungs- und Farbfehler aufweisen; unabhängig von ihrer speziellen Konstruktion werden diese Objektive deshalb als *Anastigmate* bezeichnet. Einfachster Anastigmat mit guter Leistung ist das mit nur drei Einzellinsen auskommende *Triplet* (Bild 11.5.4a). Es wird als preisgünstiges Normalobjektiv mit $k \geqq 2{,}8$ und $2w \approx 45°$ bei Kameras mittlerer Preisklasse verwendet, ebenso für kleinere Feldwinkel (Teleobjektive), nicht aber für größere Feldwinkel (unterhalb der Normalbrennweite). Da Kittflächen fehlen, ist das System nicht temperaturempfindlich, also gut als Projektionsobjektiv geeignet. Eine *Frontlinseneinstellung* der Entfernung erfordert nur kleine Verschiebungen der ersten Linse, so daß der Korrekturzustand nur wenig beeinflußt wird. Vom einfachen Triplet wurden zahlreiche Varianten abgeleitet, auch wenn die Zuordnung gelegentlich mehr der Formähnlichkeit als dem Korrekturvorgang folgt. Alle drei Glieder können ja in verkittete Linsen oder auch Linsen mit Luftabstand aufgespalten werden, wobei sich auch die Lage der Blende (vor oder hinter dem stets zerstreuenden Mittelglied) ändern kann. Schon bei Beschränkung auf nur vier Linsen ergeben sich mehrere Konstruktionen, u. a. Aufspaltung des Front- oder Hintergliedes oder Verkittung des Hintergliedes [L 11.5.12]. Bekannteste Variation ist das *Triplet mit verkittetem Hinterglied* („Tessar-Typ"), Bild 11.5.4b.

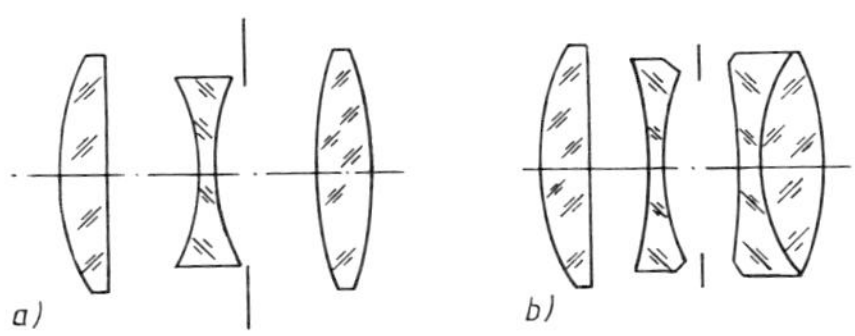


Bild 11.5.4 Einfache Triplet-Typen

a) Triplet aus drei Einzellinsen, b) Triplet mit verkitteter Hinterlinse

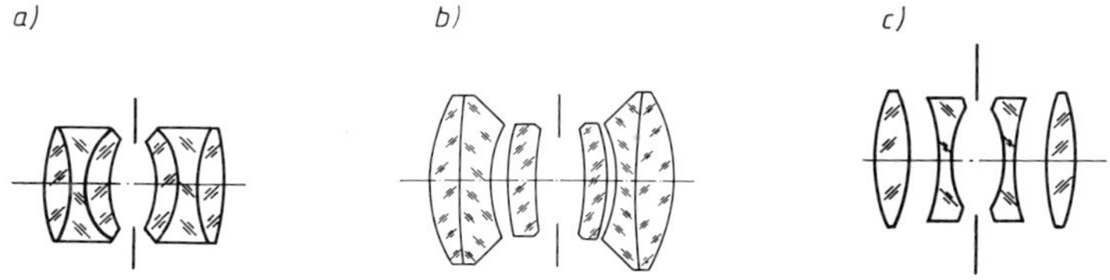


Bild 11.5.5 Doppelanastigmate

a) voll verkittet, b) teilverkittet (z. B. Schneider-Symmar-S), c) unverkittet aus Bi-Linsen („Bi-Dialyt"), z. B. Rodenstock Apo-Ronar

*Doppel-Anastigmate* können symmetrisch oder teilsymmetrisch aufgebaut werden. Bei symmetrischer oder nahezu symmetrischer Anordnung der Elemente zur Blende (Bild 11.5.5) treten Koma und Verzeichnung nicht auf, so daß speziell die Bildfeldwölbung korrigiert werden kann. Die Korrektur symmetrischer Objektive ist für einen Abbildungsmaßstab $\beta'$ und seinen Kehrwert $1/\beta'$ gleichwertig, so daß das Objektiv nicht umgekehrt zu werden braucht und sich deshalb besonders für Repro-Aufgaben in der weiteren Umgebung des Abbildungsmaßstabes $\beta' = -1$ eignet.

Doppel-Anastigmate mit vier meniskenförmigen Gliedern werden als *Doppel-Gauß-Objektive* (Bild 11.5.6) bezeichnet. Sie sind Ausgangsbasis für viele Objektivkonstruktionen mit großer Öffnung (Bild 11.5.6a) oder großem Feldwinkel (Bild 11.5.6b).

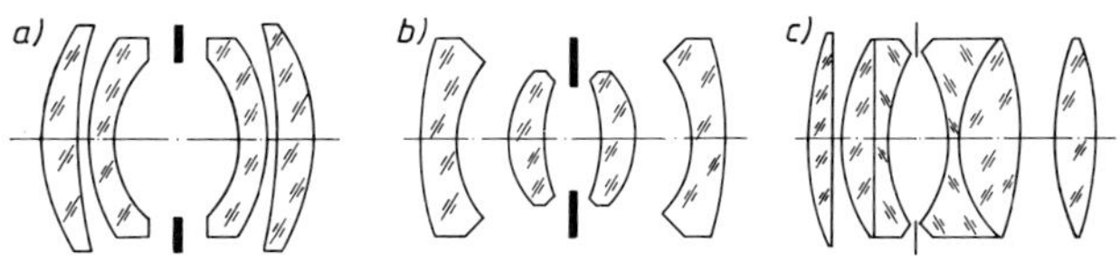


Bild 11.5.6 Doppel-Gauß-Objektive

a) Folge der Meniskenlinsen (+ − − +), b) Folge der Meniskenlinsen (− + + −), c) modifiziertes Gauß-Objektiv

Bei allen mittel- bis hochwertigen Objektiven ist der Farbfehler für Schnitt- und Brennweiten für zwei Farben behoben (früher D und g, bei neuen Systemen C und F, mitunter apochromatisch). Die sphärische Aberration ist beseitigt für mindestens eine Farbe (d oder e), abgesehen von mitunter beträchtlichen Zonenresten; für einen mehr oder minder großen Bildwinkel ist der Astigmatismus ebenfalls bis auf Zonenreste beseitigt und Ebnung herbeigeführt. Die Verzeichnung ist gelegentlich streng behoben, bei manchen Systemen in merklichen Resten verblieben [L 11.5.14].

Der Anwender moderner Hochleistungsobjektive benötigt weniger die Korrekturdaten der einzelnen Abbildungsfehler als eine übersichtliche Darstellung der *Gesamtleistung des Objektivs,* d. h. der Abbildungsqualität im Bildfeld; außerdem die für Einbau und Einsatz des Objektivs wichtigen geometrischen Daten. Mit Bild 11.5.7 wird am Beispiel eines Objektivs die weitgehend vollständige Darstellung der wesentlichen Daten erläutert. Bei Bild 11.5.7a sind in den Linsenschnitt die in Tab. 11.5.1 benutzten Punkte und Strecken eingetragen. $S_kF'$ ist die bildseitige Schnittweite, d. h.

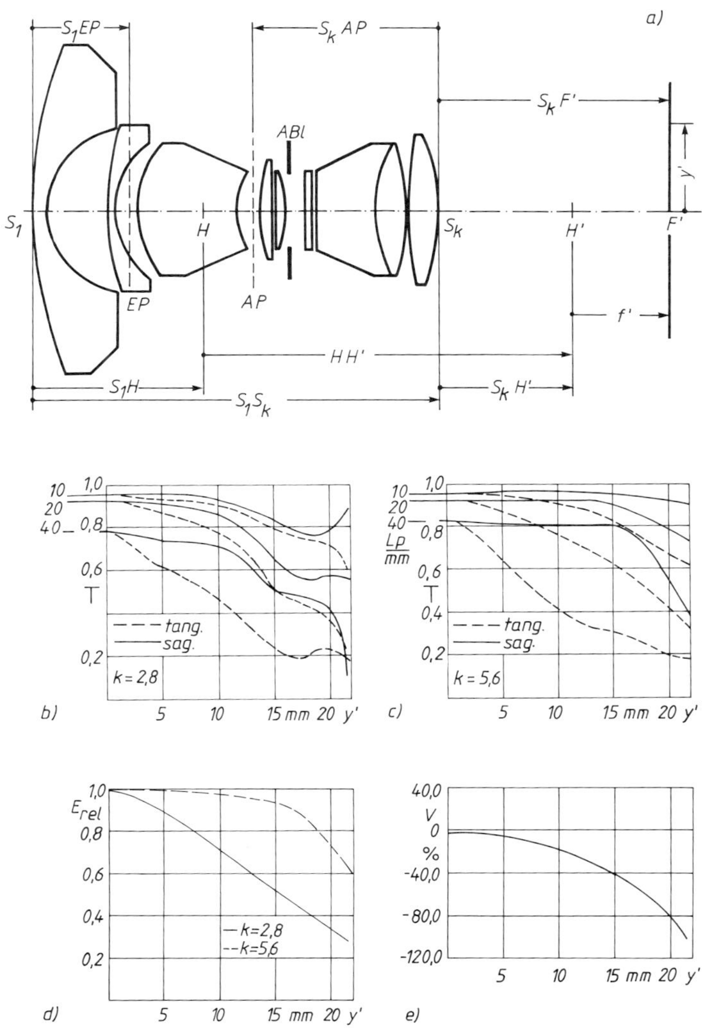


Bild 11.5.7 Ausführliche Darstellung der Daten und Eigenschaften eines Fotoobjektivs
Beispiel: F-Distagon T* 2,8/16 (Carl Zeiss), vgl. Tab. 11.5.1

a) Schnittbild mit allen wichtigen Punkten, Ebenen und Abständen, b) Modulationsübertragungsfaktor T für drei Ortsfrequenzen (10, 20, 40 Lp/mm) als Funktion des Achsabstandes y' bei größter Öffnung $k_{min}$ (hier: $k_{min} = 2{,}8$), c) wie b) aber für mäßige Abblendung auf k = 5,6, d) Beleuchtungsstärkeabfall $E_{rel} = E_{y'}/E_o$ bei zwei Blendenstufen, e) Verzeichnung V in % des Achsabstandes y'

**Tabelle *11.5.1* Beispiele aus der Kleinbildkamera-Objektivreihe eines Herstellers** [H 11.5.4]

| 1 Objektiv | 2 Bild | 3 $\frac{f'}{mm}$ | 4 2w (KB-Diagonale) | 5 $\frac{S_1EP}{mm}$ | 6 $\frac{D_{EP}}{mm}$ | 7 $\frac{S_kAP}{mm}$ | 8 $\frac{D_{AP}}{mm}$ | 9 $\frac{D_{EP}}{D_{AP}}$ | 10 $\frac{S_1H}{mm}$ | 11 $\frac{S_kH'}{mm}$ | 12 $\frac{HH'}{mm}$ | 13 $\frac{S_1S_k}{mm}$ | 14 $\frac{S_1F'}{f'}$ | 15 $\frac{S_kF'}{mm}$ | 16 $E_{rel}$ bei $k_{min}$ $y' = 15$ mm | 17 $\frac{V}{\%}$ $y' = 15$ mm | 18 T 20 Lp/mm, $K_{min}$, ∞, $y' = 10$ mm | 19 Bemerkungen |
|---|---|---|---|---|---|---|---|---|---|---|---|---|---|---|---|---|---|---|
| F-Distagon T* 2,8/16 | 11.5.7 a | 15,8 | 180° | 15,6 | 5,5 | − 30,5 | 23,9 | 0,23 | 27,8 | 21,8 | 60,5 | 66,5 | | 37,6 | 0,52 | −38 | 0,82 | Fischauge; Flächentreue Projektion: $y' = 2f' \cdot \sin\frac{w}{2}$ |
| Distagon T* 3,5/15 | 11.5.8 a | 15,4 | 110° | 34,6 | 4,3 | − 19,4 | 15,5 | 0,28 | 45,7 | 20,9 | 77,4 | 102,2 | | 36,3 | 0,35 | − 4,0 | 0,43 | |
| Distagon T* 2/28 | 11.5.8 b | 28,8 | 74° | 24,3 | 14,0 | − 27,0 | 31,8 | 0,44 | 40,0 | 7,8 | 48 | 80,2 | | 36,6 | 0,47 | − 1,8 | 0,57 | |
| PC-Distagon T* 2,8/35 | 11.5.8 c | 35,2 | 63° | 28,6 | 12,6 | − 19,0 | 24,2 | 0,52 | 45,1 | 12,4 | 49,8 | 82,5 | | 47,6 | 0,62 | − 1,4 | 0,73 | Vergrößerter Bildkreis 2 w = 83°/ 63 mm Dmr., für seitliche Verschiebung des Objektivs |
| Planar T* 1,4/50 | 11.5.8 d | 51,8 | 45° | 26,8 | 36,2 | − 28,8 | 49,7 | 0,73 | 38,4 | − 13,6 | − 9,8 | 42,2 | | 38,2 | 0,50 | − 1,1 | 0,55 | |
| S-Planar T* 2,8/60 | 11.5.8 e | 61,7 | 39° | 24,2 | 21,2 | − 22,9 | 21,9 | 0,97 | 25,2 | − 21,8 | − 9,0 | 38,0 | | 39,9 | 0,63 | + 0,3 | 0,69 | Objektiv nicht für ∞, sondern für Makrobereich korrigiert |
| Planar T* 2/135 | 11.5.8 f | 132,8 | 18,5° | 131,7 | 64,6 | − 12,2 | 36,9 | 1,75 | 24,6 | − 71,4 | −15,3 | 80,7 | 1,49 | 61,4 | 0,71 | + 0,6 | 0,58 | |
| Tele-Tessar T* 4/300 | 11.5.8 g | 300,0 | 8,25° | 238,4 | 75,0 | − 31,9 | 32,8 | 2,29 | −153,3 | −201,7 | 98,7 | 147,1 | 0,82 | | 0,68 | + 0,5 | 0,59 | |
| Mirotar 5,6/1000 | 11.5.8 h | 1020,6 | 2,3° | 0,00 | 212,0 | −372,4 | 112,0 | 1,89 | −920,4 | −856,3 | 391,7 | 327,6 | 0,48 | | 0,92 | + 0,1 | 0,90 | Spiegel-Teleobjektiv mit Korrektionslinsen Format bis 60 mm × 60 mm |

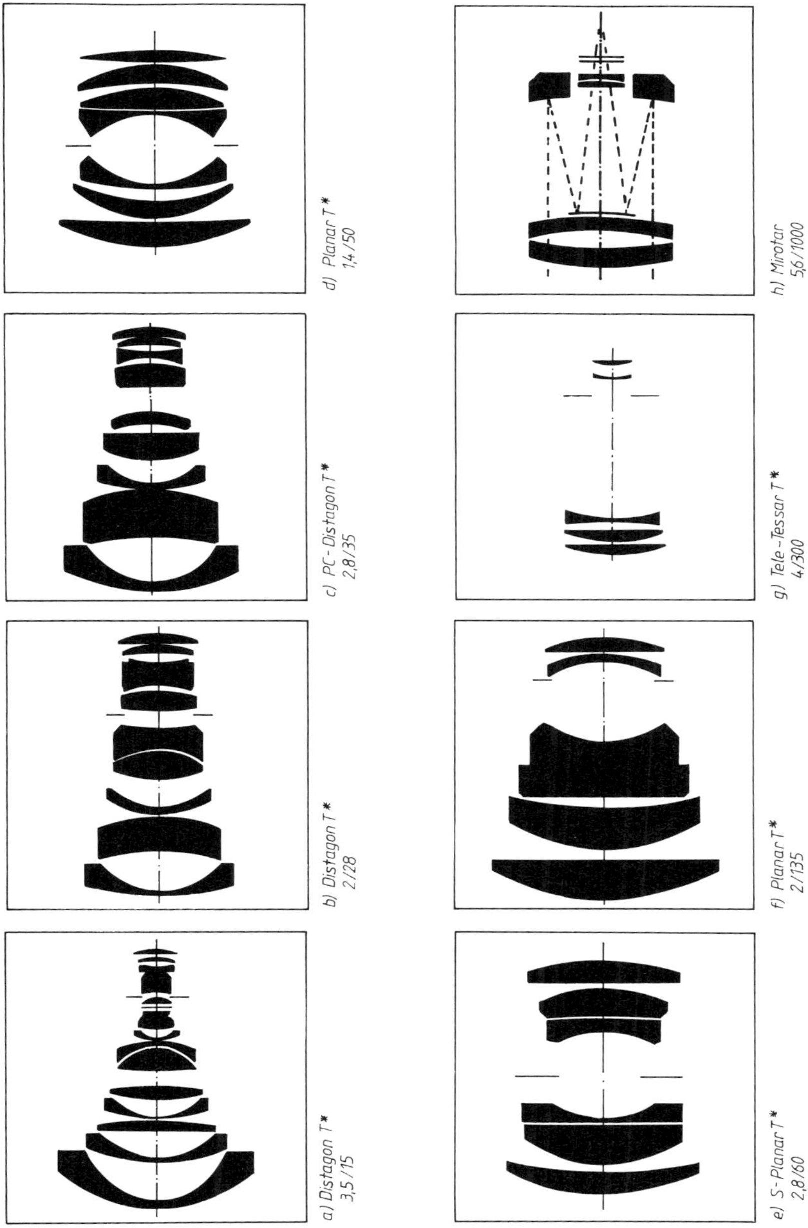


Bild 11.5.8 Schnittbilder von Objektiven entsprechend Tabelle 11.5.1. Die Schnitte sind aus Platzgründen nicht im gleichen Maßstab dargestellt

der Abstand der Brennebene F′ (= Filmebene bei Einstellung auf ∞) vom letzten Linsenscheitel $S_k$. Diese Schnittweite ist bei dem hier dargestellten extremen Weitwinkelobjektiv erheblich größer als die Brennweite f′ und läßt so Platz für den Reflexsucher-Klappspiegel („*Retrofokus-Objektiv*“). Die Aperturblende ABl (Irisblende) wird durch die davor liegenden Systemglieder als Eintrittspupille EP, durch die dahinter liegenden Glieder als Austrittspupille AP (virtuell) abgebildet (Abschn. 4.3).

Die Bilder 11.5.7b, c beschreiben die Schärfeleistung des Objektivs im Bildfeld, d. h. sie geben den *Modulationsübertragungsfaktor* T an (Abschn. 4.4; genaue Darstellung in Abschn. 12.2). Der Faktor T wird für feste, niedrige Ortsfrequenzen R (10, 20, 40 Lp/mm) bei tangentialer und sagittaler Orientierung als Funktion des Abstandes y′ von der optischen Achse (Bildmitte) angegeben, und zwar für voll geöffnetes Objektiv (d. h. kleinste Blendenzahl $k_{min}$, hier: 2,8) und mäßige Abblendung (hier k = 5,6). Als Beleuchtung gilt weißes Licht.

Bild 11.5.7d zeigt den *Abfall der Beleuchtungsstärke* auf dem Film zum Bildrand hin, wie er durch „natürlichen Helligkeitsabfall“ und Vignettierung (Abschn. 8.1) sowie durch Verzeichnung bestimmt wird. Dabei ist $E_{rel}$ die relative, d. h. auf die Bildmitte bezogene Beleuchtungsstärke ($E_{rel}$ = 1 bei y′ = 0). Bei Abblendung auf k = 5,6 setzt die Vignettierung später ein. In Bild 11.5.7e ist die *Verzeichnung* V (Abschn. 4.4) in % der Bildhöhe y′ angegeben; positives V bedeutet kissenförmige, negatives V tonnenförmige Verzeichnung. Das hier als Beispiel verwendete Fischaugen-Objektiv zeigt zwangsläufig eine sehr starke tonnenförmige Verzeichnung.

Der *Datenvergleich moderner Objektive* erfolgt am besten an Beispielen aus der gleichen Objektivreihe (Tab. 11.5.1). Zur Objektivbezeichnung gehören die *Blendenzahl* $k_{min}$ (maximale Öffnung) und die *Nennbrennweite* (z. B. 2,8/16). Die *konstruktive Brennweite* f′ weicht davon geringfügig ab. Der *Feldwinkel* 2w ist jeweils für die Diagonale des Kleinbildformats (ca. 43 mm) angegeben. Neben den Lagen sowie den Durchmessern $D_{EP}$ und $D_{AP}$ von *Eintritts-* und *Austrittspupille* ist auch noch der *Pupillenfaktor* $D_{EP}/D_{AP}$ (Spalte 9) angegeben, der sich vor allem bei Abbildungsmaßstäben um $\beta' = -1$ auf Schärfentiefebereiche und Belichtung auswirkt. Bei völlig symmetrisch zur Blende aufgebautem Objektiv nimmt der Pupillenfaktor den Wert Eins an. Für Teleobjektive ist das Verhältnis von „*Baulänge*“ (vereinfacht für den Abstand der Brennebene vom ersten Linsenscheitel, $S_1F'$) und Brennweite f′ interessant (Spalte 14): Bei echten Teleobjektiven ist die Baulänge kürzer als die Brennweite. Umgekehrt ist insbesondere bei Weitwinkelobjektiven eine gegenüber der Brennweite vergrößerte *Schnittweite* s′ = $S_kF'$ (Spalte 15) notwendig. Der *Beleuchtungsstärkeabfall* $E_{rel}$ (vergl. Bild 11.5.7d) wurde für volle Öffnung $k_{min}$ und y′ = 15 mm angegeben, d. h. einem Bildbereich in der Nähe der Schmalseiten des Kleinbildformats (y′ = 18 mm). Für den gleichen Bildbereich, also einen Bildkreisdurchmesser von 30 mm, ist die *Verzeichnung* V angegeben. Der *Modulationsübertragungsfaktor* T wurde wieder für volle Öffnung $k_{min}$, aber einen etwas näher der Achse gelegenen Bildbereich y′ = 10 mm und eine mittlere Ortsfrequenz R = 20 Lp/mm dargestellt, wobei der Mittelwert aus tangentialer und sagittaler Orientierung gewählt wurde (vergl. Bild 11.5.7b). Alle Werte gelten für die Einstellung auf ∞, auch bei dem Makro-Objektiv.

Bei der Konstruktion von *Vario-Objektiven,* d. h. Objektiven mit veränderbarer Brennweite, ist zu berücksichtigen, daß bei Brennweitenänderung die Scharfeinstellung (Lage der Bildebene) erhalten bleiben muß. Dies ist durch Verschieben von zwei Linsengruppen erreichbar. Bei *optischem Ausgleich* behalten die beiden Gruppen festen Abstand, können also gemeinsam verschoben werden. Durch geschickte Dimensionierung wird erreicht, daß die Bildlage nahezu unveränderlich ist, d. h. sich nur im Bereich der Schärfentiefe verschiebt. Leistungsfähiger ist der *mechanische Ausgleich,* mit dem ein völlig unveränderlicher Bildort im gesamten Brennweitenbereich erzielt werden kann. Dazu müssen aber zwei Linsengruppen nach getrennten Steuerkurven verschoben werden. Bei vielen Vario-Objektiven kann man *Frontglied* (verschiebbar zur Entfernungseinstellung), *Vario-Teil* (2 Linsengruppen verschiebbar zur Maßstabs- und damit Brennweitenänderung) und *Grundobjektiv* (zur Abbildung auf dem Film und Übernahme eines großen Teils der Fehlerkorrektur) unterscheiden, Bild 11.5.9.

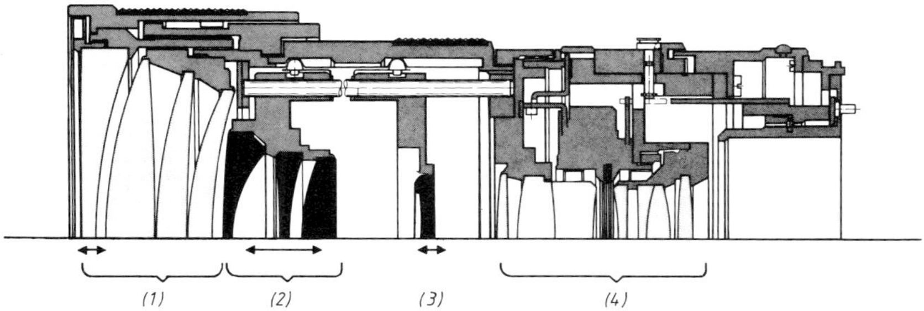


Bild 11.5.9 Halbschnitt eines Vario-Objektivs für Stehbildkameras

Beispiel: Schneider-Variogon 4,5/70–140 mm für Mittelformatkameras 4,5 × 6 cm. Durch axiale Verschiebung der ersten Linse des Frontgliedes (1) erfolgt Entfernungseinstellung. Schwarz: Bewegliche Linsengruppe (2) und Einzellinse (3) des Vario-Teils zur β'-Änderung; (4) = Grundobjektiv mit Blende und Verschluß

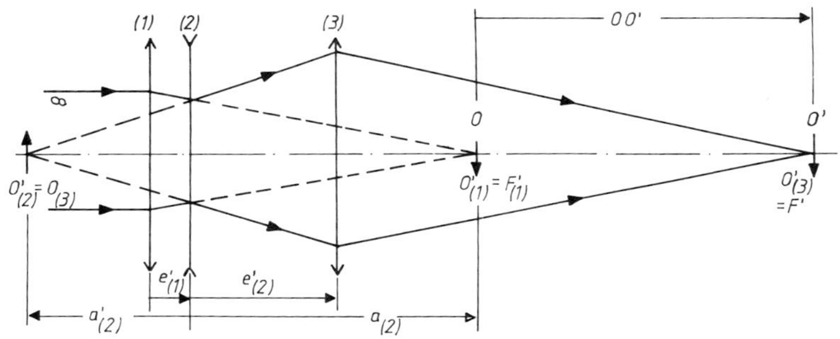


Bild 11.5.10 Beispiel für ein einfaches Vario-System

(1) = Frontglied, (2), (3) = Vario-Teil. Erläuterungen im Text

Das Prinzip des mechanischen Ausgleichs soll an einem einfachen Beispiel gezeigt werden: In Bild 11.5.10 ist eine dünne Negativlinse (2) zwischen zwei dünnen Positivlinsen (1) und (3) angeordnet. Gegeben sind die Brennweiten

$$f'_{(1)} = 80\,\text{mm}, \quad f'_{(2)} = -25\,\text{mm}, \quad f'_{(3)} = 45\,\text{mm},$$

sowie die Linsenabstände

$$e'_{(1)} = 10\,\text{mm}, \quad e'_{(2)} = 35\,\text{mm}.$$

Das Objekt soll weit entfernt sein ($a_{(1)} = \infty$). Nach dem Rechenschema für mehrstufige Systeme (Bild 5.4.2) erhält man $a'_{(1)} = 80$ mm, $a_{(2)} = 70$ mm, $a'_{(2)} = -38{,}89$ mm, $a_{(3)} = -73{,}89$ mm, $a'_{(3)} = 115{,}10$ mm. Der *Varioteil* (Linsen (2) und (3)) bildet also das von dem *Frontglied* (1) entworfene erste Zwischenbild $O'_{(1)} = O$ ($a_{(2)} = 70$ mm) nach $O'_{(3)} = O'$ ($a'_{(3)} = 115{,}10$ mm) ab. Somit ergibt sich $OO' = 80{,}1$ mm und der Abbildungsmaßstab

$$\beta' = \frac{a'_{(2)}}{a_{(2)}} \cdot \frac{a'_{(3)}}{a_{(3)}} \text{ erhält den Wert } \beta' = 0{,}8654.$$

Die Brennweite f′ des Gesamtsystems ist dann

$$f' = f'_{(1)} \cdot \beta'. \qquad (11.5.2).$$

Hier ergibt sich $f' = 69{,}23$ mm.

Durch Verschieben der Linsen (2) und (3) muß nun $\beta'$ bei Erhaltung des Abstandes OO′ geändert werden. Die Berechnung erfolgt mit den für die Vario-Einstellung von zwei aufeinander folgenden Linsen universell gültigen *Wüllnerschen Gleichungen*

$$e'_{(2)} = \frac{OO'}{2} \pm \sqrt{\left(\frac{OO'}{2}\right)^2 - OO' \cdot (f'_{(2)} + f'_{(3)}) - f'_{(2)} \cdot f'_{(3)} \frac{(\beta'-1)^2}{\beta'}} \qquad (11.5.3)$$

$$a_{(2)} = \frac{f'_{(2)} \cdot f'_{(3)} - \beta' \cdot f'_{(2)} \cdot (f'_{(3)} - e'_{(2)})}{\beta' \cdot (f'_{(2)} + f'_{(3)} - e'_{(2)})} \qquad (11.5.4).$$

Zu gegebenen Werten OO′, $f'_{(2)}$, $f'_{(3)}$ und gewünschtem Abbildungsmaßstab $\beta'$ des Varioteils erhält man also den Abstand $e'_{(2)}$ der Vario-Linsen und den Abstand der ersten Linse (2) vom ersten Zwischenbild $O'_{(1)} = O$.

Setzt man die oben gegebenen Werte ein, so erhält man $e'_{(2)} = 34{,}995$ mm (bzw. 45,105 mm), $a_{(2)} = 70{,}013$ mm, also die den angenommenen Ausgangswerten entsprechende Lösung (es wird jeweils für $e'_{(2)}$ der kleinere Abstand gewählt). Will man nun die Brennweite f′ auf den doppelten Wert vergrößern („Vario-Objektiv 70 mm – 140 mm"), so muß in die Wüllnerschen Gleichungen $\beta' = 2 \cdot 0{,}8654$ bei im übrigen gleichen Werten eingesetzt werden. Damit erhält man $e'_{(2)} = 21{,}365$ mm (bzw. 58,735 mm) und $a_{(2)} = 43{,}307$ mm als Einstellwerte für die Brennweite $f' \approx 138$ mm. Bild 11.5.11 zeigt die Brennweite f′ als Funktion der Linsenlagen (2) und (3). Die Verschiebungen der beiden Komponenten sind zueinander und zur Brennweitenänderung nichtlinear, oder anders ausgedrückt: Wird Linse (2) linear verschoben, so muß Linse (3) über eine nichtlineare Steuerkurve mit Umkehrpunkt verlagert werden; die f′-Änderung ist ebenfalls nichtlinear.

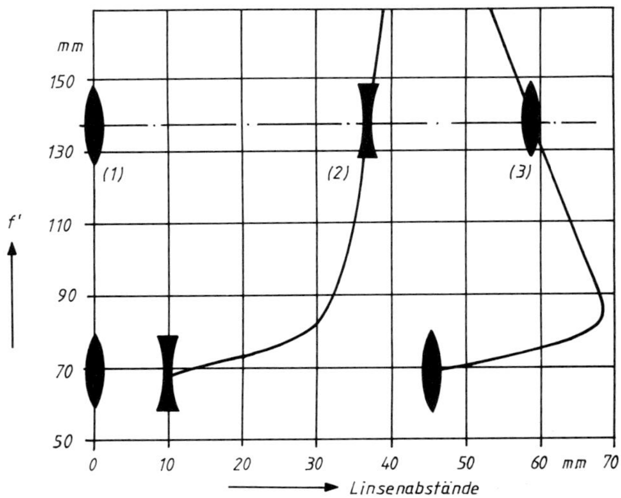


Bild 11.5.11 Verschiebung der Linsen des Vario-Teils zur kontinuierlichen Brennweitenänderung. Die beiden im Text berechneten Stellungen ($f' \approx 69$ mm, $f' \approx 138$ mm) sind eingezeichnet

Der Bildabstand OO′ kann auch negativ gewählt werden, was für Verkürzung der Baulänge günstig ist. Dann muß das vom Vario-Teil entworfene Bild O′ durch ein Grundobjektiv auf den Film abgebildet werden. Bei ungünstiger Wahl der Daten liefert Gl. (11.5.3) für $e'_{(2)}$ oder den Radikanden der Wurzel einen negativen Wert; dies ergibt natürlich keine realisierbaren Lösungen.

Bei unterschiedlicher Gegenstandslage $a_{(1)}$ (z. B. Naheinstellung) darf sich die Lage des ersten Zwischenbildes $O'_{(1)} = O$ (Ausgangspunkt für die Abbildung durch den Vario-Teil) nicht ändern. Diese Forderung wird in einfacher Weise durch Verschieben des Frontgliedes (1) erfüllt, das also die *Entfernungseinstellung* übernimmt.

Ein einfaches, leicht mit zwei Objektiven aufzubauendes Vario-System zeigt Bild 11.5.12: Eine Objektebene O soll mit kontinuierlich veränderbarem Abbildungsmaßstab $\beta'$ auf eine in festem Abstand angebrachte Bildebene O′ reell abgebildet werden (z. B. Abbildung einer Strichplatte, Skala, Buchstaben-Matrize auf einer Mattscheibe oder einem Film).

Das Prinzip wird wieder mit zwei dünnen Linsen dargestellt, die gleiche Brennweite $f'_{(1)} = f'_{(2)} =$ 40 mm haben sollen. Der Abbildungsmaßstab soll von $\beta' = -5$ bis $\beta' = -0{,}2$ geändert werden können, so daß sich ein „Vario-Faktor“ von 25 ergibt. Kleinster Abstand beider Linsen ist $e \approx 0$ (Hauptpunktabstände nicht berücksichtigt). Für $e = 0$ ergibt sich insgesamt $f' = 20$ mm (Gl. (5.4.1)); nach Gl. (4.2.13) muß dann OO′ für $\beta' = -5$ ebenso wie für $-0{,}2$ den Wert $OO' = 144$ mm annehmen. Die Bilder 11.5.12a und c zeigen die Linsenlagen. Für $\beta' = -1$ ist der Abstand OO′ bei dicht zusammenliegenden Linsen zu groß; die Linsen müssen also auseinanderrücken (Bild 11.5.12b): Es wird $O = \bar{F}_{(1)}$ und damit $a_{(1)} = -40$ mm, ebenso $a'_{(2)} = +40$ mm, mit Zwischenabbildung nach $\infty$. Natürlich führen auch die Wüllnerschen Gleichungen zu dem Ergebnis dieser Überlegung (mit den Umbenennungen $e'_{(2)} \rightarrow e$, $a_{(2)} \rightarrow a_{(1)}$, $f'_{(2)} \rightarrow f'_{(1)}$, $f'_{(3)} \rightarrow f'_{(2)}$); sie liefern auch die Zwischenlagen.

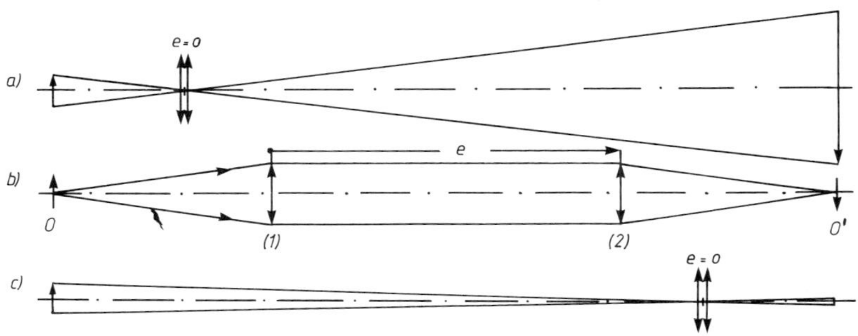


Bild 11.5.12 Vario-System zur reellen Abbildung einer Ebene O in eine Ebene O′

Verwendet werden zwei Objektive fester Brennweite (hier: dünne Linsen). a) $\beta' = -5$, b) $\beta' = -1$; c) $\beta' = -0{,}2$

Zur detaillierten Darstellung der Konstruktionsprinzipien von Vario-Objektiven, insbesondere für großen Brennweitenbereich, muß auf die angegebene Literatur verwiesen werden (siehe auch Abschn. 20.1).

*Vorsatzlinsen* werden bei fotografischen Objektiven, aber auch bei korrigierten Systemen mit anderer Anwendung benutzt, um die Brennweite oder Schnittweite um kleine Beträge zu ändern. Brechkraft und Öffnungsverhältnis der Vorsatzlinsen sind stets wesentlich kleiner als die des Hauptsystems (bis 30%, besser nur bis 20% der Werte des Objektivs).

Ist $f'$ die verlangte Brennweite, $f'_{Ob}$ die des vorhandenen Systems, $\dot{F}$ die Brechkraft der Vorsatzlinse und $e = H'_{vors}H_{Ob}$ der Hauptpunktabstand beider Systeme, so gilt (Bild 11.5.13) als Ergebnis von Gl. (5.4.1)

$$f' = \frac{f'_{Ob}}{\dot{F}(f'_{Ob} - e) + 1} \tag{11.5.5}$$

Für $\dot{F}$ in Dioptrien, dpt $= m^{-1}$, sind $f'$, e natürlich in Meter einzusetzen. Für die Bildweite $a'_{Ob}$ ergibt sich dann bei Gegenstandslage im $\infty$:

$$a'_{Ob} = \frac{f'_{Ob}(1 - e \cdot \dot{F})}{\dot{F}(f'_{Ob} - e) + 1} \tag{11.5.6}$$

Steht die Vorsatzlinse im vorderen Brennpunkt des Hauptsystems, d. h. $e = f'_{Ob}$, dann wird $f' = f'_{Ob}$; die Brennweite bleibt unverändert, und nur $a'_{Ob}$ ändert sich. Man muß also große Abstände vermeiden, es sei denn, daß eine größere oder kleinere Bildweite bzw. Schnittweite gebraucht wird.

So werden z. B. Streulinsen als Vorsatzlinsen zu fotografischen Objektiven benutzt, um deren Brennweite zu verlängern und eine größere Abbildung zu erzielen. Natürlich leidet dadurch die Korrektion des Objektivs, so daß die Bilder „weich“ werden, wenn nicht erheblich abgeblendet wird. Andererseits dienen Sammellinsen dazu, nahe Gegenstände fotografieren zu können, die sich ohne eine solche Linse nicht scharfstellen lassen, weil das Scharfstellbereich des Objektivs zu klein ist. Gelegentlich wird auch die mit der Brennweitenverkürzung verbundene Vergrößerung des Bildwinkels ausgenutzt.

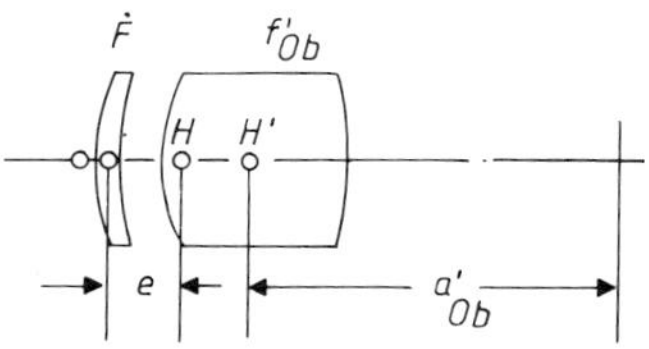


Bild 11.5.13 Vorsatzlinse der Brechkraft $\dot{F}$ im Abstand e vor einem Objektiv der Brennweite $f'_{Ob}$

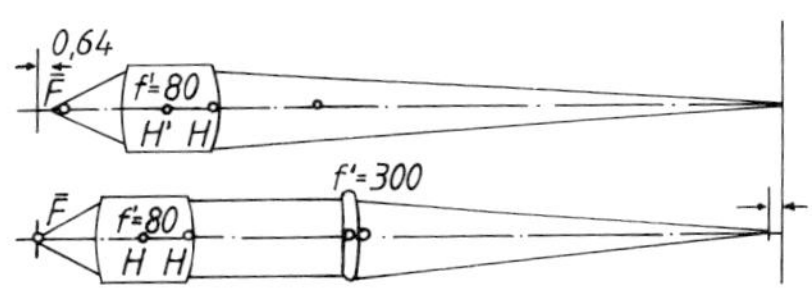


Bild 11.5.14 Erhaltung des Korrektionszustandes eines Objektivs durch eine Vorsatzlinse (Verringerung der Abbildungsfehler)

Eine Vorsatzlinse kann auch mehrere Systeme gleichzeitig bedienen: Vor beide Objektive einer zweiäugigen Spiegelreflexkamera gebracht, gestattet sie nicht nur Aufnahmen aus größter Nähe, wobei durch Ändern der Aufnahmeentfernung auf beste Schärfe eingestellt wird, sondern behebt automatisch die Sucherparallaxe. Ebenso kann man sie gleichzeitig vor Objektiv, Sucher und Entfernungsmesser anderer Kameras anbringen. Es ist zweckmäßig, das Foto-Objektiv hinter die Mitte der unsymmetrisch gestalteten oder mehrteiligen Vorsatzlinse anzuordnen.

Vorsatzlinsen werden weiter dort benutzt, wo ein korrigiertes Objektiv möglichst mit den Schnittweiten benutzt werden soll, für die es berechnet ist, die vorliegende Aufgabe aber andere Werte vorschreibt. Ein Beispiel:

Ein Filmbild 18 × 24 mm soll vierfach vergrößert in 50 cm Abstand entworfen werden; hierzu wird ein Kinowiedergabeobjektiv benutzt, für das – zunächst unter Vernachlässigung des Hauptpunktabstandes – $f' = 80$ mm gilt. Das System entwirft das Bild in 40 cm Abstand, ist aber für „Unendlich" korrigiert. Wird höchste Schärfe verlangt, so muß dieser Zustand künstlich herbeigeführt werden. Man setzt also das Filmbildchen in den Brennpunkt und gibt dem Objektiv eine Vorsatzlinse, etwa einen Fernrohrachromaten von 320 mm Brennweite. Der Abstand beider Systeme ist an sich bedeutungslos und kann so eingestellt werden, daß Film und Bild genau 50 cm voneinander entfernt sind (Bild 11.5.14).

Welche sphärischen Aberrationen $\Delta a'$ und dadurch bedingten Streukreise $2\varrho$ beispielsweise bei einem auf achsparallelen Strahleneinfall sphärisch korrigierten Dreilinser 1:3,5 auftreten, wenn der Dingpunkt in die Nähe rückt, geht aus folgender Tabelle hervor, deren Zahlen in Einheiten der Brennweite gelten:

| | | | | | | | | |
|---|---|---|---|---|---|---|---|---|
| $\lvert a\rvert$ | $= \infty$ | 10 | 5 | 2,5 | 2 | 1,67 | 1,5 | 1,25 · f' |
| $\beta'$ | $= 0$ | −1/9 | −1/4 | −2/3 | −1 | −3/2 | −2 | −4 |
| $\Delta a'$ | $= 0{,}3$ | 0,4 | 0,8 | 3 | 5 | 10 | 15 | 25% von f' |
| $2\varrho$ | $= 0{,}08$ | 0,1 | 0,2 | 0,5 | 0,8 | 1,2 | 1,6 | 2% von f' |

Für das eben angeführte Beispiel ist bei Abbildung durch das Objektiv allein im Maßstab 1:4 mit einer Längsabweichung von 0,8% von 80 mm oder 0,64 mm zu rechnen. Bereits eine plankonvexe Vorsatzlinse von 32 cm Brennweite und 23 mm Durchmesser (entsprechend 1:3,5 bei $f' = 80$ mm) liefert nur 0,50 mm Längsabweichung, der, vom Objektiv in den Dingraum abgebildet, nur 0,03 mm (Tiefenvergrößerung!) entsprechen.

Man bedenke, daß die im Hauptsystem befindliche Blende auch für die Vorsatzlinse gilt. Falls die Korrektion hinsichtlich Astigmatismus und Wölbung zu beachten ist, wählt man Meniskuslinsen, deren hohle Seite nach dem Hauptsystem zeigt; ist nur die Bildmitte wichtig, benutzt man Plankonvexlinsen oder Achromate.

Trotzdem kann man aplanatische Menisken auch bei höheren Ansprüchen an die Abbildung für die Änderung der Schnittweite und damit des Abbildungsmaßstabes benutzen. Zum Beispiel ist ein punktuell abbildendes Brillenglas von +4 dpt ein aplanatischer Meniskus, wenn Ding- und Bildpunkt 87,5 mm bzw. 135 mm vom Scheitel der Hohlfläche entfernt liegen. Hat ein auf Sinusbedingung gut korrigiertes System also etwa 140–150 mm Schnittweite, so kann sie durch Anfügen eines solchen Glases um etwa 48 mm gekürzt, die Vergrößerung um den Faktor $n = 1{,}52$ geändert werden. Als negativer aplanatischer Meniskus ist ein punktuelles Glas von −4 dpt brauchbar, wobei Ding- und Bildpunkt ebenfalls etwa 88 und 135 mm vom Innenscheitel entfernt sind.

## Literaturhinweise


L 11.5. 1 *Wiedemann, E.:* Über einfache Spiegelobjektive. Optik *53* (1979) No. 4, 311–317

L 11.5. 2 *Mandler, W.:* Über die Berechnung einfacher Gauß-Objektive. Optik *55* (1980) No. 2, 119–140; No. 3, 219–240

L 11.5. 3 *Kalló, P.:* Simple method for the design of superachromatic triplets. Optik *55* (1980) No. 3, 315–323

L 11.5. 4 *Besenmatter, W.:* (Delano- und Apertur-Diagramme von Vario-Objektiven; Analysen). Optik *47* (1977) No. 2, 153–166; No. 4, 381–390; *48* (1977) No. 3, 289–304; *49* (1977) No. 1, 1–15; No. 3, 325–345

L 11.5. 5 *Besenmatter, W.:* Lageabweichungen einzelner Glieder von Vario-Objektiven. Optik *51* (1978) No. 2, 147–160

L 11.5. 6 *Cook, G. H.:* Photographic Objectives. LÜ1 Vol. III/3

L 11.5. 7 *Klein, W.:* Einige optische Grundlagen zu Vario-Systemen. Jahrb. f. Optik u. Feinmechanik 1972, 33–64

L 11.5. 8 *Franke, G.:* Photographische Optik. Akadem. Verlagsgesellschaft, Frankfurt 1964
L 11.5. 9 *Harting, H.:* Photographische Optik. Akadem. Verlagsgesellschaft Geest & Portig KG, Leipzig, 4. Aufl. 1952
L 11.5.10 *Flügge, J.:* Das photographische Objektiv. (Die wissenschaftliche und angewandte Photographie, Band 1) Springer-Verlag, Wien 1955
L 11.5.11 *Franke, G.:* Das photographische Objektiv. In: Handbuch Band 29, LÜ13
L 11.5.12 *Sharma, K. D.:* Four-element lens systems of the Cooke Triplet family: designs. Applied Optics *19* (1980) No. 5, 698–701
L 11.5.13 *Vollrath, W.:* Berechnung und Bildgütebewertung von Foto-Objektiven. Feinwerktechnik & Meßtechnik 93 (1985), 245–250
L 11.5.14 *Euler,* Optik *9* (1952), 180. *Euler,* Zickwolf, Optik *10* (1953) 206
L 11.5.15 *Rosenhauer, E.:* Variosysteme mit optischem Ausgleich. Optik *20* (1963), 617–623
L 11.5.16 siehe auch L 20.1.4 bis L 20.1.6
L 11.5.17 DIN 4521 Aufnahme- und Projektionsobjektive; Brennweite, Relative Öffnung
L 11.5.18 DIN 4522 Aufnahmeobjektive
T 1 Blenden, Beschriftung, Entfernungsangaben
T 2 zulässige Blendengrenzwerte
T 3 Transmissionsgerechte Blendenzahlen
T 4 Messung des spektralen Transmissionsgrades
T 5 Einfluß der Objektive auf die Farbwiedergabe bei Farbfilmen, Begriffe, Farbwiedergabe-Kennzahlen und Bestimmung der wirksamen optischen Dichte
T 6 Einfluß der Objektive auf die Farbwiedergabe bei Farbfilmen, Empfohlene Werte für die Farbwiedergabe-Kennzahlen
L 11.5.19 DIN 19040 Begriffe der Photographie
T 5 Allgemeine optische Begriffe in der Photographie
L 11.5.20 DIN 19002 Aufnahmeobjektive
T 1 Anschlußmaße für aufsteckbares und einschraubbares Zubehör
L 11.5.21 *Glatzel, E.:* Neue Objektive für die Mikrolithographie. Zeiss-Inform. *26* (1981) H. 92, 8–13

**Beispiele für Hersteller bzw. Lieferanten**

H 11.5.1 *Jos. Schneider AG,* Ringstr. 132, Bad Kreuznach: Fest- u. Vario-Objektive für Foto-, Film- u. Fernsehkameras
H 11.5.2 *G. Rodenstock,* Isartalstr. 43, München: Objektive f. Fotografie u. opt. Geräte
H 11.5.3 *Ernst Leitz Wetzlar GmbH,* Wetzlar: Objektive f. Kleinbildfotografie
H 11.5.4 *Carl Zeiss,* Oberkochen: Objektive, auch Spiegelobjektive f. Fotografie u. opt. Geräte, UV-Fotografie, Blasenkammer- u. Luftaufnahmen
H 11.5.5 *Nikon GmbH,* Ürdinger Str. 96, Düsseldorf: Objektive f. Kleinbildfotografie
H 11.5.6 *Canon Inc., J. über Euro-Photo GmbH,* Schiefbahn-Willich: Objektive f. Kleinbildfotografie
H 11.5.7 *Minolta Camera,* Kurt-Fischer-Str. 50, Ahrensburg: Objektive f. Kleinbildfotografie, u. a. Weitwinkelob. m. variabler Objektfeldkrümmung
H 11.5.8 *B. Halle Nachfl.,* Hubertusstr. 10, Berlin 41: Sonder-Objektive für UV u. IR

## 11.6 Kurzzeitfotografie, Zeitdehner, Zeitraffer

Analog zur Dehnung, d. h. Vergrößerung kleiner Raumbereiche (Mikroskopie) und zur Kompression unübersichtlich großer Raumbereiche durch verkleinerte Aufnahme (z. B. auch in der Kartografie) ist mit optischen Hilfsmitteln ebenso eine Zeitdehnung („Mikroskopie der Zeit“) bei für das Auge zu schnell ablaufenden Vorgängen wie eine Zeitraffung bei unübersichtlich langsam ablaufenden Vorgängen möglich.

Die *Zeitraffung* ist mit Laufbildkameras für Normal- oder Schmalfilm mit Einzelbildschaltung oder mit Kleinbildkameras für motorbetätigte Serienschaltung relativ einfach auszuführen: Ein Steuergerät muß gemäß eingestelltem Zeitintervall die Kamera auslösen, ggf. aber auch die Beleuchtung einschalten, Umgebungslicht abschalten usw.: Wesentlich ist also die Konstanthaltung der Aufnahmebedingungen über längere Zeiträume. Auf diese Weise kann z. B. der Ablauf von Korrosionsvorgängen erfaßt werden. Als *Zeitraffungsfaktor* ergibt sich $\nu_P/\nu_A$, mit $\nu_P$ = Projektionsfrequenz (z. B. 24 Bilder/s), $\nu_A$ = Aufnahmefrequenz (z. B. 2 Bilder pro Tag bei sehr starker Zeitraffung).

Einzelphasen oder kleine Bildserien aus dem Ablauf schneller Vorgänge erhält man durch *Kurzzeitfotografie,* d. h. durch Blitz- oder Funkenbeleuchtung mit Belichtungszeiten zwischen 1 ms und 1 ns, wodurch sich auch bei hohen Geschwindigkeiten nur minimale Bewegungsunschärfe ergibt. Bei Bildserien erfolgt im einfachsten Fall die getrennte Darstellung der Einzelbilder durch das Objekt selbst. Zur kontrastreichen Wiedergabe muß sich dann aber das durch Stroboskopblitze beleuchtete Objekt vom völlig dunklen Hintergrund abheben. Bei speziellen *Bildserienkameras* wird die Bildtrennung durch Objektive angewendet: Jedes Einzelbild wird durch ein eigenes Objektiv erzeugt; die Einzelverschlüsse werden nacheinander definiert ausgelöst. Bildtrennung durch die Beleuchtung bei Belichtungszeiten im Nanosekundenbereich und kleinen zeitlichen Bildabständen erhält man durch *Funkenzeitlupen:* Einzelne Funkenstrecken werden nacheinander gezündet und dabei der Strahlengang so geführt, daß die Einzelbilder nebeneinander auf einer Fotoschicht entstehen.

Große Bildserien, die einen zeitlich verlangsamten Bewegungsablauf unmittelbar in der Projektion zeigen können, erhält man mit *Zeitdehnung durch „Hochfrequenz-Kinematografie“.* Dabei ist $\nu_A/\nu_P$ der Zeitdehnungsfaktor (Aufnahme-/Projektionsfrequenz). Hohe Zeitdehnungsfaktoren im Bereich von $10^2$ bis etwa $10^7$ (!) Bildern pro Sekunde erfordern entsprechend hohe Aufnahmefrequenzen. Soweit nur einige hundert Bilder pro Sekunde aufgenommen werden müssen, kommen die der Konstruktion üblicher Laufbildkameras weitgehend entsprechenden *Kameras mit diskontinuierlichem Filmtransport* in Frage: Der Film steht während der Belichtung ruhig; in den Belichtungspausen wird er durch einen Greifer ruckartig weitergerissen. Hierdurch werden die Perforationslöcher des Films stark beansprucht, so daß bei höheren Bildwechselzahlen bis zu einigen Zehntausend pro Sekunde der *Film kontinuierlich* durch die Kamera laufen muß. Dann muß aber während der Belichtungszeit das Bild dem Film nachgeführt werden, also relativ zum Film ruhen. Dies wird durch *„optischen Ausgleich“* erreicht.

Die Zahl der Vorschläge und Schutzrechte auf dem Gebiete ist Legion. Folgende Methoden lassen sich gelegentlich auch auf andere optische Probleme übertragen:

1. Das Objektiv wird mit dem Film mitgeführt und wandert nach der Belichtung eines Bildes zurück, um das nächste Bild „abzuholen“. Verlagert das Transportproblem vom Film auf das (meist schwerere) Objektiv.

2. Es ist eine Objektivkette vorhanden, die kontinuierlich mit dem Film weiterläuft. Schwer ist der Abgleich der 10–20 Objektive hinsichtlich Brennweite und Achsenlage.

3. Man benutzt nur ein Objektiv, das feststeht, und läßt dahinter oder davor eine Scheibe mit Zusatzlinsen rotieren, deren kleiner Brechkraft entsprechend mit erhöhter Geschwindigkeit. Häufig beschritten bei „Zeitdehnern“ für technische Forschungsaufgaben, wo wohl hohe Frequenzen, aber selten höchste Schärfe und volles Bildformat verlangt werden.

4. Man führt das Bild mit einem kontinuierlich sich drehenden Spiegel nach; dies erfordert Krümmung der Filmbahn um die Spiegelachse, wenn die Geschwindigkeiten übereinstimmen sollen, und liefert wegen der Bildfeldebnung des Objektivs Unschärfen, die allerdings durch Zylinderlinsen behoben werden können (Mechau-Projektor). In einfacher Form in Filmbetrachtungsgeräten (Umrollern) der Kinoaufnahmeateliers und Entwicklungsanstalten benutzt.

5. Man ersetzt den einzelnen, periodisch gekippten Spiegel durch eine Spiegeltrommel, d. h. einen außen oder innen verspiegelten Vielkant. Gibt für Aufnahmezwecke als Außentrommel leidliche, als Innenspiegeltrommel gute Bedingungen.

6. Zwischen Film und Objektiv rotiert ein *Glaspolygon* (Bild 11.6.1), das wie eine gekippte Planparallelplatte (Abschn. 5.6) wirkt, d. h. die Drehung wird in eine Parallelversetzung des Bündels umgewandelt und führt damit das Bild dem Film nach. Dieses Prinzip, bei dem wegen des Astigmatismus lange Schnittweiten und kleine Öffnungsverhältnisse günstig sind, hat sich wegen der Einfachheit der Konstruktion bei Zeitdehnerkameras, Filmbetrachtern usw. weitgehend durchgesetzt.

Alle diese Methoden liefern nur erträgliche Ergebnisse, wenn die Filmschrumpfung bedacht wird, d. h. die innerhalb genormter Toleranzen liegenden Abweichungen in den Längenabmessungen, insbesondere der Lochung (Perforation).

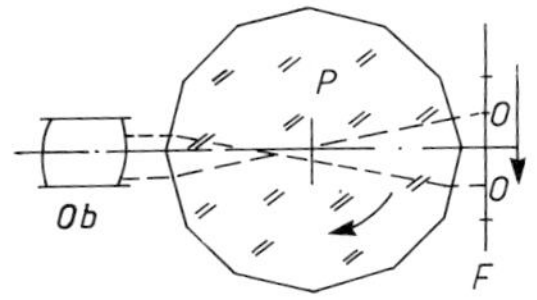


Bild 11.6.1 Optischer Ausgleich der Filmbewegung durch rotierendes Polygon

Ob = Objektiv, P = Glaspolygon, F = Film, O = identische Punkte benachbarter Einzelbilder, gleichzeitig übereinanderprojiziert

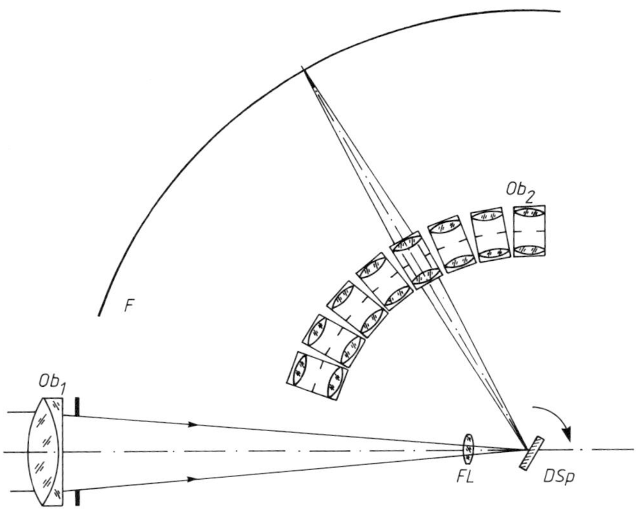


Bild 11.6.2 Drehspiegelkamera

$Ob_1$ = Grundobjektiv, FL = Feldlinse, DSp = Drehspiegel, $Ob_2$ = Zwischenobjektive für Erzeugung der Einzelbilder, F = Filmstreifen

Bei noch höheren Aufnahmefrequenzen bis in den Bereich $10^5$B/s stört das Trägheitsmoment des aufgewickelten Films und der Spulen erheblich. Deswegen wird bei der *Trommelkamera* ein kürzerer Film auf dem Umfang einer rotierenden Trommel aufgespannt. Die Trommel kann vor der Filmbelichtung (Verschlußöffnung) auf konstante Winkelgeschwindigkeit gebracht werden. Unschärfen werden durch optischen Ausgleich oder sehr kurze Funkenbelichtung vermieden.

Eine optimale Reduktion bewegter Massen erhält man mit *Drehspiegelkameras,* die als einziges bewegtes Teil einen durch Druckgasturbine angetriebenen Drehspiegel aufweisen (Bild 11.6.2). Es erfolgt „Bildtrennung durch Objektive": Auf dem ruhenden Filmstück werden so viele Einzelbilder erzeugt, wie aufeinander abgestimmte Objektive vorhanden sind (maximal etwa 200).

**Literaturhinweise**

L 11.6.1 *Holland, T. E.:* High-Speed Photography. LÜ1 Vol IV/6
L 11.6.2 *Rieck, J.:* Technik der Wissenschaftlichen Kinematographie. Johann Ambrosius Barth, München 1968
L 11.6.3 *Saxe, R.-F.:* High-Speed Photography. The Focal Press, London, New York 1966

**Beispiele für Hersteller bzw. Lieferanten**

H 11.6.1 *Weinberger Deutschland GmbH,* Stephanienstr. 92, Karlsruhe: Hochgeschwindigkeitskameras u. Auswerteprojektoren
H 11.6.2 *Impulsphysik GmbH,* Sülldorfer Landstr. 400, Hamburg: Kameras u. Ausrüstungen f. Hochfrequenz-Kinematografie u. Kurzzeit-Fotografie
H 11.6.3 *Polaroid GmbH,* Sprendlinger Landstr. 109, Offenbach: Hochfrequenz-Kinematografie-System mit Sofortfilm
H 11.6.4 *Hadland Photonics Ltd,* GB, über Laser Optronic GmbH, Eversbuschstr. 200, München: Bildwandler-Kameras
H 11.6.5 *Drello, Ing. Paul Drewell,* Postf. 500126, Mönchengladbach: Geräte f. Stroboskopie u. ballistische Messungen

# 11.7. Vergrößerungsgeräte

Vergrößerungsgeräte sind Projektoren für meist geringe Bildweite, bei denen möglichst gleichmäßige Beleuchtungsstärkeverteilung über das Bildfeld wichtiger ist als hoher Nutzlichtstrom. Wesentlich ist wegen der vergleichsweise langen Belichtungszeiten ein stabiler und schwingungssicherer mechanischer Aufbau. Er besteht bei der bevorzugten senkrechten Anordnung, die platzsparend und gegen Vertikalschwingungen weniger empfindlich ist, aus dem Standfuß mit Bildträger (Grundbrett), der Säule und dem an der Säule verschiebbar befestigten Projektionskopf (Objektiv, Negativbühne, Beleuchtungseinrichtung). Wandbefestigung des oberen Säulenendes verhindert die Neigung zu Eigenschwingungen bei durch den Projektionskopf hoch liegendem Schwerpunkt.

*Objektive* für Vergrößerungsgeräte sind für einen mittleren Wert im Bereich der bevorzugt verwendeten Abbildungsmaßstäbe (z. B. $|\beta'| = 2 \ldots 20$) korrigiert; sie entsprechen damit Aufnahmeobjektiven für Nahabstände und sind auch als solche verwendbar. Preisgünstige Vergrößerungsobjektive sind als dreilinsige Triplets, Objektive für höhere Ansprüche meist als Triplet mit einem verkitteten Glied oder als teilverkitteter Doppelanastigmat (z. B. 6 Linsen in 4 Gliedern) ausgeführt. Die *Brennweite* wird im allgemeinen gleich oder geringfügig kleiner als die Formatdiagonale gewählt. Große Brennweiten ergeben kleinen Feldwinkel und damit günstige Verteilung der Beleuchtungsstärke, kleine Brennweiten speziell korrigierter Weitwinkelobjektive (bis etwa 2w = 60°) ermöglichen bei gleichen Geräteabmessungen (Säulenhöhe) größere Abbildungsmaßstäbe. Bei Kittflächen in Vergrößerungsobjektiven muß die Wärmebelastung berücksichtigt werden. Objektive für hohe Ansprüche müssen bei ausreichendem Kontrast ein *Auflösungsvermögen* von mindestens 120 Lp/mm erreichen.

Der *Abbildungsmaßstab* wird durch Verschieben des Projektionskopfes an der Säule (Ändern der Entfernung OO′ zwischen Negativ- und Bildebene) eingestellt, die Scharfeinstellung durch Ändern der Objektweite a (Hauptpunkt H bis Negativ) vorgenommen. Bei der in der Bedienung wesentlich bequemeren *automatischen Scharfeinstellung* werden beide Bewegungen durch Steuerkurven entsprechend der Abbildungsgleichung Gl. (4.2.5) verknüpft. Dabei müssen Justiermöglichkeiten für Brennweitendifferenzen der Objektive und unterschiedliche Lage der Bildebene (verschieden dicke Vergrößerungsrahmen) vorhanden sein. Man kann auch alle mechanischen Einstellbewegungen in das Objektiv selbst verlagern und gelangt so zum *Vario-Vergrößerungsobjektiv,* das bei beschränktem Bereich des Abbildungsmaßstabs einen völlig starren Aufbau des Vergrößerungsgerätes erlaubt (Beispiel: Schneider Betavaron, $|\beta'| = 3{,}1 \ldots 10$, mit negativer Vorsatzlinse $5{,}3 \ldots 17$).

Bei Vergrößerungsgeräten für den Fachbedarf kann die Beleuchtungseinrichtung ggf. ausgetauscht werden: Für kontrastreiche, „harte" Wiedergabe feinster Details werden nahezu *punktförmige Lichtquellen* (Niedervolt-Halogenlampen mit kleiner Wendel oder spezielle Punktlichtlampen) mit sorgfältiger Lichtführung durch einen *Doppelkondensor* aus Plankonvexlinsen eingesetzt. Nachteilig ist die deutliche Wiedergabe von Staubpartikeln, Kratzern usw. und die Hervorhebung der Kornstruktur des Negativs. Anderes Extrem ist die völlig *diffuse, kondensorlose Ausleuchtung* des Negativs über eine Trübglasscheibe z. B. durch kleine Leuchtstoffröhren mit hohem kurzwelligem Strahlungsanteil. Meist wird als guter Kompromiß zwischen weicher und harter Beleuchtung eine großflächige Lichtquelle (*Opallampe,* d. h. Glühlampe mit Trübglaskolben) *mit einem Kondensor* oder einer einzelnen Beleuchtungslinse kombiniert. Eine mattierte Glühlampe reicht dann nicht aus; sie ergibt ungleichmäßige Ausleuchtung (Lichtflecke). Im übrigen wird die *Beleuchtungsstärkeverteilung* wesentlich durch das Objektiv beeinflußt: Hier ergibt sich der gleiche Beleuchtungsstärkeabfall zum Bildrand wie bei Aufnahmeobjektiven, so daß Abblendung und Beschränkung auf möglichst kleinen Feldwinkel günstig sind. Im übrigen können sich bei normalen Negativen die Beleuchtungsstärke-Abfälle bei der Aufnahme und bei der Vergrößerung teilweise kompensieren: Das Negativ ist in den Ecken etwas transparenter, so daß hier das Projektorlicht weniger geschwächt wird.

Nahezu alle Vergrößerungsgeräte werden heute für die *Verarbeitung von Farbmaterial* ausgerüstet. Sie müssen deshalb *„Filterschubladen"* für das Einlegen von Korrekturfiltern oder besser *Farbmischköpfe* aufweisen: Bei *subtraktiver Mischung* werden zwei von drei Filtern (Gelb, Purpur, Blaugrün) mit abgestuften Dichtewerten hintereinander in den Strahlengang gebracht; bei Farbmischköpfen ist kontinuierliche Änderung der Farbdichte möglich. Bei *additiver Mischung* erfolgen entweder drei Belichtungen nacheinander durch die Korrekturfilter Rot, Grün, Blau oder die gleichzeitige Belichtung mit drei auf abgestimmte Lichtströme eingestellten Halogenlampen, denen jeweils ein Interferenzfilter (Rot, Grün, Blau) vorgesetzt ist. Vor der Durchleuchtung des Negativs müssen verschiedenfarbige Lichtanteile stets sorgfältig vermischt werden (Einschaltung von Streuscheiben und/oder Lichtleitern, z. B. eines Plastik-Stabes).

**Beispiele für Hersteller bzw. Lieferanten**

H 11.7.1 *G. Rodenstock,* Isartalstr. 43, München: Objektive für Vergrößerungsgeräte
H 11.7.2 *Jos. Schneider AG,* Ringstr. 132, Bad Kreuznach: Objektive für Vergrößerungsgeräte
H 11.7.3 *Will Wetzlar GmbH,* Wilhelm-Will-Str. 7, Wetzlar-Nauborn: Objektive für Vergrößerungsgeräte
H 11.7.4 *Ernst Leitz Wetzlar GmbH,* Wetzlar: Vergrößerungsgeräte
H 11.7.5 Siehe auch Beispiele 5.4. . . ., 8.2. . . ., 11.5. . . .
H 11.7.6 *Deutsche Durst GmbH,* Bramfelder Str. 102, Hamburg: Vergrößerungsgeräte, Objektive u. Zubehör
H 11.7.7 *Ferd. Homrich & Sohn,* Große Rainstr. 41, Hamburg: Vergrößerungsgeräte
H 11.7.8 *Kindermann & Co. GmbH,* Kindermannstr. 2, Ochsenfurt: Vergrößerungsgeräte

## 11.8 Reprokameras

In der Reprografie werden *ortsfeste Großkameras* eingesetzt, da große Film- und Vorlagenformate bei sehr genauer Einstellung des Abbildungsmaßstabes mit ggf. automatischer Einhaltung der Schärfe trotz $\beta'$-Änderung verarbeitet werden müssen. Da zur Änderung des Abbildungsmaßstabes zwei von drei Ebenen (Vorlage, Objektiv, Film) verschoben werden müssen, ergeben sich hierdurch Konstruktionsvarianten. Wesentlicher ist jedoch die Unterscheidung in Horizontal- und Vertikalkamera. Die *Horizontalkamera* ermöglicht sehr große Abbildungsmaßstäbe bei gleichzeitig großen Formaten (Einsatz z. B. in der Kartografie), hat aber erheblichen Platzbedarf. Die *Vertikalkamera* ist bei geringerem, aber durch kurzbrennweitige Objektive mit großem Feldwinkel immer weiter ausgedehntem Maßstabsbereich wesentlich kompakter gebaut und setzt sich deshalb immer mehr durch. Einfache *Kompaktkameras* (horizontale Vorlagen-, Objektiv- und Filmebene senkrecht übereinander) müssen in der Dunkelkammer aufgestellt werden. Bei automatisierten Kameras hat sich weitgehend die *„Zweiraumkamera"* mit Film, Mattscheibe und Steuerung in der Dunkelkammer, aber der Vorlagenebene im Hellraum, durchgesetzt. Da bei solchen Vertikalkameras eine Strahlumlenkung um 90° erfolgen muß (Vorlagenebene horizontal, Filmebene vertikal), ist eine Umschaltung zwischen *„seitenrichtiger"* und *„seitenverkehrter" Wiedergabe* durch Austausch eines *Planspiegels* gegen einen *Dachspiegel* (Abschn. 5.7) leicht. Die schnelle Umstellung von Großformat-Mattscheibenbeobachtung mit ggf. Belichtungsmessung durch die Mattscheibe hindurch auf Filmbelichtung wird durch eine *Saugmattscheibe* erreicht, d. h. eine Mattscheibe mit Vakuumkanälen, an die der Film mit guter Planlage unmittelbar angesaugt wird.

Eine *automatische Scharfeinstellung* bei Änderung des Abbildungsmaßstabs $\beta'$ wird durch mechanische Kopplung der Bewegungen von Vorlagen- und Filmebene entsprechend der Abbildungsgleichung Gl. (4.2.5) erreicht. Dies war mit *Hebelgetrieben* und *Steuerkurven* möglich, oder durch *Hyperbelspindeln* (Fa. Klimsch), deren Gewindesteigung sich über die Länge ändert (Bild 11.8.1). Flexibler sind *Digitalsteuerungen* zur elektronischen Kopplung der Antriebe von Vorlagen- und Mattscheiben/Film-Halter.

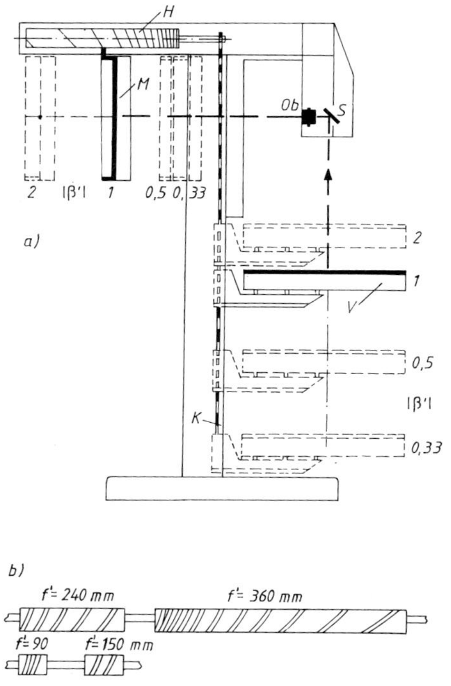


Bild 11.8.1 Reprokamera mit automatischer Scharfeinstellung (Beispiel: Klimsch Autovertikal T)

a) Funktionsbild: K = Kettenantrieb für Vorlagenhalter V, H = Hyperbelspindel für Mattscheibentransport, M = Mattscheibe, Ob = Objektiv, S = Spiegel. Der Mattscheibe und Objektiv verbindende Balgen ist weggelassen. b) Kombination von Hyperbelspindeln für wechselseitig einschaltbare Objektive mit unterschiedlichen Brennweiten (nicht mehr verwendet)

Reproobjektive müssen große Feldwinkel verzeichnungsarm auszeichnen. Zur Herstellung der Farbauszüge für den Farbdruck (Teilbilder hinter Rot-, Grün- und Blaufilter) müssen apochromatisch korrigierte Objektive benutzt werden, damit zwischen den Teilbildern keine Maßstabsdifferenzen auftreten. Als Filter werden bevorzugt dünne Gelatinefolien benutzt, die praktisch keine Beeinflussung des Strahlenganges durch „Planplattenwirkung" ergeben.

## Literaturhinweise

L 11.8.1 DIN 16546 Filter für Farbauszüge in der Reproduktionstechnik; Spektrale Eigenschaften
L 11.8.2 DIN 19051 Testvorlagen für die Reprografie (aufgegliedert in mehrere Teile)
L 11.8.3 DIN 19060 Begriffe der Reprographie (aufgegliedert in mehrere Teile)

## Beispiele für Hersteller bzw. Lieferanten

H 11.8.1 *G. Rodenstock,* Isartalstr. 43, München: Objektive für Reprokameras
H 11.8.2 *Jos. Schneider AG,* Ringstr. 132, Bad Kreuznach: Objektive für Reprokameras u. Kopiergeräte, Vario-Anamorphot f. Lichtsatz

H 11.8.3 Siehe auch Beispiele 5.4. . . ., 11.5. . . .
H 11.8.4 *Carl Zeiss,* Oberkochen: Objektive f. Reprografie, Kopiergeräte, zur Herstellung v. Mikrostrukturen
H 11.8.5 *Dr. Staeble & Friedl GmbH,* Altenstadt/Obb: Objektive f. Reprokameras u. Kopiergeräte
H 11.8.6 *Klimsch + Co.,* Schmidtstr. 12, Frankfurt: Reprokameras u. reprografische Ausrüstungen
H 11.8.7 *Linhof GmbH,* Rupert-Mayer-Str. 45, München: Reprogeräte
H 11.8.8 *Hoh & Hahne Hohlux GmbH,* Siemensstr. 9, Offenbach: Reprokameras u. Kopiergeräte

## 11.9 Mikrofilmtechnik

Fotografische Verkleinerung von Zeichnungen, Bildmaterial, Schrift- und Zahlungsverkehr führt zu ganz erheblicher Einsparung von Archivraum, bei zusätzlichen Kopien zu erhöhter Sicherheit gegen Vernichtung und bei der Handhabung umfangreicher Unterlagen (Ersatzteilkataloge, Karteien, Fernsprechverzeichnis) zu größerer Übersichtlichkeit und schnellerem Zugriff; der Austausch überarbeiteter Unterlagen ist wegen des kleineren Volumens schneller und billiger möglich. Der Mikrofilm bewahrt Informationen bei hoher Speicherkapazität in der Originalform auf (z. B. Noten, chinesische Schriftzeichen). Mikroverfilmung („Mikrografie") bei extremer Verkleinerung ist schon länger bekannt [L 11.9.3]; so kann man eine ganze Zeitungsseite auf 1 $mm^2$ unterbringen, braucht zum Lesen aber ein Mikroskop. Es sind Verkleinerungsfaktoren $V = 1/|\beta'|$ bis etwa 1000 möglich; schon bei einer Verkleinerung zwischen etwa 120 und 150 können z. B. 3200 DIN-A4-Seiten eines Ersatzteilkatalogs auf einem Planfilm (Mikrofiche) im Postkartenformat untergebracht werden. Normalerweise in Industrie und Wirtschaft angewendete Verkleinerungen liegen aber zwischen 15 und 30 bei *Zeichnungsverfilmung* und zwischen 24 und 45 bei *Schriftgutverfilmung.* Wegen der höheren Anforderungen an die Detailwiedergabe auch bei großen Vorlagen (bis DIN A0) wird bei der Zeichnungsverfilmung der 35 mm-Film ohne Perforation bevorzugt, der ein Bildformat von 28 mm × 40 mm ermöglicht (Seitenverhältnis wie bei DIN-Formaten). Werden die Bilder einzeln in das transparente Fenster einer Lochkarte montiert, so entsteht die für Archivierung und schnellen Zugriff (Ablochen von Suchdaten) besonders günstige *Mikrofilmlochkarte* (DIN 19053). Bei der Schriftgutverfilmung wird hingegen bevorzugt ein unperforierter 16 mm-Film verwendet, bei dem eine Filmbreite von 15 mm ausnutzbar ist. Diese Breite wird einspurig, zweispurig oder bei Vorlagen mit kleinem Format sogar vierspurig belegt. Die Aufbewahrung der Filme erfolgt bei nur selten notwendigem Zugriff in *Rollen,* sonst durch Einlegen kurzer Streifen in transparente Taschen *(Jackets)* z. B. im Format DIN A6, die wie Karteikarten aufbewahrt werden können. *Mikrofiches* sind Planfilme mit gleichem Format wie die Jackets, auf die abgeschlossene Einheiten (z. B. Inhalt eines Zeitschriftenhefts) unmittelbar aufgenommen werden.

Als *Filmmaterial* wird hart arbeitender Dokumentenfilm mit einem Auflösungsvermögen von z. B. 120 Lp/mm verwendet, der zu hohem Gammawert (2,3–3,2) entwickelt wird, wobei sich eine Hintergrunddichte von $D = 1 \pm 0{,}1$ ergeben soll. Eine bessere Bewertung als das Auflösungsvermögen in Lp/mm ergibt die Prüfung der *Lesbarkeit* mit ISO-Testzeichen nach DIN 19051, weil sie nicht nur Film und Entwicklung, sondern auch die Bedingungen bei der Aufnahme einschließt. Eine Sicherheit gegen

Selbstzerstörung der Mikrofilme bei Langzeit-Archivierung gibt nur eine Prüfung des *Restgehalts an Natriumthiosulfat,* das vom Fixierprozeß im Film verblieben ist.

Während gelegentliche Mikroverfilmung von Unterlagen auch mit einer Spiegelreflexkamera an stabilem Reprostativ möglich ist, erfolgt die Massenverfilmung von Schriftgut oder Zeichnungen mit speziellen *Mikrofilm-Kameras,* die Kassetten mit großen Filmlängen (30 m) aufnehmen, Schrittschaltung und automatische Belichtungssteuerung enthalten und die schnelle Einstellung der Norm-Abbildungsmaßstäbe mit automatischer Scharfeinstellung gestatten. Als Objektive werden hochkorrigierte, nahezu beugungsbegrenzte Systeme verwendet. Ein solches Objektiv darf z. B. nicht über $k = 12/(1-\beta')$ abgeblendet werden, wenn die durch Beugung begrenzte Auflösung nicht unter 120 Lp/mm sinken soll. Die Bildfeldwölbung kann ggf. durch Vakuum-Ansaugung des Films an eine gekrümmte Führung berücksichtigt werden. Bei *Durchlaufkameras* für große Schriftgut-Mengen erfolgt die Abbildung des bewegten Schriftguts streifenförmig auf den ebenfalls bewegten Film, wobei das Verhältnis der Transportgeschwindigkeiten dem Verkleinerungsfaktor entspricht.

Mikrofilme müssen mit einem *Lesegerät* ausgewertet werden. Notfalls ist hierfür eine Stativlupe mit Filmführung oder ein kleiner Tischprojektor verwendbar, mit dem das Bild auf eine mattweiße Fläche projiziert wird. Leistungsfähige Lesegeräte sind jedoch Kleinprojektoren mit Halogenlampe, Zusammenfaltung des Strahlenganges durch Spiegel und Durchlichtprojektion, die bei beschränktem Blickwinkel ein kontrastreiches Bild auch in unverdunkeltem Raum ergibt.

Häufig wird angestrebt, eine Reproduktionsvorrichtung zur *Rückvergrößerung* des Mikrofilmbilds auf Fotopapier unmittelbar mit dem Lesegerät zu verbinden („Reader-Printer"). Meist reicht dabei eine Rückvergrößerung in reduziertem Format aus. Die Änderung des Strahlenganges für die Funktionen „Lesen" und „Rückvergrößern" erfolgt durch Spiegelumschaltung.

## Literaturhinweise

L 11.9.1 *Olson, O. G.:* Microfilm Equipment. LÜ1 Vol. IV/5
L 11.9.2 *Bernhardt, R.:* Informationsverarbeitung mit Mikrofilm. Vogel-Verlag, Würzburg 1977
L 11.9.3 *Goldberg:* Zeitschr. f. Physik *7* (1926), 500
L 11.9.4 DIN 19052 Mikrofilmtechnik, Zeichnungsverfilmung (aufgegliedert in mehrere Teile)
L 11.9.5 (weitere Mikrofilm-Normen siehe DIN-Katalog)

## Beispiele für Hersteller bzw. Lieferanten

H 11.9.1 *Will Wetzlar GmbH,* Wilhelm-Will-Str. 7, Wetzlar-Nauborn: Objektive für Mikrofilm-Lesegeräte
H 11.9.2 siehe auch Beispiele 8.2. . . ., 10.2. . . .
H 11.9.3 *Agfa-Gevaert AG,* Leverkusen: Geräte f. Mikrofilmtechnik
H 11.9.4 *J. H. Dallmeyer Ltd,* Heerstr. 19, Bonn: Objektive f. Mikrofilmgeräte
H 11.9.5 *G. Rodenstock,* Isartalstr. 43, München: Objektive f. Mikrofilmgeräte
H 11.9.6 *Jos. Schneider AG,* Ringstr. 132, Bad Kreuznach: Objektive f. Mikrofilmgeräte
H 11.9.7 *Carl Zeiss,* Oberkochen: Objektive f. Mikrofilmgeräte
H 11.9.8 *MAP Mikrofilm Apparatebau Dr. Poehler GmbH & Co. KG,* Schulstr. 2, Ober-Mörlen: Mikrofilmgeräte

## 11.10 Stereoskopie und Fotogrammetrie

Werden beiden Augen gleichzeitig identische Bilder dargeboten, so erscheint das darauf Dargestellte flach, ebenfalls als „Bild". Haben beide fotografisch hergestellten oder gezeichneten Bilder aber *Parallaxe,* d. h. sind sie von verschiedenen Standpunkten aus aufgenommen, so daß räumlich hintereinander liegende Dinge verschiedene Abstände voneinander in den Bildern zeigen, so kommt ein *körperlicher Eindruck* zustande. Die Abstimmung zwischen dem Abstand (Basis) der beiden Aufnahmestandpunkte, der Aufnahmeentfernung und der Verhältnisse bei der Betrachtung ist insbesondere bei projizierten oder sonstwie vergrößerten Bildern Gegenstand ausführlicher geometrischer und psychologischer Untersuchungen.

Bei der direkten Betrachtung eines solchen Bildpaares benutzt man das *„Stereoskop",* das üblicherweise jedem Auge eine Linse vorsetzt, die das Teilbild in deutlicher Sehweite erscheinen läßt und den Augenachsen die richtige Konvergenz erteilt (Bild 11.10.1). Dem Sehen eines naheliegenden Dinges entspricht es mehr, wenn prismatische Linsen mit nach außen liegender Basis benutzt werden. Stimmen beide nicht überein, so empfindet der Betrachter Augenbeschwerden. Etwa 10% aller Menschen leiden sowieso an Konvergenzschwierigkeiten und haben Mühe, in stereoskopischen Geräten etwas körperlich zu sehen. Abstandsänderung beider Linsen aus diesem Grunde sowie wegen der verschiedenen Augenabstände der Benutzer und Verschiebbarkeit der Bilder gegeneinander und längs der Achse sind wichtig.

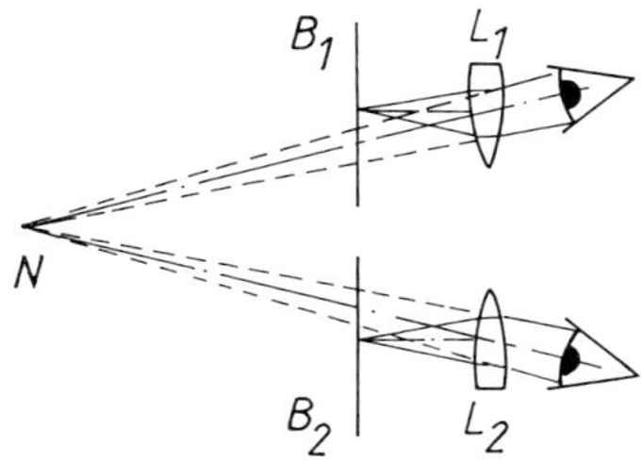


Bild 11.10.1 Beispiel für ein Linsenstereoskop: Prismenstereoskop nach Brewster

Die Lupen $L_1$, $L_2$ sind so dezentriert, daß die virtuellen Bilder von $B_1$ und $B_2$ im Nahpunkt N der Augen zusammenfallen

Werden beide Bilder vertauscht, d. h. das für das rechte Auge bestimmte dem linken dargeboten, so kehrt sich der räumliche Eindruck um, es entsteht eine *„Pseudoplastik"* und ein Widerstreit mit der Erfahrung. Dies ist bei stereoskopischen Geräten zu beachten, bei denen die beiden den Augen zuzuführenden Bündel durch *Pupillenteilung* zustande kommen und bei denen *Bildaufrichtung* der umgekehrt entworfenen reellen Bilder erforderlich ist. Die Bilder 11.10.2, 11.10.3 geben eine Reihe von Beispielen, die gleichzeitig für den Aufbau der Strahlenteilungen für solche Geräte gelten. Sie sind als Mikroskope gezeichnet worden, können aber ebensogut als Bauelemente ophthalmologischer Instrumente oder für Fernrohre in Frage kommen.

Man beachte den Sprachgebrauch: *Binokulare Geräte* übermitteln beiden Augen dasselbe Bild, also keinen körperlichen Eindruck; sie erleichtern infolge ihrer zweiäugigen

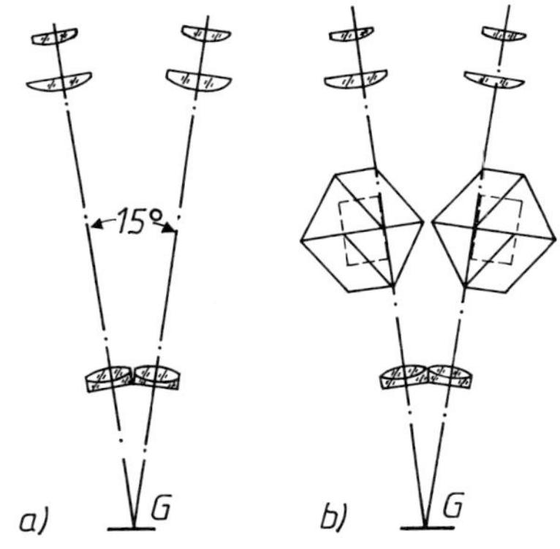


Bild 11.10.2 Stereomikroskop mit getrennten Objektiven (Greenough-Prinzip)

a) Wenn Bildaufrichtung oder -vertauschung fehlen, ergibt sich Pseudoplastik. G = Gegenstand. b) Bildaufrichtung durch Porroprismen 1. Art gibt wahre Plastik

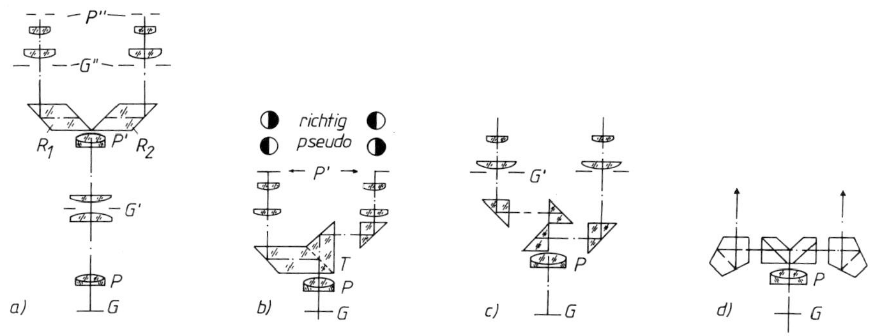


Bild 11.10.3 Stereomikroskop mit einem Objektiv (Aperturteilung)

a) Bildaufrichtung durch Umkehrlinse P′, die das Zwischenbild G′ in den Okularblenden G″ abbildet; Eintrittspupille P wird von G′ in P′ abgebildet, durch die Prismen $R_1$, $R_2$ halbiert und in P″ wiedergegeben. Pseudoplastik, b) Halbkreisblenden am Ort der Austrittspupillen P′ geben je nach Stellung richtige oder Pseudoplastik. Physikalische Strahlenteilung bei T, c) die Pupillen vertauschender Prismensatz gibt ohne Bildaufrichtung richtige Plastik, d) bildaufrichtende Prismen geben richtige Plastik

Benutzung das Beobachten und ermüden weniger. Geräte mit physikalischer Strahlenteilung sind zunächst stets binokular; durch Halbkreisblenden in den Austrittspupillen werden sie zu stereoskopischen Instrumenten, wobei die Drehlage der Blenden bestimmend für den richtigen oder Pseudoeffekt ist. Diese Art, ein Stereogerät zu bauen, ist aber mit mindestens 50% Lichtverlust verbunden.

Bei der Wiedergabe durch Projektion ist dafür zu sorgen, daß jedem Auge nur das zugehörige Bild dargeboten wird; aus Gründen des Bildwinkels müssen aber beide Bilder mehr oder minder sich decken, wenn man nicht richtungsändernde Mittel (Spiegel oder Prismen) als Brille benutzen will. Für die *Bildtrennung* gibt es verschiedene Methoden.

1. *Anaglyphen:* Man färbt das eine Bild grün, das andere rot und legt beide zur Projektion aufeinander; betrachtet wird durch eine Brille mit einem roten und einem grünen Filter, die jedem Auge das ihm zukommende Bild zuordnet. Die Methode wird oft in technischen Werken und auch für Papierbilder angewandt. Die Rot-Grün-Mischung ist dem Auge auf die Dauer unangenehm; andere Farbenpaare haben sich nicht eingeführt.

2. *Polarisation:* Man projiziert beide Bilder z. B. mit zwei Apparaten so, daß die Diapositive nebeneinander, ihre Wandbilder aber aufeinander liegen, mit polarisiertem Licht, dessen Schwingungsrichtungen für beide Bilder senkrecht zueinander stehen; dazu muß ein metallisch spiegelnder Schirm benutzt werden, der den Polarisationszustand nicht ändert, und eine Brille mit zwei entsprechend ausgerichteten Polarisatoren getragen werden (Flächenpolarisatoren, Abschn. 17.1). Dies ist die bisher beste Methode, die auch für farbige Bilder und Filme brauchbar ist.

3. *Parallax-Stereogramme* ermöglichen durch rasterförmig ineinandergeschachtelte Halbbilder eine Betrachtung ohne Hilfsmittel (Stereoskop oder Brille) beim Beobachter. Die Bildtrennung erfolgt durch *Zylinderlinsen-Raster* (Bild 11.10.4) in Form einer geprägten und auf die Bildfläche kaschierten Kunststoff-Folie oder einer Riffelglasplatte. Zunehmend schräge Blickrichtung führt zu falscher und dann wieder richtiger Bildzuordnung (vergl. Strahlen im unteren Teil des Bildes). Deshalb werden besser *Parallax-Panoramagramme* verwendet, bei denen die beiden Halbbilder durch mehrere geschachtelte Teilbilder ersetzt sind (Aufnahme durch Kamera mit mehreren Objektiven, [L 11.10.4]). Bei seitlicher Änderung der Blickrichtung werden dann immer andere Bildpaare erfaßt; man hat den Eindruck, als könne man ein wenig „um das Objekt herum schauen“.

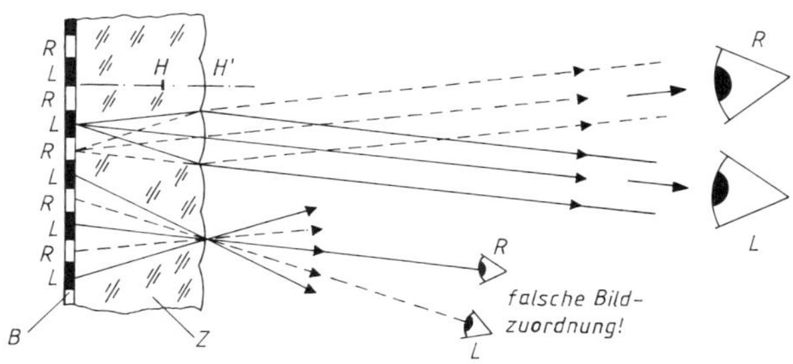


Bild 11.10.4 Parallax-Stereogramm mit Bildtrennung durch Linsenraster

B = streifenförmig ineinandergeschachtelte Halbbilder, Z = Zylinderlinsen-Raster, R, L = rechtes und linkes Auge und zugeordnete Halbbilder

Die *Fotogrammetrie* schließt aus einer perspektivischen Darstellung, also einem Fotogramm, eines Dinges auf seine wahren Abmessungen. Sie kann zur Ausmessung von Innenräumen benutzt werden, z. B. in der Architektur und Kriminalistik; vor allem aber zur Kartierung unwegsamen oder unübersichtlichen Geländes (Hochgebirge, Wüste, inselreiche Gewässer, Wälder) meist aus Flugzeugen, auch zur quantitativen Ermittlung wirtschaftlicher Werte (Holzmenge, Schädlinge).

a) Bei der Fotogrammetrie in Innenräumen wird zweckmäßig ein Maßstab mitfotografiert, z. B. eine quadratische Tafel, aus deren Bild durch einfache geometrische Konstruktionen alle wahren Maße der abgebildeten Gegenstände ermittelt werden können.

Hierzu ist jede Stativkamera brauchbar, sofern ihr Objektiv verzeichnungsfreie Bilder liefert; restliche Fehler gehen in das Ergebnis ein, man bevorzugt symmetrische lichtschwächere Objektive – schon wegen der Tiefenschärfe –, die nicht auf Kosten der Verzeichnungsfreiheit eine hohe Lichtstärke haben.

b) Aus der Fotografie eines im wesentlichen flachen Objektes senkrecht zu seiner Ebene, also einer Luftaufnahme flachen Geländes senkrecht von oben, kann bei bekanntem Kameraabstand aus der Brennweite und den Bildabmessungen nach elementaren Formeln auf die wahren Größen geschlossen werden. Hierzu bedarf es nur eines Glasmaßstabes zur Auswertung. Bedingungen an die Kamera siehe unten.

c) Zwei Fotoaufnahmen, die mit in einer Ebene liegenden Schichten und parallelen Achsen im Abstand b gemacht wurden, zeigen bei nicht weit entfernten Dingen eine Parallaxe p (*Stereofotogrammetrie,* Bild 11.10.5). Darunter versteht man die Differenz der Abstände $p_1$, $p_2$ von der Bildmitte oder dem Bild eines „unendlich" fernen Gegenstandes, bezogen auf das rechte und linke Einzelbild. Ist f' die Objektivbrennweite, so ist der wahre Dingabstand a von der Basis b

$$a = \frac{b \cdot f'}{p}; \quad p = p_2 - p_1. \tag{11.10.1}$$

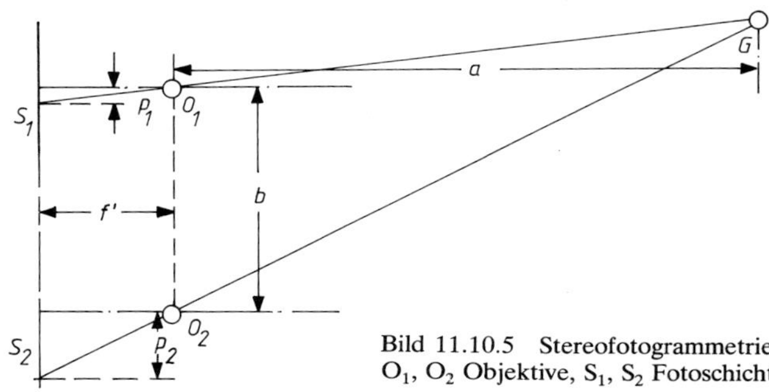


Bild 11.10.5 Stereofotogrammetrie. G Gegenstand, b Basis, $O_1$, $O_2$ Objektive, $S_1$, $S_2$ Fotoschichten

Für die Feststellung der Parallaxe braucht man Meßprojektoren oder Meßtische, bei denen unter Beobachtung mit einem 20–100fachen Mikroskop jede Platte meßbar auf 0,1–0,001 mm verschoben und auch gedreht werden kann. Das Verfahren wird für Reihenaufnahmen aus Luftfahrzeugen angewandt; Entzerrung bei zufälliger Schieflage der Schicht durch optische Mittel, ihr Betrag kann automatisch bei der Aufnahme registriert werden.

Für die Kamera ist eine fest eingehaltene Brennweite und Auszugslänge erforderlich, unter Umständen Kompensation des Temperatureinflusses. Das Objektiv muß verzeichnungsfrei, die Systeme verschiedener Kammern möglichst vom gleichen Typ sein.

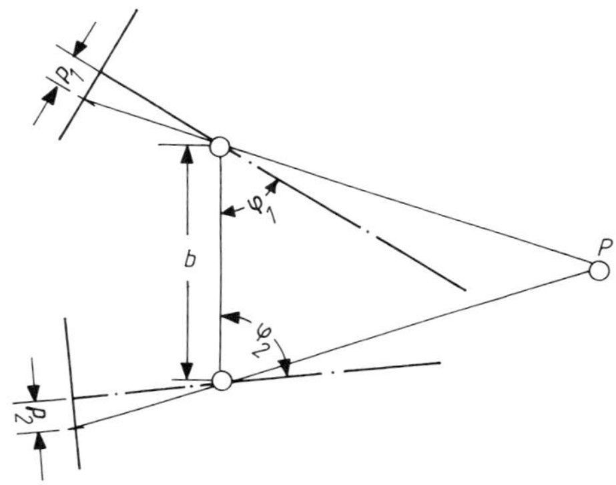


Bild 11.10.6 Fotogrammetrie mit geneigten Platten

d) Aus zwei Aufnahmen mit geneigt zueinander stehenden Platten kann trigonometrisch auf die Lage gemeinsam abgebildeter Bildpunkte P geschlossen werden (Bild 11.10.6); bei der Aufnahme sind die Basis b, ihre Winkel $\varphi_1$, $\varphi_2$ mit den optischen Achsen und gegebenenfalls die Höhenneigungen zu messen. Dazu bedarf es eines mit der Kamera verbundenen Winkelkreises („Fototheodolit“).

Ist das nicht möglich, so muß die gegenseitige Entfernung und Höhenlage von drei abgebildeten Punkten bekannt sein. Für die Kamera gilt das unter c Gesagte; außerdem müssen Paßmarken in ihr vorhanden sein, die auf der Schicht abgebildet werden und die Lage der optischen Achse zum Bild fixieren. Die Auswertung geschieht durch Winkelmessungen. Man bringt das Negativ N in die Kamera zurück, durchleuchtet von hinten und mißt mit einem nach allen Richtungen meßbar zu schwenkenden Fernrohr F die Winkel $\varphi$, unter denen der Gegenstand durch das Objektiv O hindurch erscheint (Bild 11.10.7). An Stelle der Kamera kann auch eine entsprechende ortsfeste Einrichtung mit einem identischen Objektiv gleicher Brennweite benutzt werden. Verzeichnungsfreiheit ist hierbei nicht erforderlich.

In weiterer Ausgestaltung werden beide zusammengehörige Bilder gleichzeitig mit zwei festen Fernrohren betrachtet, so daß ein Stereoeffekt entsteht, und die Bilder samt Objektiven und Beleuchtungseinrichtung geschwenkt. Durch Übertragung auf ein Hebelwerk kann gleichzeitig eine Karte mit Höhenschichtlinien gezeichnet werden.

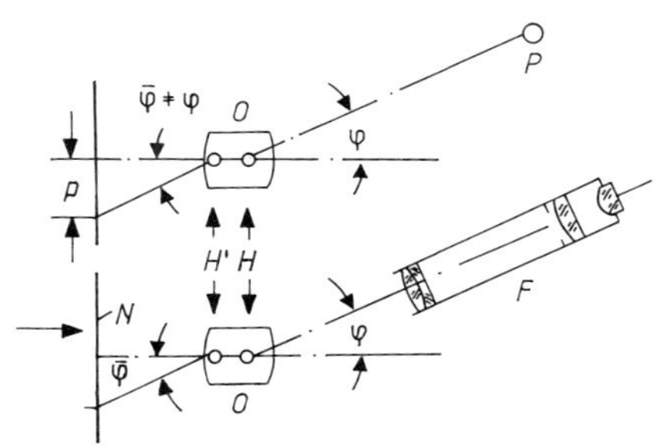


Bild 11.10.7 Auswertung der Aufnahmen N durch die Objektive O hindurch. Dingseitiger Winkel $\varphi$ und bildseitiger Winkel $\bar{\varphi}$ müssen nicht gleich sein

Wichtig bei allen fotogrammetrischen Arbeiten und Geräten ist die Beachtung aller möglichen Fehlerquellen und die Angabe der wahrscheinlichen Unsicherheit im Ergebnis.

*Kameras für fotogrammetrische Aufnahmen* werden ebenfalls als feste Kästen hergestellt. Das Objektiv wird sorgfältig auf beste und gleichmäßige Schärfe einjustiert, eine Scharfstelleinrichtung wird nicht vorgesehen, damit die Bildgröße grundsätzlich und unveränderlich der auf vier bis fünf Ziffern genau zu bestimmenden Brennweite entspricht. Höhen- und Seitenverstellung des Objektivs wird nur selten (für Kameras zu terrestrischem Gebrauch) angebracht, ebensowenig ein Sucher. Wichtig sind Marken vor der Kassette, deren Schatten abgebildet werden und den Durchstoßpunkt der optischen Achse im Bild zu konstruieren gestatten. Wesentlich sind gute Wasserwaagen zum Waagerechtstellen und mindestens die Möglichkeit, einen Winkelteilkreis mit Visierfernrohr anzubringen, wenn man nicht vorzieht, diese Teile fest mit der Kamera zusammenzubauen (Fototheodolit). Man kann dann die Lage der Kameraachse gegenüber einer zweiten Richtung (Basis) feststellen.

## Literaturhinweise

L 11.10.1 *Dudley, L. P.:* Stereoscopy; LÜ1, Vol. II,2. *Dickson, M. S.; Harkness, D.:* Surveying and Tracking Instruments; LÜ1, Vol. V,8. *Balasubramanian, N.; Leighty, R. D.:* Coherent Optical Processing in Mapping; LÜ1, Vol. VI,7

L 11.10.2 *Vierling, O.:* Die Stereoskopie in der Photographie und Kinematographie. Wissenschaftliche Verlagsgesellschaft, Stuttgart 1965

L 11.10.3 *Schwidefsky, K.; Ackermann, F.:* Photogrammetrie. B. G. Teubner, Stuttgart, 7. Aufl. 1976

L 11.10.4 *Selle, W.:* Stereobilder ohne Stereobrille. Phototechnik und -wirtschaft *4* (1953), Nr. 7, 256-257

L 11.10.5 *Heindl:* Photogrammetrie ohne Spezialkamera. Leipzig 1950

L 11.10.6 DIN 4531 Stereoskopie (Raumbildwesen); Nenngrößen, Außengrößen, Halbbilder, Rahmenabstände, Halbbildanordnung, Kennzeichnung

L 11.10.7 DIN 6170 Anaglyphenverfahren der Stereoskopie; T1 Begriffe

L 11.10.8 DIN 19040 Begriffe der Photographie
T8 Allgemeine technische Begriffe für Stereoskopie (Raumbildwesen)

L 11.10.9 *Klein, W.:* Stereo-Mikroskope. Jahrb. f. Optik u. Feinmech. 1985, 94-133

L 11.10.10 *Quick, P.:* Vertikale Stereoskopie - . . . Jahrb. f. Optik u. Feinmech. 1986, 26-61

L 11.10.11 *Schöler, H.:* Erzeugung fotogrammetrischer Stereobildpaare durch Strahlenteilung in Einlinsenkammern. Feingerätetechnik *29* (1980), 440 ff.

L 11.10.12 *Lorenz, D.:* Stereofotos in der Wissenschaft. MFM *30* (1982), 520-524; 565-570

L 11.10.13 *Barke, E.:* Nichtberührendes Meßsystem zur räumlichen Vermessung von Werkstükken. Feinwerktechnik & Meßtechnik *87* (1979), 216-220

L 11.10.14 *Quilichini, M.:* Die Herstellung von Raumbildern mit Hilfe von rechnergedrehten Ansichten eines Objekts. Optik *74* (1986), 117-119

## Beispiele für Hersteller bzw. Lieferanten

H 11.10.1 *Carl Zeiss,* Oberkochen: Geräte für Luftbildaufnahme und -auswertung, Stereomeßkammern, Stereoskope, Geodätische Instrumente

H 11.10.2 *Jenoptik Jena GmbH,* Jena: Geodätische und fotogrammetrische Geräte

# 12 Optische Informationsübertragung und Bildgüte

## 12.1 Optische Übertragungsfunktion

Bei der optischen Abbildung gelangen Signale zum Auge oder einem anderen Empfänger meist über eine ganze Reihe von Einzelstufen, d. h. es ergibt sich eine *Übertragungskette* mit mehreren hintereinander geschalteten Gliedern. Jedes dieser Glieder kann das optische Signal beeinflussen. So kann das vom Objekt ausgehende Licht durch eine turbulente Luftschicht in ein Kameraobjektiv gelangen, dessen Abbildungsfehler ebenso wie die mechanische Stabilität der Kamera die Bildaufzeichnung beeinflussen. Die fotografische Emulsion beeinflußt das Bild durch Eigenschaften, die in ihrem Aufbau und den Verarbeitungsbedingungen begründet liegen. Durch Kopierprozesse, Projektionsbedingungen usw. ergeben sich weitere Einwirkungen. Insgesamt ist zu untersuchen, wie die einzelnen Glieder der Übertragungskette die örtliche Helligkeitsverteilung im Objekt („Modulation") übertragen, und wie sie dies bei groben und feinen Bilddetails, d. h. bei niedrigen und hohen „Ortsfrequenzen" tun. Die Begriffe Modulation und Ortsfrequenz zeigen schon, daß hier im „Ortsbereich" eine enge Analogie zum „Zeitbereich" der Nachrichtentechnik besteht: Die Übertragung optischer Information kann mit den informationstheoretischen Mitteln der Nachrichtentechnik untersucht werden. Eine eindeutige Festlegung der Begriffe erfolgt in DIN 58185 T. 1.

Die *Modulation* (auch: *„Kontrast"*) M ist definiert als

$$M = \frac{L_{max} - L_{min}}{L_{max} + L_{min}} \qquad (12.1.1)$$

mit L = maximale bzw. minimale Leuchtdichte (oder andere geeignete Größen, z. B. Strahldichte $L_e$, Beleuchtungsstärke E, Transmissionsgrad τ). Der Maximalwert M = 1 wird nur für $L_{min} = 0$ erreicht (z. B. durchstrahltes Dia mit lichtundurchlässigen Stellen $\tau_{min} = 0$).

Als Maß für die Detailfeinheit wird die *Ortsfrequenz* R definiert. Als Grundelement aller Objekt- oder Bildstrukturen dient eine *sinusförmige Helligkeitsverteilung* (Bild 12.1.1 a), denn alle anderen Verteilungen können durch *Fourieranalyse* in sinusförmige Elemente unterschiedlicher Frequenz und Amplitude zerlegt werden. Dies gilt natürlich auch für zweidimensionale Verteilungen, die aus Kreuzgitter-Elementen aufgebaut werden können. Damit ist die Ortsfrequenz R der Quotient aus Zahl der Perioden einer sinusförmigen Verteilung und Länge, sie wird meist in Linienpaaren pro Millimeter (Lp/mm) angegeben, wobei ein Linienpaar (= Periode) eine helle und eine dunkle Linie umfaßt. Im allgemeinen ist mit R die Ortsfrequenz in der Bildebene gemeint. Dann gilt für die Objektebene die Ortsfrequenz $R \cdot |\beta'|$.

Durch die optische Abbildung wird die Modulation verschlechtert („der Kontrast nimmt ab"). Zeigt das Objekt an einer bestimmten Stelle bei der Ortsfrequenz R die Modulation M(R) und ergibt sich durch die optische Abbildung an der entsprechenden Bildstelle die Modulation M'(R), so erhält man den *Modulationsübertragungsfaktor*

$$T(R) = \frac{M'(R)}{M(R)} \qquad (12.1.2)$$

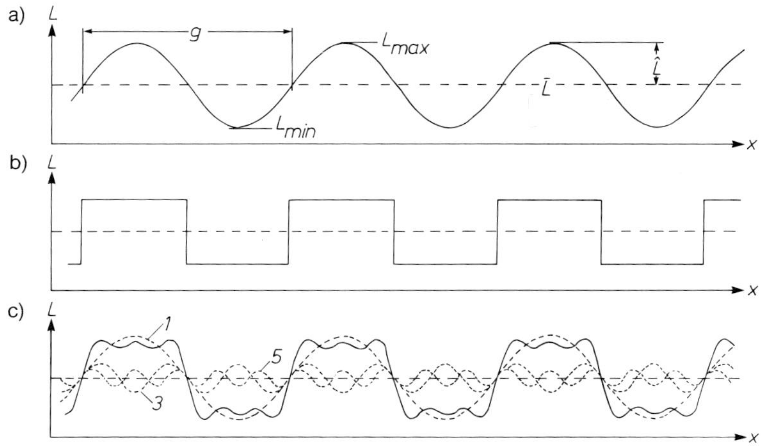


Bild 12.1.1 Periodische Helligkeitsverteilungen mit konstanter Ortsfrequenz

a) Sinusförmige Leuchtdichteverteilung („Sinusgitter"), x = Ortskoordinate, g = Gitterkonstante („Linienpaar"), $\bar{L}$ = Mittelwert, $\hat{L}$ = Amplitude. b) Rechteckförmige Leuchtdichteverteilung („Streifengitter"). c) Annäherung der Rechteckverteilung b) durch nur drei Glieder der Fourierreihe (1, 3, 5):

$L(x) = \bar{L} + \hat{L} \cdot \left(\sin 2\pi \frac{x}{g} + \frac{1}{3} \sin 2\pi \frac{3x}{g} + \frac{1}{5} \sin 2\pi \frac{5x}{g}\right)$, mit $\hat{L}$ = Amplitude der Grundverteilung 1

Mit zunehmender Ortsfrequenz R, d. h. mit zunehmender Detailfeinheit, nimmt – allein schon durch die Beugung – T(R) ab: Das abbildende System weist einen „Frequenzgang" auf, wie er auch elektronischen Systemen der Nachrichtentechnik zukommt. Die *Modulationsübertragungsfunktion* (MTF) gibt also den Kontrastfaktor T als Funktion der Ortsfrequenz R an. Für R = 0 ist T = 1.

Außerdem kann eine von der Ortsfrequenz abhängige *Phasenverschiebung* zwischen Bildgitter und Objektgitter auftreten, die durch die *Phasenübertragungsfunktion* (PTF) Θ(R) beschrieben wird. Bei einer Phasenverschiebung um eine halbe Gitterkonstante (entsprechend einem Phasenwinkel von 180°) vertauschen helle und dunkle Linien ihre Plätze; es ergibt sich eine „Scheinauflösung", die zur Abbildung nicht brauchbar ist, weil Bilddetails anderer Form verfälscht werden. Diese Phasenverschiebung, die u. a. durch Öffnungsfehler bedingt ist, kann man an einem als Testobjekt verwendeten Radialgitter („Siemens-Stern") z. B. bei Defokussierung gut beobachten (Bild 12.1.2).

Modulations- und Phasenübertragung werden insgesamt durch die komplexe *Optische Übertragungsfunktion* (OTF) D(R) beschrieben:

$$D(R) = T(R) \cdot e^{j\Theta(R)} \tag{12.1.3}$$

In den meisten Fällen genügt es jedoch, den Betrag $|D(R)| \equiv T(R)$ anzugeben [L 12.1.2], so daß die Modulationsübertragungsfunktion Grundlage der Leistungsdar-

Bild 12.1.2 Kontrastumkehr durch Phasenverschiebung bei Abbildung eines defokussierten Siemens-Sterns

stellung optischer Systeme ist. Bei einer mehrgliedrigen Übertragungskette multiplizieren sich die einzelnen Modulationsübertragungsfaktoren:

$$T(R) = T_1(R) \cdot T_2(R) \cdot T_3(R) \cdot \ldots \qquad (12.1.4)$$

Wird dabei ein Bild durch ein zweites System abgebildet, dann gilt der Satz nur, wenn das Zwischenbild auf einer streuenden Fläche aufgefangen wird, so daß es wie selbstleuchtend wirkt und die „Kohärenz" seiner Strahlung vernichtet wird. Wird das in Luft entworfene (reelle oder virtuelle) Bild unzerstreut, also mit Kohärenz weiter abgebildet, so kann der Kontrast des Zweitbildes besser oder schlechter als der des Erstbildes sein.

Beispiel: eine einfache Sammellinse entwirft ein schlechtes Erstbild. Eine einfache Streulinse entwirft von diesem auf einem Schirm aufgefangenen Bild ihrerseits ein noch schlechteres Zweitbild. Entfällt der Schirm für das Erstbild, dann ist es kohärent, und beide Linsen können ein sehr gutes Bild liefern, wenn sie gemeinsam z. B. einen Fernrohrachromaten darstellen, dessen Bild zwar nicht die Güte der Vorlage aufweist, aber weit besser ist als die Bilder der Einzellinsen.

Bei fotografischen Schichten können durch mit der Entwicklungskinetik zusammenhängende „Nachbareffekte" zwischen hellen und dunklen Stellen Kontrastanhebungen auftreten, die in einem begrenzten Ortsfrequenzbereich zu einer über der Objektmodulation liegenden Bildmodulation führen können.

Die *nur durch Beugung begrenzte Modulationsübertragung* T eines optischen Systems bei sinusförmiger Helligkeitsverteilung hängt von dem Produkt $R \cdot k \cdot \lambda$ aus Ortsfrequenz R, Blendenzahl k und Wellenlänge $\lambda$ ab. Die Werte sind aus Tab. 12.1.1 zu entnehmen. Sie gelten für inkohärente Beleuchtung.

**Tabelle *12.1.1* Nur durch Beugung begrenzter Modulationsübertragungsfaktor T** als Funktion von $(R \cdot k \cdot \lambda)$

| $R \cdot k \cdot \lambda$ | T |
|---|---|
| 0,0 | 1,000 |
| 0,1 | 0,873 |
| 0,2 | 0,747 |
| 0,3 | 0,624 |
| 0,4 | 0,505 |
| 0,5 | 0,391 |
| 0,6 | 0,285 |
| 0,7 | 0,188 |
| 0,8 | 0,104 |
| 0,9 | 0,037 |
| 1,0 | 0,000 |

Als Beispiel für die Auswertung dieser Tabelle zeigt Bild 12.1.3 die Modulationsübertragungsfunktionen für die Wellenlänge $\lambda = 546{,}1$ nm (e-Linie) und die Blendenzahl k als Parameter. Beispielsweise sinkt bei Abblendung auf k = 11 die Modulationsübertragung bei R = 166 Lp/mm auf Null ab. Gitter höherer Feinheit sind also auf gar keinen Fall mehr auflösbar. Die Grenze selbst wird natürlich auch nicht mehr aufgelöst, weil entsprechend der Ansprechschwelle des Empfängers (z. B. Auge) ein Mindestkontrast zur Auflösung erforderlich ist. 66 Lp/mm werden jedoch noch mit T = 0,5 übertragen. Die Darstellung von Tab. 12.1.1 bzw. ihre Auswertung, z. B. entsprechend Bild 12.1.3, ist deshalb bedeutsam, weil die Modulationskurven aller mit geometrischen Abbildungsfehlern behafteten Objektive unterhalb der durch Beugung bedingten Grenzkurven liegen!

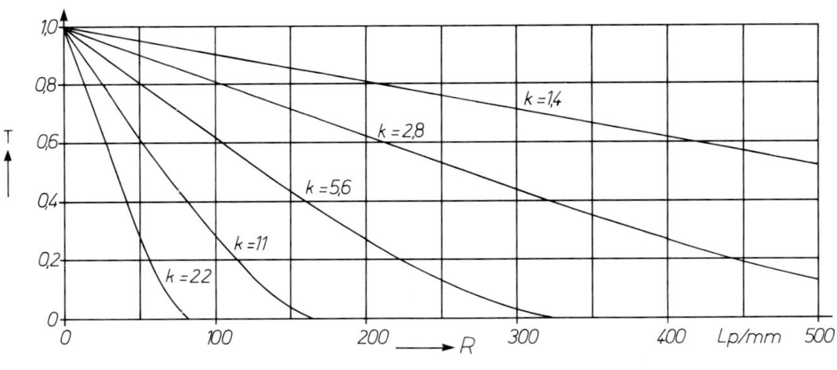


Bild 12.1.3 Durch Beugung bedingte Modulationsübertragungsfunktion eines optischen Systems, mit der Blendenzahl k als Parameter. $\lambda = 546{,}1$ nm. Ist das Objekt nicht weit entfernt, d. h. nicht $\beta' \approx 0$, so ist an Stelle von k die effektive Blendenzahl $k_{eff} = k\,(1 + |\beta'|)$ zu setzen. Beispiel: Bei Abblendung auf k = 2,8 und $\beta' = -1$ ist $k_{eff} = 5{,}6$: Maßgebend ist also die Kurve für k = 5,6

Abgesehen von der Wellenlänge bzw. der beleuchtenden Lichtart und der Blendenzahl müssen bei der MTF-Darstellung realer Objektive noch weitere Parameter angegeben werden, da sich die Modulationsübertragung mit dem *Abstand von der optischen Achse* (Bildfeld-Mitte) und der *Orientierung* ändert. Außerdem ist der Abbildungsmaßstab anzugeben. Ist $y'_{max}$ der maximale Abstand von der optischen Achse (Bildecke), so sollte nach DIN 58185 die MTF zweckmäßig für $y' = 0$; $0{,}5 \cdot y'_{max}$; $0{,}7 \cdot y'_{max}$; $0{,}85 \cdot y'_{max}$ und $y'_{max}$ angegeben werden, und zwar jeweils für tangentiale und sagittale Orientierung (Bild 12.1.4). Eine einigermaßen vollständige Beschreibung der Modulationsübertragung eines optischen Systems ist also nur durch einen größeren Satz von MTF-Kurven möglich!

Die Darstellung der Modulationsübertragung kann auch z. B. als Funktion der Bildhöhe y' für bestimmte Ortsfrequenzen als Parameter erfolgen. Dies zeigt Bild 11.5.7b, c. Dabei wird eine für die Anwendung interessierende Ortsfrequenz $R_{max}$ (hier: 40 Lp/mm), sowie $R_{max}/2$ und $R_{max}/4$ ausgewählt.

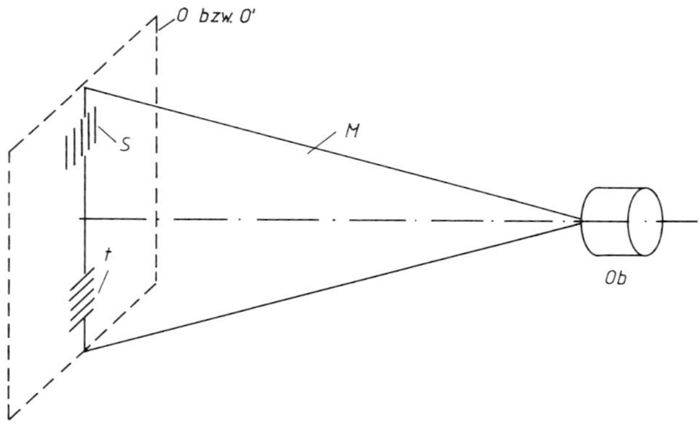


Bild 12.1.4 Orientierung von Testgittern bzw. Spalten bei der MTF-Bestimmung

Ob = untersuchtes optisches System, O bzw. O' = Objekt- bzw. Bildebene, M = Meridionalebene, s = sagittale, t = tangentiale Orientierung

## Literaturhinweise

L 12.1.1 *Beyeler, B. H.; Tiziani, H. J.:* Die optische Übertragungsfunktion von dezentrierten optischen Systemen. Optik *44* (1976) No. 3, 317–328

L 12.1.2 *Rosenbruch, K.-J.; Gerschler, R.:* Die Bedeutung der Phasenübertragungsfunktion und der Modulationsübertragungsfunktion bei der Benutzung der OTF als Bildgütekriterium. Optik *55* (1980) No. 2, 173–182

L 12.1.3 *Röhler, R.:* Informationstheorie in der Optik. Wissenschaftliche Verlagsgesellschaft, Stuttgart 1967

L 12.1.4 DIN 58185 Optische Übertragungsfunktion
T 1 Formelzeichen, Begriffe, Mathematische Zusammenhänge

## 12.2 Bestimmung der Modulationsübertragungsfunktion durch Messungen

Die Meßvorschrift für die Bestimmung der MTF T(R) wird durch die Definition (Abschn. 12.1) geliefert: Sinusgitter unterschiedlicher Ortsfrequenz R müssen durch das zu prüfende System abgebildet und die Modulation M′ im Bild muß gemessen werden. Dieses direkte Verfahren kann aber auch durch Analyse der Bestrahlungsstärke-Verteilung im Bild eines Punktes (enge Öffnung), einer Linie (Spalt) oder einer Kante ersetzt werden. Durch Abtasten mit einer Empfängeranordnung wird also die Verteilung der Bestrahlungsstärke bestimmt und daraus durch Rechnung die optische Übertragungsfunktion (MTF und PTF) ermittelt. Es wird vor allem die Analyse der *Linienbildfunktion* (Bestrahlungsstärke-Verteilung im Bild eines Spaltes) [L 12.2.7] benutzt. Im folgenden soll das Gitter-Meßverfahren näher beschrieben werden. Die meisten Anforderungen, z. B. an die Stabilität der Meßanordnung, sind jedoch bei allen Meßverfahren gleich. Einzelheiten zu Gerätegrundlagen und Durchführung der Messung sind in DIN 58185 T. 2 und T. 3 festgelegt.

Bei jeder Messung muß der Abtastspalt vor dem Empfänger relativ zum Bild des Testobjekts (Gitter) bewegt werden. Am einfachsten ist bei feststehendem Spalt eine *Rotationsbewegung des Gitters* zu realisieren: Die Gitterteilung befindet sich entweder auf einer rotierenden Trommel oder ist als Radialgitter auf einer rotierenden Scheibe angebracht (Bild 12.2.1); [H 12.2.1]. Wegen der schwierigen Herstellbarkeit einwandfreier Sinusgitter wird das Gitter als Rechteckgitter (Streifengitter, Bild 12.1.1 b) ausgeführt. Es enthält also neben der Grundfrequenz R die ungeradzahligen höheren Ortsfrequenzen (Bild 12.1.1 c). Ihre Ausfilterung ist auf einfache Weise möglich: Durch konstante Winkelgeschwindigkeit des rotierenden Gitters werden die Ortsfrequenzen in Zeitfrequenzen übersetzt; ein elektronisches Filter in dem Verstärker für das Empfängersignal läßt nur die der Grundfrequenz R entsprechende Frequenz durch. Die

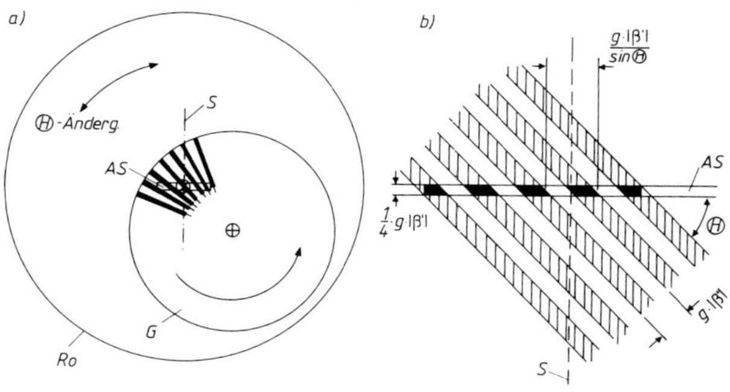


Bild 12.2.1 MTF-Meßeinrichtung mit rotierendem Radialgitter [H 12.2.1]

a) Anordnung von Gitter G und (in konjugierter Ebene) Auswahlspalt AS. Ro = Rotor für Schwenkung des Gitters zur Ortsfrequenzänderung über den Winkel Θ, S = Richtung des Empfängerspaltes, ⊕ = Drehpunkte von Gitter und Rotor. b) vergrößerter Ausschnitt in der Ebene des Auswahlspaltes AS kontinuierliche *Änderung der Ortsfrequenz* R wird auf folgende Weise ermöglicht (Bild 12.2.1): Das rotierende Gitter G wird durch ein Hilfssystem verkleinert mit dem Abbildungsmaßstab β' auf einen „Auswahlspalt" AS projiziert. Um das Zentrum dieses Spaltes wird ein Rotor Ro geschwenkt, auf dem das rotierende Gitter mit Antrieb montiert ist. Dadurch kann der Winkel Θ zwischen Gitterlinien und Auswahlspalt von 0° bis 90° geändert werden. Für die in der Spaltebene wirksame Ortsfrequenz ergibt sich dann

$$R = \frac{\sin \Theta}{g \cdot |\beta'|} \qquad (12.2.1)$$

mit g = Gitterkonstante des rotierenden Gitters. Damit kann die Ortsfrequenz zwischen Null und $R_{max} = 1/g \cdot |\beta'|$ geändert werden; die durch die Gitter-Rotation bestimmte zeitliche Trägerfrequenz bleibt aber unabhängig von der Ortsfrequenz konstant und ermöglicht so eine einfache elektronische Filterung! Der auf der anderen Seite des Prüfsystems – in der Bildebene – befindliche Abtastspalt S steht senkrecht zum Auswahlspalt.

Prinzipiell besteht jede MTF-Meßeinrichtung aus dem Testobjekt (z. B. Gitter) mit Beleuchtungseinrichtung, der Halterung mit dem zu prüfenden System und der Abtasteinrichtung (z. B. Spalt) mit Empfänger, an den sich die elektronische Auswertung anschließt (Bild 12.2.2). Dabei können Objekt- und Bildebene in endlicher Entfernung liegen (z. B. Repro-Objektive, Bild 12.2.2a), eine Ebene kann in großer Entfernung – im ∞ – liegen (z. B. Foto-, Fernrohr- oder Projektionsobjektive, Bild 12.2.2b), oder es liegen beide Ebenen im Unendlichen (afokale Systeme, z. B. Fernrohre, Bild 12.2.2c). Eine im ∞ liegende Ebene wird mit Hilfe eines Kollimatorobjektivs verwirklicht, dessen Aberrationen klein (unter 10%) gegenüber denen des Prüfsystems sein müssen. Zur Untersuchung außeraxialer Punkte werden Kollimatoren geschwenkt, Testobjekte bzw. Abtastspalte im Endlichen senkrecht zur Achse verschoben (Bild 12.2.2a). Zum Übergang zwischen tangentialer und sagittaler Prüfung (Bild 12.1.4) müssen Testobjekt und Abtastspalt gemeinsam um 90° gedreht werden.

Testobjekt und Abtastspalt können vertauscht werden. So kann z. B. bei dem besprochenen Meßsystem der Spalt S beleuchtet und durch den Prüfling auf den (gekreuzt stehenden) Spalt AS abgebildet werden; durch das Hilfssystem erfolgt vergrößerte Abbildung in die Gitterebene, hinter der der Empfänger angeordnet ist. Dann wird die Linienbildfunktion des Spaltes S durch periodische Abtastung mit dem Gitter analysiert.

Zuverlässige Meßergebnisse sind nur bei sorgfältiger Einhaltung optimaler *Versuchsbedingungen* zu erhalten: konstante Temperatur, Schwingungsisolation, Vermeidung von Luftturbulenzen und Störlicht durch Abschirmung des Strahlenganges. Weiterhin sind besonders sorgfältige Fokussierung und mechanische Stabilität zu ihrer Erhaltung erforderlich, insbesondere bei hoher Ortsfrequenz, kleiner Blendenzahl und geringen Restfehlern des Systems. So kann z. B. nach DIN 58185 T. 2 bei k = 2 und R = 100 Lp/mm bereits eine *Defokussierung* um ± 1 μm zu einer Änderung von T(R) um 0,05 führen; bei k = 16 und R = 10 Lp/mm können ± 88 μm die gleiche T(R)-Änderung bewirken. Wesentlich ist *inkohärente Beleuchtung* des Testobjekts, z. B. über Streuscheibe. Die durch Lichtquelle, Empfänger und ggf. Anpassungsfilter bestimmte spektrale Bewertungsfunktion muß bekannt sein. Für Weißlicht-Untersuchungen hat sich die Kombination aus Halogenlampe und SEV-Fotokatode S-20 bewährt.

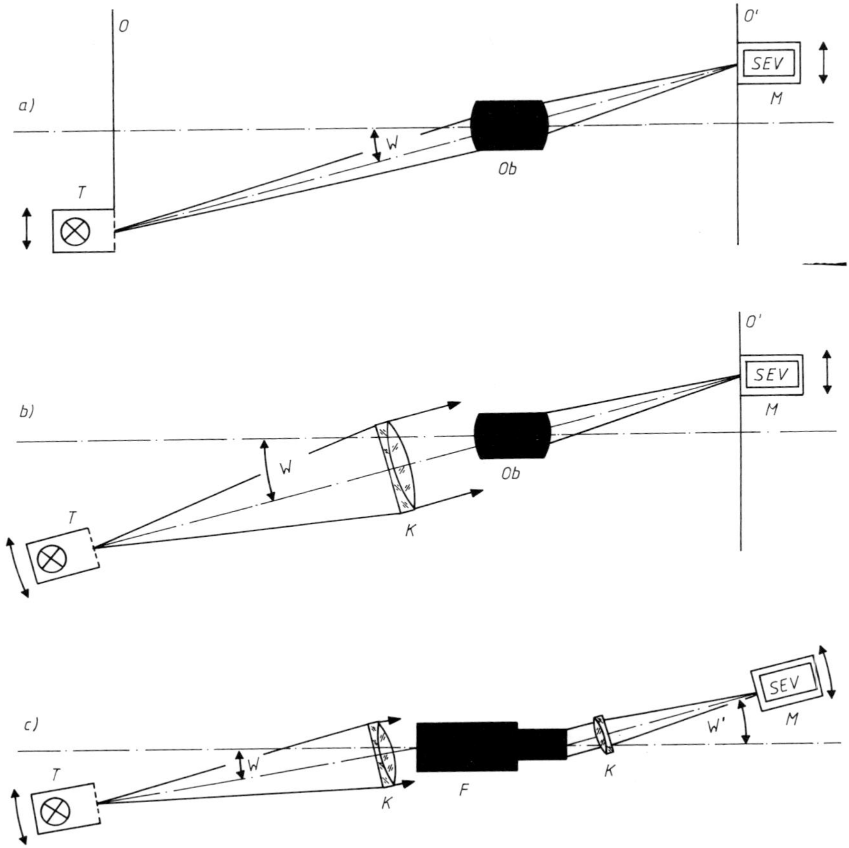


Bild 12.2.2 Aufbauprinzip von Meßeinrichtungen zur MTF-Messung

a) Objektebene O und Bildebene O′ im Endlichen, b) Objekt im ∞, c) Objekt und Bild im ∞ (afokale Systeme). Ob = zu prüfendes Objektiv, F = zu prüfendes Fernrohr (hier mit Bildaufrichtung), K = Kollimatorobjektiv, T = Testobjekt mit Beleuchtung, M = Meßeinrichtung (Abtastspalt mit Empfänger)

## Literaturhinweise

L 12.2.1 *Gerharz, R.:* Sector templets for determining the contrast transfer of imaging systems. Optik *54* (1979/80) No. 5, 389–396

L 12.2.2 s. auch L 6.11.2

L 12.2.3 *Kuttner, P.:* Messung der Modulationsübertragungsfunktion optischer Systeme im infraroten Spektralgebiet. Jahrb. f. Optik u. Feinmechanik 1977, 170–198

L 12.2.4 *Rosenhauer, K.; Rosenbruch, K.-J.:* Ein Verfahren zur Messung der Kontrastübertragungsfunktion photographischer Objektive. Optica Acta *4* (1957), 21–30
L 12.2.5 *Kuttner, P.:* Applied Optics *7* (1968) No. 6, 1029–1033
L 12.2.6 *Bigelmaier, A.; Schaefer, K. D.; Wasmund, H.:* Optik *26* (1967), 465
L 12.2.7 *Probst, R.:* Die Messung der Abbildungsleistung von Objektiven. LEITZ-Mitt. Wiss. u. Techn. V (1973) Nr. 8, 247–256
L 12.2.8 DIN 58185 Optische Übertragungsfunktion
T 2 Gerätegrundlagen
T 3 Durchführung der Messung
T 4 Darstellung
L 12.2.9 s. auch 11.5.8, 12.1.3

**Beispiele für Hersteller bzw. Lieferanten**

H 12.2.1 *Ealing Beck Ltd.,* Greycaine Road, Watford, GB: MTF-Prüfanlage und Einzelkomponenten
H 12.2.2 *Optische Industrie De Oude Delft (Odelft),* Gießen: MTF-Meßeinrichtungen
H 12.2.3 *Spindler & Hoyer GmbH & Co.,* Königsallee 23, Göttingen: MTF-Objektivprüfgerät

## 12.3 Auflösungsvermögen und Gütezahlen

Durch eine größere Zahl von Modulationsübertragungsfunktionen, die alle wesentlichen Parameter berücksichtigen (Abschn. 12.1), wird die Abbildungsqualität eines optischen Systems gut beschrieben. Eine weitere Vereinfachung (Beschränkung auf eine möglichst kleine Zahl geschickt gewählter MTF-Kurven, Definition von Gütezahlen) erhöht die Übersichtlichkeit, muß aber den Anwendungsbereich berücksichtigen. Die Aufgabe besteht deshalb darin, aus der MTF-Darstellung Gütezahlen so günstig abzuleiten, daß sie zuverlässige Aussagen über das Verhalten eines Systems in einem möglichst breiten Einsatzbereich ergeben. Definiert man das *Auflösungsvermögen* als die Ortsfrequenz R, für die $T(R) = 0$ wird, so ist es als Gütezahl ungeeignet, da ein Empfänger (z. B. Auge, Fotoschicht) zur Trennung von Details eine Bildmodulation $M' > 0$ erfordert. Auch die unmittelbare Bestimmung des visuellen Auflösungsvermögens mit *Testtafeln* (Sektorensterne, Linientests) ergibt sehr unsichere Werte; bei Erfahrung in der Auswertung und völlig gleichen Beobachtungsbedingungen ist jedoch eine vergleichende Bewertung verschiedener Systeme möglich. In Anpassung an den Anwendungsbereich (z. B. Luftbildaufnahmen) ist es dabei zweckmäßig, für das Testobjekt nicht den Maximalkontrast $M = 1$ zu wählen. Eine grobe visuelle MTF-Bestimmung ist mit Teststernen aus Sektoren mit mehreren Kontraststufen erreichbar [L 12.2.1]. Ein schwerer wiegender Einwand gegen die alleinige Verwendung des Auflösungsvermögens ergibt sich aus Bild 12.3.1: Die MTF-Kurve a zeigt erheblich höheres Auflösungsvermögen als b. Hingegen ergibt sich für b eine erheblich höhere Modulationsübertragung bei *niedrigen Ortsfrequenzen.* In diesem Bereich (bei Kleinbildnegativen unter 40 Lp/mm) erhöht der bessere Kontrast die Bildqualität deutlich, weil die feinen Details (hoher Ortsfrequenzbereich) häufig gar nicht wahrgenommen werden – was natürlich auch vom Betrachtungsabstand abhängt. Nur bei „näherem Hinsehen“ – und bei einer auf die Detektion feiner Details gerichteten Auswertung – ist das höhere Auflösungsvermögen bemerkbar. Dies kann an realen Bildbeispielen überzeugend demonstriert werden [L 12.3.3].

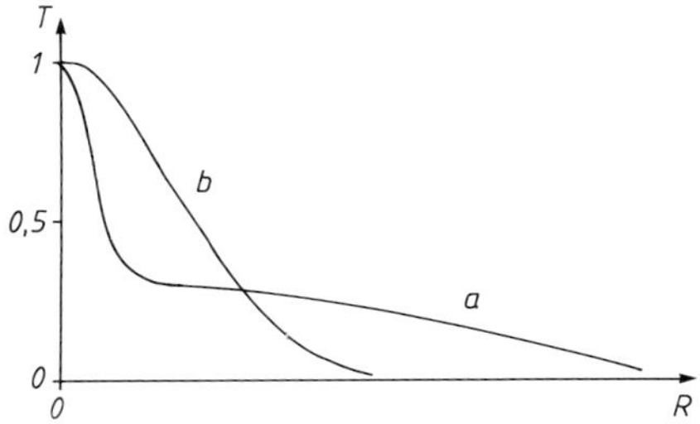


Bild 12.3.1 Beispiele für unterschiedliche Modulationsübertragung [L 12.3.3]

Kurve a: Hohes Auflösungsvermögen, aber steiler Abfall bei niedrigen Ortsfrequenzen. Kurve b: Bei verringertem Auflösungsvermögen gute Modulationsübertragung bei niedrigen Frequenzen

Bei der Gewinnung einer *Gütezahl* aus der Modulationsübertragung kann man von einer Integration der Funktion T(R) zwischen den Grenzen R = 0 und $R = R_{gr}$ ausgehen, mit $R_{gr}$ = zweckmäßig festgelegte Grenzfrequenz. Es wird also die Fläche unter der T(R)-Kurve bewertet. Eine Gewichtung zugunsten niedriger Ortsfrequenzen ergibt sich aus dem Verlauf der Kurven (T-Abfall bei höheren Frequenzen). Die Integration kann durch eine einfache Summation angenähert werden, indem z. B. die Werte für T(R) bei 15 und 30 Lp/mm kombiniert werden [L 12.3.6]. Eine Stufung entsprechend einer subjektiven Bewertungsskala erhält man mit der *Heynacher-Zahl* H [L 12.3.2]:

$$H = 14 \cdot \lg \left( \frac{1}{40} \int_0^{40\,\mathrm{mm}^{-1}} T(R) \cdot dR \right) \qquad (12.3.1)$$

Die Konstante „14“ ist so gewählt, daß zwei Bilder mit einer H-Differenz >1 unterscheidbar sind. Genau genommen ist aber die Aussagekraft von aus der T(R)-Fläche abgeleiteten Gütezahlen vom Objekt abhängig [L 12.3.5].

Insgesamt ergibt sich, daß eine einzige Gütezahl zur Beschreibung der Leistungsfähigkeit eines optischen Systems ungeeignet ist. Zumindest sind zwei Angaben zur Darstellung der Bildgüte erforderlich, die eine Aussage über den *Kontrast bei niedrigen Ortsfrequenzen* und über das *Auflösungsvermögen im höheren Ortsfrequenzbereich* bei niedrigem Kontrast ermöglichen. Hierfür werden u. a. die Heynacher-Zahl und die Auflösungsgrenze $R_{gr}$ für $T(R_{gr}) = 0{,}1$ vorgeschlagen [L 12.3.7]. Mit zwei Gütezahlen ist eine übersichtliche zweidimensionale Darstellung der Abbildungseigenschaften (z. B. mit der Lage des Meßpunktes im Bildfeld als Parameter) möglich.

## Literaturhinweise

L 12.3.1 *Hertel, J.:* Neue Methoden zur Prüfung und Bewertung von Objektiven. Diss. D 83, TU Berlin 1963

L 12.3.2 *Heynacher, E.:* Ein Bildgütemaß auf der Grundlage der Übertragungstheorie mit subjektiver Bewertungsskala. Zeiss-Mitt. *3* (1963), S. 32–51

L 12.3.3 *Heynacher, E.; Köber, F.:* Auflösungsvermögen und Kontrastwiedergabe. Zeiss-Informationen *12* (1964) H. 51, 29–32

L 12.3.4 6. PTB-Seminar 1977: Kennzeichnung der Abbildungsgüte optischer Systeme. PTB-Opt-7, Physikalisch-Technische Bundesanstalt, Braunschweig 1978

L 12.3.5 *Biedermann, K.:* Ermittlung des Zusammenhanges zwischen der subjektiven Bildgüte und den physikalischen Eigenschaften des fotografischen Bildes. Photogr. Korresp. *103* (1967) 5-14, 26-31, 42-48
L 12.3.6 *Heidinger, D.; Hertel, J.; Ulbrich, G.:* Optica Acta *24* (1977), 617-622
L 12.3.7 *Heidinger, D.:* Neue Untersuchungen zur Darstellung der Bildgüte photographischer Objektive durch zwei Kriterien. Optik *58* (1981) No. 1, 57-66
L 12.3.8 *Schaefer, K. D.:* Die Gütekennzeichnung photographischer Objektive. Leitz-Mitt. Wiss. u. Techn. V (1969) Nr. 1, 3-12
L 12.3.9 siehe auch L 11.5.13
L 12.3.10 *Thomas, H.:* Die Kante als Strukturelement zur Bildgütebeurteilung von Fotoobjektiven. Optik *66* (1984), 107-115
L 12.3.11 *Fang, L.; Tiziani, H. J.:* Eine neue Methode zur Bestimmung der MTF aus dem Kantenbild. Optik *74* (1986), 17-21

## Beispiele für Hersteller bzw. Lieferanten

H 12.3.1 *Ealing Beck Ltd.,* Greycaine Road, Watford, GB: Testplatten f. Auflösungsvermögen
H 12.3.2 *Melles Griot GmbH,* Kleyerstr. 14, Darmstadt: Testplatten für Auflösungsvermögen
H 12.3.3 siehe auch Beispiele 13.1. . . .
H 12.3.4 *Scheffelsche Verlagsbuchhandlg.,* Berghausener Str. 21, Langenfeld: Testvorlagen für Mikrografie, Reprografie, Optik
H 12.3.5 *Beuth Vertrieb GmbH,* Burggrafenstr. 4, Berlin: Testvorlagen f. Reprografie (DIN 19051)
H 12.3.6 *SMPTE,* 862 Scarsdale Ave., Scarsdale, N. Y., USA: Testvorlagen und -filme für Film- u. Fernsehtechnik

# 13 Optische Längenmessung; Messung optischer Größen

## 13.1 Strichplatten, Zielmarken und Testobjekte

An der Stelle eines Zwischenbildes, meist in der Gesichtsfeldblende des Okulars, werden Fadenkreuze oder Strichplatten angebracht, um eine bestimmte Richtung oder Schärfenebene festzulegen (Ausschaltung der Akkommodation) oder Längenmessungen durchführen zu können.

*Fadenkreuze* wurden aus Spinnfäden oder dünnen Drähten (3–20 µm stark, Platin oder Wolfram) mit Klebwachs kreuzweise über die Gesichtsfeldblende gespannt. Sie sind sehr verletzlich, verursachen aber weder Lichtverluste noch Reflexe und haben keine Unsauberkeiten im Gesichtsfeld. Mit diesen Nachteilen behaftet, aber robuster sind *Strichplatten,* die fotografisch oder durch Ätzen hergestellt und auf die Gesichtsfeldblende gelegt werden.

Für die *fotografische Herstellung* gibt es viele Vorschriften; die einen liefern bessere Schwärzungen, die anderen feineres Korn, sind also bei starken Vergrößerungen vorzuziehen. Es handelt sich durchweg um Kollodiumschichten mit physikalischer Entwicklung und Verstärkung, über die eine reichhaltige Sonderliteratur besteht [L 13.1.1]. Gelegentlich müssen die Strichplatten durch sehr starke Verkleinerung eines Originaldiapositivs gewonnen werden [L 11.9.3], [L 13.1.2].

*Geätzte Strichplatten* werden mit Flußsäure hergestellt. Optische Anforderungen: Abschn. 4.4. Der Erfolg hängt weitgehend von der Glasart ab; Krongläser lassen sich schwerer ätzen als Flinte oder Leichtflinte. Gute Strichplatten sind im wesentlichen eine Frage sauberen Arbeitens.

Sehr dauerhafte Teilungen und Strichplatten erhält man durch Ätzen einer nur ca. 0,1 µm dicken, auf Glas aufgedampften *Chromschicht.* Die Chromschicht wird mit Fotolack beschichtet. Nach Belichtung mit UV-Licht durch die Negativ-Maske wird der Fotolack an den unbelichteten Stellen ausgewaschen („entwickelt"), so daß hier die Chrom-Ätzung erfolgen kann.

Bild 13.1.1 gibt Beispiele für Strichplatten, die in optische Geräte eingebaut werden, sowie für durch Zielgeräte anzuvisierende *Zielmarken.*

Die mit der „beschrifteten" Seite auf die Gesichtsfeldblende gelegte Strichplatte wird durch einen Drahtring oder Federring festgehalten, wenn keine Sonderkonstruktion des Okulars vorliegt, bei der ein Gewindering für diesen Zweck vorhanden ist. Wegen der Anpassung an fehlsichtige Augen soll die Augenlinse des Okulars verstellbar sein.

Die Festlegung einer Richtung durch ein Fernrohr mittels eines eingebauten Fadenkreuzes ist nur mit einer begrenzten Genauigkeit möglich. Soll der Zusammenfall eines senkrecht im Gesichtsfeld erscheinenden dunklen (z. B. Saitengalvanometer) oder hellen (Spektrallinie) Striches mit dem Fadenkreuz herbeigeführt werden, so muß das Kreuz unter 45° („Andreas-Kreuz") stehen. Dann ist auf Symmetrie des Schnittpunktes aller drei Striche mit guter Genauigkeit einstellbar; Fehler wenige Winkelsekunden. Ein zehnfach vergrößerndes Fernrohr kann dann bei 10″ Einstellfehler auf 1″ genau ausgerichtet werden, vorausgesetzt, daß die volle Sehschärfe des Auges wirksam ist, d. h. der Durchmesser der Austrittspupille muß 3 mm mindestens, der des Objektivs 30 mm betra-

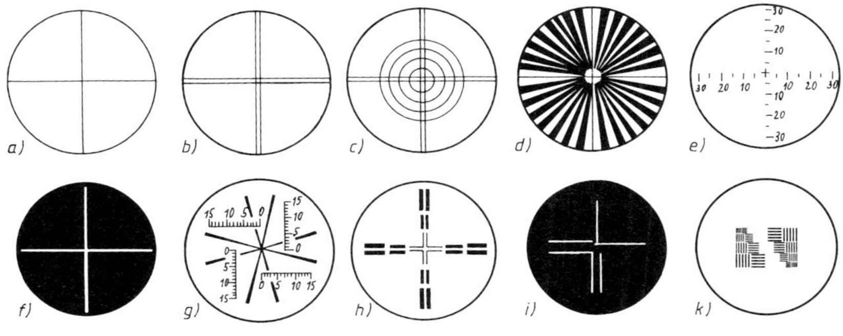

Bild 13.1.1 Beispiele für Strichplatten optischer Meß- und Zielgeräte, sowie für Zielmarken

a) Fadenkreuz, b) Doppelfadenkreuz zum Einfang von a), c) Doppelfadenkreuz mit Kreisringen, d) Siemens-Stern mit Fadenkreuz, e) Winkelskala für Winkelminuten, abgestimmt auf f′ des Objektivs, f) Fadenkreuz auf dunklem Grund, g) Zielmarke mit Skalen und V-Kreuz, h) Doppelkreuz-Stufenzielmarke, i) Zielmarke mit halbem Kreuz und halbem Doppelkreuz für Doppelbild-Symmetrieeinfang, k) Auflösungstest

gen. Noch besser als das 45°-Kreuz sind zwei parallele Striche (bzw. ein Doppelkreuz, Bild 13.1.1b, c, h, i), deren Abstand unter 5–10′ erscheint und zwischen denen der einzustellende Strich symmetrisch liegen muß. Ein einziger Strich, mit dem der einzustellende voll zur Deckung gebracht werden soll, gibt nur Genauigkeit bis 1–3′. Ist die Lage des Striches auf einer Skala abzulesen, die sich auf der Strichplatte befindet, so sollen die Skalenstriche kürzer als der als Bild erscheinende Strich sein, damit er nie von einem Skalenstrich verdeckt werden kann. Bei dieser Art der Ablesung sind Fehler von 1′ zuzüglich der Fehler beim Schätzen der Zehntelintervalle unvermeidlich.

In allen Fällen können zusätzliche Fehler dadurch auftreten, daß das Fadenkreuz bzw. die Teilung und das damit abzulesende Bild nicht in einer Ebene erscheinen, also *„Parallaxe"* vorliegt. In groben Fällen und bei großer Austrittspupille erkennt man das, wenn man beim Hineinblicken den Kopf hin und her bewegt, so daß wechselweise entgegengesetzt liegende Pupillenteile wirksam werden. Ist f′ die Okularbrennweite und d der Pupillendurchmesser, so kann das Bild um $x = f'^2/1500 \cdot d$ vor oder hinter der Strichplatte liegen, ohne daß der Fehler auffällt. Handelt es sich um ein Fernrohr, so kann der Gegenstand $1500 \cdot D \cdot \Gamma'$ (mm) entfernt sein, an Stelle im „Unendlichen" zu liegen, wobei D der Objektivdurchmesser, Γ′ die Vergrößerung ist. Es sind also bei der Einstellung mit Fadenkreuz oder Strichplatte sowohl Winkelfehler von etwa 1/20000 bis $1/1500\,\Gamma'$ als auch Tiefenfehler von $0{,}7/D_{mm} \cdot \Gamma'$ dpt möglich („analaktischer Punkt"). Sehr wichtig bei binokularen Geräten, z. B. Entfernungsmessern.

Für genaue Messungen macht man – um die höhere Einstellgenauigkeit auszunutzen – die Strichplatte D mittels Schraube M verschiebbar („Mikrometer-Okular") (Bild 13.1.2), wobei jede Umdrehung einem Skalenintervall entspricht und Hundertstel, mit einem Nonius Tausendstel an der Trommelteilung A der Schraube abgelesen werden können. Die Strichplatte trägt ein Kreuz oder einen Doppelstrich, der mit dem abzulesenden Bild zusammengebracht wird; die ganzen Intervalle werden an einer Millimeterskala B abgelesen, die an der Fassung sitzt, oder auf einer zweiten festen Strichplatte H dicht über der beweglichen; zweckmäßig nur so dicht, daß ihre Marke gut erkennbar ist, aber zwischen den Platten keine störenden Interferenzen beim Arbeiten mit monochromatischem Licht auftreten. Um Parallaxenfehler bei seitlich erscheinendem Bild auszuschließen, die bei ungenauer Scharfstellung auftreten können, wird gelegentlich auf der dem Licht zugekehrten Seite der Strichplatte eine Sammellinse E eingebaut, die die Eintrittspupille im „Unendlichen" abbildet, so daß alle Bündel, wo sie auch die Strichplatte D treffen mögen, achsenparallel verlaufen.

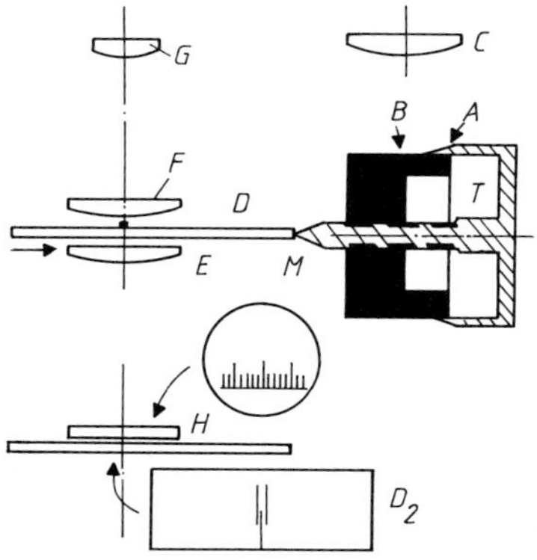


Bild 13.1.2 Mikrometer-Okular

A Hundertstelteilung, B mm-Teilung, C Lupe, D Strichplatte, E Zusatzlinse, F und G Okularlinsen, H Skalenplatte

Es ist praktisch, die Stellung der Teiltrommel durch eine „Innenablesung" im Gesichtsfeld sichtbar zu machen. Anstatt die Ablesemarke mit Mikrometerschraube zu verschieben, kann auch das entworfene Bild durch optische Mittel um kleine Beträge verschoben und damit der Intervallbruchteil festgestellt werden.

Skalen können in Längeneinheiten oder bei großen Bildwinkeln entsprechend der Tangensfunktion geteilt sein und dann Winkelwerte angeben (Bild 13.1.1 e) (Fotoobjektive wegen der Bildebnung als Kollimatorobjektiv benutzen). 1° Abweichung des austretenden Strahls von der optischen Achse entspricht einer Länge des Intervalls von $f' \cdot 0{,}017455$.

Voraussetzung ist stets, daß das Gesichtsfeld hell genug ist, um das Fadenkreuz oder die Striche der Platte bequem erkennen zu können. Das ist nachts bei Fernrohren, des weiteren bei Spektrometern und an anderen, nur einzelne leuchtende Striche od. dgl. zeigenden Geräten nicht der Fall; dann ist eine Hilfslichtquelle erforderlich, deren Helligkeit durch Stromänderung, Blenden oder Graufilter so eingestellt werden kann, daß das Auge nicht geblendet wird. Für Fadenkreuze kann eine unter etwa 45° stehende Glasplatte in den Strahlengang geschaltet werden, die die Hilfslichtquelle aber

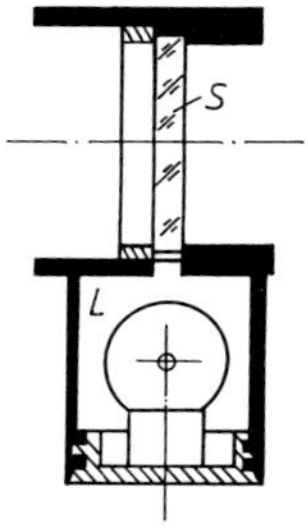


Bild 13.1.3 Einfache Beleuchtung einer Strichplatte S durch seitlich angebrachte Lampe L

nicht in das Objektiv spiegeln darf. Außerdem ist zu beachten, daß diese Platte Astigmatismus verursacht. Sie kann auch durch einen Spiegel oder ein Prisma ersetzt werden [L 13.1.3].

Eine Strichplatte wird durch „Innenbeleuchtung" erhellt: Der Rand ist bis auf eine Lücke verspiegelt, durch die die Platte vermöge der Totalreflexion vollständig mit Licht erfüllt wird, so daß alle Striche, aber auch Staubkörner hell auf dunklem Grund erscheinen (Bild 13.1.3).

### Literaturhinweise


L 13.1.1 *Eder:* Rezepte und Tabellen zur Photographie. *Eder:* Photographie mit Kollodiumverfahren. Verlag Wilhelm Knapp, Düsseldorf

L 13.1.2 *Kluth, H.:* Die photomechanische Herstellung von Strichplatten und Teilungen. Zeiss-Informationen *15* (1967), H. 65, 91–93

L 13.1.3 *v. Hofe:* (Strichplattenbeleuchtung). Optik *8* (1951), 97

L 13.1.4 *Horne, D. F.:* Optical scales, reticles, gratings, masks, and standards. Appl. Optics *20* (1981) No. 23, 4000–4008


### Beispiele für Hersteller bzw. Lieferanten

H 13.1.1 *J. D. Möller GmbH,* Wedel bei Hamburg: Strichplatten u. Teilungen

H 13.1.2 *Dr. Johannes Heidenhain GmbH,* Traunreut: Skalen, Strichplatten, Testobjekte, Teilungen

H 13.1.3 *Mettler Optic AG,* Greifensee-Zürich, CH: Skalen, Strichplatten, Teilungen, Testplatten

H 13.1.4 *Spindler & Hoyer GmbH & Co.,* Königsallee 23, Göttingen: Glasmaßstäbe, Strichplatten, Objektmikrometer

H 13.1.5 siehe auch Beispiele 12.3. . . .

H 13.1.6 *Carl Zeiss,* Oberkochen: Maßstäbe, Teilkreise, Strichplatten

## 13.2 Kollimatoren und Autokollimationsfernrohre

Sehr große, insbesondere „unendliche" Entfernungen werden auf kleinem Raum mittels eines *Kollimators* (Bild 13.2.1) hergestellt, d. h. mit einem Sammelsystem $Ob_K$, in dessen Brennebene $\bar{F}$ das Objekt (Marke $M_K$) steht, das man in sehr großer Entfernung

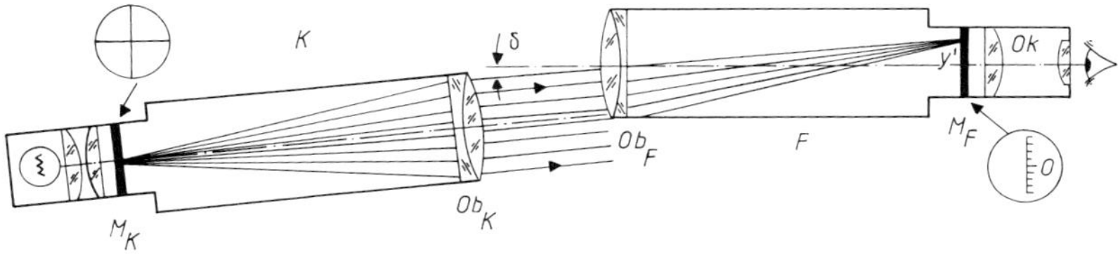


Bild 13.2.1 Richtungsprüfung durch Kollimator und Fernrohr

K = Kollimator mit Objektiv $Ob_K$ und Strichplatte $M_K$, F = Fernrohr mit Objektiv $Ob_F$, Okular-Ok und Strichplatte $M_F$, δ = Abweichung zwischen Kollimator- und Fernrohrachse zu sehen wünscht. Ist $\varepsilon$ die Winkelgröße, unter der es erscheinen soll, so ist seine wahre Größe $y = \varepsilon \cdot f'$. Der Durchmesser des Sammelsystems bestimmt dabei die Größe des zur Verfügung stehenden Bündels, die Aberration desselben die Abweichungen von der beabsichtigten Strahlenrichtung, die sich von Zone zu Zone ändern und je nach dem Zweck verschieden groß sein dürfen.

Handelt es sich z. B. um die Einstellung von Entfernungsmessern an Fotokameras, so ist anzunehmen, daß der erlaubte Fehler ein Zehntel von der Nah-Unendlichkeitseinstellung beträgt. Nimmt man für die erlaubte Unschärfe $f'/1500$ an, so ist bei einer Öffnungszahl k die Nah-Unendlichkeitsentfernung $1500 \cdot f'/k$, und ein Kollimatorstrahl der Höhe h über der optischen Achse darf einen Winkelfehler von $h \cdot k/15\,000\,f'$ haben. In Dioptrien ausgedrückt ist der erlaubte Fehler $k/15\,000\,f'$. Für $k = 3{,}5$, $f' = 10{,}5$ cm ergeben sich etwa 0,002 dpt; hat der Kollimator 50 cm Brennweite, so entspricht das etwa 1‰. Aus der Tabelle 4.4.3 ersieht man, daß er als plankonvexe Linse nur etwa 3 cm Durchmesser haben dürfte; das ist für den beabsichtigten Zweck zu klein, der etwa 10 cm Durchmesser verlangt; man muß also einen gut korrigierten Achromaten benutzen.

Das Einstellen eines Fernrohrs oder eines Fotoobjektivs auf beste Schärfe im Kollimator macht Schwierigkeiten, weil das Optimum nicht immer gut ausgeprägt ist; die Schärfe des mit einer Lupe betrachteten Bildes ändert sich beim Verstellen des Objektivs zu wenig. Man kann deshalb an Stelle einer Testmarke deren zwei halbe in gleichen Abständen vor und hinter dem Brennpunkt des Kollimators anbringen, die sich zu einem Gesamtbild ergänzen, bei dem auf gleichmäßige Unschärfe beider Hälften leichter eingestellt werden kann.

Ein *Kollimator mit Tubusauszug* kann auch auf andere Entfernungen als Unendlich eingestellt werden. Soll das Bild der Kollimatormarke $M_K$ in der Entfernung $a'$ vom Kollimatorobjektiv liegen, so folgt aus der Abbildungsgleichung 4.2.5 eine Verschiebung der Kollimatormarke gegenüber der $\infty$-Einstellung um

$$\Delta a = \frac{f'^2}{f' - a'} \tag{13.2.1}$$

Beispiel: Soll das (virtuelle) Bild in $a' = -10$ m liegen und hat das Kollimatorobjektiv eine Brennweite von $f' = 500$ mm, so ist der Tubusauszug um $\Delta a = +23{,}8$ mm zu ändern, also $M_K$ um diese Strecke näher an das Objektiv heran zu bringen.

Allgemein kann ein Kollimator zusammen mit einem auf $\infty$ eingestellten Fernrohr zur Bestimmung von *Richtungsdifferenzen* benutzt werden (Bild 13.2.1). Das Fernrohrobjektiv $Ob_F$ entwirft ein Markenbild $M_K'$ (z. B. Fadenkreuz) in der Brennebene F'. Bringt man hier eine Fernrohrmarke $M_F$ (z. B. Winkelskala) an, so kann man die Richtungsdifferenz $\delta$ zwischen Kollimator- und Fernrohrachse aus der Verschiebung zwischen $M_K'$ und $M_F$ bestimmen: Ist das Fadenkreuzbild um $y'$ gegenüber dem Skalenmittelpunkt verschoben, so ist $\delta = y'/f'_{Ob}$, mit $f'_{Ob}$ = Brennweite des Fernrohrobjektivs. Kommt zur Richtungsdifferenz beider Achsen eine *Parallelversetzung* hinzu, so wird dadurch die Winkelmessung keineswegs verfälscht. In Bild 13.2.1 bewirkt die Parallelversetzung, daß nur ein Teil des Kollimatorbündels auf das Fernrohrobjektiv trifft. Die Lage des Markenbildes $M_K'$ im Fernrohr wird dadurch nicht geändert! Natürlich wird das Bild gegenüber voller Ausnutzung des Bündels dunkler.

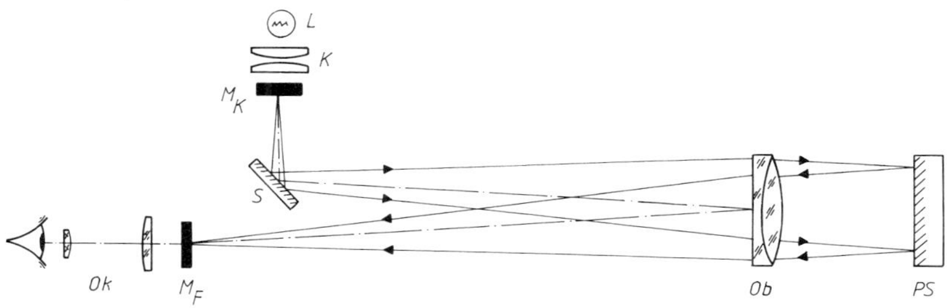


Bild 13.2.2 Autokollimationsfernrohr (AKF) mit geometrischer Strahlenteilung

Ob = Objektiv, Ok = Okular, K = Kondensor, L = Lampe, S = Umlenkspiegel, $M_K$, $M_F$ = Kollimator- und Fernrohrmarke, PS = Planspiegel

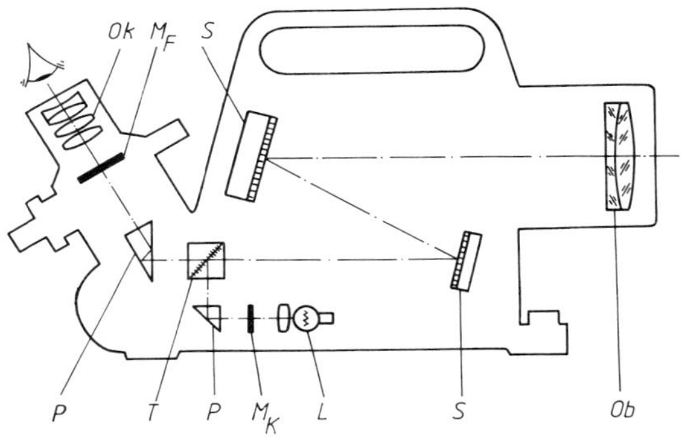


Bild 13.2.3 Autokollimationsfernrohr mit physikalischer Teilung und zusammengefaltetem Strahlengang [H 13.2.2]

Ob = Objektiv, Ok = Okular, T = Teiler, P = Umlenkprismen, S = Umlenkspiegel, L = Lampe, $M_K$, $M_F$ = Kollimator- und Fernrohrmarke

Nun kann man den Kollimator und das auf $\infty$ eingestellte Fernrohr auch nebeneinander anordnen und einen Planspiegel zur Strahlumlenkung verwenden. Baut man beide Geräte mit gemeinsamem Objektiv dicht zusammen, so kommt man zum *Autokollimationsfernrohr (AKF) mit geometrischer Strahlenteilung* (Bild 13.2.2). Kippungen des Planspiegels PS aus der Lage senkrecht zur Objektivachse werden empfindlich angezeigt: Bei einer Spiegeldrehung um $\Delta\varepsilon$ schwenkt der reflektierte Strahl um $2 \cdot \Delta\varepsilon$. Also ergibt sich auf der Fernrohrskala eine Verschiebung um $y' = f'_{Ob} \cdot 2 \cdot \Delta\varepsilon$ und damit doppelte Empfindlichkeit gegenüber der Anordnung von Bild 13.2.1. Bild 13.2.3 zeigt ein *Autokollimationsfernrohr mit physikalischer Strahlenteilung,* bei dem Fernrohr- und Kollimatorachse bis zum Teilerwürfel T völlig zusammenfallen. Das einfachste AKF kommt ganz ohne Teilung aus: Es verwendet als Kollimatormarke eine Strichplatte mit nach Bild 13.1.3 seitlich beleuchtetem Fadenkreuz, als Fernrohrmarke die gleiche Strichplatte. Da so das Fadenkreuz mit seinem eigenen Bild überlagert wird, ist die Meßgenauigkeit gering (Abschn. 13.1).

Das AKF mit physikalischer Strahlenteilung ist das Normalinstrument. Es wird für die meisten Meßaufgaben verwendet und kann auch als Kollimator oder Fernrohr allein benutzt werden. Demgegenüber gibt die geometrische Teilung geringeren Bildwinkel, aber höhere Helligkeit und geringeren Streulichtanteil. Sie wird häufig bei der fotoelektrischen Abtastung und zur Laserjustierung verwendet. Bei einigen Anwendungen stört die mit der geometrischen Teilung verbundene Winkeldifferenz zwischen Kollimator- und Fernrohrachse.

Bild 13.2.4 zeigt das Prinzip eines *elektronischen AKF* mit physikalischer Teilung: Bei gegebener Winkelstellung $\varepsilon$ des Spiegels erhält der Empfänger E nur in einer bestimmten Lage der Schwingblende ein Lichtsignal. Solange $\varepsilon \neq 0$ ist, sind die Ausgangsimpulse des Empfängers gegenüber den Nulldurchgängen (Achse) des Blendenweges verschoben. Bei abgeschlossener Justierung ($\varepsilon = 0$) fallen die Signale mit der Lage der Blendenöffnung auf der Achse zusammen.

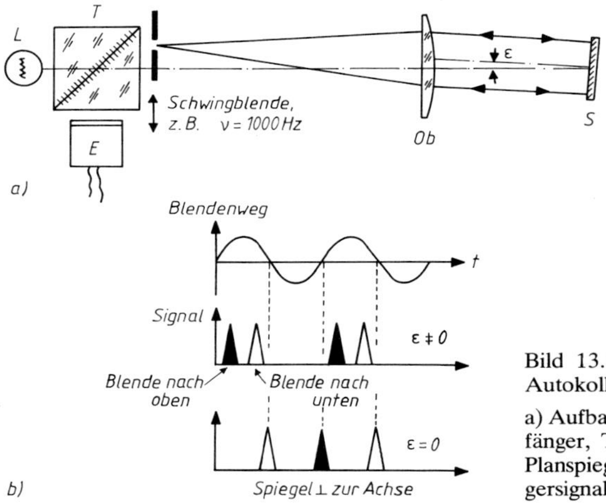


Bild 13.2.4 Prinzip eines elektronischen Autokollimationsfernrohrs

a) Aufbauschema. L = Lampe, E = Empfänger, T = Teiler, Ob = Objektiv, S = Planspiegel. b) Blendenweg und Empfängersignal als Funktion der Zeit

Die Marken $M_K$ und $M_F$ müssen beim AKF und bei der Kombination aus Kollimator und Fernrohr aufeinander abgestimmt sein; Bild 13.1.1 a bis f und k. Unter anderem eignen sich die Kombinationen (a oder d) + (b oder c) zur Justierung (Fadenkreuz mit Doppelfadenkreuz), a + e (oder a + b mit Mikrometer-Okular) zur Winkelmessung, b + d zur Scharfstellung und Justierung.

Die *Beleuchtung der Kollimatormarke* $M_K$ kann durch eine kleine Glühlampe im Durchlicht geschehen, wobei zu möglichst gleichmäßiger Beleuchtung eine Opalscheibe zwischengeschaltet wird; wird eine größere Helligkeit verlangt, etwa zur Einstellung von Filmaufnahmeobjektiven auf Film oder Mattscheibe mit starker Lupe, dann ist eine Mattscheibe zwar heller, liefert aber eine ungleichmäßige Ausleuchtung der Kollimatorlinsen und damit vielleicht Fehler. Besser ist eine Abbildung der Lichtquelle Q durch Doppelkondensor oder Einzellinse L im Kollimatorobjektiv Ob und dann eine Einfügung einer Mattscheibe S, deren Streuung etwas größer sein muß als das Verhältnis von Lichtquellengröße zu Brennweite der Linse L (Bild 13.2.5). Dann besteht keinerlei ungleiche Ausleuchtung oder Fehlergefahr.

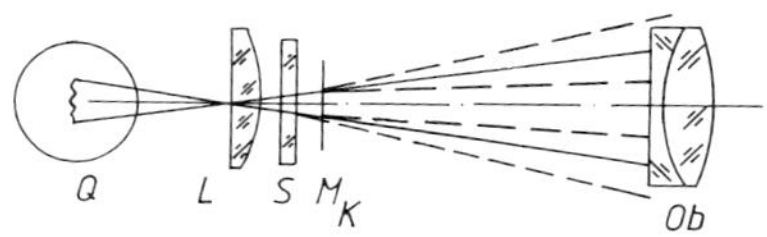


Bild 13.2.5 Gleichmäßige Ausleuchtung des Kollimatorobjektivs

Ob = Objektiv, Q = Lampe, L = Linse (Kondensor), S = Streuscheibe, $M_K$ = Kollimatormarke

*Kollimatoren für sehr große Bündeldurchmesser* (etwa über 10–15 cm) baut man mit Spiegeln auf, zweckmäßig mit Mangin-Spiegeln, die bis 30 oder 40 cm Durchmesser ziemlich genau hergestellt werden können, oder man setzt mehrere kleine Kollimatoren mit parallelen Achsen in einem starren Gestell zusammen. Zur genauen Justierung werden sie, zumindest die Marken, mit vier Schrauben gelagert. Man benutzt dazu ein Fernrohr, mit dem man die Kollimatoren aus so großem Abstand betrachtet, daß dessen Gesichtsfeld alle Marken erfaßt.

*„Kollimateur"* ist ein meist aus einem einzigen Glasstück bestehender Kollimator (Bild 13.2.6), der so gestaltet ist, daß man gleichzeitig seine Marke und einen weit entfernten Gegenstand mit einem Auge bei Pupillenteilung sehen kann, z. B. als Ersatz für Kimme und Korn oder ein Zielfernrohr bei Jagdgewehren.

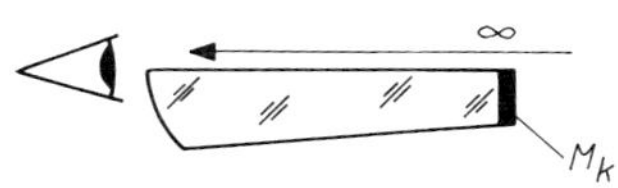


Bild 13.2.6 Kleinkollimator („Kollimateur") in Form einer Stablinse

Die Marke $M_K$ an der Stirnfläche liegt in der Brennebene der sphärischen Fläche

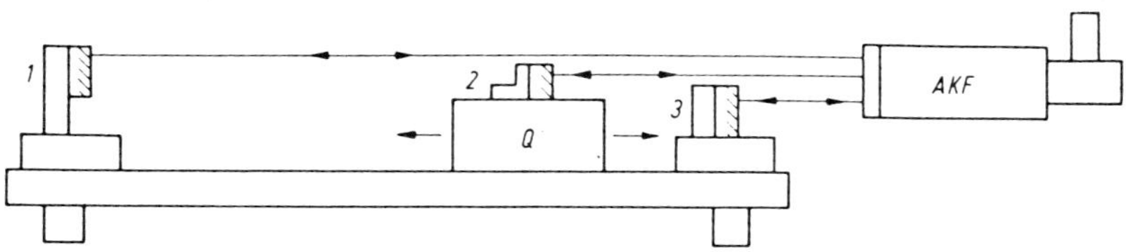


Bild 13.2.7 Untersuchung der Durchbiegung einer Führungsbahn bei Verschiebung eines schweren Schlittens

Q = Schlitten, 1, 2, 3 = Planspiegel vor der Öffnung des AKF

Zu den vielfältigen Anwendungsmöglichkeiten des Autokollimationsfernrohrs (häufig ersetzbar durch die Kombination aus Kollimator und Fernrohr) werden im folgenden einige Beispiele gegeben. Gemäß Bild 13.2.7 kann das *Profil einer Führungsbahn* sowie ihre *Durchbiegung* unter wechselnder Belastung bestimmt werden. Bei Verschiebung des schweren Maschinenschlittens Q kippen zwei an den Bahnenden aufgestellte Spiegel 1 und 3 entsprechend der Durchbiegung der Bahn. Über den Spiegel 2 wird die Lagenänderung des Schlittens (wirksames Bahnprofil) erfaßt. Die von den Spiegeln reflektierten Bündel füllen jeweils einen Teil der AKF-Pupille aus, so daß gleichzeitig drei Markenbilder $M'_K$ in ihrer gegenseitigen Lage und ihrer Lage zur Fernrohrmarke $M_F$ beobachtet werden können. Bei dem Prüfen langer Führungsbahnen und dem

Einrichten von Großmaschinen kommen größere Entfernungen zwischen Spiegel und AKF vor. Kennzeichnend für die Richtungsprüfverfahren ist die *Unabhängigkeit der Genauigkeit von der Entfernung* Spiegel-AKF bzw. Kollimator-Fernrohr: Mit zunehmender Entfernung ändert sich die Lage von $M_K'$ gegenüber $M_F$ nicht. Der Meßbereich der erfaßbaren Spiegelneigungen $\varepsilon$ nimmt jedoch ab: Das in der Ebene $M_F$ ausgeleuchtete Feld (Bild der Objektivöffnung) wird kleiner und wandert seitlich aus. Die noch ausnutzbare Grenzentfernung hängt also vom gewünschten Meßbereich ab. Eine grobe Abschätzung ergibt das 30- bis 50-fache der Objektivbrennweite.

Mit zunehmender Objektivbrennweite (die bei gleichem Okular auch die Fernrohrvergrößerung bestimmt) nimmt die Meßgenauigkeit zu (größere Verschiebung $y'$ in der Ebene $M_F$); andererseits wird der Meßbereich eingeengt. Ist $\Gamma'$ die Fernrohrvergrößerung und $\varepsilon$ der der Sehschärfe entsprechende Fehler, so ist die noch erkennbare Winkelabweichung des rückkehrenden Strahls $1/(2\,\varepsilon \cdot \Gamma')$.

Bild 13.2.8 zeigt das *Parallelrichten mehrerer Flächen:* Sollen die hintereinander liegenden Flächen 1, 2, 4 parallel zur Bezugsfläche 3 ausgerichtet werden (Bild 13.2.8a), so wird zunächst das mit einer Justierhalterung ausgestattete AKF auf Fläche 3 ausgerichtet (Deckung von $M_K'$ und $M_F$). Das Werkstück mit Fläche 3 wird dann aus dem Strahlengang genommen; die Flächen werden in der Reihenfolge 1, 2, 3, 4 nach dem AKF ausgerichtet. Versetzt liegende Flächen ermöglichen wie bei Bild 13.2.7 gleichzeitige Ausrichtung auf Deckung aller Markenbilder. Bild 13.2.8b zeigt die Prüfung der Parallelität von Filmführung (aufgelegter Spiegel S) und Objektivanlage (aufgelegter teildurchlässiger Spiegel TS) bei einer Kamera.

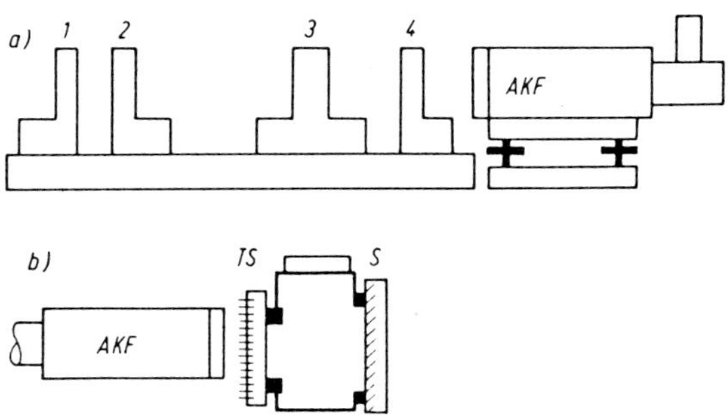


Bild 13.2.8 Parallelrichten von Flächen

a) mehrere Flächen hintereinander, b) Parallelitätsprüfung von Anlageflächen mit Spiegel S und teildurchlässigem Spiegel TS

Sollen *Flächen senkrecht zueinander ausgerichtet* werden, so ist dazu ein 90°-Winkelnormal erforderlich (z. B. sehr genau hergestelltes *Pentagonprisma,* Bild 13.2.9a bis c), soweit die Flächen nicht selbst die Funktion eines Winkelspiegels übernehmen können (Bild 13.2.9d). In Bild 13.2.9a wird das AKF zunächst über das Pentagonprisma parallel zur Fläche 1 ausgerichtet und dann die Fläche 2 einjustiert. Entsprechend erfolgt in Bild 13.2.9b die Ausrichtung einer Bohrspindel senkrecht zur Werkstückfläche 1. Der Planparallelspiegel 2/3 muß zur Spindel so justiert werden, daß nach halber

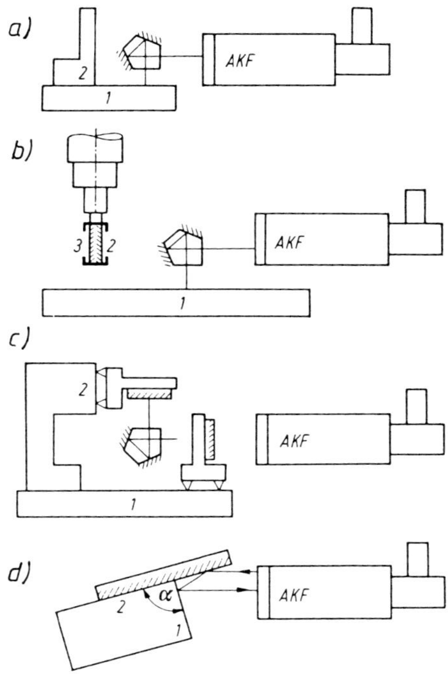


Bild 13.2.9 Einstellen rechter Winkel. Erläuterungen im Text

Umdrehung (also abwechselnd Flächen 2 und 3 zum AKF) das Markenbild in gleicher Höhe erscheint. Dann stehen die Spiegelflächen parallel zur Drehachse. Bei größerem Abstand der auszurichtenden Flächen (Bild 13.2.9c) wird der Planspiegel mit Basisplatte nacheinander auf beide Flächen gesetzt. Nach Bild 13.2.9d wird mit einem angelegten Planspiegel ein Winkelspiegel gebildet. Es ergeben sich zwei Markenbilder, für deren Winkeldifferenz man im AKF $2 \cdot \Delta\alpha$ abliest, wenn $\Delta\alpha$ die Abweichung von 90° ist. Nur bei $\alpha = 90°$ wirkt die Doppelreflexion wie eine Planspiegelung ($\delta = 180°$; Gl. (5.7.2)); man sieht dann nur ein Markenbild.

Der *Keilfehler von Planplatten* kann ebenfalls aus dem Winkelabstand der durch Reflexion an beiden Flächen entstehenden Markenbilder bestimmt werden (Bild 13.2.10). Bei transparenten Platten erhält man diese Markenbilder unmittelbar (Bild 13.2.10a); da jedoch das an Fläche 1 reflektierte Bündel zweimal durch die Platte geht, ist die Brechzahl n der Platte zu berücksichtigen. Es ist $\alpha = \varepsilon/n$, mit $\varepsilon$ = halbe Winkeldifferenz der Markenbilder (AKF-Winkelskalen sind so geteilt, daß nicht der Winkel $2\varepsilon$ der Strahlablenkung, sondern unmittelbar der Winkel $\varepsilon$ einer Spiegelkippung abgelesen werden kann!). Bei undurchsichtigen Platten wird ein Hilfsspiegel HS benutzt (Bild 13.2.10b). Es ist dann $\alpha = \varepsilon$. An Stelle einer Winkelskala kann als Kollimatormarke

$M_K$ ein Revolver mit Lochblenden verschiedenen Durchmessers oder eine kalibrierte Irisblende treten. Durch Reflexion an den beiden Planflächen entstehen zwei Lochblendenbilder, deren Lage nach Bild 13.2.10c ausgewertet wird [H 13.2.1]. Der Lochblendendurchmesser wird nach der einzuhaltenden Toleranz gewählt, bei Glasplatten unter Berücksichtigung der Brechzahl n.

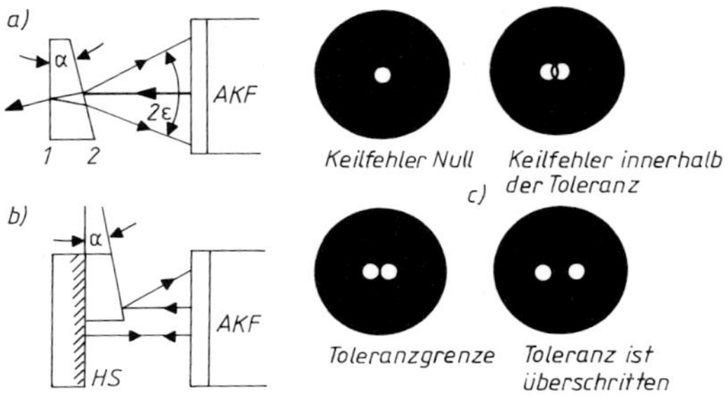


Bild 13.2.10 Keilfehler-Messung

a) an einer Glasplatte, b) an undurchsichtiger Platte mit Hilfsspiegel HS, c) Lochblenden-Bilder bei Keilfehler-Toleranzüberwachung [H 13.2.1]

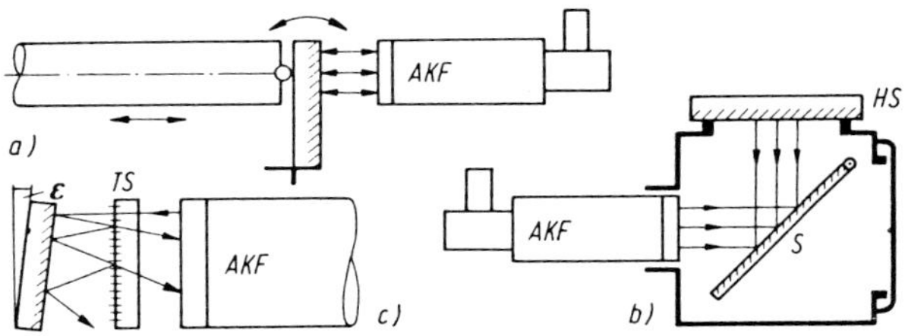


Bild 13.2.11 Untersuchung von Spiegelkippungen

a) Umsetzung einer Längsbewegung in eine Spiegelkippung, b) Justierung eines Kamera-Umlenkspiegels, c) Mehrfachautokollimation mit feststehendem, teildurchlässigem Hilfsspiegel TS

Kleine *Längenänderungen und Verschiebungen* können in eine Spiegeldrehung umgeformt und so durch das AKF mit hoher Empfindlichkeit gemessen werden (Bild 13.2.11). In Bild 13.2.11a wird der in einem spielfreien Federgelenk gelagerte Spiegel durch das zu messende Axialspiel einer Welle gekippt. Bei der Justierung des Umlenkspiegels S einer Spiegelreflexkamera (Bild 13.2.11b) wird ein fester Hilfsspiegel HS benutzt. Da so das Strahlenbündel zweimal über den Spiegel S geht, wird die Empfindlichkeit gegenüber normaler AKF-Ablesung verdoppelt. Entsprechend erreicht man durch *Mehrfachautokollimation* noch höhere Empfindlichkeit (Bild 13.2.11c): Das Bündel wird zwischen dem Kippspiegel und einem teildurchlässigen, festen Spiegel TS mehrmals reflektiert. Als Kollimatormarke $M_K$ verwendet man am besten einen hellen Strich oder ein Fadenkreuz nach Bild 13.1.1f auf dunklem Grund. Bei Spiegelkippung um den Winkel ε ergibt sich nach z. B. vier Reflexionen am Kippspiegel eine Strahlablenkung um $8 \cdot \varepsilon$ (d. h. an einer AKF-Winkelskala liest man $4 \cdot \varepsilon$ ab).

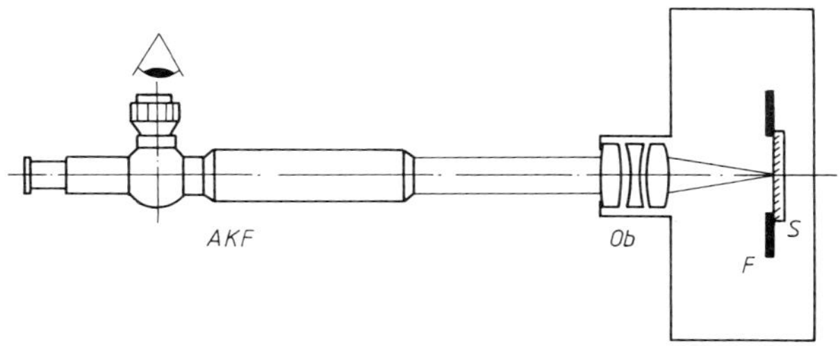


Bild 13.2.12 Überprüfung der Entfernungseinstellung bzw. des Auflagemaßes eines Fotoobjektivs
Ob = Objektiv, F = Filmführung, S = Hilfsspiegel

Als Beispiel für die Anwendung des AKF ohne Winkelmessung zeigt Bild 13.2.12 die Prüfung der *Einstellung eines Kameraobjektivs.* Bei auf $\infty$ eingestellter Entfernungsskala des Objektivs soll ein Gegenstand im $\infty$ (Kollimatormarke $M_K$) in der Filmebene scharf abgebildet werden. Für $M_K$ wählt man zweckmäßig eine Strichplatte nach Bild 13.1.1 d oder k. Auf die Filmführung F der Kamera legt man einen kleinen Planspiegel S, oder man benutzt den normalen Film als Bildebene. Nur wenn Brennebene und Spiegelebene zusammenfallen, liegt das Testbild nach der Reflexion in der Ebene der Fernrohrmarke $M_F$ (Fadenkreuz oder Gitterlinien). Andernfalls werden $M_F$ und $M'_K$ nicht parallaxfrei scharf gesehen. Die Abstandsdifferenz zwischen Film- und Brennebene kann man leicht messen, wenn das AKF einen Tubusauszug mit Skala hat. Mit einer diffus reflektierenden weißen Fläche in der Bildebene kann man Fotoobjektive großen Bildwinkels auf restliche Abbildungsfehler prüfen, indem die Kamera um den vorderen Hauptpunkt des Objektivs geschwenkt wird, um die außeraxialen Teile des Bildfeldes zu erfassen. Infolge des doppelten Strahldurchgangs durch das Objektiv wird der bildstörende Einfluß der Fehlerreste erhöht.

## Literaturhinweise

L 13.2.1 *Young, A. W.:* Optical Workshop Instruments. LÜ1 Vol. IV/7
L 13.2.2 *May, E.:* Winkelmessung mittels Autokollimationsfernrohr. Jahrb. f. Optik u. Feinmechanik 1965, 125–142
L 13.2.3 *Schulze, R.:* Optische Meßmethoden in: Handbuch Band 29, LÜ13
L 13.2.4 *Pfeifer, T.; Schneider, C. A.:* Einsatz neuer Laser-Technologien zur Messung der Abweichung von der Geradlinigkeit. Forschungsbericht des Landes NRW, Nr. 2719. Westdeutscher Verlag, Opladen 1978
L 13.2.5 *Langenbeck, P.:* LINOMETER ein neues Laser-Geradheits-Meßgerät. Feinwerktechnik & Messtechnik *85* (1977) 4, S. 177–179

## Beispiele für Hersteller bzw. Lieferanten

H 13.2.1 *J. D. Möller GmbH,* Wedel bei Hamburg: Autokollimationsfernrohre, Kollimatoren, Prüffernrohre

H 13.2.2 *Ernst Leitz Wetzlar GmbH,* Wetzlar: Autokollimationsfernrohr
H 13.2.3 *H. K. Teuber,* Somborner Str. 44, 6451 Rodenbach: Kollimatoren, Autokollimations- u. Prüffernrohre
H 13.2.4 *Spindler u. Hoyer GmbH u. Co.,* Königsallee 23, Göttingen: Autokollimationsfernrohre
H 13.2.5 *Anaspec GmbH,* Pallaswiesenstr. 63, Darmstadt: Außeraxiale Spiegelkollimatoren
H 13.2.6 Rank Precision Industries GmbH, Gustav-Stresemann-Ring 12–16, Wiesbaden: Autokollimatoren, auch m. Elektronik

## 13.3 Fluchtfernrohre

Kleine Abweichungen von Bauteilen gegenüber einer Bezugsgeraden („Fluchtgerade") können mit Fluchtfernrohren bestimmt werden, soweit nicht bei kleinen Abmessungen und Abständen u. a. Meßmikroskope eingesetzt werden können. Diese *Fluchtungsprüfung* ist neben der in Abschn. 13.2 beschriebenen Richtungsprüfung eine meßtechnische Grundaufgabe. Im Gegensatz zur Richtungsprüfung wird das Fluchtfernrohr auf eine beleuchtete Zielmarke $M_Z$ in endlicher Entfernung scharf eingestellt (Bild 13.3.1). Das Fernrohrobjektiv entwirft ein Bild $M'_Z$ in der Ebene der Fernrohrmarke $M_F$. Eine seitliche Verlagerung der Zielmarke (z. B. Doppelfadenkreuz) um y bewirkt eine Verschiebung des Zielmarkenbildes um $y' = y \cdot \beta'_{Ob}$. Wird dabei die Zielmarke um ihren Mittelpunkt gekippt, so beeinflußt dies nicht die Lage des Zielmarkenbildes.

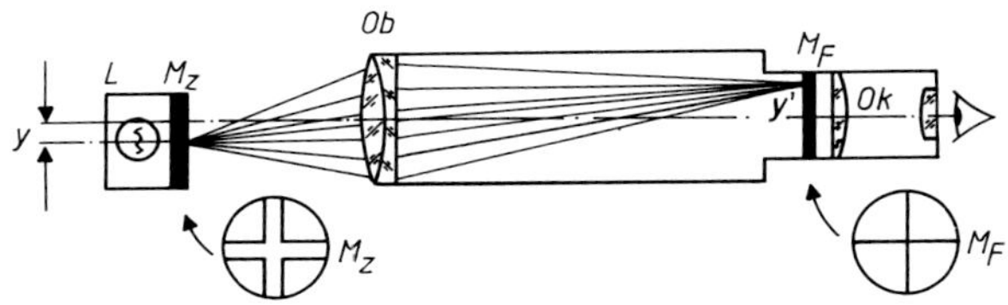


Bild 13.3.1 Fluchtfernrohr mit Zielmarke
$M_Z$ = Zielmarke mit Lampe L, Ob = Objektiv, Ok = Okular, $M_F$ = Fernrohrmarke, y = Fluchtungsdifferenz, y' = entsprechende Bildversetzung

Das Fluchtfernrohr liefert auf optischem Wege ein Lineal hoher Genauigkeit, indem es eine *Fluchtgerade* (Ziellinie) festlegt. Die Fluchtgerade wird durch einen Bezugspunkt der Fernrohrmarke $M_F$ (Schnittpunkt der Fadenkreuzlinien) und das nach links in die Zielmarkenebene $M_Z$ projizierte Bild dieses Punktes definiert. Soll die Fluchtgerade völlig unabhängig von *Führungsfehlern* sein, so wird ein *axialsymmetrisches Doppelbildprisma* (Bild 13.3.2 a) verwendet. Die Schnittlinie der beiden senkrecht zueinander stehenden Symmetrieebenen H-H und V-V (Horizontal- und Vertikalebene) ist dann die Fluchtgerade. Ein „halbes Fadenkreuz" O-X, O-Y erscheint dann im Doppelbild zum vollständigen Fadenkreuz ergänzt. Zur genauen Einstellung verwendet man z. B. eine Zielmarke nach Bild 13.1.1 i, die nochmals schematisch in Bild 13.3.2 b gezeichnet

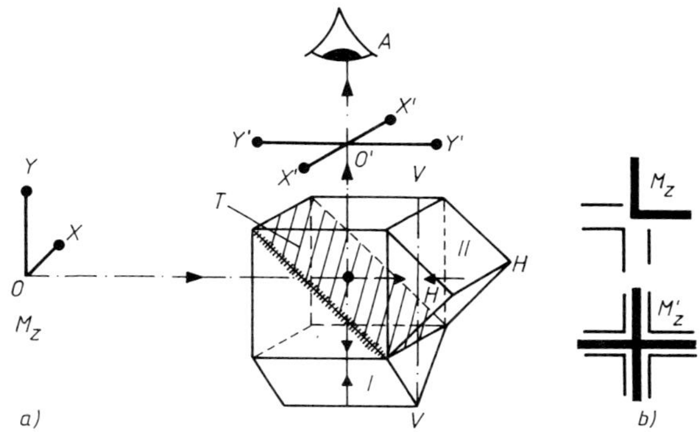


Bild 13.3.2 Doppelbildprisma zur Festlegung der Fluchtgeraden

a) Prisma mit Zielmarke $M_Z$. T = Teiler, I, II = Dachkantprismen. b) Ergänzung der „halben" Zielmarke $M_Z$ zum vollständigen Doppelbild $M'_Z$

ist. Sie ergibt nur dann ein vollständiges Doppelbild ohne Versetzungen, wenn die Fluchtgerade genau durch den Fadenkreuzmittelpunkt zielt.

Die *Scharfstellung* auf sehr unterschiedlich weit entfernte Zielmarken kann bei normalem Tubusauszug durch *Führungsfehler* zu einer Verlagerung der Fluchtgeraden führen. Dies wird durch *Innenfokussierung* (Bild 13.3.3 a, b) weitgehend vermieden. Bei

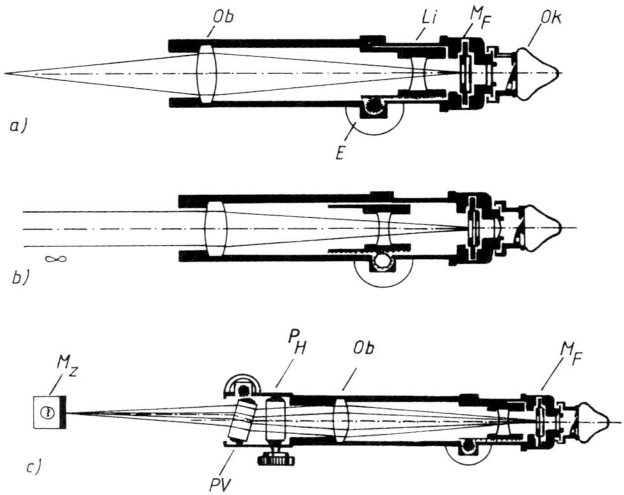


Bild 13.3.3 Fluchtfernrohr mit Innenfokussierung [H 13.3.1]

a), b) Einstellung auf endliche bzw. unendliche Entfernung, c) Aufbau mit Planplattenvorsatz. $M_Z$ = Zielmarke, $M_F$ = Fernrohrmarke, Ob = Objektiv, $P_V$ = Planplatte für Vertikalversetzung, $P_H$ = Planplatte für Horizontalversetzung unverändertem Abstand von Objektiv und Okular wird zwischen beiden Systemen nur eine (hier negative) Fokussierlinse Li verschoben, deren gegenüber dem Objektiv kleine Brechkraft zu einem entsprechend verringerten Führungsfehler-Einfluß führt. Ein anderer Weg ist die bereits erwähnte Verwendung eines Doppelbildprismas.

Die *Messung der seitlichen Versetzungen* y kann über Skalen in der Zielmarke (Bild 13.1.1g) oder (abhängig von $\beta'$) durch Mikrometer-Verschiebung der Fernrohrmarke $M_F$ erfolgen. Günstiger ist die scheinbare Parallelverschiebung der Fluchtgeraden um y, da dann der Abbildungsmaßstab $\beta'$ keinen Einfluß hat. Diese Parallelverschiebung wird in zwei Koordinaten unabhängig voneinander durch einen *Planplattenvorsatz* mit den kippbaren Planplatten $P_V$ und $P_H$ bewirkt (Bild 13.3.3c). Kippung der Platte aus ihrer achsensenkrechten Lage um den kleinen Winkel $\varepsilon$ ergibt eine Parallelversetzung v des Bündels gemäß Gl. (5.6.7), so daß auf der zur Kippung benutzten Einstelltrommel eine Längenskala für $v = y$ angebracht werden kann. Man kippt also die Planplatten, bis das Bild $M_Z'$ in der jeweiligen Koordinate mit der Fernrohrmarke $M_F$ zusammenfällt.

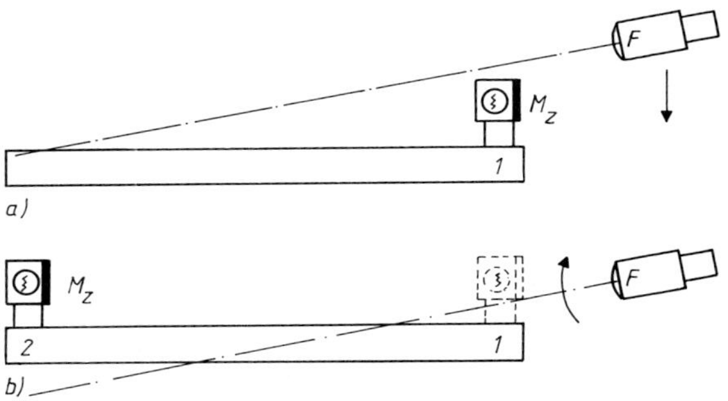


Bild 13.3.4 Parallelrichten der Fernrohrachse zu einer Führungsbahn

a) Parallelverschieben der Fernrohrachse ein wenig über die Zielmarke 1 hinaus,
b) Kippen der Fernrohrachse ein wenig über die Zielmarke 2 hinaus

Im folgenden werden einige Beispiele zur Anwendung von Fluchtfernrohren gegeben. Häufig muß zunächst die Zielachse parallel zu einer Führungsbahn oder einer Fläche ausgerichtet werden (Bild 13.3.4). Zur Justierung muß das Fernrohr um horizontale und vertikale Achse gekippt werden können und in Richtung dieser Achsen verschiebbar sein. Die Zielmarke $M_Z$ (oder der Maschinenschlitten mit aufgesetzter Zielmarke) wird abwechselnd in Position 1 (möglichst nahe zum Fernrohr) und in Position 2 an das entfernte Bahnende gebracht (jeweils Scharfstellung), wobei zur Einstellung auf 1 die Fernrohrachse parallel verschoben und zur Einstellung auf 2 die Fernrohrachse gekippt wird. Durch dieses Verfahren wird die gegenseitige Beeinflussung der beiden Justierungen verringert, und nach einigen abwechselnden Einstellungen mit immer kleineren Korrekturen fallen Fernrohrachse und durch beide Markenstellungen festgelegte Bezugsgerade zusammen. Auf diese Gerade können z. B. weitere Bauteile einjustiert werden. Durch schrittweises Verschieben der Zielmarke zwischen den Endpositionen 1 und 2 können die örtlichen Abweichungen der Bahn, d. h. das *Bahnprofil,* bestimmt werden. Diese Abweichungen von der Bezugsgeraden (die nicht unbedingt parallel zur Bahn liegen muß) können stark gedehnt gegenüber der Bahnlänge aufgetragen werden.

Die Vermessung der *Ebenheit einer Fläche* (z. B. einer Aufspannplatte, der Dichtungsfläche eines großen Gehäuses usw.) kann auf die Vermessung einer Bahn zurückgeführt werden, indem unterschiedliche Meßrichtungen gewählt werden. Wenn jedoch viele Punkte zu vermessen sind, ist es günstiger, zunächst eine *Bezugsebene* festzulegen (Bild 13.3.5): Das Fluchtfernrohr wird in justierbarem Stativ senkrecht aufgestellt, wobei als Vorsatz ein um die Fernrohrachse drehbares Pentaprisma verwendet wird. Die Fluchtgerade kann somit eine senkrecht zur Fernrohrachse liegende Ebene überstreichen. Das Fernrohr wird nun so justiert, daß diese Ebene mit der durch drei Bezugszielmarken $M_B$ festgelegten Bezugsebene zusammenfällt. Eine vierte Zielmarke $M_Z$, die nacheinander an die zu vermessenden Koordinatenpunkte gebracht wird, liefert unmittelbar die Abweichungen von der Bezugsebene.

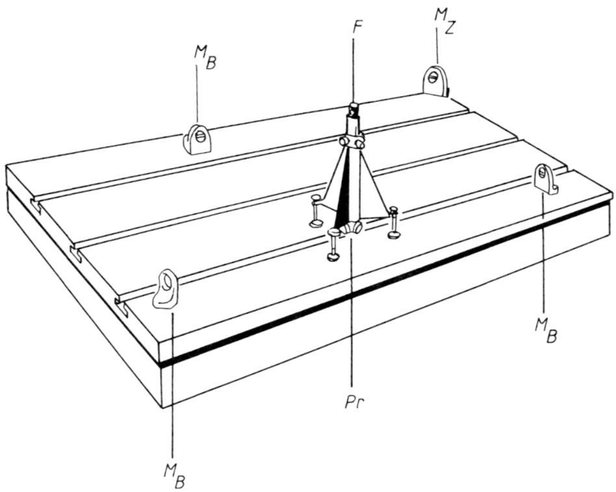


Bild 13.3.5 Vermessen einer Platte

F = Fluchtfernrohr senkrecht in Justierstativ, $M_B$ = Bezugszielmarken, $M_Z$ = auf der Platte verschiebbare Meßzielmarke, Pr = drehbares Pentaprisma

Allgemein können mit dem Pentaprisma als 90°-Winkelnormal *Zielachsen senkrecht zueinander* festgelegt werden (Bild 13.3.6a). Es ist damit möglich, Verschiebungen parallel zur Fernrohrachse zu messen. Um die Hilfszielachse zur späteren Verwendung auch ohne Pentaprisma (z. B. mit umgesetztem Fernrohr) festzulegen, wird eine zweite Zielmarke einjustiert (Bild 13.3.6b).

Die Korrektur von *Richtungsabweichungen* gegenüber der Zielachse ist am einfachsten mit Hilfe eines Kleinkollimators („*Zieloptik*“ [H 13.3.1]; vergl. auch Bild 13.2.6) ausführbar, der mit dem auf ∞ eingestellten Fluchtfernrohr zusammenwirkt (Bild 13.3.7a). Bei längeren Bohrungen oder in Richtung der Zielachse ausgedehnten Teilen sind jedoch auch zwei Zielmarken oder eine verschiebbare Marke ausreichend (Bild 13.3.7b): Auf die beiden Markenpositionen wird das Fernrohr abwechselnd eingestellt; die Justierung des Teils erfolgt durch abwechselndes Verschieben und Drehen ähnlich dem Schema von Bild 13.3.4 (wobei die Zielachse natürlich festliegt).

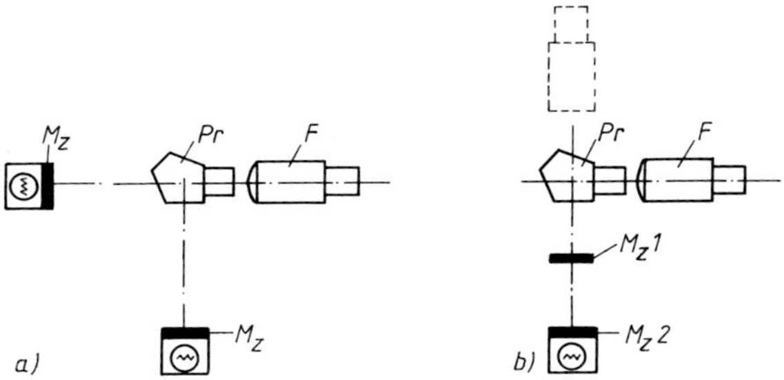


Bild 13.3.6 Festlegen einer Zielachse senkrecht zur Fernrohrachse

a) Hilfszielachse festgelegt durch Pentaprisma und Zielmarke, F = Fernrohr, Pr = Pentaprisma. b) Hilfszielachse durch zwei Zielmarken festgelegt; das Pentaprisma kann entfernt werden

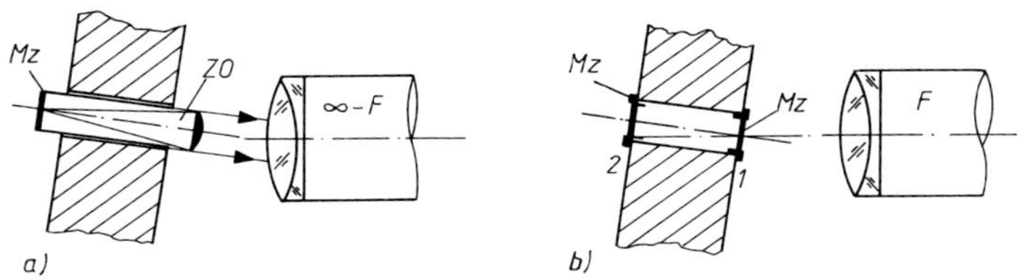


Bild 13.3.7 Ausrichten von Bohrungen

a) mit Zieloptik ZO (Kleinkollimator), ∞ – F = auf ∞ gestelltes Fernrohr, b) mit Zielmarken

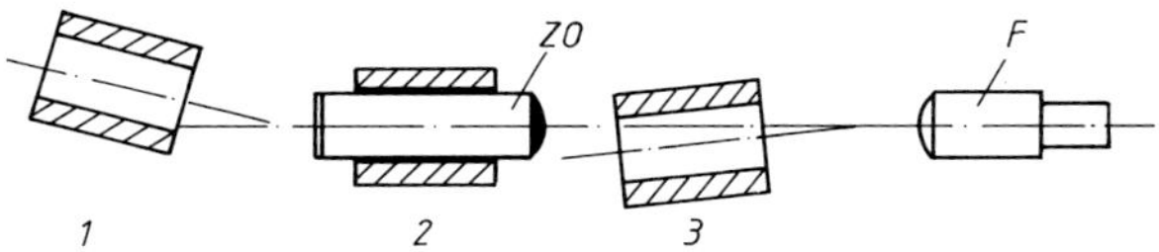


Bild 13.3.8 Richten und Fluchten von Lagern

ZO = Zieloptik, F = Fernrohr

Das *Richten und Fluchten von Lagern* zeigt Bild 13.3.8. Beispielsweise sollen die Lager 1 und 3 nach der Position von 2 ausgerichtet werden. Dann wird zunächst das Fluchtfernrohr zum Lager 2 entsprechend Bild 13.3.7 einjustiert: Mit Zieloptik Einschwenken des Fernrohres, mit umgekehrter Zieloptik (Benutzung als normale Zielmarke!) Parallelverschiebung. Nach der so festgelegten Fernrohrachse werden nun die Lager 1 und 3 ausgerichtet.

Die *Meßunsicherheit* des Fluchtfernrohrs wächst mit dem Abstand zur Zielmarke. Die scheinbare Parallelversetzung durch drehbare Planplatte ist zwar von der Entfernung unabhängig. Da jedoch mit zunehmender Entfernung der Abbildungsmaßstab abnimmt (von Sonderkonstruktionen abgesehen), müssen Zielmarken mit dickeren Fadenkreuzlinien (Bild 13.1.1 h) verwendet werden, wodurch die Einfangunsicherheit wächst.

*Pentagonprismen* müssen bei Fluchtfernrohren mit größerer Vorsicht verwendet werden als bei Autokollimationsfernrohren: Obgleich sie eine sichere Verkörperung des 90°-Winkels geben, führen Kippungen oder Verschiebungen (z. B. während der Drehung nach Bild 13.3.5) zu Fluchtungsdifferenzen (Bild 13.3.9).

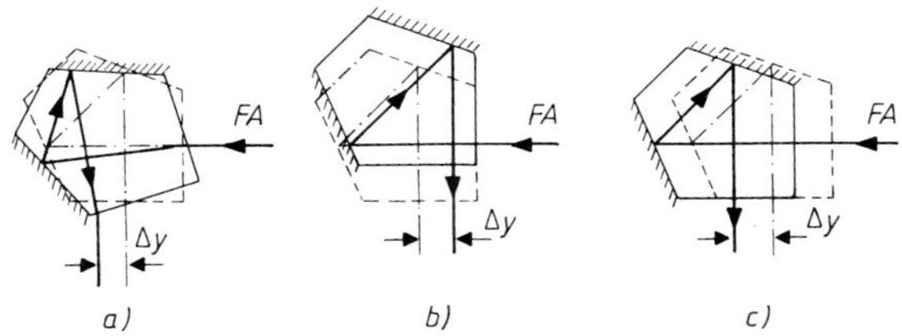


Bild 13.3.9 Fehlermöglichkeiten bei Verwendung eines Pentaprismas

a) Kippung des Prismas, b) Verschiebung senkrecht zur Fernrohrachse, c) Verschiebung in Richtung der Fernrohrachse. FA = Strahl in der Fernrohrachse, Δy = Versetzungsfehler

*Temperaturdifferenzen* in der Luftschicht zwischen Fernrohr und Zielmarke führen zu Verlagerungen und Schwankungen der Fluchtlinie und ggf. zu deren Krümmung. Bei Messungen sehr hoher Genauigkeit ist auch bei relativ kleinen Zielmarkenentfernungen bereits der *Einfluß der Erdkrümmung* zu berücksichtigen (z. B. bei einer Entfernung von 25 m bereits 56 μm Abweichung!).

**Literaturhinweise**

L 13.3.1 *Peglow, M.:* Meßmethoden zum Fluchtfernrohr. Hrsg. Ernst Leitz Wetzlar GmbH, Wetzlar
L 13.3.2 *Optical Alignment.* Hrsg. Rank Taylor Hobson, 1965, s. [H 13.3.3]
L 13.3.3 s. 13.2.3

**Beispiele für Hersteller bzw. Lieferanten**

H 13.3.1 *Ernst Leitz Wetzlar GmbH,* Wetzlar: Fluchtfernrohr
H 13.3.2 *J. D. Möller GmbH,* Wedel bei Hamburg: Fluchtfernrohre
H 13.3.3 Rank Precision Industries GmbH, Gustav-Stresemann-Ring 12–16, Wiesbaden: Mikrofluchtfernrohr

# 13.4 Messungen an optischen Systemen

Für Anwendung und Einbau von Objektiven ist u. a. die Kenntnis ihrer Brennweite f′ und der Lage der Hauptpunkte H und H′ wichtig. Für die Brennweitenmessung gibt es zahlreiche Verfahren, die sich durch Genauigkeit, Bequemlichkeit (schnelle und einfache Ausführung) sowie Anwendbarkeit in bestimmten Brennweitenbereichen unterscheiden [L 13.4.6]. Bei bekannten Brennweiten f′ und $\bar{f} = -f'$ erhält man mit der Messung der Schnittweiten $s_1 = \overline{S_1\bar{F}}$ und $s'_k = \overline{S_kF'}$, d. h. der Lage der Brennpunkte gegenüber erstem und letztem Flächenscheitel, auch die Lage der Hauptpunkte H und H′ gemäß Gl. (5.1.7) und (5.1.8). Weiterhin kann die Hauptpunktlage unmittelbar aus den Knotenpunkteigenschaften bestimmt werden (Abschn. 4.2).

Bei korrigierten Systemen sollten die Meßbedingungen möglichst mit den Abbildungsbedingungen bei der Anwendung übereinstimmen, damit Abbildungsfehler sich möglichst wenig auswirken. Bei unkorrigierten Linsen verhindern schon Öffnungs- und Farbfehler eine genaue Bestimmung: Durch schmalbandiges Farbfilter oder monochromatische Lichtquelle muß ein enger Spektralbereich ausgewählt und durch Abblenden eine Annäherung an das Paraxialgebiet erreicht werden. Im folgenden können nur einige Beispiele für Meßverfahren angegeben werden.

Eine schnelle und genaue *Brennweitenbestimmung* ist mit dem in Bild 13.4.1 dargestellten Verfahren möglich, bei dem allerdings ein *Kollimator* mit genau bekannter Objektivbrennweite $f'_K$ benötigt wird. Die Kollimatormarke $M_K$ mit mehreren Strichpaaren wird durch Kollimatorobjektiv und Prüfling in der Ebene F' des Prüflings als Luftbild abgebildet. Durch ein auf diese Ebene scharf eingestelltes Zielmikroskop wird die Bildstrecke y' (Abstand der Strichbilder) gemessen. Dazu werden die beiden Strichbilder eines Paars (1-1, 2-2 oder 3-3) nacheinander durch die Doppelstrichmarke $M_M$ des Mikroskops (ähnlich Bild 13.1.1b) eingefangen, indem das Mikroskop quer zur Achse verschoben wird. Die Verschiebung kann z. B. mit einem elektronischen Meßtaster auf 1 µm genau erfaßt werden und ergibt direkt y'. Dann erhält man für die *Brennweite des Prüflings*

$$f' = -f'_K \cdot \frac{y'}{y} \tag{13.4.1}$$

(Ist der Prüfling ein Positivsystem, so ist $y'/y<0$, da umgekehrtes Bild; damit erhält man für f' einen positiven Wert).

Kollimatorbrennweite $f'_K$ und Strichpaarabstand y müssen nach der Brennweite des Prüflings günstig ausgewählt werden. Damit z. B. bei Systemen mit kurzer Brennweite kein zu kleines Bild y' entsteht, kann die Kollimator-Brennweite herabgesetzt und ein großer Strichabstand y (hier:

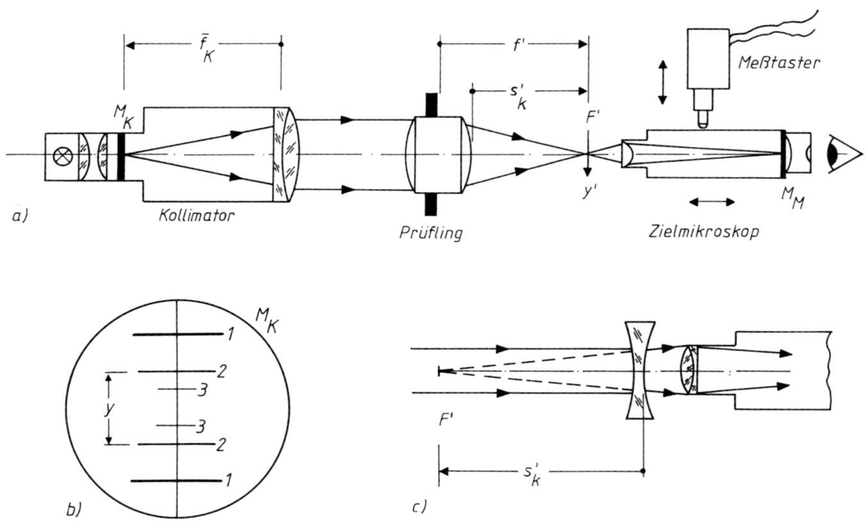


Bild 13.4.1 Messung von Brennweite und Schnittweite mit einem Kollimator
a) Meßanordnung, b) Kollimatormarke $M_K$ vergrößert, c) Messung bei Negativsystemen

Strichpaar 1) gewählt werden, wobei jedoch stets $f'_K > 5 \cdot f'$ gelten sollte. Durch Einschalten eines günstigen Mikroskop-Objektivs wird optimaler Symmetrieeinfang des Strichbildes zwischen den Doppelstrichen der Marke $M_M$ erreicht. Bei einem *Negativsystem* (Bild 13.4.1 c) muß ein Mikroskop-Objektiv langer Brennweite (Fernrohrwirkung) verwendet werden, damit Scharfeinstellung auf das virtuelle Strichbild möglich ist.

Zur Bestimmung der *Schnittweite* $s'_k$ (Bild 13.4.1 a, c) wird das Zielmikroskop in Achsenrichtung bis zur Scharfeinstellung auf den letzten Linsenscheitel verschoben; die gemessene Verschiebung ergibt unmittelbar $s'_k$. Durch Umkehren des Prüflings um 180° erhält man auf gleiche Weise die objektseitigen Daten ($s_1$ sowie zur Kontrolle auch $\bar{f}$); natürlich muß das Vorzeichen der erhaltenen Meßwerte umgekehrt werden.

Die Meßeinrichtung nach Bild 13.4.1 kann durch einen Zusatz für die *direkte Bestimmung der Hauptpunktlage* ausgebaut werden. Dabei wird ausgenutzt, daß bei gleichen Medien beiderseits des Systems die *Knotenpunkte* mit den Hauptpunkten zusammenfallen (H = K, H′ = K′; Abschn. 4.2). Dann geht ein auf H treffender Strahl parallel verschoben von H′ aus (Bild 13.4.2). Wird das System nun um eine Achse A senkrecht zur optischen Achse geschwenkt, so ändert der Bildpunkt O′ zu einem Objektpunkt O im ∞ (Kollimator) seine Lage nicht, wenn die Drehachse A durch den Hauptpunkt H′ geht (Bild 13.4.2 a, b). Bei anderer Lage der Drehachse (in Bild 13.4.2 c willkürlich an der Vorderseite des Systems) ergibt sich eine laterale Bildverschiebung $\Delta y'$. Der Prüfling muß also unter ständiger Schwingbewegung (Kurbelschwinge) auf einem Schlitten unter Beobachtung des Bildes der Kollimatormarke mit dem Zielmikroskop gegenüber der Drehachse verschoben werden. Bleibt das Bild ruhig stehen, so geht die Drehachse durch den Hauptpunkt H′. Durch Umkehren des Systems findet man den Hauptpunkt H. Bei zu großen Schwenkwinkeln kann trotz richtiger Lage A = H′ eine Bildbewegung durch Verzeichnung auftreten. Ein auf dieser Grundlage ausgeführtes Prüfgerät beschreibt [L 13.4.8].

Bei dem Verfahren nach Bild 13.4.3 [L 13.4.6] ist kein kalibriertes Kollimatorobjektiv erforderlich: Eine beleuchtete *Zielmarke* $M_Z$ (z. B. entsprechend $M_K$ von Bild 13.4.1 b) wird reell in die Schärfenebene O′ des Zielmikroskops abgebildet; der Abstand OO′

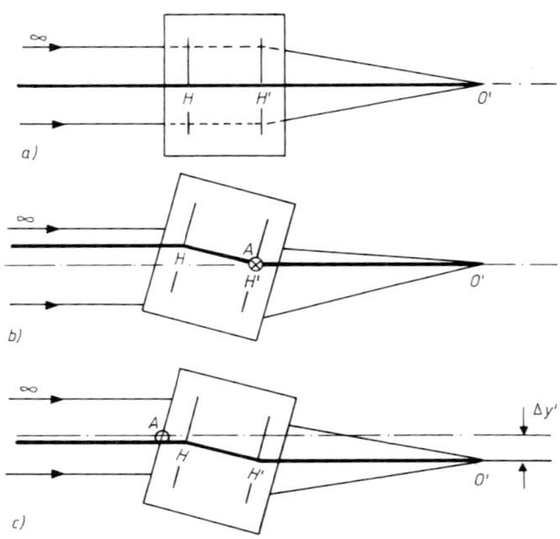


Bild 13.4.2 Unmittelbare Bestimmung der Hauptpunktlage durch die Knotenpunkteigenschaft

Dicker Strich = Strahl aus dem Parallelbündel, der auf den Hauptpunkt H trifft. a), b) bei Schwenkung um H′ keine Änderung der Bildpunktlage O′. c) Weicht die Drehachse A von H′ ab, so wandert O′ seitlich aus ($\Delta y'$)

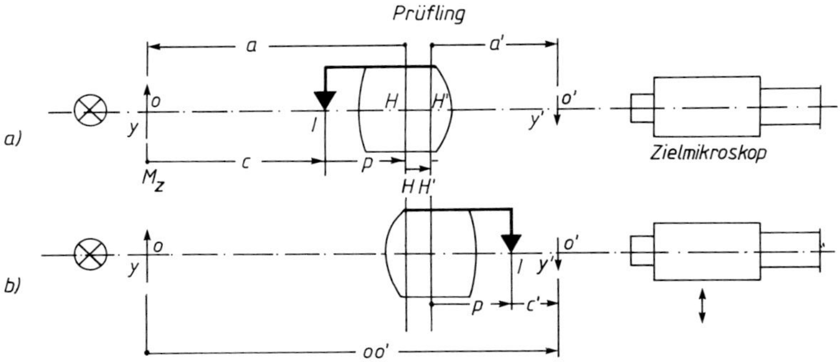


Bild 13.4.3 Messung von Brennweite und Hauptpunktlagen mit einer Zielmarke

$M_Z$ = beleuchtete Zielmarke mit Strichpaaren, I = Index für Längenmessung am Halter des zu prüfenden Systems, c, c′, p = Hilfsstrecken. a) erste Einstellung, b) Umkehrung des Systems bei gleicher Einstellung

wird größer als $4f' + HH'$ gewählt und fest eingestellt. Mit dem Halter des Prüflings ist eine Indexmarke I fest verbunden. Der Prüfling wird bis zu parallaxfreier Scharfstellung des Zielmarkenbildes verschoben (Bild 13.4.3a), der Abstand c abgelesen und der Abbildungsmaßstab $\beta'$ wie bei Bild 13.4.1a durch Stricheinfang mit Querverschiebung des Zielmikroskops gemessen. Die Halterung mit Prüfling wird um 180° gedreht und wieder bis zur parallaxfreien Scharfstellung verschoben (Bild 13.4.3b). Die Hauptpunkte haben dann bei gleicher Lage im System ihre Bezeichnung vertauscht. Nun wird c′ abgelesen und zur Mittelwertbildung $\beta'$ bestimmt (es ist $\beta'_a = \beta'_b$). Aus den so bestimmten Größen OO′, c, c′, $\beta'$ erhält man

für die *Brennweite*

$$f' = (c' - c) \cdot \frac{|\beta'|}{\beta'^2 - 1} \tag{13.4.2}$$

für die *Hauptpunktlage*

$$p = \frac{c' - c \cdot |\beta'|}{|\beta'| - 1} \tag{13.4.3}$$

und den *Hauptpunktabstand*

$$HH' = OO' - (c' - c) \cdot \frac{|\beta'| + 1}{|\beta'| - 1} \tag{13.4.4}$$

Zur Berechnung der *Blendenzahl* $k = f'/D_{EP}$ (Abschn. 4.3) muß bei bekannter Brennweite der *Durchmesser* $D_{EP}$ *der Eintrittspupille* bestimmt werden. Da die Pupillen häufig nicht kreisförmig sind (Irisblendenbilder bei Fotoobjektiven), gilt in diesem Falle für $D_{EP}$ der Durchmesser des flächengleichen Kreises. Es muß also die Pupillenfläche bestimmt werden. Bild 13.4.4 zeigt als Beispiel die Gewinnung der Eintrittspupillenflächen bei einem Fotoobjektiv für verschiedene Bildwinkel. Damit wird gleichzeitig die

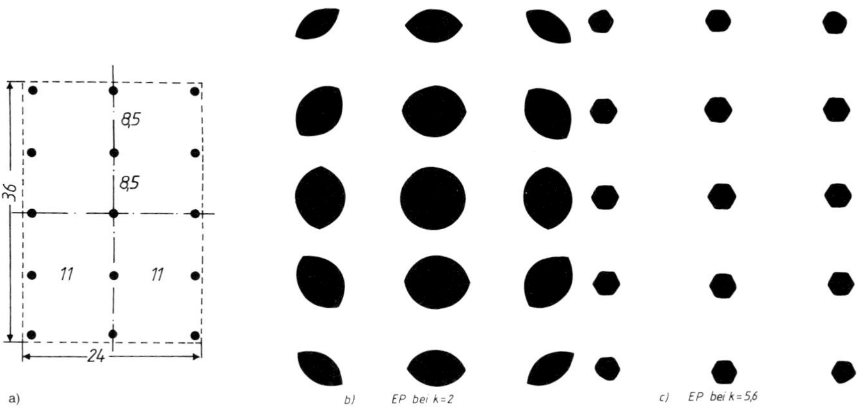


Bild 13.4.4 Bestimmung der Fläche der Eintrittspupille bei unterschiedlichen Feldwinkeln

a) Lage der Bohrungen in einer Lochplatte für das Kleinbild-Format, b) Blendenbilder eines Kleinbildobjektivs f′ = 50mm, k = 2 bei Durchleuchtung der Lochplatte nach a), c) Blendenbilder bei Abblendung auf k = 5,6

*Vignettierung* der Randbündel gut sichtbar. Bei auf ∞ eingestelltem Objektiv wurde in die Filmebene = Brennebene F′ der Kamera eine dünne Lochplatte mit kleinen Bohrungen (Durchmesser 0,3 mm) gebracht (Bild 13.4.4 a); bei Beleuchtung von der Rückseite projiziert also das Objektiv die Lochplatte nach ∞. Damit treten aus der Frontseite des Objektivs Parallelbündel aus, deren Querschnitt der jeweiligen Eintrittspupille entspricht. Auf einem vor dem Objektiv achsensenkrecht angebrachten Fotopapier werden die Pupillenflächen unmittelbar aufgezeichnet. Der Abstand der Auffangebene vom Objektiv wird so gewählt, daß die Pupillenbilder gut getrennt sind (Bild 13.4.4 b).

Der Durchmesser ausreichend kreisförmiger Pupillen (EP, AP) kann natürlich auch unmittelbar bestimmt werden, indem z. B. ein quer verschiebbares Zielmikroskop gemäß Bild 13.4.1 a, c auf die beiden diametral gegenüberliegenden Pupillenränder (Blende bzw. ihr reelles oder virtuelles Bild) eingestellt und die Verschiebung gemessen wird. In einfacherer Anordnung kann – vor allem zur Messung des *Austrittspupillendurchmessers* bei *Fernrohren* – auch eine *telezentrische Meßlupe* mit Mikrometerplatte *(„Dynameter")* treten, deren Längenskala mit verschiebbarer Hülse in die Pupillenebene gebracht wird. Der Durchmesser der Eintrittspupille von Fernrohren wird nach DIN 58388 dadurch bestimmt, daß vor dem Objektiv zwei gegeneinander verschiebbare Schneiden – wie bei einer Schieblehre – angebracht werden. Durch Beobachtung der Austrittspupille hinter dem Okular mit Mikroskop oder Lupe werden die Schneiden so eingestellt, daß sie mit den Pupillenrändern zusammenfallen. Die Beleuchtung muß Parallelprojektion der Schneiden sicherstellen, d. h. durch Kollimator mit Lochblende erfolgen.

Die *Krümmungsradien* r von Linsen- oder Spiegelflächen können mit mechanisch antastenden oder berührungslos arbeitenden Verfahren bestimmt werden. Mit mechanischer Tastung arbeiten die wegen der einfachen Ausführung der Messung häufig benutzten *Ringsphärometer:* Durch einen geschliffenen und gehärteten Stahl-Präzisionsring mit bekanntem Durchmesser D, oder auch durch eine Kugel-Dreipunktauflage, wird ein Grundkreis definiert, über dem die Pfeilhöhe p der Kugelkappe mit einem Taststift gemessen wird. Die Ablesung erfolgt mit einer Meßuhr (Teilung meist 0,01 mm) oder mittels elektronischem Meßtaster bzw. einer mit Meßmikroskop abgelesenen Skala auf 0,5 bis 1 μm genau. Man erhält dann den Krümmungsradius r aus

$$r = \frac{D^2 + 4p^2}{8p} \qquad (13.4.5)$$

Die Meßgenauigkeit wächst mit zunehmender Pfeilhöhe p, deshalb ist aus dem Satz der Sphärometerringe jeweils der Ring mit dem größten Durchmesser D zu wählen, der noch auf die zu vermessende Fläche paßt. Die Nulleinstellung erfolgt mit einer Planplatte. Nach derselben Grundgleichung (13.4.5) wird der Krümmungsradius berührungslos durch *Interferometrie* („Newton-Ringe“) bestimmt (Abschn. 14.3). Dafür reichen ggf. kleine Splitter der Fläche aus.

Berührungslos arbeitet auch die sehr einfache Radienmessung mit einem *Autokollimationsfernrohr* (AKF, Abschn. 13.2), die ohne Rechnung unmittelbar die Radienwerte ergibt (Bild 13.4.5): Die Kollimatormarke $M_K$ wird durch ein Vorsatzobjektiv V in endlicher Entfernung ($f'_V$) abgebildet. Damit bei der Reflexion das Bild $M'_K$ parallaxfrei auf die Fernrohrmarke $M_F$ abgebildet wird, muß der Brennpunkt $F'_V$ des Vorsatzobjektivs entweder im Flächenscheitel (Stellung 1) oder im Krümmungsmittelpunkt der Fläche (Stellung 2) liegen: Bei Stellung 1 werden die Strahlen symmetrisch zur Achse reflektiert, bei Stellung 2 treffen sie unter dem Einfallswinkel Null auf die Fläche, laufen also in Gegenrichtung zurück. Die genau gemessene Verschiebung zwischen beiden Scharfstellungen ist gleich dem Flächenradius r. Der Radius von *Konvexflächen* (Bild 13.4.5a) muß kleiner als die Brennweite des Vorsatzobjektivs sein; der Radius von *Konkavflächen* ist durch die maximal mögliche Verschiebungslänge auf der optischen Bank begrenzt. Während die Stellung 1 für alle Flächentypen gleich ist, ergeben sich für *torische Flächen* (Abschn. 5.5) bei Abbildung eines Fadenkreuzes und richtiger azimutaler Einstellung der Fläche zwei unterschiedliche Einstellungen 2 (horizontaler bzw. vertikaler Strich scharf).

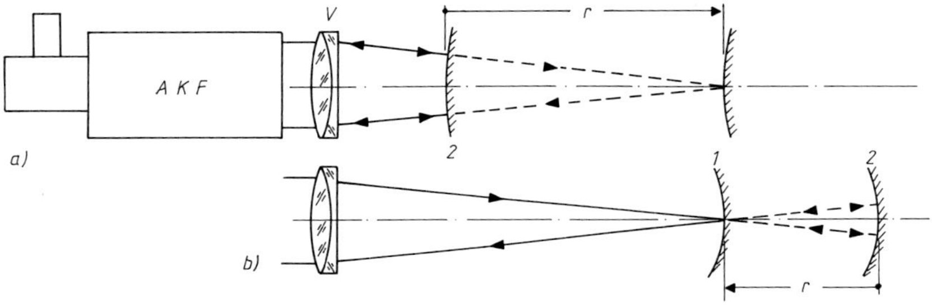


Bild 13.4.5 Radienbestimmung mit einem Autokollimationsfernrohr (AKF)

V = Vorsatzobjektiv, 1 = Flächenstellung für Fokussierung auf den Scheitel, 2 = Flächenstellung für Fokussierung auf den Krümmungsmittelpunkt. a) Konvexfläche, b) Konkavfläche

Da eine sphärische Fläche bei Schwenkung um den Krümmungsmittelpunkt nur in sich verschoben wird, ändern sich dadurch die Abbildungsbedingungen nicht. Dies kann u. a. in einer einfachen Meßanordnung nach Bild 13.4.6 [L 13.4.9] ausgenutzt werden. Dazu wird das Bauelement mit der zu vermessenden Fläche auf einem Schlitten montiert, der axiale Verschiebung gegenüber einer achsensenkrechten Drehachse erlaubt. Dies ist die gleiche Anordnung zur „*Knotenpunktmessung*“ wie bei Bild 13.4.2 (bei einer Einzelfläche fallen die Knotenpunkte mit dem Krümmungsmittelpunkt zusammen, C = K = K′, während die Hauptpunkte mit dem Scheitel zusammenfallen, S = H = H′). Unter ständiger Schwenkung wird die Fläche so lange verschoben, bis der vom reflektierten Laserbündel auf einem Schirm erzeugte Leuchtfleck keine Bewegung mehr zeigt. Dann liegt der Krümmungsmittelpunkt C in der Drehachse; ihr Abstand vom Scheitel ist gleich dem Krümmungsradius.

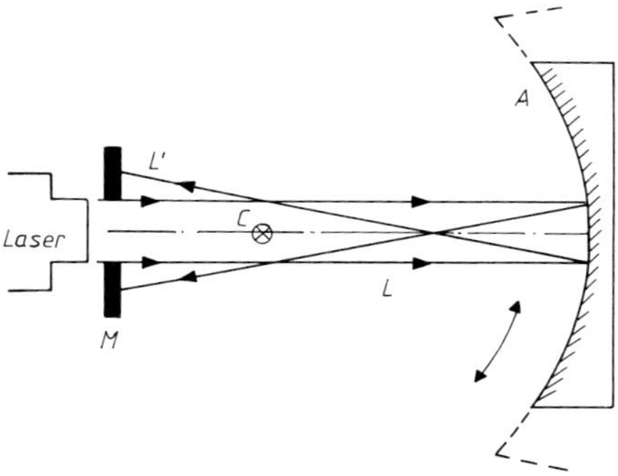


Bild 13.4.6 Bestimmung der Lage des Krümmungsmittelpunktes mit der Knotenpunkteigenschaft [L 13.4.9]

L = Laserbündel, L′ = reflektiertes Bündel, A = zu vermessende Fläche, M = Mattschirm, C = Krümmungsmittelpunkt

## Literaturhinweise

L 13.4.1 *Sutter, E.; Möller, W.:* Die Bestimmung der Ortsabhängigkeit kleiner Brechwerte. Optik *49* (1978) No. 4, 487–498

L 13.4.2 *Geiser, R. D.:* Precision and Accuracy. LÜ1 Vol. I/11. *Shannon, R. R.:* The Testing of Complete Objectives. LÜ1 Vol. III/5

L 13.4.3 *Schade, H.:* Prüfen optischer Teile. Jahrb. f. Optik u. Feinmechanik 1977, 128–151

L 13.4.4 *Malacara, D.* (Hrsg.): Optical Shop Testing. John Wiley and Sons, New York 1978

L 13.4.5 *Picht, J.:* Meß- und Prüfmethoden der optischen Fertigung. Akademie-Verlag, Berlin 1955, 2. Aufl.

L 13.4.6 *Flügge, J.:* Einführung in die Messung der optischen Grundgrößen. Verlag G. Braun, Karlsruhe 1954

L 13.4.7 *Rosenbruch, K.-J.:* Prüfverfahren für optische Komponenten und Systeme. Feinwerktechnik & Meßtechnik 94 (1986), 31–35

L 13.4.8 *Bernhardt, H.:* Universalprüfgerät für Objektive mit langer Brennweite. Hausmitt. Jos. Schneider & Co, Kreuznach, *8* (1955) H. 1/2, 7–14

L 13.4.9 *Cornejo-Rodriguez, A.; Cordero-Davila, A.:* Measurement of radii of curvature of convex and concave surfaces using a nodal bench and He-Ne laser. Appl. Optics *19* (1980) No. 11, 1743–1745. Erweiterung: *24* (1985) 2612; *25* (1986) 1707

L 13.4.10 DIN 58161 Prüfung von Optik-Einzelteilen
T 3 Bestimmung von Krümmungsradien mit dem Ringsphärometer
T 4 Streuscheiben

L 13.4.11 DIN 58186 Qualitätsbewertung optischer Systeme (Falschlicht)

L 13.4.12 DIN 58187 Qualitätsbew. opt. Systeme (radiale Verzeichnung)

L 13.4.13 DIN 58172 Prüfung von optischen Systemen
T1 Symmetrieabweichungen

**Beispiele für Hersteller bzw. Lieferanten**

H 13.4.1 *J. D. Möller GmbH,* Wedel bei Hamburg: Brennweiten- u. Kamera-Meßgeräte, Goniometer, Sphärometer
H 13.4.2 *Ernst Leitz Wetzlar GmbH,* Wetzlar: Feinmeßgeräte
H 13.4.3 *Rank Precision Industries GmbH,* Gustav-Stresemann-Ring 12, Wiesbaden: Oberflächen-Prüfgeräte, Rauheitsmeßgeräte
H 13.4.4 *Elomag AG,* CH, über E. Helms Verfahrenstechnik, Marienstr. 32, Hannover: Bild-Derotator z. Untersuchung rotierender Prüfobjekte
H 13.4.5 *Carl Zeiss,* Oberkochen: Objektivprüfgeräte, Prüf- u. Justiergeräte

## 13.5 Refraktometrie

An der Grenzfläche zweier optischer Medien ändert sich die Ausbreitungsgeschwindigkeit einer Welle (Abschn. 1.2) und als Folge (bei nicht senkrechtem Einfall) auch die Ausbreitungsrichtung (Abschn. 1.3). *Refraktometrische Verfahren* (Bestimmung der Brechzahl n) arbeiten deswegen entweder *interferometrisch* (Bestimmung der Phasenverschiebung; Abschn. 14.2) oder *goniometrisch* (Bestimmung der Richtungsänderung). Eine Gruppe goniometrischer Verfahren für Brechzahlmessungen hoher Genauigkeit benutzt den *Spektrometertisch* (Abschn. 16.3): Bei dem wichtigsten Verfahren werden der brechende Winkel $\alpha$ eines Prismas und die minimale Ablenkung $\delta_{min}$ eines an beiden Flächen gebrochenen Strahls gemessen; die Auswertung erfolgt nach Gl. (5.9.3).

Die Messung der Strahlablenkung an einem Prisma wird auch bei dem sehr einfach aufgebauten Mikro-*Refraktometer nach Jelley* zur Brechzahl-Bestimmung an sehr kleinen Flüssigkeitsproben benutzt (Bild 13.5.1): Das von einem beleuchteten Spalt S ausgehende Bündel wird von einem mit der Flüssigkeitsprobe Fl gefüllten „Hohlprisma" abgelenkt, das aus einer Planplatte und dem sehr kleinen, aufgekitteten Glasprimsa P gebildet wird. Gleichzeitig blickt man durch den unteren Teil des Prismas (Planplatte ohne Flüssigkeit) auf die in Brechzahlwerten n und in Millimetern geteilte Skala Sk (gestrichelter Strahl). Die Lage des virtuellen Spaltbildes auf der Skala gibt unmittelbar die Brechzahl $n_D$ im Bereich von 1,333 bis 1,92 an; ein Zusatzprisma ergibt erweiterten Meßbereich von 1,116 bis 2,35 durch Ablesung an der Millimeterskala und

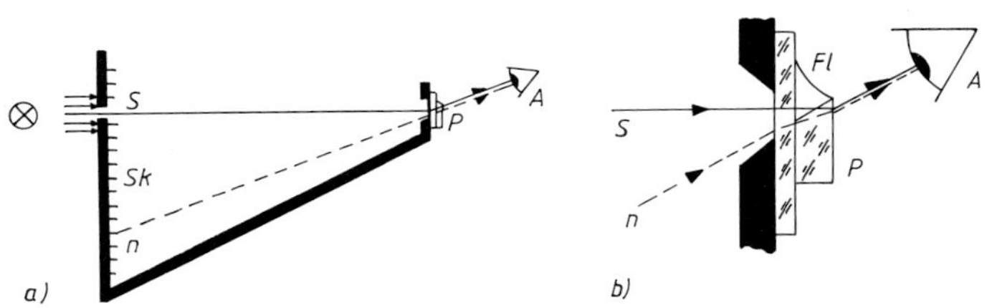


Bild 13.5.1 Mikro-Refraktometer nach Jelley [H 13.5.6]

S = Spalt, SK = Skala, n = abgelesener Brechzahlwert, P = Glasprisma, A = Auge, Fl = Flüssigkeitsprobe

Benutzung einer Umrechnungstabelle. Mit diesem einfachen Meßverfahren kann u. a. die Brechzahländerung bei Aushärtung eines Kunststoffes kontinuierlich verfolgt werden.

Weitere in großem Umfang industriell verwendete Refraktometer bestimmen die Brechzahl n aus dem *Grenzwinkel der Totalreflexion.* Am weitesten verbreitet ist hier das *Abbe-Refraktometer* (Bild 13.5.2): Bei der *Messung in reflektiertem Licht* erfolgt die Beleuchtung der horizontalen Grenzfläche zwischen Meßprisma M und Probe Pr „von unten" (Bild 13.5.2 a). Die Brechzahl des Prismas muß stets höher sein als die zu messende Brechzahl; sie begrenzt den n-Meßbereich nach oben. Der Übersichtlichkeit halber wurden nur drei Strahlen gezeichnet (!): Während Strahl 1 ($\varepsilon > \varepsilon_g$) total reflektiert wird, erfährt Strahl 3 wegen Unterschreitung des Grenzwinkels sowohl Reflexion wie Brechung (3′), ist also in der Reflexion geschwächt. Die Strahlenbündel werden durch ein Fernrohrobjektiv in der Brennebene F′ fokussiert. Das Strahlenbündel 2 ($\varepsilon_g$) teilt bei Einblick in das (nicht gezeichnete) Fernrohrokular die Bereiche 1 (vollständige Reflexion) und 3 (Schwächung durch Brechung) mit einer kontrastarmen Grenze; sie wird durch Schwenken des Spiegels S auf die Fadenkreuzmarke eingestellt. Mit der Spiegelschwenkung wird die ebenfalls im Okular ablesbare Brechzahlskala bewegt. Die (ungünstige) Messung mit reflektiertem Licht ist bei opaken oder getrübten Flüssigkei-

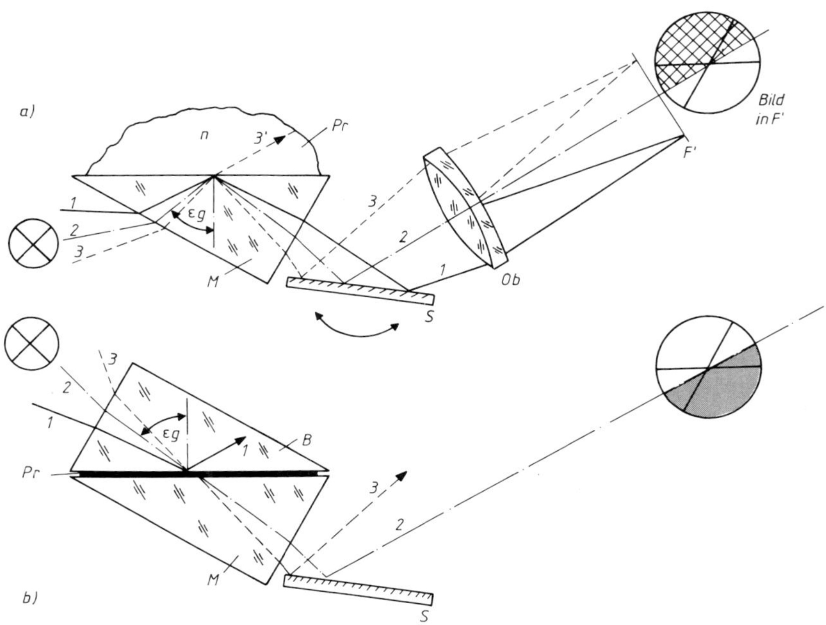


Bild 13.5.2 Funktionsschema des Abbe-Refraktometers

a) Messung im reflektierten, b) Messung im durchfallenden Licht. Pr = Probe mit Brechzahl n, M = Meßprisma, B = Beleuchtungsprisma, S = Drehspiegel, Ob = Fernrohrobjektiv ten oder bei Festkörpern beliebiger Form notwendig. Festkörper müssen eine Planfläche aufweisen, die mit Immersionsflüssigkeit hoher Brechzahl in Kontakt zum Meßprisma gebracht wird. Günstiger ist die *Messung im durchfallenden Licht,* da sie eine scharfe Hell-Dunkel-Grenze ergibt (Bild 13.5.2b): Die dünne Flüssigkeitsschicht Pr befindet sich zwischen Beleuchtungsprisma B und Meßprisma M. Der total reflektierte Strahl 1 geht jetzt nicht durch das Meßprisma, während 3 zwar auch durch Reflexion geschwächt wird, aber im übrigen in das Meßprisma eindringt. Helles und dunkles Feld liegen jetzt umgekehrt wie bei a).

Ein wesentliches, in Bild 3.5.2 nicht eingezeichnetes Bauelement ist noch der zwischen Spiegel und Objektiv eingefügte *Abbe-Kompensator* aus zwei gegenläufig drehbaren Geradsichtprismen. Mit der auf diese Weise kontinuierlich veränderlichen Dispersion wird die Dispersion der Probe kompensiert, so daß im Okular eine scharfe, nahezu farblose Grenzlinie eingestellt werden kann. Sind die Prismen geradsichtig für die D-Linie ausgeführt, so ergibt die Messung $n_D$-Werte. Da die Brechzahl vor allem bei Flüssigkeiten erheblich von der Temperatur abhängt, wird der Meßkopf des Refraktometers durch einen *Thermostaten* auf bekannter Temperatur gehalten.

Mit einem ebenfalls unter Benutzung der Totalreflexion arbeitenden *Prozeß-Refraktometer* (Bild 13.5.3) kann die Brechzahl einer durch Rohrleitungen strömenden Flüssigkeit Fl kontinuierlich gemessen werden, wobei das Reflexionsverfahren ähnlich Bild 13.5.2a angewendet wird. Durch Blende B und rotierende Sektorenblende (Chopper) Ch wird abwechselnd ein Vergleichsbündel V und ein Meßbündel M freigegeben, die durch Reflexion an der Grenzfläche beide dem Empfänger E zugeführt werden. Während V durch Überschreitung des Grenzwinkels $\varepsilon_g$ volle Intensität am Empfänger ergibt, wird M durch Brechung (M') geschwächt, und zwar in Abhängigkeit von der Brechzahl n der Flüssigkeit. Am Empfänger treten also um 180° phasenverschobene Signale M, V mit ungleichen Amplituden auf.

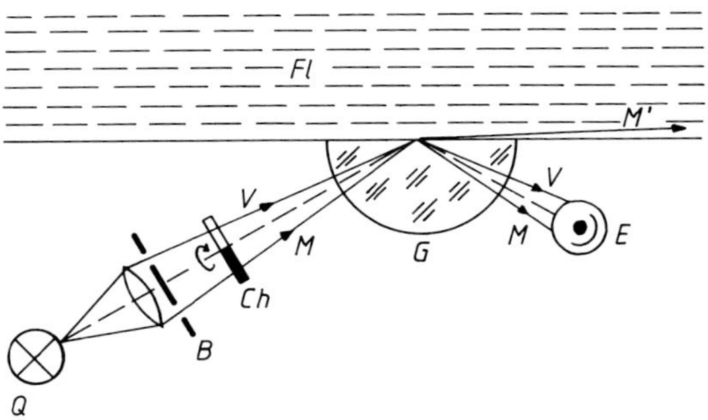


Bild 13.5.3 Prozeß-Refraktometer [H 13.5.8]

Q = Lichtquelle, B = Blende, Ch = rotierender Chopper, G = Glaskörper, E = Empfänger, V, M = Vergleichs- und Meßstrahlengang, Fl = Flüssigkeit

## Literaturhinweise

L 13.5.1 *Fishter, G. E.:* Refractometry. L 22.1 Vol. IV/10
L 13.5.2 DIN 53491 Prüfung von Kunststoffen; Bestimmung der Brechungszahl und Dispersion
L 13.5.3 DIN 51423 Prüfung von Mineralölen
T 1 Messung der Brechzahl mit dem Präzisionsrefraktometer
T 2 Messung der Brechzahl mit dem Abbe-Refraktometer

**Beispiele für Hersteller bzw. Lieferanten**

H 13.5.1 *Science Services GmbH,* Badstr. 13, München: Brechzahl-Standards: Flüssigkeiten u. Mineralien
H 13.5.2 *Carl Zeiss,* Oberkochen: Abbe-Refraktometer, Hand- u. Eintauchrefraktometer
H 13.5.3 *Schmidt & Haensch,* Naumannstr. 33, Berlin: Refraktometer
H 13.5.4 *Bausch & Lomb GmbH,* Münchner Str. 72, Unterföhring b. München: Abbe-Refraktometer
H 13.5.5 *Leo Kübler GmbH,* Hardtstr. 8, Karlsruhe: Abbe-Refraktometer, auch mit Digitalanzeige, Hand-Refraktometer
H 13.5.6 *Ernst Leitz Wetzlar GmbH,* Wetzlar: Mikro-Refraktometer nach Jelley
H 13.5.7 *Chromatix,* Untere Str. 45 a, Neckargemünd: Laser-Differential-Refraktometer
H 13.5.8 *Pier-Electronic GmbH,* 6238 Hofheim-Wallau: Prozeß-Refraktometer

## 13.6 Schlierenverfahren

Als *Schlieren* werden Stellen in festen, flüssigen oder gasförmigen Körpern bezeichnet, an denen durchgehendes Licht in andere Richtung als in der homogenen Umgebung abgelenkt wird. Diese Wirkung beruht auf Brechzahlabweichungen. Durch Nachweis der Lichtablenkung werden die Schlieren und damit auch die Bereiche abweichender physikalischer Eigenschaften (z. B. Druck, Temperatur, Lösungskonzentration) sichtbar. Andere Ursachen der Lichtablenkung, z. B. *Flächendeformationen* bei optischen Bauteilen (Planplatten, Spiegel), können mit Schlierenverfahren ebenfalls erfaßt werden.

Ein einfaches, aber wenig empfindliches Schlierenverfahren ist das *Schattenverfahren:* Die zu untersuchende Schicht (z. B. Planplatte, Küvette mit Flüssigkeit) wird von Licht einer möglichst punktförmigen Quelle durchstrahlt. Auf einem Schirm werden die Schlieren in Schattenprojektion sichtbar, da sie durch die Lichtablenkung eine ungleichmäßige Beleuchtungsstärkeverteilung erzeugen.

Bevorzugt wird jedoch das *Töplersche Verfahren* mit seinen Abwandlungen benutzt: Das ungestört durch das Prüfobjekt gehende Licht ergibt einen kleinen Bildfleck, der durch eine angepaßte Blende abgedeckt wird; nur das von den Schlieren irregulär abgelenkte Licht gelangt in das Auge des Beobachters oder das Kameraobjektiv. Die Anordnung wird umso empfindlicher, je kleiner Bild und Blende im Verhältnis zu den übrigen Abmessungen sind und je genauer die Justierung erfolgt.

Die Bauteile eines Schlierengeräts müssen mit sehr hoher Qualität ausgeführt sein, da sie selbst keine zusätzlichen Fehler einführen dürfen. Spiegel sind für die Abbildung günstiger als Linsen, weil sie farbfehlerfrei sind. Die im folgenden mit Achromaten dargestellten Anordnungen können demgemäß auch mit Kugel- bzw. Parabolspiegeln aufgebaut werden. Für die Anwendungsmöglichkeiten werden einige Beispiele gegeben:

1. *Prüfung optischer Systeme auf Restfehler,* z. B. sphärische Zonen (Bild 13.6.1). Ein sehr kleines Loch L, von hinten kräftig durchleuchtet, wird vom System S in seinen aplanatischen Punkten abgebildet; das Bild wird durch eine ihm im Durchmesser gleiche Blende verdeckt, zweckmäßig einen quer zur optischen Achse gespannten feinen

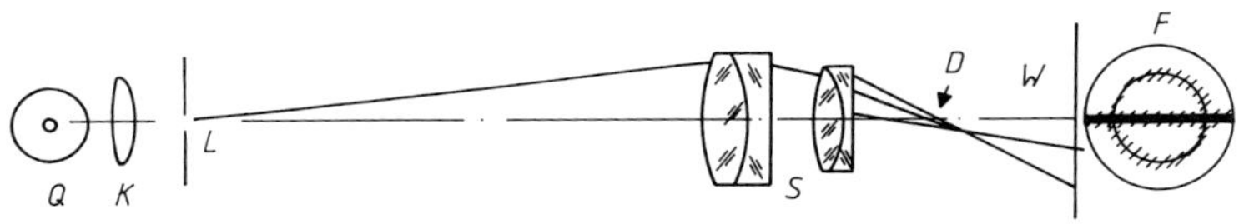


Bild 13.6.1 Prüfung des Objektivs S mit dem Schlierenverfahren

Durch das Bild des Loches L ist ein Draht D gespannt; W wird von allen abweichenden Strahlen beleuchtet. Geradliniger Schatten des Drahtes (Nebenbild F) und Schattenring der durch D verdeckten Zone

Draht D. Das infolge der Fehlerreste vorbeigehende Licht wird auf einem Schirm W aufgefangen und zeigt die Zonen des Systems an, die Restfehler aufweisen. Es entstehen oft farbige, an Interferenzerscheinungen erinnernde Figuren F. Mit einer kleinen Lichtquelle, einer gewöhnlichen Linse und einem Bleistift kann das Verfahren grob, aber eindrucksvoll demonstriert werden.

2. Um von den Dimensionen des Loches frei zu sein, dessen Durchmesser die Empfindlichkeitsgrenze des Verfahrens darstellt, bildet man eine gerade, achsensenkrechte Kante (Rasierklingenschneide) ab und bringt am Ort ihres Bildes eine zweite Schneide so an, daß nur abgelenkte Strahlen vorbei gelangen (Bild 13.6.2) („*Foucaultsche Schneidenmethode*"). Man prüft hiermit z. B. große Objektive, gegebenenfalls mit Autokollimation; der Spiegel S muß einwandfrei sein, ebenso die (physikalische) Strahlenteilungsfläche T, die wegen des Astigmatismus nicht aus einer schräg gestellten Platte bestehen darf. So sind Polierfehler nicht nur bei Brillengläsern und asphärischen Flächen, sondern auch auf hochwertigen Erzeugnissen feststellbar. Hohlspiegel werden ebenso geprüft.

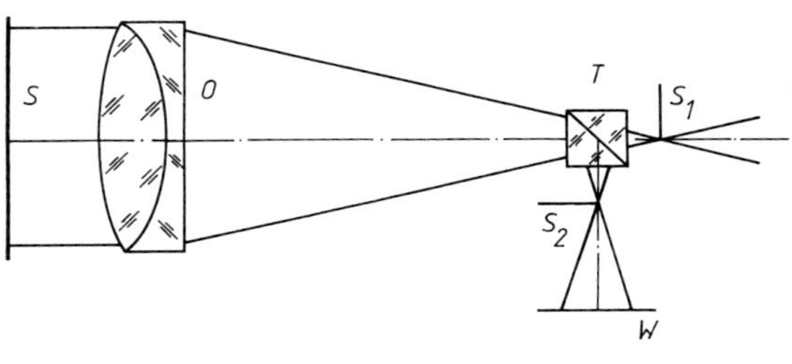


Bild 13.6.2 Foucaultsche Schneidenmethode

Schneide $S_1$ wird durch O und Autokollimation an S über Teilungswürfel T bei $S_2$ abgebildet, das reguläre Bild durch zweite Scheide $S_2$ abgedeckt. Abweichende Strahlen treffen auf Bildwand W

3. Bei einwandfreien Systemen können sehr geringfügige *Brechzahländerungen im durchstrahlten Raum* festgestellt werden, z. B. durch Erwärmung, ausströmende Gase, Inhomogenitäten in Glasplatten (Bild 13.6.3).

4. Benutzt man an Stelle eines leuchtenden Loches oder Spaltes deren mehrere, farbig durchleuchtete, so wird ein bestimmter Grad der Ablenkung durch Schlieren usw. durch ein *farbiges Licht* kundgetan; ebenso kann man durch Fotozellen Ablenkungen bestimmten Grades registrieren lassen (Bild 13.6.4).

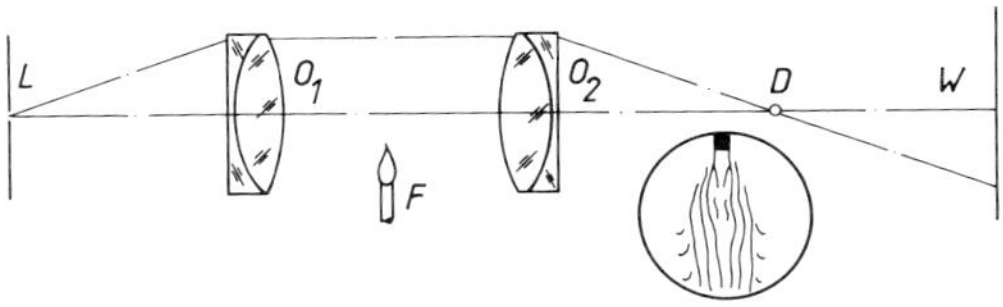


Bild 13.6.3 Schlierenanordnung mit Parallelstrahlengang auf der Untersuchungsstrecke

Das von $O_1$ und $O_2$ entworfene, vom Draht D verdeckte Bild des Loches L erhellt die Wand W, wenn Schlieren, z. B. durch Flamme F, entstehen. Das Nebenbild ist mit umgekehrten Tonwerten zu verstehen, d. h. hell auf dunklem Grund

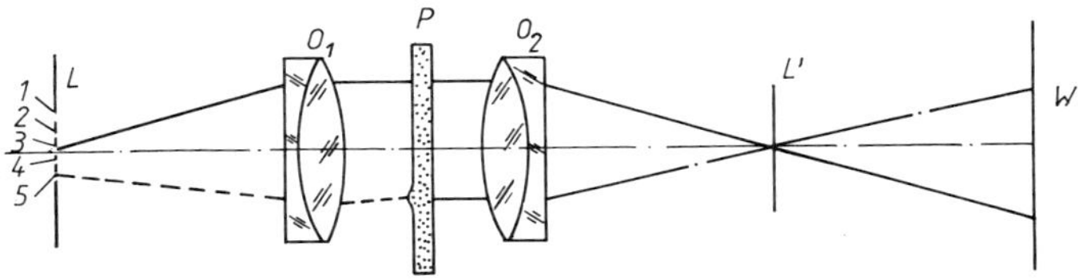


Bild 13.6.4 Erzeugung von Farbschlieren

Von mehreren verschiedenfarbig durchleuchteten Löchern $L_1$, $L_2$, $L_3$ wird durch $O_1$, $O_2$ ein anderes in L' abgebildet, wenn Prüfling P eine Schliere hat (gestrichelter Strahl)

Bei einigen Untersuchungsaufgaben können Schlieren- und Interferenzverfahren (z. B. mit dem Mach-Zehnder-Interferometer, Abschn. 14.1) konkurrieren. Dabei geben die Schlierenverfahren ein qualitatives Bild der Abweichungen in einem großen Feld, die Interferenzverfahren dagegen hellere Bilder und einfachere quantitative Bestimmung der Abweichungen.

## Literaturhinweise

L 13.6.1 *Wolter, H.:* Schlieren-, Phasenkontrast- und Lichtschnittverfahren. In: Handbuch Band 24, LÜ12

L 13.6.2 siehe auch L 13.4.4

## Beispiele für Hersteller bzw. Lieferanten

H 13.6.1 *B. Halle Nachfl.,* Hubertusstr. 11, Berlin: Bauelemente für Schlierenanordnungen

H 13.6.2 *Dr. Johannes Heidenhain GmbH,* Nansenstr. 17, Traunreut: Schlierenoptik

H 13.6.3 *Heinrich Reichmann,* Dorfstr. 25, Brokdorf: Schlierenoptik

# 14 Interferometrie

## 14.1 Grundtypen von Interferometern

Interferometer machen die Interferenzerscheinungen bei Überlagerung von Lichtwellen (Abschn. 1.5) für Meß- und Beobachtungszwecke nutzbar. Sie weisen deshalb Einrichtungen zur Aufteilung einer Welle in zwei oder mehr kohärente Wellenzüge und zu ihrer Wiedervereinigung nach Durchlaufen unterschiedlicher optischer Wege $n \cdot d$ auf. Da die Interferenzwirkung vom Verhältnis der Wegdifferenz $\Delta(n \cdot d)$ zur Wellenlänge $\lambda$ abhängt, können Interferometer zur Bestimmung der Größen

| | |
|---|---|
| Weg d | (Längenmessung, Oberflächenuntersuchung) |
| Brechzahl n | (Refraktometrie) |
| Wellenlänge $\lambda$ | (Spektroskopie) |

bzw. der Untersuchung ihrer Änderungen benutzt werden. Der Interferometer-Grundtyp wird nach der Meßaufgabe ausgesucht und durch konstruktive Variationen optimal angepaßt.

Interferometer können eingeteilt werden

1. nach der Zahl der interferierenden Bündel in *Zweistrahlinterferometer* (sinusförmige Intensitätsänderung zwischen zwei Interferenzstreifen) und *Vielstrahlinterferometer* (erheblich schärfere Interferenzmaxima),
2. nach dem angewendeten Teilungsprinzip:
*Physikalische Teilung (Amplitudenteilung)* oder
*Geometrische Teilung (Wellenfront-Teilung).*

Bild 14.1.1 gibt einen Überblick über wichtige Grundtypen von Zweistrahl- und Vielstrahlinterferometern, sowie einige Varianten. Die Skizzen geben jeweils nur die „Interferometer-Schaltung“ ohne den komplizierteren realen Aufbau an. Jeweils sind M und V die zu untersuchende „Meßfläche“ und die Vergleichsfläche, bzw. Meß- und Vergleichsstrahlengang, Q die Lichtquelle und B die Beobachtungsrichtung.

Bei zwei Flächen in engem Kontakt können auch bei ausgedehnter monochromatischer Quelle Interferenzfiguren gleichen Abstandes (gleicher Dicke), z. B. *Newton-Ringe,* beobachtet werden (Bild 14.1.1a). Das *Fizeau-Interferometer* (Bild 14.1.1b) ermöglicht durch ebene Wellenfront auch größeren Abstand zwischen den Flächen M und V; bei niedrigem Reflexionsgrad $\varrho$ ergibt sich praktisch Zweistrahlinterferenz, im Gegensatz zu Flächen mit hohem Reflexionsgrad (Bild 14.1.1n).

Wichtigster Zweistrahl-Grundtyp ist das *Michelson-Interferometer* (Bild 14.1.1c): Die Flächen M und V (z. B. Spiegel) können großen Abstand haben; in Beobachtungsrichtung wirken M und das virtuelle Bild von V zusammen. Eine u. a. für die Prüfung optischer Bauelemente häufig verwendete Variation ist das *Twyman-Interferometer* (Bild 14.1.1d), das mit ebener Wellenfront arbeitet. Für viele Meßaufgaben ist es nützlich, schon aus Gründen der Temperaturkompensation die beiden Strahlengänge des Michelson-Interferometers möglichst dicht zusammenzulegen. Dies ist mit einer geänderten Strahlenteilung entsprechend dem *„Kösters-Prisma“* (Bild 14.1.1e) und ähnlichen Interferometer-Bauarten möglich.

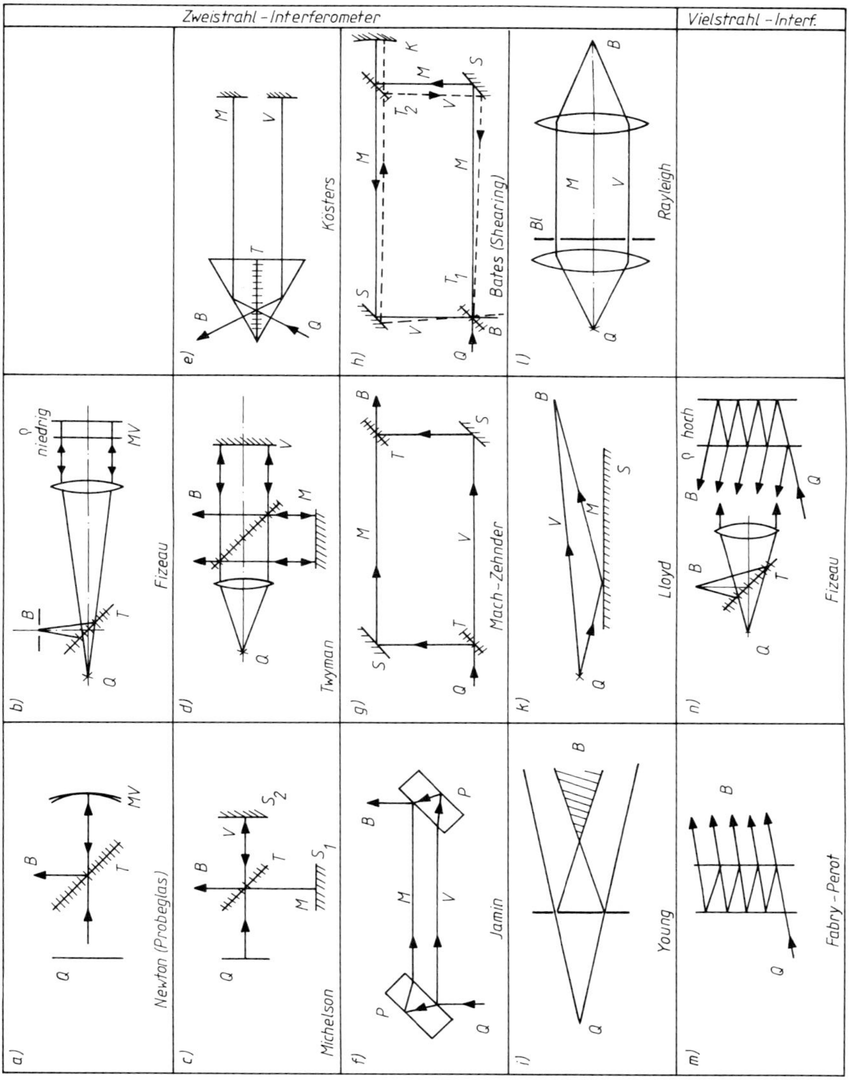


Bild 14.1.1 Interferometer-Typen

Q = Quelle, B = Beobachtungsrichtung, M = Meßfläche oder Meßstrahlengang, V = Vergleichsfläche oder Vergleichsstrahlengang, T = Teiler, S = Spiegel, P = Planplatte, Bl = Blende

Während bei dem Michelson-Interferometer und seinen Variationen Aufteilung und Zusammenführung beider interferierender Bündel am gleichen Teiler erfolgen, können beide Funktionen auch räumlich getrennt werden, so daß zwei nur in einer Richtung durchlaufene Meßstrecken entstehen, die u. a. zur Brechzahlbestimmung an Gasen, Untersuchung von Strömungen usw. benutzt werden. Bei dem *Jamin-Interferometer* (Bild 14.1.1f) liegen die Meßstrecken dicht nebeneinander, da als Teiler zwei dicke Planparallelplatten dienen. Durch von den Teilern getrennte Spiegel ermöglicht das sehr vielseitige *Mach-Zehnder-Interferometer* (Bild 14.1.1g) einen größeren Abstand von Meß- und Vergleichsstrecke. Mit einem *Shearing-Interferometer* (in der Mach-Zehnder-Anordnung z. B. nach Bates, Bild 14.1.1h) können nebeneinander liegende Stellen der gleichen Fläche (z. B. eines Hohlspiegels K) verglichen werden. Dazu ist der Teiler $T_1$ geringfügig gekippt, so daß sich eine seitliche Verschiebung (laterales Shearing) ergibt. Durch die Reflexion an K führen beide Strahlen einen vollen Umlauf in Gegenrichtung aus.

Während die bisher beschriebenen Interferometer-Typen mit *Amplitudenteilung* arbeiten, tritt bei Bild 14.1.1i, k, l *Wellenfront-Teilung* auf. Bild 14.1.1i zeigt das Prinzip des einfachen *Young-Interferometers,* bei dem Interferenzen im schraffierten Überdeckungsbereich auftreten. Bei dem *Lloyd-Interferometer* (Bild 14.1.1k), das sich u. a. zur Prüfung großer polierter Flächen eignet, interferieren direkte Welle und die an einer Fläche (Spiegel S) reflektierte Welle. Das *Raleigh-Interferometer* (Bild 14.1.1l) eignet sich ebenfalls u. a. zur Brechzahlbestimmung an Gasen.

Wesentlich schärfere Interferenzmaxima ergeben *Vielstrahlinterferometer,* deren wichtigster Typ das u. a. in der Spektroskopie verwendete *Fabry-Perot-Interferometer* (Bild 14.1.1m) ist. Die Aufspaltung in interferierende Strahlen erfolgt an hoch reflektierenden Grenzflächen einer planparallelen Luftplatte; die Beobachtung erfolgt im Durchlicht. Demgegenüber wird bei dem *Fizeau-Interferometer* (Bild 14.1.1n) in Reflexion beobachtet; im übrigen stimmt der Aufbau prinzipiell mit dem Zweistrahlinterferometer von Bild 14.1.1b überein.

Praktischer Aufbau und Anwendung einiger Interferometer sind in den folgenden Abschnitten dargestellt.

## Literaturhinweise


L 14.1.1 *Koppelmann, G.; Rudolph, H.; Schreck, K.:* Ein digitalisiertes interferometrisches Verfahren zur Messung der Abstandsverteilung von Fabry-Perot-Spiegeln. Optik *43* (1975) No. 1, 35–52

L 14.1.2 *Melle, H.; Zander, K.:* Polarisationseigenschaften von Ringinterferometern mit optisch aktiver Probe. Optik *56* (1980) No. 1, 41–50

L 14.1.3 *Baird, K. M.; Hanes, G. R.:* Interferometers. LÜ1 Vol. IV/9

L 14.1.4 *Horn, W.:* Zur Justierung optischer Interferometer. Jahrb. f. Optik u. Feinmechanik 1972, 99-112; 1973, 121-130

L 14.1.5 *Steel, W. H.:* Interferometry. Cambridge Univ. Press, Cambridge 2nd Ed. 1983

L 14.1.6 *Nebe, W.:* Analytische Interferometrie. AVG Geest & Portig, Leipzig 1970

L 14.1.7 *Leonhardt, K.:* Optische Interferenzen. Wissenschaftliche Verlagsges. mbH, Stuttgart 1981

**Beispiele für Hersteller bzw. Lieferanten**

H 14.1.1 *J. D. Möller GmbH,* Wedel bei Hamburg: Interferometer
H 14.1.2 *Rottenkolber Holo-System GmbH,* Erhardtstr. 12, München: Interferometer
H 14.1.3 *Elomag,* Untermosenstr. 10, Wädenswil, CH: Interferometer f. Echtzeit-Spannungsanalyse
H 14.1.4 *SORO,* 26 rue Berthollet, Arcueil, F: Laser-Interferometer
H 14.1.5 *Hewlett Packard,* Berner Str. 117, Frankfurt: Laser-Interferometer
H 14.1.6 *Protop-Bleile GmbH,* 7771 Frickingen 2: Interferometer, interferometr. Meßsysteme f. Oberflächen
H 14.1.7 *B. Halle Nachfl.,* Hubertusstr. 11, Berlin: Interferometeroptik
H 14.1.8 *Oriel GmbH,* Im Tiefen See 58, Darmstadt: Interferometer

## 14.2 Interferometrische Längenmessung

Die Längenmessung mit Hilfe von Interferometern kann bei sorgfältig aufgebauter Anordnung eine Genauigkeit ergeben, die mit keinem anderen Meßverfahren erreicht wird. Interferometrische Verfahren werden deshalb zur Eichung mechanischer Meßeinrichtungen benutzt, u. a. zur Vermessung von Endmaßen der höchsten Genauigkeitsklasse entsprechend der Meterdefinition und der Protokollierung der Intervalle von Strichmaßstäben. Weiterhin kann bei Fertigungsprozessen höchster Präzision (z. B. Gitterteilung) unmittelbar eine Steuerung durch interferometrische Längenmessung erfolgen. Als Maßeinheit dient die Wellenlänge $\lambda$ einer möglichst gut monochromatischen Lichtquelle, wobei dieses Intervall weiter unterteilt werden kann. Als besonders geeignet wurde eine orangerote Spektrallinie ($\lambda = 605{,}8$ nm) des Edelgas-Isotops Krypton 86 ausgewählt und damit als *Meterdefinition* festgesetzt:

$$1\,\text{Meter} = 1\,650\,763{,}73 \cdot \lambda_{\text{Kr }86}$$

wobei die Wellenlänge auf die Ausbreitung im Vakuum bezogen ist. Das Meter ist damit auf 6 nm genau definiert. In der praktischen Längenmeßtechnik werden jedoch auch *Laser* (vor allem der He-Ne-Laser) eingesetzt, die einfach zu handhaben sind und die durch große Kohärenzlänge der Strahlung Messungen bei großer Differenz der optischen Weglängen ermöglichen.

Bild 14.2.1 zeigt die *Vermessung von Endmaßen* entsprechend der Meter-Definition in einem *Meter-Komparator* [L 14.2.2], der nach dem Kösters-Prinzip (Bild 14.1.1 e) aufgebaut ist. Der Aufbau des Geräts ist vereinfacht dargestellt. Als Lichtquelle Q wird die mit Kr 86 gefüllte Spektrallampe verwendet. Verglichen wird die Differenz der optischen Wege zwischen Vorderfläche des Endmaßes E und Spiegel S (E-S) mit der Wegdifferenz zwischen Rückfläche des Endmaßes (erfaßt durch den angesprengten Hilfsspiegel H) und dem Spiegel S (H-S). Die unterschiedlichen Wegdifferenzen führen zu stark gegeneinander verschobenen Streifensystemen, die in dem Nebenbild links erkennbar sind (die E-S-Streifen sind beiderseits von den H-S-Streifen eingeschlossen). Es kann nicht die gesamte Streifenverschiebung, sondern nur die Verschiebung um einen Bruchteil der Streifenbreite erkannt werden. Durch Messung mit mehreren Wellenlängen (Krypton und Cadmium) ergeben sich bestimmte Bruchteilfolgen. Da das Endmaß bereits auf 1 µm bis 2 µm genau mechanisch vermessen wurde, ist die festgestellte Bruchteilfolge kennzeichnend für eine bestimmte Länge innerhalb dieses Inter-

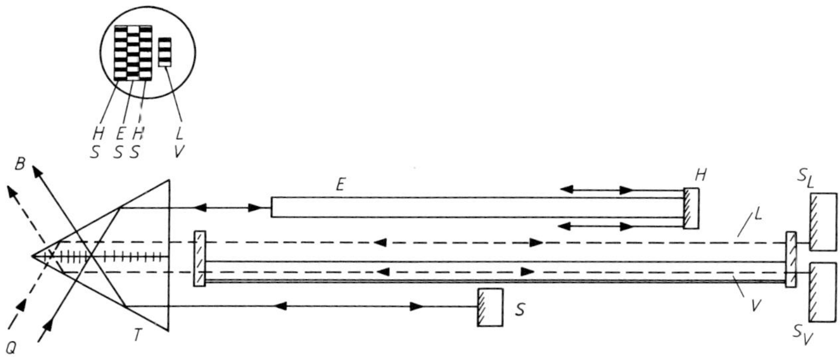


Bild 14.2.1 Meter-Komparator zur Vermessung von Endmaßen [H 14.2.1]

Vereinfachte Prinzipdarstellung. Q = Quelle, B = Beobachtungsrichtung, T = Teiler (Kösters-Prisma), E = Endmaß, H = Hilfsplatte, S = Spiegel, V = Vakuum-Kammer mit Endplatten, L = Luftweg, $S_L$, $S_V$ = zugehörige Spiegel. Nebenbild: Streifensysteme

valls. Da das Endmaß in Luft gemessen wird, die Meterdefinition sich aber auf Vakuumwellenlängen bezieht, wird eine 1 m lange Luftstrecke L mit dem optischen Weg in einer Vakuum-Kammer V verglichen (rechtes Streifensystem L-V). Diese Messung wird durch meßbare Druckänderung der Luft so in die Auswertung einbezogen, daß sich das Meßergebnis unmittelbar auf Vakuum-Wellenlängen bezieht.

Das Prinzip der *Intervall-Protokollierung von Strichmaßstäben* zeigt Bild 14.2.2 [L 14.2.3]. Dieses *Laserinterferometer* ist als abgewandeltes Michelson-Interferometer

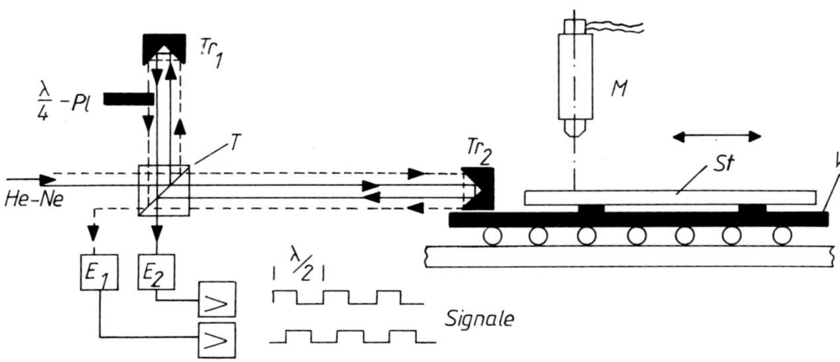


Bild 14.2.2 Laserinterferometer zur Kontrolle von Strichmaßstäben

He-Ne = Strahlung eines Helium-Neon-Lasers, T = Teiler, λ/4-Pl. = Viertelwellenlängen-Platte, Tr = Tripelprismen, $E_1$, $E_2$ = Fotoempfänger, W = Meßwagen, St = Strichmaßstab, M = fotoelektrisches Mikroskop

(Bild 14.1.1c) aufgebaut. An Stelle von Planspiegeln in den beiden Interferometer-Armen werden gegen Kippung unempfindliche Tripelprismen Tr benutzt. Die optimale Einstellung auf die Maßstabstriche erfolgt mit einem fotoelektrischen Mikroskop M. Die interferierenden Bündel werden zwei Empfängern $E_1$ und $E_2$ zugeführt; in den Strahlengang für $E_1$ (gestrichelt) ist eine $\lambda/4$-Platte eingeschaltet, so daß sich zwei um 90° phasenverschobene Signale ergeben. Dies ist – wie bei jedem Inkremental-Meßsystem – zur *Richtungserkennung* notwendig. Einer Verschiebung des Maßstab-Wagens um $\lambda/2$ entspricht eine volle Signalperiode. Durch Auswertung beider Signale mit z. B. vierfacher elektronischer Unterteilung wird ein Meßintervall von $\lambda/8$ ermöglicht.

Die Ausnutzung der interferometrisch möglichen Meßgenauigkeit setzt u. a. voraus, daß die *Temperatur* extrem genau konstant gehalten wird, beim Meter-Komparator z. B. auf $10^{-3}$K. Endmaße bzw. Strichmaßstäbe sind deshalb auch in einem wärmeisolierten Meßtrog untergebracht; konstante Temperatur wird durch einen Thermostaten mit Flüssigkeitsumlauf erreicht.

Einen Fortschritt für die praktische Meßtechnik, d. h. hohe Meßgenauigkeit bei geringeren Anforderungen an die Justierung, ergibt die *heterodyne Interferometrie* [L 14.2.5]. Hierbei wird z. B. ein He-Ne-Laser verwendet, dessen Spektrallinie durch Einwirkung eines Magnetfeldes in zwei eng benachbarte Linien aufgespalten wird. Die Wellen mit den beiden sich nur geringfügig unterscheidenden Frequenzen werden polarisationsoptisch getrennt, durchlaufen die beiden Interferometerarme und ergeben bei ihrer Vereinigung am Teiler eine relativ niedrige Differenzfrequenz („Schwebung"), die in einen Zähler eingespeist wird.

### Literaturhinweise


L 14.2.1 *Dorenwendt, K.:* Interferentielle Längenmessung mit gekrümmten Wellenfronten. Optik *56* (1980) No. 1, 95–99

L 14.2.2 *Kinder, W.:* Ein Meter-Komparator für interferometrische Längenbestimmungen in Vakuum-Wellenlängen. Zeiss-Werkzeitschrift Nr. 43 (1962) S. 3–11

L 14.2.3 *Nelle, G.:* Längenmessen mit Laserlicht. wt-Z. ind. Fertig. *61* (1971) 137–144

L 14.2.4 *Engelhard, E.:* Längenmessung auf der Basis von Lichtwellenlängen. DIN-Mitt. *42* (1963) H. 8/9, 381–394

L 14.2.5 *Kerner, M.:* Längenmessen mit heterodyner Interferometrie. TR-Technische Rundschau Nr. 4 (1980), 25–26


### Beispiele für Hersteller bzw. Lieferanten

H 14.2.1 *Carl Zeiss,* Oberkochen. Meter-Komparator

H 14.2.2 Siehe auch Beispiele 14.1. ...

## 14.3 Interferometrische Prüfung von Oberflächen und optischen Bauelementen

Das *Probeglas* stellt die älteste technische Anwendung von Interferenzen zum Prüfen geschliffener und polierter Flächen dar. Es besteht aus je einer dicken (keine Durchbiegung!) plankonvexen und plankonkaven Linse mit gleichem Radius aus widerstandsfähigem Glas (Baritkron, Zinkkron, auch Quarzglas). Werden die krummen Flächen beider Gläser aufeinander gelegt, so dürfen keine Interferenzfarben entstehen, sondern die ganze Fläche soll gleichmäßig schwarz erscheinen *(„Schwarzpasse"),* auch beim

Drehen und seitlichen Verschieben gegeneinander. Bei planen Probegläsern müssen drei Gläser vorhanden sein, die paarweise Schwarzpasse zeigen; sonst besteht keine Gewähr für Planheit. Der Radius von Probegläsern wird mit dem *Sphärometer* gemessen (Abschn. 13.4).

Zur Prüfung polierter Flächen an Linsen usw. wird das Probeglas nach sorgfältiger Reinigung aufgelegt, natürlich seine konkave Hälfte auf Konvexflächen und umgekehrt. Es entstehen Interferenzfiguren, wenn die Radien $r_0$ des Probeglases und r der Fläche nicht übereinstimmen (Bild 14.3.1). Konzentrische Ringe zeigen eine Radiendifferenz an, längliche oder verzerrte Figuren eine Abweichung von der Kugelgestalt. Der Radius R der entstehenden dunklen Interferenzringe – monochromatisches Licht vorausgesetzt – hängt von r und $r_0$ ab gemäß der Näherungsgleichung

$$m \cdot \lambda = (1/r - 1/r_0) \cdot R^2 = R^2 \cdot \Delta r / r_0^2, \tag{14.3.1}$$

wobei m die Ordnungsnummer der entstehenden Ringe ist; $m = 0$ entspricht dem zentralen dunklen Fleck, $\Delta r = r - r_0$. Die Anforderungen an Probegläser sind in DIN 58161 T.1 und T.2 festgelegt.

Die Genauigkeit steigt mit dem Durchmesser des Probeglases. Nimmt man Schwarzpasse über einen großen Teil der Fläche und am Rande eine lavendelgraue Färbung bei

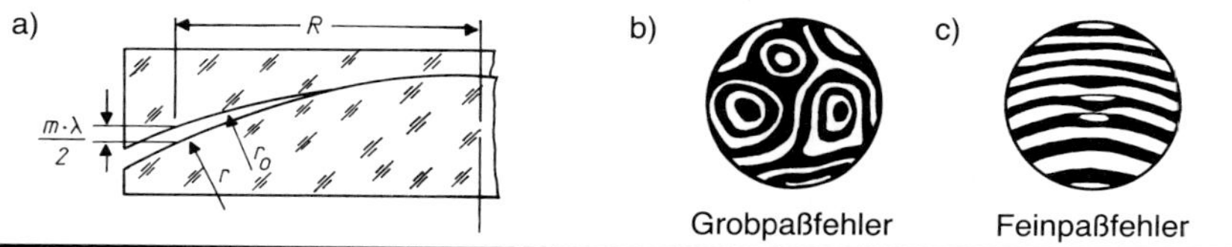


| | Regelmäßige Paßfehler | | | |
|---|---|---|---|---|
| Paßfehler-Typ | Kreispaß | Ovalpaß | Zylinderpaß | Sattelpaß |
| Bildbeispiel (DIN 3140 T5) | d) 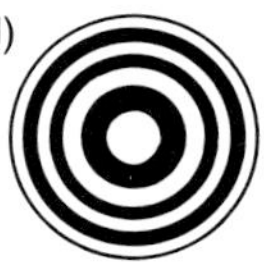 | e) 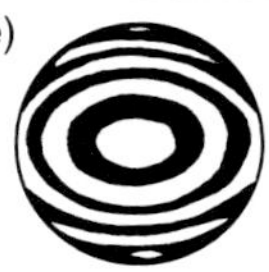 | f)  | g)  |
| vertikal | $m_2 = 3$ | $m_2 = 4$ | $m_2 = 4$ | $m_2 = 3$ |
| horizontal | $m_1 = 3$ | $m_1 = 2$ | $m_1 = 0$ | $m_1 = -1$ |
| $\Delta m$ | 0 | 2 | 4 | 4 |
| Kennzahl | 3/3 (0) – | 3/4 (2) – | 3/4 (4) – | 3/3 (4) – |

Bild 14.3.1 Anwendung des Probeglases und Paßfehler nach DIN 3140 T 5
a) Probeglas mit Krümmungsradius $r_0$, Prüffläche mit Radius r. b) bis g) Paßfehler-Typen

weißem, also Tageslicht an, so ist dort die Dicke der Luftschicht etwa 0,1 μm; daraus folgt

$$\Delta r/r_0 = 0{,}2 \cdot 10^{-3} \cdot r_0/R^2 \quad (r_0 \text{ und R in mm})$$

für den relativen Fehler der Messung. Für 2 R = 100 mm Probeglasdurchmesser und $r_0 = 250$ mm folgt $\Delta r/r_0 = 1/50\,000$. Die Prüfung ist also mit einem Fehler von $10^{-5}$ möglich, d. h. sie verlangt auch Temperaturgleichheit aller Teile auf 1 °C.

Ist das Probeglas eben, so ist $r = R^2/m \cdot \lambda$ der Radius der geprüften Fläche. Hört z. B. die Schwarzpasse bei R = 4 cm auf, so hat der Prüfling einen Radius von r = 8 km. Beobachtet man bei Natriumlicht aber mehrere Ringe und hat der dritte 6 cm Durchmesser, also m = 3, R = 30 mm, so ist etwa r = 510 m [L 14.3.5].

Wie bereits in der Übersichtstabelle 5.10.1 aufgeführt, werden *Paßfehler* durch die Kennummer 3/ bezeichnet und die zulässigen Abweichungen in der Form 3/m ($\Delta$m)F angegeben. Dabei ist m die maximal zulässige Zahl gleichfarbiger Streifen auf einem Radius des Prüfbereiches (bzw. bei Unsymmetrie halber Wert der Durchmesser-Streifenzahl). Bei *Grobpaßfehlern* (unregelmäßiger Streifenverlauf; Bild 14.3.1 b) ist dies die einzige Angabe (z. B. 3/5(−)−). Für *regelmäßige Paßfehler* (Bild 14.3.1 d bis g) wird der Radius mit maximaler Streifenzahl ($m_2$) und der dazu senkrecht stehende Radius ($m_1$) aufgesucht; es ergibt sich $\Delta m = m_2\text{-}m_1$. Wird für eine Zwischenrichtung m = 0 (Bild 14.3.1 g), so ist einer der m-Werte negativ, womit $\Delta$m gleich der Summe der m-Beträge ist. Für regelmäßige Paßfehler werden damit die Grenzwerte durch m und $\Delta$m beschrieben (z. B. 3/5(1)−). *Feinpaßfehler* (Bild 14.3.1 c) sind örtlich begrenzte Unregelmäßigkeiten im Streifenverlauf (z. B. kleine muldenförmige Einsenkungen), die als Quotient F = Streifenabweichung/Streifenabstand angegeben werden. Ist also auch der Feinpaßfehler spezifiziert, so lautet die vollständige Angabe z. B. 3/5(1)0,5. Die Paßfehlerangaben beziehen sich normgemäß auf die grüne Quecksilberlinie e, $\lambda = 546{,}1$ nm. Zur Erzielung gleicher Genauigkeit sind bei Verwendung eines anderen Prüflichts die Angaben m, $\Delta$m, F mit einem Korrekturfaktor zu multiplizieren, z. B. für Na-Licht und HeNe-Laserlicht mit ≈ 0,9.

Der unmittelbare Kontakt zwischen zu prüfender Fläche und Referenzfläche (Probeglas) ist manchmal nicht möglich und häufig nicht wünschenswert (Gefahr zusätzlicher Verformungen sowie Beschädigungen, etwa bei Halbleitern und Spiegelschichten). Einen Luftabstand zwischen beiden Flächen ermöglicht das *Fizeau-Interferometer* (Bild 14.1.1 b). Bild 14.3.2 zeigt den Aufbau eines solchen für industrielle Messungen vielseitig einsetzbaren Interferometers [H14.1.1], das vor allem zur Untersuchung der Ebenheit und Parallelität von Planflächen benutzt wird.

In Bild 14.3.2 a ist die Anordnung zur *Prüfung der Ebenheit* mit *Fizeau-Streifen („Interferenzen gleicher Dicke")* dargestellt; bei diesem Gerät ist unter günstigen Bedingungen eine Genauigkeit von λ/50 erreichbar. Durch die Lichtquelle Q (Thallium- oder Quecksilber-Spektrallampe bzw. He-Ne-Laser) wird eine Blende Bl beleuchtet, die durch das Objektiv $Ob_1$ nach ∞ abgebildet wird. Nach Reflexion an Referenzplatte R und Prüfplatte P entstehen durch $Ob_2$ zwei Blendenbilder in $Ob_3$. Das letztere Objektiv bildet die bei R-P lokalisierten Interferenzstreifen auf eine Strichplatte M (z. B. Raster) ab, die eine bequeme Vermessung ermöglicht. Die Möglichkeit zu genauerer Auswertung erhält man mit fotografischer Aufnahme.

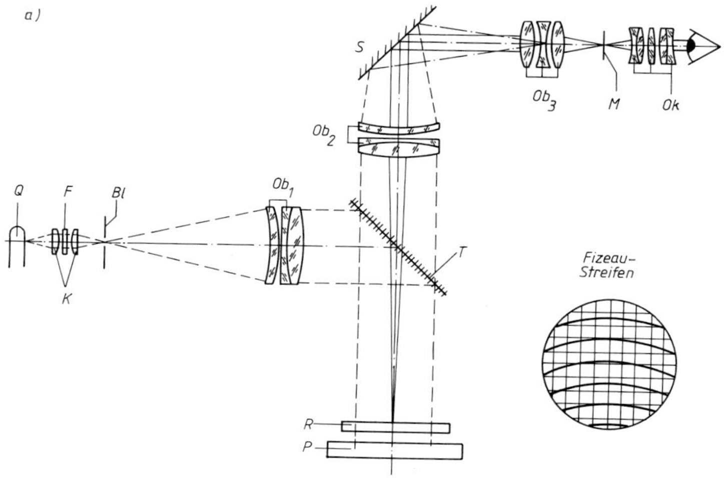


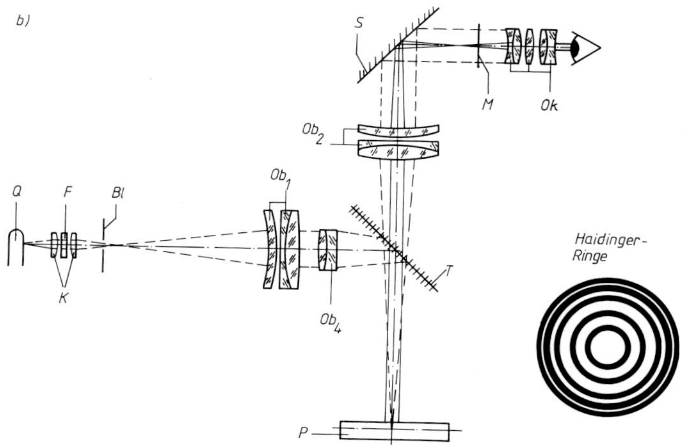


Bild 14.3.2 Interferometer für Ebenheits- und Parallelitätsprüfung

a) Aufbau zur Ebenheitsprüfung mit Fizeau-Streifen, b) Aufbau zur Parallelitätsprüfung mit Haidinger-Ringen. Q = monochromatische Quelle, K = Kondensor, F = Filter, Bl = Irisblende, Ob = Objektive, T = Teiler, S = Spiegel, M = Strichplatte, Ok = Okular, R = Referenzplatte, P = zu prüfende Platte

Die *Parallelitätsprüfung* der beiden Flächen einer Planplatte P erfolgt bevorzugt mit *Haidinger-Ringen („Interferenzen gleicher Neigung“),* Bild 14.3.2b): $Ob_1$ und ein zusätzlich eingefügtes Objektiv $Ob_4$ bilden die Blende zwischen die beiden Planflächen ab, sorgen also im Gegensatz zu Bild 14.3.2a für konvergenten Strahlengang. Da die Interferenzen jetzt zwischen Strahlen gleicher Richtung auftreten, liegen die Interferenzlinien im $\infty$ und werden damit in die Brennebene von $Ob_2$ abgebildet. Hier muß jetzt die Strichplatte M liegen.

Mit dem Fizeau-Aufbau nach Bild 14.3.2a ergibt sich schlechter *Streifenkontrast,* wenn die Reflexionsgrade von Prüffläche P (z. B. Metallfläche) und Referenzfläche R (Grenzfläche Glas/Luft) stark voneinander abweichen. Dann muß der Reflexionsgrad der Referenzfläche durch *reflexerhöhende Bedampfung* (z. B. $\varrho = 0{,}6$) an den Prüfling angepaßt werden. Damit sind auch *Vielstrahlinterferenzen* (Bild 14.1.1n) mit hoher Linienschärfe möglich.

Höchste Genauigkeit bei Ebenheitsmessungen wird mit hierfür eingerichteten großen Interferometern erreicht, wenn als Referenzfläche ein *Quecksilberspiegel* verwendet wird: Eine in einer [L 14.3.8] Reinsilberschale befindliche dünne Quecksilberschicht ergibt (abgesehen von den Randzonen) eine ebene Fläche mit $r \approx 6400$ km (Erdradius). Hier muß der Reflexionsgrad des Prüflings durch teildurchlässige Verspiegelung angepaßt werden.

Wird in Bild 14.3.2a die Referenzplatte R durch einen Spiegel ersetzt und ein weiterer Spiegel rechts vom Teiler T angeordnet (zusätzlicher Interferometer-Arm), so entsteht ein *Michelson-Interferometer* vom *Twyman-Typ* (Bild 14.1.1d), mit dem in einen Strahlengang eingebrachte Bauelemente auf Deformationen und Schlieren untersucht werden können.

Interferometer vom Michelson-Typ können gut mit der Optik eines Mikroskops vereinigt, d. h. zum Aufbau von *Interferenzmikroskopen* benutzt werden (Bild 14.3.3). In vereinfachter Bauart für geringe Vergrößerungen kommt man mit einem Objektiv aus (Bild 14.3.3a) und umgeht die Schwierigkeit, zwei Objektive in allen wichtigen Abmessungen auf $\lambda/4$ genau abzugleichen (Bild 14.3.3b), wie denn der Bau von Interferometern eine Angelegenheit höchster Präzision und Starrheit des Aufbaues ist. Vor allem sind der Temperatureinfluß und die Erschütterungsfestigkeit der Justiermittel zu beachten.

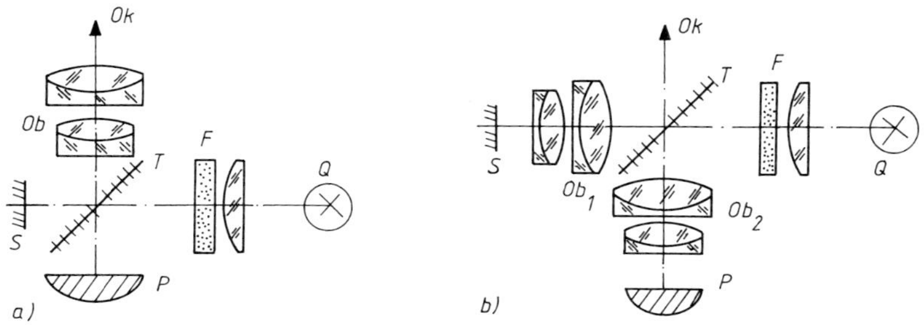


Bild 14.3.3 Mikro-Interferometer („Interferenzmikroskop“)

a) vereinfachter Aufbau mit einem Objektiv, b) Aufbau nach Linnik. Q = Lampe, F = Filter, T = Teiler, $Ob_1$, $Ob_2$ = abgeglichene Objektive, P = Prüfling, S = Spiegel, Ok = Richtung zum Okular

## Literaturhinweise

L 14.3.1 *Horn, W.:* Gütebestimmung an Oberflächen. Jahrb. f. Optik u. Feinmechanik 1967, 39–62

L 14.3.2 *Horn, W.:* Zusätze und Hilfsmittel der Auflicht-Interferenzmikroskopie. Jahrb. f. Optik u. Feinmechanik 1975, 180–185

L 14.3.3 *Binz, H.:* Verhalten der Passe bei Probegläsern mit verschiedenen Durchmessern. Jahrb. f. Optik u. Feinmechanik 1967, 67–73

L 14.3.4 DIN 58161 Prüfung von Optikeinzelteilen
T.1 Plan-Probegläser
T.2 Radien-Probegläser

L 14.3.5 Zur Prüfung mit Probegläsern: Einsporn: Optik *7* (1950) 147; Landwehr: Optik *5* (1949) 354

L 14.3.6 DIN 3140 Maß- und Toleranzangaben für Optikeinzelteile
T.5 Paßfehler

L 14.3.7 *Langenbeck, P.:* Skänn-Interferometrie. Interferenzmessungen an bewegten Flächen. Automatik 1972 H. 7, 202–208

L 14.3.8 *Bünnagel, R.:* (Messg. gegen Quecksilberspiegel) ZS für Instrumentenkunde *73* (1965) H. 8, 214

L 14.3.9 *Malacara, D.* (Hrsg.): Optical Shop Testing. John Wiley and Sons, New York 1978

L 14.3.10 DIN 58166 Radien für Optikteile. Radientabelle für Probegläser

L 14.3.11 *Langenbeck, P.:* Applications of Air Bearings and Optics. Precision Engineering, September 1980, S. 216–224

## Beispiele für Hersteller bzw. Lieferanten

H 14.3.1 siehe auch Beispiele 14.1 ...

H 14.3.2 *G. Rodenstock,* Isartalstr. 43, München: Probegläser nach DIN 58161

# 15 Beugungsgitter

## 15.1 Grundlagen der Beugungsgitter

Ein *Beugungsgitter* besteht aus einer ebenen *(„Plangitter")* oder gewölbten *(„Konkavgitter")* Trägerplatte, auf die eine periodische Teilung in Form sehr vieler paralleler Linien *(„Gitterfurchen")* aufgebracht ist. Die Periodenlänge (Abstand gleicher Profilpunkte benachbarter Furchen) heißt *Gitterkonstante* g. Häufig wird die Teilungsdichte 1/g in Furchen pro Millimeter angegeben – man vergleiche mit der Ortsfrequenz (Abschn. 12.1). Für die Gesamtwirkung eines Gitters ist die Größe der geteilten Fläche wesentlich. Sie wird in der Form „Furchenlänge × Teilungsbreite", z. B. 40 mm × 45 mm, angegeben.

Die Gitterstruktur kann auf das durchfallende Licht *(„Transmissionsgitter")* oder reflektierte Licht *(„Reflexionsgitter")* durch periodische Änderung des Transmissions- bzw. Reflexionsgrades *(„Amplitudengitter")* oder periodische Änderung des optischen Lichtweges *(„Phasengitter")* wirken. Tabelle 15.1.1 gibt eine Übersicht.

Im einfachsten Falle bestehen Transmissionsgitter aus lichtdurchlässigen Linien (Spalten) zwischen lichtundurchlässigen Stegen, Reflexionsgitter aus abwechselnd reflektierenden und nicht reflektierenden Linien (Bild 15.1.1); aus weiter unten zu erläuternden Gründen wird jedoch häufig ein spezielles Furchenprofil gewählt.

Beugungsgitter wirken durch die Beugung der Wellen (Abschn. 1.5) an den einzelnen Furchen und die Vielstrahlinterferenz der gebeugten Wellen, da sehr viele Furchen zusammenwirken. Handelsüblich sind heute mechanisch geteilte Gitter und holografische Gitter. Bei *mechanisch geteilten Originalgittern* werden die Furchen mit gemäß dem Furchenprofil geschliffenen Diamanten gezogen; wegen der großen Zahl der Furchen (bis über $10^5$) und der dadurch bedingten langen Herstellungszeit werden an die Teilmaschine höchste Anforderungen bezüglich Teilgenauigkeit, Stabilität und Temperaturkonstanz gestellt. Eine Steuerung der Maschine durch interferometrische Messung während der Herstellung vermindert Teilungsfehler. Von den geteilten Originalgittern werden durch Abdruck in Kunststoff qualitativ hochwertige *Gitterkopien* (Replicas) hergestellt.

*Holografische Gitter* entstehen durch UV-Belichtung (z. B. mit einem Kryptonionen-Laser) einer Fotolackschicht, die auf einer Glasplatte aufgetragen ist. Dabei wird durch Aufspaltung des aufgeweiteten Laser-Parallelbündels in zwei Bündel mit geringer Winkeldifferenz ein Interferenzstreifensystem auf der Fotoschicht erzeugt ($\cos^2$-förmige Bestrahlungsstärke-Modulation). Die Bestrahlungsunterschiede bewirken unterschiedliche Löslichkeit des Fotolacks: Nach „Entwickeln" durch Auswaschen ergeben sich Schichtdicken-Unterschiede, also ein Furchenprofil. Durch Metallbedampfung (z. B. mit Al, Au) kann die transparente Schicht in ein Reflexionsgitter umgewandelt werden. Neben Sinus- u. Rechteckprofil sind durch spezielle Aufnahmeanordnung auch Sägezahn-Profile (Echelette-Gitter) möglich. Holografische Gitter können bis zu großen Formaten und Liniendichten hergestellt werden und sind besonders streulichtarm sowie frei von „Gittergeistern", d. h. falschen Spektrallinien durch periodische Teilungsfehler. Sie können bereits bei der Herstellung genau auf den Anwendungsfall abgestimmt

**Tabelle *15.1.1* Übersicht über Typen von Beugungsgittern**

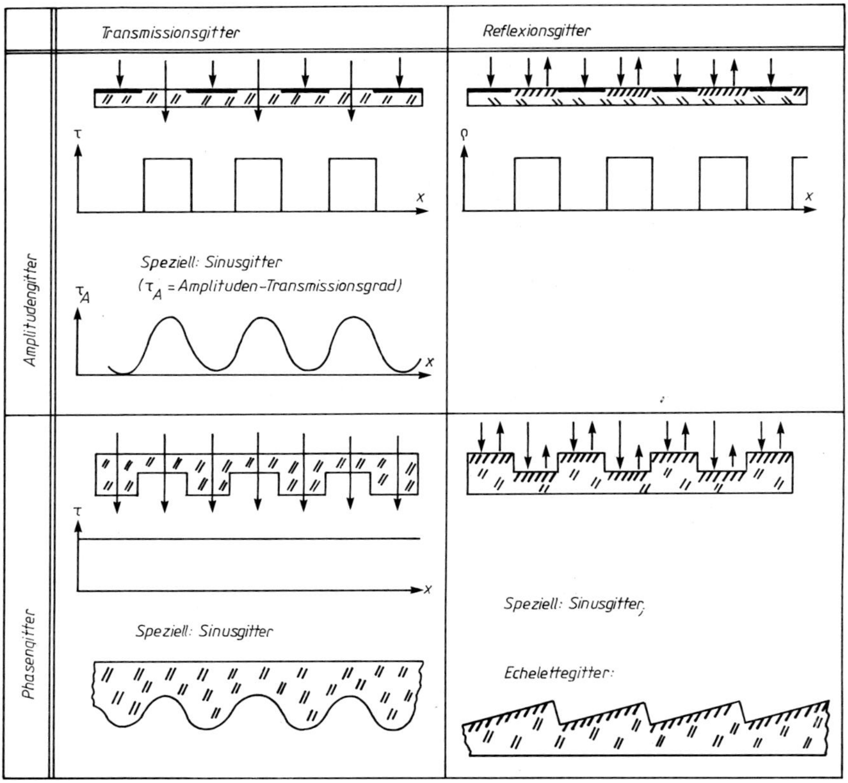


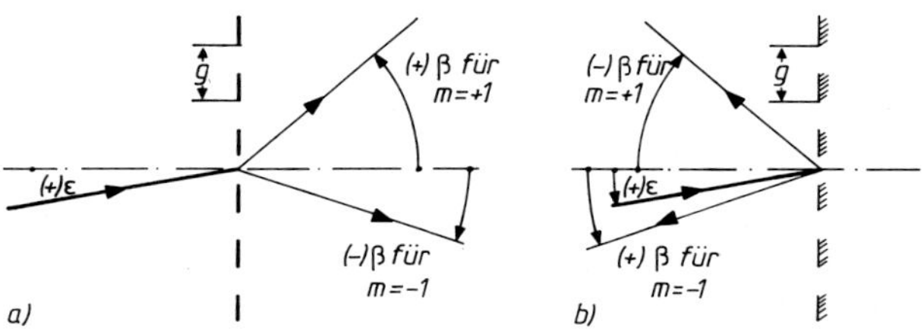


Bild 15.1.1 Schematische Darstellung der Wirkung von Beugungsgittern

a) Transmissionsgitter, b) Reflexionsgitter. ε = Einfallswinkel, β = Beugungswinkel, g = Gitterkonstante, m = Ordnungszahl werden. So ergibt die Belichtung einer Konkavfläche mit Punktlichtquellen (Kugelwellen) statt mit Parallelbündeln ein Konkavgitter (Bild 16.2.2) mit automatischer Fehlerkompensation für die Abbildung eines Spaltes auf einen anderen.

Bild 15.1.1 zeigt für eine unter dem Einfallswinkel ε auf das Gitter treffende ebene Welle jeweils zwei der Beugungsrichtungen (Winkel β), in denen Beugungsmaxima auftreten. Sie können nur dann entstehen, wenn der Wegunterschied zwischen den von benachbarten Furchen ausgehenden Wellen $m \cdot \lambda$ beträgt, d. h. ein ganzzahliges Vielfaches m der Wellenlänge λ. Der Faktor m (= 0, ± 1, ± 2, ± . . .) wird als *Ordnungszahl* bezeichnet. Unter Berücksichtigung der Winkelvorzeichen ergibt sich die *Gittergleichung*

$$\sin\beta - \sin\varepsilon = \frac{m \cdot \lambda}{g} \qquad (15.1.1\,a)$$

für das Transmissionsgitter, Bild 15.1.1 a, bzw.

$$-\sin\beta - \sin\varepsilon = \frac{m \cdot \lambda}{g} \qquad (15.1.1\,b)$$

für das Reflexionsgitter, Bild 15.1.1 b.

Beispiel: Bei einem Gitter mit 1200 Furchen/mm, λ = 410 nm, ε = 10° ergibt sich für die erste Beugungsordnung m = + 1: β = 41,73° bei Transmission und β = − 41,73° bei Reflexion. Für m = − 1 erhält man β = − 18,56° bei Transmission und β = 18,56° bei Reflexion.

Aus der Gittergleichung sind folgende Schlüsse zu ziehen:

1. Bei konstanten Werten von ε, m und g wächst sin β linear mit λ: Es tritt *Dispersion* ein; innerhalb einer Beugungsordnung entsteht ein *Spektrum.*

2. Mit zunehmender Beugungsordnung |m| wächst sin β linear; die Breite des Spektrums nimmt proportional zu |m| zu (Bild 15.1.2). Dadurch überlappen sich die höheren Ordnungen.

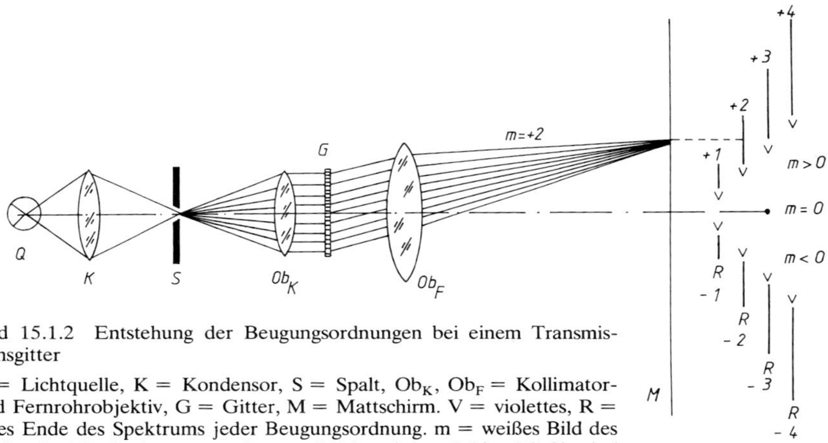


Bild 15.1.2 Entstehung der Beugungsordnungen bei einem Transmissionsgitter

Q = Lichtquelle, K = Kondensor, S = Spalt, $Ob_K$, $Ob_F$ = Kollimator- und Fernrohrobjektiv, G = Gitter, M = Mattschirm. V = violettes, R = rotes Ende des Spektrums jeder Beugungsordnung. m = weißes Bild des Spaltes S. Alle Spektren entstehen natürlich auf dem Schirm M! Sie sind nur hinter dem Schirm versetzt gezeichnet

3. Für $m = 0$ (kein Wegunterschied zwischen den interferierenden Wellen) ist $\beta = \varepsilon$ (Transmission) bzw. $\beta = -\varepsilon$ (Reflexion): direkt durchgehendes bzw. an der Gitterfläche regulär reflektiertes Licht. Diese „nullte Beugungsordnung" enthält „weißes" Licht, da $\lambda$ keinen Einfluß hat.

4. Damit das Beugungsgitter nicht einfach als lichtdurchlässige Platte bzw. als Spiegel wirkt, darf die Wellenlänge $\lambda$ nicht die Größenordnung der Gitterkonstanten g überschreiten, denn aus der Gittergleichung folgt

für den Einfallswinkel $\varepsilon = 0$

$$|\sin\beta| = \frac{|m| \cdot \lambda}{g} \leqq 1, \quad \text{also} \quad \lambda \leqq \frac{g}{|m|};$$

für den Einfallswinkel $\varepsilon = -90°$

$$|\sin\beta| = \frac{|m| \cdot \lambda}{g} - 1 \leqq 1, \quad \text{also} \quad \lambda \leqq \frac{2g}{|m|}.$$

Aus der Gittergleichung (15.1.1) ergibt sich bei konstantem Einfallswinkel $\varepsilon$ durch Differentiation die *Winkeldispersion*

$$\frac{d\beta}{d\lambda} = \frac{m}{g \cdot \cos\beta} \qquad (15.1.2).$$

Durch die Beugung ergibt sich eine *Winkelauflösung*

$$\Delta\beta = \frac{\lambda}{N \cdot g \cdot \cos\beta} \qquad (15.1.3),$$

denn mit N = Gesamtzahl der Gitterfurchen ist $N \cdot g \cdot \cos\beta$ die in Beobachtungsrichtung wirksame Gitterbreite. Aus Gl. (15.1.2) und 15.1.3) folgt für das *spektrale Auflösungsvermögen des Gitters* theoretisch

$$\frac{\lambda}{\Delta\lambda} = N \cdot m \qquad (15.1.4),$$

praktisch kann man etwa $0{,}7 \cdot N \cdot m$ annehmen.

Setzt man für die Beugungsordnung m den sich aus Gl. (15.1.1) ergebenden Ausdruck ein, so folgt für das Auflösungsvermögen

$$\frac{\lambda}{\Delta\lambda} = \frac{N \cdot g}{\lambda} \cdot (\pm \sin\beta - \sin\varepsilon) \qquad (15.1.5).$$

Da die Summe der Sinuswerte maximal den Wert 2 annehmen kann, ist die *obere Grenze des theoretischen Auflösungsvermögens* durch den Quotienten aus Teilungsbreite $b = N \cdot g$ des Gitters und Wellenlänge $\lambda$ bestimmt, so daß sich

$$\frac{\lambda}{\Delta\lambda} < \frac{2 \cdot b}{\lambda} \qquad (15.1.6)$$

ergibt.

Beispiel: Ein Gitter mit b = 100 mm ergibt bei $\lambda = 500$ nm unabhängig von Beugungsordnung und Furchenzahl ein Auflösungsvermögen, das in jedem Falle unter $4 \cdot 10^5$ liegt. Dazu könnte bei $N = 2 \cdot 10^5$ Furchen, also 2000 Furchen/mm, in der Beugungsordnung m = 2 gearbeitet werden, wobei für ein Transmissionsgitter (Gl. (15.1.1a)) $\varepsilon = -90°$ gewählt werden müßte und sich $\beta = 90°$ ergäbe. Diese Obergrenze des Auflösungsvermögens kann praktisch nicht erreicht werden.

Häufig wird auch in der ersten Beugungsordnung gearbeitet. Zur Abschätzung am günstigsten ist deshalb Gl. (15.1.4); der hier ermittelte Wert muß unterhalb der Grenze nach Gl. (15.1.6) liegen.

Gegenüber Prismen haben einfache Beugungsgitter wie in Bild 15.1.1 den Vorteil des höheren Auflösungsvermögens, aber den Nachteil ungünstiger *Energieverteilung:* Da bei der Gitteranwendung meist nur eine Beugungsordnung (z. B. $m = +1$) ausgenutzt wird, ist das Licht aller anderen Ordnungen verloren. *Sinusgitter* ergeben nur Licht in den Beugungsordnungen Null und $\pm 1$, sofern der Amplitudentransmissionsgrad streng der $\cos^2$-Funktion folgt. Jedoch kann schon durch das Verhältnis von Spaltbreite zu Gitterkonstante die Energieverteilung beeinflußt werden. Sind in Bild 15.1.1a Spalte und Stege gleich breit, so geht außer in $m = 0$ nur Licht in die ungeraden Beugungsordnungen ($m = \pm 1, \pm 3, \ldots$). Günstiger sind *Echelette-Gitter* (Bild 15.1.3), bei denen durch geeignete *Furchenform* (keilförmige Stufen) das Licht auf eine gewünschte Beugungsordnung konzentriert werden kann.

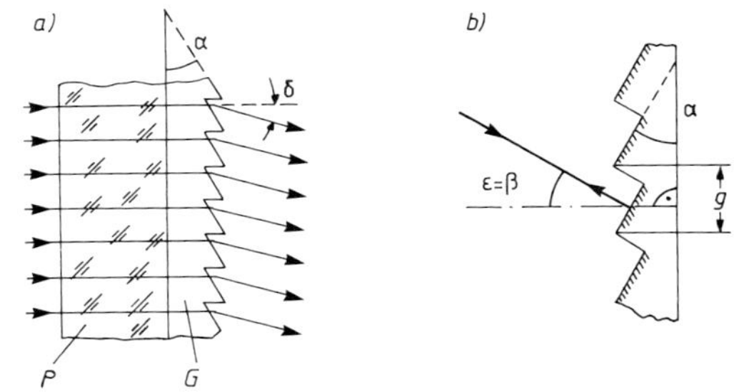


Bild 15.1.3 Echelette-Gitter

a) Transmissionsgitter, b) Reflexionsgitter. P = Trägerplatte, G = Kunststoff-Gitter, α = Furchenwinkel, δ = Ablenkungswinkel

Bei einem *Transmissionsgitter* (Bild 15.1.3a) wird der Prismenwinkel $\alpha$ der Furchen so gewählt, daß der Ablenkungswinkel $\delta$ des Prismas gleich dem Beugungswinkel $\beta$ in der ersten Ordnung ist. Exakt gelingt dies nur für eine bestimmte Wellenlänge, die *Blaze-Wellenlänge* $\lambda_b$. Aus der Gittergleichung (15.1.1a) bei senkrechtem Lichteinfall ($\varepsilon = 0$) und den Gleichungen für die Prismenablenkung (5.9.1) und (5.9.2) bei $\varepsilon_1 = 0$ folgt für die Blaze-Wellenlänge

$$\lambda_b = g \cdot \sin[\arcsin(n \cdot \sin\alpha) - \alpha] \quad (15.1.7).$$

Das Gitter ist jedoch im Spektralbereich von etwa $0{,}7 \cdot \lambda_b$ bis $2 \cdot \lambda_b$ benutzbar.

Bei *Reflexionsgittern* muß man dafür sorgen, daß die Richtung des an den Gitterfurchen reflektierten Lichts mit der Beugungsrichtung der gewünschten Ordnung übereinstimmt. Üblich ist die Benutzung des Reflexionsgitters in „Autokollimation" (auch *Littrow-Aufstellung* genannt): Die Wellen treffen senkrecht auf die Furchenflächen; das gebeugte Licht wird entgegen der Einfallsrichtung reflektiert. Für die vorgesehene Blaze-Wellenlänge in der gewünschten Ordnung m ist dann also der Einfallswinkel $\varepsilon$ gleich dem Beugungswinkel $\beta$, wobei diese Winkel immer gegenüber der Normalen zur Gitterfläche gemessen sind. Für den Furchenwinkel *(Blaze-Winkel)* $\alpha$ gilt dann $\alpha = \varepsilon = \beta$. Aus der Gittergleichung (15.1.1b) folgt für die Ordnung $m = \pm 1$ die Blaze-Wellenlänge

$$\lambda_b = 2 \cdot g \cdot |\sin\alpha| \quad (15.1.8).$$

Da in der Gittergleichung das Produkt m · λ auftritt, ergibt sich der gleiche Beugungswinkel β für λ bei m = 1, λ/2 bei m = 2 usw.: Es tritt *Störlicht* auf, das jedoch durch Filter ausgeblendet werden kann.

**Literaturhinweise**

L 15.1.1 *Dammann, H.:* Spectral characteristic of stepped-phase gratings. Optik *53* (1979) No. 5, 409–417
L 15.1.2 *Richardson, D.:* Diffraction Gratings. LÜ1 Vol. V/2
L 15.1.3 *Horn, W.:* Gitterspektrographie. Grundlagen und Herstellung von Beugungsgittern. Jahrb. f. Optik u. Feinmechanik 1969, 41–65
L 15.1.4 *Stroke, G. W.:* Diffraction Gratings. In: Handbuch Band 29, LÜ13
L 15.1.5 *Schmahl, G.; Rudolph, D.:* Holographic Diffraction Gratings. E. Wolf, Progress in Optics XIV, North-Holland 1976, S. 195–244
L 15.1.6 *Palmer, E. W.;* u. a.: Diffraction gratings. Rep. Prog. Phys. *38* (1975), 975–1048
L 15.1.7 *Rudolph, D.; Schmahl, G.:* Spektroskopische Beugungsgitter hoher Teilungsgenauigkeit erzeugt mit Hilfe von Laserlicht und Photoresistschichten. Optik *30* (1970) H. 5, 475–487
L 15.1.8 *Schmahl, G.; Rudolph, D.:* Holographische Erzeugung von Gittern hoher Teilungsgenauigkeit mit Hilfe rekonstruierter identischer Wellenfronten. Optik *30* (1970) H. 6, 606–609
L 15.1.9 *Dislich, H.; Hildebrandt, E.:* Über ein Verfahren zum Herstellen von Kunststoff-Beugungsgittern mit behinderter thermischer Ausdehnung. Optik *28* (1968/69) H. 2, 126–131
L 15.1.10 *Obermayer, H. A.; Opitz, W.:* Holographische Herstellung von Beugungsgittern. Zeiss-Inform. *26* (1981) H. 92, 4–7

**Beispiele für Hersteller bzw. Lieferanten**

H 15.1.1 *Carl Zeiss,* Oberkochen: Mechanisch und holografisch hergestellte Beugungsgitter
H 15.1.2 *Jobin-Yvon, F.,* über Instruments S. A. GmbH, Hauptstr. 68, Unterhaching b. München: Mechanisch und holografisch hergestellte Beugungsgitter
H 15.1.3 *Bausch & Lomb,* USA, über *Fisher Scientific Company,* Leuchtenbergring 3, München: Beugungsgitter
H 15.1.4 *Spindler u. Hoyer GmbH u. Co.,* Königsallee 23, Göttingen: Beugungsgitter

## 15.2 Anwendung von Gittern

*Spektralgeräte* (Abschn. 16) sind das wichtigste Anwendungsgebiet für Beugungsgitter. Weitere Anwendungen für Gitter in der Meßtechnik (u. a. bei der Weg- und Geschwindigkeitsmessung) wurden jedoch inzwischen in einsatzfähigen Geräten realisiert. Dies soll an wenigen Beispielen gezeigt werden (vergl. auch Abschn. 19.3).

Mit Hilfe von Gittern ist u. a. die *berührungslose Messung von Wegen und Geschwindigkeiten* an Fahrzeugen möglich [L 15.2.2; 15.2.3]. Dabei wird das Meßsignal unmittelbar aus dem bewegten Bild des Meßobjektes (z. B. der Straßendecke) gewonnen, so daß im Gegensatz zur Bestimmung aus der Raddrehung keine Meßfehler (etwa durch Schlupf oder Reifendruck-Änderung) auftreten. Das Meßprinzip zeigt Bild 15.2.1: Die Meßfläche (Straßenbelag, Schiene usw.), die irgendeine *optische Struktur* haben muß

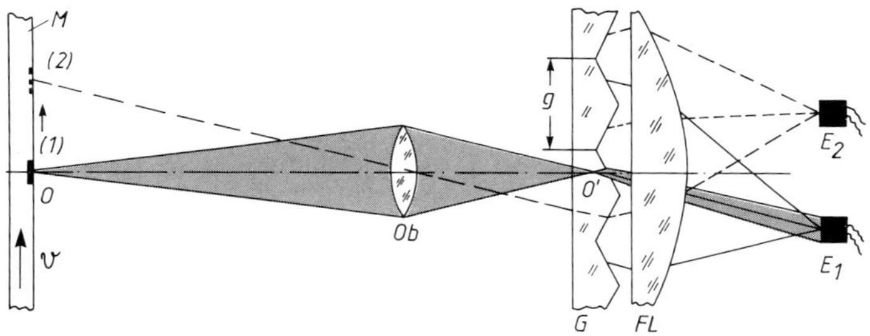


Bild 15.2.1 Geschwindigkeitsmessung mit einem Gittersensor

M = Meßfläche mit der Geschwindigkeit v, O = Objektdetail in den Lagen (1) und (2), Ob = Objektiv, G = Prismengitter, g = Gitterkonstante, FL = Feldlinse, O′ = Bildpunkt, $E_1$, $E_2$ = Empfänger. Die Skizze ist der Anschaulichkeit halber nicht maßstäblich ausgeführt

(„Körnung", helle und dunkle Details), wird in die Ebene eines Gitters abgebildet. Das Gitter ist zweckmäßig als *Prismengitter* ausgeführt [H 15.2.1]. Die beiden Flanken einer Furche ergeben Prismenkeile mit entgegengesetzt liegender brechender Kante (Abschn. 5.9); sie lenken also ein auffallendes Lichtbündel in unterschiedlicher Richtung auf zwei Fotoempfänger. Damit geht bei Verschiebung des Bilddetails O′ um g/2, mit g = Gitterkonstante, das dem Detail entsprechende optische Signal vom Empfänger 1 auf den Empfänger 2 über, d. h. die Signale haben eine Phasenverschiebung von 180°. An jedem Empfänger tritt die Frequenz $\nu = v'/g$ auf, mit $v'$ = Bildgeschwindigkeit. Da wegen der Abbildung mit dem Maßstab $\beta'$ die Geschwindigkeit der Meßfläche $v = v'/\beta'$ ist, ergibt sich die der Geschwindigkeit proportionale Frequenz

$$\nu = \frac{v \cdot |\beta'|}{g} \qquad (15.2.1).$$

Der Abbildungsmaßstab $\beta'$ wird durch den Meßabstand festgelegt, kann aber mit *telezentrischer Abbildung* (Abschn. 8.5) auch bei Abstandsschwankungen konstant gehalten werden.

Insgesamt wirkt die strukturierte Meßfläche wie ein „Gitter" mit statistisch verteilter Gitterkonstante, in deren Bereich bei richtiger Anpassung die Gitterkonstante g des Referenzgitters (Meßgitter) liegt. Bei Bewegung des „Gitter"-Bildes gegenüber dem Referenzgitter entsteht eine mehr oder weniger starke Modulation mit der in Gl. (15.2.1) angegebenen Frequenz. Ein einfaches Amplitudengitter mit nur einem Empfänger wirkt ebenso. Durch die Anordnung nach Bild 15.2.1, die zwei Gegentaktsignale liefert, wird jedoch die Ausblendung niederfrequenter Störmodulation ermöglicht.

Um den *Richtungssinn* der Bewegung erkennen zu können, muß eine *Trägerfrequenz* $\nu_0$ durch ein bewegtes Gitter (z. B. *rotierendes Gitter* mit radial verlaufenden Furchen, [H 15.2.1]) eingeführt werden. Dann ergibt sich eine Meßfrequenz

$$\nu = \nu_0 \pm \frac{v \cdot |\beta'|}{g} \qquad (15.2.2)$$

mit $\nu < \nu_0$ bei gleichläufiger, $\nu > \nu_0$ bei gegenläufiger Bewegung des Objektbildes gegenüber dem Gitter.

Mit bewegtem Gitter können auch Systeme zur *Abstandsmessung* arbeiten [L 15.2.4], womit auch die automatische Scharfeinstellung fotografischer Kameras möglich ist (Correfot®-System, [H 15.2.1]). Das Prinzip zeigt Bild 15.2.2. In der Einstellebene (die über Teiler konjugiert zur Filmebene angeordnet ist) befindet sich ein *schwingendes Gitter* G, durch das die zu den beiden Empfängern gehenden Lichtströme moduliert werden. Jedem Empfänger ist eine der beiden Pupillenhälften des Objektivs zugeordnet; ihr Abstand bildet die „Meßbasis der Entfernungsmessung" (Abschn. 9.6). Liegt das Objekt O in Soll-Lage (Bild 15.2.2a), das Bild O′ also in der Gitterebene, so erreichen die modulierten Lichtströme beide Empfänger ohne Phasenverschiebung. Bei einer Abweichung (unscharfe Einstellung, Bild 15.2.2b) tritt zwischen beiden Empfängersignalen eine *Phasendifferenz* auf, die zur Abstandsmessung oder automatischen Scharfeinstellung (Nachstellung der Objektivlage) benutzt werden kann. Den praktischen Aufbau zeigt Bild 9.6.4.

Auf die Verwendung von Gittern als Schrittgeber bei Wegmessungen wird in Abschn. 19.3 hingewiesen.

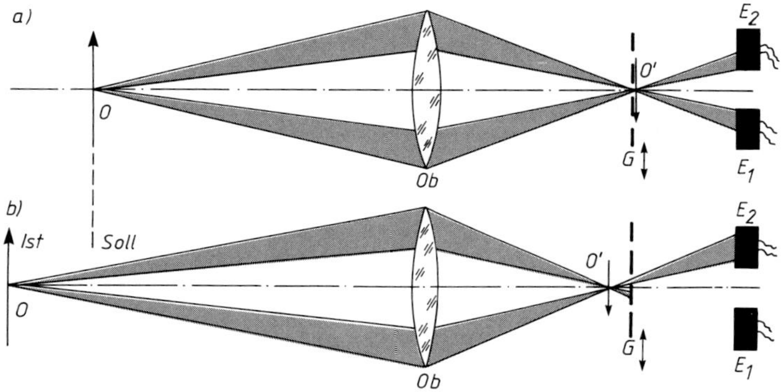


Bild 15.2.2 Abstandsmessung mit einem Gittersensor

a) Soll-Lage der Objektfläche O („Scharfeinstellung"), b) zu großer Abstand. Ob = Objektiv, G = schwingendes Gitter, O′ = Bild, $E_1$, $E_2$ = Empfänger, die Lichtströme durch Pupillenteilung erhalten. Eine dicht hinter dem Gitter befindliche Feldlinse wurde nicht gezeichnet

## Literaturhinweise

L 15.2.1 *Horn, W.:* Die Anwendung von Beugungsgittern und Rastern. Jahrb. f. Optik u. Feinmechanik 1970, 73–95; 1971, 117–124

L 15.2.2 *Delingat, E.:* Berührungslose optische Geschwindigkeits- und Abstandsmessung. Leitz-Mitt. Wiss. u. Techn. VI (1976) Nr. 7 249–257

L 15.2.3 *Arzt, R.; Ringelhan, H.:* Optische Sensoren zur berührungslosen und schlupffreien Weg- und Geschwindigkeitsmessung an Landfahrzeugen. Feinwerktechnik & Meßtechnik *86* (1978) H. 2 69–71

L 15.2.4 *Leitz, L.; Heitmann, K.; Schneider, E.; Schaefer, K. D.:* Verfahren und Einrichtung zur fotoelektrischen Bestimmung der Lage mindestens einer Schärfenebene eines Bildes. DT-OS 2 330 940, 1975

**Beispiele für Hersteller bzw. Lieferanten**

H 15.2.1 *Ernst Leitz Wetzlar GmbH,* Wetzlar. Geschwindigkeits- und Wegsensoren Correvit® Elektronische Scharfeinstellung Correfot®.
H 15.2.2 *PTR Optics Corp.,* Waltham, USA: Gitter für Moleküllaser
H 15.2.3 Siehe auch Beispiele 15.1. . . ., 16.1. . . ., 16.2. . . ., 16.3. . . .

# 16 Spektralgeräte, Fotometrie, Farbmessung

## 16.1 Monochromatoren

Monochromatoren sind die zentralen Bausteine vieler Spektralgeräte, u. a. von Spektralfotometern. Sie geben aus dem Spektrum einer einfallenden Strahlung einen engen Wellenlängenbereich frei, der sich meist kontinuierlich verschieben läßt. Nahezu ausschließlich verwendet werden Anordnungen mit fester Lage von *Eintrittsspalt* (Einführung des „weißen“ Lichts) und *Austrittsspalt* (Freigabe des monochromatischen Lichts), wobei sich das Spektrum am Austrittsspalt vorbeibewegt.

Einen sehr einfachen, auch für Eigenbau gut geeigneten Monochromator mit hohem Transmissionsgrad, aber relativ großer Bandbreite erhält man, wenn ein *Interferenz-Verlauffilter* dicht hinter einem Spalt verschoben wird. Bei einem solchen Interferenzfilter (Abschn. 6.11) wird durch Aufdampfen keilförmiger Schichten die mittlere Durchlaßwellenlänge $\lambda_m$ linear über die Filterbreite verschoben, so daß z. B. der Bereich von 400 nm bis 700 nm auf 60 mm oder 200 mm Breite auseinandergezogen ist

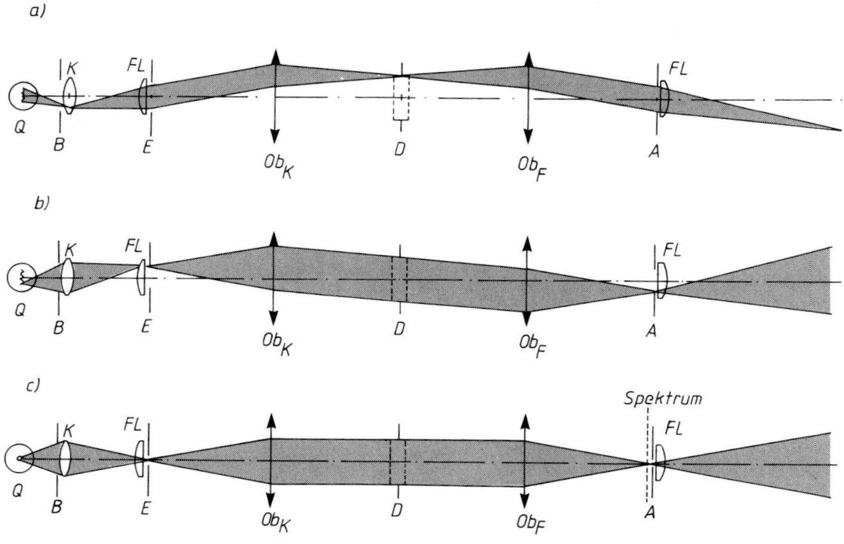


Bild 16.1.1 Aufbauschema eines Monochromators

a) Leuchtfeld-Abbildung in das Dispersionselement mit Hilfe der Feldlinse, b) Abbildung des Eingangsspalts auf den Ausgangsspalt; Schnitt parallel zur Spalthöhe, c) wie b), aber Schnitt senkrecht zur Spalthöhe. Q = Quelle, B = Leuchtfeldblende, K = Kondensor, FL = Feldlinsen, $Ob_K$, $Ob_F$ = Kollimator- und Fernrohrobjektiv, D = Dispersionselement (Prisma oder Gitter), E, A = Eingangs- und Ausgangsspalt

[H 6.11.5]. Ein solcher Monochromator [H 16.1.3] kann z. B. zur Aussonderung einzelner Spektrallinien, zur Vorzerlegung von Strahlung oder für einfache Spektralfotometer verwendet werden.

Meist werden jedoch *Prismen* oder *Gitter* als Dispersionselemente benutzt. Den allgemeinen Aufbau eines solchen Monochromators zeigt Bild 16.1.1. Die Teilbilder b) und c) geben den gleichen Strahlengang in zwei Ansichten wieder, und zwar b) im Schnitt parallel zur Spalthöhe (E, A), Bild c) senkrecht zur Spalthöhe. Die Lichtquelle Q wird durch den Kondensor K auf den Eingangsspalt E abgebildet. Das Kollimatorobjektiv $Ob_K$ bildet den Spalt nach $\infty$ ab; im telezentrischen Strahlengang steht das Dispersionselement D (Prisma oder Gitter). Das Fernrohrobjektiv $Ob_F$ bildet letztlich den Eintrittsspalt E in den Austrittsspalt A ab; durch die *Winkeldispersion* entsteht in der Ebene von A das Spektrum als Aneinanderreihung und Überlagerung der Spaltbilder. Bild 16.1.1a zeigt die Wirkung der Feldlinsen FL bei den Spalten: Die gleichmäßig leuchtende Fläche der Apertur des Kondensors K wird durch FL bei E nach $\infty$ und damit durch $Ob_K$ in die Apertur des Dispersionselements D abgebildet; die Leuchtfeldblende B bei K wird in Form und Größe zur Vermeidung von Streulicht an D angepaßt

**Tabelle *16.1.1* Vergleich von Prisma und Gitter**

| | Prisma | Gitter |
|---|---|---|
| Winkeldispersion | $\frac{d\delta}{d\lambda} = \frac{2 \cdot \sin\frac{\alpha}{2}}{\sqrt{1 - n^2 \sin^2\frac{\alpha}{2}}} \cdot \frac{dn}{d\lambda}$<br>bei minimaler Ablenkung (5.9.6) | $\frac{d\beta}{d\lambda} = \frac{m}{g \cdot \cos\beta}$ (15.1.2) |
| Theoretisches spektrales Auflösungsvermögen | $\frac{\lambda}{\Delta\lambda} = h \cdot \frac{d\delta}{d\lambda}$, also $\boxed{\frac{\lambda}{\Delta\lambda} = b \cdot \frac{dn}{d\lambda}}$, (16.1.1)<br>b = Basis bei voll ausgenutztem Prisma, h = Bündelhöhe bei minimaler Ablenkung | $\frac{\lambda}{\Delta\lambda} = h \cdot \frac{d\beta}{d\lambda}$ also $\boxed{\frac{\lambda}{\Delta\lambda} = N \cdot m}$ (15.1.4)<br>h = Bündelhöhe bei Winkel β, N = Furchenzahl, m = Beugungsordnung |
| Vergleichsbeispiel für $\lambda = 550$ nm | Prisma aus SF 11,<br>$n_e = 1{,}792$<br>$dn/d\lambda \approx 2 \cdot 10^{-4}\,nm^{-1}$;<br>$\alpha = 60°$, b = 60 mm:<br>$\frac{d\delta}{d\lambda} \approx 4{,}5 \cdot 10^{-4}\,nm^{-1}$<br>$\frac{\lambda}{\Delta\lambda} \approx 12000$ | Gitter 1200 Furchen/mm,<br>Teilungsbreite 60 mm,<br>m = 1, senkr. Einfall:<br>$\frac{d\beta}{d\lambda} \approx 16 \cdot 10^{-4}\,nm^{-1}$<br>$\frac{\lambda}{\Delta\lambda} \approx 72000$ |

(z. B. quadratische Maske). Die Feldlinse FL bei A sorgt für eine gleichmäßig mit monochromatischem Licht ausgeleuchtete Fläche hinter A; durch zusätzliche Optik (Abbildung von A) ist es möglich, kleine Probenflächen (z. B. Küvetten) konzentriert zu beleuchten.

Der in Bild 16.1.1 dargestellte Strahlengang ist vielfacher Variationen fähig. Für K, $Ob_K$ und $Ob_F$ können Hohlspiegel verwendet werden. $Ob_K$ und $Ob_F$ können zusammenfallen (Prisma mit Spiegel oder Reflexionsgitter bei D). Schließlich können sogar $Ob_K$, $Ob_F$ und D in einem Element zusammengefaßt werden: Prisma mit gekrümmten Flächen (d. h. Überlagerung von Prisma und Spiegellinse) bzw. Konkav-Beugungsgitter.

Grundlagen der Dispersionsprismen wurden in Abschn. 5.9, der Beugungsgitter in Abschn. 15.1 dargestellt. In Tab. 16.1.1 werden Dispersion und Auflösungsvermögen der beiden Dispersionselemente gegenübergestellt und für vergleichbare Abmessungen als Zahlenbeispiel angegeben.

Bei einem beliebigen Monochromator nach Bild 16.1.1 würde mit ideal monochromatischer Eingangsstrahlung der Wellenlänge $\lambda_m$ bei $f'_F = f'_{Ob}$, d. h. $\beta' = -1$, ein Bild des Eingangsspaltes E genau auf den gleich breiten Ausgangsspalt A entworfen. Da jedoch das in der Ebene von A entstehende Spektrum eine Folge von sich überlappenden Spaltbildern ist, werden auch noch benachbarte Wellenlängen mit verminderter Energie durchgelassen; für den relativen Transmissionsgrad $\tau_{rel}(\lambda)$ des Monochromators ergibt sich eine dreieckförmige *„Spaltfunktion"* (Bild 16.1.2) mit der *Halbwertsbreite*

$$\Delta\lambda_{0,5} \approx \frac{s}{f' \cdot \dfrac{d\beta}{d\lambda}} \tag{16.1.2}$$

mit s = Spaltbreite, f' = Brennweite von Kollimator bzw. Objektiv, $d\beta/d\lambda$ (oder $d\delta/d\lambda$) = Winkeldispersion. Der Nenner $f' \cdot (d\beta/d\lambda)$ stellt die *lineare Dispersion* des Spektrums dar. Stimmt die Breite des Ausgangsspaltes nicht mit dem Bild des Eingangsspaltes überein, so ergibt sich eine trapezförmige Spaltfunktion.

Für die vom Monochromator durchgelassene *Strahlungsleistung* $\Phi_e$ ergibt sich

$$\Phi_e(\lambda) = \tau(\lambda) \cdot L_e(\lambda) \cdot s \cdot t \cdot \frac{A}{f'^2} \cdot \Omega_o \tag{16.1.3}$$

mit $\tau(\lambda)$ = monochromatischer Transmissionsgrad, $L_e(\lambda)$ = monochromatische Strahldichte der Quelle, s = Spaltbreite, t = Spalthöhe, A = Aperturfläche (= wirksame Fläche von Prisma oder Gitter), f' = Kollimatorbrennweite, $\Omega_o$ = Einheitsraumwinkel. Setzt man s/f' aus Gl. (16.1.2) ein, so folgt

$$\Phi_e(\lambda) = \tau(\lambda) \cdot L_e(\lambda) \cdot \frac{t \cdot A}{f'} \cdot \Delta\lambda_{0,5} \cdot \frac{d\beta}{d\lambda} \cdot \Omega_o \tag{16.1.4}$$

Dann kann man als *energetischen Wirkungsgrad des Monochromators*

$$\eta(\lambda) = \frac{\Phi_e(\lambda)}{L_e(\lambda) \cdot \Delta\lambda_{0,5}} \tag{16.1.5}$$

definieren. Damit erhält man

$$\eta(\lambda) = \tau(\lambda) \cdot \frac{t \cdot A}{f'} \cdot \frac{d\beta}{d\lambda} \cdot \Omega_o \tag{16.1.6}$$

mit der Einheit m · sr. Günstig sind also große Winkeldispersion verbunden mit langem Spalt und großem Quotienten aus Aperturfläche und Brennweite.

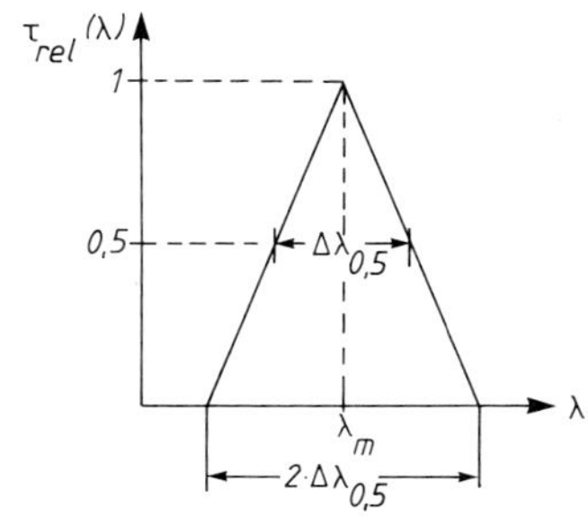


Bild 16.1.2 Spaltfunktion eines Monochromators

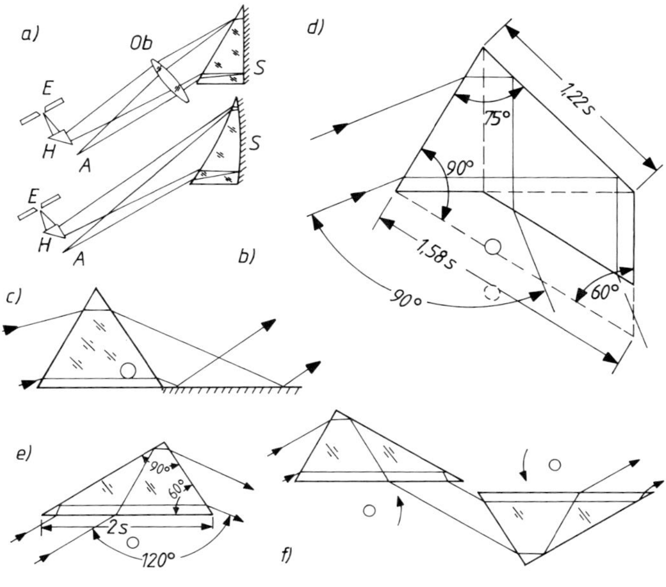


Bild 16.1.3 Prismen mit konstanter Ablenkung

a) Littrow-Prisma (Autokollimation). E, A = Eingangs- und Ausgangsspalt, H = Halbwürfelprisma, Ob = Objektiv, S = Spiegelfläche. b) Féry-Prisma mit gekrümmten Flächen, c) Wadsworth-Anordnung, d) Prisma nach Abbe, aus einem Halbwürfel und zwei 30°-Prismen zusammengesetzt oder aus einem Stück (untere Begrenzungslinie, gestrichelt). e) Prisma nach Bauernfeind, f) Anordnung nach Löwe aus zwei im Gegensinn drehbaren Prismen nach Bauernfeind

Bei *Prismen-Monochromatoren* werden wegen fester Lage von Ein- und Austrittsspalt *Prismen konstanter Ablenkung* verwendet, deren Eigentümlichkeit eine mit dem Prisma gemeinsam gedrehte Spiegelfläche ist (Bild 16.1.3).

Die Lage der Drehachse für das Prisma ermittelt man, indem man in der Mitte der Ein- und Austrittsfläche je ein Lot auf der optischen Achse des Strahlenbündels errichtet, und zwar auf dem Strahl der der Mitte des Dispersionsgebietes entspricht. Beide Lote schneiden sich in der Drehachse. Bei gradsichtigen Anordnungen, die nur eine Versetzung des Bündels hervorrufen, liegt der Drehpunkt in der Mitte zwischen beiden Bündelachsen. In den Abbildungen ist er durch einen Kreis gekennzeichnet [L 16.1.3].

Üblich sind Prismen von 60° brechendem Winkel oder Kombinationen von Prismen mit 30°-Winkel. Ist d der Durchmesser des Bündels vor dem Prisma, so muß dessen Ein- und Austrittsseite die Länge

$$s = d/\sqrt{1 - n^2/4}$$

haben, wobei n die Brechzahl für den am stärksten gebrochenen Strahl ist. In Bild 16.1.3 d sind die Längen der übrigen Prismenseiten als Vielfache von s eingetragen. Um eine große Dispersion zu erhalten, kann man mehrere Prismen hintereinander anordnen (Bild 16.1.3 f).

Ein besonders einfaches Prisma konstanter Ablenkung ist das *Littrow-Prisma (Autokollimationsprisma),* Bild 16.1.3 a. Wegen zweimaligem Strahldurchgang ergibt das 30°-Prima die gleiche Auflösung wie ein 60°-Prisma; das Bündel für die jeweils eingestellte Wellenlänge wird um 180° abgelenkt. Das ebenfalls gemeinsam für Kollimator- und Fernrohrstrahlengang benutzte Objektiv Ob muß gute Reflexminderung aufweisen, oder es wird durch einen Hohlspiegel ersetzt. Ein ohne Objektiv selbstabbildendes *Féry-Prisma* (Bild 16.1.3 b) ergibt erheblichen Astigmatismus. Behebung durch zylindrische oder torische Flächen ist möglich [L 16.1.4]. Bild 16.1.4 zeigt einen Kleinmonochromator mit modifizierter Littrow-Anordnung (getrennter Spiegel hinter dem Prisma), der einen Hohlspiegel als Objektiv für Eingangs- und Ausgangsseite verwendet. Der Monochromator ist „geradsichtig" aufgebaut (austretendes Bündel stimmt versetzungsfrei mit der Richtung des Eingangsbündels überein).

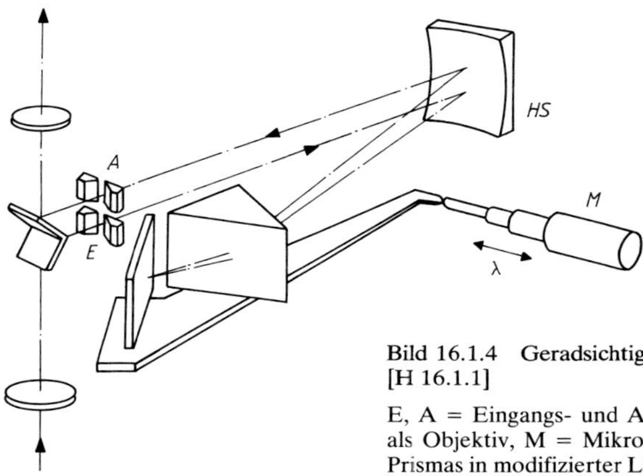


Bild 16.1.4 Geradsichtiger Kleinmonochromator [H 16.1.1]

E, A = Eingangs- und Ausgangsspalt, HS = Hohlspiegel als Objektiv, M = Mikrometerschraube zur Drehung des Prismas in modifizierter Littrow-Anordnung

Durch Hintereinanderschaltung von zwei Monochromatoren, d. h. einen *Doppelmonochromator,* kann die spektrale Reinheit der austretenden Strahlung (Freiheit von Falschlicht) erheblich verbessert werden. Bei der Ausführung nach Bild 16.1.5 sind die

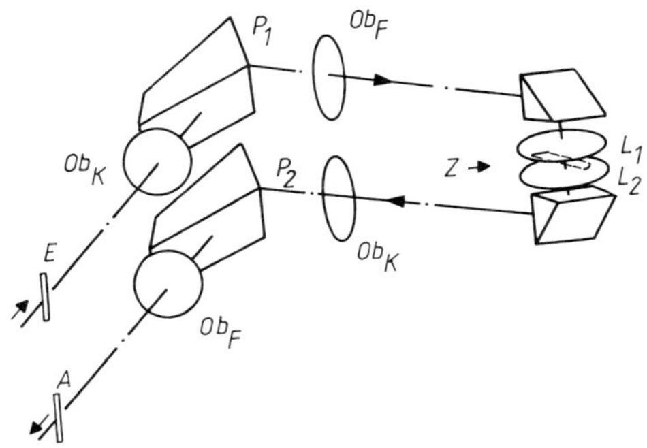


Bild 16.1.5 Prismen-Doppelmonochromator

E, A = Eingangs- und Ausgangsspalt, $P_1$, $P_2$ = Abbe-Prismen, $Ob_K$, $Ob_F$ = Kollimator- und Fernrohrobjektive, Z = Zwischenspalt, $L_1$, $L_2$ = Feldlinsen

beiden Abbe-Prismen so übereinander angeordnet, daß der gleiche Drehmechanismus benutzt werden kann. Die Feldlinsen am Zwischenspalt Z bilden die beiden Prismen ineinander ab. Wird die Prismendrehung durch Verschiebung des Zwischenspalts ersetzt, so können ohne Nachteil auch gewöhnliche 60°-Prismen benutzt werden.

Bei Prismen-Spektralgeräten wird ein gerader Spalt gekrümmt abgebildet, d. h. die Enden eines Spaltes mit größerer Höhe t sind zum kurzwelligen Bereich hin verschoben. Für den *Spaltbild-Krümmungsradius* ergibt sich bei minimaler Ablenkung

$$r_{Sp} = f'_F \cdot \frac{n}{n^2 - 1} \cdot \frac{\sqrt{1 - n^2 \sin^2 \frac{\alpha}{2}}}{2 \cdot \sin \frac{\alpha}{2}} \tag{16.1.7}$$

mit $f'_F$ = Brennweite des Fernrohrobjektivs, $\alpha$ = wirksamer Prismenwinkel, n = für die jeweilige Wellenlänge gültige Brechzahl. Der Austrittsspalt kann in Anpassung an den Radius für eine mittlere Wellenlänge gekrümmt werden, so daß die Monochromasie der Strahlung nicht verschlechtert wird.

Werden bei Monochromatoren zwei Hohlspiegel zur Abbildung verwendet, so kann durch „Z-förmigen" *Strahlengang nach Czerny-Turner* [L 16.1.5] erreicht werden, daß sich die Koma-Fehler beider Spiegel kompensieren (Bild 16.1.6). Wird der Strahlengang um die gestrichelte Linie gefal-

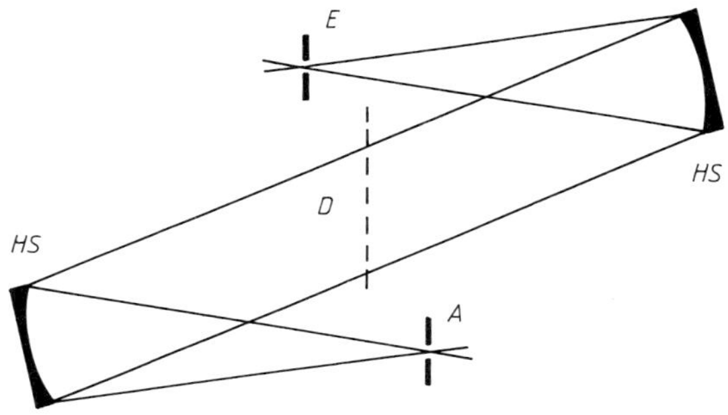


Bild 16.1.6 Czerny-Turner-Anordnung zur Koma-Kompensation

E, A = Eingangs- und Ausgangsspalt, HS = Hohlspiegel, D = Dispersionselement (Prisma oder Gitter)

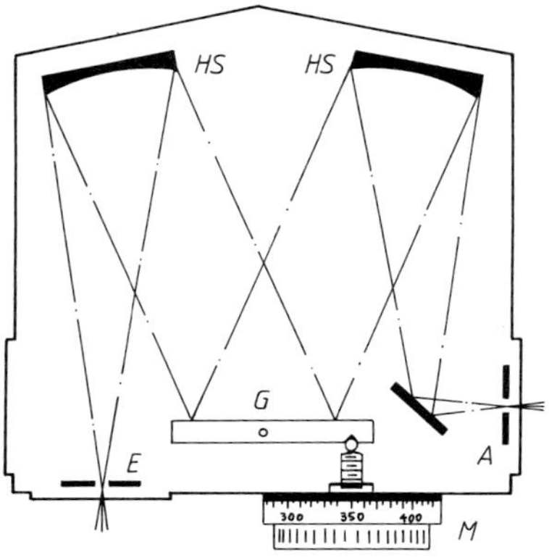


Bild 16.1.7 Gittermonochromator in modifizierter Czerny-Turner-Anordnung

E, A = Eingangs- und Ausgangsspalt, HS = Hohlspiegel, G = Plangitter, M = Mikrometerschraube zur Wellenlängen-Einstellung

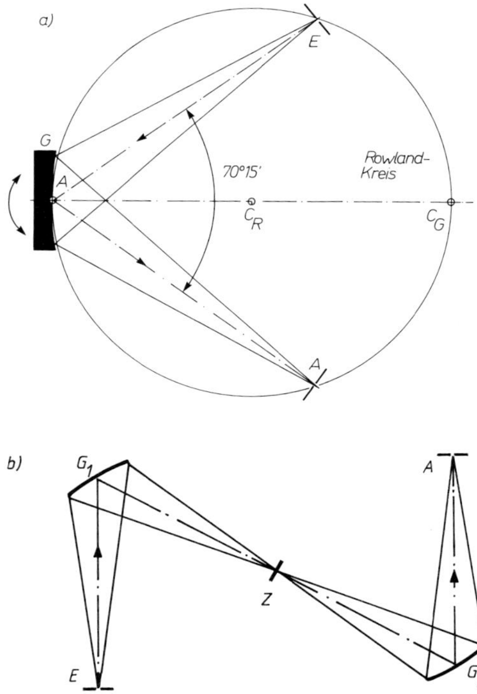


Bild 16.1.8 Monochromatoren mit Konkavgitter

a) Seya-Namioka-Anordnung,
b) Doppelmonochromator mit holografischen Konkavgittern [H 16.1.5].
G = Gitter, A = Drehpunkt (Gitterscheitel) zur Wellenlängen-Einstellung, E, A = Eingangs- und Ausgangsspalt, $C_G$ = Krümmungsmittelpunkt der Gitterfläche, $C_R$ = Krümmungsmittelpunkt des Rowland-Kreises (halber Gitterradius), Z = Zwischenspalt

tet, so entsteht die Anordnung für einen *Plangitter-Monochromator* nach Bild 16.1.7. Durch zusätzliche Planspiegel können Eingangs- und Ausgangsspalt in gewünschte Lage gebracht werden.

Einen besonders kostengünstigen Monochromator-Aufbau erhält man, wenn Abbildungs- und Dispersionselement in einem *Konkavgitter* zusammengefaßt werden (Bild 16.1.8). Bild 16.1.8a zeigt die sehr viel benutzte *Anordnung nach Seya-Namioka* [L 16.1.6], bei der Eingangs- und Ausgangsspalt auf dem Rowland-Kreis (Kreisradius = halber Konkavgitter-Radius) liegen und die Wellenlängen-Einstellung nur eine Gitterdrehung um den Scheitel erfordert. Da keine weiteren optischen Flächen verwendet werden, ist der Streulichtanteil extrem niedrig. Modifizierte Anordnung mit *holografischen Konkavgittern* (speziell auf das Gitter abgestimmte Lage von Eingangs- und Ausgangsspalt) ergeben praktisch eine fehlerfreie Abbildung, weil das Gitter durch Interferenz von Laserbündeln hergestellt wird, die von den Orten E und A ausgehen. Bild 16.1.8b zeigt einen nach diesem Prinzip besonders einfach aufgebauten Doppelmonochromator.

**Literaturhinweise**

L 16.1.1 *Meltzer, R. J.:* Spectrographs and Monochromators. LÜ1 Vol. V/3
L 16.1.2 *Hansen, G.:* Photometrische Aufgaben bei optischen Instrumenten. Optik *1* (1946), 227–295
L 16.1.3 *Weinstein:* Journ. Opt. Soc. Am. 42 (1952), 142ff.
L 16.1.4 Brit. Patent 1075185 von 1963; Naumann, Centralztg. f. Optik u. Mech. *50,* S. 293ff., 1929; *R. N. Wilson,* Optik *29,* Heft 1, S. 17–19, Januar 1969.
L 16.1.5 *Czerny, M.;* Turner, A. F.: Z. Physik *61* (1930), 792
L 16.1.6 *Seya, M.:* Sci. Light (Tokyo) *2* (1952) 8–17; *Namioka, T.:* Sci. Light (Tokyo), 3, 15–24; *Grenier, H.; Schaffer, E.:* Optik *14* (1957), 263–276
L 16.1.7 siehe auch L 16.3.4

**Beispiele für Hersteller bzw. Lieferanten von Monochromatoren**

H 16.1.1 *Kratos GmbH Schoeffel Instrument,* Celsiusstr. 5, Trappenkamp
H 16.1.2 *Ernst Leitz Wetzlar GmbH,* Wetzlar
H 16.1.3 *Oriel GmbH,* Im Tiefen See 58, Darmstadt: auch Filter-Monochromator m. Verlauffilter
H 16.1.4 *Ealing Beck Ltd.,* Greycaine Road, Watford, GB
H 16.1.5 *Jobin-Yvon,* über Instruments S.A. GmbH, Hauptstr. 68, Unterhaching b. München: Gitter-Monochromatoren
H 16.1.6 siehe auch Beispiele 16.2. . . .
H 16.1.7 *B & M spektronik GmbH & Co KG,* Wendelsteinstr. 16, Olching: Gitter-Monochromatoren
H 16.1.8 *AMKO GmbH,* Gärtnerweg 49, Tornesch b. Hamburg: Gittermonochromator

## 16.2 Spektralfotometer

Unter Spektralfotometern werden im allgemeinen Fotometer verstanden, mit denen Strahlungsgrößen in einem engen, meist kontinuierlich verschiebbaren Wellenlängenbereich gemessen werden können. Die Bezeichnung ist nicht ganz eindeutig [L 16.2.1], aber doch sehr weit verbreitet. Spektralfotometer gehören im allgemeineren Sinne zu den Spektrometern. Sie werden vor allem in der analytischen Chemie eingesetzt, dienen weiterhin aber auch u. a. zur Bestimmung spektraler Stoffkennzahlen (z. B. spektraler Transmissionsgrad von Filtern).

Bild 16.2.1 stellt einige *Meßprinzipien von Spektralfotometern* vergleichend dar. Das besonders einfach aufgebaute *Einstrahlfotometer* nach Bild 16.2.1a erfordert gut Stabi-

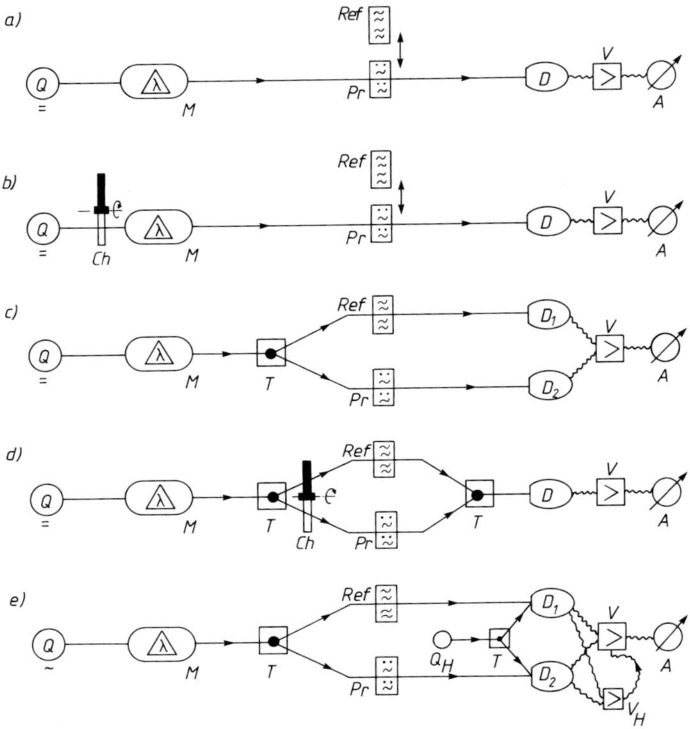


Bild 16.2.1 Meßprinzipien von Spektralfotometern

a) Einstrahlfotometer mit Gleichlichtbeleuchtung, b) Einstrahlfotometer mit Wechsellichtbeleuchtung durch mechanische Modulation, c) Zweistrahlfotometer mit zwei Detektoren, d) Zweistrahlfotometer mit einem Detektor und periodischer Teilung (180°-Phasenverschiebung der Signale), e) Zweistrahlfotometer mit strommodulierter Wechsellichtquelle und elektronischer Empfindlichkeitskompensation der beiden Detektoren
Q = Strahlungsquelle, M = Monochromator, Ch = mechanischer Modulator („Chopper"), T = Teiler, Ref = Referenzkörper (z. B. Küvette mit Lösungsmittel), Pr = Probe (z. B. Küvette mit Lösung), D = Detektor, V = Verstärker, A = Anzeige bzw. Schreiber, $Q_H$ = Hilfslichtquelle, $V_H$ = Hilfsverstärker

lisierung von Quelle und Elektronik. Nach Einstellung der Meßwellenlänge am Monochromator erfolgen Nullpunktkorrektur und 100%-Einstellung bei „Referenz" im Strahlengang (das kann in der Analytik eine Küvette nur mit Lösungsmittel sein, während bei τ-Messung eines Filters der Strahlengang frei bleibt). Zusammen mit einem einfach aufgebauten Monochromator ergeben sich preisgünstige Spektralfotometer für Routinemessungen (Bild 16.2.2). Eine Verbesserung der Meßgenauigkeit erhält man, wenn der Lichtstrom durch einen *„Chopper"* (z. B. rotierende Sektorenblende oder

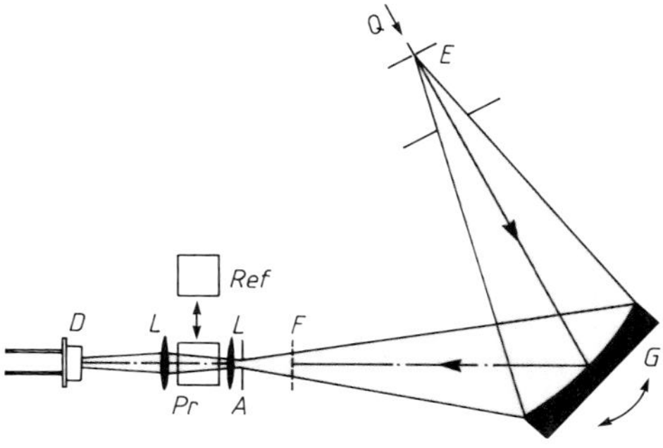


Bild 16.2.2 Einstrahl-Spektralfotometer mit einfachstem Aufbau [H 16.1.5]

Prinzip nach Bild 16.2.1 a. Q = Strahlung von der Quelle (Wolframlampe), E, A = Eingangs- und Ausgangsspalt, G = holografisches Konkavgitter, F = einschiebbare Filter, Ref, Pr = Referenz und Probe, L = Linsen, D = Detektor (Si-Fotoelement)

schwingende Spaltblende) mechanisch zerhackt wird (Bild 16.2.1 b). Durch die jetzt mögliche selektive Wechselspannungsverstärkung der Chopperfrequenz wird das Signal-Rausch-Verhältnis erheblich verbessert, Nullpunktdrift unterdrückt und der Einfluß von Gleichlicht-Streulicht ausgeschaltet. Bei dem Grundschema eines *Zweistrahlfotometers* (Bild 16.2.1 c) werden die durch Referenz und Probe gehenden Lichtströme von zwei Detektoren erfaßt und die Signale mit Hilfe eines Differenzverstärkers verglichen, wodurch Strahlungsschwankungen der Quelle kompensiert werden, nicht aber unterschiedliche Empfindlichkeitsänderungen beider Detektoren. Deshalb arbeitet das bei Zweistrahlfotometern heute bevorzugte und überwiegend angewendete Prinzip mit nur einem Detektor, dem Referenz- und Probenlichtstrom durch *periodische Teilung* abwechselnd zugeführt werden (Bild 16.2.1 d). Hierzu kann ein optischer Teiler mit nachfolgendem Chopper verwendet werden, der die beiden Teilstrahlengänge abwechselnd freigibt und sperrt. Besser ist ein *rotierender Sektorspiegel* (Bild 16.2.3), durch den der gesamte am Ausgangsspalt des Monochromators vorhandene Lichtstrom (bzw. Strahlungsfluß) abwechselnd für Meß- und Vergleichsstrahlengang verfügbar ist. Am Detektorausgang sind Meß- und Referenzsignal ineinandergeschachtelt, d. h. die Signale treten mit einer Phasenverschiebung von 180° auf. Da ihre Lage aus der Rotation des Choppers bekannt ist, können beide Signale wieder getrennt und verglichen werden.

Durch den mechanischen Chopper ist jedoch das *zeitliche Auflösungsvermögen* des Spektralfotometers begrenzt, was z. B. bei der Untersuchung schnell ablaufender chemischer Reaktionen stört. Bild 16.2.1 e zeigt deshalb ein Aufbauprinzip ohne mechanisch bewegte Teile [L 16.2.3]: Es wird auf das Prinzip von Bild 16.2.1 c mit zwei Detektoren zurückgegriffen, jedoch Wechselspannungsverstärkung benutzt. Dazu tritt an Stelle eines Choppers eine *strommodulierte Lichtquelle* (Xenon-Hochdrucklampe). Um unterschiedliche Empfindlichkeitsänderungen beider Detektoren zu kompensieren, werden sie zusätzlich von einer Hilfslichtquelle $Q_H$ bestrahlt (Lumineszenzdiode, strommoduliert mit einer Hilfsfrequenz $f_H$). Ein Hilfsverstärker verstärkt nur die Hilfsfrequenz $f_H$. Hier ergibt sich nur ein Signal, wenn die Empfindlichkeiten beider Detektoren auseinanderlaufen. Dies kann durch gegenläufige Verstärkungsänderung des Hauptverstärkers kompensiert werden.

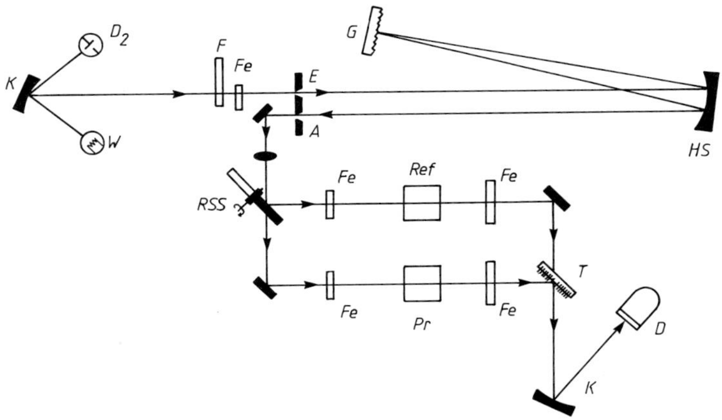


Bild 16.2.3 Zweistrahlfotometer [H 16.2.1]

Prinzip nach Bild 16.2.1d. K = Kondensorspiegel, W, $D_2$ = Wolfram- und Deuteriumlampe, mit Spiegel umschaltbar, F = Filter, Fe = Fenster, E, A = Eingangs- und Ausgangsspalt, G = Plangitter, HS = Hohlspiegel, RSS = Rotierender Sektorspiegel (Chopper), Ref, Pr = Referenz und Probe, T = Teiler, D = Detektor

Der mit einem Spektralfotometer erfaßbare *Spektralbereich* wird durch die Strahlungsfunktion der Lichtquelle, den Empfindlichkeitsbereich des Empfängers und den Aufbau des Monochromators (Gitterkonstante, Transmissionsbereich von Prismenwerkstoffen) begrenzt. Für den VIS- und nahen IR-Bereich wird die Wolframlampe (normale Glüh- oder Halogenlampe), für UV die Deuteriumlampe eingesetzt. Als Empfänger kommen für VIS und UV der Sekundärelektronenvervielfacher (SEV, Fotomultiplier), für VIS und nahes IR Fotozellen oder Si-Halbleiterempfänger und für längerwelligen Bereich u. a. der PbS-Fotowiderstand in Frage. Ein großer Spektralbereich wird ggf. mit automatischer Umschaltung von Quellen und Empfängern durchfahren. Die bevorzugt verwendeten Gittermonochromatoren reichen bis etwa 200 nm herunter; etwas weiter (180 nm) kommt man mit Quarz- bzw. Flußspatprismen, die auch den nahen IR-Bereich (etwa 2 . . . 3 µm) mit erfassen.

## Literaturhinweise


L 16.2.1 *Erb, W.; Bauer, G.:* Bezeichnung von Geräten für Licht- und Strahlungsmessung. Optik *53* (1979) No. 4, 295–301

L 16.2.2 *Driscoll, W. G.:* Spectrophotometers. L 22.1 Vol. V/4

L 16.2.3 *Wolschendorf, K.; Schwarze, H.:* Ein hochauflösendes Spektralphotometer mit elektronischer Empfindlichkeitskompensation. G-I-T Fach. Lab. *18* (1974) H. 1, 20–21, 23–24

L 16.2.4 DIN 58 960 Photometer für analytische Untersuchungen
T. 1 Benutzte physikalisch-chemische Grundvorgänge
T. 2 Technischer Aufbau. Einteilung, Bauelemente, Begriffe
T. 3 Begriffe zur Kennzeichnung der technischen Eigenschaften von Absorptionsphotometern

L 16.2.5 siehe auch L 16.3.4

**Beispiele für Hersteller bzw. Lieferanten von Spektralfotometern**

H 16.2.1 *Bodenseewerk Perkin-Elmer & Co GmbH,* Überlingen
H 16.2.2 *Beckman Instruments GmbH,* Frankfurter Ring 115, München
H 16.2.3 *Dr. Bruno Lange GmbH,* Hammer Landstr. 115, Neuss
H 16.2.4 *Pye-Unicam Ltd, GB,* über Philips GmbH, Miramstr. 87, Kassel
H 16.2.5 *Shimadzu (Europa) GmbH,* Johannes-Weyer-Str. 1, Düsseldorf
H 16.2.6 *Gigahertz-Optik GmbH,* Kreuzstr. 6, 8039 Puchheim: Spektralradiometer
H 16.2.7 *W. Pabisch GmbH & Co KG,* Atterseestr. 16, München
H 16.2.8 *Gamma Scientific Inc,* USA, über Polytec GmbH & Co, Waldbronn-Karlsruhe: Spektral-Scanning-System, u. a. für Spektralfotometrie und Farbmessung
H 16.2.9 *Pier-Electronic GmbH,* Nassaustr. 35, 6238 Hofheim-Wallau: Prozeß-Fotometer, u. a. z. Feuchtemessung

## 16.3 Spektroskope, Spektrometer, Spektrografen

Mit *Spektroskopen* werden Spektren unmittelbar beobachtet (Demonstration der Strahlungszusammensetzung von Lichtquellen, einfache qualitative Analysen). Die Wellenlängen von Spektrallinien können ggf. über eine eingeblendete Skala grob bestimmt werden. Genauere Wellenlängenmessungen werden jedoch mit *Spektrometern* ausgeführt, meist mit Hilfe von Winkelmessungen an einem zumindest über Nonien auf 1′ oder genauer ablesbaren Teilkreis. Das Spektrometer ist damit ein mit Kollimator und Fernrohr ausgerüstetes *Goniometer;* Kollimator- und Fernrohrarm sind um eine gemeinsame Achse schwenkbar, die möglichst exakt durch den Teilkreis-Mittelpunkt gehen muß. Um diese Achse ist auch der Tisch mit Prismen- bzw. Gitterträger drehbar. Der brechende Winkel eines Prismas kann ebenfalls gemessen werden; hierzu wird das Fernrohr auch als Autokollimationsfernrohr ausgeführt. Mit Spektrallinien bekannter Wellenlängen wird durch Winkelmessung nach dem Verfahren der minimalen Ablenkung (Abschn. 5.9) die *Brechzahl* $n(\lambda)$ bestimmt, d. h. die Dispersionskurve. Mit *Spektrografen* werden Spektren zur qualitativen und quantitativen Spektralanalyse registriert, bevorzugt durch Aufzeichnung auf fotografischen Schichten. Die genannten Bezeichnungen für Spektralapparate sind nicht ganz scharf abgegrenzt, aber seit langem eingeführt. Die Gerätetypen können häufig durch Zusatzteile ineinander umgewandelt werden. Ihr Grundaufbau stimmt mit Monochromatoren im wesentlichen überein; in diesen Punkten braucht die in Abschn. 16.1 gegebene Darstellung hier nicht wiederholt zu werden.

Bild 16.3.1 a zeigt den Grundaufbau eines Spektroskops mit 60°-Prisma; bei einem Spektrometer sind Kollimator, Fernrohr und Prisma über einem Teilkreis gegeneinander drehbar und das Okular ist mit einem Fadenkreuz ausgerüstet. Ein Spektroskop/Spektrometer mit konstanter Ablenkung, also fester Lage von Kollimator und Fernrohr (Bild 16.3.1 b) wird mit einem Abbe-Prisma (Bild 16.1.3 d) ausgerüstet; die Meßtrommel M an der zur Prismendrehung benutzten Mikrometerschraube kann unmittelbar eine Wellenlängenteilung erhalten.

Einfache *Handspektroskope* enthalten ein *Geradsichtprisma* (Bild 16.3.2 a), bei dem durch Kombination von Kron- und Flintglasprismen die Ablenkung für eine mittlere Wellenlänge aufgehoben ist. Bei diesen einfachen Geräten wird auf ein Fernrohrsystem verzichtet (Bild 16.3.2 b); das Spektrum wird unmittelbar auf der Netzhaut des Auges

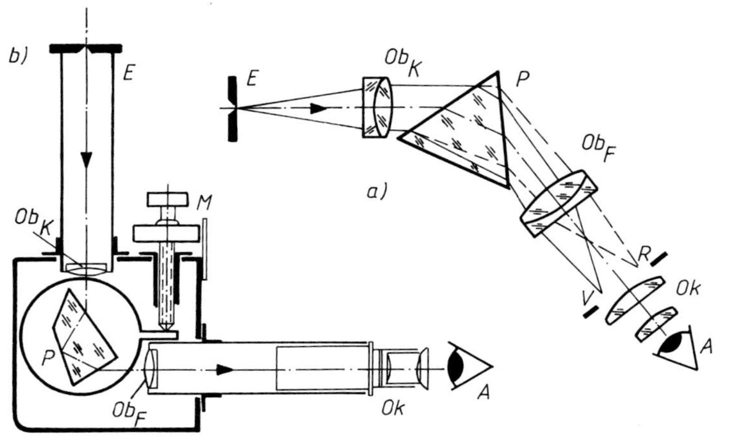


Bild 16.3.1 Beispiele für Spektroskope

a) Grundaufbau, b) Spektroskop mit konstanter Ablenkung [H 16.3.1]. E = Eingangsspalt, $Ob_K$, $Ob_F$ = Kollimator- und Fernrohr-Okular, Ok = Okular, A = Auge, P = Prisma, V, R = violettes und rotes Ende des Spektrums, M = Mikrometerschraube mit Meßtrommel

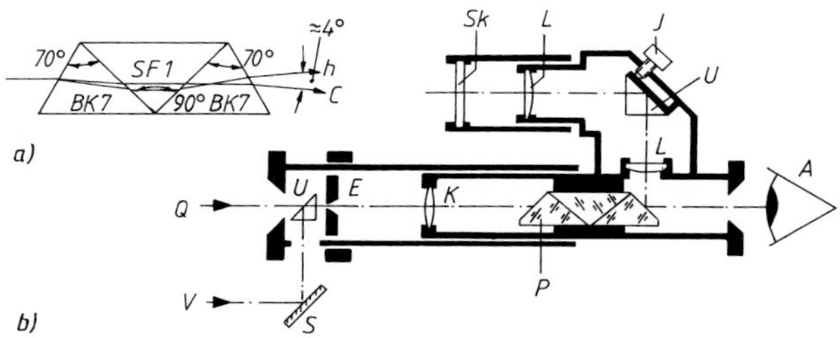


Bild 16.3.2 Handspektroskop [H 16.3.1]

a) Geradsichtprisma nach Amici, b) Spektroskop-Aufbau. E = Eingangsspalt, K = Kollimatorlinse, P = Prisma, A = Auge, Sk = Wellenlängenskala, L = Linsen, U = Umlenkprismen, S = Spiegel, J = Justierschraube für λ-Skala, Q = untersuchte Quelle, V = Quelle für Vergleichsspektrum

abgebildet. Durch ein kleines Umlenkprisma vor der halben Höhe des Eingangsspaltes kann ein zweites Spektrum zum Vergleich eingeblendet werden, so daß beide Spektren übereinander erscheinen. Eine von außen beleuchtete Wellenlängen-Skala Sk wird durch Spiegelung an einer Fläche des Geradsichtprismas dem Spektrum überlagert.

Die Dispersion von Spektralgeräten kann durch Hintereinanderschaltung mehrerer Dispersionselemente erhöht werden. Bild 16.3.3 zeigt einen *Dreiprismen-Spektrogra-*

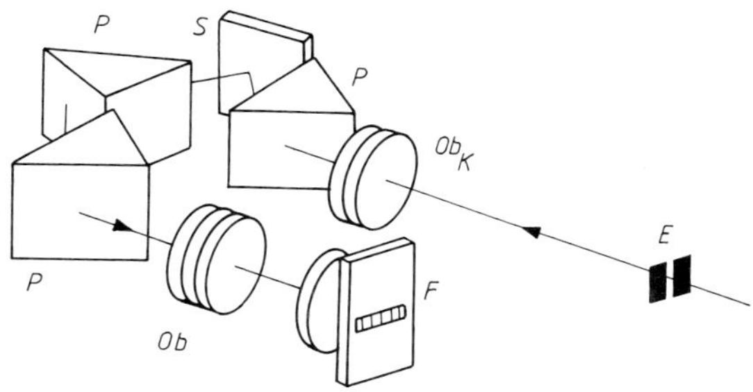


Bild 16.3.3 Dreiprismen-Spektrograf

E = Eingangsspalt, $Ob_K$ = Kollimatorobjektiv, Ob = Kameraobjektiv, P = Prismen, S = Spiegel, F = Fotoplatte mit Spektrum

*fen* [L 16.3.2]. Bei diesem Prismensystem nach Hansen [L 16.3.1] ist zwischen den Prismen noch ein Planspiegel S eingebaut, wodurch sich für die Wellenlänge λ mit minimaler Ablenkung eine konstante Ablenkung um 180° ergibt. Wird die Kamera Ob-F durch ein Fernrohrobjektiv mit Ausgangsspalt ersetzt, so entsteht ein *Monochromator.*

*Optische Systeme für Ultraviolett,* insbesondere das kurzwellige, müssen aus Quarz, Quarzglas, Flußspat oder dgl. hergestellt werden. *Quarzglas* ist wegen seiner Hitzefestigkeit für Beleuchtungsoptik empfehlenswert und in mehreren Güteklassen erhältlich, so daß für Geräte höchster Präzision *Kristallquarz* nicht erforderlich ist. Wird er für Spektralprismen benutzt, so muß deren brechende Kante parallel zur Kristallachse stehen, außerdem müssen die Prismen aus zwei Teilen zusammengesetzt sein, einer aus rechts, der andere aus links drehendem Quarz (Bild 16.3.4).

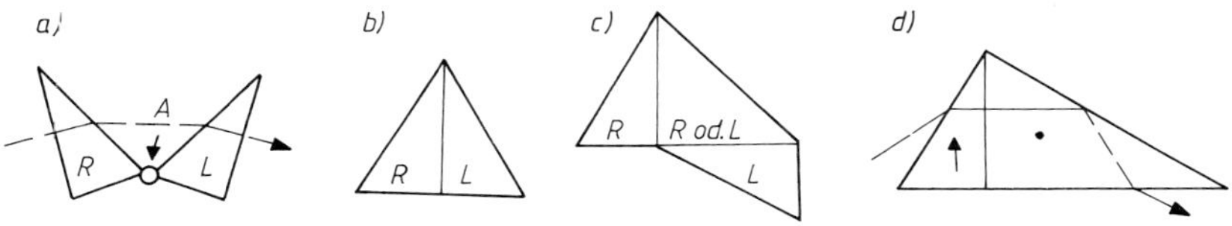


Bild 16.3.4 Prismenanordnungen aus Kristallquarz

a) Prismen nach Young, b) Quarzprisma nach Cornu, c) Quarzprisma nach Bauernfeind, d) Quarzprisma nach Straubel (links Kristallachse in Pfeilrichtung, rechts senkrecht zur Zeichenebene). R = Rechtsquarz, L = Linksquarz

Bild 16.3.5 zeigt den Aufbau eines kleinen *Quarzspektrografen* [L 16.3.3], mit dem der Spektralbereich von 185 nm bis 1000 nm auf etwa 80 mm Länge in einer Aufnahme erfaßt werden kann. Alle optischen Elemente bestehen aus dem gleichen sehr homogenen Quarzglas; es ist also kein geteiltes Prisma wie bei Kristallquarz erforderlich. Damit sind die Farblängsfehler von Kollimatorobjektiv (Plankonvexlinse) und dreilinsigem Kameraobjektiv völlig unkorrigiert („Chromate"); die Fotoplatte muß nahezu parallel zur Kollimatorachse liegen (Winkel hier ca. 19°).

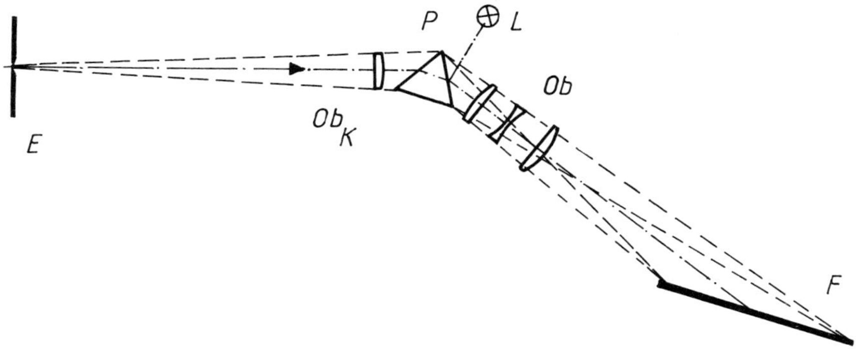


Bild 16.3.5 Kleinspektrograf aus Quarzglas [L 16.3.3]

E = Eingangsspalt, $Ob_K$ = Kollimatorobjektiv, Ob = Kameraobjektiv, P = Prisma, F = Fotoplatte, L = Lampe zur Einbelichtung einer vor die Fotoplatte geschobenen Skala

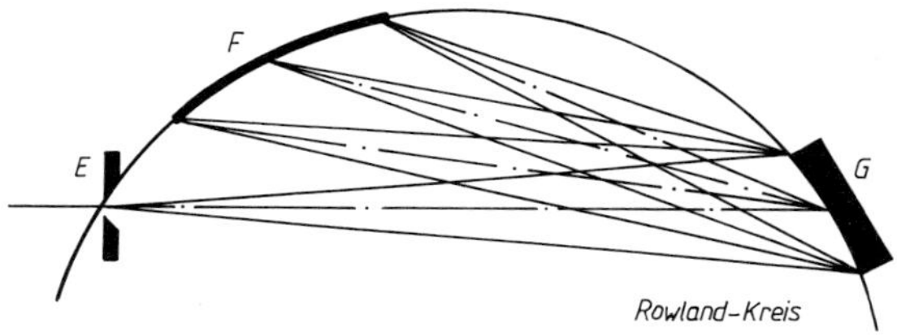


Bild 16.3.6 Gitterspektrograf mit Eagle-Montierung

E = Eingangsspalt, G = Konkavgitter, F = Fotoplatte

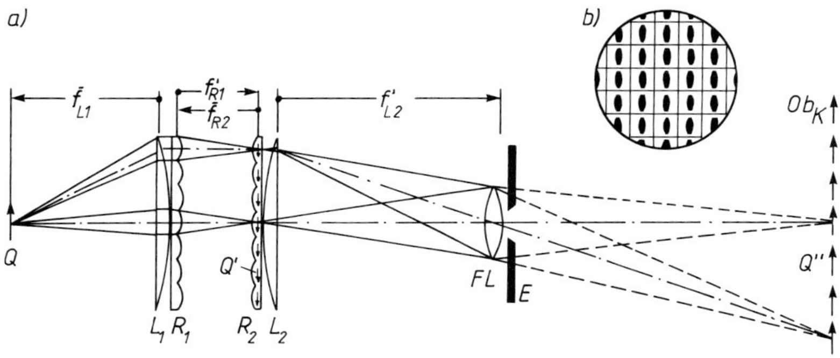


Bild 16.3.7 Ausleuchtung eines Spektrografen mit Linsenraster-Kondensor

Q = Quelle mit Bildern Q′, Q″, $L_1$, $L_2$ = Kondensorlinsen, $R_1$, $R_2$ = Rasterplatten, E = Eingangsspalt, FL = Feldlinse, $Ob_K$ = Ebene des Kollimatorobjektivs. a) Aufbau, b) Verteilung der Lichtquellenbilder Q″ im Kollimatorobjektiv

*Gitter-Spektrografen* werden ebenso wie die entsprechenden Monochromatoren mit vielen verschiedenen Anordnungen („Gittermontierungen") aufgebaut. Als Beispiel zeigt Bild 16.3.6 die häufig verwendete Montierung nach Eagle. Da die Fotoplatte dicht neben dem Eingangsspalt angeordnet ist, ergibt sich ein platzsparender Aufbau; Beugungs- und Einfallswinkel unterscheiden sich nur wenig, so daß sich eine Ähnlichkeit zum Littrow-Prisma (Bild 16.1.3 a) ergibt.

Die gleichmäßige Ausleuchtung sowohl des Eingangsspalts E wie des Kollimatorobjektivs $Ob_K$ kann mit einem *Wabenkondensor* (Bild 16.3.7 a; vgl. auch Bild 8.2.1 b) erzielt werden: Die Quelle Q (z. B. Lichtbogen, Funken) wird durch die Linse $L_1$ und die Einzellinsen der Wabenplatte $R_1$ in Form verkleinerter Einzelbildchen Q′ gleichmäßig verteilt auf $R_2$ abgebildet; $R_2/L_2$ bildet $R_1/L_1$ auf den Eingangsspalt E ab. Durch die Feldlinse FL wird auch die Öffnung des Kollimatorobjektivs $Ob_K$ mit Lichtquellenbildchen Q″ gleichmäßig überdeckt (Bild 16.3.7 b).

Die Herstellung sauberer *Spalte* ist für brauchbare Spektralgeräte Vorbedingung. Die Spaltbacken müssen fehlerfrei und einander parallel sein; bei verstellbaren Spalten müssen sie auch parallel bleiben. Bessere Konstruktionen öffnen sich symmetrisch von der Mitte aus, beide Backen werden also bewegt.

## Literaturhinweise

L 16.3.1 *Hansen, G.:* Baugrundsätze für Prismenspektrographen. Spectrochim. Acta *3* (1948) 397–411

L 16.3.2 *Faust, H.-W.:* Der Dreiprismen-Spektralapparat SG 34. Zeiss-Informationen H. 76 (1970)

L 16.3.3 *Faust, H. W.; Köhler, H.; Jung, E.:* Ein kleiner Quarzspektrograph. Zeitschr. f. Instrumentenkunde *72* (1964) H. 9, 274–278

L 16.3.4 DIN 5030 Spektrale Strahlungsmessung

## Beispiele für Hersteller bzw. Lieferanten

H 16.3.1 *A. Krüss,* Gertigstr. 31, Hamburg: Spektrometer, Spektroskope, Hand-Spektroskope

H 16.3.2 *B & M spektronik GmbH & Co KG,* Wendelsteinstr. 16, Olching: Geräte u. Auswertungssysteme zur Spektroskopie

H 16.3.3 *Oriel GmbH,* Im Tiefen See 58, Darmstadt: Infrarot-Spektrometer u. Komponenten, UV-Komponenten

H 16.3.4 *Spindler u. Hoyer GmbH u. Co,* Königsallee 23, Göttingen: Spektrometer

H 16.3.5 *Rank Precision Industries GmbH,* Gustav-Stresemann-Ring 12, Wiesbaden: Spektrometer

H 16.3.6 *Ealing Beck Ltd.,* Greycaine Road, Watford, GB: Spektroskope und Spektrometer

H 16.3.7 *Spectra-Physics GmbH,* Alsfelder Str. 12, Darmstadt: IR-Laser-Spektrometer

H 16.3.8 *EG & G Instruments GmbH,* Hohenlindener Str. 12, München: Geräte zur Mehrkanal-Spektroskopie

H 16.3.9 *Jenoptik Jena,* DDR, über Werner Jähnert GmbH, Weender Landstr. 3, Göttingen: Spektrografen

H 16.3.10 *Digilab GmbH,* Dachauer Str. 364, München: IR-Fourier-Spektrometer

H 16.3.11 *Polytec GmbH & Co,* Waldbronn-Karlsruhe: Fourier-Spektrometer

H 16.3.12 *Anaspec Elektro-Optik GmbH,* Pallaswiesenstr. 63, Darmstadt: Spektralgeräte

H 16.3.13 *Osram GmbH,* Hellabrunner Str. 1, München: Spektrallampen

## 16.4 Fotometer und Densitometer

Mit Fotometern im engeren Sinne werden *lichttechnische Größen* (Abschn. 2.2) von Lichtquellen (Lampen bzw. komplette Leuchten) bestimmt. Weiterhin dienen Fotometeranordnungen zur Ermittlung der *Stoffkennzahlen* (Abschn. 2.3) von Materialien. Lichttechnische Größen und Kennzahlen beziehen sich stets auf das Auge als Empfänger der Strahlung. Entweder wird das Auge unmittelbar als Meßempfänger benutzt (subjektive Messung: *visuelle Fotometrie*), oder der fotoelektrische Empfänger wird durch sorgfältig abgestimmte Filter möglichst exakt an die Funktion V (λ) des Normalbeobachters (Abschn. 2.2) angepaßt (objektive Messung: *physikalische Fotometrie*). Visuelle fotometrische Verfahren werden im wesentlichen nur noch angewendet, wenn damit Untersuchungen über die Augeneigenschaften selbst verbunden sind.

Die Meßempfänger können natürlich auch an andere spektrale Empfängerfunktionen (z. B. von Fotoschichten, DIN 4512 T. 3) angepaßt werden. Entsprechend wird auch bei der Farbmessung nach dem Dreibereichsverfahren (Abschn. 16.5) verfahren. Ist die Empfängerempfindlichkeit in dem wirksamen Spektralbereich konstant (d. h. unabhängig von der Wellenlänge), so können strahlungsphysikalische Größen bzw. Kennzahlen bestimmt werden, z. B. $\tau_e$ (Tab. 2.3.1).

Jedes Fotometer wird durch Einschalten eines Monochromators (Abschn. 16.1) zum *Spektralfotometer* (Abschn. 16.2), mit dem spektrale Größen bzw. spektrale Kennzahlen als Funktion der Wellenlänge bestimmt werden können (z. B. spektrale Dichte der Strahlungsleistung $\Phi_{e\lambda}$ oder spektraler Transmissionsgrad $\tau(\lambda)$). Viele der für Spektralfotometer angegebenen Einzelheiten (u. a. Meßprinzipien, Bild 16.2.1) gelten allgemein für Fotometer und brauchen hier nicht wiederholt zu werden.

Betriebsfotometer zur Bestimmung der *optischen Dichte* D (und damit natürlich auch des Transmissions- bzw. Reflexionsgrades) von Schichten (z. B. fotografische Filme, Chromatogramme in der chemischen Analyse) werden als *Densitometer* bezeichnet. In der speziellen Ausführung als *Mikrodensitometer* können ein- oder zweidimensionale Dichteverteilungen mit hoher örtlicher Auflösung (sehr kleine Meßflächen) bestimmt

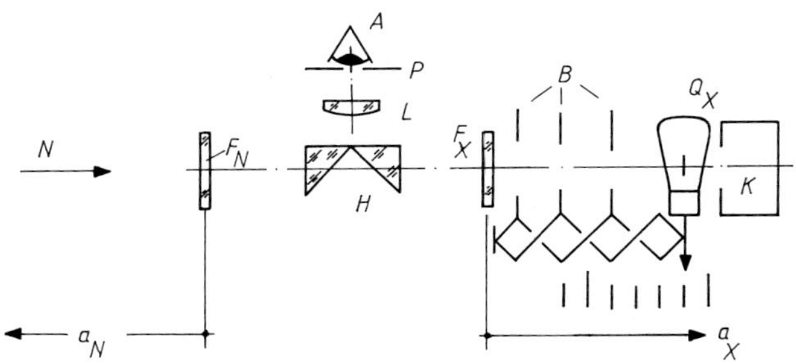


Bild 16.4.1 Prinzip eines visuellen Fotometers (Gleichheitsprinzip mit Lichtschwächung durch Abstandsänderung)

H = Halbwürfelpaar, $F_X$, $F_N$ = Opalgläser, B = Kulissenblenden, $Q_X$ = Meßlichtquelle, N = Vergleichsstrahlung ($Q_N$ nicht gezeichnet), $a_X$, $a_N$ = Abstände zwischen Leucht- und Fotometerflächen, K = schwarzer Hintergrund, L = Lupe, P = Austrittspupille, A = Auge werden, u. a. zur Untersuchung der Übertragungseigenschaften optischer Systeme (Abschn. 12).

*Visuelle Fotometrie* soll nur an einem Beispiel erläutert werden. Die „Helligkeit“ einer Fläche wird durch ihre Leuchtdichte bestimmt. Das Auge kann aber nicht die Leuchtdichte absolut bewerten, sondern nur feststellen, ob benachbarte Felder gleich oder nicht gleich hell sind. Dieses *Gleichheitsprinzip* zeigt Bild 16.4.1 in der Anwendung zur Bestimmung der Lichtstärke $I_X$ einer Lampe $Q_X$ durch Vergleich mit einer Normallampe $Q_N$, deren Lichtstärke $I_N$ bekannt ist. Grundlage ist das fotometrische Entfernungsgesetz $E = (I/a^2) \cdot \Omega_0$ (Gl. (8.1.4)): Die beiden Fotometer-Auffangflächen $F_X$ und $F_N$ werden durch die zugehörigen Lampen beleuchtet. Durch meßbare Abstandsänderung $a_X$ bzw. $a_N$ wird auf gleiche Helligkeit der beiden über das Halbwürfelpaar beobachteten Felder eingestellt. Im Falle der Gleichheit gilt

$$I_X = I_N \cdot \frac{a_X^2}{a_N^2} \tag{16.4.1}$$

Günstiger als das Halbwürfelpaar sind speziell für Fotometer vorgesehene Strahlenteiler, z. B. der *Lummer-Würfel* (Bild 5.8.1 b), der eine kreisförmige Aperturteilung ergibt. An Stelle des Gleichheitsprinzips kann mit entsprechenden Einrichtungen das *Kontrastprinzip* (Einstellung auf gleichen Kontrast von Feldpaaren) oder das *Flimmerprinzip* (Einstellung auf verschwindendes Flimmern bei schnellem Wechsel der beiden Strahlungen X und N im gleichen Feld) eingesetzt werden.

Die im Beispiel dargestellte Lichtschwächung durch Abstandsänderung kann natürlich ebenso bei physikalischer Fotometrie angewendet werden. Stets müssen die Abstände a größer als die *fotometrische Grenzentfernung* sein. Dies ist der Mindestabstand, von dem ab das quadratische Entfernungsgesetz (Gl. (8.1.4)) mit für den Meßzweck ausreichender Genauigkeit gilt (streng gilt dieses Gesetz ja nur für punktförmige Strahler). Als Richtwert kann angenommen werden, daß bei diffuser Abstrahlung (z. B. Glühwendel) der Abstand wenigstens um den Faktor 10 größer als die Querausdehnung der Lichtquelle sein soll. Werden komplette Scheinwerfer oder Projektoren als Lichtquelle betrachtet, so wächst die fotometrische Grenzentfernung stark an.

In der *physikalischen Fotometrie* werden foto- oder lichtelektrische Empfänger möglichst guter Linearität und Stabilität verwendet; hier hat sich vor allem das Silizium-Fotoelement (Abschn. 6.7) bewährt, dessen Kurzschlußstrom streng proportional zur Beleuchtungsstärke ist. Weiterhin kommen Vakuum-Fotozellen, Fotodioden und bei sehr geringen Beleuchtungsstärken Sekundärelektronenvervielfacher (SEV) in Frage.

Abgesehen von der notwendigen $V(\lambda)$-Anpassung der Empfänger bei Messung aller lichttechnischen Größen sind ggf. noch weitere Anforderungen zu erfüllen. So muß z. B. zur Messung der *Beleuchtungsstärke* der Empfänger die einfallende Strahlung „Cosinus-getreu“, also wie eine ebene Fläche, bewerten (Bild 6.6.1 a). Dies kann ggf. durch einen „Cos-Vorsatz“ (Streuscheibe mit Abschattring, [H 16.4.13]) erzwungen werden. Beleuchtungsstärke-Meßgeräte können nach dem fotometrischen Entfernungsgesetz (Gl. (8.1.4)) entsprechend Bild 16.4.2 kalibriert werden, wenn eine *Lichtstärke-Normallampe* zur Verfügung steht. Solche Lampen werden als Arbeitsnormale auch von Glühlampen-Herstellern (z. B. [H 6.2.1]) mit Prüfzertifikaten (Abschn. 6.2) abgegeben. Die dabei angegebenen Werte für Strom und Spannung müssen exakt eingehalten werden; die Messung der elektrischen Werte erfolgt über spezielle *Meßfassungen* mit getrenntem Strom- und Spannungspfad (Bild 16.4.3). Bewährt hat sich Gleichstrombetrieb mit Konstantstrom-Einstellung.

Die *Lichtstärke-Messung* erfolgt ebenfalls nach Bild 16.4.2, entweder mit kalibriertem Beleuchtungsstärke-Meßgerät und Abstandsmessung, durch Vergleich der Empfängersignale von Lichtquelle $Q_X$ und dafür substituierter Standardlampe $Q_N$ (gleicher Abstand), oder durch Einstellung auf gleiches Ausgangssignal mit Lichtschwächung durch Abstandsänderung gemäß Gl. (16.4.1).

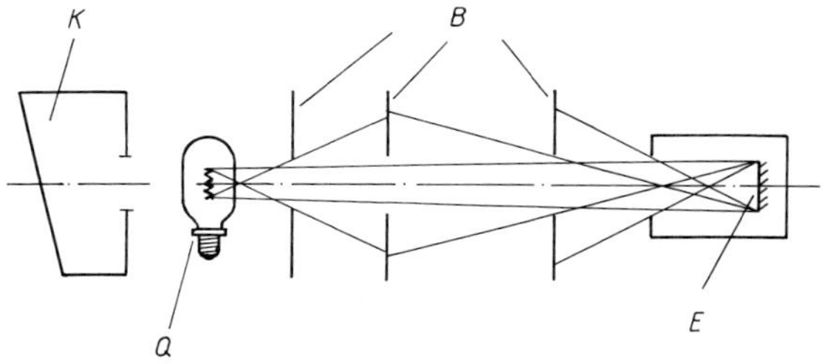


Bild 16.4.2 Grundanordnung zur physikalischen Fotometrie nach DIN 5032 T. 1

Q = Meß- bzw. Vergleichsquelle, K = schwarzer Hintergrund, B = Kulissenblenden, E = Empfänger (Fotometerfläche)

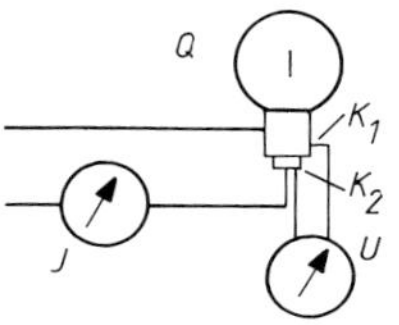


Bild 16.4.3 Einstellung der elektrischen Daten von Lichtquellen

J = Strommessung, U = Spannungsmessung über vom Strompfad getrennte Kontakte $K_1$, $K_2$

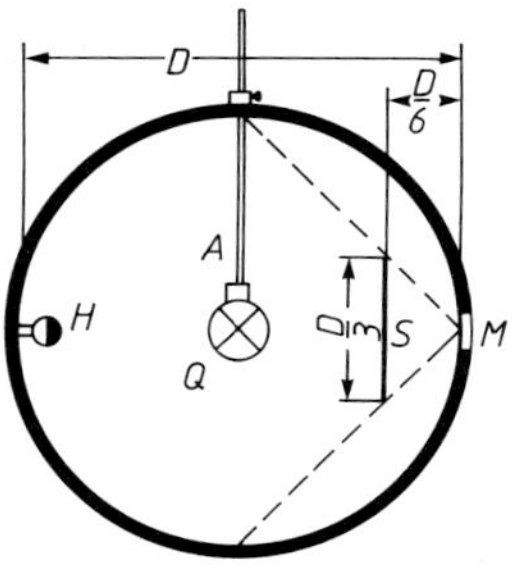


Bild 16.4.4 Ulbricht-Kugel zur Lichtstrommessung [H 16.4.14]

M = Meßöffnung, S = Schatter, A = Lampenhalter, Q = Meß- bzw. Vergleichsquelle, H = Hilfslampe, D = Kugel-Innendurchmesser

Die Messung des gesamten von einer Lichtquelle Q abgegebenen *Lichtstroms* erfolgt mit einer *„Ulbricht-Kugel"*, d. h. einem integrierenden Kugelfotometer (Bild 16.4.4). Dabei ist die Meßöffnung M mit dem Fotoelement durch einen „Schatter" S gegen direktes Licht von Quelle Q und Hilfslampe H abgeschirmt. Der gesamte Innenraum der Kugel einschließlich Schatter usw. ist mattweiß gestrichen. Da so nur an den Wandungen vielfach reflektiertes Licht zur Meßöffnung gelangt, ergibt sich dort (wie an jeder anderen Wandstelle auch) die Beleuchtungsstärke

$$E = \frac{\Phi}{4\pi R^2} \cdot \frac{\varrho}{1-\varrho} \tag{16.4.2}$$

mit R = Kugelradius, $\varrho$ = Reflexionsgrad des Kugelanstrichs (möglichst $\lambda$-unabhängig!).

Da ϱ nicht genügend genau bekannt ist, erfolgt Vergleich mit einer *Lichtstrom-Normallampe* $Q_N$. Fehler durch die Einbauten in der Kugel, unterschiedlichen Aufbau von Meß- und Normallampe werden durch Zusatzmessungen mit einer ständig in der Kugel verbleibenden Hilfslampe H kompensiert. Wird mit Y das Ausgangssignal des Empfängers bezeichnet (z. B. Kurzschlußstrom), so ergibt sich der gesuchte Lichtstrom der Lampe Q zu (DIN 5032 T. 1)

$$\Phi = \Phi_N \cdot \frac{Y}{Y_N} \cdot \frac{Y_{HN}}{Y_H} \tag{16.4.3}$$

mit Y bei Q eingeschaltet, $Y_N$ bei $Q_N$ eingeschaltet, $Y_H$ bei eingeschalteter Hilfslampe, wenn Q in der Kugel, $Y_{HN}$ bei eingeschalteter Hilfslampe, wenn $Q_N$ in der Kugel (bei den Hilfslampen-Messungen sind die Hauptlampen ausgeschaltet).

Zur Messung der *Leuchtdichte* wird die leuchtende Fläche auf einen Empfänger abgebildet. Die Kalibrierung solcher Leuchtdichte-Meßgeräte erfolgt mit *Leuchtdichte-Normalen,* z. B. einer gleichmäßig beleuchteten Trübglasscheibe, auf der die Beleuchtungsstärke unabhängig von Netzspannungsschwankungen und Lampenalterung konstant gehalten wird [H 16.4.13].

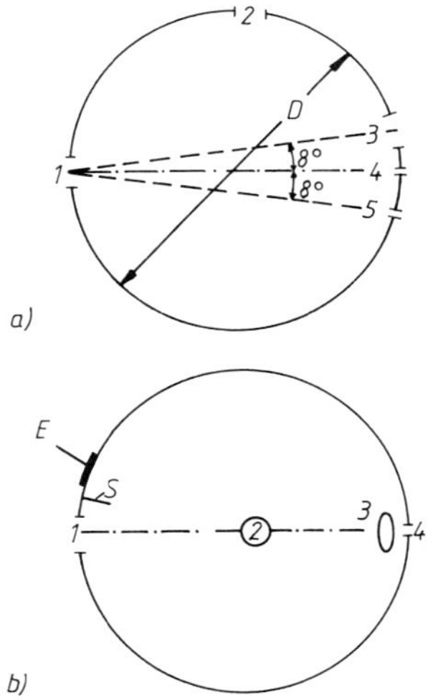


Bild 16.4.5 Ulbricht-Kugel zur Messung von Stoffkennzahlen [L 16.4.2], [H 16.4.13]

a) Grundriß, b) Aufriß. E = Öffnung mit Empfänger-Streuscheibe, S = Schatter, D = Kugeldurchmesser, 1, 2, 3 = Öffnungen für Probe und Standort sowie Lichteinfall bei Reflexion, mit Durchmessern bis maximal 0,1 · D; 4, 5 = Öffnungen als „Glanzfallen“ für ungestreutes Licht, mit Durchmessern bis max. 0,02 · D

Transmissions- und Reflexionsgrad, d. h. die *Stoffkennzahlen* τ und ϱ, werden ebenfalls mit der Ulbricht-Kugel gemessen. Eine hierfür besonders geeignete Kugelausführung ([L 16.4.2], DIN 5036 T. 3) zeigt Bild 16.4.5. Die Kugel (z. B. D = 500 mm) ist mit fünf Öffnungen sowie einer Meßöffnung mit eingesetzter Streuscheibe für den Empfänger ausgestattet.

Zur Bestimmung des *Transmissionsgrades* $\tau$ wird die Probe vor Öffnung 1 angebracht und von außen gerichtet beleuchtet. Öffnung 2 bleibt offen („Transmissionsnormal" = freier Durchgang!). Es ergibt sich das Empfängersignal Y. Dann werden Probe und „Transmissionsnormal" vertauscht:

Öffnung 1 bleibt offen (unbehinderter Eintritt des Beleuchtungsbündels), Öffnung 2 wird durch die Probe abgedeckt. Man erhält nun das Empfängersignal $Y_N$ und damit

$$\tau = \frac{Y}{Y_N} \qquad (16.4.4)$$

Die Öffnungen 3 bis 5 sind bei der $\tau$-Messung verschlossen.

Bei der Messung des *Reflexionsgrades* $\varrho$ wird die Probe bei 1 durch die Öffnung 3 beleuchtet (Signal Y); bei 2 ist der Reflexionsstandard angebracht. Dann werden Probe und Standard vertauscht (Signal $Y_N$). Mit einer dritten Messung (1 offen) kann der Fehler durch Beleuchtungs-Streulicht erfaßt werden (Signal $Y_f$), so daß sich

$$\varrho = \frac{Y - Y_f}{Y_N - Y_f} \qquad (16.4.5)$$

ergibt.

Bleibt bei $\tau$-Messung die Öffnung 4 offen, so wird das von der Probe ungestreut durchgelassene Licht nicht mit bewertet, da es die Kugel verläßt *(„Glanzfalle")*. Damit kann der Grad der gestreuten Transmission $\tau_d$ gemessen werden. Entsprechend dient bei der $\varrho_d$-Messung die zu 3 symmetrisch liegende Öffnung 5 als Glanzfalle.

Die beschriebene Anordnung arbeitet besonders fehlerarm, weil 1. nur ein kleiner Schatter erforderlich ist, 2. sowohl Probe wie Standard an der Kugelwandung verbleiben und nur ihre Plätze vertauschen, so daß sich der mittlere $\varrho$-Wert der Kugel nicht ändert. Mit dieser Anordnung und ähnlichen Aufbauten können weitere Messungen durchgeführt werden (vgl. DIN 5036 T. 3).

Laborverfahren zur Messung der *optischen Dichte D,* etwa bei der Bestimmung der Lichtempfindlichkeit fotografischer Schichten, benutzen ebenfalls die $\tau$-Messung mit Hilfe der Ulbricht-Kugel (DIN 4512 T.3). Dabei wird die Probe über die U-Kugel diffus aus dem Halbraum beleuchtet und das senkrecht aus der Probe austretende Licht gemessen. Eine Umkehr der Anordnung (Beleuchtung mit gerichtetem Licht und Halbraum-Empfang durch Empfänger mit vorgeschalteter U-Kugel) führt zum gleichen Meßergebnis: In beiden Fällen erhält man die *Dichte mit diffusem Licht.* Davon zu unterscheiden ist die *Dichte mit gerichtetem Licht* (senkrechte Einstrahlung und Messung). Diffuse und gerichtete Dichte unterscheiden sich umso mehr, je stärker die *Streuung* der Probe ist.

Die Schnellmessung der Dichte in Industrie und grafischen Betrieben erfordert jedoch *direkt anzeigende Densitometer* mit kleinen Meßflächen (1 mm bis 3 mm). Die Dichte Null wird dann vor der Messung gegenüber einer Leuchtfläche ohne Probe (Transmission) bzw. gegenüber weißem Papieruntergrund oder einer speziellen Referenzfläche (weiße Trübglasfläche, Bariumsulfat-Fläche nach DIN 5033 T.9) bei Reflexionsmessung eingestellt. Bild 16.4.6 zeigt das Schema eines als Zweistrahl-Fotometer mit einem Empfänger (vergl. Bild 16.2.1 d) aufgebauten *Aufsicht-Densitometers* mit der Meßanordnung 45°/0°: Da die Probe unter 45° beleuchtet und unter 0° zur Flächennormalen gemessen wird, ergeben sich keine Fehler durch den Glanz der Fläche, da regulär reflektiertes Licht nicht mit erfaßt wird. Der durch das Empfängersignal betätigte Motor $M_2$ dreht die Graukeilscheibe Gk so lange, bis das Referenzsignal (Standard N) an das Probensignal angeglichen ist. Diese Stellung wird an der Skala Sk als Dichte angezeigt. Über ein Filterrad F können in beide Strahlengänge Farbfilter (Rot, Grün, Blau) zur Messung der Dichtewerte beim Farbdruck eingeschaltet werden. Einen Vergleich geometrischer Meßbedingungen gibt Bild 16.5.2.

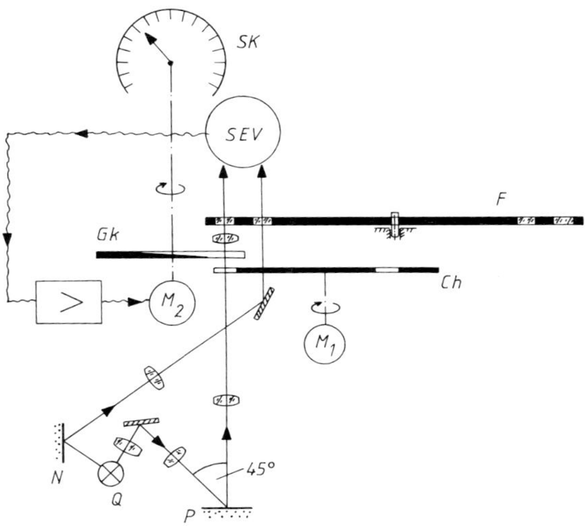


Bild 16.4.6 Aufsicht-Densitometer für Farbdruck-Überwachung [H 16.4.8]

Q = Quelle, P, N = Probe und Referenzstandard, SEV = Empfänger, Ch = Chopper mit Motorantrieb $M_1$, Gk = Kompensations-Graukeilscheibe mit Motorantrieb $M_2$ und Dichteskala SK, F = Filterrad

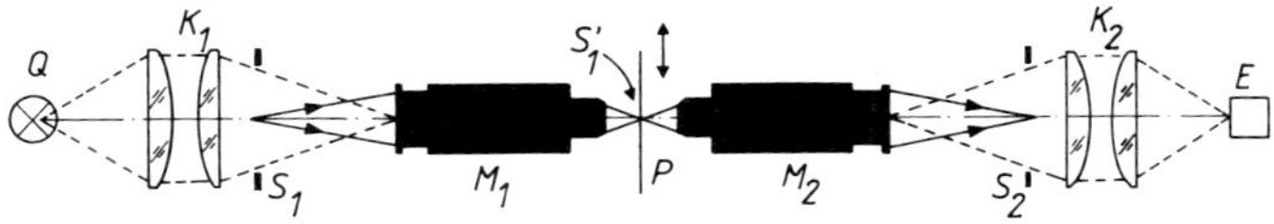


Bild 16.4.7 Aufbauprinzip eines Mikrodensitometers

Q = Quelle, K = Kondensoren, M = Mikroskope, E = Empfänger, $S_1$ = Beleuchtungsspalt, $S_2$ = Meßspalt, P = Probe mit stark verkleinertem Spaltbild $S_1'$

Bild 16.4.7 zeigt den prinzipiellen Aufbau eines *Mikrodensitometers:* Ein durch Lichtquelle Q und Kondensor $K_1$ gleichmäßig ausgeleuchteter Eingangsspalt $S_1$ wird durch das Mikroskop $M_1$ stark verkleinert in die Probenebene P (z. B. fotografischer Film) abgebildet. Die sehr kleine ausgeleuchtete Probenfläche wird durch das Mikroskop $M_2$ auf den Ausgangsspalt $S_2$ vergrößert abgebildet; das durch $S_2$ tretende Licht wird zum Empfänger geleitet, wobei der Kondensor $K_2$ die Austrittspupille von $M_2$ auf den Empfänger abbildet. $S_2$ ist der Meßspalt; er definiert entsprechend der Verkleinerung $1/\beta_2'$ in der Probeebene die sehr kleine Meßfläche, wobei wirksame Spaltbreiten unter 1 µm erreichbar sind. An Stelle der Spalte können auch quadratische oder kreisförmige Blenden treten. Mikrodensitometer werden meist mit *Registriereinrichtung* ausgeführt, so daß die Dichte als Funktion der Ortskoordinate (Vorschub des Probentisches) unmittelbar aufgezeichnet werden kann.

## Literaturhinweise


L 16.4.1 *Reule, A.:* Absolute reflectance measurements using integrating spheres – goniophotometric corrections in the evaluation of results of different methods. Optik *49* (1978) No. 4, 499–504

L 16.4.2 *Geutler, G.; Krochmann, J.; Reißmann, K.-D.; Steglich, K.:* Über eine Anordnung zur genauen Messung von Reflexionsgrad und Transmissionsgrad. Optik *54* (1979/80) No. 5, 397–408

L 16.4.3 *Teele, R. P.:* Photometry. L 22.1 Vol. I/1

L 16.4.4 *Keitz, H. A. E.:* Lichtberechnungen und Lichtmessungen. Philips Technische Bibliothek, Eindhoven, 2. Aufl. 1967

L 16.4.5 *Reeb, O.:* Grundlagen der Photometrie. Verlag G. Braun, Karlsruhe 1962

L 16.4.6 *Helbig, E.:* Grundlagen der Lichtmeßtechnik. Akadem. Verlagsgesellschaft Geest & Portig KG, Leipzig 1972

L 16.4.7 *Hoeschen, D.; Mirandé, W.:* Ein Mikrodensitometer mit einem He-Ne-Laser als Strahlungsquelle. Optik *48* (1977) No. 5, 459–470

L 16.4.8 DIN 4512 T. 3 Photographische Densitometrie: Bestimmung der optischen Dichte von durchlässigen streuenden Schichten.

L 16.4.9 DIN 5036 Strahlungsphysikalische und lichttechnische Eigenschaften von Materialien T. 3 Meßverfahren für lichttechnische und spektrale strahlungsphysikalische Kennzahlen

L 16.4.10 DIN 5032 Lichtmessung
T.1 Photometrische Verfahren; T.2 Meßbedingungen für elektrische Lampen; T.3 Meßbedingungen für Gasleuchten; T.4 Messungen an Leuchten; T.6 Photometer; T.7 Klasseneinteilung; T.8 Datenbl. f. Beleuchtungsstärke-Meßgeräte

L 16.4.11 *Heiland, W.:* Ein registrierendes Mikrodensitometer hoher Auflösung. Z. Instr. *75* (1967) H. 8, 252–255


## Beispiele für Hersteller bzw. Lieferanten

H 16.4.1 *Joyce-Loebl Ltd,* Römerstr. 90, Pfullingen: Mikrodensitometer

H 16.4.2 *Erichsen GmbH + Co. KG,* Am Iserbach 14, Hemer-Sundwig: Reflektometer zur Glanzmessung

H 16.4.3 *Macam, GB, über Wilko GmbH,* Lindengreppenstr. 27, Mering: Fotometer und Radiometer

H 16.4.4 *Macbeth, CH, über Klimsch + Co.,* Schmidtstr. 12 + 45, Frankfurt: Densitometer

H 16.4.5 *Klimsch + Co.,* Schmidtstr. 12 + 45, Frankfurt: Densitometer

H 16.4.6 *Minolta Camera,* Kurt-Fischer-Str. 50, Ahrensburg: Handmeßgeräte für Leuchtdichte u. Beleuchtungsstärke

H 16.4.7 *Günther Engelbrecht,* Gräfin-Justitia-Str. 3, Thanning: Densitometer

H 16.4.8 *Gretag AG, CH,* über Klimsch + Co., Schmidtstr. 12 + 45, Frankfurt: Densitometer

H 16.4.9 *Ealing Beck Ltd.,* Greycaine Road, Watford, GB: Strahlungsempfänger, Radiometer

H 16.4.10 *Dr. Bruno Lange GmbH,* Hammer Landstr. 115, Neuss: Fotometer, Reflektometer

H 16.4.11 *Photodyne Inc,* USA, über Microscan GmbH, Überseering 31, Hamburg: Fotometer und Radiometer

H 16.4.12 *Gamma Scientific,* USA, über Polytec GmbH & Co., Siemensstr. 15, Waldbronn-Karlsruhe: Mikrofotometer

H 16.4.13 *LMT Lichtmeßtechnik GmbH Berlin & Co.,* Helmholtzstr. 9, Berlin: Leuchtdichte-Normale, Fotostrom-Meßgeräte, Luxmeter, Fotometer, Ulbricht-Kugeln

H 16.4.14 *A. Krüss,* Gertigstr. 31, Hamburg: Fotometer-Kugeln (Ulbricht), Fotometer

H 16.4.15 *Laser-Optronic GmbH,* Eversbuschstr. 200, München: Fotometer und Radiometer

H 16.4.16 *Oriel GmbH,* Im Tiefen See 58, Darmstadt: Strahlungsmeßgeräte

H 16.4.17 *ts-electronic,* Wiedenmayerstr. 50, München: Fotometer u. Radiometer

H 16.4.18 *Hunterlab Inc.,* USA, über WTW Dr. Slevogt & Co, Weilheim/Obb.: Glanzmesser

H 16.4.19 *Chromatix,* Untere Str. 45a, Neckargemünd 2: Laser-Streulicht-Fotometer

H 16.4.20 *Polytec GmbH & Co.,* Siemensstr. 15, Waldbronn-Karlsruhe: Partikelgrößen-Analysator, Radiometer, Pyroelectr. Detektoren
H 16.4.21 *W. Pabisch GmbH & Co. KG,* Atterseestr. 16, München: Laser-Partikelgrößen-Analysator
H 16.4.22 *Sigrist-Photometer AG,* Zweierstr. 129, Zürich, CH: Trübungsfotometer u. andere Fotometer
H 16.4.23 *Gamma Scientific Inc,* über Polytec GmbH & Co., Waldbronn-Karlsruhe: Lichtquellen zur Kalibrierung von Strahlungsmeßgeräten
H 16.4.24 *Osram GmbH,* Hellabrunner Str. 1, München: Lampen für wissenschaftliche Zwecke (Fotometrie)
H 16.4.25 *Labsphere,* North Road, North Sutton, N. H., USA: Fotometerkugeln
H 16.4.26 *Eppendorf, Netheler & Hinz GmbH,* Barkhausenweg 1, Hamburg: Fotometer

## 16.5 Farbmeßverfahren

Eine Einführung in die *Farbmetrik* wurde in Abschnitt 2.4 gegeben. Zentrale Aufgabe der *Farbmessung* ist die Bestimmung der *Normfarbwerte* X, Y, Z durch Meßverfahren und rechnerische Auswertung. Andere Farbmaßzahlen sowie Farbabstände können daraus abgeleitet werden. Tabelle 16.5.1 und Bild 16.5.1 geben einen Überblick über Spektral-, Dreibereichs- und Gleichheitsverfahren.

Die Farbmessung an *Lichtquellen* (Selbstleuchtern) kann nach einem dieser Verfahren erfolgen. Einzelheiten hierzu enthält DIN 5033 T8. Die spektrale Strahlungsverteilung der Lichtquelle $S(\lambda)$ kann nach dem Spektralverfahren durch Vergleich mit einer Lichtquelle bekannter Verteilung bestimmt werden.

Bei der Messung der *Körperfarben* von Nichtselbstleuchtern (z. B. Farbfilter, farbige Oberflächen) sind *spektrale Bedingungen* (Normlichtarten) und *geometrische Bedingungen* zu berücksichtigen (DIN 5033 T7). Tabelle 16.5.2 und Bild 16.5.2 geben einen Überblick über die Geometrie der Meßanordnungen. Fluoreszierende Farbstoffe müssen in jedem Falle – also auch bei dem Spektralverfahren – mit der Lichtart beleuchtet werden, auf die die Farbangabe bezogen werden soll.

Grundgerät für die Farbmessung nach dem *Spektralverfahren* (DIN 5033 T4) ist *Spektralfotometer* (Abschn. 16.2), mit dem die Stoffkennzahl des farbigen Körpers (Abschn. 2.3) als Funktion der Wellenlänge bestimmt wird (z. B. $\tau(\lambda)$ bei Filtern). Nach Ermittlung dieser Werte im VIS-Bereich (380 nm bis 780 nm) mit Schritten von $\Delta\lambda = 5$ nm oder 10 nm, näherungsweise reichen auch $\Delta\lambda = 20$ nm, ist die Messung abgeschlossen. Die Farbwert-Bestimmung erfolgt entsprechend Gl. (2.4.1) zweckmäßig mit programmierbarem Taschenrechner, Kleinrechner oder Rechenanlage nach dem *Gewichtsordinatenverfahren:* Dabei werden die Integrale durch Summen ersetzt, z. B. für X:

$$X = k \cdot \sum_{380\,\text{mm}}^{780\,\text{mm}} \tau(\lambda) \cdot S(\lambda) \cdot \bar{x}(\lambda) \cdot \Delta\lambda \tag{16.5.1}$$

Die Werte $\tau(\lambda)$ werden also durch die Lichtquellenfunktion $S(\lambda)$ und die Augenfunktion $\bar{x}(\lambda)$ „gewichtet".

Die Handauswertung ist nur durch die Zahl der Operationen unbequem. Verfahren, die hier eine Vereinfachung ergeben (z. B. das „Auswahlordinatenverfahren"), spielen aber bei den Möglichkeiten der Datenverarbeitung keine große Rolle mehr. Das Spektralverfahren liefert sehr genaue

**Tabelle *16.5.1* Übersicht über Farbmeßverfahren**

| Verfahren | Bild 16.5.1 | Prinzip | Meßverfahren ist | Meßverfahren liefert zusätzlich | bei Messung Normbeleuchtung erforderlich? |
|---|---|---|---|---|---|
| *Spektralverfahren* | a | *Spektralfotometer* bestimmt nur z. B. $\tau(\lambda)$; XYZ aus Rechnung | objektiv | Informat. über spektrale Eigenschaften | nein |
| *Dreibereichsverfahren* | b | *‚Künstl. Auge'* mißt XYZ unmittelbar (3 lichtelektr. Empfänger m. Empfindlichkeits-Kurven $\bar{x}\,\bar{y}\,\bar{z}$). | objektiv | keine Inf. über spektrale Eigenschaften | ja (oder Filteranpassung) |
| *Gleichheitsverfahren* | c | *Auge* fällt Gleichheitsurteil zw. Prüffarbe u. ihrer Nachmischg. XYZ aus Mischgerät-Eichung | subjektiv (Abweich. v. Normalbeobachter möglich) | keine Inf. wie vor | ja |

Ergebnisse. Spezielle nach diesem Prinzip arbeitende Meßgeräte enthalten heute einen Kleinrechner, mit dem die Farbdaten direkt ausgegeben werden. Es ist häufig sehr nützlich, daß das Spektralverfahren neben den Farbwerten auch eine Information über die spektralen Eigenschaften des farbigen Körpers liefert, also z. B. bei Filtern die Filterkurve $\tau(\lambda)$.

Hingegen erfolgt bei dem *Dreibereichsverfahren* (DIN 5033 T6) die Farbmessung ohne Umweg über die Bestimmung der spektralen Körpereigenschaften: Das Auge mit seinen Normspektralwertfunktionen $\bar{x}(\lambda)$, $\bar{y}(\lambda)$, $\bar{z}(\lambda)$ wird meßtechnisch nachgebildet. Hierzu werden drei fotoelektrische Empfänger nebeneinander oder ein Empfänger nacheinander mit drei *Anpassungsfiltern* (Abschn. 6.12) ausgerüstet, so daß z. B. für die X-Messung

$$s(\lambda) \cdot \tau(\lambda) \sim \bar{x}(\lambda) \tag{15.5.2}$$

ist, mit $s(\lambda)$ = spektrale Verteilung der Empfindlichkeit des Empfängers ohne Filter. Von der Güte dieser Anpassung, die aber nach dem *Dresler-Prinzip* [L 16.5.4] sehr fein

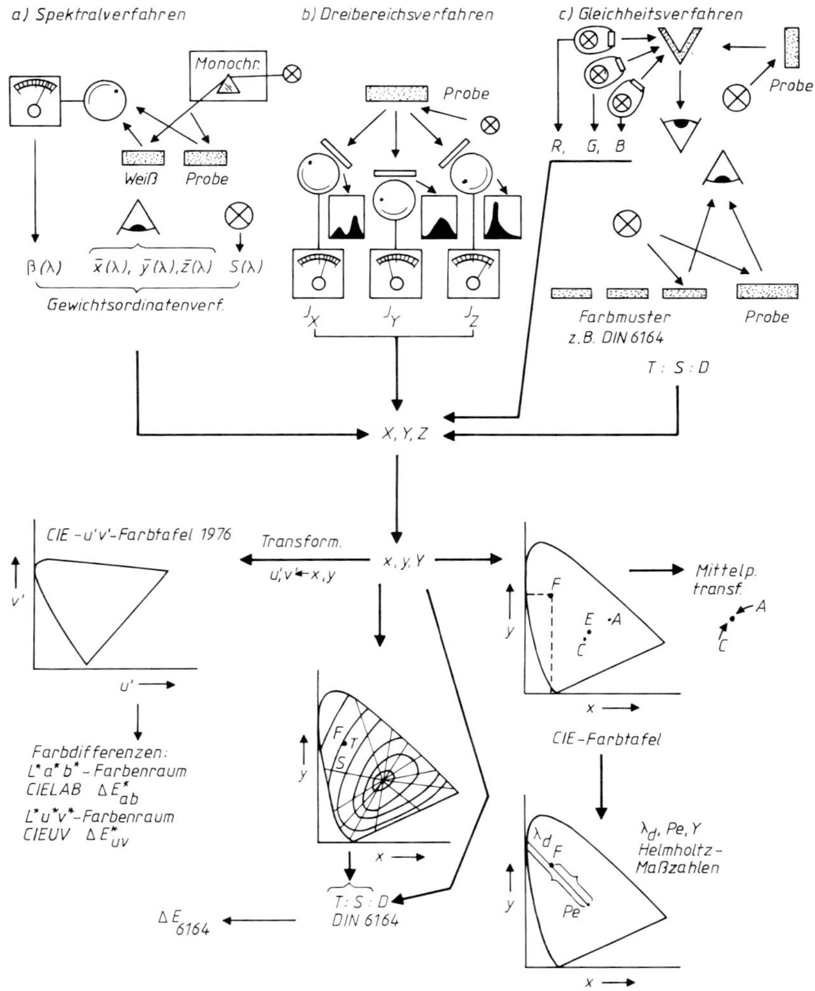


Bild 16.5.1 Übersicht über Farbmeßverfahren und die Auswertung der Farbwerte X, Y, Z

abgestimmt werden kann, hängt die Meßgenauigkeit ab. Das Ausgangssignal ist bei linearem Verhalten des Empfängers dann dem Farbwert X unmittelbar proportional, so daß die Farbwerte direkt digital angezeigt werden können. Damit ist eine sehr schnelle und einfache Messung möglich – sofern bei der Messung die Probe mit der gewünschten Normlichtart oder anderen Lichtart beleuchtet wurde! Dies ist eine weitere Schwierig-

**Tabelle *16.5.2* Geometrische Bedingungen bei der Messung von Körperfarben**

| Anforderung | Kurz-<br>zeichen | Bild<br>16.5.2 | Bemerkungen |
|---|---|---|---|
| 1. Beleuchtg. unter 45°<br>Beobachtg. unter 0° | 45/0 | a | für glatte Proben im Auflicht (Glanz wird eliminiert) |
| 2. Diffuse Beleuchtung, Beobachtung unter ≈ 8° | d/8 | b | für schattenlose Ausleuchtung von Proben mit grober Struktur im Auflicht (auch d/0 wird verwendet) |
| 3. Umkehrung zu 2. | 8/d | c | Werte praktisch gleich mit 2. |
| 4. Beleuchtung senkrecht, Beobachtung der halbräumlichen Transmission | 0/d | d | für Proben im Durchlicht (bei klar durchsichtigen, nicht streuenden Proben auch Anordnung 0/0) |

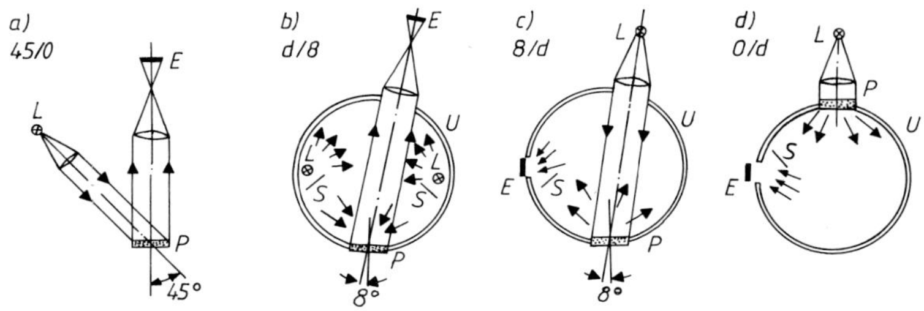


Bild 16.5.2 Geometrische Bedingungen bei der Messung von Körperfarben

E = Empfänger, L = Lampe, P = zu messende Probe, S = Schatter (dadurch kein direktes Licht von der Lampe zur Probe bzw. von der Probe zum Empfänger). U = Ulbrichtkugel mit mattweißem Innenanstrich. Z. B. 45/0: Beleuchtung unter 45°, Empfang unter 0° zur Flächennormalen. d = diffuse Beleuchtung bzw. Empfang (Halbraum)

keit des Dreibereichsverfahrens. Prinzipiell können aber auch Abweichungen zwischen gewünschter und bei der Messung tatsächlich vorhandener Lichtart durch Modifikation der Filterkurve des Anpassungsfilters mit berücksichtigt werden.

Das *Gleichheitsverfahren* (DIN 5033 T5) vermeidet jede physikalische Messung: Durch visuelle Beobachtung wird auf die Gleichheit von zwei Farbflächen eingestellt. Dazu wird dem Auge die zu messende Farbe in einer Sehfeldhälfte geboten, während in der anderen Feldhälfte eine durch Mischung kontinuierlich veränderbare Vergleichsfarbe erscheint. Bei Farbgleichheit werden die Mischanteile der Vergleichsfarbe abgelesen; bei entsprechender Kalibrierung kennt man dann die Farbwerte. Erforderlich sind neben farbnormalsichtigem Beobachter die genaue Einhaltung der vorgeschriebenen Meßbedingungen. Während das Verfahren in dieser Form für technische Messungen keine Bedeutung hat, ist der Vergleich mit *Farbmustersammlungen* [L 16.5.3; 2.4.11] [H 16.5.1] weit verbreitet: Sind die Normfarbwerte – oder auch andere farbmetrische Kennzahlen – für die einzelnen Farbmuster bekannt, so können sie auch für die Meßprobe aus den nächstliegenden Farbmustern angenähert bestimmt werden.

## Literaturhinweise


L 16.5.1 *Naumann, H.:* Zur Farbenlehre. Diss. Dresden 1928

L 16.5.2 *Schröder, G.:* Farbbewertung und Farbmessung. Teil II: Farbmeßverfahren, Geräte und Anwendungen. ZS Feinwerktechnik *72* (1968) H. 12, 583–597

L 16.5.3 *Kornerup, Wanscher:* Taschenlexikon der Farben. Musterschmidt, Göttingen 1963

L 16.5.4 *Geutler, G.:* Lichtelektrisches Farbmeßgerät nach dem Dresler-Prinzip. Die Farbe *7* (1958), 153–162

L 16.5.5 *Mahr, K.:* Über ein lichtelektrisches Spektralschablonengerät für Licht- und Farbmessungen. Die Farbe, *7* (1958), 283–294

L 16.5.6 *Hunter, R. S.:* Color Difference Meters for Precision and Accuracy. Die Farbe *10* (1961), 173–192

L 16.5.7 *Hennicke, I.; Münch, W.:* Ein visuelles Farbmeßgerät nach dem Gleichheitsverfahren. Die Farbe *6* (1957), 189

L 16.5.8 *Richter, M.:* Entwicklungstendenzen und Probleme der Farbmeßtechnik. Die Farbe *14* (1965), 49–60

L 16.5.9 *Billmeyer, F. W.:* Precision and Accuracy of Industrial Color Measurement. Die Farbe *14* (1965), 137–147

L 16.5.10 *Berger, A.; Brockes, A.:* Farbmessung in der Textilindustrie. Bayer Farben Revue, Sonderheft 3, Febr. 1964 (1971)

L 16.5.11 Alle Normblätter und weitere Literaturangaben siehe L 2.4. . . .

L 16.5.12 *Hammond III, H. K.:* Colorimeters. LÜ1 Vol. V/5

L 16.5.13 *MacAdam, D. L.:* Color Measurement: Theme and Variations. Springer Verlag, New York 1981


## Beispiele für Hersteller bzw. Lieferanten

H 16.5.1 *Beuth Verlag GmbH, Berlin:* Farbmustersammlungen, u. a. RAL-Farben

H 16.5.2 *Minolta Camera,* Kurt-Fischer-Str. 50, Ahrensburg: Handmeßgerät f. Farbtemperatur u. Farbkoordinaten x, y; TV-Farbanalysator

H 16.5.3 *Hunterlab Inc.,* USA, Über WTW Dr. Slevogt & Co., Weilheim/Obb.: Farbmeßgeräte nach dem Spektral- u. Dreibereichsverfahren

H 16.5.4 *LMT Lichtmeßtechnik GmbH Berlin & Co.,* Helmholtzstr. 9, Berlin: Farbmeßgeräte

H 16.5.5 *Dr. Bruno Lange GmbH,* Hammer Landstr. 115, Neuss: Farbmeßgerät nach dem Dreibereichsverfahren

H 16.5.6 *Erichsen GmbH & Co. KG,* Hemer-Sundwig: Farbmeßgerät nach dem Dreibereichsverfahren

H 16.5.7 *Byk-Mallinckrodt,* Wesel: Farb- u. Glanzmeßgerät

H 16.5.8 *Optronik GmbH,* Kurfürstenstr. 84, Berlin: Farbmeßgeräte

# 17 Polarisationsoptik

## 17.1 Grundlagen der Bauelemente

Mit Abschnitt 1.4 wurde eine kurze Einführung in die Polarisation gegeben. Verschiedene Ursachen führen zur Entstehung polarisierten Lichts. So können bestimmte *Lichtquellen* unmittelbar polarisiertes Licht abgeben: Mit Brewster-Fenstern aufgebaute Laser (Bild 6.5.5) senden linear polarisiertes Licht aus. Glühende Metallbleche senden teilpolarisiertes Licht aus, wobei der Polarisationsgrad P mit zunehmendem Beobachtungswinkel ε gegenüber der Flächennormalen zunimmt. Für Platin, Molybdän, Wolfram, Tantal gilt ziemlich einheitlich

| | | | | | |
|---|---|---|---|---|---|
| bei | $\varepsilon = 0°$ | 20° | 40° | 60° | 80° |
| | $P = 0$ | 0,05 | 0,20 | 0,50 | 0,80. |

Die Schwingungsebene liegt senkrecht zur Ebene des Neigungswinkels.

Geht Licht durch ein trübes Medium, dessen Streupartikel klein gegenüber der Wellenlänge sind, so ist das *gestreute Licht* im allgemeinen teilpolarisiert, wobei der Polarisationsgrad P vom Winkel θ zwischen Ausbreitungs- und Beobachtungsrichtung abhängt (Bild 17.1.1):

$$P = \frac{\sin^2\theta}{1 + \cos^2\theta} \qquad (17.1.1)$$

Vollständige Polarisation (P = 1) ergibt sich also für θ = 90°. Auch das Himmelslicht zeigt den höchsten Polarisationsgrad senkrecht zur Verbindungslinie Sonne-Beobachter.

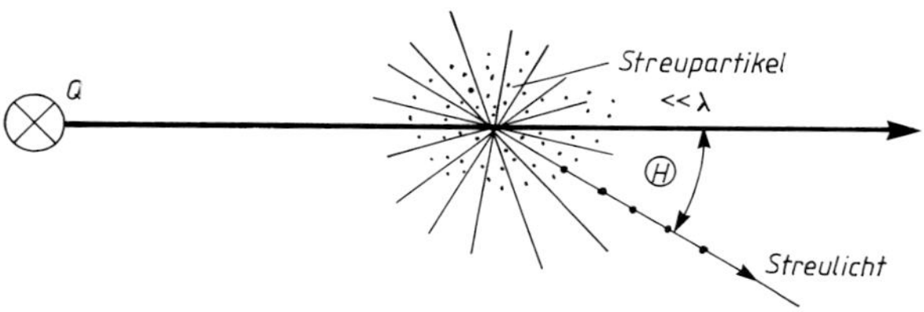


Bild 17.1.1 Polarisation durch Streuung

Q = Quelle, Θ = Winkel zwischen Ausbreitungs- und betrachteter Streurichtung. Schwingungsebene des polarisierten Streulichts senkrecht zur Zeichenebene

Die *Polarisation durch Reflexion* ergab sich aus Gl. (2.3.1) für den Fresnelschen Reflexionsgrad: Bei einem Einfallswinkel $\varepsilon_p$ = arctan n'/n wird die parallel zur Einfallsebene schwingende Komponente nicht reflektiert ($\overline{\varrho}_p = 0$; Bild 2.3.2). Damit ist das reflektierte Licht vollständig linear polarisiert (P = 1), das durchgehende Licht aber nur schwach teilpolarisiert, wobei der Polarisationsgrad durch Hintereinanderschaltung mehrerer Platten, d. h. einen *Glasplattensatz* verbessert werden kann. Solche Glasplattensätze haben wegen ihrer negativen Eigenschaften (u. a. Mehrfachbilder, Astigmatismus) keine Bedeutung mehr.

Die moderne Form des „Glasplattensatzes“ ist der *polarisierende Strahlenteiler,* bei dem auf der Diagonalfläche eines Teilerwürfels (Bild 5.8.2 b) eine für den Polarisationswinkel $\varepsilon_p = 45°$ (entsprechend dem Einfallswinkel) konstruierte dielektrische Mehrfachschicht mit abwechselnd hohen und niedrigen Brechzahlen aufgebracht ist. Hiermit wird z. B. ein Polarisationsgrad von jeweils $P \geq 0{,}98$ [H 17.1.1] für das durchgehende und das um 90° abgelenkte Licht erreicht. Bei Einfall von linear polarisiertem Licht und Vorschalten einer drehbaren Halbwellenplatte (siehe unten) erhält man einen Teiler mit variablen Teilungsverhältnis (Bild 17.5.5).

Die Polarisation in der Reflexion ist gut ausnutzbar, besonders wenn durch großen Brechzahlsprung ein möglichst hoher Reflexionsgrad erreicht wird: Aus der Fresnelschen Gleichung (2.3.2) ergibt sich für $\varepsilon = \varepsilon_p$ unter Berücksichtigung von $\varepsilon_p + \varepsilon' = 90°$:

$$\bar{\varrho}_s = \sin^2(2\varepsilon_p - 90°) \qquad (17.1.2),$$

und damit für unpolarisiertes Licht (Gl. (2.3.3)) $\bar{\varrho} = \bar{\varrho}_s/2$. Tabelle 17.1.1 gibt einen Überblick über Polarisationswinkel und Reflexionsgrade.

**Tabelle *17.1.1* Zur Polarisation durch Reflexion an Grenzflächen zu Luft** (n = 1)

| $n'$ | $\varepsilon_p$ | $\bar{\varrho}_s$ | $\bar{\varrho}$ |
|---|---|---|---|
| 1,5 | 56,31° | 14,8% | 7,4% |
| 1,75 | 60,26° | 25,8% | 12,9% |
| 2,0 | 63,43° | 36,0% | 18,0% |
| 3,0 | 71,57° | 64,0% | 32,0% |
| 4,0 | 75,96° | 77,8% | 38,9% |

Die Polarisation durch Reflexion ist also besonders wirksam im Infrarotbereich bei den dort hohen Brechzahlen einiger Substanzen (z. B. Si, Ge; siehe Tab. 3.4.1). Bild 17.1.2 zeigt eine geradsichtige Spiegel-Polarisationsanordnung.

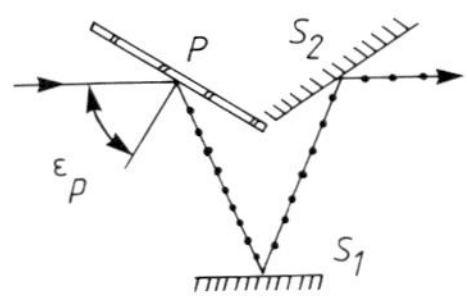


Bild 17.1.2 Geradsichtige Anordnung zur Polarisation durch Reflexion

P = Polarisator (dielektrische Platte mit Einfallswinkel $\varepsilon_p$), $S_1$, $S_2$ = Umlenkspiegel. Schwingungsebene senkrecht zur Zeichenebene

Die meisten Polarisatoren und weitere Bauelemente der Polarisationsoptik beruhen jedoch auf *Polarisation durch Dichroismus* (Abschn. 17.2) und *Polarisation durch Doppelbrechung* (Abschn. 17.3).

Polarisatoren gleich welcher Bauart haben keine idealen Eigenschaften; ihr Verhalten wird durch Transmissionsgrade und daraus abgeleitete Größen beschrieben. Im folgenden wird mit *„Schwingungsebene“* (bzw. „Schwingungsrichtung“) immer die *Ebene des elektrischen Vektors* bezeichnet (Abschn. 1.4). Die beiden senkrecht zueinander stehenden *Vorzugsrichtungen eines Polarisators* heißen Polarisationsrichtung und Sperr-Richtung. Trifft in *Polarisationsrichtung* schwingendes Licht auf den Polarisator, so ergibt sich dafür der hohe Transmissionsgrad $\tau_{pol}$. Für in *Sperr-Richtung* schwingendes Licht gilt der niedrige Transmissionsgrad $\tau_{sperr}$. Es ist $\tau_{sperr} \ll \tau_{pol}$.

*Unpolarisiertes Licht* wird dann mit dem Transmissionsgrad

$$\tau = \frac{\tau_{pol} + \tau_{sperr}}{2} \approx \frac{\tau_{pol}}{2} \tag{17.1.3}$$

durchgelassen. Dieses Licht hat den *Polarisationsgrad* P, mit

$$P = \frac{\tau_{pol} - \tau_{sperr}}{\tau_{pol} + \tau_{sperr}} \tag{17.1.4}$$

Werden *zwei gleiche Polarisatoren,* von denen der zweite *„Analysator“* genannt wird, in den Strahlengang hintereinander geschaltet, so ist durch Änderung des Winkels $\theta$ zwischen den beiden Polarisationsrichtungen eine kontinuierliche Änderung des Gesamttransmissionsgrades $\tau_\theta$ möglich. Maximale Durchlässigkeit ergibt sich bei $\theta = 0°$ (*„Hellstellung“, „parallele Stellung“).*

Es ist dann

$$\tau_{0°} = \frac{\tau_{pol}^2 + \tau_{sperr}^2}{2} \approx \frac{\tau_{pol}^2}{2} \tag{17.1.5}$$

für unpolarisiertes Licht. Minimale Durchlässigkeit erhält man bei $\theta = 90°$ (*„Dunkelstellung“, „gekreuzte Stellung“*).

$$\tau_{90°} = \tau_{pol} \cdot \tau_{sperr} \tag{17.1.6}$$

für unpolarisiertes Licht.

Umgekehrt kann man aus den Meßwerten $\tau_{0°}$ und $\tau_{90°}$ bei Hell- und Dunkelstellung von zwei gleichen Polarisatoren die Werte $\tau_{pol}$ und $\tau_{sperr}$ für einen Polarisator berechnen:

$$\tau_{pol} = \sqrt{\tau_{0°} + \sqrt{\tau_{0°}^2 - \tau_{90°}^2}} \approx \sqrt{2\tau_{0°}} \tag{17.1.7}$$

$$\tau_{sperr} = \sqrt{\tau_{0°} - \sqrt{\tau_{0°}^2 - \tau_{90°}^2}} \tag{17.1.8}.$$

Als *Löschungsvermögen* LV zweier gleicher Polarisatoren kann man das Verhältnis von maximalem zu minimalem Transmissionsgrad definieren. Es ist also

$$LV = \frac{\tau_{0°}}{\tau_{90°}} = \frac{\tau_{pol}^2 + \tau_{sperr}^2}{2 \cdot \tau_{pol} \cdot \tau_{sperr}} \approx \frac{\tau_{pol}}{2 \cdot \tau_{sperr}} \tag{17.1.9}$$

Der Polarisationsgrad P eines Polarisators hängt mit dem Löschungsvermögen LV von zwei gleichen Polarisatoren zusammen gemäß

$$P \approx \frac{2 \cdot LV - 1}{2 \cdot LV + 1} \tag{17.1.10}$$

Der *Transmissionsgrad bei beliebigem Winkel* θ ergibt sich zu

$$\tau_\theta = \tau_{90^\circ} + (\tau_{0^\circ} - \tau_{90^\circ}) \cdot \cos^2\theta \approx \tau_{0^\circ} \cdot \cos^2\theta \qquad (17.1.11)$$

Stellt man $\tau_\theta$ mit den Eigenschaften $\tau_{pol}$ und $\tau_{sperr}$ des Einzelpolarisators dar, so erhält man

$$\tau_\theta = \tau_{pol} \cdot \tau_{sperr} + \frac{(\tau_{pol} - \tau_{sperr})^2}{2} \cdot \cos^2\theta \approx \frac{\tau_{pol}^2}{2} \cdot \cos^2\theta \qquad (17.1.12)$$

für unpolarisiertes Licht.

Bereits *linear polarisiertes,* z. B. von einem Laser kommendes *Licht* kann natürlich durch Drehen eines einzelnen Polarisators geschwächt werden, wobei dann $\tau_{0^\circ} = \tau_{pol}$, $\tau_{90^\circ} = \tau_{sperr}$ ist, so daß sich als Schwächungsfunktion

$$\tau_\theta = \tau_{sperr} + (\tau_{pol} - \tau_{sperr}) \cdot \cos^2\theta \approx \tau_{pol} \cdot \cos^2\theta \qquad (17.1.13)$$

ergibt.

Aus linear polarisiertem Licht ergibt sich *elliptisch* oder *zirkular polarisiertes Licht* (Abschn. 1.4) durch Aufspaltung der Amplitude in zwei senkrecht zueinander schwingende Komponenten und Einführung einer Phasendifferenz. Dies ist durch Doppelbrechung (Abschn. 17.3) möglich. Die Analogie zur Darstellung von „Lissajous-Figuren" mit einem Oszilloskop kann zum Verständnis beitragen: Zwei Sinusschwingungen in x- und y-Richtung mit gleicher Frequenz können verschiedene Amplituden $\hat{x}$, $\hat{y}$ und eine einstellbare Phasendifferenz $\Delta\varphi$ haben. Damit ergeben sich die Möglichkeiten nach Tabelle 17.1.2:

**Tabelle *17.1.2* Ortskurven senkrecht zueinander verlaufender Schwingungen als Analogie zu Polarisationszuständen**

| $\lvert\Delta\varphi\rvert$ | $\hat{y} = \hat{x}$ | $\hat{y} \neq \hat{x}$ | $\hat{y}=0$ oder $\hat{x}=0$ |
|---|---|---|---|
| 0, π, . . . | Gerade | Gerade | Gerade |
| $0 < \lvert\Delta\varphi\rvert < \pi/2$ | Ellipse | Ellipse | Gerade |
| π/2 | Kreis | Ellipse | Gerade |

Die Übertragung auf die Optik ergibt sich, wenn man Gerade durch linear polarisiertes Licht, Kreis durch zirkular polarisiertes Licht und Ellipse durch elliptisch polarisiertes Licht ersetzt: Amplitudenverhältnis und Phasendifferenz werden mit doppelbrechenden *Verzögerungsplatten* eingestellt. Eine solche Platte weist in ihrer Ebene zwei senkrecht zueinander stehende *Vorzugsrichtungen* entsprechend der vorauseilenden Komponente *(„schnelle Achse")* und der verzögerten Komponente *(„langsame Achse")* auf. Gemäß Tabelle 17.1.2 reicht bereits eine *„Viertelwellenplatte"* oder *„λ/4-Platte"* (Wegverzögerung um $\lambda/4$ entsprechend einer Phasendifferenz von $\pi/2$) aus, um durch Änderung des Amplitudenverhältnisses alle Polarisationszustände einstellen zu können. Beispiele zeigt Bild 17.1.3. Der *Umlaufsinn* bei elliptischer und zirkularer Polarisation (z. B. „links zirkular" und „rechts zirkular") ergibt sich aus der Lage der Schwingungsebene P des einfallendes Lichts zu den Vorzugsrichtungen: Blickt in Bild 17.1.3 der Beobachter dem Bündel entgegen und wird die schnelle Achse mit x, die langsame mit y bezeichnet, so ergibt die Lage von P im Quadranten I einen links umlaufenden, im Quadranten II einen rechts (im Uhrzeigersinn) umlaufenden Schwingungsvektor.

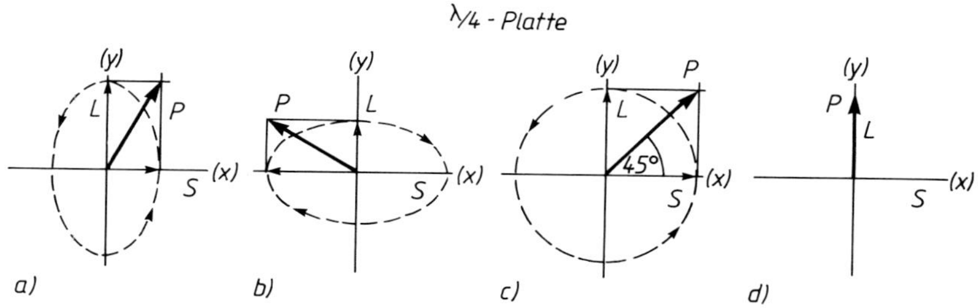


Bild 17.1.3 Beeinflussung von linear polarisiertem Licht durch eine $\lambda/4$-Verzögerungsplatte
P = Amplitude und Lage der Schwingungsebene des einfallenden linear polarisierten Lichts, S, L = schnelle und langsame Achse der Verzögerungsplatte. a) „Links"-elliptisch polarisiertes Licht durch Aufspaltung in ungleiche Amplituden, b) „Rechts"-elliptisch polarisiertes Licht, c) „Links"-zirkulares Licht durch Aufspaltung in gleiche Amplituden mit 45°-Anordnung, d) keine Änderung des Polarisationszustandes, wenn P mit einer Vorzugsrichtung zusammenfällt

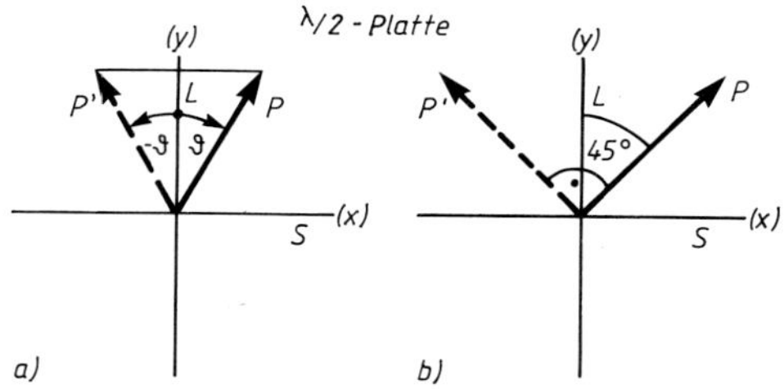


Bild 17.1.4 Wirkung einer $\lambda/2$-Platte
a) allgemein: P wird um Winkel $2\vartheta$ nach P′ geklappt. b) speziell: Klappung um 90° durch 45°-Anordnung

Durchläuft linear polarisiertes Licht eine *Halbwellenplatte* ($\lambda/2$-Platte), so ergibt sich wieder linear polarisiertes Licht (vergl. Tab. 17.1.2, 1. Zeile, Phasendifferenz $\pi$), aber die Lage der Schwingungsebene wird an einer Vorzugsrichtung der Platte gespiegelt (Bild 17.1.4).

Verzögerungsplatten können aus Materialien mit natürlicher Doppelbrechung (Abschn. 17.3) oder künstlich eingeführter Doppelbrechung (Abschn. 17.2) hergestellt werden. *Kompensatoren* sind Einrichtungen mit meßbar veränderlicher Verzögerung (Abschn. 17.3).

Linear, elliptisch oder zirkular polarisiertes Licht kann noch Beimischungen von unpolarisiertem Licht enthalten. Damit ergeben sich sieben voneinander unterscheidbare Polarisationszustände auf die alle anderen Fälle zurückgeführt werden können (z. B. linear + zirkular = elliptisch). Bild 17.1.5 zeigt in einem Programmablaufplan die *Analyse eines unbekannten Polarisationszustandes* mit Hilfe eines drehbaren Polarisators („Analysator") und einer λ/4-Platte.

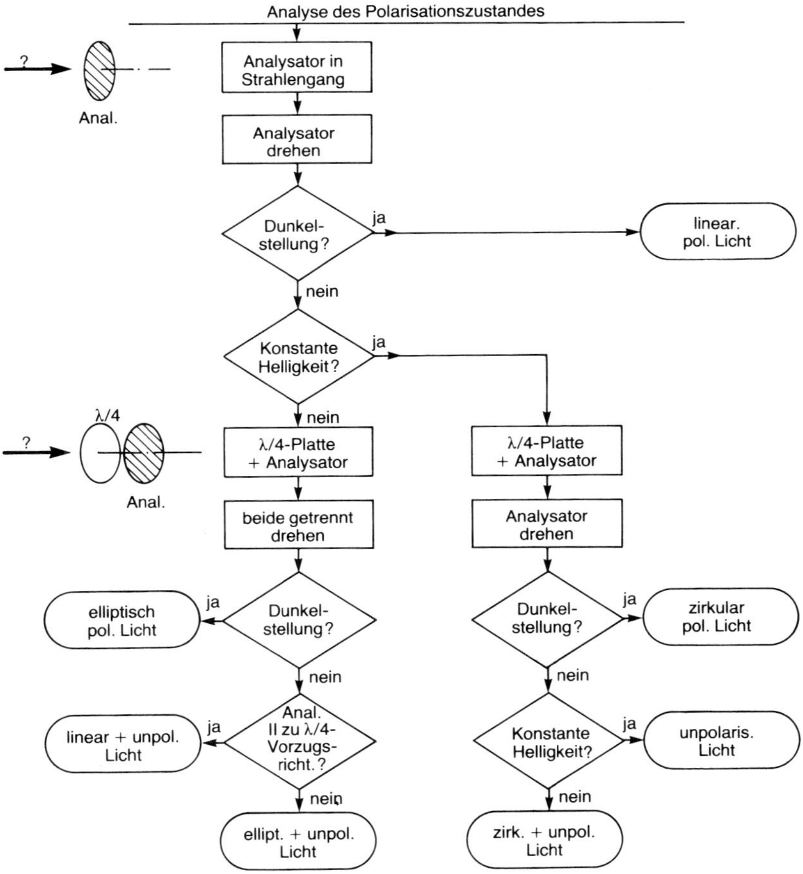


Bild 17.1.5 Ablaufschema zur Analyse des Polarisationszustandes

Soweit in Skizzen neben der Bündelrichtung auch der Polarisationszustand anschaulich dargestellt werden soll, können dazu die Symbole gemäß Tabelle 17.1.3 verwendet werden.

**Tabelle *17.1.3* Symbole zur Darstellung des Polarisationszustandes**

| | |
|---|---|
|  | Linear polarisiertes Licht, Schwingungsebene senkrecht zur Zeichenebene |
|  | Linear polarisiertes Licht, Schwingungsebene parallel zur Zeichenebene |
|  | Zirkular polarisiertes Licht |
| 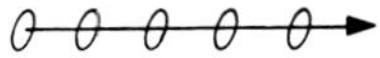 | Elliptisch polarisiertes Licht |
|  | Unpolarisiertes Licht |

Substanzen mit unsymmetrisch (z. B. schraubenförmig) gebauten Molekülen bzw. Kristallverbänden *drehen die Schwingungsebene* von einfallendem linear polarisiertem Licht. Diese Stoffe sind *„optisch aktiv"*. Auch hierbei muß der Richtungssinn der Drehung beachtet werden: Blickt man der Ausbreitungsrichtung entgegen, so kann die Substanz „rechtsdrehend" (im Uhrzeigersinn) oder „linksdrehend" wirken. Existieren beide, spiegelbildlich aufgebaute (vergl. Rechts- und Linksgewinde!), im übrigen chemisch gleiche Modifikationen des Stoffes, so dreht ihre Mischung aus gleichen Anteilen („Razemat") die Schwingungsebene nicht. Der Drehwinkel wächst mit der durchstrahlten Schichtdicke, bei Lösungen auch mit der Konzentration. Außerdem ist die Drehung $\lambda$-abhängig: *„Rotationsdispersion"*. Die Konzentrationsabhängigkeit ist ein wichtiges, in der *Polarimetrie* ausgenutztes Hilfsmittel der Analysentechnik.

**Literaturhinweise**

L 17.1.1 Siehe Hinweise zu Abschnitt 1.4

**Beispiele für Hersteller bzw. Lieferanten**

H 17.1.1 *Melles Griot GmbH,* Kleyerstr. 14, Darmstadt: Polarisationsoptik
H 17.1.2 *Oriel GmbH,* Im Tiefen See 58, Darmstadt: Polarisationsoptik
H 17.1.3 *3M Deutschland GmbH,* Carl-Schurz-Str. 1, Neuss: Polarisationsfilter
H 17.1.4 *Ealing Beck Ltd.,* Greycaine Road, Watford, GB: Polarisationsoptik
H 17.1.5 *B. Halle Nachfl.,* Hubertusstr. 10, Berlin 41: Polarisationsoptik

## 17.2 Polarisations-Bauelemente aus Kunststoffen

Wenn bei optisch einachsigen Kristallen (z. B. Turmalin, Herapathit) durch Doppelbrechung (Abschn. 17.3) zwei senkrecht zueinander linear polarisierte Komponenten entstehen, von denen durch sehr unterschiedliche Absorption *(Dichroismus)* eine Komponente stark geschwächt wird, so sind solche Kristallplatten als Polarisatoren verwendbar. Insbesondere eignet sich das synthetisch erzeugte Herapathit: Polarisatoren mit großer Fläche wurden durch Einlagerung kleinster Herapathit-Kristalle in Kunststoff-Folien erzeugt, wobei die Kristallnadeln durch Recken oder Extrudieren der Folie einheitlich ausgerichtet wurden.

Praktische Bedeutung für großflächige Polarisationsfilter haben heute jedoch nur gereckte *Folien aus Polyvinylalkohol,* die dann durch Farbstoffe (z. B. organische Farbstoffe, Jod) angefärbt oder durch katalytische Dehydrierung in ihrem Aufbau verändert werden. Bei der *Anfärbung* lagern sich die Farbstoffmolekühle in das Netz der durch Reckung ausgerichteten Molekülketten des Kunststoffträgers ein und ergeben so dichroitische Absorption. Es wird nach Möglichkeit neutralgraue Anfärbung, d. h. gleichmäßige Wirkung in einem größeren Spektralbereich, angestrebt. Tabelle 17.2.1 gibt Beispiele für Polarisationsbauelemente auf der Basis von Kunststoff-Folien, die auch zwischen Glasplatten eingeschlossen sein können. Die Vergleichbarkeit ist durch Beschränkung auf die Typenauswahl eines Herstellers [H 17.2.1] gegeben. Für vier ausge-

**Tabelle *17.2.1* Beispiele für Daten von Polarisationsfiltern** (Polarex® [H 17.2.1])

| Typ Farbton λ-Schwerp. | Ein Polarisator $\tau_{pol}$ | $\tau_{sperr}$ | $\tau$ weiß | P | Zwei Polarisatoren $\tau_{0°}$ | $\tau_{90°}$ | LV | Restfarbe $\Theta = 90°$ | Bemerkungen |
|---|---|---|---|---|---|---|---|---|---|
| P-W 84 blaugrau 625 nm | 0,84 | $6 \cdot 10^{-3}$ | 0,423 | 0,986 | 0,35 | $5 \cdot 10^{-3}$ | 70 | hellblau | höchstes τ, geringe Löschung: blendfreie Beleuchtung, Schaumodelle, Fließbildtechnik. Bild 17.2.1 a |
| P-W 76 neutralgrau 610 nm | 0,76 | $9 \cdot 10^{-4}$ | 0,38 | 0,9975 | 0,29 | $7 \cdot 10^{-4}$ | 400 | blau | normal für Kamera und Beleuchtung; stereoskop. Bildtrennung. Farbstichfrei |
| P-W 64 grüngrau 625 nm | 0,64 | $8 \cdot 10^{-5}$ | 0,32 | 0,9997 | 0,20 | $5 \cdot 10^{-5}$ | 4000 | dunkelblau | breites D-Maximum im λ-Bereich: Spannungsoptik, kontinuierl. Graufilter, Demonstrationsversuche |
| P-W 44 grüngrau 630 nm | 0,44 | $1 \cdot 10^{-5}$ | 0,22 | 0,9999 | 0,10 | $5 \cdot 10^{-6}$ | 20000 | farblos | sehr hohe Löschung, breites D-Maxim: Herst. neutraler Dunkelfelder. Bild 17.2.1 b |
| P-IR 2 rotbraun ≈ 1450 nm | | | | | | | | | für nahen Infrarotbereich. Bild 17.2.1 d |
| P-UV 2 ≈ 350 nm | | | | | | | | | für nahen Ultraviolettbereich. Bild 17.2.1 c |
| Ks-BEL | | | 0,37 | > 0,995 | | | > 200 | | Beleuchtungseinrichtungen, z. B. mit zweitem Polfilter vor der Kamera |
| Ks-PRO | | | 0,39 | > 0,998 | | >500 | | | Stereo- und Fließbild-Projektoren, starke Lichtquellen |
| Ks-DEM | | | 0,33 | >0,9999 | >0,20 | $2 \cdot 10^{-5}$ | >10000 | | Demonstrationen, Spannungsoptik, Polarimetrie |
| Ks-MIK | | | 0,28 | ≈1 | >0,15 | $1{,}5 \cdot 10^{-6}$ | 100000 | | Mikroskopie, Kerrzellen, Fotometer |

Typen: P = Plastikfolien, Ks = Glasfilter

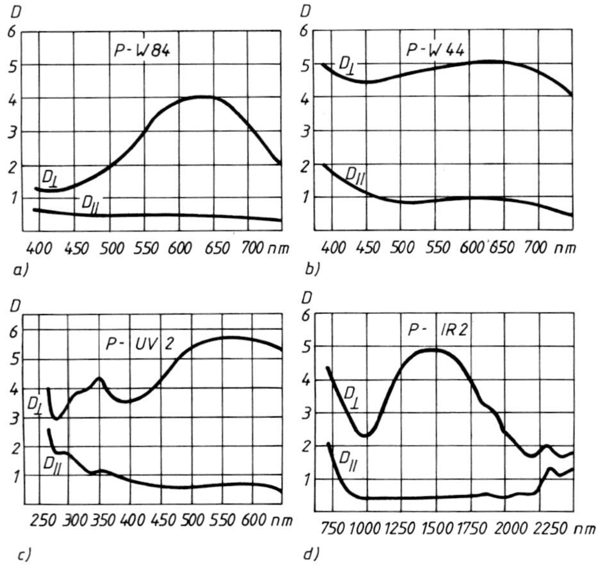


Bild 17.2.1 Beispiele für die optische Dichte als Funktion der Wellenlänge bei Polarisationsfolien [H 17.2.1]

a) Folie mit hohem Transmissionsgrad und geringer Löschung, b) Folie mit geringem Transmissionsgrad und hoher Löschung, c) Folie für nahes UV, d) Folie für nahes IR. Alle Werte gelten jeweils für die Kombination aus zwei gleichen Folien, also Polarisator und Analysator! Es ist $D_\perp = \lg \frac{1}{\tau_{90^\circ}}$, $D_\parallel = \lg \frac{1}{\tau_{0^\circ}}$.

wählte Polarisationsfolien sind in Bild 17.2.1 die *spektralen Dichtekurven* angegeben. Aus der Dichtedifferenz $\Delta D$ kann die Größenordnung des Löschungsvermögens LV bei gegebener Wellenlänge abgeschätzt werden. Beispiel: Für P-W 44 (Bild 17.2.1 b) findet man bei $\lambda = 600$ nm: $\Delta D \approx 4$. Da $\Delta D = \lg(\tau_{0^\circ}/\tau_{90^\circ})$, ist LV $\approx 10^4$.

Werden Kunststoffplatten oder dünnere Folien durch Recken ohne dichroitische Anfärbung anisotrop gemacht, so entstehen *Verzögerungsplatten,* die senkrecht zueinander schwingenden Komponenten eine definierte Phasenverschiebung erteilen. Dabei ist Abstimmung auf den interessierenden Wellenlängenbereich erforderlich. Beispielsweise sind für den mittleren Teil des sichtbaren Bereichs von etwa 480 nm bis 640 nm mit der Schwerpunktwellenlänge 560 nm die Folien P-V 140, 280 und 560 lieferbar [H 17.2.1], die Phasenverschiebungen von 140 nm *(„Viertelwellenfolie“),* 280 nm *(„Halbwellenfolie“)* und 560 nm *(„Vollwellenfolie“)* ergeben. Die Folie P-V 280 ist dann natürlich auch als Viertelwellenfolie für den IR-Bereich um 1120 nm verwendbar. Unmittelbar mit einem Linearpolarisator unter 45°-Ausrichtung verkittete Viertelwellenfolien ergeben einen *Zirkularpolarisator.*

### Literaturhinweise

L 17.2.1 *Selle, M.:* Schauversuche zur Wirkungsweise der heutigen Polarisationsfilter. Sonderdr. Fa. E. Käsemann, Oberaudorf, nach Praxis der Physik *1,* 10, 285–291 und Kino-Technik *19,* 7, 163–165

### Beispiele für Hersteller bzw. Lieferanten

H 17.2.1 *Erwin Käsemann GmbH,* Auerburgstr. 5, Oberaudorf: Linear- u. Zirkularpolarisatoren, Verzögerungsplatten, Polarisationsbrillen

H 17.2.2 Siehe auch Beispiele 17.1. . . ., 17.4. . . .

## 17.3 Kristalloptische Bauelemente

In *anisotropen Medien* (Abschn. 1.2), z. B. Kristallen außerhalb des kubischen Systems oder mechanisch verspannten Kunststoffen, sind Lichtgeschwindigkeit und damit Brechzahl richtungsabhängig. Dabei wird die einfallende Welle in zwei senkrecht zueinander polarisierte Teilwellen aufgespalten, für die unterschiedliche Brechzahlen gelten *(„Doppelbrechung“).* Nur in bestimmten Richtungen, die als *optische Achsen* bezeichnet werden, entfällt diese Aufspaltung. Bild 17.3.1 zeigt dies für *optisch einachsige Kristalle* (tetragonales, hexagonales, rhomboedrisches Kristallsystem), zu deren polarisationsoptisch wichtigsten Vertretern *Kalkspat* ($CaCO_3$) und *Quarz* ($SiO_2$) gehören. In Richtung der Achse A ergibt sich eine einheitliche Brechzahl, senkrecht zu A die größte Brechzahldifferenz zwischen $n_o$ für den *„ordentlichen Strahl“* und $n_{ao}$ für den *„außerordentlichen Strahl“.* Dabei ist $n_o$ in allen Richtungen konstant (Darstellung durch Kugelfläche), während sich $n_{ao}$ ändert (Darstellung durch Rotationsellipsoid). Für die beiden genannten Materialien ergeben sich die folgenden Brechzahlwerte $n_e$ ($\lambda$ = 546,1 nm):

| Kalkspat: | Quarz: |
|---|---|
| $n_{ao(min)} = 1{,}488$ | $n_{ao(max)} = 1{,}555$ |
| $n_o = 1{,}662$ | $n_o = 1{,}546$ |
| $n_{ao} - n_o = -0{,}174$ | $n_{ao} - n_o = +0{,}009$ |
| *„negativ doppelbrechend“* (Bild 17.3.1 a) | *„positiv doppelbrechend“* (Bild 17.3.1 b) |

Der Betrag der Brechzahldifferenz und damit die doppelbrechende Wirkung ist bei Kalkspat um den Faktor 19 größer als bei Quarz.

Kristalle des monoklinen, triklinen und rhombischen Systems haben zwei optische Achsen; für die Darstellung der Brechzahl des außerordentlichen Strahls ergibt sich ein dreiachsiges, nicht rotationssymmetrisches Ellipsoid. Die folgende Darstellung wird auf optisch einachsige Kristalle beschränkt.

Bild 17.3.2 zeigt am Beispiel des Kalkspats die Wirkung der Doppelbrechung auf einen einfallenden unpolarisierten Strahl mit Hilfe einfacher, zur optischen Achse unterschiedlich geschnittener Prismen [L 17.3.1]. Zusammen mit den verkleinerten Brechzahl-Darstellungen von Bild 17.3.1 a wird die Funktion gut verständlich. Jede Ebene,

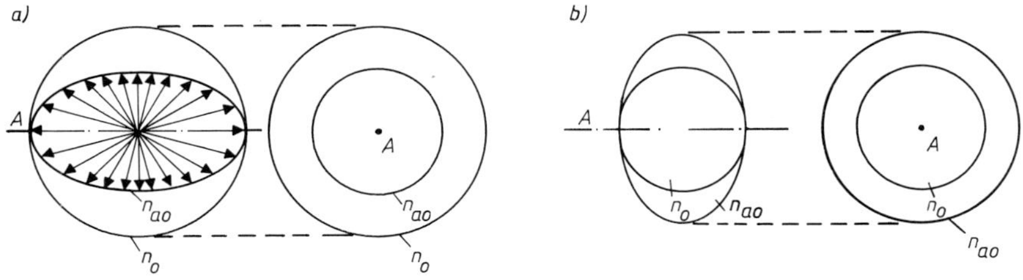


Bild 17.3.1 Richtungsabhängigkeit der Brechzahl bei einachsigen Kristallen

a) Kristall mit negativer Doppelbrechung (Kalkspat), b) Kristall mit positiver Doppelbrechung (Quarz). A = optische Achse, $n_o$ = Brechzahl des ordentlichen, $n_{ao}$ = Brechzahl des außerordentlichen Strahls

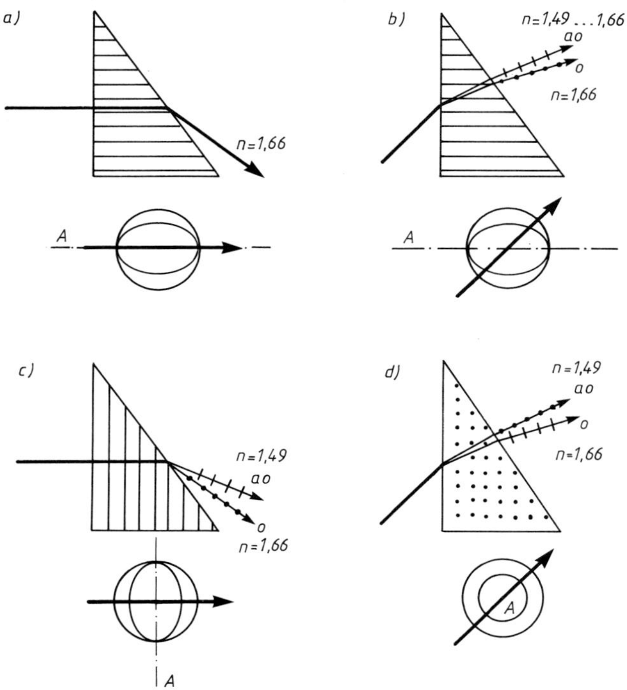


Bild 17.3.2 Wirkung eines Kalkspat-Prismas auf unpolarisiert einfallendes Licht

A = optische Achse. Schraffur: Achsenrichtung in der Zeichenebene; Punkte: Achsenrichtung senkrecht zur Zeichenebene. o = ordentlicher, ao = außerordentlicher Strahl die die optische Achse enthält (dies ist ja eine Richtung und keine einzelne Linie!), wird als *Kristallhauptschnitt* bezeichnet (Bild 17.3.2a, b, c). Bei Bild 17.3.2d liegt die Zeichenebene senkrecht zum Hauptschnitt. Die *Schwingungsebene* des außerordentlichen Strahls liegt immer im Hauptschnitt, die des ordentlichen Strahls senkrecht dazu. Bei Bild 17.3.2a ergibt sich keine Aufspaltung und damit keine Unterscheidung der Polarisationsrichtungen, in den Fällen von Bild 17.3.2c und d maximaler Richtungsunterschied der austretenden Strahlen wegen größter Brechzahldifferenz. Bei Quarz ist der Richtungsunterschied entsprechend geringer und die Richtungen o und ao sind vertauscht. Trifft ein Strahl senkrecht auf die Eingangsfläche eines doppelbrechenden Kristalls, dessen optische Achse jedoch schräg zur Fläche verläuft, so erfährt der ordentliche Strahl wie erwartet keine Ablenkung, während der außerordentliche Strahl abgelenkt wird, also nicht dem einfachen Brechungsgesetz gehorcht (!). Die Bestimmung der Richtung des ao-Strahls erfolgt durch Huygens-Konstruktion mit den elliptischen Wellenfronten.

Tabelle 17.3.1 mit Bild 17.3.3 gibt eine Übersicht über Grundtypen von *Polarisations-Prismensystemen,* die bevorzugt aus Kalkspat oder Quarz hergestellt werden und sich vor allem durch die Achsenlage und die Prismenwinkel unterscheiden. Ein Doppelpfeil gibt die Achsenlage in der Zeichenebene, ein Punkt die senkrecht zur Zeichenebene stehende Achse an. Dazu ist unter dem Namen des Systems jeweils nochmals die Brechzahl-Verteilung gemäß Bild 17.3.1a (für Kalkspat) angegeben. Mit L ist die Prismenlänge, mit D der freie Aperturdurchmesser bezeichnet. Besonders häufig werden Glan-Thompson-, Glan-Taylor-, Rochon- und Wollaston-Prisma verwendet. Zu den meisten Grundtypen gibt es noch eine Reihe von Abarten mit etwas unterschiedlichen Eigenschaften. Während die Systeme Nicol, Glan und Ahrens linear polarisiertes Licht liefern, indem der ordentliche Strahl durch Totalreflexion und anschließende Absorption beseitigt wird, treten bei den *Polarisations-Strahlenteilern* Rochon, Sénarmont und Wollaston die beiden senkrecht zueinander polarisierten Bündel mit Richtungsdifferenz aus. Es können beide Bündel verwendet oder ein Bündel abgeblendet werden, so daß sich wieder ein Linearpolarisator ergibt. Durch einen *Luftabstand* der Prismen von Polarisations-Systemen wird eine UV-absorbierende Kittschicht ebenso vermieden wie eine Beschädigung der Kittschicht durch Laserstrahlung hoher Leistungsdichte.

*Verzögerungsplatten,* u. a. zur Gewinnung von elliptisch oder zirkular polarisiertem Licht (Abschn. 17.1), werden aus doppelbrechenden Kristallplatten hergestellt, deren Flächen parallel zur optischen Achse liegen (Bild 17.3.4a). Als Material kommen vor allem Quarz (einachsig) und Glimmer (zweiachsig) in Frage, daneben auch Gips (zweiachsig) und gereckte Kunststoff-Folien (Abschn. 17.2).

Die als Vielfaches k der Wellenlänge λ ausgedrückte Verzögerung ergibt sich als Differenz der optischen Wege $d \cdot n$ für die beiden senkrecht zueinander polarisierten Strahlen:

$$k \cdot \lambda = d \cdot \Delta n \qquad (17.3.1)$$

Für die Phasendifferenz gilt $\Delta\varphi = k \cdot 2\pi$. Wird z. B. $k = 1/4$ gefordert *(„Viertelwellenplatte“),* so ergibt sich für *Glimmer* mit $n_1 = 1{,}5977$ und $n_2 = 1{,}5936$ bei der e-Linie, $\lambda = 546{,}1$ nm, eine Plattendicke $d = 33\ \mu m$. Solche Platten können durch Spalten hergestellt werden, wobei die dünnen Glimmerscheiben zwischen Glasplatten gefaßt werden müssen. Für *Quarz* ergibt sich unter gleichen Bedingungen nur eine Dicke von

**Tabelle *17.3.1* mit Bild 17.3.3 Kristall-Polarisatoren**
[L 17.3.2], [H 17.3.1], [H 17.3.2]

| Bild 17.3.3 | Bemerkungen |
|---|---|
| 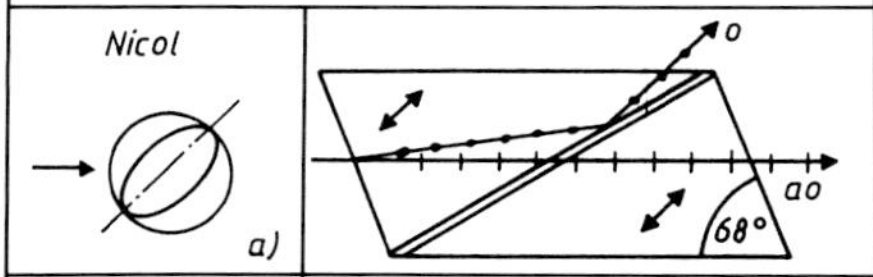 | Kalkspat. Kitt n = 1,54 zwischen $n_o$ und $n_{ao}$. Feld 29°. Keine ganz gleichmäßige Polarisation im Feld. Nicht mehr häufig verwendet. |
| 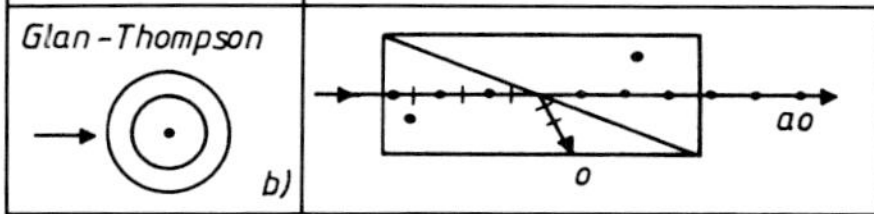 | Kalkspat. Feld bis ca. 42°: Bei L = 2,5 · D ca. 16°; 320 nm – 2,3 μm<br>L = 3 · D ca. 28°; 350 nm – 2,3 μm.<br>„Verbessertes Nicol", das dessen Nachteile vermeidet. |
| 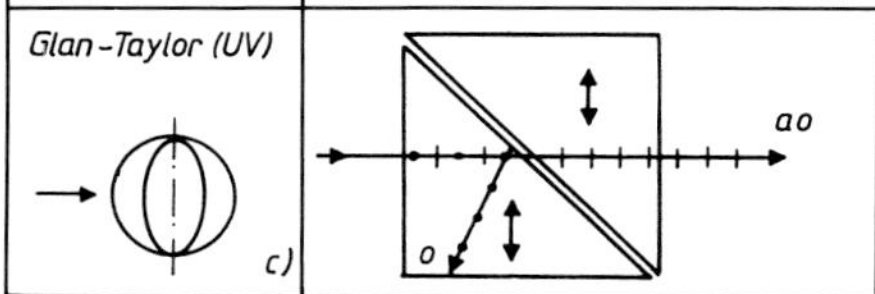 | Kalkspat, Luftabstand. Feld 8°, als „Doppel-Glan-Taylor" ca. 13°.<br>Auch Spezialausführung „Glan-Laser" für Laserstrahlung hoher Energie.<br>214 nm – 2,3 μm; VIS-Ausführung<br>310 nm – 2,3 μm. LV $10^4$–$10^6$. |
| 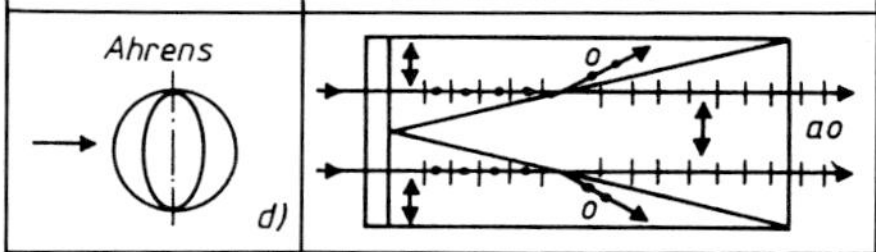 | 3 Kalkspat-Prismen mit Quarz-Deckplatte. Großer Feldwinkel ca. 38° bei geringer Baulänge.<br>L = 1,75 · D; ca. 340 nm – 2,3 μm.<br>Bei L = 1,25 · D Feld ca. 30°, dafür 300 nm – 2,3 μm. |
| 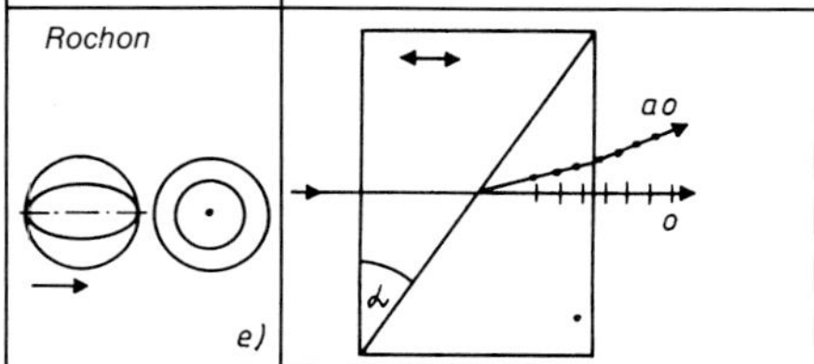 | Polarisations-Strahlenteiler; unabgelenkter Strahl o achromatisch. Kalkspat oder Quarz, erstes Prisma auch Glas. Auch mit Luftabstand (Laser); auch in Würfelform. Richtungsdifferenz Δδ nimmt mit Winkel α zu: z. B. bei α = 45°: Δδ = 10° für Kalkspat.<br>Für UV: $MgF_2$; 140 nm – 7 μm, Δδ = 4°. |
| 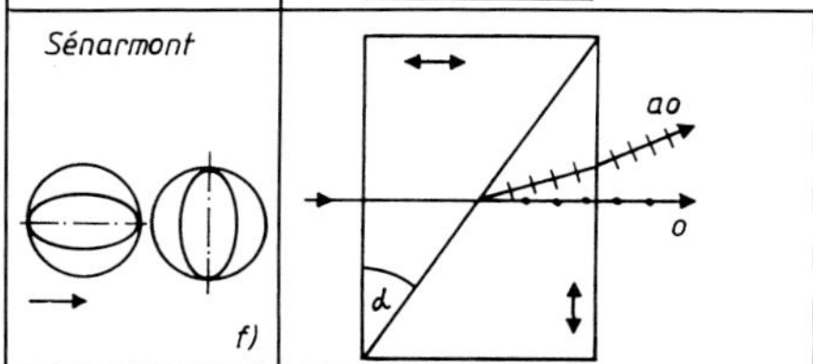 | Polarisations-Strahlenteiler; unabgelenkter Strahl o achromatisch. Quarz oder Kalkspat; auch in Würfelform. |
| 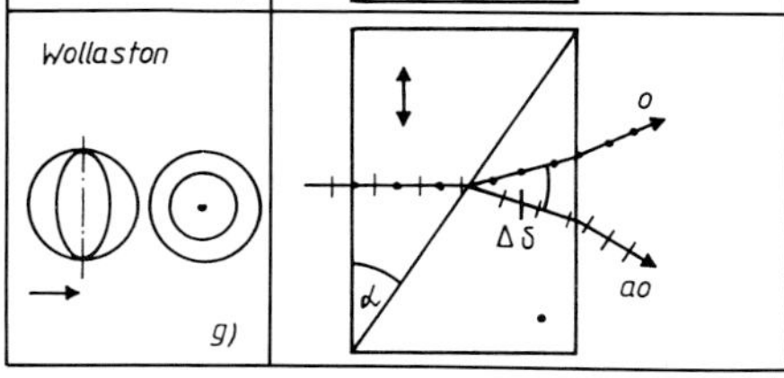 | Polarisations-Strahlenteiler mit großer Richtungsdifferenz; leicht unsymmetrische Ablenkung von o und ao. Kalkspat oder Quarz.<br>Bei α = 45°: Δδ = 20° für Kalkspat und ca. 1° für Quarz.<br>Mit Kalkspat-Wollaston aus 3 Teilen bis Δδ = 30°.<br>300 nm – 2,2 μm. |

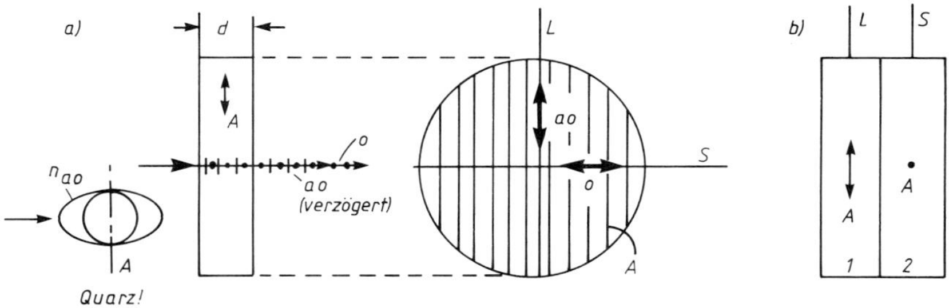


Bild 17.3.4 Verzögerungsplatten aus Quarz

a) Wirkung einer Einzelplatte, b) gekreuzte Kombination („nullte Ordnung"). L = langsame, S = schnelle Achse der Platte. A und Schraffur: optische Achse. Der ao-Strahl (Schwingung in Richtung der langsamen Achse = optische Achse) tritt gegenüber dem o-Strahl verzögert aus

15 μm. Um solche für Fertigung und Anwendung ungünstigen Dicken zu vermeiden, werden dickere λ/4-*Verzögerungsplatten „höherer Ordnung"* gewählt, d. h. es ist

$$d \cdot \Delta n = (2m-1)\,\frac{\lambda}{4} \tag{17.3.2}$$

(ungeradzahliges Vielfaches einer Viertelwellenlänge), mit m = Ordnungszahl. Der Wegunterschied reagiert dann aber empfindlich auf Temperaturänderungen und Kippen der Platte. Diese Empfindlichkeit wird stark vermindert, wenn zwei um 90° gegeneinander gedrehte Platten kombiniert werden (langsame Achse von Platte 1 parallel zu schneller Achse von Platte 2, Bild 17.3.4b). Die Verzögerungen werden dann nahezu kompensiert *(„Platte nullter Ordnung"),* bis auf die gewünschte Verzögerung durch geringfügigen Dickenunterschied der Platten. Handelsüblich sind vor allem Platten „erster Ordnung" (Glimmer) sowie „nullter Ordnung" und „höherer Ordnung" (Quarz) mit den Verzögerungen λ/8, λ/4, λ/2, die jeweils auf die wirksame Wellenlänge abgestimmt werden müssen.

Demgegenüber erreicht man mit *Fresnel-Rhomben* (Bild 17.3.5) eine *achromatische Verzögerung* (z. B. Toleranz unter 10% in einem λ-Bereich von 400 nm [H 17.3.2]). Hier wird nicht die Doppelbrechung, sondern die *Phasendifferenz bei Totalreflexion* in einem isotropen Medium ausgenutzt (je nach gewünschtem Transmissionsbereich Glas, Quarzglas, $CaF_2$, $LiF_2$). Fällt linear polarisiertes Licht unter 45° zur Zeichenebene auf die Eintrittsfläche des Rhombus (Bild 17.3.5a), so ergibt sich bei der ersten Totalreflexion eine Aufspaltung in die parallel und senkrecht zur Einfallsebene schwingenden Komponenten mit der Phasendifferenz $\Delta\varphi$, für die

$$\tan\frac{\Delta\varphi}{2} = \frac{\cos\varepsilon\sqrt{\sin^2\varepsilon - \frac{1}{n^2}}}{\sin^2\varepsilon} \tag{17.3.3}$$

gilt. Im Rahmen verfügbarer Brechzahlen n kann man $\Delta\varphi = 45°$ erreichen, mit zwei Reflexionen also 90° entsprechend einer Wegdifferenz von λ/4. Dazu muß man für

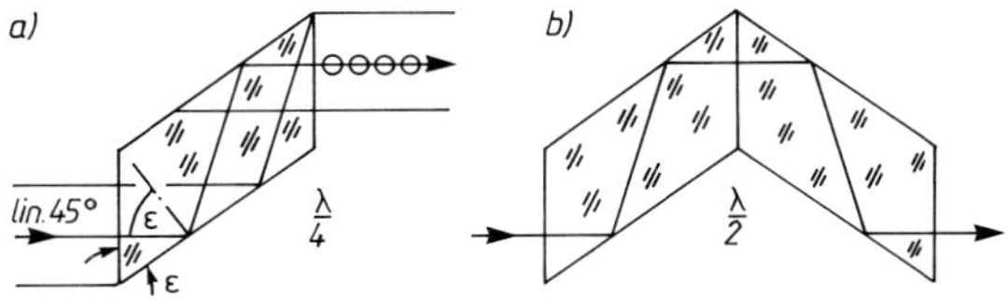


Bild 17.3.5 Fresnel-Rhomben als Verzögerungsglied

a) Viertelwellen-Verzögerung: Am Eingang unter 45° zur Zeichenebene schwingendes Licht, am Ausgang zirkular polarisiertes Licht. b) Halbwellen-Verzögerung mit geradsichtiger Anordnung von zwei Rhomben

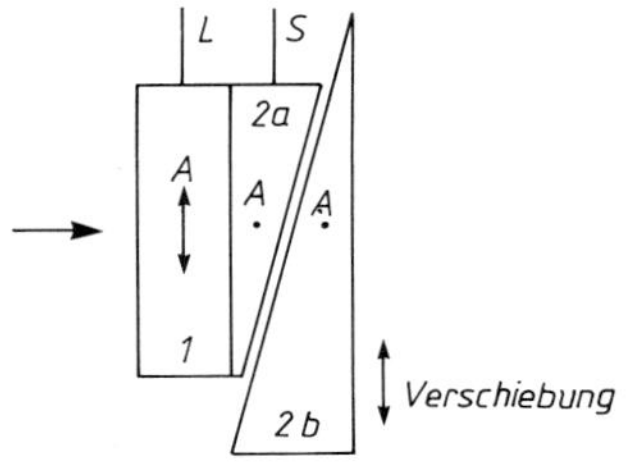


Bild 17.3.6 Soleil-Babinet-Kompensator

A = optische Achse, L, S = langsame und schnelle Achse

Kronglas mit n = 1,51 ε = 54,62° wählen und den Rhombus auch entsprechend schleifen. Bild 17.3.5b zeigt die Weiterführung mit vier Reflexionen zur λ/2-Verzögerung, wobei sich eine geradsichtige Anordnung ergibt.

*Kontinuierlich veränderbare Verzögerungen* sind mit *Kompensatoren* einstellbar (um bei der Analyse des Polarisationszustandes vorhandene Phasendifferenzen meßbar zu kompensieren). Als Beispiel sei der *Soleil-Babinet-Kompensator* (Bild 17.3.6) angegeben, der unmittelbar aus der „Verzögerungsplatte nullter Ordnung" (Bild 17.3.4b) hervorgeht: Die Platte 2 ist in zwei Keile 2a und 2b aufgespalten; Mikrometer-Verschiebung eines Keils ergibt eine Platte 2 mit veränderlicher Dicke. Bei exakt gleicher Dicke von Platte 1 und Platte 2a+2b ist die Phasendifferenz Null.

## Literaturhinweise

L 17.3.1 *Pohl, R. W.:* Optik und Atomphysik. 12. Aufl., Springer-Verlag, Berlin, Heidelb., New York 1967

L 17.3.2 *Claus, V.:* Polarisationsoptik. Feinwerktechnik + Micronic *77* (1973) H. 2, 65–68

L 17.3.3 Siehe auch L 17.1

## Beispiele für Hersteller bzw. Lieferanten

H 17.3.1 *Dr. Steeg & Reuter GmbH,* Berner Str. 109, Frankfurt: Polarisationsoptik

H 17.3.2 *Spindler u. Hoyer GmbH u. Co,* Königsallee 23, Göttingen: Polarisationsoptik

H 17.3.3 *B. Halle Nachfl.,* Hubertusstr. 11, Berlin: Polarisationsoptik; Bauelemente für Ellipsometrie

H 17.3.4 Siehe auch Beispiele 3.4. . . ., 17.1. . . .

## 17.4 Spannungsoptik

Isotropes Material (z. B. Kunststoffe, Glas) wird unter mechanischer Belastung durch Moleküldeformation anisotrop, d. h. doppelbrechend. Mit Hilfe der *Spannungsoptik* kann deshalb auf optischem Wege auf Verteilung und Größe mechanischer Spannungen geschlossen werden. Bei dem meist untersuchten *ebenen Spannungszustand* (plattenförmige Körper) verhält sich das Material wie ein einachsiger Kristall, so daß alle Betrachtungen von Abschn. 17.3 zutreffen. Der Modellkörper (transparente Platte in der Form des zu untersuchenden Konstruktionsteils mit Belastung entsprechend bestimmten Ähnlichkeitsgesetzen zum wahren Bauteil) wird im linear polarisierten Licht (Bild 17.4.1 a) oder im zirkular polarisierten Licht (Bild 17.4.1 b) untersucht. Durch die Belastung ergeben sich an jedem Modellpunkt senkrecht aufeinander stehende *Hauptspannungsrichtungen* (Richtungen, in denen die Scherspannung Null ist). In diesen Richtungen treten die extremen Spannungswerte $\sigma_1$ und $\sigma_2$ auf. Die Hauptspannungsrichtungen bilden die Vorzugsrichtungen des anisotropen Körpers, d. h. die *schnelle Achse* und die *langsame Achse,* mit den extremen Brechzahlen $n_1$ und $n_2$. Hauptspannungsdifferenz und Brechzahldifferenz sind proportional, d. h. mit der materialabhängigen spannungsoptischen Konstanten C kann man schreiben:

$$n_2 - n_1 = C \cdot (\sigma_2 - \sigma_1) \qquad (17.4.1)$$

Wie bei einer *Verzögerungsplatte* (Abschn. 17.3) wird also einfallendes linear polarisiertes Licht in zwei in den Hauptspannungsrichtungen schwingende Komponenten

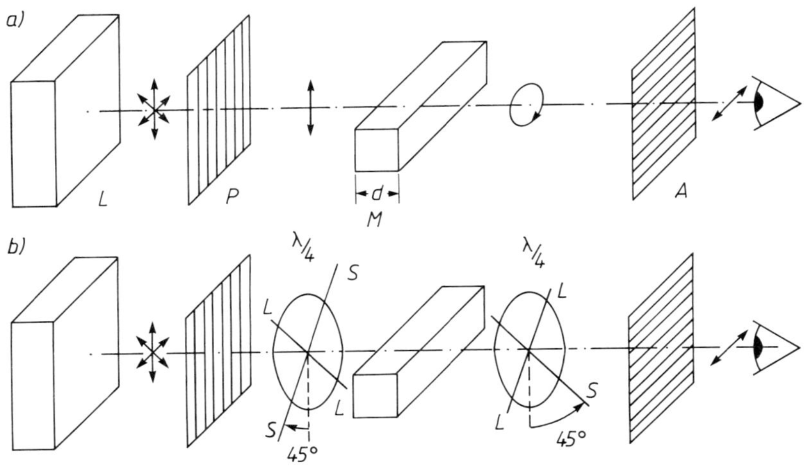


Bild 17.4.1 Einrichtung für spannungsoptische Untersuchungen

a) Belastetes Modell M zwischen Polarisator P und dazu gekreuztem Analysator A. L = Lichtkasten mit Lampen für Weißlicht (z. B. Leuchtstofflampen) und monochromatisches Licht (z. B. Natriumlampe). b) Einfügen von 2 λ/4-Platten zur Ausschaltung der Isoklinen. Diese Platten stehen unter 45° zur Polarisatorrichtung, sowie zueinander gekreuzt (schnelle Achse S und langsame Achse L parallel), so daß sich ihre Phasendifferenzen aufheben aufgespalten, die bei der Plattendicke d eine Verzögerung d $(n_2-n_1)$ erfahren. Aus dem Modell tritt also *elliptisch polarisiertes Licht* aus, mit den Sonderfällen linear (eine Hauptspannungsrichtung parallel zur Polarisator-Richtung) und zirkular (45°-Lage). Im Unterschied zur Verzögerungsplatte sind jedoch sowohl Phasendifferenz wie Achsenlage (Hauptspannungsrichtungen) ortsabhängig, d. h. im allgemeinen an den einzelnen Modellpunkten unterschiedlich. Ist das Modell zwischen Polarisator und dazu gekreuztem Analysator (Bild 17.4.1 a) angebracht, so wird das Dunkelfeld entsprechend dem Spannungszustand unterschiedlich aufgehellt, d. h. es ergibt sich ein ortsabhängiger Transmissionsgrad $\tau$. Die Zusammenfassung aller Einflüsse führt zu der Gleichung

$$\tau = \tau_{max} \cdot \sin^2 2\vartheta \cdot \sin^2 \frac{C(\sigma_2 - \sigma_1)d\pi}{\lambda} \qquad (17.4.2)$$

mit $\tau_{max}$ = maximaler Transmissionsgrad der gesamten Anordnung, $\vartheta$ = Winkel zwischen Polarisations- und einer Hauptspannungsrichtung, C = Konstante, $\sigma_1$, $\sigma_2$ = Hauptspannungen, d = Plattendicke, $\lambda$ = Wellenlänge.

An allen Modellpunkten, für die wenigstens einer der beiden $\sin^2$-Faktoren Null wird, ergibt sich Dunkelheit, d. h. es treten zwei sich überlagernde Systeme dunkler Linien auf, die jeweils die Modellpunkte mit gleichen Eigenschaften verbinden:

*Isoklinen* verbinden alle Modellpunkte, für die $\sin^2 2\vartheta = 0$ gilt, also die *Hauptspannungsrichtungen* mit Polarisator- bzw. Analysatorrichtung zusammenfallen ($\vartheta = 0°$ bzw. 90°). Dreht man den Polarisator und den dazu stets gekreuzten Analysator gemeinsam um einen definierten Winkel, so ergibt sich eine neue Isokline, weil jetzt an anderen Modellpunkten Hauptspannungs- und Polarisationsrichtungen zusammenfallen. Durch eine größere Zahl von Einstellungen erhält man insgesamt ein *Isoklinennetz* (z. B. bei 15°-Schritten 6 Isoklinen von 0°/90°, 15°, . . . 75°) und damit den *Spannungsverlauf* über die Modellfläche.

*Isochromaten* verbinden dagegen alle Modellpunkte mit gleicher Hauptspannungsdifferenz $\sigma_2-\sigma_1$: Da $\sin m \cdot \pi = 0$ für m = 0, 1, 2 . . . („Ordnungszahl") wird, muß für eine dunkle Isochromate gemäß Gl. (17.4.2)

$$\sigma_2 - \sigma_1 = \frac{m \cdot \lambda}{C \cdot d} \qquad (17.4.3)$$

sein. Zu jedem m-Wert gehört eine andere Isochromate. Mit Weißlicht ergeben sich wegen der $\lambda$-Abhängigkeit farbige Isochromaten; für exakte Auswertung ist deshalb monochromatisches Licht (z. B. Natriumlampe oder Quecksilber-Hochdrucklampe mit Filter) erforderlich.

Im übrigen ist es meist zweckmäßig, *Isochromaten und Isoklinen getrennt* zu beobachten. Zur Aufnahme der (stets einfarbigen, weil $\lambda$-unabhängigen) Isoklinen wird ein Modellmaterial mit niedriger Konstante C verwendet (z. B. Acrylglas): Dann wird der zweite $\sin^2$-Faktor in Gl. (17.4.2) klein gehalten; auch bei hoher Spannungsdifferenz $\sigma_2-\sigma_1$ entstehen keine störenden Isochromaten. Zur ungestörten Beobachtung der Isochromaten müssen die Isoklinen unterdrückt, d. h. die Richtungsabhängigkeit $\sin^2 2\vartheta$ beseitigt werden. Dazu wird das Modell von zirkular polarisiertem Licht (Bild 17.4.1 b) durchstrahlt; mit einer zweiten $\lambda/4$-Platte erfolgt wieder Rückverwandlung in linear polarisiertes Licht. Da die Isochromaten ein Maß für die Hauptschubspannung $(\sigma_2-\sigma_1)/2$, d. h. für die Belastungshöhe sind, stellen sie „Höhenschichtlinien des Belastungsgebirges" dar: Große Isochromatenzahl ergibt also feine Stufen und damit genaue Auswertung. Deshalb werden Isochromaten mit Modellwerkstoffen hoher spannungsoptischer Konstante C (z. B. Epoxidharz, Polyesterharz) dargestellt.

Auch lichtundurchlässige Körper können bezüglich Dehnungen in ihrer Oberfläche untersucht werden, wenn gemäß Bild 17.4.2 eine spannungsoptisch wirksame Kunststoffschicht durch Aufkleben oder Aufspritzen (z. B. eines Epoxidlackes) auf die Oberfläche gebracht wird *(„Oberflächenschichtverfahren"* am „wahren Bauteil"). Die in Bild 17.4.2 dargestellte Anordnung stellt die einfachste Ausführung eines *Reflexionspolariskops* dar. In die spannungsoptischen Gleichungen ist als wirksame Schichtdicke $2 \cdot d$ einzusetzen. Die untersuchte Oberfläche muß diffus oder regulär reflektieren, ggf. durch Aufbringen von Aluminiumfarbe.

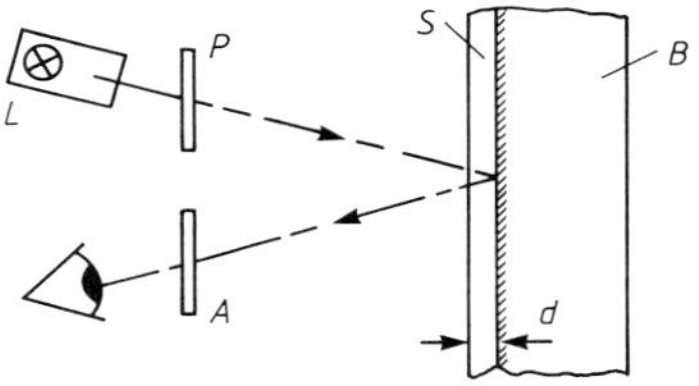


Bild 17.4.2 Einfaches Reflexionspolariskop für Oberflächenschichtverfahren

B = Bauteil mit reflektierender Oberfläche, S = spannungsoptisch wirksame Schicht, P = Polarisator, A = zu P gekreuzter Analysator

Tabelle 17.4.1 gibt *spannungsoptische Konstanten* für die wichtigsten Materialien an. Die Angaben sind nur als Richtwerte zu betrachten; für genaue Messungen müssen die Konstanten am jeweils verwendeten Material durch einen Eichversuch bestimmt werden (Belastung eines Biegestabes). C ist die in Gl. 17.4.1 auftretende Materialkon-

**Tabelle *17.4.1* Spannungsoptische Konstanten einiger Materialien** (nach [L 17.4.1])

| Material | C in $\frac{cm^2}{N}$ | S für Na-Licht in $\frac{N}{cm \cdot Ordng.}$ | $m_{max}$ in Ordng./cm |
|---|---|---|---|
| Epoxidharz Araldit® B | $5{,}7 \cdot 10^{-7}$ | 104 | 38 |
| Polyesterharz VP 1527 | $2{,}2 \cdot 10^{-7}$ | 265 | 9 |
| Acrylglas Plexiglas® | $-2{,}6 \cdot 10^{-8}$ | −2300 | −0.9 |
| Glas | $-2 \cdot 10^{-8}$ bis $3 \cdot 10^{-8}$ | −3000 . . . 2000 | bis 1,5 |

stante. Für Messungen bei der jeweils verwendeten Wellenlänge λ bequemer ist die daraus abgeleitete Konstante S gemäß Gl. (17.4.3):

$$S = \frac{\lambda}{C} = \frac{\Delta\sigma \cdot d}{m} \qquad (17.4.4),$$

d. h. die pro Isochromatenordnung bei 1 cm Modelldicke auftretende Hauptspannungsdifferenz. $m_{max}$ ist die höchste erreichbare Isochromatenordnung (Quotient aus zulässiger Spannung und S). Sie gibt einen ersten Hinweis auf die Belastbarkeit eines Modells, wieder bezogen auf 1 cm Modelldicke.

Negative Werte der Konstanten bedeuten, daß bezüglich der Hauptspannungsrichtungen schnelle und langsame Achse der Doppelbrechung gegenüber den anderen Werkstoffen vertauscht sind.

Neben der Modelluntersuchung ist eine weitere Aufgabe der Spannungsoptik die *Prüfung von Glasgeräten,* Glühlampen- und Kathodenstrahlrohrkolben, optischen Systemen usw. auf *innere Spannungen,* die durch ungenügende, insbesondere zu rasche Kühlung verblieben sind und eine erhöhte Bruchgefahr bedeuten, da sie meist unsymmetrisch verteilt sind. (Symmetrisch eingeführte Spannungen, z. B. bei Hartglas, können eine erhebliche Erhöhung der Bruchfestigkeit und Elastizität bedingen; natürlich hellen so behandelte Gläser das Gesichtsfeld sehr kräftig auf.) Für solche Spannungsprüfungen kann man meist einfach aufgebaute Geräte benutzen, vor allem, da man oft sehr große Gesichtsfelder braucht. Man benutzt als Polarisator eine blanke Scheibe aus schwarzem oder rückseitig schwarz lackiertem Glas, die so gekrümmt ist, daß sie wie ein torischer Spiegel die Lichtquelle Q mittels solcher Strahlen abbildet, die durchweg unter dem Polarisationswinkel reflektiert werden. Meist genügt jedoch schon eine ebene, aus größerer Entfernung flach (etwa 35° zur Ebene) beleuchtete schwarze Fläche. Günstiger ist natürlich eine gleichmäßige ausgeleuchtete Mattscheibe mit großflächigem Polarisator wie bei Bild 17.4.1a.

Wie Tabelle 17.4.1 zeigt, ist bei Glas nur maximal etwa eine Isochromatenordnung pro cm Wanddicke zu erwarten. Schädliche Spannungen können also keinesfalls durch Abzählen der Isochromatenordnungen bestimmt werden: Bei gekreuztem Polarisator/Analysator zeigen sich nur mehr oder weniger starke Aufhellungen. Die Größe der Spannungen kann zumindest angenähert bestimmt werden, wenn man sich die Empfindlichkeit des Auges für Farbdifferenzen zunutze macht. Dazu wird in den Strahlengang zwischen den Polarisatoren eine *Vollwellenplatte* (λ-Platte) für grün, z. B. λ = 536 nm, aus Quarz, Gips oder Folie eingefügt. Für diese Wellenlänge ändert sich nichts: Sie wird durch den Analysator ausgelöscht. Für das übrige Spektrum der Weißlicht-Beleuchtung ergeben sich jedoch größere oder kleinere Verschiebungen als λ, so daß das Analysatorfeld in der Gegenfarbe Rotviolett erscheint. Tritt nun an der verspannten Stelle eines Glaskörpers die Verzögerung (Gangunterschied) g ein (mit $g = d\,(n_2 - n_1)$), so werden Summe oder Differenz der Gangunterschiede wirksam, d. h. $g \pm 536$ nm. Stellt man durch richtige Drehung des Prüflings auf Subtraktion der Verzögerungen ein, so kann die *Hauptschubspannung* berechnet werden zu

$$\frac{\sigma_2 - \sigma_1}{2} = \frac{g - 536\,\text{nm}}{2 \cdot d \cdot C} \qquad (17.4.5.)$$

Der Gangunterschied g kann nach einer hier nicht wiedergegebenen Tabelle aus dem Farbumschlag in Richtung Gelb oder Blau abgeschätzt werden. Für die Grundfarbe des Feldes (Rot bis Rotviolett) ist g = 536 nm angegeben: Dann ist der Prüfling spannungsfrei. Das Verfahren ist unsicher, weil C und häufig auch die Wanddicke d bei Glasgefäßen nicht genau bekannt sind.

### Literaturhinweise


L 17.4.1 *Föppl, L.; Mönch, E.:* Praktische Spannungsoptik. Springer, Berlin, Heidelberg, New York, 3. Aufl. 1972

L 17.4.2 *Kuske, A.:* Einführung in die Spannungsoptik. Wissenschaftliche Verlagsgesellschaft, Stuttgart 1959

L 17.4.3 *Wolf, H.:* Spannungsoptik. Berlin 1961

L 17.4.4 *Roeper, E.:* Spannungsoptische Messungen am wahren Bauteil. Werkstatt und Betrieb *89* (1956) H. 7, 380–382

L 17.4.5 *Schwieger, H.:* Ein neues Reflexionspolariskop und seine Anwendung beim spannungsoptischen Oberflächenschichtverfahren. Z. Instr. *73* (1965) H. 1, 1–7; H. 2, 38–45

L 17.4.6 *Roeper, E.:* Spannungsoptische Fertigungskontrolle in der Glasindustrie. Glas-Email-Keramo-Technik *4* (1953) Nr. 1, 4–9


### Beispiele für Hersteller bzw. Lieferanten

H 17.4.1 *D. Tiedemann,* Mittenwalder Str. 32, Garmisch-Partenkirchen: Spannungsoptische Geräte, Zubehör u. Modellmaterialien

H 17.4.2 *Dr. Steeg & Reuter GmbH,* Berner Str. 109, Frankfurt: Optischer Spannungsprüfer

H 17.4.3 *Vishay Micro-Measurements Meßtechnik GmbH,* Lochhamer Schlag 6, Lochham/München: Spannungsoptische Prüfgeräte

## 17.5 Weitere Anwendungen der Polarisationsoptik

Eigenschaften und Untersuchung doppelbrechender Körper wurden bereits in den vorangegangenen Abschnitten dargestellt. Die Ausdehnung dieser Untersuchungen auf den mikroskopischen Bereich ermöglicht das *Polarisationsmikroskop* (Bild 17.5.1), mit dem Mineralien (als Dünnschliffe), metallografische Schliffe (im Auflicht) und doppelbrechende synthetische Fasern, aber auch biologische Präparate untersucht werden. Als Polarisator und Analysator werden heute meist Polarisationsfolien hoher Qualität (Abschn. 17.2) verwendet, wobei jedoch der unter dem Kondensor angebrachte Polarisator durch Interferenz-Wärmeschutzfilter oder einen polarisierenden Strahlenteiler (Abschn. 17.1) als Vorpolarisator vor Wärmeeinwirkung geschützt werden muß. Weitere wesentliche Bauteile sind ein Drehtisch mit genauer Winkelablesung für das Präpa-

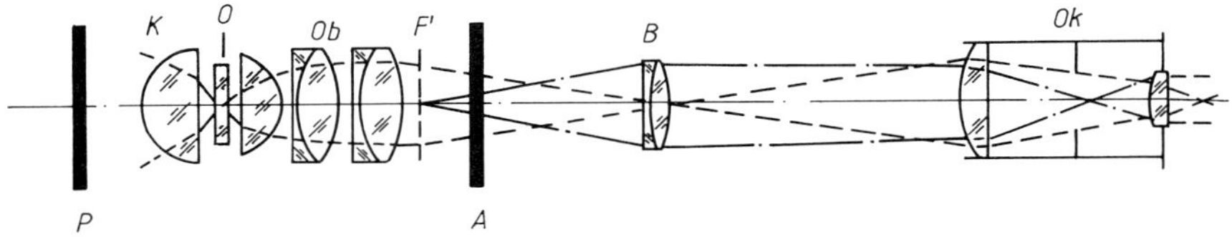


Bild 17.5.1 Polarisationsmikroskop

P = Polarisator, K = Kondensor, O = doppelbrechendes Objekt, Ob = Objektiv, F′ = Objektivbrennebene, A = Analysator, B = Bertrand Linse, Ok = Okular rat, ein spannungsfreies Objektiv, die Möglichkeit zum Einschub eines Kompensators in den Tubus, sowie eine Hilfslinse („Bertrand-Linse“ B, Bild 17.5.1), mit der die hintere Objektivbrennebene F′ abgebildet werden kann. Damit sind zwei Untersuchungsverfahren möglich: Bei *„Orthoskopie“* (ohne Bertrand-Linse) wird das Präparat mit polarisiertem Licht abgebildet, während man bei *„Konoskopie“* (mit Bertrand-Linse) die in der Objektiv-Brennebene F′ entstehenden Interferenzfiguren („Achsenbilder“, Bild 17.5.2) beobachtet. Einzelheiten sind der speziellen Literatur zu entnehmen, z. B. [L 17.5.4].

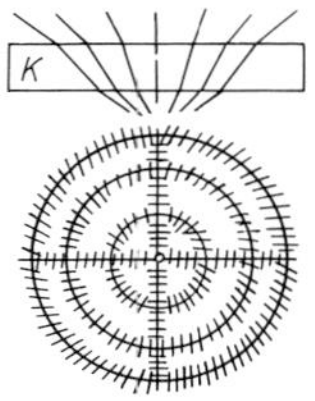


Bild 17.5.2 Achsenbild einer Kristallplatte K
Konoskopische Beobachtung in der Ebene F′ von Bild 17.5.1

Vielseitige Anwendung finden polarisationsoptische Bauelemente in der Lichtsteuerung (kontinuierliche Schwächung eines Lichtstroms, Ausschaltung von Störlicht). Die *kontinuierliche Lichtschwächung* durch gegeneinander verdrehbares Paar von Polarisator und Analysator wurde bereits in Abschn. 17.1 behandelt. Ungünstig ist immer die hohe Grundschwächung, d. h. ein maximaler Transmissionsgrad $\tau_o$ unter 50% (Tab. 17.2.1).

Bringt man bei *fotografischen Aufnahmen* den Polarisator vor der Lichtquelle und gekreuzt dazu den Analysator vor dem Objektiv an, so können bei beliebigem Einfalls- und Aufnahmewinkel *Reflexe* an Metallflächen und dielektrischen Flächen (Deckscheiben, Glanzlack usw.) beseitigt werden. Die günstigste Stellung beider Polarisationsfilter muß stets durch unmittelbare Bildbeobachtung (Spiegelreflexeinrichtung, ggf. auch Blick durch das Aufnahmefilter) bestimmt werden. Bei günstigem Aufnahmewinkel zu dielektrischen Flächen (Glas, Lack, Wasser) reicht bereits ein Polarisationsfilter vor dem Objektiv aus, um störende Reflexe auszuschalten oder zumindest stark zu schwächen: Schließt die Aufnahmerichtung mit der Fläche einen „Glanzwinkel“ von etwa 35° ein (entsprechend einem Polarisationswinkel $\varepsilon_p$ von etwa 55°), so ist das reflektierte Licht linear polarisiert (Abschn. 17.1). Wegen der Brechzahlabhängigkeit muß die optimale Aufnahmerichtung ausprobiert werden. In gleicher Weise kann das teilpolarisierte Himmelslicht abgeschwächt werden, insbesondere bei Aufnahmerichtung etwa senkrecht zum Sonnenstand (Abschn. 17.1).

Besondere Bedeutung für die *Reflexminderung* hat ein *Zirkularpolarisator* (Bild 17.5.3), der aus Polarisations- und λ/4-Folie besteht, die mit richtiger Orientierung zu einer Folie verbunden sind (Abschn. 17.2). Das durch den Zirkularpolarisator einfallende Licht erfährt bei nicht depolarisierender Reflexion (glatte dielektrische Schichten oder Metallschichten) eine Umkehrung des Richtungssinns der zirkularen Polarisation (aus „rechts zirkular“ wird „links zirkular“). Tritt dieses zirkular polari-

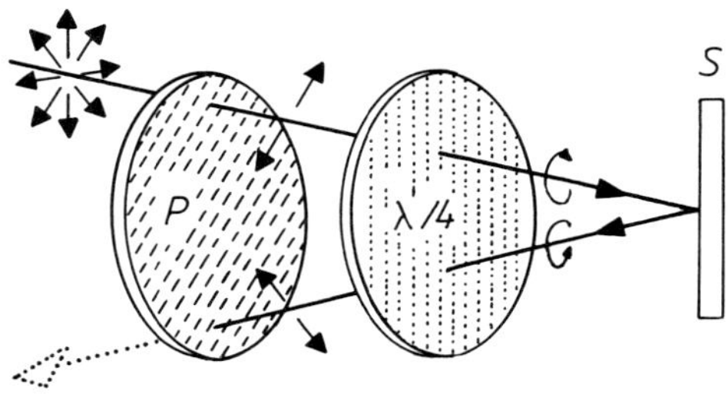


Bild 17.5.3 Wirkung eines Zirkularpolarisators bei reflektiertem Licht
P = Linearpolarisator, λ/4 = λ/4-Platte, S = reflektierende Fläche

sierte Licht wieder durch die gleiche λ/4-Folie, so wird es wieder in linear polarisiertes Licht zurückverwandelt, dessen Schwingungsebene jedoch gekreuzt zur Ebene des Polarisators P steht: Der Polarisator sperrt das reflektierte Licht. Anders ausgedrückt: Durch zweimaligen Lichtdurchgang wirkt die λ/4-Platte wie eine λ/2-Platte, die bei 45°-Orientierung die Schwingungsebene um 90° dreht (Abschn. 17.1). Ein solcher „optischer Isolator" kann u. a. auch benutzt werden, um unerwünschte Rückkopplungseffekte durch störendes Reflexlicht bei einem Laserresonator zu vermeiden.

Ganz allgemein kann aber bei der Beobachtung von *Bildschirmen* und Glimm- oder Leuchtdioden-Anzeigen der durch Raumbeleuchtung herabgesetzte *Kontrast verbessert* werden: Sind $L_{max}$ (Anzeige) und $L_{min}$ (Untergrund) die Leuchtdichten des Bildschirms selbst, so ergibt sich bei der Beobachtung der Kontrast $M_1$ gemäß Gl. (12.1.1) zu

$$M_1 = \frac{L_{max} - L_{min}}{L_{max} + L_{min}}.$$

Wird nun durch äußere Beleuchtung auf dem Bildschirm eine (auch durch den Reflexionsgrad der Fläche beeinflußte) Stör-Leuchtdichte $L_s$ erzeugt, die sich zu $L_{max}$ und $L_{min}$ addiert, so ergibt sich der herabgesetzte Kontrast

$$M_2 = \frac{L_{max} - L_{min}}{L_{max} + L_{min} + 2 \cdot L_s} \qquad (17.5.1).$$

Durch ein vorgesetztes, nicht polarisierendes Graufilter mit dem Transmissionsgrad τ wird bereits eine Verbesserung erzielt, weil reflektiertes Störlicht zweimal ($\tau^2$), Nutzlicht vom Bildschirm jedoch nur einmal durch das Filter geht:

$$M_3 = \frac{L_{max} - L_{min}}{L_{max} + L_{min} + 2 \cdot L_s \cdot \tau} \qquad (17.5.2).$$

Ein Zirkularpolarisator mit dem Transmissionsgrad τ für unpolarisiertes Licht führt zu dem Kontrast

$$M_4 = \frac{L_{max} - L_{min}}{L_{max} + L_{min} + 2 \cdot L_s \cdot \tau(1-P)} \qquad (17.5.3),$$

wobei P der Polarisationsgrad des reflektierten Lichts ist. Ist z. B. an polierten Glasflächen $P \approx 1$, so wird praktisch der Kontrast $M_1$ erreicht, d. h. die Störwirkung durch Raumbeleuchtung völlig ausgeschaltet. Bei dem Grenzfall der vollständigen Depolarisation (ideal matte Fläche, $P = 0$) ist $M_4 = M_3$, d. h. der Zirkularpolarisator wirkt wie ein einfaches Graufilter. Bei diesen Anwendungen sind noch zwei Punkte zu beachten: 1. Der Zirkularpolarisator muß natürlich mit richtiger Lage benutzt werden, d. h. linearer Polarisator außen (eine durch die Folie gesehene Metallfläche muß dunkel erscheinen). 2. Die Außenfläche des Polarisators ergibt selbst störende Reflexion (!), die durch geeignete Kippung aus dem Blickfeld gelenkt oder durch (aufwendigere) Reflexminderung weitgehend unterdrückt werden muß. Durch einen zusätzlichen drehbaren Polarisator auf der Eingangsseite kann der Transmissionsgrad stufenlos geändert werden.

Die polarisationsoptische Bildtrennung bei der *Projektion stereoskopischer Bilder* wurde in Abschn. 11.11 angegeben. Die früher propagierte *Blendungsbeseitigung an Fahrzeugscheinwerfern* durch Polfilter vor den Lampen und polarisierender Brille bzw. Windschutzscheibe vor den Augen des Fahrers kann sich wegen organisatorischer und optischer Nachteile (u. a. der hohen Grundschwächung) nicht durchsetzen.

Mit Hilfe polarisationsoptischer Bauteile können extrem *schmalbandige Interferenzfilter* aufgebaut werden, wie sie insbesondere zur Aussonderung diskreter Spektrallinien (u. a. H$\alpha$-Linie, „C-Linie", $\lambda = 656{,}3$ nm) bei der Untersuchung der Sonnenoberfläche gebraucht werden *(„Lyot-Filter")*. Im Extremfall werden Halbwertsbreiten von 0,015 nm bis 0,025 nm erreicht [L 17.5.5] bis [L 17.5.7]. Hierbei wird folgendes Grundprinzip angewendet:

Zwischen zwei um 90° verdrehte Polarisatoren kommt eine achsparallel geschnittene Platte aus Quarz oder Kalkspat, so daß ihre Kristallachse einen Winkel von 45° zu den Polarisationsebenen bildet. Im Spektrum des durchgelassenen Lichtes entsteht eine regelmäßige Folge dunkler Lücken. Durch eine zweite Kristallplatte anderer Dicke und einen weiteren Polarisator (praktisch eine Folie) werden weitere dunkle Lücken an anderen Stellen des Spektrums hinzugefügt, bis mit vier bis fünf Platten das Spektrum bis auf einen engen Spektralbereich ausgelöscht ist, dessen Halbwertsbreite nur einige nm oder weniger ausmacht. In weiterer Entfernung liegende Durchlaßstellen können durch Farbgläser geschlossen werden. Dasselbe Prinzip kann zur Herstellung von Filtern mit genau vorgeschriebener, etwa sinusförmiger Transparenzkurve benutzt werden.

Die *Polarimetrie* ist ein Analysenverfahren zur Konzentrationsbestimmung optisch aktiver Substanzen. Zur Bestimmung der Konzentration einer Zuckerlösung (Zuckerfabrik; Zuckerkrankheit) wird diese in ein Rohr von meist 2, gelegentlich 1 oder 4 dm Länge gefüllt und die Drehung der Polarisationsebene dadurch bestimmt, daß man mit und ohne Zuckerlösung auf größte Dunkelheit am Analysator einstellt und die Verdrehung an einer Gradteilung abliest *(„Polarimeter",* Bild 17.5.4). Wegen der Rotationsdispersion (Abschn. 17.1) muß bei definierter Wellenlänge gemessen werden (Natrium- oder Hg-Spektrallampe, Glühlampe mit Interferenzfilter).

Die Einstellung auf größte Dunkelheit ist schwer und ungenau, weil bei größerem Gesichtswinkel (mehr als 2–3°) das Gesichtsfeld nie gleichzeitig maximal dunkel erscheint.

Man teilt deshalb das Gesichtsfeld und dreht die Polarisationsebene einer Hälfte durch einen Hilfspolarisator um einige Grade (Bild 17.5.4a), dann stellt man auf gleiche Dunkelheit beider Hälften ein *(Halbschattenmethode nach Lippich)*. Bei einem fotometrischen Meßfehler von 2% ergibt sich ein Einstellfehler von 9″ oder von 1,5′, wenn der „Halbschattenwinkel" beider Polarisatoren 1° oder 10° beträgt. Die Winkelablesung kann also mit Nonius und Mikroskop versehen sein, um diese Genauigkeit auszunutzen. Man kann auch zwei Hilfspolarisatoren mit einem dreiteiligen Gesichtsfeld anordnen, die um entgegengesetzte gleiche Beträge gegen den Hauptpolisator verdreht sind, und nach dem Kontrastprinzip einstellen (Bild 17.5.4b).

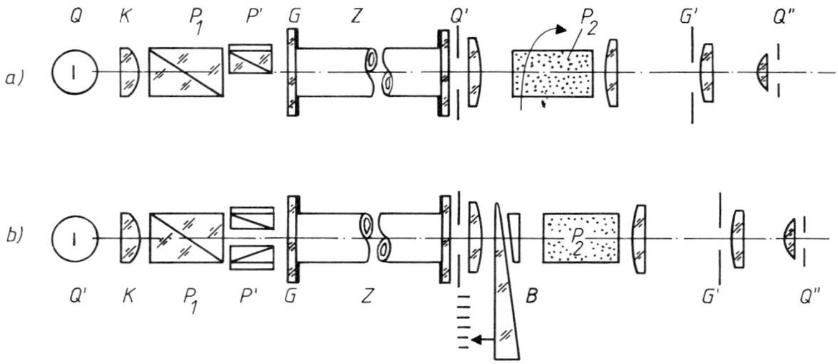


Bild 17.5.4 Polarimeter für visuelle Einstellung

a) mit einem Lippich-Polarisator P′, b) mit zwei Lippich-Polarisatoren P′ und Quarzkeil-Kompensator B. Q = Lampe, in Blende Q′ und Austrittspupille Q″ abgebildet, G = Gesichtsfeldblende, in G′ abgebildet, Z = Rohr mit Zuckerlösung, $P_1$ = fester Polarisator, $P_2$ = Analysator (bei a) drehbar, bei b) fest)

Um die Schwierigkeiten des monochromatischen Lichtes zu umgehen, wird die Drehung der Zuckerlösung durch die eines Quarzkeiles aufgehoben, der im Strahlengang verschiebbar angeordnet ist und so eingestellt wird, daß – ohne den Analysator zu verdrehen – wieder gleiche Helligkeit in der Halbschatteneinrichtung besteht *(Quarzkompensator* nach Soleil oder Babinet). Ein Farbfilter ist hierbei zumindest für technische Zwecke nicht nötig, da die Rotationsdispersion von Quarz etwa gleich der von Zucker ist; die Erscheinung bleibt also im wesentlichen farblos. Die Rotationspolarisation einer 1 mm dicken, achsensenkrecht geschnittenen Quarzplatte ist bei 20° C für

| | | | | | | | | | |
|---|---|---|---|---|---|---|---|---|---|
| λ= | 275 | 373 | 405 | 436 | 507 | 579 | 589 | 656 | 1041 nm |
| etwa | 121 | 58,9 | 48,93 | 41,55 | 29,72 | 22,55 | 21,72 | 17,32 | 6,69°. |

Es ist zu beachten, daß es rechts und links drehenden Quarz gibt; da Zucker rechts dreht, kann hierbei nur links drehender Quarz benutzt werden.

Etwa 21mal so stark wie Quarz dreht Zinnober; außerdem drehen, teils nur in Kristallen, teils auch in Lösung Weinsäure und ihre Salze, Nitrate, Bromate, Chlorate und weitere Substanzen.

An Stelle der Halbschatteneinrichtung nach Lippich kann auch eine *Doppelplatte nach Soleil* benutzt werden: Sie besteht je zur Hälfte aus rechts und links drehendem Quarz und erscheint gleichmäßig purpurfarben, wenn sie symmetrisch zur Polarisationsebene des Lichtes liegt; bei einer kleinen Drehung färbt sich eine Hälfte rot, die andere blau.

Für genaue und schnelle Messungen werden jedoch bevorzugt *automatische Polarimeter* [L 17.5.8] verwendet, bei denen das Auge durch einen lichtelektrischen Empfänger ersetzt ist und im übrigen die wesentlichen Prinzipien lichtelektrischer Fotometer benutzt werden.

Eine *Drehung der Polarisationsebene,* z. B. eines Laserstrahls, kann auf einfache Weise mit einer *Halbwellenplatte* (Bild 17.1.4) erreicht werden: Die Polarisationsebene des einfallenden Lichts liegt häufig fest (z. B. durch die Orientierung der Brewster-Fenster des Laser-Resonators, Bild 6.5.5). Wird nun die λ/2-Platte mit einer ihrer Vorzugsrichtungen (L oder S) um den Winkel $\vartheta$ gedreht, so dreht sich die Polarisationsebene um $2\vartheta$. Folgt auf die λ/2-Platte ein polarisierender Strahlenteiler (Abschn. 17.1), so ergibt eine Plattendrehung um $\vartheta$ von 0° bis 45° einen *variablen Strahlenteiler,* Bild 17.5.5.

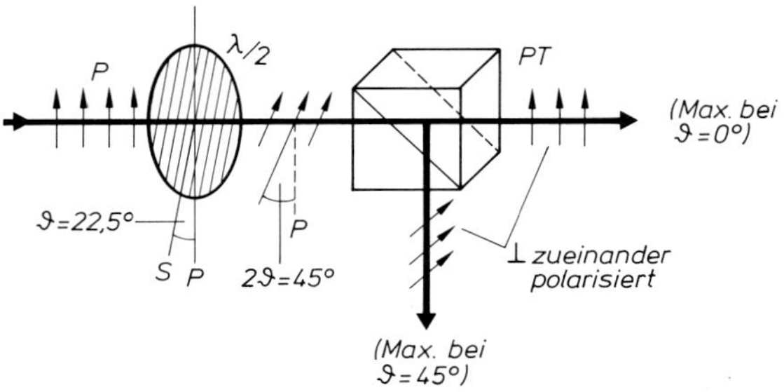


Bild 17.5.5 Variabler Strahlenteiler

$\lambda/2$ = Halbwellenplatte, PT = polarisierender Teiler. Bei $\vartheta = 22{,}5°$ wird Pol.-Richtung P um 45° gedreht; das Teilungsverhältnis ist dann 1:1.

Falls erforderlich, können dann die Polarisationsebenen der austretenden Bündel mit weiteren $\lambda/2$-Platten in beliebige Lage gebracht werden.

Eine *Depolarisation* von polarisiertem Licht (z. B. bei Meßverfahren zur Ausschaltung von Fehlern durch Polarisation) muß eine statistisch gleichmäßige Verteilung der Schwingungsrichtungen und Phasenlagen bewirken. Das gelingt recht gut bei Durchgang durch Schichten mit Vielfachstreuung (u. a. Trübglas und polykristallines Material), jedoch mit dem Nachteil erheblicher Intensitätsminderung in der Strahlrichtung. Deshalb werden auch *Pseudo-Depolarisatoren* verwendet: Der *Lyot-Depolarisator* aus zwei Quarz- oder Kalkspat-Platten im Dickenverhältnis 1:2, mit ihren schnellen Achsen um 45° gegeneinander gedreht, wandelt linear polarisiertes Licht in elliptisch polarisiertes Licht um, wobei die Orientierung der Hauptachse von der Wellenlänge abhängt. Dieser Depolarisator ist also bei monochromatischem Licht nicht wirksam. Weiterhin ist u. a. der *Cornu-Depolarisator* bekannt [H 17.5.1].

## Literaturhinweise

L 17.5.1 *Gerharz, R.:* Self polarization in refractive systems. Optik *43* (1975) No. 5, 471–485

L 17.5.2 *Braunbeck, J.:* Polarimetrie. Jahrb. f. Optik u. Feinmechanik 1977, 69–94; 1978, 97–116

L 17.5.3 Polarized Light. SPIE-Proceedings Vol. 88. Society of Photo-Optical Instrumentation Engineers, Palos Verdes Estates, 1976

L 17.5.4 *Patzelt, W. J.:* Polarisationsmikroskopie. Grundlagen, Instrumente, Anwendungen. Ernst Leitz Wetzlar GmbH, Wetzlar (Nr. 550–51)

L 17.5.5 *Haase, M.; Häfele, H. G.:* Z. Instr. *67* (1959) H. 5, 113–118

L 17.5.6 *Haase, M.; Gaenswein, P.:* Das verbesserte ZEISS H – Monochromatfilter. Zeiss Informationen *15* (1967) H. 65, 75

L 17.5.7 *Gaenswein, P.; Winkler, H.:* Das ZEISS Universalfilter UBF. Zeiss Informationen 44–46

L 17.5.8 *Kernchen, W.:* Prinzipien und Elemente automatischer Zuckerpolarimeter. ZS Zuckerindustrie *17* (1967) Nr. 2 63–67; Nr. 3 128–130

L 17.5.9 DIN 58879 Bezugssystem der Polarisationsmikroskopie

## Beispiele für Hersteller bzw. Lieferanten

H 17.5.1 *Melles Griot GmbH,* Kleyerstr. 14, Darmstadt: Cornu-Depolarisator

H 17.5.2 *Rudolph Research,* USA, über Polytec GmbH & Co, Waldbronn-Karlsruhe: Automatische Ellipsometer

H 17.5.3 *Dr. Steeg & Reuter GmbH,* Berner Str. 109, Frankfurt: Polarimeter

H 17.5.4 *Schmidt + Haensch GmbH & Co,* Naumannstr. 33, Berlin: Polarimeter

H 17.5.5 *B. Halle Nachfl.,* Hubertusstr. 10, Berlin 41: Sonderfertigg. aus anisotropen Kristallen u. dünnen Schichten

# 18 Lichtleiter und Faseroptik

## 18.1 Grundlagen

Ein *Lichtleiter* ist ein transparenter Körper, in dem Licht durch Vielfachreflexionen an Mantelflächen weitergeleitet wird. Bevorzugt eignen sich Glas, Acrylglas und Polystyrol. Nahezu ausschließlich wird die *Totalreflexion* benutzt, da sie wesentlich geringere Verluste ergibt als Metallschichten. Aufgedampfte Metallschichten sind nur sinnvoll bei wenigen Reflexionen an Flächen, bei denen der Grenzwinkel der Totalreflexion unterschritten wird. Da Totalreflexion stets im dichteren Medium erfolgt (Abschn. 1.3), eignen sich einfache Stäbe z. B. aus Glas oder Plexiglas® in Luft gut als Lichtleiter. Sie sind aber nicht *„optisch isoliert"*, d. h. an Befestigungselementen und bei engem Kontakt mit einem benachbarten Lichtleiter wird die Totalreflexion gestört, so daß Lichtverluste und Streustrahlung die Folge sind. Grundform des nach außen abgeschirmten Lichtleiters ist deshalb ein gerader Stab, dessen *Kern* mit der Brechzahl $n_1$ von einem *Mantel* mit der Brechzahl $n_2 < n_1$ umgeben ist (Bild 18.1.1 a). Dann ist nach Gl. (1.3.3) mit $\varepsilon_g = \arcsin n_2/n_1$ der Grenzwinkel der Totalreflexion an der Mantelfläche bestimmt. Für *Meridionalstrahlen* (d. h. Strahlen, die in einer die Faserachse enthaltenden Ebene verlaufen, wie in Bild 18.1.1.a gezeichnet) ergibt sich daraus die maximal zur Lichtübertragung ausnutzbare *Apertur*

$$n_{in} \cdot \sin u = \sqrt{n_1^2 - n_2^2} \qquad (18.1.1),$$

mit $n_{in} = 1$ bei Luft als umgebendes Medium an den Stirnflächen. Beispiel: für den „unisolierten" Lichtleiter in Luft, also $n_{in} = n_2 = 1$, wird mit $n_1 \geqq \sqrt{2}$, d. h. praktisch für alle einsetzbaren Gläser und Kunststoffe, $\sin u = 1$: Der Lichtleiter kann Strahlung aus dem gesamten Halbraum, also bis zu $u = 90°$, empfangen und durch Totalreflexion weiterleiten. *Sagittalstrahlen,* die in einer zur Meridionalebene parallelen Ebene (die also die Zylinderachse nicht enthält) verlaufen, ergeben eine größere Apertur [L 18.1.2]; der „sichere" Minimalwert nach Gl. (18.1.1) wird aber allgemein als nominelle Faserapertur angegeben.

Bei *konischen Lichtleitern* (Bild 18.1.1 b) ändert sich der Einfallswinkel am Mantel bei jeder Reflexion; mit einer im Vergleich zum Durchmesser großen Lichtleiter-Länge

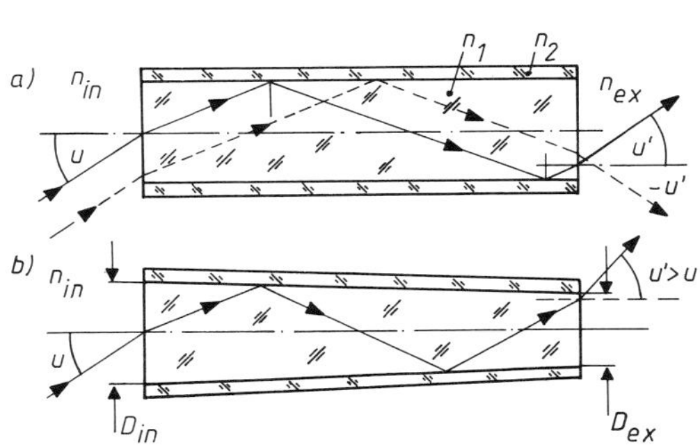


Bild 18.1.1 Totalreflexion in ummanteltem Lichtleiter

a) zylindrischer Lichtleiter, b) konischer Lichtleiter

ergibt sich für Meridionalstrahlen entsprechend der Gl. (4.2.15) von Helmholtz-Lagrange

$$n_{in} \cdot D_{in} \cdot \sin u = n_{ex} \cdot D_{ex} \cdot \sin u' \qquad (18.1.2),$$

mit $n_{in}$, $n_{ex}$ = Brechzahlen außerhalb der Eingangsfläche mit dem Durchmesser $D_{in}$ und der Ausgangsfläche mit $D_{ex}$. Für den häufigsten Fall des Lichtleiters in Luft, also $n_{in} = n_{ex} = 1$, folgt also

$$\left| \frac{\sin u'}{\sin u} \right| = \frac{D_{in}}{D_{ex}} \qquad (18.1.3):$$

Damit kann man durch „*Konzentration*" des Lichtstromes auf eine kleinere Ausgangsfläche ($D_{ex} < D_{in}$) die *Leuchtdichte* nicht erhöhen, weil mit der Abnahme der Leuchtfläche eine entsprechende Zunahme des Raumwinkels der Abstrahlung verbunden ist (vergl. Abschn. 2.2)! Aus Gl. (18.1.3) folgt für den zylindrischen Lichtleiter nach Bild 18.1.1a: $u' = \pm u$.

Bei der Aperturänderung $\sin u \to \sin u'$ sind jedoch Nebenbedingungen zu beachten: Mit $D_{ex} < D_{in}$ wie in Bild 18.1.1b kann wegen zunehmender Verkleinerung des Einfallswinkels an der Mantelfläche der Grenzwinkel der Totalreflexion unterschritten werden (Lichtaustritt aus dem Mantel) oder Totalreflexion an der Ausgangsfläche erfolgen (Umkehr des Lichtweges). Solange aber

$$\sin u \leq \frac{D_{ex}}{D_{in}} \cdot \frac{\sqrt{n_1^2 - n_2^{2\prime}}}{n_{in}} \qquad (18.1.4)$$

ist, bleibt der Lichtdurchgang gesichert. Es ist jedoch $\sqrt{n_1^2 - n_2^2}/n_{in} > 1$ durch den Wert 1 zu ersetzen.

Der Fall $D_{ex} > D_{in}$ ist unproblematisch, da der Einfallswinkel an der Mantelfläche bei jeder Reflexion zunimmt, also Totalreflexion gesichert bleibt. Es ist $u' < u$; die Bündeldivergenz wird also vermindert. Die maximale Eingangsapertur kann durch Gl. (18.1.1) ausreichend beschrieben werden; wegen des Kegelwinkels ist sie in Wirklichkeit etwas größer.

Unabhängig von dem Durchmesserverhältnis $D_{ex}/D_{in}$ ergeben sich natürlich keine Winkeländerungen für Strahlen, deren Einfallswinkel zur Achse so klein ist, daß sie keine Reflexionen am Mantel erfahren!

Häufig werden zylindrische *gekrümmte Lichtleiter* angewendet, da man ja gerade mit ihnen das Licht „um die Ecke" leiten kann. Da sich durch die Krümmung auch die Einfallswinkel an der Mantelfläche ändern, wird die zulässige Eingangsapertur auf den Wert

$$n_{in} \cdot \sin u = \sqrt{n_1^2 - n_2^2 \left(1 + \frac{D}{2r}\right)^2} \qquad (18.1.5)$$

vermindert, wobei D der Zylinderdurchmesser und r der mittlere Krümmungsradius (Krümmung der Zylinderachse) ist. Der äußerste, praktisch nicht mehr nutzbare Krümmungswert ist mit $\sin u = 0$ erreicht; dann würde nur noch ein achsenparallel einfallendes Bündel durch Totalreflexion übertragen. Für diesen Fall der *Apertur Null* ergibt sich

$$\frac{D}{r} \leq 2 \left(\frac{n_1}{n_2} - 1\right) \qquad (18.1.6).$$

Beispiel: Für einen „unisolierten" Lichtleiter aus Plexiglas® mit $n_1 = 1{,}49$ in Luft ($n_2 = 1$) ergäbe sich $D/r \leqq 0{,}98 \approx 1$. Zur Übertragung mit nicht zu kleiner Eingangsapertur führt man abrupte Richtungsänderungen mit verspiegelten Flächen aus.

Die Eigenschaften eines Lichtleiters können weiterhin durch die Gestaltung von Eingangs- und Ausgangsfläche beeinflußt werden: Nicht achsensenkrechte Flächen ergeben zusätzliche Richtungsänderung des Bündels; weiterhin kann die abbildende Wirkung sphärischer oder asphärischer Flächen ausgenutzt werden. Bild 18.1.2 gibt einige Beispiele für die Ausführung massiver Lichtleiter.

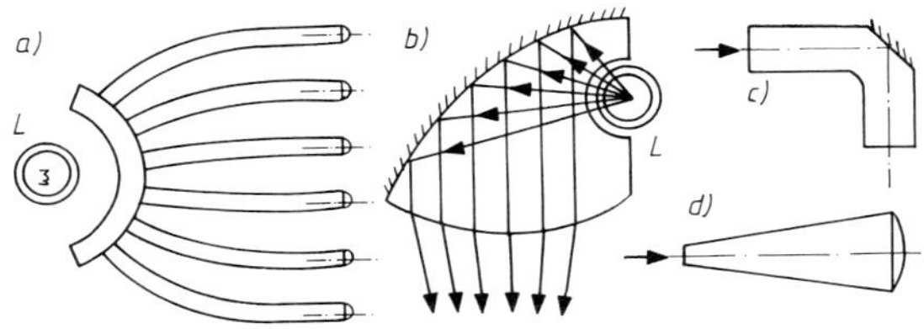


Bild 18.1.2 Beispiele für Lichtleiter

Material: z. B. Acrylglas-Spritzguß. a) zur Lampe L konzentrischer Zylinder mit 6 Lichtleit-Armen und Abschlußlinsen, für Kartenleser; b) Lampe L in Aussparung eines Lichtleiters mit verspiegelter Paraboloidfläche und sphärischer Austrittsfläche; c) Lichtleiter mit verspiegelter Planfläche bei scharfer Knickung; d) Lichtleitkegel für Meßsonde mit kleiner Eintrittsfläche, aber großer Apertur

## Literaturhinweise

L 18.1.1 *Tiedeken, R.:* Fibre Optics and its Applications. Focal Press Ltd, London/New York 1972
L 18.1.2 *Jahn, R.:* Grundlagen der Faseroptik. Feinwerktechnik *74* (1970) S. 524–530
L 18.1.3 *Siegmund, W. P.:* Fiber Optics. LÜ1 Vol. IV/1
L 18.1.4 *Reidenbach, H.-D.:* (Geometrische Strahlenoptik bei Lichtleitfasern). Optik *47* (1977) No. 4, 421–436; *48* (1977) No. 4, 409–411; *49* (1977) No. 2, 139–148
L 18.1.5 *Reidenbach, H.-D.; Metzner, G.:* Investigation of the effect of macroscopical roughness at the core-cladding-interface of multimode-waveguides. Optik *52* (1978/79) No. 2, 121–132
L 18.1.6 *Reidenbach, H.-D.:* Vielwellentypen-Lichtleiter mit elliptischem Querschnitt. Optik *53* (1979) No. 4, 303–309
L 18.1.7 DIN 58140 Faseroptik
T1 Begriffe, Formelzeichen
T2 Einteilung der faseroptischen Produkte
L 18.1.8 DIN 58141 Prüfung von faseroptischen Elementen

## Beispiele für Hersteller bzw. Lieferanten

H 18.1.1 *Rank Precision Industries GmbH,* Gustav-Stresemann-Ring 12, Wiesbaden: Faseroptik
H 18.1.2 *Ealing Beck Ltd.,* Greycaine Road, Watford, GB: Faseroptik
H 18.1.3 *Spindler u. Hoyer GmbH u. Co,* Königsallee 23, Göttingen: Faseroptik
H 18.1.4 *Combined Optical Industries Ltd,* Slough, GB: Kunststoff-Lichtleiter
H 18.1.5 Siehe auch Beispiele 18.2. . . ., 18.3. . . ., 18.4. . . .

## 18.2 Faseroptische Lichtleiter

Die *Faseroptik* befaßt sich mit Lichtleitern von kleinem Durchmesser (etwa 5 μm bis 200 μm) aus Glas oder Kunststoffen, für die alle in Abschn. 18.1 dargestellten Grundlagen gültig bleiben. Da lichtleitende Fasern meist in großer Zahl zu Bündeln zusammengefaßt werden, sind sie grundsätzlich durch eine Mantelschicht optisch isoliert. Die Aufteilung eines größeren Lichtleiter-Querschnitts in Einzelfasern ergibt u. a. folgende Vorteile: Möglichkeit flexibler Bündel, geringer Aperturverlust bei Krümmungen (weil bei gleichen Krümmungsradius r der Quotient D/r in Gl. (18.1.5) wesentlich kleiner ist als bei einem mit dem Durchmesser des Faserbündels vergleichbaren massiven Lichtleiter), Möglichkeit zur Bildübertragung mit geordneten Faserbündeln.

Bei jedem Lichtleiter – verstärkt aber bei faseroptischen Bündeln großer Länge – treten *Lichtverluste* auf. Man kann sie in innere, längenabhängige Verluste und Endflächenverluste unterteilen. Die *inneren Verluste* sind durch *Absorption* (und Streuung) *im Kern* mit Wellenlängenabhängigkeit entsprechend $\tau_i$ (λ) und *unvollständige Totalreflexion* bedingt. Beide Verluste sind noch winkelabhängig, da mit zunehmendem Einfallswinkel sowohl der Strahlweg im Kern wie die Zahl der Reflexionen zunehmen. Während sich bei optischen Bauelementen wie z. B. Linsen Absorptionswege in der Größenordnung von Millimetern ergeben, können schon bei Faserbündeln für Beleuchtungszwecke Lichtwege von einigen Metern auftreten. Die Zahl der Totalreflexionen ist bei dünnen Fasern sehr hoch; man kann für eine Abschätzung mit einer Größenordnung von $10^4$ Reflexionen pro Meter Faserlänge rechnen. Auf dieser Strecke ergäbe sich dann allein durch die Reflexionsverluste ein Faser-Transmissionsgrad von $\tau = \varrho^{10\,000}$; selbst bei normalerweise als sehr verlustarm betrachteter Reflexion mit $\varrho = 99{,}9\%$ würde $\tau = 4{,}5 \cdot 10^{-5}$ folgen, praktisch also Undurchlässigkeit der Faser! Dies zeigt ganz klar, daß eine Metallspiegelschicht als Ersatz für die Totalreflexion völlig unmöglich ist und durch sehr saubere Verbindung von Kern und Mantel für optimale Totalreflexion gesorgt werden muß. Außerdem darf die *Schichtdicke d des Mantels* nicht beliebig gering sein, weil sich bei der Totalreflexion auch eine quergedämpfte (d. h. senkrecht zur Faserachse exponentiell abklingende) Welle im Mantel ausbreitet. Die Mindestdicke d des Mantels muß deshalb in der Größenordnung der Lichtwellenlänge liegen. Bei normalen Lichtleitfasern wird häufig $d = D/20$ gewählt, mit D = Faserdurchmesser. Im allgemeinen wird $d = 2$ μm nicht unterschritten.

Als *Endflächenverluste* sind *Reflexion* an beiden Endflächen und Ballastquerschnitt zu berücksichtigen. Für den Reflexionsgrad nach Gl. (2.3.4) an Ein- und Ausgangsfläche kann man zur Abschätzung je 5% annehmen; für beide Flächen zusammen ergeben sich etwa 10% Verlust. Reflexminderung ist möglich. Der *Ballastquerschnitt* ergibt sich als Differenz zwischen Bündelfläche und Summe der Kernquerschnitte aller Fasern. Der Verlust wächst also mit zunehmender Manteldicke und ungünstiger Packungsdichte der Fasern. Massive Lichtleiter ergeben höhere Durchlässigkeit, weil der Ballastquerschnitt fehlt.

Bild 18.2.1 zeigt für ein Faserbündel den Transmissionsgrad als Funktion der Bündellänge. Man kann daraus folgendes entnehmen: 1. Wenn die Bündellänge gegen Null geht, verbleibt ein Transmissionsgrad von ca. 62%; die Endflächenverluste betragen also in dem hier dargestellten Fall etwa 38%. 2. Mit zunehmender Bündellänge nimmt der Transmissionsgrad durch die inneren Verluste exponentiell ab. 3. Bei dem hier

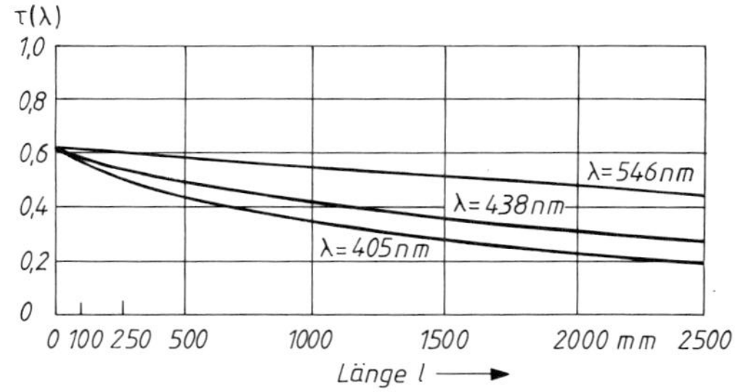


Bild 18.2.1 Transmissionsgrad eines Faserbündels als Funktion der Bündellänge

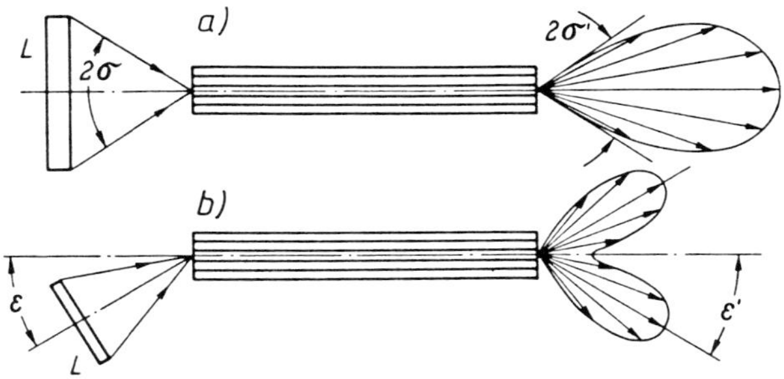


Bild 18.2.2 Lichtstromverteilung bei der Abstrahlung vom Bündelende

a) achsensymmetrische Einstrahlung mit ausgedehnter Lichtquelle,
b) Einstrahlung schräg zur Achse

vorliegenden Fasertyp ergibt sich ein erheblicher Transmissionsabfall im kurzwelligen Gebiet. Weiterhin ist für das Gesamtverhalten zu berücksichtigen, daß wegen der Zunahme der inneren Verluste mit dem Einfallswinkel die praktisch nutzbare Apertur mit wachsender Bündellänge abnimmt. Deshalb geben die für verschiedene Einstrahlbedingungen aufgenommenen *Abstrahlcharakteristiken* (Bild 18.2.2) eine gute Darstellung des Winkelverhaltens. Bei Schrägeinstrahlung zur Achse (Bild 18.2.2b) wird analog zu $u' = \pm u$ in Bild 18.1.1a der Lichtstrom kreisringförmig abgestrahlt.

Faseroptische Bauelemente können mit unterschiedlichen *Fasertypen* ausgerüstet werden, deren Eigenschaften sich aus der Wahl von Kern- und Mantelmaterial ergeben. Gesichtspunkte für die Auswahl sind die Abstrahlcharakteristik (z. B. Weitwinkelapertur), der nutzbare Spektralbereich (UV-, VIS-, IR-durchlässige Fasern) und ggf. Nebenbedingungen (z. B. Strahlenresistenz, leichte Verarbeitbarkeit). Diese Eigenschaften können nicht alle gleichzeitig optimiert werden. Tabelle 18.2.1 gibt einen Überblick über die Kenndaten einiger Fasertypen.

*Ultraviolett-durchlässige Fasern* bestehen aus einem Quarzglas-Kern mit Kunststoffmantel; für *Infrarot-durchlässige Fasern* werden Spezialgläser verwendet. Mit *Fasern aus Kunststoff* können preisgünstige Bauelemente aufgebaut werden, wenn keine hohen Anforderungen an die optischen Eigenschaften zu stellen sind: Der Transmissionsgrad kann durch Alterung abnehmen; er kann auch in der Nähe von $\lambda = 900$ nm definierte Minima aufweisen, wodurch z. B. die Strahlung einer in diesem Bereich arbeitenden IR-Diode stark geschwächt werden kann! Solche Lichtleiter bestehen z. B. aus einem Polystyrol-Kern, $n_1 = 1{,}59$, und einem Acrylglas-Mantel, $n_2 = 1{,}49$, so daß

**Tabelle *18.2.1* Beispiele für Eigenschaften von Fasertypen** [H 18.2.1]

| Faser-typ | Material | Apertur n · sin u | Apertur 2u | λ-Bereich | Faser-durchm. μm | Bemerkungen |
|---|---|---|---|---|---|---|
| UV | Kern: Quarz Mantel: Kunstst. | 0,26 bei 366 nm, Länge 1 m | 30,1° | UV 250 nm bis nahes IR | 70; 100 | Apertur abhängig von λ, Durchm. und Länge der Faser |
| K 2 | opt. Glas | 0,21 | 24° | VIS bis nahes IR | 70 | besonders kleiner Öffnungswinkel |
| B 1 | opt. Glas | 0,43 | 51° | wie vor | 50; 70 | gleichmäß. spektr. Durchlässigkeit |
| B 2 | opt. Glas | 0,59 | 72° | wie vor | 30; 50; 70 | gleichmäß. und hohe spektrale Durchlässigkeit; geringer Farbstich auch bei großer Länge |
| A 2 | opt. Glas | 0,66 | 83° | wie vor | 30; 50; 70 | Hohe Durchläss. bei großem Öffn.winkel; geringer Farbstich |
| W | opt. Glas | 0,87 | 121° | wie vor | 30; 50; 70 | extrem großer Öffnungswinkel; Blaudurchlässigk. vermindert |
| IR 1 | Wasserfreies Glas | 0,31 bei 1154 nm | 36° | IR bis ca. 2 μm | 70 | Apertur abhängig von λ |

sich nach Gl. (18.1.1) eine Apertur sin u = 0,55, also u = 33,5° ergibt (weiteres Beispiel: Kern Acrylglas $n_1$ = 1,49; Mantel $n_2$ = 1,39; u = 32°). Wegen ihrer großen Flexibilität können die Kunststoff-Fasern größeren Durchmesser (etwa D = 0,1 mm bis 2 mm) haben als Glasfasern; sie werden häufig auch als Einzelfaser verwendet. Die Selbstverarbeitung (s. unten) ist besonders leicht. Auch Fasern mit Flüssigkeits-Kern, mit hoher Transmission im UV-A,B und VIS sind lieferbar [H 18.2.7].

*Faseroptische Bauelemente* werden in starrer und in flexibler Form geliefert. Neben der Grundform des *Faserbündels* mit Kreisquerschnitt (Enden in Hülsen verkittet, Endflächen poliert, Fasern aber im Schutzschlauch frei beweglich!) werden zwei spezielle Vorteile faseroptischer Lichtleiter ausgenutzt und auch kombiniert verwendet: 1. *Querschnittswandlung:* Bei gleicher Fläche können Eingangs- und Ausgangsquerschnitt unterschiedliche Form erhalten, z. B. zur optimalen Anpassung an Lichtquelle und Empfänger. 2. *Querschnittsteilung:* Die von einer gemeinsamen Endfläche ausgehenden Fasern können in mehrere Bündel mit kleinerem Querschnitt aufgeteilt werden, so daß ein mehrarmiger Lichtleiter entsteht. Bild 18.2.3 zeigt einige Bauformen. Bild 18.2.4 gibt Beispiele für die vielseitige Verwendbarkeit eines *zweiarmigen Lichtleiters* („Y-Kabel“). Werden bei a vor die beiden Eingangsenden zwei Filterfolien in Gegenfarben (z. B. rot/grün) gebracht, so können mit einer Anzeigestelle beide Lampen überwacht werden, da sich je nach Betriebszustand rotes, grünes oder durch Mischung angenähert weißes Signallicht ergibt. Mit dem Empfänger bei b kann an der Signalhöhe festgestellt werden, ob eine oder beide Lampen brennen. Das Grundprinzip der *faseroptischen Reflexionslichtschranke* gibt Bild 18.2.4c an: Das am gemeinsamen Ende von den Beleuchtungsfasern abgestrahlte Licht gelangt nach Reflexion an der Tastfläche zum Teil in die Empfangsfasern. Bei d ist die *zweiarmige Beleuchtung* dargestellt: So kann z. B. in der Mikro- und Makrofotografie mit einer Lampe eine schattenarme Beleuchtung von zwei Seiten erreicht werden, wobei die Beleuchtungsköpfe dicht an das Objekt herangeführt werden können. In Bild 18.2.4e, f, g, h, i sind die Möglichkeiten zur Anordnung beider Fasergruppen in der gemeinsamen Endfläche dargestellt.

Ein Beispiel für die Anwendung *vielarmiger flexibler Lichtleiter* zeigt Bild 18.2.5. Auf einer Rasterplatte R mit feinen Leuchtpunkten (Lichtleiterende mit aufgesetztem Lichtleitkegel) können 2 bis etwa 10 verschiedene *Verkehrszeichen* ineinandergeschachtelt werden. Die Leuchtpunkte jedes Zeichens sind durch einen vielarmigen Lichtleiter mit der zugehörigen Lampe verbunden; durch

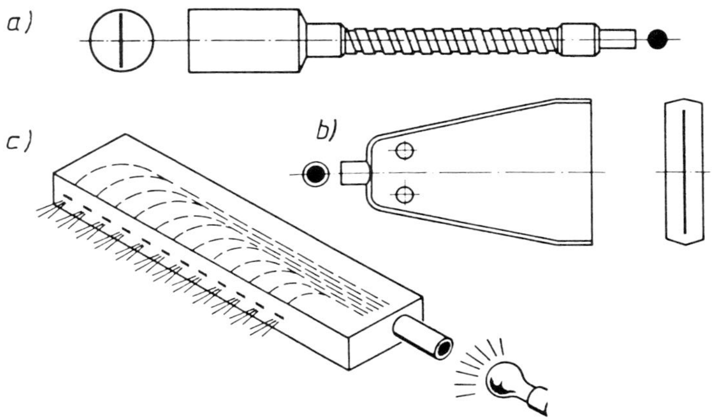


Bild 18.2.3 Beispiele für faseroptische Bauelemente

a) flexibles Bündel als Querschnittswandler Kreis/Spalt, b) starrer Querschnittswandler mit engem Spalt, c) 12-stelliger Beleuchtungskopf zur Lochkartenabtastung (starrer, mehrarmiger Lichtleiter mit Querschnittswandlung)

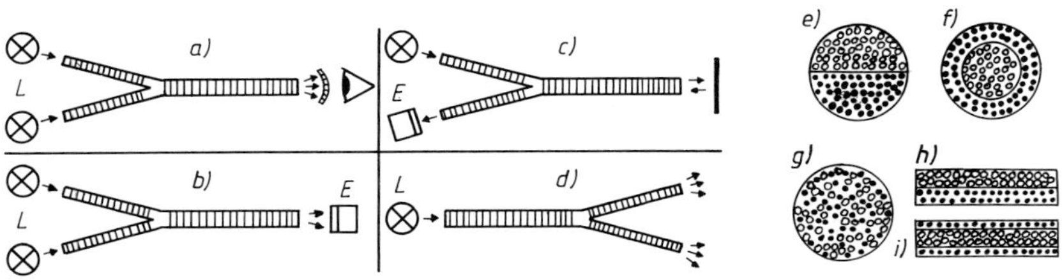


Bild 18.2.4 Anwendungsbeispiele für Y-Kabel

a) Beleuchtungskontrolle von zwei Lampen mit einer Anzeigekappe, b) Beleuchtung eines lichtelektrischen Empfängers von zwei Stellen aus, c) Reflexionslichtschranke, d) zweiseitige Beleuchtung mit einer Lichtquelle, e) bis i) Möglichkeiten zur Verteilung der beiden Fasergruppen im gemeinsamen Ende

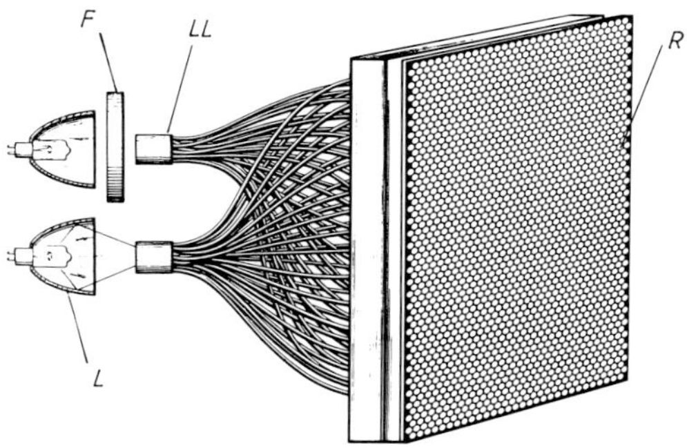


Bild 18.2.5 Wechselzeichen-Signale System Schott

L = Halogen-Ellipsoidspiegellampe, F = Farbfilter, LL = vielarmiger flexibler Lichtleiter, R = Rasterplatte. Für jedes Zeichen wird eine Lampe benötigt

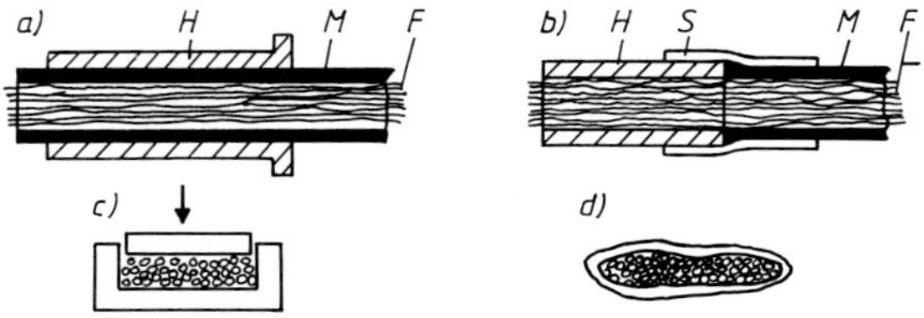


Bild 18.2.6 Einfassung der Bündelenden

a) Hülse auf ummanteltem Bündel, b) Hülse auf abisoliertem Bündelende, c) Erreichen dichter Packung bei einem Rechteck-Kopf, d) angenäherte Rechteckform durch Zusammendrücken einer Zylinderhülse. F = Faserbündel, H = Hülse, M = Mantel, S = Schrumpfschlauch. Bei a) und b) sind die Bündelenden noch nicht geschliffen

Umschaltung der Lampen erfolgt also der Signalwechsel. Sicherheit gegen Lampenausfall wird erreicht, wenn zwei automatisch umschaltbare Lampen über Strahlenteiler für die Beleuchtung des gleichen Zeichens zuständig sind. Durch Farbfilter F vor den Lampen ergeben sich verschiedenfarbige Zeichen.

Die *Selbstherstellung faseroptischer Bauteile* ist nur behelfsmäßig für Versuchseinrichtungen möglich, da meist Erfahrung und spezielle Einrichtungen fehlen. Zweckmäßig geht man von preisgünstig als Meterware in verschiedenen Durchmessern lieferbaren Lichtleitkabeln (Glas- oder Plastikfasern in Plastik-Schutzschlauch) aus. Einfache Möglichkeiten zur Einfassung der Bündelenden zeigt Bild 18.2.5: Bei a wird auf das noch mit Schutzmantel versehene Kabel eine Metall- oder Kunststoffhülse aufgeklebt, bei b eine Hülse auf das „abisolierte" Kabelende aufgeschoben und die Übergangsstelle mit Schrumpfschlauch gesichert. Die Bündelenden müssen nun mit Zweikomponentenkleber (z. B. Araldit, UHU-Plus) sorgfältig getränkt und bei höherer Temperatur ausgehärtet werden.

Durch Verkleben nicht festgelegte Fasern schieben sich später bei Biegung des Bündels aus der Endfläche heraus! Nach Bild 18.2.5c, d können Faserköpfe mit Rechteck-Querschnitt hergestellt werden. Durch Zusammendrücken des mit Kleber getränkten Bündels erreicht man hohe Pakkungsdichten. Nur in einer Lage nebeneinanderliegende Fasern ergeben einen Spalt geringster Breite. Zur Herstellung kann man das Faserende auf einer Glasplatte auffächern, verkleben und vor dem Aushärten ordnen. Durch Aufbringen einer zweiten Faserlage eines anderen Bündels erhält man einen sehr engzeiligen Reflexionskopf, etwa für die Anwendung nach Bild 18.2.4 c, h. Bei allen Bündelenden ist die Übergangszone von verklebten zu unverklebten Fasern besonders bruchgefährdet und deshalb gegen Verbiegen zu schützen. Ein hoher Transmissionsgrad kann bei Glasfaser-Bündeln nur durch einwandfreie *Endflächen-Politur* erzielt werden. Bei schlecht bearbeiteten Bündelenden kann die Lichtdurchlässigkeit noch etwas verbessert werden durch Überstreichen mit Nitrolack, der die Unebenheiten ausfüllt. Bei Kunststoff-Fasern genügt im allgemeinen ein sauberes und ebenes Abschneiden der Bündelenden! Eine *Mischung von zwei Fasergruppen* mit möglichst gleichmäßiger Verteilung in einem Y-Kabel entsprechend Bild 18.2.4g erhält man auf relativ einfache Weise dadurch, daß man zunächst an einer Bündelseite den „Mischkopf" durch Verkleben in gewünschter Querschnittsform fertigstellt. Das freie Bündelende wird dann auf größerer Länge vom Schutzmantel befreit; die Fasern werden regellos herausgegriffen und abwechselnd auf zwei Gruppen verteilt, sodann in zwei Endhülsen zusammengefaßt.

## Literaturhinweise

L 18.2.1 *Jacobsen, A.:* Die Lichtübertragung durch Faseroptik. Feinwerktechnik & Meßtechnik (1975) S. 117–121

## Beispiele für Hersteller bzw. Lieferanten

H 18.2.1 *Schott, Produktgr. Faseroptik,* Hagenauer Str. 38, Wiesbaden-Schierstein: Faseroptische Bauelemente, Lichtquellen f. Faseroptik

H 18.2.2 *Laaber Faseroptik GmbH,* Stahlstr. 62–64, Rüsselsheim: Faseroptische Bauelemente, Lichtquellen f. Faseroptik

H 18.2.3 *Volpi AG,* A.-Lincoln-Str. 2, Wiesbaden: Faseroptische Lichtleiter u. Bauteile, Lichtquellen für Faseroptik, flexible Bildbündel

H 18.2.4 *OEB Helmut Hund KG,* Wetzlarer Str. 145, Wetzlar-Nauborn: Faseroptische Lichtleiter u. Lichtquellen f. Faseroptik

H 18.2.5 *Eltrotec Elektro-GmbH,* Am Niederfeld 17, Schorndorf-Haubersbronn: Glasfaseroptik u. faseroptische Geräte, Lichtquellen f. Faseroptik

H 18.2.6 *Kontron GmbH,* Oskar-von-Miller-Str. 1, Eching b. München: Glasfaser-Beleuchtungs-Systeme

H 18.2.7 *Oriel GmbH,* Im Tiefen See 58, Darmstadt: Faseropt. Lichtleiter u. Zubehör

H 18.2.8 *Classen + Co,* Grevenweg 89, Hamburg: Glasfaser-Beleuchtungssysteme

H 18.2.9 *Fiber Optic AG,* Fegistr. 1, Spreitenbach, CH: Faseroptische Bauteile und Geräte

## 18.3 Faseroptische Bildleiter

Eine einzelne Lichtleitfaser kann kein Bild übertragen – abgesehen von Gradientenfasern (Abschn. 18.5). Ähnlich wie bei einem Druckraster muß jedes Bildelement durch eine eigene Faser übertragen werden. Dies ist nur mit *„geordneten"* oder *„kohärenten" Faserbündeln* möglich: auf den beiden Endflächen müssen die Fasern in gleicher Reihenfolge angeordnet sein, um Informationsverfälschungen zu vermeiden. Das Eingangsbild wird im Rahmen der Rasterauflösung nur dann mit voller Schärfe übertragen, wenn es unmittelbar auf der Eingangsfläche des Bündels liegt. Es kann also als kleine Vorlage (z. B. Dia) direkt an die Bündelfläche angepreßt werden, wird aber im allgemeinen durch ein Objektiv auf die Eingangsfläche projiziert. Dabei kann durch Wahl eines günstigen Abbildungsmaßstabs $\beta'$ der Bündelquerschnitt optimal ausgenutzt werden. Die Auflösung eines Bildes ist dann durch die Anzahl der Bildpunkte (= Fasern) bestimmt; ein großer Bündelquerschnitt mit groben Fasern ist also bei gleicher Faserzahl gleichwertig einem kleinen Bündelquerschnitt mit feinen Fasern. Die Anwendungstechnik verlangt jedoch möglichst dünne, flexible Bündel, so daß z. B. rechteckige Bündelquerschnitte von einigen Millimetern Kantenlänge mit etwa $10^5$ Fasern von 10 μm Durchmesser für medizinische Endoskope angestrebt werden. Bei diesem Faserdurchmesser ist ein *Auflösungsvermögen* von etwa 50 Linienpaaren pro Millimeter erreichbar – ein recht guter, aber eben nur auf kleiner Fläche erzielter Wert. Eine exakte Angabe des Auflösungsvermögens ist schwierig, da es durch Vorzugsrichtungen in der Packungsstruktur richtungsabhängig und durch Ordnungsfehler der Faserordnung auch an verschiedenen Punkten der Bildfläche unterschiedlich sein kann. Hinzu kommen Ausfälle von Rasterpunkten durch Faserbruch, sowie *Kontrastminderung* durch Streulicht (u. a. Licht, das außerhalb der Faserapertur einfällt). Eine erhebliche Verbesserung des Auflösungsvermögens – aber mit dem Nachteil eines relativ hohen Aufwands – erreicht man durch *dynamische Abbildung:* Eingangs- und Ausgangsfläche des Bündels müssen synchron kleine Schwing- oder Drehbewegungen von wenigen Faserdurchmessern ausführen, oder durch synchron rotierende Keile wird das Bild am Eingang über die Bündelfläche geführt und diese Bewegung am Ausgang kompensiert.

Bild 18.3.1 zeigt die Anwendung eines *Bildleitkabels* in einem *flexiblen Endoskop.* Das auf die Eingangsfläche projizierte Bild wird auf der Ausgangsseite durch ein Okular (Lupe) betrachtet, oder auf eine Fotoschicht projiziert. Bei Kontaktbelichtung muß die Fotoschicht unmittelbar an der Ausgangsfläche anliegen, da die Schärfentiefe sehr gering ist. Einblick in Hohlräume ist nur möglich bei Beleuchtung der Beobachtungsstelle. Deshalb wird nach Bild 18.3.1 ein ungeordnetes Lichtleitbündel, hier zur ringförmigen Beleuchtung, bis zur Eingangsseite des Bildleiters mitgeführt.

Soweit eine Bildübertragung durch flexible Bündel nicht erforderlich ist, können *Faserstäbe* verwendet werden, bei denen einige tausend parallel liegende Fasern miteinander verschmolzen sind. Das Auflösungsvermögen ist also erheblich geringer als bei Bildleitbündeln. Dies zeigt Bild 18.3.2 am Ausschnitt eines Faserstabes mit etwa 6 mm Durchmesser und etwa 2200 Fasern. Bei dieser geringen Auflösung ist die Rasterübertragung gut erkennbar. Obgleich also auch eine grobe Bildübertragung möglich ist, werden Faserstäbe ebenso als Lichtleiter benutzt. Sie können wie normale Glasstäbe bearbeitet werden. Vor allem kommt ein *Biegen* der bereits mit fertig bearbeiteten Endflächen

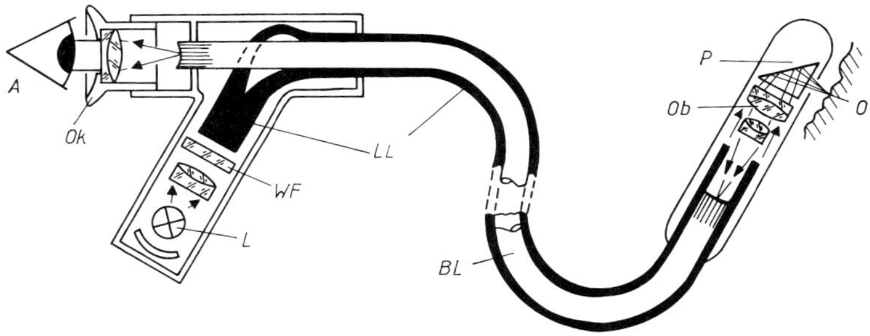


Bild 18.3.1 Flexibles Endoskop (nach [L 18.3.1])

L = Lampe, WF = Wärmeschutzfilter, LL = ungeordneter Lichtleiter, BL = geordneter Bildleiter, Ob = Objektiv, P = Umlenkprisma, O = Objektfläche, Ok = Okular, A = Auge

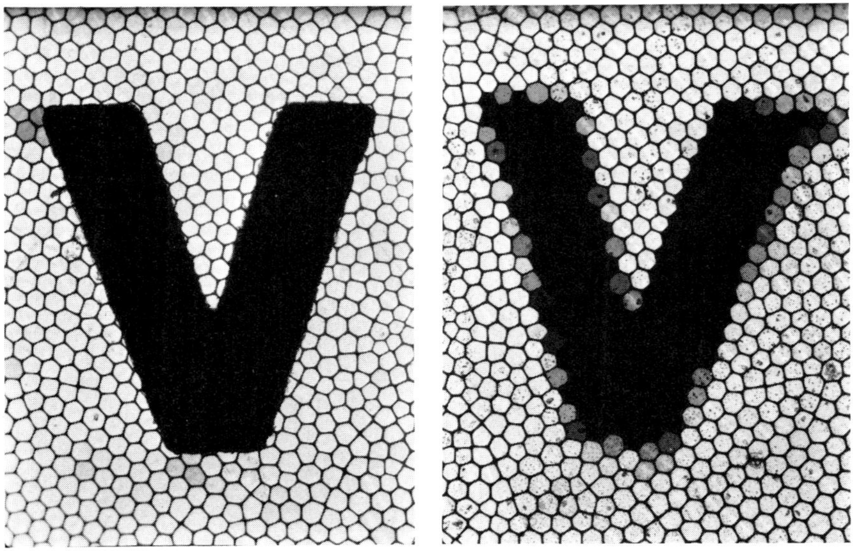

Bild 18.3.2 Bildübertragung durch einen Faserstab

a) Eingangsseite mit aufgeklebtem Buchstaben, b) Ausgangsseite mit gerastertem Bild. Auf der Eingangsseite teilbeleuchtete Fasern erscheinen auf der Ausgangsseite mit entsprechendem Grauton

gelieferten Stäbe in Betracht. Dazu wird der Stab im Bereich der Biegestelle auf etwa 700 °C – d. h. bis zum Erweichen – in der Gasflamme erhitzt und vorsichtig (am besten nach einer Schablone) gebogen. Da der kleinste noch zulässige Biegeradius r gleich dem Stabdurchmesser D ist, sind recht scharfe Biegungen möglich. Ein *Verdrillen* des erweichten Faserstabes um die Längsachse führt zu einem starren Bildleiter mit fest eingestellter Bilddrehung, z. B. um 90° zwischen Eingangs- und Ausgangsfläche.

Durch Ausziehen eines Stabes auf kleineren Durchmesser an der Erweichungsstelle erhält man *Faserkegel.* Das Durchmesserverhältnis $D_{ex}/D_{in}$ gilt in gleichem Maße für die Bündelflächen wie für jede einzelne Faser; man erhält also konische Fasern mit Aperturänderung nach Gl. (18.1.3). Diese Faserkegel können zur *Vergrößerung* (bzw. umgekehrt *Verkleinerung*) benutzt werden. Die Vergrößerung ist aber „leer“, d. h. sie verbessert nicht die Detailerkennbarkeit, weil die Bildpunktzahl auf beiden Flächen gleich ist. Andererseits ist auf diese Weise eine Maßstabsänderung auf sehr kurzer Strecke mit einem kompakten Bauteil ohne Justierprobleme möglich.

Beispiel: Mit einem Lichtleitkegel FSK der Fa. Schott mit der Länge $l = 13$ mm, $D_{in} = 1{,}5$ mm; $D_{ex} = 4{,}5$ mm, also $\beta' = +3$ (aufrechtes, „reelles“ Bild), und $u = 40°$, $u' = 12{,}4°$, ergibt sich ein Abstand Gegenstand-Bild $OO' = l = 13$ mm. Dagegen benötigt selbst ein Objektiv mit der kurzen Brennweite $f' = 10$ mm für reelle Abbildung mit $\beta' = -3$ nach Gl. (4.2.) eine Strecke von $OO' = 53{,}3$ mm $+ HH'$!

Während Bildleitkabel und -stäbe im allgemeinen mit Längen ausgeführt werden, die groß gegenüber dem Durchmesser sind, erfordern andere Aufgaben *Faserplatten* mit entgegengesetzten Eigenschaften: Sie übertragen Bilder über kurze Strecken (entsprechend der Plattendicke von einigen Millimetern bis Zentimetern) bei großem Durchmesser (z. B. 50 mm) mit hervorragender Detailerkennbarkeit durch hohe Bildpunktzahl. Beispiel: Eine Faseroptikplatte ist beispielsweise nach Bild 18.3.3 aus Fasern der Brutto-Kantenlänge (Mittenabstand) von 6 µm aufgebaut, wobei eine Platte mit 25 mm Durchmesser etwa 14 Millionen Fasern enthält, die vakuumdicht verschmolzen sind! Sehr wesentlich für eine optimale Bildübertragung ist die Absorption des kontrastmindernden Streulichts, das durch Einfall außerhalb der Faserapertur und Einfall auf die Stirnquerschnitte der Fasermäntel entsteht. Zur *Streulichtabsorption* werden die Fasern zusätzlich zum niedriger brechenden Totalreflexions-Mantel noch durch *Einlagerung von Schwarzglas* isoliert, wie in Bild 18.3.3 gut zu erkennen ist. Faserplatten werden u. a. für Katodenstrahl-, Bildverstärker- und spezielle Fernsehaufnahmeröhren verwendet.

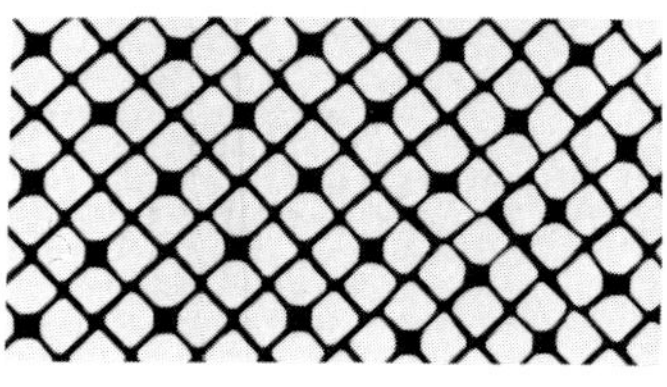

Bild 18.3.3 Mikroaufnahme einer Faseroptikplatte

Abbildungsmaßstab ca. 800. Zwischen den Fasern streulichtabsorbierendes Schwarzglas

Bild 18.3.4 zeigt zwei Anwendungsbeispiele: Bei a wird das Fluoreszenzbild auf der gewölbten Leuchtstoffschicht nach außen geebnet übertragen und unmittelbar im Kontakt auf einem Film aufgezeichnet. Wegen der hohen Apertur der Faserplatten von etwa 1 ergibt sich wesentlich kürzere Belichtungszeit als bei Abbildung des Leuchtschirms durch ein Objektiv. Da allgemein die beiden Flächen einer Faserplatte in beliebiger Form geschliffen werden können, sind Korrektur von Verzeichnungen und Ausgleich der Bildfeldwölbung auf sehr kurzer Strecke (der Plattendicke) möglich. Bild 18.3.4b zeigt die Anwendung in einer Bildverstärkerstufe; mehrere solcher Stufen

 

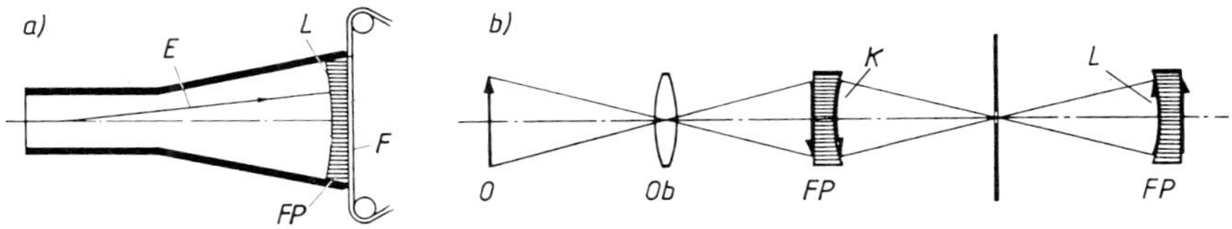


Bild 18.3.4 Anwendung von Faserplatten (nach [L 18.3.1])

a) Fotoaufnahme eines Oszilloskopbildes im Kontaktverfahren, b) Bildverstärkerstufe mit Ausgleich der Feldwölbung. E = Elektronenstrahl, L = Leuchtstoff, FP = Faserplatte, F = Film, O = Objekt, Ob = Objektiv, K = Katodenschicht

können – wieder unter Einsparung einer Zwischenabbildung – unmittelbar aneinander gefügt werden. Durch Platten mit niedriger Faserapertur und guter Streulichtabsorption wird eine erhebliche Kontraststeigerung des Schirmbildes bei störendem Umgebungslicht erreicht.

**Literaturhinweise**

L 18.3.1 *Jenaer Glaswerk Schott & Gen.,* Mainz: Glasfaser-Lichtleitkabel und Oberflächenbeschichtetes Glas im Automobil. Referate 25. 11. 68

**Beispiele für Hersteller bzw. Lieferanten**

H 18.3.1 *Olympus Optical Co. (Europa) GmbH,* Steindamm 105, Hamburg: Faseroptische Endoskope
H 18.3.2 *Galileo Corp.,* USA, über Teknis, Aidenbachstr. 234, München: Faseroptische Bauelemente, Faserplatten, Endoskope, Faseroptik f. Nachrichtenübertragung
H 18.3.3 Siehe auch Beispiele 18.1. . . ., 18.2. . . .

## 18.4 Faseroptik in der Nachrichtentechnik

Eine Nachrichtenübertragung durch *moduliertes Licht* hat wegen der hohen *Trägerfrequenz* (aus Gl. (1.1.1) folgt für eine Wellenlänge $\lambda = 800$ nm $\nu = 3{,}75 \cdot 10^{14}$ Hz) sehr große Vorteile, weil wegen der großen Übertragungsbandbreite viele Informationskanäle parallel übertragen werden können. Direkte Übertragung durch die Atmosphäre mit einem modulierten Laserstrahl wird wegen der großen Störanfälligkeit nur angewendet, wenn eine Verbindung durch Lichtleiter nicht möglich ist. Für stationäre optische Nachrichtenübertragungssysteme hat sich die *Glasfaser* bereits durchgesetzt, wobei sich gegenüber metallischen Verbindungen noch folgende Vorteile ergeben: Knappes und teures Kupfer wird durch nahezu unbegrenzt herstellbares Glas ersetzt; die Endpunkte der Verbindung können auf sehr unterschiedlichem Potential liegen (z. B. in Hochspannungsanlagen); Störungen durch elektromagnetische Felder und durch „Übersprechen“ zwischen benachbarten Adern in einem Kabel entfallen. Eine Verbindung durch Lichtleitfasern erfordert geringe Verluste und hohe Übertragungskapazität. Die *Verluste* können durch den Transmissionsgrad $\tau(\lambda)$ bzw. durch den Reintransmissionsgrad $\tau_i(\lambda)$ (für die allein von der Länge abhängigen Verluste) beschrieben werden; wegen der exponentiellen Abnahme von $\tau_i(\lambda)$ mit der Länge l ist jedoch die Angabe des *spektralen Absorptionskoeffizienten*

$$\alpha(\lambda) = \frac{10}{l} \cdot \lg \frac{1}{\tau_i(\lambda)} \tag{18.4.1}$$

mit der Einheit dB/km (Dezibel pro Kilometer) üblich. Beispiel: Hat eine Faser von 1 km Länge bei gegebener Wellenlänge $\lambda$ einen Reintransmissionsgrad $\tau_i(\lambda) = 50\%$, so beträgt die *Dämpfung* $\alpha(\lambda) = 3$ dB/km. Diese Dämpfung wächst also linear mit der Länge; Einkopplungs- und Verbindungsverluste kommen hinzu.

Die Verluste sind vor allem durch kleinste (Metallionen-) Verunreinigungen im Kernglas bedingt und werden durch die Faserstruktur beeinflußt. Fasern mit Dämpfungswerten weit unter 1 dB/km wurden bereits hergestellt; einige dB/km sind Stand der Technik. Damit sind Verbindungen über einige Kilometer Länge ohne Zwischenverstärker möglich.

Eine Nachrichtenverbindung wird besonders störsicher, wenn analoge Signale zunächst in eine Impulskette umgewandelt werden, die Übertragung also digital erfolgt. Dann kann die *Übertragungskapazität* durch die Anzahl der über die Streckenlänge l pro Zeiteinheit übertragbaren Impulse beschrieben werden, wobei die Angabe in Mbit · km/s erfolgt. Erwünscht sind einige 10 bis einige 100 Mbit · km/s. Die Übertragungskapazität nimmt mit der Länge der Übertragungsstrecke ab, weil sich der Impuls durch die unten beschriebenen Dispersionen auf dem Weg zum Faserende verbreitert, wodurch der Impulsabstand abnimmt, so daß die Impulse nicht beliebig dicht aufeinander folgen dürfen. Erreicht werden *Impulsverbreiterungen* (= Differenz der Halbwerts-Impulsdauern am Faserende und am Faseranfang) in der Größenordnung von einigen ns/km.

Damit können Vor- und Nachteile der einsetzbaren Fasertypen (Bild 18.4.1) verglichen werden. Die übliche, vielseitig als Licht- und Bildleiter eingesetzte Faser mit Brechzahlsprung $n_1/n_2$ am Mantel (Abschn. 18.1) wird als *Stufenindexfaser* (Bild 18.4.1a) bezeichnet. Strahlen mit unterschiedlichem Einfallswinkel ergeben im Faserkern verschieden lange Laufwege; ein Lichtimpuls wird also auf vielen Wegen mit unterschiedlicher Laufzeit transportiert *(„Multimodefaser")*. Durch diese Modendispersion erscheint der Impuls am Faserende verbreitert, d. h. mit größerer Halbwertsdauer als am Faseranfang. Neben dieser *Modendispersion* tritt u. a. noch die *Materialdispersion* auf, d. h. Änderung der Brechzahl und damit wieder der Laufzeit mit der Wellenlänge. Denn auch „monochromatische" Lichtquellen wie Lumineszenzdioden und Laser haben eine endliche Halbwertsbreite. Bei den Multimode-Stufenindexfasern überwiegt aber die Modendispersion erheblich. Diese Fasern sind für kürzere Übertragungsstrecken und niedrige Bitraten sehr gut brauchbar. Da sie für die Anwendung in der Nachrichtentechnik mit relativ großen Kerndurchmessern von ca. 60 μm bis 250 μm hergestellt werden, ist die Justierung (Einspeisung des Lichts usw.!) nicht schwierig. Die Fasern sind billig.

Modendispersion kann man vermeiden, wenn die Welle auf einen einzigen Laufweg gezwungen wird. Diese *Monomodefaser* (Bild 18.4.1b) hat einen in der Größenordnung der Lichtwellenlänge liegenden Kerndurchmesser (einige μm), so daß ein „Hohlleitereffekt" auftritt. Es verbleibt die Materialdispersion. Diese Fasern ergeben die

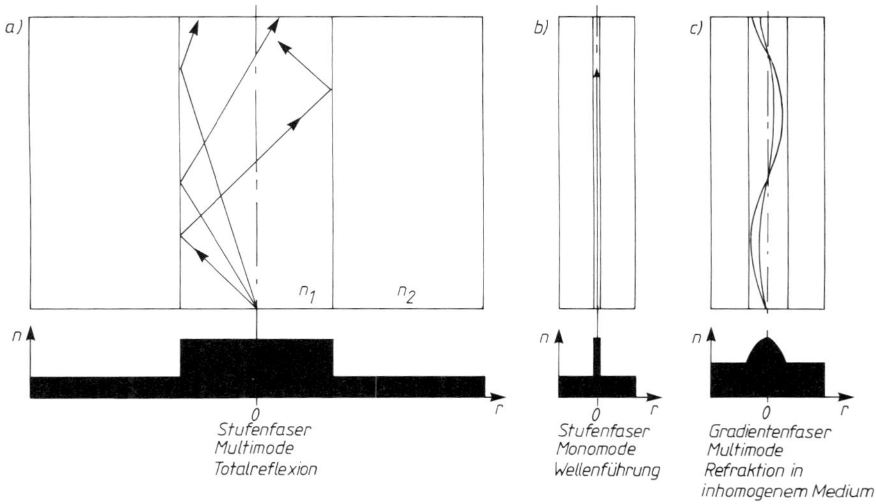


Bild 18.4.1 Fasertypen für die Nachrichtentechnik

Die Durchmesserverhältnisse sind realistisch wiedergegeben. Unten jeweils das Brechzahlprofil (nicht maßstäblich)

Bild 18.4.2 Aufbau von polarisationserhaltenden Monomodefasern

a) elliptischer Kern, b) elliptische Umhüllung des Fasermantels, c) zusätzliche Glaskerne im Mantel

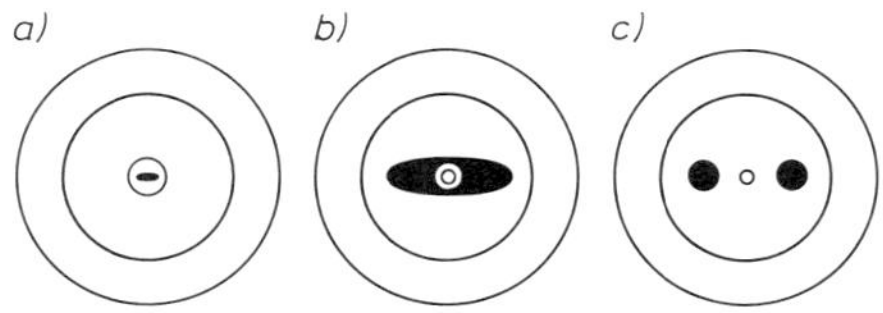


geringste Impulsverbreiterung und damit die höchste Übertragungskapazität. Lichteinkopplung und Faserverbindung sind wegen des kleinen Kerndurchmessers schwierig.

Durch unterschiedliche Ursachen entstehende mechanische Spannungen machen den Kern einer Monomodefaser anisotrop (Richtungsabhängigkeit der Brechzahl): Der Polarisationszustand einer Welle ändert sich, wodurch unerwünschte Phasendifferenzen auftreten. Bringt man jedoch durch einen unsymmetrischen Faseraufbau gezielt Spannungen in den Kern ein, so entsteht eine *polarisationserhaltende Monomodefaser* (Bild 18.4.2): Die starke aufgezwungene Anisotropie ist größer als die durch äußere Einflüsse bedingten Änderungen.

Als ein guter Kompromiß haben sich *Multimode-Gradientenfasern* (Bild 18.4.1 c) erwiesen, deren Eigenschaften in Abschn. 22.1 dargestellt werden. Zwar läuft ein Impuls auf unterschiedlichen Wegen (Multimode), aber die Laufzeiten werden durch ein geeignetes Brechzahlprofil angeglichen: Da die Laufzeit proportional dem optischen Weg d · n, also dem Produkt aus geometrischem Weg und Brechzahl ist, kann ein längerer, von der Kernachse wegführender Weg d durch nach außen verringerte Kernbrechzahl n ausgeglichen werden. Auf diese Weise wird die Modendispersion sehr stark vermindert;

die Materialdispersion überwiegt. Bei den Gradientenfasern ist hohe Übertragungskapazität mit einfacher Justierung verbunden.

Eine *Übertragungsstrecke* setzt sich senderseitig aus dem Modulator und der Strahlungsquelle mit Ankopplung an die Glasfaser, empfängerseitig aus dem lichtelektrischen Empfänger und dem Demodulator zusammen. Soweit *Analogsignale* zu übertragen sind, ist vor den Eingang ein Analog/Digital-Wandler und hinter den Ausgang ein Digital-Analog-Wandler geschaltet. Die *Auswahl der Komponenten* wird vor allem durch die Länge des Übertragungsweges bestimmt, weil sie Dämpfung und Übertragungskapazität beeinflußt. Für viele Aufgaben der Meß- und Regeltechnik und der Datenübertragung über *Strecken von einigen hundert Metern* Länge genügen durchaus preiswerte Baugruppen. Als Strahlungsquellen werden Lumineszenzdioden (Abschn. 6.4) mit relativ großer Halbwertsbreite (etwa 40 nm) und breiter Abstrahlcharakteristik verwendet, die an eine Multimode-Stufenindexfaser mit großem Kerndurchmesser (z. B. 200 μm) angekoppelt werden. Als Empfänger wird eine Fotodiode (Abschn. 6.7) verwendet, wobei hier die Empfindlichkeit einer PIN-Fotodiode ausreicht. Bei *Verbindungen über weite Strecken* sind bereits Entfernungen über 10 km ohne Zwischenverstärker überbrückbar, d. h. längere Wege als mit Kupferkabeln bei vergleichbaren Anforderungen an die Übertragung. Dann muß aber als Sender eine Laserdiode (Abschn. 6.5) eingesetzt werden, die geringen Einfluß der Materialdispersion durch kleine Halbwertsbreite (ca. 3 nm) und große in die Faser eingespeiste Leistung durch hohe Ausgangsleistung und enge Abstrahlkeule ergibt. Als Fasern werden Multimode-Gradientenfasern (z. B. mit Kerndurchmesser 50 μm), im Extremfall auch Monomodefasern verwendet. Als Empfänger können die gegenüber der PIN-Diode noch etwa zehnfach empfindlicheren Avalanche-Fotodioden eingesetzt werden. Es ist also möglich, unter Beachtung der Kosten das Gesamtsystem an die tatsächlichen Übertragungsanforderungen anzupassen.

Der *Koppelwirkungsgrad* zwischen einer Strahlungsquelle (LED) und dem Fasereingang kann ggf. durch Einfügen von *Mikrolinsen* oder abbildenden Flächen verbessert werden. Der hierbei erzielbare Effekt hängt auch vom Quotienten aus Faserkernquerschnitt und Abstrahlquerschnitt der LED ab. Dabei ist zu berücksichtigen, wie sich durch Einfügen des *Lichtstrom-Konzentrators* die *Justiertoleranzen* in axialer und lateraler Richtung ändern. Ein Vergleich verschiedener Konzentratoren (gerundetes Faserende, 50 μm-Mikrokugel zwischen Faser und LED, asphärische LED-Fläche u. a.) mit dem stumpfen Aufsetzen des Faserendes auf die LED ergab nach [L 18.4.1] z. B. bei der *Mikrokugel* einen um 60% verbesserten Kopplungswirkungsgrad und erheblich größere Toleranzen für seitliche Dejustierung. Dabei betrug des Flächenverhältnis Faserkern/Leuchtfläche 1,9 : 1. Mikrolinsen können auch unmittelbar auf dem Faserende- z. B. bei einer Monomodefaser mit nur 4 μm Kerndurchmesser – aus einer Fotolack-Schicht hergestellt werden, indem UV-Belichtung vom anderen Faserende aus erfolgt, mit anschließender Entwicklung und Härtung [L 18.4.2]. Eine einfache, leicht verfügbare und gut zu handhabende Vorrichtung zur Verbesserung des Koppelwirkungsgrads ist eine vor den Faserkern quer gelegte Glasfaser [L 18.4.5], die als Zylinderlinse wirkt!

Ein weiteres Problem ist die *Kopplungstechnik von Fasern untereinander.* Für nicht lösbare Verbindungen geringer Übergangsdämpfung (etwa 0,1 dB) wurde eine *Spleißtechnik* entwickelt, bei der die nach Ritzen mit einem Diamanten glatt abgebrochenen Faserenden mikroskopisch ausgerichtet und mit einem Lichtbogen verschmolzen werden. *Lösbare Verbindungen* sind mit Stekkern möglich, bei denen die in koaxialen Hülsen exakt zentrisch angeordneten plan geschliffenen und polierten Faserenden unmittelbar in Kontakt gebracht werden. Leicht gegeneinander justierbare Stecker können nach dem Prinzip des *Doppelexzenters* [L 18.4.4] verwirklicht werden: Die beiden Faserenden sind in V-förmige Nuten der Steckzylinder eingelegt und verklebt, wobei die Faserachsen etwas exzentrisch zu den Zylinderachsen liegen. Die beiden Zylinder werden im

Kupplungsstück nun so geführt, daß ihre Achsen ebenfalls etwas parallel versetzt sind. Durch Verdrehen der beiden Kupplungsteile gegeneinander kann immer eine Übereinstimmung der beiden Faserkernachsen erreicht werden. Dazu wird die Justierung verändert, bis das Maximum der Ausgangsleistung erreicht ist.

## Literaturhinweise


L 18.4.1 *Ackenhausen, J. G.:* Microlenses to improve LED-to-fiber optical coupling and alignment tolerance. Appl. Optics *18* (1979) S. 3694–3699.

L 18.4.2 *Cohen, L. G.; Schneider, M. V.:* Microlenses for coupling junction lasers to optical fibers. Appl. Optics *13* (1974) S. 89–94.

L 18.4.3 *Kersten, R. Th.:* Einführung in die Optische Nachrichtentechnik. Springer Berlin, New York 1983

L 18.4.4 *Guttmann, J.; Krumpholz, O.; Pfeiffer, E.:* A simple connector for glass fibre optical waveguides. AEÜ *29* (1975) S. 50–52

L 18.4.5 *Weidel, E.:* Light coupling problems for GaAs lasermultimode fibre coupling. Opt. and Quant. Electron. *8* (1976) S. 301–307

L 18.4.6 *Unger, H.-G.:* Optische Nachrichtentechnik. Elitera-Verlag, Berlin 1976

L 18.4.7 *Timmermann, C. Ch.:* Lichtwellenleiter. Vieweg, Braunschweig 1981

L 18.4.8 *Timmermann, C. Ch.:* Lichtwellenleiter-Komponenten und -Systeme. Vieweg, Braunschweig 1984

L 18.4.9 *Krause, D.; Reitmayer, F.:* Spectrophotometric determination of optical attenuation losses in waveguide glasses. Optik *43* (1g75) No. 3, 225–236

L 18.4.10 *Keck, D. B.; Love, R. E.:* Fiber Optics for Communications. LÜ1 Vol. VI/11

L 18.4.11 *Heinlein, W.:* Grundlagen der faseroptischen Übertragungstechnik. Teubner, Stuttgart 1985


## Beispiele für Hersteller bzw. Lieferanten

H 18.4.1 *AEG-Telefunken,* Backnang: Komponenten, Systeme und Meßgeräte f. faseroptische Übertragungstechnik

H 18.4.2 *Hewlett Packard GmbH,* Berner Str. 117, Frankfurt: Komponenten u. Systeme f. faseroptische Datenübertragung

H 18.4.3 *ITT Standard Elektrik Lorenz AG,* Fritz-Müller-Str. 112, Esslingen: Faseroptik f. Datenübertragung: Bauelemente u. Geräte

H 18.4.4 *Photodyne Inc.,* USA, über Microscan GmbH, Überseering 31, Hamburg: Meßgeräte für faseroptische Systeme

H 18.4.5 *Photon Kinetics,* USA, über Microscan GmbH, Überseering 31, Hamburg: Faseroptik-Meßplatz

H 18.4.6 *Felten & Guilleaume Carlswerk AG,* Köln: Bauelemente u. Geräte f. faseropt. Nachrichtentechnik

H 18.4.7 *Centronic, über Laser-Optronic GmbH,* Eversbuschstr. 200, München: Faseroptische Komponenten u. Systeme

H 18.4.8 *ts-electronic,* Wiedenmayerstr. 50, München: Faseroptische Komponenten

H 18.4.9 *Newport GmbH,* Bleichstr. 26, Darmstadt: Faseroptische Komponenten; Experimentier-Kits.

H 18.4.10 *Rofin-Sinar Laser GmbH,* Billbrookdeich 186, Hamburg: Faseroptische Komponenten f. Signalübertragung

## 18.5 Faseroptische Sensoren

Faseroptik findet zunehmende Anwendung im Zusammenhang mit Sensoren (= Meßwertaufnehmer). Vorteile der Faseroptischen Meßwertübertragung sind dabei die Störsicherheit gegen elektromagnetische Felder (z. B. erzeugt von Kabeln, Transformatoren, Schaltfunken, HF-Sendern) und gegen Übersprechen, die hohe Isolationsfähigkeit auch bei Hochspannungsstrecken, Einsatzmöglichkeit in explosionsgefährdeten Räumen und ggf. auch günstiger Preis. Einige faseroptische Sensortypen können mit extrem geringer Masse und geringem Volumen ausgeführt werden. Bei dem Faseroptik-Einsatz in der Sensortechnik sind folgende Stufen unterscheidbar:

1. Die Faseroptik übernimmt *nur die Meßwertübertragung* für übliche Sensoren mit elektrischem Ausgangssignal. Zwischen Sensor und Faserstrecke muß ein elektr./opt. Signalwandler eingeschaltet werden. Der Sensor verlangt getrennte elektrische Energieversorgung. Diese kann aber (mit dem Vorteil der Potentialtrennung) auch durch Zuführung von Strahlungsenergie über getrennte Faserstrecke und opt./elektr. Energiewandlung am Sensor ersetzt werden, [L 18.5.1].

2. Verwendet wird ein *optischer Sensor;* der elektr./opt. Wandler entfällt. Energiezufuhr und Signalableitung erfolgen über Faserkabel oder Einzelfasern. Ein Beispiel ist die Füllstandserfassung nach Bild 19.2.7.a, b: Lampe und Empfänger müssen nicht auf das Prisma aufgesetzt, sondern können durch Faserkabel mit dem Prisma verbunden werden.

Entsprechendes gilt für Lichtschranken und -taster (Abschn. 19.2): Sie werden nur dann zu faseroptischen Sensoren, wenn die speziellen Eigenschaften der Lichtleitfaser ausgenutzt werden (z. B. Miniaturlichtschranke mit sehr hoher örtlicher Auflösung durch geringen Faserdurchmesser).

3. Es wirkt die *Faser als Sensor,* bzw. mehrere Fasern wirken zusammen, wobei verschiedene physikalische Effekte und die Änderung der Kopplung zwischen Sende- und Empfangsfaser ausgenutzt werden können.

Meßanordnungen nach 1. sollten nicht als faseroptische Sensoren bezeichnet werden – im strengen Sinne ist diese Bezeichnung nur für 3. richtig. Bei Sensoren nach 2. und 3. ist zu beachten, daß insbesondere bei Verwendung von Multimodefasern (Abschn. 18.4) und bei Intensitätsmodulation des Sensorsignals Störungen durch die Zuleitungsfasern möglich sind, da z. B. Verbiegungen und mechanische Verspannungen den Transmissionsgrad beeinflussen können, wodurch die Meßgenauigkeit herabgesetzt wird.

Die Erfassung einer großen Anzahl unterschiedlicher Meßgrößen kann auf wenige Grundeffekte zurückgeführt werden. Im wesentlichen sind dies

Intensitätsänderung der transmittierten Strahlung:

a) Faserbiegung oder Änderung der Brechzahl des den Kern umgebenden Mediums führen zur Auskopplung von Licht aus dem Kern (Unterschreitung des Grenzwinkels der Totalreflexion).

b) Änderung der Kopplung zwischen zwei Faserenden durch Abstands- oder Winkeländerung oder seitliche Versetzung, sowie durch Störung der Totalreflexion am Faserende (Beispiel hierfür ist das faseroptische Hydrofon, Bild 1.3.3). Intensitätsändernd kann auch eine abdeckende oder unterschiedlich reflektierende Fläche vor den Faserenden wirken.

c) Änderung der Absorption in der Faser (z. B. durch Temperatur oder Kernstrahlung).

Phasenänderung der transmittierten Strahlung:

d) Änderung der Brechzahl durch Dehnung oder Kompression der Faser.

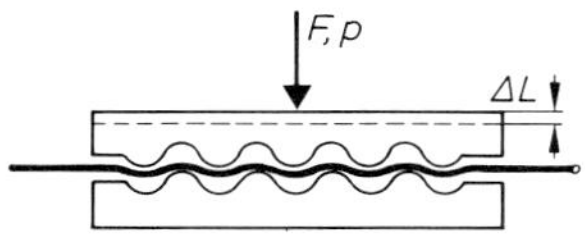


Bild 18.5.1 Fasersensor nach dem Prinzip der Mikrobiegung

Mit zunehmendem Δl nimmt das Strahlungssignal am Empfänger ab. F = Kraft, p = Druck

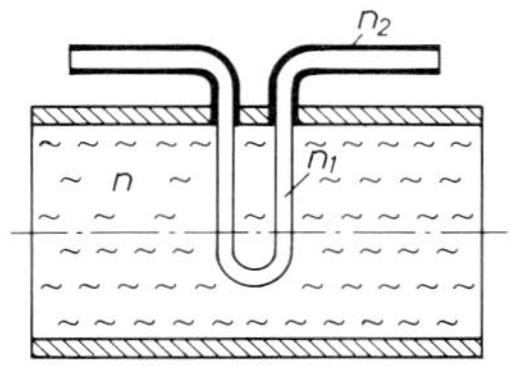


Bild 18.5.2 Faser-Refraktometer

Das Strahlungssignal am Empfänger nimmt mit zunehmender Brechzahl n ab.

e) Längenänderung durch Dehnung

f) Ausnutzung des Sagnac-Effekts bei bewegten Fasern (Faserkreisel, s. unten).

Änderung des Polarisationszustandes der transmittierten Strahlung:

g) Drehung der Polarisationsebene durch einwirkendes Magnetfeld (Faraday-Effekt).

h) Durch unsymmetrische Verformung (z. B. Pressen der Faser zwischen zwei Druckbacken) wird in der Faser Doppelbrechnung erzeugt oder verändert (spannungsoptischer Effekt).

Änderungen des Polarisationszustandes werden in Intensitätsänderungen oder in Phasenänderungen umgesetzt. Phasenänderungen können gegenüber einer Referenzphase festgestellt werden. Damit ergeben sich zwei Sensor-Grundtypen: *Intensitätsmodulierte Sensoren* mit meist einfachem, preisgünstigem Aufbau, aber durch Stabilitätsprobleme und verschiedene Störeinflüsse beschränkter Genauigkeit, sowie *interferometrische Sensoren* mit komplizierterem Aufbau, aber sehr hoher erreichbarer Genauigkeit. Im folgenden werden einige faseroptische Sensoren näher beschrieben.

Eine zwischen gewellten Platten liegende Faser (Bild 18.5.1) erfährt bei Abstandsverringerung der Platten an zahlreichen, dicht hintereinanderliegenden Stellen *Mikrobiegung;* die Intensitätsänderung wird gemessen, (a). Damit sind die Verschiebung, mit Hilfe eines elastischen Elements aber auch Kraft oder Druck meßbar. Die Faser kann von der Lichtquelle bis zum Empfänger ohne Spleißverbindungen geführt werden.

Wird eine Kernfaser ohne optisch isolierenden Mantel von einer Flüssigkeit umspült (Bild 18.5.2), so wirkt sie als *Refraktometer,* (a), z. B. zur Überwachung von strömenden Flüssigkeiten, aber auch als Niveaugeber.

Bei faseroptischen *Lichtschranken* wird die Kopplung zwischen Sende- und Empfangsfaser(n) verändert, (b). Ein Beispiel gibt bereits Bild 18.2.4 c. Entsprechend kann mit Einzelfasern oder Faserbündeln ein *Abstandssensor* aufgebaut werden, [L 18.5.7]: Als Funktion des Abstandes einer reflektierenden Fläche vom Faserkopf durchläuft das Empfangssignal ein Maximum (bei sehr kleinem Abstand gelangt kein Licht in die Empfangsfasern; nach linearem Anstieg nimmt bei großem Abstand die Bestrahlungs-

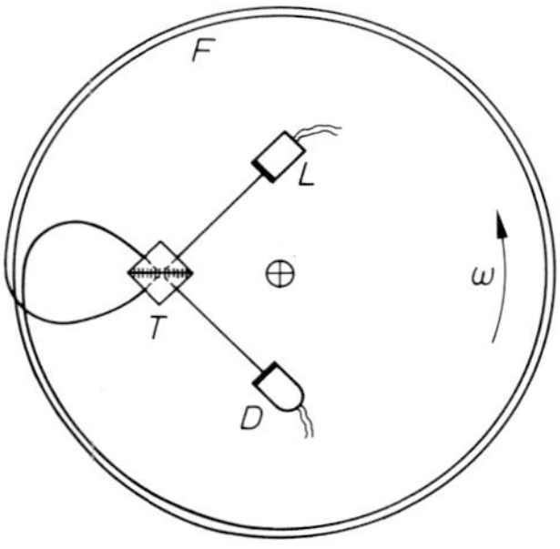


Bild 18.5.3 Faseroptischer Rotationssensor

F = Faserspule, L = Laserdiode, T = Teiler, D = Detektor, ω = Winkelgeschwindigkeit.

stärke quadratisch ab). Reproduzierbare Ergebnisse sind nur bei ungeänderten Reflexionseigenschaften der Werkstückfläche zu erwarten. Eine *optoelektronische Wegmessung* gemäß Bild 19.3.4 und Bild 19.3.5 ist ebenfalls mit Faseroptik auf der Sende- und Empfangsseite realisierbar. Werden Gittermaßstab G und Abtastplatte A (Bild 19.3.5) mit Membranen verbunden, so entsteht ein empfindliches Miniatur-*Manometer* bzw. *Hydrofon*.

Wird eine Faser mit seltenen Erden, wie Europium oder Neodym dotiert, deren Absorptionsspekren stark von der Temperatur abhängen, so entsteht ein *Temperatursensor* für Temperaturen bis zu einigen hundert Grad, (c). Zur Erhöhung der Stabilität wird bei zwei Wellenlängen gemessen: Meßwellenlänge mit starker, Referenzwellenlänge mit schwacher Temperaturabhängigkeit der Transmission.

Der *faseroptische Rotationssensor* („Faserkreisel“) verwendet Monomodefasern. Seine Entwicklung zu einem robusten Navigationsinstrument zur Messung der Winkelgeschwindigkeit (und damit durch Integration auch des Drehwinkels) von Fahrzeugen ist inzwischen weit fortgeschritten. Dieser interferometrische Sensor beruht auf dem *Sagnac-Effekt* (Bild 18.5.3): Die von der Laserdiode L ausgehende Strahlung wird über den Teiler T in die beiden Enden einer Faserspule F eingekoppelt; die Wellen durchlaufen die Spule gegensinnig und interferieren, durch T überlagert, am Detektor D. Rotation der Faserspule mit der Winkelgeschwindigkeit ω (bezogen auf eine Achse senkrecht zur Spulenebene) führt zu einer Laufzeitdifferenz beider Wellen, die am Empfänger eine Phasendifferenz $\Delta\varphi$ (nachweisbar z. B. durch verschobene Interferenzstreifen) ergibt. Dabei gilt

$$\Delta\varphi = \frac{8 \cdot \pi \cdot A}{\lambda \cdot c} \cdot \omega \qquad (8.5.1)$$

mit c Lichtgeschwindigkeit, λ Wellenlänge, A wirksame Gesamtfläche der Faserspule (Produkt aus Fläche und Windungszahl). Um noch sehr kleine Winkelgeschwindigkeiten unter 1°/h (Erddrehung 15°/h!) sicher messen zu können, sind eine große Fläche A (über 10 $m^2$) und ein erheblich verfeinerter Aufbau nötig, bei dem die Strahlung moduliert wird und eine Stabilisierung durch Einbau von Polarisatoren und Depolarisatoren erfolgt. Weiterhin werden polarisationserhaltende Monomodefasern verwendet und die Ausführung aller Komponenten in integrierter Optik angestrebt.

Ein nach dem Faraday-Effekt wirkender *Magnetfeld-Sensor,* eingesetzt vor allem als *Strommesser* in Hochspannungsanlagen, kann billiger als konventionelle Strommesser (nach dem Transformator-Prinzip) sein, ist auch bei Gleichstrom wirksam und ergibt keine Isolationsprobleme. Eine berührungslos um den Stromleiter gelegte Faserspule wird von einem in Faserrichtung liegenden Magnetfeld durchsetzt, wodurch die Polarisationsebene linear polarisierten Lichts gedreht wird. Über einen Analysator wird die Drehung in eine Intensitätsänderung umgesetzt.

## Literaturhinweise

L 18.5.1 *Kersten, R. Th.:* Optische Fernspeisung von Sensoren. Sensor Magazin 1986, Nr. 1, 46-53

L 18.5.2 *Ulrich, R.:* Messung mechanischer, thermischer und elektrischer Größen mit Lichtleitfasern. Labo 1980, Okt., 1083-1094

L 18.5.3 *Spenner, K.; Kersten, R. Th.; Ramakrishnan, S.:* Faseroptische Multimodesensoren: Eine Übersicht. Laser und Optoelektronik *15* (1983), 226-234

L 18.5.4 *Kist, R.; Kersten, R. Th.:* Faser- und intergriert-optische Monomode-Sensoren: Eine Übersicht. Laser und Optoelektronik *16* (1984), 17-30

L 18.5.5 *Gast, H.:* Fasersensoren, ein Überblick. GIT 1983, Nr. 11, 960-966; Nr. 12, 1083-1090; 1984 Nr. 1, 33-41

L 18.5.6 *Kist, P.:* Meßwerterfassung mit faseroptischen Sensoren. Techn. Messen *51* (1984), 205-209

L 18.5.7 *Heyne, M.; Sack, E.:* Theoretische Untersuchungen zum Einsatz von Faseroptiken als Wegaufnehmer. Feingerätetechnik *29* (1980), 301-304

L 18.5.8 *Lemme, H.:* Glasfasern als Strahlungssensoren. Elektronik 1983, H. 14, 24

L 18.5.9 *Gottlieb, M.; Brandt, G. B.:* Fiber-optic temperature sensor based on internally generated thermal radiation. Applied Optics *20* (1981), 3408-3414

L 18.5.10 *Ezekiel, S.; Arditty, H. J. (Ed.):* Fiber-Optic Rotation Sensors. Springer Berlin, New York 1982

L 18.5.11 *Schiffner, G.:* Lichtleitfaser-Rotationssensor auf der Grundlage des Sagnac-Effekts. Siemens Forsch.- u. Entwickl.-Ber. *9* (1980), 16-25

L 18.5.12 *Kiesel, E.; Baron, K. U.:* Miniaturised All-Fiber Gyro with Novel Detection Scheme. DGON-Symposium Gyro Technology, Stuttgart 1985 (Ed.: H. Sorg)

# 19 Optoelektronische Geräte

## 19.1 Allgemeine Eigenschaften

Bei optoelektronischen Geräten (auch: ‚fotoelektronische' oder ‚lichtelektronische' Geräte) wirken Optik und Elektronik zusammen: Strahlungsquanten im optischen Bereich setzen Ladungsträger frei (äußerer und innerer Fotoeffekt). Bei optoelektronischen Geräten kann man folgende Grundtypen unterscheiden:

1. Das Gerät bewertet eine Fremdstrahlung (z. B. Sonne, Beleuchtungsquelle, glühender Körper). Hierzu gehören Belichtungs- und Beleuchtungsmesser, Dämmerungsschalter, Detektoren zur Erfassung glühender Stahlblöcke in Walzwerken.

2 Das Gerät enthält einen Lichtsender. Die zum Empfänger gehende Strahlung wird durch einen Eingriff qualitativ und/oder quantitativ verändert. Damit wird der Eingriff bewertet. Hierzu gehören Lichtschranken und Lichttaster.

3. Die Strahlung wird im Sender moduliert. Sie dient nur zur Signalübertragung. Hierzu gehören Optokoppler (völlige galvanische Trennung elektronischer Kreise), Infrarot-Fernsteuerung von Geräten, Lichtsprechgeräte und allgemein optische Nachrichtenverbindungen durch die Atmosphäre und durch Glasfaserkabel.

Optoelektronische Geräte arbeiten etwa im Wellenlängenbereich von 250 nm bis 10 μm, bevorzugt jedoch im sichtbaren und nahen infraroten Spektralbereich; für Fluoreszenzanregung wird auch UV-Licht benutzt. Sie ermöglichen die berührungslose und nahezu trägheitsfreie Durchführung von Meß-, Steuerungs- und Regelungsaufgaben, wobei das abzutastende Objekt nicht beeinflußt wird und ggf. sehr großen Abstand vom Empfänger haben kann.

In vielen Fällen müssen Maßnahmen getroffen werden, um die *Funktionssicherheit* optoelektronischer Geräte zu erhöhen. Hierzu gehört die *Ausschaltung von Störlichteinflüssen* durch die folgenden Maßnahmen, die einzeln oder kombiniert angewendet werden können:

1. Beschränkung des Empfangs-Öffnungswinkels durch vorgesetzte *Tubusrohre* und/oder Blenden, Bündelung des Nutzlichtstromes auf eine kleine Empfängerfläche durch optische Abbildung.

2. Unterscheidung von Nutz- und Störlicht nach zeitlichem Verlauf durch *Modulation* des Nutzlichts im Sender, Trennung der Nutzlichtimpulse von langsamen Störlichtänderungen durch Differenzierschaltungen.

3. Spektrale Unterscheidung durch Verwendung von *Sperrfiltern,* meist in Verbindung mit einer geeigneten Sender-Empfänger-Kombination (z. B. Infrarotlichtschranke ohne Störung durch sichtbares Umgebungslicht).

4. *Störsignal-Kompensation* mit Hilfe eines zusätzlichen, nur dem Störlicht ausgesetzten Empfängers.

Sollen kleine Änderungen der zum Empfänger gelangenden Strahlung zuverlässig erfaßt werden (Beispiel: Nachweis kleiner Körper in einer Lichtschranke mit großem Bündelquerschnitt), so muß die Gesamtanordnung hoch *stabilisiert* werden (Lampenspannung, Versorgungsspannung der Signalauswertung, Temperaturkompensation, Schutz vor Staubbefall usw.).

Bei Geräten, die *Schutzaufgaben* übernehmen, sind weitere die ständige Funktionsbereitschaft sichernde Maßnahmen notwendig. Sie beginnen bei der Verwendung von Bauteilen größter Zuverlässigkeit (Langlebensdauer-Lampen durch Unterheizung, Reedrelais usw.). Weiterhin können die Strahlengänge von zwei oder mehreren unabhängig voneinander wirkenden Lichtschranken ineinander geschachtelt werden; dann muß aber der Ausfall eines Systems ein Warnsignal auslösen. Eine einfach durchzuführende Maßnahme ist die „Hellschaltung" bei Auslösung der Schutzabschaltung durch Dunkelimpuls (Eingriff in den Strahlengang): Das Schaltrelais ist bei hoher Beleuchtungsstärke am Empfänger angezogen. Dann führen sowohl Lampen- wie Spannungsausfall zur gleichen Schutzabschaltung wie ein Eingriff in den Strahlengang. Ggf. kann durch eine Reserveschaltung automatisch auf eine Ersatzlampe umgeschaltet werden.

### Literaturhinweise

L 19.1.1 *Hennig, W.:* Fotoelektronik. Franzis-Verlag, München 1975
L 19.1.2 *Greif, H.:* Lichtelektrische Empfänger. AVG Geest & Portig KG, Leipzig 1972
L 19.1.3 *Schmidt, W.; Feustel, O.:* Optoelektronik kurz und bündig. Vogel-Verlag, Würzburg 1975
L 19.1.4 *Fischbach, J. U., u. a.:* Optoelektronik. Lexika-Verlag, Grafenau 1977
L 19.1.5 *Texas Instruments Deutschland GmbH* (Herausg.): Das Opto-Kochbuch. Freising 1975
L 19.1.6 *Hewlett-Packard* (Herausg.): Optoelectronics Applications Handbook. Hewlett-Packard Company, Palo Alto 1976, USA
L 19.1.7 *Goercke, P; Mischel, P.:* Optoelektronische Bauelemente für die Automatisierung. Dr. Alfred Hüthig Verlag, 2. Aufl. Heidelberg 1976
L 19.1.8 *Braunbeck, J.:* Maschinelles Lesen. Jahrb. f. Optik u. Feinmechanik 1974, 173–200

### Beispiele für Hersteller bzw. Lieferanten

H 19.1.1 *Spindler u. Hoyer GmbH u. Co,* Königsallee 23, Göttingen: Optoelektronik-Bausystem
H 19.1.2 siehe auch Beispiele 19.2. ..., 19.3. ...

## 19.2 Lichtschranken und Lichttaster

Mit Lichtschranken wird ein Raumbereich überwacht; Lichttaster erfassen eine Körperfläche. Grundbegriffe gibt DIN 44030. Bild 19.2.1 gibt Beispiele für den Aufbau von *Lichtschranken:* Bei einer einfachen Einweg- oder *Transmissionslichtschranke* (Bild 19.2.1 a) mit getrenntem Sender und Empfänger müssen die Achsenrichtungen beider Baugruppen aufeinander ausgerichtet werden. Die mögliche *Reichweite* (Abstand zwischen Sender und Empfänger) wird bei Abbildung der Leuchtfläche L nach $\infty$ durch die Bündelaufweitung (nicht punktförmige Leuchtfläche!) begrenzt; eine Verbesserung ist durch Abbildung von L in endliche Entfernung möglich. Bei großen Entfernungen vermindern Absorption und Turbulenzen im zwischenliegenden Medium (Atmosphäre) die Reichweite zusätzlich. Für sehr große Reichweiten müssen die Objektive großes Öffnungsverhältnis und lange Brennweite, die Lampen kleine Wendelfläche haben. Es muß also ein Scheinwerfersystem mit Projektionslampe und ggf. asphärischem Linsensystem oder Parabolspiegel verwendet werden – oder ein Laser.

Zur *Erfassung kleiner Körper* (z. B. fallende Tropfen) mit möglichst großer Signaldifferenz am Empfängerausgang muß man das Lichtbündel auf einen möglichst engen Querschnitt einschnüren (Bild 19.2.1 b). Dies ist durch Ändern des Abstandes Lampe/Objektiv, Austausch des Objektivs oder – wie im Bildbeispiel – durch Vorsatzlinsen möglich. Besonders kleine Abtastquerschnitte erhält man durch einfache Mikroskop-Objektive. Im allgemeinen werden jedoch bei Lichtschranken einfache Plankonvexlinsen als Objektive benutzt, deren Planflächen stets zur Seite mit der kleineren Schnitt-

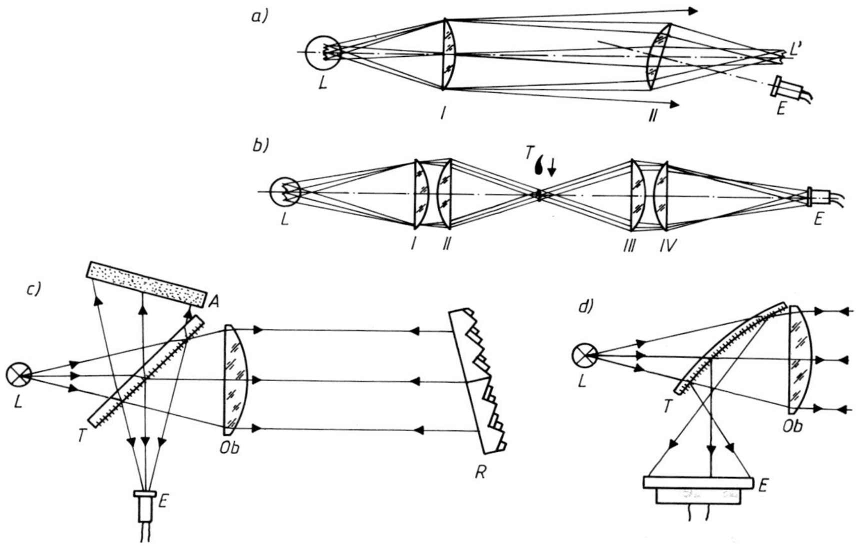


Bild 19.2.1 Lichtschranken

a) Transmissionslichtschranke, nicht ausgerichtet, b) Erfassung kleiner Körper (Tropfen T), c) Reflexionslichtschranke mit physikalischem Teiler T, Tripelreflektor R und Störlicht-Absorptionsfläche A, d) wie c, aber mit Teiler T auf Hohlspiegelfläche

weite (Lichtquelle bzw. Empfänger) gerichtet ist, um den Öffnungsfehler zu vermindern.

Bild 19.2.1 c zeigt eine *Reflexionslichtschranke mit physikalischer Teilung* (Abschn. 5.8): Sender und Empfänger sind in einem kompakten Baustein zusammengefaßt; eine Feinausrichtung ist bei geeignetem *Rückstrahler* (Tripelreflektor, Reflexfolie mit Glaskugeln, aber kein Planspiegel!) nicht notwendig; elektrische Installation ist nur an einer Seite des Lichtweges erforderlich. Die Reichweite der Reflexionslichtschranke wird von der Reflektorqualität beeinflußt: der mögliche Abstand zwischen Lichtschrankenkopf und Reflektor bleibt unter der halben Reichweite einer Transmissionslichtschranke mit vergleichbarem Aufbau. Die größte Reichweite wird mit einem bezüglich der Flächenwinkel auf wenige Winkelsekunden genau geschliffenen *Tripelprisma* (Abschn. 5.7) erreicht. *Tripel-Reflektoren* wie in der Abbildung mit einer großen Zahl kleiner, aus Kunststoff gepreßter Tripel-Prismen werden aber vorwiegend verwendet (Straßen-Leitpfähle!). Sie sind billig, weisen aber eine größere Streuung auf. Für größere Reichweiten kommt deshalb noch der Aufbau aus einzelnen kleinen, genau geschliffenen Glasprismen in Frage.

Bei einem physikalischen Teiler kann *Störlicht,* z. B. durch Reflexion an Gehäuseteilen, von der Lampe zum Empfänger gelangen. Die Fläche A ist also mattschwarz auszubilden (Gehäuseauskleidung). Wird der Strahlenteiler gleichzeitig als Hohlspiegel ausgeführt (Bild 19.2.1 d), so ergibt sich

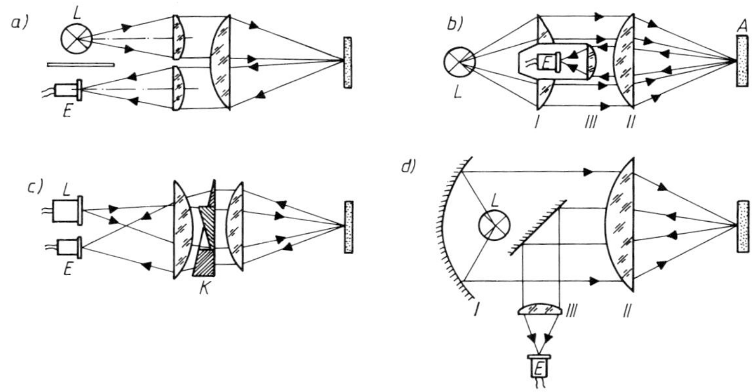


Bild 19.2.2 Lichttaster mit geometrischer Teilung

a) Sende- und Empfangsapertur nebeneinander, b), c), d) konzentrische Aperturteilung, bei c mit Keilplatte K

im durchgehenden und reflektierten Strahlengang unterschiedliche Abbildungswirkung (z. B. Anpassung an große Empfängerfläche).

An Stelle der physikalischen Teilung kann bei Lichtschranken und Lichttastern die *geometrische Teilung* (Abschn. 5.8) treten; Bild 19.2.2 zeigt Beispiele für *Lichttaster* dieses Typs. Sende- und Empfangsapertur können nebeneinander liegen (Bild 19.2.2 a) oder ringförmig ineinandergeschachtelt sein (Bild 19.2.2 b,c,d). In Teilbild c liegen Lichtquellen (Lumineszenzdiode) und Empfänger auf einer Platine nebeneinander: Eine Keilplatte K, die aus einem kreisförmigen und einem dazu um 180° verdrehten ringförmigen Keil besteht, trennt die beiden Lichtströme.

Entsprechend der Steuerungs- oder Meßaufgabe kann die Strahlung bei Lichtschranken und Lichttastern auf sehr unterschiedliche Weise beeinflußt werden, woraus sich der Aufbau von Spezialgeräten ergibt. Bild 19.2.3 zeigt eine Übersicht der *Eingriffsmöglichkeiten:* Eine *Sperrung* des zum Empfänger gehenden Lichtstroms ist möglich durch Abdeckung a), Bündelablenkung durch Reflexion oder Brechung b), Entfernen einer regulär oder diffus reflektierenden Fläche c), Aufhebung der Totalreflexion an einer Grenzfläche (Glas/Luft) durch Kontakt mit festem Körper oder mit einer Flüssigkeit d). Eine stufenlose, auch für kontinuierliche Regelung oder Anzeige der Meßgröße brauchbare *Schwächung* des Lichtstroms erhält man durch Absorption und Streuung e) (z. B. Rauchdichte- und Trübungsmessung), Teilabdeckung f) (z. B. Kantenregelung) oder Teilablenkung g) (Messung der Spiegeldrehung). Das reflektierte Bündel kann an der Abtaststelle geändert werden durch Änderung des Reflexionsgrades h) oder Änderung der räumlichen Strahlungsverteilung i) (z. B. Übergang von matter, diffus reflektierender Papierbahn d zu regulär reflektierendem Metallfolienstreifen r). *Qualitative Änderungen* des Lichtstroms, d. h. der Zusammensetzung der Strahlung, ergeben sich z. B. durch *farbige Flächen* k) (die Strahlungsfunktion S (λ) des Senders wird durch Multiplikation mit dem Remissionsgrad β (λ) der Fläche verändert; ein Empfänger mit

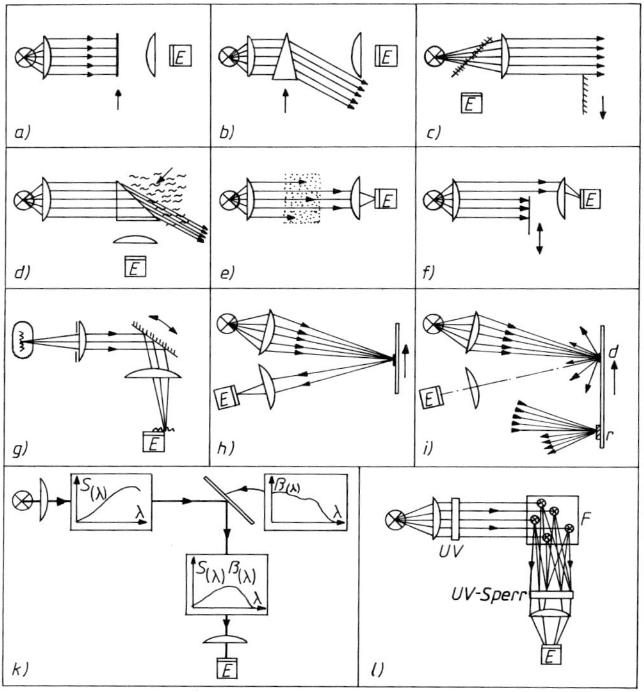


Bild 19.2.3 Beeinflussung der Strahlung zwischen Sender und Empfänger

a) vollständige Abdeckung, b) Ablenkung, c) fehlende Reflexion, d) Störung der Totalreflexion, e) Teilabsorption, f) Teilabdeckung, g) Teilablenkung, h) Änderung des Remissionsgrades, i) Änderung der Remissionsverteilung (d diffuse, r reguläre Reflexion), k) Änderung der spektralen Energieverteilung, l) Anregung einer Fluoreszenzstrahlung im fluoreszierenden Körper F

selektiver spektraler Empfindlichkeit kann hierauf reagieren: Farbmarkenleser!). Weiterhin ist *Fluoreszenzanregung* l) möglich: Die von der Lichtquelle ausgehende kurzwellige Strahlung (UV-durchlässiges Filter) regt den zu erfassenden fluoreszierenden Körper oder die fluoreszierende Druckmarke an; nur die Fluoreszenzstrahlung (UV-Sperrfilter) gelangt zum Empfänger. Ein weiterer Eingriff ist durch *Änderung des Polarisationszustandes* möglich.

Im folgenden sollen einige Beispiele von Lichtschranken bzw. Lichttastern für spezielle Aufgaben besprochen werden: Mit den in Bild 19.2.4 dargestellten Geräten soll die Verschiebung einer Fläche in Richtung der Flächennormalen, d. h. eine *Abstandsänderung* erfaßt bzw. ein bestimmter Abstand vom Tastkopf eingeregelt werden. Grundlage ist der *V-förmige Taster* nach Bild 19.2.4 a, mit dem eine Abstandsänderung $\Delta s$ in eine Verschiebung $\Delta y'$ des Lichtflecks auf dem Doppelempfänger E umgesetzt wird. In Soll-Lage ($\Delta s = 0$) wird das Leuchtflächenbild auf der abzutastenden Fläche durch die Empfangsoptik gerade symmetrisch auf den Doppelempfänger abgebildet (gleiche

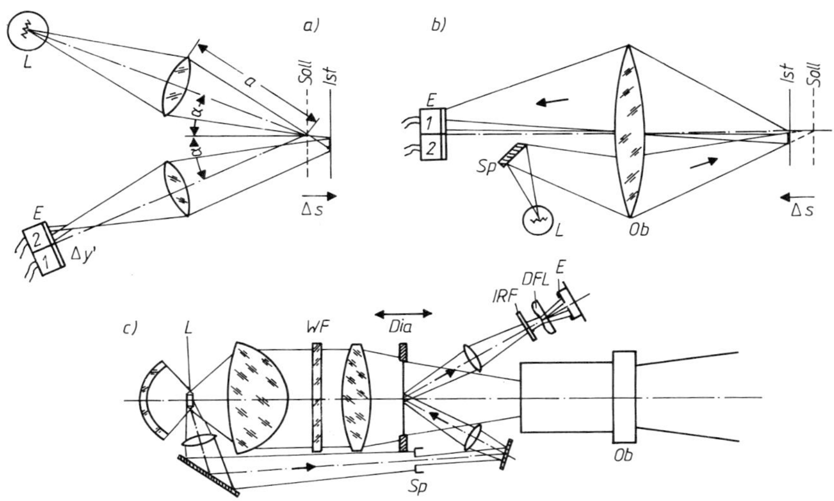


Bild 19.2.4 Abstandsregler

a) V-förmige Anordnung von Sende- und Empfangskopf, b) Aperturteilung, c) Dia-Scharfeinstellung im Kleinbildprojektor, mit L Projektionslampe, WF Wärmeschutzfilter, Sp beleuchteter Spalt, IRF IR-Filter, Dfl Doppelfeldlinse, E Doppel-Fotowiderstand, Ob Projektionsobjektiv

Ausgangssignale beider Empfänger). Bei Verschiebung um $\Delta s \ll a$ gilt $\Delta y' \sim \Delta s \cdot \sin\alpha / a$. An Stelle der getrennten V-Anordnung von Sende- und Empfangskopf kann auch *Aperturteilung* nach Bild 19.2.4 b angewendet werden. Den praktischen Einsatz eines V-Abstandsreglers zur *Dia-Scharfeinstellung* zeigt Bild 19.2.4 c: Nach einmaliger Scharfstellung mit dem ersten Dia werden alle folgenden Dias in die gleiche Lage eingeregelt. Hier wurde der Sende-Lichtstrom vom Projektorlicht abgezweigt. Im Gegensatz zu der hier dargestellten Erfassung von Abstandsänderungen sollen viele Tastgeräte gerade *abstandsunabhängig* funktionieren, d. h. gegen Abstandsänderungen möglichst unempfindlich sein. Bild 19.2.5 zeigt die Erfüllung dieser Forderung: Die Empfängerfläche mit dem Durchmesser $D_E$ muß in der Brennebene F′ des Objektivs liegen. Die Abtaststelle wird durch die Leuchtfläche L beleuchtet. In der Soll-Lage a) der Bahn ergibt sich scharfe Abbildung L′ (kleiner Leuchtfleck), während sich bei verlagerter Bahn b) ein größerer, unscharfer Leuchtfleck L′ ergibt (Bahnverlagerung nach links würde zum gleichen Ergebnis führen). In jedem Fall ist der diffus reflektierte Lichtstrom gleich. Da sich durch Ableitung aus Skizze b) ein vom Tastabstand a unabhängiger *Aperturwinkel u* (mit $\tan u = D_E/2f'$) ergibt, bleibt also auch der den Empfänger treffende Lichtstrom bei Änderung der Bahnlage konstant. An Stelle des Empfängers kann in der Ebene F′ eine Blende oder Linse angeordnet sein, die auf den weiter hinten liegenden Empfänger abgebildet wird. Die Anordnung der wirksamen Flächenabgrenzung (Aperturblende) in der Brennebene F′ entspricht der *telezentrischen Abbildung* (Abschn. 4.3).

Ein *Farbmarkenleser* (Bild 19.2.6 a) kann mit nur zwei Empfängern sechs Farben unterscheiden: Die Bahn mit farbigen Marken wird über ringförmige Sendeapertur mit Weißlicht beleuchtet. Das remittierte Licht gelangt über einen Farbteiler (Reflexion im langwelligen, Transmission im kurzwelligen Bereich) auf die beiden Empfänger $E_1$ und $E_2$ mit Korrekturfiltern. Spektraler Empfindlichkeitsverlauf der Empfänger, Farbteiler und Korrekturfilter wirken so zusammen, daß sich insgesamt für die beiden Empfängerzweige ein Empfindlichkeitsverlauf nach Bild 19.2.6 b ergibt. Aus

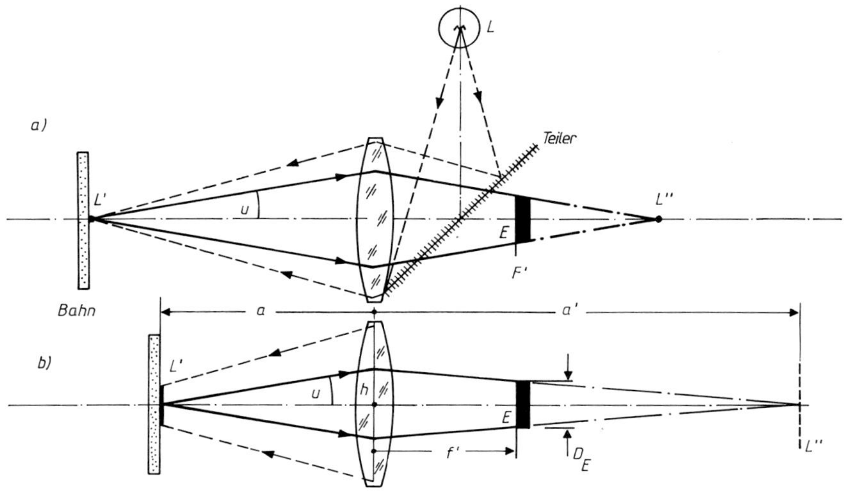


Bild 19.2.5 Abstandsunabhängiger Taster

a) abzutastende Bahn mit Druckmarken o. ä. in Soll-Lage, E Empfänger in der Objektiv-Brennebene, b) gleicher Aperturwinkel u trotz verkürztem Tastabstand a

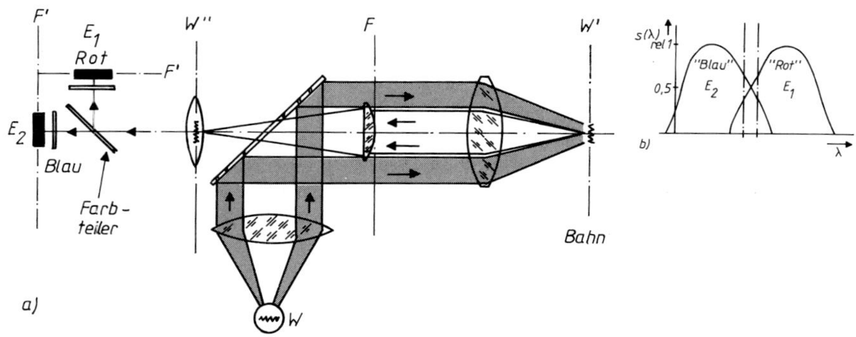


Bild 19.2.6 Farbmarkenleser

a) Aufbauschema, b) relativer spektraler Empfindlichkeitsverlauf der beiden Empfänger-Filter-Kombinationen

Summe und Differenz der beiden Empfänger-Ausgangsspannungen gewinnt man durch Verknüpfung die Unterscheidbarkeit der sechs Farben gemäß folgender Übersicht:

| $U_2 + U_1$ | $< 0$ | $U_2 - U_1 \approx 0$ | $> 0$ |
|---|---|---|---|
| groß | Gelb | Weiß | – |
| mittel | Rot | Grün | Blau |
| klein | – | Schwarz | – |

Bei der *Erfassung des Füllstandes klarer Flüssigkeiten* ergibt sich für eine einfache Lichtschranke zu geringe Absorption, so daß nicht das Prinzip nach Bild 19.2.3 e anwendbar ist, sondern die mit Änderung der Brechzahl verbundenen Wirkungen ausgenutzt werden müssen (Bild 19.2.3 b, d). Die Ausführung zeigt Bild 19.2.7. Bei a, b sind Lampe und Empfänger (oder die Stirnflächen von Faserkabeln) vor der Hypotenusenfläche eines Halbwürfelprismas angeordnet. Bei Bild 19.2.7 a tritt das von L ausgehende Bündel durch Brechung in die Flüssigkeit ein; nur ein kleiner Teil (Restreflexion) gelangt zum Empfänger. Steht der Flüssigkeitsspiegel jedoch unterhalb des Prismas (Bild 19.2.7 b), so steigt der Lichtstrom zum Empfänger durch *Totalreflexion* erheblich an. Die *Ablenkung des Lichtbündels* bei Änderung der Brechzahl kann man mit einer am Füllstandsrohr exzentrisch angebrachten Lichtschranke ausnutzen (Bild 19.2.7 c, d). Bei c fällt das Parallelbündel durch das luftgefüllte Rohr auf den Empfänger E. Das bei b mit einer Flüssigkeit gefüllte Rohr wirkt jedoch wie eine *Zylinderlinse:* Aus dem Parallelbündel wird ein konvergentes Bündel, das am Empfänger vorbei geht. Man kann das Lichtbündel jedoch auch zentrisch durch das Rohr gehen lassen und mit der Flüssigkeits-Zylinderlinse den Lichtstrom auf die Fläche eines kleinen Empfängers konzentrieren, so daß die Beleuchtungsstärke bei hohem Flüssigkeitsstand größer ist als bei niedrigem.

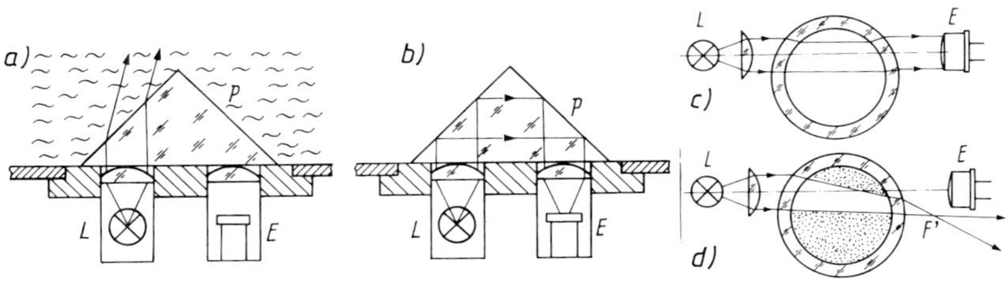


Bild 19.2.7 Prinzipien zur Füllstandserfassung

a) Störung der Totalreflexion durch die Flüssigkeit, b) ungestörte Totalreflexion, c) nahezu ungestörter Bündelverlauf durch leeres Füllstandsrohr, d) Bündelablenkung durch Flüssigkeitsfüllung

*Flächenbereiche* können auf statischem oder dynamischem Wege überwacht bzw. gegen Eingriff gesichert werden (Bild 19.2.8). Die *Gitter-Lichtschranke* (Bild 19.2.8 a) arbeitet zwar statisch, aber ein engmaschiges Gitter zur lückenlosen Erfassung kleiner Teile erfordert große Gesamt-Reichweite, bei der zu starke Aufweitung des Bündels ggf. durch zwischengeschaltete Feldlinsen vermieden werden muß. Durch die Vielfachreflexionen ergeben sich erhebliche Verluste: Allein durch n-fache Reflexion mit dem Re-

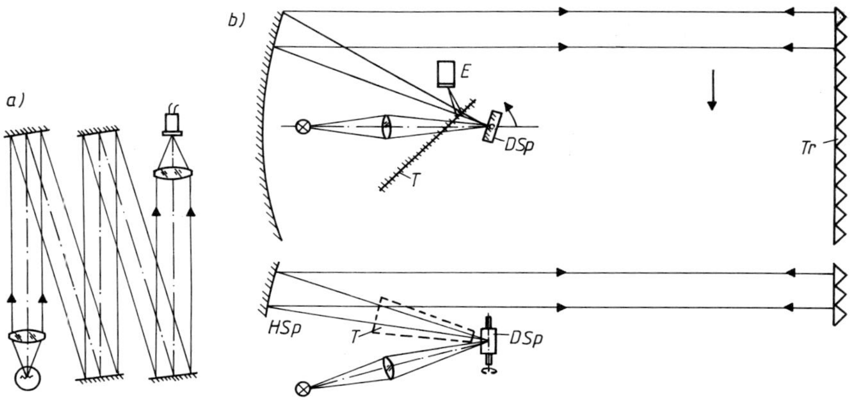


Bild 19.2.8 Überwachung von Flächenbereichen

a) Gitter-Lichtschranke, b) dynamischer Lichtvorhang mit Drehspiegel DSp, Teiler T, Hohlspiegelstreifen HSp, Tripelreflektorstreifen Tr

flexionsgrad $\varrho$ ergibt sich für das Gitter ein Transmissionsgrad $\tau = \varrho^n$, ohne Berücksichtigung der übrigen Verluste. Die Anlage ist sehr justierempfindlich; bereits kleine Spiegelkippungen bewirken starken Lichtstromabfall am Empfänger.

Bei einem *dynamischen Lichtvorhang* nach Bild 19.2.8 b wird eine Fläche periodisch durch ein Abtastbündel überstrichen. Dazu wird die Leuchtfläche auf einem im Brennpunkt des Hohlspiegels angebrachten Drehspiegel (oder Spiegelrad mit mehreren Spiegelflächen) abgebildet. Der Hohlspiegel wandelt die Schwenkung des vom Drehspiegel kommenden Bündels in eine Parallelverschiebung um. Das vom Tripelspiegelstreifen zurückkehrende Parallelbündel wird über den Strahlenteiler auf den Empfänger fokussiert. Die Draufsicht zeigt, daß der Drehspiegel nicht den Abtaststrahlengang stört, da er gegenüber der Abtastebene seitlich versetzt ist. Durch hohe Abtastfrequenz werden „Zeitlücken" (Nichterfassung sehr schnell durch die Abtastebene fliegender kleiner Körper) nach Möglichkeit vermieden.

Bild 19.2.9 zeigt zwei *Kompensationslichtschranken* für ganz unterschiedliche Verwendungszwecke. Der in Bild 19.2.9 a dargestellte *Kantenregler* soll die Kante K der Materialbahn B stets in gleicher Lage halten. Dazu dient eine *Zweistrahl-Lichtschranke* (geometrische Teilung durch Objektivlinsen Ob) mit physikalicher Teilung zwischen Beleuchtungs- und Empfangslichtstrom. In Soll-Lage liegt das Wendelbild des Meßstrahlengangs (Empfänger 1) halb auf der Bahn, das zweite Wendelbild stets ganz auf der Bahn. Ein grober Lichtstromabgleich kann durch ein Graufilter bzw. einen Graukeil F erfolgen. Mit dem Vergleichsstrahlengang 2 werden Remissionsänderungen (z. B. Farbänderungen oder wechselnde Oberflächenstruktur) erfaßt: Sie wirken sich auf beide Strahlengänge gleich aus, während eine Verschiebung der Kante das Verhältnis der Lichtströme und damit der Empfänger-Ausgangssignale ändert.

Bild 19.2.9 b zeigt das Prinzip eines *Rauchdichte-Meßgerätes*. Die Reflexionslichtschranke mit physikalischem Strahlenteiler und der Tripelreflektor sind durch unter 45° zur Achse angeordnete Fensterplatten F gegen den Schornsteinraum (Meßstrecke) abgeschlossen. Als wesentliche Störeinflüsse ergeben sich Lampenalterung, Alterung des Fotoelements und Verschmutzung der Ab-

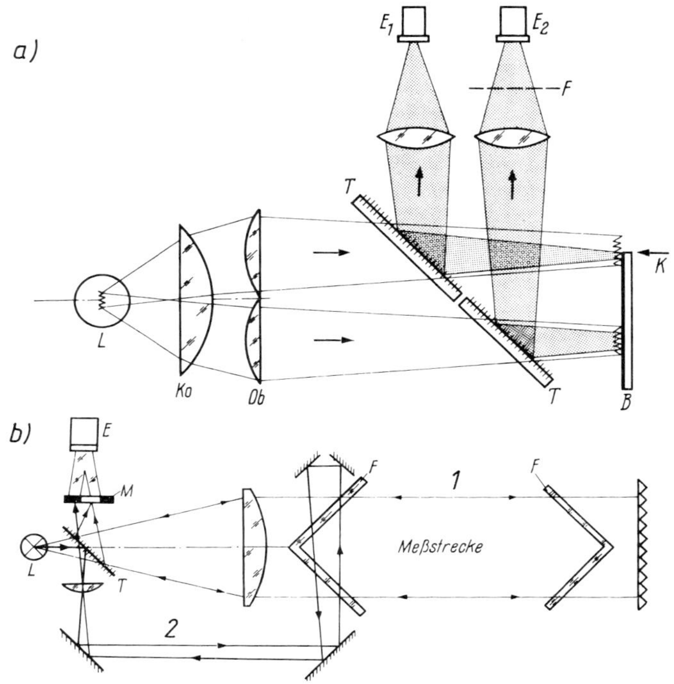


Bild 19.2.9 Kompensationslichtschranken

a) Kantenregler mit Bahn B und Kante K. b) Rauchdichte-Meßgerät mit Meß-Strahlengang 1 und Vergleichsstrahlengang 2

schlußfenster. Sie werden durch einen Vergleichsstrahlengang kompensiert, der dieselbe Lampe und denselben Empfänger wie der Meßstrahlengang benutzt und der auch durch die Abschlußfenster geht. Dabei führen Hilfsspiegel das Vergleichsbündel insgesamt viermal durch die Fensterplatten – also ebenso oft wie das ankommende und reflektierte Meßbündel. Vergleichs- und Meßbündel werden durch einen mechanischen Modulator M und einen Lichtleiter abwechselnd dem Empfänger E zugeführt. Durch phasenrichtige Demodulation nach der Verstärkung können Meß- und Vergleichssignal wieder getrennt werden.

## Literaturhinweise

L 19.2.1 *Carter, H.; Donker, M.:* Photoelektronische Bauelemente. Philips Technische Bibliothek, Eindhoven 1964, NL

L 19.2.2 *Schröder, G.:* Der optische Aufbau lichtelektronischer Geräte. Teil 1: Feinwerktechnik *75* (1971) 12, S. 468–476. Teil 2: Feinwerkt. + Micronic *76* (1972) 2, S. 50–57

L 19.2.3 Sofronijević, D.: Lumineszierende Kennungen für automatische Verteilvorgänge. Optik *21* (1964), S. 611–616

L 19.2.4 *Hölter, R.; Lentze, F.; Streit, K.:* Photoelektronische Oberflächenabtastung von Papierbahnen nach dem System Simultalux. AEG-Mitt. *54* (1964) S. 349–353

L 19.2.5 *Lentze, F.:* Digitale Auswertung von Fehlersignalen bei fotoelektronischer Abtastung von Papierbahnen. ETZ-B *17* (1965) S. 706–711
L 19.2.6 *Mohr, H.:* Prinzip einer optischen Höhenmessung. messen + prüfen *3* (1967), S. 527–528
L 19.2.7 *Holle, W.:* Die automatische Scharfstellung des Pradovit-Color-Autofocus. Leitz-Mitt. IV (1969) S. 213–216
L 19.2.8 *Ott, A.:* Durchhangregelung mit optisch-elektronischem Abtastverfahren. messen + prüfen 1969/1
L 19.2.9 *Lentze, F.; Stahl, H.:* Photoelektronische Rauch- und Staubdichtemessung. messen + prüfen *3* (1967), 3

**Beispiele für Hersteller bzw. Lieferanten**

H 19.2.1 *AEG-Telefunken,* Steinheimer Str. 117, Seligenstadt: Lichtschranken, Lichttaster u. optoelektron. Meßgeräte, Codeleser, Druckmarkensteuerungen
H 19.2.2 *Erwin Sick Optik-Elektronik GmbH,* An der Allee 7–9, Waldkirch: Lichtschranken, Lichttaster, optoelektronische Meßgeräte
H 19.2.3 *Visolux Elektronik,* Berlin 61: Lichtschranken u. Lichttaster
H 19.2.4 *Lehner GmbH,* Hauptstr. 74, Emmendingen: Lichtschranken u. Lichttaster
H 19.2.5 *ts-electronic,* Wiedenmayerstr. 50, München: Lichtschranken u. Reflextaster
H 19.2.6 Siehe auch Beispiele 19.3. ...
H 19.2.7 *Eltrotec Elektro-GmbH,* Am Niederfeld 17, Schorndorf-Haubersbronn: Faseroptik-Lichtschranken und Taster

## 19.3 Optoelektronische Meßsysteme

Auch das in Abschn. 19.2 dargestellte Rauchdichte-Meßgerät gehört wie viele andere Einrichtungen zu optoelektronischen Meßsystemen. In diesem Abschnitt sollen einige Prinzipien zur *optoelektronischen Längenmessung* zusammengestellt werden. Bild 19.3.1 a zeigt die Verwendung einer *Doppel-Fotodiode* zur Messung kleiner Wege bzw. für Nachlaufsteuerungen. Als Weggeber, dessen Verschiebung erfaßt wird, dient eine Schlitzblende. Das Differenzsignal wird durch einen Operationsverstärker verstärkt. In Bild 19.3.1 b ist die gleichzeitige Erfassung von Verschiebungen in zwei Koordinaten durch eine *Quadranten-Fotodiode* dargestellt. Die jeweils gegenüberliegenden Sekto-

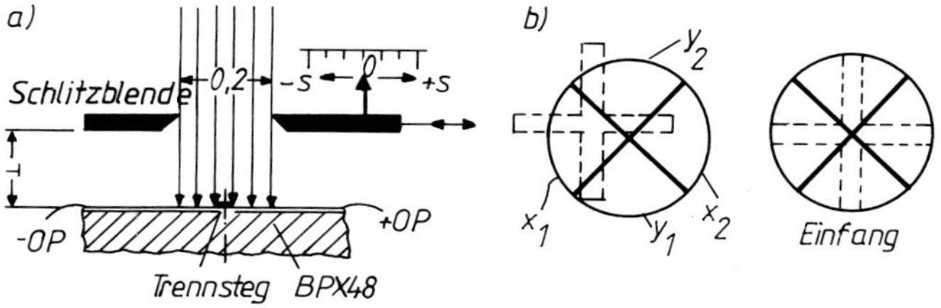


Bild 19.3.1 Anwendung von Doppel- und Quadrantempfänger

a) Wegmessung mit Schlitzblende und Doppel-Fotodiode (Siemens BPX 48), b) Quadrantdiode für Nachlaufsteuerung in x- und y-Richtung. Gestrichelt: aufprojizierte, helle Kreuzmarke ren $x_1$, $x_2$ und $y_1$, $y_2$ arbeiten in einer Brückenschaltung zusammen. Ein auf der Diode abgebildetes helles Kreuz gibt nur bei zentrischer Stellung („Einfang") gleiche Beleuchtung aller vier Sektoren und damit ein Null-Signal in beiden Koordinaten.

Der *Einfang von Maßstabstrichen* – vom Auge mit Hilfe einer Zielmarke gelöst – kann optoelektronisch auf statischem oder dynamischem Weg erreicht werden. Bild 19.3.2 zeigt eine *statische Anordnung:* Der transparente Maßstabstrich wird auf die Kante eines verspielten Teilerprismas projiziert; symmetrische Lage bedeutet Null-Signal und damit Stricheinfang. In engem Meßbereich ergibt sich lineares Ausgangssignal der Empfängerschaltung ähnlich wie bei Bild 19.3.1. Wesentlicher Nachteil sind Nullpunktverschiebungen durch unterschiedliche Temperatur und Alterung der beiden getrennten Empfänger. Bild 19.3.3 gibt zwei Prinzipien für *dynamischen Stricheinfang*

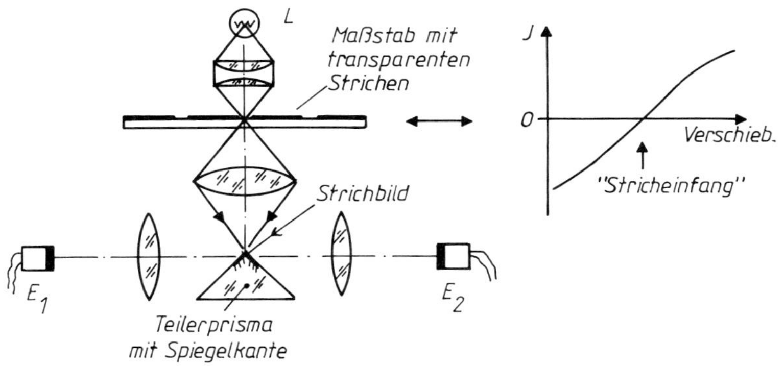


Bild 19.3.2 Statischer Einfang von Maßstabstrichen

Rechts: Signalstrom in angeschlossener Brückenschaltung als Funktion der Maßstab-Verschiebung

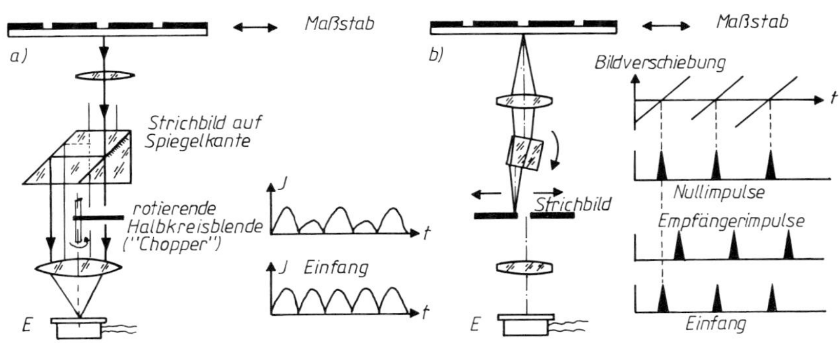


Bild 19.3.3 Dynamischer Stricheinfang

a) Vergleich der um 180° phasenverschobenen Signalamplituden, b) Bestimmung der Impulsverschiebung wieder, die mit einem einzigen Empfänger auskommen. In Bild 19.3.3 a erfolgt wieder Aufspaltung des Lichtstroms an einer Teilerkante ähnlich wie bei Bild 19.3.2; die beiden Teillichtströme werden durch einen rotierenden „Chopper" abwechselnd dem Empfänger zugeführt; die unterschiedlichen Amplituden in beiden Halbperioden können elektronisch getrennt und zu einem Differenzsignal umgeformt werden (ähnlich wie bei Bild 19.2.9 b). Nur bei symmetrischer Lage des Maßstabstrich-Bildes auf der Teilerkante („Einfang") sind die *Signalamplituden* gleich. Nach Bild 19.3.3 b wird ein völlig anderes dynamisches Prinzip verwendet, da nicht Signalamplituden, sondern *Zeitabstände von Impulsen* erfaßt und damit alle die Amplitude beeinflussenden Fehler vermieden werden. Durch die Planplattenwirkung (Abschn. 5.6) eines rotierenden Prismas wird das Bild des Maßstabstriches periodisch parallel versetzt; wenn es dabei einen festen Spalt überstreicht, ergibt sich ein Empfängerimpuls. Die zeitliche Lage des Empfängerimpulses wird mit einem Nullimpuls verglichen, der bei achsensenkrechter Lage der Planplatte getrennt erzeugt wird (im Bild nicht dargestellt). Bei „Einfang" ist die Zeitdifferenz zwischen Nullimpuls und Empfängerimpuls Null.

Optoelektronische Längen- oder Winkelmessungen (Drehgeber) können mit *codierten* oder *inkrementalen Maßstäben* durchgeführt werden. Die Absolutmessung mit codierten Maßstäben hat bei hohem Aufwand zwar einige Vorteile; überwiegend wird jedoch die inkrementale Messung benutzt, bei der ein sehr genau geteiltes Reflexions- oder Transmissionsgitter als Maßstabverkörperung dient. Prinzipiell werden mit einer kleinen Lichtschranke die durchlaufenden Gitterstriche gezählt; ihr Abstand (Gitterkonstante g) bestimmt die Grundauflösung. Dabei sind jedoch zwei Forderungen zu stellen: 1. Das System muß *Richtungserkennung* ermöglichen, d. h. Zählimpulse müssen entsprechend der Laufrichtung des Gittermaßstabs addiert oder subtrahiert werden können. Sonst würden u. a. bei mechanischen Störschwingungen ständig Zählimpulse summiert, obwohl sich der Maßstab im Mittel nicht weiterbewegt! Diese Forderung wird durch zwei um 90° phasenversetzte Empfänger oder Empfängergruppen erreicht. Bild 19.3.4 zeigt vier auf einer Abtastplatte aufgedampfte Gitterfelder mit gegenseitiger Verschiebung um jeweils 1/4 der Gitterkonstante; hinter jedem Feld sitzt ein Fotoelement Nr. 1 bis 4 (vergl. auch Bild 19.3.5). Der Gittermaßstab bewegt sich dicht vor der Abtastplatte vorbei; durch Abdeckung und Freigabe der Gitterlücken erhalten die vier Empfänger phasenverschobene Signale. Da jeweils die gegenphasigen Empfänger 1,3 sowie 2,4 antiparallel zusammengeschaltet sind, ergeben sich zwei etwa sinusförmige Signale mit 90° Phasenverschiebung. 2. Als weitere Forderung ergibt sich die *Intervall-Unterteilung*. Der Gitter-Maßstab wird zwar auch bei großen Längen (bis etwa 2 m) sehr genau hergestellt, dabei aber nicht unnötig fein geteilt. Bild 19.3.4 zeigt, wie durch elektronische Auswertung aller Nulldurchgänge der beiden Signale pro Gitterperiode vier *Zählimpulse* gewonnen werden können, die Wegauflösung also 1/4 der Gitterkonstante beträgt. Durch Auswertung der Signalform (Sinus) kann noch weitere Unterteilung erfolgen.

Bild 19.3.5 zeigt das Aufbauschema eines Längenmeßsystems entsprechend dem Prinzip von Bild 19.3.4, /H 19.3.2/. Bei Meßtastern ist der Gittermaßstab unmittelbar am Tastbolzen befestigt, so daß mechanische Übertragungsfehler entfallen.

Eine *berührungslose Längenmessung*, z. B. Durchmesserbestimmung bewegter Körper, ist mit *messenden Lichtvorhängen* möglich: Wird das parallel verschobene Abtastbündel des dynamischen Lichtvorhangs nach Bild 19.2.8 b in Einzelimpulse zerlegt (z. B.

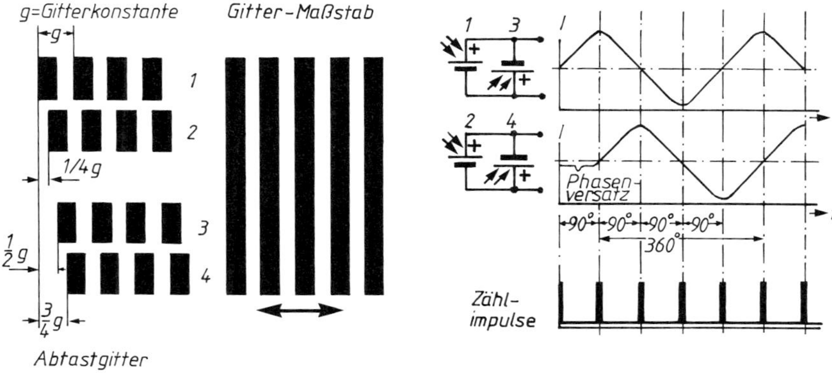


Bild 19.3.4 Optolelektronische Wegmessung

Links Abtastplatte mit 4 Gitterfeldern, über die der Gitter-Maßstab (Mitte) hinweggleitet, rechts Signalverlauf der Empfänger und Gewinnung der Zählimpulse (Vierfach-Unterteilung)

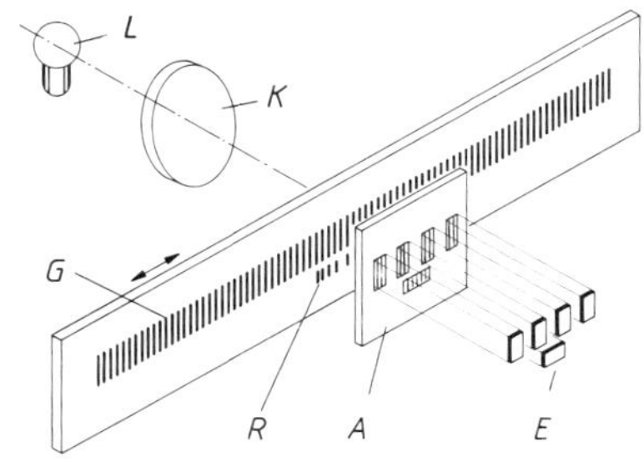


Bild 19.3.5 Optoelektronisches Längenmeßsystem [H 19.3.2]

L = Miniaturlampe, K = Kondensor, G = Gittermaßstab, R = Referenzmarke als „absoluter Nullpunkt“, A = Abtastplatte, E = Silizium-Fotoelemente (4 für Gittermaßstab, 1 für Referenzmarke)

durch ein vorgeschaltetes Gitter), so wird entsprechend der Breite eines vor dem Tripelspiegel befindlichen Körpers eine Anzahl von Impulsen ausfallen (Dunkelimpulse), so daß die Abdeckbreite unmittelbar digital erfaßt werden kann.

## Literaturhinweise

L 19.3.1 *Heinecke, K.:* Photoelektrisches Einfangen von Strichmarken. Feinwerktechnik *71* (1967) H. 4, 160–166

L 19.3.2 *Willhelm, J.:* Dreigitterschrittgeber. Diss. TU Hannover 1978

L 19.3.3 *Gonzalez, R. C.; Wintz, P.:* Digital Image Processing. Addison-Wesley, Reading (Mass.) 1977

L 19.3.4 *Haberäcker, P.:* Digitale Bildverarbeitung. Carl Hanser Verlag, München 1985

**Beispiele für Hersteller bzw. Lieferanten**

H 19.3.1 *Ernst Leitz Wetzlar GmbH,* Wetzlar: Meßtaster mit optoelektr. Inkrementalmessung (Längenmesser digital), Geschwindigkeits- u. Wegsensoren
H 19.3.2 *Dr. Johannes Heidenhain GmbH,* Traunreut: Optoelektronische Längen- u. Winkelmeßsysteme, digitale Meßtaster
H 19.3.3 *Karl F. Zimmer OHG,* Industriestr. 1, Rossdorf/Darmstadt: Berührungslose elektrooptische Wegemesser
H 19.3.4 *Selcom Meßsysteme GmbH,* Sandersbeek 21, Göttingen: Systeme zur berührungslosen Bewegungs- u. Dimensionsmessung
H 19.3.5 *Carl Zeiss,* Oberkochen: Elektrooptische Distanzmesser u. Tachymeter
H 19.3.6 *Optron Corp., USA, über Hans M. Strassner,* Am Arenzberg 42, Leverkusen: Berührungslose Bewegungs- u. Schwingungs-Meßeinrichtung
H 19.3.7 *Hectronic AG,* Bresteneggstr. 9, Buchs/Aarau, CH: Optoelektronische Niveaukontrollgeräte f. Flüssigkeiten
H 19.3.8 *Sigrist-Photometer AG,* Zweierstr. 129, Zürich, CH: Kontrastmeßgerät für Sichtweitemessungen
H 19.3.9 *Phönix Armaturen-Werke Bregel GmbH,* Eschborner Landstr. 41, Frankfurt: Fotoelektrischer Grenzwertgeber f. Flüssigkeitsstand
H 19.3.10 *OEM Messtechnik GmbH,* Dachauer Str. 42, München: Industrie-Meßanlagen mit Zeilenkameras

## 19.4 CCD-Sensoren

Komplexere Aufgaben der optoelektronischen Meßtechnik verlangen rechnergestützte Auswertung und Weiterverarbeitung von Bildern. Hierzu sind Fernseh-Aufnahmeröhren vom Vidikon-Typ (Abschn. 20.1) zwar geeignet, aber nicht optimal (u. a. großer Raumbedarf, hohe Spannung, Empfindlichkeit gegen Überbelichtung, Magnetfelder und Stoß). Deshalb werden zunehmend *Festkörper-Bildsensoren* eingesetzt, die aus einer großen Anzahl zeilen- oder matrixförmig angeordneter Fotoelemente bestehen. Erwünschte hohe Auflösung erzwingt dichte Packung der Empfänger. Deshalb ist bei paralleler Eingabe der optischen Signale (Bild) eine serielle Ausgabe der Video-Signale erforderlich, die eine „Einzelverdrahtung" der Elemente überflüssig macht.

Dies wird ermöglicht durch Bildsensoren auf CCD-Basis (Charge coupled Device = ladungsgekoppelte Anordnung). Im einfachsten Fall des Zeilen-Sensors wird eine eindimensionale Bildstruktur (Helligkeitsverteilung) durch die nebeneinander aufgereihten Fotoelemente in einzelne Bildstellen (Picture element, „Pixel") zerlegt. In jedem Element entstehen durch Lichteinfall Fotoelektronen, deren Anzahl proportional zu $\Phi_e \cdot t$ ist ($\Phi_e$ = Strahlungsleistung, t = „Integrationszeit", d. h. durch die Taktfrequenz bestimmte Belichtungszeit). Durch nahezu gleichzeitige Spannungsänderung an der Fotoelektrode und einer benachbarten „Transferelektrode" wird die Ladungsansammlung abgeschlossen und das Ladungspaket in ein „Transportregister" geschoben. Im Transportregister bleiben die einzelnen Ladungspakete erhalten, werden aber durch getaktete Spannungsänderung an Transportelektroden gemeinsam weitergeschoben (Ladungskopplung): Aus der parallelen optischen Signaleingabe wird die serielle elektronische Signalausgabe mit einer kontinuierlichen (analogen) Grauwertskala, aber eindeutiger Zuordnung zu den diskreten Bildpunkten (digitale Bildpunktadresse). Bildaufnahme und elektronische Steuerung können räumlich getrennt werden (sehr kleines Kamera-Volumen). Der nutzbare Spektralbereich umfaßt etwa 400 nm bis 1100 nm (VIS und nahes IR).

*Zeilen-Sensoren* sind mit 256 bis über 2048 in einer Linie (Array) aufgereihten Fotoelementen bei einem Pixel-Abstand von z. B. 13 μm lieferbar; sie vereinen hohe Auflösung mit günstigem Preis. In x-Richtung = Zeilenrichtung werden eindimensionale Helligkeitsverteilungen erfaßt. Durch Scannen in y-Richtung (Bewegung des Bildes oder des Sensors senkrecht zur Zeile; auch Rotation) mit mechanischen oder optischen Mitteln (rotierender Spiegel) können zweidimensionale Bilder ausgewertet werden. Beispiele für die Anwendung sind Faksimile-Übertragung (hier 1728 oder 3456 Pixel auf DIN A4-Breite), Klarschriftleser, Dia- und Filmabtastung, Mustererkennung, Meßverfahren (Beispiele [L 19.4.2, L 19.4.4]). Bei Bildverschiebung in x-Richtung (parallel zur Zeile) sind durch Korrelationsrechnungen Positions- und Geschwindigkeitsmessungen möglich; [L 19.4.1].

*Flächen-Sensoren* sind u. a. zur Echtzeit-Verarbeitung von 2D-Bildern erforderlich. Lieferbar sind z. B. Sensoren mit 320 × 244 oder 488 × 380 Pixeln, aber auch Sensoren mit 1024 × 1024 Bildpunkten auf aktiver Fläche 18,7 mm × 18,7 mm (Texas Instruments), sowie $1{,}4 \cdot 10^6$ Bildpunkten auf 7 mm × 9 mm (Kodak) wurden bereits entwickelt, wodurch die Auflösung des Fernsehbildes (Farb-TV $4 \cdot 10^5$ Punkte; ausnutzbar ca. $3 \cdot 10^5$ Punkte) bereits erheblich überschritten wird. Flächen-Sensoren werden u. a. zur Bildübertragung, On-line-Bildverarbeitung (u. a. Mustererkennung bei Roboter-Augen) und Meßverfahren angewendet.

*Beispiel:* Bei einer On-line-Kontrolle von Keramikflächen auf Ausbrüche (FH Frankfurt) wird die Fläche linienförmig beleuchtet; die helle Linie wird in x-Richtung auf der CCD-Matrix abgebildet. Ausbrüche verformen die Linie in y-Richtung (Maß für die Tiefe der Fehlstelle; „Lichtschnittverfahren"). Durch Verschiebung in y-Richtung wird die gesamte Fläche abgetastet. Die Abbildungsmaßstäbe für x- und y-Richtung können durch anamorphotische Abbildung unabhängig voneinander gewählt werden (Abschn. 5.5).

## Literaturhinweise

L 19.4.1 *Gerhard, H.:* Geschwindigkeits- und Positionsmessungen mit der CCD-Zeile. Feingerätetechnik *34* (1985) S. 103–104

L 19.4.2 *Pfeifer, T.; Molitor, M.:* Stanzteilüberwachung mit Linearkameras. Industrie Anzeiger *107* (1985) Nr. 79/80, S. 26–29

L 19.4.3 *Bleicher, M.:* Halbleiter-Optoelektronik. Hüthig Verlag Heidelberg 1976

L 19.4.4 *Pfeifer, T.; Jobs, G.; Schwerhoff, U.:* Halbleiterkameras übernehmen die Ablesefunktion an Profilprojektoren. Feinwerktechnik & Meßtechnik *89* (1981) S. 329–332

## Hinweise auf Hersteller bzw. Lieferanten

H 19.4.1 *Electronic 2000,* Neumarkter Straße 75, München 80: Fairchild CCD-Sensoren u. komplette Kameras

H 19.4.2 *Valvo-Philips GmbH,* Burchardstr. 19, Hamburg: CCD-Sensoren

H 19.4.3 *Texas Instruments Deutschland GmbH,* Freising: CCD-Sensoren

H 19.4.4 *Kontron Phystech,* O. v. Miller-Str. 1, 8057 Eching: CCD-Zeilenkameras

H 19.4.5 *TS-Optoelektronic,* Wiedenmayerstr. 50, München: CCD-Zeilenkamera

# 20 Fernsehsysteme, Bildwandler, Infrarottechnik

## 20.1 Optik in Fernsehsystemen

Bei Fernsehsystemen muß die örtliche Leuchtdichteverteilung eines Objekts bzw. seines Bildes in eine zeitliche Aufeinanderfolge elektrischer Signale umgewandelt werden. Dies erfordert eine *Abtastung* der Objekt- bzw. Bildebene. Sie kann entweder durch punktförmige Beleuchtung der Objektebene (Diapositiv) erfolgen, wobei der die Auflösung bestimmende Lichtpunkt entsprechend dem Abtast-Raster schnell über die Fläche gleitet und ein lichtelektrischer Empfänger (SEV) das Transmissions- oder Remissionssignal aufnimmt (Lichtpunktabtaster, „Flying Spot Scanner"), Bild 20.1.1. Oder es wird – bei normal beleuchtetem Objekt – die Abtastung in die Bildebene verlegt, d. h. das optische Bild in der Aufnahmeröhre der Fernsehkamera in eine durch Elektronenstrahl abtastbare Ladungsverteilung umgewandelt, Bild 20.1.2.

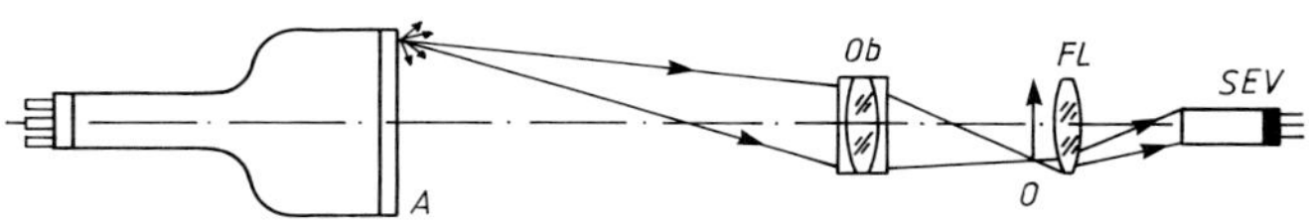


Bild 20.1.1 Prinzip des Fernseh-Lichtpunktabtasters

A = Abtaströhre mit Leuchtschirm, Ob = Objektiv, O = Dia oder Filmbild, FL = Feldlinse, SEV = Empfänger

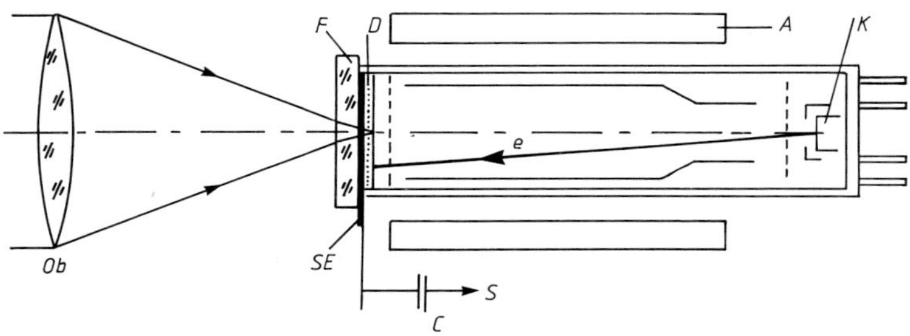


Bild 20.1.2 Fernseh-Kameraröhre vom Vidicon-Typ

Ob = Objektiv, F = Fenster, SE = Signalelektrode, D = Fotoleitendes Dielektrikum, e = Elektronenstrahl, K = Katode, A = Ablenkspulen, C = Kondensator, S = Signalausgang. Schichtdikken nicht maßstäblich; weitere Elektroden nur angedeutet

Bei dem *Lichtpunktabtaster* wird der sich schnell verschiebende Lichtpunkt auf dem Leuchtschirm einer speziellen Katodenstrahlröhre (Abtaströhre) erzeugt, dessen Leuchtstoff durch mit hoher Spannung beschleunigte Elektronen angeregt wird. Der Leuchtstoff muß hohe Lichtausbeute, kurze Nachleuchtdauer (unter 1 μs) und so weit wie möglich gleichmäßige Strahlungsverteilung im sichtbaren Spektrum aufweisen (z. B. Leuchtstoff-Typ P 24). Der Leuchtschirm wird in die Dia-Ebene abgebildet; die Feldlinse (Kondensor) hinter dem Dia bildet die Objektivpupille auf die Katode des Multipliers (SEV) ab. Dadurch gelangt auch die Strahlung von Dia-Randpunkten in den Empfänger und unabhängig von der Lichtpunkt-Lage wird immer die gleiche Fläche der Empfängerkatode bestrahlt.

Größte Bedeutung als *Aufnahmeröhren* in Fernsehkameras haben die verschiedenen Typen des *Vidicons,* die bei industriellen und wissenschaftlichen Fernsehsystemen z. B. nach besonders hoher Auflösung, hoher Empfindlichkeit oder gesteigerter Empfindlichkeit im UV- bzw. IR-Gebiet ausgewählt werden können. Bild 20.1.2 zeigt das Grundprinzip: Durch das Frontfenster hindurch erfolgt die Abbildung auf eine dünne fotoleitende Schicht (z. B. $Sb_2S_3$; PbO, „Plumbicon"; CdSe, „Chalnicon"), die auf der Außenseite mit einer transparenten Elektrode bedeckt ist und auf der Innenseite durch einen Elektronenstrahl abgetastet wird. Die transparente „Signalelektrode" ist positiv gegenüber der Katode; die Abtastseite wird durch den Elektronenstrahl auf Katodenpotential gebracht. Während der Belichtung erfolgt ein mit Beleuchtungsstärke und Zeit zunehmender Ladungsabfluß durch den Fotoleiter; es kommt also der gesamte während eines Abtastzyklus auf den Bildpunkt fallende Lichtstrom zur Wirkung („Speicherröhre"). Der Ladungsabfluß wird bei Überfahren des Bildpunktes mit dem Elektronenstrahl ausgeglichen. Der dazu durch die Signalelektrode fließende Strom ist das Helligkeitssignal, d. h. der Strom wird bei der Abtastung mit der Beleuchtungsstärke der Bildpunkte moduliert. Tabelle 20.1.1 gibt eine Übersicht über die Bildformate von Fernsehröhren.

**Tabelle *20.1.1* Formate von Fernseh-Aufnahmeröhren**

| Röhren-Durchmesser Zoll | Bildformat (Abtastformat) mm | Bild-Diagonale mm |
|---|---|---|
| $1^1/_4$ | 12,8 × 17,1 | 21,4 |
| 1 | 9,6 × 12,8 | 16,0 |
| $^2/_3$ | 6,6 × 8,8 | 11,0 |

Bei einem Format-Seitenverhältnis Breite/Höhe = $^4/_3$ werden in der europäischen Fernsehnorm 625 Zeilen pro Bildfeld abgetastet. Zur Vermeidung störenden Flimmerns werden pro Sekunde 50 Halbbilder erzeugt (= 25 Bilder/s): Nachdem das erste Halbbild mit halber Zeilenzahl, also doppeltem Zeilenabstand, aufgezeichnet wurde, werden im folgenden Halbbild die Zwischenzeilen eingefüllt.

Für das *Farbfernsehsystem* muß das Bild in Rot-, Grün- und Blau-„Farbauszug" zerlegt, d. h. drei nur in den entsprechenden Spektralgebieten empfindlichen Empfängern (SEV oder Aufnahmeröhren) zugeführt werden, damit letztlich das Bild auf dem Fernsehschirm wieder aus den Grundfarben Rot, Grün, Blau additiv zusammengesetzt werden kann. Würde man den Weißlichtstrom einfach mit neutralen Strahlenteilern aufteilen und vor die drei Empfänger je ein Farbfilter setzen, so gingen über $^2/_3$ des gesamten Lichtstroms verloren, mit entsprechend niedriger Lichtempfindlichkeit der Aufnahmekamera. Deshalb wird der Weißlichtstrom durch *Farbteiler* verlustarm in drei Spektralbereiche zerlegt. Hierzu können zwei Planplatten mit *dichroitischen Spiegelschichten* (Breitband-Interferenzfilter) verwendet werden (Bild 20.1.3): Der Spiegel BS reflek-

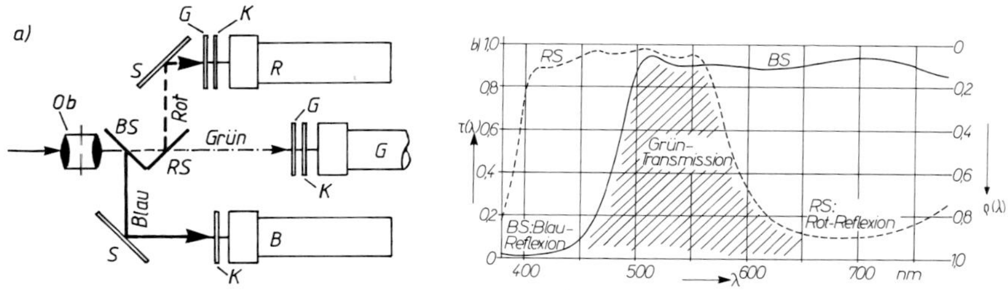


Bild 20.1.3 Farbteiler für Farbfernsehübertragung

Ob = Zwischenobjektiv, BS = blau reflektierender, RS = rot reflektierender Teilerspiegel, S = Umlenkspiegel, G = Graufilter, K = Korrekturfilter, R, G, B = Aufnahmeröhren für Rot, Grün, Blau. a) Aufbau, b) Transmissionskurven der beiden Spiegel

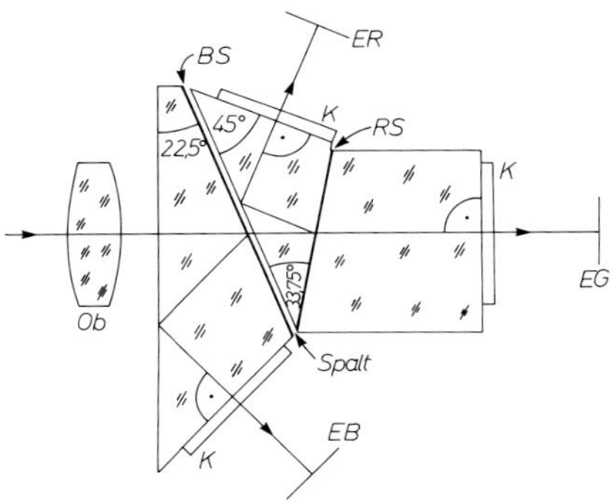


Bild 20.1.4 Prismen-Farbteiler

BS, RS = blau bzw. rot reflektierender Teilerspiegel, K = aufgekittete Korrekturfilter, ER, EG, EB = Bildebenen der Aufnahmeröhren, Ob = Objektiv

tiert den Blau-Bereich, läßt aber Rot und Grün mit hohem Transmissionsgrad durch. Aus diesem Restspektrum reflektiert der Spiegel RS den roten Anteil, so daß nur Grün durch beide Spiegel hindurchgelassen wird. Durch schwache Korrekturfilter K und ggf. Graufilter G kann eine genaue Farb- und Helligkeitsanpassung der drei Kanäle erfolgen. Bei dem in vielen Aufnahmekameras verwendeten *Prismen-Farbteiler* (Bild 20.1.4) sind die dichroitischen Spiegelschichten auf Prismenflächen aufgebracht. Die Knickung durch Totalreflexion ergibt einen raumsparenden Aufbau ohne zusätzliche optische Flächen. Die Glaswege in allen drei Teilstrahlengängen entsprechen gleich dicken Planparallelplatten mit Strahlein- und austritt senkrecht zu den Flächen. Die Totalreflexion erfordert einen Luftspalt zwischen erstem und zweitem Prisma.

Kameras für Studioaufnahmen und allgemeine Fernsehübertragungen werden bevorzugt mit *Vario-Objektiven* ausgerüstet, deren Grundlagen bereits in Abschn. 11.5 behandelt wurden. Im Gegensatz etwa zur Stehbildfotografie wird hier ein extrem großer Brennweitenbereich verlangt, d. h. ein großer *Vario-Faktor* $f'_{max}/f'_{min}$. Als ein Beispiel dafür, welche Leistungen hier möglich sind, zeigt Bild 20.1.5 einen Schnitt durch das

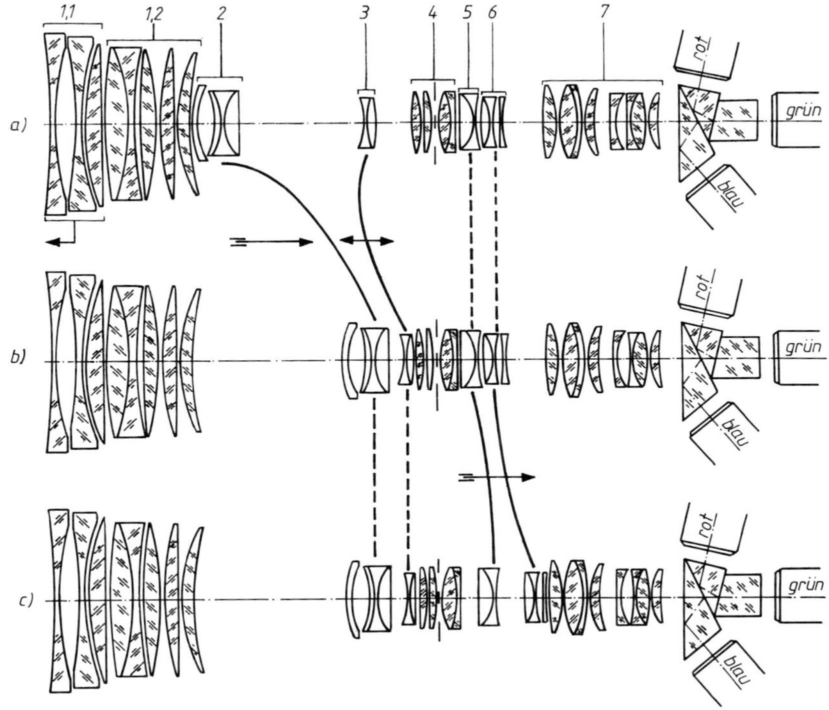


Bild 20.1.5 Schneider-TV-Variogon f' = 20 ... 600 mm

1.1 = beweglicher Teil des Frontglieds zur Entfernungseinstellung, 1.2 = fester Teil des Frontglieds; 2, 3 = erster Variator-Modul; 4 = Zwischenglied mit Blende; 5, 6 = zweiter Variator-Modul; 7 = Grundobjektiv, rechts davon Strahlenteiler mit Aufnahmeröhren. a) Anfang des Brennweitenbereichs; beide Variatormoduln in Grundstellung. b) mittlere Stellung: erster Variator-Modul in Endstellung; zweiter Modul beginnt mit der Bewegung. c) Ende des Brennweitenbereichs: beide Variator-Moduln in Endstellung

TV-Variogon 2,1/20 ... 600 mm, [L 20.1.4], [H 20.1.1]. Hierbei sind zwei *Variator-Moduln* (2/3) und (5/6) mit einem festen, die Blende enthaltenden Zwischenglied (4) hintereinandergeschaltet. Jeder Variator-Modul besteht aus zwei Schiebegliedern. Hierdurch ergeben sich erhebliche Probleme für den mechanischen Antrieb [L 20.1.5]. Das *Frontglied* (1) ist in eine bewegliche Linsengruppe (1.1) zur Entfernungseinstellung und eine feste Gruppe (1.2) aufgespalten. An den Variatorteil schließt sich das *Grundobjektiv* (7) an.

## Literaturhinweise

L 20.1.1 *Vine, B. H.:* Elektro-Optical Devices. LÜ 1 Vol. II/6. *Evans, C. H.:* Television Optics. LÜ 1 Vol. II/7

L 20.1.2 *Lang, H.:* Farbmetrik und Farbfernsehen. R. Oldenbourg, München 1978

L 20.1.3 *Schönfelder, H.:* Farbfernsehen. 2 Bände. Justus von Liebig Verlag, Darmstadt 1965/1966

L 20.1.4 *Macher, K.:* Neues Konstruktionsprinzip für Vario -Objektive mit großem Brennweitenbereich. Hausmitt. der Fa. Jos. Schneider & Co, Bad Kreuznach, *18* (1973) H. 4, 81–94

L 20.1.5 *Himmelsbach, P.:* Mechanische Wirkungselemente bei Objektiven mit veränderbarer Brennweite. Hausmitt. der Fa. Jos. Schneider & Co, Bad Kreuznach, *18* (1973) H. 4, 94–104

L 20.1.6 *Macher, K.:* Vario-Aufnahmeobjektive für elektronische Farbfernsehkameras. Fernseh- u. Kinotechn. *34* (1980) H. 9+10, 1–11; SMPTE-Journal *90* (1981) No. 8, 695–707

L 20.1.7 *Macher, K.:* TV-Variobjektiv mit drei integrierten Brennweitenbereichen. Fernseh- u. Kinotechn. *36* (1982) H. 1, 5–10

## Beispiele für Hersteller bzw. Lieferanten

H 20.1.1 *Jos. Schneider AG,* Ringstr. 132, Bad Kreuznach: TV-Vario-Objektive

H 20.1.2 *Thomson-CSF,* über Heribert Lehner, Drosselweg 6, Wiemersdorf: Vidiconröhren

H 20.1.3 *Heimann GmbH,* Weher Köppel 6, Wiesbaden-Dotzheim: TV-Wärmebildröhre ‚Pyrotron'; Bildaufnahmeröhren

H 20.1.4 *ITT Standard Elektrik Lorenz AG,* Fritz-Müller-Str. 112, Esslingen: Festkörper-Bildsensoren u. -Kameras

H 20.1.5 *Reticon, USA, über Hot-Electronic GmbH,* Zaunkönigstr. 18, Ottobrunn: Festkörper-Bildsensoren u. Zubehör

H 20.1.6 *Fairchild, über Electronic 2000 GmbH,* Neumarkter Str. 75, München: Festkörper-Bildsensoren u. Halbleiter-Kameras

H 20.1.7 *Siemens AG,* Balanstr. 73, München: Industrielle TV-Systeme

H 20.1.8 *Grundig GmbH,* Fürth: Industrielle TV-Systeme

H 20.1.9 *Philips GmbH,* Ahrensburger Str. 130, Hamburg: Industrielle TV-Systeme

H 20.1.10 *Fernseh GmbH,* Am Alten Bahnhof 6, Darmstadt: Industrielle TV-Systeme

H 20.1.11 *RCA, über Alfred Neye Enatechnik GmbH,* Schillerstr. 14, Quickborn: Industrielle TV-Systeme

H 20.1.12 *Sentel GmbH,* Schleißheimer Str. 371, München: Bildanalysensysteme

H 20.1.13 *Kontron GmbH,* Breslauer Str. 2, Eching bei München: Bildanalysensysteme

H 20.1.14 *Bausch & Lomb,* USA, über: Pabisch, Attersee Str. 16, München: Bildanalysensysteme

H 20.1.15 *Carl Zeiss,* Oberkochen: Bildanalysensysteme

H 20.1.16 *Ernst Leitz Wetzlar GmbH,* Wetzlar: Bildanalysensysteme

H 20.1.17 *Hamamatsu Television Europa GmbH,* Mühlbachstr. 20, Seefeld: Bildanalyse-TV-Systeme f. digitale Bildverarbeitung

H 20.1.18 *AEG-Telefunken,* Steinheimer Str. 117, Seligenstadt: Farberkennungs-TV-Systeme für industriellen Einsatz

H 20.1.19 *AEG-Telefunken,* Industriestr. 29, Wedel: Bildverarbeitungssysteme auf TV-Basis, Mustererkennungs-Systeme, u. a. für Industrieroboter, TV-Streifenbildkamera für Luftaufnahmen, Fahrzeug-Rundsichteinrichtung mit 2 TV-Kameras

H 20.1.20 *G. Rodenstock,* Isartalstr. 43, München: Abtastobjektiv f. Video-Bildplatte

H 20.1.21 *B & M spektronik GmbH & Co KG,* Wendelsteinstr. 16, Olching: Vidicon- u. Halbleiterkameras, auch m. Bildverstärker

## 20.2 Bildverstärker und Bildwandler

*Bildverstärker* sollen Objekte mit einer für ausreichende Detailauflösung zu geringen Leuchtdichte gut sichtbar oder registrierbar machen; *Bildwandler* führen ein Bild in einen anderen Wellenlängenbereich über (meist Röntgen-, UV- oder nahe IR-Strahlung in sichtbare Strahlung). Beide Funktionen können verknüpft sein. Grundsätzlich wird an einer Fotokatode die auffallende Strahlung gemäß dem äußeren Fotoeffekt zur Erzeugung von Elektronen ausgenutzt, die beschleunigt werden und/oder deren Zahl erhöht wird, so daß sie auf einem Leuchtschirm eine größere Zahl von Lichtquanten freisetzen können. Die Verstärkung kann als Quotient des vom Leuchtschirm ausgehenden und des auf die Fotokatode einfallenden Strahlungsflusses (bzw. der Lichtströme) definiert werden.

Wichtigste *Fotokatode* ist der vom nahen UV bis zum nahen IR empfindliche Typ S-20 (teildurchlässiger polykristalliner Halbleiterfilm $Na_2KSb$-Cs mit etwa 0,1 µm Dicke). Der Empfindlichkeitsbereich erstreckt sich etwa von 300 nm bis 900 nm (Abschn. 6.7). Bei UV-Anwendung wird die Schicht auf ein Quarzfenster aufgebracht. Der meist verwendete *Leuchtstoff* P-20 ergibt gelbgrünes Licht mit einem Maximum bei 560 nm (Tabelle 3.8.1).

Bild 20.2.1 zeigt einen für *Nachtsichtgeräte* bewährten Bildverstärker [H 20.2.4] der „ersten Generation": Die Elektronen werden durch elektrostatisches Feld beschleunigt und fokussiert; hierzu dienen trichterförmige Fokussierelektroden. Jede der drei hintereinandergeschalteten Verstärkerstufen ergibt auf dem Leuchtschirm ein gegenüber der Fotokatode umgekehrtes Bild, da sie wie eine Lochkamera wirkt. Katodenschicht und Leuchtstoff sind unmittelbar auf die sphärischen Innenseiten der zur Ankopplung außen plan geschliffenen Faserplatten aufgebracht. Bei einem Verstärkungsfaktor von z. B. 30 pro Stufe (der von der Gleichspannung zwischen Fotokatode und Leuchtschirm abhängt) ergibt sich eine Gesamtverstärkung von 27000. Ein wesentlicher Nachteil dieser Bildverstärker ist ihre große Baulänge von etwa 20 cm. Eine sehr geringe Baulänge kann durch *Nahfokussierung* erreicht werden, bei der Fotokatode und Leuchtschirm in geringem Abstand hintereinander angeordnet sind und das Elektronenbild in „Parallelprojektion" mit $\beta' = +1$ verzeichnungsfrei auf den Leuchtschirm übertragen wird (Bild 20.2.2). Mit zunehmendem Abstand d zwischen Fotokatode und Schirm

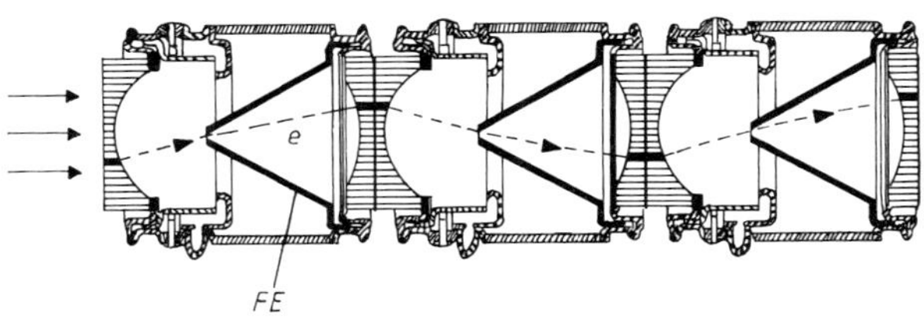


Bild 20.2.1 Dreistufiger Bildverstärker für Nachtsichtgeräte [H 20.2.4]

FE = Fokussierelektrode, e = Elektronenstrahl. Auf den gewölbten Flächen der Faserplatten jeweils Fotokatode bzw. Leuchtschirm

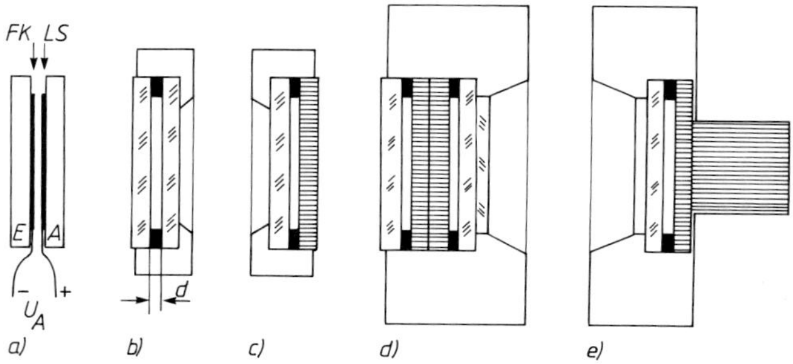


Bild 20.2.2 Nahfokus-Bildverstärker/Bildwandler [H 20.2.3]

FK = Fotokatode, LS = Leuchtschirm, E, A = Eingangs- bzw. Ausgangsfenster, $U_A$ = Anodenspannung, d = wirksamer Abstand FK-LS. a) Prinzip, b) beidseitig Klarglasfenster, c) ausgangsseitig Faserplatte, d) zwei Stufen mit Faserplatten-Kopplung, e) Bildverlagerung durch dicke Faserplatte

wächst der Verstärkungsfaktor g, während das Auflösungsvermögen (Grenz-Ortsfrequenz $R_L$) abnimmt. Ist der *Verstärkungsfaktor* g definiert als

$$g = \frac{\Phi_{aus}}{\Phi_{ein}} \tag{20.2.1}$$

mit $\Phi_{ein}$ auf die Fotokatode bei Glühlampenbeleuchtung (2856 K) einfallender, $\Phi_{aus}$ vom Leuchtschirm abgestrahlter Lichtstrom, so ergeben sich beispielsweise Werte nach Tabelle 20.2.1.

**Tabelle *20.2.1* Datenbeispiele für Nahfokus-Bildverstärker** [H 20.2.3]

| Bildverstärker | Abstand d mm | Verstärkung g | Auflösung $R_L$ Lp/mm |
|---|---|---|---|
| einstufig | 1,5 | 50 | 60 |
| | 2,5 | 135 | 50 |
| Bild 20.2.2c | 3,5 | 275 | 40 |
| zweistufig | 1,5 | 800 | 40 |
| | 2,5 | 6000 | 35 |
| Bild 20.2.2d | 3,5 | 25000 | 30 |

Ein Nahfokus-Bildverstärker mit zusätzlicher dicker Faserplatte am Ausgang (Bild 20.2.2e) kann nach Bild 20.2.3 angewendet werden, um die Empfindlichkeit einer Fernsehkamera ohne Eingriffe an der Kamera selbst erheblich zu erhöhen: Der Kamera-Adapter mit Bildverstärker wird in das Objektivgewinde eingeschraubt; die

Bild 20.2.3 Bildverstärker-Adapter für Fernsehkamera [H 20.2.3]

Ob = Objektiv, BV = Adapter mit Bildverstärker nach Bild 20.2.2e, F = Faserplatten zur Ankopplung an Aufnahmeröhre AR, S = Ablenkspulen

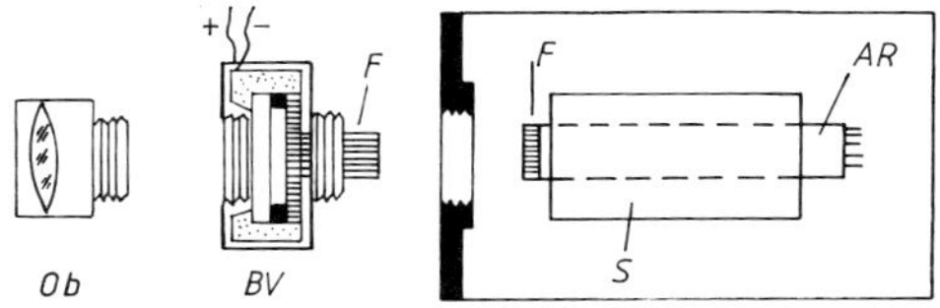


Aufnahmeröhre muß zur optischen Ankopplung mit Faserplatten-Eingangsfenster ausgestattet sein. Das Kamera-Objektiv entwirft ein Bild auf der Fotokatode des Bildverstärkers.

Ein durch ein Objektiv auf der Fotokatode kopfstehend entworfenes Bild wird durch einen Nahfokus-Bildverstärker nicht aufgerichtet – im Gegensatz zu den invertierenden Bildröhren nach Bild 20.2.1. Es muß also für direkte Beobachtung hinter dem Leuchtschirm aufgerichtet werden, z. B. durch ein sehr dickes, um 180° verdrilltes Faserbündel *(faseroptischer Inverter).*

Ein wesentliches Bauelement von Bildverstärkern der „zweiten Generation" sind *Mikrokanalplatten* (Bild 20.2.4) zur Elektronenstrom-Verstärkung, wodurch sich eine Einsparung von Bildverstärkerstufen und damit geringere Baulänge ergibt. Sie können auch in Nahfokus-Bildwandler/Bildverstärker integriert werden (Bild 20.2.4a). Mikrokanalplatten werden ähnlich wie Faseroptik-Platten aus miteinander verschmolzenen Fasern mit ätzbarem Glaskern und Bleisilikatglas-Mantel aufgebaut. Nach Ausätzen des Kerns entstehen feine Röhren mit einem Innendurchmesser unter 15 μm, einer um den Faktor 40–50 größeren Länge und einem (das Auflösungsvermögen bestimmenden) Mittenabstand von 15 μm. Durch Nachbehandlung erhalten die Röhren-Innenseiten eine halbleitende Schicht; außerdem werden Metallelektroden auf beide Plattenseiten aufgedampft. Damit wirkt jede einzelne Röhre nach Anlegen einer Spannung wie

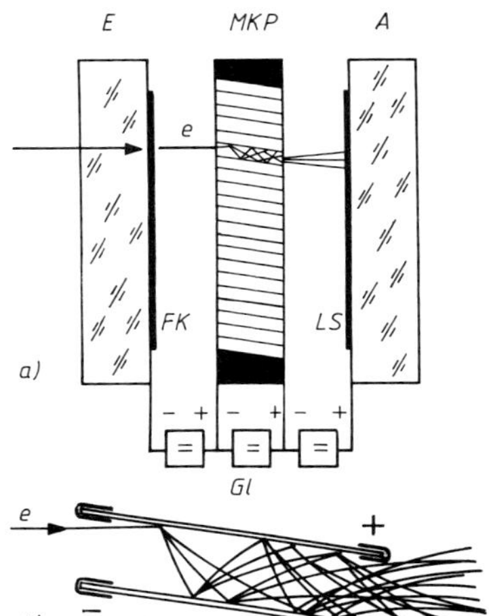


Bild 20.2.4 Mikrokanalplatte in Bildverstärkern

a) Prinzip eines Nahfokus-Bildverstärkers mit Mikrokanalplatte, b) Sekundärelektronenvervielfachung in einer einzelnen Röhre der Platte. E, A = Eingangs- und Ausgangsfenster, MKP = Mikrokanalplatte, FK = Fotokatode, LS = Leuchtschirm, e = Elektronenstrahl, Gl = Gleichspannungsversorgung ein Sekundärelektronenvervielfacher (Bild 20.2.4b). Eine einzelne Mikrokanalplatte ergibt beispielsweise bei einem Auflösungsvermögen von 28 Lp/mm und einer Spannung von etwa 1000 V eine Elektronenverstärkung von etwa $10^4$ [H 20.2.5]. Es können auch zwei Mikrokanalplatten unter Erhöhung der Verstärkung und Reduktion des Auflösungsvermögens hintereinander geschaltet werden ($10^7$; 14 Lp/mm).

Ein Bildwandler wird durch Ansteuern mit Hochspannungsimpulsen zum *elektrooptischen Kurzzeitverschluß*. Mit einem hierfür entsprechend ausgelegten und aus einem geeigneten Inpulsgenerator versorgten Nahfokus-Bildverstärker kann man Öffnungszeiten im Nanosekundenbereich erhalten [L 20.2.4], [H 20.2.3].

Wenn außerdem das Bild auf dem Leuchtschirm durch statische Ablenkung verschoben werden kann, erhält man eine *Bildwandlerkamera* für wenige Einzelbilder (z. B. 8 oder 16 Bilder), aber extrem hohe Aufnahmefrequenzen (bis $6 \cdot 10^8$ Bilder/s!). Bild 20.2.5 zeigt ein solches System, bei dem der Bildwandlerkamera noch zusätzlich ein Bildverstärker mit Mikrokanalplatte nachgeschaltet wurde [H 20.2.8]. Das durch ein Objektiv auf der Fotokatode FK entworfene Bild wird elektrostatisch auf den Leuchtschirm LS der Kameraröhre fokussiert. Dabei bilden Blende B und Ablenkplatten S den Verschluß: Bei sinusförmiger Ablenkspannung an S gehen die Elektronenstrahlen periodisch durch die Blendenöffnung B. Durch die Vertikalablenkung V werden auf dem Bildschirm zwei Bilder übereinander, durch die Horizontalablenkung H vier Bilder nebeneinander auf dem Leuchtschirm erzeugt. Durch richtige zeitliche Synchronisation der drei Ablenkspannungen S, V, H entstehen so 8 Bewegungsphasen eines sehr schnell ablaufenden Vorgangs (Beispiel: Bildabstand 50 ns entsprechend einer Aufnahmefrequenz von 20 Millionen Bildern pro Sekunde bei einer Bildbelichtungszeit von 10 ns und einer gesamten Aufnahmedauer von 400 ns). Es können auch 16 schmalere Bilder untergebracht werden. Diese Bilder können je nach Leuchtdichte des Objekts mit oder ohne Bildverstärker z. B. auf Polaroid-Planfilm aufgenommen werden, der unmittelbar an der Ausgangs-Faserplatte anliegt. Genaue Bewegungsmessungen in nur einer Koordinate sind durch *Streak-Aufnahmen* möglich: Es wird nur ein schmaler Bildstreifen abgebildet, der senkrecht zu seiner Länge kontinuierlich abgelenkt wird (Zeitachse).

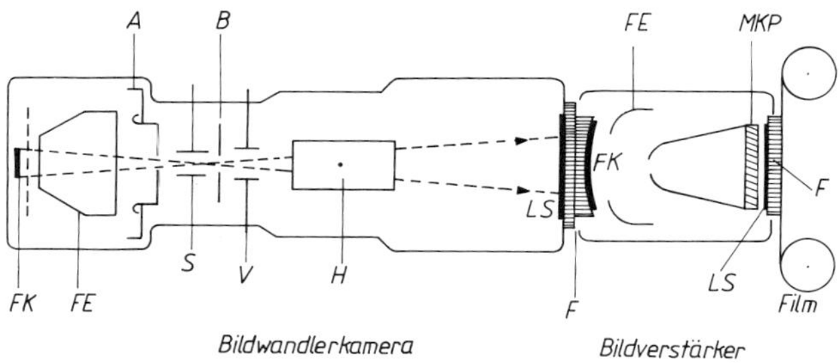


Bild 20.2.5 Bildwandlerkamera mit Bildverstärker [H 20.2.8]

FK = Fotokatoden, LS = Leuchtschirme, F = Faserplatten, MKP = Mikrokanalplatte, FE = Fokussierelektroden, A = Anode, B = Verschlußblende, S = Verschluß-Ablenkplatten, V, H = Vertikale bzw. horizontale Bildablenkung

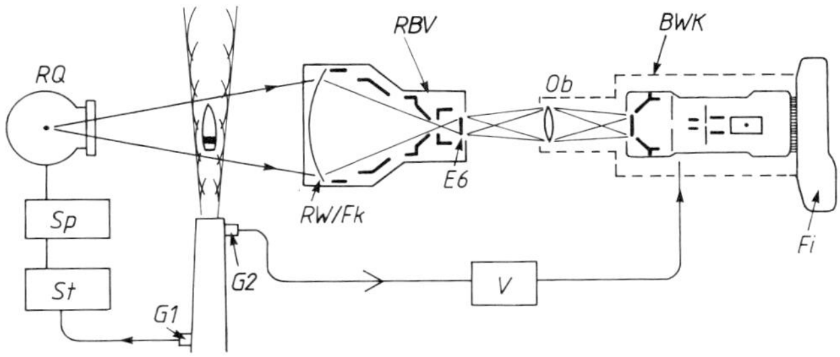


Bild 20.2.6 Hochgeschwindigkeits-Röntgenaufnahmen in der Ballistik [H 20.2.8]

RQ = Röntgenquelle mit Spannungsversorgung Sp und Steuergerät St, $G_1$, $G_2$ = Geber für Röntgenimpuls bzw. Kamera-Auslösung, V = Verzögerungsschaltung, RBV = Röntgenbildverstärker, BWK = Bildwandlerkamera, RW/FK = Röntgenwandler/Fotokatode, E6 = Leuchtstoff, Ob = Objektiv, Fi = Sofortbild-Filmkassette

*Röntgenbildverstärker* werden im medizinischen ebenso wie im technischen Bereich eingesetzt. Bild 20.2.6 zeigt die Kombination eines Röntgenbildverstärkers RBV mit einer Hochgeschwindigkeits-Bildwandlerkamera BWK für ballistische Untersuchungen: Durch den Geber $G_1$ wird die Röntgenquelle RQ ausgelöst: Sie gibt einen Röntgenimpuls von etwa 1 ms Dauer ab. Die Bildwandlung Röntgen-Schattenbild/sichtbares Bild erfolgt in der Schicht RW (Cäsiumjodid-Scintillator), die in Kontakt mit der Fotokatode FK (S-20) steht. Das verkleinerte (und damit hellere!) verstärkte Bild entsteht auf dem Leuchtschirm Typ E 6. Es wird von der Bildwandlerkamera, in Einzelbilder aufgelöst ($10^5$ bis $10^6$ B/s!) über die Ausgangs-Faserplatte auf Sofortbildfilm abgebildet. Die Kamera wird über den Geber $G_2$ und die Verzögerungsschaltung V zum richtigen Zeitpunkt ausgelöst.

## Literaturhinweise


L 20.2.1 *Schmidt, L.; Weber, S.:* Neue Kurzzeitverschlußröhren. Optik *49* (1977) No. 1, 93–104

L 20.2.2 *Pollehn, H. K.:* Image Intensifiers. LÜ 1 Vol. VI/10

L 20.2.3 *Csorba, I. P.:* Current gain parameters of microchannel plates. Appl. Optics *19* (1980) No. 22, 3863–3866

L 20.2.4 *Pfeiffer, W.:* Nanogate – ein elektronischer Ultrakurzzeitverschluß. Elektronik-Anzeiger 1980, Nr. 9

L 20.2.5 *Walter, H.:* Optische Systeme für Röntgenbildverstärkeranlagen der medizinischen Technik. G-I-T Fachz. Lab. *19* (1975) 1159–1161, 1163

L 20.2.6 *Hara, T.; Shinoda, K.; Kato, T.; Sugiyama, M.; Suzuki, Y.:* Microchannel spatial light modulator having the functions of image zooming, shifting, and rotating. Applied Optics *25* (1986), 2306–2310


## Beispiele für Hersteller bzw. Lieferanten

H 20.2.1 *Optische Industrie de Oude Delft,* Postf. 72, Delft, NL: Optik für Röntgensysteme

H 20.2.2 *G. Rodenstock,* Isartalstr. 43, München: Objektive f. Tag- u. Nachtsichtgeräte, Optische Systeme f. Röntgenbildverstärker

H 20.2.3 *Proxitronic,* Rudolf-Diesel-Str. 23, Weiterstadt/Darmstadt: Nahfokus-Bildverstärker u. -Bildwandler, Ultrakurzzeitverschluß
H 20.2.4 *Alfred Neye Enatechnik GmbH,* Schillerstr. 14, Quickborn: Nachtsichtgeräte (RCA)
H 20.2.5 *Varian,* USA, *über Heribert Lehner,* Drosselweg 6, Wiemersdorf: Mikrokanalplatten
H 20.2.6 *Galileo Electro-Optics Corp.,* USA, *über Teknis A. Metzeler & Co GmbH,* Aidenbachstr. 234, München: Mikrokanalplatten
H 20.2.7 *ITT Standard Elektrik Lorenz AG,* Fritz-Müller-Str. 112, Esslingen: Bildverstärker u. Bildwandler
H 20.2.8 *Hadland Photonics Ltd,* Bovingdon, GB, über: Laser Optronic GmbH, München: Bildwandlerkameras Imacon
H 20.2.9 *Carl Zeiss,* Oberkochen: Passive Nachtsicht- u. Zielgeräte (Restlichtverstärkung)
H 20.2.10 *Rank Precision Industries GmbH,* Gustav-Stresemann-Ring 12, Wiesbaden: Nachtsichtgeräte
H 20.2.11 Siehe auch Beispiele 20.3. . . .
H 20.2.12 *AEG-Telefunken,* Industriestr. 29, Wedel: Nachtsichttechnik
H 20.2.13 *Hamamatsu,* Japan, über: Dr. R. Seitner, Herrsching: Bildverstärkerröhren UV-VIS-IR

## 20.3 Infrarottechnik

Erfassung der Temperatur-Eigenstrahlung und des IR-Reflexionsvermögens von Körpern, gute Transmissionseigenschaften der Atmosphäre in bestimmten Bereichen und die charakteristischen Spektren vieler Substanzen machen den infraroten Strahlungsbereich für Überwachungs-, Erkundungs- und militärische Leitsysteme sowie für die Analytik besonders interessant. „Aktive" IR-Systeme enthalten eine Infrarot-Strahlungsquelle, „passive" Systeme detektieren und verarbeiten nur Fremdstrahlung.

Grundlagen der *Strahlungsquellen* wurden bereits in Abschnitt 6.1, Glühlampen in Abschn. 6.2 und Laser in Abschn. 6.5 behandelt. Hier folgen einige für das IR-Gebiet wichtige Ergänzungen. *Schwarze Strahler* [z. B. H 20.3.2; 20.3.7] werden vor allem zur Kalibrierung von Detektoren benutzt, z. B. bei Wärmebildsystemen. Bild 20.3.1 zeigt in der Zeile „Planck" die Temperaturen in Kelvin, für die bei der betreffenden Wellenlänge gerade das Ausstrahlungsmaximum liegt. Beispielsweise ergibt eine Temperatur von 290 K des Schwarzen Strahlers ein Maximum bei 10 μm, also innerhalb des darunter sichtbaren „atmosphärischen Fensters" von 8 μm bis 14 μm. Dieser Bereich ist damit für die Erfassung der Eigenstrahlung von Körpern in der Umgebung der Raumtemperatur besonders wichtig.

Eine *Halogenlampe* (Abschn. 6.2) mit IR-durchlässigem Filter (zum Abschneiden des VIS-Gebietes) stellt eine Lichtquelle mit kleiner Leuchtfläche für das nahe IR dar. Spezielle, bis ins ferne IR brauchbare „Graue" Strahler sind der Nernst- und der Globar-Strahler. *Nernst-Strahler* (Temperatur ca. 2000 K) sind Stifte oder Zylinder aus Th-Y-Zr-Oxidkeramik, z. B. 1 mm Dmr. × 15 mm, 30 W, bis 6 mm Dmr. × 50 mm, 300 W [H 20.3.10], die zur Erzielung ausreichender Leitfähigkeit vorgeheizt und dann mit Stromregelung betrieben werden müssen. Der *Globar-Strahler* aus Siliziumkarbid ist ähnlich aufgebaut und erfordert ebenfalls Stromregelung, aber keine Vorheizung (z. B. 6 mm Dmr × 20 mm, 1000 K bei 140 W [H 20.3.10]).

Im Gegensatz zu diesen sehr breitbandigen Strahlern werden *IR-Laser* zur Erzeugung monochromatischer Strahlung hoher Strahlungsleistung eingesetzt. Besondere Bedeu-

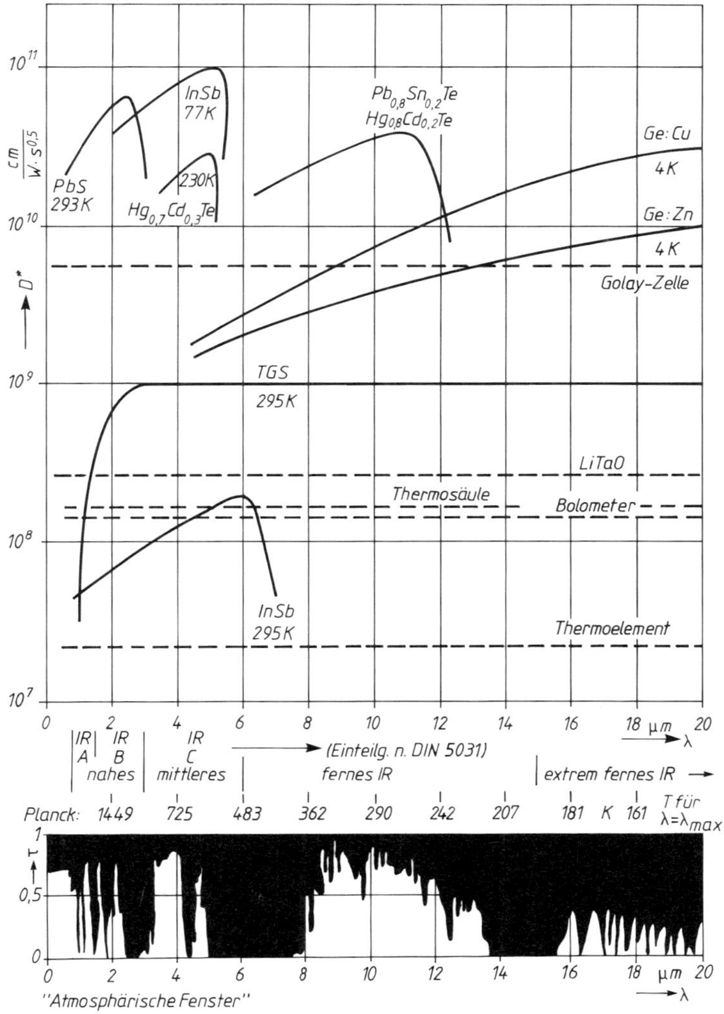


Bild 20.3.1 IR-Bereich: Detektoren, Planck-Strahlung, Atmosphäre

Oben: Detektivität von IR-Detektoren als Funktion der Wellenlänge
Mitte: Einteilung der IR-Bereiche; Planck-Temperaturen für Strahlungsmaximum an der betreffenden λ-Stelle
Unten: Transmissionsgrad der Atmosphäre für IR-Strahlung

tung haben Halbleiter-Laser und $CO_2$-Laser ($\lambda$ um 10 μm), sowie im nahen IR der Nd-YAG-Laser ($\lambda$ = 1,06 μm).

*Detektoren für Infrarotstrahlung* sollen ein zur Strahlungsleistung proportionales Ausgangssignal liefern. Sie können allgemein durch ihre „Empfindlichkeit“, „Trägheit“ (Zeitkonstante) und die Wellenlängenabhängigkeit ihrer Empfindlichkeit gekennzeichnet werden. Definitionen hierzu, u. a. NEP und D*, ergaben sich bereits in Abschnitt 6.7. Die Wirksamkeit von Detektoren – etwa in der Erkennung einer IR-Quelle („Target“) – wird durch die Hintergrund-Strahlung erheblich beeinflußt. Die Strahlungsenergie kann über zwei sehr unterschiedliche Detektormechanismen in das Signal umgewandelt werden:

Bei *thermischen Detektoren* wird die durch Strahlungsabsorption bewirkte Temperaturerhöhung ausgenutzt. Sie sind relativ träge, aber ihre Empfindlichkeit ist in weitem $\lambda$-Bereich nahezu unabhängig von der Wellenlänge.

Die *Photonen-Detektoren* nutzen unmittelbar die Wirkung der einzelnen Quanten im äußeren Fotoeffekt (Fotozellen, Fotomultiplier: nur nahes IR) oder inneren Fotoeffekt (Fotowiderstände: Leitfähigkeits-Erhöhung; Fotoelemente: Spannungserzeugung) aus. Sie sind trägheitsarm, bei deutlicher $\lambda$-Abhängigkeit ihrer Empfindlichkeit und damit enger begrenztem Einsatzbereich.

Zur Verminderung des *thermischen Rauschens* (Freisetzung von Ladungsträgern durch Gitterschwingungen) müssen viele Halbleiter-Photonen-Detektoren gekühlt werden, und zwar auf umso tiefere Temperaturen, je weiter der Arbeitsbereich zu größeren Wellenlängen verschoben ist. Für die *Kühlung* auf stabiles Temperaturniveau können verflüssigte oder verfestigte Gase in Dewar-Gefäßen benutzt werden, deren Wandung in direktem Kontakt mit dem Detektor steht. Geeignet sind u. a. $CO_2$ („Trockeneis“, Sublimationspunkt 194,6 K), $N_2$ (Siedep. 77,3 K), $H_2$ (Siedep. 20,4 K) und He (Siedep. 4,2 K). Weiterhin kommen die Verflüssigung komprimierter Gase durch Joule-Thomson-Expansion, Kältemaschinen und thermoelektrische Kühlung (Peltier-Effekt) in Betracht.

Tabelle 20.3.1 gibt eine Übersicht über IR-Detektoren; Bild 20.3.1 zeigt für einige Detektor-Beispiele die Detektivität D* als Funktion der Wellenlänge. Die Darstellung kann nur Richtwerte angeben, da Typen verschiedener Hersteller relativ große Schwankungen zeigen. Der Arbeitsbereich thermischer Detektoren wird weniger durch die Detektorempfindlichkeit als durch den Transmissionsbereich des Fenstermaterials bestimmt (Abschn. 3.4).

Es folgen einige Hinweise zu thermischen Detektoren: Die *Golay-Zelle* ist ein kleiner, auf der einen Seite von strahlungsabsorbierender Membrane und auf der anderen Seite von einer verspiegelten Membrane begrenzter Gasraum. Die Strahlungsabsorption führt zu Temperaturerhöhung des Gasvolumens und damit zur Ausbiegung der Spiegelmembrane („pneumatischer Detektor“), die durch eine sehr empfindliche „Reflexionslichtschranke“ in ein elektrisches Signal umgesetzt wird. Ein *Thermoelement* ergibt bei unterschiedlicher Temperatur zwischen der Kontaktstelle zweier verschiedener Metalle („Lötstelle“) und den Anschlußkontakten eine Thermospannung. Die Lötstelle wird geschwärzt oder mit einer geschwärzten Fläche verbunden. Geringere Trägheit als bei dem Aufbau aus dünnen Drähten (z. B. Bi + Sb) wird durch Dünnschicht-Aufdampfung der metallischen Leiter auf sehr dünnem Trägermaterial erreicht. Die

**Tabelle *20.3.1* Infrarot-Detektoren**

| | Detektor-Typ | Funktion | Material | Temp. K | λ-Bereich µm | Zeit-Konstante | Bemerkungen |
|---|---|---|---|---|---|---|---|
| Thermische Detektoren | Golay-Zelle | mechanisch* | Gasraum | 293 | 0,2 … 1000 | | * mit optoel. Abtastung |
| | Thermoelement | Thermospannung | Bi-Sb | 293 | | | |
| | Thermosäule | Thermospannung | Bi-Sb | 293 | 0,2 … 50 | ms … s | |
| | Bolometer | Widerstands-änderung | Mn + Ni-Oxid | 293 | | | |
| | Pyroelektrischer Detektor | Spannung bei Temp.-Änderung | TGS<br>LiTaO | 293 | 0,2 … 1000 | | H 20.3.14 |
| Photonen-Detektoren | Halbleiter-Detektor: *Eigenleiter* | Fotoelement, Fotodiode | Si<br>Ge | 293 | 0,3 … 1,1 | | |
| | | Fotowiderstand | PbS | 293 | 1 … 3 | | H 20.3.14 |
| | | | PbSe | 195 | 1 … 5 | | |
| | | Fotoelement | InSb | 77 | 1,5 … 5,5 | | H 20.3.14 |
| | | Fotowiderstand | $Hg_{0,7}Cd_{0,3}Te$<br>$Hg_{0,8}Cd_{0,2}Te$ | 195<br>77 | 2 … 4,5<br>6 … 12 | µs | H 20.3.14 |
| | | Fotoelement | $Pb_{0,8}Sn_{0,2}Te$ | 77 | 6 … 12 | | H 20.3.25 |
| | Halbleiter-Detektor: *Störstellenleiter* | Fotowiderstand | Ge : Cu | 4 | 2 … 35 | | |
| | | | Ge : Zn | 4 | 2 … 45 | | |
| | Fotokatode (äußerer Fotoeffekt) | Fotozelle<br>Fotomultiplier | AgOCs (S1) | 293 | … 1,1 | | |
| | IR-Film | chemisch | Ag-Halogenid | 293 | … 1,2 | | |
| | IR-Wandlerschirm | Lumineszenz | | 293 | | | |

Serienschaltung vieler Thermoelemente ergibt eine *Thermosäule* mit entsprechend höherer Empfindlichkeit, aber auch größerer Trägheit. Bei *Bolometern* wird die mit Erwärmung verbundene Widerstandsänderung ausgenutzt. Verwendet werden Metalldraht- bzw. Metallfilm-Bolometer, vor allem aber Halbleiter („Thermistor-Bolometer“). Hierzu werden dünne Sinterschichten von Co-, Mn-, Ni-Oxiden auf Kühlflächen verwendet. Die Trägheit wird durch geringe Wärmekapazität und gute Wärmeableitung verringert.

Ein *pyroelektrischer Detektor* (u. a. Kristalle aus Triglyzinsulfat (TGS) bzw. Lithiumtantalat) ergibt bei Temperaturänderungen eine Ausgangsspannung. Dieser Detektortyp spricht deshalb nur auf *Strahlungsänderungen* an (bewegte IR-Quelle; Zerhacken der Strahlung durch Chopper).

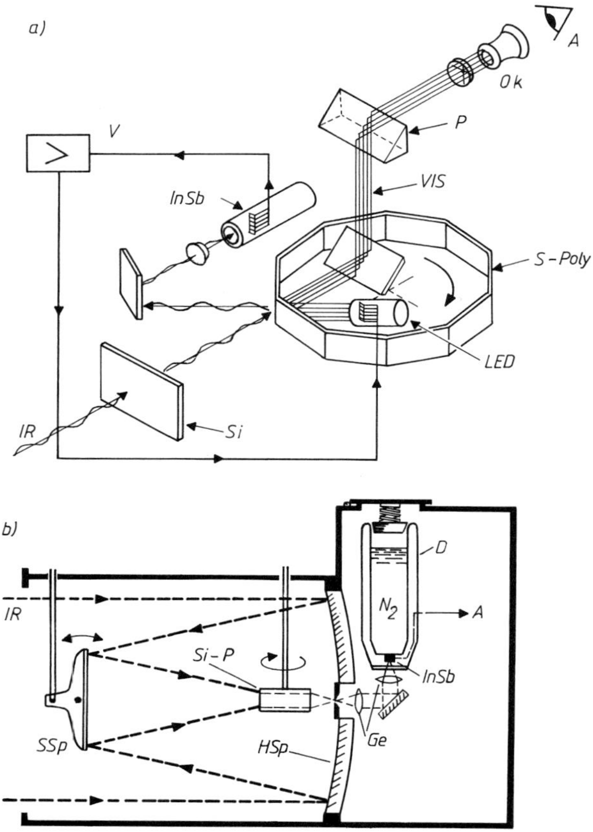


Bild 20.3.2 Prinzipskizzen der Optik von Wärmebildgeräten

a) Wärmebildgerät mit simultaner Beobachtung ohne Monitor [L 20.3.4; H 20.3.4]. IR = einfallende Strahlung, Si = Siliziumfenster, S-Poly = Spiegelpolygon, InSb = Array aus 6 InSb-Detektoren, V = 6 Verstärker, LED = Array aus 6 Leuchtdioden, VIS = sichtbare Strahlung der LED's, P = Prisma, Ok = Okular, A = Auge

b) Wärmebildgerät mit Einzeldetektor und Monitor-Beobachtung [H 20.3.13]. IR = einfallende Strahlung, HSp = Hohlspiegel, SSp = Schwenkspiegel, Si-P = Silizium-Polygon, Ge = Germanium-Linsen, InSb = Detektor, A = Detektor-Ausgangssignal, $N_2$ = flüssiger Stickstoff, D = Dewar-Gefäß

Die Erfassung *zweidimensionaler IR-Strahlungsverteilungen* („Infrarotbilder") kann auf unterschiedliche Weise erfolgen: Der *Infrarot-Film* ermöglicht direkte Aufzeichnung im nahen IR-Gebiet, da er speziell für diesen Bereich sensibilisiert wurde. Wird eine solche infrarotempfindliche Schicht in einen Farbfilm eingebaut, so entsteht ein

*Infrarot-Farbfilm,* z. B. [H 20.3.24], der IR-reflektierenden Flächen eine Farbe (Rot) zuordnet. Für den sichtbaren Bereich ergeben sich dadurch natürlich Abweichungen zwischen Objektfarbe und Farbwiedergabe (deshalb auch „IR-Falschfarbenfilm").

Einfache Bildwandler für die kurzzeitige Beobachtung von Infrarotbildern, der Justierung von Infrarot-Quellen, IR-Lasern usw. sind *IR-Wandlerschirme* (z. B. [H 20.3.8; 20.3.10]): Sie wirken entweder durch Fluoreszenzauslöschung oder Fluoreszenzauslösung (vergl. Abschn. 3.8): Ein „Negativbild" entsteht, wenn eine vorher durch kurzwellige Strahlung (UV/blau) angeregte, nur langsam abklingende Lumineszenz durch IR-Bestrahlung gelöscht wird (dunkles Bild auf hellem Grund). Bei einem anderen Wandlertyp werden durch kurzwellige Bestrahlung freigesetzte Elektronen zunächst an „Haftstellen" (Traps) im Gitter festgehalten, so daß zunächst der Schirm dunkel bleibt. Auftreffende IR-Strahlung setzt diese Elektronen frei, so daß die Lumineszenz des „aufgeladenen" Wandlers ausgelöst wird: es entsteht ein helles Bild auf dunklem Grund, das langsam abklingt.

Ein wichtiges Arbeitsgebiet der Infrarottechnik ist die berührungslose *Temperaturmessung* an entfernten Objekten (Strahlungs-Thermometrie). Punktweise Messung kann durch *Strahlungs-Thermometer* (auch: „Strahlungs-Pyrometer") erfolgen, bei denen die betreffende Objektstelle auf den Einzeldetektor abgebildet wird. Exakte Absolutmessung erfordert Kalibrierung gegen einen Referenzstrahler und Kenntnis des Objekt-Emissionsgrades $\varepsilon$ ($\lambda$,T), Abschn. 6.1, der erfreulicherweise über etwa $\lambda = 7$ µm praktisch unabhängig von $\lambda$ und T ist: Metalle haben niedrigen, Nichtmetalle hohen $\varepsilon$-Wert.

Wichtiger als sehr exakte Temperaturmessung ist aber häufig die Erfassung von *Temperaturdifferenzen* auf einer Objektfläche, d. h. die übersichtliche Darstellung von ein- oder zweidimensionalen Temperaturverteilungen („Temperaturfelder"). Hierzu dienen *Wärmebildgeräte,* die für direkte Beobachtung oder auch für Bildspeicherung *(„Thermografie-Kameras")* ausgelegt sind. Das gesamte durch seine Eigenstrahlung abzubildende Feld wird entweder durch Bildfeld- oder durch Objektfeld-Abtastung erfaßt: *Bildfeld-Abtastung* ist entweder mit Bildwandler-Röhren (Abschn. 20.2) oder mit IR-empfindlichen TV-Röhren (Abschn. 20.1) möglich; z. B. wird mit Bleioxid als Bildaufnahmefläche ein naher IR-Bereich bis ca. 2 µm erfaßt. Mit speziellen Wärmebildröhren, z. B. [H 20.1.3], die eine pyroelektrische Bildaufnahmeplatte (Triglyzinsulfat) enthalten, ist aber auch das mittlere und ferne IR der TV-Aufnahme zugänglich.

Weiterhin werden zweidimensionale Arrays aus einer großen Zahl in einer Ebene dicht angeordneter IR-Halbleiter-Detektoren entwickelt. Durch möglichst viele Detektor-Elemente wird gleichzeitig gutes räumliches und zeitliches Auflösungsvermögen erreicht. Natürlich müssen auch diese Arrays stark gekühlt werden, wenn sie im mittleren bis fernen Infrarot arbeiten sollen.

Bei Wärmebildgeräten im Bereich der atmosphärischen Fenster 3 . . . 5,5 µm und 8 . . . 14 µm wird jedoch überwiegend die *Objektfeld-Abtastung* angewendet: Das Objektfeld wird durch einen zweidimensional arbeitenden *Scanner* (z. B. zwei oszillierende Planspiegel oder rotierendes Spiegelpolygon und Spiegel) punktweise über den optimal gewählten Detektor mit kleiner Empfangsfläche geführt. Die Zeitfolge der Signale wird in ein Monitorbild umgewandelt. Hier sind hohes räumliches und thermisches Auflösungsvermögen (feine Temperaturstufen) mit geringem zeitlichem Auflösungsvermögen (niedrige Bildfrequenz) verbunden. Die geringste unter im übrigen optimalen Bedingungen auflösbare Temperaturdifferenz (z. B. 0,1 ... 0,2 K) ist durch die *„rauschäquivalente Temperaturdifferenz“* NET gegeben, d. h. durch die Temperaturdifferenz, die ein dem Rauschen äquivalentes Signal erzeugt (analog der NEP-Definition, Abschn. 6.7). Die einzelnen Temperaturstufen werden durch Grauwerte oder Farben auf dem Monitorschirm wiedergegeben.

Bild 20.3.2 zeigt zwei Beispiele für den optischen Aufbau von Wärmebildgeräten: Die in Bild 20.3.2 a dargestellte Anordnung ermöglicht bei begrenzter räumlicher Auflösung, aber relativ hoher Bildfrequenz (15 Hz) eine Temperaturfeld-Beobachtung ohne Monitor: Über ein rotierendes Spiegelpolygon wird ein Streifen der Objektfläche auf ein vertikales Array aus 6 InSb-Detektoren abgebildet, mit deren verstärktem Signal 6 rote Leuchtdioden angesteuert werden. Über die gleiche Spiegelplatte, die außen für die Detektoren zuständig ist, werden innen die LED's in das Bildfeld vor dem Okular abgebildet. Somit entstehen 6 mit dem Detektorsignal modulierte Leuchtzeilen. Da die 10 Spiegel des Polygons nicht komplanar, sondern mit etwas unterschiedlichen Winkeln zur Achse angeordnet sind, tastet die nächste Spiegelfläche 6 andere Zeilen ab, so daß das Feld objekt- und bildseitig in 60 Zeilen aufgelöst wird.

Die mit einem Einzeldetektor zusammenwirkende Abtastung gemäß dem in Bild 20.3.2 b gezeigten Prinzip wird in verschiedenen Variationen verwirklicht. Die Abbildung des Objektpunktes auf den Detektor erfolgt hier durch den Hohlspiegel und die Germanium-Linsen. Das Detektor-Ausgangssignal wird nach Synchronisation mit Schwenkspiegel- und Polygonbewegung zum Bildaufbau auf einem Monitor benutzt – bei niedriger Bildfrequenz unter Zwischenschaltung eines digitalen Speichers, der dann auch Bildverarbeitungsoperationen ermöglicht. Für absolute Temperaturmessungen gelten die gleichen Bedingungen wie bei Strahlungs-Thermometern. Die Anwendungen der Thermografie-Kameras liegen u. a. auf den Gebieten der Bauphysik (Erkennung von Fehlstellen der Wärmeisolation), der Elektrik/Elektronik (Erkennung von Schadstellen mit örtlicher Temperaturerhöhung, z. B. durch Kontaktfehler) und in der medizinischen Diagnostik.

## Literaturhinweise

L 20.3.1 *Levinstein, H.:* Infrared Detectors, LÜ 1, Vol. II/8. *Gramm, C. F.:* Infrared Equipment, LÜ 1, Vol. II/9. *Bode, D. E.:* Infrared Detectors, LÜ 1, Vol. VI/8

L 20.3.2 *Scholl, M. S.:* Temperature calibration of an infrared radiation source. Applied Optics *19* (1980) No. 21, 3622–3625

L 20.3.3 *Erfurth, M.:* Grundlagen und Anwendungen der Thermografie in der Technik. messen + prüfen/automatik, *14*/1978, S. 162–164, 167–168, 188

L 20.3.4 *Andriollo, M.:* Thermografie – Innovative ... Meßmethode? messen + prüfen/automatik, *15*/1979, S. 455–457

L 20.3.5 *Kruse, P. W.; McGlauchlin, L. D.; McQuistan, R. B.:* Grundlagen der Infrarottechnik. Berliner Union/W. Kohlhammer, Stuttgart 1971

L 20.3.6 *Astheimer, R. W.; Schwarz, F.:* Thermal imaging using pyroelectric detectors. Applied Optics *7* (1968) No. 9, 1687–1695

L 20.3.7 *Lineweg, F. (Hrsg.):* Handbuch der technischen Temperaturmessung. Verlag Vieweg & Sohn, Braunschweig 1976

L 20.3.8 Applied Infrared Photography. Kodak-Broschüre M-28, 1977

L 20.3.9 *Kürbitz, G.; Weinheimer, H.-R.:* Universelles Infrarot-Thermographiesystem für Technik und Wissenschaft. BMFT-Forschungsbericht 13 N 5069 (Carl Zeiss, Oberkochen)

## Beispiele für Hersteller bzw. Lieferanten

H 20.3.1 *H. Kleiber,* Donaustr. 4, Erlangen: Optische Temperatur-Meß- u. Regelgeräte
H 20.3.2 *Heimann GmbH,* Weher Köppel 6, Wiesbaden-Dotzheim: IR-Strahlungsthermometer, Schwarzer Strahler z. Kalibrieren von Pyrometern
H 20.3.3 *Dr. Georg Maurer GmbH,* Max-Planck-Str. 4 + 7, Neuffen: Pyrometer
H 20.3.4 *Atomika GmbH,* Kuglmüllerstr. 6, München: Thermografie-Kameras, Wärmesichtgeräte, IR-Detektoren
H 20.3.5 *Carl Zeiss,* Oberkochen: Thermografie-Kameras, Wärmebild-Beobachtungsgerät für Fahrzeug-Einsatz
H 20.3.6 *AEG-Telefunken,* Heilbronn: Komponenten für Thermografiekameras u. Nachtsichtgeräte
H 20.3.7 *Anaspec GmbH,* Pallaswiesenstr. 63, Darmstadt: Kalibrierter Schwarzer Strahler f. IR-Strahlg.
H 20.3.8 *Laser 2000 GmbH,* Edelsbergstr. 10, München: Infrarot-Wandlerschirme
H 20.3.9 *PTR Optics Corp.,* Waltham, USA: Infrarot-Optik, IR-Drahtgitter-Polarisatoren
H 20.3.10 *Oriel GmbH,* Im Tiefen See 58, Darmstadt: Globar- IR-Quelle u. Nernst-Strahler, Infrarot-Optik, Bildplatten u. Wärmebildplatten für IR-Laser (Fluoreszenzlöschung u. Fluoreszenzauslösung)
H 20.3.11 *Schott Glaswerke,* Hattenbergstr. 10, Mainz: Optische Materialien für die Infrarottechnik
H 20.3.12 *G. Rodenstock,* Isartalstr. 43, München: Optik f. Thermografie-Systeme
H 20.3.13 *AGA-Optronic GmbH,* Zimmersmühlenweg 40, Oberursel: Thermografie-Kameras
H 20.3.14 *Mullard Ltd,* Torrington Place, London: Infrarot-Detektoren, Thermografie-Komponenten
H 20.3.15 *Optische Industrie de Oude Delft,* Postf. 72, Delft, NL: Optische Systeme für fernes Infrarot
H 20.3.16 *Rank Precision Industries GmbH,* Gustav-Stresemann-Ring 12, Wiesbaden: Objektive für Wärmebild-Systeme
H 20.3.17 *Technitron GmbH,* Martin-Luther-Str. 20, München: Infrarot-Sichtgeräte
H 20.3.18 *ITT Standard Elektrik Lorenz AG,* Fritz-Müller-Str. 112, Esslingen: Infrarot-Taschenlampe
H 20.3.19 *Pier-Electronic GmbH,* Nassaustr. 35, 6238 Hofheim-Wallau: IR-Feuchtigkeits-Meßgerät
H 20.3.20 *B. Halle Nachfl.,* Hubertusstr. 10, Berlin 41: Opt. Bauteile aus Kristall-Materialien
H 20.3.21 *Wild Heerbrugg AG, CH, über Ernst Leitz KG,* Wetzlar: Infrarot-Bildwandlergerät f. Fotoaufnahmen, Infrarot-Optik
H 20.3.22 *Mütek GmbH,* Lachen – Prielwiese 10 a, Diessen: Infrarot-Optik, Detektoren, Laser
H 20.3.23 *Davin Optical Ltd, GB, über Mütek GmbH,* Lachen – Prielwiese 10 a, Diessen: Objektive mit Ge-Linsen f. Wärmebildkameras (Pyroelektr. Vidicon)
H 20.3.24 *Kodak AG,* Hedelfinger Str. 54, Stuttgart-Wangen: Infrarot-Fotomaterial
H 20.3.25 *Plessey Ltd.,* Wood Burcote Way, Towcester, GB: Infrarot-Detektoren
H 20.3.26 *Barnes Engineering Comp.,* 30 Commerce Road, Stamford, USA: IR-Geräte u. -Optik, u. a. f. Temperaturmessg.; Thermografie-Kameras
H 20.3.27 *FJW-Industries, USA, über Quantronix GmbH,* Groß-Gerauer Weg 55, Darmstadt: Infrarot-Sichtgeräte

# 21 Holografie

## 21.1 Grundlagen der Holografie

Die *Holografie* („vollständige Aufzeichnung") ist ein mit fotografischen Schichten arbeitendes Registrierverfahren, das jedoch auch mit anderen Speichermedien (Video-Aufzeichnung) ausgeführt werden kann. Die von der Fotografie abweichenden Eigenschaften haben zu wichtigen Anwendungen in der Meß- und Prüftechnik und in der Datenverarbeitung geführt. Bei der normalen Fotografie wird die Leuchtdichteverteilung eines Objektraumes oder einer Objektebene unmittelbar durch Projektion auf eine Bildebene dargestellt und hier durch den fotografischen Prozeß registriert. Dem Vorteil, daß der Beobachter bei der Bildbetrachtung das Objekt unmittelbar erkennen kann, stehen verschiedene Nachteile gegenüber. So ist durch Registrierung des Objektraumes in einer Ebene die Perspektive völlig festgelegt: Durch Betrachtung des Bildes aus verschiedenen Richtungen und Entfernungen erhält man keine andere Ansicht des Objekts. Außerdem kann nicht ein beliebig tiefer Objektraum völlig scharf auf eine Ebene abgebildet werden (Abschn. 4.5).

Mit der Holografie wird demgegenüber nicht die Leuchtdichteverteilung im Objektraum, sondern die Struktur des vom Objekt ausgehenden Wellenfeldes registriert. Diese *Wellenfeld-Registrierung,* das *Hologramm,* weist damit bei direkter Beobachtung keinerlei Ähnlichkeit mit dem Objekt auf. Die fotografische Aufzeichnung besteht aus mikrofeinen, für das Auge nicht deutbaren Interferenzmustern. Bei geeigneter Beleuchtung des Hologramms entsteht aber durch Beugung das ursprüngliche Wellenfeld *(„Rekonstruktion");* gelangen diese Wellen in des Auge des Beobachters, so sieht er das Objekt vollständig räumlich, ohne die Begrenzungen der normalen Fotografie. Das Hologramm ist also ein optisches Bauelement, ein Werkzeug, mit dem ein bei der Aufzeichnung vorhanden gewesenes Wellenfeld beliebig später wieder rekonstruiert werden kann.

Diese Aussagen sollen an der holografischen Registrierung des einfachsten möglichen Objekts erläutert werden, d. h. an einem im $\infty$ liegenden Objektpunkt. Fällt die von diesem Punkt ausgehende Welle als ebene Welle (Parallelbündel) auf eine Fotoplatte (Bild 21.1.1 a), so ist die Platte nach der Entwicklung einfach geschwärzt. Sie weist keine Hell-Dunkel-Strukturen aus, die auf die Herkunft der Welle schließen lassen. Fällt jedoch eine zweite ebene Welle gleicher Wellenlänge als *Referenzwelle* auf die Fotoschicht, so interferieren beide Wellen. Die entwickelte Platte zeigt helle Streifen mit dem Mittenabstand („Gitterkonstante") (Bild 21.1.1 b) $g = \lambda/\sin\alpha$. Der Übergang zu den dazwischen liegenden dunklen Streifen erfolgt allmählich, so daß im Idealfall die Amplitudendurchlässigkeit der Funktion $\cos^2 x$ folgt ($x = \pi \cdot s/g$; s = Koordinate senkrecht zur Richtung der Streifen). Durch die Belichtung der Fotoplatte mit zwei Parallelbündeln ist ein *„Sinusgitter"* entstanden. Beide Wellen müssen aber während der Belichtung feste Phasenbeziehungen zueinander aufweisen; sie werden durch Strahlenteilung aus der gleichen Lichtquelle (Laser) gewonnen. Damit ist eine *Hologrammaufnahme* erfolgt; die entwickelte Fotoplatte ist das Hologramm. Zur *Rekonstruktion* wird das Hologramm wieder mit der Referenzwelle durchstrahlt (Bild 21.1.1 c). Diese Welle wird durch das Gitter gebeugt (Abschn. 1.5). Bei einem Sinusgitter entstehen beider-

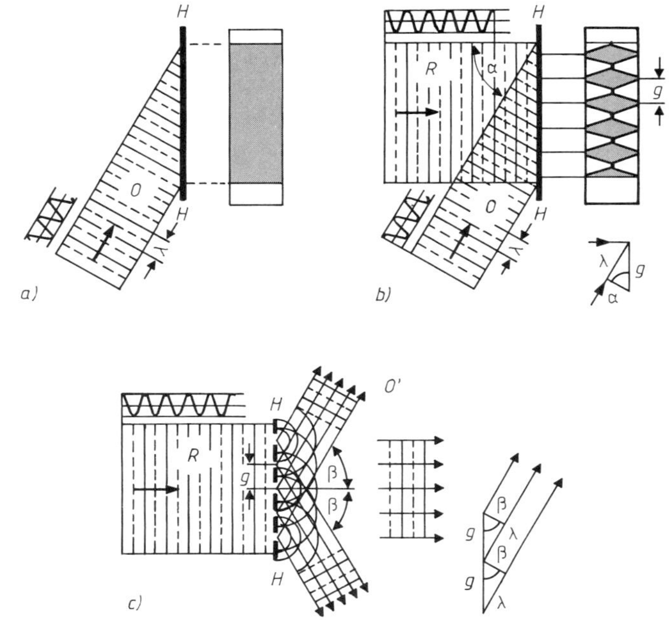


Bild 21.1.1 Grundprinzip der holografischen Aufzeichnung

H–H = Hologrammebene, O = Objektwelle, R = Referenzwelle, λ = Wellenlänge, g = Abstand der Interferenzlinien im Hologramm („Gitterkonstante"). a) Objektwelle fällt allein auf die Hologrammebene: kein Hologramm. b) Zufügen der Referenzwelle R ergibt Hologrammstruktur. c) Rekonstruktion der Objektwelle (O′)

seits der direkt durchgehenden Referenzwelle (0. Ordnung) nur Wellen der Ordnungen $m = +1$ und $m = -1$. Die Welle mit $m = +1$ entspricht aber der ursprünglichen Objektwelle, die damit rekonstruiert wurde! Diese Welle trifft also ein durch das Hologramm blickendes Auge genau in der gleichen Richtung, als ob sie vom unendlich fernen Objektpunkt her käme, denn für die Beugungsrichtung gilt bei der Ordnung $m = +1$: $\sin\alpha = \lambda/g$.

Dieses Ergebnis kann nun verallgemeinert werden: Von einem Punkt P im Endlichen geht eine *Kugelwelle* aus (Bild 21.1.2 a). Wird sie mit der ebenen Referenzwelle überlagert, so entstehen als Hologrammstruktur ringförmige Interferenzstreifen mit nach außen abnehmendem Abstand g; die Amplitudendurchlässigkeit folgt im Idealfall in radialer Richtung der Funktion $\cos^2 x^2$. Durchstrahlt man das fertige Hologramm wieder mit der Referenzwelle, so wächst der Beugungswinkel zum Rand hin gemäß $\sin\alpha = \lambda/g$ (Bild 21.1.2 b). Insgesamt entstehen durch die Ordnungen $m = +1$ und $m = -1$ zwei Kugelwellen, die ein *virtuelles Bild* P′ und ein *reelles Bild* P″ des Objektpunktes P

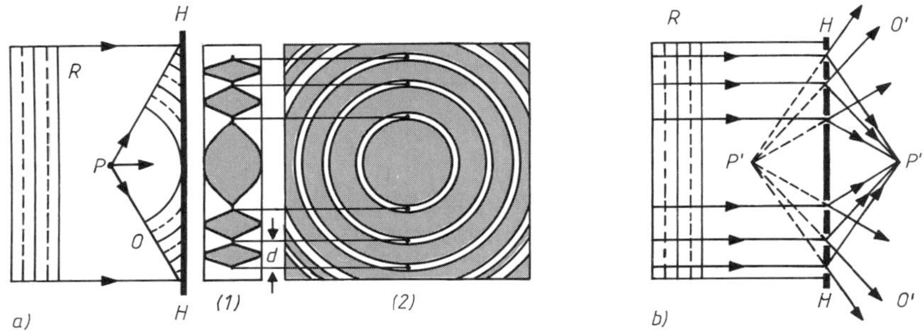


Bild 21.1.2 Hologramm eines Objektpunktes P im Endlichen

a) Hologrammaufnahme. Gegenüber Bild 21.1.1 b nimmt g nach außen ab (1); eine von P ausgehende Kugelwelle erzeugt ein Fresnelsches Zonensystem (2). b) Hologrammrekonstruktion: Es entstehen virtuelles Bild P′ und reelles Bild P″ des Punktes P

liefern. Der virtuelle Punkt P′ liegt genau dort, wo sich bei der Hologrammaufnahme der Objektpunkt P befand. Das aus den ringförmigen Interferenzstreifen bestehende Zonensystem wirkt also gleichzeitig wie eine Positiv- und eine Negativlinse.

Auf jeden Punkt eines ausgedehnten Objekts kann man nun die gleiche Betrachtung anwenden: Jeder Objektpunkt konstruiert sich bei der Hologrammaufnahme sein eigenes Abbildungssystem. Alle diese Zonensysteme überlagern sich auf der Hologrammplatte, ohne sich gegenseitig zu stören. Dadurch entsteht das komplizierte Interferenzmuster, das jedoch bei der Rekonstruktion ein positives und ein negatives Bild liefert. Beide Bilder entstehen nicht wie ein Fotobild auf einer Ebene, sondern frei im Raum. Durch das Hologramm blickt man auf das virtuelle Bild wie auf den Gegenstand selbst. Ändern der Blickrichtung ergibt eine andere Perspektive.

## Literaturhinweise

L 21.1.1 *Groh, G.:* Holographie. Verlage Berliner Union u. W. Kohlhammer, Stuttgart, Berlin, Köln, Mainz 1973

L 21.1.2 *Lenk, H.:* Holographie. VEB Georg Thieme, Leipzig 1971, 2. Auflage

L 21.1.3 *Françon, M.:* Holographie. Springer-Verlag Berlin, Heidelberg, New York 1972

L 21.1.4 *Miler, M.:* Optische Holographie. Verlag Karl Thiemig, München, 2. Auflage 1978

L 21.1.5 *Schröder G.:* Einführung in die Holografie. Funkschau *41* (1969) H. 24, S. 857–860

L 21.1.6 *Nowak, J.; Zajac, M.:* Geometrical analysis of holographic imaging. Optik *55* (1980) No. 1, 93–103

L 21.1.7 *Thompson, B. J.:* Principles and Applications of Optical Holography. LÜ 1, Vol. VI/9

L 21.1.8 *Menzel, E.; Mirandé, W.; Weingärtner, I.:* Fourier-Optik und Holographie. Springer-Verlag Wien, New York 1973

L 21.1.9 *Hariharan, P.:* Optical Holography. Cambridge Univ. Press, Cambridge 1984

## 21.2 Einrichtung zur holografischen Aufnahme und Rekonstruktion

Bild 21.2.1 zeigt eine der vielen möglichen Varianten holografischer Versuchsaufbauten, mit denen die in Abschnitt 21.1 nur prinzipiell dargestellte Hologrammaufnahme und die Rekonstruktion des Bildes durchgeführt werden können. Als *Lichtquelle* reicht für viele Untersuchungen bereits ein *HeNe-Laser* mit einer Ausgangsleistung von etwa 5 mW aus; für die Ausleuchtung größerer Objekte und/oder kürzere Belichtungszeiten ist ein *Argon-Laser* zweckmäßig. Bei einigen holografischen Verfahren kann mit *Impulslasern* gearbeitet werden (Abschn. 21.3). Der Laserstrahl wird zur Belichtung durch einen zweckmäßig elektromagnetisch betätigten *Verschluß* freigegeben. Durch einen Strahlenteiler wird die Aufteilung in eine Objekt-Beleuchtungswelle und eine Referenzwelle vorgenommen. Die beiden Wellen haben dadurch – wie gefordert – zeitlich konstante Phasenbeziehungen zueinander. Der *Strahlenteiler* sollte einstellbares Teilungsverhältnis $\tau/\varrho$ haben, damit die Beleuchtungsstärken in der Hologrammebene reguliert werden können. Dies ist z. B. durch eine drehbare, unterschiedlich bedampfte Teilerplatte möglich. Objekt- und Referenzstrahl müssen zur Ausleuchtung größerer Bereiche (Objektraum, Hologrammebene) *aufgeweitet* werden. Hierfür sind gute Mikroskop-Objektive am günstigsten: Der Laserstrahl wird im Objektiv-Brennpunkt $F'_{(1)}$ fokussiert; von dieser nahezu punktförmigen Lichtquelle geht dann eine Kugelwelle aus. Wird eine ebene Referenzwelle benötigt (dies ist keineswegs immer erforderlich), so wird das divergente Bündel durch eine Linse mit großem Durchmesser und entsprechend größerer Brennweite wieder parallel gemacht. Mikroskopobjektiv (1) und Zu-

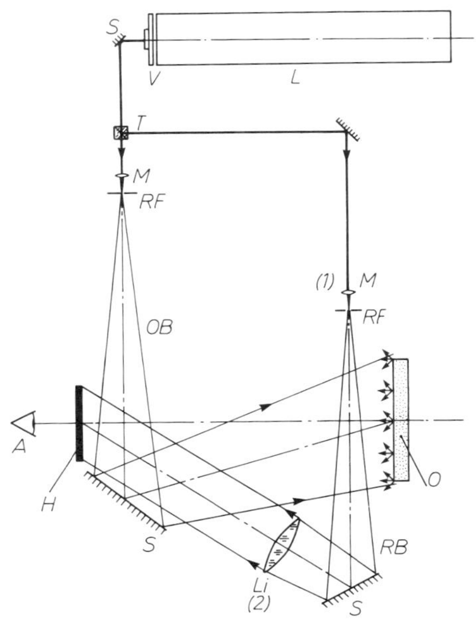


Bild 21.2.1 Beispiel für Einrichtung zur Hologrammaufnahme

L = Laser, V = Verschluß, S = Umlenkspiegel, T = Teiler, M = Mikroskopobjektive zur Aufweitung, RF = Raumfilter, Li = Linse, O = Objekt, H = Hologramm, A = Auge (bei Hologramm-Rekonstruktion), OB = Objektbeleuchtungs-Bündel, RB = Referenzbündel. Objektiv (1) und Linse (2) bilden ein umgekehrtes Fernrohr zur Strahlaufweitung satzlinse (2) sind also so anzuordnen, daß $\overline{F}_{(2)} = F'_{(1)}$ gilt; es ist ein afokales System entsprechend einem umgekehrten Fernrohr entstanden (Abschn. 9.7), mit dem *Strahlaufweitungsverhältnis* $f'_{(2)}/f'_{(1)}$.

Durch Staubpartikel, Objektivfehler usw. kann Störlicht entstehen, das in der Hologrammebene zu unerwünschten Interferenzen führt. Insbesondere der Referenzstrahl wird deshalb durch ein *„Raumfilter"* gereinigt. Das ist eine enge Lochblende (Durchmesser etwa 10 μm bis 30 μm), die exakt in den Brennpunkt $F'_{(1)}$ des Mikroskopobjektivs einjustiert werden muß. Dann wird alles vor dem Raumfilter entstehende Störlicht durch die Blende abgefangen. Das aufgeweitete *Objekt-Beleuchtungsbündel* wird über einen Spiegel auf das Objekt gerichtet; das vom Objekt diffus reflektierte Licht gelangt auf das Hologramm. Das *Referenzbündel* fällt geneigt auf die Hologrammplatte. Durch diese im Gegensatz zu Bild 21.1.2 unsymmetrische Anordnung wird erreicht, daß bei der Rekonstruktion die Beobachtung des virtuellen und ggf. des reellen Bildes nicht durch die direkt durch das Hologramm tretende Referenzwelle (0. Ordnung) gestört wird. Das Objekt muß möglichst gut, d. h. schattenfrei, ausgeleuchtet werden. Deshalb steht der Umlenkspiegel für den Objektstrahl dicht neben dem Hologramm. Bei komplizierten Objektformen ist über einen weiteren Strahlenteiler die Objektbeleuchtung von zwei Seiten aus möglich. *Störlicht,* das u. a. durch Reflexion an glänzenden Bauteilflächen entsteht, muß durch Abdecken sorgfältig vermieden werden.

Das diffus reflektierende Objekt wirkt wie ein Selbstleuchter. Die von den einzelnen Objektpunkten ausgehenden Wellen haben in der Hologrammebene unterschiedliche Phasenverschiebungen gegenüber der Referenzwelle. Aber die hiermit verbundenen Differenzen der optischen Wege müssen während der Belichtungszeit auf Bruchteile einer Wellenlänge konstant bleiben. Dies kann man auf zwei Wegen erreichen: Bei *langen Belichtungszeiten* (kleine Laserleistung, große ausgeleuchtete Flächen) muß der *Aufbau schwingungsfrei* erfolgen. Fundamentschwingungen werden durch eine schwere Grundplatte (Granit, Stahl) mit angepaßten Schwingungsdämpfern absorbiert; die Aufbauteile erhalten schwere Füße und möglichst tief liegende Schwerpunkte. Auch bei optimalem Grundaufbau können die Aufbauteile durch akustische Wellen zu Schwingungen angeregt werden! Die Auslösung des Laserverschlusses darf ebenfalls keine Schwingungen auf die holografische Einrichtung übertragen. Bei extrem *kurzen Belichtungszeiten* mit hohen Laserleistungen ist hingegen der schwingungsfreie Aufbau überflüssig; es können dann sogar bewegte Objekte holografiert werden.

Die bei der Hologrammaufnahme benutzten Fotoschichten müssen sehr hohes *Auflösungsvermögen* haben. Man kann es mit dem Strahlungseinfall nach Bild 21.1.1 b abschätzen: Da sich als Streifenabstand $g = \lambda/\sin\alpha$ ergibt, muß die Schicht eine Ortsfrequenz $R = 1/g$ in Linienpaaren/mm mit ausreichendem Kontrast auflösen. Für einen HeNe-Laser mit $\lambda = 632{,}8$ nm und z. B. $\alpha = 45°$ ergäbe sich $R = 1117$ Lp/mm! Dieses hohe Auflösungsvermögen von etwa 1000 bis 3000 Lp/mm ist mit recht niedriger *Empfindlichkeit* der Fotoschichten verbunden. Die spektrale Empfindlichkeit ist an die Laserwellenlänge anzupassen (z. B. unterschiedliche Schichten für HeNe- und Ar-Laser). Die notwendige *Belichtungszeit* kann nach Kalibrierung in der Hologrammebene gemessen werden. Auch eine automatische Steuerung des Laserverschlusses durch eine hinter der Hologrammplatte angebrachte Meßzelle (Lichtstrom-Integration über die Zeit) ist möglich, weil die dünne Fotoschicht sehr gut lichtdurchlässig ist.

Bei der *Belichtung* des Hologramms wirken *Objektstrahl* (d. h. das vom Objekt reflektierte Licht) und *Referenzstrahl* zusammen. Es erschiene zunächst plausibel, für beide Strahlen in der Hologrammebene ein *Beleuchtungsstärkeverhältnis* von 1 : 1 einzustellen. Dann würde sich aber in den Interferenzminima (dunkle Stellen) durch Auslöschung die Beleuchtungsstärke Null ergeben: Die Fotoschicht müßte im nichtlinearen Teil ihrer Kennlinie arbeiten; sie wäre übersteuert. Deshalb soll im allgemeinen der Referenzstrahl in der Hologrammebene eine 4- bis 10mal höhere Beleuchtungsstärke ergeben als das vom Objekt reflektierte Licht.

Bei der Rekonstruktion möchte man ein möglichst helles Bild, d. h. viel Licht in der 1. Beugungsordnung haben, d. h. der *Beugungswirkungsgrad* $\eta_b = \Phi_b/\Phi$ ($\Phi_b$ in die 1. Ordnung gebeugter, $\Phi$ auffallender Lichtstrom der Referenzwelle) soll hoch sein. Man kann ihn erheblich verbessern, wenn man die störende Absorption durch das Bildsilber mit einem Bleichbad beseitigt und so das *Amplitudenhologramm* in ein *Phasenhologramm* umwandelt: Die Strukturen aus hellen und dunklen Stellen werden in Strukturen unterschiedlicher Schichtdicke und Brechzahl umgewandelt *(„Phasengitter“)*. Zur *Bildrekonstruktion* wird das Hologramm in der Einrichtung nach Bild 21.2.1 an die gleiche Stelle wie bei der Aufnahme gebracht; der Strahlenteiler wird so eingestellt, daß praktisch die gesamte Laserleistung in den Referenzstrahl geht. Dann erscheint das voll räumliche virtuelle Bild da, wo vorher das Objekt angeordnet war. Das virtuelle Bild kann man wie jedes reelle Objekt fotografieren: Die Kamera wird hinter das Hologramm gebracht und auf das virtuelle Bild scharf eingestellt. Das *reelle Beugungsbild* ist ohne Kameraobjektiv fotografisch registrierbar: die Fotoschicht wird in den Bereich des reellen Bildes (hinter dem Hologramm) gebracht. Da aber die Filmebene nur einen ebenen Schnitt durch das räumliche reelle Bild ergibt, muß durch Aperturbegrenzung (unaufgeweiteter Referenzstrahl bei der Rekonstruktion) für ausreichende Schärfentiefe gesorgt werden.

Die holografische Bildrekonstruktion ist aber auch ohne Laser möglich. Es genügt eine monochromatische, möglichst punktförmige Lichtquelle, z. B. eine Quecksilber-Höchstdrucklampe mit Interferenzfilter, so daß nur die e-Linie ($\lambda = 546{,}1$ nm) zur Wirkung kommt.

Bei entsprechender Aufnahmetechnik kann die *Bildrekonstruktion* sogar *mit weißem Licht* erfolgen. Mit gegenüber Bild 21.2.1 geänderter Strahlenführung läßt man Objekt- und Referenzwelle von verschiedenen Seiten (von vorn und von hinten) auf die (möglichst dicke) Fotoschicht fallen. Dann bilden sich in der Schicht „stehende Wellen“ und damit hintereinander in der Schichttiefe liegende Interferenzmaxima mit dem Abstand $\lambda/2$. Dieses *Volumenhologramm* wirkt als *Weißlichthologramm:* für die Rekonstruktion genügt eine möglichst kleine (punktförmige) Lichtquelle, die nicht monochromatisch zu sein braucht, da das Hologramm selbst wie ein Interferenzfilter wirkt: Bei Bestrahlung mit weißem Licht wird ein einfarbiges Reflexbild rekonstruiert (Betrachtung also von der gleichen Seite, von der die Referenzwelle einfällt). Die Bildfarbe entspricht der Aufnahmewellenlänge, soweit nicht durch Schicht-Schrumpfung eine Verschiebung zu kürzeren Wellenlängen erfolgt (häufig z. B. von HeNe-Rot nach Grün).

**Literaturhinweise**

L 21.2.1 *Kiemle, H.; Röss, D.:* Einführung in die Technik der Holographie. Akademische Verlagsgesellschaft, Frankfurt 1969

L 21.2.2 *Smith, H. M.* (Hrsg.): Holographic Recording Materials. Springer-Verlag Berlin, Heidelberg, New York 1977

L 21.2.3 *Wachutka, H.:* Ein variables holographisches Interferometer. Optik *44* (1976) No. 3, 289–303

L 21.2.4 *Vikram, C. S.; Vedam, K.:* Filtering unwanted reference beams in holography. Optik *54* (1979) No. 1, 37–44

L 21.2.5 *Unterseher, F.; Hansen, J.; Schlesinger. B.:* Holography Handbook. Ross Books, Berkeley 1982

**Beispiele für Hersteller bzw. Lieferanten**

H 21.2.1 *Rottenkolber Holo-System GmbH,* Erhardtstr. 12, München: Holografie-Systeme u. holografische Komponenten

H 21.2.2 *B. Halle Nachfl.,* Hubertusstr. 10, Berlin 41: Opt. Bauelemente für Holografie

H 21.2.3 *Spindler & Hoyer GmbH & Co.,* Königsallee 23, Göttingen: Holografie-Systeme u. holografische Komponenten

H 21.2.4 *Carl Baasel Lasertechnik KG,* Sandstr. 21, München: Holografie-Systeme u. holografische Komponenten

## 21.3 Holografische Verfahren

Besondere Bedeutung für die Meßtechnik haben Verfahren der *holografischen Interferometrie* (auch: *„Interferenzholografie“*). Das Grundprinzip ist folgendes: Werden mehrere Wellenfelder nacheinander im gleichen Hologramm gespeichert, so interferieren sie bei der Rekonstruktion. Das einfachste hierauf beruhende und deshalb häufig angewendete Verfahren ist die *Interferometrie durch Doppelaufnahmen* (Bild 21.3.1 b): Durch *Doppelbelichtung* der Hologrammplatte nimmt man das Meßobjekt nacheinander in zwei Zuständen (z. B. belastet und unbelastet) auf. Bei der Rekonstruktion interferieren die Wellen, die zu den beiden Objektzuständen gehören. Entsprechend der Verformungsdifferenz ist die Objektfläche von Interferenzstreifen überzogen, aus deren Verlauf und Zahl die Verformung bestimmbar ist. Diese *„eingefrorenen Interferenzstreifen“* geben nur einen Verformungszustand wieder; andere Verformungszustände (z. B. durch geänderte Belastung oder abweichende Temperaturverteilung) müssen durch weitere Doppelaufnahmen sichtbar gemacht werden. Neben der exakten Messung von Verformungen sind auch qualitative Untersuchungen bei der *zerstörungsfreien Werkstoffprüfung* möglich, da man sofort einen Gesamtüberblick über die Verteilung der Verformungen auf einer größeren Fläche erhält. Auch für *Schwingungsuntersuchungen* kann die Doppelbelichtungsholografie mit Erfolg eingesetzt werden, z. B. für Untersuchungen an Fahrzeugen [L 21.3.6]. Dann sind zwei extrem kurze Riesenimpulslaser-Blitze (Dauer z. B. 20 ns) in kleinem Abstand (z. B. 0,5 ms) zur Doppelbelichtung erforderlich. Die zur Zeit der Blitzbelichtungen vorliegenden Schwingungsphasen werden eingefroren. Aus den Daten der Belichtung und dem Interferenzbild sind die Schwingungsgrößen berechenbar.

In Abschnitt 21.2 ergab sich, daß sich das virtuelle Bild bei der Rekonstruktion exakt mit der Objektlage deckt, wenn nur das Hologramm genau in der gleichen Lage steht wie bei der Hologrammaufnahme. Läßt man nun bei der Rekonstruktion das Objekt an seinem Platz und beleuchtet es wie bei der Aufnahme, so überlagern sich die vom Objekt selbst und vom virtuellen Bild ausgehenden Wellenfelder: Es ist *Echtzeit-* oder

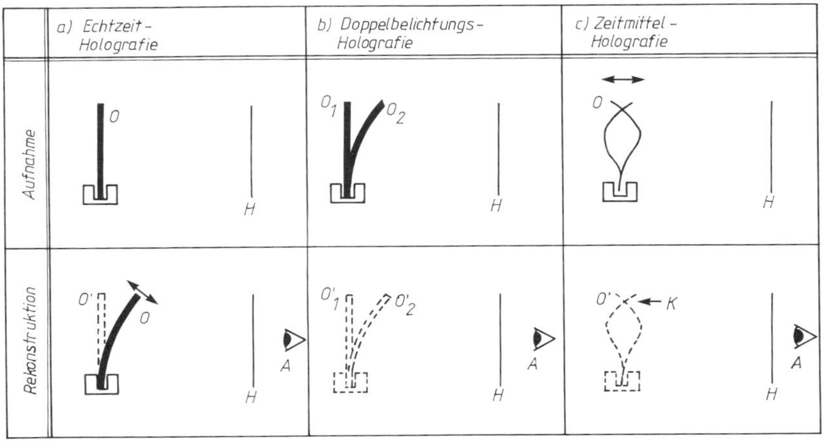


Bild 21.3.1 Übersicht über Verfahren der Interferenz-Holografie

*Real-Time-Holografie* möglich (Bild 21.3.1 a). Bei Verformung des Objekts ergeben sich *„lebende Interferenzstreifen"*, die sich also entsprechend der Verformung verändern. Beliebige Verformungszustände können sofort sichtbar gemacht werden – stets dient das vom Hologramm rekonstruierte virtuelle Bild des (unbelasteten) Objekts als Bezugsnormal. Die verschiedenen Belastungszustände können durch Fotografieren der Interferenzstreifenbilder durch das Hologramm hindurch festgehalten werden. Es ist aber nicht ganz einfach, die entwickelte Hologrammplatte wieder genau in Aufnahmeposition zu bringen (saubere Anlage für die Platten; Plattenhalter mit Feinverstellung). Ein möglicher Weg ist auch die *„in-situ-Entwicklung"*: Das Hologramm bleibt während Aufnahme, Entwicklung und Rekonstruktion in gleicher Lage innerhalb einer Küvette, in die Entwicklerflüssigkeiten usw. eingeleitet werden.

Ein einfaches Verfahren zur Untersuchung der erzwungenen *Schwingungen* von Objekten im Resonanzfall ist die *Time-average-Holografie* (Zeitmittelungsverfahren; Bild 21.3.1 c): Das Objekt wird in einer seiner Eigenfrequenzen (z. B. elektromagnetisch) angeregt und für das Hologramm eine Belichtungszeit gewählt, die groß gegenüber der Schwingungsdauer ist. An ruhenden Objektstellen treten während der Schwingung keine Wellen mit Phasendifferenzen auf: Die *Knotenlinien* werden also deutlich als helle Linien sichtbar. Kleine (!) Amplituden können ebenfalls bestimmt werden: An den Schwingungsbäuchen wird die Verformung zwischen den beiden Extremlagen erfaßt, ähnlich wie bei der Doppelbelichtungs-Holografie. Die relativ kontrastarmen Interferenzstreifen geben also die Verformung entsprechend der doppelten Amplitude an.

Mit holografischen Methoden können die rekonstruierten Bilder kompliziert geformter Objektflächen mit *Höhenschichtlinien* überzogen werden, d. h. mit Linien gleichen Abstandes von einer Bezugsebene (z. B. der Hologrammebene). Damit sind Vermessung der Flächenform und Formvergleich mit einem Bezugskörper möglich. Die Verfahren beruhen auf dem Prinzip der Doppelbelichtung. Da das Objekt nicht verformt wird, müssen die beiden interferierenden und dadurch die

Höhenschichtlinien erzeugenden Wellenfelder durch Änderung der Beleuchtungsbedingungen differenziert werden. Dies ist durch Belichtung mit zwei unterschiedlichen Laserwellenlängen möglich, aber apparativ kompliziert. Die gleiche Wirkung erhält man, wenn das Objekt in eine mit Flüssigkeit gefüllte Küvette eingetaucht ist. Zwischen beiden Belichtungen wird die *Brechzahl* der Flüssigkeit durch Lösen eines Stoffes (z. B. Zucker) geringfügig geändert, womit sich auch eine andere wirksame Wellenlänge ergibt. Ist dann bei der Laserwellenlänge $\lambda$ und den beiden Brechzahlen $n_1$ und $n_2$ die Zahl der zwischen zwei Flächenpunkten gezählten Interferenzstreifen $\Delta m$, so ist der Höhenunterschied zwischen diesen Punkten

$$\Delta h = \frac{\Delta m \cdot \lambda}{2(n_1 - n_2)} \qquad (21.3.1)$$

Setzt man $\Delta m = 1$, so erhält man den Abstand der Höhenschichtlinien. Zweckmäßig ist eine Kalibrierung mit einer bekannten, z. B. unter 45° in die Tiefe verlaufenden Objektfläche. An Stelle dieses *Zwei-Phasenmedien-Verfahrens* kann auch das *Zwei-Objektwellen-Verfahren* verwendet werden: Zwischen den beiden Belichtungen wird die punktförmige Beleuchtungsquelle (Brennpunkt des Aufweitungs-Mikroskopobjektivs) durch Drehen eines Umlenkspiegels geringfügig verlagert. Das Verfahren ist nicht allgemein anwendbar, da wegen der notwendigen Beleuchtungsrichtung bei komplizierten Flächenformen Abschattungen auftreten können.

## Literaturhinweise


L 21.3.1 *Erf, R. K.:* Holographic Nondestructive Testing. Academic Press New York, London 1974

L 21.3.2 *Deutsche Ges. f. Zerstörungsfreie Prüfung e. V.:* Optische Holografie. Vorträge des Fachausschusses Sonderprüfverfahren, Hannover 76, Berlin 1977

L 21.3.3 *Steinbichler, H.:* Beitrag zur quantitativen Auswertung von holographischen Interferogrammen. Diss. TU München 1973

L 21.3.4 *Schönebeck, G.:* Eine allgemeine holografische Methode zur Bestimmung räumlicher Verschiebungen. Diss. TU München 1979

L 21.3.5 *Abramson, N.:* The Making and Evaluation of Holograms. Academic Press, London, New York 1981

L 21.3.6 *Felske, A.; Happe, A.:* Schwingungsuntersuchungen an Karosserien und Aggregaten mit Hilfe der holografischen Interferometrie. ATZ Automobiltechn. Zeitschr. 75 (1973) H. 3

L 21.3.7 *Wachutka, H.:* Ein holographisches Moiré-Verfahren zur Messung von Konturunterschieden und Verformungen. Optik *43* (1975) No. 4, 309–317

L 21.3.8 *Kohler, H.:* (Auswertungsverfahren für holographische Interferogramme). Optik *47* (1977) No. 1, 9–24; No. 2, 135–152; No. 3, 271–282; No. 4, 469–475

L 21.3.9 *Kohler, H.:* Holographische Interferometrie. Optik *55* (1980) No. 3, 273–282; No. 4, 415–423

L 21.3.10 *Murata, K.; Baba, N.; Kunugi, K.:* Holographic interferometry with a wide field angle of view and its application to reconstruction of refractive index fields. Optik *53* (1979) No. 4, 285–294

L 21.3.11 *Ferrano, G.; Häusler, G.:* Kompensation von Ganzkörperbewegungen bei der Holographischen Interferometrie. Optik *54* (1979) No. 2, 115–133

L 21.3.12 *Wernicke, G.; Osten, W.:* Holografische Interferometrie. Physik-Verlag, Weinheim 1982

L 21.3.13 *Vikram, C. S.; Vedam, K.:* Holographic interferometry of corrosion. Optik *55* (1980) No. 4, 407–414

L 21.3.14 *Fercher, A. F.:* Holographische Meßmethoden in der optischen Technologie. Jahrb. f. Optik u. Feinmechanik 1974, 109–123

L 21.3.15 *Vest, Ch. M.:* Holographic Interferometry. John Wiley & Sons, New York 1979

L 21.3.16 *Ostrovsky, Yu. I.; Butusov. M. M.; Ostrovskaya, G. V.:* Interferometry by Holography. Springer, Berlin 1980

L 21.3.17 *Hentschel, W.:* Hochfrequenz-Holografie. Laser Magazin 1985, 53–57; 1986, 40–45

**Beispiele für Hersteller bzw. Lieferanten**

H 21.3.1 *Labor Dr. Steinbichler,* p. 312, 8207 Endorf: Kohärente Optik; holograf. Untersuchungen im Kundenauftrag

## 21.4 Holografische optische Elemente

Optische Elemente (Linsen, Spiegel u. a.) transformieren die Form von Wellenfronten. Diese Eigenschaft haben auch Hologramme. Als *holografische optische Elemente* (HOE) [L 21.4.21] werden deshalb Hologramme bezeichnet, die Funktionen bestimmter optischer Bauelemente übernehmen oder diese ergänzen können. Vorteilhaft sind dabei geringes Gewicht und Volumen auch bei großen Aperturen (dünnes Trägermaterial) und relativ einfache Herstellung. Mehrere Hologramme mit unterschiedlichen Funktionen können räumlich konzentriert (in der gleichen Schicht aufgezeichnet) werden. Da die HOE durch Beugung wirken, ist ihre Funktion erheblich von der Wellenlänge $\lambda$ abhängig. Damit ergeben sich chromatische Fehler, die jedoch korrigiert werden können [L 21.4.1, L 21.4.2]. Bevorzugt werden HOE jedoch bei monochromatischer Strahlung (Laserlinie) eingesetzt. Wesentlich für holografische optische Elemente sind hoher Beugungswirkungsgrad bei hohem Auflösungsvermögen und geringer Streuung der Schichten. Deshalb werden als Schichtmaterial *Dichromatgelatine* (mit einem erreichbaren Beugungswirkungsgrad nahe 100% und sehr hoher Auflösung, aber auch sehr geringer Empfindlichkeit und schwieriger Handhabung) und Fotolacke bevorzugt verwendet, aber auch Silber-Fotoschichten [L 21.2.2]. Da die Belichtung im $\lambda$-Bereich UV bis Blau erfolgen muß, ist das HOE ggf. so zu berechnen, daß sich bei einer anderen Arbeitswellenlänge fehlerfreie Funktion ergibt [L 21.4.3, L 21.4.4].

Es ist jedoch nicht unbedingt notwendig, Hologramme für HOE „real" herzustellen, d. h. durch Belichtung der Hologrammschicht mit Wellen geeigneter Form: Die beugend wirkenden Hologrammstrukturen können auch berechnet werden, wodurch sich große Flexibilität in der möglichen Wellenfront-Transformation ergibt. Deswegen werden *Computergenerierte Hologramme* (CGH) zunehmend eingesetzt, u. a. bei der Prüfung optischer Bauelemente [L 21.4.11 bis L 21.4.16]; [LÜ 22]. Die berechnete Hologrammstruktur wird in großem Format durch Plotter aufgezeichnet. Das eigentliche Hologramm entsteht dann durch stark verkleinerte Kopie auf hochauflösende, kontrastreich arbeitende Schicht. Eine Direkt-Aufzeichnung im Maßstab 1:1 durch Laserstrahl-Scanner ist ebenfalls möglich.

Eine Übersicht über die HOE-Anwendung bei optischen Prüfverfahren gibt auch [L 13.4.4].

Ein wichtiges HOE ist das *holografische Beugungsgitter* (Abschn. 15.1), das u. a. bei Monochromatoren und Spektralfotometern (Abschn. 16.1, 16.2) zunehmend die durch mechanische Teilung gewonnenen Gitter verdrängt.

Ein anderes Basiselement ist die *holografische Zonenplatte.* Ihre Grundform entsteht durch Interferenz einer ebenen Welle mit einer sphärischen Welle und ist damit das Hologramm eines Punktes (Bild 21.1.2). Holografische Zonenplatten können auch durch Überlagerung von Wellen mit sphärischen oder deformierten Wellenfronten erzeugt werden. Damit ergibt sich ein breiter Anwendungsbereich. Beispiele sind u. a. eine holografische f·Θ-Linse (Abschn. 8.6) für Laser-Scanner und eine Kollimatorlinse für Leuchtdioden [L 21.4.10]. Weitere Anwendungsbeispiele zeigen die Literaturangaben.

Holografische optische Elemente können bezüglich Abbildungsfehlern korrigiert werden, z. B. [L 21.4.6, L 21.4.7]; andererseits sind sie als zusätzliche Korrekturelemente in Anordnungen mit konventionellen Bauteilen einsetzbar [L 21.4.22].

Beispielsweise wird eine sphärische Wellenfront durch eine Linse in eine andere sphärische Wellenfront umgewandelt, die jedoch durch Abbildungsfehler deformiert ist. Diese deformierte Welle kann in einem Hologramm durch Aufnahme mit ebener Referenzwelle gespeichert werden. Bei der Rekonstruktion mit Richtungsumkehr des Referenzstrahls wird die deformierte Welle erzeugt und durch die Linse in die fehlerfreie Kugelwelle zurückverwandelt.

## Literaturhinweise


L 21.4.1 *Weingärtner, I.; Rosenbruch, K. J.:* Incoherent polychromatic imaging with holographic optical elements and systems. Optik *57* (1980), 103-122; 161-171

L 21.4.2 *Weingärtner, I.; Rosenbruch, K. J.:* Chromatic correction of two- and three-element holographic imaging systems. Optica Acta *29* (1982), 519-529

L 21.4.3 *Latta, M. R.; Pole, R. V.:* Design techniques for forming 488 nm holographic lenses with reconstruction at 633 nm. Applied Optics *18* (1979), 2418-2421

L 21.4.4 *Malin, M.; Morrow, H. E.:* Wavelength scaling holographic elements. Optical Engineering *20* (1981), 756-758

L 21.4.5 *Latta, J. N.:* Computer-based analysis of holography using ray tracing. Applied Optics *10* (1971), 2698-2710

L 21.4.6 *Smith, R. W.:* Astigmatism-free holographic lens elements. Optics communications *21* (1977), 102-105

L 21.4.7 *Welford, W. T.:* Aplanatic hologram lenses on spherical surfaces. Optics Communications *9* (1973), 268-269

L 21.4.8 *Groh, G.:* Multiple imaging by means of point holograms. Applied Optics *7* (1968), 1643-1644

L 21.4.9 *McCauley, D. G.; Simpson, C. E.; Murbach, W. J.:* Holographic optical element for visual display applications. Applied Optics *12* (1973), 232-242

L 21.4.10 *Ono, Y.; Nishida, N.:* Holographic zone plates for f·Θ and collimating lenses. Applied Optics *25* (1986), 794-797

L 21.4.11 *Faulde, M.; Fercher, A. F.; Torge, R.; Wilson, R. N.:* Optical testing by means of synthetic holograms and partial lens compensation. Optics Communications *7* (1973), 363-365

L 21.4.12 *Bryngdahl, O.:* Computer generated holograms as generalized optical components. Optical Engineering *14* (1975), 426-435

L 21.4.13 *Fercher. A. F.:* Computer generated holograms for testing optical elements: error analysis and error compensation. Optica Acta *23* (1976), 347-365

L 21.4.14 *Fairchild, R. C.; Fienup, J. R.:* Computer-originated aspheric holographic optical elements. Optical Engineering *21* (1982), 133-140

L 21.4.15 *Tiziani, H. J.:* Prospects of Testing Aspheric Surfaces with Computer-Generated Holograms. Proc. Soc. Photo-Opt. Instrum. Eng. *235* (1980), 72

L 21.4.16 *Dörband, B.; Tiziani, H. J.:* Testing aspheric surfaces with computer-generated holograms: analysis of adjustment and shape errors. Applied Optics *24* (1985), 2604-2611

L 21.4.17 *Weingätner, I.; Stenger, H.; Rosenbruch, K. J.:* Ein neuartiges holographisches Photoobjektiv. Optik *66* (1983), 101-104

L 21.4.18 *Ludman, J. E.:* Holographic Solar Concentrator. Applied Optics *21* (1982), 3057

L 21.4.19 *Shakher. C.; Rao, G. V.:* Use of Holographic Optical Elements in Speckle Metrology. Applied Optics *23* (1984), 4592

L 21.4.20 *Case, S. K.; Haugen, P. R.; Løkberg, O. J.:* Multifacet holographic optical elements for wavefront transformations. Applied Optics *20* (1981), 2670–2675
L 21.4.21 *Close, D. H.:* Holographic optical elements. Optical Engineering *14* (1975), 408–419
L 21.4.22 *Vander Lugt, A.; Leith, E. N.:* Correction of lens aberrations by means of holograms. Applied Optics *5* (1966), 589–593
L 22.4.23 *Weingärtner, J.; Rosenbruch, K.-J.:* A holographic microscope objective for extended object field and extended spectral bandwidth. Optik *73* (1986), 118–114
L 22.4.24 *Weingärtner, I.; Stenger, H.:* Entwurf und Realisierung eines Projektionssystems mit holographischer Abbildungsoptik. Optik *66* (1984), 277–287
L 22.4.25 *Hibino, K.; Matsuda, K.:* Production of distortion-free computer generated holograms. Optik *72* (1986), 120–124

**Beispiele für Hersteller bzw. Lieferanten**

H 21.4.1 *Institut für Technische Optik (Prof. Tiziani) der Univ. Stuttgart,* Pfaffenwaldring 9, Stuttgart: Prüfung optischer Flächen mit Computer-generierten Hologrammen

# 22 Gradientenoptik, Integrierte Optik, Modulatoren

## 22.1 Gradientenoptik

Gradientenoptik ist die Optik inhomogener Medien mit einer als Funktion des Ortes sich kontinuierlich ändernden Brechzahl. Es liegt also ein *Brechzahl-Gradient* vor; entsprechende Bauelemente werden auch kurz mit *GRIN* (Gradient-Index) bezeichnet. Nach Richtung und Verlauf sind sehr unterschiedliche Brechzahl-Gradienten möglich; die wichtigsten sind jedoch:

a) *Ebene Brechzahl-Verteilung:* Die Flächen konstanter Brechzahl sind parallele Ebenen. Das Brechzahlgefälle tritt nur in axialer Richtung z (Flächennormale) auf; n ist eine Funktion des Abstandes von einer Bezugsebene.

b) *Zylindrische Brechzahl-Verteilung:* Die Flächen konstanter Brechzahl sind zur Achse z koaxiale Zylinder. Das Brechzahlgefälle verläuft radial; n ist eine Funktion des Abstandes $h = \sqrt{x^2 + y^2}$ von der Achse z.

Überwiegend wird bisher die Verteilung b) benutzt; hierzu gehören die bereits in Abschn. 18.4 erwähnten *Gradientenfasern.* Sie werden jedoch, bei geringem Durchmesser des lichtführenden Kerns, zur Informationsübertragung benutzt. Bei größeren Durchmessern, etwa ab 1 mm, ist mit solchen *Gradienten-Stäben* eine *optische Abbildung* möglich (Bild 22.1.4).

Bei zylindrischer Brechzahl-Verteilung genügt zur Beschreibung der paraxialen Eigenschaften die Gleichung

$$n(h) = n_o - \Delta n \left(\frac{h}{h_k}\right)^a \tag{22.1.1}$$

zur Darstellung des *radialen Brechzahl-Verlaufs,* mit $n_o$ = Brechzahl in der Achse, $h_k$ = Radius des „aktiven Kerns" (in dem also die Gl. (22.1.1) gültig ist), $\Delta n = n_o - n_k$ = maximale Brechzahldifferenz ($\Delta n > 0$), a = Exponent, etwa im Bereich 1,6 bis 2,2. Mit a = 2 erhält man eine quadratische Abhängigkeit vom Radius. Es ist dann üblich, die Konstanten $n_o$, $\Delta n$, $h_k$ zu einer Konstanten A zusammenzufassen in der Form $A = 2 \cdot \Delta n / (n_o \cdot h_k^2)$. Damit erhält man

$$n(h) = n_o \cdot \left(1 - \frac{A \cdot h^2}{2}\right), \tag{22.1.2}$$

wobei $A \cdot h^2 \ll 1$ ist.

Bei der Strahlausbreitung in Richtung z ergibt sich für den *Winkel σ zwischen Strahl und Achse* (Bild 22.1.1)

$$\sigma(z) = \frac{\sigma_1}{n_o} \cdot \cos(\sqrt{A} \cdot z) + h_1 \cdot \sqrt{A} \cdot \sin(\sqrt{A} \cdot z) \tag{22.1.3}$$

mit z = Abstand von Fläche 1, $\sigma_1$ = Strahl-Eingangswinkel (in Luft), $h_1$ = Einfallshöhe an Fläche 1. Der Strahl tritt dann bei einem GRIN-Stab der Dicke d (= Stablänge) aus Fläche 2 unter dem Winkel $\sigma_2'$ aus:

$$\sigma_2' = \sigma_1 \cdot \cos(\sqrt{A} \cdot d) + h_1 \cdot n_o \cdot \sqrt{A} \cdot \sin(\sqrt{A} \cdot d) \tag{22.1.4}$$

Für den *Strahlabstand h von der Achse* erhält man

$$h(z) = h_1 \cdot \cos(\sqrt{A} \cdot z) - \frac{\sigma_1}{n_o \sqrt{A}} \cdot \sin(\sqrt{A} \cdot z) \tag{22.1.5}$$

Aus Fläche 2 tritt der Strahl dann in der Höhe $h_2$ aus:

$$h_2 = h_1 \cdot \cos(\sqrt{A} \cdot d) - \frac{\sigma_1}{n_o \sqrt{A}} \cdot \sin(\sqrt{A} \cdot d) \tag{22.1.6}$$

Die Gl. (22.1.3) und (22.1.5) zeigen den sinusförmigen Verlauf des Strahls im Stab, mit der *Periodenlänge („Pitch")* $d_o = 2\pi / \sqrt{A}$.

Mit $\sigma_1 = 0$ folgt allgemein für die paraxiale *Bildbrennweite* $f' = h_1/\sigma_2'$ (Abschn. 4.1). Damit erhält man aus Gl. (22.1.4)

$$f' = \frac{1}{n_o \sqrt{A} \sin(\sqrt{A} d)}. \tag{22.1.7}$$

Für die *Schnittweite* $s_2' = h_2/\sigma_2'$ erhält man mit $\sigma_1 = 0$ den Abstand des Brennpunktes von Fläche 2 aus Gl. (22.1.4) und (22.1.6) zu

$$s_2' = \frac{1}{n_o \sqrt{A} \tan(\sqrt{A} d)} \tag{22.1.8}$$

und damit auch die *Hauptpunktlage* $S_2H' = s_2' - f'$:

$$S_2H' = f' \cdot (\cos(\sqrt{A} \cdot d) - 1) \tag{22.1.9}$$

Objektseitig gilt $s_1 = -s_2'$, $S_1H = -S_2H'$: Brenn- und Hauptpunkte liegen stets symmetrisch zu den Endflächen.

**Tabelle *22.1.1* Optische Daten eines Gradientenfaserstücks als Funktion der Dicke d**

| d/mm | f'/mm | $S_1H$/mm | |
|---|---|---|---|
| $0{,}25 \cdot d_o = 8{,}40$ | 3,34 | 3,34 | |
| $0{,}35 \cdot d_o = 11{,}75$ | 4,13 | 6,56 | |
| $0{,}43 \cdot d_o = 14{,}44$ | 7,85 | 14,95 | |
| $0{,}49 \cdot d_o = 16{,}45$ | 53,2 | 106,29 | |
| $0{,}50 \cdot d_o = 16{,}79$ | $\infty$ | $\infty$ | |
| $0{,}51 \cdot d_o = 17{,}13$ | −53,2 | −106,29 | |
| $0{,}57 \cdot d_o = 19{,}14$ | −7,85 | −14,85 | |
| $0{,}65 \cdot d_o = 21{,}83$ | −4,13 | −6,56 | |
| $0{,}75 \cdot d_o = 25{,}19$ | −3,34 | −3,34 | |

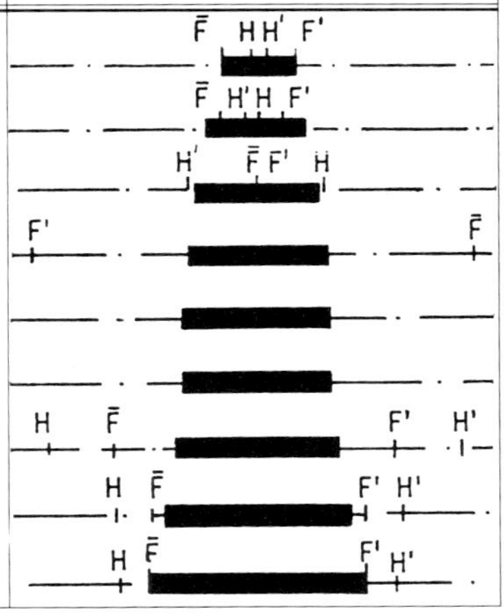


Bei $d = 0{,}25 \cdot d_o$ und $d = 0{,}75 \cdot d_o$ (minimale Brennweiten) fallen die Brennpunkte mit den Flächenscheiteln zusammen. Bei $d = 0{,}5 \cdot d_o$ hängt die Brennweite sehr empfindlich von der Dicke ab.

Als Beispiel zeigt Tabelle 22.1.1 den Einfluß der Dicke d bei einer in [L 22.1.1] angegebenen Faser mit den Daten $n_o = 1{,}6$; $\sqrt{A} = 0{,}1871\ \text{mm}^{-1}$; Durchmesser 2 mm. Es ergibt sich $d_o = 2\pi / \sqrt{A} = 33{,}58$ mm.

Gemäß Gl. (22.1.7) ändert sich die Brennweite im Bereich $-1/(n_o\sqrt{A}) \ldots \infty \ldots + 1/(n_o\sqrt{A})$ periodisch mit der Dicke d; der Minimalbetrag der Brennweite ist also $1/(n_o\sqrt{A})$. Für die von den Hauptpunkten aus gemessenen Gegenstands- und Bildweiten a und a' gelten die Abbildungsgleichungen ab (4.2.5).

Ist der *Abbildungsmaßstab* $\beta'$ gegeben, so erhält man die Schnittweiten $s_1$ und $s_2'$ aus

$$s_1 = f' \cdot (1/\beta' - \cos(\sqrt{A}\,d)) \tag{22.1.10}$$

und

$$s_2' = f' \cdot (\cos(\sqrt{A}\,d) - \beta') \tag{22.1.11}$$

mit der Verknüpfung

$$s_2' = \frac{1}{n_o\sqrt{A}} \cdot \frac{s_1 n_o \sqrt{A} - \tan(\sqrt{A}\,d)}{1 + s_1 n_o \sqrt{A} \cdot \tan(\sqrt{A}\,d)} \tag{22.1.12}$$

Umgekehrt erhält man den Abbildungsmaßstab $\beta'$ bei gegebener Schnittweite $s_1$ zu

$$\beta' = \frac{1}{\cos(\sqrt{A}\,d) + s_1/f'} \tag{22.1.13}$$

Bei negativer Brennweite f', also geeigneter Stablänge d, mit $d_o/2 < d < d_o$ (wie in Bild 22.1.1), folgt reelle Abbildung mit aufrechtem Bild, also $\beta' > 0$.

Beispiel: Für $d = 0{,}75 \cdot d_o$ (Tab. 22.1.1) wird $f' = -3{,}34$ mm. Soll $\beta' = +2$ sein, so erhält man $s_1 = -1{,}67$ mm, $s_2' = +6{,}68$ mm, und mit den Hauptpunktlagen $S_1H$ und $S_2H'$: $a = 1{,}67$ mm, $a' = 3{,}34$ mm.

Bei *afokaler Einstellung* der Faserlänge ($f' = \infty$), also für $d = m \cdot 0{,}5 \cdot d_o$ mit $m = 1,2,3\ldots$, müssen Bildlage und Abbildungsmaßstab nach Gl. (22.1.12) bzw. (22.1.13) berechnet werden, da die Hauptpunkte im $\infty$ liegen. Es ergibt sich stets $s_2' = s_1$; der Abbildungsmaßstab nimmt unabhängig von der Gegenstandslage den Wert $\pm 1$ an ($\beta' - 1$ bei $d = 0{,}5 \cdot d_o$, $\beta' = +1$ bei $d = d_o$, und so weiter alternierend). Für die zeichnerische Konstruktion der Bildlage wird die Beziehung $s_2' = s_1$ benutzt; sind beide Werte Null, so bedeutet dies Abbildung der Eingangsfläche auf die Ausgangsfläche.

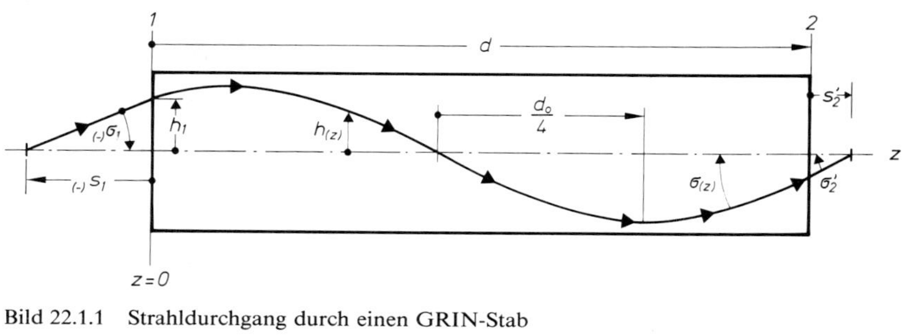


Bild 22.1.1 Strahldurchgang durch einen GRIN-Stab
Der Stabdurchmesser ist gedehnt dargestellt. Alle Strahldaten gelten für das Paraxialgebiet.

Solange jedoch die Hauptpunkte im Endlichen liegen, also bei allen nicht afokalen Einstellungen der Dicke d, ist die *Bildkonstruktion* wie üblich mit Hilfe der Hauptebenen möglich (Abschn. 4.2). Alle dargestellten Abbildungsbeziehungen gelten – wie bei Linsen – nur für das *Paraxialgebiet,* d. h. achsennahe Strahlen. Da die Ergebnisse der Gl. ab (22.1.1) von der Brechzahl abhängen, treten wegen der Materialdispersion auch *Farbfehler* auf.

Die Strahlenbegrenzung *(Apertur)* eines GRIN-Stabes ergibt sich aus der Forderung, daß der gekrümmte Strahl den aktiven Kern (Radius $h_k$) nicht verlassen darf. Hierfür gilt die Bedingung [L 22.1.10]

$$\sqrt{h_1^2 + \frac{\sigma_1^2}{n_o^2 \cdot A}} \leqq h_k. \qquad (22.1.14)$$

Geht ein Strahl von einem Objektpunkt P in der Höhe y bei einer Schnittweite $s_1$ aus (Bild 22.1.2), so trifft er auf Fläche 1 mit der Einfallshöhe $h_1$:

$$h_1 = y + s_1 \cdot \sigma_1 \qquad (22.1.15)$$

Aus diesen beiden Gleichungen ergeben sich die *meridionalen Aperturwinkel* (oberer und unterer Randstrahl) zu

$$u_{1,2} = -\frac{y \cdot s_1}{s_1^2 + 1/(n_o^2 A)} \pm \sqrt{\left(\frac{y \cdot s_1}{s_1^2 + 1/(n_o^2 A)}\right)^2 + \frac{h_k^2 - y^2}{s_1^2 + 1/(n_o^2 A)}} \qquad (22.1.16)$$

wobei für den Winkel $\overline{\sigma}$ zwischen *Hauptstrahl* und Achse gilt

$$\overline{\sigma} = -\frac{y \cdot s_1}{s_1^2 + 1/(n_o^2 A)} \qquad (22.1.17).$$

Beispiele für Spezialfälle:

1) Für die vom Objektpunkt O auf der Achse ausgehenden Strahlen ist $y = 0$; die Randstrahlwinkel sind entgegengesetzt gleich. Damit ergibt sich als Aperturwinkel

$$u_{y=0} = \frac{h_k \cdot n_o \cdot \sqrt{A}}{\sqrt{s_1^2 n_o^2 A + 1}} \qquad (22.1.18)$$

2) Ist $y = 0$ und $s_1 = 0$ (Scheitel von Fläche 1), so wird $u = h_k n_o \sqrt{A}$.

3) Ist $s_1 = 0$, $y = h_1 \neq 0$ (Objektpunkt auf Fläche 1), so erhält man $u = \sqrt{h_k^2 - y^2} \cdot n_o \cdot \sqrt{A}$.

4) Für $u = 0$ (Parallelstrahl zur Achse) ergibt sich als maximale Einfallshöhe $y = h_1 = h_k$, d. h. der Rand des aktiven Kerns.

Für abbildende GRIN-Elemente wurden bereits sehr unterschiedliche Anwendungen vorgeschlagen bzw. realisiert (s. Literaturhinweise). Bei GRIN-Linsen mit großem

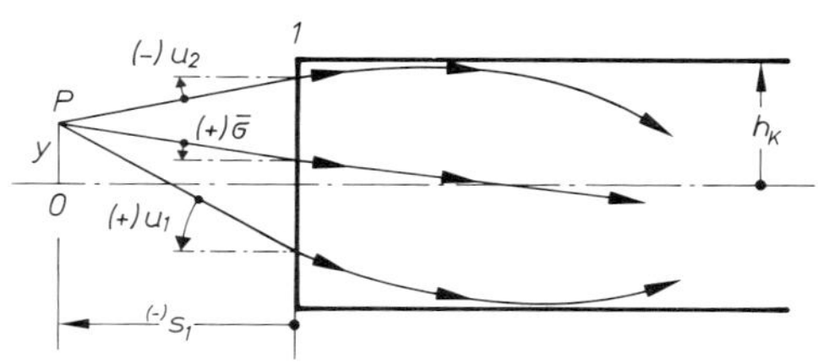


Bild 22.1.2 Apertur eines GRIN-Stabes
Die Strahlen gehen vom Objektpunkt $P(s_1, y)$ aus.

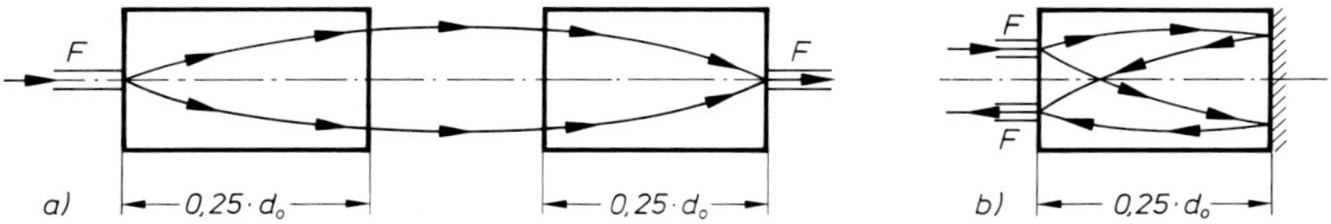


Bild 22.1.3 Anwendungsbeispiele für „¼-Pitch-Linsen" [H 22.1.1]

a) Kopplung zwischen zwei Faserenden durch „Kollimatorlinse" und „Fernrohrlinse", b) Kopplung zwischen zwei Faserenden durch „Autokollimation": Durch verspiegelte Rückfläche erfolgt Abbildung auf die Eingangsfläche.

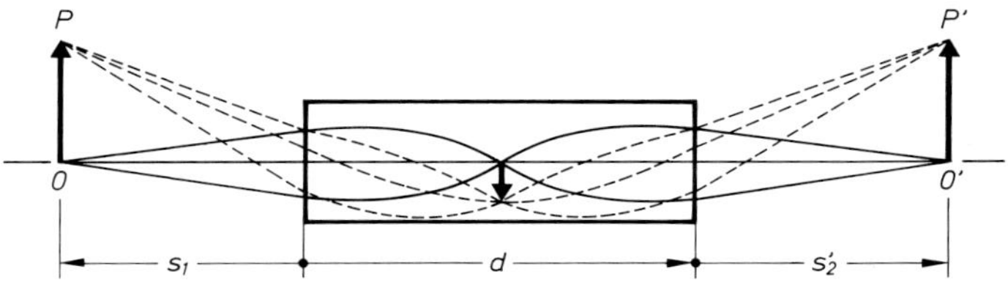


Bild 22.1.4 Strahlengang bei einem GRIN-Stab mit aufrechter Abbildung und $\beta' = +1$

Durchmesser - etwa für Foto-Objektive - gibt es noch erhebliche Fertigungsschwierigkeiten. Handelsüblich sind hingegen GRIN-Linsen mit Durchmessern bis etwa 2 mm, [H 22.1.1], bevorzugt als „¼-Pitch-Stab" ($d = 0{,}25 \cdot d_o$). Bild 22.1.3 zeigt einige Einsatzmöglichkeiten. Wesentliche Anwendungen für GRIN-Optik sind z.Zt. Koppler und Weichen für faseroptische Informationsübertragung, GRIN-Stäbe für Endoskope und GRIN-Linsen-Arrays für Fotokopierer. Bild 22.1.4 zeigt als Beispiel für den Strahlenverlauf bei einem größeren abgebildeten Feld die reelle aufrechte Abbildung mit $\beta' = +1$, wie sie für die Bildübertragung durch GRIN-Linsen-Arrays bei Kopiergeräten gefordert wird [L 22.1.3].

Beispiel: Für Linsen eines handelsüblichen Arrays [H 22.1.1] sind gegeben: $n_o = 1{,}538$, $\sqrt{A} = 0{,}1269\ \mathrm{mm}^{-1}$, $h_k = 0{,}533$ mm, $d = 29{,}0$ mm. Mit Gl. (22.1.7) ergibt sich $f' = -9{,}99$ mm, und mit Gl. (22.1.10) und (22.1.11) erhält man $s_1 = -18{,}57$ mm, $s_2' = 18{,}57$ mm, und damit $OO' = 66{,}1$ mm. Aus Gl. (22.1.18) folgt der Aperturwinkel $u \approx 1{,}59°$, entsprechend einer Apertur $\sin u \approx u \approx 0{,}028$. Dies entspricht nach Gl. (4.3.2) einer Blendenzahl $k \approx 18$, wodurch sich große Schärfentiefe ergibt.

## Literaturhinweise

L 22.1.1 *Jahn, R.:* Selbstfokussierende Lichtleitfasern. Feinwerktechnik + Micronic *77* (1973) S. 56-64

L 22.1.2 *Sharma, A.; Kumar, D. V.; Ghatak, A. K.:* Tracing rays through graded-index media: a new method. Appl. Optics *21* (1982) No. 6, 984-987

L 22.1.3 *Rees, J. D.:* Non-Gaussian imaging properties of GRIN fiber lens arrays. Appl. Optics *21* (1982) No. 6, 1009-1012

L 22.1.4 *Iga, K.:* Evaluation and reduction of aberrations in distributed-index lenses: a review. Appl. Optics *21* (1982) No. 6, 1024–1029
L 22.1.5 *Toyama, M.; Takami, M.:* Luminous intensity f a gradient-index lens array. Appl. Optics *21* (1982) No. 6, 1013–1016
L 22.1.6 *Atkinson, L. G.; Houde-Walter, S. N.; Moore, D. T.; Ryan, D. P.; Stagaman, J. M.:* Design of a gradient-index photographic objective. Appl. Optics *21* (1982) No. 6, 993–998
L 22.1.7 *Coutaz, J. L.; Jaussaud, P. C.; Chartier, G. H.:* Realization of Schmidt plates by ion exchange in glass. Appl. Optics *21* (1982) No. 6, 1066–1068
L 22.1.8 *Marchand, E. W.:* Gradient Index Optics. Academic Press, New York 1978
L 22.1.9 *Sands, P. J.:* Classification scheme and nomenclature for refractive-index distributions. Appl. Optics *22* (1983), 430–431
L 22.1.10 *Harrigan, M. E.:* Some first-order properties of radial gradient lenses compared to homogeneous lenses. Appl. Optics *23* (1984), 2702–2705
L 22.1.11 *Leiner, D. C.; Prescott, R.:* Correction of chromatic aberrations in GRIN endoscopes. Appl. Optics *22* (1983), 383–386
L 22.1.12 *Stagaman, J. M.; Moore, D. T.:* Laser diode to fiber coupling using anamorphotic gradient-index lenses. Appl. Optics *23* (1984), 1730–1734

**Beispiele für Hersteller bzw. Lieferanten**

H 22.1.1 *Nippon Sheet Glass Co. Ltd.*, Rue de Namur 43, Brüssel: GRIN-Bauelemente (‚SELFOC')

## 22.2 Integrierte Optik

Mit zeitlicher Verschiebung hat sich in der Optik eine ähnliche Entwicklungstendenz ergeben wie in der Elektronik: Im Bereich der optischen Signalverarbeitung, d. h. in der *Sensor- und Kommunikationstechnik*, werden optische Bauelemente immer weiter miniaturisiert und zu funktionsfähigen Systemen kompakt zusammengebaut. Analog zum elektronischen integrierten Schaltkreis (IC) ist das Ziel der Aufbau von *„optischen integrierten Schaltkreisen"* (OIC). Bei ihnen sollen eine größere Anzahl optischer Elemente (z. B. Strahlungsquellen, Detektoren, Wellenleiter, Strahlteiler, Linsen, Modulatoren usw.) nach Möglichkeit auf dem gleichen Substrat in vereinheitlichter Herstellungstechnik erzeugt und zu funktionsfähigen Einheiten verbunden werden.

Diese Entwicklung steht zwar erst am Anfang, hat aber bereits zu einer Reihe von in der Praxis einsetzbaren Ergebnissen geführt. Weitere erhebliche Fortschritte sind zu erwarten, auch wenn nicht eine so hohe Integrationsdichte erreicht werden kann wie bei elektronischen Schaltungen. Bevorzugt wird Strahlung im nahen Infrarot ($\lambda = 0{,}85$ µm, 1,3 µm, 1,55 µm). Die Funktionselemente werden nach verschiedenen Verfahren der Dünnschicht-Technologie erzeugt. Basiselement der integrierten Optik ist der *optische Wellenleiter.* Für die Signalübertragung über größere Strecken übernehmen flexible Fasern (Abschnitt 18.4) diese Funktion; besonders wichtig ist die Monomodefaser (Bilder 18.4.1 b, 18.4.2). Nach gleichem Grundprinzip, d. h. der Wellenführung in einem Medium mit gegenüber der Umgebung erhöhter Brechzahl, wirken platten- oder angenähert rechteckförmige Wellenleiter der integrierten Optik. Sie dienen der Verbindung optischer Elemente über kurze Strecken (innerhalb einer Schaltung) und sind Ausgangsstruktur für die Entwicklung weiterer Bauelemente. Bei opti-

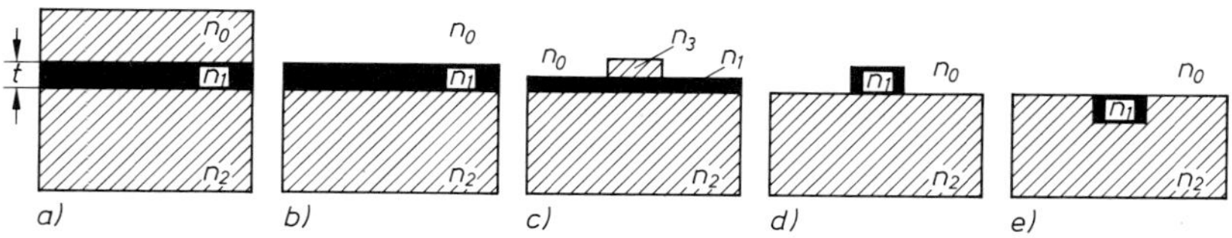


Bild 22.2.1 Struktur verschiedener Wellenleiter

a) Planar-Wellenleiter, bei $n_o = n_2$ symmetrisch, b) Planar-Wellenleiter, unsymmetrisch (z. B. $n_o < n_2$), c) Planar-Wellenleiter mit Führungsstreifen, d) Streifen-Wellenleiter aufgesetzt, e) Streifen-Wellenleiter eingebettet

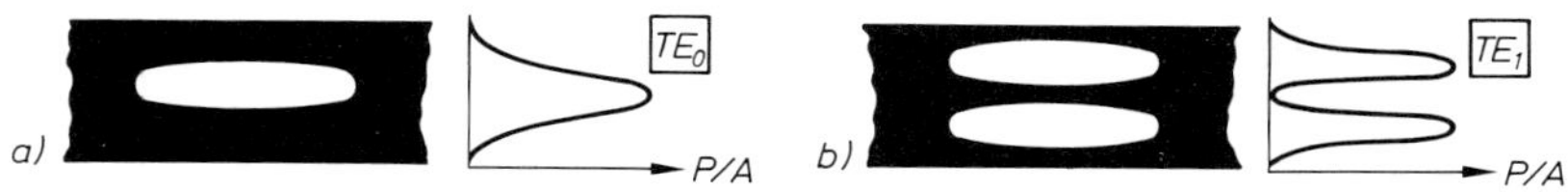


Bild 22.2.2 Moden im Planar-Wellenleiter

a) $TE_o$-Mode (helle Fläche) im Wellenleiter-Querschnitt, b) $TE_1$-Mode. Jeweils rechts daneben die Verteilung der Leistungsdichte.

scher Signalübertragung und -verarbeitung wirken Faseroptik und integrierte Optik besonders günstig zusammen.

Bild 22.2.1 zeigt einige Typen *optischer Wellenleiter,* deren Brechzahl $n_1$ stets größer ist als die Brechzahl des Trägermaterials (Substrat, $n_2$) bzw. der Deckschicht (Superstrat, $n_o$). Typische Wellenleiter-Abmessungen sind Längen von einigen Millimetern bis Zentimetern bei Querschnitts-Kantenlängen in der Größenordnung der Lichtwellenlänge, d. h. von unter 1 µm bis zu einigen Mikrometern. Der Schicht- oder *Planar-Wellenleiter* (Bild 22.2.1 a, b) ist nur in der Schichtdicke t eng begrenzt; die Wellen können sich also in einer Ebene ausbreiten. Bei dem Planar-Wellenleiter nach Bild 22.2.1 c ist aber die Schichtdicke zu gering für die Wellenführung (siehe unten); die Wellen können sich deshalb nur unterhalb des aufgesetzten Streifens $n_3$, mit $n_o < n_3 < n_1$, ausbreiten und werden dadurch auf einen engen Bereich konzentriert. *Streifen-Wellenleiter* können aufgesetzt oder eingebettet sein (Bild 22.2.1 d, e); die Querschnittsform kann vom Rechteck abweichen.

In den Wellenleitern können sich die Wellen mit unterschiedlichen *Moden* – d. h. mit unterschiedlicher räumlicher Verteilung der Strahlungsenergie – ausbreiten, ganz ähnlich wie beim Laserstrahl (Bild 6.5.4). Auch die Lage der Schwingungsebene ist zu berücksichtigen: Nach üblicher Bezeichnung liegt bei *TE-Moden* der elektrische Vektor senkrecht zur Dicke t der Schicht, bei *TM-Moden* parallel zur Schichtdicke. Bild 22.2.2 zeigt für einen Planar-Wellenleiter die Verteilung der Leistungsdichte P/A für den Grundmode $TE_o$ und den Mode $TE_1$. (Bei $TE_o$ gibt es keine Knotenlinie, bei $TE_1$ eine Knotenlinie zwischen den schwingenden Bereichen, usw.). Beiderseits einer Knotenlinie liegt stets gegenphasige Schwingung vor, d. h. die Phasendifferenz $\pi$.

Am Beispiel des Planar-Wellenleiters soll gezeigt werden, wie die Parameter die *Wellenausbreitung* beeinflussen: Schichtdicke t des Wellenleiters und Brechzahldifferenzen $\Delta n$ an seinen Grenzflächen bestimmen, welche Moden sich durch den Wellenleiter ausbreiten können. Mit $\Delta n = n_1 - n_2$, m = Moden-Index, $\lambda_o$ = Vakuum-Wellenlänge ergibt sich [L 22.2.2] bei dem *symmetrischen Planar-Wellenleiter* (Bild 22.2.1 mit $n_o = n_2$)

$$\Delta n \cdot t^2 > \frac{m^2 \cdot \lambda_o^2}{4 \cdot (n_1 + n_2)} \qquad (22.2.1)$$

und bei dem *unsymmetrischen Planar-Wellenleiter* (z. B. Bild 22.2.1 b mit $n_o \ll n_2$)

$$\Delta n \cdot t^2 > \frac{(2m+1)^2 \cdot \lambda_o^2}{32 \cdot n_1} \qquad (22.2.2)$$

Auch wenn nicht alle Parameter exakt bekannt sind, kann mit diesen Gleichungen abgeschätzt werden, welche Brechzahl-Differenz $\Delta n$ bzw. Dicke t erforderlich sind, um die Ausbreitung bestimmter Moden zu ermöglichen bzw. die Ausbreitung höherer Moden zu verhindern.

Beispiel zu Gl. (22.2.2): Mit $\lambda_o = 1{,}3\ \mu m$, $n_o \ll n_1$, $n_1 \approx 3{,}3$ (GaAs) und $\Delta n \approx 0{,}01$ erhält man für $m = 0$ $t > 1{,}27\ \mu m$, für $m = 1$ $t > 3{,}8\ \mu m$. Bei einer Dicke t mit $1{,}27\ \mu m < t < 3{,}8\ \mu m$ wird also nur der Mode $TE_o$ durch den Wellenleiter transportiert; die Ausbreitung von $TE_1$ und höheren Moden wird verhindert. Für den symmetrischen Wellenleiter (Gl. 22.2.1) mit Bedingungen wie vor, aber $n_o = n_2$, erhält man, da $n_2 \approx n_1$, für $m = 1$ $t > 2{,}53\ \mu m$. Für $m = 0$ gibt es dann keine Begrenzung (cut-off).

Bei gegebenen Brechzahlen wird die Ausbreitungsgeschwindigkeit der Moden auch noch durch die geringe Schichtdecke t des Wellenleiters beeinflußt: Mit abnehmender Schichtdicke wächst die Lichtgeschwindigkeit. Nach der Definition der Brechzahl, Gl. (1.2.1) bzw. (1.2.2) bedeutet dies abnehmende effektive Brechzahl $n_{eff}$. Die für den Wellenleiter wirksame Brechzahl kann also durch seine Schichtdicke beeinflußt werden.

Im folgenden können aus der großen Anzahl bereits anwendbar realisierter oder im Versuchsstadium befindlicher Bauelemente der integrierten Optik nur einige Beispiele besprochen werden. Halbleiterlaser und -detektoren wurden schon zusammen mit Wellenleitern und davon abgeleiteten Komponenten integriert hergestellt; meist werden sie jedoch als getrennte Bauelemente angekoppelt.

Strukturen mit *Linsenwirkung* werden in der integrierten Optik zur Fokussierung von Wellen benötigt, die sich in der Ebene eines Planar-Wellenleiters ausbreiten – so wie im Meridianschnitt eines üblichen optischen Systems. Die Anwendung liegt u. a. in der Einkopplung in andere Wellenleiter, z. B. Fasern. Eine einfallende Welle wird durch eine Positivlinse (Konvexlinse) in der Mitte stärker verzögert als am Rand. Die Phasenverzögerung wird durch die optische Weglänge $n \cdot d$ bestimmt, mit n = Brechzahl, d = geometrischer Weg.

Bei *„normalen" Linsen* ist $n > n_o$ (z. B. $n_o = 1$, Umgebung Luft) innerhalb der Linse konstant; d nimmt zum Rand hin ab. Dies kann erreicht werden durch Erhöhung der Wellenleiter-Brechzahl innerhalb eines Bereiches, der dem Querschnitt durch eine Konvexlinse entspricht (Bild 22.2.3 a).

Die Wirkung üblicher *Stufenlinsen* (Fresnellinsen, Abschn. 5.5) kann in integrierter Optik ebenfalls nachgebildet werden. Dabei treten jedoch an Stelle der zahnförmigen Zo-

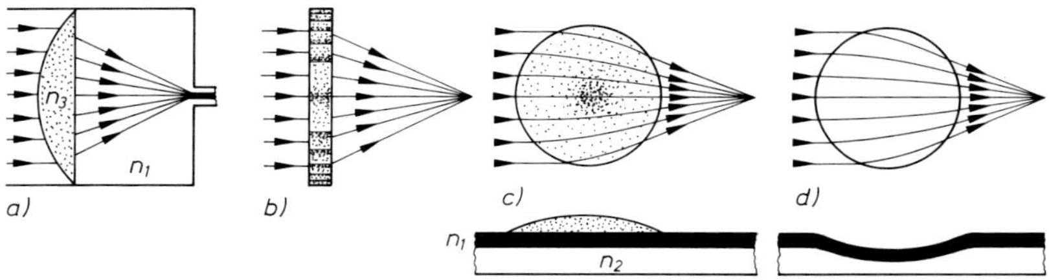


Bild 22.2.3 Linsen in integrierter Optik

a) höhere Brechzahl des Wellenleiters in linsenförmigem Bereich, b) Fresnellinse durch Zonen mit Brechzahlgradient, c) Luneburg-Linse mit radialem Brechzahlgradient, d) Geodätische Linse.

nen mit konstanter Brechzahl nun Gradienten-Zonen, innerhalb deren sich die Brechzahl kontinuierlich um $\Delta n$ ändert. Durch zum Rand hin abnehmende Stufenbreiten $\Delta x$ wird das Brechzahlgefälle $\Delta n/\Delta x$ erhöht (Bild 22.2.3b).

Besonders interessant sind kreisförmige, d.h. dem Querschnitt durch eine Kugellinse entsprechende Linsen: Sie sind bei richtiger Konstruktion und Herstellung arm an Abbildungsfehlern, erfassen großen Feldwinkel und verringern wegen ihrer Symmetrie die Justieranforderungen. Die *Luneburg-Linse* weist ein radiales Brechzahlgefälle n(r) auf, mit (bei Umgebung $n_o = 1$)

$$n(r) = \sqrt{2 - \left(\frac{r}{r_a}\right)^2} \qquad (22.2.3)$$

mit r = Radius, $r_a = r_{max}$ = Außenradius. Am Rand, $r = r_a$, ist also n = 1; im Zentrum $n = \sqrt{2}$. Solche Brechzahlverteilungen können auch durch Änderung der effektiven Brechzahl über die Wellenleiterdicke erreicht werden, d.h. durch Aufsputtern eines „Hügels“ aus höherbrechendem Material, dessen Form durch sorgfältig berechnete Masken bestimmt wird, [L 22.2.4]; Bild 22.2.3c. Bei *geodätischen Linsen* sind Brechzahl und Dicke des Wellenleiters im Bereich der Linse unverändert gegenüber der Umgebung. Die geometrische Weglänge wird durch Ausweichen in die 3. Dimension verändert: Paßt sich der Wellenleiter der Form einer Kalotte an (z.B. Mulde im Substrat, Bild 22.2.3d), so ist der Weg durch die Mitte länger als durch eine Randzone. Die Linsen sind achromatisch und bei richtiger asphärischer Form der Kalotte frei von Abbildungsfehlern.

Auch durch beugend wirkende Strukturen kann eine Fokussierung erreicht werden, wie bereits das einer Zonenplatte entsprechende Hologramm eines Punktes zeigt (Bild 21.1.2). Dem Querschnitt durch eine Zonenplatte entspricht die *Gitterlinse* der integrierten Optik, d.h. ein Gitter mit ortsabhängiger Gitterkonstante g (Bild 22.2.4): Fällt die Welle senkrecht auf die Gitterstruktur ($\varepsilon = 0$), so folgt für den Beugungswinkel $\beta$ bei m = 1 nach Gl. (15.1.1a) $\sin\beta = \lambda/g$. Für eine Fokussierung in F′ muß demnach eine Gitterkonstante $g(h) = \lambda/\sin\beta$ gelten, mit $\beta = \operatorname{atan}(h/f')$. Mit $\lambda$ ist die in dem Wellenleiter-Material wirksame Wellenlänge bezeichnet.

Zur Herstellung von *Spiegeln* können wie in der normalen Optik reflektierende Schichten auf Flächen aufgedampft werden; in der integrierten Optik sind dies – auch

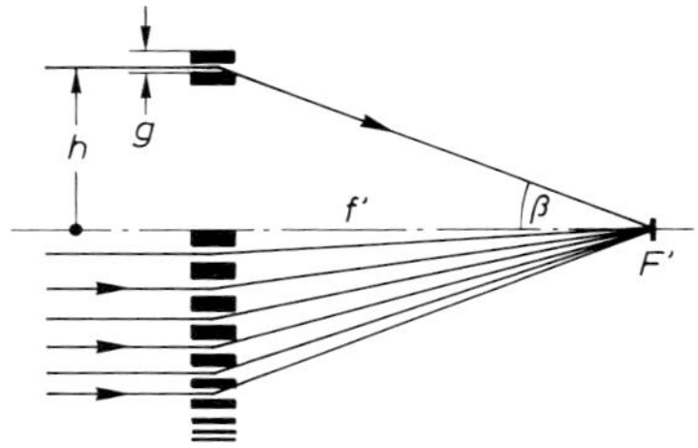


Bild 22.2.4 Gitterlinse

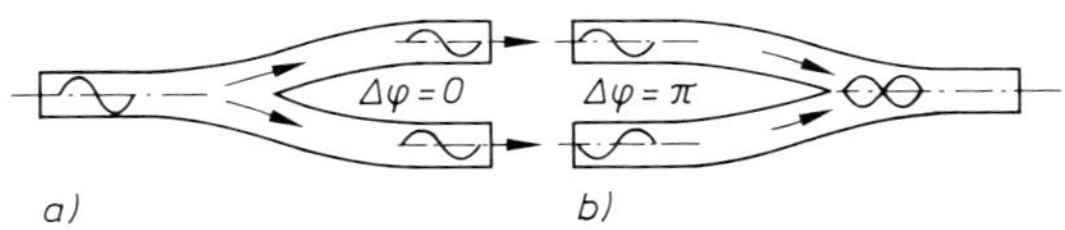


Bild 22.2.5 Y-Wellenleiter

a) als Strahlteiler, b) Zusammenführung von zwei gegenphasigen $TE_0$-Wellen: Interferenzauslöschung am Ausgang

gekrümmte - Stirnflächen von Wellenleitern. So können *Metallspiegel* und *Interferenzspiegel* (Folge von Schichten mit höherer und niedrigerer Brechzahl) erzeugt werden. Innerhalb eines Wellenleiters ist durch *Gitterspiegel* ebenfalls die Wirkung eines Interferenzspiegels mit Strahlenteiler-Eigenschaften erzielbar: Da die effektive Brechzahl eines Wellenleiters durch seine Dicke mitbestimmt wird, wirkt eine periodische Dickenänderung wie eine Hintereinanderschaltung von Schichten mit höherer und niedrigerer Brechzahl. Ist $\lambda$ die wirksame Wellenlänge, so müssen die einzelnen Bereiche größerer bzw. geringerer Dicke eine Breite von $\lambda/4$ haben, d.h. die Oberfläche des Wellenleiters muß mit einer Gitterkonstanten $g = \lambda/2$ furchenförmig profiliert werden. Dann ergeben sich Reflektoren, die im Prinzip den $\lambda/4$-Paketen der Interferenzfilter entsprechen (Bild 6.11.1).

Als *Strahlteiler* zur Teilung und Vereinigung geführter Wellen haben *Y-Wellenleiter* erhebliche Bedeutung: Bei kleinem Aufspaltungswinkel, also geringer Richtungsänderung, geht die eingekoppelte Strahlungsleistung je zur Hälfte auf beide Ausgangsarme über (Bild 22.2.5 a); die Ausgangsamplituden sind also um den Faktor $\sqrt{2}$ gegenüber dem Eingang vermindert. Bei Betrachtung in umgekehrter Richtung werden zwei gleichphasige $TE_0$-Wellen zu einer Ausgangswelle mit um $\sqrt{2}$ erhöhter Amplitude vereinigt. Zwei gegenphasige Wellen ergeben jedoch Interferenzauslöschung; die Strahlungsleistung geht nicht in den Ausgangswellenleiter, sondern in das Substrat über (Bild 22.2.5 b). Zwar könnten sich die beiden gegenphasigen $TE_0$-Wellen zu einem $TE_1$-Mode (Bild 22.2.2 b) zusammensetzen; bei richtig gewählter, geringer Dicke ist jedoch die $TE_1$-Ausbreitung nicht möglich.

Mit zwei Y-Wellenleitern in der Lage nach Bild 22.2.5, verbunden durch zwei Streifen-Wellenleiter. kann ein *Mach-Zehnder-Interferometer* (Bild 14.1.1 g) in integrierter Optik

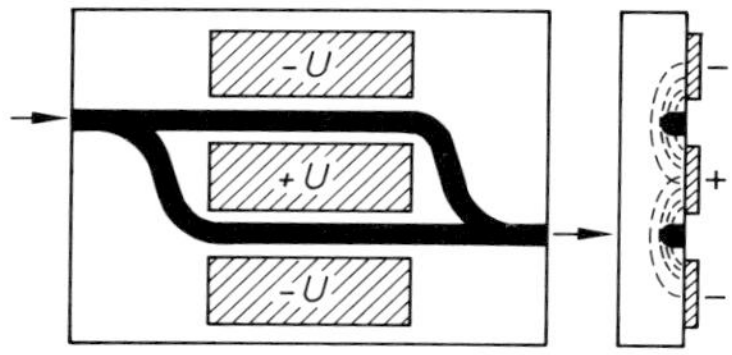


Bild 22.2.6

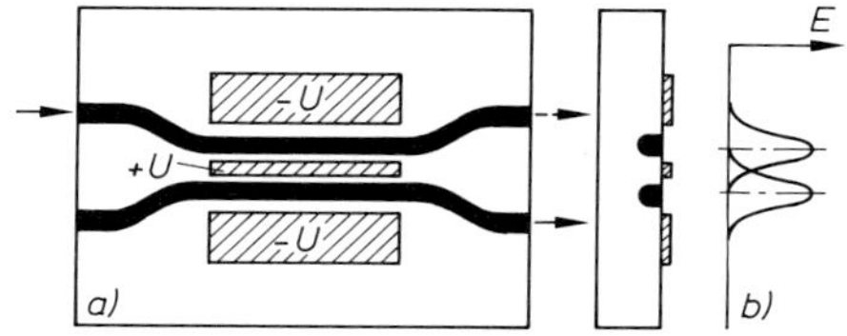


Bild 22.2.7

Bild 22.2.6 Mach-Zehnder-Interferometer als elektrooptischer Modulator
rechts Querschnitt mit Feldlinien zwischen den Elektroden

Bild 22.2.7 Elektrooptisch schaltbarer Zweikanal-Richtkoppler und Modulator
a) Schema; rechts Querschnitt, b) Überlappung der elektrischen Felder der in den Wellenleitern geführten Wellen

aufgebaut werden (Bild 22.2.6). Bei gleichen optischen Wegen und damit gleicher Phasenlage beider Teilwellen ergibt sich am Ausgang ein Leistungsmaximum. Wird hingegen durch äußere Einwirkung eine Phasendifferenz $\Delta\varphi = \pi$ erzeugt, so ist die Leistung am Ausgang Null (Bild 22.2.5b). Diese äußere Einwirkung ermöglicht der elektrooptische *Pockels-Effekt* (Abschn. 22.3): Ein elektrooptisch wirksames Material ist u.a. Lithiumniobat $LiNbO_3$ (im Wellenleiter-Bereich zwecks höherer Brechzahl mit Titan dotiert). Anlegen einer Spannung von einigen Volt an die Elektroden beiderseits eines Wellenleiters ergibt je nach Polarität, d.h. Richtung des elektrischen Feldes, eine Erhöhung oder Erniedrigung $\Delta n$ der effektiven Brechzahl n. Damit werden der optische Weg um $\Delta n \cdot d$ und die Phase um $\Delta\varphi = (2\pi/\lambda) \cdot \Delta n \cdot d$ geändert. Wirken mit Hilfe von drei Elektroden auf die beiden Wellenleiter entgegengesetzte Spannungen, so erhält man entgegengesetzt gleiche Brechzahl - und damit Phasenänderungen: Es genügen Phasenänderungen um $+\pi/2$ und $-\pi/2$, um zwischen beiden Wellenleitern $\Delta\varphi = \pi$ zu erreichen. Durch den beschriebenen Aufbau wird ein *elektrooptischer Intensitätsmodulator* verwirklicht: Das Mach-Zehnder-Interferometer setzt die durch Pockels-Effekt bewirkte Phasenmodulation in eine Modulation der Ausgangsleistung um. Auch akustooptische Modulatoren (Abschn. 22.3) wurden für integrierte Optik bereits entwikkelt.

Einen *Zweikanal-Richtkoppler* mit elektrooptischer Umschaltung zeigt Bild 22.2.7: Zwei durchgehend getrennte, aber sehr eng benachbarte Streifen-Wellenleiter sind durch die überlappenden Feldverteilungen (Bild 22.2.7b) der in ihnen geführten Wellen gekoppelt. Auf der Kopplungsstrecke geht die Strahlungsleistung aus dem Eingangs-Wellenleiter allmählich in den benachbarten Wellenleiter über. Sofern die Kopplungslänge ausreicht, wiederholt sich der Vorgang anschließend in umgekehrter Richtung - wie bei der periodischen Energieübertragung zwischen gekoppelten Pendeln. Bei richtiger Wahl der Kopplungslänge sind also - auch ohne elektrooptischen Eingriff - Strahlenteiler mit beliebigem Teilungsverhältnis realisierbar. Mit Hilfe der Elektroden kann aber wie beim Mach-Zehnder-Interferometer die Brechzahlverteilung und damit die Wellenausbreitung in den beiden Wellenleitern durch Anlegen einer Spannung geändert werden: Das Teilungsverhältnis ist elektrooptisch einstellbar. Bei Anwendung als Richtkoppler wird die Strahlungsleistung mit einer Spannung von ei-

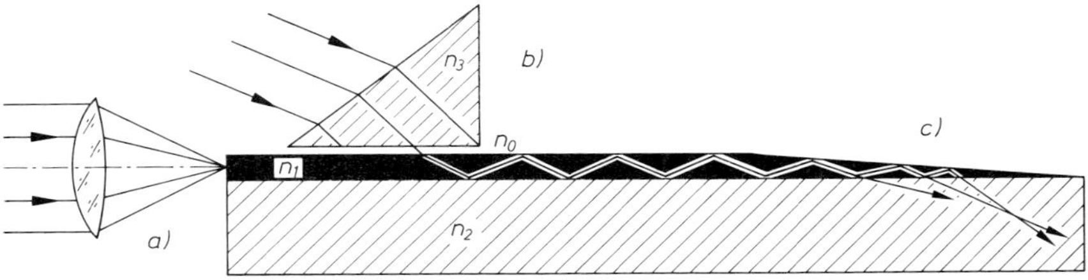


Bild 22.2.8 Ein- und Auskopplung von Strahlung bei Wellenleitern

a) Einkopplung eines Laserstrahls in die Endfläche mit Linse, b) Einkopplung in die Oberfläche mit Prisma, c) Auskopplung durch keilförmigen Wellenleiter in das Substrat

nigen Volt vollständig zwischen beiden Ausgängen umgeschaltet. Mit hochfrequenter Wechselspannung wirkt das Bauelement als Modulator. Weitere Bauarten schaltbarer Richtkoppler und Modulatoren, mit im wesentlichen gleichem Funktionsprinzip wie beschrieben, wurden bereits entwickelt.

Neben der Kopplung zwischen Wellenleitern ist der Strahlungsübergang zwischen Wellenleiter und Umgebung bzw. anderen Bauelementen wichtig, d.h. die *Ein- und Auskopplung von Strahlung*. Dies ist wegen der kleinen Wellenleiter-Abmessungen grundsätzlich eine schwierige Aufgabe. Die Kopplungsverluste werden durch die *Dämpfung* α beschrieben,

$$\alpha = 10 \cdot \lg \frac{P_o}{P} \quad \text{in dB} \tag{22.2.4}$$

mit $P_o$ = Leistung vor, P = Leistung hinter der Kopplungsstelle (s.a. Gl. (18.4.1). Diese Dämpfung muß ggf. für die verschiedenen Moden getrennt angegeben werden.

Die *Einkopplung in die Stirnfläche* des Wellenleiters, z.B. über eine Mikrolinse (Bild 22.2.8 a), ist sehr justierempfindlich. Sie gelingt relativ gut für Gaslaser-Strahlung (meist HeNe-Laser), weil die Gaußverteilung der Intensität im Laserstrahl (Abschn. 6.5) gut an den $TE_o$-Mode im Wellenleiter angepaßt ist. Im übrigen erfolgt die Endflächen-Ankopplung eines Wellenleiters an Fasern, Halbleiterlaser und Detektoren häufig durch direktes Gegenüberstellen der planen Endflächen mit möglichst geringem Abstand, wobei die Dämpfung durch Ausfüllen des Zwischenraums mit transparentem Kitt oder Immersionsflüssigkeit verringert wird. Auch hier ist sorgfältige Justierung mit Genauigkeiten unter 1 μm wichtig.

Die *Einkopplung über Prisma* in die Oberfläche des Wellenleiters (Bild 22.2.8 b) wird häufig angewendet, insbesondere bei Laboraufbauten. Hat die Prismenbasis einen sehr geringen Abstand vom Wellenleiter, so überlappen sich die Strahlungsfelder in Prisma und Wellenleiter, wie bereits beim Richtkoppler beschrieben (Bild 22.2.7 b), d.h. die Totalreflexion wird gestört (Abschn. 1.3). Entlang der Kopplungsstrecke geht also Strahlung allmählich in den Wellenleiter über. Rückkopplung der Strahlung in das Prisma wird durch definierte Prismenlänge vermieden. Für die Brechzahlen gilt $n_3 > n_1 > n_2$. Der Brechungswinkel ε′ beim Übergang von $n_3$ (Prisma) nach $n_1$ (Wellenleiter) muß an den anzuregenden Mode angepaßt sein, d.h. für jeden Mode gilt auch ein optimaler Strahl-Einfallswinkel an der Eingangsfläche des Prismas. Mit umgekehrtem Strahlengang kann das Prisma zur Auskopplung von Strahlung aus dem Wellenleiter benutzt werden.

Die *Auskopplung von Strahlung aus keilförmigem Wellenleiter* zeigt Bild 22.2.8c: Der Einfallswinkel der Strahlen auf die Wellenleiter-Flächen nimmt mit abnehmender Schichtdicke ab (vergl. auch den konischen Lichtleiter. Bild 18.1.1b), bis an der Substrat-Seite der Grenzwinkel der Totalreflexion unterschritten wird. Dann tritt die Strahlung in das Substrat über, und zwar vollständig, wenn die Wellenleiter-Dicke zur Modenführung zu gering geworden ist.

Der *Gitter-Koppler,* d.h. ein auf die Wellenleiter-Oberfläche aufgebrachtes Gitter, wirkt ähnlich wie die Prismen-Kopplung. Hier muß jedoch der Beugungswinkel an den anzuregenden Mode angepaßt werden, so daß sich die Einfallswinkel für verschiedene Moden unterscheiden. Der Gitter-Koppler hat den wesentlichen Vorteil, daß er direkt in den Wellenleiter integriert werden kann, z.B. durch Fotolack-Belichtung mit Interferenzstreifen, wie bei der Herstellung holografischer Gitter (Abschn. 15.1). Dadurch entfallen die Probleme nachträglicher Justierung.

Eine wesentliche Aufgabe der *Herstellungsverfahren für integrierte Optik* ist die Darstellung von Strukturen mit unterschiedlicher Brechzahl in benachbarten Materialbereichen. Diese Verfahren beruhen auf dem Aufbringen dünner Schichten auf ein Trägermaterial (Substrat) oder der Umwandlung von Volumenanteilen des Substrats. Für die letztlich angestrebten monolithischen OIC's kommt als Substrat nur ein „aktives", d.h. zur Strahlungsaussendung (Halbleiterlaser) geeignetes Material in Frage. Dies sind vor allem Galliumarsenid GaAs und Indiumphosphid InP. Bei den noch bevorzugten hybriden optischen Schaltungen werden hingegen die einzelnen Bauelemente (vor allem Laser, Detektoren, Wellenleiter-Strukturen) aus den jeweils bestgeeigneten oder am einfachsten zu verarbeitenden Materialien hergestellt und unter sorgfältiger Justierung zusammengebaut. Zu „passiven", für Wellenleiter-Komponenten geeigneten Substraten gehören Glas, Quarz, Lithiumniobat $LiNbO_3$ und Lithiumtantalat $LiTaO_3$.

Zum Aufbringen dünner Schichten hat sich vor allem das *Sputtern* (Katodenzerstäubung durch Ionen-Bombardement) bewährt, weil es saubere und damit höher transparente Wellenleiter ergibt als die Hochvakuum-Aufdampfung. Es eignet sich für Metalle und Nichtmetalle. Das Schichtmaterial (Target) wird auf der Katode, das Substrat auf der Anode angebracht. Bei niedrigem Gasdruck (z.B. Argon-Füllung) und Spannungen von einigen Kilovolt lösen die auf das Target treffenden, durch Plasma-Entladung erzeugten Gasionen Atome bzw. Moleküle ab, die sich auf dem Substrat niederschlagen. Andererseits kann durch *Sputter-Ätzen* auch auf der Katode angebrachtes Substrat durch Ionen-Bombardement modifiziert werden. Kunststoffschichten als Wellenleiter-Material (z.B. Acrylglas, Polystyrol, Epoxid, Fotolacke) können auch durch *Tauchverfahren* bzw. durch Aufgießen auf das Substrat und gleichmäßige Verteilung durch *Zentrifugieren* erzeugt werden.

Sehr wichtig sind *Epitaxie-Verfahren,* d.h. das gerichtete Aufwachsen von Schichten auf Einkristall-Substraten ohne wesentliche Änderung der Gitterstruktur, so daß ein monokristalliner Wellenleiter entsteht. So kann z.B. aus angrenzender Schmelze die

Mischkristallschicht $Al_xGa_{1-x}As$ bei langsamer Kühlung auf ein GaAs-Substrat aufwachsen. Man erhält damit konstante Schicht-Brechzahl über größere Bereiche.

Die Umwandlung von Volumenbereichen des Substrats ist durch Ionenaustausch- und Diffusionsverfahren möglich. *Ionenaustausch* zwischen Glas und Salzschmelze wurde schon frühzeitig zur Herstellung von Gradientenfasern benutzt. Die für Wellenleiter notwendige Brechzahl-Erhöhung erreicht man z. B., wenn aus einer Silbernitrat-Schmelze Ag-Ionen in eine Glasfläche einwandern und Na-Ionen ersetzen. Ein Beispiel für den Einsatz von *Diffusionsverfahren* ist die Dotierung des elektrooptisch wichtigen Lithiumniobats $LiNbO_3$ mit Titan: Auf das Substrat wird ein Titan-Streifen aufgedampft; bei Temperaturen um 1000 °C diffundiert das Ti während mehrerer Stunden in das Substrat ein, so daß ein eingebetteter Wellenleiter (Bild 22.2.1 e) entsteht.

Bei allen Strukturierungsaufgaben, d. h. Formgebung von Wellenleitern usw., wird die aus der integrierten Elektronik weitgehend bekannte *Masken-Technologie* (u. a. Erzeugung von Abdeckmasken durch Belichtung von Fotolack-Schichten) benutzt.

### Literaturhinweise

L 22.2.1 *Kersten, R. Th.* (Ed.): Integrated Optical Circuit Engineering III (Innsbruck 1986). Proc. SPIE, Vol. 651, Bellingham, WA, 1986

L 22.2.2 *Hunsperger. R. G.:* Integrated Optics: Theory and Technology. Springer-Verlag Berlin, New York, 2nd Ed. 1984

L 22.2.3 *Sohler. W.:* Bauelemente der integrierten Optik: eine Einführung. Laser und Optoelektronik *18* (1986), 323-337

L 22.2.4 *Yao, S. K.; Anderson, D. B.; August, R. R.; Youmans, B. R.; Oania, C. M.:* Guided-wave optical thin-film Luneburg lenses: fabrication technique and properties. Applied Optics *18* (1979), 4067-4079

L 22.2.5 *Bischoff, B.:* Mikrostrukturen für Funktionselemente der integrierten Optik. Feingerätetechnik *29* (1980), 266-269

L 22.2.6 *Nolting, H. P.; Ulrich, R.* Ed.): Integrated Optics (Tagung Berlin 1985). Springer. Berlin 1985

### Beispiele für Hersteller bzw. Lieferanten

H 22.2.1 *Crystal Technology Inc.,* über: *Laser 2000 GmbH,* Edelsbergstr. 10, München: Integriert-optische Modulatoren (Mach-Zehnder)

## 22.3 Modulatoren

Modulatoren ermöglichen die Erzeugung von Wechsellicht bei Meßverfahren und Überwachungsaufgaben (Lichtschranken, Abschn. 19.1/19.2) sowie die Amplituden-, Phasen- oder Impulsmodulation (vor allem von Laserlicht) in der optischen Informationsübertragung und Datenverarbeitung. Je nach Anwendung werden Modulationsfrequenzen im Bereich Hz und kHz bis MHz und GHz benötigt. Möglich sind die direkte Modulation von Strahlungsquellen über die zugeführte elektrische Leistung und die mechanische, elektrooptische, magnetooptische und akustooptische Modulation eines Lichtbündels. Die *direkte Modulation der Strahlungsquelle* ist ein besonderer Vorteil der Halbleiter-Laser: Die Strahlungsleistung wird über den Pumpstrom moduliert (Abschn. 6.5).

*Elektromechanische Modulatoren* (Zerhacker, „Chopper") eignen sich für niedrige bis mittlere Frequenzen. Ein *Chopper mit rotierender Sektorenscheibe* ist z. B. durch Ändern der Drehzahl des Gleichstrommotors und Auswechseln der Scheiben mit 2 bis 30 Sektoren auf Frequenzen im Bereich von 5 Hz bis 3 kHz einstellbar, [H 22.3.4]. Er wird u. a. zur Strahlungsmodulation bei Meßverfahren mit Lock-in-Verstärkern eingesetzt. Ein weiteres Anwendungsbeispiel zeigt Bild 16.2.1 d. Besonders stabil und wartungsfrei ist der häufig benutzte, in Eigenresonanz schwingende *Stimmgabel-Chopper*, der an beiden Gabel-Zinken gegeneinander schwingende Blenden trägt. Die Gabel wird elektromagnetisch oder piezoelektrisch mit sehr kleinen Leistungen angeregt. Die Frequenz ist also fest eingestellt, kann aber innerhalb des Bereichs von einigen Hz bis kHz gewählt werden. Mit zunehmender Frequenz nimmt die Amplitude etwa umgekehrt proportional ab - und damit auch die Apertur. d. h. der vollständig abdeckbare Strahldurchmesser. Die Einschwingzeit bis zum Erreichen der Maximalamplitude nimmt ebenfalls mit zunehmender Frequenz ab. Durch Wahl der Blendenform, der Ruheposition der Blenden und der Amplitude im Verhältnis zum Strahldurchmesser kann der Modulationsverlauf weitgehend verändert werden. Gleichzeitige oder abwechselnde Abdeckung von zwei Strahlen ist ebenso möglich wie die Frequenzverdopplung durch Blenden mit Schlitz. An Stelle der Blenden können auch Spiegel oder Filter treten.

Weitere Typen elektromechanischer Chopper stimmen in Aufbau und Eigenschaften weitestgehend mit den entsprechenden Scannern (Abschn. 8.6) überein, nur sind die Spiegel gegen Blendenflügel ausgetauscht: *Torsionsband-Chopper* für sehr niedrige Frequenzen schwingen ebenso in Eigenresonanz wie *Torsionsstab-Chopper* für Frequenzen von einigen kHz. *Galvanometer-Chopper* folgen mit der Stellung des Blendenflügels einem analogen Eingangssignal. Der Modulationsverlauf kann also weitgehend frei gewählt werden; der Chopper ist auch als elektromechanischer Verschluß benutzbar.

Mit einem *rotierenden Analysator* ist bei linear polarisiertem Licht eine $\cos^2$-förmige Lichtstrommodulation mit der doppelten Umdrehungsfrequenz möglich (Abschn. 17.1).

Ein Beispiel für *elektrooptische Modulatoren* wurde bereits im Rahmen der integrierten Optik (Abschn. 22.2) gegeben. Allgemein werden in geeigneten Materialien durch äußeres elektrisches Feld Moleküldeformationen oder -orientierungen hervorgerufen, die zu Doppelbrechung (Abschn. 17.3) führen und damit Phasendifferenzen bei der Wellenausbreitung bewirken. Die Phasendifferenzen wachsen entweder linear mit der elektrischen Feldstärke (Pockels-Effekt), oder quadratisch mit der Feldstärke (Kerr-Effekt).

Die *Kerrzelle* ist ein mit Nitrobenzol $C_6H_5NO_2$ gefüllter Trog mit der Lichtweglänge d und dem Elektrodenabstand l (Bild 22.3.1). Die Polarisationsebene des Polarisators P oder des bereits polarisiert einfallenden Lichts muß unter 45° zur Richtung des elektrischen Feldes stehen. Die Flüssigkeit wirkt isotrop, weil die unsymmetrischen Moleküle eine regellose Lage haben. Wird eine Spannung U angelegt, so richten sich die Moleküle mit ihrer optischen Achse zunehmend parallel zum elektrischen Feld aus. Der Grad der Ausrichtung wächst mit der Feldstärke; die Flüssigkeit wird zunehmend anisotrop. Damit tritt Doppelbrechung ein (Brechzahlen $n_o$ und $n_{ao}$). Eine unter 45° zur Feldrichtung linear polarisierte Welle wird in zwei Komponenten (Schwingung in Feldrichtung und senkrecht dazu) mit gleicher Amplitude aufgespalten, die sich entsprechend $n_o$ und $n_{ao}$ mit unterschiedlicher Geschwindigkeit ausbreiten. Nach Durchlaufen der Strecke d haben die Wellen einen Gangunterschied $(n_o - n_{ao}) \cdot d$ und damit eine Phasendifferenz (Gl. 17.3.1)

$$\Delta\varphi = 2\pi \cdot \frac{n_o - n_{ao}}{\lambda} \cdot d \qquad (22.3.1)$$

Die beiden phasenverschobenen Wellen setzen sich zu elliptisch polarisiertem Licht zusammen. Die Phasenverschiebung $\Delta\varphi$ hängt von der Spannung U ab:

$$\Delta\varphi = 2\pi \cdot K_{kerr} \cdot d \cdot \frac{U^2}{l^2} \qquad (22.3.2)$$

Dies ist der (quadratische elektrooptische) *Kerr-Effekt*. Die Kerrzelle wirkt also als durch Spannung veränderbare Verzögerungsplatte. Ist die angelegte Spannung U so hoch, daß $(n_o - n_{ao}) \cdot d = \lambda/2$ und damit $\Delta\varphi = \pi$ wird, so ist eine Halbwellenplatte (Abschn. 17.1) entstanden: Die beiden Teilschwingungen setzen sich wieder zu linear polarisiertem, aber nun in Analysatorrichtung A schwingendem Licht zusammen, so daß sich maximaler Transmissionsgrad ergibt. Die zugehörige Spannung heißt Halbwellenspannung $U_{\lambda/2}$, mit

$$U_{\lambda/2} = \frac{1}{\sqrt{2 \cdot d \cdot K_{kerr}}} \qquad (22.3.3)$$

Die Kerr-Konstante $K_{kerr}$ ist mit ca. $2{,}4 \cdot 10^{-12}$ m/V² bei Nitrobenzol wesentlich höher als bei anderen Flüssigkeiten. Sie ist von Temperatur und Wellenlänge abhängig ($K_{kerr} \sim 1/\lambda$).

Der Transmissionsgrad des aus Kerrzelle und den beiden gekreuzten Polarisatoren P und A bestehenden Kerr-Verschlusses hängt von der Spannung U gemäß

$$\tau = \tau_o \cdot \sin^2\left[\frac{\pi}{2} \cdot \left(\frac{U}{U_{\lambda/2}}\right)^2\right] \qquad (22.3.4)$$

ab, mit $\tau_o$ = maximaler, bei $U_{\lambda/2}$ erreichter Transmissionsgrad (meist $\tau_o < 0{,}1$).

Durch die Polarisatoren wird also die Phasenmodulation der Kerrzelle in eine Intensitätsmodulation umgewandelt. Es sind Modulationsfrequenzen bis über 100 MHz erreichbar, wobei die Begrenzung durch die Hochspannungs-Pulserzeugung (Spannungen 10 kV bis 20 kV) gegeben ist.

An die Reinheit des Nitrobenzols werden hohe Anforderungen gestellt; bei Verschmutzung sinkt der Widerstand, es folgt ein Spannungsdurchbruch. Niedrige Spannung durch kleinen Elektrodenabstand l kann man nur auf Kosten geringeren Strahldurchmessers (freie Apertur) erreichen. Da Kerrzellen hohe Spannung erfordern und nicht völlig wartungsfrei sind, nimmt ihre Bedeutung zugunsten der Pockelszellen ab.

Der *Pockels-Effekt* ist ein linearer elektrooptischer Effekt, d. h. Doppelbrechung und damit Phasenverschiebung sind der Spannung direkt proportional. Besonders geeignete Materialien sind ADP $NH_4H_2PO_4$ (Ammoniumdihydrogenphosphat), KDP

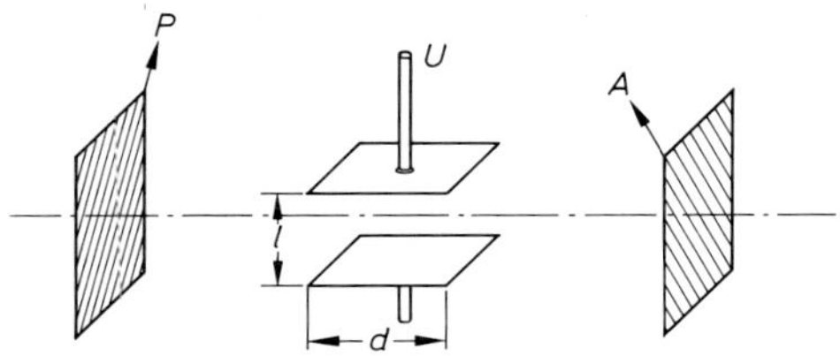


Bild 22.3.1 Aufbauprinzip für Kerrzelle und transversale Pockelzelle
P = Polarisator, A = Analysator

$KH_2PO_4$ (Kaliumdihydrogenphosphat) und vor allem KD*P $KD_2PO_4$, d.h. die deuterierte Form von KDP, die gegenüber KDP nur etwa halbe Schaltspannung erfordert, im IR erweiterten Transmissionsbereich und höhere Belastbarkeit hat. Im Infrarot-Bereich (z.B. 10,6 µm, $CO_2$-Laser) werden auch Galliumarsenid GaAs und Cadmiumtellurid CdTe (nur etwa halbe Schaltspannung gegenüber GaAs) verwendet. Weiterhin kommen die bereits als Substrate für integrierte Optik erwähnten Verbindungen Lithiumniobat $LiNbO_3$ und Lithiumtantalat $LiTaO_3$ in Frage.

Für den Transmissionsgrad eines Pockels-Verschlusses gilt

$$\tau = \tau_o \cdot \sin^2\left[\frac{\pi}{2}\frac{U}{U_{\lambda/2}}\right] \qquad (22.3.5)$$

mit $\tau_o$ = maximaler, bei der Halbwellenspannung $U_{\lambda/2}$ erreichter Transmissionsgrad. Allgemein ergibt sich eine erheblich niedrigere Halbwellenspannung als beim Kerr-Effekt. Zu unterscheiden sind der transversale Pockels-Effekt (Feldrichtung senkrecht zur Lichtrichtung) und der longitudinale Pockels-Effekt (Feldrichtung parallel zur Lichtrichtung).

Für eine Pockelszelle mit *transversalem Pockels-Effekt* ergibt sich das gleiche Aufbauprinzip wie in Bild 22.3.1. Die Phasenverschiebung

$$\Delta\varphi = K_{pock} \cdot d \cdot \frac{U}{l} \qquad (22.3.6)$$

hängt also von der elektrischen Feldstärke U/l ab; durch Wahl kleiner Abstände l (integrierte Optik!) kommt man also mit sehr niedrigen Spannungen aus.

Das Prinzip einer Pockelszelle für *longitudinalen Pockels-Effekt* zeigt Bild 22.3.2. Die Elektroden müssen ringförmig (oder transparent) ausgeführt sein. Es ist $l = d$, d.h. der Elektrodenabstand gleich der wirksamen Lichtweg-Länge. Die Polarisationsebene des einfallenden linear polarisierten Lichts muß parallel zu einer der kristallografischen Achsen ausgerichtet sein. Mit Spannung ergibt sich Aufspaltung in zwei orthogonale Komponenten unter 45° zur Einfallsebene. Für die Phasenverschiebung erhält man aus $\Delta\varphi = K_{pock} \cdot d \cdot (U/l)$ wegen $l = d$

$$\Delta\varphi = K_{pock} \cdot U \qquad (22.3.7)$$

oder mit $U_{\lambda/2} = \pi/k_{pock}$:

$$\Delta\varphi = \pi \cdot \frac{U}{U_{\lambda/2}} \qquad (22.3.8)$$

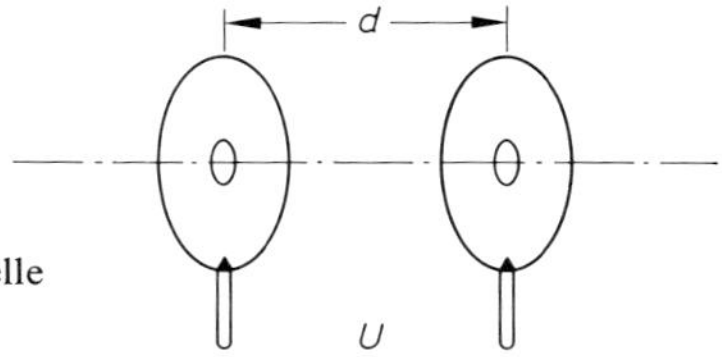


Bild 22.3.2 Aufbauprinzip für longitudinale Pockelszelle
Polarisator und Analysator sind nicht dargestellt

Longitudinal aufgebaute Pockelszellen sind besonders trägheitsarm, da sie niedrige Kapazität haben. Deshalb sind Anstiegszeiten im Pikosekundenbereich möglich. Eine erhebliche Herabsetzung der notwendigen Spannung U erreicht man, wenn die wirksame Länge d des Kristalls in mehrere Einzelkristalle aufgeteilt wird, deren Elektroden in Parallelschaltung an der gleichen Spannung liegen. Beispielsweise werden vier Kristalle hintereinander angeordnet, so daß ¼ der für einen Kristall gleicher Gesamtlänge erforderlichen Spannung ausreicht (jeder Kristall braucht nur ¼ der gewünschten Phasenverschiebung zu erzeugen, so daß gemäß Gl. (22.3.7) auch nur ¼ der Spannung notwendig ist).

Eine weitere Verbesserung ergibt sich bei Pockelszellen durch Einfügen einer $\lambda/4$-Platte: Gemäß Gl. (22.3.5) wirkt die Zelle bei $U = U_{\lambda/2}$ als Halbwellenplatte. Man kann sie aus zwei (parallel orientierten) $\lambda/4$-Platten zusammensetzen. Fügt man nun eine $\lambda/4$-Platte vor oder hinter der Pockelszelle in den Strahlengang ein, so braucht die Zelle nur noch die ergänzende $\lambda/4$-Platte zu bilden: Mit $U = 0{,}5 \cdot U_{\lambda/2} = U_{\lambda/4}$ erreicht man insgesamt $\Delta\varphi = \pi$, $\tau = \tau_o$, und mit $U = -U_{\lambda/4}$ kompensieren sich die Phasenverschiebungen von Platte und Zelle; es wird $\Delta\varphi = 0$, $\tau = 0$. Für vollständige Modulation (Verschluß offen/zu) reicht also die halbe Maximalspannung aus. In der Umgebung von $U = 0$ ergibt sich lineare Modulation.

Als Polarisatoren werden u. a. Glan-Taylor-Prismen verwendet (Bild 17.3.3 c), für hohe Belastung im IR-Bereich (z. B. $CO_2$-Laser. $\lambda = 10{,}6$ µm) auch Plattensätze aus Germaniumplatten (vergl. Glasplattensatz, Abschn. 17.1).

*Akustooptische Modulatoren* benutzen die Wechselwirkung zwischen Licht- und Ultraschallwellen: Die (longitudinale) Schallwelle ruft in einem flüssigen oder festen Medium örtliche Druck- und damit Brechzahländerungen hervor, so daß ein Beugungsgitter entsteht, dessen Gitterkonstante gleich der Wellenlänge $\lambda_{US}$ der Ultraschallwelle ist. Dieses Gitter bewegt sich mit der Schallgeschwindigkeit, also langsam im Vergleich zur Lichtgeschwindigkeit. Mit akustooptischen Komponenten sind Lichtstrom-Modulation, Strahlablenkung und Frequenzverschiebung erreichbar. Hier wird nur die Modulation behandelt. Die Funktion akustooptischer Bauelemente ist einfach zu beeinflussen über die elektronische Kontrolle von Ultraschall-Leistung und -Frequenz.

Die Beugung von Lichtwellen, die senkrecht auf das „Ultraschallgitter" treffen, wird bei Flüssigkeiten durch den *Debye-Sears-Effekt*, bei festen Körpern durch den *Raman-Nath-Effekt* beschrieben. Die Beugung bei kleinen Winkeln zwischen Lichtbündel und Schallwellenfront wird durch den *Bragg-Effekt* dargestellt. Zu den bevorzugt für akustooptische Modulatoren verwendeten Materialien gehören Quarzglas, Glas, Bleimolybdat $PbMoO_4$, Tellurdioxid $TeO_2$ und Germanium.

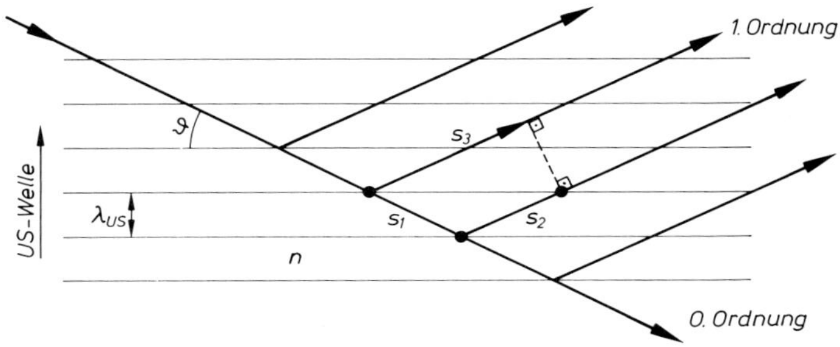


Bild 22.3.3 Bragg-Reflexion an mit Ultraschall erzeugtem Gitter

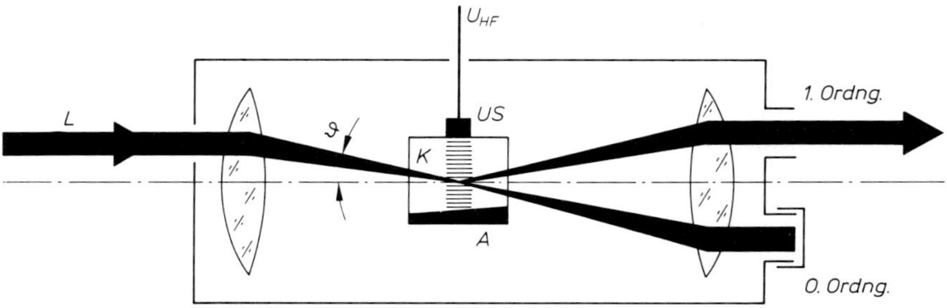


Bild 22.3.4 Aufbau eines akustooptischen Bragg-Modulators

L = einfallender Laserstrahl, ϑ = Bragg-Winkel, K = Modulator-Kristall, US = Ultraschallwandler, gespeist durch Hochfrequenzspannung $U_{HF}$, A = Absorber

Bei dem akustooptischen *Bragg-Modulator* tritt das Lichtbündel unter kleinem Glanzwinkel ϑ (Bild 22.3.3) in den Volumenbereich mit den sich ausbreitenden Schallwellen ein. Die sich ergebende Beugung kann auch als Reflexion an den hintereinander liegenden Ebenen konstanter Brechzahl betrachtet werden, wie auch bei der Röntgenstrahl-Beugung an Kristallgitter-Ebenen üblich. Die Wege benachbarter Teilwellen müssen sich (für die erste Ordnung) um λ unterscheiden, damit sich ein Interferenzmaximum ergibt, d.h. es muß $s_1 + s_2 - s_3 = \lambda$ sein. Trigonometrische Durchrechnung liefert die *Bragg-Bedingung*

$$\sin\vartheta = \frac{\lambda}{2 \cdot \lambda_{US}} \tag{22.3.9}$$

mit $\lambda_{US}$ = Ultraschall-Wellenlänge, $\lambda = \lambda_o/n$ die im Medium mit der Brechzahl n wirksame Lichtwellenlänge. Da die Ultraschallwelle ein bewegtes Gitter erzeugt, erleidet die Frequenz ν des abgelenkten Lichts durch den Doppler-Effekt eine geringfügige Frequenzverschiebung um $\nu_{US}$. Der Vorteil der Bragg-Modulatoren liegt in niedriger Schall-Leistung und Vereinigung des gebeugten Lichts in einer Ordnung. Bild 22.3.4

zeigt ein Aufbau-Beispiel. Durch Fokussierung mit der Eingangslinse wird der Bragg-Winkel eingestellt; Kollimation durch die Ausgangslinse ergibt „geradsichtigen" Modulator, d. h. Eingangs- und gebeugter Ausgangsstrahl sind kollinear.

Für die Intensitätsmodulation der Ausgangsstrahlen in der 1. und der 0. Ordnung ergibt sich

$$I_1 = I \cdot \sin^2 \frac{\pi}{2} \sqrt{\frac{2}{\lambda_o^2} \cdot \frac{d}{h} \cdot M \cdot P_{US}} \qquad (22.3.10)$$

$$I_o = I \cdot \cos^2 \frac{\pi}{2} \sqrt{\frac{2}{\lambda_o^2} \cdot \frac{d}{h} \cdot M \cdot P_{US}} \qquad (22.3.11)$$

mit $I$ = Intensität des einfallenden Strahls, $I_1$, $I_o$ = Intensität der austretenden Strahlen, $\lambda_o$ = Wellenlänge in Luft, $d$ = Lichtweglänge im Schallfeld, $h$ = Höhe des Schallfeldes ($d \cdot h$ ist also die wirksame Fläche des Ultraschallwandlers), $M$ = Güteziffer des Materials (z. B. für $PbMoO_4$ $M = 3{,}6 \cdot 10^{-14}\ m^2/W$), $P_{US}$ = Ultraschall-Leistung. Hohe Güte M (zunehmend in der Reihenfolge Quarzglas, $LiNbO_3$, $PbMoO_4$) ermöglicht also niedrige Schall-Leistung.

### Literaturhinweise

L 22.3.1 *Drechsler, G.:* Piezo-optischer bzw. photoelastischer Modulator/Chopper zur Modulierung der Polarisation eines Lichtstrahls. Feinwerkt. & Meßtechn. *86* (1978), 321–322

L 22.3.2 siehe L 6.5.11, L 6.5.19, LÜ 18, LÜ 23, LÜ 24

### Beispiele für Hersteller bzw. Lieferanten

H 22.3.1 *Nucletron GmbH,* Gärtnerstr. 60, München: Fotoelastischer Modulator zur Polarisations- und Amplitudenmodulation

H 22.3.2 *Newport GmbH,* Bleichstr. 26, Darmstadt: Akustooptische Modulatoren und Strahlablenker für Lasertechnik

H 22.3.3 *Kontron Phystech,* O.-v. Miller-Str. 1, 8057 Eching: Elektromechanische Chopper. Akustooptische und elektrooptische Modulatoren

H 22.3.4 *Gigahertz-Optik,* Kreuzstr. 6, 8039 Puchheim: Chopper mit rotierender Sektorenscheibe

H 22.3.5 *Gsänger Optische Komponenten GmbH,* Rob.-Koch-Str. 1 a, 8033 Planegg: Elektrooptische Modulatoren und Kristalle, Q-Schalter

H 22.3.6 *Laser 2000 GmbH,* Edelsbergstr. 10, München: Akustooptische Modulatoren, Q-Schalter, Elektrooptische Modulatoren

H 22.3.7 *Optilas GmbH,* Benzstr. 14, 8039 Puchheim: Elektrooptische und Akustooptische Modulatoren, Q-Schalter

# LÜ Literaturübersicht

(abschnittsübergreifende Literatur)


LÜ 1 *Applied Optics and Optical Engineering,* Bände I bis V: Hrsg. *R. Kingslake;* Band VI: Hrsg. *R. Kingslake* u. *B. J. Thompson,* Band VII bis IX: Hrsg. *R. R. Shannon* u. *J. C. Wyant.* New York, San Francisco, London 1965–1983, Academic Press

LÜ 2 *Born, M.; Wolf, E.:* Principles of Optics. Pergamon Press, Oxford, 5. Aufl. 1975

LÜ 3 *Haferkorn, H.:* Optik. Physikalisch-technische Grundlagen und Anwendungen. Verlag Harri Deutsch, Thun, Frankfurt/M 1981

LÜ 4 *Flügge, J.:* Leitfaden der geometrischen Optik und des Optikrechnens. Vandenhoeck & Ruprecht, Göttingen 1956

LÜ 5 *Flügge, J.:* Praxis der geometrischen Optik. Vandenhoeck & Ruprecht, Göttingen 1962

LÜ 6 *Zimmer, H.-G.:* Geometrische Optik. Springer, Berlin, Heidelb., New York 1967

LÜ 7 *Naumann, H.:* Optik für Konstrukteure. Verlag Wilhelm Knapp, Düsseldorf, 3. Aufl. 1970, (vergriffen)

LÜ 8 *Schröder, G.:* Technische Optik. Vogel-Verlag, Würzburg, 6. Aufl. 1987

LÜ 9 *Schröder, G.:* Übungen zur Technischen Optik. Vogel-Verlag, Würzburg 1979

LÜ 10 *Mütze, K.* (Hrsg.): ABC der Optik. Verlag Werner Dausien, Hanau 1961

LÜ 11 *Gerrard, A.; Burch, J. M.:* Introduction to Matrix Methods in Optics. John Wiley & Sons, London, New York 1975

LÜ 12 *Flügge, S.* (Hrsg.): Handbuch der Physik, Band 24: Grundlagen der Optik. Springer, Berlin, Göttingen, Heidelberg 1956

LÜ 13 *Flügge, S.* (Hrsg.): Handbuch der Physik, Band 29: Optische Instrumente. Springer, Berlin, Göttingen, Heidelberg 1967

LÜ 14 *Young, M.:* Optics and Lasers. Springer-Verlag Berlin, Heidelberg, New York 2. Aufl. 1984

LÜ 15 *Flügge, J.:* Studienbuch zur technischen Optik (Hrsg.: G. Hartwig). Vandenhoeck & Ruprecht, Göttingen 1976

LÜ 16 *Slevogt, H.:* Technische Optik. Sammlung Göschen. Walter de Gruyter. Berlin, New York 1974

LÜ 17 Boutry. G. A.; Auerbach, R.: Instrumental Optics. Hilger & Watts, London 1961

LÜ 18 *Driscoll, W. G.; Vaughan, W.:* Handbook of Optics. McGraw-Hill Inc., New York 1978

LÜ 19 *Hodam, F.:* Formelsammlung und Tabellenbuch der technischen Optik. VEB Verlag Technik, Berlin 1974

LÜ 20 *Smith, W. J.:* Modern Optical Engineering. McGraw-Hill, New York 1966

LÜ 21 *Frieden, B. R.:* Probability, Statistical Optics, and Data Testing. Springer, Berlin 1983

LÜ 22 *Frieden, B. R.* (Ed.): The Computer in Optical Research. Springer, Berlin 1980

LÜ 23 *Levi, L.:* Applied Optics. John Wiley & Sons, New York, Vol. 1 1968, Vol. 2 1980

LÜ 24 *Iizuka, K.:* Engineering Optics. Springer, Berlin 1985

## Sachwortverzeichnis

ANZEIGENANHANG

# Produktinformationen aus der Industrie

# INSERENTENVERZEICHNIS

# Bezugsquellen-Nachweis für optische Bauelemente

## Achromate
Ernst Befort Wetzlar GmbH
Postfach 1265, 6330 Wetzlar
Tel. 0 64 41/2 20 81, Tx 483 762
Telefax 0 64 41/2 48 18

MELLES GRIOT, Darmstadt (s. Anz.)

## Aufdampfen im Lohnverfahren
Photon Techn. Intern. EuropaGmbH
Gärtnerweg 49, 2082 Tornesch
Tel. 0 41 22/5 10 61, Tx. 218 500
Telefax 0 41 22/5 49 14

## Beleuchtungssysteme
Photon Techn. Intern. EuropaGmbH
Gärtnerweg 49, 2082 Tornesch
Tel. 0 41 22/5 10 61, Tx 218 500
Telefax 0 41 22/5 49 14

## Blitzlampen
POLYTEC GmbH
Postfach 1140, 7517 Waldbronn
Tel. 0 72 43/6 04-0, Tx. 782 859

## Faseroptik
MELLES GRIOT, Darmstadt (s. Anz.)

## Feinstellelemente
MELLES GRIOT, Darmstadt (s. Anz.)

## Feinstellelemente
Physik Instrumente (PI)
Siemensstr. 13–15, 7517 Waldbronn
Tel. 0 72 43/6 04-0, Tx 782 859

## Filter nach Kundenspezification
Photon Techn. Intern. EuropaGmbH
Gärtnerweg 49, 2082 Tornesch
Tel. 0 41 22/5 10 61, Tx. 218 500
Telefax 0 41 22/5 49 14

## Fresnellinsen
Wilhelm Weule GmbH & Co., PF 2730
3380 Goslar, Tel. 0 53 21/2 30 97

## HeNe-Lasersystem und Komponenten
MELLES GRIOT, Darmstadt (s. Anz.)

POLYTEC GmbH
Postfach 1140, 7517 Waldbronn
Tel. 0 72 43/6 04-0, Tx. 782 859

## Hohlspiegel
MELLES GRIOT, Darmstadt (s. Anz.)

Wilhelm Weule GmbH & Co., PF 2730
3380 Goslar, Tel. 0 53 21/2 30 97

## Interferenzfilter
MELLES GRIOT, Darmstadt (s. Anz.)

### IR-Detektoren
MELLES GRIOT, Darmstadt (s. Anz.)

POLYTEC GmbH
Postfach 1140, 7517 Waldbronn
Tel. 0 72 43/6 04-0, Tx. 782 859

### Kittpeche
PIEPLOW & BRANDT
2359 Henstedt-Ulzburg

### Klebstoffe für Optik und LWL-Technik
POLYTEC GmbH
Postfach 1140, 7517 Waldbronn
Tel. 0 72 43/6 04-0, Tx. 782 859

### Laser-Diameter Opt. Durchmesser-Meßgeräte
Dipl.-Ing. B. RICHTER GmbH & Co. KG
Elektr. Betriebskontroll-Geräte
Würzburger Str. 26
D-8602 Stegaurach
Tel. 09 51/29 00 41, Tx. 662 793 risted

### Laser und Lasersysteme
MELLES GRIOT, Darmstadt (s. Anz.)

POLYTEC GmbH
Postfach 1140, 7517 Waldbronn
Tel. 0 72 43/6 04-0, Tx. 782 859

### Lasermeßsysteme
POLYTEC GmbH
Postfach 1140, 7517 Waldbronn
Tel. 0 72 43/6 04-0, Tx. 782 859

### Lichtwellenleiter-Steckverbinder und -Komponenten
Spinner GmbH,
Erzgießereistraße 33
8000 München 2
Tel. 0 89/1 26 01-0, Tx. 523 584

### Linsen für Beleuchtung und Signale
Wilhelm Weule GmbH & Co., PF 2730
3380 Goslar, Tel. 0 53 21/2 30 97

### Metallspiegel
Photon Techn. Intern. EuropaGmbH
Gärtnerweg 49, 2082 Tornesch
Tel. 0 41 22/5 10 61, Tx. 218 500
Telefax 0 41 22/5 49 14

### Mikrofilm: Geräte · Chemikalien
Staude Foto Chemie
6366 Wölfersheim, Tel. 0 60 36/8 02

### Monochromatoren
Photon Techn. Intern. EuropaGmbH
Gärtnerweg 49, 2082 Tornesch
Tel. 0 41 22/5 10 61, Tx. 218 500
Telefax 0 41 22/5 49 14

POLYTEC GmbH
Postfach 1140, 7517 Waldbronn
Tel. 0 72 43/6 04-0, Tx. 782 859

### Optisch-mechan. Baugruppen
Ernst Befort Wetzlar GmbH
Postfach 1265, 6330 Wetzlar
Tel. 0 64 41/2 20 81, Tx 483 762
Telefax 0 64 41/2 48 18

MELLES GRIOT, Darmstadt (s. Anz.)

Physik Instrumente (PI)
Siemensstr. 13–15, 7517 Waldbronn
Tel. 0 72 43/6 04-0, Tx 782 859

### Optisch transparente Kleber
PIEPLOW & BRANDT
2359 Henstedt-Ulzburg

POLYTEC GmbH
Postfach 1140, 7517 Waldbronn
Tel. 0 72 43/6 04-0, Tx. 782 859

### Optische Bänke und Zubehör
MELLES GRIOT, Darmstadt (s. Anz.)

Physik Instrumente (PI)
Siemensstr. 13–15, 7517 Waldbronn
Tel. 0 72 43/6 04-0, Tx 782 859

### Optische Bauelemente
MELLES GRIOT, Darmstadt (s. Anz.)

### Optische Berechnungen
Canzek Optik, Dr. L. Canzek
CH-5035 Unterentfelden
Tel. 00 41/64/43 67 08

### Optische Filter
MELLES GRIOT, Darmstadt (s. Anz.)

### Photodioden
MELLES GRIOT, Darmstadt (s. Anz.)

POLYTEC GmbH
Postfach 1140, 7517 Waldbronn
Tel. 0 72 43/6 04-0, Tx. 782 859

### Polierfolien
PIEPLOW & BRANDT
2359 Henstedt-Ulzburg

### Poliermittel
PIEPLOW & BRANDT
2359 Henstedt-Ulzburg

### Polierpeche
PIEPLOW & BRANDT
2359 Henstedt-Ulzburg

### Piezoelektrische Stellelemente
Physik Instrumente (PI)
Siemensstr. 13–15, 7517 Waldbronn
Tel. 0 72 43/6 04-0, Tx 782 859

### Positioniereinheiten und Steuerungen
MELLES GRIOT, Darmstadt (s. Anz.)

Physik Instrumente (PI)
Siemensstr. 13–15, 7517 Waldbronn
Tel. 0 72 43/6 04-0, Tx 782 859

### Schleifmittel
PIEPLOW & BRANDT
2359 Henstedt-Ulzburg

### Sonderentwicklungen auf Kundenwunsch
MELLES GRIOT, Darmstadt (s. Anz.)

Photon Techn. Intern. Europa GmbH
Gärtnerweg 49, 2082 Tornesch
Tel. 0 41 22/5 10 61, Tx. 218 500
Telefax 0 41 22/5 49 14

### Spiegel
Ernst Befort Wetzlar GmbH
Postfach 1265, 6330 Wetzlar
Tel. 0 64 41/2 20 81, Tx 483 762
Telefax 0 64 41/2 48 18

### Spiegel off-axis, parab., ell. sph., asphärisch, zylindrisch
Wilhelm Weule GmbH & Co., PF 2730
3380 Goslar, Tel. 0 53 21/2 30 97

# LASER-OPTO

## für Informationsverarbeitung
## Kommunikation
## Meßtechnik

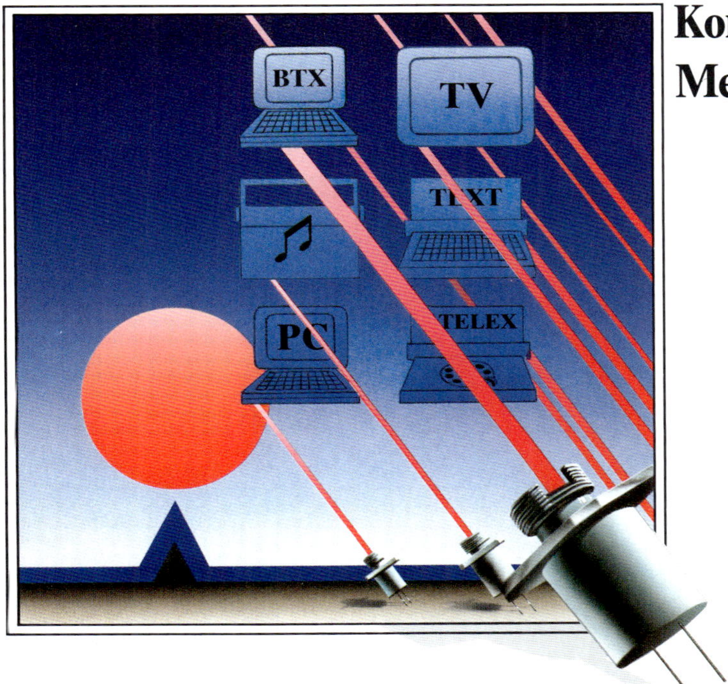


**Optoelektronik Module**

- Laserdioden-Modul
  Opt. Ausgangsleistung 4 mW;
  0.8/1,55 μm
- LED-Modul
  Opt. Ausgangsleistung 50 μW;
  0,8/1,3 μm
- Photodioden-Modul
  Empfindlichkeit 0,6 A/W;
  Geringer Dunkelstrom
- Digital Sender/Empfänger;
  200 MBits/s
- Single Mode LD-Modul;
  670 MBits/s
- Optischer Teiler
- Wellenlängen-Teiler etc.
- Optischer Schalter

**Optoelektronische Halbleiter**

- ML 3000
  Laser-Dioden Serie
  Schwellenstrom 20 mA;
  Grenzfrequenz 2 GHz; 815 nm
- ML 4000 Serie
  Rauscharme Laserdiode mit
  780 nm; 3 mW
- 7000 Serie Laserdiode
  1300 nm; 5 mW
- ML 5000 Serie
  Hochleistungs-Laserdiode
  830 nm; 25 mW
- ML 6000 Serie
  Hochleistungs-Laserdiode
  780 nm; 15 mW
- ME 7000 Serie Diode mit
  hoher Strahlungsdichte
  1300 nm; 1 mW
- ML 9000 Serie Laserdiode
  1550 nm; 5 mW, DFB-Laser
- PD 7000 Serie Photodiode mit
  1000-1600 nm; Ansprech-
  empfindlichkeit 0,6 A/W

Detaillierte technische Informationen über die genannten und weitere Produkte aus unserem Lieferprogramm erhalten Sie auf Anfrage.

**MITSUBISHI ELECTRIC**
SEMICONDUCTORS

MITSUBISHI ELECTRIC EUROPE GMBH · Gothaer Straße 8 · D-4030 Ratingen · Tel.: 02102/486-307 · Tlx.: 8585070 · München: Tel.: 089/919006 · Tlx.: 5214820
Mailand: Tel.: 039/636011 · Paris: Tel.: 14/7529678 · Tlx.: 202267 · Stockholm: Tel.: 08/960460 · Tlx.: 10877

electronic advertising